Holt Online Learning

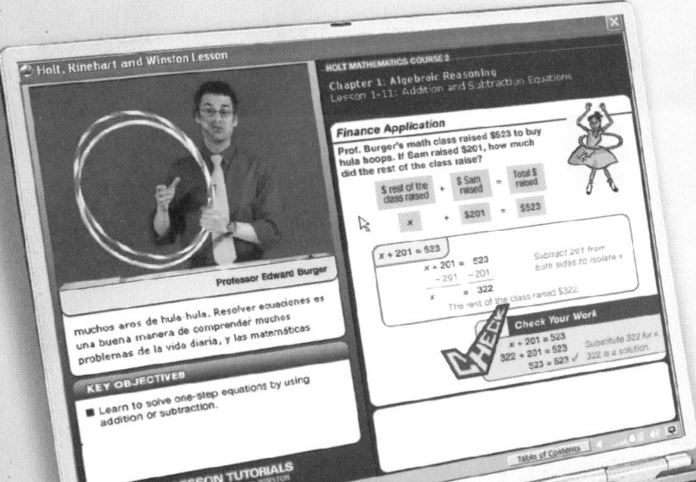

Toda la ayuda que necesitas, cuando la necesitas.

go.hrw.com

¡Cientos de videos en línea!

¡Los videos de tutoría de la lección muestran videos interesantes y enriquecedores que ilustran cada ejemplo de tu libro de texto!

Edición en línea

- Edición completa del estudiante
- Videos de tutoría para cada lección (videos para cada ejemplo)
- Curso 1: 279 videos
- Curso 2: 294 videos
- Curso 3: 333 videos
- Práctica interactiva con comentarios

Práctica adicional

- Ayuda en línea para tareas
- Ejercicios de intervención y enriquecimiento
- Práctica para el examen del estado

Herramientas en línea

- Calculadora gráfica
- Explicación paso a paso sobre cómo utilizar las teclas en la calculadora de gráficas
- Manipulativos virtuales
- Glosario multilingüe

Conéctate a www.go.hrw.com para encontrar los recursos de Holt

Para los padres

- Recursos en línea para los padres

HOLT

Matemáticas

Curso 2

Jennie M. Bennett

Edward B. Burger

David J. Chard

Audrey L. Jackson

Paul A. Kennedy

Freddie L. Renfro

Janet K. Scheer

Bert K. Waits

HOLT, RINEHART AND WINSTON

A Harcourt Education Company

Orlando • **Austin** • New York • San Diego • London

Curso 2 Resumen del contenido

Manual del estudiante

Printed in the United States of America

ISBN 0-03-078348-8

4 5 6 7 8 1421 13 12 11 10

Foto de tapa: El Stata Center en MIT, Boston, Massachusetts, USA.
© Scott Gilchrist/Masterfile

AUTORES

Jennie M. Bennett, Ph.D. is a mathematics teacher at Hartman Middle School in Houston, Texas. Jennie is past president of the Benjamin Banneker Association, the Second Vice-President of NCSM, and a former board member of NCTM.

Edward B. Burger, Ph.D. is Professor of Mathematics and Chair at Williams College and is the author of numerous articles, books, and videos. He has won several of the most prestigious writing and teaching awards offered by the Mathematical Association of America. Dr. Burger has appeared on NBC TV, National Public Radio, and has given innumerable mathematical performances around the world.

David J. Chard, Ph.D., is an Associate Dean of Curriculum and Academic Programs at the University of Oregon. He is the President of the Division for Research at the Council for Exceptional Children, is a member of the International Academy for Research on Learning Disabilities, and is the Principal Investigator on two major research projects for the U.S. Department of Education.

Audrey L. Jackson, M. Ed., is on the Board of Directors for NCTM. She is the Program Coordinator for Leadership Development with the St. Louis, public schools and is a former school administrator for the Parkway School District.

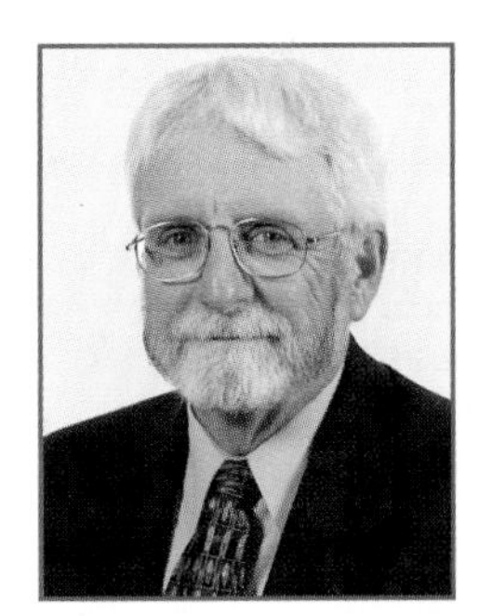

Paul A. Kennedy, Ph.D. is a professor in the Department of Mathematics at Colorado State University. Dr. Kennedy is a leader in mathematics education. His research focuses on developing algebraic thinking by using multiple representations and technology. He is the author of numerous publications.

Freddie L. Renfro, MA, has 35 years of experience in Texas education as a classroom teacher and director/coordinator of Mathematics PreK-12 for school districts in the Houston area. She has served as TEA TAAS/TAKS reviewer, team trainer for Texas Math Institutes, TEKS Algebra Institute writer, and presenter at math workshops.

Janet K. Scheer, Ph.D., Executive Director of Create A Vision™, is a motivational speaker and provides customized K-12 math staff development. She has taught internationally and domestically at all grade levels.

Bert K. Waits, Ph.D., is a Professor Emeritus of Mathematics at The Ohio State University and co-founder of T³ (Teachers Teaching with Technology), a national professional development program.

Autores

Linda Antinone
Fort Worth, TX

Ms. Antinone teaches mathematics at R. L. Paschal High School in Fort Worth, Texas. She has received the Presidential Award for Excellence in Teaching Mathematics and the National Radio Shack Teacher award. She has coauthored for Texas Instruments on the use of technology in mathematics.

Carmen Whitman
Pflugerville, TX

Ms. Whitman travels nationally helping improve mathematics education. She has been program coordinator of the mathematics team at the Charles A. Dana Center, and has served as secondary math specialist for the Austin Independent School District.

Revisores

Thomas J. Altonjy
Assistant Principal
Robert R. Lazar Middle School
Montville, NJ

Jane Bash, M.A.
Math Education
Eisenhower Middle School
San Antonio, TX

Charlie Bialowas
District Math Coordinator
Anaheim Union High School District
Anaheim, CA

Lynn Bodet
Math Teacher
Eisenhower Middle School
San Antonio, TX

Debbie Brown
Mathematics Teacher
Eanes ISD
Austin, TX

Louis D'Angelo, Jr.
Math Teacher
Archmere Academy
Claymont, DE

Troy Deckebach
Math Teacher
Tredyffrin-Easttown Middle School
Berwyn, PA

Mary Gorman
Math Teacher
Sarasota, FL

Brian Griffith
Supervisor of Mathematics, K–12
Mechanicsburg Area School District
Mechanicsburg, PA

Ruth Harbin-Miles
District Math Coordinator
Instructional Resource Center
Olathe, KS

Anastasia Hay-Shelton
Mathematics Department Chair
San Antonio ISD
San Antonio, TX

Kim Hayden
Math Teacher
Milford Jr. High School
Milford, OH

Emily Hodges
Mathematics Teacher
Austin ISD
Austin, TX

Susan Howe
Math Teacher
Lime Kiln Middle School
Fulton, MD

Paula Jenniges
Austin, TX

Martha Krauss
Mathematics Teacher
Round Rock ISD
Round Rock, TX

Ronald J. Labrocca
District Mathematics Coordinator
Manhasset Public Schools
Manhasset, NY

Brenda Law
Mathematics Department Chair
Corpus Christi ISD
Corpus Christi, TX

Victor R. Lopez
Math Teacher
Washington School
Union City, NJ

George Maguschak
Math Teacher/Building Chairperson
Wilkes-Barre Area
Wilkes-Barre, PA

Dianne McIntire
Math Teacher
Garfield School
Kearny, NJ

Kenneth McIntire
Math Teacher
Lincoln School
Kearny, NJ

Francisco Pacheco
Math Teacher
IS 125
Bronx, NY

Vivian Perry
Edwards, IL

Vicki Perryman Petty
Math Teacher
Central Middle School
Murfreesboro, TN

Danielle Robles
Mathematics TAKS Coordinator
El Paso ISD
El Paso, TX

Jennifer Sawyer
Math Teacher
Shawboro, NC

Russell Sayler
Math Teacher
Longfellow Middle School
Wauwatosa, WI

Raymond Scacalossi
Math Chairperson
Hauppauge Schools
Hauppauge, NY

Richard Seavey
Math Teacher, retired
Metcalf Jr. High
Eagan, MN

Sherry Shaffer
Math Teacher
Honeoye Central School
Honeoye Falls, NY

Gail M. Sigmund
Math Teacher
Charles A. Mooney Preparatory School
Cleveland, OH

Jonathan Simmons
Math Teacher
Manor Middle School
Killeen, TX

Jeffrey L. Slagel
Math Department Chair
South Eastern Middle School
Fawn Grove, PA

Karen Smith, Ph.D.
Math Teacher
East Middle School
Braintree, MA

Traci Smith
Mathematics Teacher
Spring ISD
Spring, TX

Sonia Soto
Mathematics Teacher
El Paso ISD
El Paso, TX

Bonnie Thompson
Math Teacher
Tower Heights Middle School
Dayton, OH

Mary Thoreen
Mathematics Subject Area Leader
Wilson Middle School
Tampa, FL

Ann-Marie Torres
Mathematics Teacher
Round Rock ISD
Round Rock, TX

Paul Turney
Math Teacher
Ladue School District
St. Louis, MO

Preparación para los exámenes estandarizados

Holt Matemáticas te da muchas oportunidades de prepararte para los exámenes estandarizados.

Ejercicios de Preparación para el examen

Usa los ejercicios de Preparación para el examen para practicar todos los días las preguntas del examen estandarizado en distintos formatos.

Opción múltiple—Elige tu respuesta.

Respuesta gráfica—Escribe tu respuesta en una cuadrícula y completa los círculos correspondientes.

Respuesta breve—Escribe respuestas a preguntas abiertas que reciben un puntaje de 2 puntos.

Respuesta desarrollada—Escribe respuestas a preguntas abiertas que reciben un puntaje de 4 puntos.

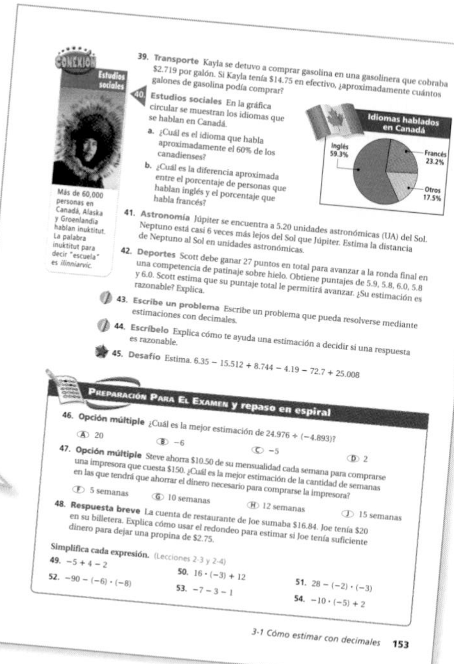

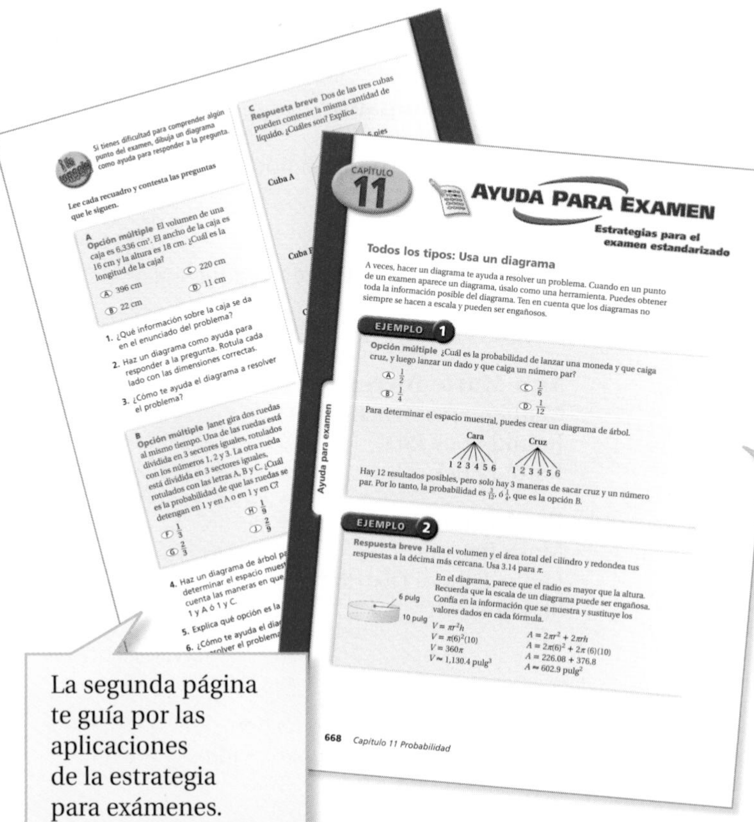

Ayuda para examen

Usa la Ayuda para examen para familiarizarte con las estrategias para exámenes y practicarlas.

La primera página de este apartado explica y muestra un ejemplo de estrategia para exámenes.

La segunda página te guía por las aplicaciones de la estrategia para exámenes.

Preparación para el examen estandarizado

Usa la Preparación para el examen estandarizado para aplicar las estrategias para exámenes.

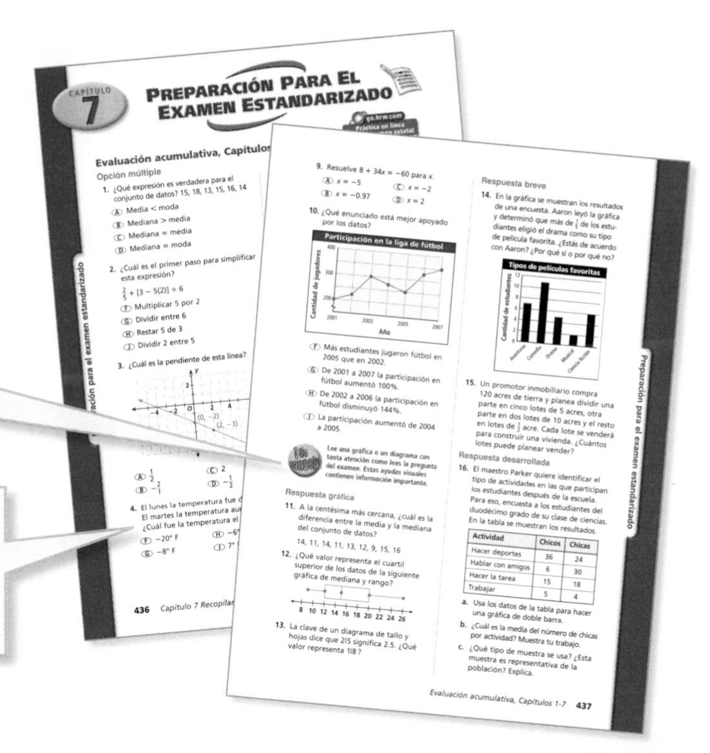
CAPÍTULO 7

PREPARACIÓN PARA EL EXAMEN ESTANDARIZADO

Evaluación acumulativa, Capítulos 1–7

Opción múltiple

Respuesta gráfica

Respuesta breve

Respuesta desarrollada

Participación en la liga de fútbol

Tipos de películas favoritas

436 Capítulo 7 Recopilación

Evaluación acumulativa, Capítulos 1-7 437

En ¡UN CONSEJO! se dan sugerencias para que tengas éxito en tus exámenes.

Estas páginas incluyen ejercicios de opción múltiple, respuesta gráfica, respuesta breve y respuesta desarrollada.

Camino al examen — SEMANA 5

DÍA 1 · DÍA 2 · DÍA 3 · DÍA 4 · DÍA 5

C8 Camino al examen

Camino al examen

Usa el Camino al examen para practicar para tu examen estatal todos los días.

Hay 24 páginas de práctica para tu examen estatal. Cada página está diseñada para que la uses en una semana, de modo que puedas completar toda la práctica antes de presentarte al examen estatal.

La página de cada semana contiene cinco puntos de práctica para el examen, uno para cada día de la semana.

Sugerencias para los exámenes

- La noche antes del examen, asegúrate de dormir bien. Una mente descansada piensa más claramente y no sentirás que te duermes mientras resuelves el examen.
- Si el problema no incluye una figura, dibújala. Si incluye una figura, escribe todos los detalles necesarios del problema en la figura.
- Lee cada problema atentamente. Cuando termines de resolver cada problema, vuelve a leerlo para asegurarte de que tu respuesta es razonable.
- Repasa la hoja de fórmulas que recibirás con el examen. Asegúrate de que sabes cuándo usar cada fórmula.
- En primer lugar, resuelve los problemas que sabes cómo resolver. Si no sabes cómo resolver un problema, saltéalo y regresa a él cuando termines de resolver los otros.
- Usa otras estrategias para exámenes que puedas hallar en el libro, como trabajar en sentido inverso y eliminar opciones de respuesta.

Camino al examen

Semana 1

Día 1

¿Cuál es el valor de la expresión $3(15 - 6) + (18 - 12)^2$?

Ⓐ 36
Ⓑ 45
Ⓒ 63
Ⓓ 75

Día 2

Kyle compra 3 CD a $7 cada uno y 2 DVD a $18 cada uno. Paga $3.42 de impuestos. Evalúa la expresión $3 \cdot 7 + 2 \cdot 18 + 3.42$ para hallar cuánto dinero gastó Kyle.

Ⓕ $60.42
Ⓖ $71.34
Ⓗ $80.42
Ⓙ $88.34

Día 3

Derek hizo un boceto de un tablero de anuncios en su habitación.

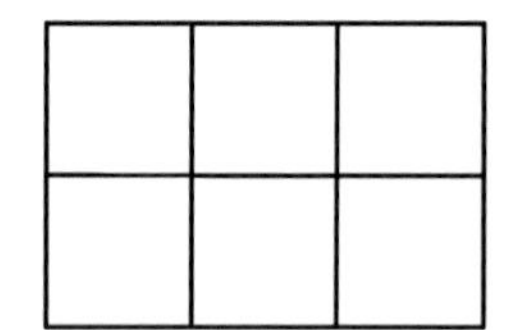

Si Derek usa 8.4 metros cuadrados de madera para construir el tablero, ¿cuál es la mejor estimación de la longitud del tablero?

Ⓐ 1 metro
Ⓑ 2 metros
Ⓒ 3 metros
Ⓓ 4 metros

Día 4

Estima el volumen del prisma cuadrangular.

Ⓕ 300 centímetros cúbicos
Ⓖ 400 centímetros cúbicos
Ⓗ 500 centímetros cúbicos
Ⓙ 600 centímetros cúbicos

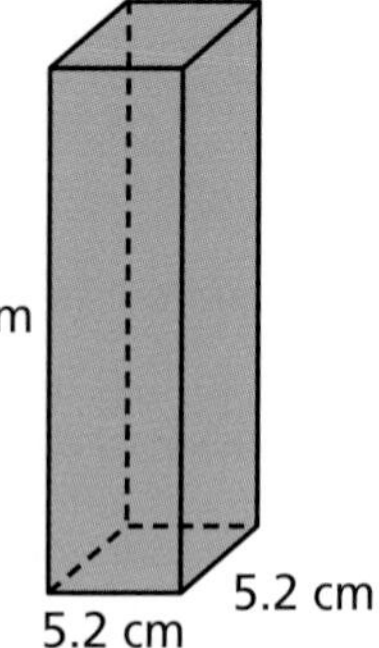

Día 5

Willy mide 25 pulgadas de estatura. Su hermano Carlos mide $2\frac{1}{4}$ más que él. ¿Cuál es la mejor estimación de la estatura de Carlos?

Ⓐ 23 pulgadas
Ⓑ 50 pulgadas
Ⓒ 25 pulgadas
Ⓓ 56 pulgadas

DÍA 1

En la panadería de Rose, se usaron estas manzanas para preparar una pequeña tarta de manzana.

¿Qué expresión representa la cantidad de manzanas que se usaron para preparar 4 tartas pequeñas?

Ⓐ $4 \cdot 2\frac{1}{2}$ Ⓒ $4 + 2\frac{1}{2}$

Ⓑ $4 \div 2\frac{1}{2}$ Ⓓ $4 - 2\frac{1}{2}$

DÍA 2

Gil quiere llenar su pecera con agua. ¿Cuál es la mejor estimación del volumen de agua que Gil necesita?

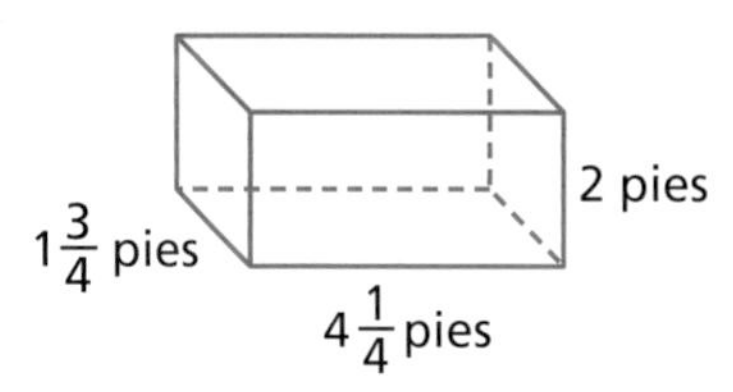

Ⓕ 8 pies cúbicos

Ⓖ 16 pies cúbicos

Ⓗ 24 pies cúbicos

Ⓙ 32 pies cúbicos

DÍA 3

La rana que tiene Tim como mascota crecerá 2.25 veces por mes. Si ahora la rana mide 4.7 centímetros de largo, ¿cuál es la mejor estimación de la longitud que tendrá en un mes?

Ⓐ 6 centímetros Ⓒ 10 centímetros

Ⓑ 8 centímetros Ⓓ 15 centímetros

DÍA 4

¿Cuál es el valor de la expresión $4(8 - 3)^2 - 10 \cdot (25 \div 5)$?

Ⓕ 50 Ⓗ 200

Ⓖ 150 Ⓙ 350

DÍA 5

La jardinera mide $4\frac{6}{8}$ pulgadas × $4\frac{6}{8}$ pulgadas × $10\frac{1}{4}$ pulgadas. ¿Cuál es la mejor estimación de la cantidad de tierra que llenará la jardinera?

Ⓐ 100 pulgadas cúbicas

Ⓑ 150 pulgadas cúbicas

Ⓒ 250 pulgadas cúbicas

Ⓓ 350 pulgadas cúbicas

Camino al examen

SEMANA 3

DÍA 1

¿Qué expresión muestra la fracción de macetas que tienen lunares en ambos grupos?

Ⓐ $\frac{1}{6} + \frac{1}{7}$

Ⓑ $\frac{6}{7} - \frac{4}{5}$

Ⓒ $\frac{3}{7} - \frac{4}{5}$

Ⓓ $\frac{4}{7} + \frac{5}{6}$

DÍA 2

Jake estima que la respuesta de $25 \cdot 10.6$ se encuentra entre 250 y 275. ¿En cuál de las siguientes opciones se muestra que la estimación de Jack es razonable?

Ⓕ $250 \div 10 = 25; 275 \div 10 = 27.5$

Ⓖ $250 + 275 = 525$

Ⓗ $25 \cdot 10 = 250; 25 \cdot 11 = 275$

Ⓙ $250 \div 11 = 23$

DÍA 3

June hizo una encuesta en su clase y halló que el 45% de sus compañeros visitaron el Gran Cañón. Como en su clase hay 20 estudiantes, June calculó que 9 estudiantes visitaron el Gran Cañón. ¿En cuál de las siguientes opciones se muestra que la respuesta de June es razonable?

Ⓐ $0.45 \cdot 100 = 45$

Ⓑ $4.5 \cdot 20 = 9$

Ⓒ $9 \cdot 20 \cdot 4.5 = 81$

Ⓓ $0.45 \cdot 20 = 9$

DÍA 4

¿Cuál es el valor de la expresión $(16 - 8) \cdot 3 + (10 \div 100)$?

Ⓕ 8.3

Ⓖ 24.1

Ⓗ 24.8

Ⓙ 34

DÍA 5

Estima el volumen de la siguiente figura.

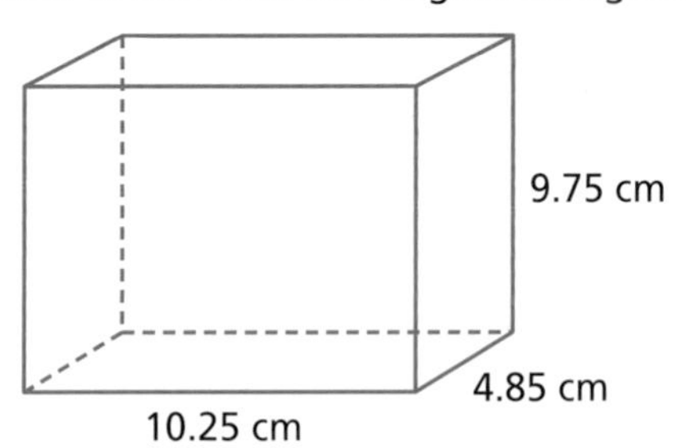

Ⓐ 300 centímetros cúbicos

Ⓑ 450 centímetros cúbicos

Ⓒ 500 centímetros cúbicos

Ⓓ 650 centímetros cúbicos

DÍA 1

¿Qué valor NO hace que el siguiente enunciado sea verdadero?

$$0.028 < \square < 0.064$$

Ⓐ 0.027
Ⓑ 0.029
Ⓒ 0.043
Ⓓ 0.062

DÍA 2

Seis amigos comparten en partes iguales el costo de un desayuno. El desayuno costó $42.30. ¿Qué expresión indica lo que pagó cada uno?

Ⓕ $42.30 \cdot 6$
Ⓖ $42.30 - 6$
Ⓗ $42.30 \div 6$
Ⓙ $42.30 + 6$

DÍA 3

Ann compra 3 velas negras, 2 blancas y 4 rayadas. Paga con $50 y estima que la cajera le dará $8 de vuelto. ¿Cuál de las siguientes opciones indica que la estimación de Ann es razonable?

Ⓐ $15 + 11 + 16 = 42$
Ⓑ $26 - 18 = 8$
Ⓒ $50 - 8 = 42$
Ⓓ $12 + 10 + 12 = 34$

DÍA 4

Miguel anotó las distancias que corrió cada mes. ¿Cuántas millas corrió en total?

Mes	Mayo	Junio	Julio
Millas	22.5	20.8	25.2

Ⓕ 43.3 millas
Ⓖ 46 millas
Ⓗ 68.5 millas
Ⓙ 69 millas

DÍA 5

Martín llena un bebedero con agua. Si en el balde que usa entran 9 pies cúbicos de agua, ¿cuántas veces tendrá que vaciar el balde en el bebedero para llenarlo completamente?

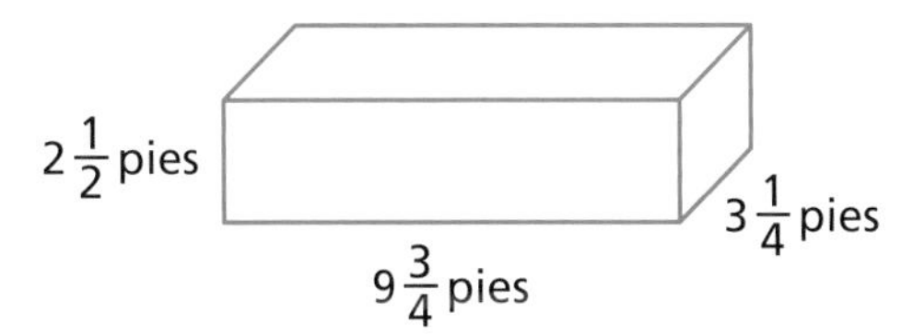

Ⓐ 6
Ⓑ 7
Ⓒ 8
Ⓓ 9

Camino al examen SEMANA 5

DÍA 1

Rosie fue a visitar a su abuela en tren. El tren recorrió 588 millas en $5\frac{3}{4}$ horas. Rosie estima que el tren recorrió 100 millas por hora. ¿Qué ecuación indica que su estimación es razonable?

Ⓐ $600 \cdot 100 = 6$

Ⓑ $6 \cdot 600 = 100$

Ⓒ $6 \div 600 = 100$

Ⓓ $600 \div 6 = 100$

DÍA 2

Jackie usó la propiedad asociativa para hallar $6 \cdot 14.3 \cdot 0.5 = 85.8 \cdot 0.5 = 42.9$. ¿Cuál de las siguientes opciones es correcta también?

Ⓕ $(6 \cdot 0.5) \cdot 14.3 = 42.9$

Ⓖ $0.5(6 + 14.3) = 42.9$

Ⓗ $6(0.5 + 14.3) = 42.9$

Ⓙ $6 + 14.3 + 0.5 = 42.9$

DÍA 3

Multiplicas esta receta para preparar pesto de modo que usas $2\frac{1}{2}$ tazas de hojas de albahaca. ¿Qué expresión indica la cantidad de aceite de oliva que necesitas?

Pesto

1 taza de hojas de albahaca
1/4 de taza de queso parmesano
1/2 taza de aceite de oliva
5 cdas. de piñones

Mezcla los ingredientes hasta formar una pasta suave.

Ⓐ $\frac{3}{4}(1 + 2\frac{1}{2})$

Ⓑ $\frac{1}{4} \cdot 2\frac{1}{2}$

Ⓒ $2\frac{1}{2} \cdot \frac{1}{2}$

Ⓓ $2\frac{1}{2} \div \frac{1}{2}$

DÍA 4

Una barcaza atravesó una serie de esclusas con las siguientes subidas y bajadas. Un número positivo indica una subida. Un número negativo indica una bajada. ¿En qué esclusa hubo la mayor subida?

Esclusa	1	2	3	4
Subida o bajada (pies)	−17	11	−8	6

Ⓕ 1

Ⓖ 2

Ⓗ 3

Ⓙ 4

DÍA 5

Ryan prepara $7\frac{1}{2}$ tazas de arroz para servir en una cena con sus amigos. Si quiere servirle $\frac{3}{4}$ de taza a cada invitado, ¿a cuántos amigos le servirá arroz en la cena?

Ⓐ 8

Ⓑ 10

Ⓒ 12

Ⓓ 14

DÍA 1

Jeff corre 8.077 millas en una hora. Tina corre 8.102 millas en una hora. Jade corre 8.05 millas en una hora. Andy corre 8.032 millas en una hora. Si todos comenzaron a correr al mismo tiempo, ¿quién terminará primero?

Ⓐ Tina Ⓒ Jade
Ⓑ Andy Ⓓ Jeff

DÍA 2

Kevin simplificó el problema $\frac{3}{4} + 3 - 1\frac{1}{2}$ en el pizarrón. ¿Cuál fue el primer error que cometió?

Paso 1: $\frac{3}{4} + 3\left(\frac{4}{4}\right) - \frac{3}{2}$

Paso 2: $\frac{3}{4} + 3\left(\frac{4}{4}\right) - \frac{3}{2}\left(\frac{2}{2}\right)$

Paso 3: $\frac{3}{4} + \frac{12}{4} - \frac{6}{4}$

Paso 4: $\frac{15}{4} - \frac{6}{4}$

Paso 5: $\frac{9}{4}$, que es $1\frac{3}{4}$

Ⓕ Paso 2 Ⓗ Paso 4
Ⓖ Paso 3 Ⓙ Paso 5

DÍA 3

Jon tiene 4 estantes con 52 CD en cada uno. Multiplica 50 por 4 y 2 por 4 para hallar que tiene 208 CD en total. ¿Qué propiedad justifica la solución de Jon?

Ⓐ asociativa Ⓒ distributiva
Ⓑ conmutativa Ⓓ de identidad

DÍA 4

Nate compra una camiseta que está de oferta, pero parte de la etiqueta está rota. ¿Cuál es la cantidad del descuento escrita como porcentaje?

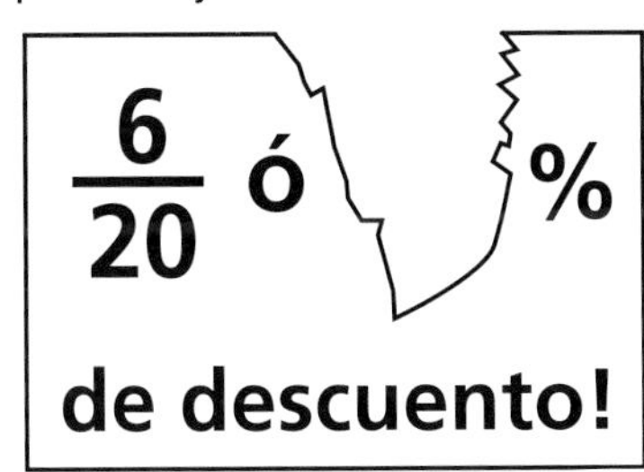

Ⓕ 0.3% Ⓗ 13%
Ⓖ 3% Ⓙ 30%

DÍA 5

Tom crea el modelo de un edificio. ¿Cuál es la altura del edificio real?

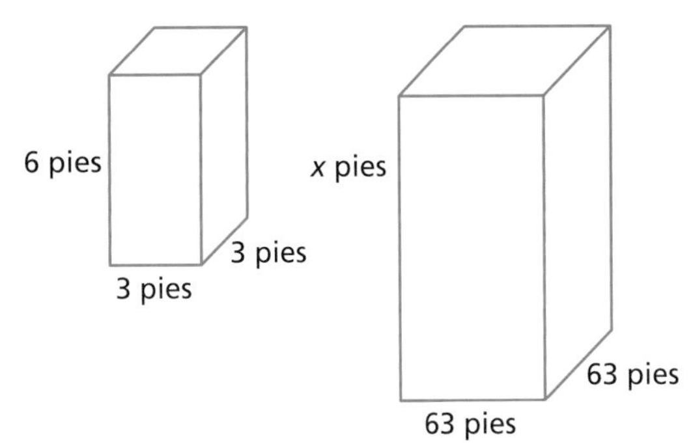

Ⓐ 54 pies Ⓒ 126 pies
Ⓑ 63 pies Ⓓ 3,969 pies

Camino al examen

SEMANA 7

DÍA 1

¿Cuál de los siguientes números es el menor?

0.305 0.02 0.10 0.081

Ⓐ 0.305
Ⓑ 0.081
Ⓒ 0.10
Ⓓ 0.02

DÍA 2

Si para transportar 225 pasajeros se necesitan 5 autobuses, ¿cuántos pasajeros se pueden transportar en 3 autobuses?

Ⓕ 45
Ⓖ 135
Ⓗ 170
Ⓙ 222

DÍA 3

Sandra leyó una encuesta que halló que el 82.5% de las personas encuestadas creían que ofrecerse como voluntario era la mejor manera de servir a la comunidad. ¿Cómo se escribe este porcentaje como fracción?

Ⓐ $82\frac{5}{10}$
Ⓑ $8\frac{25}{100}$
Ⓒ $\frac{33}{40}$
Ⓓ $8\frac{1}{4}$

DÍA 4

Peter y un amigo comparten una pizza. Peter come 2 porciones y su amigo come 3 porciones. ¿Qué fracción representa la cantidad de pizza que comieron los dos chicos?

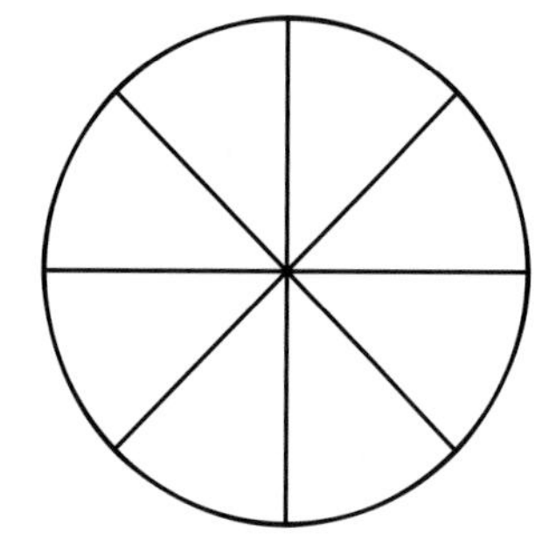

Ⓕ $\frac{1}{8}$
Ⓖ $\frac{1}{4}$
Ⓗ $\frac{3}{8}$
Ⓙ $\frac{5}{8}$

DÍA 5

¿Cuál es la mejor estimación del volumen de esta figura?

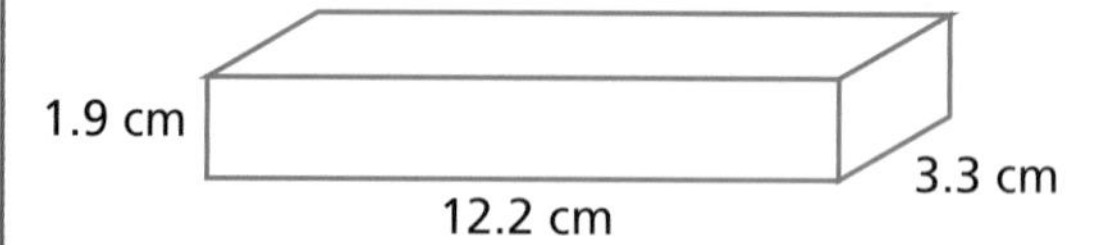

Ⓐ 24 centímetros cúbicos
Ⓑ 36 centímetros cúbicos
Ⓒ 72 centímetros cúbicos
Ⓓ 80 centímetros cúbicos

DÍA 1

En la tabla se muestra la cantidad de estudiantes de cuatro clases diferentes de la Intermedia Park Street que toman el autobús escolar. ¿Qué clase tiene la mayor fracción de estudiantes que toman el autobús escolar?

Clase	A	B	C	D
Estudiantes que toman el autobús	$\frac{15}{20}$	$\frac{20}{25}$	$\frac{12}{18}$	$\frac{12}{24}$

Ⓐ Clase A
Ⓑ Clase B
Ⓒ Clase C
Ⓓ Clase D

DÍA 2

Tim y Sue arman una carpa en un camping. Tim estima que la carpa cubrirá un área de 190 pies cuadrados, mientras que Sue estima que cubrirá un área de 220 pies cuadrados. ¿Cuál es la mejor estimación y por qué?

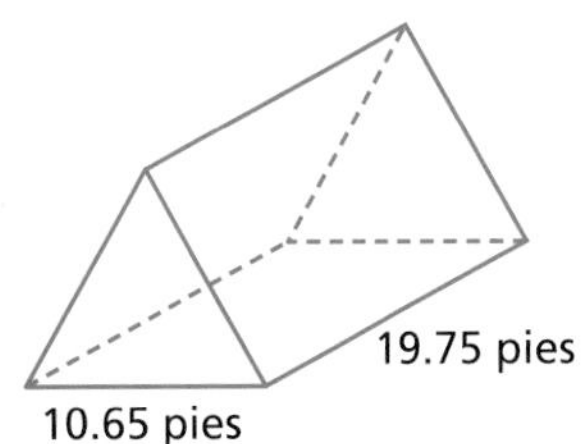

Ⓕ Tim: $19 \cdot 10 = 190$
Ⓖ Sue: $20 \cdot 11 = 220$
Ⓗ Tim: $10 \div 19 = 190$
Ⓙ Sue: $2(11 + 20) = 220$

DÍA 3

La Sra. Robbins teje una bufanda para su sobrina. Ayer tejió $1\frac{7}{8}$ pies y hoy tejió $1\frac{2}{3}$ pies. ¿Cuántos pies tejió la Sra. Robbins en ambos días?

Ⓐ $\frac{5}{24}$ pies
Ⓑ $1\frac{3}{4}$ pies
Ⓒ $2\frac{9}{11}$ pies
Ⓓ $3\frac{13}{24}$ pies

DÍA 4

¿Qué decimal completa esta equivalencia?

$$\frac{3}{4} = 75\% = ?$$

Ⓕ 0.34
Ⓖ 0.43
Ⓗ 0.75
Ⓙ 1.75

DÍA 5

El señor Reyes quiere cercar el área de la parte trasera de su casa. ¿Cuántos metros de cerca necesita comprar?

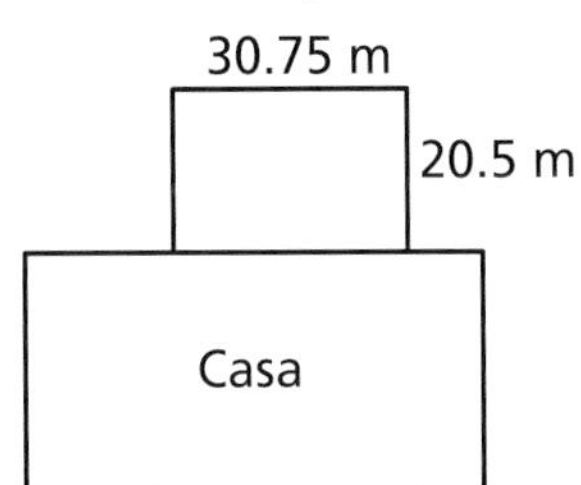

Ⓐ 51.25 metros
Ⓑ 71.75 metros
Ⓒ 102.5 metros
Ⓓ 630.38 metros

DÍA 1

¿Cuál es el valor de esta expresión?

$3 + 4 \cdot (2^2 + 21 \div 3)$

Ⓐ 26 Ⓒ 47

Ⓑ 36 Ⓓ 77

DÍA 2

Diane compra 4 DVD a \$15.40 cada uno. Calcula que en total gastará \$61.60. ¿Cuál de las siguientes opciones justifica la solución de Diane?

Ⓕ $4(15 + 0.40) = 60 + 1.60 = 61.60$

Ⓖ $61.60 \div 0.4 = 15.4$

Ⓗ $4 \cdot 15 + 2 - 0.40 = 62 - 0.40 = 61.60$

Ⓙ $4(15.40 + 15.40 + 15.40 + 15.40) = 61.60$

DÍA 3

Marc necesita $\frac{5}{8}$ de libra de arándanos para preparar una hornada de panecillos y $\frac{1}{3}$ de libra de arándanos para preparar panqueques de arándano. ¿Cuántas libras de arándanos necesita Marc?

Ⓐ $\frac{2}{9}$ de libra Ⓒ $\frac{7}{12}$ de libra

Ⓑ $\frac{10}{13}$ de libra Ⓓ $\frac{23}{24}$ de libra

DÍA 4

Por la mañana, Steve conduce su automóvil hasta la librería donde trabaja. Después del trabajo, conduce hasta la universidad donde da clases. Luego, conduce de regreso a su casa. ¿Cuál es la mejor estimación de la distancia que Steve recorre cada día?

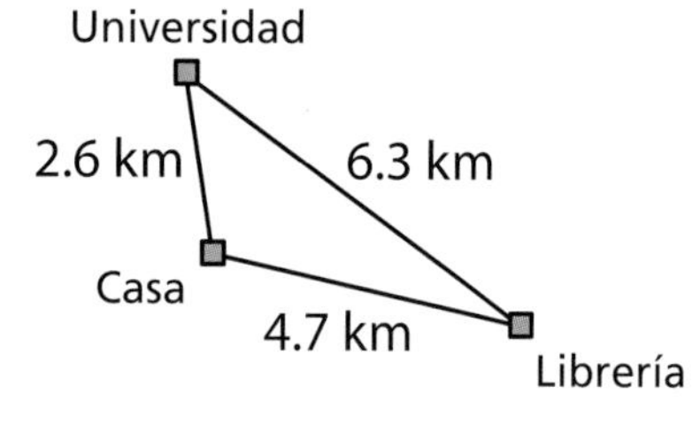

Ⓕ 8 kilómetros

Ⓖ 10 kilómetros

Ⓗ 12 kilómetros

Ⓙ 14 kilómetros

DÍA 5

Brian construye una pequeña piscina reflectora. ¿Cuál es la mejor estimación de la cantidad de agua que puede contener la piscina?

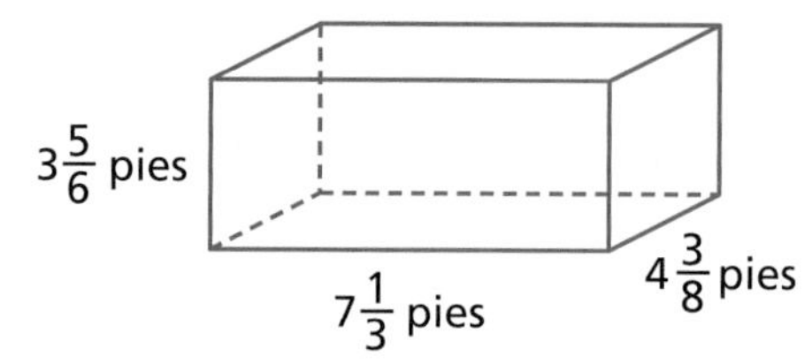

Ⓐ 84 pies cúbicos

Ⓑ 112 pies cúbicos

Ⓒ 140 pies cúbicos

Ⓓ 160 pies cúbicos

DÍA 1

¿Qué punto describe el par ordenado (–4, 2)?

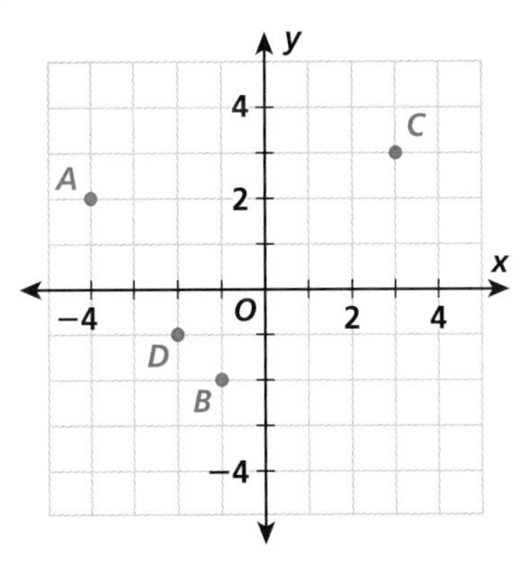

Ⓐ *A*
Ⓑ *B*
Ⓒ *C*
Ⓓ *D*

DÍA 2

¿Cuál es el patrón en la siguiente tabla?

Valor de entrada *x*	5	10	15	20
Valor de salida *y*	25	50	75	100

Ⓕ $y = x^2$
Ⓖ $y = 3x$
Ⓗ $y = 5x$
Ⓙ $y = 2x$

DÍA 3

¿Cuál de las siguientes opciones describe la relación entre los números de esta sucesión?

2, 8, 32, 128, ...

Ⓐ Un número es cuatro más que el número anterior a él.
Ⓑ Un número es cuatro veces mayor que el número anterior a él.
Ⓒ Un número es un cuarto del número anterior a él.
Ⓓ Un número es el cuadrado del número anterior a él.

DÍA 4

La Sra. Reese viaja para visitar a su hermana. Si recorre 162 millas en 3 horas, ¿cuál es su tasa de velocidad promedio?

Ⓕ 30 millas por hora
Ⓖ 54 millas por hora
Ⓗ 62 millas por hora
Ⓙ 70 millas por hora

DÍA 5

Sandy y su padre construyen una casa en un árbol para la hermana de Sandy. ¿Cuál es la altura del árbol?

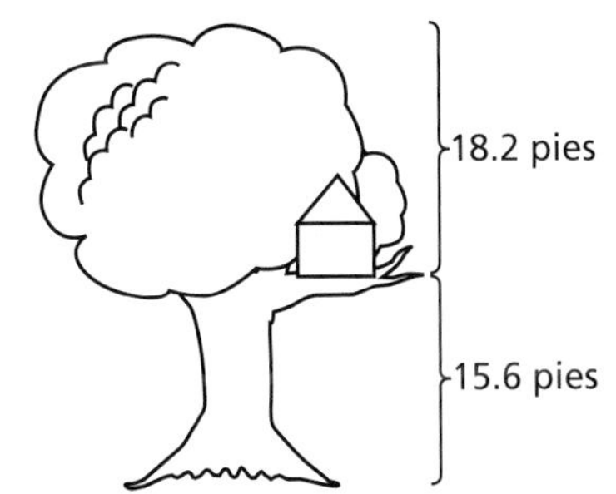

Ⓐ 2.6 pies
Ⓑ 23.8 pies
Ⓒ 33.8 pies
Ⓓ 34.8 pies

Camino al examen

SEMANA 11

DÍA 1

¿Cuál de las siguientes opciones describe la relación entre los números de esta sucesión?

145, 115, 85, 55, …

Ⓐ Un número es 30 menos que el número anterior a él.

Ⓑ Un número es la mitad del número anterior a él.

Ⓒ Un número es 30 más que el número anterior a él.

Ⓓ Un número es 15 menos que el número anterior a él.

DÍA 2

De acuerdo con este patrón, ¿cuál es la figura que sigue?

Ⓕ 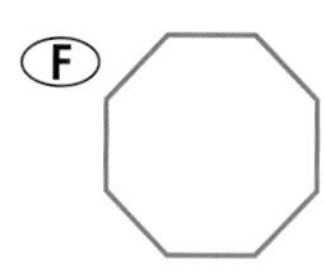

Ⓗ 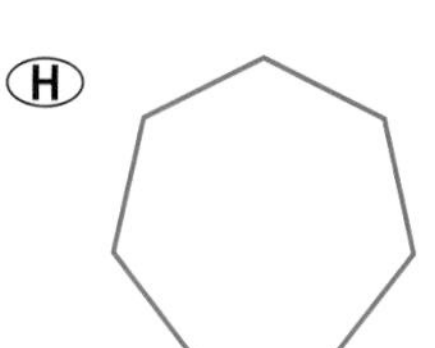

Ⓖ 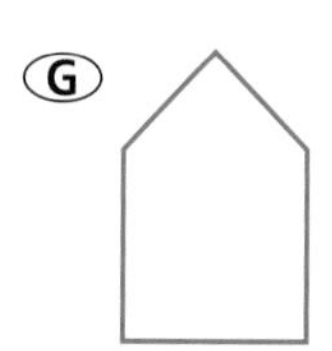

Ⓙ 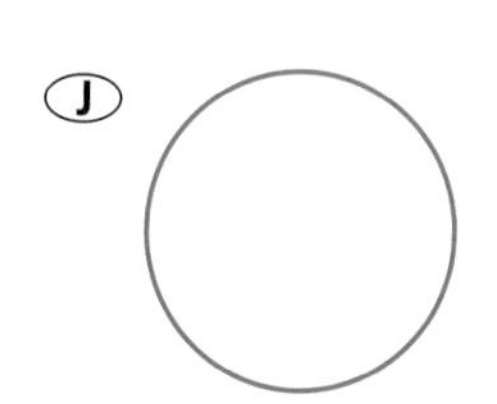

DÍA 3

¿Qué punto describe el par ordenado (−3, 2)?

Ⓐ *B*

Ⓑ *C*

Ⓒ *D*

Ⓓ *E*

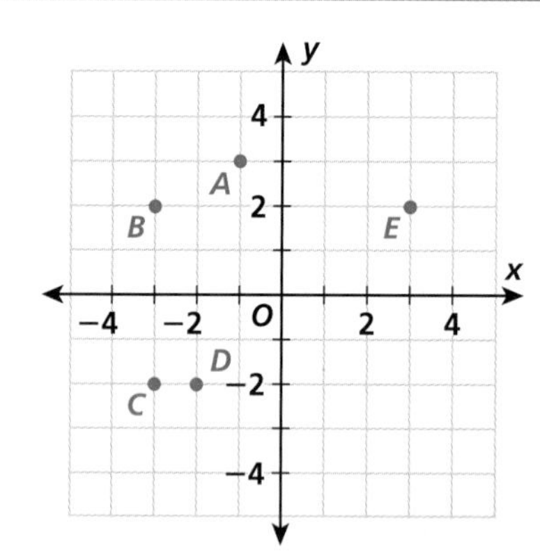

DÍA 4

Dante anotó la siguiente información sobre el crecimiento de un almácigo para su clase de ciencias. ¿Cuántas pulgadas creció el almácigo en tres semanas?

Semana	1	2	3
Pulgadas crecidas	$\frac{7}{8}$	$\frac{5}{6}$	$\frac{7}{24}$

Ⓕ $1\frac{1}{6}$ pulgadas

Ⓖ $1\frac{17}{24}$ pulgadas

Ⓗ 2 pulgadas

Ⓙ 48 pulgadas

DÍA 5

En 4 horas, Olivia leyó 125 páginas de su libro de medicina. ¿Cuál es su tasa promedio de lectura en páginas por hora?

Ⓐ 1.25 páginas por hora

Ⓑ 13 páginas por hora

Ⓒ 31.25 páginas por hora

Ⓓ 62.5 páginas por hora

Camino al examen

SEMANA 12

DÍA 1

¿Qué número completa mejor el patrón?

2, 5, 11, ▢, 47, 95

Ⓐ 19
Ⓑ 22
Ⓒ 23
Ⓓ 31

DÍA 2

¿Cuál de las siguientes opciones describe la relación entre los números de esta sucesión?

243, 81, 27, 9, ...

Ⓕ Un número es tres más que el número anterior a él.
Ⓖ Un número es tres menos que el número anterior a él.
Ⓗ Un número es un tercio del número anterior a él.
Ⓙ Un número es tres veces mayor que el número anterior a él.

DÍA 3

Dos de las siguientes figuras son semejantes. ¿Cuáles son?

Figura A

10 pies

5 pies

Figura B

4 pies

4 pies

Figura C

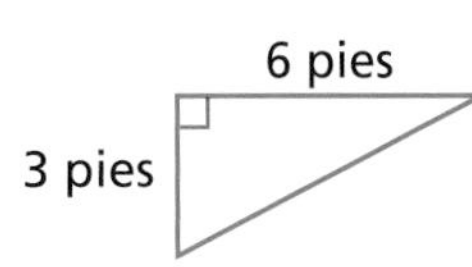

Figura D

4 pies

2 pies

Ⓐ Figuras A y D
Ⓑ Figuras A y B
Ⓒ Figuras B y D
Ⓓ Figuras B y C

DÍA 4

Una tienda de descuentos vende una caja con 24 botellas de agua a $12.99. ¿Cuál es el precio unitario de cada botella de agua al centavo más cercano?

Ⓕ $0.27
Ⓖ $0.54
Ⓗ $1.85
Ⓙ $11.01

DÍA 5

Un buzón de 4 pies de altura proyecta una sombra de 2 pies de largo. Si la sombra de un árbol mide 16 pies de largo, ¿cuál es la altura del árbol?

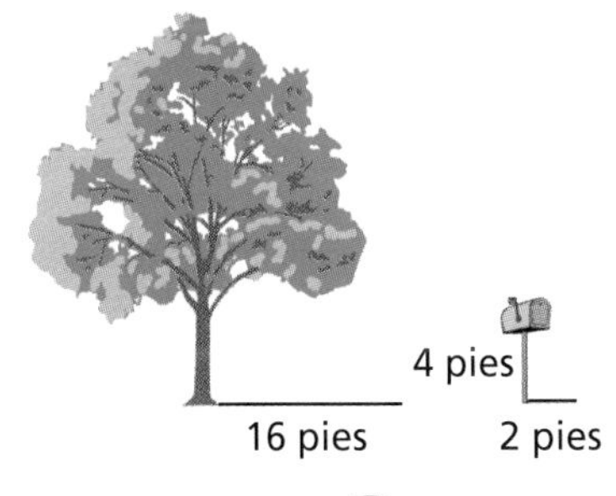

Ⓐ 18 pies
Ⓑ 24 pies
Ⓒ 32 pies
Ⓓ 64 pies

DÍA 1

A continuación se dan las dimensiones del modelo de un automóvil y del automóvil real. ¿Cuál es la longitud del automóvil real si el factor de escala es 1: 30?

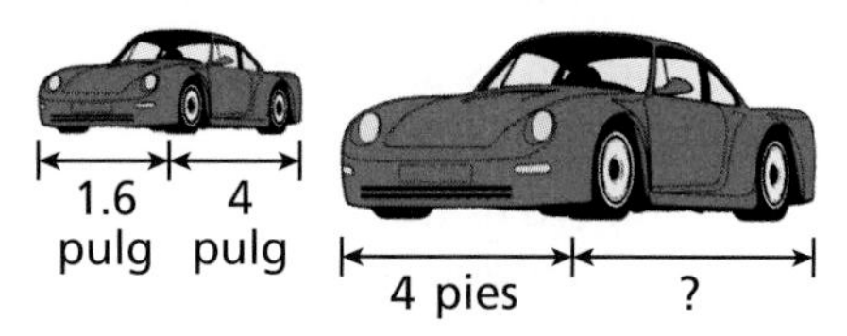

Ⓐ 8 pies
Ⓑ 9 pies
Ⓒ 10 pies
Ⓓ 12 pies

DÍA 2

¿Qué par de triángulos son semejantes?

Ⓕ

Ⓖ
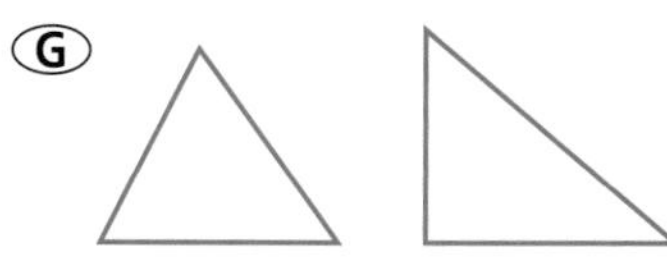

Ⓗ
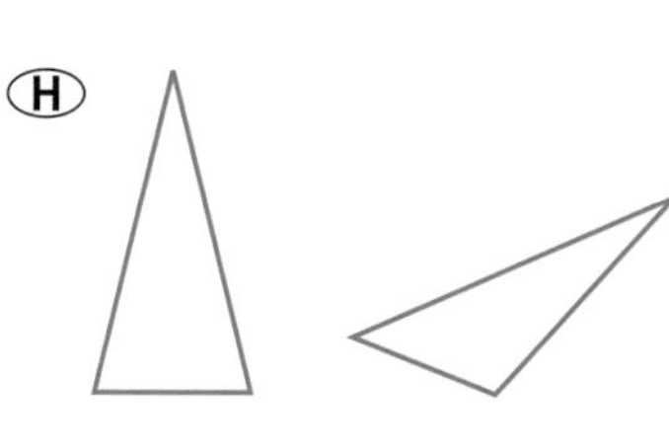

Ⓙ
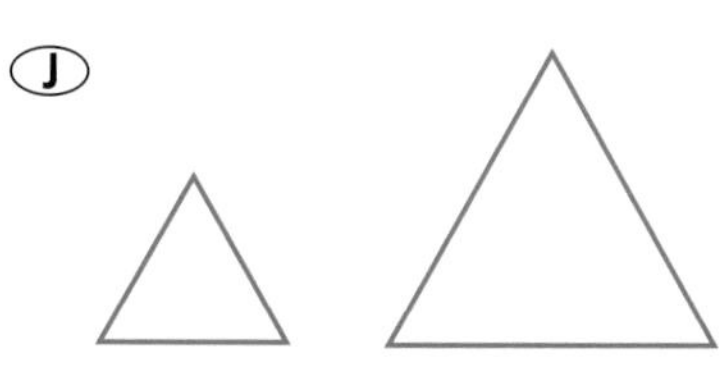

DÍA 3

¿Qué punto describe el par ordenado (−1, −1)?

Ⓐ *B*
Ⓑ *D*
Ⓒ *E*
Ⓓ *F*

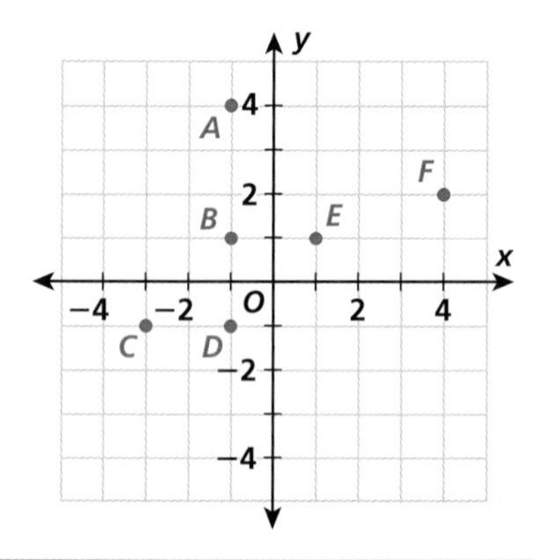

DÍA 4

Rendy quiere comprar un reproductor de MP3 a $98.99 y tiene un descuento del 37%. ¿Cuánto pagará Rendy por el reproductor de MP3 sin impuestos?

Ⓕ $40
Ⓖ $60
Ⓗ $70
Ⓙ $80

DÍA 5

Todos los sábados, Julie sale a andar en su bicicleta de montaña. La semana pasada, recorrió 36 kilómetros en 3 horas. ¿Cuál fue su tasa de velocidad promedio?

Ⓐ 8 kilómetros por hora
Ⓑ 9 kilómetros por hora
Ⓒ 12 kilómetros por hora
Ⓓ 18 kilómetros por hora

Camino al examen

SEMANA 14

DÍA 1

¿Qué punto describe el par ordenado (2, −2)?

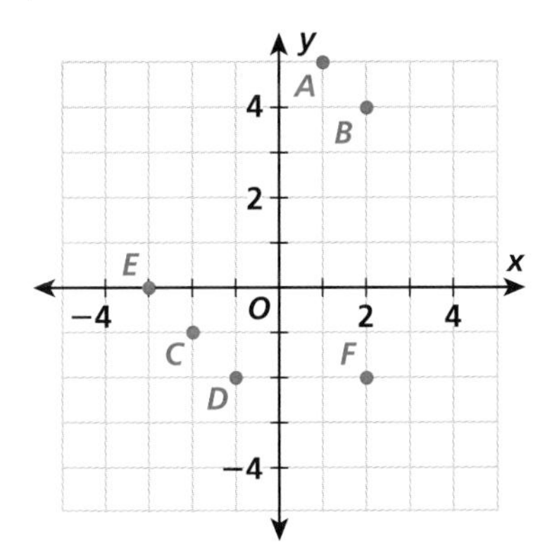

Ⓐ *B*

Ⓑ *D*

Ⓒ *E*

Ⓓ *F*

DÍA 2

¿Cuál de las siguientes opciones describe la relación entre los números de esta sucesión?

$$\frac{1}{2}, \frac{1}{4}, \frac{1}{8}, \frac{1}{16}, \ldots$$

Ⓕ Un número es el doble del número anterior a él.

Ⓖ Un número es dos más que el número anterior a él.

Ⓗ Un número es la mitad del número anterior a él.

Ⓙ Un número es dos menos que el número anterior a él.

DÍA 3

Dos figuras semejantes...

Ⓐ tienen el mismo tamaño.

Ⓑ tienen la misma forma.

Ⓒ tienen la misma forma y el mismo tamaño.

Ⓓ son congruentes.

DÍA 4

Abril está de pie cerca de un árbol. La sombra de Abril tiene una longitud de 4 pies y la sombra del árbol tiene un longitud de 32 pies. Si abril mide 5 pies de alto, ¿cuál es la altura del árbol?

Ⓕ 18 pies

Ⓖ 24 pies

Ⓗ 32 pies

Ⓙ 40 pies

DÍA 5

Susan compra monederos de cuero directo de fábrica a $11.90 cada uno. Los vende al público al 425% del precio de compra. ¿Cuánto pagan los clientes de Susan por los monederos?

Ⓐ $15.50

Ⓑ $42.00

Ⓒ $51.00

Ⓓ $437.00

Camino al examen

SEMANA 15

DÍA 1

¿Cuál es la mediana de este conjunto de datos?

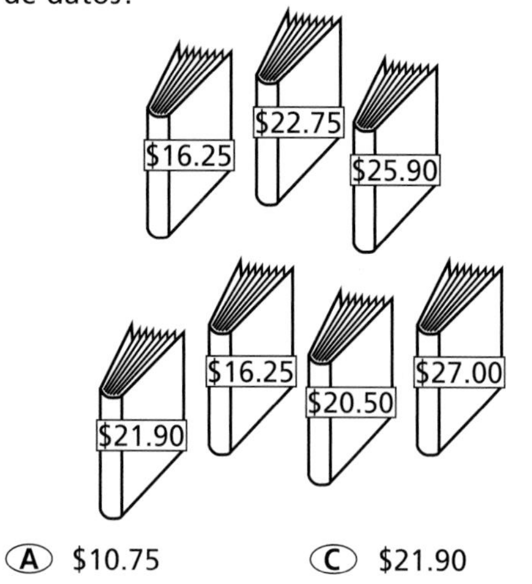

Ⓐ $10.75
Ⓑ $16.25
Ⓒ $21.90
Ⓓ $27.00

DÍA 2

Este semestre, Louis obtuvo los siguientes puntajes en sus pruebas de lengua: 95, 95, 80, 70, 60. ¿Qué descripción de este conjunto de datos haría que se vieran mejor los resultados de Louis?

Ⓕ la media de sus puntajes
Ⓖ la mediana de sus puntajes
Ⓗ la moda de sus puntajes
Ⓙ el rango de sus puntajes

DÍA 3

Nora quiere presentar los datos sobre el tiempo que tardó cada corredor en completar una carrera. ¿Qué tipo de gráfica debería usar?

Ⓐ gráfica de barras
Ⓑ gráfica lineal
Ⓒ histograma
Ⓓ tabla de frecuencia

DÍA 4

Una comida en un restaurante cuesta $11.82 sin impuestos ni propina. ¿Cuál es la mejor estimación del costo de la comida si la propina es del 15% y el impuesto es del 8%? (Calcula el impuesto y la propina en base al precio de la comida).

Ⓕ $10
Ⓖ $12
Ⓗ $15
Ⓙ $20

DÍA 5

¿Cuál es la moda de este conjunto de datos?

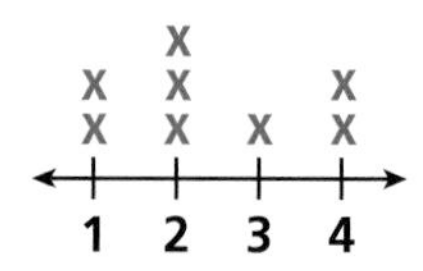

Ⓐ 1
Ⓑ 2
Ⓒ 3
Ⓓ 4

DÍA 1

Haces una encuesta para saber si la cantidad de horas de sueño que las personas necesitan por noche se relaciona con su edad. ¿Qué tipo de diagrama usarías para mostrar los datos que reúnes?

- (A) diagrama de acumulación
- (B) gráfica circular
- (C) diagrama de tallo y hojas
- (D) diagrama de dispersión

DÍA 2

¿Qué tipo de datos es más probable que represente este diagrama?

Tallo	Hojas
7	2 2 4 4 5 7
8	1 3 5 5 7 8 8 8 9
9	0 2

- (F) el precio de la entrada en los cines locales
- (G) la altura promedio (en pulg) de los estudiantes de una clase
- (H) las temperaturas medias diarias en una playa
- (J) las edades de los estudiantes de una clase

DÍA 3

¿Qué representa la medida 33 en este conjunto de datos?

33, 33, 66, 33

- (A) moda y media
- (B) mediana y media
- (C) media y rango
- (D) mediana y moda

DÍA 4

¿Cuál es el peso medio de estos paquetes?

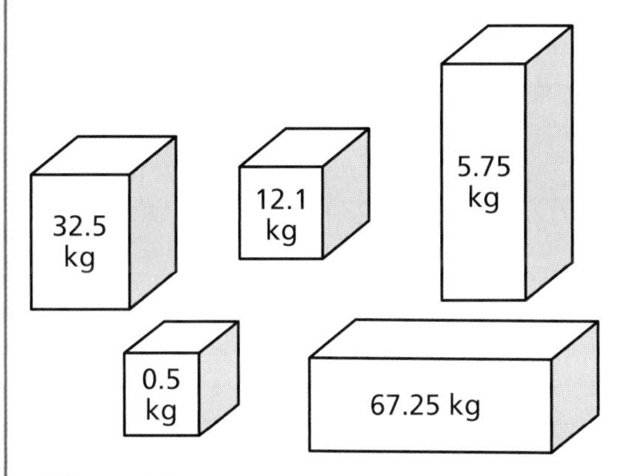

- (F) 21 kilogramos
- (G) 23.62 kilogramos
- (H) 25.13 kilogramos
- (J) 118.10 kilogramos

DÍA 5

Compras un libro a $24.75 y pagas un 6.25% de impuestos sobre la venta. ¿Cuánto te cuesta el libro en total?

- (A) $1.55
- (B) $26.30
- (C) $32.75
- (D) $40.00

Camino al examen — SEMANA 17

DÍA 1

¿Cuál de las siguientes medidas es el número más grande de este conjunto de datos?

32, 35, 19, 26, 40, 32, 18, 32, 16, 18

Ⓐ mediana
Ⓑ moda
Ⓒ media
Ⓓ rango

DÍA 2

Naomi hizo una encuesta a un grupo de personas sobre su género de películas preferido: comedia, drama, acción, musical o ciencia ficción. ¿Cuál de las siguientes opciones sería la mejor para que Naomi represente los datos?

Ⓕ gráfica lineal
Ⓖ diagrama de acumulación
Ⓗ gráfica circular
Ⓙ diagrama de dispersión

DÍA 3

¿Qué par de ángulos son complementarios?

Ⓐ
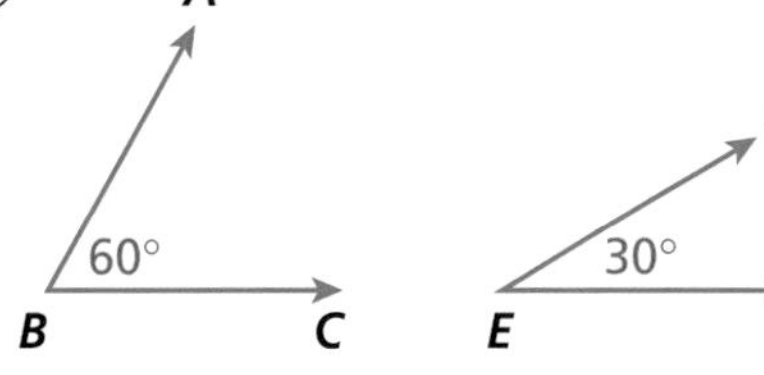

Ⓑ
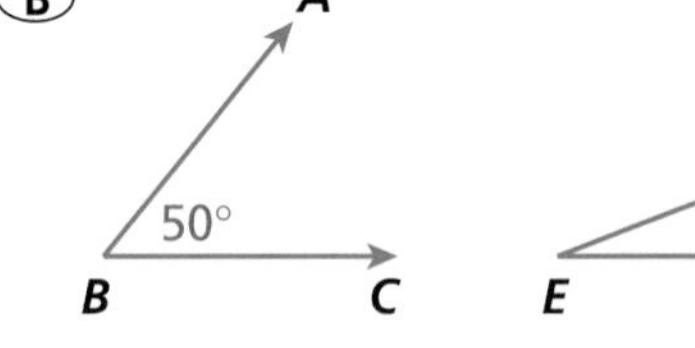

Ⓒ

Ⓓ
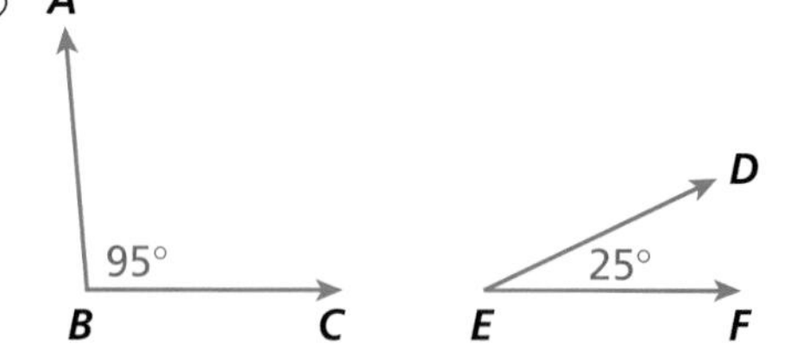

DÍA 4

Jason anotó la cantidad de cardenales que vio cada mes durante sus excursiones a la naturaleza. ¿Cuál es la media de los cardenales que vio Jason? Redondea tu respuesta al número cabal más cercano.

Tallo	Hojas
0	6 6 8 9
1	2 4 5 8 8 8 9
2	1

Ⓕ 6
Ⓖ 14
Ⓗ 15
Ⓙ 18

DÍA 5

La mediana de 4 números es 48. Si tres de los números son 42, 45 y 52, ¿cuál es el número que falta?

Ⓐ 43
Ⓑ 47
Ⓒ 51
Ⓓ 55

Camino al examen

SEMANA 18

DÍA 1

¿Qué tipo de triángulo se forma cuando conectas los tres puntos?

Ⓐ equilátero Ⓒ rectángulo

Ⓑ isósceles Ⓓ obtusángulo

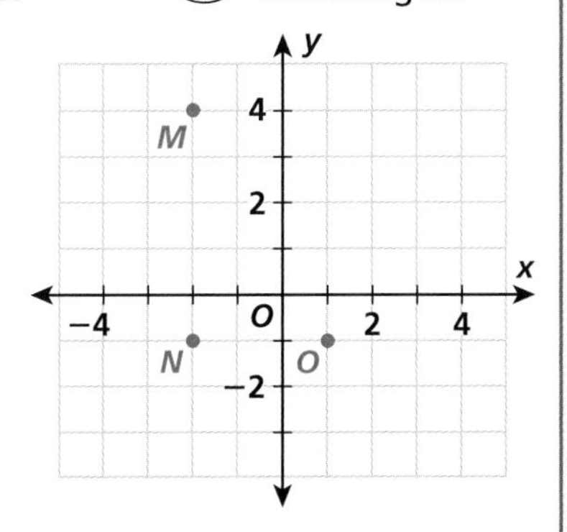

DÍA 2

Alex registró la cantidad de llamadas de venta telefónica que recibió cada mes durante 6 meses.

14, 10, 17, 12, 10, 15

¿Cuál de las siguientes medidas no cambiaría si Alex decide agregar el valor 11 correspondiente a un séptimo mes?

Ⓕ mediana Ⓗ moda

Ⓖ rango Ⓙ media

DÍA 3

¿Qué par de ángulos son suplementarios?

Ⓐ

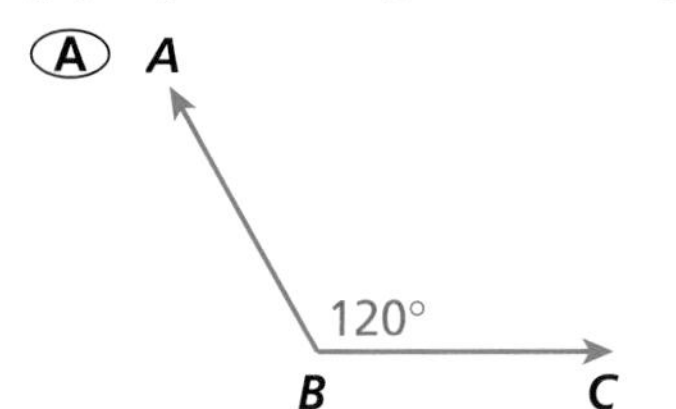

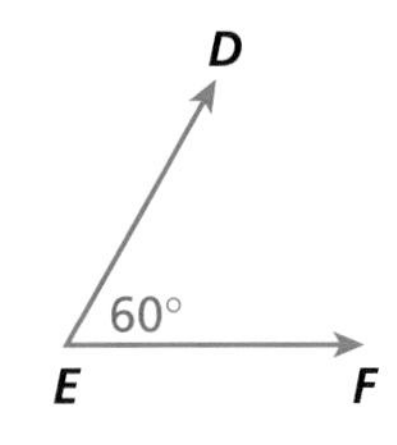

Ⓒ

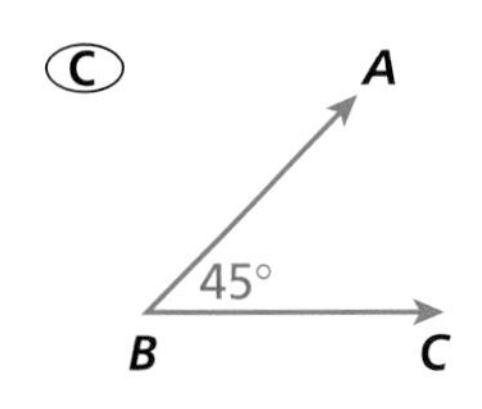

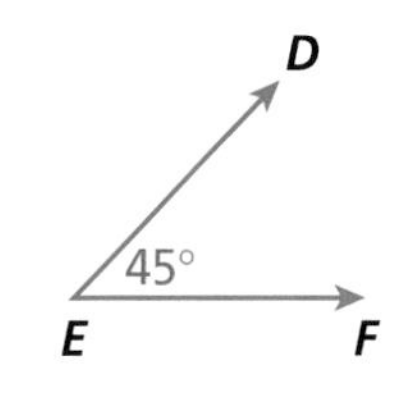

Ⓑ

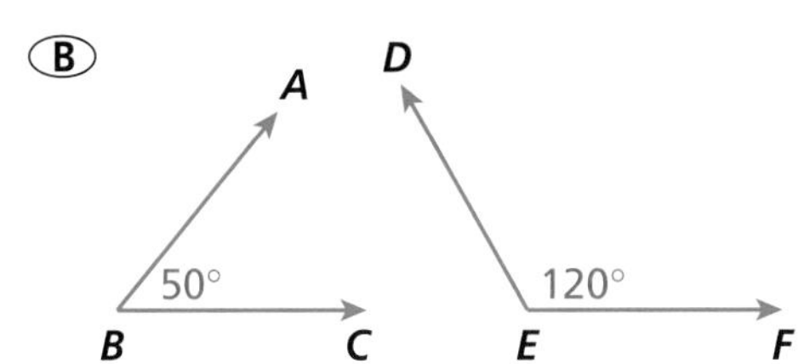

Ⓓ

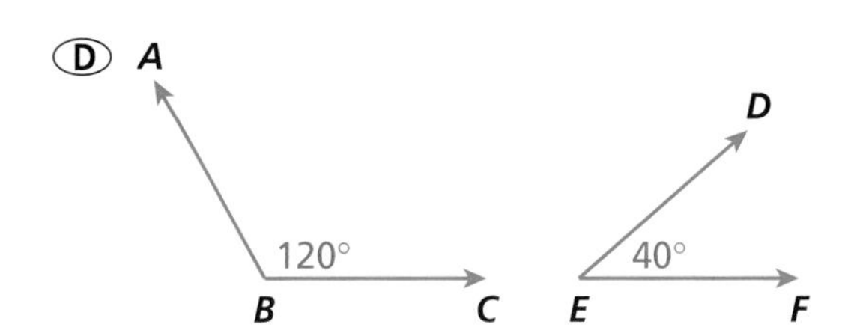

DÍA 4

En el diagrama de acumulación se muestran las temperaturas mínimas diarias durante una semana. ¿Cuál es la temperatura mínima media de toda la semana?

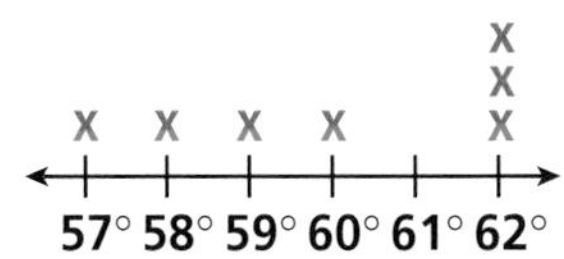

Ⓕ 60° F Ⓗ 62° F

Ⓖ 61° F Ⓙ 63° F

DÍA 5

Si un automóvil viaja a una velocidad de 48 millas por hora, ¿cuántas millas recorrerá en $1\frac{7}{8}$ horas?

Ⓐ 50 millas Ⓒ 90 millas

Ⓑ 80 millas Ⓓ 100 millas

Camino al examen

SEMANA 19

DÍA 1

Henry diseña el vestíbulo de un edificio de oficinas. Quiere un modelo de baldosa para teselar. ¿Qué modelo puede usar?

Ⓐ 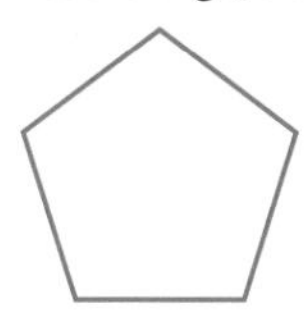

Ⓒ 

Ⓑ 

Ⓓ 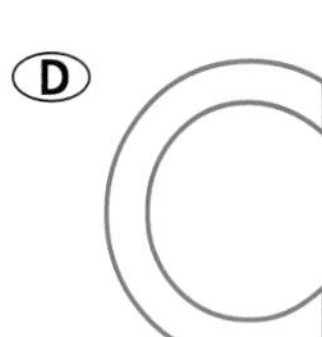

DÍA 2

Ellis clasificó las siguientes figuras como paralelogramos: cuadrado, rectángulo, trapecio y rombo. Cometió un error. ¿Qué figura no es un paralelogramo?

Ⓕ cuadrado Ⓗ trapecio

Ⓖ rectángulo Ⓙ rombo

DÍA 3

Si la figura *ABCD* se refleja sobre el eje *y*, ¿cuáles serán las nuevas coordenadas de *D*?

Ⓐ (3, 1) Ⓒ (−3, −1)

Ⓑ (2, 2) Ⓓ (−3, 1)

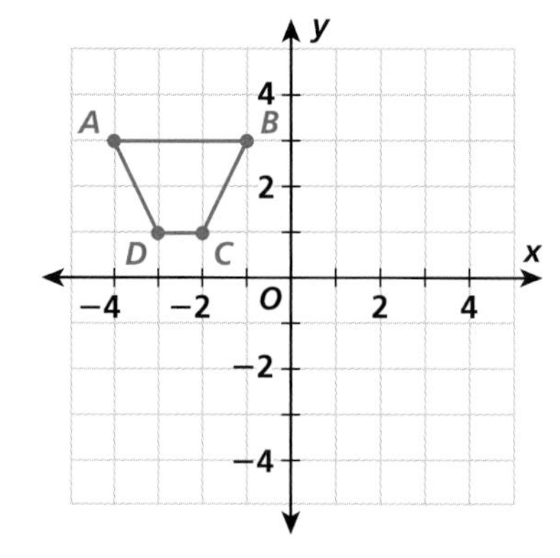

DÍA 4

¿Cuál de las siguientes medidas de ángulos es complementaria de la medida del ángulo *ABC*?

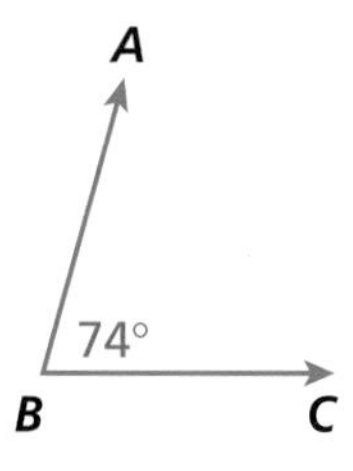

Ⓕ 6° Ⓗ 36°

Ⓖ 16° Ⓙ 106°

DÍA 5

¿Cuál es la media de este conjunto de datos?

90, 108, 67, 84, 90, 82, 73, 90

Ⓐ 41 Ⓒ 87

Ⓑ 85.5 Ⓓ 90

DÍA 1

Si la figura *FGHJ* se refleja sobre el eje *x*, ¿cuáles serán las nuevas coordenadas de *J*?

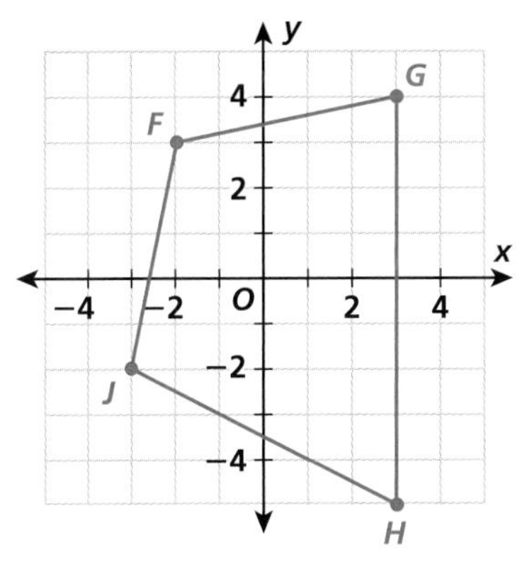

Ⓐ (−3, 2) Ⓒ (−3, −2)

Ⓑ (3, −2) Ⓓ (2, −3)

DÍA 2

Los cuatro triángulos tienen la misma área. Si una bolsa con piedras cubrirá un área de 25 pies cuadrados, ¿cuántas bolsas se necesitan para cubrir el triángulo grande?

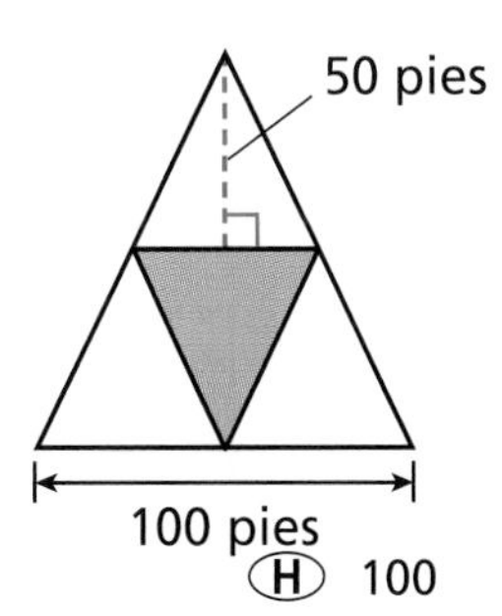

Ⓕ 25 Ⓗ 100

Ⓖ 75 Ⓙ 150

DÍA 3

Si $\angle ABC$ y $\angle DEF$ son suplementarios y $\angle ABC$ mide 65°, ¿cuánto mide $\angle DEF$?

Ⓐ 25° Ⓒ 105°

Ⓑ 35° Ⓓ 115°

DÍA 4

¿Cuál de las siguientes figuras no pertenece al grupo si los triángulos se clasifican según sus ángulos?

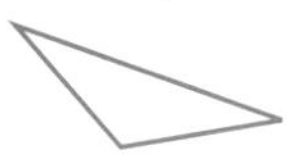

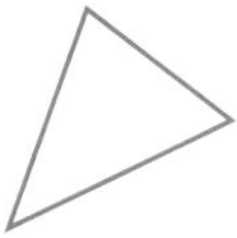

Ⓑ

DÍA 5

Para preparar cemento, se mezclan 4 paladas de arena con 5 paladas de grava. ¿Cuántas paladas de grava se necesitarán aproximadamente para 45 paladas de arena?

Ⓐ 20 Ⓒ 45

Ⓑ 55 Ⓓ 75

Camino al examen

SEMANA 21

DÍA 1

Si la figura *ABCDE* se refleja sobre el eje *x*, ¿cuáles serán las nuevas coordenadas de *E*?

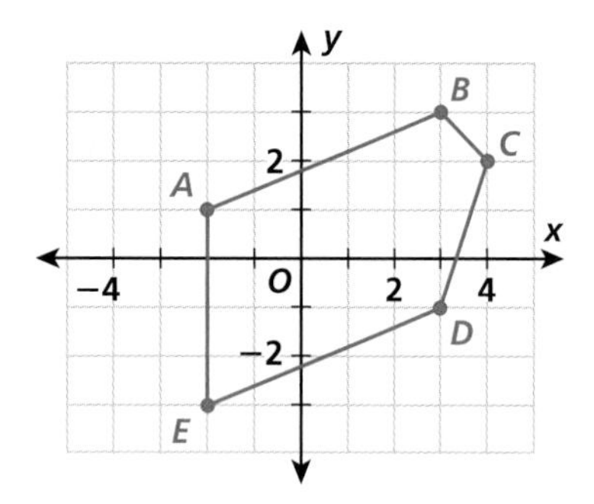

Ⓐ (−2, 3) Ⓒ (−3, 2)

Ⓑ (2, 3) Ⓓ (2, −3)

DÍA 2

¿Cuál de las siguientes figuras es un paralelogramo?

Ⓕ 

Ⓗ 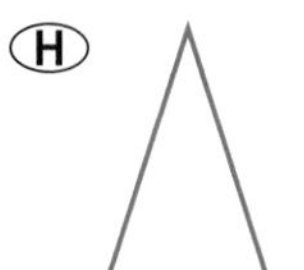

Ⓖ 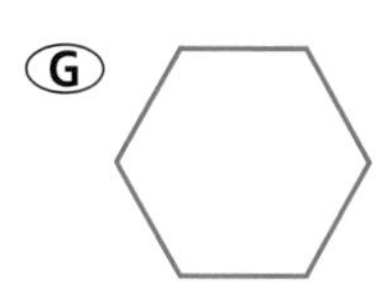

Ⓙ 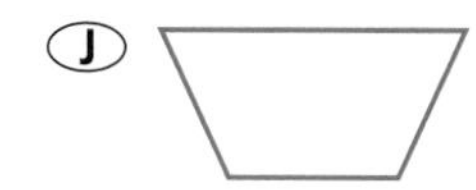

DÍA 3

¿Cuál de las siguientes opciones describe mejor los ángulos?

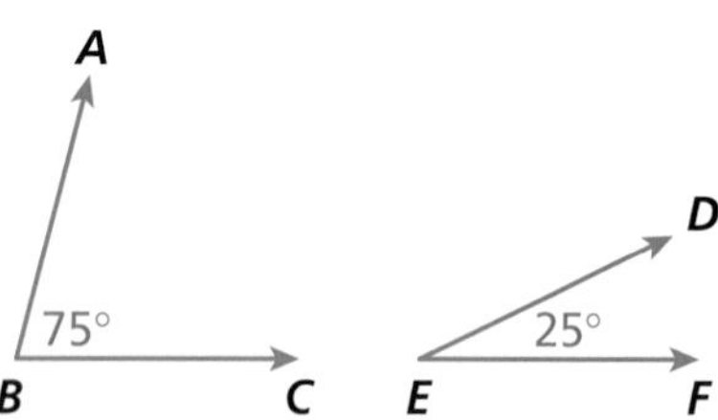

Ⓐ Son congruentes. Ⓒ Son complementarios.

Ⓑ Son suplementarios. Ⓓ No está la respuesta.

DÍA 4

¿Cuánto cuesta la TV más cara?

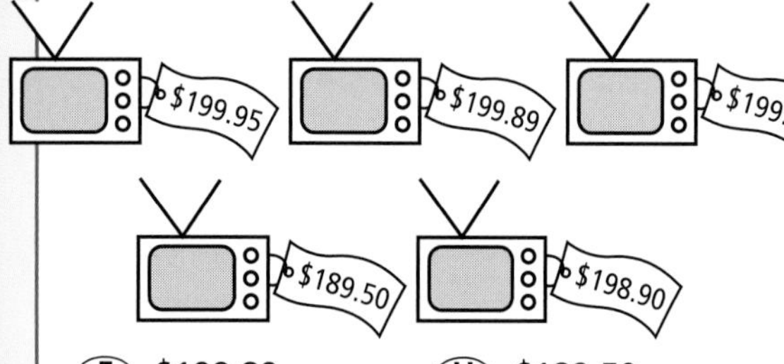

Ⓕ $199.89 Ⓗ $189.50

Ⓖ $199.99 Ⓙ $198.90

DÍA 5

Carrie diseña una pared de mosaicos para la biblioteca de su escuela. La pared mide 4 metros por 8 metros. Los azulejos que usa miden 10 centímetros por 10 centímetros. Si los azulejos vienen en paquetes de 600, ¿cuántos paquetes de azulejos necesita Carrie para cubrir la pared?

Ⓐ 4 Ⓒ 6

Ⓑ 5 Ⓓ 7

DÍA 1

¿Qué punto describe (–4, 3)?

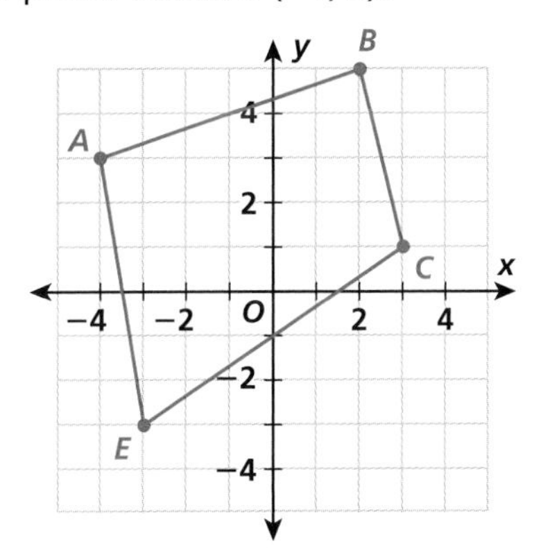

Ⓐ D
Ⓑ A
Ⓒ B
Ⓓ C

DÍA 2

Willie recibió el siguiente plano de un edificio. ¿Cuál es el área de este edificio?

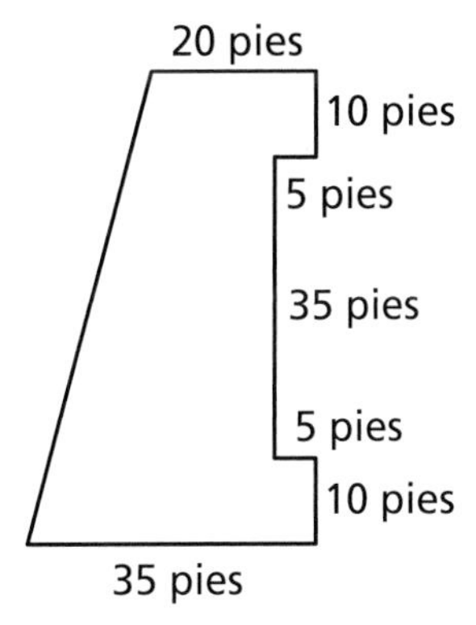

Ⓕ 1,258.5 pies cuadrados
Ⓖ 1,337.5 pies cuadrados
Ⓗ 1,425.5 pies cuadrados
Ⓙ 1,512.5 pies cuadrados

DÍA 3

¿Cuál de los siguientes triángulos es isósceles no equilátero?

Ⓐ 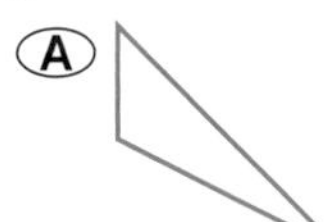
Ⓑ 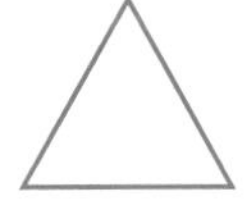
Ⓒ 
Ⓓ 

DÍA 4

Kenny construye un recipiente para abono. ¿Cuál es la mejor estimación del volumen del recipiente?

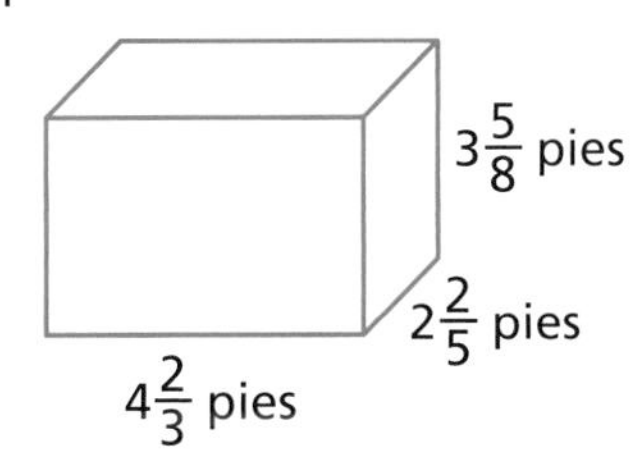

Ⓕ 11 pies cúbicos
Ⓖ 24 pies cúbicos
Ⓗ 40 pies cúbicos
Ⓙ 60 pies cúbicos

DÍA 5

¿Cuál es el valor de esta expresión?

$(12 \div 3)^2 + 50 \div 2.5 - 10$

Ⓐ 16
Ⓑ 22.7
Ⓒ 26
Ⓓ 46

Camino al examen

SEMANA 23

DÍA 1

¿Cuál es la regla del patrón en la siguiente tabla?

x	1	2	3	4
y	1	4	7	10

Ⓐ $y = 2x + 2$

Ⓑ $y = 3x - 2$

Ⓒ $y = \frac{x}{2} \cdot 5$

Ⓓ $y = 2x + 1$

DÍA 2

¿Qué par de figuras son semejantes?

Ⓕ

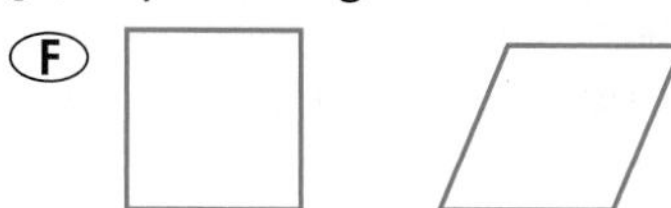

Ⓖ

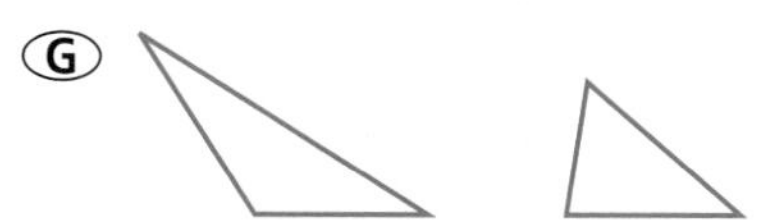

Ⓗ

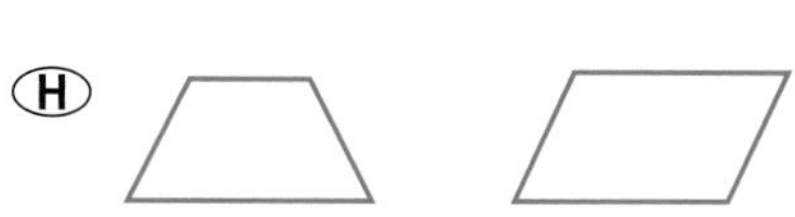

Ⓙ

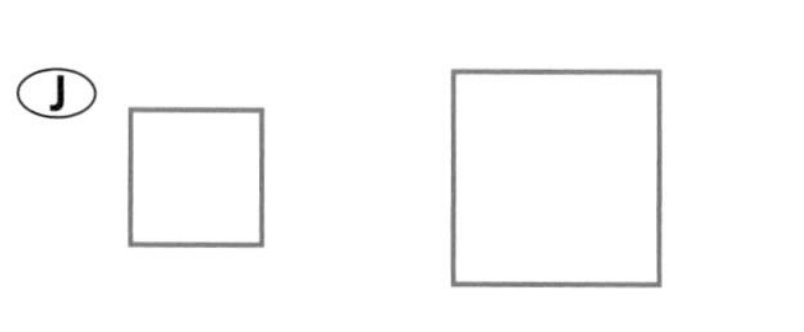

DÍA 3

¿Cuál de las siguientes opciones describe esta figura?

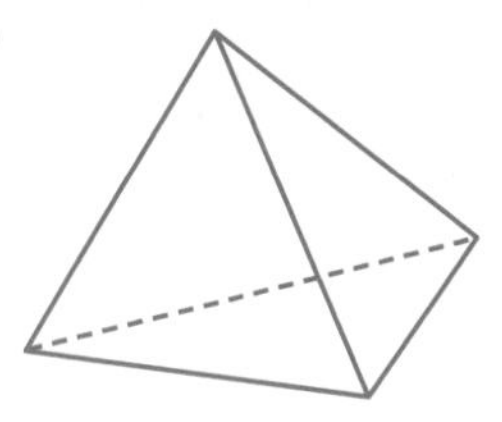

Ⓐ prisma triangular

Ⓑ pirámide triangular

Ⓒ pirámide rectangular

Ⓓ cono

DÍA 4

Para comprar suficiente madera para un proyecto, Danny tiene que sumar las siguientes longitudes. ¿Qué número decimal debe usar Danny para reemplazar $12\frac{3}{8}$ m?

2.5 m, 6.75 m, 10.425 m, $12\frac{3}{8}$ m

Ⓕ 12.375 m

Ⓖ 12.75 m

Ⓗ 14.7 m

Ⓙ 15.7 m

DÍA 5

¿Cuál de las siguientes medidas de ángulos es suplementaria de la medida del ángulo *ABC*?

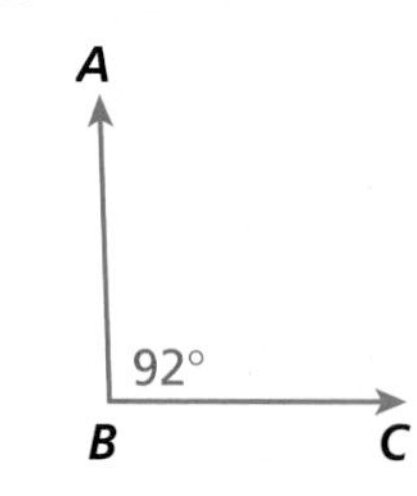

Ⓐ 3°

Ⓑ 28°

Ⓒ 88°

Ⓓ 90°

DÍA 1

Isaac tuvo que dibujar cuatro pirámides diferentes para su clase de matemáticas. Dibujó las siguientes figuras. ¿Qué figura no es una pirámide?

Ⓐ 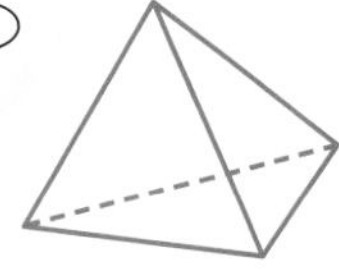

Ⓒ 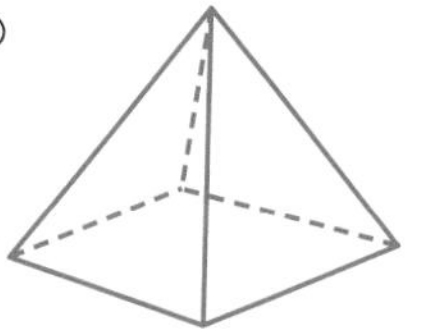

Ⓑ 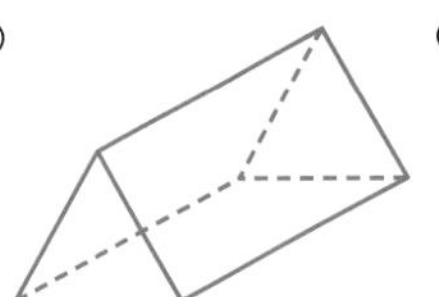

Ⓓ 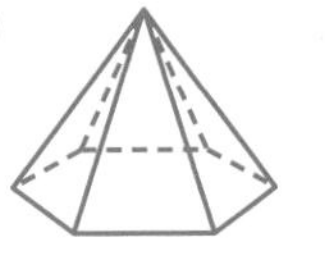

DÍA 2

¿Qué figura representa esta plantilla?

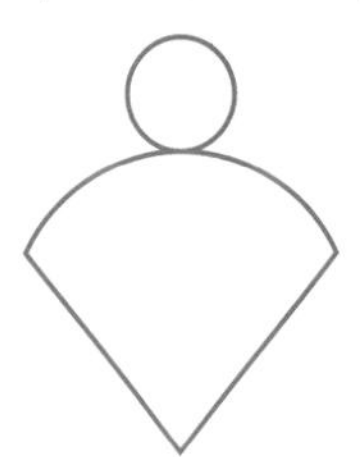

Ⓕ cono
Ⓗ cilindro
Ⓖ esfera
Ⓙ prisma

DÍA 3

Anota los puntajes que has recibido en las pruebas de ciencias este semestre. Si quieres ver la forma del conjunto de datos, ¿cuál de las siguientes opciones es la mejor para representar los datos?

Ⓐ gráfica circular
Ⓑ gráfica de doble barra
Ⓒ recta numérica
Ⓓ diagrama de acumulación

DÍA 4

Ayer, la maestra Minatos tomó un examen a su clase. Cualquier estudiante que obtenga una nota menor que 76 tendrá que rendir un examen recuperatorio. ¿Cuántos estudiantes de la clase **no** tendrán que rendir el recuperatorio?

Tallo	Hojas
9	2 4 4 6
8	0 0 3 4 7 9
7	2 2 5 6
6	3 8

Ⓕ 5
Ⓗ 11
Ⓖ 7
Ⓙ 16

DÍA 5

Tamara usa 0.8 libras de mango para preparar un licuado de banana y mango. ¿Cuántos licuados podrá preparar Tamara con 3.6 libras de mango?

Ⓐ 3.5
Ⓒ 4.5
Ⓑ 4
Ⓓ 5

Razonamiento algebraico

go.hrw.com
Recursos en línea
CLAVE: MS7 TOC

Profesión:
Cosmógrafo

Herramientas para el éxito

Enteros y números racionales

CAPÍTULO 2

go.hrw.com
Recursos en línea
CLAVE: MS7 TOC

Profesión: Oceanógrafo

Tabla de contenidos

Herramientas para el éxito

PREPARACIÓN PARA EL EXAMEN

Aplicar números racionales

go.hrw.com
Recursos en línea
CLAVE: MS7 TOC

Profesión: Cocinero

Herramientas para el éxito

Patrones y funciones

CAPÍTULO 4

go.hrw.com
Recursos en línea
CLAVE: MS7 TOC

Profesión: Diseñador de montañas rusas

Herramientas para el éxito

Relaciones proporcionales

go.hrw.com
Recursos en línea
CLAVE: MS7 TOC

Profesión: Modelista

Herramientas para el éxito

CAPÍTULO 6

Porcentajes

go.hrw.com
Recursos en línea
CLAVE: MS7 TOC

Profesión: Arqueóloga urbana

Herramientas para el éxito

CAPÍTULO 7

Recopilar, presentar y analizar datos

Profesión: Naturalista

Herramientas para el éxito

Figuras geométricas

CAPÍTULO 8

go.hrw.com
Recursos en línea
CLAVE: MS7 TOC

Profesión: Diseñadora de puentes

Herramientas para el éxito

CAPÍTULO 9

Medición: figuras bidimensionales

go.hrw.com
Recursos en línea
CLAVE: MS7 TOC

Profesión: Cultivador de árboles frutales

Herramientas para el éxito

Medición: figuras tridimensionales

CAPÍTULO 10

go.hrw.com
Recursos en línea
CLAVE: MS7 TOC

Profesión: Arquitecta arqueóloga

Herramientas para el éxito

CAPÍTULO

11 Probabilidad

go.hrw.com
Recursos en línea
CLAVE: MS7 TOC

Profesión: Demógrafa

Herramientas para el éxito

Ecuaciones y desigualdades de varios pasos

CAPÍTULO 12

go.hrw.com
Recursos en línea
CLAVE: MS7 TOC

Profesión: Ingeniero en satélites

Herramientas para el éxito

CONEXIONES INTERDISCIPLINARIAS

Muchos campos de estudio requieren el conocimiento de las destrezas y los conceptos de matemáticas que se enseñan en el ***Curso 1 de Holt Matemáticas.*** Los ejemplos y ejercicios que aparecen en todo el libro resaltan los conocimientos matemáticos que necesitarás comprender para estudiar otras asignaturas, como artes o finanzas, o para desarrollar una profesión, en campos como la medicina o la arquitectura.

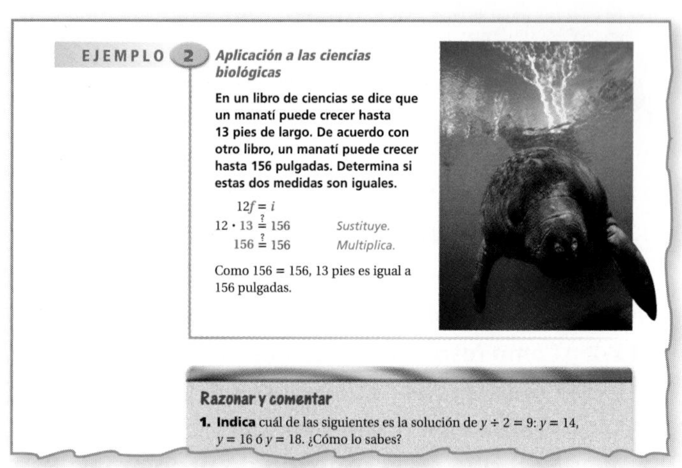

¿PARA QUÉ SIRVEN LAS MATEMÁTICAS?

A lo largo del texto, las conexiones con temas interesantes de aplicación, como la arquitectura, la música y los deportes, te ayudarán a ver cómo se usan las matemáticas en el mundo real. En go.hrw.com, hay información y actividades adicionales relacionadas con algunas de estas conexiones. Si deseas ver una lista completa de todas las conexiones con el mundo real del **Curso 2** de **Holt Matemáticas,** consulta la página 834 del Índice.

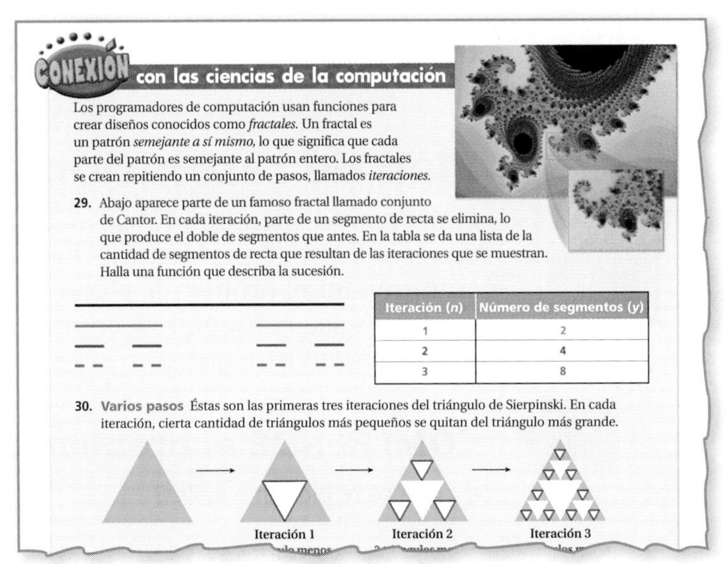

CONEXIÓN con las ciencias de la computación

Los programadores de computación usan funciones para crear diseños conocidos como *fractales.* Un fractal es un patrón *semejante a sí mismo,* lo que significa que cada parte del patrón es semejante al patrón entero. Los fractales se crean repitiendo un conjunto de pasos, llamados *iteraciones.*

29. Abajo aparece parte de un famoso fractal llamado conjunto de Cantor. En cada iteración, parte de un segmento de recta se elimina, lo que produce el doble de segmentos que antes. En la tabla se da una lista de la cantidad de segmentos de recta que resultan de las iteraciones que se muestran. Halla una función que describa la sucesión.

Iteración (n)	Número de segmentos (y)
1	2
2	4
3	8

30. Varios pasos Éstas son las primeras tres iteraciones del triángulo de Sierpinski. En cada iteración, cierta cantidad de triángulos más pequeños se quitan del triángulo más grande.

Iteración 1 Iteración 2 Iteración 3

CONEXIONES

con el mundo real

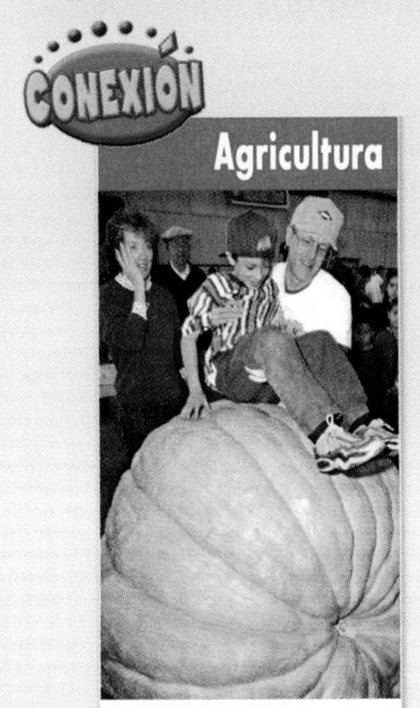

El dueño de esta calabaza de 1,009.6 lb ganó el premio a la calabaza gigante en el concurso de peso en septiembre de 2000, en Nueva Inglaterra.

Ambiente

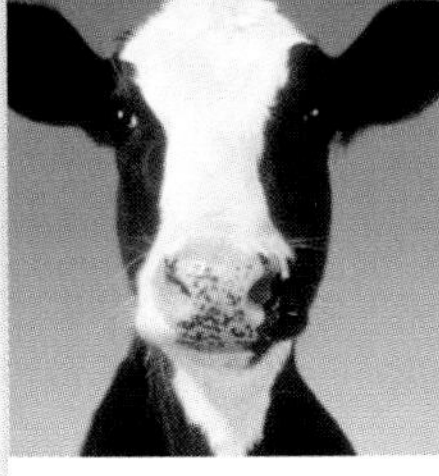

Cerca del 15% del gas metano en la atmósfera proviene de animales de granja como las vacas y las ovejas

Meteorología

Cuando la velocidad del viento de una tormenta tropical alcanza las 74 mi/h, se clasifica como un huracán.

go.hrw.com
¡Web Extra!
CLAVE: MS7 Hurricane

Enfoque en resolución de problemas

Plan de resolución de problemas

Para resolver bien un problema, primero necesitas un buen plan de resolución de problemas. Un plan o una estrategia te ayudará a comprender el problema, elaborar una solución y comprobar que tu respuesta sea razonable. A continuación se explica en detalle el plan que se usa en este libro.

COMPRENDE el problema

■ **¿Qué se te pide que halles?**	Escribe la pregunta con tus propias palabras.
■ **¿Qué información se da?**	Identifica los datos importantes del problema.
■ **¿Qué información necesitas?**	Determina qué datos son necesarios para resolver el problema.
■ **¿Se da toda la información?**	Determina si se dan todos los datos.

Haz un PLAN

■ **¿Alguna vez has resuelto un problema semejante?**	Piensa en otros problemas como éste que hayas resuelto bien.
■ **¿Qué estrategia o estrategias puedes usar?**	Determina una estrategia que puedas usar y cómo la usarás.

RESUELVE

■ **Sigue tu plan.**	Muestra los pasos de tu solución. Escribe tu respuesta como un enunciado completo.

REPASA

■ **¿Has respondido a la pregunta?**	Asegúrate de haber respondido a lo que te pide la pregunta.
■ **¿Es razonable tu respuesta?**	Tu respuesta debe ser razonable en el contexto del problema.
■ **¿Hay otra estrategia que puedas usar?**	Resolver el problema con otra estrategia es una buena manera de comprobar tu trabajo.
■ **¿Aprendiste algo al resolver este problema que pueda ayudarte a resolver problemas semejantes en el futuro?**	Trata de recordar los problemas que has resuelto y las estrategias que usaste para resolverlos.

Cómo usar el plan de resolución de problemas

Durante las vacaciones de verano, Ricardo visitará el campamento espacial y luego visitará a sus parientes. Estará fuera 5 semanas y 4 días, y estará 11 días más con sus parientes que en el campamento espacial. ¿Cuánto tiempo estará Ricardo en cada lugar?

COMPRENDE el problema

Haz una lista con la información importante.

- Ricardo estará fuera 5 semanas y 4 días.
- Estará 11 días más con sus parientes que en el campamento espacial.

La respuesta será el tiempo que Ricardo estará en cada lugar.

Haz un PLAN

Puedes **dibujar un diagrama** para mostrar cuánto tiempo estará Ricardo en cada lugar. Usa recuadros para indicar el tiempo que estará en cada lugar. La longitud de cada recuadro representará el tiempo en cada lugar.

RESUELVE

Razona: Hay 7 días en una semana, por lo tanto, 5 semanas y 4 días son en total 39 días. Tu diagrama podría ser como el siguiente:

Parientes	**? días**	**11 días**	} = 39 días
Campamento espacial	**? días**		

$39 - 11 = 28$ *Resta 11 días del número total de días.*
$28 \div 2 = 14$ *Divide este número entre 2 por los 2 lugares de visita.*

Parientes	**14 días**	**11 días**	= 25 días
Campamento espacial	**14 días**		= 14 días

Por lo tanto, Ricardo estará 25 días con sus parientes y 14 días en el campamento espacial.

REPASA

Veinticinco días son 11 días más que 14 días. El tiempo total de las dos visitas es de $25 + 14 = 39$ días, ó 5 semanas y 4 días. Esta solución concuerda con la información que se da en el problema.

Cómo usar tu libro con éxito

Este libro contiene muchos apartados diseñados para ayudarte a aprender y estudiar matemáticas. Si te familiarizas con estos apartados, estarás preparado para tener más éxito en tus exámenes.

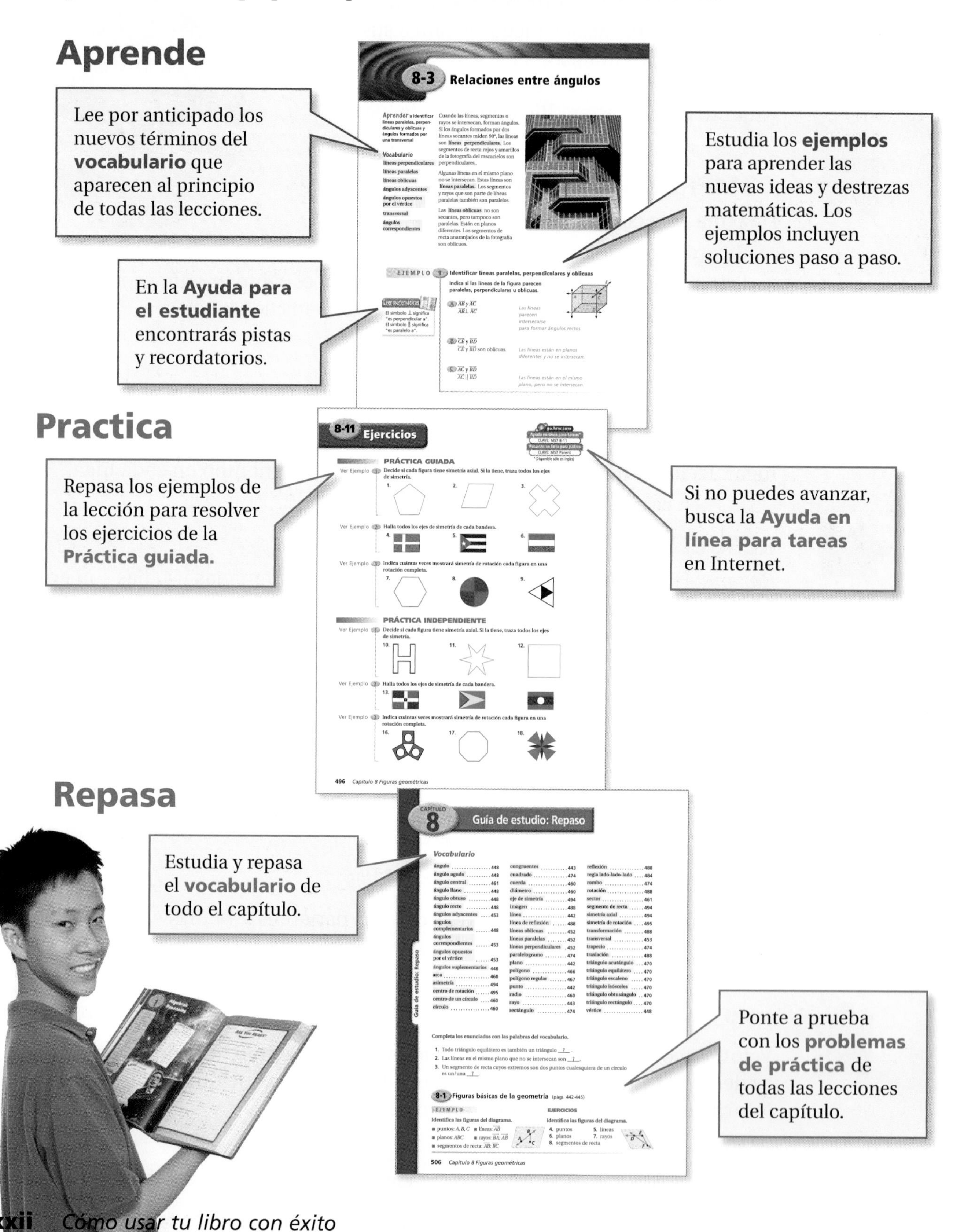

Cacería de letras

Holt Matemáticas es tu recurso para alcanzar el éxito. Usa esta cacería de letras para descubrir algunas de las muchas herramientas que Holt te ofrece para ayudarte a ser un estudiante independiente.

En una hoja aparte, contesta cada una de las siguientes preguntas completando los espacios en blanco.

1. ¿Cuál es el primer término de **vocabulario** clave de la Guía de estudio: Avance del Capítulo 8?

■■■■■■

2. ¿Cuál es el último término de **vocabulario** clave en la Guía de estudio: Repaso del Capítulo 7?

■■■■■■■ ■■■■■■■■■

3. ¿De qué juego se habla en la sección **¡Vamos a jugar!** del Capítulo 2?

■■■■■■■■■■ ■■■■■■■■

4. ¿Qué clave debes usar para los **Recursos en línea para padres** de la página 338?

■■■ ■■■■■■

5. ¿Qué proyecto se describe en la sección **¡Está en la bolsa!** del Capítulo 7?

■■■■■■■■■■■■ ■■■■■■■■■

6. ¿Qué **profesión** se destaca en la página 438?

■■■■■■■■■■■■ ■■ ■■■■■■■■

7. ¿Qué suceso anual de verano se describe en la **Resolución de problemas en lugares** del Capítulo 2?

■■■■■ ■■■ ■■■■■■■ ■■ ■■■■

8. ¿Para qué punto del examen estandarizado sirven las estrategias que se dan en la **Ayuda para examen** del Capítulo 5?

■■■■■■■■■■ ■■■■■■■■■■■■■■■

CAPÍTULO

1

Razonamiento algebraico

PREPARACIÓN DE VARIOS PASOS PARA EL EXAMEN

go.hrw.com
Presentación del capítulo en línea
CLAVE: MS7 Ch1

Distancias astronómicas

Objeto	Distancia al Sol (km)*
Mercurio	5.80×10^7
Venus	1.082×10^8
Tierra	1.495×10^8
Marte	2.279×10^8
Júpiter	7.780×10^8
Saturno	1.43×10^9
Urano	2.90×10^9
Neptuno	4.40×10^9
Plutón	5.80×10^9
Estrella más cercana	3.973×10^{13}

*Las distancias de los planetas al Sol son distancias promedio.

Profesión *Cosmógrafo*

El Dr. Stephen Hawking es un cosmólogo. Los cosmólogos estudian el universo en su conjunto. Les interesan los orígenes, la estructura y la interacción del espacio y el tiempo.

La invención del telescopio ha ampliado la visión de los científicos mucho más allá de las estrellas y los planetas cercanos. Les ha permitido ver galaxias y estructuras distantes sobre las que en otros tiempos sólo especulaban los astrofísicos como el Dr. Hawking. Las distancias astronómicas son tan grandes que usamos la notación científica para representarla.

Vocabulario

Elige de la lista el término que mejor complete cada enunciado.

cociente
división
multiplicación
producto
valor posicional

1. La operación que da el cociente de dos números es la/el __?__.
2. El/La __?__ del dígito 3 en 4,903,672 es de millares.
3. La operación que da el producto de dos números es el/la __?__.
4. En la ecuación $15 \div 3 = 5$, el/la __?__ es 5.

Resuelve los ejercicios para practicar las destrezas que usarás en este capítulo.

Hallar el valor posicional

Da el valor posicional del dígito 4 en cada número.

5. 4,092
6. 608,241
7. 7,040,000
8. 4,556,890,100
9. 3,408,289
10. 34,506,123
11. 500,986,402
12. 3,540,277,009

Usar la multiplicación repetida

Halla cada producto.

13. $2 \cdot 2 \cdot 2$
14. $9 \cdot 9 \cdot 9 \cdot 9$
15. $14 \cdot 14 \cdot 14$
16. $10 \cdot 10 \cdot 10 \cdot 10$
17. $3 \cdot 3 \cdot 5 \cdot 5$
18. $2 \cdot 2 \cdot 5 \cdot 7$
19. $3 \cdot 3 \cdot 11 \cdot 11$
20. $5 \cdot 10 \cdot 10 \cdot 10$

Operaciones de división

Halla cada cociente.

21. $49 \div 7$
22. $54 \div 9$
23. $96 \div 12$
24. $88 \div 8$
25. $42 \div 6$
26. $65 \div 5$
27. $39 \div 3$
28. $121 \div 11$

Operaciones con números cabales

Suma, resta, multiplica o divide.

29. $\begin{array}{r} 425 \\ +\ 12 \\ \hline \end{array}$
30. $\begin{array}{r} 619 \\ +\ 254 \\ \hline \end{array}$
31. $\begin{array}{r} 62 \\ -\ 47 \\ \hline \end{array}$
32. $\begin{array}{r} 373 \\ +\ 86 \\ \hline \end{array}$
33. $\begin{array}{r} 62 \\ \times\ 42 \\ \hline \end{array}$
34. $\begin{array}{r} 122 \\ \times\ 15 \\ \hline \end{array}$
35. $7\overline{)623}$
36. $24\overline{)149}$

CAPÍTULO 1

Guía de estudio: Avance

De dónde vienes

Antes,

- usaste el orden de las operaciones para simplificar expresiones de números cabales sin exponentes.
- usaste la multiplicación y la división para resolver problemas con números cabales.
- convertiste medidas dentro del mismo sistema de medidas.
- escribiste números grandes en forma estándar.

En este capítulo

Estudiarás

- cómo simplificar expresiones numéricas en las que se usa el orden de las operaciones y exponentes.
- cómo usar modelos concretos para resolver ecuaciones.
- cómo hallar soluciones a problemas de aplicación con unidades de medición relacionadas.
- cómo escribir números grandes en notación científica.

Adónde vas

Puedes usar las destrezas aprendidas en este capítulo

- para expresar distancias y tamaños de objetos en campos científicos, como la astronomía y la biología.
- para resolver problemas en las clases de matemáticas y ciencias, como las de álgebra y física.

Vocabulario/Key Vocabulary

ecuación	equation
exponente	exponent
expresión algebraica	algebraic expression
expresión numérica	numerical expression
orden de las operaciones	order of operations
propiedad asociativa	Associative Property
propiedad conmutativa	Commutative Property
propiedad distributiva	Distributive Property
término	term
variable	variable

Conexiones de vocabulario

Considera lo siguiente para familiarizarte con algunos de los términos de vocabulario del capítulo. Puedes consultar el capítulo, el glosario o un diccionario si lo deseas.

1. En inglés, las palabras *equation* (ecuación), *equal* (igual) y *equator* (Ecuador) comienzan con la raíz *equa-,* que significa "nivel". ¿Cómo puede ayudarte la raíz en latín para definir **ecuación?**
2. La palabra *numérico* significa "de números". ¿Qué diferencia puede haber entre una **expresión numérica** y una como "la suma de dos y cinco"?
3. Cuando algo es *variable,* tiene la capacidad de cambiar. En matemáticas, una **variable** es un símbolo algebraico. ¿Qué propiedad especial crees que tiene este tipo de símbolo?

Estrategia de lectura: Usa tu libro con éxito

Comprender cómo está organizado tu libro de texto te ayudará a encontrar y usar información útil.

Al leer los problemas de ejemplo, presta atención a las **notas al margen,** como Pista útil, Leer matemáticas y ¡Atención! Estas notas te ayudan a comprender conceptos y a evitar errores comunes.

Leer matemáticas
Lee -4^3 como "-4 a la 3era potencia" ó "-4 al cubo".

Escribir matemáticas
Un decimal periódico puede escribirse con una barra sobre los dígitos

Pista útil
En el Ejemplo 1A, no se necesitan paréntesis porque

¡Atención!
Un círculo vacío significa que el valor correspondiente

El **glosario** se encuentra al final de tu libro de texto. Úsalo para buscar definiciones y ejemplos de palabras o propiedades nuevas.

El **índice** está al final de tu libro de texto. Úsalo para buscar la página en la que se enseña un concepto en particular.

El **banco de destrezas** se encuentra al final de tu libro de texto. Estas páginas repasan conceptos de cursos previos de matemáticas.

Inténtalo

Usa tu libro de texto para resolver los siguientes problemas.

1. Usa el índice para buscar en qué página se define *exponente.*
2. En la Lección 1-9, ¿qué te recuerda el cuadro *¡Recuerda!,* ubicado en el margen de la página 43, sobre el perímetro de una figura?
3. Usa el glosario para buscar la definición de cada término: *orden de las operaciones, expresión numérica, ecuación.*
4. ¿Dónde puedes repasar cómo multiplicar números cabales?

1-1 Números y patrones

Aprender a identificar y a continuar patrones

Cada año, los equipos de fútbol americano compiten en el campeonato estatal. En la tabla se muestra la cantidad de equipos en cada vuelta de las finales de una división. Puedes buscar un patrón para hallar cuántos equipos están en las vueltas 5 y 6.

Finales de fútbol americano						
Vuelta	1	2	3	4	5	6
Cantidad de equipos	64	32	16	8	■	■

EJEMPLO 1 **Identificar y continuar patrones numéricos**

Identifica un posible patrón y úsalo para escribir los siguientes tres números.

A 64, 32, 16, 8, ■, ■, ■, . . .

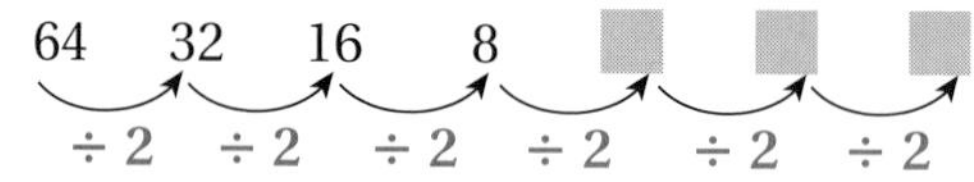

Un patrón consiste en dividir cada número entre 2 para obtener el siguiente número.

$8 \div 2 = 4$ $4 \div 2 = 2$ $2 \div 2 = 1$

Los siguientes tres números serán 4, 2 y 1.

B 51, 44, 37, 30, ■, ■, ■, . . .

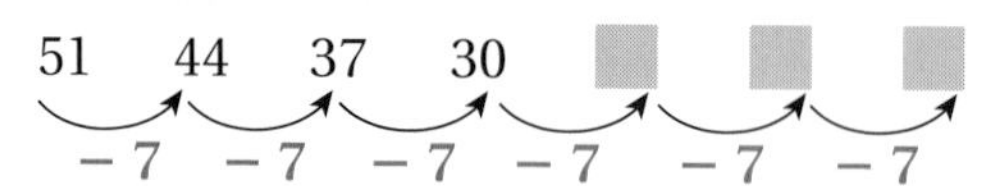

El patrón consiste en restarle 7 a cada número para obtener el siguiente número.

$30 - 7 = 23$ $23 - 7 = 16$ $16 - 7 = 9$

Los siguientes tres números serán 23, 16 y 9.

C 2, 3, 5, 8, 12, ■, ■, ■, . . .

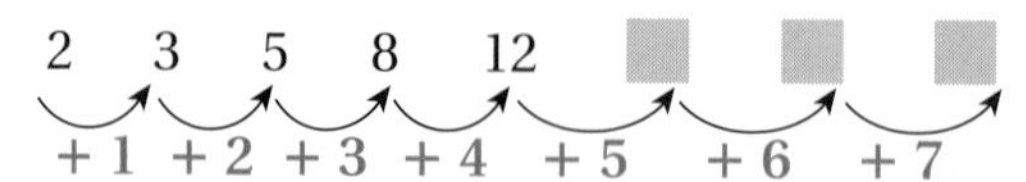

El patrón consiste en sumar uno más de lo que sumaste la vez anterior.

$12 + 5 = 17$ $17 + 6 = 23$ $23 + 7 = 30$

Los siguientes tres números serán 17, 23 y 30.

EJEMPLO 2 Identificar y continuar patrones geométricos

Identifica un posible patrón y úsalo para dibujar las tres figuras siguientes.

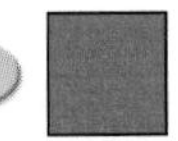
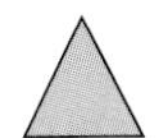

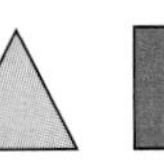
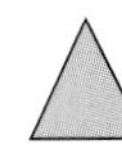
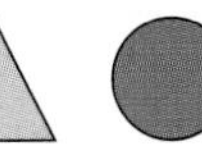
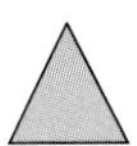

El patrón consiste en alternar cuadrados y círculos con triángulos entre ellos.

Las tres figuras siguientes son  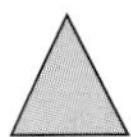  .

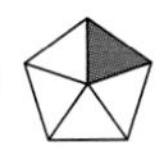

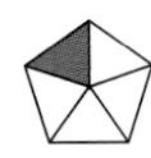

El patrón consiste en colorear un triángulo por medio en el sentido de las manecillas del reloj.

Las tres figuras siguientes son 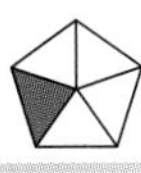 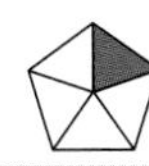 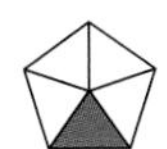 .

EJEMPLO 3 Usar tablas para identificar y continuar patrones

Haz una tabla en la que muestres la cantidad de triángulos de cada figura. Luego indica cuántos triángulos hay en la quinta figura del patrón. Usa dibujos para justificar tu respuesta.

Figura 1

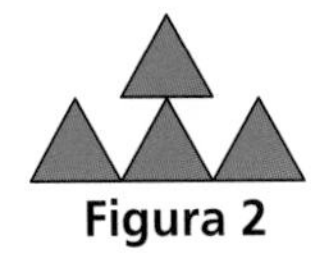
Figura 2

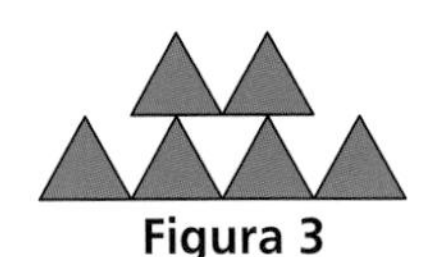
Figura 3

En la tabla se muestra la cantidad de triángulos de cada figura.

Figura	1	2	3	4	5
Cantidad de triángulos	2	4	6	8	10

+ 2 + 2 + 2 + 2

El patrón consiste en sumar 2 triángulos cada vez.

La figura 4 tiene $6 + 2 = 8$ triángulos. La figura 5 tiene $8 + 2 = 10$ triángulos.

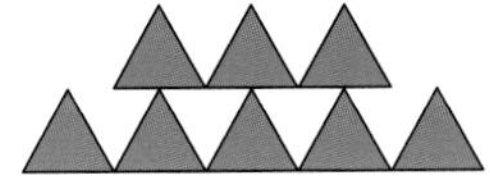
Figura 4

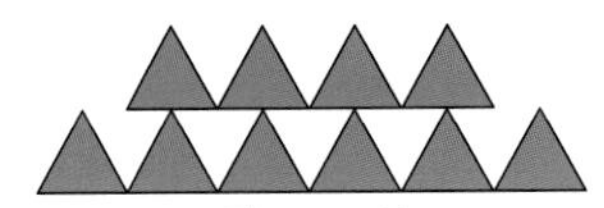
Figura 5

Razonar y comentar

1. **Describe** dos patrones numéricos diferentes que comiencen con 3, 6, …
2. **Indica** cuándo sería útil hacer una tabla para identificar y continuar un patrón.

1-1 Ejercicios

go.hrw.com
Ayuda en línea para tareas*
CLAVE: MS7 1-1
Recursos en línea para padres
CLAVE: MS7 Parent
*(Disponible sólo en inglés)

PRÁCTICA GUIADA

Ver Ejemplo 1 **Identifica un posible patrón y úsalo para escribir los tres números siguientes.**

1. 6, 14, 22, 30, ■, ■, ■, . . .
2. 1, 3, 9, 27, ■, ■, ■, . . .
3. 59, 50, 41, 32, ■, ■, ■, . . .
4. 8, 9, 11, 14, ■, ■, ■, . . .

Ver Ejemplo 2 **Identifica un posible patrón y úsalo para dibujar las tres figuras siguientes.**

5. 

6. ꟼ P ɒ d

Ver Ejemplo 3 **7.** Haz una tabla en la que muestres la cantidad de triángulos verdes en cada figura. Luego indica cuántos triángulos verdes hay en la quinta figura del patrón. Usa dibujos para justificar tu respuesta.

Figura 1 Figura 2 Figura 3

PRÁCTICA INDEPENDIENTE

Ver Ejemplo 1 **Identifica un posible patrón y úsalo para escribir los tres números siguientes.**

8. 27, 24, 21, 18, ■, ■, ■, . . .
9. 4,096, 1,024, 256, 64, ■, ■, ■, . . .
10. 1, 3, 7, 13, 21, ■, ■, ■, . . .
11. 14, 37, 60, 83, ■, ■, ■, . . .

Ver Ejemplo 2 **Identifica un posible patrón y úsalo para dibujar las tres figuras siguientes.**

12. 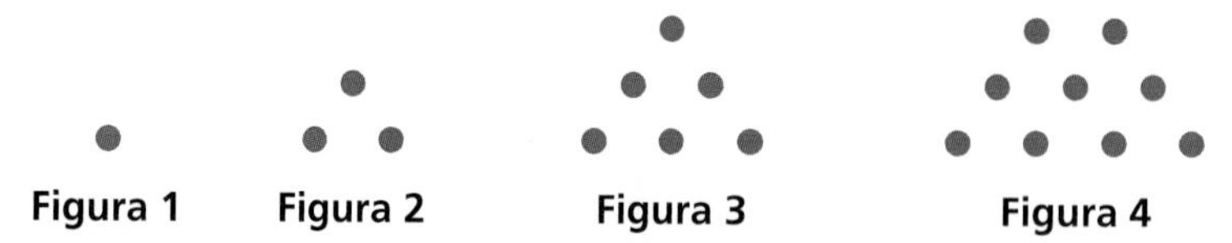

13.

Ver Ejemplo 3 **14.** Haz una tabla en la que muestres la cantidad de puntos en cada figura. Luego indica cuántos puntos hay en la sexta figura del patrón. Usa dibujos para justificar tu respuesta.

Figura 1 Figura 2 Figura 3 Figura 4

PRÁCTICA Y RESOLUCIÓN DE PROBLEMAS

Práctica adicional
Ver página 724

Usa la regla para escribir los primeros cinco números de cada patrón.

15. Comienza con 7; suma 16 a cada número para obtener el número siguiente.

16. Comienza con 96; divide cada número entre 2 para obtener el número siguiente.

17. Comienza con 50; resta 2, luego 4, luego 6 y así sucesivamente para obtener el número siguiente.

18. **Razonamiento crítico** Supongamos que el patrón 3, 6, 9, 12, 15... continúa sin fin. ¿Aparecerá el número 100 en el patrón? ¿Por qué sí o por qué no?

Identifica un posible patrón y úsalo para hallar los números que faltan.

19. 3, 12, ■, 192, 768, ■, ■, . . .

20. 61, 55, ■, 43, ■, ■, 25, . . .

21. ■, ■, 19, 27, 35, ■, 51, . . .

22. 2, ■, 8, ■, 32, 64, ■, . . .

23. Salud En la tabla se muestra el ritmo cardiaco ideal que deberían tener los atletas de diferentes edades mientras hacen ejercicio. Suponiendo que el patrón continuara, ¿cuál sería el ritmo cardiaco ideal de un atleta de 40 años? ¿Y el de un atleta de 65 años?

Ritmo cardiaco ideal

Edad	Ritmo cardiaco (latidos por minuto)
20	150
25	146
30	142
35	138

Dibuja las tres figuras siguientes en cada patrón.

24. 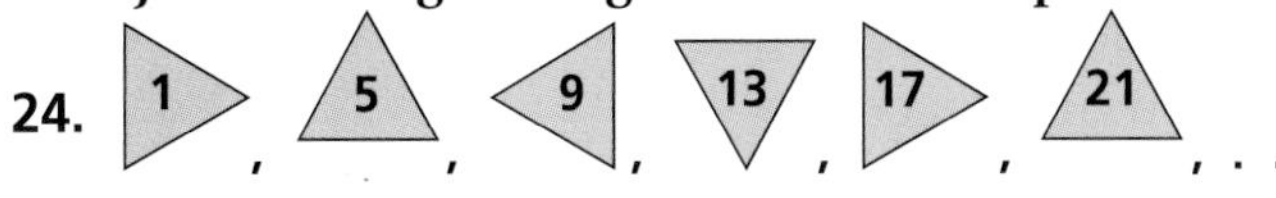

, . . .

25. 4, 5, 7, 10, 14, 19, 25, . . .

26. Estudios sociales En la antigua civilización maya, se usaba un sistema de numeración basado en barras y puntos. Abajo se muestran varios números. Busca un patrón y escribe el número 18 en el sistema maya.

3 5 8 10 13 15

27. ¿Dónde está el error? Se le pidió a un estudiante que escribiera los tres números siguientes en el patrón 96, 48, 24, 12, ... La respuesta del estudiante fue 6, 2, 1. Describe y corrige el error del estudiante.

28. Escríbelo El club de ajedrez de una escuela se reúne todos los martes del mes de marzo. El 1ro de marzo cae domingo. Explica cómo usar un patrón numérico para hallar todas las fechas en las que se reúne el club.

29. Desafío Halla el número 83ro en el patrón 5, 10, 15, 20, 25, ...

Preparación para el examen y repaso en espiral

30. Opción múltiple ¿Qué número falta en el patrón 2, 6, ■, 54, 162, ...?

Ⓐ 10 Ⓑ 18 Ⓒ 30 Ⓓ 48

31. Respuesta gráfica Halla el número que sigue en el patrón 9, 11, 15, 21, 29, 39, ...

Redondea cada número a la decena más cercana. (Curso previo)

32. 61 **33.** 88 **34.** 105 **35.** 2,019 **36.** 11,403

Redondea cada número a la centena más cercana. (Curso previo)

37. 91 **38.** 543 **39.** 952 **40.** 4,050 **41.** 23,093

1-2 Exponentes

Aprender a representar números mediante exponentes

Vocabulario

potencia

exponente

base

Una molécula de ADN se copia a sí misma al dividirse por la mitad. Cada mitad se convierte en una molécula idéntica a la original. Las moléculas siguen dividiéndose de modo que las dos primeras se vuelven cuatro, éstas se vuelven ocho, etcétera.

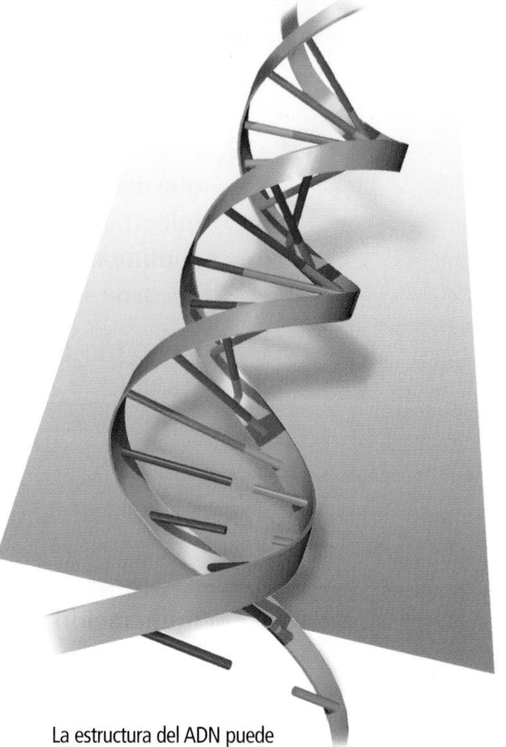
La estructura del ADN puede compararse con una escalera de caracol.

Cada vez que el ADN se copia, la cantidad de moléculas se duplica. Después de cuatro copias, la cantidad de moléculas es $2 \cdot 2 \cdot 2 \cdot 2 = 16$.

Esta multiplicación también se escribe como **potencia** mediante una *base* y un *exponente*. El **exponente** indica cuántas veces usar la **base** como factor.

Leer matemáticas

2^4 quiere decir "la cuarta potencia de 2" ó "2 elevado a la cuarta potencia".

$$2 \cdot 2 \cdot 2 \cdot 2 = 2^4 = 16$$

Exponente (4); Base (2)

EJEMPLO 1 Evaluar potencias

Halla cada valor.

A 5^2

$5^2 = 5 \cdot 5$ — *Usa 5 como factor 2 veces.*

$= 25$

B 2^6

$2^6 = 2 \cdot 2 \cdot 2 \cdot 2 \cdot 2 \cdot 2$ — *Usa 2 como factor 6 veces.*

$= 64$

C 25^1

$25^1 = 25$ — *Cualquier número elevado a la primera potencia es igual al mismo número.*

Cualquier número elevado a la potencia cero, excepto cero, es igual a 1.

$6^0 = 1$ $\qquad 10^0 = 1$ $\qquad 19^0 = 1$

Cero elevado a la potencia cero es *indefinido,* lo que significa que no existe.

Para expresar un número cabal como potencia, escribe el número como producto de factores iguales. Luego escribe el producto usando la base y un exponente. Por ejemplo, $10{,}000 = 10 \cdot 10 \cdot 10 \cdot 10 = 10^4$.

EJEMPLO 2 Expresar números cabales como potencias

Escribe cada número mediante un exponente y la base dada.

A **49, base 7**

$49 = 7 \cdot 7$ — *7 se usa como factor 2 veces.*

$= 7^2$

B **81, base 3**

$81 = 3 \cdot 3 \cdot 3 \cdot 3$ — *3 se usa como factor 4 veces.*

$= 3^4$

EJEMPLO 3 *Aplicación a las ciencias de la Tierra*

CONEXIÓN

Ciencias de la Tierra

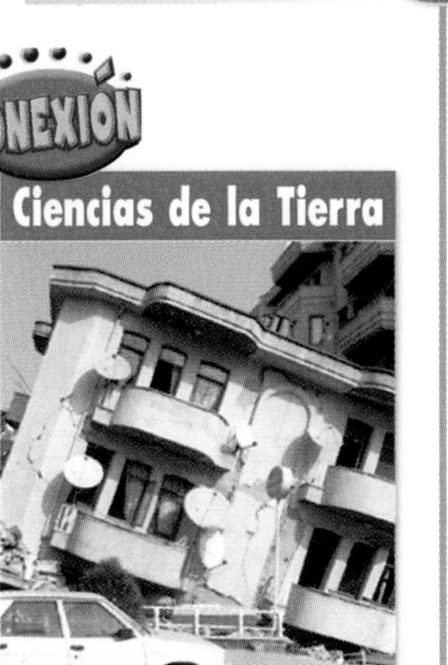

El 12 de noviembre de 1999, un terremoto de 7.2 grados en la escala Richter causó destrozos en Duzce, Turquía.

La escala Richter mide la fuerza o magnitud de un terremoto. Cada categoría en la tabla es 10 veces más intensa que la anterior. Por ejemplo, un terremoto grande es 10 veces más intenso que uno moderado. ¿Cuántas veces es más intenso un terremoto fuerte que uno moderado?

Fuerza de los terremotos	
Categoría	**Magnitud**
Moderado	5
Grande	6
Mayor	7
Fuerte	8

Un terremoto con una magnitud de 6 es 10 veces más intenso que uno con una magnitud de 5.

Un terremoto con una magnitud de 7 es 10 veces más intenso que uno con una magnitud de 6.

Un terremoto con una magnitud de 8 es 10 veces más intenso que uno con una magnitud de 7.

$$10 \cdot 10 \cdot 10 = 10^3 = 1{,}000$$

Un terremoto fuerte tiene una magnitud 1,000 veces mayor que uno moderado.

Razonar y comentar

1. **Describe** la relación entre 3^5 y 3^6.
2. **Indica** qué potencia de 8 es igual a 2^6. Explica.
3. **Explica** por qué cualquier número elevado a la primera potencia es igual al mismo número.

1-2 Ejercicios

go.hrw.com
Ayuda en línea para tareas*
CLAVE: MS7 1-2
Recursos en línea para padres
CLAVE: MS7 Parent
*(Disponible sólo en inglés)

PRÁCTICA GUIADA

Ver Ejemplo  **Halla cada valor.**

1. 2^5 2. 3^3 3. 6^2 4. 9^1 5. 10^6

Ver Ejemplo  **Escribe cada número mediante un exponente y la base dada.**

6. 25, base 5 7. 16, base 4 8. 27, base 3 9. 100, base 10

Ver Ejemplo 3

10. **Ciencias de la Tierra** En la escala Richter, un terremoto fuerte es 10 veces más intenso que uno mayor y éste es 10 veces más intenso que uno grande. ¿Cuántas veces más intenso es un terremoto fuerte que uno grande?

PRÁCTICA INDEPENDIENTE

Ver Ejemplo 1 **Halla cada valor.**

11. 11^2 12. 3^5 13. 8^3 14. 4^3 15. 3^4

16. 2^5 17. 5^1 18. 2^3 19. 5^3 20. 30^1

Ver Ejemplo  **Escribe cada número mediante un exponente y la base dada.**

21. 81, base 9 22. 4, base 4 23. 64, base 4

24. 1, base 7 25. 32, base 2 26. 128, base 2

27. 1,600, base 40 28. 2,500, base 50 29. 100,000, base 10

Ver Ejemplo 3

30. En un juego, uno de los concursantes tenía un puntaje inicial de un punto. Triplicó su puntaje en cada turno durante cuatro turnos. Escribe como potencia su puntaje después de cuatro turnos. Luego halla su puntaje.

PRÁCTICA Y RESOLUCIÓN DE PROBLEMAS

Práctica adicional
Ver página 724

Da dos formas de representar cada número con potencias.

31. 81 32. 16 33. 64 34. 729 35. 625

Compara. Escribe <, > ó =.

36. 4^2 ▢ 15 37. 2^3 ▢ 3^2 38. 64 ▢ 4^3 39. 8^3 ▢ 7^4

40. 10,000 ▢ 10^5 41. 6^5 ▢ 3,000 42. 9^3 ▢ 3^6 43. 5^4 ▢ 7^3

44. Para calcular el volumen de un cubo, halla la tercera potencia de la longitud de una de sus aristas. ¿Cuál es el volumen de un cubo que tiene 6 pulgadas de largo en una arista?

45. **Patrones** Domingo decidió ahorrar $0.03 el primer día y triplicar cada día la cantidad que ahorra. ¿Cuánto ahorrará al séptimo día?

46. **Ciencias biológicas** Un cachorro de oso panda pesa un promedio de 4 onzas al nacer. ¿Cuántas onzas podría pesar un panda de un año si su peso aumenta a la potencia de 5 en un año?

47. **Estudios sociales** Si la población de las ciudades de la tabla se duplica cada 10 años, ¿qué población tendrán estas ciudades en 2034?

Ciudad	Población (2004)
Yuma, Arizona	86,070
Phoenix, Arizona	1,421,298

48. **Razonamiento crítico** Explica por qué $6^3 \neq 3^6$.

49. **Pasatiempos** Malia está haciendo un edredón con un patrón de anillos. En el anillo central, usa cuatro estrellas. En cada uno de los siguientes tres anillos, usa tres veces más estrellas que en el anterior. ¿Cuántas estrellas usa en el cuarto anillo? Escribe la respuesta usando una potencia y halla su valor.

Ordena cada conjunto de números de menor a mayor.

50. 29, 2^3, 6^2, 16, 3^5

51. 4^3, 33, 6^2, 5^3, 10^1

52. 7^2, 2^4, 80, 10^2, 1^8

53. 2, 1^8, 3^4, 16^1, 0

54. 5^2, 21, 11^2, 13^1, 1^9

55. 2^5, 3^3, 9, 5^2, 8^1

56. **Ciencias biológicas** Las células de ciertas clases de bacterias se dividen cada 30 minutos. Si empiezas con una sola célula, ¿cuántas células habrá después de una hora? ¿De dos horas? ¿De tres horas?

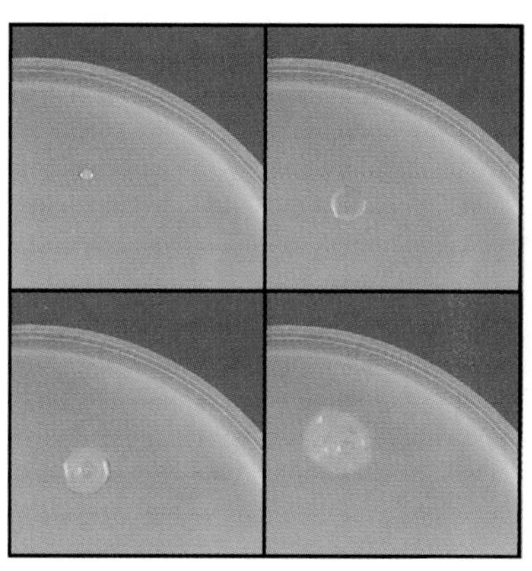

Las bacterias se dividen separándose en dos. Este proceso se llama fisión binaria.

57. **¿Dónde está el error?** Un estudiante escribió 64 como 8 · 2. ¿Qué error cometió el estudiante al aplicar los exponentes?

58. **Escríbelo** ¿2^5 es mayor o menor que 3^3? Explica tu respuesta.

59. **Desafío** ¿Cuál es la longitud de la arista de un cubo si su volumen es 1,000 metros cúbicos?

Preparación Para El Examen y repaso en espiral

60. **Opción múltiple** ¿Cuál es el valor de 4^6?

Ⓐ 24 Ⓑ 1,024 Ⓒ 4,096 Ⓓ 16,384

61. **Opción múltiple** ¿Cuál de las siguientes opciones NO es igual a 64?

Ⓕ 6^4 Ⓖ 4^3 Ⓗ 2^6 Ⓙ 8^2

62. **Respuesta gráfica** Simplifica $2^3 + 3^2$.

Simplifica. (Curso previo)

63. 15 + 27 + 5 + 3 + 11 + 16 + 7 + 4

64. 2 + 6 + 5 + 7 + 100 + 1 + 75

65. 2 + 9 + 8 + 12 + 6 + 8 + 5 + 6 + 7

66. 9 + 30 + 4 + 1 + 4 + 1 + 7 + 5

Identifica un posible patrón y úsalo para escribir los siguientes tres números. (Lección 1-1)

67. 100, 91, 82, 73, 64, . . .

68. 17, 19, 22, 26, 31, . . .

69. 2, 6, 18, 54, 162, . . .

1-3 Medidas métricas

Aprender a identificar, convertir y comparar unidades métricas

El Microrobot Volador II es el helicóptero más liviano del mundo. Producido en Japón en 2004, mide 85 milímetros de alto y tiene una masa de 8.6 gramos.

Las siguientes referencias pueden ayudarte a comprender los milímetros, los gramos y otras unidades métricas.

	Unidad métrica	Referencia
Longitud	Milímetro (mm)	El grosor de una moneda de diez centavos
	Centímetro (cm)	El ancho de tu dedo meñique
	Metro (m)	El ancho de una puerta
	Kilómetro (km)	La longitud de 10 canchas de fútbol americano
Masa	Miligramo (mg)	La masa de un grano de arena
	Gramo (g)	La masa de un clip pequeño
	Kilogramo (kg)	La masa de un libro de texto
Capacidad	Mililitro (mL)	La cantidad de líquido en un gotero
	Litro (L)	La cantidad de líquido en una botella grande de agua
	Kilolitro (kL)	La capacidad de 2 refrigeradores grandes

EJEMPLO 1 Elegir la unidad métrica adecuada

Elige la unidad métrica más adecuada para cada medida. Justifica tu respuesta.

A La longitud de un automóvil

Metros: la longitud de un automóvil es similar al ancho de varias puertas.

B La masa de una patineta

Kilogramos: la masa de una patineta es similar a la masa de varios libros de texto.

C La dosis recomendada de un jarabe para la tos

Mililitros: una dosis de jarabe para la tos es similar a la cantidad de líquido en varios goteros.

Leer matemáticas

Prefijos:
Mili- significa "milésimo".
Centi- significa "centésimo".
Kilo- significa "millar".

Los prefijos de las unidades métricas se relacionan con los valores posicionales del sistema numérico de base 10. En la tabla se muestra cómo las unidades métricas se basan en potencias de 10.

1,000	100	10	1	0.1	0.01	0.001
Millares	Centenas	Decenas	Unidades	Décimas	Centésimas	Milésimas
Kilo-	*Hecto-*	*Deca-*	Unidad básica	*Deci-*	*Centi-*	*Mili-*

Dentro del sistema métrico, puedes convertir unidades multiplicando por o dividiendo entre potencias de 10. Para convertir a una unidad menor, debes multiplicar. Para convertir a una unidad mayor, debes dividir.

EJEMPLO  2 Convertir unidades métricas

Convierte cada medida.

A 510 cm a metros

510 cm = (510 ÷ 100) m — *100 cm = 1 m, por lo tanto, divide entre 100.*

= 5.1 m — *Mueve el punto decimal dos posiciones hacia la izquierda: 510.*

B 2.3 L a mililitros

2.3 L = (2.3 × 1,000) mL — *1 L = 1,000 mL, por lo tanto, multiplica por 1,000.*

= 2,300 mL — *Mueve el punto decimal 3 posiciones hacia la derecha: 2.300*

EJEMPLO  3 Usar la conversión de unidades para hacer comparaciones

En su clase de ciencias de la Tierra, Mai y Brian miden la masa de algunas rocas. La roca de Mai tiene una masa de 480 g. La de Brian tiene una masa de 0.05 kg. ¿Qué roca tiene una masa mayor?

Puedes convertir la masa de la roca de Mai a kilogramos.

480 g = (480 ÷ 1,000) kg — *1,000 g = 1 kg. Por lo tanto, divide entre 1,000.*

= 0.48 kg — *Mueve el punto decimal 3 posiciones hacia la izquierda: 480.*

Como 0.48 kg > 0.05 kg, la roca de Mai tiene una masa mayor.

Comprueba

Usa el sentido numérico. Hay 1,000 gramos en un kilogramo. Por lo tanto, la roca de Mai tiene una masa de aproximadamente medio kilogramo ó 0.5 kg. Esta masa es mucho mayor que la de la roca de Brian, que es de 0.05 kg. Por lo tanto, la respuesta es razonable.

Razonar y comentar

1. **Indica** cómo se relaciona el sistema métrico con el sistema numérico de base 10.
2. **Explica** por qué tiene sentido multiplicar para convertir una unidad métrica a una unidad métrica menor.

1-3 Ejercicios

go.hrw.com
Ayuda en línea para tareas*
CLAVE: MS7 1-3
Recursos en línea para padres
CLAVE: MS7 Parent
*(Disponible sólo en inglés)

PRÁCTICA GUIADA

Ver Ejemplo 1 **Elige la unidad métrica más adecuada para cada medida. Justifica tu respuesta.**

1. La masa de una calabaza
2. La cantidad de agua de una laguna
3. La longitud del pico de un águila
4. La masa de una moneda de 1 centavo

Ver Ejemplo  **Convierte cada medida.**

5. 12 kg a gramos
6. 4.3 m a centímetros
7. 0.7 mm a centímetros
8. 3,200 mL a litros

Ver Ejemplo 

9. El domingo, Li corrió 0.8 km. El lunes, corrió 7,200 m. ¿Qué día corrió más? Usa la estimación para explicar por qué tiene sentido tu respuesta.

PRÁCTICA INDEPENDIENTE

Ver Ejemplo  **Elige la unidad métrica más adecuada para cada medida. Justifica tu respuesta.**

10. La capacidad de una taza de té
11. La masa de 10 granos de sal
12. La altura de una palmera
13. La distancia entre tus ojos

Ver Ejemplo  **Convierte cada medida.**

14. 0.067 L a mililitros
15. 1.4 m a kilómetros
16. 900 mg a gramos
17. 355 cm a milímetros

Ver Ejemplo 

18. Carmen vierte 75 mL de agua en un vaso de precipitados. Nick vierte 0.75 L de agua en otro vaso de precipitados. ¿Quién tiene la mayor cantidad de agua? Usa la estimación para explicar por qué tiene sentido tu respuesta.

PRÁCTICA Y RESOLUCIÓN DE PROBLEMAS

Práctica adicional
Ver página 724

Convierte cada medida.

19. 1.995 m = ■ cm
20. 0.00004 kg = ■ g
21. 2,050 kL = ■ L
22. 0.002 mL = ■ L
23. 3.7 mm = ■ cm
24. 61.8 g = ■ mg

Compara. Escribe <, > ó =.

25. 0.1 cm ■ 1 mm
26. 25 g ■ 3,000 mg
27. 340 mg ■ 0.4 g
28. 0.05 kL ■ 5 L
29. 0.3 mL ■ 0.005 L
30. 1.3 kg ■ 1,300 g

31. Arte La *Mona Lisa,* de Leonardo Da Vinci, mide 77 cm de alto. *Noche estrellada,* de Vincent Van Gogh, mide 0.73 m de alto. ¿Qué pintura es más alta? ¿Cuánto más alta es?

Escribe cada conjunto de medidas en orden de menor a mayor.

32. 0.005 kL; 4.1 L; 6,300 mL

33. 1.5 m; 1,200 mm; 130 cm

34. 4,000 mg; 50 kg; 70 g

35. 9.03 g; 0.0008 kg; 1,000 mg

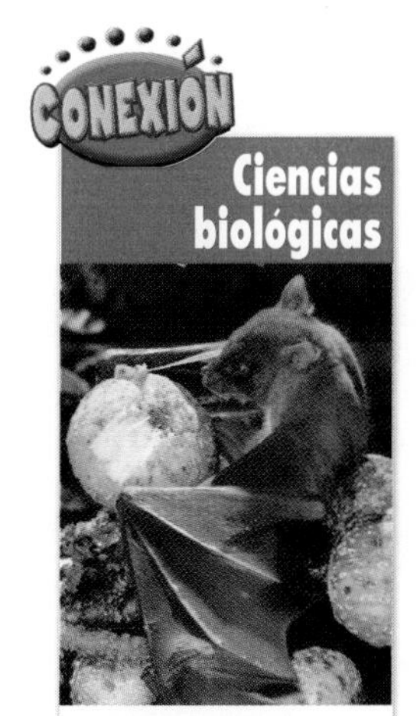

Cuando se alimentan, los murciélagos consumen hasta un 25% de su masa.

36. Medición Usa una regla para medir el segmento de recta de la derecha en centímetros. Luego halla la longitud del segmento en milímetros y en metros.

Ciencias biológicas En la tabla se da información sobre varias especies de murciélagos nocturnos. Usa la tabla para resolver los Ejercicios 37 y 38.

37. ¿Qué murciélago tiene la mayor masa?

38. ¿Qué murciélago tiene la mayor envergadura: el murciélago rojizo o el gran murciélago moreno? ¿Cuánto mayor es su envergadura?

Murciélagos nocturnos de EE.UU.		
Nombre	**Envergadura**	**Masa**
Murciélago rojizo	0.3 m	10.9 g
Murciélago pelo plateado	28.7 cm	8,500 mg
Gran murciélago moreno	317 mm	0.01 kg

39. Razonamiento crítico Un mililitro de agua tiene un masa de 1 gramo. ¿Qué masa tiene un litro de agua?

40. ¿Dónde está el error? Un estudiante convirtió 45 gramos a miligramos como se muestra abajo. Explica el error que cometió.

$$45 \text{ g} = (45 \div 1{,}000) \text{ mg} = 0.045 \text{ mg}$$

41. Escríbelo Explica cómo decidir si la unidad más adecuada para medir la masa de un objeto son los miligramos, gramos o kilogramos.

42. Desafío Un decímetro es $\frac{1}{10}$ de un metro. Explica cómo convertir milímetros a decímetros.

Preparación para el examen y repaso en espiral

43. Opción múltiple ¿Cuál de estas opciones es igual a 0.4 gramos?

Ⓐ 0.0004 mg Ⓑ 0.004 mg Ⓒ 400 mg Ⓓ 4,000 mg

44. Respuesta breve ¿Qué tiene mayor capacidad: una taza para medir que puede contener 250 mL o una taza para medir que puede contener 0.5 L? Justifica tu respuesta.

Identifica un posible patrón y úsalo para escribir los siguientes tres números. (Lección 1-1)

45. 19, 16, 13, 10, ▒, ▒, ▒, . . .

46. 5, 15, 45, 135, ▒, ▒, ▒, . . .

47. 5, 6, 8, 11, 15, ▒, ▒, ▒, . . .

48. 256, 128, 64, 32, ▒, ▒, ▒, . . .

Halla cada valor. (Lección 1-2)

49. 9^2 **50.** 12^1 **51.** 2^7 **52.** 7^3 **53.** 3^4

1-4 Cómo aplicar exponentes

Aprender a multiplicar por potencias de 10 y a expresar números grandes en notación científica

Vocabulario

notación científica

La distancia de Venus al Sol es mayor que 100,000,000 de kilómetros. Puedes escribir este número como potencia de diez mediante una base diez y un exponente.

$10 \cdot 10 \cdot 10 \cdot 10 \cdot 10 \cdot 10 \cdot 10 \cdot 10 = 10^8$

Potencia de diez

En la tabla se muestran varias potencias de diez.

Potencia de 10	Significado	Valor
10^1	10	10
10^2	$10 \cdot 10$	100
10^3	$10 \cdot 10 \cdot 10$	1,000
10^4	$10 \cdot 10 \cdot 10 \cdot 10$	10,000

Los astrónomos estiman que hay 100 mil millones de billones, ó 10^{20}, estrellas en el universo.

Puedes hallar el producto de un número y una potencia de diez multiplicando o moviendo el punto decimal del número. Con potencias de diez con exponentes positivos, mueve el punto decimal hacia la derecha.

EJEMPLO 1 Multiplicar por potencias de diez

Multiplica $137 \cdot 10^3$.

A Método 1: Evaluar la potencia

$137 \cdot 10^3 = 137 \cdot (10 \cdot 10 \cdot 10)$ *Multiplica 10 por sí mismo 3 veces.*

$= 137 \cdot 1,000$ *Multiplica.*

$= 137,000$

B Método 2: Usar el cálculo mental

$137 \cdot 10^3 = 137.000$ *Mueve el punto decimal 3 posiciones.*

$= 137,000$ **3 posiciones** *(Necesitas agregar 3 ceros).*

¡Recuerda!

Un factor es un número que se multiplica por otro para obtener un producto.

La **notación científica** es una especie de abreviatura que se usa para escribir números grandes. Los números expresados en notación científica se escriben como el producto de dos *factores.*

Escribir matemáticas

En notación científica, se acostumbra usar una cruz (×) para multiplicar en lugar de un punto.

En notación científica, 17,900,000 se escribe como

$$1.79 \times 10^7$$

Un número mayor que o igual a 1 pero menor que 10 → 1.79

Potencia de 10 → 10^7

EJEMPLO 2 **Escribir números en notación científica**

Escribe 9,580,000 en notación científica.

$9{,}580{,}000 = 9{,}580{,}000.$ *Mueve el punto decimal para obtener un número entre 1 y 10.*

$= 9.58 \times 10^6$ *El exponente es igual a la cantidad de posiciones que se mueve el punto decimal.*

EJEMPLO 3 **Escribir números en forma estándar**

Plutón está aproximadamente a 3.7×10^9 millas del Sol. Escribe esta distancia en forma estándar.

$3.7 \times 10^9 = 3.700000000$ *Como el exponente es 9, mueve el punto decimal 9 posiciones hacia la derecha.*

$= 3{,}700{,}000{,}000$

Plutón está aproximadamente a 3,700,000,000 millas del Sol.

EJEMPLO 4 **Comparar números en notación científica**

Mercurio está a 9.17×10^7 kilómetros de la Tierra. Júpiter está a 6.287×10^8 kilómetros de la Tierra. ¿Qué planeta está más cerca de la Tierra?

Para comparar números escritos en notación científica, compara primero los exponentes. Si los exponentes son iguales, compara la porción decimal de los números.

Mercurio: 9.17×10^7 km

Júpiter: 6.27×10^8 km

Compara los exponentes.

Observa que $7 < 8$. Por lo tanto, $9.17 \times 10^7 < 6.287 \times 10^8$.

Mercurio está más cerca de la Tierra que Júpiter.

Razonar y comentar

1. **Indica** si 15×10^9 está escrito en notación científica. Explica.
2. **Compara** 4×10^3 y 3×10^4. Explica cómo sabes cuál es mayor.

1-4 Ejercicios

go.hrw.com
Ayuda en línea para tareas*
CLAVE: MS7 1-4
Recursos en línea para padres
CLAVE: MS7 Parent
*(Disponible sólo en inglés)

PRÁCTICA GUIADA

Ver Ejemplo 1 
Multiplica.

1. $15 \cdot 10^2$ **2.** $12 \cdot 10^4$ **3.** $208 \cdot 10^3$ **4.** $113 \cdot 10^7$

Ver Ejemplo 2 
Escribe cada número en notación científica.

5. 3,600,000 **6.** 214,000 **7.** 8,000,000,000 **8.** 42,000

Ver Ejemplo 3 
9. Una gota de agua contiene alrededor de 2.0×10^{21} moléculas. Escribe este número en forma estándar.

Ver Ejemplo 4
10. Astronomía El diámetro de Neptuno es 4.9528×10^7 metros. El diámetro de Marte es 6.7868×10^6 metros. ¿Qué planeta tiene el diámetro más grande?

PRÁCTICA INDEPENDIENTE

Ver Ejemplo 1 
Multiplica.

11. $21 \cdot 10^2$ **12.** $8 \cdot 10^4$ **13.** $25 \cdot 10^5$ **14.** $40 \cdot 10^4$

15. $268 \cdot 10^3$ **16.** $550 \cdot 10^7$ **17.** $2{,}115 \cdot 10^5$ **18.** $70{,}030 \cdot 10^1$

Ver Ejemplo 2 
Escribe cada número en notación científica.

19. 428,000 **20.** 1,610,000 **21.** 3,000,000,000 **22.** 60,100

23. 52.000 **24.** $29.8 \cdot 10^7$ **25.** 8,900,000 **26.** $500 \cdot 10^3$

Ver Ejemplo 3 
27. Historia Los antiguos egipcios martillaban el oro en láminas tan delgadas que se necesitaban 3.67×10^5 láminas para formar una pila de 2.5 centímetros de alto. Escribe la cantidad de láminas en forma estándar.

Ver Ejemplo 4 
28. Astronomía Marte está a 7.83×10^7 kilómetros de distancia de la Tierra. Venus está a 4.14×10^7 kilómetros de la Tierra. ¿Qué planeta está más cerca de la Tierra?

PRÁCTICA Y RESOLUCIÓN DE PROBLEMAS

Práctica adicional
Ver página 724

Halla el número o los números que faltan.

29. $24{,}500 = 2.45 \times 10^{\square}$ **30.** $16{,}800 = \square \times 10^4$ **31.** $\square = 3.40 \times 10^2$

32. $280{,}000 = 2.8 \times 10^{\square}$ **33.** $5.4 \times 10^8 = \square$ **34.** $60{,}000{,}000 = \square \times 10^{\square}$

Indica si cada número está escrito en notación científica. Luego, ordena los números de menor a mayor.

35. 43.7×10^6 **36.** 1×10^7 **37.** 2.9×10^7 **38.** 305×10^6

39. Ciencias físicas En el vacío, la luz viaja a una velocidad de alrededor de novecientos ochenta millones de pies por segundo. Escribe esta velocidad en notación científica.

CONEXIÓN con las ciencias de la Tierra

40. Las rocas terrestres más antiguas se formaron durante el eón Arcaico. Calcula la duración de este eón. Escribe tu respuesta en notación científica.

41. Los dinosaurios vivieron durante la era Mesozoica. Calcula la duración de la era Mesozoica. Escribe tu respuesta en notación científica.

42. Los *tropites* eran animales marinos prehistóricos cuyos restos fósiles pueden usarse para calcular la fecha de las formaciones rocosas en que se encuentran. Estos fósiles se conocen como *fósiles guía.* Los *tropites* vivieron entre 2.08×10^8 y 2.30×10^8 años atrás. ¿En qué periodo geológico vivieron?

43. **Escríbelo** Explica por qué la notación científica es especialmente útil en las ciencias de la Tierra.

Escala de tiempo geológico

Eón	Era	Periodo
Fanerozoico (540 maa*–presente)	**Cenozoica** (65 maa–presente)	**Cuaternario** (1.8 maa–presente) **Época del Holoceno** (11,000 años atrás–presente) **Época del Pleistoceno** (1.8 maa–11,000 años atrás) **Terciario** (65 maa–1.8 maa) **Época del Plioceno** (5.3 maa–1.8 maa) **Época del Mioceno** (23.8 maa–5.3 maa) **Época del Oligoceno** (33.7 maa–23.8 maa) **Época del Eoceno** (54.8 maa–33.7 maa) **Época del Paleoceno** (65 maa–54.8 maa)
	Mesozoica (248 maa–65 maa)	**Cretásico** (144 maa–65 maa) **Jurásico** (206 maa–144 maa) **Triásico** (248 maa–206 maa)
	Paleozoica (540 maa–248 maa)	**Pérmico** (290 maa–248 maa) **Pensilvánico** (323 maa–290 maa) **Mississíppico** (354 maa–323 maa) **Devónico** (417 maa–354 maa) **Silúrico** (443 maa–417 maa) **Ordovícico** (490 maa–443 maa) **Cámbrico** (540 maa–490 maa)
Proterozoico (2,500 maa–540 maa)		
Arcaico (3,800 maa–2,500 maa)		
Hadeano (4,600 maa–3,800 maa)		

*maa = millones de años atrás

44.  **Desafío** Nosotros vivimos en la época del Holoceno. Escribe la edad de esta época en notación científica.

PREPARACIÓN PARA EL EXAMEN y repaso en espiral

45. Opción múltiple En su informe sobre los dinosaurios, Kaylee escribió que el periodo Jurásico fue hace 1.75×10^8 años. Según el informe de Kaylee, ¿hace cuántos años fue el periodo Jurásico?

Ⓐ 1,750,000　Ⓑ 17,500,000　Ⓒ 175,000,000　Ⓓ 17,500,000,000

46. Opción múltiple ¿Cuál de las siguientes opciones es 2,430,000 en notación científica?

Ⓕ 243×10^4　Ⓖ 24.3×10^5　Ⓗ 2.43×10^5　Ⓙ 2.43×10^6

Escribe cada número usando un exponente y la base dada. (Lección 1-2)

47. 625, base 5　**48.** 512, base 8　**49.** 512, base 2

Convierte cada medida. (Lección 1-3)

50. 2.87 kg a gramos　**51.** 1,700 m a kilómetros　**52.** 8 L a mililitros

Notación científica con una calculadora

Para usar con la Lección 1-4

Los científicos suelen trabajar con números muy grandes. Por ejemplo, la Galaxia Andrómeda cuenta con 200,000,000,000 de estrellas. La notación científica es una forma breve de expresar números grandes como éste.

Actividad

1 Muestra 200,000,000,000 en notación científica.

Escribe 200,000,000,000 en tu calculadora de gráficas. Luego oprime ENTER.

200000000000
2E11

2 E 11 en la pantalla de la calculadora significa 2×10^{11}, que es 200,000,000,000 en notación científica. Tu calculadora convierte automáticamente números muy grandes a notación científica.

Puedes usar la función **EE** para introducir 2×10^{11} directamente en la calculadora. Escribe 2×10^{11} oprimiendo 2 2nd EE , 11 ENTER.

2 Simplifica $2.31 \times 10^4 \div 525$.

Ingresa 2.31×10^4 en tu calculadora en notación científica. Luego divídelo entre 525. Para hacer esto, oprime 2.31 2nd EE , 4 ÷ 525 ENTER.
Tu respuesta debe ser 44.

Razonar y comentar

1. Explica en qué se parecen la notación científica y la notación de la calculadora. ¿Qué puede significar la "E" en la notación de la calculadora?

Inténtalo

Usa la calculadora para escribir cada número en notación científica.

1. 6,500,000 **2.** 15,000,000 **3.** 360,000,000,000

Simplifica cada expresión y expresa tu respuesta en notación científica.

4. $8.4 \times 10^6 \div 300$ **5.** $9 \times 10^3 - 900$ **6.** $2.5 \times 10^9 \times 10$

7. $3 \times 10^2 + 6000$ **8.** $2.85 \times 10^8 \div 95$ **9.** $1.5 \times 10^7 \div 150$

1-5 El orden de las operaciones

Aprender a usar el orden de las operaciones para simplificar expresiones numéricas

Vocabulario

expresión numérica

orden de las operaciones

Cuando te preparas para ir a la escuela, te pones los calcetines *antes* que los zapatos. En matemáticas, como en la vida, algunas tareas deben realizarse en cierto orden.

Una **expresión numérica** se forma con números y operaciones. Cuando se simplifica una expresión numérica, deben seguirse reglas para que todos tengan la misma respuesta. Por eso, los matemáticos han establecido un **orden de las operaciones.**

ORDEN DE LAS OPERACIONES

1. Realiza las operaciones dentro de los símbolos de agrupación.
2. Evalúa las potencias.
3. Multiplica y divide de izquierda a derecha.
4. Suma y resta de izquierda a derecha.

EJEMPLO 1 Usar el orden de las operaciones

Simplifica cada expresión.

A $27 - 18 \div 6$

$27 - 18 \div 6$ *Divide.*

$27 - 3$ *Resta.*

24

B $36 - 18 \div 2 \cdot 3 + 8$

$36 - 18 \div 2 \cdot 3 + 8$ *Divide y multiplica de izquierda a derecha.*

$36 - 9 \cdot 3 + 8$

$36 - 27 + 8$ *Resta y suma de izquierda a derecha.*

$9 + 8$

17

C $5 + 6^2 \cdot 10$

$5 + 6^2 \cdot 10$ *Evalúa la potencia.*

$5 + 36 \cdot 10$ *Multiplica.*

$5 + 360$ *Suma.*

365

EJEMPLO 2 Usar el orden de las operaciones con símbolos de agrupación

Simplifica cada expresión.

Pista útil

Cuando una expresión tenga un conjunto de símbolos de agrupación dentro de un segundo conjunto de símbolos de agrupación, empieza por el conjunto que está más adentro.

A $36 - (2 \cdot 6) \div 3$

$36 - (2 \cdot 6) \div 3$ *Realiza la operación entre paréntesis.*

$36 - 12 \div 3$ *Divide.*

$36 - 4$ *Resta.*

32

B $[(4 + 12 \div 4) - 2]^3$

$[(4 + 12 \div 4) - 2]^3$ *El paréntesis está entre corchetes, por lo tanto realiza primero las operaciones entre paréntesis.*

$[(4 + 3) - 2]^3$

$[7 - 2]^3$

5^3

125

EJEMPLO 3 *Aplicación a la profesión*

María trabaja a tiempo parcial en un despacho de abogados, donde gana $20 por hora. En la tabla se muestra el número de horas que trabajó la semana pasada. Simplifica la expresión (6 + 5 · 3) · 20 para hallar cuánto dinero ganó María la semana pasada.

Día	Horas
Lunes	6
Martes	5
Miércoles	5
Jueves	5

$(6 + 5 \cdot 3) \cdot 20$ *Realiza las operaciones entre paréntesis.*

$(6 + 15) \cdot 20$ *Suma.*

$21 \cdot 20$ *Multiplica.*

420

María ganó $420 la semana pasada.

Razonar y comentar

1. **Aplica** el orden de las operaciones para determinar si las expresiones $3 + 4^2$ y $(3 + 4)^2$ tienen el mismo valor.
2. **Da** el orden correcto de las operaciones para simplificar $(5 + 3 \cdot 20) \div 13 + 3^2$.
3. **Determina** dónde debes insertar símbolos de agrupación en la expresión $3 + 9 - 4 \cdot 2$ para que su valor sea 13.

1-5 Ejercicios

go.hrw.com
Ayuda en línea para tareas*
CLAVE: MS7 1-5
Recursos en línea para padres
CLAVE: MS7 Parent
*(Disponible sólo en inglés)

PRÁCTICA GUIADA

Ver Ejemplo 1 

Simplifica cada expresión.

1. $43 + 16 \div 4$ **2.** $28 - 4 \cdot 3 \div 6 + 4$ **3.** $25 - 4^2 \div 8$

Ver Ejemplo 2

4. $26 - (7 \cdot 3) + 2$ **5.** $(3^2 + 11) \div 5$ **6.** $32 + 6(4 - 2^2) + 8$

Ver Ejemplo 3 

7. Profesión Caleb gana $10 por hora. Trabajó 4 horas el lunes, el miércoles y el viernes. Trabajó 8 horas el martes y el jueves. Simplifica la expresión $(3 \cdot 4 + 2 \cdot 8) \cdot 10$ para hallar cuánto ganó Caleb en total.

PRÁCTICA INDEPENDIENTE

Ver Ejemplo 1 

Simplifica cada expresión.

8. $3 + 7 \cdot 5 - 1$ **9.** $5 \cdot 9 - 3$ **10.** $3 - 2 + 6 \cdot 2^2$

Ver Ejemplo 2

11. $(3 \cdot 3 - 3)^2 \div 3 + 3$ **12.** $2^5 - (4 \cdot 5 + 3)$ **13.** $(3 \div 3) + 3 \cdot (3^3 - 3)$

14. $4^3 \div 8 - 2$ **15.** $(8 - 2)^2 \cdot (8 - 1)^2 \div 3$ **16.** $9{,}234 \div [3 \cdot 3(1 + 8^3)]$

Ver Ejemplo 3 

17. Matemáticas para el consumidor Maki pagó una tarifa básica de $14 más $25 diarios por rentar un automóvil. Simplifica la expresión $14 + 5 \cdot 25$ para hallar cuánto le costó rentar el automóvil durante 5 días.

18. Matemáticas para el consumidor Enrico gastó $20 por yarda cuadrada de alfombra y $35 por una base de alfombra. Simplifica la expresión $35 + 20(12^2 \div 9)$ para hallar cuánto gastó Enrico en alfombrar una habitación de 12 pies por 12 pies.

PRÁCTICA Y RESOLUCIÓN DE PROBLEMAS

Práctica adicional
Ver página 725

Simplifica cada expresión.

19. $90 - 36 \times 2$ **20.** $16 + 14 \div 2 - 7$ **21.** $64 \div 2^2 + 4$

22. $10 \times (18 - 2) + 7$ **23.** $(9 - 4)^2 - 12 \times 2$ **24.** $[1 + (2 + 5)^2] \times 2$

Compara. Escribe $<$, $>$ ó $=$.

25. $8 \cdot 3 - 2$ ■ $8 \cdot (3 - 2)$ **26.** $(6 + 10) \div 2$ ■ $6 + 10 \div 2$

27. $12 \div 3 \cdot 4$ ■ $12 \div (3 \cdot 4)$ **28.** $18 + 6 - 2$ ■ $18 + (6 - 2)$

29. $[6(8 - 3) + 2]$ ■ $6(8 - 3) + 2$ **30.** $(18 - 14) \div (2 + 2)$ ■ $18 - 14 \div 2 + 2$

Razonamiento crítico **Agrega símbolos de agrupación para que cada enunciado sea verdadero.**

31. $4 \cdot 8 - 3 = 20$ **32.** $5 + 9 - 3 \div 2 = 8$ **33.** $12 - 2^2 \div 5 = 20$

34. $4 \cdot 2 + 6 = 32$ **35.** $4 + 6 - 3 \div 7 = 1$ **36.** $9 \cdot 8 - 6 \div 3 = 6$

37. Bertha ganó $8.00 por hora durante 4 horas como niñera y $10.00 por hora durante 5 horas por pintar una habitación. Simplifica la expresión $8 \cdot 4 + 10 \cdot 5$ para hallar cuánto ganó Bertha en total.

38. **Matemáticas para el consumidor** Mike compró un cuadro por \$512. Lo vendió en una subasta de objetos antiguos a un precio 4 veces más alto que el que había pagado. Luego, con la mitad de las ganancias que obtuvo, compró otro cuadro. Simplifica la expresión $(512 \cdot 4 - 512) \div 2$ para hallar cuánto pagó Mike por el segundo cuadro.

39. **Varios pasos** Anelise compró cuatro camisas y dos pares de jeans. Pagó \$6 en impuestos sobre la venta.

a. Escribe una expresión que muestre cuánto gastó ella en camisas.

b. Escribe una expresión que muestre cuánto gastó ella en jeans.

c. Escribe y evalúa una expresión que muestre cuánto gastó ella en ropa, incluyendo el impuesto sobre la venta.

40. **Elige una estrategia** Hay cuatro niños en una familia. La suma de los cuadrados de las edades de los tres niños menores es igual al cuadrado de la edad del niño mayor. ¿Qué edad tienen estos niños?

Ⓐ 1, 4, 8, 9 Ⓑ 1, 3, 6, 12 Ⓒ 4, 5, 8, 10 Ⓓ 2, 3, 8, 16

41. **Escríbelo** Describe en qué orden realizarías las operaciones para hallar el valor correcto de $[(2 + 4)^2 - 2 \cdot 3] \div 6$.

42. **Desafío** Usa los números 3, 5, 6, 2, 54 y 5, en ese orden, para escribir una expresión que tenga un valor de 100.

Preparación Para El Examen y repaso en espiral

43. **Opción múltiple** ¿Qué operación debes realizar primero para simplificar la expresión $18 - 1 \cdot 9 \div 3 + 8$?

Ⓐ suma Ⓑ resta Ⓒ multiplicación Ⓓ división

44. **Opción múltiple** ¿Qué expresión NO se simplifica a 81?

Ⓕ $9 \cdot (4 + 5)$ Ⓖ $7 + 16 \cdot 4 + 10$ Ⓗ $3 \cdot 25 + 2$ Ⓙ $10^2 - 4 \cdot 5 + 1$

45. **Opción múltiple** Quinton compró dos pares de pantalones a \$30 cada uno y 3 pares de calcetines a \$5 cada uno. ¿Qué expresión puede simplificarse para determinar la cantidad total que pagó Quinton por los pantalones y los calcetines?

Ⓐ $2 \cdot 3(30 + 5)$ Ⓑ $(2 + 3) \cdot (30 + 5)$ Ⓒ $2 \cdot (30 + 5) \cdot 3$ Ⓓ $2 \cdot 30 + 3 \cdot 5$

Halla cada valor. (Lección 1-2)

46. 8^6 **47.** 9^3 **48.** 4^5 **49.** 3^3 **50.** 7^1

Multiplica. (Lección 1-4)

51. $612 \cdot 10^3$ **52.** $43.8 \cdot 10^6$ **53.** $590 \cdot 10^5$ **54.** $3.1 \cdot 10^7$ **55.** $1.91 \cdot 10^2$

Explorar el orden de las operaciones

Para usar con la Lección 1-5

RECUERDA

El orden de las operaciones

1. **Realiza las operaciones dentro de los símbolos de agrupación.**
2. **Evalúa las potencias.**
3. **Multiplica y divide de izquierda a derecha.**
4. **Suma y resta de izquierda a derecha.**

Muchas calculadoras tienen una tecla x^2 que te permite hallar el cuadrado de un número. En las calculadoras que no tienen esta tecla o para usar exponentes distintos de 2, puedes usar la tecla de inserción: ^.

Por ejemplo, para evaluar 3^5, oprime 3 ^ 5 y luego oprime ENTER.

Actividad

1. Simplifica $4 \cdot 2^3$ usando lápiz y papel. Luego, comprueba tu respuesta con una calculadora.

   Primero, simplifica la expresión con lápiz y papel:
   $4 \cdot 2^3 = 4 \cdot 8 = 32$.

   Luego, simplifica $4 \cdot 2^3$ con tu calculadora.

   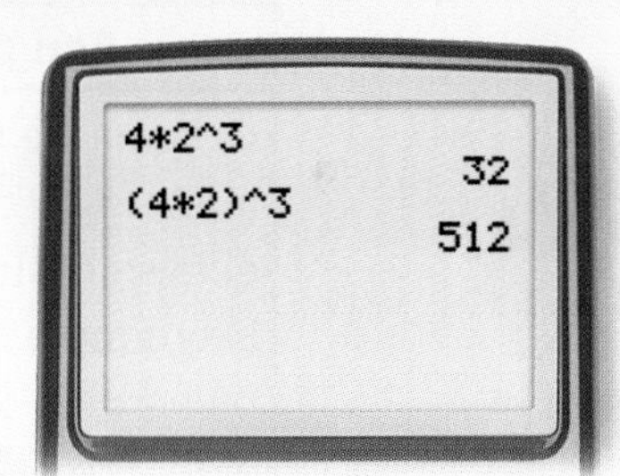

   Observa que la calculadora comienza evaluando automáticamente la potencia. Si quieres multiplicar primero, debes poner la operación entre paréntesis.

2. Usa una calculadora para simplificar $\frac{(2 + 5 \cdot 4)^3}{4^2}$.

Razonar y comentar

1. ¿Es $2 + 5 \cdot 4^3 + 4^2$ equivalente a $(2 + 5 \cdot 4^3) + 4^2$? Explica.

Inténtalo

Simplifica cada expresión con lápiz y papel. Comprueba tus respuestas con una calculadora.

1. $3 \cdot 2^3 + 5$
2. $3 \cdot (2^3 + 5)$
3. $(3 \cdot 2)^2$
4. $3 \cdot 2^2$
5. $2^{(3 \cdot 2)}$

Usa una calculadora para simplificar cada expresión. Redondea tus respuestas a la centésima más cercana.

6. $(2.1 + 5.6 \cdot 4^3) \div 6^4$
7. $[(2.1 + 5.6) \cdot 4^3] \div 6^4$
8. $[(8.6 - 1.5) \div 2^3] \div 5^2$

1-6 Propiedades

Aprender a identificar propiedades de los números racionales y a usarlas para simplificar expresiones numéricas

Vocabulario

propiedad conmutativa

propiedad asociativa

propiedad de identidad

propiedad distributiva

En la Lección 1-5 aprendiste a usar el orden de las operaciones para simplificar expresiones numéricas. Las siguientes propiedades de los números racionales también son útiles para simplificar expresiones.

Propiedad conmutativa		
Con palabras	**Con números**	**En álgebra**
Puedes sumar números en cualquier orden y multiplicar números en cualquier orden.	$3 + 8 = 8 + 3$ $5 \cdot 7 = 7 \cdot 5$	$a + b = b + a$ $ab = ba$

Propiedad asociativa		
Con palabras	**Con números**	**En álgebra**
Cuando sumas o multiplicas, puedes agrupar los números combinándolos de cualquier manera.	$(4 + 5) + 1 = 4 + (5 + 1)$ $(9 \cdot 2) \cdot 6 = 9 \cdot (2 \cdot 6)$	$(a + b) + c = a + (b + c)$ $(a \cdot b) \cdot c = a \cdot (b \cdot c)$

Propiedad de identidad		
Con palabras	**Con números**	**En álgebra**
La suma de 0 y cualquier número da como resultado el mismo número. El producto de 1 y cualquier número da como resultado el mismo número.	$4 + 0 = 4$ $8 \cdot 1 = 8$	$a + 0 = a$ $a \cdot 1 = a$

EJEMPLO 1 Identificar propiedades de la suma y la multiplicación

Indica qué propiedad se representa.

A $2 + (7 + 8) = (2 + 7) + 8$

$2 + (7 + 8) = (2 + 7) + 8$ *Los números se reagrupan.*

Propiedad asociativa

B $25 \cdot 1 = 25$

$25 \cdot 1 = 25$ *Uno de los factores es 1.*

Propiedad de identidad

C $xy = yx$

$xy = yx$ *Se cambia el orden de las variables.*

Propiedad conmutativa

Puedes usar las propiedades y el cálculo mental para reorganizar o reagrupar los números y lograr combinaciones más fáciles de resolver.

EJEMPLO 2 Usar propiedades para simplificar expresiones

Simplifica cada expresión. Justifica cada paso.

A $12 + 19 + 18$

$12 + 19 + 18$	$= 19 + 12 + 18$	*Propiedad conmutativa*
	$= 19 + (12 + 18)$	*Propiedad asociativa*
	$= 19 + 30$	*Suma.*
	$= 49$	

B $25 \cdot 13 \cdot 4$

$25 \cdot 13 \cdot 4$	$= 25 \cdot 4 \cdot 13$	*Propiedad conmutativa*
	$= (25 \cdot 4) \cdot 13$	*Propiedad asociativa*
	$= 100 \cdot 13$	*Multiplica.*
	$= 1{,}300$	

Puedes usar la propiedad distributiva para multiplicar números mentalmente descomponiendo uno de ellos y escribiéndolo como una suma o una resta.

Propiedad distributiva		
Con números	$6 \cdot (9 + 14) = 6 \cdot 9 + 6 \cdot 14$	$8 \cdot (5 - 2) = 8 \cdot 5 - 8 \cdot 2$
En álgebra	$a \cdot (b + c) = ab + ac$	$a \cdot (b - c) = ab - ac$

EJEMPLO 3 Usar la propiedad distributiva para multiplicar mentalmente

Usa la propiedad distributiva para hallar 7(29).

Método 1

$7(29) = 7(20 + 9)$		*Vuelve a escribir 29.*
	$= (7 \cdot 20) + (7 \cdot 9)$	*Usa la propiedad distributiva.*
	$= 140 + 63$	*Multiplica.*
	$= 203$	*Simplifica.*

Método 2

$7(29) = 7(30 - 1)$

$= (7 \cdot 30) - (7 \cdot 1)$

$= 210 - 7$

$= 203$

Razonar y comentar

1. **Describe** dos maneras diferentes de simplificar la expresión $7 \cdot (3 + 9)$.
2. **Explica** cómo la propiedad distributiva te puede ayudar a hallar $6 \cdot 102$ mediante el cálculo mental.

1-6 Ejercicios

go.hrw.com
Ayuda en línea para tareas*
CLAVE: MS7 1-6
Recursos en línea para padres
CLAVE: MS7 Parent
*(Disponible sólo en inglés)

PRÁCTICA GUIADA

Ver Ejemplo 1 **Indica qué propiedad se representa.**

1. $1 + (6 + 7) = (1 + 6) + 7$ **2.** $1 \cdot 10 = 10$ **3.** $3 \cdot 5 = 5 \cdot 3$

4. $6 + 0 = 6$ **5.** $4 \cdot (4 \cdot 2) = (4 \cdot 4) \cdot 2$ **6.** $x + y = y + x$

Ver Ejemplo 2 **Simplifica cada expresión. Justifica cada paso.**

7. $8 + 23 + 2$ **8.** $2 \cdot (17 \cdot 5)$ **9.** $(25 \cdot 11) \cdot 4$

10. $17 + 29 + 3$ **11.** $16 + (17 + 14)$ **12.** $5 \cdot 19 \cdot 20$

Ver Ejemplo 3 **Usa la propiedad distributiva para hallar cada producto.**

13. 2(19) **14.** 5(31) **15.** (22)2

16. (13)6 **17.** 8(26) **18.** (34)6

PRÁCTICA INDEPENDIENTE

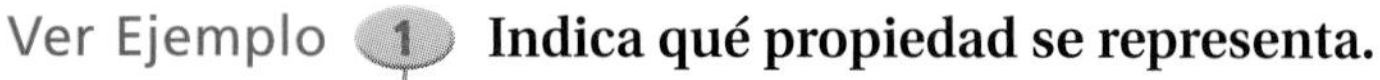

Ver Ejemplo 1 **Indica qué propiedad se representa.**

19. $1 + 0 = 1$ **20.** $xyz = x \cdot (yz)$ **21.** $9 + (9 + 0) = (9 + 9) + 0$

22. $11 + 25 = 25 + 11$ **23.** $7 \cdot 1 = 7$ **24.** $16 \cdot 4 = 4 \cdot 16$

Ver Ejemplo 2 **Simplifica cada expresión. Justifica cada paso.**

25. $50 \cdot 16 \cdot 2$ **26.** $9 + 34 + 1$ **27.** $4 \cdot (25 \cdot 9)$

28. $27 + 28 + 3$ **29.** $20 + (63 + 80)$ **30.** $25 + 17 + 75$

Ver Ejemplo 3 **Usa la propiedad distributiva para hallar cada producto.**

31. 9(15) **32.** (14)5 **33.** 3(58)

34. 10(42) **35.** (23)4 **36.** (16)5

PRÁCTICA Y RESOLUCIÓN DE PROBLEMAS

Práctica adicional
Ver página 725

Escribe un ejemplo de cada propiedad usando números cabales.

37. propiedad conmutativa **38.** propiedad de identidad

39. propiedad asociativa **40.** propiedad distributiva

41. Arquitectura En la figura se muestra el plano de un loft para estudio. Para hallar el área del loft, el arquitecto multiplica la longitud por el ancho: $(14 + 8) \cdot 10$. Usa la propiedad distributiva para hallar el área del loft.

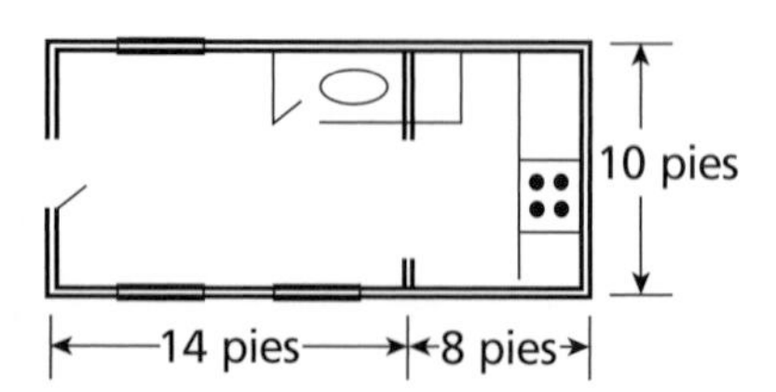

Simplifica cada expresión. Justifica cada paso.

42. $32 + 26 + 43$ **43.** $50 \cdot 45 \cdot 4$ **44.** $5 + 16 + 25$ **45.** $35 \cdot 25 \cdot 20$

Completa cada ecuación. Luego indica qué propiedad se representa.

46. $5 + 16 = 16 + \square$

47. $15 \cdot 1 = \square$

48. $\square \cdot (4 + 7) = 3 \cdot 4 + 3 \cdot 7$

49. $20 + \square = 20$

50. $2 \cdot \square \cdot 9 = (2 \cdot 13) \cdot 9$

51. $8 + (\square + 4) = (8 + 8) + 4$

52. $2 \cdot (6 + 1) = 2 \cdot \square + 2 \cdot 1$

53. $(12 - 9) \cdot \square = 12 \cdot 2 - 9 \cdot 2$

54. Deportes Janice quiere saber cuántos partidos ganó en total el equipo de básquetbol Denver Nuggets durante las tres temporadas que se muestran en la tabla. ¿Qué expresión debería simplificar? Explica de qué manera puede usar el cálculo mental y las propiedades de esta lección para simplificar la expresión.

Denver Nuggets		
Temporada	Ganaron	Perdieron
2001–02	27	55
2002–03	17	65
2003–04	43	39

55. ¿Dónde está el error? Un estudiante simplificó la expresión $6 \cdot (9 + 12)$ como se muestra. ¿Qué error cometió el estudiante?

$$6 \cdot (9 + 12) = 6 \cdot 9 + 12$$
$$= 54 + 12$$
$$= 66$$

56. Escríbelo ¿Crees que exista una propiedad conmutativa de la resta? Da un ejemplo para justificar tu respuesta.

57. Desafío Usa la propiedad distributiva para simplificar $\frac{1}{6} \cdot (36 + \frac{1}{2})$.

Preparación Para El Examen y repaso en espiral

58. Opción múltiple ¿Cuál de las siguientes opciones es un ejemplo de la propiedad asociativa?

Ⓐ $4 + 0 = 4$

Ⓑ $9 + 8 + 2 = 9 + (8 + 2)$

Ⓒ $5 + 7 = 7 + 5$

Ⓓ $5 \cdot (12 + 3) = 5 \cdot 12 + 5 \cdot 3$

59. Opción múltiple ¿De qué propiedad es un ejemplo $2 \cdot (3 + 7) = (2 \cdot 3) + (2 \cdot 7)$?

Ⓕ asociativa   Ⓖ conmutativa   Ⓗ distributiva   Ⓙ de identidad

60. Respuesta breve Muestra cómo usar la propiedad distributiva para simplificar la expresión 8(27).

Escribe cada número usando un exponente y la base dada. (Lección 1-2)

61. 36, base 6 **62.** 64, base 2 **63.** 9, base 3 **64.** 1,000, base 10

Simplifica cada expresión. (Lección 1-5)

65. $25 + 5 - (6^2 - 7)$ **66.** $3^3 - (6 + 3)$ **67.** $(4^2 + 5) \div 7$ **68.** $(5 - 3)^2 \div (3^2 - 7)$

SECCIÓN 1A

Prueba de las Lecciones 1-1 a 1-6

1-1 Números y patrones

Identifica un posible patrón y úsalo para escribir los siguientes tres números.

1. 8, 15, 22, 29, . . .

2. 79, 66, 53, 40, . . .

3.    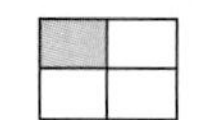

1-2 Exponentes

Halla cada valor.

4. 8^4

5. 7^3

6. 4^5

7. 6^2

8. La cantidad de bacterias de una muestra se duplica cada hora. ¿Cuántas células bacterianas habrá después de 8 horas si hay una célula al principio? Escribe tu respuesta como potencia.

1-3 Medidas métricas

Convierte cada medida.

9. 17.3 kg a gramos

10. 540 mL a litros

11. 0.46 cm a milímetros

12. Cat corrió los 400 metros y la carrera de 800 metros. HIlo corrió la carrera de 2 kilómetros a campo traviesa. ¿Quién corrió más: Cat o HIlo?

1-4 Cómo aplicar exponentes

Multiplica.

13. $456 \cdot 10^5$

14. $9.3 \cdot 10^2$

15. $0.36 \cdot 10^8$

Escribe cada número en notación científica.

16. 8,400,000

17. 521,000,000

18. 29,000

19. En mayo de 2005, la población mundial era de más de 6,446,000,000 ¡y aumentaba a razón de 140 habitantes por minuto! Escribe la población mundial en notación científica.

1-5 El orden de las operaciones

Simplifica cada expresión.

20. $8 - 14 \div (9 - 2)$

21. $54 - 6 \cdot 3 + 4^2$

22. $4 - 24 \div 2^3$

23. $4(3 + 2)^2 - 9$

1-6 Propiedades

Simplifica cada expresión. Justifica cada paso.

24. $29 + 50 + 21$

25. $5 \cdot 18 \cdot 20$

26. $34 + 62 + 36$

27. $3 \cdot 11 \cdot 20$

¿Listo para seguir?

Enfoque en resolución de problemas

Resuelve

- **Elige una operación: multiplicación o división**

Para resolver un problema con palabras, debes determinar qué operación matemática puedes usar para hallar la respuesta. Una forma de hacerlo consiste en determinar qué te pide hacer el problema. Si se trata de juntar partes iguales, necesitas multiplicar. Si necesitas separar algo en partes iguales, necesitas dividir.

Decide qué te pide hacer cada problema e indica si debes multiplicar o dividir. Luego explica tu decisión.

1. Judy toca la flauta en la banda. Practica durante 3 horas cada semana. Practica sólo la mitad del tiempo que Angie, que toca el clarinete. ¿Cuánto tiempo practica Angie cada semana?

2. Cada año, se invita a los integrantes de la banda y el coro a que se unan al conjunto de campanas para la función de invierno. Hay 18 campanas en el conjunto. Este año, cada estudiante tiene que tocar 3 campanas. ¿Cuántos estudiantes hay en el conjunto de campanas este año?

3. Por cada instrumento de percusión en la banda, hay 4 instrumentos de viento. Si hay 48 instrumentos de viento en la banda, ¿cuántos instrumentos de percusión hay?

4. Un cuarteto es un grupo de 4 personas que cantan juntas armónicamente. En un concurso estatal de coros de estudiantes de escuela superior, compitieron 7 cuartetos de diferentes escuelas. ¿Cuántos estudiantes compitieron en el concurso de cuartetos?

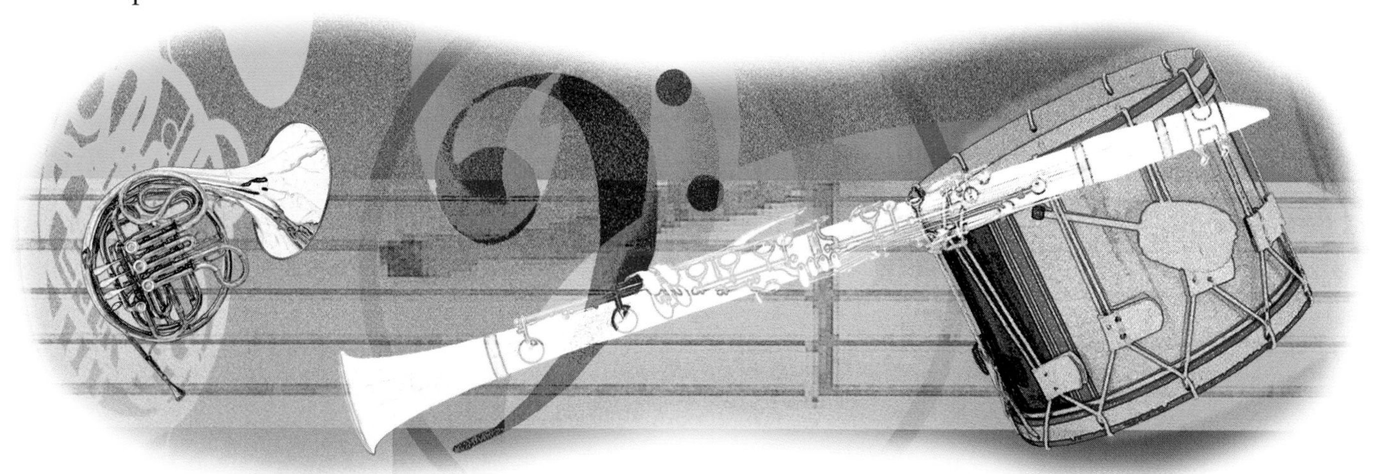

1-7 Variables y expresiones algebraicas

Aprender a evaluar expresiones algebraicas

Vocabulario

variable

constante

expresión algebraica

evaluar

Ron Howard nació en 1954. Puedes hacer un cálculo del año en que Ron cumplió 16 años sumando 16 al año en que nació.

$$1954 + 16$$

En álgebra, a menudo se usan letras para representar números. Puedes usar una letra como e para representar la edad de Ron Howard. Cuando cumpla e años de edad, el año será

$$1954 + e.$$

La letra e tiene un valor que puede cambiar o variar. Cuando una letra representa un número que puede variar, se llama **variable.** El año 1954 es una **constante** porque el número no puede cambiar.

Edad	Año de nacimiento + edad = año a la edad	
16	1954 + 16	1970
18	1954 + 18	1972
21	1954 + 21	1975
36	1954 + 36	1990
e	1954 + e	

Una **expresión algebraica** consiste en una o más variables. Por lo general, incluye constantes y operaciones. Por ejemplo, $1954 + e$ es una expresión algebraica del año en que Ron Howard cumple cierta edad.

Para **evaluar** una expresión algebraica, sustituye la variable por un número determinado.

EJEMPLO 1 **Evaluar expresiones algebraicas**

Evalúa $n + 7$ para cada valor de n.

A $n = 3$

$n + 7$

$3 + 7$ *Sustituye n por 3.*

10 *Suma.*

B $n = 5$

$n + 7$

$5 + 7$ *Sustituye n por 5.*

12 *Suma.*

La multiplicación y la división de las variables se pueden escribir de varias maneras, como se muestra en la tabla.

Al evaluar expresiones, usa el orden de las operaciones.

Multiplicación		División	
$7t$ $7(t)$	$7 \cdot t$ $7 \times t$	$\frac{q}{2}$ $q \div 2$	$q/2$
ab $a(b)$	$a \cdot b$ $a \times b$	$\frac{s}{r}$ $s \div r$	s/r

EJEMPLO 2 Evaluar expresiones algebraicas relacionadas con el orden de las operaciones

Evalúa cada expresión para el valor dado de la variable.

A $3x - 2$ **para** $x = 5$

$3(5) - 2$ *Sustituye x por 5.*

$15 - 2$ *Multiplica.*

13 *Resta.*

B $n \div 2 + n$ **para** $n = 4$

$4 \div 2 + 4$ *Sustituye n por 4.*

$2 + 4$ *Divide.*

6 *Suma.*

C $6y^2 + 2y$ **para** $y = 2$

$6(2)^2 + 2(2)$ *Sustituye y por 2.*

$6(4) + 2(2)$ *Evalúa la potencia.*

$24 + 4$ *Multiplica.*

28 *Suma.*

EJEMPLO 3 Evaluar expresiones algebraicas con dos variables

Evalúa $\frac{3}{n} + 2m$ **para** $n = 3$ **y** $m = 4$.

$\frac{3}{n} + 2m$

$\frac{3}{3} + 2(4)$ *Sustituye n por 3 y m por 4.*

$1 + 8$ *Divide y multiplica de izquierda a derecha.*

9 *Suma.*

Razonar y comentar

1. **Escribe** cada expresión de otra forma. **a.** $12x$ **b.** $\frac{4}{y}$ **c.** $\frac{3xy}{2}$
2. **Explica** la diferencia entre una variable y una constante.

1-7 Ejercicios

go.hrw.com
Ayuda en línea para tareas*
CLAVE: MS7 1-7
Recursos en línea para padres
CLAVE: MS7 Parent
*(Disponible sólo en inglés)

PRÁCTICA GUIADA

Ver Ejemplo 1 **Evalúa $n + 9$ para cada valor de n.**

1. $n = 3$ **2.** $n = 2$ **3.** $n = 11$

Ver Ejemplo 2 **Evalúa cada expresión para el valor dado de la variable.**

4. $2x - 3$ para $x = 4$ **5.** $n \div 3 + n$ para $n = 6$ **6.** $5y^2 + 3y$ para $y = 2$

Ver Ejemplo 3 **Evalúa cada expresión para los valores dados de las variables.**

7. $\frac{8}{n} + 3m$ para $n = 2$ y $m = 5$ **8.** $5a - 3b + 5$ para $a = 4$ y $b = 3$

PRÁCTICA INDEPENDIENTE

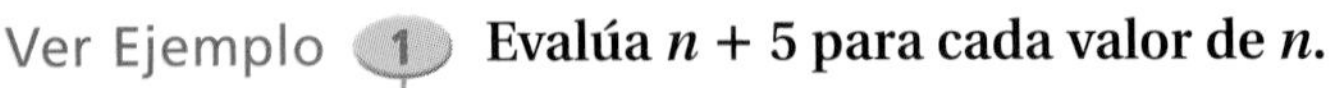

Ver Ejemplo 1 **Evalúa $n + 5$ para cada valor de n.**

9. $n = 17$ **10.** $n = 9$ **11.** $n = 0$

Ver Ejemplo 2 **Evalúa cada expresión para el valor dado de la variable.**

12. $5y - 1$ para $y = 3$ **13.** $10b - 9$ para $b = 2$ **14.** $p \div 7 + p$ para $p = 14$

15. $n \div 5 + n$ para $n = 20$ **16.** $3x^2 + 2x$ para $x = 10$ **17.** $3c^2 - 5c$ para $c = 3$

Ver Ejemplo 3 **Evalúa cada expresión para los valores dados de las variables.**

18. $\frac{12}{n} + 7m$ para $n = 6$ y $m = 4$ **19.** $7p - 2t + 3$ para $p = 6$ y $t = 2$

20. $9 - \frac{3x}{4} + 20y$ para $x = 4$ e $y = 5$ **21.** $r^2 \div 15k$ para $r = 15$ y $k = 5$

PRÁCTICA Y RESOLUCIÓN DE PROBLEMAS

Práctica adicional
Ver página 725

Evalúa cada expresión para los valores dados de las variables.

22. $20x - 10$ para $x = 4$ **23.** $4d^2 - 3d$ para $d = 2$

24. $22p \div 11 + p$ para $p = 3$ **25.** $q + q^2 + q \div 2$ para $q = 4$

26. $\frac{16}{k} + 7h$ para $k = 8$ y $h = 2$ **27.** $f \div 3 + f$ para $f = 18$

28. $3t \div 3 + t$ para $t = 13$ **29.** $9 + 3p - 5t + 3$ para $p = 2$ y $t = 1$

30. $108 \div 12j + j$ para $j = 9$ **31.** $3m^3 + \frac{y}{5}$ para $m = 2$ e $y = 35$

32. La expresión $60m$ da la cantidad de segundos en m minutos. Evalúa $60m$ para $m = 7$. ¿Cuántos segundos hay en 7 minutos?

33. **Dinero** Betsy tiene n monedas de 25 centavos. Puedes usar la expresión $0.25n$ para hallar el valor total de sus monedas en dólares. ¿Cuál es el valor de 18 monedas de 25 centavos?

34. **Ciencias físicas** Un televisor en colores tiene una potencia de 200 vatios. La expresión $200t$ da la potencia de t televisores en colores. Evalúa $200t$ para $t = 13$. ¿Cuánta potencia usan 13 televisores?

35 **Ciencias físicas** La expresión $1.8c + 32$ puede usarse para convertir una temperatura en grados Celsius c a grados Fahrenheit. ¿Cuál es la temperatura en grados Fahrenheit si la temperatura es 30° C?

36. **Ciencias físicas** En la gráfica se muestran los cambios de estado del agua.

a. ¿Cuál es el punto de ebullición del agua en grados Celsius?

b. Usa la expresión $1.8c + 32$ para hallar el punto de ebullición del agua en grados Fahrenheit.

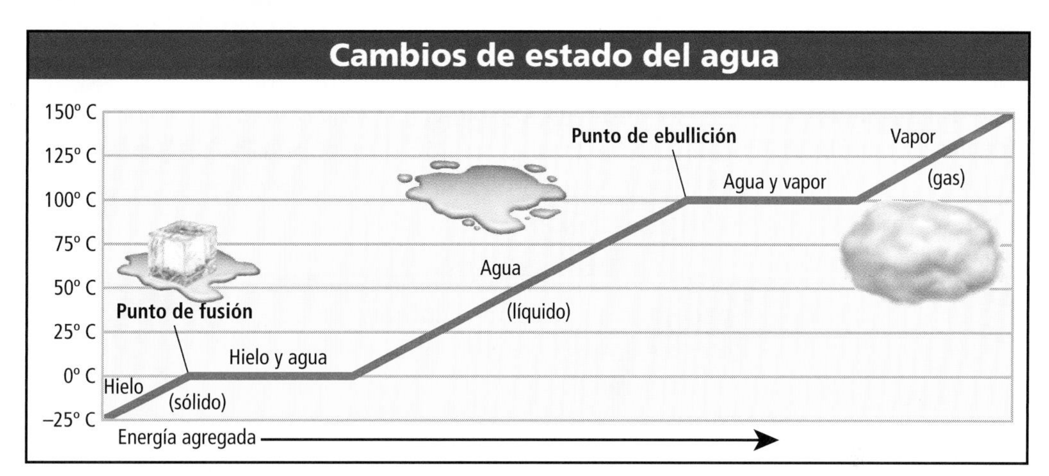

37. **¿Dónde está el error?** A un estudiante se le pidió que identificara la variable en la expresión $72x + 8$. La respuesta del estudiante fue $72x$. ¿Qué error cometió?

38. **Escríbelo** Explica por qué letras como x, p y n, que se usan en las expresiones algebraicas, se denominan variables. Usa ejemplos para ilustrar tu respuesta.

39. **Desafío** Evalúa la expresión $\frac{x + y}{y - x}$ para $x = 6$ e $y = 8$.

PREPARACIÓN PARA EL EXAMEN y repaso en espiral

40. **Opción múltiple** ¿Qué expresión NO es igual a 15?

Ⓐ $3t$ para $t = 5$ Ⓑ $3 + t$ para $t = 12$ Ⓒ $t \div 3$ para $t = 60$ Ⓓ $t - 10$ para $t = 25$

41. **Opción múltiple** Un grupo de 11 estudiantes hacen escalada en roca en un gimnasio local. Hacer escalada en roca cuesta $12 por estudiante más $4 por cada alquiler de calzado. Si sólo 8 estudiantes alquilan calzado, ¿cuánto es el costo total que debe pagar el grupo para hacer escalada en roca? Usa la expresión $12x + 4y$, en la que x representa el total de estudiantes e y representa la cantidad de estudiantes que alquila calzado.

Ⓕ $132 Ⓖ $140 Ⓗ $164 Ⓙ $176

Escribe cada número en notación científica. (Lección 1-4)

42. 102.45 **43.** 62,100,000 **44.** 769,000 **45.** 800,000

Usa la propiedad distributiva para hallar cada producto. (Lección 1-6)

46. 5(16) **47.** (17)4 **48.** 7(23) **49.** (29)3

1-8 Cómo convertir expresiones con palabras en expresiones matemáticas

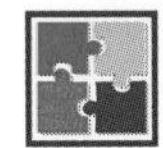

Destreza de resolución de problemas

Aprender a convertir palabras en números, variables y operaciones

Aunque son parientes cercanos, un Gran Danés pesa cerca de 40 veces más que un Chihuahua. Una expresión para el peso del Gran Danés podría ser $40c$, donde c es el peso del Chihuahua.

Al resolver problemas del mundo real, necesitarás convertir palabras, o expresiones verbales, en expresiones algebraicas.

Operación	Expresiones verbales	Expresión algebraica
+	• sumar 3 a un número • un número más 3 • la suma de un número y 3 • 3 más que un número • 3 sumado a un número	$n + 3$
−	• restar 12 de un número • un número menos 12 • la diferencia entre un número y 12 • 12 menos que un número • 12 restado de un número • quitar 12 de un número • un número menos 12	$x - 12$
×	• 2 por un número • 2 multiplicado por un número • el producto de 2 y un número	$2m$ ó $2 \cdot m$
÷	• 6 divide un número • un número dividido entre 6 • el cociente de un número y 6	$a \div 6$ ó $\frac{a}{6}$

EJEMPLO  1 **Convertir expresiones verbales en expresiones algebraicas**

Escribe cada frase como expresión algebraica.

A **el producto de 20 y t**

producto significa "multiplicar"

$20t$

B **24 menos que un número**

menos que significa "restar de"

$n - 24$

Escribe cada frase como expresión algebraica.

C **4 por la suma de un número y 2**

4 **por** la **suma** de un número y 2

$4 \cdot \quad n + 2$

$4(n + 2)$

D **la suma de 4 por un número y 2**

la **suma** de 4 **por** un número y 2

$4 \cdot n \quad + 2$

$4n + 2$

Al resolver problemas del mundo real, quizá necesites determinar la acción para saber qué operación usar.

Acción	Operación
Reunir las partes	Sumar
Reunir partes iguales	Multiplicar
Hallar cuánto más o menos	Restar
Separar en partes iguales	Dividir

EJEMPLO  2

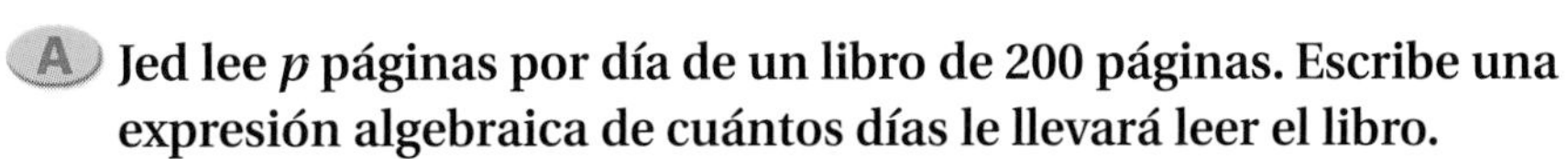

Convertir problemas del mundo real en expresiones algebraicas

A **Jed lee p páginas por día de un libro de 200 páginas. Escribe una expresión algebraica de cuántos días le llevará leer el libro.**

Necesitas *separar* la cantidad total de páginas *en partes iguales.* Esto significa que hace falta una división.

$$\frac{\text{cant. total de páginas}}{\text{páginas leídas por día}} = \frac{200}{p}$$

B **Rentar cierto automóvil durante un día cuesta \$84 más \$0.29 por cada milla recorrida. Escribe una expresión algebraica para mostrar cuánto cuesta rentar el automóvil por un día.**

El costo incluye \$0.29 por milla. Usa m para la cantidad de millas.

Multiplica para *reunir partes iguales:* $0.29m$

Además de la tarifa por milla, el costo incluye una tarifa fija de \$84.

Suma para *reunir las partes:* $84 + 0.29m$

Razonar y comentar

1. **Escribe** tres expresiones verbales diferentes que puedan representarse con $2 - y$.
2. **Explica** cómo determinarías la operación que debes usar para hallar la cantidad de sillas en 6 filas de 100 sillas cada una.

1-8 Ejercicios

go.hrw.com
Ayuda en línea para tareas*
CLAVE: MS7 1-8
Recursos en línea para padres
CLAVE: MS7 Parent
*(Disponible sólo en inglés)

PRÁCTICA GUIADA

Ver Ejemplo 

Escribe cada frase como expresión algebraica.

1. el producto de 7 y p

2. 3 menos que un número

3. un número dividido entre 12

4. 3 por la suma de un número y 5

Ver Ejemplo 

5. Carly gasta $5 por c cuadernos. Escribe una expresión algebraica para representar el costo de un cuaderno.

6. Una empresa de televisión por cable cobra $46 por la instalación y $21 cada mes por el servicio básico. Escribe una expresión algebraica que represente el costo total de m meses por el servicio básico, incluida la instalación.

PRÁCTICA INDEPENDIENTE

Ver Ejemplo 

Escribe cada frase como expresión algebraica.

7. la suma de 5 y un número

8. 2 menos que un número

9. el cociente de un número y 8

10. 9 por un número

11. 10 menos que el producto de un número y 3

Ver Ejemplo 2

12. Video Express vende cintas usadas. Marta compró v cintas a $45. Escribe una expresión algebraica para el costo promedio de cada cinta.

13. Se sembró un pino de 5 pies que creció 2 pies cada año. Escribe una expresión algebraica para la altura del árbol después de a años.

PRÁCTICA Y RESOLUCIÓN DE PROBLEMAS

Práctica adicional
Ver página 725

Escribe cada frase como expresión algebraica.

14. m más el producto de 6 y n

15. el cociente de 23 y u menos t

16. 14 menos que el resultado de k por 6

17. 2 por la suma de y y 5

18. el cociente de 100 y el resultado de 6 más w

19. 35 multiplicado por el resultado de r menos 45

20. **Varios pasos** Una máquina de hielo puede producir 17 libras de hielo en una hora.

a. Escribe una expresión algebraica en la que describas la cantidad de libras de hielo producidas en n horas.

b. ¿Cuántas libras de hielo puede producir la máquina en 4 horas?

21. **Profesión** Karen gana $65,000 al año como optometrista. Recibió una bonificación de b dólares el año pasado y espera duplicar la cantidad de la bonificación este año. Escribe una expresión algebraica para mostrar la cantidad total que espera ganar Karen este año.

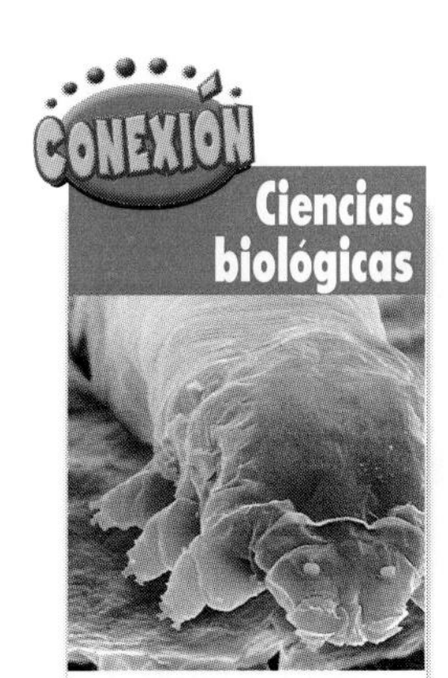

Hasta 25 ninfas de ácaro folicular pueden incubarse en un solo folículo capilar.

Escribe una expresión verbal para cada expresión algebraica.

22. $h + 3$ **23.** $90 \div y$ **24.** $s - 405$ **25.** $16t$

26. $5(a - 8)$ **27.** $4p - 10$ **28.** $(r + 1) \div 14$ **29.** $\frac{m}{15} + 3$

30. Ciencias biológicas Diminutos e inofensivos, los ácaros foliculares viven en nuestras cejas y pestañas. Son parientes de las arañas y, como éstas, tienen ocho patas. Escribe una expresión algebraica para la cantidad de patas en a ácaros.

Nutrición En la tabla se muestra la cantidad estimada de gramos de carbohidratos que se hallan por lo común en diversos tipos de alimentos.

Alimentos	Carbohidratos
1 t de leche descremada	12 g
1 fruta	15 g
1 rebanada de pan	15 g
1 oz de carne sin grasa	0 g

31. Escribe una expresión algebraica para la cantidad de gramos de carbohidratos en y frutas y 1 taza de leche descremada.

32. ¿Cuántos gramos de carbohidratos hay en un sándwich hecho con t onzas con carne sin grasa y 2 rebanadas de pan?

33. ¿Cuál es la pregunta? Alan tiene el doble de figuritas de béisbol que Frank y cuatro veces más figuritas de fútbol americano que Joe. La expresión $2x + 4y$ puede usarse para mostrar el número total de figuritas de béisbol y fútbol americano de Alan. Si la respuesta es y, ¿cuál es la pregunta?

34. Escríbelo Si se te pidiera que compararas dos números, ¿cuáles son las dos operaciones que podrías usar? ¿Por qué?

35. Desafío En 1996, un dólar estadounidense era equivalente, en promedio, a \$1.363 en dinero canadiense. Escribe una expresión algebraica para la cantidad de dólares estadounidenses que podrías obtener por c dólares canadienses.

PREPARACIÓN PARA EL EXAMEN y repaso en espiral

36. Opción múltiple ¿Qué expresión verbal NO representa $9 - x$?

(A) x menos que nueve (C) restar x de nueve

(B) 9 restado de (D) la diferencia entre 9 y x

37. Respuesta breve Una habitación para dos personas en el hotel Oak Creek cuesta \$104 por noche. Se cobran \$19 por cada persona adicional. Escribe una expresión algebraica en la que muestres lo que le cuesta a una familia de cuatro personas alojarse en el hotel por noche. Luego evalúa tu expresión para 3 noches.

Simplifica cada expresión. (Lección 1-5)

38. $6 + 4 \div 2$ **39.** $9 \cdot 1 - 4$ **40.** $5^2 - 3$ **41.** $24 \div 3 + 3^3$

42. Evalúa $b - a^2$ para $a = 2$ y $b = 9$. (Lección 1-7)

1-9 Cómo simplificar expresiones algebraicas

Aprender a simplificar expresiones algebraicas

Vocabulario

término

coeficiente

Los sketches individuales para la muestra anual de talentos pueden durar hasta x minutos cada uno y los grupales pueden durar hasta y minutos cada uno. El intervalo durará 15 minutos. La expresión $7x + 9y + 15$ representa la máxima duración de la muestra si se presentan 7 sketches individuales y 9 grupales.

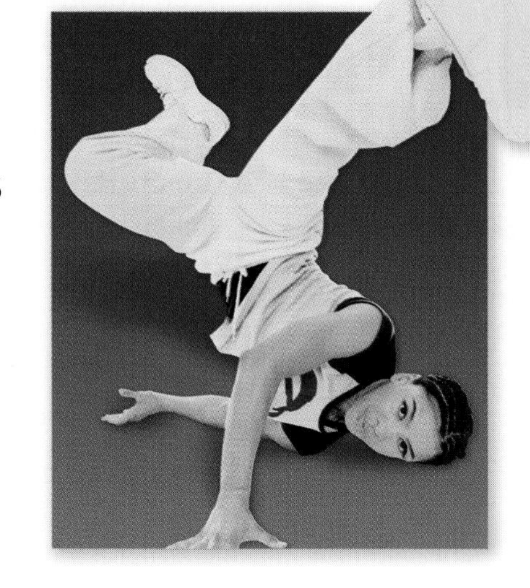

En la expresión $7x + 9y + 15$, $7x$, $9y$ y 15 son *términos.* Un **término** puede ser un número, una variable o un producto de números y variables. Los términos de una expresión se separan con signos de suma o de resta.

¡Atención!

Una variable sola, como y, tiene un coeficiente 1. Por lo tanto, $y = 1y$.

En el término $7x$, 7 es el *coeficiente.* Un **coeficiente** es un número que se multiplica por una variable en una expresión algebraica.

Coeficiente → $7x$ ← Variable

Los términos semejantes son términos con la misma variable elevada a la misma potencia. Los coeficientes no tienen que ser semejantes. Las constantes, como 5, $\frac{1}{2}$ y 3.2, también son términos semejantes.

Términos semejantes	$3x$ y $2x$	w y $\frac{w}{7}$	5 y 1.8
Términos distintos	$5x^2$ y $2x$ *Los exponentes son distintos.*	$6a$ y $6b$ *Las variables son distintos.*	3.2 y n *Sólo un término contiene una variable.*

EJEMPLO 1 Identificar términos semejantes

Identifica términos semejantes en la lista.

$5a \quad \frac{t}{2} \quad 3y^2 \quad 7t \quad x^2 \quad 4z \quad k \quad 4.5y^2 \quad 2t \quad \frac{2}{3}a$

Busca variables semejantes con potencias semejantes.

$5a \quad \frac{t}{2} \quad 3y^2 \quad 7t \quad x^2 \quad 4z \quad k \quad 4.5y^2 \quad 2t \quad \frac{2}{3}a$

Términos semejantes: $5a$ y $\frac{2}{3}a$ $\quad \frac{t}{2}$, $7t$ y $2t$ $\quad 3y^2$ y $4.5y^2$

Pista útil

Usa diferentes figuras o colores para indicar conjuntos de términos semejantes.

Para simplificar una expresión algebraica que contiene términos semejantes, combina los términos. Combinar términos semejantes es como agrupar objetos semejantes.

$$4x \quad + \quad 5x \quad = \quad 9x$$

Para combinar términos semejantes que tengan variables, suma o resta los coeficientes.

EJEMPLO 2 Simplificar expresiones algebraicas

Simplifica. Justifica tus pasos usando las propiedades conmutativa, asociativa y distributiva cuando sea necesario.

A $7x + 2x$

$7x + 2x$	*7x y 2x son términos semejantes.*
$9x$	*Suma los coeficientes.*

B $5x^3 + 3y + 7x^3 - 2y - 4x^2$

$5x^3 + 3y + 7x^3 - 2y - 4x^2$	*Identifica los términos semejantes.*
$5x^3 + 7x^3 + 3y - 2y - 4x^2$	*Propiedad conmutativa*
$(5x^3 + 7x^3) + (3y - 2y) - 4x^2$	*Propiedad asociativa*
$12x^3 + y - 4x^2$	*Suma o resta los coeficientes.*

C $2(a + 2a^2) + 2b$

$2(a + 2a^2) + 2b$	
$2a + 4a^2 + 2b$	*Propiedad distributiva*

No hay términos semejantes que combinar.

EJEMPLO 3 *Aplicación a la geometría*

¡Recuerda!

Para hallar el perímetro de una figura, suma las longitudes de los lados.

Escribe una expresión para el perímetro del rectángulo. Luego simplifica la expresión.

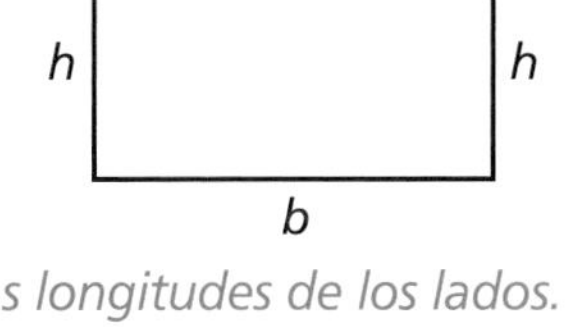

$b + h + b + h$	*Escribe una expresión usando las longitudes de los lados.*
$(b + b) + (h + h)$	*Identifica y agrupa los términos semejantes.*
$2b + 2h$	*Suma los coeficientes.*

Razonar y comentar

1. **Explica** si $5x$, $5x^2$ y $5x^3$ son términos semejantes.
2. **Explica** cómo sabes cuándo una expresión no puede simplificarse.

1-9 Ejercicios

go.hrw.com
Ayuda en línea para tareas*
CLAVE: MS7 1-9
Recursos en línea para padres
CLAVE: MS7 Parent
*(Disponible sólo en inglés)

PRÁCTICA GUIADA

Ver Ejemplo 1 **Identifica los términos semejantes de cada lista.**

1. $6b \quad 5x^2 \quad 4x^3 \quad \frac{b}{2} \quad x^2 \quad 2e$

2. $12a^2 \quad 4x^3 \quad b \quad 4a^2 \quad 3.5x^3 \quad \frac{5}{6}b$

Ver Ejemplo 2 **Simplifica. Justifica tus pasos usando las propiedades conmutativa, asociativa y distributiva cuando sea necesario.**

3. $5x + 3x$

4. $6a^2 - a^2 + 16$

5. $4a^2 + 5a + 14b$

Ver Ejemplo 3

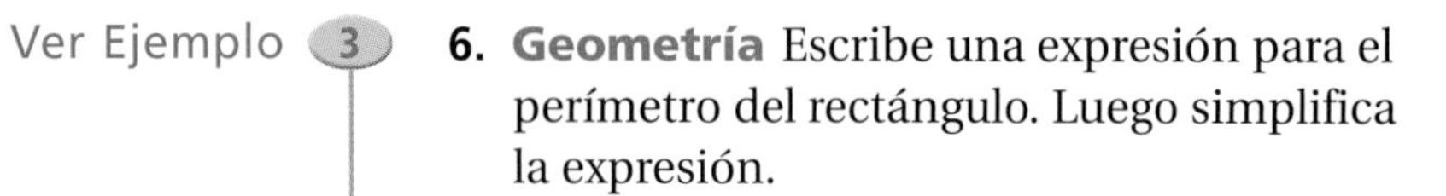

6. Geometría Escribe una expresión para el perímetro del rectángulo. Luego simplifica la expresión.

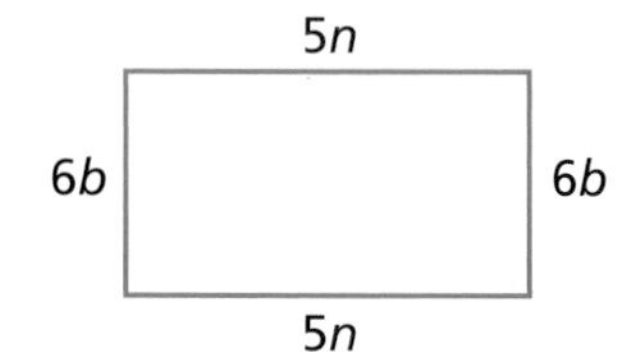

PRÁCTICA INDEPENDIENTE

Ver Ejemplo 1 **Identifica los términos semejantes de cada lista.**

7. $2b \quad b^6 \quad b \quad x^4 \quad 3b^6 \quad 2x^2$

8. $6 \quad 2n \quad 3n^2 \quad 6m^2 \quad \frac{n}{4} \quad 7$

9. $10k^2 \quad m \quad 3^3 \quad \frac{p}{6} \quad 2m \quad 2$

10. $6^3 \quad y^3 \quad 3y^2 \quad 6^2 \quad y \quad 5y^3$

Ver Ejemplo 2 **Simplifica. Justifica tus pasos usando las propiedades conmutativa, asociativa y distributiva cuando sea necesario.**

11. $3a + 2b + 5a$

12. $5b + 7b + 10$

13. $a + 2b + 2a + b + 2c$

14. $y + 4 + 2x + 3y$

15. $q^2 + 2q + 2q^2$

16. $18 + 2d^3 + d + 3d$

Ver Ejemplo 3 **17. Geometría** Escribe una expresión para el perímetro de la figura dada. Luego simplifica la expresión.

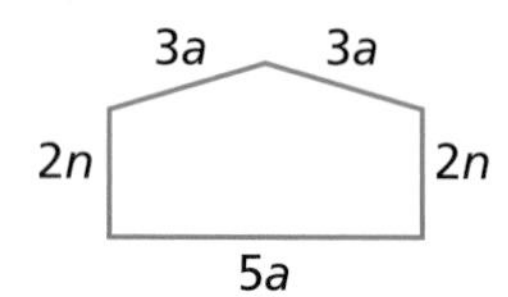

PRÁCTICA Y RESOLUCIÓN DE PROBLEMAS

Práctica adicional
Ver página 726

Simplifica cada expresión.

18. $4x + 5x$

19. $32y - 5y$

20. $4c^2 + 5c + 2c$

21. $5d^2 - 3d^2 + d$

22. $5f^2 + 2f + f^2$

23. $7x + 8x^2 - 3y$

24. $p + 9q + 9 + 14p$

25. $6b + 6b^2 + 4b^3$

26. $a^2 + 2b + 2a^2 + b + 2c$

27. Geometría Escribe una expresión para el perímetro del triángulo dado. Luego, evalúa el perímetro cuando n es 1, 2, 3, 4 y 5.

n	1	2	3	4	5
Perímetro					

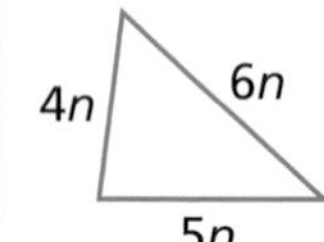

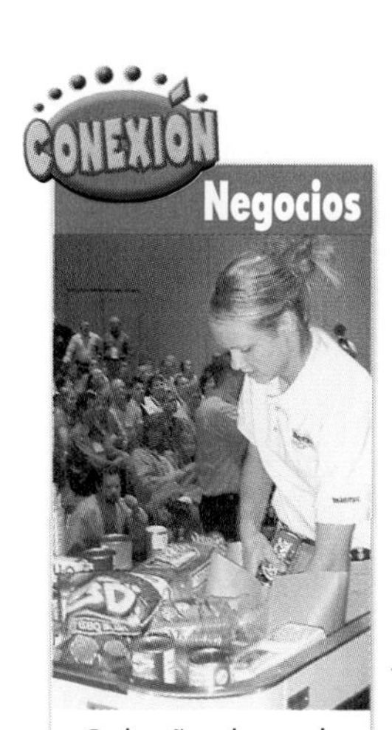

Cada año, el ganador de la Competencia Nacional del Mejor Empacador recibe un trofeo en forma de bolsa y un premio de dinero en efectivo.

28. Razonamiento crítico Determina si la expresión $9m^2 + k$ es igual a $7m^2 + 2(2k - m^2) + 5k$. Usa las propiedades para justificar tu respuesta.

29. Varios pasos Brad ganó d dólares por hora como cocinero en una rotisería. En la tabla se muestra la cantidad de horas que trabajó cada semana de junio.

a. Escribe una expresión para la cantidad de dinero que ganó Brad en junio.

b. Evalúa tu expresión de la parte **a** para $d = \$9.50$.

c. ¿Qué representa tu respuesta de la parte **b**?

Horas que trabajó Brad

Semana	Horas
1	21.5
2	23
3	15.5
4	19

30. Negocios Ashley gana \$8 por hora trabajando en una tienda de comestibles. La semana pasada trabajó h horas empacando comestibles y el doble de horas llenando anaqueles. Escribe y simplifica una expresión para la cantidad de dinero que ganó Ashley.

31. Razonamiento crítico Los términos $3x$, $23x^2$, $6y^2$, $2x$, y^2 y otro término se pueden escribir en una expresión que, al simplificarse, es igual a $5x + 7y^2$. Identifica el término que falta en la lista y escribe la expresión.

32. ¿Cuál es la pregunta? En una tienda, un par de jeans cuesta \$29 y una camisa, \$25. En otra tienda, la misma clase de jeans cuestan \$26 y la misma clase de camisa, \$20. La respuesta es $29j - 26j + 25c - 20c = 3j + 5c$. ¿Cuál es la pregunta?

33. Escríbelo Describe los pasos para simplificar la expresión $2x + 3 + 5x - 15$.

34. Desafío Un rectángulo tiene una anchura de $x + 2$ y una longitud de $3x + 1$. Escribe una expresión para el perímetro del rectángulo.

PREPARACIÓN PARA EL EXAMEN y repaso en espiral

35. Opción múltiple Convierte "seis por la suma de x e y" y "cinco menos que y". ¿Qué expresión algebraica representa la suma de estas dos expresiones verbales?

Ⓐ $6x + 5$ Ⓑ $6x + 2y - 5$ Ⓒ $6x + 5y + 5$ Ⓓ $6x + 7y - 5$

36. Opción múltiple La longitud de lado de un cuadrado es $2x + 3$. ¿Qué expresión representa el perímetro del cuadrado?

Ⓕ $2x + 12$ Ⓖ $4x + 6$ Ⓗ $6x + 7$ Ⓙ $8x + 12$

Compara. Escribe <, > ó =. (Lección 1-3)

37. 2.3 mm ▢ 23 cm **38.** 6 km ▢ 600 m **39.** 449 mg ▢ 0.5 g

Evalúa la expresión $9y - 3$ para cada valor dado de la variable. (Lección 1-7)

40. $y = 2$ **41.** $y = 6$ **42.** $y = 10$ **43.** $y = 18$

1-10 Ecuaciones y sus soluciones

Aprender a decidir si un número es una solución de una ecuación

Vocabulario

ecuación

solución

Elba tiene 22 CD, 9 más que Kay.

Esta situación se puede escribir como *ecuación*. Una **ecuación** es un enunciado matemático en el que dos expresiones tienen igual valor.

Una ecuación es como una balanza equilibrada.

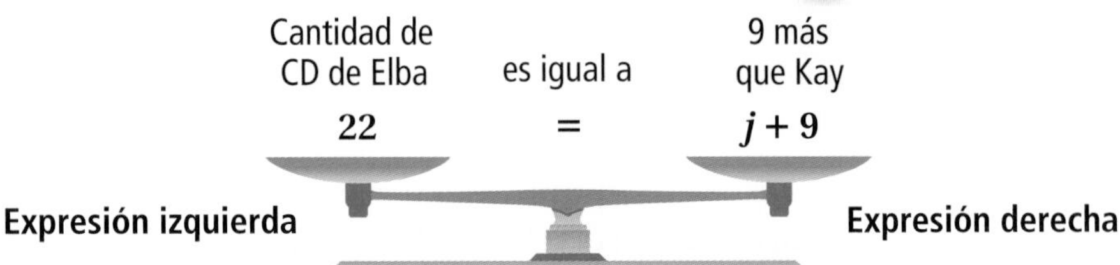

Así como los pesos en ambos lados de la balanza equilibrada son exactamente iguales, las expresiones en ambos lados de una ecuación representan exactamente el mismo valor.

Cuando una ecuación contiene una variable, un valor de la variable que hace que el enunciado sea verdadero se llama **solución** de la ecuación.

$22 = j + 9$ $\quad$ $j = 13$ es una solución porque $22 = 13 + 9$.

$22 = j + 9$ $\quad$ $j = 15$ no es una solución porque $22 \neq 15 + 9$.

Leer matemáticas

El símbolo ≠ significa "no es igual a".

EJEMPLO 1 Determinar si un número es una solución de una ecuación

Determina si el valor dado de la variable es una solución.

A $18 = s - 7; s = 11$

$18 = s - 7$

$18 \stackrel{?}{=} 11 - 7$ $\quad$ *Sustituye s por 11.*

$18 \stackrel{?}{=} 4$ ✗

11 **no es** una solución de $18 = s - 7$.

B $w + 17 = 23; w = 6$

$w + 17 = 23$

$6 + 17 \stackrel{?}{=} 23$ $\quad$ *Sustituye w por 6.*

$23 \stackrel{?}{=} 23$ ✓

6 **es** una solución de $w + 17 = 23$.

EJEMPLO 2 Escribir una ecuación para determinar si un número es una solución

Tyler quiere comprar una nueva patineta. Tiene $57, que son $38 menos de lo que necesita. ¿La patineta cuesta $90 ó $95?

Puedes escribir una ecuación para hallar el precio de la patineta. Si p representa el precio de la patineta, entonces $p - 38 = 57$.

$90

$p - 38 = 57$

$90 - 38 \stackrel{?}{=} 57$ *Sustituye p por 90.*

$52 \stackrel{?}{=} 57$ ✗

$95

$p - 38 = 57$

$95 - 38 \stackrel{?}{=} 57$ *Sustituye p por 95.*

$57 \stackrel{?}{=} 57$ ✓

La patineta cuesta $95.

EJEMPLO 3 Derivar una situación del mundo real de una ecuación

¿Qué problema se corresponde mejor con la ecuación $3x + 4 = 22$?

Problema A:

Harvey gastó $22 en la estación de servicio. Pagó $4 por galón de gasolina y $3 por refrigerios. ¿Cuántos galones de gasolina compró Harvey?

La variable x representa la cantidad de galones de gasolina que compró Harvey.

$4 por galón ⟶ $4x$

Como $4x$ no es un término en la ecuación dada, el Problema A no se corresponde con la ecuación.

Problema B:

Harvey gastó $22 en la estación de servicio. Pagó $3 por galón de gasolina y $4 por refrigerios. ¿Cuántos galones de gasolina compró Harvey?

$3 por galón ⟶ $3x$

$4 en refrigerios ⟶ $+ 4$

Harvey pagó $22 en total. Por lo tanto, $3x + 4 = 22$. El Problema B se corresponde con la ecuación.

Razonar y comentar

1. **Compara** ecuaciones con expresiones.
2. **Da un ejemplo** de una ecuación que tenga 5 como solución.

1-10 Ejercicios

go.hrw.com
Ayuda en línea para tareas*
CLAVE: MS7 1-10
Recursos en línea para padres
CLAVE: MS7 Parent
*(Disponible sólo en inglés)

PRÁCTICA GUIADA

Ver Ejemplo 1

Determina si el valor dado de la variable es una solución.

1. $19 = x + 4$; $x = 23$

2. $6n = 78$; $n = 13$

3. $k \div 3 = 14$; $k = 42$

Ver Ejemplo 2

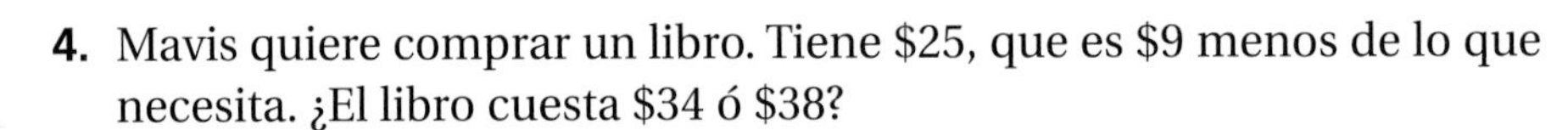

4. Mavis quiere comprar un libro. Tiene $25, que es $9 menos de lo que necesita. ¿El libro cuesta $34 ó $38?

Ver Ejemplo 3

5. ¿Qué problema se corresponde mejor con la ecuación $10 + 2x = 16$?

Problema A: Angie compró duraznos a $2 la libra y jabón para lavar la ropa a $10. Gastó $16 en total. ¿Cuántas libras de duraznos compró?

Problema B: Angie compró duraznos a $10 la libra y jabón para lavar la ropa a $2. Gastó $16 en total. ¿Cuántas libras de duraznos compró?

PRÁCTICA INDEPENDIENTE

Ver Ejemplo 1

Determina si el valor dado de la variable es una solución.

6. $r - 12 = 25$; $r = 37$

7. $39 \div x = 13$; $x = 4$

8. $21 = m + 9$; $m = 11$

9. $\frac{a}{18} = 7$; $a = 126$

10. $16f = 48$; $f = 3$

11. $71 - y = 26$; $y = 47$

Ver Ejemplo 

12. Curtis quiere comprar una nueva tabla para esquiar en la nieve. Tiene $119, que es $56 menos de lo que necesita. ¿La tabla cuesta $165 ó $175?

Ver Ejemplo 

13. ¿Qué problema se corresponde mejor con la ecuación $2m + 10 = 18$?

Problema A: Un servicio de taxis cobra una tarifa de $2 más $18 por milla. Jeremy le pagó $10 al conductor. ¿Cuántas millas recorrió Jeremy en taxi?

Problema B: Un servicio de taxis cobra una tarifa de $10 más $2 por milla. Jeremy le pagó $18 al conductor. ¿Cuántas millas recorrió Jeremy en taxi?

PRÁCTICA Y RESOLUCIÓN DE PROBLEMAS

Práctica adicional
Ver página 726

Determina si el valor dado de la variable es una solución.

14. $j = 6$ para $15 - j = 21$

15. $x = 36$ para $48 = x + 12$

16. $m = 18$ para $16 = 34 - m$

17. $k = 23$ para $17 + k = 40$

18. $y = 8$ para $9y + 2 = 74$

19. $c = 12$ para $100 - 2c = 86$

20. $q = 13$ para $5q + 7 - q = 51$

21. $w = 15$ para $13w - 2 - 6w = 103$

22. $t = 12$ para $3(50 - t) - 10t = 104$

23. $r = 21$ para $4r - 8 + 9r - 1 = 264$

24. **Pasatiempos** Monique tiene una colección de sellos de 6 países diferentes. Jeremy tiene sellos de 3 países menos que ella. Escribe una ecuación que muestre esta situación, donde j sea la cantidad de países de los que Jeremy tiene sellos.

con las ciencias de la Tierra

25. En el diagrama se muestran las alturas aproximadas de diferentes zonas climáticas en las montañas Rocosas de Colorado. Usa el diagrama para escribir una ecuación que muestre la distancia vertical d desde la cima del monte Evans (14,264 pies) a la línea arbórea, que marca el comienzo de la zona de tundra alpina.

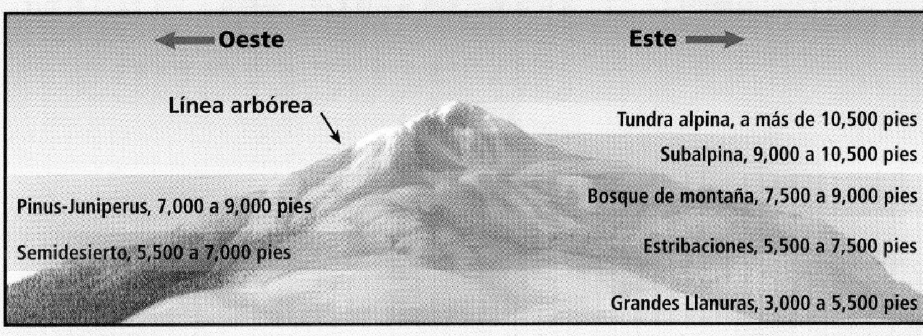

Fuente: Mall de Colorado

26. La velocidad eólica máxima de un tornado F5, el tipo más fuerte de tornado que se conozca, es 246 mi/h más rápida que la velocidad eólica máxima de un tornado F1, el tornado más débil. La velocidad eólica máxima de un tornado F1 es 72 mi/h. ¿La velocidad eólica máxima de un tornado F5 es 174 mi/h, 218 mi/h ó 318 mi/h?

27. **Escribe un problema** La temperatura media de la superficie terrestre aumentó aproximadamente 1° F de 1861 a 1998. En 1998, la temperatura media de la superficie fue unos 60° F. Usa estos datos para escribir un problema que contenga una ecuación con una variable.

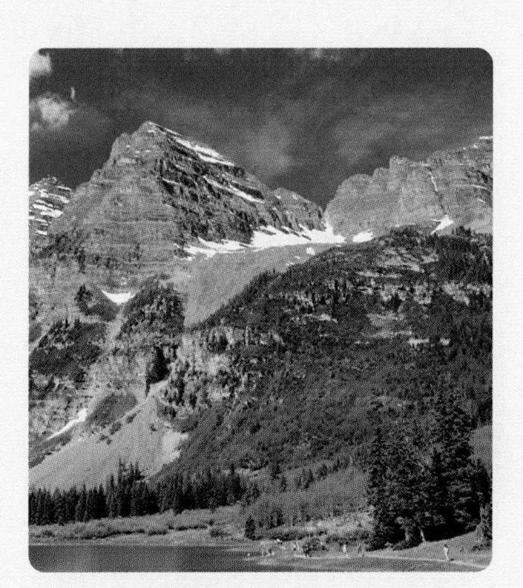

Maroon Bells en las montañas Rocosas de Colorado

28. **Desafío** En la década de 1980, cerca de 9.3×10^4 acres de selva tropical se destruyeron cada año por deforestación. ¿Aproximadamente cuántos acres de selva tropical se destruyeron en la década de 1980?

Preparación para el examen y repaso en espiral

29. **Opción múltiple** El dormitorio rectangular de Jack mide 10 pies de longitud. Para hallar el área de su dormitorio, Jack usó la fórmula $A = 10a$. Halló que su dormitorio tenía un área de 150 pies cuadrados. ¿Cuánto mide de ancho el dormitorio de Jack?

Ⓐ 15 pies　Ⓑ 25 pies　Ⓒ 30 pies　Ⓓ 15,000 pies

30. **Opción múltiple** En la Intermedia Pecos, hay 316 estudiantes de séptimo grado. Son 27 estudiantes más de los que hay en octavo grado. ¿Cuántos estudiantes de octavo grado se inscribieron?

Ⓕ 289　Ⓖ 291　Ⓗ 299　Ⓙ 343

Escribe cada número en notación científica. (Lección 1-4)

31. 10,850,000　**32.** 627,000　**33.** 9,040,000

Indica qué propiedad se representa. (Lección 1-6)

34. $(7 + 5) + 3 = 7 + (5 + 3)$　**35.** $181 + 0 = 181$　**36.** $bc = cb$

Modelo de resolución de ecuaciones

Para usar con las Lecciones 1-11 y 1-12

CLAVE

1 = 1   x = variable
ó
+ = 1   + = variable

RECUERDA

- **En una ecuación, las expresiones a ambos lados del signo de igualdad son equivalentes.**
- **Una variable puede tener cualquier valor que haga verdadera la ecuación.**

Puedes usar una balanza y fichas de álgebra para hacer modelos de ecuaciones y resolverlas.

Actividad

Usa una balanza para hacer un modelo de la ecuación $3 + x = 11$ y resolverla.

1

a. En el lado izquierdo de la balanza, coloca 3 pesas de unidades y 1 pesa variable. En el lado derecho, coloca 11 pesas de unidades. Éste es un modelo de $3 + x = 11$.

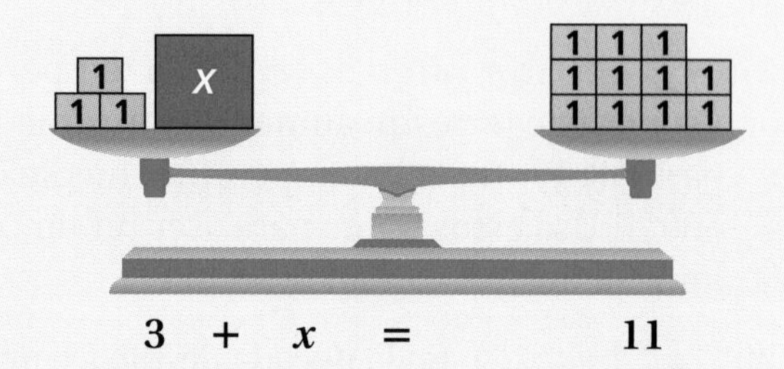

b. Quita 3 de las pesas de unidades de cada lado de la balanza para dejar sola la pesa variable en uno de los lados.

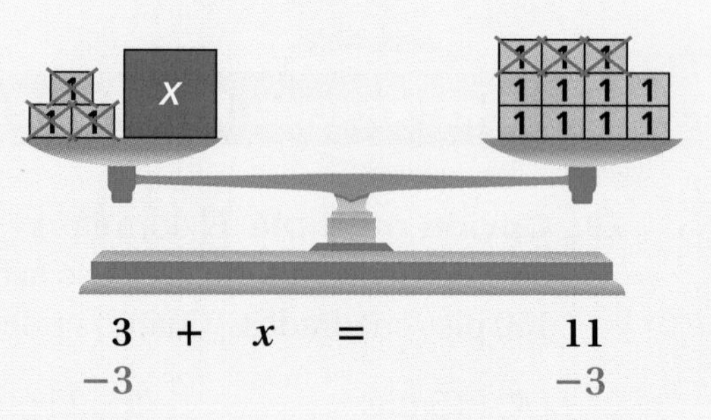

c. Cuenta las pesas de unidades que quedaron en el lado derecho de la balanza.. Este número representa la solución de la ecuación.

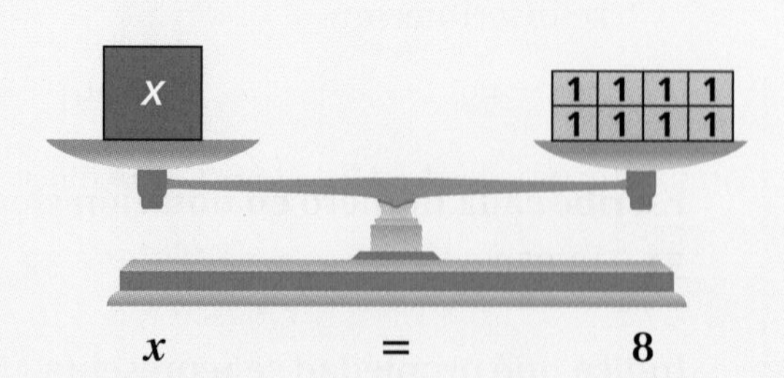

En el modelo se muestra que si $3 + x = 11$, entonces $x = 8$.

2 Usa fichas de álgebra para hacer un modelo de la ecuación $3y = 15$ y resolverla.

a. Coloca tres fichas variables en el lado izquierdo del tablero. En el lado derecho, coloca 15 fichas de unidades. Éste es un modelo de $3y = 15$.

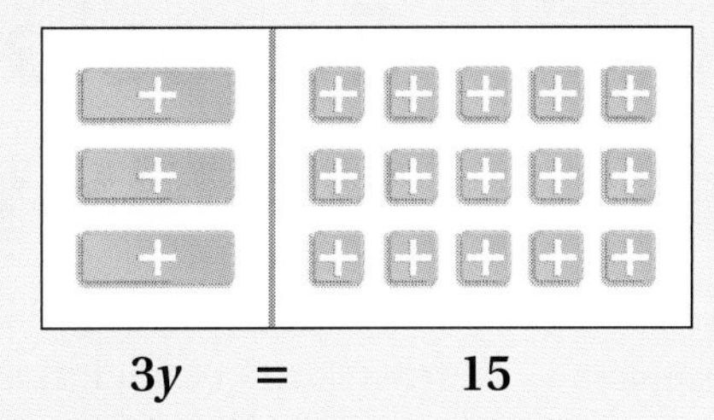

$3y = 15$

b. Como hay 3 fichas variables, divide las fichas de cada lado del tablero entre 3 grupos iguales.

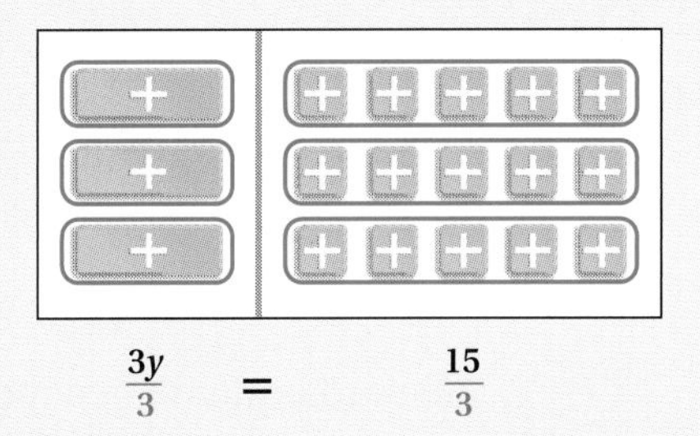

$\frac{3y}{3} = \frac{15}{3}$

c. Cuenta la cantidad de fichas de unidades que hay en uno de los grupos. Este número es la solución de la ecuación.

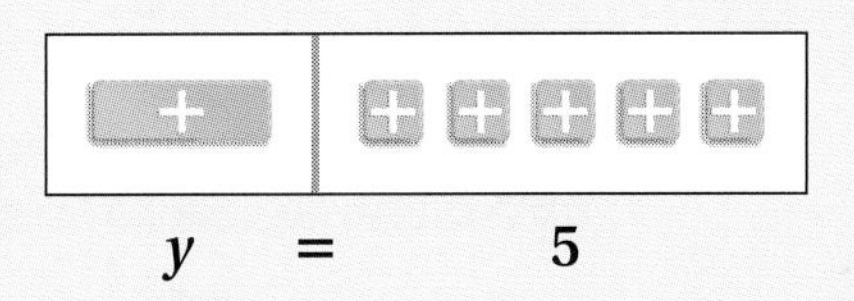

$y = 5$

En el modelo se muestra que si $3y = 15$, entonces $y = 5$.

Para comprobar tus soluciones, sustituye la variable de cada ecuación por tu solución. Si la ecuación resultante es verdadera, tu solución es correcta.

$3 + x = 11$

$3 + 8 \stackrel{?}{=} 11$

$11 \stackrel{?}{=} 11$ ✔

$3y = 15$

$3 \cdot 5 \stackrel{?}{=} 15$

$15 \stackrel{?}{=} 15$ ✔

Razonar y comentar

1. ¿Qué operación usaste para resolver la ecuación $3 + x = 11$ en **1**? ¿Qué operación usaste para resolver $3y = 15$ en **2**?
2. Compara el uso de una balanza y pesas con el uso un tablero y fichas de álgebra. ¿Qué método para hacer modelos de ecuaciones te resulta más útil? Explica.

Inténtalo

Usa una balanza o fichas de álgebra para hacer un modelo de cada ecuación y resolverla.

1. $4x = 16$
2. $3 + 5 = n$
3. $5r = 15$
4. $n + 7 = 12$
5. $y + 6 = 13$
6. $8 = 2r$
7. $9 = 7 + w$
8. $18 = 6p$

Ecuaciones con sumas y restas

Aprender a resolver ecuaciones de un paso usando la suma o la resta

Vocabulario

propiedad de igualdad de la suma

operaciones inversas

propiedad de igualdad de la resta

Resolver una ecuación significa hallar la solución de la ecuación. Para hacerlo, despeja la variable, es decir, deja sola la variable de un lado del signo de igualdad.

$x = 8 - 5$	$x + 5 = 8$
$7 - 3 = y$	$7 = 3 + y$
Las variables están despejadas.	Las variables *no* están despejadas.

Recuerda que una ecuación es como una balanza equilibrada. Si aumentas o disminuyes los pesos en la misma cantidad en ambos lados, la balanza se mantendrá en equilibrio.

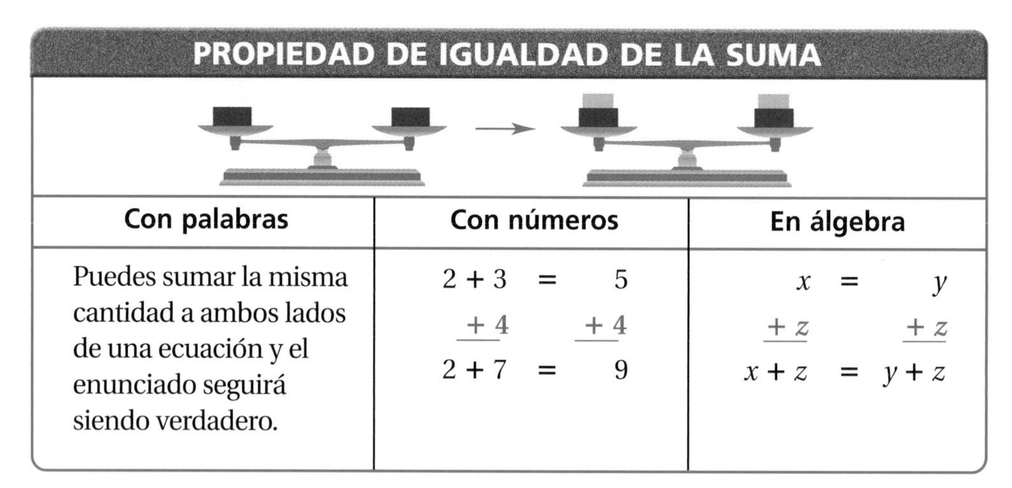

PROPIEDAD DE IGUALDAD DE LA SUMA

Con palabras	Con números	En álgebra
Puedes sumar la misma cantidad a ambos lados de una ecuación y el enunciado seguirá siendo verdadero.	$2 + 3 = 5$ $+4 \quad +4$ $2 + 7 = 9$	$x = y$ $+z \quad +z$ $x + z = y + z$

Usa las *operaciones inversas* cuando despejes una variable. La suma y la resta son **operaciones inversas**, lo que significa que se "cancelan" entre sí.

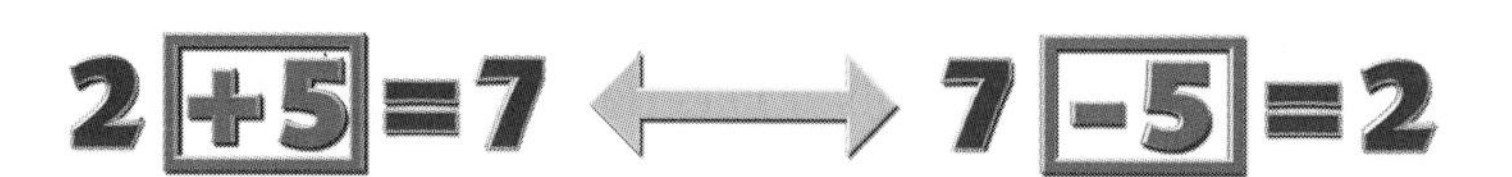

EJEMPLO 1 **Resolver una ecuación mediante una suma**

Resuelve la ecuación $x - 8 = 17$. Comprueba tu respuesta.

$$\begin{aligned} x - 8 &= 17 \\ +8 &\quad +8 \\ x &= 25 \end{aligned}$$

*Razona: 8 se **resta** de x, por lo tanto, **suma** 8 a ambos lados para despejar x.*

Comprueba

$x - 8 = 17$

$25 - 8 \stackrel{?}{=} 17$ — *Sustituye x por 25.*

$17 \stackrel{?}{=} 17$ ✔ — *25 es la solución.*

PROPIEDAD DE IGUALDAD DE LA RESTA

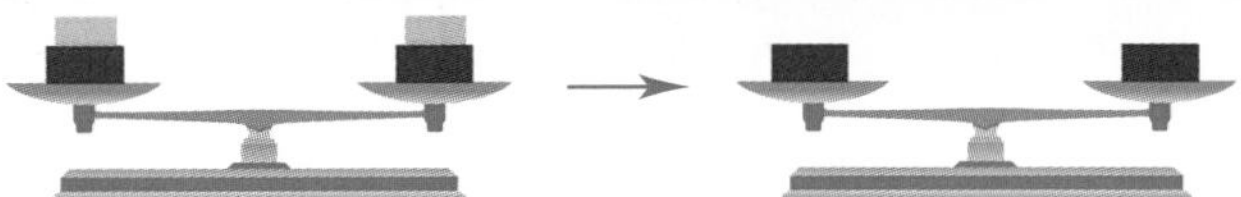

Con palabras	Con números	En álgebra
Puedes restar la misma cantidad a ambos lados de una ecuación y el enunciado seguirá siendo verdadero.	$4 + 7 = 11$ $\underline{-3} \quad \underline{-3}$ $4 + 4 = 8$	$x = y$ $\underline{-z} \quad \underline{-z}$ $x - z = y - z$

EJEMPLO 2 **Resolver una ecuación mediante una resta**

Resuelve la ecuación $a + 5 = 11$. Comprueba tu respuesta.

$a + 5 = 11$ — *Razona: 5 se **suma** a a, por lo tanto, **resta** 5 a ambos lados para despejar a.*

$\underline{-5} \quad \underline{-5}$

$a = 6$

Comprueba

$a + 5 = 11$

$6 + 5 \stackrel{?}{=} 11$ — *Sustituye a por 6.*

$11 \stackrel{?}{=} 11$ ✔ — *6 es la solución.*

EJEMPLO 3 ***Aplicación a los deportes***

El puntaje total más alto de Michael Jordan en un juego fue 69. El equipo entero obtuvo 117 puntos en ese juego. ¿Cuántos puntos hicieron los compañeros de equipo de Jordan?

Sea p los puntos hechos por el resto del equipo.

Puntos de Michael Jordan	+	Puntos del resto del equipo	=	Puntaje final
69	+	p	=	117

$69 + p = 117$

$\underline{-69} \quad \underline{-69}$ — *Resta 69 a ambos lados para despejar p.*

$p = 48$

Sus compañeros de equipo hicieron 48 puntos.

Razonar y comentar

1. **Explica** cómo decidir qué operación se puede usar para despejar la variable de una ecuación.
2. **Describe** qué sucedería si se sumara o restara un número en un lado de una ecuación, pero no en el otro.

1-11 Ejercicios

go.hrw.com
Ayuda en línea para tareas*
CLAVE: MS7 1-11
Recursos en línea para padres
CLAVE: MS7 Parent
*(Disponible sólo en inglés)

PRÁCTICA GUIADA

Ver Ejemplo 

Resuelve cada ecuación. Comprueba tus respuestas.

1. $r - 77 = 99$ **2.** $102 = v - 66$ **3.** $x - 22 = 66$

Ver Ejemplo 2

4. $d + 83 = 92$ **5.** $45 = 36 + f$ **6.** $987 = 16 + m$

Ver Ejemplo 

7. Después de ganar 9 yardas, tu equipo ha ganado un total de 23 yardas. ¿Cuántas yardas había ganado tu equipo antes de ganar las 9 yardas?

PRÁCTICA INDEPENDIENTE

Ver Ejemplo 1

Resuelve cada ecuación. Comprueba tus respuestas.

8. $n - 36 = 17$ **9.** $t - 28 = 54$ **10.** $p - 56 = 12$

11. $b - 41 = 26$ **12.** $m - 51 = 23$ **13.** $k - 22 = 101$

Ver Ejemplo 2

14. $x + 15 = 43$ **15.** $w + 19 = 62$ **16.** $a + 14 = 38$

17. $110 = s + 65$ **18.** $x + 47 = 82$ **19.** $18 + j = 94$

20. $97 = t + 45$ **21.** $q + 13 = 112$ **22.** $44 = 16 + n$

Ver Ejemplo 

23. Hank está en un viaje de estudio. Tiene que viajar 56 millas para llegar a su destino. Hasta ahora, ha viajado 18 millas. ¿Cuánto más tiene que viajar?

24. Sandy leyó 8 libros en abril. Si su club de lectura le pide leer 6 libros al mes, ¿cuántos libros más leyó de lo que le pide el club?

PRÁCTICA Y RESOLUCIÓN DE PROBLEMAS

Práctica adicional
Ver página 726

Resuelve cada ecuación. Comprueba tus respuestas.

25. $p - 7 = 3$ **26.** $n + 17 = 98$ **27.** $23 + b = 75$

28. $356 = y - 219$ **29.** $105 = a + 60$ **30.** $g - 720 = 159$

31. $651 + c = 800$ **32.** $f - 63 = 937$ **33.** $59 + m = 258$

34. $16 = h - 125$ **35.** $s + 841 = 1{,}000$ **36.** $711 = q - 800$

37. $63 + x = 902$ **38.** $z - 712 = 54$ **39.** $12 = w + 41$

40. Ciencias físicas Un objeto pesa menos cuando está en el agua. Esto se debe a que el agua ejerce una *fuerza de empuje* sobre el objeto. El peso de un objeto fuera del agua es igual al peso del objeto en el agua más la fuerza de empuje del agua. Supongamos que un objeto pesa 103 libras fuera del agua y 55 libras en el agua. Escribe y resuelve una ecuación para hallar la fuerza de empuje del agua.

41. Banca Después de depositar un cheque de $65, el nuevo saldo de la cuenta de Lena era $315. Escribe y resuelve una ecuación para hallar la cantidad que había en su cuenta antes del depósito.

42. Música Jason quiere comprar una trompeta que aparece en los anuncios clasificados. Ha ahorrado $156. Con ayuda de la información del anuncio, escribe y resuelve una ecuación para hallar cuánto dinero más necesita Jason para comprar la trompeta.

43. ¿Dónde está el error? Describe y corrige el error.

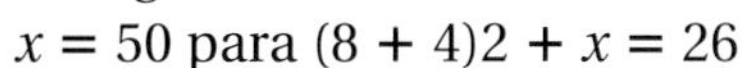

$x = 50$ para $(8 + 4)2 + x = 26$

44. Escríbelo Explica cómo sabes si debes sumar o restar para resolver una ecuación.

45. Desafío Kwan lleva un registro de los avances y retrocesos de su equipo de fútbol americano en cada fase del juego. El registro se muestra en la tabla. Escribe y resuelve una ecuación para hallar la información que falta.

Juego	Avance/retroceso	Total avance/retroceso
1er intento	Avanzó 2 yardas.	Avanzó 2 yardas.
2do intento	Retrocedió 5 yardas.	Retrocedió 3 yardas.
3er intento	Avanzó 7 yardas.	Avanzó 4 yardas.
4to intento	■	Retrocedió 7 yardas.

Preparación Para El Examen y repaso en espiral

46. Respuesta gráfica Morgan ha leído 78 páginas de *La isla del tesoro.* El libro tiene 203 páginas. ¿Cuántas páginas le falta leer a Morgan?

47. Opción múltiple ¿Qué problema representa mejor la ecuación $42 - x = 7$?

Ⓐ Craig tiene 42 años. Su hermano es 7 años mayor que él. ¿Cuántos años tiene el hermano de Craig?

Ⓑ Dylan tiene 42 días para terminar su proyecto para la feria de ciencias. ¿Cuántas semanas tiene para terminar su proyecto?

Ⓒ El total de la cuenta del almuerzo de un grupo de 7 amigos suma $42. Si los amigos dividen la cuenta para que cada uno pague lo mismo, ¿cuánto debe pagar cada uno?

Ⓓ Cada estudiante del club de español de la Escuela Anderson ha pagado por una camiseta del club. Si en el club hay 42 estudiantes y sólo quedan 7 camisetas por retirar, ¿cuántos estudiantes ya se han llevado su camiseta?

Escribe cada frase como expresión algebraica. (Lección 1-8)

48. el producto de 16 y n **49.** k restado de 17 **50.** 8 por la suma de x y 4

Simplifica cada expresión. (Lección 1-9)

51. $6(2 + 2n) + 3n$ **52.** $4x - 7y + x$ **53.** $8 + 3t + 2(4t)$

1-12 Ecuaciones con multiplicaciones y divisiones

Aprender a resolver ecuaciones de un paso usando la multiplicación o la división

Vocabulario

propiedad de igualdad de la multiplicación

propiedad de igualdad de la división

Como la suma y la resta, la multiplicación y la división son operaciones inversas. Se "cancelan" entre sí.

$2 \cdot 5 = 10$

$10 \div 5 = 2$

PROPIEDAD DE IGUALDAD DE LA MULTIPLICACIÓN

Con palabras	Con números	En álgebra
Puedes multiplicar ambos lados de una ecuación por el mismo número y el enunciado seguirá siendo verdadero.	$3 \cdot 4 = 12$ $2 \cdot 3 \cdot 4 = 2 \cdot 12$ $6 \cdot 4 = 24$	$x = y$ $zx = zy$

Si una variable se divide entre un número, a menudo puedes usar la multiplicación para despejar la variable. Multiplica ambos lados de la ecuación por el número.

EJEMPLO  1

Resolver una ecuación mediante una multiplicación

Resuelve la ecuación $\frac{x}{7} = 20$. Comprueba tu respuesta.

$\frac{x}{7} = 20$

$(7)\frac{x}{7} = 20(7)$ — *Razona: Se **divide** x entre 7, por lo tanto, **multiplica** ambos lados por 7 para despejar x.*

$x = 140$

Comprueba

$\frac{x}{7} = 20$

$\frac{140}{7} \stackrel{?}{=} 20$ — *Sustituye x por 140.*

$20 \stackrel{?}{=} 20$ ✔ — *140 es la solución.*

PROPIEDAD DE IGUALDAD DE LA DIVISIÓN

Con palabras	Con números	En álgebra
Puedes dividir ambos lados de una ecuación entre el mismo número distinto de cero y el enunciado seguirá siendo verdadero.	$5 \cdot 6 = 30$ $\frac{5 \cdot 6}{3} = \frac{30}{3}$ $5 \cdot \frac{6}{3} = 10$ $5 \cdot 2 = 10$	$x = y$ $\frac{x}{z} = \frac{y}{z}$ $z \neq 0$

¡Recuerda!

No puedes dividir entre 0.

Si una variable se multiplica por un número, a menudo puedes usar la división para despejar la variable. Divide ambos lados de la ecuación entre el número.

EJEMPLO 2 Resolver una ecuación mediante una división

Resuelve la ecuación 240 = 4*z*. Comprueba tu respuesta.

$240 = 4z$ — *Razona: Se **multiplica** z por 4, por lo tanto, **divide** ambos lados entre 4 para despejar z.*

$\frac{240}{4} = \frac{4z}{4}$

$60 = z$

Comprueba

$240 = 4z$

$240 \stackrel{?}{=} 4\,(60)$ — *Sustituye z por 60.*

$240 \stackrel{?}{=} 240$ ✓ — *60 es la solución.*

EJEMPLO 3 *Aplicación a la salud*

Si cuentas los latidos de tu corazón durante 10 segundos y multiplicas ese número por 6, puedes hallar tu ritmo cardiaco en latidos por minuto. Lance Armstrong, que ganó el Tour de Francia durante siete años seguidos, de 1999 a 2005, tenía un ritmo cardiaco en estado de reposo de 30 latidos por minuto. ¿Cuántas veces late su corazón en 10 segundos?

Usa la información dada para escribir una ecuación, donde *b* es la cantidad de latidos en 10 segundos.

latidos en 10	·	6	=	latidos por minuto
b	·	6	=	30

$6b = 30$ — *Razona: b se **multiplica** por 6, por lo tanto, **divide** ambos lados entre 6 para despejar b.*

$\frac{6b}{6} = \frac{30}{6}$

$b = 5$

El corazón de Lance Armstrong late 5 veces en 10 segundos.

CONEXIÓN Salud

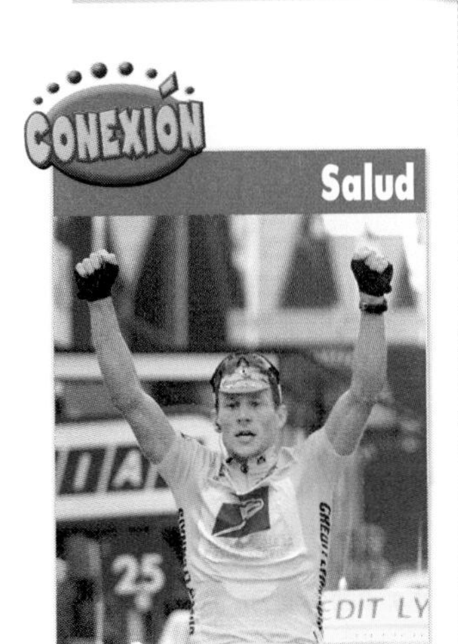

En el año 2005, Lance Armstrong ganó el Tour de Francia por séptima vez consecutiva. Es la primera persona en ganar la carrera de bicicletas de 2,051 millas más de cinco años seguidos.

CLAVE: MS7 Lance

Razonar y comentar

1. **Explica** cómo comprobar tu solución a una ecuación.
2. **Describe** cómo resolver $13x = 91$.
3. Cuando resuelvas $5p = 35$, ¿*p* será mayor o menor que 35? **Explica** tu respuesta.
4. Cuando resuelvas $\frac{p}{5} = 35$, ¿*p* será mayor o menor que 35? **Explica** tu respuesta.

1-12 Ejercicios

go.hrw.com
Ayuda en línea para tareas*
CLAVE: MS7 1-12
Recursos en línea para padres
CLAVE: MS7 Parent
*(Disponible sólo en inglés)

PRÁCTICA GUIADA

Ver Ejemplo 1 **Resuelve cada ecuación. Comprueba tu respuesta.**

1. $\frac{s}{77} = 11$ **2.** $b \div 25 = 4$ **3.** $y \div 8 = 5$

Ver Ejemplo 2 **4.** $72 = 8x$ **5.** $3c = 96$ **6.** $x \cdot 18 = 18$

Ver Ejemplo 3 **7.** Los viernes por la noche, una pista de boliche local cobra \$5 por persona por jugar toda la noche. Si Carol y sus amigos pagaron en total \$45 por jugar, ¿cuántas personas había en el grupo?

PRÁCTICA INDEPENDIENTE

Ver Ejemplo 1 **Resuelve cada ecuación. Comprueba tu respuesta.**

8. $12 = s \div 4$ **9.** $\frac{k}{18} = 72$ **10.** $13 = \frac{z}{5}$

11. $\frac{c}{5} = 35$ **12.** $\frac{w}{11} = 22$ **13.** $17 = n \div 18$

Ver Ejemplo 2 **14.** $17x = 85$ **15.** $63 = 3p$ **16.** $6u = 222$

17. $97a = 194$ **18.** $9q = 108$ **19.** $495 = 11d$

Ver Ejemplo 3 **20.** Ver un juego de béisbol de la liga menor cuesta \$6 por entrada para grupos de diez o más personas. Si el grupo de Albert pagó en total \$162 por las entradas al juego, ¿cuántas personas había en el grupo?

PRÁCTICA Y RESOLUCIÓN DE PROBLEMAS

Práctica adicional
Ver página 726

Resuelve cada ecuación. Comprueba tu respuesta.

21. $9 = g \div 3$ **22.** $150 = 3j$ **23.** $68 = m - 42$

24. $7r = 84$ **25.** $5x = 35$ **26.** $9 = \frac{s}{38}$

27. $b + 33 = 95$ **28.** $\frac{p}{15} = 6$ **29.** $12f = 240$

30. $504 = c - 212$ **31.** $8a = 288$ **32.** $157 + q = 269$

33. $21 = d \div 2$ **34.** $\frac{h}{20} = 83$ **35.** $r - 92 = 215$

Varios pasos Convierte cada enunciado en una ecuación. Luego resuelve la ecuación.

36. Un número d dividido entre 4 es igual a 3.

37. La suma de 7 y un número n da 15.

38. El producto de un número b y 5 es 250.

39. Doce es la diferencia entre un número q y 8.

40. **Matemáticas para el consumidor** En nueve semanas a partir de ahora, Susan espera comprar una bicicleta que cuesta \$180. ¿Cuánto dinero debe ahorrar por semana?

41. **Escuela** Un club de una escuela está reuniendo juguetes para una organización de beneficencia infantil. Hay 18 estudiantes en el club. Deben reunir 216 juguetes. Cada uno reunirá la misma cantidad de juguetes. ¿Cuántos reunirá cada integrante?

42. **Viajes** Lissa condujo de Los Ángeles a la Ciudad de Nueva York a un promedio de 45 millas por hora. Su tiempo de recorrido fue 62 horas en total. Escribe y resuelve una ecuación para hallar la distancia que recorrió Lissa.

43. **Negocios** Una tienda alquila espacio en un edificio a un costo de $19 por pie cuadrado. Si la tienda tiene 700 pies cuadrados, ¿cuánto cuesta el alquiler?

44. **¿Dónde está el error?** En la ecuación $7x = 56$, un estudiante halló que el valor de x era 392. ¿Qué error cometió?

45. **Escríbelo** ¿Cómo sabes si debes usar la multiplicación o la división para resolver una ecuación?

46. **Desafío** En la gráfica se muestran los resultados de una encuesta sobre los equipos electrónicos que usan 8,690,000 estudiantes universitarios. Si multiplicas la cantidad de estudiantes que usan reproductores de CD portátiles por 5 y luego divides el producto entre 3, tienes el total de estudiantes representados en la encuesta. Escribe y resuelve una ecuación para hallar la cantidad de estudiantes que usan reproductores de CD portátiles.

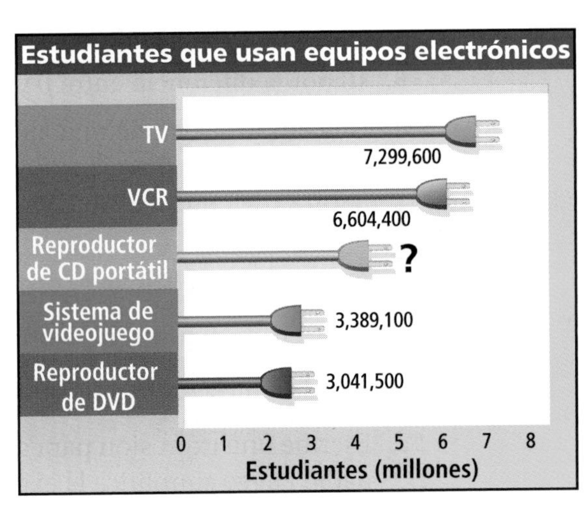

PREPARACIÓN PARA EL EXAMEN y repaso en espiral

47. **Opción múltiple** El señor Tomkins pidió prestados $1,200 para comprar una computadora. Quiere devolver el préstamo en 8 pagos iguales. ¿De cuánto será cada pago?

Ⓐ $80 Ⓑ $100 Ⓒ $150 Ⓓ $200

48. **Opción múltiple** Resuelve la ecuación $16x = 208$.

Ⓕ $x = 11$ Ⓖ $x = 12$ Ⓗ $x = 13$ Ⓙ $x = 14$

49. **Respuesta desarrollada** La entrada a un parque de diversiones cuesta $18 por persona para grupos de 20 ó más personas. Si el grupo de Celia pagó en total $414 para entrar, ¿cuántas personas había en el grupo?

Determina si el valor dado de la variable es una solución. (Lección 1-10)

50. $x + 34 = 48; x = 14$

51. $d - 87 = 77; d = 10$

Resuelve cada ecuación. (Lección 1-11)

52. $76 + n = 115$

53. $j - 97 = 145$

54. $t - 123 = 455$

55. $a + 39 = 86$

SECCIÓN 1B

Prueba de las Lecciones 1-7 a 1-12

1-7 Variables y expresiones algebraicas

Evalúa cada expresión para los valores dados de la variable.

1. $7(x + 4)$ para $x = 5$
2. $11 - n \div 3$ para $n = 6$
3. $p + 6t^2$ para $p = 11$ y $t = 3$

1-8 Cómo convertir expresiones con palabras en expresiones matemáticas

Escribe cada frase como expresión algebraica.

4. el cociente de un número y 15
5. 13 restado de un número
6. 10 por la diferencia entre p y 2
7. 3 más el producto de un número y 8
8. Una empresa de telefonía de larga distancia cobra $2.95 la tarifa mensual más $0.14 el minuto. Escribe una expresión algebraica que muestre el costo de hablar t minutos durante un mes.

1-9 Cómo simplificar expresiones algebraicas

Simplifica cada expresión. Justifica tus pasos.

9. $2y + 5y^2 - 2y^2$
10. $x + 4 + 7x + 9$
11. $10 + 9b - 6a - b$
12. Escribe una expresión para el perímetro de la figura dada. Luego simplifica la expresión.

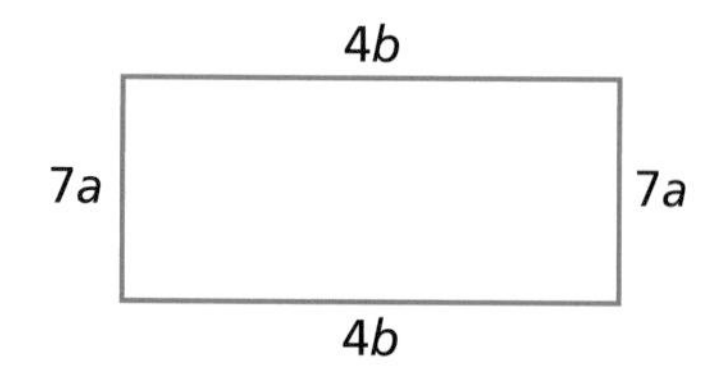

1-10 Ecuaciones y sus soluciones

Determina si el valor dado de la variable es una solución.

13. $22 - x = 7; x = 15$
14. $\frac{56}{r} = 8; r = 9$
15. $m + 19 = 47; m = 28$
16. El mes pasado, Sue gastó $147 en comestibles. Este mes, gastó $29 más en comestibles que el mes pasado. ¿Cuánto gastó Sue en comestibles este mes: $118 ó $176?

1-11 Ecuaciones con sumas y restas

Resuelve cada ecuación.

17. $g - 4 = 13$
18. $20 = 7 + p$
19. $t - 18 = 6$
20. $m + 34 = 53$

1-12 Ecuaciones con multiplicaciones y divisiones

Resuelve cada ecuación.

21. $\frac{k}{8} = 7$
22. $3b = 39$
23. $n \div 16 = 7$
24. $330 = 22x$
25. Una jarra de agua contiene 128 onzas líquidas. ¿Cuántos vasos de 8 onzas de agua contiene la jarra?

PREPARACIÓN DE VARIOS PASOS PARA EL EXAMEN

CAPÍTULO 1

Tener un buen corazón La familia de Chuck decidió iniciar un programa de entrenamiento físico. Su médico animó a cada miembro de la familia a determinar cuál es su máximo ritmo cardiaco y luego a hacer ejercicio a un ritmo menor.

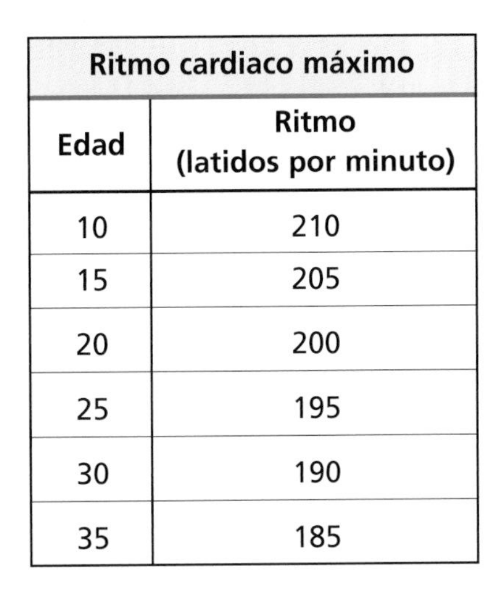

Ritmo cardiaco máximo	
Edad	Ritmo (latidos por minuto)
10	210
15	205
20	200
25	195
30	190
35	185

1. En la tabla se muestra el ritmo cardiaco máximo recomendado para personas de diversas edades. Describe el patrón de la tabla. Luego halla el máximo ritmo cardiaco del padre de Chuck, que tiene 45 años.
2. Hay otra manera de hallar el máximo ritmo cardiaco de una persona. La suma del máximo ritmo cardiaco, c, y la edad de la persona, e, debe dar 220. Escribe una ecuación con la que relaciones c y e.
3. La madre de Chuck usó la ecuación del problema 2 para determinar que su máximo ritmo Cardiaco es 174 latidos por minuto. ¿Cuántos años tiene la madre de Chuck?
4. Para hallar su ritmo cardiaco, la madre de Chuck cuenta la cantidad de latidos en 10 segundos y la multiplica por 6. Escribe y resuelve una ecuación para hallar la cantidad de veces que late su corazón en 10 segundos cuando su ritmo cardiaco está al máximo.
5. El médico de la familia recomienda entrar en calor antes de hacer ejercicio. La expresión $110 - e \div 2$ representa un ritmo cardiaco de calentamiento basado en la edad de una persona, e. Halla el ritmo cardiaco de calentamiento de la madre de Chuck.

¡Vamos a jugar!

Frijoles saltarines

Necesitarás una cuadrícula de 4 cuadrados por 6 cuadrados. En cada cuadrado, debe caber un frijol. Marca una sección de 3 cuadrados por 3 cuadrados de la cuadrícula. Coloca nueve frijoles en los nueve espacios, como se muestra en la ilustración.

Debes mover los nueve frijoles a los nueve cuadrados marcados con la menor cantidad de movimientos.

Sigue estas reglas para mover los frijoles.

1. Puedes mover frijoles hacia cualquier cuadrado vacío y en cualquier dirección.
2. Puedes saltar sobre otro frijol en cualquier dirección hacia un cuadrado vacío.
3. Puedes saltar sobre otros frijoles tantas veces como quieras.

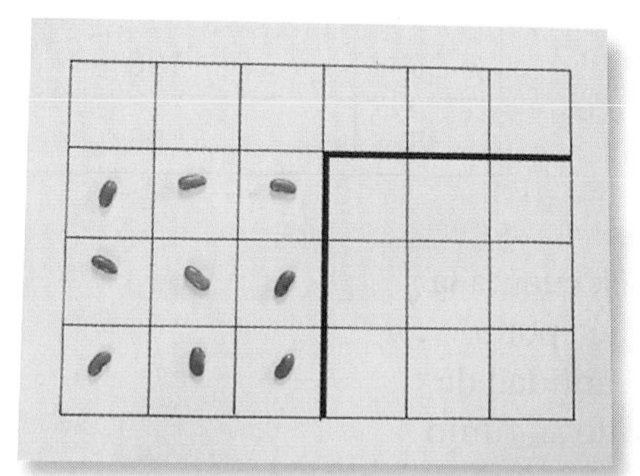

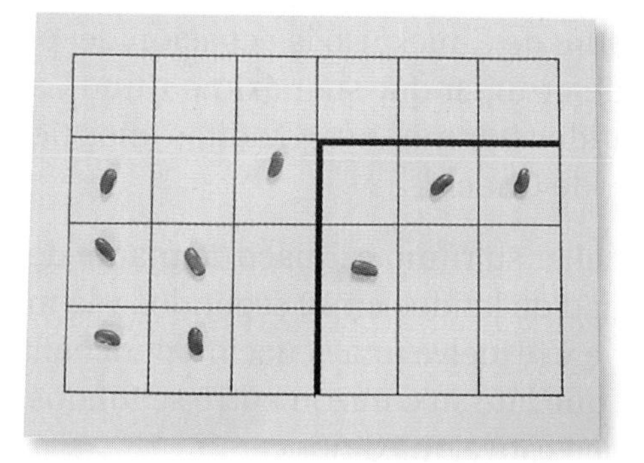

Mover todos los frijoles con diez movimientos no es tan difícil, ¿pero puedes hacerlo con nueve movimientos?

Intercambiar lugares

El propósito del juego es reemplazar las fichas rojas por las amarillas y las fichas amarillas por las rojas con la menor cantidad de movimientos posible. Las fichas deben moverse una a la vez en forma de L. Dos fichas no pueden ocupar el mismo cuadrado.

La copia completa de las reglas y el tablero de juego están disponibles en línea.

go.hrw.com
¡Vamos a jugar! Extra
CLAVE: MS7 Games

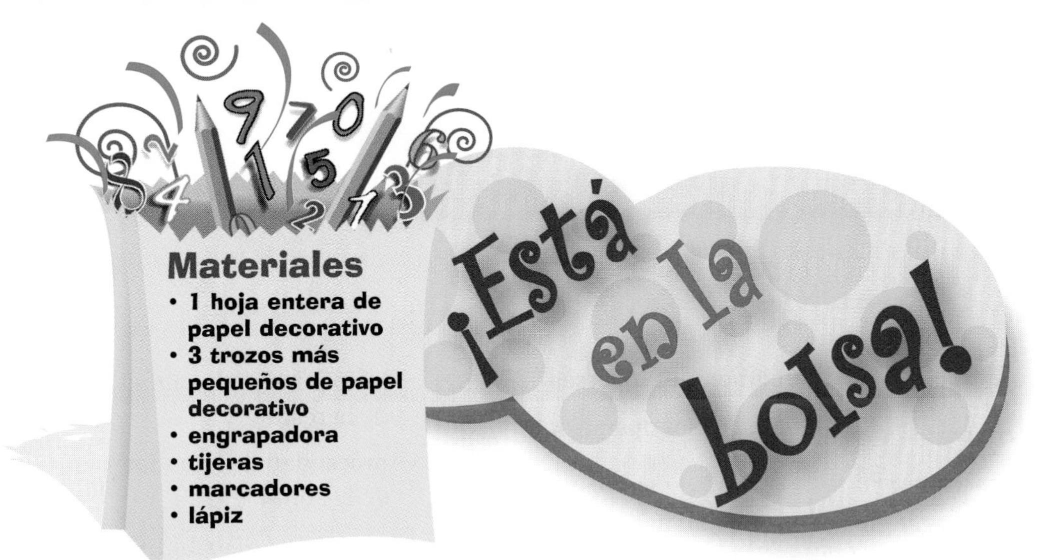

PROYECTO Álgebra paso a paso

Esta "libreta con escalones" es un excelente lugar para anotar ejemplos de problemas de álgebra.

Instrucciones

1. Extiende la hoja de papel de $11\frac{1}{2}$ pulg por $7\frac{3}{4}$ pulg delante de ti. Dóblala a $2\frac{1}{2}$ pulg del borde superior y haz un pliegue. **Figura A**

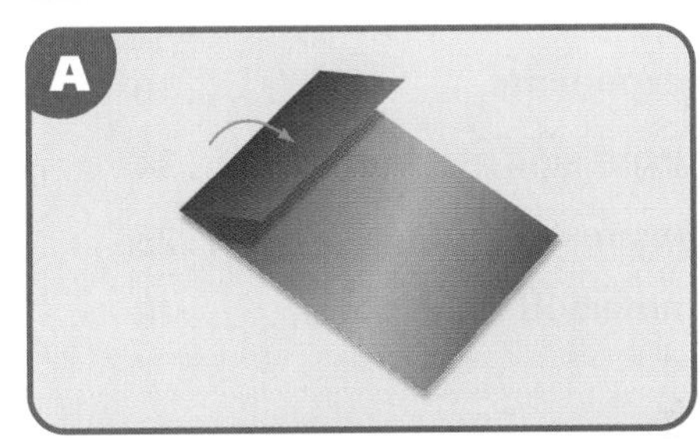

2. Desliza la hoja de papel de $7\frac{1}{4}$ pulg por $7\frac{3}{4}$ pulg por debajo de la solapa del primer trozo. Haz lo mismo con las hojas de papel de $5\frac{1}{2}$ pulg por $7\frac{3}{4}$ pulg y de $3\frac{3}{4}$ pulg por $7\frac{3}{4}$ pulg para hacer una "libreta con escalones". Engrapa todas las hojas en la parte superior. **Figura B**

3. Con un lápiz, divide en tercios las tres hojas del medio. Luego, desde la parte inferior, corta a lo largo de las líneas que trazaste para hacer hendiduras en estas tres hojas. **Figura C**

4. En el "escalón" superior de tu libreta, escribe el número y título del capítulo.

Tomar notas de matemáticas

Rotula cada uno de los "escalones" de tu libreta con conceptos importantes del capítulo: "Usar exponentes", "Expresar números en notación científica", etc. En la última hoja, escribe "Resolver ecuaciones". Escribe ejemplos de problemas del capítulo en los "escalones" apropiados.

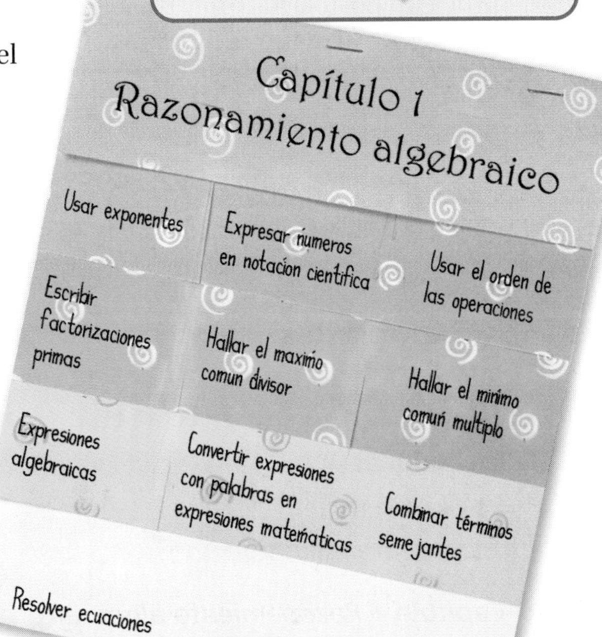

CAPÍTULO 1

Guía de estudio: Repaso

Vocabulario

Completa los enunciados con las palabras del vocabulario.

1. El/La __?__ indica cuántas veces el/la __?__ debe usarse como factor.
2. Un(a) __?__ es una frase matemática formada por números y operaciones.
3. Un(a) __?__ es un enunciado matemático que indica que dos expresiones tienen igual valor.
4. Un(a) __?__ contiene constantes, variables y operaciones.

1-1 Números y patrones (págs. 6–9)

EJEMPLO

- **Identifica un posible patrón y úsalo para escribir los siguientes tres números.**

  2, 8, 14, 20, ...

  $2 + 6 = 8$ $8 + 6 = 14$ $14 + 6 = 20$

  Un patrón posible es sumar 6 cada vez.

  $20 + 6 = 26$ $26 + 6 = 32$ $32 + 6 = 38$

EJERCICIOS

Identifica un posible patrón y úsalo para escribir los siguientes tres números.

5. 6, 10, 14, 18, . . .
6. 15, 35, 55, 75, . . .
7. 7, 14, 21, 28, . . .
8. 8, 40, 200, 1,000, . . .
9. 41, 37, 33, 29, . . .
10. 68, 61, 54, 47, . . .

1-2 Exponentes (págs. 10–13)

EJEMPLO

- **Halla el valor de 4^3.**

  $4^3 = 4 \cdot 4 \cdot 4 = 64$

EJERCICIOS

Halla cada valor.

11. 9^2 12. 10^1 13. 2^7 14. 1^7 15. 11^2

1-3 Medidas métricas (págs. 14–17)

EJEMPLO

■ **Convierte 63 m a centímetros.**

63 m = (63 × 100) cm   *100 cm = 1 m*

= 6,300 cm

EJERCICIOS

Convierte cada medida.

16. 18 L a mL
17. 720 mg a g
18. 5.3 km a m
19. 0.6 cm a mm

1-4 Cómo aplicar exponentes (págs. 18–21)

EJEMPLO

■ **Multiplica $157 \cdot 10^4$.**

$157 \cdot 10^4 = 1570000$

$= 1,570,000$

EJERCICIOS

Multiplica.

20. $144 \cdot 10^2$
21. $1.32 \cdot 10^3$
22. $22 \cdot 10^7$

Escribe cada número en notación científica.

23. 48,000
24. 7,020,000
25. 149,000

1-5 El orden de las operaciones (págs. 23–26)

EJEMPLO

■ **Simplifica $(18 + 6) \cdot 5$.**

$(18 + 6) \cdot 5 = 24 \cdot 5 = 120$

EJERCICIOS

Simplifica cada expresión.

26. $2 + (9 - 6) \div 3$
27. $12 \cdot 3^2 - 5$
28. $11 + 2 \cdot 5 - (9 + 7)$
29. $75 \div 5^2 + 8^2$

1-6 Propiedades (págs. 28–31)

EJEMPLO

■ **Indica qué propiedad se representa.**

$(10 \cdot 13) \cdot 28 = 10 \cdot (13 \cdot 28)$

Propiedad asociativa

EJERCICIOS

Indica qué propiedad se representa.

30. $42 + 17 = 17 + 42$
31. $m + 0 = m$
32. $6 \cdot (x - 5) = 6 \cdot x - 6 \cdot 5$

1-7 Variables y expresiones algebraicas (págs. 34–37)

EJEMPLO

■ **Evalúa $5a - 6b + 7$ para $a = 4$ y $b = 3$.**

$5a - 6b + 7$

$5(4) - 6(3) + 7$

$20 - 18 + 7$

9

EJERCICIOS

Evalúa cada expresión para los valores dados de las variables.

33. $4x - 5$ para $x = 6$
34. $8y^3 + 3y$ para $y = 4$
35. $\frac{n}{5} + 6m - 3$ para $n = 5$ y $m = 2$

1-8 Cómo convertir expresiones con palabras en expresiones matemáticas (págs. 38–41)

EJEMPLO

- **Escribe como expresión algebraica.**

5 por la suma de un número y 6
$5(n + 6)$

EJERCICIOS

Escribe como expresión algebraica.

36. 4 dividido entre la suma de un número y 12

37. 2 por la diferencia entre t y 11

1-9 Cómo simplificar expresiones algebraicas (págs. 42–45)

EJEMPLO

- **Simplifica la expresión.**

$4x^3 + 5y + 8x^3 - 4y - 5x^2$
$4x^3 + 5y + 8x^3 - 4y - 5x^2$
$12x^3 + y - 5x^2$

EJERCICIOS

Simplifica cada expresión.

38. $7b^2 + 8 + 3b^2$

39. $12a^2 + 4 + 3a^2 - 2$

40. $x^2 + x^3 + x^4 + 5x^2$

1-10 Ecuaciones y sus soluciones (págs. 46–49)

EJEMPLO

- **Determina si 22 es una solución.**

$24 \stackrel{?}{=} s - 13$
$24 \stackrel{?}{=} 22 - 13$
$24 \stackrel{?}{=} 9$ ✘ *22 no es una solución.*

EJERCICIOS

Determina si el valor que se da para la variable es una solución.

41. $36 = n - 12; n = 48$

42. $9x = 117; x = 12$

1-11 Ecuaciones con sumas y restas (págs. 52–55)

EJEMPLO

- **Resuelve la ecuación. Luego comprueba.**

$b + 12 = 16$
$\underline{-12\ -12}$
$b = 4$

$b + 12 \stackrel{?}{=} 16$
$4 + 12 \stackrel{?}{=} 16$
$16 \stackrel{?}{=} 16$ ✔

EJERCICIOS

Resuelve cada ecuación. Luego comprueba.

43. $8 + b = 16$

44. $20 = n - 12$

45. $27 + c = 45$

46. $t - 68 = 44$

1-12 Ecuaciones con multiplicaciones y divisiones (págs. 56–59)

EJEMPLO

- **Resuelve la ecuación. Luego comprueba.**

$2r = 12$
$\frac{2r}{2} = \frac{12}{2}$
$r = 6$

$2r = 12$
$2(6) \stackrel{?}{=} 12$
$12 \stackrel{?}{=} 12$ ✔

EJERCICIOS

Resuelve cada ecuación. Luego comprueba.

47. $n \div 12 = 6$

48. $3p = 27$

49. $\frac{d}{14} = 7$

50. $6x = 78$

51. Lisa cobra $8 la hora para cuidar bebés. El mes pasado, ganó $136. ¿Cuántas horas cuidó bebés el mes pasado?

EXAMEN DEL CAPÍTULO

Identifica un posible patrón y úsalo para escribir los tres números siguientes.

1. 24, 32, 40, 48, . . .
2. 6, 18, 54, 162, . . .
3. 64, 58, 52, 46, . . .
4. 13, 30, 47, 64, . . .

Halla cada valor.

5. 6^2
6. 7^5
7. 8^6
8. 3^5

Convierte cada medida.

9. 180 mL a litros
10. 7.8 m a centímetros
11. 23.4 kg a gramos

12. Jesse mide 1,460 milímetros de estatura, su hermana mide 168 centímetros de estatura y su hermano mide 1.56 metros de estatura. ¿Quién es el más alto de los tres?

Multiplica.

13. $148 \cdot 10^2$
14. $56.3 \cdot 10^3$
15. $6.89 \cdot 10^4$
16. $7.5 \cdot 10^4$

Escribe cada número en notación científica.

17. 406,000,000
18. 1,905,000
19. 22,400
20. 500,000

Simplifica cada expresión.

21. $18 \cdot 3 \div 3^3$
22. $36 + 16 - 50$
23. $149 - (2^8 - 200)$
24. $(4 \div 2) \cdot 9 + 11$

Indica qué propiedad se representa.

25. $0 + 45 = 45$
26. $(r + s) + t = r + (s + t)$
27. $84 \cdot 3 = 3 \cdot 84$

Evalúa cada expresión para los valores dados de las variables.

28. $4a + 6b + 7$ para $a = 2$ y $b = 3$
29. $7y^2 + 7y$ para $y = 3$

Escribe cada frase como expresión algebraica.

30. un número más 12
31. el cociente de un número y 7
32. 5 menos que el producto de 7 y s
33. la diferencia entre tres veces x y 4

Simplifica cada expresión. Justifica tus pasos.

34. $b + 2 + 5b$
35. $16 + 5b + 3b + 9$
36. $5a + 6t + 9 + 2a$

Resuelve cada ecuación.

37. $x + 9 = 19$
38. $21 = y - 20$
39. $m - 54 = 72$
40. $136 = y + 114$
41. $16 = \frac{y}{3}$
42. $102 = 17y$
43. $\frac{r}{7} = 1{,}400$
44. $6x = 42$

45. Un encargado del servicio de buffet cobró $15 por persona para preparar una buffet para un banquete. Si el servicio de comida para el banquete costó $1,530 en total, ¿cuántas personas asistieron?

CAPÍTULO 1

AYUDA PARA EXAMEN

Estrategias para el examen estandarizado

Opción múltiple: Elimina opciones de respuesta

En algunas preguntas de opción múltiple del examen, puedes usar el cálculo mental o el sentido numérico para eliminar rápidamente algunas de las opciones de respuesta antes de comenzar a resolver el problema.

EJEMPLO 1

¿Cuál es la solución de la ecuación $x + 7 = 15$?

Ⓐ $x = 22$ Ⓑ $x = 15$ Ⓒ $x = 8$ Ⓓ $x = 7$

LEE la pregunta.
Luego intenta **eliminar** algunas de las opciones de respuesta.

Usa el sentido numérico:

Cuando sumas, obtienes un número mayor que el que tenías al comienzo. Como $x + 7 \neq 15$, 15 debe ser mayor que x o x debe ser menor que 15. Como 15 y 22 no son menores que 15, puedes eliminar las opciones A y B. La respuesta correcta es C.

EJEMPLO 2

Arnold midió 0.15 L de agua y luego volcó el agua en un vaso de precipitados que sólo mostraba las medidas en mililitros. ¿Cuál era la medida en el vaso de precipitados?

Ⓕ 0.015 mL Ⓖ 0.15 mL Ⓗ 15 mL Ⓙ 150 mL

OBSERVA las opciones.
Luego intenta **eliminar** algunas.

Usa el cálculo mental:

Un mililitro es menor que un litro. Por lo tanto, la respuesta será mayor que 0.15. Puedes eliminar las opciones F y G.

El prefijo *mili* significa "milésima". Por lo tanto, multiplica 0.15 por 1,000 para obtener 150 mL, que es la opción J.

Antes de empezar a contestar una pregunta de un examen, usa el cálculo mental para decidir si hay opciones de respuesta que puedas eliminar de inmediato.

Lee cada recuadro y contesta las preguntas que le siguen.

A

En la feria de agosto que se organizó con la vuelta a clases, un par de zapatos cuesta $34, una camisa cuesta $15 y un par de pantalones cuesta $27. Janet compró 2 pares de zapatos, 4 camisas y 4 pantalones, y luego pagó un adicional de $4 de impuestos. ¿Qué expresión muestra el total que gastó Janet?

Ⓐ $34 + 4(15 + 27)$

Ⓑ $34 + 4(15 + 27) + 7$

Ⓒ $4(34 + 15 + 27) + 7$

Ⓓ $34 + 15 + 4 \cdot 27$

1. ¿Puede eliminarse de inmediato alguna de las opciones? Si es así, ¿cuál? ¿Por qué?
2. Explica cómo puedes determinar la respuesta correcta a partir de las opciones que quedan.

B

Anthony ahorró $1 de su primer sueldo, $2 del siguiente, luego $4, $8 y así sucesivamente. ¿Cuánto dinero ahorró Anthony después de cobrar diez sueldos?

Ⓕ $10   Ⓗ $512

Ⓖ $16   Ⓙ $1,023

3. ¿Puede eliminarse de inmediato alguna de las opciones? Si es así, ¿cuál? ¿Por qué?
4. ¿Qué error común se cometió al hallar la opción de respuesta F?

C

Craig tiene tres semanas para leer un libro de 850 páginas. ¿Qué ecuación se puede usar para hallar cuántas páginas debe leer Craig por día?

Ⓐ $\frac{x}{3} = 850$ Ⓒ $3x = 850$

Ⓑ $21x = 850$ Ⓓ $\frac{x}{21} = 850$

5. Describe cómo usar el sentido numérico para eliminar al menos una opción de respuesta.
6. ¿Qué error común se cometió al hallar la opción de respuesta D?

D

La ventana de una casa en un árbol mide 56 centímetros de ancho. Samantha quiere construir un banco junto a la ventana que sea 35 centímetros más ancho que la ventana. ¿Cuál sería, en metros, la medida del ancho del asiento?

Ⓕ 91 m   Ⓗ 0.21 m

Ⓖ 21 m   Ⓙ 0.91 m

7. ¿Qué dos opciones pueden eliminarse usando el cálculo mental?
8. Explica cómo se hace para convertir centímetros a metros.

E

¿Cuál es el valor de la expresión?
$(1 + 2)^2 + 14 \div 2 + 5$

Ⓐ 0   Ⓒ 17

Ⓑ 11   Ⓓ 21

9. Usa el cálculo mental para eliminar de inmediato una opción de respuesta. Explica tu opción.
10. ¿Qué error común se cometió al hallar la opción de respuesta B?
11. ¿Qué error común se cometió al hallar la opción de respuesta C?

CAPÍTULO 1

Preparación para el examen estandarizado

go.hrw.com
Práctica en línea para el examen estatal
CLAVE: MS7 TestPrep

Evaluación acumulativa, Capítulo 1

Opción múltiple

1. ¿Qué expresión tiene un valor de 74 cuando $x = 10$, $y = 8$ y $z = 12$?

(A) $4xyz$
(B) $x + 5y + 2z$
(C) $2xz - 3y$
(D) $6xyz + 8$

2. ¿Cuál es el número siguiente en el patrón?

$$3, 3^2, 27, 3^4, 3^5, \ldots$$

(F) 729
(G) 3^7
(H) 243
(J) 3^8

3. Un constructor cobra $22 por instalar una persiana. ¿Cuánto cobra el constructor por instalar *m* persianas?

(A) $22m$
(B) $\frac{m}{22}$
(C) $22 + m$
(D) $\frac{22}{m}$

4. ¿Cuál de las siguientes opciones es un ejemplo de la propiedad conmutativa?

(F) $20 + 10 = 2(10 + 5)$
(G) $20 + 10 = 10 + 20$
(H) $5 + (20 + 10) = (5 + 20) + 10$
(J) $20 + 0 = 20$

5. ¿Qué expresión se simplifica a $9x + 3$ cuando combinas los términos semejantes?

(A) $10x^2 - x^2 - 3$
(B) $3x + 7 - 4 + 3x$
(C) $18 + 4x - 15 + 5x$
(D) $7x^2 + 2x + 6 - 3$

6. ¿Cuál es la solución de la ecuación $810 = x - 625$?

(F) $x = 185$
(G) $x = 215$
(H) $x = 845$
(J) $x = 1{,}435$

7. En la tabla se muestra el plan que hizo Tina del camino por el que piensa correr. ¿Cuántos kilómetros planea correr Tina?

Recorrido de Tina	
Calle	**Metros**
1era a Park	428
Park a Windsor	112
Windsor a East	506
East a Manor	814
Manor a Vane	660
Vane a 1era	480

(A) 3,000 km
(B) 300 km
(C) 30 km
(D) 3 km

8. Para hacer un collar de cuentas, Kris necesita 88 cuentas. Si Kris tiene un total de 1,056 cuentas, ¿cuántos collares puede hacer?

(F) 968
(G) 12
(H) 264
(J) 8

9. ¿Cuáles son los dos números siguientes en el patrón?

75, 70, 60, 55, 45, 40, . . .

(A) 35, 30
(B) 30, 20
(C) 30, 25
(D) 35, 25

10. Marc gasta $78 en *n* camisas. ¿Qué expresión puede usarse para representar el costo de una camisa?

(F) $\frac{n}{78}$
(G) $78n$
(H) $\frac{78}{n}$
(J) $78 + n$

11. ¿Qué situación se corresponde mejor con la expresión $0.29x + 2$?

Ⓐ Una empresa de taxis cobra \$2 la bajada de bandera más \$0.29 por milla recorrida.

Ⓑ Jimmy corrió 0.29 millas, se detuvo para descansar y luego corrió 2 millas más.

Ⓒ En 2 porciones del Cereal Hearty Health, hay 0.29 gramos de calcio.

Ⓓ Amy compró 2 chicles a \$0.29 cada uno.

12. ¿Cuál de las siguientes operaciones debe realizarse primero para simplificar esta expresión?

$$16 \cdot 2 + (20 \div 5) - 3^2 \div 3 + 1$$

Ⓕ $3^2 \div 3$ Ⓗ $16 \cdot 2$

Ⓖ $20 \div 5$ Ⓙ $3 + 1$

Cuando leas un problema con palabras, tacha toda la información que no sea necesaria para resolverlo.

Respuesta gráfica

13. Si $x = 15$ e $y = 5$, ¿cuál es el valor de $\frac{2x}{y} + 3y$?

14. ¿Cuál es el exponente cuando escribes el número 23,000,000 en notación científica?

15. Un avión tiene asientos para 198 pasajeros. Si en cada fila hay 6 asientos, ¿cuántas filas de asientos hay en el avión?

16. ¿Cuál es el valor de la expresión $3^2 \times (2 + 3 \times 4) - 5$?

17. ¿Cuál es la solución de la ecuación $10 + s = 42$?

18. ¿Cuál es el resultado de sumar 4 y el producto de 9 y 5?

Respuesta breve

19. Luke puede nadar 25 vueltas en una hora. Escribe una expresión algebraica en la que muestres cuántas vueltas puede nadar Luke en *h* horas. ¿Cuánto tardará en nadar 100 vueltas?

20. Una instructora de gimnasia aeróbica da una clase de 45 minutos de duración a las 9:30 am, tres veces por semana. La instructora dedica 12 minutos de la clase a ejercicios de estiramiento. El resto de la clase consiste en danza aeróbica. ¿Cuántos minutos dedica a enseñar danza aeróbica en una clase? Escribe y resuelve una ecuación para explicar cómo hallaste la respuesta.

21. Ike y Joe corrieron la misma distancia, pero tomaron diferentes rutas. Ike corrió 3 cuadras hacia el este y 7 hacia el sur. Joe corrió 4 cuadras hacia el oeste y luego se dirigió hacia el norte. ¿Cuántas cuadras recorrió Joe en dirección norte? Muestra tu trabajo.

Respuesta desarrollada

22. Los Raiders y los Hornets están comprando uniformes nuevos para sus equipos de béisbol. Cada miembro del equipo recibirá una gorra, una camiseta y un par de pantalones nuevos.

Costos del uniforme		
	Raiders	**Hornets**
Gorra	\$15	\$15
Camiseta	\$75	\$70
Pantalones	\$60	\$70

a. Sea *r* la cantidad de miembros de los Raiders y *h* la cantidad de miembros de los Hornets. Escribe una expresión que muestre el costo total de los uniformes de cada equipo.

b. Si tanto los Raiders como los Hornets tienen 12 miembros en el equipo, ¿cuánto gastará cada equipo en uniformes? ¿Qué equipo gastará más? ¿Cuánto más? Muestra tu trabajo.

CAPÍTULO 2

Enteros y números racionales

PREPARACIÓN DE VARIOS PASOS PARA EL EXAMEN

go.hrw.com
Presentación del capítulo en línea
CLAVE: MS7 Ch2

Velocidad del sonido a través de diferentes materiales

Material	Velocidad (m/s)
Aire a 20° C	344
Agua a 20° C	1,500
Madera (roble) a 20° C	3,850
Vidrio a 20° C	4,540
Acero a 20° C	5,200

Profesión *Oceanógrafo*

¿La Tierra se está calentando o se está enfriando? La temperatura de los océanos es un factor muy importante para responder a estas preguntas. Los oceanógrafos han estudiado la temperatura del océano Pacífico midiendo la velocidad de las ondas sonoras en el agua.

¿Cómo funciona esto? La velocidad del sonido varía según la temperatura del material a través del cual viaja. En el aire, por ejemplo, la velocidad del sonido aumenta cerca de 0.6 metros por segundo por cada grado Celsius que aumenta la temperatura. Al medir la velocidad del sonido en el agua, los científicos pueden conocer la temperatura del agua.

Vocabulario

Elige de la lista el término que mejor complete cada enunciado.

1. Para __?__ un número en una recta numérica, marca y rotula el punto que corresponde al número.
2. La expresión $1 < 3 < 5$ indica el/la __?__ de estos tres números en una recta numérica.
3. Un(a) __?__ es un enunciado matemático que muestra que dos cosas son iguales.
4. Cada número en el conjunto 0, 1, 2, 3, 4, 5, 6, 7, ... es un(a) __?__.
5. Para __?__ una ecuación, halla un valor que la haga verdadera.

ecuación
expresión
número cabal
orden
representar gráficamente
resolver

Resuelve los ejercicios para practicar las destrezas que usarás en este capítulo.

Orden de las operaciones

Simplifica.

6. $7 + 9 - 5 \cdot 2$
7. $12 \cdot 3 - 4 \cdot 5$
8. $115 - 15 \cdot 3 + 9(8 - 2)$
9. $20 \cdot 5 \cdot 2(7 + 1) \div 4$
10. $300 + 6(5 - 3) - 11$
11. $14 - 13 + 9 \cdot 2$

Hallar múltiplos

Halla los primeros cinco múltiplos de cada número.

12. 2
13. 9
14. 15
15. 1
16. 101
17. 54
18. 326
19. 1,024

Hallar factores

Anota todos los factores de cada número.

20. 8
21. 22
22. 36
23. 50
24. 108
25. 84
26. 256
27. 630

Usar operaciones inversas para resolver ecuaciones

Resuelve.

28. $n + 3 = 10$
29. $x - 4 = 16$
30. $9p = 63$
31. $\frac{t}{5} = 80$
32. $x - 3 = 14$
33. $\frac{q}{3} = 21$
34. $9 + r = 91$
35. $15p = 45$

CAPÍTULO 2

Guía de estudio: Avance

De dónde vienes

Antes,

- comparaste y ordenaste números racionales no negativos.
- generaste formas equivalentes de números racionales que contenían números cabales, fracciones y decimales.
- usaste enteros para representar situaciones del mundo real.

En este capítulo

Estudiarás

- cómo comparar y ordenar enteros y números racionales.
- cómo convertir entre fracciones y decimales mentalmente, en papel y con una calculadora.
- cómo usar modelos para sumar, restar, multiplicar y dividir enteros.
- cómo hallar la factorización prima, el máximo común divisor y el mínimo común múltiplo.

Adónde vas

Puedes usar las destrezas aprendidas en este capítulo

- para expresar números negativos relacionados con campos de la ciencia, como la biología marina o la meteorología.
- para hallar medidas equivalentes.

Vocabulario/Key Vocabulary

decimal finito	terminating decimal
decimal periódico	repeating decimal
entero	integer
factorización prima	prime factorization
fracción equivalente	equivalent fraction
fracción impropia	improper fraction
máximo común divisor (MCD)	greatest common factor (GCF)
mínimo común múltiplo (mcm)	least common multiple (LCM)
número mixto	mixed number
número racional	rational number

Conexiones de vocabulario

Considera lo siguiente para familiarizarte con algunos de los términos de vocabulario del capítulo. Puedes consultar el capítulo, el glosario o un diccionario si lo deseas.

1. La palabra *común* significa "perteneciente a o compartido por dos cosas". ¿Cómo usarías esta definición para explicar qué es el **mínimo común múltiplo** de dos números?
2. Los números racionales se presentan de muchas formas. Los números cabales y las fracciones son algunas de ellas. *Mixto* significa "compuesto por más de un tipo". ¿Qué crees que podría ser un **número mixto?**
3. Un decimal es un número que tiene dígitos a la derecha del punto decimal. ¿Qué podrías predecir sobre esos dígitos en un **decimal periódico?**

Estrategia de redacción: Convierte entre expresiones con palabras y expresiones matemáticas

Cuando leas un problema matemático del mundo real, busca palabras clave que te ayuden a convertir entre expresiones con palabras y expresiones matemáticas.

Ejemplo

En Zona de Diversión, jugar con láser cuesta \$8 por juego. Jugar al minigolf cuesta \$5 por juego. La entrada general al parque cuesta \$3. Jonna quiere jugar juegos láser y al minigolf. Escribe una expresión algebraica para hallar el total de lo que Jonna gastaría para jugar ℓ juegos láser y m juegos de minigolf en Zona de Diversión.

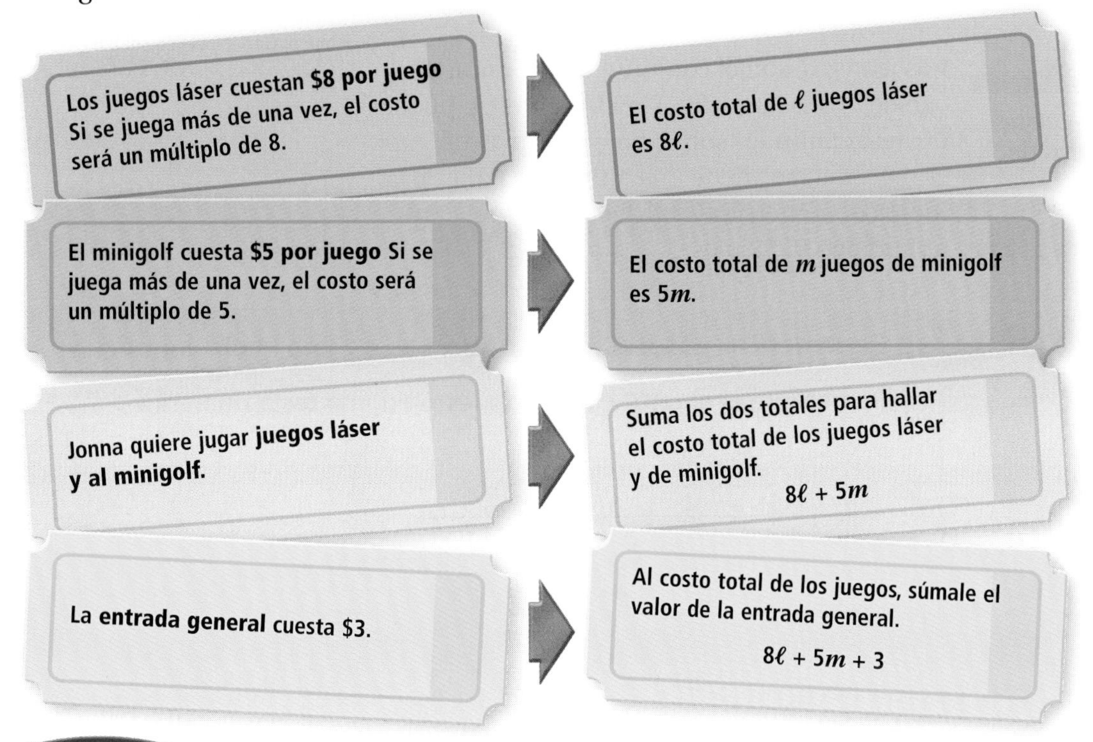

Inténtalo

Escribe una expresión algebraica en la que describas la situación. Explica por qué elegiste cada una de las operaciones de la expresión.

1. Esta semana, el Mercado de Ofertas ofrece útiles escolares a mitad de precio. El precio original del paquete de plumas era \$2 y el de cada cuaderno, \$4. Cally compra 1 paquete de plumas y c cuadernos. ¿Cuánto gasta en total?

2. Fred tiene f cantidad de galletas y Gary tiene g cantidad de galletas. Fred y Gary comieron 3 galletas cada uno. ¿Cuántas galletas quedan?

2-1 Enteros

Aprender a comparar y ordenar enteros y a determinar el valor absoluto

Vocabulario

opuesto

entero

valor absoluto

El **opuesto** de un número está a la misma distancia del 0 en una recta numérica que el número original, pero del otro lado del 0. El cero es su propio opuesto.

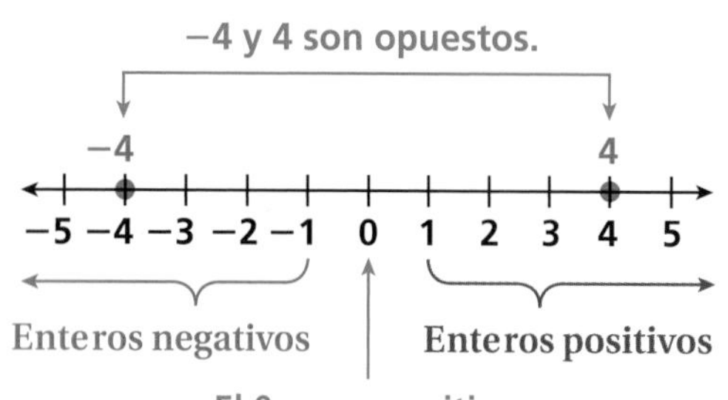

La Dra. Sylvia Earle tiene el récord mundial en inmersión solitaria.

¡Recuerda!

Los números cabales son los números de conteo y el cero: 0, 1, 2, 3, . . .

Los **enteros** son el conjunto de los números cabales y sus opuestos. Con los enteros, puedes expresar altitudes sobre, bajo y al nivel del mar. El nivel del mar tiene una altitud de 0 pies y la marca de inmersión de Sylvia Earle fue a una altitud de –1,250 pies.

EJEMPLO 1 Representar enteros y sus opuestos en una recta numérica

Representa el entero −3 y su opuesto en una recta numérica.

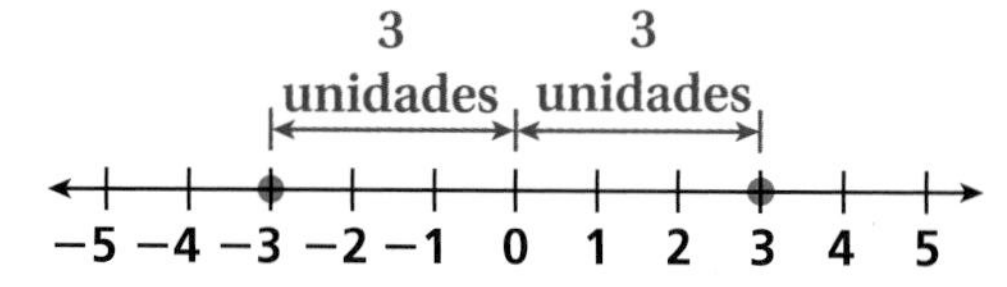

El opuesto de −3 es 3.

Puedes comparar y ordenar enteros representándolos en una recta numérica. Los enteros aumentan su valor a medida que te mueves hacia la derecha en una recta numérica. Disminuyen de valor cuando te mueves hacia la izquierda.

EJEMPLO 2 Comparar enteros usando una recta numérica

Compara los enteros. Usa < ó >.

¡Recuerda!

El símbolo < significa "menor que" y el símbolo > significa "mayor que".

A 2 ▢ −2

−4 −3 −2 −1 0 1 2 3 4

2 está más a la derecha que −2; por lo tanto, 2 > −2.

Compara los enteros. Usa $<$ ó $>$.

B -10 ▒ -7

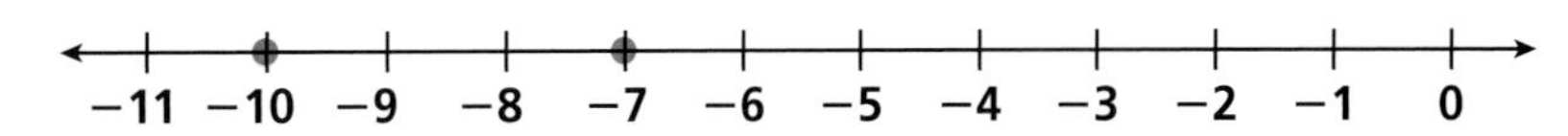

-10 está más la izquierda que -7; por lo tanto, $-10 < -7$.

EJEMPLO 3 Ordenar enteros usando una recta numérica

Usa una recta numérica para ordenar los enteros –2, 5, –4, 1, –1 y 0 de menor a mayor.

Representa los enteros en una recta numérica. Luego léelos de izquierda a derecha.

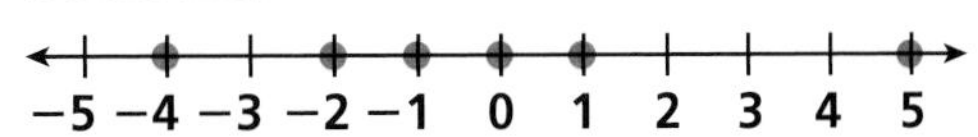

Los números ordenados de menor a mayor son -4, -2, -1, 0, 1 y 5.

El **valor absoluto** de un número es la distancia a la que está de 0 en una recta numérica. Como la distancia nunca puede ser negativa, los valores absolutos nunca son valores negativos. Siempre son positivos o cero.

EJEMPLO 4 Hallar el valor absoluto

Leer matemáticas

El símbolo $| \, |$ quiere decir "el valor absoluto de". Por ejemplo, $|-3|$ significa "el valor absoluto de -3".

Usa una recta numérica para hallar cada valor absoluto.

A $|7|$

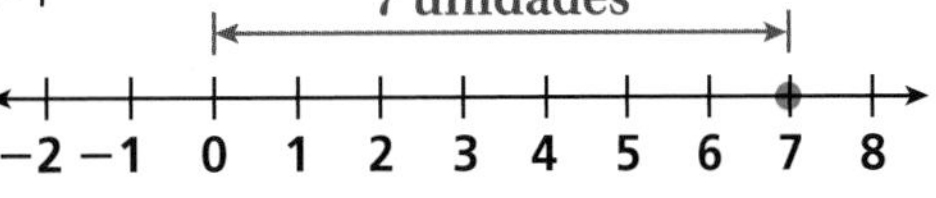

7 está a 7 unidades del 0, por lo tanto, $|7| = 7$.

B $|-4|$

4 unidades

−6 −5 −4 −3 −2 −1 0 1 2 3 4

-4 está a 4 unidades del 0, por lo tanto, $|-4| = 4$.

Razonar y comentar

1. **Indica** qué número es mayor: $-4{,}500$ ó $-10{,}000$.
2. **Identifica** el máximo entero negativo y el mínimo entero no negativo. Luego compara los valores absolutos de estos enteros.

2-1 Ejercicios

go.hrw.com
Ayuda en línea para tareas*
CLAVE: MS7 2-1
Recursos en línea para padres
CLAVE: MS7 Parent
*(Disponible sólo en inglés)

PRÁCTICA GUIADA

Ver Ejemplo 1
Representa cada entero y su opuesto en una recta numérica.

1. 2 **2.** -9 **3.** -1 **4.** 6

Ver Ejemplo 2
Compara los enteros. Usa $<$ ó $>$.

5. 5 ■ -5 **6.** -9 ■ -18 **7.** -21 ■ -17 **8.** -12 ■ 12

Ver Ejemplo 3
Usa una recta numérica para ordenar los enteros de menor a mayor.

9. $6, -3, -1, -5, 4$ **10.** $8, -2, 7, 1, -8$ **11.** $-6, -4, 3, 0, 1$

Ver Ejemplo 4
Usa una recta numérica para hallar cada valor absoluto.

12. $|-2|$ **13.** $|8|$ **14.** $|-7|$ **15.** $|-10|$

PRÁCTICA INDEPENDIENTE

Ver Ejemplo 1
Representa cada entero y su opuesto en una recta numérica.

16. -4 **17.** 10 **18.** -12 **19.** 7

Ver Ejemplo 2
Compara los enteros. Usa $<$ ó $>$.

20. -14 ■ -7 **21.** 9 ■ -9 **22.** -12 ■ 12 **23.** -31 ■ -27

Ver Ejemplo 3
Usa una recta numérica para ordenar los enteros de menor a mayor.

24. $-3, 2, -5, -6, 5$ **25.** $-7, -9, -2, 0, -5$ **26.** $3, -6, 9, -1, -2$

Ver Ejemplo 4
Usa una recta numérica para hallar cada valor absoluto.

27. $|-16|$ **28.** $|12|$ **29.** $|-20|$ **30.** $|15|$

PRÁCTICA Y RESOLUCIÓN DE PROBLEMAS

Práctica adicional
Ver página 727

Compara. Escribe $<$, $>$ ó $=$.

31. -25 ■ 25 **32.** 18 ■ -55 **33.** $|-21|$ ■ 21 **34.** -9 ■ -27

35. 34 ■ $|34|$ **36.** 64 ■ $|-75|$ **37.** $|-3|$ ■ $|3|$ **38.** -100 ■ -82

39. **Ciencias de la Tierra** En la tabla se muestran las temperaturas promedio en Vostok, Antártida, de marzo a octubre. Ordena los meses del más frío al más cálido.

Mes	Mar	Abr	May	Jun	Jul	Ago	Sep	Oct
Temperatura (° F)	−72	−84	−86	−85	−88	−90	−87	−71

40. ¿Cuál es el opuesto de $|32|$? **41.** ¿Cuál es el opuesto de $|-29|$?

42. **Negocios** Una empresa informó una pérdida neta de $2,000,000 durante su primer año de actividad. En su segundo año, informó una ganancia de $5,000,000. Escribe cada cantidad como un entero.

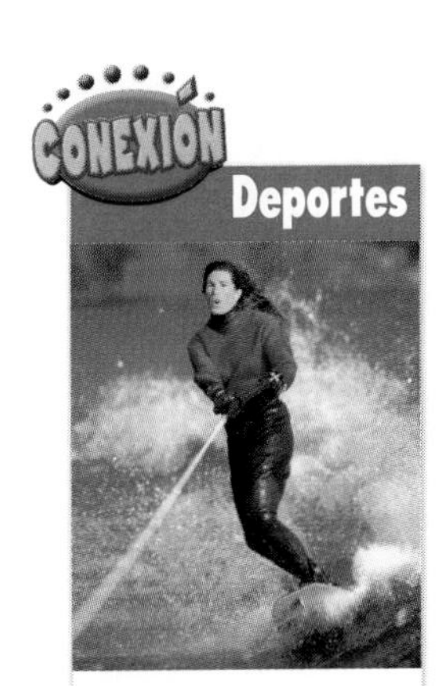

En el wakeboard, se usan las olas generadas por una embarcación para saltar en el aire y realizar maniobras como vueltas y giros.

43. **Razonamiento crítico** Da un ejemplo en el que un número negativo tenga un valor absoluto mayor que un número positivo.

44. **Estudios sociales** Las líneas de latitud son líneas imaginarias que rodean la Tierra en dirección este-oeste. Miden las distancias al norte y al sur del Ecuador. El Ecuador representa la latitud 0°.

   a. ¿Qué latitud es opuesta a los 30° de latitud norte?

   b. ¿En qué se diferencian las distancias de estas latitudes desde el Ecuador?

Deportes En la gráfica se muestra cómo cambió la participación en varios deportes entre 1999 y 2000 en Estados Unidos.

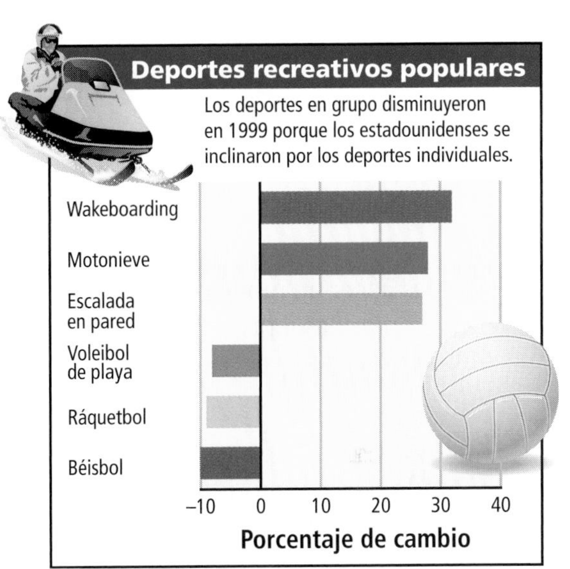

Fuente: USA Today, 6 de julio de 2001

45. ¿Aproximadamente en qué porcentaje aumentó o disminuyó la participación en ráquetbol?

46. ¿Aproximadamente en qué porcentaje aumentó o disminuyó la participación en escalada en pared?

47. **¿Dónde está el error?** A las 9:00 am la temperatura exterior era –3° F. Para el mediodía, la temperatura era –12° F. Un presentador informó que la temperatura estaba aumentando. ¿Por qué es esto incorrecto?

48. **Escríbelo** Explica cómo se comparan dos enteros.

49. **Desafío** ¿Qué valores tiene x si $|x| = 11$?

PREPARACIÓN PARA EL EXAMEN y repaso en espiral

50. **Opción múltiple** ¿Qué lista muestra los enteros en orden de menor a mayor?

   (A) −5, −6, −7, 2, 3   (B) 2, 3, −5, −6, −7   (C) −7, −6, −5, 2, 3   (D) 3, 2, −7, −6, −5

51. **Opción múltiple** En la tabla se muestran la temperaturas promedio en Barrow, Alaska, durante varios meses. ¿Qué mes tuvo la temperatura promedio más baja?

   (F) enero   (G) mayo

   (H) marzo   (J) julio

Temperaturas mensuales	
Enero	−12° F
Marzo	−13° F
Mayo	20° F
Julio	40° F

Convierte cada medida. (Lección 1-3)

52. 3.2 kg a g   **53.** 167 cm a m   **54.** 18 cm a mm   **55.** 10.3 L a mL

Usa la propiedad distributiva para hallar cada producto. (Lección 1-6)

56. 3(12)   **57.** 2(56)   **58.** (27)6   **59.** (34)5

Laboratorio de PRÁCTICA 2-2

Modelo de suma de enteros

Para usar con la Lección 2-2

go.hrw.com
Recursos en línea para el laboratorio
CLAVE: MS7 Lab2

CLAVE

(ficha amarilla) = 1

(ficha roja) = –1

(ficha amarilla) + (ficha roja) = 0

RECUERDA

- Sumar o restar un cero no cambia el valor de una expresión.

Puedes hacer un modelo de la suma de enteros con fichas de enteros. Las fichas amarillas representan números positivos y las fichas rojas representan números negativos.

Actividad

Cuando haces un modelo de suma de números que tienen el mismo signo, puedes contar la cantidad total de fichas para hallar la suma.

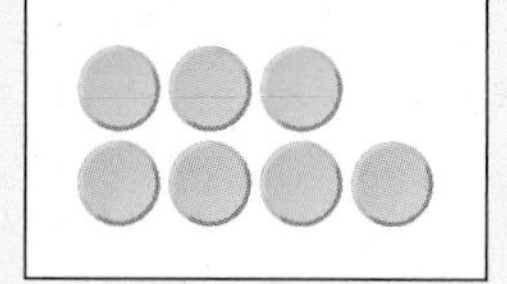

La cantidad total de fichas positivas es 7.

$3 + 4 = 7$

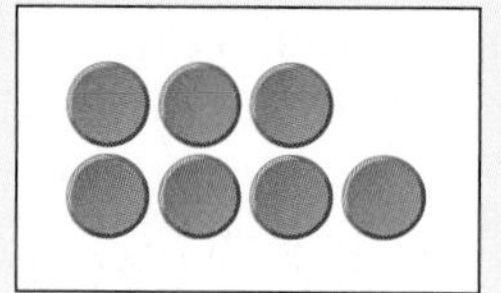

La cantidad total de fichas negativas es 7.

$-3 + (-4) = -7$

1 Usa fichas de enteros para hallar cada suma.

a. $2 + 4$ **b.** $-2 + (-4)$ **c.** $6 + 3$ **d.** $-5 + (-4)$

Cuando haces un modelo de suma de números que tienen signos diferentes, no puedes contar las fichas para hallar su suma.

(ficha amarilla) + (ficha amarilla) = 2 y (ficha roja) + (ficha roja) = −2

pero (ficha amarilla) + (ficha roja) = 0 *Una ficha roja y una amarilla forman un par neutro.*

Cuando haces un modelo de suma de un número positivo y uno negativo, debes quitar todos los pares neutros que halles, es decir, todos los pares de 1 ficha roja y 1 amarilla. Estos pares tienen un valor de cero, por lo tanto, no influyen en la suma.

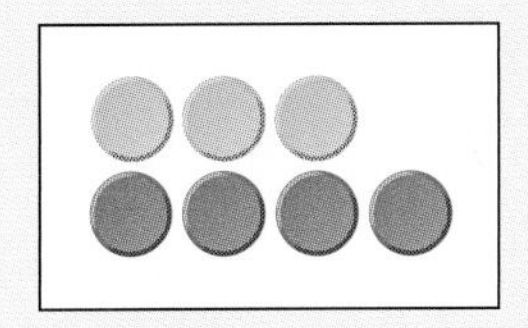

No puedes contar las fichas de color para hallar su suma.

$3 + (-4) = \blacksquare$

Antes de contar las fichas, debes quitar todos los pares neutros.

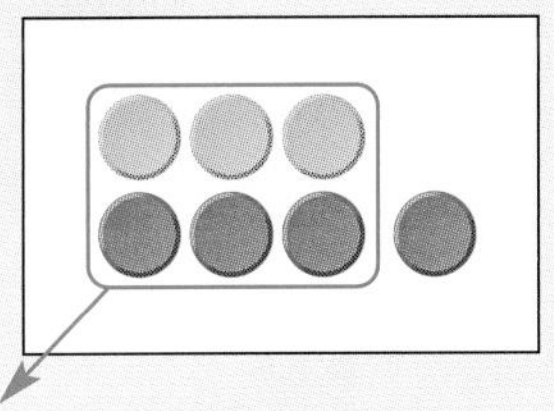

Cuando quitas los pares neutros, sólo queda una ficha roja. Por lo tanto, la suma de las fichas es –1.

$3 + (-4) = -1$

2 Usa fichas de enteros para hallar cada suma.

a. $4 + (-6)$ **b.** $-5 + 2$ **c.** $7 + (-3)$ **d.** $-6 + 3$

Razonar y comentar

1. ¿Darán el mismo resultado $8 + (-3)$ y $-3 + 8$? ¿Por qué sí o por qué no?
2. Si tienes más fichas rojas que amarillas en un grupo, ¿la suma de las fichas es positiva o negativa?
3. Si tienes más fichas amarillas que rojas en un grupo, ¿la suma de las fichas es positiva o negativa?
4. Haz una regla para el signo del resultado cuando se suman enteros negativos y positivos. Da ejemplos.

Inténtalo

Usa fichas de enteros para hallar cada suma.

1. $4 + (-7)$ **2.** $-5 + (-4)$ **3.** $-5 + 1$ **4.** $6 + (-4)$

Escribe los problemas de suma que se representan.

5.

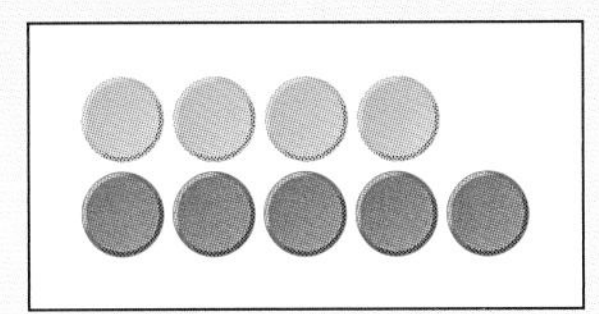

6.

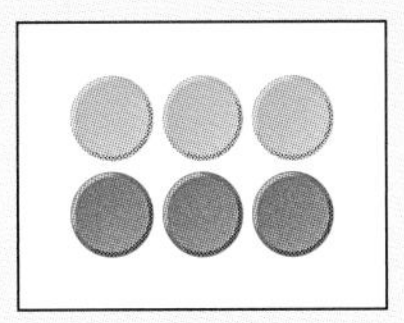

7.

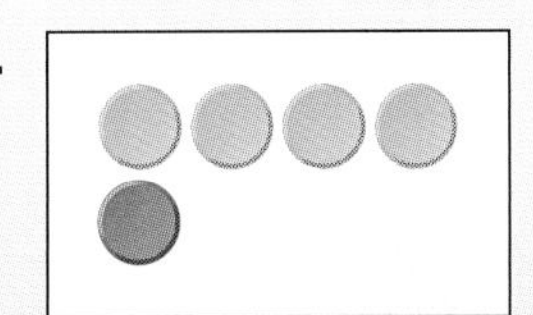

8.

2-2 Cómo sumar enteros

Aprender a sumar enteros

Los integrantes del Club de Debates querían reunir dinero para hacer un viaje a Washington, D.C. Empezaron por estimar sus ingresos y gastos.

Los ingresos son positivos y los gastos, negativos. Al sumar todos tus ingresos y gastos, puedes hallar tus ganancias o pérdidas totales.

Una manera de sumar enteros es usar una recta numérica.

Bienvenidos a Washington

Libro de contabilidad del Club

Ingresos y gastos estimados	
Descripción	Cantidad
Provisiones para lavado de automóviles	–$25.00
Ganancias por lavado de automóviles	$300.00
Provisiones para venta de pasteles	–$50.00
Ganancias por venta de pasteles	$250.00

EJEMPLO 1 Hacer un modelo de suma de enteros

Usa una recta numérica para hallar cada suma.

A $-3 + (-6)$

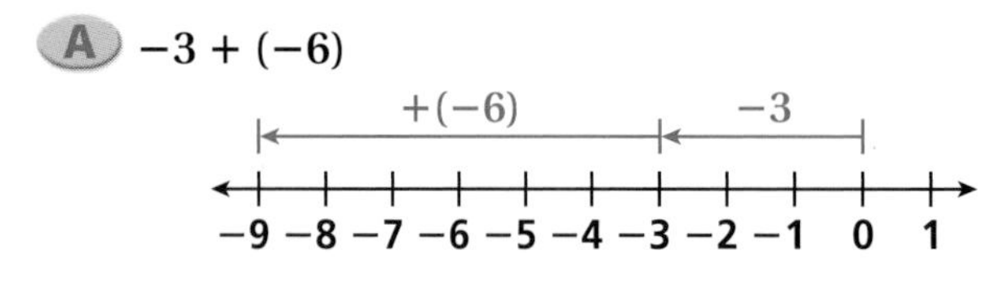

Empieza en 0. Muévete hacia la izquierda 3 unidades. Luego, muévete hacia a la izquierda 6 unidades más.

$-3 + (-6) = -9$

B $4 + (-7)$

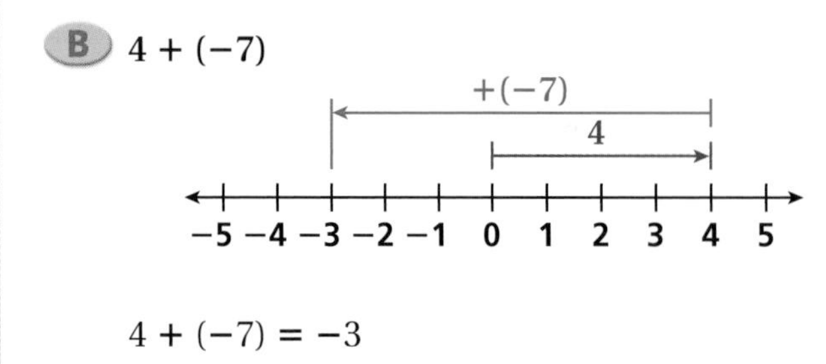

Empieza en 0. Muévete hacia la derecha 4 unidades. Luego, muévete hacia la izquierda 7 unidades.

$4 + (-7) = -3$

También puedes usar el valor absoluto para sumar enteros.

Cómo sumar enteros

Para sumar dos enteros con el mismo signo, halla la suma de sus valores absolutos. Usa el signo de los dos enteros.

Para sumar dos enteros con diferente signo, halla la diferencia de sus valores absolutos. Usa el signo del entero que tenga el mayor valor absoluto.

EJEMPLO 2 Sumar enteros usando valores absolutos

Halla cada suma.

A $-7 + (-4)$

Los signos son los **mismos.** Halla la **suma** de los valores absolutos.

$-7 + (-4)$ *Razona: 7 + 4 = 11.*

-11 *Usa el signo de los dos enteros.*

B $-8 + 6$

Los signos son **diferentes.** Halla la **diferencia** de los valores absolutos.

$-8 + 6$ *Razona: 8 − 6 = 2.*

-2 *Usa el signo del entero con el mayor valor absoluto.*

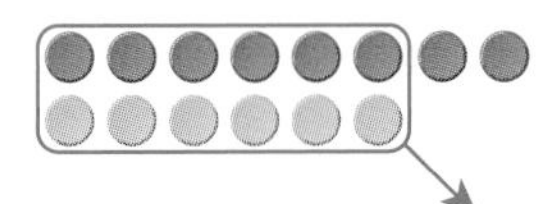

EJEMPLO 3 Evaluar expresiones con enteros

Pista útil

Cuando sumes enteros, razona: si los signos son los *mismos* halla la *suma.* Si los signos son *diferentes,* halla la *diferencia.*

Evalúa $a + b$ para $a = 6$ y $b = -10$.

$a + b$

$6 + (-10)$ *Sustituye **a** por 6 y **b** por -10.*
*Los signos son **diferentes.** Razona: 10 − 6 = 4.*

-4 *Usa el signo del entero que tenga el mayor valor absoluto **(negativo).***

EJEMPLO 4 *Aplicación a la banca*

El ingreso del Club de Debates por automóviles autos fue $300, incluidas las propinas. Los gastos en provisiones fueron $25. Usa la suma de enteros para hallar la ganancia o la pérdida total del club.

$300 + (-25)$ *Usa el signo negativo para los gastos.*

$300 - 25$ *Halla la diferencia de los valores absolutos.*

275 *El resultado es positivo.*

El club ganó $275.

Razonar y comentar

1. **Explica** si $-7 + 2$ es lo mismo que $7 + (-2)$.
2. **Usa** la propiedad conmutativa para escribir una expresión equivalente a $3 + (-5)$.

2-2 Ejercicios

go.hrw.com
Ayuda en línea para tareas*
CLAVE: MS7 2-2
Recursos en línea para padres
CLAVE: MS7 Parent
*(Disponible sólo en ingles)

PRÁCTICA GUIADA

Ver Ejemplo 

Usa una recta numérica para hallar cada suma.

1. $9 + 3$ **2.** $-4 + (-2)$ **3.** $7 + (-9)$ **4.** $-3 + 6$

Ver Ejemplo 

Halla cada suma.

5. $7 + 8$ **6.** $-1 + (-12)$ **7.** $-25 + 10$ **8.** $31 + (-20)$

Ver Ejemplo 

Evalúa $a + b$ para los valores dados.

9. $a = 5, b = -17$ **10.** $a = 8, b = -8$ **11.** $a = -4, b = -16$

Ver Ejemplo 

12. Deportes Un equipo de fútbol americano avanza 8 yardas en una jugada y luego pierde 13 yardas en la siguiente. Usa la suma de enteros para hallar la cantidad total de yardas que hizo el equipo.

PRÁCTICA INDEPENDIENTE

Ver Ejemplo 

Usa una recta numérica para hallar cada suma.

13. $-16 + 7$ **14.** $-5 + (-1)$ **15.** $4 + 9$ **16.** $-7 + 8$

17. $10 + (-3)$ **18.** $-20 + 2$ **19.** $-12 + (-5)$ **20.** $-9 + 6$

Ver Ejemplo 

Halla cada suma.

21. $-13 + (-6)$ **22.** $14 + 25$ **23.** $-22 + 6$ **24.** $35 + (-50)$

25. $-81 + (-7)$ **26.** $28 + (-3)$ **27.** $-70 + 15$ **28.** $-18 + (-62)$

Ver Ejemplo 

Evalúa $c + d$ para los valores dados.

29. $c = 6, d = -20$ **30.** $c = -8, d = -21$ **31.** $c = -45, d = 32$

Ver Ejemplo 

32. La temperatura descendió 17° F en 6 horas. La temperatura final fue –3° F. Usa la suma de enteros para hallar cuál fue la temperatura inicial.

PRÁCTICA Y RESOLUCIÓN DE PROBLEMAS

Práctica adicional
Ver página 727

Halla cada suma.

33. $-8 + (-5)$ **34.** $14 + (-7)$ **35.** $-41 + 15$

36. $-22 + (-18) + 22$ **37.** $27 + (-29) + 16$ **38.** $-30 + 71 + (-70)$

Compara. Escribe $<, >$ ó $=$.

39. $-23 + 18$ ■ -41 **40.** $59 + (-59)$ ■ 0 **41.** $31 + (-20)$ ■ 9

42. $-24 + (-24)$ ■ 48 **43.** $25 + (-70)$ ■ -95 **44.** $16 + (-40)$ ■ -24

45. Finanzas personales Cody hizo depósitos de \$45, \$18 y \$27 en su cuenta corriente. Luego, hizo cheques por \$21 y \$93. Escribe una expresión que muestre el cambio en la cuenta de Cody. Luego simplifica la expresión.

Evalúa cada expresión para $w = -12, x = 10$ e $y = -7$.

46. $7 + y$ **47.** $-4 + w$ **48.** $w + y$ **49.** $x + y$ **50.** $w + x$

Tiempo libre

El *Appalachian Trail* (Camino de los Apalaches) se extiende alrededor de 2,160 millas entre Maine y Georgia. Lleva entre 5 y 7 meses recorrer el camino completo.

51. Tiempo libre Unos excursionistas que iban por el Camino de los Apalaches acamparon por la noche en Horns Pond, a una altitud de 3,100 pies. Luego, caminaron a lo largo de las montañas Bigelow hasta West Peak, uno de los picos más altos de Maine. Usa el diagrama para determinar la altitud de West Peak.

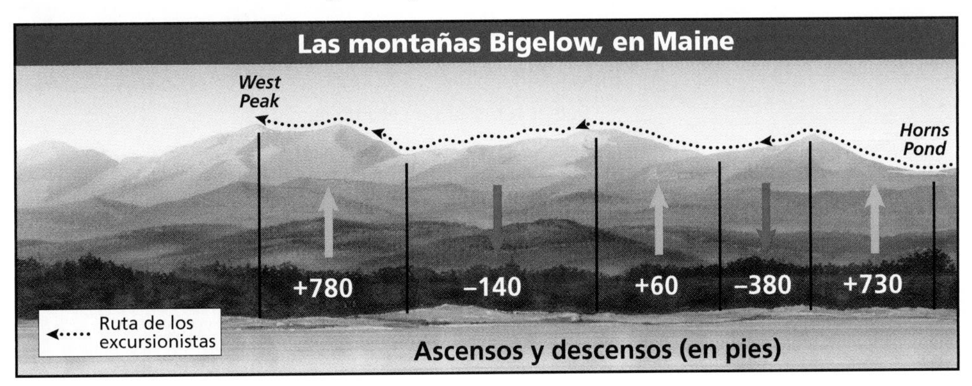

52. Varios pasos Héctor y Luis están jugando. En el juego, cada jugador empieza con 0 puntos y gana el que tenga más puntos al final. Hector gana 5 puntos, pierde 3, pierde 2 y luego gana 3. Luis pierde 5 puntos, gana 1, gana 5 y luego pierde 3. Determina los puntajes finales haciendo un modelo del problema en una recta numérica. Indica quién gana el juego y por cuánto.

53. ¿Cual es la pregunta? La temperatura fue –8° F a las 6 am y aumentó 15° F para las 9 am. La respuesta es 7° F. ¿Cuál es la pregunta?

54. Escríbelo Compara el método para sumar enteros con el mismo signo y el método para sumar enteros con signos diferentes.

55. Desafío Una empresa tuvo pérdidas por $225 millones, $75 millones y $375 millones, y ganancias por $15 millones y $125 millones. ¿Cuál fue la ganancia o la pérdida total?

Preparación para el examen y repaso en espiral

56. Opción múltiple ¿Qué expresión representa el modelo?

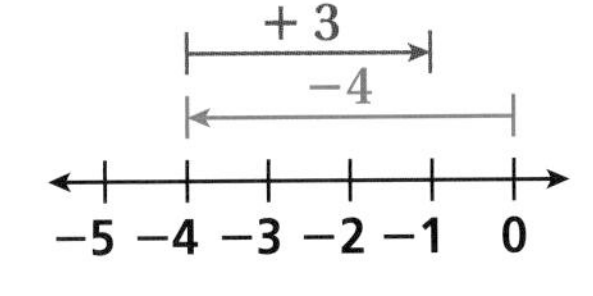

Ⓐ $-4 + (-1)$ Ⓒ $-4 + 3$

Ⓑ $-4 + 0$ Ⓓ $-4 + 4$

57. Opción múltiple ¿Qué expresión tiene el mayor valor?

Ⓕ $-4 + 8$ Ⓖ $-2 + (-3)$ Ⓗ $1 + 2$ Ⓙ $4 + (-6)$

Simplifica cada expresión. (Lección 1-5)

58. $2 + 5 \cdot 2 - 3$ **59.** $3^3 - (6 \cdot 4) + 1$ **60.** $30 - 5 \cdot (3 + 2)$ **61.** $15 - 3 \cdot 2^2 + 1$

Compara. Escribe $<$, $>$ ó $=$. (Lección 2-1)

62. -14 ■ -12 **63.** $|-4|$ ■ 3 **64.** $|-6|$ ■ 6 **65.** -9 ■ -11

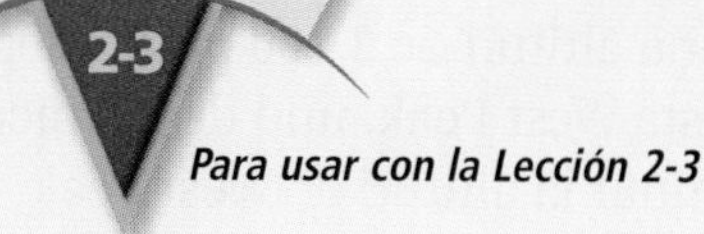

Modelo de resta de enteros

Para usar con la Lección 2-3

CLAVE

(ficha clara) = 1

(ficha oscura) = –1

(ficha clara) + (ficha oscura) = 0

RECUERDA

- Sumar o restar un cero no cambia el valor de una expresión.

Puedes hacer un modelo de la resta de enteros con fichas de enteros.

Actividad

Estos grupos de fichas muestran tres formas diferentes de hacer un modelo de 2.

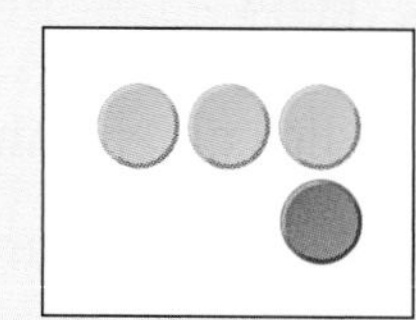

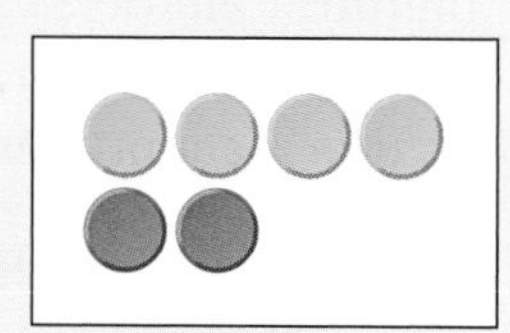

1 Muestra otras dos formas de hacer un modelo de 2.

Estos grupos de fichas muestran dos formas diferentes de hacer un modelo de –2.

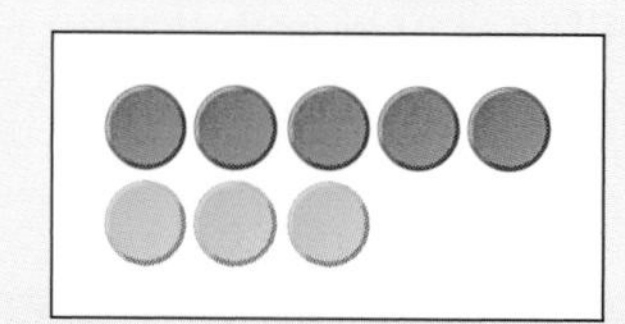

2 Muestra otras dos formas de hacer un modelo de –2.

Puedes hacer un modelo de problemas de resta con dos enteros del mismo signo quitando fichas.

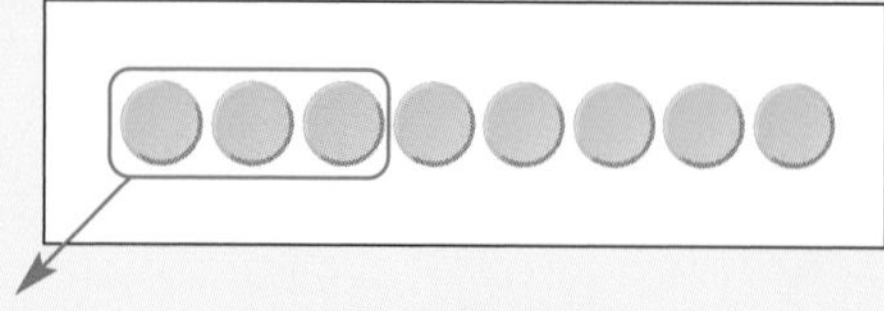

$8 - 3 = 5$

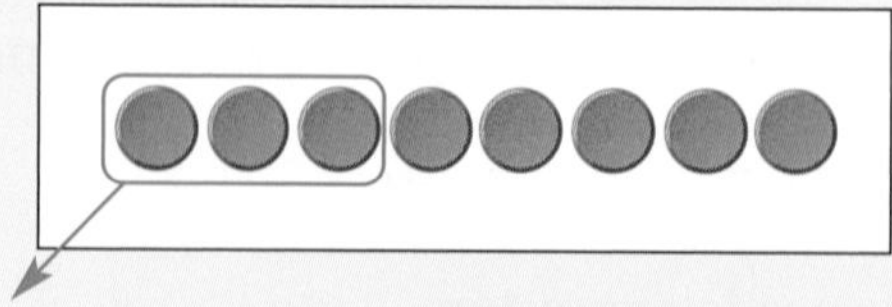

$-8 - (-3) = -5$

3 Usa fichas de enteros para hallar cada diferencia.

a. $6 - 5$ **b.** $-6 - (-5)$ **c.** $10 - 7$ **d.** $-7 - (-4)$

Para hacer el modelo de problemas de resta con dos enteros de diferente signo, como –6 – 3, necesitarás sumar pares neutros antes de poder quitar fichas.

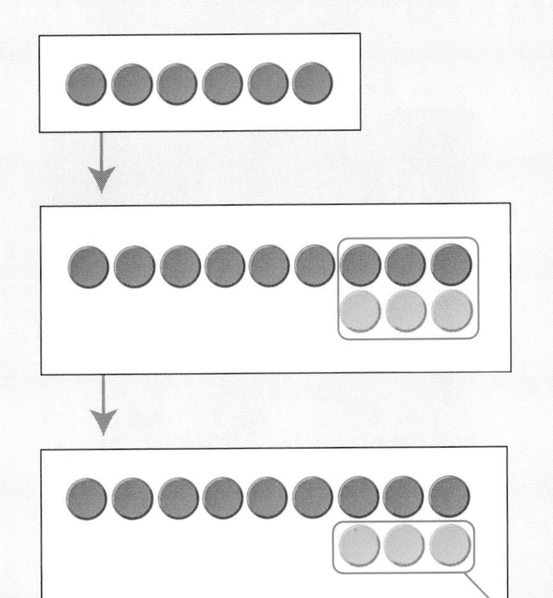

Usa 6 fichas rojas para representar –6.

Como no puedes quitar 3 fichas amarillas, agrega 3 fichas amarillas que formen pares con 3 fichas rojas.

Ahora puedes quitar 3 fichas amarillas.

$-6 - 3 = -9$

4 Usa fichas de enteros para hallar cada diferencia.

a. $-6 - 5$ **b.** $5 - (-6)$ **c.** $4 - 7$ **d.** $-2 - (-3)$

Razonar y comentar

1. ¿Cómo podrías hacer un modelo de la expresión $0 - 5$?
2. Cuando agregas pares neutros a un modelo de resta con fichas, ¿es importante cuántos pares neutros agregas?
3. ¿Tiene $2 - 3$ el mismo resultado que $3 - 2$? ¿Por qué sí o por qué no?
4. Haz una regla para el signo del resultado cuando se resta un entero positivo de un entero negativo. Da ejemplos.

Inténtalo

Usa fichas de enteros para hallar cada diferencia.

1. $4 - 2$ **2.** $-4 - (-2)$ **3.** $-2 - (-3)$

4. $3 - 4$ **5.** $2 - 3$ **6.** $0 - 3$

7. $5 - 3$ **8.** $-3 - (-5)$ **9.** $6 - (-4)$

2-3 Cómo restar enteros

Aprender a restar enteros

Durante su vuelo, un transbordador espacial puede estar expuesto a temperaturas tan bajas como -250° F y tan altas como 3,000° F.

Para hallar la diferencia entre estas temperaturas, debes saber cómo restar enteros con signos diferentes.

Puedes hacer un modelo de la diferencia entre dos enteros usando una recta numérica. Cuando restas un número positivo, la diferencia es *menor* que el número original, por lo tanto, debes moverte hacia la *izquierda*. Para restar un número negativo, muévete hacia la *derecha*.

EJEMPLO 1

Hacer un modelo de resta de enteros

Usa una recta numérica para hallar cada diferencia.

A $3 - 8$

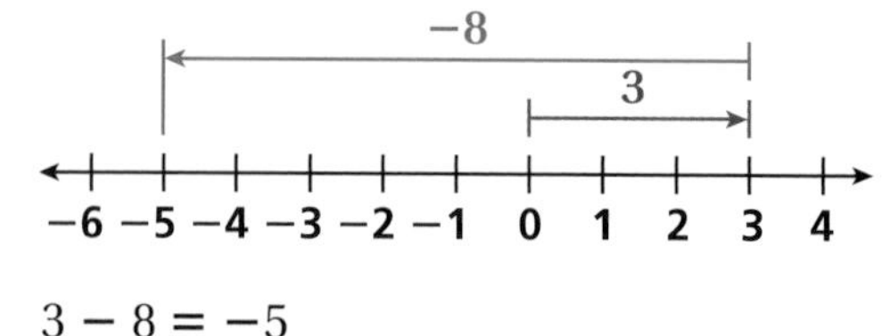

Empieza en 0. Muévete 3 unidades hacia la derecha. Para restar 8, muévete hacia la izquierda.

$3 - 8 = -5$

B $-4 - 2$

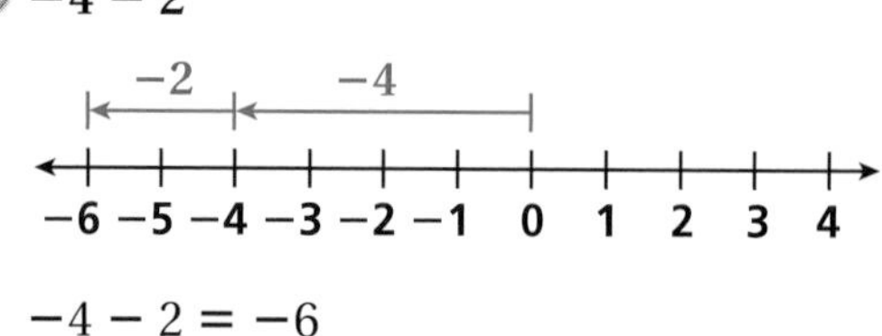

Empieza en 0. Muévete 4 unidades hacia la izquierda. Para restar 2, muévete hacia la izquierda.

$-4 - 2 = -6$

C $2 - (-3)$

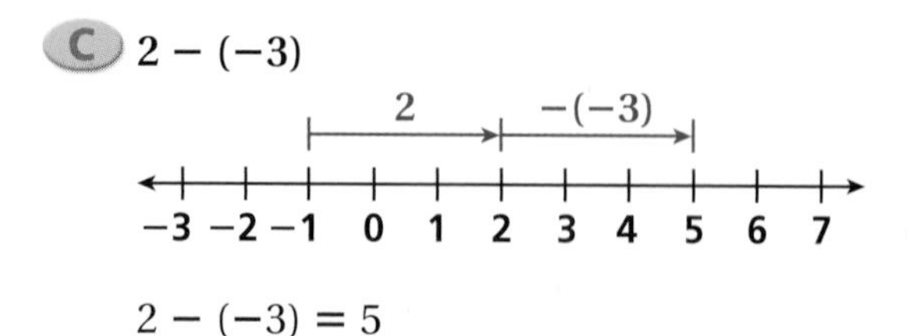

Empieza en 0. Muévete 2 unidades hacia la derecha. Para restar -3, muévete hacia la derecha.

$2 - (-3) = 5$

Pista útil

Si el número que se está restando es menor que el número del que se resta, el resultado será positivo. Si el número que se está restando es mayor, el resultado será negativo.

La suma y la resta son operaciones inversas; se "cancelan" una a otra. En lugar de restar un número, puedes *sumar su opuesto.*

EJEMPLO 2 Restar enteros sumando el opuesto

Halla cada diferencia.

A $5 - 9$

$5 - 9 = 5 + (-9)$ *Suma el opuesto de 9.*

$= -4$

B $-9 - (-2)$

$-9 - (-2) = -9 + 2$ *Suma el opuesto de –2.*

$= -7$

C $-4 - 3$

$-4 - 3 = -4 + (-3)$ *Suma el opuesto de 3.*

$= -7$

EJEMPLO 3 Evaluar expresiones con enteros

Evalúa $a - b$ para cada conjunto de valores.

A $a = -6, b = 7$

$a - b$

$-6 - 7 = -6 + (-7)$ *Sustituye a y b. Suma el opuesto de 7.*

$= -13$

B $a = 14, b = -9$

$a - b$

$14 - (-9) = 14 + 9$ *Sustituye a y b. Suma el opuesto de –9.*

$= 23$

EJEMPLO 4 *Aplicación a la temperatura*

Halla la diferencia entre 3,000° F y –250° F, las temperaturas que debe soportar el transbordador espacial.

$3{,}000 - (-250)$

$3{,}000 + 250 = 3{,}250$ *Suma el opuesto de –250.*

La diferencia en las temperaturas que debe soportar el transbordador es 3,250° F.

Razonar y comentar

1. **Supongamos** que restas un entero negativo de otro. ¿El resultado será mayor o menor que el número con que empezaste?
2. **Indica** si puedes invertir el orden de los enteros al restar y aun así obtener el mismo resultado. ¿Por qué sí o por qué no?

2-3 Ejercicios

go.hrw.com
Ayuda en línea para tareas*
CLAVE: MS7 2-3
Recursos en línea para padres
CLAVE: MS7 Parent
*(Disponible sólo en inglés)

PRÁCTICA GUIADA

Ver Ejemplo 1
Usa una recta numérica para hallar cada diferencia.

1. $4 - 7$ **2.** $-6 - 5$ **3.** $2 - (-4)$ **4.** $-8 - (-2)$

Ver Ejemplo 2
Halla cada diferencia.

5. $6 - 10$ **6.** $-3 - (-8)$ **7.** $-1 - 9$ **8.** $-12 - (-2)$

Ver Ejemplo 3
Evalúa $a - b$ para cada conjunto de valores.

9. $a = 5, b = -2$ **10.** $a = -8, b = 6$ **11.** $a = 4, b = 18$

Ver Ejemplo 4
12. En 1980, en Great Falls, Montana, la temperatura subió de –32° F a 15° F en siete minutos. ¿Cuánto aumentó la temperatura?

PRÁCTICA INDEPENDIENTE

Ver Ejemplo 1
Usa una recta numérica para hallar cada diferencia.

13. $7 - 12$ **14.** $-5 - (-9)$ **15.** $2 - (-6)$ **16.** $7 - (-8)$

17. $9 - (-3)$ **18.** $-4 - 10$ **19.** $8 - (-8)$ **20.** $-3 - (-3)$

Ver Ejemplo 2
Halla cada diferencia.

21. $-22 - (-5)$ **22.** $-4 - 21$ **23.** $27 - 19$ **24.** $-10 - (-7)$

25. $30 - (-20)$ **26.** $-15 - 15$ **27.** $12 - (-6)$ **28.** $-31 - 15$

Ver Ejemplo

Evalúa $a - b$ para cada conjunto de valores.

29. $a = 9, b = -7$ **30.** $a = -11, b = 2$ **31.** $a = -2, b = 3$

32. $a = 8, b = 19$ **33.** $a = -10, b = 10$ **34.** $a = -4, b = -15$

Ver Ejemplo

35. En 1918, en Granville, Dakota del Norte, la temperatura subió de –33° F a 50° F en 12 horas. ¿Cuánto aumentó la temperatura?

PRÁCTICA Y RESOLUCIÓN DE PROBLEMAS

Práctica adicional
Ver página 727

Simplifica.

36. $2 - 8$ **37.** $-5 - 9$ **38.** $15 - 12 - 8$

39. $6 + (-5) - 3$ **40.** $1 - 8 + (-6)$ **41.** $4 - (-7) - 9$

42. $(2 - 3) - (5 - 6)$ **43.** $5 - (-8) - (-3)$ **44.** $10 - 12 + 2$

Evalúa cada expresión para $m = -5$, $n = 8$ y $p = -14$.

45. $m - n + p$ **46.** $n - m - p$ **47.** $p - m - n$ **48.** $m + n - p$

49. **Patrones** Halla los siguientes tres números en el patrón 7, 3, −1, −5, −9 . . . Luego describe el patrón.

CONEXIÓN con la astronomía

50. La temperatura de Mercurio, el planeta más cercano al Sol, puede ser tan alta como 873° F. La temperatura de Plutón, el planeta más alejado del Sol, es –393° F. ¿Cuál es la diferencia entre estas temperaturas?

51. Un lado de Mercurio siempre da al Sol. La temperatura de este lado puede alcanzar los 873° F. La temperatura del otro lado puede ser tan baja como –361° F. ¿Cuál es la diferencia entre las dos temperaturas?

Volcán Maat Mons, en Venus
Fuente: NASA (imagen generada por computadora desde la sonda *Magallanes*)

52. La luna de la Tierra gira en relación con el Sol aproximadamente una vez al mes. El lado que da al Sol en un determinado momento puede ser tan caliente como 224° F. El lado opuesto al Sol puede ser tan frío como –307° F. ¿Cuál es la diferencia entre estas temperaturas?

53. La temperatura más elevada registrada en la Tierra es 136° F. La más baja es –129° F. ¿Cuál es la diferencia entre estas temperaturas?

Usa la gráfica para los Ejercicios 54 y 55.

54. ¿Cuánto más profundo es el cañón más profundo de Marte que el cañon más profundo de Venus?

55. **Desafío** ¿Cuál es la diferencia entre la montaña más alta de la Tierra y su cañón marítimo más profundo? ¿Cuál es la diferencia entre la montaña más alta de Marte y su cañón más profundo? ¿Qué diferencia es mayor? ¿Por cuánto?

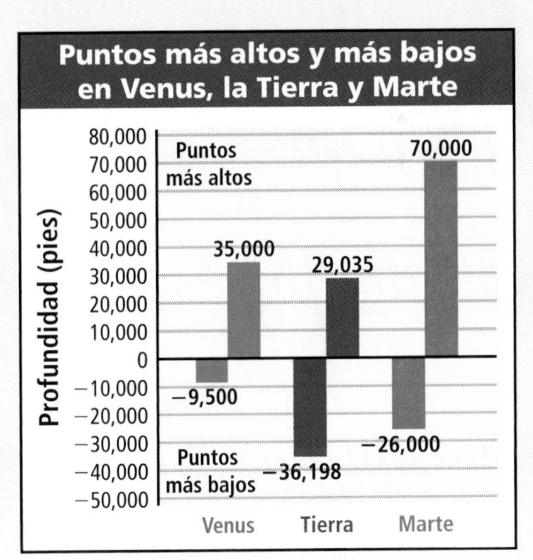

PREPARACIÓN PARA EL EXAMEN y repaso en espiral

56. **Opción múltiple** ¿Qué expresión NO tiene un valor de –3?

Ⓐ $-2 - 1$ Ⓑ $10 - 13$ Ⓒ $5 - (-8)$ Ⓓ $-4 - (-1)$

57. **Respuesta desarrollada** Si $m = -2$ y $n = 4$, ¿qué expresión tiene el menor valor absoluto: $m + n$ $n - m$ o $m - n$? Explica tu respuesta.

Evalúa cada expresión para los valores dados de las variables. (Lección 1-7)

58. $3x - 5$ para $x = 2$

59. $2n^2 + n$ para $n = 1$

60. $4y^2 - 3y$ para $y = 2$

61. $4a + 7$ para $a = 3$

62. $x^2 + 9$ para $x = 1$

63. $5z + z^2$ para $z = 3$

64. **Deportes** En tres jugadas, un equipo de fútbol americano ganó 10 yardas, perdió 22 yardas y ganó 15 yardas. Usa la suma de enteros para hallar la cantidad total de yardas que hizo el equipo en las tres jugadas. (Lección 2-2)

Modelo de multiplicación y división de enteros

Para usar con la Lección 2-4

CLAVE

(ficha amarilla) = 1

(ficha roja) = −1

(ficha amarilla) + (ficha roja) = 0

RECUERDA

- La propiedad conmutativa indica que dos números pueden multiplicarse en cualquier orden sin cambiar el producto.
- La multiplicación es una suma repetida.
- La multiplicación y la división son operaciones inversas.

Puedes hacer un modelo de la multiplicación y la división de enteros usando fichas de enteros.

Actividad 1

Usa fichas de enteros para hacer un modelo de $3 \cdot (-5)$.

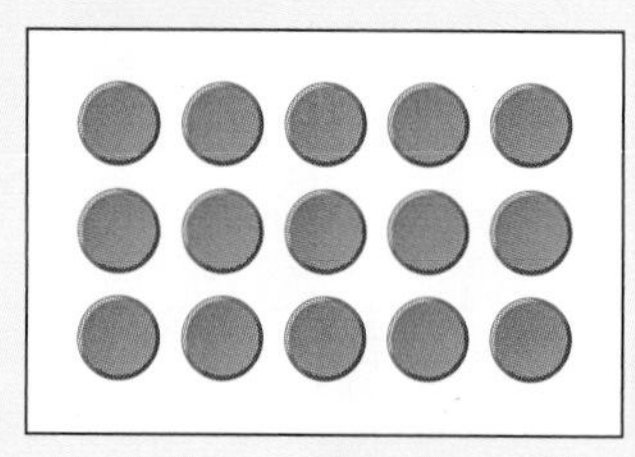

$3 \cdot (-5) = -15$

Razona: $3 \cdot (-5)$ significa 3 grupos de -5.

Crea 3 grupos de 5 fichas rojas.
Hay 15 fichas rojas en total.

1 Usa fichas de enteros para hallar cada producto.

a. $2 \cdot (-2)$ **b.** $3 \cdot (-6)$ **c.** $5 \cdot (-4)$ **d.** $6 \cdot (-3)$

Usa fichas de enteros para hacer un modelo de $-4 \cdot 2$.

Mediante la propiedad conmutativa, puedes escribir $-4 \cdot 2$ como $2 \cdot (-4)$.

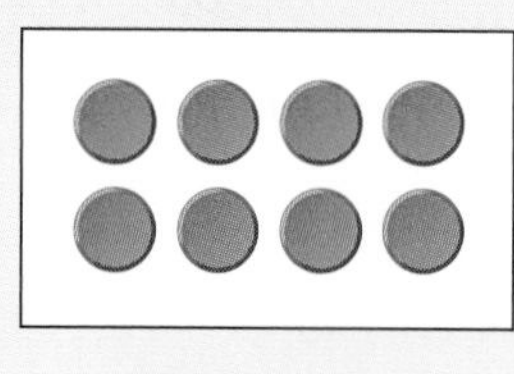

$-4 \cdot 2 = -8$

Razona: $2 \cdot -4$ significa 2 grupos de -4.

Crea 2 grupos de 4 fichas rojas.
Hay 8 fichas rojas en total.

2 Usa fichas de enteros para hallar cada producto.

a. $-6 \cdot 5$ **b.** $-4 \cdot 6$ **c.** $-3 \cdot 4$ **d.** $-2 \cdot 3$

Razonar y comentar

1. ¿Cuál es el signo del producto al multiplicar dos números positivos? ¿Y al multiplicar un número positivo y uno negativo? ¿Y al multiplicar dos números negativos?
2. Si la respuesta de un problema de multiplicación es 12, haz una lista de todos los factores enteros posibles.

Inténtalo

Usa fichas de enteros para hallar cada producto.

1. $4 \cdot (-5)$ 2. $-3 \cdot 2$ 3. $1 \cdot (-6)$ 4. $-5 \cdot 2$

5. Los días en que Kathy tiene clases de natación, ella gasta $2,00 de su mensualidad en comprar refrigerios. La semana pasada, Kathy tuvo clases de natación el lunes, el miércoles y el viernes. ¿Cuánto gastó de su mensualidad en refrigerios la semana pasada? Usa fichas de enteros para hacer un modelo de la situación y resolver el problema.

Actividad 2

Usa fichas de enteros para hacer un modelo de $-15 \div 3$.

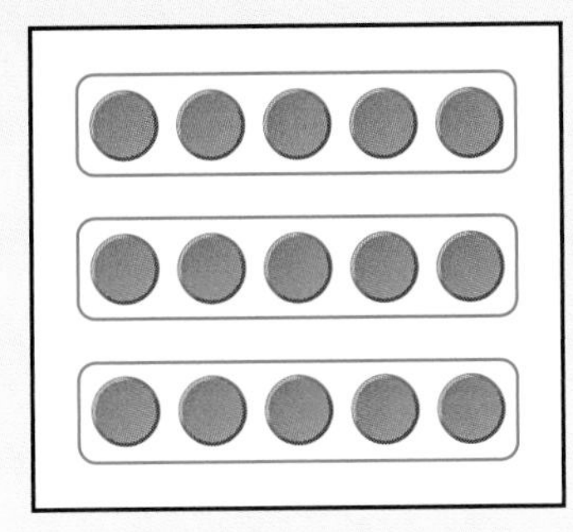

Razona: −15 se divide en 3 grupos iguales.

Ordena 15 fichas rojas en 3 grupos iguales.

Hay 5 fichas rojas en cada grupo.

$-15 \div 3 = -5$

1 Usa fichas de enteros para hallar cada cociente.

a. $-20 \div 5$ b. $-18 \div 6$ c. $-12 \div 4$ d. $-24 \div 8$

Razonar y comentar

1. ¿Cuál es el signo de la respuesta cuando divides dos enteros negativos? ¿Y cuando divides un entero negativo entre uno positivo? ¿Y cuando divides un entero positivo entre uno negativo?
2. ¿Cómo se relacionan la multiplicación y la división de enteros?

Inténtalo

Usa fichas de enteros para hallar cada cociente.

1. $-21 \div 7$ 2. $-12 \div 4$ 3. $-8 \div 2$ 4. $-10 \div 5$

5. Ty gastó $18 de su mensualidad en la sala de juegos. Bateó pelotas de béisbol, jugó al flipper y a los videojuegos. Cada una de estas actividades cuestan lo mismo en la sala de juegos. ¿Cuánto costó cada actividad? Usa fichas de enteros para hacer un modelo de la situación y resolver el problema.

2-4 Cómo multiplicar y dividir enteros

Aprender a multiplicar y dividir enteros

Puedes pensar en la multiplicación como una suma repetida.

$$3 \cdot 2 = 2 + 2 + 2 = 6 \text{ y } 3 \cdot (-2) = (-2) + (-2) + (-2) = -6$$

EJEMPLO 1 **Multiplicar enteros usando sumas repetidas**

Usa una recta numérica para hallar cada producto.

A $3 \cdot (-3)$

+(−3) +(−3) −3

−10 −9 −8 −7 −6 −5 −4 −3 −2 −1 0 1

Razona: Suma −3 tres veces.

$3 \cdot (-3) = -9$

B $-4 \cdot 2$

$-4 \cdot 2 = 2 \cdot (-4)$ *Usa la propiedad conmutativa.*

+(−4) +(−4)

−10 −9 −8 −7 −6 −5 −4 −3 −2 −1 0 1

Razona: Suma −4 dos veces.

$-4 \cdot 2 = -8$

¡Recuerda!

La multiplicación y la división son operaciones inversas. Se "cancelan" una a otra. Observa cómo se cancelan estas operaciones una a otra en los patrones que se muestran.

Los siguientes patrones sugieren que, cuando los signos de dos enteros son diferentes, su producto o cociente es negativo. También sugieren que el producto o cociente de dos enteros negativos es positivo.

$$\begin{aligned} -3 \cdot 2 &= -6 \\ -3 \cdot 1 &= -3 \\ -3 \cdot 0 &= 0 \\ -3 \cdot (-1) &= 3 \\ -3 \cdot (-2) &= 6 \end{aligned} \qquad \begin{aligned} -6 \div (-3) &= 2 \\ -3 \div (-3) &= 1 \\ 0 \div (-3) &= 0 \\ 3 \div (-3) &= -1 \\ 6 \div (-3) &= -2 \end{aligned}$$

Cómo multiplicar y dividir enteros

Si los signos son:		Tu respuesta será:
los mismos	⟶	positiva
diferentes	⟶	negativa

EJEMPLO 2 Multiplicar enteros

Halla cada producto.

A $-4 \cdot (-2)$

$-4 \cdot (-2)$ — *Ambos signos son negativos, por lo tanto, producto es positivo.*

8

B $-3 \cdot 6$

$-3 \cdot 6$ — *Los signos son diferentes, por lo tanto, el producto es negativo.*

-18

EJEMPLO 3 Dividir enteros

Halla cada cociente.

A $72 \div (-9)$

$72 \div (-9)$ — *Razona: 72 ÷ 9 = 8.*

-8 — *Los signos son diferentes, por lo tanto, el cociente es negativo.*

B $-144 \div 12$

$-144 \div 12$ — *Razona: 144 ÷ 12 = 12.*

-12 — *Los signos son diferentes, por lo tanto, el cociente es negativo.*

C $-100 \div (-5)$

$-100 \div (-5)$ — *Razona: 100 ÷ 5 = 20.*

20 — *Los signos son los mismos, por lo tanto, el cociente es positivo.*

EJEMPLO 4 *Aplicación a las ciencias de la Tierra*

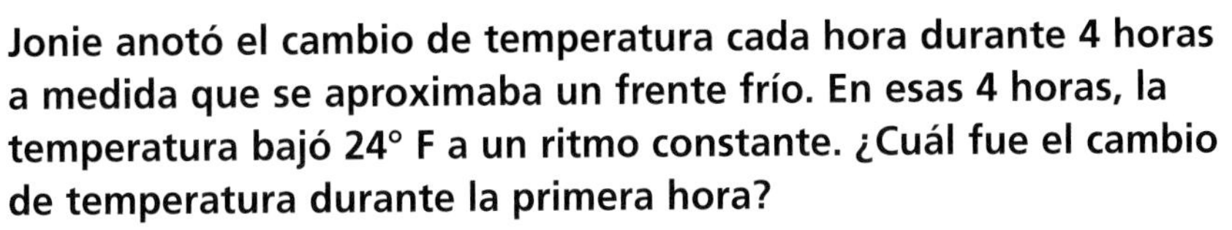

Jonie anotó el cambio de temperatura cada hora durante 4 horas a medida que se aproximaba un frente frío. En esas 4 horas, la temperatura bajó 24° F a un ritmo constante. ¿Cuál fue el cambio de temperatura durante la primera hora?

La temperatura bajó 24° F. Puedes escribir esto como −24.

$-24 \div 4 = -6$ — *Divide el descenso total de la temperatura entre el total de horas anotadas.*

El cambio de temperatura durante la primera hora fue de –6° F.

CONEXIÓN Ciencias de la Tierra

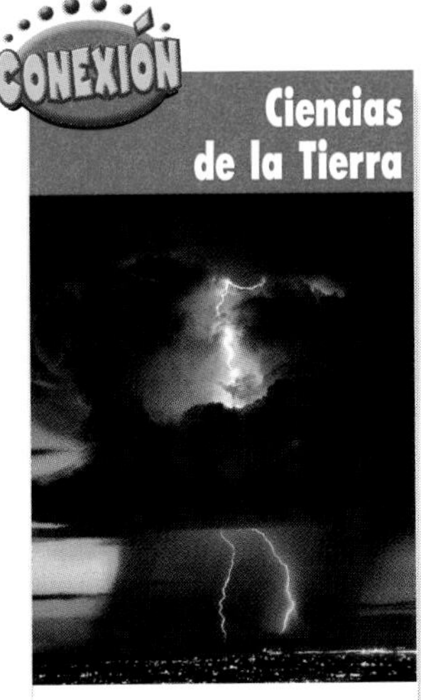

Cada año hay cerca de 16 millones de tormentas eléctricas en el mundo. Las tormentas eléctricas se producen cuando el aire húmedo se eleva y choca con aire más frío.

Razonar y comentar

1. **Haz una lista** de por lo menos cuatro ejemplos diferentes de multiplicación que tengan 24 como producto. Usa tanto enteros positivos como negativos.
2. **Explica** cómo afectan los signos de dos enteros a sus productos y cocientes.

2-4 Ejercicios

go.hrw.com
Ayuda en línea para tareas*
CLAVE: MS7 2-4
Recursos en línea para padres
CLAVE: MS7 Parent
*(Disponible sólo en inglés)

PRÁCTICA GUIADA

Ver Ejemplo  **Usa una recta numérica para hallar cada producto.**

1. $5 \cdot (-3)$ **2.** $5 \cdot (-2)$ **3.** $-3 \cdot 5$ **4.** $-4 \cdot 6$

Ver Ejemplo  **Halla cada producto.**

5. $-5 \cdot (-3)$ **6.** $-2 \cdot (5)$ **7.** $3 \cdot (-5)$ **8.** $-7 \cdot (-4)$

Ver Ejemplo 3 **Halla cada cociente.**

9. $32 \div (-4)$ **10.** $-18 \div 3$ **11.** $-20 \div (-5)$ **12.** $49 \div (-7)$

13. $-63 \div (-9)$ **14.** $-50 \div 10$ **15.** $63 \div (-9)$ **16.** $-45 \div (-5)$

Ver Ejemplo 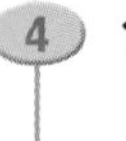 **17.** Angelina caminó por un sendero de montaña de 2,250 pies. Durante el trayecto, se detuvo 5 veces para descansar. Entre cada parada, caminó la misma distancia. ¿Qué distancia caminó antes de la primera parada?

PRÁCTICA INDEPENDIENTE

Ver Ejemplo  **Usa una recta numérica para hallar cada producto.**

18. $2 \cdot (-1)$ **19.** $-5 \cdot 2$ **20.** $-4 \cdot 2$ **21.** $3 \cdot -4$

Ver Ejemplo  **Halla cada producto.**

22. $4 \cdot (-6)$ **23.** $-6 \cdot (-8)$ **24.** $-8 \cdot 4$ **25.** $-5 \cdot (-7)$

Ver Ejemplo  **Halla cada cociente.**

26. $48 \div (-6)$ **27.** $-35 \div (-5)$ **28.** $-16 \div 4$ **29.** $-64 \div 8$

30. $-42 \div (-7)$ **31.** $81 \div (-9)$ **32.** $-77 \div 11$ **33.** $27 \div (-3)$

Ver Ejemplo  **34.** Un buzo descendió por debajo de la superficie del océano en intervalos de 35 pies mientras examinaba un arrecife de coral. Se sumergió a una profundidad total de 140 pies. ¿En cuántos intervalos descendió el buzo?

PRÁCTICA Y RESOLUCIÓN DE PROBLEMAS

Práctica adicional
Ver página 727

Halla cada producto o cociente.

35. $-4 \cdot 10$ **36.** $-3 \cdot (-9)$ **37.** $-45 \div 15$ **38.** $-3 \cdot 4 \cdot (-1)$

39. $-500 \div (-10)$ **40.** $5 \cdot (-4) \cdot (-2)$ **41.** $225 \div (-75)$ **42.** $-2 \cdot (-5) \cdot 9$

Evalúa cada expresión para $a = -5$, $b = 6$ y $c = -12$.

43. $-2c + b$ **44.** $4a - b$ **45.** $ab + c$ **46.** $ac \div b$

47. Ciencias de la Tierra Un buzo nada a una profundidad de –12 pies en el Santuario Marino Nacional de Flower Garden Banks. Luego, se sumerge hasta un arrecife de coral que se halla a cinco veces esa profundidad. ¿Cuál es la profundidad del arrecife?

Simplifica cada expresión. Justifica tus pasos usando las propiedades conmutativa, asociativa y distributiva cuando sea necesario.

48. $(-3)^2$ **49.** $-(-2 + 1)$ **50.** $8 + (-5)^3 + 7$ **51.** $(-1)^5 \cdot (9 + 3)$

52. $29 - (-7) - 3$ **53.** $-4 \cdot 14 \cdot (-25)$ **54.** $25 - (-2) \cdot 4^2$ **55.** $8 - (6 \div (-2))$

56. Ciencias de la Tierra En la tabla se muestran las profundidades de las principales cuevas de Estados Unidos. Aproximadamente, ¿cuánto más profunda es la Cueva Jewel que las Cavernas de Kartchner?

Profundidad de las principales cuevas de Estados Unidos

Cueva	Profundidad (pies)
Cavernas de Carlsbad	–1,022
Cavernas de Sonora	–150
Cueva de Ellison	–1,000
Cueva Jewel	–696
Cavernas de Kartchner	–137
Cueva del Mamut	–379

Fuente: NSS U.S.A. Long Cave List, Caves over one mile long as of 10/18/2001 (Lista de cuevas profundas de EE.UU.: cuevas de más de una milla de largo al 18/10/2001)

Finanzas personales ¿Cada persona termina con más o menos dinero que con el que empezó? ¿Con cuánto?

57. Kevin gasta \$24 diarios durante 3 días.

58. Devin gana \$15 diarios durante 5 días.

59. Evan gasta \$20 diarios durante 3 días. Luego gana \$18 diarios durante 4 días.

60. ¿Dónde está el error? Un estudiante escribe: "El cociente de un entero dividido entre otro entero de signo opuesto tiene el signo del entero con el mayor valor absoluto". ¿Qué error cometió?

61. Escríbelo Explica cómo hallar el producto y el cociente de dos enteros.

62. Desafío Usa $>$ ó $<$ para comparar $-2 \cdot (-1) \cdot 4 \cdot 2 \cdot (-3)$ y $-1 + (-2) + 4 + (-25) + (-10)$.

Preparación para el examen y repaso en espiral

63. Opción múltiple ¿Qué expresiones son iguales a –20?

I $-2 \cdot 10$ **II** $-40 \div (-2)$ **III** $-5 \cdot (-2)^2$ **IV** $-4 \cdot 2 - 12$

Ⓐ solamente I Ⓑ I y II Ⓒ I, III y IV Ⓓ I, II, III, IV

64. Opción múltiple ¿Qué expresión tiene un valor mayor al de $-25 \div (-5)$?

Ⓐ $36 \div (-6)$ Ⓑ $-100 \div 10$ Ⓒ $-50 \div (-10)$ Ⓓ $-45 \div (-5)$

Escribe cada frase como una expresión algebraica. (Lección 1-8)

65. la suma de un número y seis **66.** el producto de –3 y un número

67. 4 menos que el doble de un número **68.** 5 más que un número dividido entre 3

Halla cada diferencia. (Lección 2-3)

69. $3 - (-2)$ **70.** $-5 - 6$ **71.** $6 - 8$ **72.** $2 - (-7)$

Modelo de ecuaciones con enteros

Para usar con la Lección 2-5

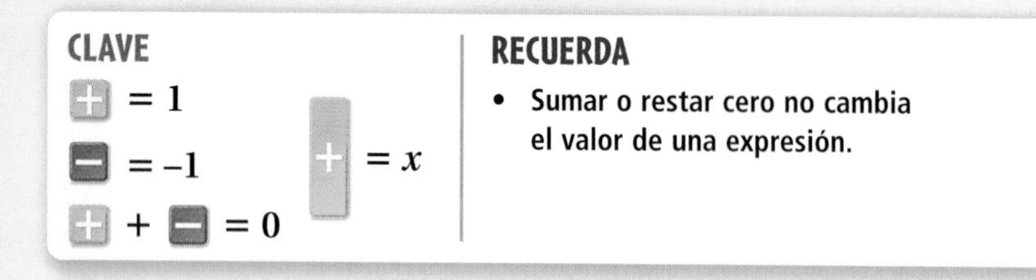

Puedes usar fichas de álgebra para hacer un modelo de ecuaciones y resolverlas.

Actividad

Para resolver la ecuación $x + 2 = 3$, debes dejar la x sola a un lado del signo de igualdad. Puedes agregar o quitar fichas siempre que agregues o quites la misma cantidad a ambos lados.

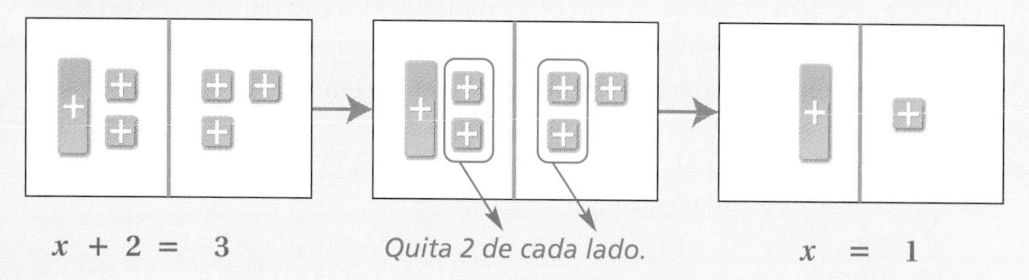

1 Usa fichas de álgebra para hacer un modelo de cada ecuación y resolverla.

a. $x + 3 = 5$ **b.** $x + 4 = 9$ **c.** $x + 5 = 8$ **d.** $x + 6 = 6$

Hacer el modelo de la ecuación $x + 6 = 4$ es más difícil porque no hay suficientes fichas en el lado derecho del tablero para quitar 6 de cada lado.

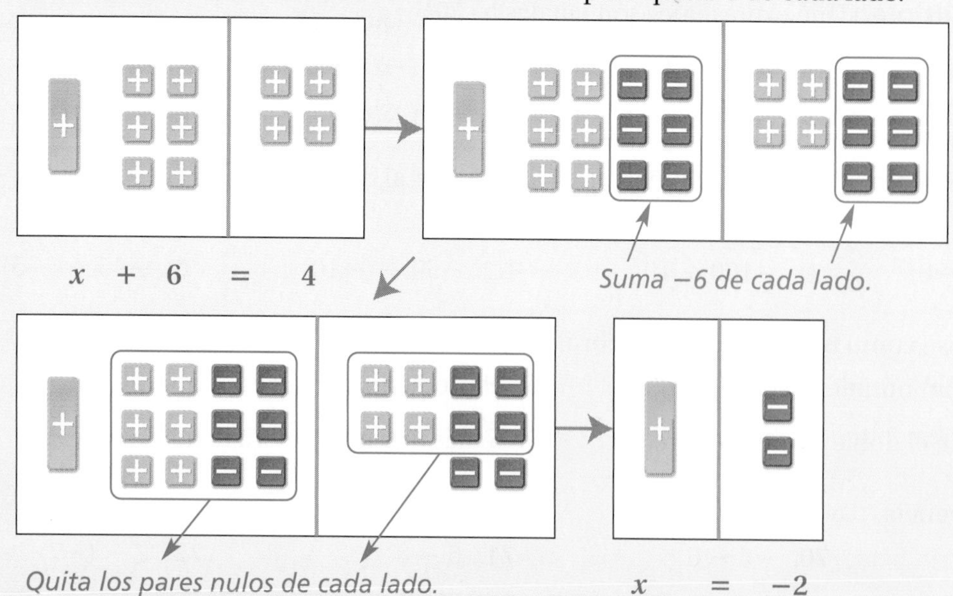

2 Usa fichas de álgebra para hacer un modelo de cada ecuación y resolverla.

a. $x + 5 = 3$ **b.** $x + 4 = 2$ **c.** $x + 7 = -3$ **d.** $x + 6 = -2$

Al hacer el modelo de una ecuación que contiene una resta, como $x - 6 = 2$, primero debes volver a escribir la ecuación como una ecuación de suma. Por ejemplo, la ecuación $x - 6 = 2$ puede volver a escribirse como $x + (-6) = 2$.

Hacer modelos de ecuaciones que contienen suma de números negativos es semejante a hacer modelos de ecuaciones que contienen suma de números positivos.

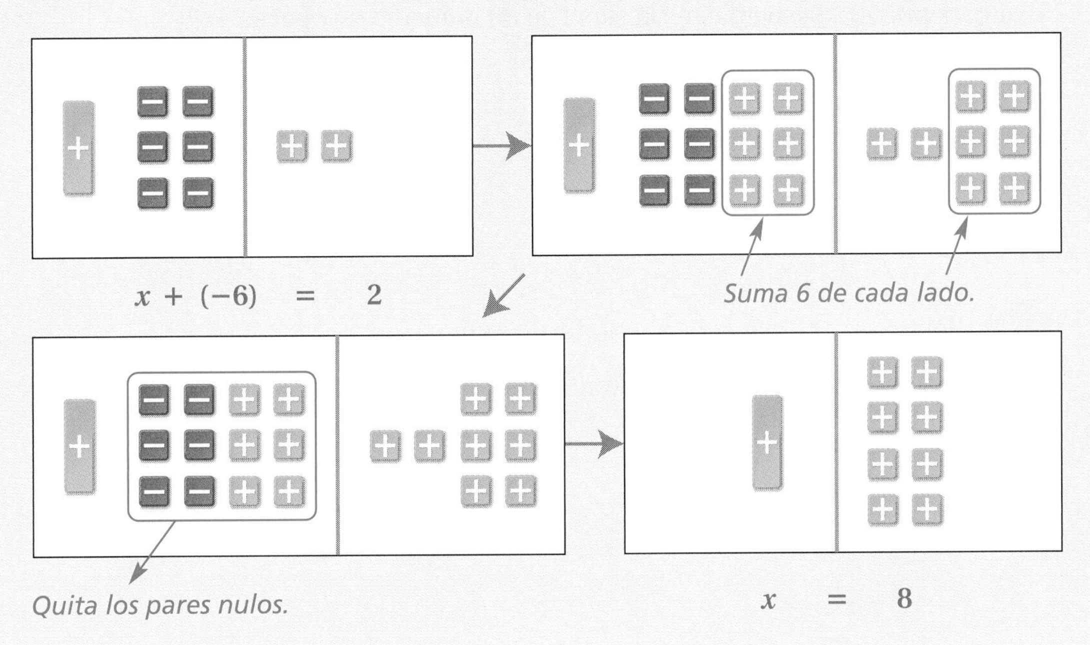

3 Usa fichas de álgebra para hacer un modelo de cada ecuación y resolverla.

a. $x - 4 = 3$ **b.** $x - 2 = 8$ **c.** $x - 5 = -5$ **d.** $x - 7 = 0$

Razonar y comentar

1. Cuando quitas fichas, ¿qué operación representas? Cuando sumas fichas, ¿qué operación representas?
2. ¿Cómo puedes usar el modelo original para comprobar tu solución?
3. Para hacer el modelo de $x - 6 = 2$, debes volver a escribir la ecuación como $x + (-6) = 2$. ¿Por qué puedes hacer esto?

Inténtalo

Usa fichas de álgebra para hacer un modelo de cada ecuación y resolverla.

1. $x + 7 = 10$ **2.** $x - 5 = -8$ **3.** $x + (-5) = -4$ **4.** $x - 2 = 1$

5. $x + 4 = 8$ **6.** $x + 3 = -2$ **7.** $x + (-1) = 9$ **8.** $x - 7 = -6$

2-5 Cómo resolver ecuaciones que contienen enteros

Aprender a resolver ecuaciones de un paso con enteros

Para resolver ecuaciones con enteros como $x - 2 = -3$, debes despejar la variable de un lado de la ecuación. Una forma de despejar la variable es sumar opuestos. Recuerda que la suma de un número y su opuesto es 0.

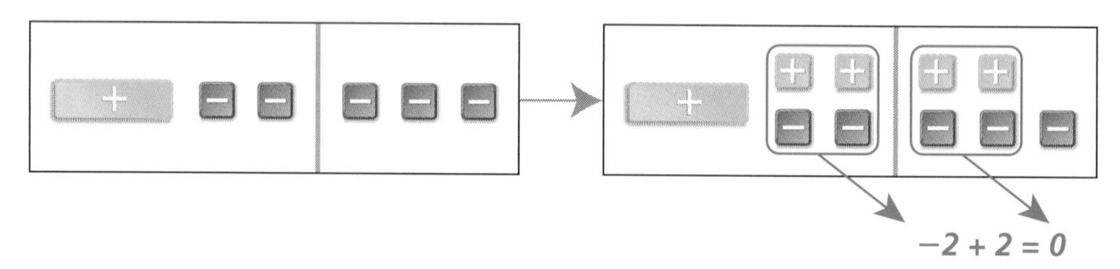

EJEMPLO 1 **Resolver ecuaciones de suma y resta**

Pista útil

$3 + (-3) = 0$
3 es el opuesto de –3.

Resuelve cada ecuación. Comprueba tus respuestas.

A $-3 + y = -5$

$$\begin{aligned} -3 + y &= -5 \\ +3 \quad & \quad +3 \\ y &= -2 \end{aligned}$$

Suma 3 a ambos lados para despejar la variable.

Comprueba

$$-3 + y = -5$$

$$-3 + (-2) \stackrel{?}{=} -5$$ *Sustituye y por –2 en la ecuación original.*

$$-5 \stackrel{?}{=} -5 \checkmark$$ *Verdadero. –2 es la solución de $-3 + y = -5$.*

B $n + 3 = -10$

$$\begin{aligned} n + 3 &= -10 \\ +(-3) \quad & \quad +(-3) \\ n &= -13 \end{aligned}$$

Suma –3 a ambos lados para despejar la variable.

Comprueba

$$n + 3 = -10$$

$$-13 + 3 \stackrel{?}{=} -10$$ *Sustituye n por –13 en la ecuación original.*

$$-10 \stackrel{?}{=} -10 \checkmark$$ *Verdadero. –13 es la solución de $n + 3 = -10$.*

C $x - 8 = -32$

$$\begin{aligned} x - 8 &= -32 \\ +8 \quad & \quad +8 \\ x &= -24 \end{aligned}$$

Suma 8 a ambos lados para despejar la variable.

Comprueba

$$x - 8 = -32$$

$$-24 - 8 \stackrel{?}{=} -32$$ *Sustituye x por –24 en la ecuación original.*

$$-32 \stackrel{?}{=} -32 \checkmark$$ *Verdadero. –24 es la solución de $x - 8 = -32$.*

EJEMPLO 2 Resolver ecuaciones de multiplicación y división

Resuelve cada ecuación. Comprueba tus respuestas.

A $\frac{a}{-3} = 9$

$$\frac{a}{-3} = 9$$

$$(-3)\left(\frac{a}{-3}\right) = (-3)9$$ *Multiplica ambos lados por –3 para despejar la variable.*

$$a = -27$$

Comprueba $\frac{a}{-3} = 9$

$\frac{-27}{-3} \stackrel{?}{=} 9$ *Sustituye a por –-27.*

$9 \stackrel{?}{=} 9$ ✔ *Verdadero. –27 es la solución.*

B $-120 = 6x$

$$-120 = 6x$$

$$\frac{-120}{6} = \frac{6x}{6}$$ *Divide ambos lados entre 6 para despejar la variable.*

$$-20 = x$$

Comprueba $-120 = 6x$

$-120 \stackrel{?}{=} 6(-20)$ *Sustituye x por –20.*

$-120 \stackrel{?}{=} -120$ ✔ *Verdadero. –20 es la solución.*

EJEMPLO 3 *Aplicación a los negocios*

Un fabricante de calzado obtuvo una ganancia de $800 millones. Esta cantidad es $200 millones mayor que la ganancia del año anterior. ¿Cuál fue la ganancia del año anterior?

Sea g la ganancia del año anterior (en millones de dólares).

La ganancia de este año	es	$200 millones	más que	la ganancia del año anterior
800	=	200	+	g

$$800 = 200 + g$$

$$\underline{-200} \quad \underline{200}$$

$$600 = g$$ La ganancia del año anterior fue $600 millones.

Razonar y comentar

1. **Indica** qué valor de n hace que $-n + 32$ sea igual a cero.
2. **Explica** por qué podrías o no podrías multiplicar ambos lados de una ecuación por 0 para resolverla.

2-5 Ejercicios

go.hrw.com
Ayuda en línea para tareas*
CLAVE: MS7 2-5
Recursos en línea para padres
CLAVE: MS7 Parent
*(Disponible sólo en inglés)

PRÁCTICA GUIADA

Ver Ejemplo 1 
Resuelve cada ecuación. Comprueba tu respuesta.

1. $w - 6 = -2$ **2.** $x + 5 = -7$ **3.** $k = -18 + 11$

Ver Ejemplo 2
4. $\frac{n}{-4} = 2$ **5.** $-240 = 8y$ **6.** $-5a = 300$

Ver Ejemplo 3
7. **Negocios** El año pasado, una cadena de tiendas de electrónica tuvo una pérdida de $45 millones. Este año, la pérdida es $12 millones más que la del año pasado. ¿Cuál es la pérdida de este año?

PRÁCTICA INDEPENDIENTE

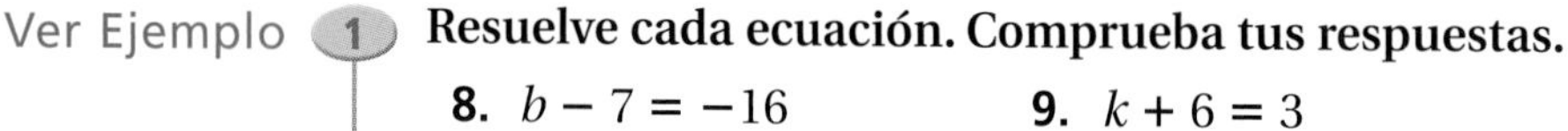

Ver Ejemplo 1
Resuelve cada ecuación. Comprueba tus respuestas.

8. $b - 7 = -16$ **9.** $k + 6 = 3$ **10.** $s + 2 = -4$

11. $v + 14 = 10$ **12.** $c + 8 = -20$ **13.** $a - 25 = -5$

Ver Ejemplo 2
14. $9c = -99$ **15.** $\frac{t}{8} = -4$ **16.** $-16 = 2z$

17. $\frac{n}{-5} = -30$ **18.** $200 = -25p$ **19.** $\frac{l}{-12} = 12$

Ver Ejemplo 3 
20. La temperatura en Nome, Alaska, fue –50° F. Esto fue 18° F menos que la temperatura en Anchorage, Alaska, en el mismo día. ¿Cuál fue la temperatura en Anchorage?

PRÁCTICA Y RESOLUCIÓN DE PROBLEMAS

Práctica adicional
Ver página 728

Resuelve cada ecuación. Comprueba tu respuesta.

21. $9y = 900$ **22.** $d - 15 = 45$ **23.** $j + 56 = -7$

24. $\frac{s}{-20} = 7$ **25.** $-85 = -5c$ **26.** $v - 39 = -16$

27. $11y = -121$ **28.** $\frac{n}{36} = 9$ **29.** $w + 41 = 0$

30. $\frac{r}{238} = 8$ **31.** $-23 = x + 35$ **32.** $0 = -15m$

33. $4x = 2 + 14$ **34.** $c + c + c = 6$ **35.** $t - 3 = 4 + 2$

36. **Geometría** Los tres ángulos de un triángulo tienen medidas iguales. La suma de sus medidas es 180°. ¿Cuál es la medida de cada ángulo?

37. **Deportes** Herb tiene 42 días para prepararse para una carrera a campo traviesa. Durante su entrenamiento, correrá 126 millas en total. Si Herb corre la misma distancia cada día, ¿cuántas millas correrá cada día?

38. **Varios pasos** Jared compró una acción a $225.

a. La vendió y ganó $55. ¿Cuál fue el precio de venta de la acción?

b. El precio de la acción bajó $40 al día siguiente en que Jared la vendió. ¿A qué precio habría vendido Jared el título si hubiera esperado hasta entonces?

Convierte cada enunciado en una ecuación. Luego resuelve la ecuación.

39. La suma de – 13 y un número p es 8.

40. Un número x dividido entre 4 es –7.

41. 9 menos que un número t es -22.

42. **Ciencias físicas** En la escala Kelvin de temperatura, el agua pura hierve a 373 K. La diferencia entre el punto de ebullición y el de congelación del agua en esta escala es 100 K. ¿Cuál es el punto de congelación del agua?

Tiempo libre En la gráfica se muestran los destinos preferidos por quienes viajaron el fin de semana del Día del Trabajo de 2001. Usa la gráfica para los Ejercicios 43 y 44.

Principales lugares visitados en el Día del Trabajo

Lugar	Porcentaje
Ciudades	23%
Océanos o playas	20%
Pueblos o áreas rurales	19%
Montañas	14%
Lagos	8%
Parques estatales o nacionales	6%
Parques temáticos o de diversiones	4%
Otros	6%

Fuente: AAA

43. ¿Qué lugar fue 5 veces más popular que los parques temáticos o de diversiones?

44. Según la gráfica, ¿las montañas fueron tan populares como los parques estatales o nacionales en conjunto con qué otro lugar?

45. **Elige una estrategia** Matthew (M) gana \$23 menos a la semana que su hermana Allie (A). Sus salarios suman en conjunto \$93. ¿Cuánto gana cada uno por semana?

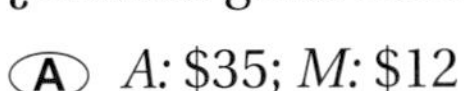

46. **Escríbelo** Explica cómo despejar una variable en una ecuación.

47. **Desafío** Escribe una ecuación que incluya la variable p y los números 5, 3 y 31, de modo que la solución sea $p = 16$.

Preparación para el examen y repaso en espiral

48. **Opción múltiple** Resuelve: $-15m = 60$.

Ⓐ $m = -4$ Ⓑ $m = 5$ Ⓒ $m = 45$ Ⓓ $m = 75$

49. **Opción múltiple** ¿En qué ecuación es $x = 2$?

Ⓕ $-3x = 6$ Ⓖ $x + 3 = -5$ Ⓗ $x + x = 4$ Ⓙ $\frac{x}{4} = -8$

Identifica un posible patrón. Usa el patrón para escribir los siguientes tres números. (Lección 1-1)

50. 26, 21, 16, 11, 6, . . . **51.** 1, 2, 4, 8, 16, . . . **52.** 1, 4, 3, 6, 5, . . .

Compara. Escribe <, > ó =. (Lecciones 2-1, 2-2, y 2-3)

53. -5 ■ -8 **54.** 4 ■ $|-4|$ **55.** $|-7|$ ■ $|-9|$

56. -10 ■ $|-10|$ **57.** $-7 - 8$ ■ -15 **58.** -12 ■ $10 + (-12)$

SECCIÓN 2A

Prueba de las Lecciones 2-1 a 2-5

2-1 Enteros

Compara los enteros. Usa < ó >.

1. $5 \;\square\; -8$
2. $-2 \;\square\; -6$
3. $-4 \;\square\; 3$
4. Usa una recta numérica para ordenar los enteros −7, 3, 6, −1, 0, 5, −4 y 7 de menor a mayor.

Usa una recta numérica para hallar cada valor absoluto.

5. $|-23|$
6. $|17|$
7. $|-10|$

2-2 Cómo sumar enteros

Halla cada suma.

8. $-6 + 3$
9. $5 + (-9)$
10. $-7 + (-11)$

Evalúa $p + t$ para los valores dados.

11. $p = 5, t = -18$
12. $p = -4, t = -13$
13. $p = -37, t = 39$

2-3 Cómo restar enteros

Halla cada diferencia.

14. $-21 - (-7)$
15. $9 - (-11)$
16. $6 - 17$
17. Cuando Cai viajó de Nueva Orleans, en Louisiana, a las montañas Ozark, en Arkansas, la altitud cambió de 7 pies bajo el nivel del mar a 2,314 pies sobre el nivel del mar. ¿Cuánto cambió la altitud?

2-4 Cómo multiplicar y dividir enteros

Halla cada producto o cociente.

18. $-7 \cdot 3$
19. $30 \div (-15)$
20. $-5 \cdot (-9)$
21. Después de alcanzar la cima de un acantilado, una escaladora bajó por la superficie de roca con una soga de 65 pies. La distancia hasta la base del acantilado era 585 pies. ¿Cuántos largos de soga le tomó completar su descenso?

2-5 Cómo resolver ecuaciones que contienen enteros

Resuelve cada ecuación. Comprueba tus respuestas.

22. $3x = 30$
23. $k - 25 = 50$
24. $y + 16 = -8$
25. Este año, 72 estudiantes completaron proyectos para la feria de ciencias. Fueron 23 más que el año pasado. ¿Cuántos estudiantes completaron proyectos para la feria de ciencias el año pasado?

Enfoque en resolución de problemas

Haz un plan

• Elige un método de cálculo

Cuando sabes qué operación debes usar y sabes exactamente qué números usar, una calculadora podría ser la forma más sencilla de resolver un problema. A veces, como cuando los números son pequeños o son múltiplos de 10, puede ser más rápido usar el cálculo mental.

A veces, tienes que escribir los números para ver cómo se relacionan en una ecuación. Cuando resuelves una ecuación, usar lápiz y papel es el método más sencillo porque puedes ver cada paso a medida que avanzas.

Para cada problema, indica si usarías una calculadora, el cálculo mental o lápiz y papel para resolverlo. Explica tu respuesta. Luego resuelve el problema.

1. Un grupo de niñas exploradoras junta latas de aluminio para recaudar fondos para una obra de beneficencia. Su meta es juntar 3,000 latas en 6 meses. Si cumplen la meta de juntar una cantidad igual de latas cada mes, ¿cuántas latas esperan juntar cada mes?

2. El Gran Cañón mide 29,000 metros en su punto más ancho. El edificio *Empire State,* ubicado en la ciudad de Nueva York, mide 381 metros de altura. De lado a lado, ¿cuántos edificios *Empire State* cabrían en el punto más ancho del Gran Cañón?

3. En un teclado de piano, todas las teclas negras, menos una, están dispuestas en grupos de modo que hay 7 grupos con 2 teclas negras cada uno y 7 grupos con 3 teclas negras cada uno. ¿Cuántas teclas negras hay en un piano?

4. Algunos carillones están formados por varillas. Las varillas tienen diferentes longitudes y producen diferentes sonidos. La frecuencia (que determina el tono) del sonido se mide en hertz (Hz). Si una varilla de un carillón tiene una frecuencia de 55 Hz y otra varilla tiene una frecuencia dos veces mayor que la primera, ¿cuál es la frecuencia de la segunda varilla?

2-6 Factorización prima

Aprender a hallar la factorización prima de números compuestos

Vocabulario

número primo

número compuesto

factorización prima

En junio de 1999, Nayan Hajratwala descubrió el primer *número primo* conocido que tiene más de un millón de dígitos. El nuevo número primo, $2^{6,972,593} - 1$, tiene 2,098,960 dígitos.

Un **número primo** es un número cabal mayor que 1 que tiene exactamente dos factores: 1 y él mismo. El número tres es un número primo porque sus únicos factores son el 1 y el 3.

Nayan Hajratwala recibió un premio de $50,000 por haber descubierto un número primo nuevo.

Un **número compuesto** es un número cabal que tiene más de dos factores. El número seis es un número compuesto porque tiene más de dos factores: 1, 2, 3 y 6. El número uno tiene exactamente un factor y no es primo ni compuesto.

EJEMPLO  Identificar números primos y compuestos

Indica si cada número es primo o compuesto.

 19

Los factores de 19 son 1 y 19.

Por lo tanto, 19 es un número primo.

 20

Los factores de 20 son 1, 2, 4, 5 10 y 20.

Por lo tanto, 20 es un número compuesto.

Un número compuesto se puede escribir como el producto de sus factores primos. Este proceso se conoce como **factorización prima** del número. Para hallar los factores primos de un número compuesto, puedes usar un árbol de factores.

EJEMPLO  Usar un árbol de factores para hallar la factorización prima

Escribir matemáticas

Para escribir factorizaciones primas, puedes usar exponentes. Los exponentes indican cuántas veces debe usarse la base como factor.

Escribe la factorización prima de cada número.

 36

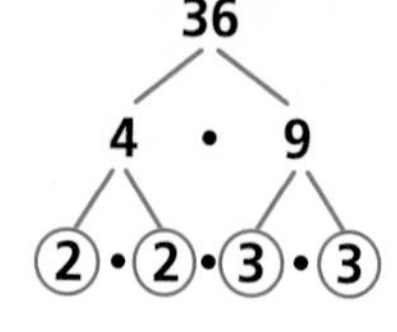

Escribe 36 como el producto de dos factores.
Sigue factorizando hasta que todos los factores sean primos.

La factorización prima de 36 es $2 \cdot 2 \cdot 3 \cdot 3$ ó $2^2 \cdot 3^2$.

Escribe la factorización prima de cada número.

B 280

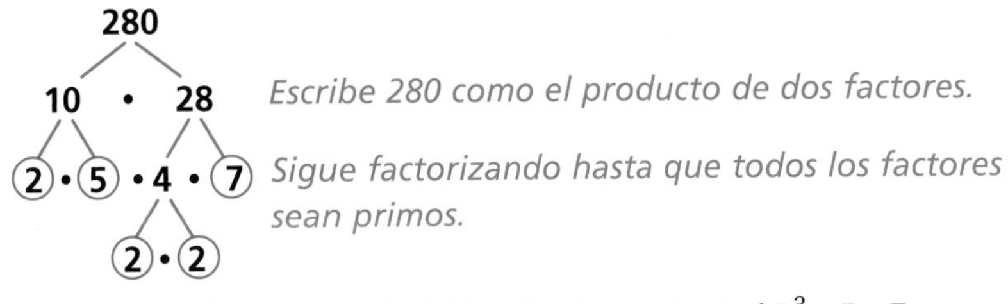

La factorización prima de 280 es 2 • 2 • 2 • 5 • 7 ó $2^3 \cdot 5 \cdot 7$.

Para hallar la factorización prima de un número, también puedes usar un diagrama de pasos. En cada paso, debes dividir entre un factor primo. Sigue dividiendo hasta que el cociente sea 1.

EJEMPLO 3 Usar un diagrama de pasos para hallar la factorización prima

Escribe la factorización prima de cada número.

A 252

2 | 252 — *Divide 252 entre 2. Escribe el cociente debajo de 252. Sigue dividiendo entre un factor primo.*
2 | 126
3 | 63
3 | 21
7 | 7
1 — *Detente cuando el cociente sea 1.*

La factorización prima de 252 es 2 • 2 • 3 • 3 • 7 ó $2^2 \cdot 3^2 \cdot 7$.

B 495

3 | 495 — *Divide 495 entre 3. Sigue dividiendo entre un factor primo.*
3 | 165
5 | 55
11 | 11
1 — *Detente cuando el cociente sea 1.*

La factorización prima de 495 es 3 • 3 • 5 • 11 ó $3^2 \cdot 5 \cdot 11$.

Para un determinado número compuesto, hay sólo una factorización prima. El Ejemplo 3B comenzó con la división de 495 entre 3, que es el factor primo más pequeño de 495. Comenzar con cualquier factor primo de 495 da el mismo resultado.

5 | 495
3 | 99
3 | 33
11 | 11

11 | 495
3 | 45
5 | 15
3 | 3

Razonar y comentar

1. Explica cómo puedes decidir si 47 es un número primo.

2. Compara números compuestos y números primos.

2-6 Ejercicios

go.hrw.com
Ayuda en línea para tareas*
CLAVE: MS7 2-6
Recursos en línea para padres
CLAVE: MS7 Parent
*(Disponible sólo en inglés)

PRÁCTICA GUIADA

Ver Ejemplo 1 **Indica si cada número es primo o compuesto.**

1. 7 **2.** 15 **3.** 49 **4.** 12

Ver Ejemplo 2 **Escribe la factorización prima de cada número.**

5. 16

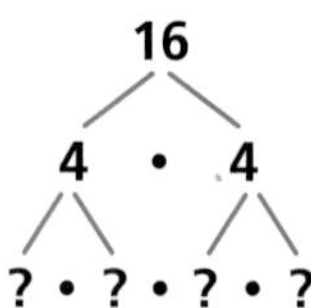

6. 54

54
6 • 9
? • ? • ? • ?

7. 81

81
9 • ?
? • ? • ? • ?

8. 105

105
5 • ?
? • ? • ?

9. 18 **10.** 26 **11.** 45 **12.** 80

Ver Ejemplo 3 **13.** 250 **14.** 190 **15.** 100 **16.** 360

17. 639 **18.** 414 **19.** 1,000 **20.** 140

PRÁCTICA INDEPENDIENTE

Ver Ejemplo 1 **Indica si cada número es primo o compuesto.**

21. 31 **22.** 18 **23.** 67 **24.** 8

25. 77 **26.** 5 **27.** 9 **28.** 113

Ver Ejemplo 2 **Escribe la factorización prima de cada número.**

29. 68 **30.** 75 **31.** 120 **32.** 150

33. 135 **34.** 48 **35.** 154 **36.** 210

37. 800 **38.** 310 **39.** 625 **40.** 2,000

Ver Ejemplo 3 **41.** 315 **42.** 728 **43.** 189 **44.** 396

45. 242 **46.** 700 **47.** 187 **48.** 884

49. 1,225 **50.** 288 **51.** 360 **52.** 1,152

PRÁCTICA Y RESOLUCIÓN DE PROBLEMAS

Práctica adicional
Ver página 728.

Completa la factorización prima de cada número compuesto.

53. $180 = 2^2 \cdot \blacksquare \cdot 5$ **54.** $462 = 2 \cdot 3 \cdot 7 \cdot \blacksquare$ **55.** $1{,}575 = 3^2 \cdot \blacksquare \cdot 7$

56. $117 = 3^2 \cdot \blacksquare$ **57.** $144 = \blacksquare \cdot 3^2$ **58.** $13{,}000 = 2^3 \cdot \blacksquare \cdot 13$

59. **Razonamiento crítico** Una manera de factorizar el número 64 es 1 • 64.

a. ¿De qué otras maneras puede escribirse el número 64 como el producto de dos factores?

b. ¿Cuántas factorizaciones primas hay del número 64?

60. **Razonamiento crítico** Si los factores primos de un número son todos los números primos menores que 10 y ningún factor se repite, ¿cuál es el número?

61. **Razonamiento crítico** Un número n es factor primo de 28 y de 63. ¿Cuál es el número?

62. Las medidas de los lados de un área rectangular de una granja son factores de 308. Una de ellas es un número primo. ¿Cuál de las áreas del diagrama tiene las dimensiones correctas?

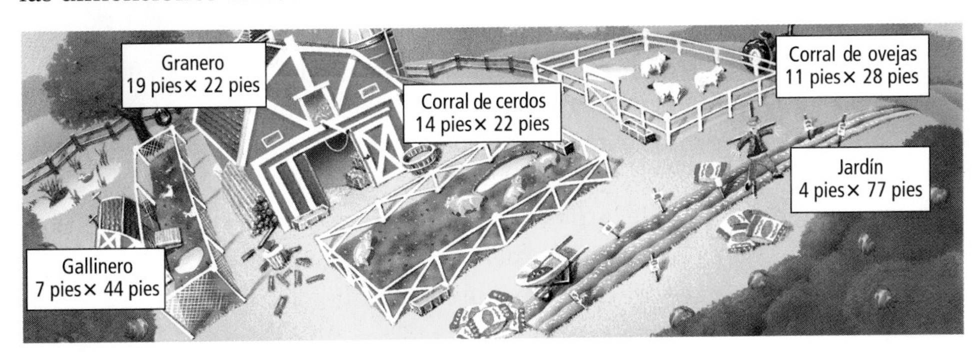

63. **Negocios** Eric está a cargo del servicio de comida y bebida de una fiesta para 152 personas. Quiere que en cada mesa se siente la misma cantidad de personas. Además, quiere que en cada mesa no haya menos de 2 personas ni más de 10. ¿Cuántas personas pueden sentarse en cada mesa?

64. **Escribe un problema** Usando la información de la tabla, escribe un problema usando la factorización prima que incluya la cantidad de calorías por porción de las frutas.

65. **Escríbelo** Describe cómo usar un árbol de factores para hallar la factorización prima de un número.

66. **Desafío** Halla el número más pequeño que sea divisible entre 2, 3, 4, 5, 6, 7, 8, 9 y 10.

Fruta	Calorías por porción
Cantalupo	66
Sandía	15
Melón	42

Preparación para el examen y repaso en espiral

67. **Opción múltiple** ¿Cuál es la factorización prima de 75?

Ⓐ $3^2 \cdot 5$ Ⓑ $3 \cdot 5^2$ Ⓒ $3^2 \cdot 5^2$ Ⓓ $3 \cdot 5^3$

68. **Opción múltiple** Escribe el número compuesto para $2 \cdot 3^3 \cdot 5^2$.

Ⓕ 84   Ⓖ 180   Ⓗ 450   Ⓙ 1,350

69. **Respuesta breve** Crea dos árboles de factores diferentes para 120. Luego escribe la factorización prima de 120.

Multiplica. (Lección 1-4)

70. $2.45 \cdot 10^3$ 71. $58.7 \cdot 10^1$ 72. $200 \cdot 10^2$ 73. $1,480 \cdot 10^4$

Resuelve cada ecuación. Comprueba tu respuesta. (Lección 2-5)

74. $3x = -6$ 75. $y - 4 = -3$ 76. $z + 4 = 3 - 5$ 77. $0 = -4x$

2-7 Máximo común divisor

Aprender a hallar el máximo común divisor de dos o más números cabales

Vocabulario

máximo común divisor (MCD)

En los preparativos del Festival de Otoño, Sasha y David usaron el máximo común divisor para hacer sorpresas de fiesta idénticas. El **máximo común divisor (MCD)** de dos o más números cabales es el máximo número cabal entre el que se divide exactamente cada número.

Una manera de hallar el MCD de dos o más números es hacer una lista de todos los factores de cada número. El MCD es el máximo factor que aparece en todas las listas.

EJEMPLO  **Usar una lista para hallar el MCD**

Halla el máximo común divisor (MCD) de 24, 36 y 48.

Factores de 24: 1, 2, 3, 4, 6, 8, (12), 24 — *Haz una lista de todos los factores de cada número.*

Factores de 36: 1, 2, 3, 4, 6, 9, (12), 18, 36

Factores de 48: 1, 2, 3, 4, 6, 8, (12), 16, 24, 48 — *Marca con un círculo el máximo factor que está en todas las listas.*

El MCD es 12.

Una segunda manera de hallar el MCD es usar la factorización prima.

EJEMPLO  **Usar la factorización prima para hallar el MCD**

Halla el máximo común divisor (MCD).

A **60, 45**

$60 = 2 \cdot 2 \cdot (3) \cdot (5)$ — *Escribe la factorización prima de cada número y marca con un círculo los factores primos comunes.*

$45 = (3) \cdot 3 \cdot (5)$

$3 \cdot 5 = 15$ — *Multiplica los factores primos comunes.*

El MCD es 15.

B **504, 132, 96, 60**

$504 = 2 \cdot 2 \cdot 2 \cdot (3) \cdot 3 \cdot 7$ — *Escribe la factorización prima de cada número y marca con un círculo los factores primos comunes.*

$132 = 2 \cdot 2 \cdot (3) \cdot 11$

$96 = 2 \cdot 2 \cdot 2 \cdot 2 \cdot 2 \cdot (3)$

$60 = 2 \cdot 2 \cdot (3) \cdot 5$

$2 \cdot 2 \cdot 3 = 12$ — *Multiplica los factores primos comunes.*

EL MCD es 12.

EJEMPLO 3

APLICACIÓN A LA RESOLUCIÓN DE PROBLEMAS

Sasha y David están haciendo centros de mesa para el Festival de Otoño. Tienen 50 calabazas y 30 espigas de maíz. ¿Cuál es la mayor cantidad de centros de mesa idénticos que pueden hacer si usan todas las calabazas y todas las espigas?

1 Comprende el problema

Vuelve a escribir la pregunta como un enunciado.

- Halla la mayor cantidad de centros de mesa que pueden hacer.

Haz una lista con la **información importante:**

- Hay 50 calabazas.
- Hay 30 espigas de maíz.
- Cada centro de mesa debe tener la misma cantidad de calabazas y de espigas.

La respuesta será el MCD de 50 y 30.

2 Haz un plan

Puedes escribir las factorizaciones primas de 50 y 30 para hallar el MCD.

3 Resuelve

$50 = \textcircled{2} \cdot \textcircled{5} \cdot 5$

$30 = \textcircled{2} \cdot 3 \cdot \textcircled{5}$ *Multiplica los factores primos comunes a 50 y a 30.*

$2 \cdot 5 = 10$

Sasha y David pueden hacer 10 centros de mesa.

4 Repasa

Si Sasha y David hacen 10 centros de mesa, cada centro de mesa tendrá 5 calabazas y 3 espigas de maíz, y no sobrará nada.

Razonar y comentar

1. **Indica** el significado de las iniciales MCD y explica qué es el MCD de dos números.
2. **Comenta** si el MCD de dos números podría ser un número primo.
3. **Explica** si cada factor del MCD de dos números es además un factor de cada número. Da un ejemplo.

2-7 Ejercicios

go.hrw.com
Ayuda en línea para tareas*
CLAVE: MS7 2-7
Recursos en línea para padres
CLAVE: MS7 Parent
*(Disponible sólo en inglés)

PRÁCTICA GUIADA

Ver Ejemplo 

Halla el máximo común divisor (MCD).

1. 30, 42 | **2.** 36, 45 | **3.** 24, 36, 60, 84

Ver Ejemplo 

4. 60, 231 | **5.** 12, 28 | **6.** 20, 40, 50, 120

Ver Ejemplo 

7. Los miembros del Club de Matemáticas están preparando un juego de útiles de regalo para darles la bienvenida a los estudiantes de sexto grado. Tienen 60 lápices y 48 anotadores. ¿Cuál es la mayor cantidad de juegos de regalo que pueden preparar usando todos los lápices y anotadores?

PRÁCTICA INDEPENDIENTE

Ver Ejemplo 

Halla el máximo común divisor (MCD).

8. 60, 126 | **9.** 12, 36 | **10.** 75, 90

11. 22, 121 | **12.** 28, 42 | **13.** 38, 76

Ver Ejemplo 

14. 28, 60 | **15.** 54, 80 | **16.** 30, 45, 60, 105

17. 26, 52 | **18.** 11, 44, 77 | **19.** 18, 27, 36, 48

Ver Ejemplo 

20. Hetty está haciendo canastas de regalos idénticas para el Centro de Personas de la Tercera Edad. Tiene 39 pastillas pequeñas de jabón y 26 botellas pequeñas de loción. ¿Cuál es la mayor cantidad de canastas que puede hacer si usa todas las pastillas de jabón y botellas de loción?

PRÁCTICA Y RESOLUCIÓN DE PROBLEMAS

Práctica adicional
Ver página 728

Halla el máximo común divisor (MCD).

21. 5, 7 | **22.** 12, 15 | **23.** 4, 6

24. 9, 11 | **25.** 22, 44, 66 | **26.** 77, 121

27. 80, 120 | **28.** 20, 28 | **29.** 2, 3, 4, 5, 7

30. 4, 6, 10, 22 | **31.** 14, 21, 35, 70 | **32.** 6, 10, 11, 14

33. 6, 15, 33, 48 | **34.** 18, 45, 63, 81 | **35.** 13, 39, 52, 78

36. **Razonamiento crítico** ¿Qué par de números tiene un MCD que es un número primo: 48 y 90 ó 105 y 56?

37. Los empleados de un museo están preparando una exhibición de monedas antiguas. Deben distribuir 49 monedas de cobre y 35 monedas de plata sobre los estantes. Cada estante tendrá la misma cantidad de monedas de cobre y la misma cantidad de monedas de plata. ¿Cuántos estantes harán falta para realizar la exhibición?

38. **Varios pasos** Todd y Elizabeth están armando bolsas de golosinas para los voluntarios del hospital. Han horneado 56 galletas dulces de mantequilla y 84 barras de limón. ¿Cuál es la mayor cantidad de bolsas que pueden armar si quieren que todos los voluntarios reciban bolsas idénticas? ¿Cuántas galletas dulces y cuántas barras de limón habrá en cada bolsa?

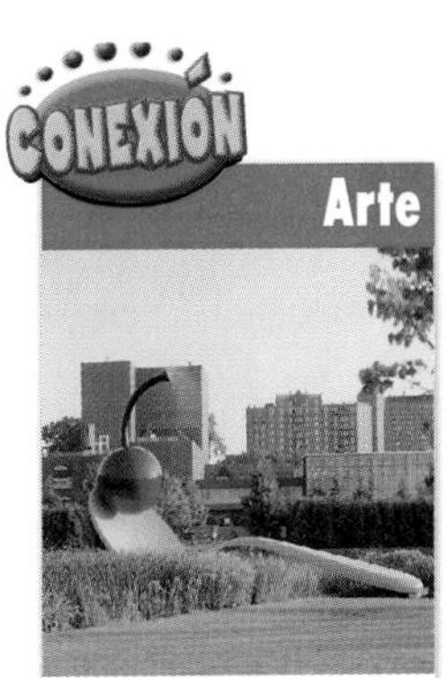

La escultura *Spoonbridge and Cherry (Puente de cuchara y cereza)*, de Claes Oldenburg y Coosje van Bruggen mide 30 pies de altura y más de 50 pies de largo.

39. Escuela Algunos de los estudiantes del Club de Matemáticas se anotaron en una lista para llevar alimentos y bebidas a una fiesta.

a. Si cada integrante del club recibe la misma cantidad de alimentos y de bebidas en la fiesta, ¿cuántos estudiantes hay en el Club de Matemáticas?

b. ¿Cuántas galletas, porciones de pizza, latas de jugo y manzanas puede consumir en la fiesta cada integrante del club?

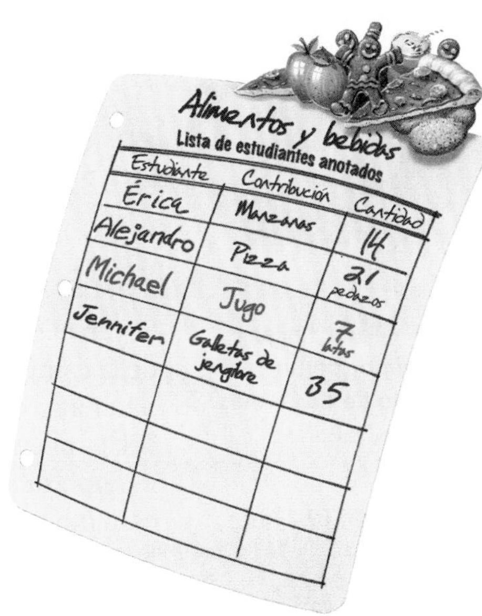

40. Arte Una galería exhibe una colección de 12 esculturas y 20 pinturas de artistas locales. La exhibición está dispuesta en tantas secciones como es posible, de modo que cada sección tiene la misma cantidad de esculturas y de pinturas. ¿Cuántas secciones hay en la exhibición?

41. ¿Dónde está el error? Un estudiante usó estos árboles de factores para hallar el MCD de 50 y 70. Decidió que el MCD es 5. Explica el error del estudiante y da el MCD correcto.

42. Escríbelo El MCD de 1,274 y 1,365 es 91 ó $7 \cdot 13$. ¿Son 7, 13 y 91 factores de 1,274 y 1,365? Explica.

43. Desafío Halla tres números *compuestos* que tengan un MCD de 1.

Preparación para el examen y repaso en espiral

44. Respuesta gráfica ¿Cuál es el máximo común divisor de 28 y 91?

45. Opción múltiple ¿Qué par de números tiene un máximo común divisor que NO es un número primo?

Ⓐ 15, 20   Ⓑ 18, 30   Ⓒ 24, 75   Ⓓ 6, 10

Halla cada valor. (Lección 1-2)

46. 10^3 **47.** 13^1 **48.** 6^3 **49.** 3^4

Usa una recta numérica para hallar cada suma o diferencia. (Lecciones 2-2 y 2-3)

50. $-5 + (-3)$ **51.** $2 - 7$ **52.** $4 + (-8)$ **53.** $-3 - (-5)$

Completa la factorización prima para cada número compuesto. (Lección 2-6)

54. $100 = \blacksquare \cdot 5^2$ **55.** $147 = 3 \cdot \blacksquare$ **56.** $270 = 2 \cdot 3^3 \cdot \blacksquare$ **57.** $140 = \blacksquare \cdot 5 \cdot 7$

2-8 Mínimo común múltiplo

Aprender a hallar el mínimo común múltiplo de dos o más números cabales

Vocabulario

múltiplo

mínimo común múltiplo (mcm)

Según el calendario de mantenimiento de la camioneta de Kendra, los neumáticos deben rotarse cada 7,500 millas y el filtro de aceite debe reemplazarse cada 5,000 millas. ¿Cuál es la menor cantidad de millas que la camioneta debe recorrer para que se realicen ambos servicios de mantenimiento al mismo tiempo? Para hallar la respuesta, puedes usar *mínimos comunes múltiplos.*

Un **múltiplo** de un número es el producto de ese número y un número cabal distinto de cero. Algunos múltiplos 7,500 y 5,000 son los siguientes:

7,500: 7,500, **15,000**, 22,500, **30,000**, 37,500, 45,000, . . .
5,000: 5,000, 10,000, **15,000**, 20,000, 25,000, **30,000**, . . .

Un múltiplo común de dos o más números es un número que es múltiplo de cada uno de los números dados. Por lo tanto, **15,000** y **30,000** son múltiplos comunes de 7,500 y 5,000.

El **mínimo común múltiplo (mcm)** de dos o más números es el múltiplo común de menor valor. El mcm de 7,500 y 5,000 es **15,000**. Esta es la mínima cantidad de millas que la camioneta debe recorrer para que se realicen los dos servicios de mantenimiento al mismo tiempo.

EJEMPLO 1 Usar una lista para hallar el mcm

Halla el mínimo común múltiplo (mcm).

A **3, 5**

Múltiplos de 3: 3, 6, 9, 12, (15), 18 — *Haz una lista de los múltiplos de cada número.*

Múltiplos de 5: 5, 10, (15), 20, 25 — *Halla el valor mínimo de ambas listas.*

El mcm es 15.

B **4, 6, 12**

Múltiplos de 4: 4, 8, (12), 16, 20, 24, 28 — *Haz una lista de los múltiplos de cada número.*

Múltiplos de 6: 6, (12), 18, 24, 30 — *Halla el valor mínimo de todas las listas.*

Múltiplos de 12: (12), 24, 36, 48

El mcm es 12.

A veces, hacer una lista de los múltiplos de números no es la manera más fácil de hallar el mcm. Por ejemplo, el mcm de 78 y 110 es 4,290. ¡Para llegar a 4,290 tendrías que hacer una lista con 55 múltiplos de 78 y 39 múltiplos de 110!

EJEMPLO 2 Usar la factorización prima para hallar el mcm

Halla el mínimo común múltiplo (mcm).

A **78, 110**

$78 = 2 \cdot 3 \cdot 13$	*Escribe la factorización prima de cada número.*
$110 = 2 \cdot 5 \cdot 11$	*Marca con un círculo los factores primos comunes.*
2, 3, 13, 5, 11	*Haz una lista con los factores primos de los números, usando los factores marcados sólo una vez.*
$2 \cdot 3 \cdot 13 \cdot 5 \cdot 11$	*Multiplica los factores de la lista.*

El mcm es 4,290.

B **9, 27, 45**

$9 = 3 \cdot 3$	*Escribe la factorización prima de cada número.*
$27 = 3 \cdot 3 \cdot 3$	*Marca con un círculo los factores primos comunes.*
$45 = 3 \cdot 3 \cdot 5$	
3, 3, 3, 5	*Haz una lista con los factores primos de los números, usando los factores marcados sólo una vez.*
$3 \cdot 3 \cdot 3 \cdot 5$	*Multiplica los factores de la lista.*

El mcm es 135.

EJEMPLO 3 *Aplicación al tiempo libre*

Carla y su hermano menor caminan por una pista. Carla da una vuelta cada 4 minutos, mientras que su hermano da una vuelta cada 6 minutos. Comenzaron juntos. ¿En cuántos minutos volverán a estar juntos en la línea de partida?

Halla el mcm de 4 y 6.

$4 = 2 \cdot 2$

$6 = 2 \cdot 3$

El mcm es $2 \cdot 2 \cdot 3 = 12$.

Estarán juntos en la línea de partida en 12 minutos.

Razonar y comentar

1. **Indica** qué significa la sigla mcm y explica qué es el mcm de dos números.
2. **Describe** una manera de recordar la diferencia entre MCD y mcm.
3. **Haz una lista** de cuatro múltiplos comunes de 6 y 9 que no sean el mcm.

2-8 Ejercicios

*(Disponible sólo en inglés)

PRÁCTICA GUIADA

Ver Ejemplo 1 **Halla el mínimo común múltiplo (mcm).**

1. 4, 7 **2.** 14, 21, 28 **3.** 4, 8, 12, 16

Ver Ejemplo 2 **4.** 30, 48 **5.** 3, 9, 15 **6.** 10, 40, 50

Ver Ejemplo 3 **7.** Jerry y su padre caminan por una pista. Jerry da una vuelta completa cada 8 minutos, y su padre, cada 6 minutos. Comenzaron juntos. ¿En cuántos minutos volverán a estar juntos en la línea de partida?

PRÁCTICA INDEPENDIENTE

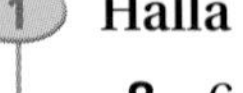

Ver Ejemplo 1 **Halla el mínimo común múltiplo (mcm).**

8. 6, 9 **9.** 8, 12 **10.** 15, 20

11. 6, 14 **12.** 18, 27 **13.** 8, 10, 12

Ver Ejemplo 2 **14.** 6, 27 **15.** 16, 20 **16.** 12, 15, 22

17. 10, 15, 18, 20 **18.** 11, 22, 44 **19.** 8, 12, 18, 20

Ver Ejemplo 3 **20.** **Tiempo libre** En su bicicleta, Anna da una vuelta a la manzana cada 4 minutos. Su hermano tarda 10 minutos en dar cada vuelta en su patineta. Comenzaron juntos. ¿En cuántos minutos volverán a estar juntos en el punto de partida?

21. Rod ayudó a su mamá a plantar una huerta. Plantó una fila de vegetales cada 30 minutos, y su madre, cada 20 minutos. Si comenzaron juntos, ¿cuánto tiempo tuvo que pasar para que ambos llegaran a terminar de plantar una fila de vegetales al mismo tiempo?

PRÁCTICA Y RESOLUCIÓN DE PROBLEMAS

Práctica adicional
Ver página 729

Halla el mínimo común múltiplo (mcm).

22. 3, 7 **23.** 4, 6 **24.** 9, 12

25. 22, 44, 66 **26.** 80, 120 **27.** 10, 18

28. 3, 5, 7 **29.** 3, 6, 12 **30.** 5, 7, 9

31. 24, 36, 48 **32.** 2, 3, 4, 5 **33.** 14, 21, 35, 70

34. Jack corta el césped cada tres semanas y lava su automóvil cada dos semanas. Si hoy hace las dos cosas, ¿cuántos días pasarán hasta que vuelva a hacer ambas cosas el mismo día?

35. **Razonamiento crítico** ¿Es posible que dos números tengan el mismo mcm y MCD? Explica.

36. **Varios pasos** Mili trota todos los días, anda en bicicleta cada 3 días y nada una vez por semana. El 3 de octubre hizo las tres actividades. ¿En qué fecha volverá a hacer las tres actividades en un mismo día?

con los estudios sociales

El calendario maya, el calendario chino y el calendario occidental estándar se basan en ciclos.

37. El calendario ceremonial maya, o *tzolkin*, tenía 260 días. Estaba compuesto por dos ciclos independientes: un ciclo de 13 días y otro de 20 días. Al comienzo del calendario, ambos ciclos se encuentran en el día 1. ¿Coincidirán ambos ciclos nuevamente en el día 1 antes de que pasen los 260 días? Si es así, ¿cuándo?

38. El calendario chino tiene 12 meses de 30 días cada uno y semanas de 6 días. El Año Nuevo chino comienza el primer día de un mes y el primer día de una semana. ¿Coincidirán nuevamente el primer día de un mes y el primer día de una semana antes de que termine el año de 360 días? Si es así, ¿cuándo? Explica tu respuesta.

39. **Escríbelo** El calendario juliano asigna a cada día un número único. Comienza el día 0 y a cada día nuevo le agrega un 1. Por ejemplo, el día 2266296 del calendario juliano, es decir, el 12 de octubre de 1492, es el día número 2,266,296 desde el comienzo del calendario. ¿Cuáles son algunas de las ventajas de usar el calendario juliano? ¿Cuáles son algunas de las ventajas de usar calendarios basados en ciclos?

40. **Desafío** El calendario maya de cuenta larga usaba el sistema de nombres que se muestra a la derecha. Suponiendo que el calendario comenzó el día juliano 584285, expresa el día juliano 2266296 en función del calendario maya. Comienza buscando la cantidad de pictun que pasaron hasta esa fecha.

Calendario maya de cuenta larga
1 pictun = 20 baktun = 2,880,000 días
1 baktun = 20 katun = 144,000 días
1 katun = 20 tun = 7,200 días
1 tun = 18 winal = 360 días
1 winal = 20 kin = 20 días
1 kin = 1 día

Preparación para el examen y repaso en espiral

41. Opción múltiple ¿Cuál es el mínimo común múltiplo de 4 y 10?

Ⓐ 2　Ⓑ 10　Ⓒ 20　Ⓓ 40

42. Opción múltiple ¿Qué par de números tiene un mínimo común múltiplo de 150?

Ⓕ 10, 15　Ⓖ 150, 300　Ⓗ 2, 300　Ⓙ 15, 50

Simplifica cada expresión. (Lección 1-9)

43. $3c + 2c - 2$　**44.** $5x + 3x^2 - 2x$　**45.** $7u + 3v - 4$　**46.** $m + 1 - 6m$

Halla el máximo común divisor (MCD). (Lección 2-7)

47. 12, 28　**48.** 16, 24　**49.** 15, 75　**50.** 28, 70

Prueba de las Lecciones 2-6 a 2-8

2-6 Factorización prima

Completa cada árbol de factores para hallar la factorización prima.

1. 24
6 • 4
? • ? • ? • ?

2. 140
14 • 10
? • ? • ? • ?

3. 45
3 • ?
3 • ? • ?

4. 42
? • ?
3 • 7 • ?

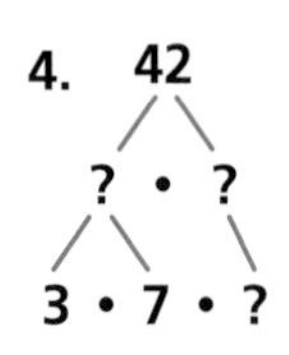

Escribe la factorización prima de cada número.

5. 96 **6.** 125 **7.** 99

8. 105 **9.** 324 **10.** 500

2-7 Máximo común divisor

Halla el máximo común divisor (MCD).

11. 66, 96 **12.** 18, 27, 45 **13.** 16, 28, 44

14. 14, 28, 56 **15.** 85, 102 **16.** 76, 95

17. 52, 91, 104 **18.** 30, 75, 90 **19.** 118, 116

20. Yasmin y Jon han ofrecido preparar las meriendas para la excursión de primer grado. Tienen 63 bastones de zanahoria y 105 fresas. ¿Cuál es la mayor cantidad de meriendas idénticas que pueden preparar usando todos los bastones de zanahoria y todas las fresas?

2-8 Mínimo común múltiplo (mcm)

Halla el mínimo común múltiplo (mcm).

21. 35, 40 **22.** 8, 25 **23.** 64, 72

24. 12, 20 **25.** 21, 33 **26.** 6, 30

27. 20, 42 **28.** 9, 13 **29.** 14, 18

30. Eddie sale a correr día por medio, levanta pesas cada tres días y va a nadar cada cuatro días. Si Eddie comienza con las tres actividades el lunes, ¿cuántos días pasarán hasta que vuelva a hacer las tres actividades el mismo día?

31. John y su mamá empiezan a correr al mismo tiempo en una pista de una milla. John corre 1 milla cada 8 minutos. Su mamá corre 1 milla cada 10 minutos. ¿En cuántos minutos volverán a encontrarse en la línea de partida?

Enfoque en resolución de problemas

Repasa

- **Comprueba que tu respuesta sea razonable.**

En algunas situaciones, como cuando buscas una estimación o respondes a una pregunta de opción múltiple, puedes comprobar si tu solución o respuesta es razonablemente precisa. Una manera de hacerlo es redondear los números al múltiplo de 10 ó 100 más cercano, según qué tan grandes sean los números. A veces, es útil redondear un número hacia arriba y otro hacia abajo.

Lee cada problema y determina si la solución que se da es muy alta, muy baja o parece correcta. Explica tu respuesta.

1. El equipo de porristas está preparando una cena con espaguetis para un proyecto de recaudación de fondos. Han montado y decorado 54 mesas en el gimnasio. En cada mesa pueden sentarse 8 personas. ¿Cuántas personas pueden sentarse en la cena?

   Solución: 432 personas

2. Las porristas necesitan recaudar $4,260 para participar en un campamento de porristas. Si esperan que a la cena asistan 400 personas, ¿cuánto deben cobrarle a cada una?

   Solución: $4

3. Para colaborar con el proyecto de recaudación de fondos, algunos restaurantes locales han ofrecido vales de $25 para regalar como premios. Se regalará un vale por cada premio, y habrá seis premios en total. ¿Cuál es el valor total de todos los vales ofrecidos por los restaurantes?

   Solución: $250

4. El costo total aproximado para organizar la cena es $270. Si las porristas recaudan $3,280 con la venta de entradas, ¿cuánto dinero les quedará después de pagar el costo de organización de la cena?

   Solución: $3,000

5. Dieciocho porristas y dos entrenadores planean asistir al campamento. Si a cada persona le corresponde la misma cantidad de dinero del total recaudado, es decir, $4,260, ¿cuánto dinero recibirá cada una?

   Solución: $562

2-9 Fracciones equivalentes y números mixtos

Aprender a identificar, escribir y convertir fracciones equivalentes y números mixtos

Vocabulario

fracciones equivalentes

fracción impropia

número mixto

En algunas recetas, las cantidades de ingredientes se dan como fracciones y, a veces, esas cantidades no son iguales a las fracciones de una taza de medir.Saber cómo se relacionan las fracciones entre sí puede ser muy útil.

Diferentes fracciones pueden identificar el mismo número.

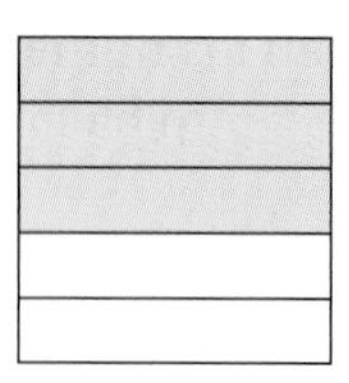
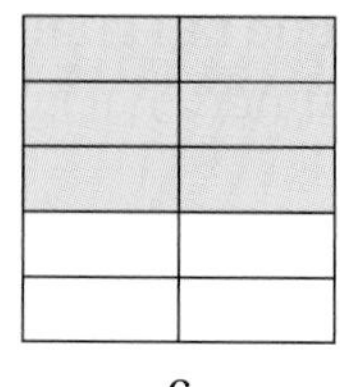
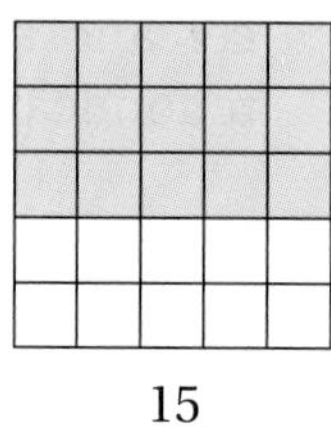

$$\frac{3}{5} = \frac{6}{10} = \frac{15}{25}$$

En el diagrama, $\frac{3}{5} = \frac{6}{10} = \frac{15}{25}$. Estas fracciones se llaman **fracciones equivalentes** porque son expresiones diferentes del mismo número distinto de cero.

Para crear fracciones equivalentes a una fracción dada, multiplica o divide el numerador y el denominador entre el mismo número.

EJEMPLO 1 Hallar fracciones equivalentes

Halla dos fracciones equivalentes a $\frac{14}{16}$.

$\frac{14}{16} = \frac{14 \cdot 2}{16 \cdot 2} = \frac{28}{32}$ *Multiplica el numerador y el denominador por 2.*

$\frac{14}{16} = \frac{14 \div 2}{6 \div 2} = \frac{7}{8}$ *Divide el numerador y el denominador entre 2.*

Las fracciones $\frac{7}{8}$, $\frac{14}{16}$ y $\frac{28}{32}$ del Ejemplo 1 son equivalentes, pero sólo $\frac{7}{8}$ está en su mínima expresión. Una fracción está en su mínima expresión cuando el máximo común divisor de su numerador y denominador es 1.

EJEMPLO 2 Escribir fracciones en su mínima expresión

Escribe la fracción $\frac{24}{36}$ en su mínima expresión.

Halla el MCD de 24 y 36.

$24 = 2 \cdot 2 \cdot 2 \cdot 3$ *El MCD es $12 = 2 \cdot 2 \cdot 3$*

$36 = 2 \cdot 2 \cdot 3 \cdot 3$

$\frac{24}{36} = \frac{24 \div 12}{36 \div 12} = \frac{2}{3}$ *Divide el numerador y el denominador entre 12.*

Para determinar si dos fracciones son equivalentes, halla un denominador común y compara los numeradores.

EJEMPLO 3 Determinar si las fracciones son equivalentes

Determina si las fracciones de cada par son equivalentes.

A $\frac{6}{8}$ y $\frac{9}{12}$

Ambas fracciones pueden escribirse con un denominador de 4.

$\frac{6}{8} = \frac{6 \div 2}{8 \div 2} = \frac{3}{4}$ $\frac{9}{12} = \frac{9 \div 3}{12 \div 3} = \frac{3}{4}$

Los numeradores son iguales, por lo tanto, las fracciones son equivalentes.

B $\frac{18}{15}$ y $\frac{25}{20}$

Ambas fracciones pueden escribirse con un denominador de 60.

$\frac{18}{15} = \frac{18 \cdot 4}{15 \cdot 4} = \frac{72}{60}$ $\frac{25}{20} = \frac{25 \cdot 3}{20 \cdot 3} = \frac{75}{60}$

Los numeradores *no* son iguales, por lo tanto, las fracciones *no* son equivalentes.

$\frac{8}{5}$ es una **fracción impropia.** Su numerador es mayor que su denominador.

$$\frac{8}{5} = 1\frac{3}{5}$$

$1\frac{3}{5}$ es un **número mixto.** Contiene un número cabal y una fracción.

EJEMPLO 4 Convertir entre fracciones impropias y números mixtos

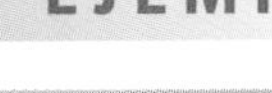

Cociente → 5
$4\overline{)21}$
−20
Residuo → 1

A **Escribe $\frac{21}{4}$ como número mixto.**

Primero, divide el numerador entre el denominador.

$\frac{21}{4} = 5\frac{1}{4}$ *Usa el cociente y el residuo para escribir el número mixto.*

B **Escribe $4\frac{2}{3}$ como fracción impropia.**

Primero, multiplica el denominador y el número cabal y luego suma el numerador.

$4\frac{2}{3} = \frac{3 \cdot 4 + 2}{3} = \frac{14}{3}$ *Usa el resultado para escribir la fracción impropia.*

Razonar y comentar

1. **Explica** un proceso para hallar denominadores comunes.
2. **Describe** cómo convertir entre fracciones impropias y números mixtos.

2-9 Ejercicios

go.hrw.com
Ayuda en línea para tareas*
CLAVE: MS7 2-9
Recursos en línea para padres
CLAVE: MS7 Parent
*(Disponible sólo en inglés)

PRÁCTICA GUIADA

Ver Ejemplo 1

Halla dos fracciones equivalentes a la fracción dada.

1. $\frac{21}{42}$ **2.** $\frac{33}{55}$ **3.** $\frac{10}{12}$ **4.** $\frac{15}{40}$

Ver Ejemplo 2

Escribe cada fracción en su mínima expresión.

5. $\frac{13}{26}$ **6.** $\frac{54}{72}$ **7.** $\frac{12}{15}$ **8.** $\frac{36}{42}$

Ver Ejemplo 3

Determina si las fracciones de cada par son equivalentes.

9. $\frac{3}{9}$ y $\frac{6}{8}$ **10.** $\frac{10}{12}$ y $\frac{20}{24}$ **11.** $\frac{8}{6}$ y $\frac{20}{15}$ **12.** $\frac{15}{8}$ y $\frac{19}{12}$

Ver Ejemplo 4

Escribe cada fracción como número mixto.

13. $\frac{15}{4}$ **14** $\frac{22}{5}$ **15.** $\frac{17}{13}$ **16.** $\frac{14}{3}$

Escribe cada número mixto como fracción impropia.

17. $6\frac{1}{5}$ **18** $1\frac{11}{12}$ **19.** $7\frac{3}{5}$ **20.** $2\frac{7}{16}$

PRÁCTICA INDEPENDIENTE

Ver Ejemplo 1

Halla dos fracciones equivalentes a la fracción dada.

21. $\frac{18}{20}$ **22.** $\frac{25}{50}$ **23.** $\frac{9}{15}$ **24.** $\frac{42}{70}$

Ver Ejemplo 2

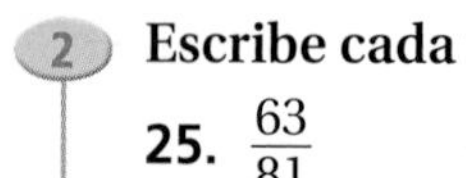

Escribe cada fracción en su mínima expresión.

25. $\frac{63}{81}$ **26.** $\frac{14}{21}$ **27.** $\frac{34}{48}$ **28.** $\frac{100}{250}$

Ver Ejemplo 3

Determina si las fracciones de cada par son equivalentes.

29. $\frac{5}{10}$ y $\frac{14}{28}$ **30.** $\frac{15}{20}$ y $\frac{20}{24}$ **31.** $\frac{125}{100}$ y $\frac{40}{32}$ **32.** $\frac{10}{5}$ y $\frac{18}{8}$

33. $\frac{2}{3}$ y $\frac{12}{18}$ **34.** $\frac{8}{12}$ y $\frac{24}{36}$ **35.** $\frac{54}{99}$ y $\frac{84}{132}$ **36.** $\frac{25}{15}$ y $\frac{175}{75}$

Ver Ejemplo 4

Escribe cada fracción como número mixto.

37. $\frac{19}{3}$ **38.** $\frac{13}{9}$ **39.** $\frac{81}{11}$ **40.** $\frac{71}{8}$

Escribe cada número mixto como fracción impropia.

41. $25\frac{3}{5}$ **42.** $4\frac{7}{16}$ **43.** $9\frac{2}{3}$ **44.** $4\frac{16}{31}$

PRÁCTICA Y RESOLUCIÓN DE PROBLEMAS

Práctica adicional
Ver página 729

45. Finanzas personales Cada mes, Adrián paga por las llamadas de larga distancia que hace con el teléfono familiar. El mes pasado, 15 de los 60 minutos de llamadas de larga distancia fueron de Adrián, que pagó $2.50 del recibo de $12. ¿Pagó la parte que le correspondía?

Escribe una fracción equivalente al número dado.

46. 8 **47.** $6\frac{1}{2}$ **48.** $2\frac{2}{3}$ **49.** $\frac{8}{21}$ **50.** $9\frac{8}{11}$

51. $\frac{55}{10}$ **52.** 101 **53.** $6\frac{15}{21}$ **54.** $\frac{475}{75}$ **55.** $11\frac{23}{50}$

CONEXIÓN Comida

Una sola compañía de pan puede hacer hasta 1,217 hogazas o barras de pan por minuto.

Halla el par equivalente de fracciones en cada conjunto.

56. $\frac{6}{15}, \frac{21}{35}, \frac{3}{5}$ **57.** $\frac{7}{12}, \frac{12}{20}, \frac{6}{10}$ **58.** $\frac{2}{3}, \frac{12}{15}, \frac{20}{30}, \frac{15}{24}$ **59.** $\frac{7}{4}, \frac{9}{5}, \frac{32}{20}, \frac{72}{40}$

Hay 12 pulgadas en 1 pie. Escribe un número mixto para representar cada medida en pies. (Ejemplo: 14 pulgadas = $1\frac{2}{12}$ pie ó $1\frac{1}{6}$ pie)

60. 25 pulgadas **61.** 100 pulgadas **62.** 362 pulgadas **63.** 42 pulgadas

64. **Estudios sociales** Un billete de dólar mide $15\frac{7}{10}$ centímetros de largo y $6\frac{13}{20}$ centímetros de ancho. Escribe cada número como fracción impropia.

65. **Alimentos** Una panadería usa $37\frac{1}{2}$ tazas de harina para hacer 25 hogazas de pan por día. Escribe una fracción que muestre cuántos $\frac{1}{4}$ de taza de harina se usan para hacer el pan cada día en la panadería.

66. **Escribe un problema** Cal hizo la gráfica de la derecha. Usa la gráfica para escribir un problema que contenga fracciones.

67. **Escríbelo** Dibuja un diagrama en el que muestres cómo puedes usar una división para escribir $\frac{25}{3}$ como número mixto. Explica tu diagrama.

68. **Desafío** Kenichi gastó $\frac{2}{5}$ de su cheque de cumpleaños de $100 en ropa. ¿Cuánto costó la ropa nueva de Kenichi?

Cómo reparte Cal su día

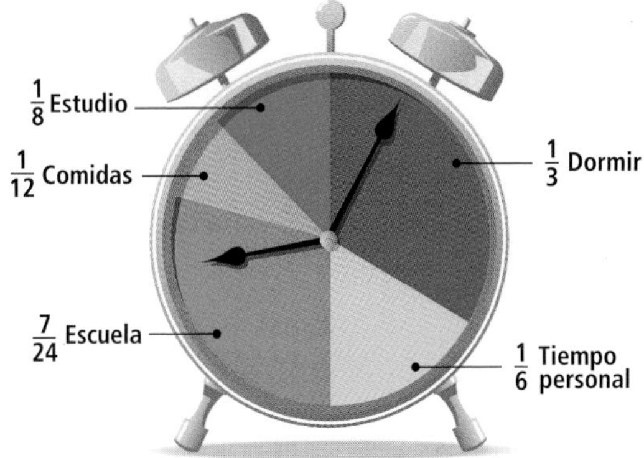

PREPARACIÓN PARA EL EXAMEN y repaso en espiral

69. **Opción múltiple** ¿Qué fracción impropia NO es equivalente a $2\frac{1}{2}$?

Ⓐ $\frac{5}{2}$ Ⓑ $\frac{10}{4}$ Ⓒ $\frac{20}{6}$ Ⓓ $\frac{25}{10}$

70. **Opción múltiple** ¿Qué fracción es equivalente a $\frac{5}{6}$?

Ⓕ $\frac{20}{24}$ Ⓖ $\frac{10}{18}$ Ⓗ $\frac{6}{7}$ Ⓙ $\frac{6}{5}$

71. **Respuesta breve** María necesita $\frac{4}{3}$ de taza de harina, $\frac{11}{4}$ de taza de agua y $\frac{3}{2}$ cucharadas de azúcar. Escribe cada una de estas medidas como número mixto.

Resuelve cada ecuación. Comprueba tus respuestas. (Lecciones 1-11 y 1-12)

72. $5b = 25$ **73.** $6 + y = 18$ **74.** $k - 57 = 119$ **75.** $\frac{z}{4} = 20$

Halla el mínimo común múltiplo (mcm). (Lección 2-8)

76. 2, 3, 4 **77.** 9, 15 **78.** 15, 20 **79.** 3, 7, 8

2-10 Decimales y fracciones equivalentes

Aprender a escribir fracciones como decimales y viceversa y a determinar si un decimal es finito o periódico

Vocabulario

decimal finito

decimal periódico

En béisbol, el promedio de bateo de un jugador compara la cantidad de hits con las veces que ha estado al bate. Las siguientes estadísticas corresponden a la temporada de béisbol 2004 de las Ligas Mayores.

Lance Berkman logró 172 hits en la temporada 2004.

Jugador	Hits	Al bate	Hits al bate	Promedio de bateo (milésimas)
Lance Berkman	172	544	$\frac{172}{544}$	$172 \div 544 \approx 0.316$
Alex Rodríguez	172	601	$\frac{172}{601}$	$172 \div 601 \approx 0.286$

Para convertir una fracción en decimal, divide el numerador entre el denominador.

EJEMPLO 1 Escribir fracciones como decimales

Escribe cada fracción como decimal. Redondea a la centésima más cercana si es necesario.

A $\frac{3}{4}$

$$\begin{array}{r} 0.75 \\ 4\overline{)3.00} \\ \underline{-28} \\ 20 \\ \underline{-20} \\ 0 \end{array}$$

$\frac{3}{4} = 0.75$

B $\frac{6}{5}$

$$\begin{array}{r} 1.2 \\ 5\overline{)6.0} \\ \underline{-5} \\ 10 \\ \underline{-10} \\ 0 \end{array}$$

$\frac{6}{5} = 1.2$

C $\frac{1}{3}$

$$\begin{array}{r} 0.333... \\ 3\overline{)1.000} \\ \underline{-9} \\ 10 \\ \underline{-9} \\ 10 \\ \underline{-9} \\ 1 \end{array}$$

$\frac{1}{3} = 0.333...$
≈ 0.33

Pista útil

Puedes usar una calculadora para comprobar tu división:

3 ÷ 4 = 0.75

6 ÷ 5 = 1.2

1 ÷ 3 = 0.333...

Los decimales 0.75 y 1.2 del Ejemplo 1 son **decimales finitos** porque tienen un fin. El decimal 0.333... es un **decimal periódico** porque repite un patrón sin fin. También puedes escribir un decimal periódico con una barra sobre la parte que se repite.

$0.333... = 0.\overline{3}$ $\qquad 0.8333... = 0.8\overline{3}$ $\qquad 0.727272... = 0.\overline{72}$

Puedes usar el valor posicional para escribir algunas fracciones como decimales.

EJEMPLO 2 Usar el cálculo mental para escribir fracciones como decimales

Escribe cada fracción como decimal.

A $\frac{2}{5}$

$\frac{2}{5} \times \frac{2}{2} = \frac{4}{10}$ *Multiplica para obtener una potencia de 10 en el denominador.*

$= 0.4$

B $\frac{7}{25}$

$\frac{7}{25} \times \frac{4}{4} = \frac{28}{100}$ *Multiplica para obtener una potencia de 10 en el denominador.*

$= 0.28$

También puedes usar el valor posicional para escribir un decimal finito como una fracción. Usa el valor posicional del último dígito a la derecha del punto decimal como el denominador de la fracción.

EJEMPLO 3 Escribir decimales como fracciones

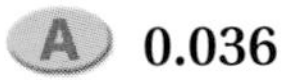

Leer matemáticas

El decimal 0.036 se lee como "treinta y seis milésimas".

Escribe cada decimal como fracción en su mínima expresión.

A **0.036**

$0.036 = \frac{36}{1{,}000}$ *El 6 está en la posición de las milésimas.*

$= \frac{36 \div 4}{1{,}000 \div 4}$

$= \frac{9}{250}$

B **1.28**

$1.28 = \frac{128}{100}$ *El 8 está en la posición de las centésimas.*

$= \frac{128 \div 4}{100 \div 4}$

$= \frac{32}{25}$ ó $1\frac{7}{25}$

EJEMPLO 4 *Aplicación a los deportes*

Durante un partido de fútbol americano, Albert completó 23 de los 27 pases que lanzó. Halla su tasa de pases completos a la milésima más cercana.

Fracción	Lo que muestra la calculadora	Tasa de pases completos
$\frac{23}{27}$	23 ÷ 27 ENTER 0.851851852	0.852

Su tasa de pases completos es 0.852.

Razonar y comentar

1. **Indica** cómo escribir una fracción como decimal.
2. **Explica** cómo usar el valor posicional para convertir 0.2048 en una fracción.

2-10 Ejercicios

go.hrw.com
Ayuda en línea para tareas*
CLAVE: MS7 2-10
Recursos en línea para padres
CLAVE: MS7 Parent
*(Disponible sólo en inglés)

PRÁCTICA GUIADA

Ver Ejemplo 1 **Escribe cada fracción como decimal. Redondea a la centésima más cercana si es necesario.**

1. $\frac{4}{7}$ **2.** $\frac{21}{8}$ **3.** $\frac{11}{6}$ **4.** $\frac{7}{9}$

Ver Ejemplo 2 **Escribe cada fracción como decimal.**

5. $\frac{3}{25}$ **6.** $\frac{7}{10}$ **7.** $\frac{1}{20}$ **8.** $\frac{3}{5}$

Ver Ejemplo 3 **Escribe cada decimal como fracción en su mínima expresión.**

9. 0.008 **10.** −0.6 **11.** −2.05 **12.** 3.75

Ver Ejemplo 4 **13. Deportes** Luego del triunfo decisivo en el campo de los Orioles de Baltimore, en 2001, los Mariners de Seattle tuvieron una marca de 103 partidos ganados sobre 143 jugados. Halla la tasa de triunfos de los Mariners. Escribe tu respuesta como decimal redondeado a la milésima más cercana.

PRÁCTICA INDEPENDIENTE

Ver Ejemplo 1 **Escribe cada fracción como decimal. Redondea a la centésima más cercana si es necesario.**

14. $\frac{9}{10}$ **15.** $\frac{32}{5}$ **16.** $\frac{18}{25}$ **17.** $\frac{7}{8}$

18. $\frac{16}{11}$ **19.** $\frac{500}{500}$ **20.** $\frac{17}{3}$ **21.** $\frac{23}{12}$

Ver Ejemplo 2 **Escribe cada fracción como decimal.**

22. $\frac{5}{4}$ **23.** $\frac{4}{5}$ **24.** $\frac{15}{25}$ **25.** $\frac{11}{20}$

Ver Ejemplo 3 **Escribe cada decimal como una fracción en su mínima expresión.**

26. 0.45 **27.** 0.01 **28.** −0.25 **29.** −0.08

30. 1.8 **31.** 15.25 **32.** 5.09 **33.** 8.375

Ver Ejemplo 4 **34. Escuela** En una prueba, Caleb respondió correctamente a 73 de 86 preguntas. ¿Qué parte de sus respuestas fue correcta? Escribe tu respuesta como decimal redondeado a la milésima más cercana.

PRÁCTICA Y RESOLUCIÓN DE PROBLEMAS

Práctica adicional
Ver página 729

Da dos números equivalentes a cada fracción o decimal.

35. $8\frac{3}{4}$ **36.** 0.66 **37.** 5.05 **38.** $\frac{8}{25}$

39. 15.35 **40.** $8\frac{3}{8}$ **41.** $4\frac{3}{1{,}000}$ **42.** $3\frac{1}{3}$

Determina si los números de cada par son equivalentes.

43. $\frac{3}{4}$ y 0.75 **44.** $\frac{7}{20}$ y 0.45 **45.** $\frac{11}{21}$ y 0.55 **46.** 0.8 y $\frac{4}{5}$

47. 0.275 y $\frac{11}{40}$ **48.** $1\frac{21}{25}$ y 1.72 **49.** 0.74 y $\frac{16}{25}$ **50.** 0.35 y $\frac{7}{20}$

CONEXIÓN con la economía

Los operadores observan los cambios en los precios de las acciones desde el piso de una bolsa de valores.

Usa la tabla para los Ejercicios 51 y 52.

Valores de las acciones XYZ (octubre de 2001)				
Fecha	**Apertura**	**Alta**	**Baja**	**Cierre**
Oct 16	17.89	18.05	17.5	17.8
Oct 17	18.01	18.04	17.15	17.95
Oct 18	17.84	18.55	17.81	18.20

51. Escribe el valor diario más alto de las acciones XYZ como número mixto en su mínima expresión.

52. ¿Qué día aumentó el precio de las acciones XYZ $\frac{9}{25}$ de dólar entre la apertura y el cierre del día?

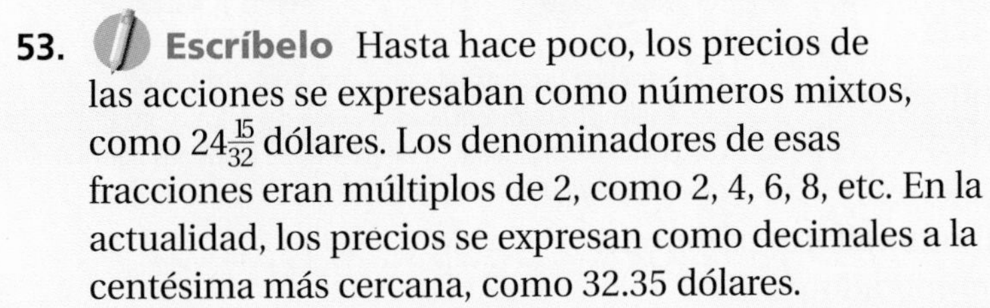

53. **Escríbelo** Hasta hace poco, los precios de las acciones se expresaban como números mixtos, como $24\frac{15}{32}$ dólares. Los denominadores de esas fracciones eran múltiplos de 2, como 2, 4, 6, 8, etc. En la actualidad, los precios se expresan como decimales a la centésima más cercana, como 32.35 dólares.

a. ¿Cuáles son algunas ventajas de usar decimales en lugar de fracciones?

b. La vieja máquina teleimpresora perforaba una cinta para imprimir los precios de las acciones. Tal vez, como la máquina no podía mostrar fracciones, los precios se imprimían como decimales. Escribe algunos decimales equivalentes a fracciones como los que podía imprimir la máquina.

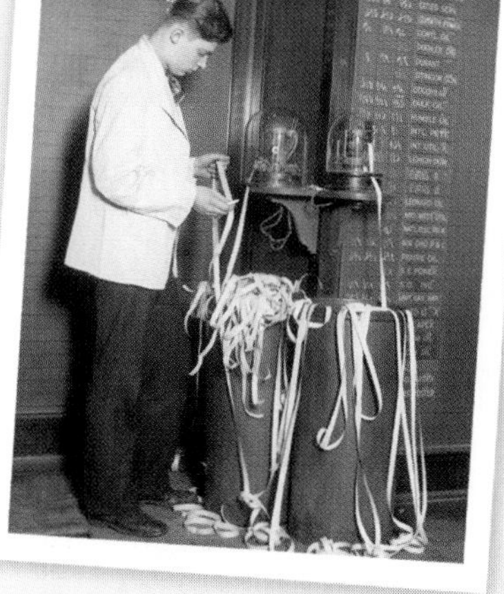

Antes de las computadoras, se usaban máquinas teleimpresoras que perforaban para imprimir tiras de papel los precios de las acciones.

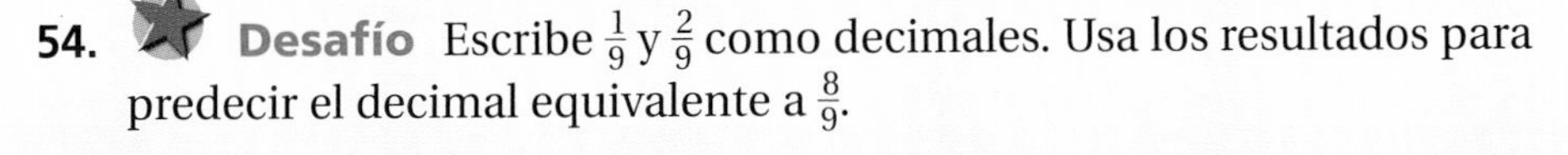

54. **Desafío** Escribe $\frac{1}{9}$ y $\frac{2}{9}$ como decimales. Usa los resultados para predecir el decimal equivalente a $\frac{8}{9}$.

go.hrw.com
¡Web Extra!
CLAVE: MS7 Stook

PREPARACIÓN PARA EL EXAMEN y repaso en espiral

55. **Opción múltiple** ¿Qué fracción NO es equivalente a 0.35?

Ⓐ $\frac{35}{100}$ Ⓑ $\frac{7}{20}$ Ⓒ $\frac{14}{40}$ Ⓓ $\frac{25}{80}$

56. **Respuesta gráfica.** Escribe $\frac{6}{17}$ como decimal redondeado a la centésima más cercana.

Determina si el valor que se da para la variable es una solución. (Lección 1-10)

57. $x = 2$ para $3x - 4 = 1$ **58.** $x = 3$ para $5x + 4 = 19$ **59.** $x = 14$ para $9(4 + x) = 162$

Escribe cada número mixto como fracción impropia. (Lección 2-9)

60. $4\frac{1}{5}$ **61.** $3\frac{1}{4}$ **62.** $1\frac{2}{3}$ **63.** $6\frac{1}{4}$

2-11 Cómo comparar y ordenar números racionales

Aprender **a comparar y ordenar fracciones y decimales**

Vocabulario

número racional

¿Qué es mayor: $\frac{7}{9}$ ó $\frac{2}{9}$?

Para comparar fracciones con el mismo denominador, sólo compara los numeradores.

$\frac{7}{9} > \frac{2}{9}$ porque $7 > 2$.

$= \frac{7}{9}$

$= \frac{2}{9}$

Quisiera una pizza extragrande con $\frac{1}{2}$ de salchichón, $\frac{4}{5}$ de salchicha, $\frac{1}{3}$ de anchoas del lado del salchichón, $\frac{3}{8}$ de crema de cacahuate, $\frac{5}{11}$ de piña, $\frac{2}{13}$ de golosinas para el perro… y queso extra.

Para comparar fracciones con denominadores diferentes, primero escribe fracciones equivalentes con denominadores comunes. Luego compara los numeradores.

EJEMPLO 1 Comparar fracciones

Compara las fracciones. Escribe < ó >.

A $\frac{5}{6} \blacksquare \frac{7}{10}$

El mcm de los denominadores 6 y 10 es 30.

$\frac{5}{6} = \frac{5 \cdot 5}{6 \cdot 5} = \frac{25}{30}$ — *Escribe fracciones equivalentes con 30 como denominador.*

$\frac{7}{10} = \frac{7 \cdot 3}{10 \cdot 3} = \frac{21}{30}$

$\frac{25}{30} > \frac{21}{30}$, por lo tanto, $\frac{5}{6} > \frac{7}{10}$. — *Compara los numeradores.*

B $-\frac{3}{5} \blacksquare -\frac{5}{9}$

Ambas fracciones pueden escribirse con un denominador de 45.

$-\frac{3}{5} = \frac{-3 \cdot 9}{5 \cdot 9} = \frac{-27}{45}$ — *Escribe fracciones equivalentes con 45 como denominador. Pon los signos negativos en los numeradores.*

$-\frac{5}{9} = \frac{-5 \cdot 5}{9 \cdot 5} = \frac{-25}{45}$

$\frac{-27}{45} < \frac{-25}{45}$, por lo tanto, $-\frac{3}{5} < -\frac{5}{9}$.

Pista útil

Una fracción menor que 0 se puede escribir como $-\frac{3}{5}$, $\frac{-3}{5}$ ó $\frac{3}{-5}$.

Para comparar decimales, alinea los puntos decimales y compara los dígitos de izquierda a derecha hasta hallar la posición en que los dígitos son diferentes.

EJEMPLO 2 Comparar decimales

Compara los decimales. Escribe $<$ ó $>$.

A $\mathbf{0.81}$ ▢ $\mathbf{0.84}$

0.81
↕
0.84

Alinea los puntos decimales.
Las décimas son iguales. Compara las centésimas: $1 < 4$.

Como $0.01 < 0.04$, $0.81 < 0.84$.

B $\mathbf{0.\overline{34}}$ ▢ $\mathbf{0.342}$

$0.\overline{34} = 0.3434\ldots$
↕
0.342

$0.\overline{34}$ es un decimal periódico.
Alinea los puntos decimales.
Las décimas y las centésimas son iguales.
Compara las milésimas: $3 > 2$.

Como $0.003 > 0.002$, $0.\overline{34} > 0.342$.

Un **número racional** es un número que puede escribirse como fracción con enteros tanto en el numerador como en el denominador. Cuando los números racionales se escriben de diferentes formas, puedes compararlos escribiéndolos todos de la misma forma.

EJEMPLO 3 Ordenar fracciones y decimales

Ordena $\frac{3}{5}$, $0.\overline{77}$, -0.1, $1\frac{1}{5}$ de menor a mayor.

$\frac{3}{5} = 0.60$ $\qquad$ $0.\overline{77} \approx 0.78$

$-0.1 = -0.10$ $\qquad$ $1\frac{1}{5} = 1.20$

Escribe como decimales con la misma cantidad de posiciones.

¡Recuerda!

Los valores en una recta numérica aumentan si te mueves de izquierda a derecha.

Representa los números en una recta numérica.

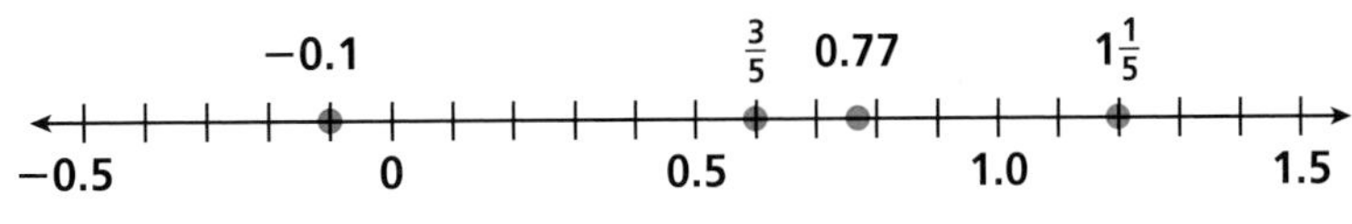

$-0.10 < 0.60 < 0.78 < 1.20$ *Compara los decimales.*

De menor a mayor, los números son -0.1, $\frac{3}{5}$, $0.\overline{77}$ y $1\frac{1}{5}$.

Razonar y comentar

1. Indica cómo comparar dos fracciones que tienen denominadores diferentes.

2. Explica por qué -0.31 es mayor que -0.325 aunque $2 > 1$.

2-11 Ejercicios

go.hrw.com
Ayuda en línea para tareas*
CLAVE: MS7 2-11
Recursos en línea para padres
CLAVE: MS7 Parent
*(Disponible sólo en inglés)

PRÁCTICA GUIADA

Ver Ejemplo 1
Compara las fracciones. Escribe < ó >.

1. $\frac{3}{5}$ ■ $\frac{4}{5}$
2. $-\frac{5}{8}$ ■ $-\frac{7}{8}$
3. $-\frac{2}{3}$ ■ $-\frac{4}{7}$
4. $3\frac{4}{5}$ ■ $3\frac{2}{3}$

Ver Ejemplo 2
Compara los decimales. Escribe < ó >.

5. 0.622 ■ 0.625
6. 0.405 ■ $0.\overline{45}$
7. −3.822 ■ −3.819

Ver Ejemplo 3
Ordena los números de menor a mayor.

8. $0.\overline{55}$, $\frac{3}{4}$, 0.505
9. 2.5, 2.05, $-\frac{13}{5}$
10. $\frac{5}{8}$, −0.875, 0.877

PRÁCTICA INDEPENDIENTE

Ver Ejemplo 1
Compara las fracciones. Escribe < ó >.

11. $\frac{6}{11}$ ■ $\frac{7}{11}$
12. $-\frac{5}{9}$ ■ $-\frac{6}{9}$
13. $-\frac{5}{6}$ ■ $-\frac{8}{9}$
14. $10\frac{3}{4}$ ■ $10\frac{3}{5}$
15. $\frac{5}{7}$ ■ $\frac{2}{7}$
16. $-\frac{3}{4}$ ■ $\frac{1}{4}$
17. $\frac{7}{4}$ ■ $-\frac{1}{4}$
18. $-\frac{2}{3}$ ■ $\frac{4}{3}$

Ver Ejemplo 2
Compara los decimales. Escribe < ó >.

19. 3.8 ■ 3.6
20. 0.088 ■ 0.109
21. $4.\overline{26}$ ■ 4.266
22. −1.902 ■ 0.920
23. −0.7 ■ −0.07
24. $3.\overline{08}$ ■ 3.808

Ver Ejemplo 3
Ordena los números de menor a mayor.

25. 0.7, 0.755, $\frac{5}{8}$
26. 1.82, 1.6, $1\frac{4}{5}$
27. −2.25, 2.05, $\frac{21}{10}$
28. $-3.\overline{02}$, −3.02, $1\frac{1}{2}$
29. 2.88, −2.98, $-2\frac{9}{10}$
30. $\frac{5}{6}$, $\frac{4}{5}$, 0.82

PRÁCTICA Y RESOLUCIÓN DE PROBLEMAS

Práctica adicional
Ver página 729

Elige el número mayor.

31. $\frac{3}{4}$ ó 0.7
32. 0.999 ó 1.0
33. $\frac{7}{8}$ ó $\frac{13}{20}$
34. −0.93 ó 0.2
35. 0.32 ó 0.088
36. $-\frac{1}{2}$ ó −0.05
37. $-\frac{9}{10}$ ó $-\frac{7}{8}$
38. 23.44 ó 23

39. **Ciencias de la Tierra** La densidad es una medida de la cantidad de materia en una unidad específica de espacio. Las densidades medias (medidas en gramos por centímetro cúbico) de los planetas del Sistema Solar se dan según la distancia de los planetas al Sol. Ordena los planetas de menor a mayor densidad.

Planeta	Densidad	Planeta	Densidad	Planeta	Densidad
Mercurio	5.43	Marte	3.93	Urano	1.32
Venus	5.20	Júpiter	1.32	Neptuno	1.64
Tierra	5.52	Saturno	0.69	Plutón	2.05

Un alga que crece en el pelaje de los perezosos hace que éstos se vean ligeramente verdes. Esto los ayuda a confundirse con los árboles y ocultarse de los depredadores.

40. Varios pasos Se considera que el oro de veinticuatro quilates es puro.

a. El collar de Angie es de oro de 22 kilates. ¿Cuál es su pureza como fracción?

b. El anillo de Luke es de oro 0.75. ¿Cuál de las dos joyas contiene más oro: la de Angie o la de Luke?

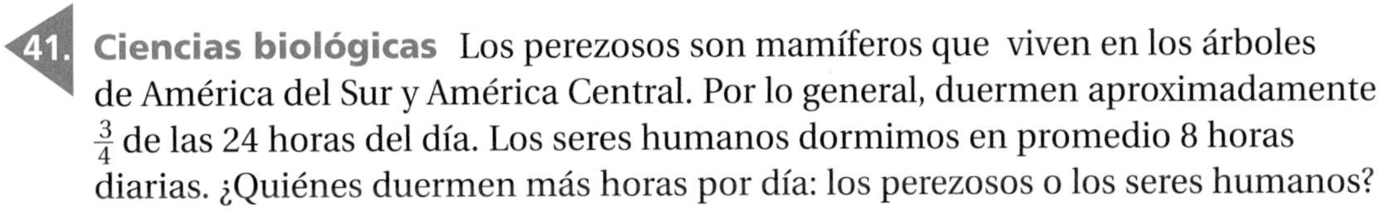

41. Ciencias biológicas Los perezosos son mamíferos que viven en los árboles de América del Sur y América Central. Por lo general, duermen aproximadamente $\frac{3}{4}$ de las 24 horas del día. Los seres humanos dormimos en promedio 8 horas diarias. ¿Quiénes duermen más horas por día: los perezosos o los seres humanos?

42. Ecología Del consumo total de agua en la casa de Beatriz, $\frac{5}{9}$ son para bañarse, para el inodoro y para la lavadora. ¿En qué se diferencia el uso que hace ella del agua para estos fines con el que se ve en la gráfica?

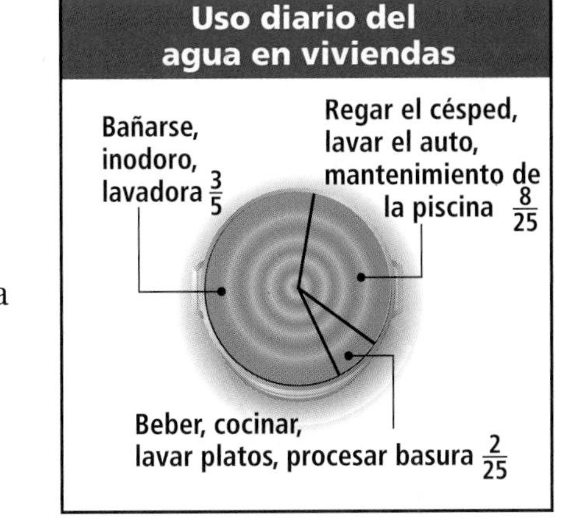

43. ¿Dónde está el error? Para hacer la receta de un pastel, se necesitan $4\frac{1}{2}$ tazas de harina. El cocinero agregó 10 medias tazas de harina a la mezcla. ¿Qué error cometió?

44. Escríbelo Explica cómo comparar un número mixto con un decimal.

45. Desafío Los científicos estiman que la Tierra tiene aproximadamente 4,600 millones de años de antigüedad. Actualmente vivimos en lo que se llama el eón Fanerozoico, que constituye alrededor de $\frac{7}{60}$ del tiempo de existencia de la Tierra. El primer eón, llamado Hadeano, constituye aproximadamente 0.175 del tiempo de existencia de la Tierra. ¿Qué eón representa más tiempo?

Preparación para el examen y repaso en espiral

46. Opción múltiple ¿Qué número es mayor?

Ⓐ 0.71 Ⓑ $\frac{5}{8}$ Ⓒ 0.65 Ⓓ $\frac{5}{7}$

47. Opción múltiple ¿En cuál de las siguientes opciones se ordena a los animales de mayor a menor velocidad?

Ⓕ araña, tortuga, caracol, perezoso

Ⓖ caracol, perezoso, tortuga, araña

Ⓗ tortuga, araña, caracol, perezoso

Ⓙ araña, tortuga, perezoso, caracol

Velocidad máxima (mi/h)

Animal	Caracol	Tortuga	Araña	Perezoso
Velocidad	0.03	0.17	1.17	0.15

Compara. Escribe <, > ó =. (Lección 2-1)

48. $|-14|$ ▢ -12 **49.** -7 ▢ -8 **50.** -4 ▢ 0 **51.** 3 ▢ -5

Simplifica. (Lecciones 2-2 y 2-3)

52. $-13+51$ **53.** $142-(-27)$ **54.** $-118-(-57)$ **55.** $-27+84$

Prueba de las Lecciones 2-9 a 2-11

2-9 Fracciones equivalentes y números mixtos

Determina si las fracciones de cada par son equivalentes.

1. $\frac{3}{4}$ y $\frac{2}{3}$ **2.** $\frac{3}{12}$ y $\frac{4}{16}$ **3.** $\frac{7}{25}$ y $\frac{6}{20}$ **4.** $\frac{5}{9}$ y $\frac{25}{45}$

5. En una pulgada hay $2\frac{54}{100}$ centímetros. Cuando le pidieron a Aimee que escribiera este valor como fracción impropia, ella escribió $\frac{127}{50}$. ¿Está bien lo que hizo? Explica.

2-10 Decimales y fracciones equivalentes

Escribe cada fracción como decimal. Redondea a la centésima más cercana si es necesario.

6. $\frac{7}{10}$ **7.** $\frac{5}{8}$ **8.** $\frac{2}{3}$ **9.** $\frac{14}{15}$

Escribe cada decimal como fracción en su mínima expresión.

10. 0.22 **11.** −0.135 **12.** −4.06 **13.** 0.07

14. En una porción de 30 gramos de galletas, hay 24 gramos de carbohidratos. ¿Qué fracción de la porción se compone de carbohidratos? Escribe tu respuesta como fracción y como decimal.

15. En un juego de softbol, Sara hizo 70 lanzamientos. De ellos, 29 fueron *strikes*. ¿Qué porción de los lanzamientos de Sara fueron *strikes?* Escribe tu respuesta como decimal redondeado a la milésima más cercana.

2-11 Cómo comparar y ordenar números racionales

Compara las fracciones. Escribe < ó >.

16. $\frac{3}{7}$ ■ $\frac{2}{4}$ **17.** $-\frac{1}{8}$ ■ $-\frac{2}{11}$ **18.** $\frac{5}{4}$ ■ $\frac{4}{5}$ **19.** $-1\frac{2}{3}$ ■ $\frac{1}{2}$

Compara los decimales. Escribe < ó >.

20. 0.521 ■ 0.524 **21.** 2.05 ■ −2.50 **22.** 3.001 ■ 3.010 **23.** −0.26 ■ −0.626

Ordena los números de menor a mayor.

24. $\frac{3}{7}$, −0.372, $-\frac{2}{3}$, 0.5 **25.** $2\frac{9}{11}$, $\frac{4}{5}$, 2.91, 0.9

26. −5.36, 2.36, $-5\frac{1}{3}$, $-2\frac{3}{6}$ **27.** 8.75, $\frac{7}{8}$, 0.8, $\frac{8}{7}$

28. Rafael midió la lluvia caída en su casa durante 3 días. El domingo, llovieron $\frac{2}{5}$ pulg. El lunes, llovieron $\frac{5}{8}$ pulg. El miércoles, llovieron 0.57 pulg. Ordena los días de menor a mayor cantidad de lluvia.

Preparación de varios pasos para el examen

Subidas y bajadas La torre Plaza es un rascacielos recientemente inaugurado en la zona céntrica comercial. En sus torres de 60 pisos, el edificio cuenta con múltiples grupos de elevadores.

1. En uno de los elevadores, suben 11 personas. En la primera parada, bajan 5. En la segunda parada, suben 7. En la tercera parada, bajan 8. ¿Cuántas personas quedan en el elevador? Usa una recta numérica para hacer un modelo del problema y resolverlo.
2. En otro viaje, la cantidad de personas que suben y bajan del elevador se representa con el modelo $12 + (-5) + (-3) + 4$. ¿Cuántas personas quedan en el elevador?
3. El edificio tiene dos elevadores rápidos. Uno se detiene en el primer piso y en pisos que son múltiplos de 6. El otro se detiene en el primer piso y en pisos que son múltiplos de 8. ¿En qué pisos puedes tomar ambos elevadores? Explica.
4. En la tabla se muestra el tiempo que tardan cuatro elevadores del edificio en recorrer diferentes distancias. La velocidad de cada elevador es la distancia dividida entre el tiempo. ¿Qué elevador es el más rápido? ¿Cuál es el más lento? Explica tu razonamiento.

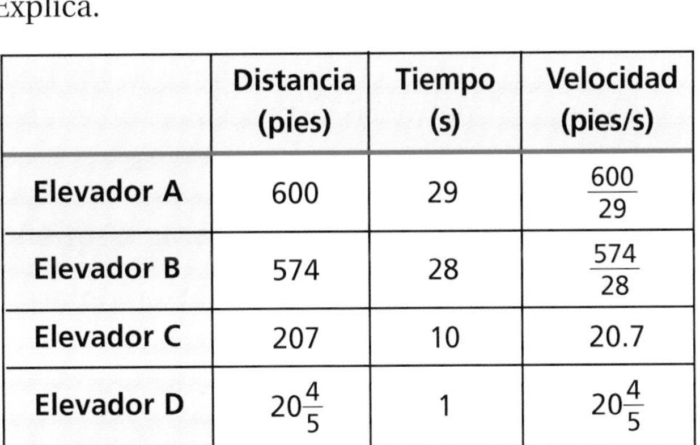

	Distancia (pies)	Tiempo (s)	Velocidad (pies/s)
Elevador A	600	29	$\frac{600}{29}$
Elevador B	574	28	$\frac{574}{28}$
Elevador C	207	10	20.7
Elevador D	$20\frac{4}{5}$	1	$20\frac{4}{5}$

EXTENSIÓN

Exponentes negativos

Aprender a evaluar exponentes negativos y a usarlos para escribir números en notación científica y en forma estándar

Cuando un número cabal tiene un exponente positivo, el valor de la potencia es mayor que 1. Cuando un número cabal tiene un exponente negativo, el valor de la potencia es menor que 1. Cuando cualquier número tiene un exponente cero, el valor de la potencia es igual a 1.

¿Ves un patrón en la tabla de la derecha? El exponente negativo se transforma en positivo cuando se encuentra en el denominador de una fracción.

Potencia	Valor	
10^2	100	$\div 10$
10^1	10	$\div 10$
10^0	1	$\div 10$
10^{-1}	$\frac{1}{10^1}$ ó 0.1	$\div 10$
10^{-2}	$\frac{1}{10^2}$ ó 0.01	$\div 10$
10^{-3}	$\frac{1}{10^3}$ ó 0.001	

EJEMPLO  **Evaluar exponentes negativos**

Evalúa 10^{-4}.

$10^{-4} = \frac{1}{10^4}$ — *Escribe la fracción con un exponente positivo en el denominador.*

$= \frac{1}{10{,}000}$ — *Evalúa la potencia.*

$= 0.0001$ — *Escribe la forma decimal.*

En el Capítulo 1, aprendiste a escribir números grandes en notación científica usando potencias de diez con exponentes positivos. De la misma manera, puedes escribir números muy pequeños en notación científica usando potencias de diez con exponentes negativos.

EJEMPLO  **Escribir números pequeños en notación científica**

Escribe 0.000065 en notación científica.

$0.000065 = 0.000065$ — *Mueve el punto decimal 5 posiciones hacia la derecha.*

$= 6.5 \times 0.00001$ — *Escríbelo como un producto de dos factores.*

$= 6.5 \times 10^{-5}$ — *Escríbelo en forma exponencial. Como el punto decimal se movió 5 posiciones, el exponente es –5.*

¡Recuerda!
Mueve el punto decimal hasta obtener un número mayor que o igual a 1 y menor que 10.

EJEMPLO 3 Escribir números pequeños en forma estándar

Escribe 3.4×10^{-6} en forma estándar.

$3.4 \times 10^{-6} = 0000003.4$ — *Como el exponente es –6, mueve el punto decimal 6 posiciones hacia la izquierda.*

$= 0.0000034$

Al comparar números en notación científica, tal vez sólo necesites comparar las potencias de diez para ver qué valor es mayor.

EJEMPLO 4 Comparar números usando la notación científica

Compara. Escribe $<$, $>$ ó $=$.

A 3.7×10^{-8} ▢ 6.1×10^{-12}

$10^{-8} > 10^{-12}$ — *Compara las potencias de diez.*

Como $10^{-8} > 10^{-12}$, $3.7 \times 10^{-8} > 6.1 \times 10^{-12}$.

B 4.9×10^{-5} ▢ 7.3×10^{-5}

$10^{-5} = 10^{-5}$ — *Compara las potencias de diez.*

Como las potencias de diez son iguales, compara los decimales.

$4.9 < 7.3$ — *4 es menor que 7.*

Como $4.9 < 7.3$, $4.9 \times 10^{-5} < 7.3 \times 10^{-5}$.

EXTENSIÓN Ejercicios

Halla cada valor.

1. 10^{-8} **2.** 10^{-6} **3** 10^{-5} **4.** 10^{-10} **5.** 10^{-7}

Escribe cada número en notación científica o en forma estándar.

6. 0.00000021 **7.** 0.00086 **8.** 0.0000000066 **9.** 0.007

10. 0.0009 **11.** 0.0453 **12.** 0.0701 **13.** 0.00003021

14. 5.8×10^{-9} **15.** 4.5×10^{-5} **16.** 3.2×10^{-3} **17.** 1.4×10^{-11}

18. 2.77×10^{-1} **19.** 9.06×10^{-2} **20.** 7×10^{-10} **21.** 8×10^{-8}

Compara. Escribe $<$, $>$ ó $=$.

22. 7.6×10^{-1} ▢ 7.7×10^{-1} **23.** 8.2×10^{-7} ▢ 8.1×10^{-6}

24. 2.8×10^{-6} ▢ 2.8×10^{-7} **25** 5.5×10^{-2} ▢ 2.2×10^{-5}

26. Escríbelo Escribe el efecto que tiene un exponente cero sobre una potencia.

¡Vamos a jugar!

Cuadrados mágicos

Un cuadrado mágico es una cuadrícula con números, en la que los números de cada fila, columna y diagonal tienen la misma suma "mágica". Prueba el cuadrado de la derecha para ver un ejemplo.

Puedes usar un cuadrado mágico para hacer algunos cálculos sorprendentes. Cubre un bloque de cuatro cuadrados (2×2) con una hoja de papel. Hay una forma de hallar la suma de estos cuadrados sin verlos. Trata de hallarla. *(Pista:* ¿qué número en el cuadrado mágico puedes restar de la suma mágica para que te dé la suma de los números en el bloque? ¿Dónde se ubica ese número?)

La respuesta es la siguiente: para hallar la suma de cualquier bloque de cuatro números, toma 65 (la suma mágica) y réstale el número que está a dos cuadrados en diagonal de una esquina del bloque.

18	10	22	14	1
12	4	16	8	25
6	23	15	2	19
5	17	9	21	13
24	11	3	20	7

$65 - 21 = 44$

18	10	22	14	1
12	4	16	8	25
6	23	15	2	19
5	17	9	21	13
24	11	3	20	7

$65 - 1 = 64$

El número que restas debe estar en una extensión de una diagonal del bloque. Por cada bloque que elijas, habrá sólo una dirección en la que puedas ir.

Trata de crear un cuadrado mágico de 3×3 con los números del 1 al 9.

Un tres en raya modificado

El tablero tiene una hilera de nueve cuadrados numerados del 1 al 9. Los jugadores eligen por turnos los cuadrados. La meta es que un jugador elija cuadrados de modo que cualquier serie de tres cuadrados del jugador sume 15. El juego también se puede jugar con un tablero numerado del 1 al 16 y con la meta de sumar 34.

go.hrw.com
¡Vamos a jugar! Extra
CLAVE: MS7 Games

La copia completa de las reglas y el tablero del juego se encuentran disponibles en línea.

PROYECTO Doblar y desdoblar enteros y números racionales

Haz tu propia libreta plegada y úsala para escribir definiciones, problemas de ejemplo y ejercicios de práctica.

Instrucciones

1. Coloca las hojas de papel para decoración unas sobre otras. Dobla el montón en cuatro partes y luego desdóblalo. Con las tijeras, haz un corte desde el borde hacia el centro del montón a lo largo del pliegue izquierdo. **Figura A**

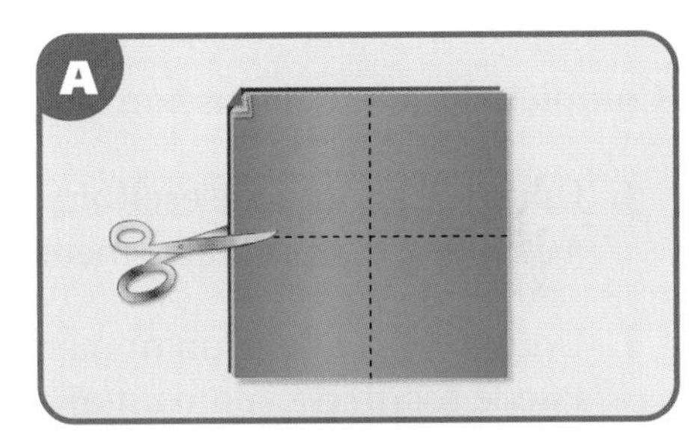

2. Coloca el montón frente a ti con el corte hacia la izquierda. Dobla el cuadrado superior izquierdo hacia el lado derecho del montón. **Figura B**

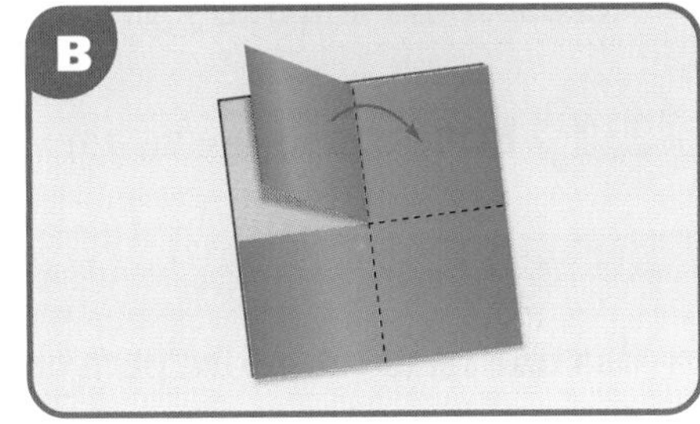

3. Ahora dobla los dos cuadrados de arriba desde la esquina superior derecha. A lo largo del corte, pega con cinta el cuadrado inferior izquierdo al cuadrado superior izquierdo. **Figura C**

4. Continúa doblando del montón, siempre en el sentido de las manecillas del reloj. Cuando llegues a la segunda capa, pega con cinta el corte en el mismo lugar que antes.

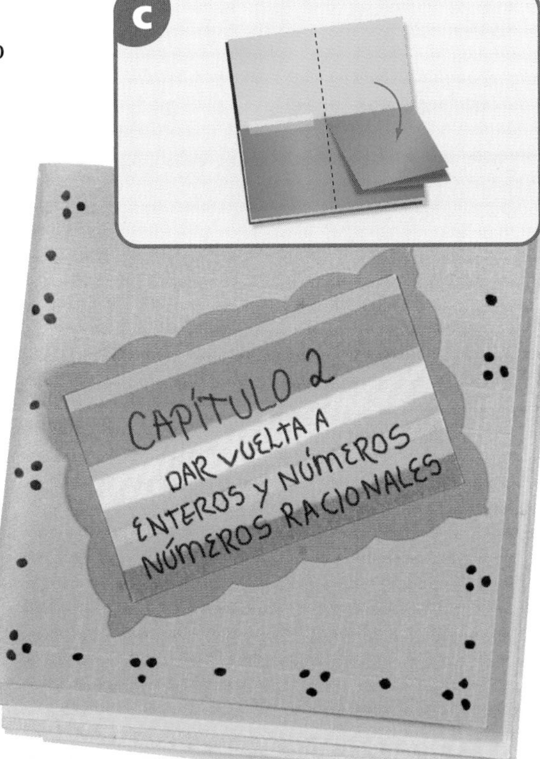

Tomar notas de matemáticas

Desdobla tu libreta terminada. Esta vez, a medida que das vuelta a las páginas, agrega definiciones, problemas de ejemplo, ejercicios de práctica o cualquier otro tipo de notas que necesites para estudiar el material del capítulo.

CAPÍTULO 2

Guía de estudio: Repaso

Vocabulario

decimal finito 124	fracciones equivalentes 121	número mixto 121
decimal periódico 124	máximo común divisor (MCD) 110	número primo 106
entero 76	mínimo común múltiplo (mcm) 114	número racional 129
factorización prima 106	múltiplo 114	opuesto 76
fracción impropia 120	número compuesto ... 106	valor absoluto 77

Completa los enunciados con las palabras del vocabulario.

1. Un(a) __?__ puede escribirse como la razón de un(a) __?__ a otro(a) y representarse mediante un decimal periódico o un(a) __?__.

2. Un(a) __?__ tiene un numerador que es mayor que su denominador. Puede escribirse como un(a) __?__, que contiene tanto un número cabal como una fracción.

2-1 Enteros (págs. 76–79)

EJEMPLO

- **Usa una recta numérica para ordenar los enteros de menor a mayor.**

  3, 4, −2, 1, −3

  −6 −4 −2 0 2 4 6

  −3, −2, 1, 3, 4

EJERCICIOS

Compara los enteros. Usa < ó >.

3. −8 ▢ −15
4. −7 ▢ 7

Usa una recta numérica para ordenar los enteros de menor a mayor.

5. −6, 4, 0, −2, 5
6. 8, −3, 2, −8, 1

Usa una recta numérica para hallar cada valor absoluto.

7. $|0|$
8. $|-17|$
9. $|6|$

2-2 Cómo sumar enteros (págs. 82–85)

EJEMPLO

- **Halla la suma.**

  −7 + (−11)

  −7 + (−11) *Los signos son los mismos.*

  −18

EJERCICIOS

Halla cada suma.

10. −8 + 5
11. 7 + (−6)
12. −16 + (−40)
13. −9 + 18
14. −2 + 16
15. 12 + (−18)

2-3 Cómo restar enteros (págs. 88–91)

EJEMPLO

■ **Halla la diferencia.**

$-5 - (-3)$

$-5 + 3 = -2$ *Suma el opuesto de −3.*

EJERCICIOS

Halla cada diferencia.

16. $8 - 2$
17. $10 - 19$
18. $-6 - (-5)$
19. $-5 - 4$

2-4 Cómo multiplicar y dividir enteros (págs. 94–97)

EJEMPLO

Halla cada producto o cociente.

■ $12 \cdot (-3)$
-36 *Los signos son diferentes, por lo tanto, el producto es negativo.*

■ $-16 \div (-4)$
4 *Los signos son los mismos, por lo tanto, el cociente es positivo.*

EJERCICIOS

Halla cada producto o cociente.

20. $5 \cdot (-10)$
21. $-27 \div (-9)$
22. $-2 \cdot (-8)$
23. $-40 \div 20$
24. $-3 \cdot 4$
25. $45 \div (-15)$

2-5 Cómo resolver ecuaciones que contienen enteros (págs. 100–103)

EJEMPLO

Resuelve.

■ $x - 12 = 4$
$\underline{+12} \quad \underline{+12}$ *Suma 12 a cada lado.*
$x = 16$

■ $-10 = -2f$
$\frac{-10}{-2} = \frac{-2f}{-2}$ *Divide cada lado entre −2.*
$5 = f$

EJERCICIOS

Resuelve.

26. $7y = 70$
27. $d - 8 = 6$
28. $j + 23 = -3$
29. $\frac{n}{36} = 2$
30. $-26 = -2c$
31. $28 = -7m$
32. $-15 = \frac{y}{7}$
33. $g - 12 = -31$
34. $-13 + p = 8$
35. $-8 + f = 8$

2-6 Factorización prima (págs. 106–109)

EJEMPLO

■ **Escribe la factorización prima de 56.**

$56 = 8 \cdot 7 = 2 \cdot 2 \cdot 2 \cdot 7$ ó $2^3 \cdot 7$

EJERCICIOS

Escribe la factorización prima.

36. 88
37. 27
38. 162
39. 96

2-7 Máximo común divisor (págs. 110–113)

EJEMPLO

■ **Halla el MCD de 32 y 12.**

Factores de 32: 1, 2, (4), 8, 16, 32
Factores de 12: 1, 2, 3, (4), 6, 12
El MCD es 4.

EJERCICIOS

Halla el máximo común divisor.

40. 120, 210
41. 81, 132
42. 36, 60, 96
43. 220, 440, 880

2-8 Mínimo común múltiplo (págs. 114–117)

EJEMPLO

- **Halla el mcm de 8 y 10.**

  Múltiplos de 8: 8, 16, 24, 32, (40)
  Múltiplos de 10: 10, 20, 30, (40)
  El mcm es 40.

EJERCICIOS

Halla el mínimo común múltiplo.

44. 5, 12 **45.** 4, 32 **46.** 3, 27

47. 15, 18 **48.** 6, 12 **49.** 5, 7, 9

2-9 Fracciones equivalentes y números mixtos (págs. 120–123)

EJEMPLO

- **Escribe $5\frac{2}{3}$ como fracción impropia.**

  $5\frac{2}{3} = \frac{3 \cdot 5 + 2}{3} = \frac{17}{3}$

- **Escribe $\frac{17}{4}$ como número mixto.**

  $\frac{17}{4} = 4\frac{1}{4}$ *Divide el numerador entre el denominador.*

EJERCICIOS

Escribe cada número mixto como fracción impropia.

50. $4\frac{1}{5}$ **51.** $3\frac{1}{6}$ **52.** $10\frac{3}{4}$

Escribe cada fracción como número mixto.

53. $\frac{10}{3}$ **54.** $\frac{5}{2}$ **55.** $\frac{17}{7}$

Halla dos fracciones equivalentes a la fracción dada.

56. $\frac{16}{18}$ **57.** $\frac{21}{24}$ **58.** $\frac{48}{63}$

2-10 Decimales y fracciones equivalentes (págs. 124–127)

EJEMPLO

- **Escribe 0.75 como fracción en su mínima expresión.**

  $0.75 = \frac{75}{100} = \frac{75 \div 25}{100 \div 25} = \frac{3}{4}$

- **Escribe $\frac{-5}{4}$ como decimal.**

  $\frac{5}{4} = 5 \div 4 = 1.25$

EJERCICIOS

Escribe cada decimal como fracción en su mínima expresión.

59. 0.25 **60.** −0.004 **61.** 0.05

Escribe cada fracción como decimal.

62. $\frac{7}{2}$ **63.** $\frac{3}{5}$ **64.** $\frac{2}{3}$

2-11 Cómo comparar y ordenar números racionales (págs. 128–131)

EJEMPLO

- **Compara. Escribe < ó >.**

  $-\frac{3}{4} \; \square \; -\frac{2}{3}$

  $-\frac{3}{4} \cdot \frac{3}{3} \; \square \; -\frac{2}{3} \cdot \frac{4}{4}$

  $-\frac{9}{12} < -\frac{8}{12}$

  Escribe como fracciones con denominadores comunes.

EJERCICIOS

Compara. Escribe < ó > .

65. $\frac{4}{5} \; \square \; 0.81$ **66.** $0.22 \; \square \; \frac{3}{20}$

67. $-\frac{3}{5} \; \square \; -1.5$ **68.** $1\frac{1}{8} \; \square \; 1\frac{2}{9}$

69. Ordena $\frac{6}{13}$, 0.58, −0.55 y $\frac{1}{2}$ de menor a mayor.

EXAMEN DEL CAPÍTULO

CAPÍTULO 2

Usa una recta numérica para ordenar los enteros de menor a mayor.

1. $-4, 3, -2, 0, 1$ **2.** $7, -6, 5, -8, -3$

Usa una recta numérica para hallar cada valor absoluto.

3. $|11|$ **4.** $|-5|$ **5.** $|-74|$ **6.** $|-1|$

Halla cada suma, diferencia, producto o cociente.

7. $-7 + (-3)$ **8.** $-6 - 3$ **9.** $17 - (-9) - 8$ **10.** $102 + (-97) + 3$

11. $-3 \cdot 20$ **12.** $-36 \div 12$ **13.** $-400 \div (-10)$ **14.** $-5 \cdot (-2) \cdot 9$

Resuelve.

15. $w - 4 = -6$ **16.** $x + 5 = -5$ **17.** $-6a = 60$ **18.** $\frac{n}{-4} = 12$

19. El equipo de tenis de Kathryn ha ganado 52 partidos. Su equipo ha ganado 9 partidos más que el equipo de Rebecca. ¿Cuántos partidos ha ganado el equipo de Rebecca esta temporada?

Escribe la factorización prima de cada número.

20. 30 **21.** 66 **22.** 78 **23.** 110

Halla el máximo común divisor (MCD).

24. 18, 27, 45 **25.** 16, 28, 44 **26.** 14, 28, 56 **27.** 24, 36, 64

Halla el mínimo común múltiplo (mcm).

28. 24, 36, 64 **29.** 24, 72, 144 **30.** 12, 15, 36 **31.** 9, 16, 25

Determina si las fracciones de cada par son equivalentes.

32. $\frac{6}{12}$ y $\frac{13}{26}$ **33.** $\frac{17}{20}$ y $\frac{20}{24}$ **34.** $\frac{30}{24}$ y $\frac{35}{28}$ **35.** $\frac{5}{3}$ y $\frac{8}{5}$

Escribe cada fracción como decimal. Escribe cada decimal como fracción en su mínima expresión.

36. $\frac{3}{50}$ **37.** $\frac{25}{10}$ **38.** 3.15 **39.** 0.004

40. El Club de Teatro tiene 52 miembros. De ellos, 18 están en séptimo grado. ¿Qué fracción del Club de Teatro se compone de estudiantes de séptimo grado? Escribe tu respuesta como fracción y como decimal. Redondea el decimal a la milésima más cercana.

Compara. Escribe $<$ ó $>$.

41. $\frac{2}{3}$ ■ 0.62 **42.** 1.5 ■ $1\frac{6}{20}$ **43.** $-\frac{9}{7}$ ■ -1 **44.** $\frac{11}{5}$ ■ $1\frac{2}{3}$

CAPÍTULO 2

PREPARACIÓN PARA EL EXAMEN ESTANDARIZADO

Evaluación acumulativa, Capítulos 1–2

go.hrw.com
Práctica en línea para el examen estatal
CLAVE: MS7 Test Prep

Opción múltiple

1. En Cleveland, Ohio, durante una semana de enero se registraron las siguientes temperaturas máximas diarias: −4° F, −2° F, −12° F, 5° F, 12° F, 16° F, 20° F. ¿Qué expresión puede usarse para hallar la diferencia entre la temperatura máxima y la mínima de la semana?

Ⓐ $20 - 2$
Ⓑ $20 - (-2)$
Ⓒ $20 - 12$
Ⓓ $20 - (-12)$

2. Halla el máximo común divisor de 16 y 32.

Ⓕ 2
Ⓖ 16
Ⓗ 32
Ⓙ 512

3. En una recta numérica, ¿entre qué pares de fracciones está la fracción $\frac{3}{5}$?

Ⓐ $\frac{1}{2}$ y $\frac{2}{10}$
Ⓑ $\frac{1}{2}$ y $\frac{7}{10}$
Ⓒ $\frac{3}{10}$ y $\frac{5}{15}$
Ⓓ $\frac{3}{10}$ y $\frac{8}{15}$

4. Maxie gana $210 a la semana como salvavidas. Después de cobrar su sueldo, les da $20 a cada una de sus tres hermanas y $120 a su mamá para pagar el automóvil. ¿Qué ecuación puede usarse para hallar *s*, la cantidad de dinero que le queda a Maxie?

Ⓕ $s = 210 - (3 \times 20) - 120$
Ⓖ $s = 210 - 20 - 120$
Ⓗ $s = 120 - (3 \times 20) - 120$
Ⓙ $s = 3 \times (210 - 20 - 120)$

5. ¿Qué expresión se puede usar para representar un patrón de la tabla?

x	?
−3	4
−5	2
−7	0
−9	−2

Ⓐ $x + 2$
Ⓑ $-2x$
Ⓒ $x - (-7)$
Ⓓ $x - 7$

6. ¿En cuál de las siguientes opciones se muestra una lista de números ordenados de menor a mayor?

Ⓕ −1.05, −2.55, −3.05
Ⓖ −2.75, $2\frac{5}{6}$, 2.50
Ⓗ −0.05, −0.01, $3\frac{1}{4}$
Ⓙ $-1\frac{2}{8}$, $-1\frac{4}{8}$, 1.05

7. ¿Cuál de las siguientes opciones es un ejemplo de la propiedad asociativa?

Ⓐ $5 + (4 + 1) = (5 + 4) + 1$
Ⓑ $32 + (2 + 11) = 32 + (11 + 2)$
Ⓒ $(2 \times 10) + (2 \times 4) = 2 \times 14$
Ⓓ $4(2 \times 7) = (4 \times 2) + (4 \times 7)$

8. Hay 100 centímetros en un metro. ¿Qué número mixto representa 625 centímetros en metros?

Ⓕ $6\frac{1}{4}$ m
Ⓖ $6\frac{2}{4}$ m
Ⓗ $6\frac{2}{5}$ m
Ⓙ $6\frac{3}{5}$ m

9. Un artista está creando un diseño compuesto por 6 franjas. La primera franja mide 2 metros de largo. La segunda franja mide 4 metros de largo, la tercera mide 8 metros de largo y la cuarta, 16 metros de largo. Si el patrón continúa, ¿cuánto medirá la sexta franja?

   Ⓐ 24 m   Ⓒ 64 m
   Ⓑ 32 m   Ⓓ 128 m

10. Simplifica la expresión $(-5)^2 - 3 \cdot 4$.

   Ⓕ −112   Ⓗ 13
   Ⓖ −37   Ⓙ 88

11. Evalúa $a - b$ para $a = -5$ y $b = 3$.

   Ⓐ −8   Ⓒ 2
   Ⓑ −2   Ⓓ 8

Las respuestas gráficas no pueden ser números negativos. Si obtienes un valor negativo, es probable que hayas cometido un error. ¡Comprueba tu trabajo!

Respuesta gráfica

12. Halla el valor que falta en la tabla.

t	$-t + 3 \cdot 5$
5	10
10	?

13. Halla x e y en cada ecuación. Haz una cuadrícula con la suma de x e y.

   $x + 6 = -4$ $-3y = -39$

14. Garrett limpia el polvo de su habitación cada cuatro días y la barre cada tres. Si hoy hace ambas cosas, ¿cuántos días pasarán antes de que vuelva a hacer ambas cosas el mismo día?

15. ¿Cuál es la potencia de 10 si escribes 5,450,000,000 en notación científica?

16. ¿Cuál es el valor de 8^3?

Respuesta breve

17. Los patrocinadores de la banda de la escuela donaron 128 sándwiches para un picnic. Sobraron s sándwiches.

   a. Escribe una expresión en la que muestres cuántos sándwiches se distribuyeron.

   b. Evalúa tu expresión para $s = 15$. ¿Qué representa tu respuesta?

18. Casey dice que la solución de la ecuación $x + 42 = 65$ es 107. Identifica su error. Explica por qué su respuesta es poco razonable. Muestra cómo resolver correctamente esta ecuación. Explica tu trabajo.

Respuesta desarrollada

19. La mensualidad de Mary se basa en el tiempo que dedica cada semana a practicar diferentes actividades. Esta semana, Mary dedicó 12 horas a sus actividades y ganó $12.00.

   a. Mary dedicó el siguiente tiempo a cada actividad: $\frac{1}{5}$ a practicar flauta, $\frac{1}{6}$ a estudiar español, $\frac{1}{3}$ a jugar al fútbol y $\frac{3}{10}$ a estudiar matemáticas. Escribe un decimal equivalente para el tiempo que dedicó a cada actividad. Redondea a la centésima más cercana si es necesario.

   b. Por cada actividad, Mary ganó la misma fracción de su mensualidad que el tiempo dedicado a una actividad específica. Esta semana, le pagaron $3.60 por practicar matemáticas. ¿Fue correcta esta cantidad? Explica cómo lo sabes.

   c. Ordena el tiempo que Mary dedicó a cada actividad de menor a mayor.

   d. Escribe un decimal con el que representes la fracción de tiempo que Mary hubiera dedicado a jugar fútbol durante 5 horas en lugar de 4 horas esta semana.

Resolución de problemas en lugares

OHIO

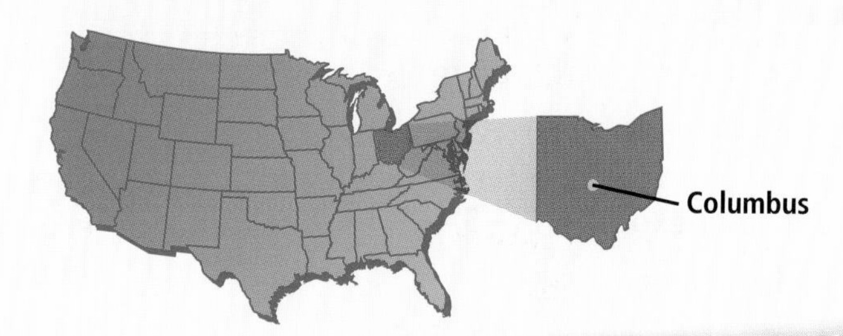

Puentes cubiertos

En todo Ohio, hay decenas de puentes históricos cubiertos. Cada año, el segundo fin de semana de octubre, el condado de Ashtabula organiza el Festival del Puente Cubierto, de modo que coincida con el espectacular follaje de otoño.

Elige una o más estrategias para resolver cada problema.

1. El puente Netcher Road, en Jefferson Township, mide 5 veces más de largo que de ancho. La suma de su longitud y su ancho es 132 pies. ¿Cuánto mide el puente de largo y cuánto de ancho?

2. El puente Olin, en Plymouth Township, mide 115 pies de largo. A lo largo de uno de sus lados, el puente tiene varias ventanas distribuidas de manera pareja. Cada ventana mide 5 pies de ancho y entre ellas hay 15 pies de distancia. La distancia entre la última ventana de cada extremo y el final del puente es 15 pies. ¿Cuántas ventanas hay?

Usa la gráfica para el Problema 3.

3. El condado de Ashtabula tiene la mayor cantidad de puentes cubiertos del estado. Usa la siguiente información para determinar la cantidad de puentes cubiertos de ese condado.
   - El condado de Ashtabula tiene más de 3 veces la cantidad de puentes cubiertos del condado de Perry.
   - La cantidad de puentes cubiertos del condado de Ashtabula es un múltiplo de la cantidad de puentes cubiertos del condado de Adams.
   - El condado de Ashtabula tiene menos puentes cubiertos que los que tienen en conjunto los cinco condados de la tabla.

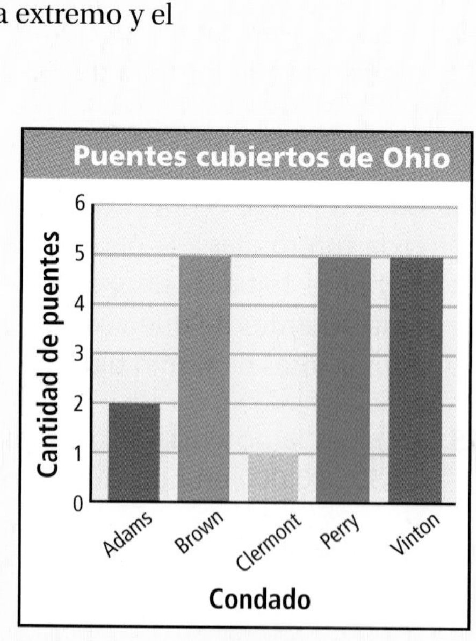

Estrategias de resolución de problemas

Dibujar un diagrama
Hacer un modelo
Calcular y poner a prueba
Trabajar en sentido inverso
Hallar un patrón
Hacer una tabla
Resolver un problema más sencillo
Usar el razonamiento lógico
Representar
Hacer una lista organizada

La Feria del Estado de Ohio

Durante más de 150 años, la Feria del Estado de Ohio en Columbus ha celebrado el patrimonio agrícola del estado. Cada verano, la capital se convierte en sede de una variada colección de exhibiciones, concursos y emocionantes carreras de caballos. Para más de un millón de visitantes anuales, la feria es una manera entretenida de aprender sobre la agricultura y la ganadería de Ohio.

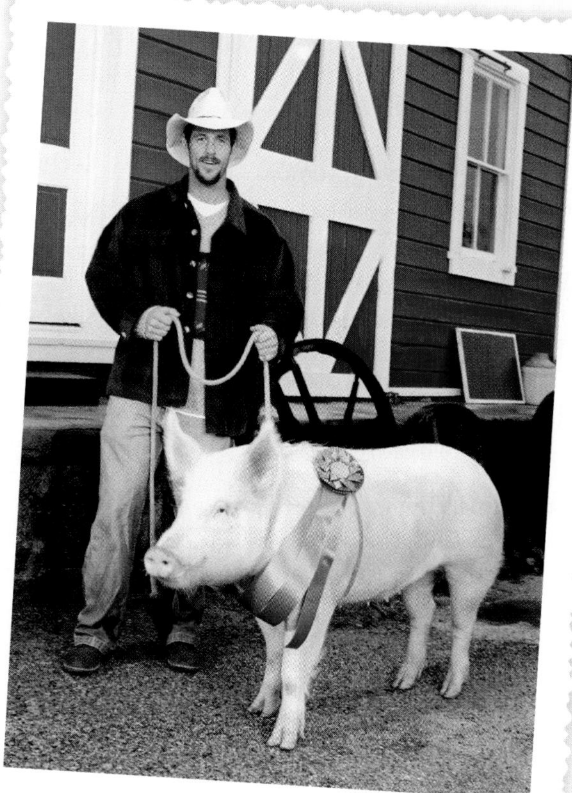

Elige una o más estrategias para resolver cada problema.

1. Las entradas a la feria cuestan $8 para los adultos y $7 para los niños. Un grupo de visitantes compró 7 entradas a $52. ¿Cuántos adultos y cuántos niños había en el grupo?

En la feria se presentan los cultivos más importantes de Ohio. Usa la tabla para resolver los Ejercicios del 2 al 4.

2. Ohio es el tercer productor nacional de uno de los cultivos que se muestran en la tabla. En 2002, se cosecharon más de 5,000 acres, pero menos de 1,000,000 de acres, del cultivo. En 2003, la producción del cultivo disminuyó. ¿De qué cultivo se trata?
3. Suponiendo que la producción de tomates disminuyó cada año la misma cantidad que en 2003, ¿cuántos acres de tomates se cosecharán en 2010?

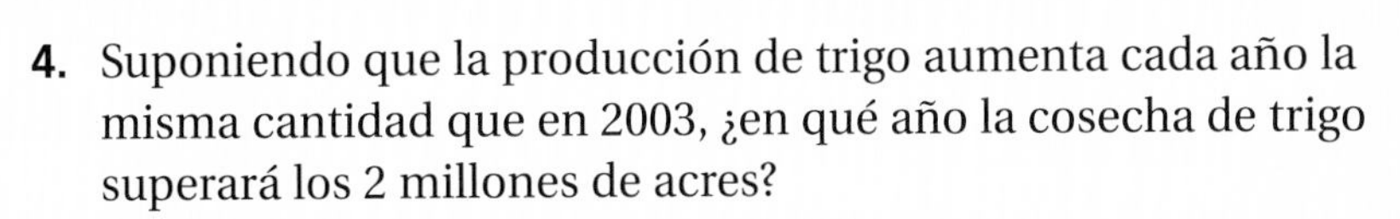

4. Suponiendo que la producción de trigo aumenta cada año la misma cantidad que en 2003, ¿en qué año la cosecha de trigo superará los 2 millones de acres?

Producción de cultivos de Ohio		
Cultivo	Cosecha 2002 (acres)	Aumento/Disminución en 2003 (acres)
Papa	4.4×10^3	−100
Soja	4.7×10^6	−440,000
Tomate	6.7×10^3	−100
Trigo	8.1×10^5	+190,000

CAPÍTULO 3

Aplicar números racionales

go.hrw.com
Presentación del capítulo en línea
CLAVE: MS7 Ch3

Ingredientes	10 Wafles	25 Wafles	50 Wafles
Harina	2 tz	5 tz	10 tz
Sal	$\frac{3}{4}$ de cda	$1\frac{7}{8}$ cda	$3\frac{3}{4}$ cdas
Bicarbonato de sodio	3 cdas	$7\frac{1}{2}$ cdas	15 cdas
Leche	$1\frac{2}{3}$ tz	$4\frac{1}{6}$ tz	$8\frac{1}{3}$ tz
Mantequilla (derretida)	$\frac{1}{2}$ tz	$1\frac{1}{4}$ tz	$2\frac{1}{2}$ tz

Profesión *Chef*

Tom Culbertson es chef repostero. Desarrolla y prepara todos los platillos horneados de su restaurante. En su trabajo, muy a menudo usa fracciones al medir ingredientes. También tiene que multiplicar y dividir fracciones para aumentar o disminuir la cantidad de porciones de una receta. Además de los panes y postres que hace, Tom es famoso por sus wafles para el desayuno, a los que agrega frutas frescas, como arándanos azules, fresas o plátanos.

Vocabulario

Elige de la lista el término que mejor complete cada enunciado.

decimal
fracción
fracción impropia
mínima expresión
número mixto

1. Un(a) __?__ es un número que se escribe con el sistema de valor posicional de base 10.
2. Un ejemplo de un(a) __?__ es $\frac{14}{5}$.
3. Un(a) __?__ es un número que representa una parte de un todo.

Resuelve los ejercicios para practicar las destrezas que usarás en este capítulo.

Simplificar fracciones

Escribe cada fracción en su mínima expresión.

4. $\frac{24}{40}$ 5. $\frac{64}{84}$ 6. $\frac{66}{78}$ 7. $\frac{64}{192}$

8. $\frac{21}{35}$ 9. $\frac{11}{99}$ 10. $\frac{16}{36}$ 11. $\frac{20}{30}$

Escribir números mixtos como fracciones

Escribe cada número mixto como fracción impropia.

12. $7\frac{1}{2}$ 13. $2\frac{5}{6}$ 14. $1\frac{14}{15}$ 15. $3\frac{2}{11}$

16. $3\frac{7}{8}$ 17. $8\frac{4}{9}$ 18. $4\frac{1}{7}$ 19. $5\frac{9}{10}$

Escribir fracciones como números mixtos

Escribe cada fracción impropia como número mixto.

20. $\frac{23}{6}$ 21. $\frac{17}{3}$ 22. $\frac{29}{7}$ 23. $\frac{39}{4}$

24. $\frac{48}{5}$ 25. $\frac{82}{9}$ 26. $\frac{69}{4}$ 27. $\frac{35}{8}$

Sumar, restar, multiplicar o dividir enteros

Halla cada suma, diferencia, producto o cociente.

28. $-11 + (-24)$ 29. $-11 - 7$ 30. $-4 \cdot (-10)$

31. $-22 \div (-11)$ 32. $23 + (-30)$ 33. $-33 - 74$

34. $-62 \cdot (-34)$ 35. $84 \div (-12)$ 36. $-26 - 18$

CAPÍTULO 3

Guía de estudio: Avance

De dónde vienes

Antes,

- sumaste, restaste, multiplicaste y dividiste números cabales.
- usaste modelos para resolver ecuaciones con números cabales.

En este capítulo

Estudiarás

- cómo usar modelos para representar situaciones de multiplicación y división con fracciones y decimales.
- cómo usar la suma, la resta, la multiplicación y la división para resolver problemas con fracciones y decimales.
- cómo resolver ecuaciones con números racionales.

Adónde vas

Puedes usar las destrezas aprendidas en este capítulo

- para estimar el costo total cuando compras varios artículos en la tienda de comestibles.
- para hallar medidas en actividades como la carpintería.

Vocabulario/Key Vocabulary

números compatibles	compatible numbers
recíproco	reciprocal

Conexiones de vocabulario

Considera lo siguiente para familiarizarte con algunos de los términos de vocabulario del capítulo. Puedes consultar el capítulo, el glosario o un diccionario si lo deseas.

1. Cuando dos cosas son compatibles, se relacionan bien. Puedes relacionar una fracción con un número con el que sea más fácil trabajar, como 1, $\frac{1}{2}$ ó 0, redondeando hacia arriba o hacia abajo. ¿Cómo puedes usar estos **números compatibles** para estimar las sumas y diferencias de fracciones?
2. Cuando las fracciones son **recíprocas,** tienen una relación especial. Las fracciones $\frac{3}{5}$ y $\frac{5}{3}$ son recíprocas. ¿Cómo crees que es la relación entre fracciones recíprocas?

Guía de estudio: Avance

Estrategia de estudio: Usa tus notas con eficacia

Tomar notas te ayuda a entender y recordar la información de tu libro y de tus clases. En esta página, verás algunos pasos para usar con eficacia tus notas antes y después de clase.

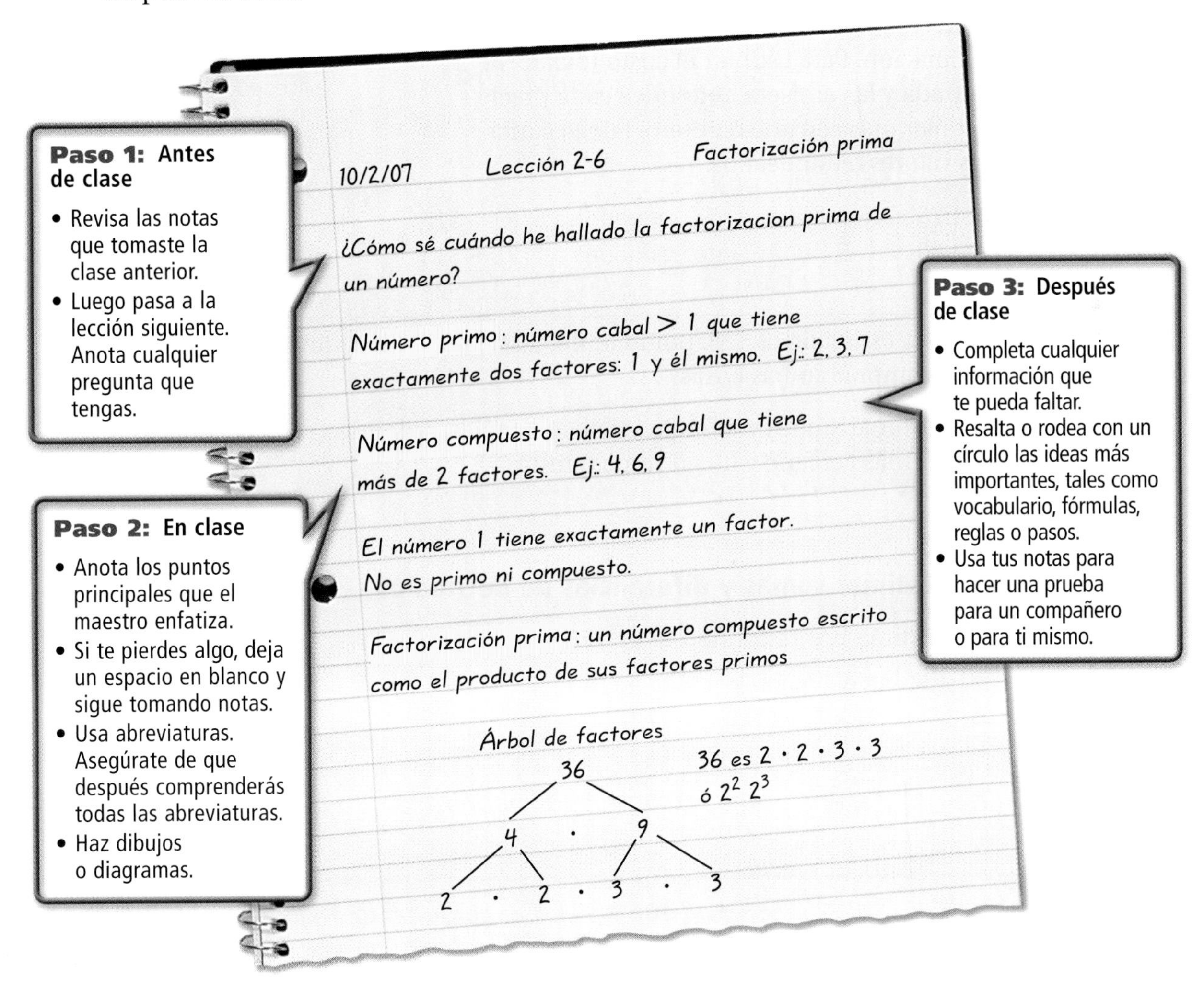

Paso 1: Antes de clase

- Revisa las notas que tomaste la clase anterior.
- Luego pasa a la lección siguiente. Anota cualquier pregunta que tengas.

Paso 2: En clase

- Anota los puntos principales que el maestro enfatiza.
- Si te pierdes algo, deja un espacio en blanco y sigue tomando notas.
- Usa abreviaturas. Asegúrate de que después comprenderás todas las abreviaturas.
- Haz dibujos o diagramas.

Paso 3: Después de clase

- Completa cualquier información que te pueda faltar.
- Resalta o rodea con un círculo las ideas más importantes, tales como vocabulario, fórmulas, reglas o pasos.
- Usa tus notas para hacer una prueba para un compañero o para ti mismo.

Inténtalo

1. Observa la próxima lección de tu libro. Piensa en cómo se relacionan los nuevos términos de vocabulario con las lecciones previas. Anota cualquier pregunta que tengas.
2. Con un compañero, comparen las notas que tomaron en la última clase. ¿Hay diferencias en los puntos principales que anotó cada uno? Hagan después una lluvia de ideas para encontrar dos maneras de mejorar sus destrezas de tomar notas.

3-1 Como estimar con decimales

Destreza de resolución de problemas

Aprender a estimar sumas, diferencias, productos y cocientes de decimales

Vocabulario

números compatibles

Jessie ganó $26.00 cuidando niños. Quiere usar el dinero para comprar una entrada de $14.75 a un parque acuático y una camiseta de recuerdo a $13.20.

Para averiguar si Jessie tiene el dinero suficiente para comprar ambas cosas, puedes usar la estimación. Para estimar el costo total de la entrada y la camiseta, redondea cada precio al dólar más cercano o entero. Luego suma los valores redondeados.

$14.75	*7 > 5, por lo tanto, redondea a $15.*	$15
$13.20	*2 < 5, por lo tanto, redondea a $13.*	+ $13
		$28

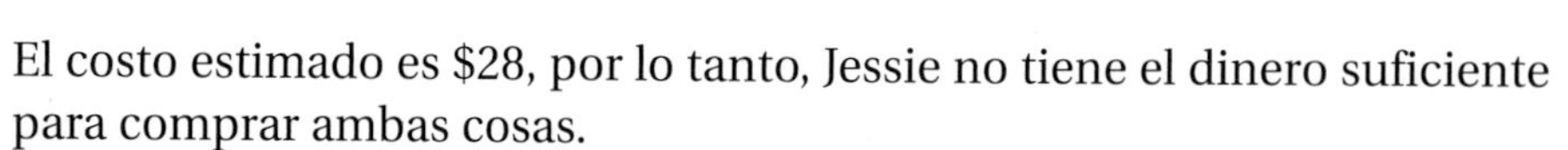

El costo estimado es $28, por lo tanto, Jessie no tiene el dinero suficiente para comprar ambas cosas.

Para estimar sumas y diferencias de decimales, redondea cada decimal al entero más cercano y luego suma o resta.

EJEMPLO 1 Estimar sumas y diferencias de decimales

Estima por redondeo al entero más cercano.

A 86.9 + 58.4

86.9	⟶	87	*9 > 5, por lo tanto, redondea a 87.*
+ 58.4	⟶	+ 58	*4 < 5, por lo tanto, redondea a 58.*
		145	⟵ ***Estimación***

B 10.38 − 6.721

10.38	⟶	10	*3 < 5, por lo tanto, redondea a 10.*
− 6.721	⟶	− 7	*7 > 5, por lo tanto, redondea a 7.*
		3	⟵ ***Estimación***

C −26.3 + 15.195

−26.3	⟶	−26	*3 < 5, por lo tanto, redondea a –26.*
+ 15.195	⟶	+15	*1 < 5, por lo tanto, redondea a 15.*
		−11	⟵ ***Estimación***

¡Recuerda!

Para redondear al entero más cercano, considera el dígito que ocupa el lugar de las décimas. Si es mayor que o igual a 5, redondea al entero siguiente. Si es menor que 5, mantén el mismo entero.

Puedes usar *números compatibles* cuando hagas estimaciones. Los **números compatibles** son números que reemplazan a otros números en un problema y son fáciles de usar.

Pautas para usar los números compatibles	
Al multiplicar . . .	**Al dividir . . .**
redondea los números al entero distinto de cero más cercano o a números que sean fáciles de multiplicar.	redondea los números de modo que se dividan sin dejar residuo.

EJEMPLO 2 Estimar productos y cocientes de decimales

Usa números compatibles para estimar.

A $32.66 \cdot 7.69$

$$\begin{array}{rcr} 32.66 & \longrightarrow & 30 \\ \times\ 7.69 & \longrightarrow & \times\ 8 \\ & & 240 \end{array}$$

Redondea al múltiplo de 10 más cercano.
6 > 5, por lo tanto, redondea a 8.
← *Estimación*

B $36.5 \div (-8.241)$

$36.5 \longrightarrow 36$ *37 es primo, por lo tanto, redondea a 36.*
$-8.241 \longrightarrow -9$ *36 se divide entre −9 sin dejar residuo.*
$36 \div (-9) = -4$ ← *Estimación*

¡Recuerda!

Un número primo tiene exactamente dos factores: 1 y él mismo. Por lo tanto, los factores de 37 son 1 y 37.

Al resolver problemas, usar una estimación puede ayudarte a decidir si tu respuesta es razonable.

EJEMPLO  3 *Aplicación a la escuela*

En una prueba de matemáticas, un estudiante resolvió el problema $6.2\overline{)55.9}$ y obtuvo como respuesta 0.9. Haz una estimación para comprobar si la respuesta es razonable.

$6.2 \longrightarrow 6$ *2 < 5, por lo tanto, redondea a 6.*
$55.9 \longrightarrow 60$ *60 se divide entre 6 sin dejar residuo.*
$60 \div 6 = 10$ ← *Estimación*

La estimación es más de 10 veces mayor que la respuesta del estudiante, por lo tanto, 0.9 no es una respuesta razonable.

Razonar y comentar

1. **Explica** si tu estimación será mayor o menor que la respuesta real cuando redondees los dos números hacia abajo en un problema de suma o multiplicación.
2. **Describe** una situación en la que quisieras que tu estimación sea mayor que la cantidad real.

3-1 Ejercicios

go.hrw.com
Ayuda en línea para tareas*
CLAVE: MS7 3-1
Recursos en línea para padres
CLAVE: MS7 Parent
*(Disponible sólo en inglés)

PRÁCTICA GUIADA

Ver Ejemplo 

Estima por redondeo al entero más cercano.

1. 37.2 + 25.83 **2.** 18.256 − 5.71 **3.** −9.916 + 12.4

Ver Ejemplo 

Usa números compatibles para estimar.

4. 8.09 • 28.32 **5.** −3.45 • 73.6 **6.** 41.9 ÷ 6.391

Ver Ejemplo 

7. **Escuela** Un estudiante resolvió el problema 35.8 • 9.3. Su respuesta fue 3,329.4. Usa la estimación para comprobar si esta respuesta es razonable.

PRÁCTICA INDEPENDIENTE

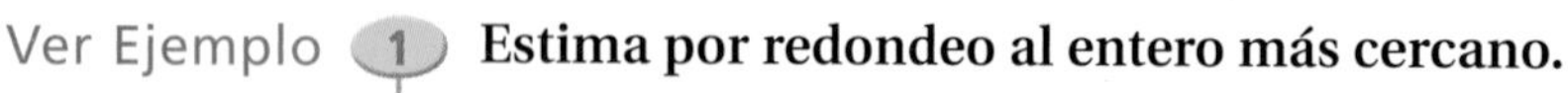

Ver Ejemplo 1

Estima por redondeo al entero más cercano.

8. 5.982 + 37.1 **9.** 68.2 + 23.67 **10.** −36.8 + 14.217

11. 15.23 − 6.835 **12.** 6.88 + (−8.1) **13.** 80.38 − 24.592

Ver Ejemplo 

Usa números compatibles para estimar.

14. 51.38 • 4.33 **15.** 46.72 ÷ 9.24 **16.** 32.91 • 6.28

17. −3.45 • 43.91 **18.** 2.81 • (−79.2) **19.** 28.22 ÷ 3.156

Ver Ejemplo 

20. Ann tiene una soga de 12.35 m de largo. Quiere cortarla en trozos más pequeños de 3.6 m de largo cada uno. Piensa que obtendrá aproximadamente 3 trozos más pequeños. Usa la estimación para comprobar si lo que piensa Ann es razonable.

PRÁCTICA Y RESOLUCIÓN DE PROBLEMAS

Práctica adicional
Ver página 730

Estima.

21. 5.921 − 13.2 **22.** −7.98 − 8.1 **23.** −42.25 + (−17.091)

24. 98.6 + 43.921 **25.** 4.69 • (−18.33) **26.** 62.84 − 35.169

27. −48.28 + 11.901 **28.** 31.53 ÷ (−4.12) **29.** 35.9 − 24.71

30. 69.7 − 7.81 **31.** −6.56 • 14.2 **32.** 4.513 + 72.45

33. −8.9 • (−24.1) **34.** 6.92 • (−3.714) **35.** −78.3 ÷ (−6.25)

36. Jo necesita 10 lb de carne molida para una fiesta. Tiene paquetes que pesan 4.23 lb y 5.09 lb. ¿Tiene suficiente carne?

37. **Matemáticas para el consumidor** Ramón ahorra $8.35 cada semana. Quiere comprar un videojuego que cuesta $61.95. ¿Durante cuántas semanas tiene que ahorrar dinero para poder comprar el videojuego?

38. **Varios pasos** En un cine local, la entrada cuesta $7.50 por persona. Una porción grande de palomitas de maíz cuesta $4.19 y un refresco grande cuesta $3.74. Estima lo que gastaron 3 amigos que fueron al cine a ver una película, compartieron una porción grande de palomitas de maíz y tomaron un refresco grande cada uno.

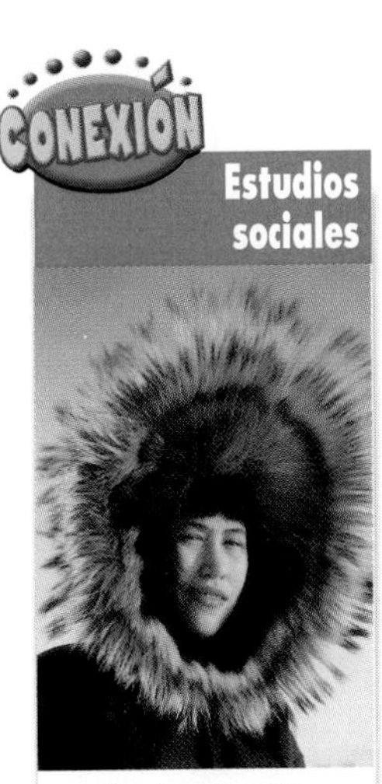

Más de 60,000 personas en Canadá, Alaska y Groenlandia hablan inuktitut. La palabra inuktitut para decir "escuela" es *ilinniarvic.*

39. Transporte Kayla se detuvo a comprar gasolina en una gasolinera que cobraba \$2.719 por galón. Si Kayla tenía \$14.75 en efectivo, ¿aproximadamente cuántos galones de gasolina podía comprar?

40. Estudios sociales En la gráfica circular se muestran los idiomas que se hablan en Canadá.

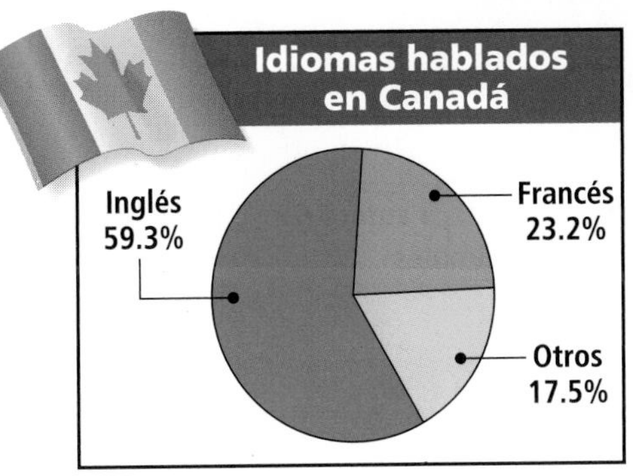

a. ¿Cuál es el idioma que habla aproximadamente el 60% de los canadienses?

b. ¿Cuál es la diferencia aproximada entre el porcentaje de personas que hablan inglés y el porcentaje que habla francés?

41. Astronomía Júpiter se encuentra a 5.20 unidades astronómicas (UA) del Sol. Neptuno está casi 6 veces más lejos del Sol que Júpiter. Estima la distancia de Neptuno al Sol en unidades astronómicas.

42. Deportes Scott debe ganar 27 puntos en total para avanzar a la ronda final en una competencia de patinaje sobre hielo. Obtiene puntajes de 5.9, 5.8, 6.0, 5.8 y 6.0. Scott estima que su puntaje total le permitirá avanzar. ¿Su estimación es razonable? Explica.

43. Escribe un problema Escribe un problema que pueda resolverse mediante estimaciones con decimales.

44. Escríbelo Explica cómo te ayuda una estimación a decidir si una respuesta es razonable.

45. Desafío Estima. $6.35 - 15.512 + 8.744 - 4.19 - 72.7 + 25.008$

Preparación para el examen y repaso en espiral

46. Opción múltiple ¿Cuál es la mejor estimación de $24.976 \div (-4.893)$?

Ⓐ 20   Ⓑ −6   Ⓒ −5   Ⓓ 2

47. Opción múltiple Steve ahorra \$10.50 de su mensualidad cada semana para comprarse una impresora que cuesta \$150. ¿Cuál es la mejor estimación de la cantidad de semanas en las que tendrá que ahorrar el dinero necesario para comprarse la impresora?

Ⓕ 5 semanas   Ⓖ 10 semanas   Ⓗ 12 semanas   Ⓙ 15 semanas

48. Respuesta breve La cuenta de restaurante de Joe sumaba \$16.84. Joe tenía \$20 en su billetera. Explica cómo usar el redondeo para estimar si Joe tenía suficiente dinero para dejar una propina de \$2.75.

Simplifica cada expresión. (Lecciones 2-3 y 2-4)

49. $-5 + 4 - 2$ **50.** $16 \cdot (-3) + 12$ **51.** $28 - (-2) \cdot (-3)$

52. $-90 - (-6) \cdot (-8)$ **53.** $-7 - 3 - 1$ **54.** $-10 \cdot (-5) + 2$

3-2 Cómo sumar y restar decimales

Aprender a sumar y restar decimales

En 1992, se registró uno de los veranos más frescos en el Medio Oeste. En ese año, la temperatura promedio de verano fue 66.8° F. Normalmente, la temperatura promedio es 4° F mayor que la que fue en 1992.

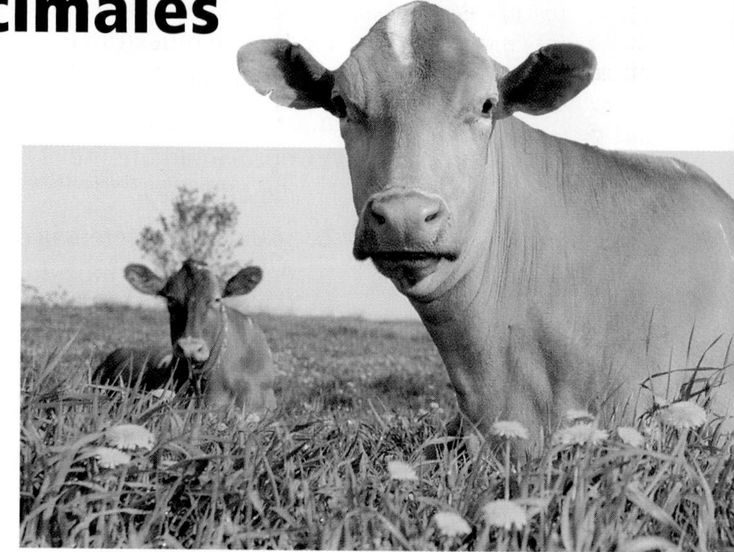

Para hallar la temperatura promedio de verano en el Medio Oeste, puedes sumar 66.8° F y 4° F.

$$\begin{array}{r} 66.8 \\ +\ 4.0 \\ \hline 70.8 \end{array}$$

Agrega un cero para que ambos números tengan la misma cantidad de dígitos después del punto decimal.

Suma cada columna como sumarías enteros.

Alinea los puntos decimales.

La temperatura promedio en verano en el Medio Oeste es 70.8° F.

EJEMPLO 1 **Sumar decimales**

Suma. Estima para comprobar si cada respuesta es razonable.

A **3.62 + 18.57**

$$\begin{array}{r} 3.62 \\ +\ 18.57 \\ \hline 22.19 \end{array}$$

Alinea los puntos decimales.

Suma.

Estimación

4 + 19 = 23 — *22.19 es una respuesta razonable.*

B **9 + 3.245**

$$\begin{array}{r} 9.000 \\ +\ 3.245 \\ \hline 12.245 \end{array}$$

Agrega ceros.
Alinea los puntos decimales.
Suma.

Estimación

9 + 3 = 12 — *12.245 es una respuesta razonable.*

¡Recuerda!

Al sumar números que tienen el mismo signo, halla la suma de sus valores absolutos. Luego usa el signo de los dos números.

Suma. Estima para comprobar si cada respuesta es razonable.

C $-5.78 + (-18.3)$

$-5.78 + (-18.3)$ — *Razona: 5.78 + 18.3.*

$$\begin{array}{r} 5.78 \\ +18.30 \\ \hline 24.08 \end{array}$$

Alinea los puntos decimales.
Agrega ceros.
Suma.

$-5.78 + (-18.3) = -24.08$ — *Usa el signo de los dos números.*

Estimación

$-6 + (-18) = -24$ — *−24.08 es una respuesta razonable.*

EJEMPLO 2 Restar decimales

Resta.

A $12.49 - 7.25$

$$\begin{array}{r} 12.49 \\ -\ 7.25 \\ \hline 5.24 \end{array}$$

Alinea los puntos decimales.
Resta.

¡Atención!

En el Ejemplo 2B, para poder restar tendrás que reagrupar números.

B $14 - 7.32$

$$\begin{array}{r} \overset{13}{\cancel{14}}.\overset{9}{\cancel{0}}\overset{10}{\cancel{0}} \\ -\ 7.32 \\ \hline 6.68 \end{array}$$

Agrega ceros.
Alinea los puntos decimales.
Resta.

EJEMPLO 3 *Aplicación al transporte*

Durante un mes, en Estados Unidos se realizaron 492.23 millones de viajes al trabajo en autobús y 26.331 millones en tren. ¿Por cuánto sobrepasaron los viajes en autobús a los viajes en tren? Estima para comprobar si tu respuesta es razonable.

$$\begin{array}{r} 492.230 \\ -\ 26.331 \\ \hline 465.899 \end{array}$$

Agrega un cero.
Alinea los puntos decimales.
Resta.

Estimación

$490 - 30 = 460$ — *465.899 es una respuesta razonable.*

Los viajes en autobús sobrepasaron por 465.899 millones a los viajes en tren.

Razonar y comentar

1. **Indica** si la suma es correcta. Si no, explica por qué.

$$\begin{array}{r} 12.3 \\ +\ 4.68 \\ \hline 5.91 \end{array}$$

2. **Describe** cómo puedes comprobar una respuesta al sumar o restar decimales.

3-2 Ejercicios

go.hrw.com
Ayuda en línea para tareas*
CLAVE: MS7 3-2
Recursos en línea para padres
CLAVE: MS7 Parent
*(Disponible sólo en inglés)

PRÁCTICA GUIADA

Ver Ejemplo 1

Suma. Estima para comprobar si cada respuesta es razonable.

1. 5.37 + 16.45 **2.** 2.46 + 11.99 **3.** 7 + 5.826 **4.** −5.62 + (−12.9)

Ver Ejemplo 

Resta.

5. 7.89 − 5.91 **6.** 17 − 4.12 **7.** 4.97 − 3.2 **8.** 9 − 1.03

Ver Ejemplo 

9. En 1990, los visitantes extranjeros gastaron $58,300 millones en Estados Unidos. En 1999, gastaron $95,500 millones. ¿Cuánto aumentó el gasto de los visitantes extranjeros de 1990 a 1999?

PRÁCTICA INDEPENDIENTE

Ver Ejemplo 1

Suma. Estima para comprobar si cada respuesta es razonable.

10. 7.82 + 31.23 **11.** 5.98 + 12.99 **12.** 4.917 + 12 **13.** −9.82 + (−15.7)

14. 6 + 9.33 **15.** 10.022 + 0.11 **16.** 8 + 1.071 **17.** −3.29 + (−12.6)

Ver Ejemplo 

Resta.

18. 5.45 − 3.21 **19.** 12.87 − 3.86 **20.** 15.39 − 2.6 **21.** 21.04 − 4.99

22. 5 − 0.53 **23.** 14 − 8.9 **24.** 41 − 9.85 **25.** 33 − 10.23

Ver Ejemplo 

26. Ángela corre su primera vuelta alrededor de la pista en 4.35 minutos y su segunda vuelta en 3.9 minutos. ¿Cuál es el tiempo total de las dos vueltas?

27. Un joyero tiene 122.83 gramos de plata. Usa 45.7 gramos para hacer un collar y unos aretes. ¿Cuánta plata le quedó?

PRÁCTICA Y RESOLUCIÓN DE PROBLEMAS

Práctica adicional
Ver página 730

Suma o resta. Estima para comprobar si cada respuesta es razonable.

28. −7.238 + 6.9 **29.** 4.16 − 9.043 **30.** −2.09 − 15.271

31. 5.23 − (−9.1) **32.** −123 − 2.55 **33.** 5.29 − 3.37

34. 32.6 − (−15.86) **35.** −32.7 + 62.82 **36.** −51 + 81.623

37. 5.9 − 10 + 2.84 **38.** −4.2 + 2.3 − 0.7 **39.** −8.3 + 5.38 − 0.537

40. **Varios pasos** Los estudiantes de la Intermedia Hill planean correr 2,462 mi en total, que es la distancia entre Los Ángeles y la ciudad de Nueva York. Hasta ahora, el sexto grado ha corrido 273.5 mi, el séptimo grado 275.8 mi y el octavo grado ha corrido 270.2 mi. ¿Cuántas millas más deben correr los estudiantes para alcanzar su meta?

41. **Razonamiento crítico** ¿Por qué debes alinear los puntos decimales cuando sumas o restas decimales?

Las competencias de caída de huevos desafían a los estudiantes a construir dispositivos que protejan los huevos cuando se dejan caer de una altura de 100 pies.

Meteorología En la gráfica se muestran los cinco veranos más frescos registrados en el Medio Oeste. La temperatura promedio de verano en el Medio Oeste es 70.8° F.

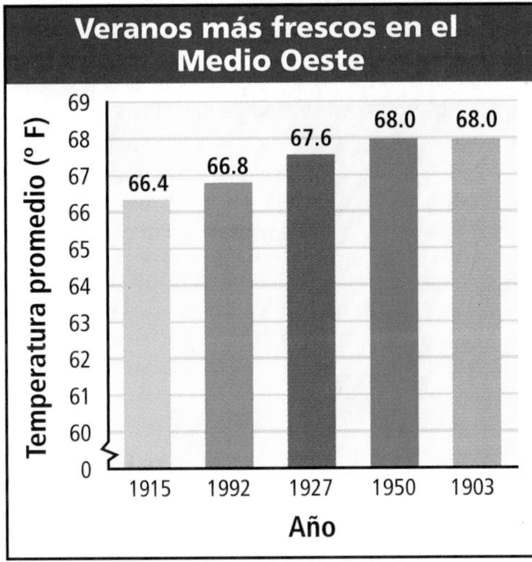

Fuente: Centro climático regional del Medio Oeste

42. ¿Por cuánto fue la temperatura promedio de verano de 1950 más cálida que la de 1915?

43. ¿En qué año la temperatura fue 4.4° F más baja que la temperatura promedio de verano en el Medio Oeste?

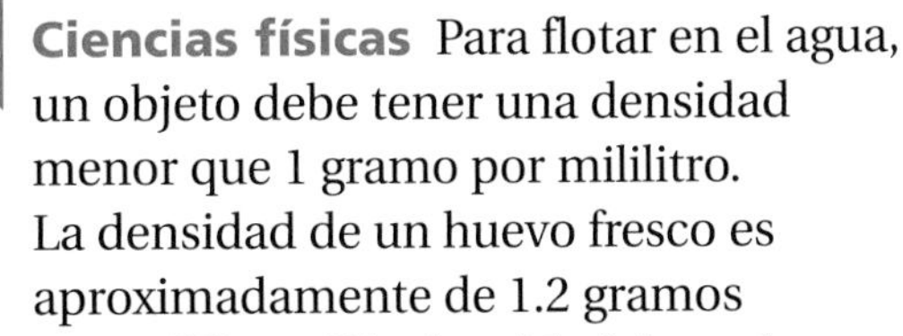

44. Ciencias físicas Para flotar en el agua, un objeto debe tener una densidad menor que 1 gramo por mililitro. La densidad de un huevo fresco es aproximadamente de 1.2 gramos por mililitro. Si la densidad de un huevo podrido es aproximadamente 0.3 gramos por mililitro menos que la de un huevo fresco, ¿cuál es la densidad de un huevo podrido?
¿Cómo puedes usar el agua para saber si un huevo está podrido?

45. Elige una estrategia ¿Por cuánto sobrepasa en área Agua Fría a Pompeys Pillar?

Monumento nacional	Área (miles de acres)
Agua Fría	71.1
Pompeys Pillar	0.051

Ⓐ 6.6 mil acres
Ⓑ 20.1 mil acres
Ⓒ 70.59 mil acres
Ⓓ 71.049 mil acres

46 Escríbelo Explica cómo hallar la suma o diferencia de dos decimales.

47 Desafío Halla el número que falta. 5.11 + 6.9 − 15.3 + ▢ = 20

PREPARACIÓN PARA EL EXAMEN y repaso en espiral

48. Opción múltiple En los Juegos Olímpicos de 1900, los 200 m planos se ganaron en 22.20 segundos. En 2000, los 200 m planos se ganaron en 20.09 segundos. ¿En cuántos segundos menos se ganaron los 200 m planos en los Juegos Olímpicos de 2000?

Ⓐ 1.10 segundos　Ⓑ 2.11 segundos　Ⓒ 2.29 segundos　Ⓓ 4.83 segundos

49. Opción múltiple John salió de la escuela con $2.38. De regreso a su casa, se encontró una moneda de 25 centavos y luego se detuvo a comprar un plátano por $0.89. ¿Cuánto dinero tenía cuando llegó a su casa?

Ⓕ $1.24　Ⓖ $1.74　Ⓗ $3.02　Ⓙ $3.52

Resuelve cada ecuación. Comprueba tus respuestas. (Lección 2-5)

50. $x - 8 = -22$　**51.** $-3y = -45$　**52.** $z/2 = -8$　**53.** $29 = -10 + p$

Estima (Lección 3-1)

54. $15.85 \div 4.01$　**55.** $18.95 + 3.21$　**56.** $44.217 - 19.876$　**57.** $21.43 \cdot 1.57$

Modelo de multiplicación de decimales

Para usar con la Lección 3-3

CLAVE

= 1 = 0.1 = 0.01 = 0.001

RECUERDA

- **Al usar bloques de base 10, usa siempre el bloque de mayor valor posible.**

Puedes usar bloques de base 10 para hacer un modelo de multiplicación de decimales por números cabales.

Actividad 1

1 Usa bloques de base 10 para hallar 3 • 0.1.

La multiplicación es una suma repetida, por lo tanto, 3 • 0.1 = 0.1 + 0.1 + 0.1.

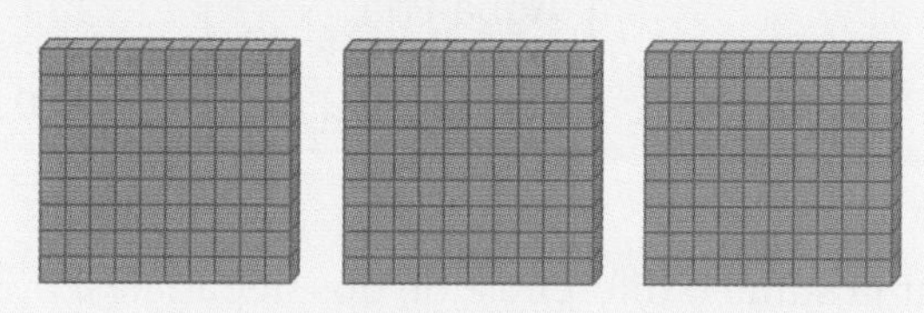

3 • 0.1 = 0.3

2 Usa bloques de base 10 para hallar 5 • 0.03.

5 • 0.03 = 0.03 + 0.03 + 0.03 + 0.03 + 0.03

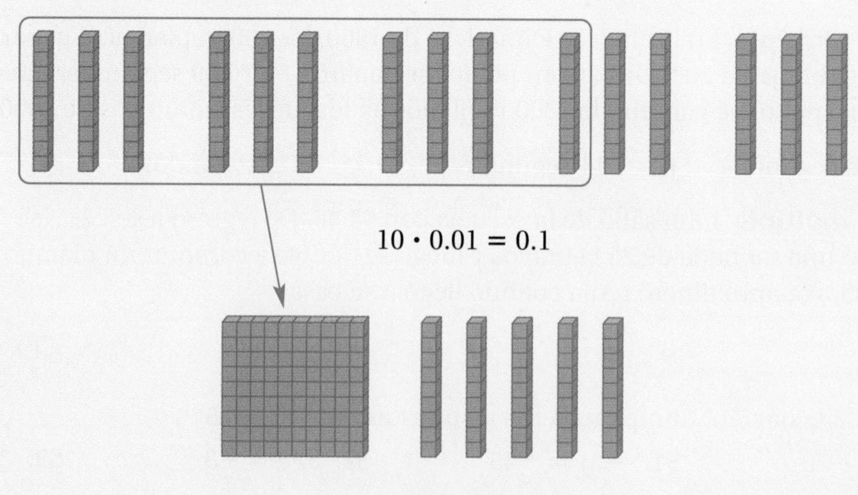

5 • 0.03 = 0.15

Razonar y comentar

1. ¿Por qué no puedes usar bloques de base 10 para hacer un modelo de multiplicación de un decimal por otro decimal?
2. ¿El producto de un número cabal y un decimal es menor o mayor que el número cabal? Explica.

Inténtalo

Usa bloques de base 10 para hallar cada producto.

1. 4 • 0.5
2. 2 • 0.04
3. 3 • 0.16
4. 6 • 0.2
5. 3 • 0.33
6. 0.25 • 5
7. 0.42 • 3
8. 1.1 • 4

Puedes usar cuadrículas de decimales para hacer un modelo de multiplicación de decimales por decimales.

Actividad 2

1 Usa una cuadrícula de decimales para hallar 0.4 • 0.7.

Sombrea **0.4** horizontalmente. Sombrea **0.7** verticalmente. El área en que las regiones sombreadas se superponen es la respuesta.

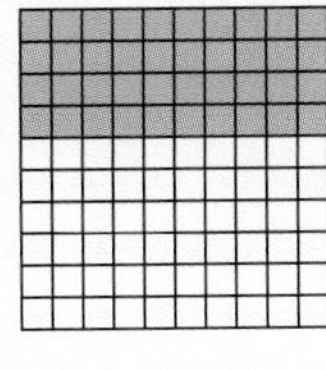

×

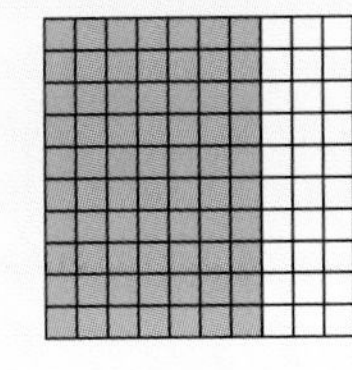

=

0.4 × 0.7 = 0.28

Razonar y comentar

1. Explica los pasos que darías para hacer un modelo de 0.5 • 0.5 con una cuadrícula de decimales.
2. ¿Cómo podrías usar cuadrículas de decimales para hacer un modelo de multiplicación de un decimal por un número cabal?

Inténtalo

Usa cuadrículas de decimales para hallar cada producto.

1. 0.6 • 0.6
2. 0.5 • 0.4
3. 0.3 • 0.8
4. 0.2 • 0.8
5. 3 • 0.3
6. 0.8 • 0.8
7. 2 • 0.5
8. 0.1 • 0.9
9. 0.1 • 0.1

3-3 Cómo multiplicar decimales

Aprender a **multiplicar decimales**

Puedes usar cuadrículas de decimales para hacer un modelo de multiplicación de decimales. Cada cuadrado grande representa 1. Cada fila y columna representan 0.1. Cada cuadrado pequeño representa 0.01. El área en la que se superpone el sombreado muestra el producto de los dos decimales.

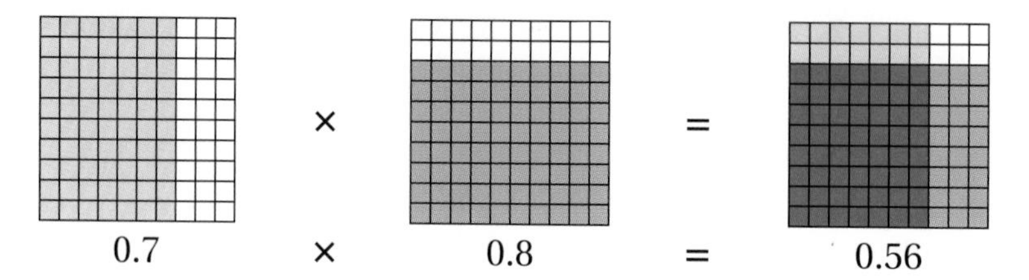

Para multiplicar decimales, multiplica como lo harías con enteros. Para colocar el punto decimal en el producto, cuenta la cantidad de posiciones decimales en cada factor. El producto debe tener la misma cantidad de posiciones decimales que la suma de las posicion es decimales en los factores.

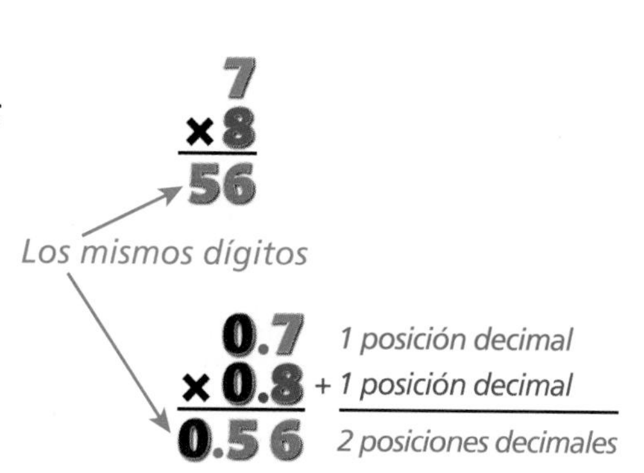

EJEMPLO 1 Multiplicar enteros por decimales

Multiplica.

A $6 \cdot 0.1$

$$\begin{array}{r} 6 \\ \times\ 0.1 \\ \hline 0.6 \end{array}$$

0 posiciones decimales
1 posición decimal
0 + 1 = 1 posición decimal

B $-2 \cdot 0.04$

$$\begin{array}{r} -2 \\ \times\ 0.04 \\ \hline -0.08 \end{array}$$

0 posiciones decimales
2 posiciones decimales
0 + 2 = 2 posiciones decimales. Agrega un cero.

C $1.25 \cdot 23$

$$\begin{array}{r} 1.25 \\ \times\ 23 \\ \hline 3\ 75 \\ +\ 25\ 00 \\ \hline 28.75 \end{array}$$

2 posiciones decimales
0 posiciones decimales
2 + 0 = 2 posiciones decimales

EJEMPLO 2 Multiplicar decimales por decimales

Multiplica. Estima para comprobar si cada respuesta es razonable.

A $1.2 \cdot 1.6$

$$\begin{array}{r} 1.2 \\ \times\ 1.6 \\ \hline 72 \\ 120 \\ \hline 1.92 \end{array}$$

1 posición decimal
1 posición decimal
1 + 1 = 2 posiciones decimales

Estimación

$1 \cdot 2 = 2$ *1.92 es una respuesta razonable.*

B $-2.78 \cdot 0.8$

$$\begin{array}{r} -2.78 \\ \times\ 0.8 \\ \hline -2.224 \end{array}$$

2 posiciones decimales
1 posición decimal
2 + 1 = 3 posiciones decimales

Estimación

$-3 \cdot 1 = -3$ *−2.224 es una respuesta razonable.*

EJEMPLO 3 *Aplicación a las ciencias de la Tierra*

En promedio, 0.36 kg de dióxido de carbono se suman a la atmósfera por cada milla que recorre un automóvil. ¿Cuántos kilogramos de dióxido de carbono se suman por cada milla que recorren los 132 millones de automóviles que hay en Estados Unidos?

$$\begin{array}{r} 132 \\ \times\ 0.36 \\ \hline 792 \\ 3960 \\ \hline 47.52 \end{array}$$

0 posiciones decimales
2 posiciones decimales
0 + 2 = 2 posiciones decimales

Estimación

$130 \cdot 0.5 = 65$ *47.52 es una respuesta razonable.*

Aproximadamente se suman a la atmósfera 47,520 millones (47,520,000) de kilogramos de dióxido de carbono por cada milla recorrida.

Razonar y comentar

1. **Explica** si la multiplicación $2.1 \cdot 3.3 = 69.3$ es correcta.
2. **Compara** la multiplicación de enteros con la multiplicación de decimales.

3-3 Ejercicios

go.hrw.com
Ayuda en línea para tareas*
CLAVE: MS7 3-3
Recursos en línea para padres
CLAVE: MS7 Parent
*(Disponible sólo en inglés)

PRÁCTICA GUIADA

Ver Ejemplo 1 **Multiplica.**

1. $-9 \cdot 0.4$ **2.** $3 \cdot 0.2$ **3.** $0.06 \cdot 3$ **4.** $-0.5 \cdot 2$

Ver Ejemplo 2 **Multiplica. Estima para comprobar si cada respuesta es razonable.**

5. $1.7 \cdot 1.2$ **6.** $2.6 \cdot 0.4$ **7.** $1.5 \cdot (-0.21)$ **8.** $-0.4 \cdot 1.17$

Ver Ejemplo 3 **9.** Si Carla puede recorrer con su auto 24.03 millas por galón de gasolina, ¿qué distancia puede recorrer con 13.93 galones de gasolina?

PRÁCTICA INDEPENDIENTE

Ver Ejemplo 1 **Multiplica.**

10. $8 \cdot 0.6$ **11.** $5 \cdot 0.07$ **12.** $-3 \cdot 2.7$ **13.** $0.8 \cdot 4$

14. $6 \cdot 4.9$ **15.** $1.7 \cdot (-12)$ **16.** $43 \cdot 2.11$ **17.** $-7 \cdot (-1.3)$

Ver Ejemplo 2 **Multiplica. Estima para comprobar si cada respuesta es razonable.**

18. $2.4 \cdot 3.2$ **19.** $2.8 \cdot 1.6$ **20.** $5.3 \cdot 4.6$ **21.** $4.02 \cdot 0.7$

22. $-5.14 \cdot 0.03$ **23.** $1.04 \cdot (-8.9)$ **24.** $4.31 \cdot (-9.5)$ **25.** $-6.1 \cdot (-1.01)$

Ver Ejemplo 3 **26.** Nicholas recorrió en bicicleta 15.8 kilómetros diariamente durante 18 días el mes pasado. ¿Cuántos kilómetros recorrió en bicicleta el mes pasado?

27. Al caminar, Lara hizo un promedio de 3.63 millas por hora. ¿Cuánto caminó en 1.5 horas?

PRÁCTICA Y RESOLUCIÓN DE PROBLEMAS

Práctica adicional
Ver página 730

Multiplica. Estima para comprobar si cada respuesta es razonable.

28. $-9.6 \cdot 2.05$ **29.** $0.07 \cdot 0.03$ **30.** $4 \cdot 4.15$

31. $-1.08 \cdot (-0.4)$ **32.** $1.46 \cdot (-0.06)$ **33.** $-3.2 \cdot 0.9$

34. $-325.9 \cdot 1.5$ **35.** $14.7 \cdot 0.13$ **36.** $-28.5 \cdot (-1.07)$

37. $-7.02 \cdot (-0.05)$ **38.** $1.104 \cdot (-0.7)$ **39.** $0.072 \cdot 0.12$

40. **Varios pasos** Bo gana $8.95 la hora más comisiones. La semana pasada, trabajó 32.5 horas y ganó $28.75 en comisiones. ¿Cuánto dinero ganó Bo la semana pasada?

41. **Meteorología** A medida que aumenta la intensidad de un huracán, disminuye la presión del aire dentro de su ojo. En un huracán de categoría 5, que es el más intenso, la presión del aire es aproximadamente 27.16 pulgadas de mercurio. En un huracán de categoría 1, que es el menos intenso, la presión del aire es alrededor de 1.066 veces la de un huracán de categoría 5. ¿Cuál es la presión del aire dentro del ojo de un huracán de categoría 1? Redondea tu respuesta a la centésima más cercana.

42. Estimación En la gráfica se muestran los resultados de una encuesta sobre actividades recreativas en ríos.

a. Un informe asegura que, entre 1999 y 2000, las personas a las que les gustaba andar en canoa eran unas 3 veces más que entre 1994 y 1995. Según la gráfica, ¿es razonable esta afirmación?

b. Supongamos que una encuesta futura indica que entre 2009 y 2010 hay 6 veces más personas a las que les gusta andar en canoa que entre 1999 y 2000. ¿Aproximadamente cuántas personas habrán dicho entre 2009 y 2010 que les gusta andar en canoa?

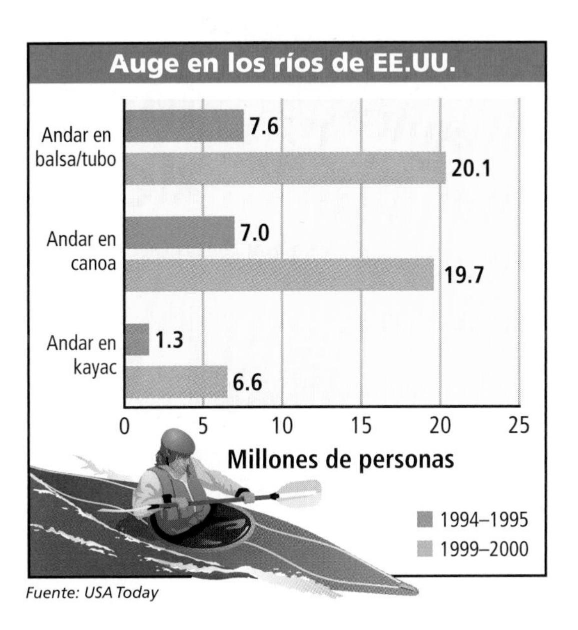

Fuente: *USA Today*

Multiplica. Estima para comprobar si cada respuesta es razonable.

43. $0.3 \cdot 2.8 \cdot (-10.6)$

44. $1.3 \cdot (-4.2) \cdot (-3.94)$

45. $0.6 \cdot (-0.9) \cdot 0.05$

46. $-6.5 \cdot (-1.02) \cdot (-12.6)$

47. $-22.08 \cdot (-5.6) \cdot 9.9$

48. $-63.75 \cdot 13.46 \cdot 7.8$

49. ¿Cuál es la pregunta? Cada piedra de una colección tiene una masa de 4.35 kilogramos. Hay una docena de piedras en la colección. Si la respuesta es 52.2 kilogramos, ¿cuál es la pregunta?

50. Escríbelo ¿En qué se parecen los productos de $4.3 \cdot 0.56$ y $0.43 \cdot 5.6$? Explica.

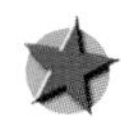

51. Desafío Evalúa $(0.2)^5$.

PREPARACIÓN PARA EL EXAMEN y repaso en espiral

52. Opción múltiple ¿Qué expresión es igual a -4.3?

(A) $0.8 \cdot (-5.375)$ (B) $-1.2 \cdot (-3.6)$ (C) $-0.75 \cdot 5.6$ (D) $2.2 \cdot (-1.9)$

53. Respuesta gráfica Julia caminó 1.8 mi todos los días de lunes a viernes. El sábado, caminó 2.3 mi. ¿Cuántas millas caminó en total?

Escribe la factorización prima de cada número. (Lección 2-6)

54. 20 **55.** 35 **56.** 120 **57.** 64

Suma o resta. Estima para comprobar si cada respuesta es razonable. (Lección 3-2)

58. $-4.875 + 3.62$ **59.** $5.83 - (-2.74)$ **60.** $6.32 + (-3.62)$ **61.** $-8.34 - (-4.6)$

62. $9.3 + 5.88$ **63.** $32.08 - 12.37$ **64.** $19 - 6.92$ **65.** $-75.25 + 6.382$

Modelo de división de decimales

Para usar con las Lecciones 3-4 y 3-5

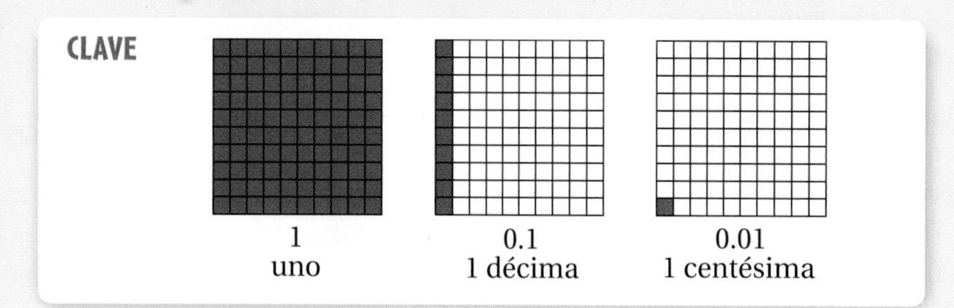

Puedes usar cuadrículas de decimales para hacer un modelo de división de decimales entre enteros y entre decimales.

Actividad

1 Usa una cuadrícula de decimales para hallar $0.6 \div 2$.

Sombrea 6 columnas para representar 0.6.

Divide las 6 columnas en 2 grupos iguales.

Hay 3 columnas ó 30 cuadrados en cada grupo. 3 columnas = 0.3

$0.6 \div 2 = 0.3$

2 Usa una cuadrícula de decimales para hallar $2.25 \div 5$.

Sombrea 2 cuadrículas y 25 cuadrados de una tercera cuadrícula para representar 2.25.

Divide las cuadrículas y los cuadrados en 5 grupos iguales. Usa tijeras para cortar y separar las cuadrículas. Razona: 225 cuadrados ÷ 5 = 45 cuadrados.

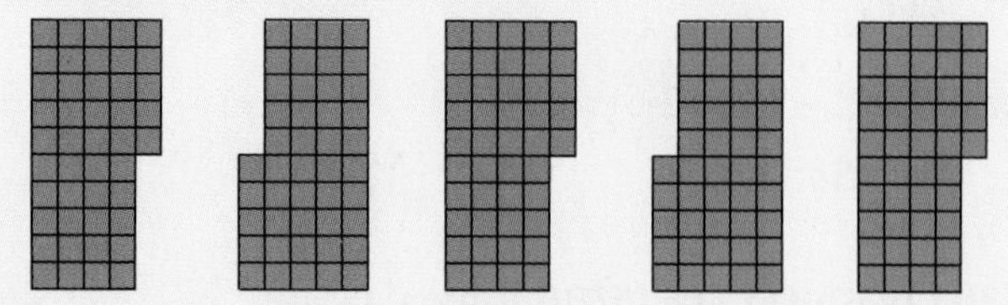

Hay 45 cuadrados, ó 4.5 columnas, en cada grupo. 4.5 columnas = 0.45

$2.25 \div 5 = 0.45$

3 Usa cuadrículas de decimales para hallar 0.8 ÷ 0.4.

Sombrea 8 columnas para representar 0.8.

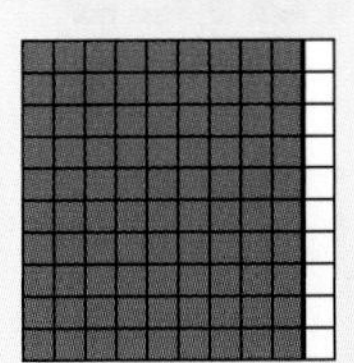

Divide las 8 columnas en grupos que contengan cada uno 0.4 de una cuadrícula de decimales ó 4 columnas.

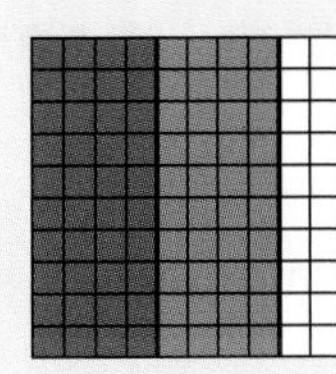

Hay 2 grupos que contienen 0.4 de una cuadrícula cada uno.

0.8 ÷ 0.4 = 2

4 Usa cuadrículas de decimales para hallar 3.9 ÷ 1.3.

Sombrea 3 cuadrículas y 90 cuadrados de una cuarta cuadrícula para representar 3.9.

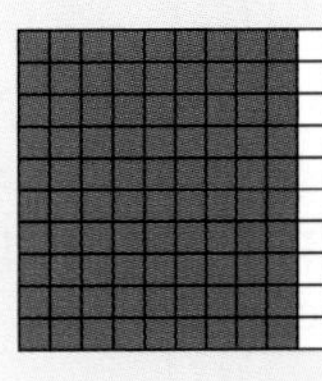

Divide las cuadrículas y los cuadrados en grupos que contengan cada uno 1.3 de una cuadrícula de decimales, ó 13 columnas.

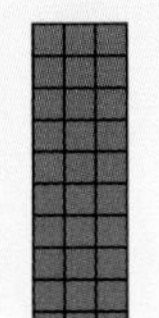

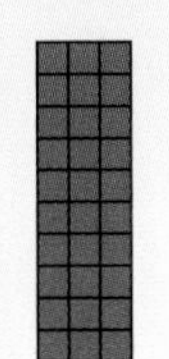

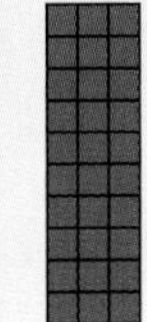

Hay 3 grupos que contienen 1.3 cuadrículas cada uno.

3.9 ÷ 1.3 = 3

Razonar y comentar

1. Explica por qué piensas que la división es o no es conmutativa.

2. ¿En qué se diferencia dividir un decimal entre un número cabal de dividir un decimal entre otro decimal?

Inténtalo

Usa cuadrículas de decimales para hallar cada cociente.

1. 0.8 ÷ 4 **2.** 0.6 ÷ 4 **3.** 0.9 ÷ 0.3 **4.** 0.6 ÷ 0.4

5. 4.5 ÷ 9 **6.** 1.35 ÷ 3 **7.** 3.6 ÷ 1.2 **8.** 4.2 ÷ 2.1

3-4 Cómo dividir decimales entre enteros

Aprender a dividir decimales entre enteros

Elena recibió puntuaciones de 6.85, 6.95, 7.2, 7.1 y 6.9 en la barra de equilibrio durante un encuentro de gimnasia. Para hallar su puntuación promedio, suma sus puntuaciones y luego divídelas entre 5.

$6.85 + 6.95 + 7.2 + 7.1 + 6.9 = 35$

$35 \div 5 = 7$

La puntuación promedio de Elena fue de 7, ó 7.0.

Observa que la suma de las puntuaciones es un entero. ¿Qué sucede si la suma no da un entero? Halla la puntuación promedio dividiendo un decimal entre un número cabal.

¡Recuerda!

La división puede cancelar la multiplicación.
$0.2 \cdot 4 = 0.8$ y
$0.8 \div 4 = 0.2$

$0.8 \div 4$ — *0.8 dividido entre 4 grupos iguales*

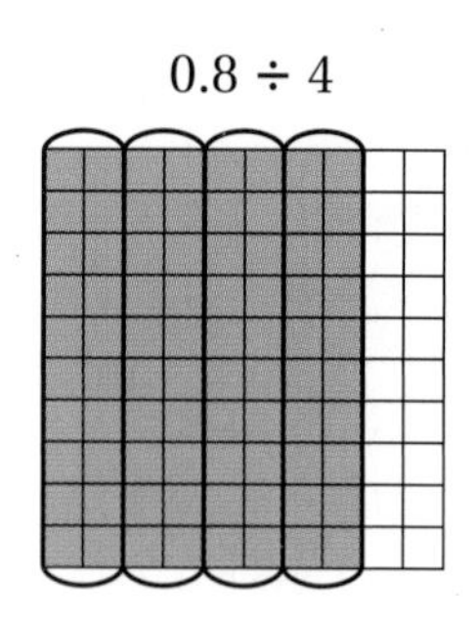

$0.8 \div 4 = 0.2$ — *El tamaño de cada grupo es la respuesta. Cada grupo es de 2 columnas, ó 0.2.*

EJEMPLO 1 Dividir decimales entre enteros

¡Recuerda!

$0.6 \div 0.3 = 2$

Dividendo, Divisor, Cociente

$0.3\overline{)0.6}$ = 2

Divide. Estima para comprobar si cada respuesta es razonable.

A $48.78 \div 6$

$$\begin{array}{r} 8.13 \\ 6\overline{)48.78} \\ -48 \\ \hline 0\,7 \\ -6 \\ \hline 18 \\ -18 \\ \hline 0 \end{array}$$

Coloca el punto decimal del cociente directamente arriba del punto decimal del dividendo.

Divide como en el caso de los números cabales.

Estimación

$48 \div 6 = 8$ — *8.13 es una respuesta razonable.*

Divide. Estima para comprobar si cada respuesta es razonable.

B $0.18 \div 2$

$$\begin{array}{r} 0.09 \\ 2\overline{)0.18} \\ \underline{-18} \\ 0 \end{array}$$

Coloca el punto decimal del cociente directamente arriba del punto decimal del dividendo. Agrega un cero en el cociente.

Estimación

$0.2 \div 2 = 0.1$ — *0.09 es una respuesta razonable.*

¡Recuerda!

Cuando divides dos números que tienen signos diferentes, el cociente es negativo.

C $71.06 \div (-34)$

$$\begin{array}{r} 2.09 \\ 34\overline{)71.06} \\ \underline{-68} \\ 3\ 06 \\ \underline{-3\ 06} \\ 0 \end{array}$$

Los signos son diferentes. Razona: 71.06 ÷ 34. Coloca el punto decimal del cociente directamente arriba del punto decimal del dividendo.

$71.06 \div (-34) = -2.09$

Estimación

$68 \div (-34) = -2$ — *–2.09 es una respuesta razonable.*

EJEMPLO 2 *Aplicación al dinero*

Para el cumpleaños de la maestra Deece, su clase le compró un colgante de $76.50 y una tarjeta de $2.25. Si hay 25 estudiantes en la clase, ¿cuál es la cantidad promedio que pagó cada estudiante por el regalo?

Primero, halla el costo total del regalo. Luego, divide el resultado entre la cantidad de estudiantes.

$76.50 + 2.25 = 78.75$ — *El regalo costó en total $78.75.*

$$\begin{array}{r} 3.15 \\ 25\overline{)78.75} \\ \underline{-75} \\ 3\ 7 \\ \underline{-2\ 5} \\ 1\ 25 \\ \underline{-1\ 25} \\ 0 \end{array}$$

Coloca el punto decimal del cociente directamente arriba del punto decimal del dividendo.

Cada estudiante pagó un promedio de $3.15 por el regalo.

Razonar y comentar

1. **Describe** cómo colocar el punto decimal en el cociente cuando divides un decimal entre un entero.
2. **Explica** cómo dividir un decimal positivo entre un entero negativo.

3-4 Ejercicios

go.hrw.com
Ayuda en línea para tareas*
CLAVE: MS7 3-4
Recursos en línea para padres
CLAVE: MS7 Parent
*(Disponible sólo en inglés)

PRÁCTICA GUIADA

Ver Ejemplo 1

Divide. Estima para comprobar si cada respuesta es razonable.

1. $42.98 \div 7$ **2.** $24.48 \div 8$ **3.** $64.89 \div (-21)$

4. $-94.72 \div 37$ **5.** $0.136 \div 8$ **6.** $1.404 \div 6$

Ver Ejemplo 2

7. Pasatiempos Los integrantes de un grupo de lectura compran libros a \$89.10 y señaladores a \$10.62. Si hay 18 personas en el grupo, ¿cuánto debe pagar cada una en promedio?

PRÁCTICA INDEPENDIENTE

Ver Ejemplo 1

Divide. Estima para comprobar si cada respuesta es razonable.

8. $12.8 \div 4$ **9.** $80.1 \div (-9)$ **10.** $14.58 \div 3$

11. $-62.44 \div 7$ **12.** $7.2 \div 12$ **13.** $33.6 \div (-7)$

14. $0.108 \div 6$ **15.** $65.28 \div 32$ **16.** $-0.152 \div 8$

17. $21.47 \div 19$ **18.** $0.148 \div 4$ **19.** $79.82 \div (-26)$

Ver Ejemplo 2

20. Cheryl corrió tres vueltas durante su clase de educación física. Si sus tiempos fueron de 1.23 minutos, 1.04 minutos y 1.18 minutos, ¿cuál fue su tiempo promedio por vuelta?

21. Matemáticas para el consumidor Randall gastó \$61.25 en unos CD y unos audífonos. Todos los CD tenían el mismo precio de venta. Los audífonos costaron \$12.50. Si Randall compró 5 CD, ¿cuál fue el precio de venta de cada uno?

22. En la etapa de calificaciones de una competencia de automóviles, uno de los conductores tuvo velocidades por vuelta de 195.3 mi/h, 190.456 mi/h, 193.557 mi/h y 192.575 mi/h. ¿Cuál fue la velocidad promedio del conductor en estas cuatro vueltas?

PRÁCTICA Y RESOLUCIÓN DE PROBLEMAS

Práctica adicional
Ver página 730

Divide. Estima para comprobar si cada respuesta es razonable.

23. $-9.36 \div (-6)$ **24.** $48.1 \div (-13)$ **25.** $20.95 \div 5$

26. $0.84 \div 12$ **27.** $-39.2 \div 14$ **28.** $9.45 \div (-9)$

29. $47.75 \div (-25)$ **30.** $-94.86 \div (-31)$ **31.** $-0.399 \div 21$

Simplifica cada expresión.

32. $0.29 + 18.6 \div 3$ **33.** $1.1 - 7.28 \div 4 + 0.9$

34. $(19.2 \div 16)^2$ **35.** $-63.93 \cdot (-12.3) \div (-3)$

36. $-2.7 \div 9 \div 12$ **37.** $5 \cdot [-99.25 \div (-5)] \cdot 20$

38. Varios pasos Agente de ventas de entradas para conciertos compró dos entradas a \$455.76. Para revenderlas, incluirá un cargo por servicio de \$3.80 por cada entrada. ¿Cuál será el precio de reventa de cada entrada?

39. **Tiempo libre** En la gráfica se muestra la cantidad de visitantes de los tres parques nacionales más concurridos de EE.UU. en 2000. ¿Cuál fue la cantidad promedio de visitantes de estos tres parques? Redondea tu respuesta a la centésima más cercana.

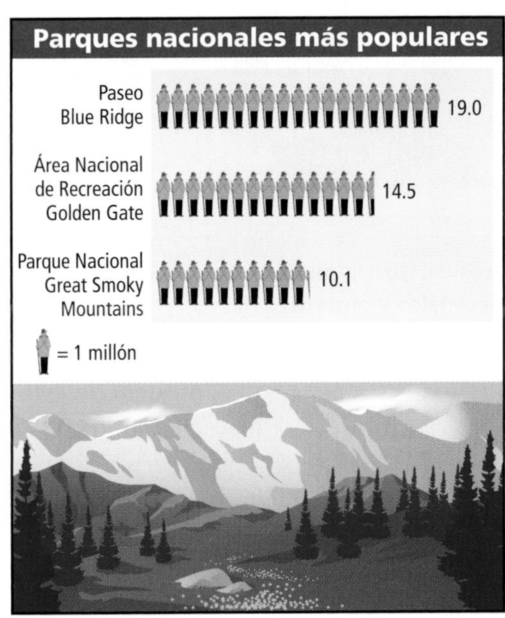

Fuente: USA Today

40. **Nutrición** En promedio, cada estadounidense consumió 261.1 lb de carne roja y de ave en el 2000. ¿Cuántas libras de carne roja y de ave comió el estadounidense promedio durante cada mes del 2000? Redondea tu respuesta a la décima más cercana.

41. **Razonamiento crítico** Explica por qué es útil usar la estimación para comprobar la respuesta de $56.21457 \div 7$.

42. **Escribe un problema** Busca algunos anuncios de supermercado. Usa los anuncios para escribir un problema que pueda resolverse dividiendo un decimal entre un número cabal.

43. **Escríbelo** Compara la división de enteros entre enteros con la división de decimales entre enteros.

44. **Desafío** Usa una calculadora para simplificar la expresión $(2^3 \cdot 7.5 + 3.69) \div 48.25 \div [1.04 - (0.08 \cdot 2)]$.

Preparación Para El Examen y repaso en espiral

45. **Opción múltiple** ¿Qué expresión NO es igual a -1.34?

Ⓐ $-6.7 \div 5$　Ⓑ $16.08 \div (-12)$　Ⓒ $-12.06 \div (-9)$　Ⓓ $-22.78 \div 17$

46. **Opción múltiple** Simplifica $-102.45 \div (-15)$.

Ⓕ -8.25　Ⓖ -7.37　Ⓗ 5.46　Ⓙ 6.83

47. **Respuesta gráfica** Rujuta gastó un total de $49.65 en 5 CD. ¿Cuál fue el costo promedio en dólares por cada CD?

Simplifica cada expresión. (Lección 1-5)

48. $2 + 6 \cdot 2$　49. $3^2 - 8 \cdot 0$　50. $(2 - 1)^5 + 3 \cdot 2^2$

51. $10 - (5 - 3)^2 + 4 \div 2$　52. $2^5 \div (7 + 1)$　53. $6 - 2 \cdot 3 + 5$

Multiplica. Estima para comprobar si cada respuesta es razonable. (Lección 3-3)

54. $-2.75 \cdot 6.34$　55. $0.2 \cdot (-4.6) \cdot (-2.3)$　56. $1.3 \cdot (-6.7)$

57. $-6.87 \cdot (-2.65)$　58. $9 \cdot 4.26$　59. $7.13 \cdot (-14)$

3-5 Cómo dividir decimales y enteros entre decimales

Aprender a dividir decimales y enteros entre decimales

¿Cuántos grupos de 0.3 hay en 0.6?

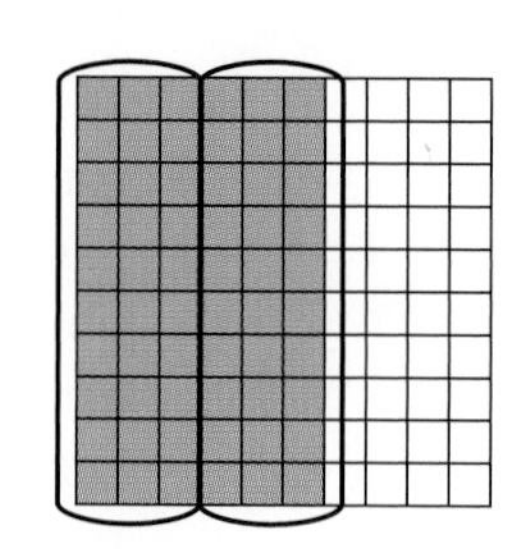

Este problema es equivalente a $0.6 \div 0.3$. Puedes usar una cuadrícula para hacer el modelo de esta división, encerrando en un círculo grupos de 0.3 y contando la cantidad de grupos.

Hay 2 grupos de 0.3 en 0.6, por lo tanto, $0.6 \div 0.3 = 2$.

Cuando divides dos números, puedes multiplicar *ambos números* por la misma potencia de diez sin cambiar la respuesta final.

Multiplica tanto 0.6 como 0.3 por 10: $\mathbf{0.6 \cdot 10 = 6}$ y $\mathbf{0.3 \cdot 10 = 3}$

$$0.6 \div 0.3 = 2 \quad \text{y} \quad 6 \div 3 = 2$$

Al multiplicar los dos números por la misma potencia de diez, puedes convertir el divisor en un entero. Dividir entre un entero es mucho más sencillo que dividir entre un decimal.

EJEMPLO 1 Dividir decimales entre decimales

Divide.

Pista útil

Multiplica ambos números por la mínima potencia de diez que convierta el divisor en un entero.

A $\mathbf{4.32 \div 3.6}$

$4.32 \div 3.6 = 43.2 \div 36$ — *Multiplica ambos números por 10 para convertir el divisor en un entero.*

$$\begin{array}{r} 1.2 \\ 36\overline{)43.2} \\ -36 \\ \hline 7\,2 \\ -7\,2 \\ \hline 0 \end{array}$$

Divide como en el caso de los números cabales.

B $\mathbf{12.95 \div (-1.25)}$

$12.95 \div (-1.25) = 1295 \div (-125)$ — *Multiplica ambos números por 100 para convertir el divisor en un entero.*

Agrega ceros.

$$\begin{array}{r} 10.36 \\ 125\overline{)1295.00} \\ -125 \\ \hline 45\,0 \\ -37\,5 \\ \hline 7\,50 \\ -7\,50 \\ \hline 0 \end{array}$$

Divide como en el caso de los números cabales.

$12.95 \div (-1.25) = -10.36$ — *Los signos son diferentes.*

EJEMPLO 2 Dividir enteros entre decimales

Divide. Estima para comprobar si cada respuesta es razonable.

A $9 \div 1.25$

$9.00 \div 1.25 = 900 \div 125$ — *Multiplica ambos números por 100 para convertir el divisor en un entero.*

$$\begin{array}{r} 7.2 \\ 125\overline{)900.0} \\ -875 \\ \hline 25\ 0 \\ -25\ 0 \\ \hline 0 \end{array}$$

Agrega un cero.

Divide como en el caso de los números cabales.

Estimación $9 \div 1 = 9$ — *7.2 es una respuesta razonable.*

B $-12 \div (-1.6)$

$-12.0 \div (-1.6) = -120 \div (-16)$ — *Multiplica ambos números por 10 para convertir el divisor en un entero.*

$$\begin{array}{r} 7.5 \\ 16\overline{)120.0} \\ -112 \\ \hline 8\ 0 \\ -8\ 0 \\ \hline 0 \end{array}$$

Divide como en el caso de los números cabales.

$-12 \div (-1.6) = 7.5$ — *Los signos son iguales.*

Estimación $-12 \div (-2) = 6$ — *7.5 es una respuesta razonable.*

EJEMPLO 3 *Aplicación al transporte*

Si el automóvil de Sandy consume 15.45 galones de gasolina en un recorrido de 370.8 millas, ¿cuántas millas por galón rinde su automóvil?

$370.80 \div 15.45 = 37.080 \div 1.545$ — *Multiplica ambos números por 100 para convertir el divisor en un entero.*

$$\begin{array}{r} 24 \\ 1{,}545\overline{)37{,}080} \\ -30\ 90 \\ \hline 6\ 180 \\ -6\ 180 \\ \hline 0 \end{array}$$

Divide como en el caso de los números cabales.

El automóvil de Sandy rinde 24 millas por galón.

Pista útil

Para calcular las millas por galón, divide la cantidad de millas recorridas entre la cantidad de galones de gasolina que se consumen.

Razonar y comentar

1. Explica si $4.27 \div 0.7$ es lo mismo que $427 \div 7$.

2. Explica cómo dividir un entero entre un decimal.

3-5 Ejercicios

go.hrw.com
Ayuda en línea para tareas*
CLAVE: MS7 3-5
Recursos en línea para padres
CLAVE: MS7 Parent
*(Disponible sólo en inglés)

PRÁCTICA GUIADA

Ver Ejemplo 1

Divide.

1. 3.78 ÷ 4.2
2. 13.3 ÷ (−0.38)
3. 14.49 ÷ 3.15
4. 1.06 ÷ 0.2
5. −9.76 ÷ 3.05
6. 263.16 ÷ (−21.5)

Ver Ejemplo 2
Divide. Estima para comprobar si cada respuesta es razonable.

7. 3 ÷ 1.2
8. 84 ÷ 2.4
9. 36 ÷ (−2.25)
10. 24 ÷ (−1.2)
11. −18 ÷ 3.75
12. 189 ÷ 8.4

Ver Ejemplo 3

13. **Transporte** El automóvil de Samuel consumió 14.35 galones de gasolina en un recorrido de 401.8 millas. ¿Cuántas millas rindió el automóvil por galón?

PRÁCTICA INDEPENDIENTE

Ver Ejemplo 1

Divide.

14. 81.27 ÷ 0.03
15. −0.408 ÷ 3.4
16. 38.5 ÷ (−5.5)
17. −1.12 ÷ 0.08
18. 27.82 ÷ 2.6
19. 14.7 ÷ 3.5

Ver Ejemplo 2
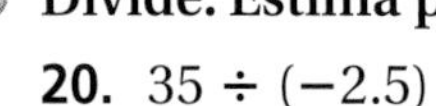
Divide. Estima para comprobar si cada respuesta es razonable.

20. 35 ÷ (−2.5)
21. 361 ÷ 7.6
22. 63 ÷ (−4.2)
23. 5 ÷ 1.25
24. 14 ÷ 2.5
25. −78 ÷ 1.6

Ver Ejemplo 3

26. **Transporte** La camioneta de Lonnie consumió 26.75 galones de gasolina en un recorrido de 508.25 millas. ¿Cuántas millas por galón rindió la camioneta?
27. Mitchell dio 8.5 vueltas a la pista en 20.4 minutos. Si dio cada vuelta al mismo ritmo, ¿cuánto tiempo le llevó dar una vuelta completa?

PRÁCTICA Y RESOLUCIÓN DE PROBLEMAS

Práctica adicional
Ver página 731

Divide. Estima para comprobar si cada respuesta es razonable.

28. −24 ÷ 0.32
29. 153 ÷ 6.8
30. −2.58 ÷ (−4.3)
31. 4.12 ÷ (−10.3)
32. −17.85 ÷ 17
33. 64 ÷ 2.56

Simplifica cada expresión.

34. −4.2 + (11.5 ÷ 4.6) − 5.8
35. 2 • (6.8 ÷ 3.4) • 5
36. (6.4 ÷ 2.56) − 1.2 − 2.5
37. 11.7 ÷ (0.7 + 0.6) • 2
38. 4 • (0.6 + 0.78) • 0.25
39. (1.6 ÷ 3.2) • (4.2 + 8.6)
40. **Razonamiento crítico** Un préstamo para automóviles que suma un total de $13,456.44 debe saldarse en 36 pagos mensuales iguales. Lin Yao puede pagar un máximo de $350 por mes. ¿Puede pagar el préstamo? Explica.

CONEXIÓN con las ciencias de la Tierra

Un glaciar en Col Ferret, un paso de los Alpes suizos

41. Los glaciares se forman cuando la nieve se acumula más rápidamente de lo que se derrite y, por lo tanto, se compacta en forma de hielo bajo el peso de más nieve. Una vez que el hielo alcanza un grosor aproximado de 18 m, comienza a deslizarse. Si el hielo se acumulara a un ritmo de 0.0072 m por año, ¿cuánto tiempo le llevaría empezar a deslizarse?

42. Se estima que un glaciar alpino se desliza 4.75 m por día. Con esta tasa, ¿cuánto tiempo le llevaría deslizarse 1,140 m a un indicador colocado en el glaciar por un investigador?

43. Si el glaciar Muir en la bahía Glacier, Alaska, retrocede a una velocidad promedio de 0.73 m por año, ¿cuánto tiempo le llevará retroceder 7.9 m en total? Redondea tu respuesta al año más cercano.

44. **Varios pasos** En la tabla se muestra el grosor de un glaciar según mediciones realizadas con un radar en cinco puntos diferentes. ¿Cuál es el grosor promedio del glaciar?

Ubicación	Grosor (m)
A	180.23
B	160.5
C	210.19
D	260
E	200.22

45. El glaciar Harvard, en Alaska, avanza aproximadamente 0.055 m por día. A esta tasa, ¿cuánto tiempo le llevaría al glaciar avanzar 20 m? Redondea tu respuesta a la centésima más cercana.

46. **Desafío** El glaciar Hinman, en el monte Hinman, en el estado de Washington, tenía un área de 1.3 km^2 en 1958. El glaciar ha perdido un promedio de 0.06875 km^2 de área cada año. ¿En qué año el área total fue 0.2 km^2?

PREPARACIÓN PARA EL EXAMEN y repaso en espiral

47. **Opción múltiple** Simplifica $-4.42 \div 2.6 - 4.6$.

Ⓐ -6.3 Ⓑ -2.9 Ⓒ 1.4 Ⓓ 5.7

48. **Opción múltiple** Una tienda vende 5 sándwiches a $5.55, con impuesto incluido. Una escuela gastó $83.25 en sándwiches de carne para sus 25 jugadores de fútbol americano. ¿Cuántos sándwiches recibió cada jugador?

Ⓕ 1 Ⓖ 2 Ⓗ 3 Ⓙ 5

Escribe cada decimal o fracción impropia como número mixto. (Lecciones 2-9 y 2-10)

49. $\frac{28}{3}$ 50. 6.29 51. $\frac{17}{5}$ 52. 5.7

Simplifica cada expresión. (Lección 3-4)

53. $6.3 + (-2.5) \div 2$ 54. $-5.38 \cdot 2.6 \div 4$ 55. $16.2 \div (-6)$ 56. $5.6 - 3.2 \div 2$

3-6 Cómo resolver ecuaciones que contienen decimales

Aprender a resolver ecuaciones de un paso que contienen decimales

Los estudiantes de una clase de educación física corrieron 40 yardas planas como parte de una prueba de estado físico. El tiempo más lento en la clase fue 3.84 segundos más lento que el más rápido, de 7.2 segundos.

Puedes escribir una ecuación para representar esta situación. El tiempo más lento l menos 3.84 es igual al tiempo más rápido de 7.2 segundos.

$$l - 3.84 = 7.2$$

EJEMPLO 1 **Resolver ecuaciones mediante la suma o la resta**

¡Recuerda!

Puedes resolver una ecuación realizando la misma operación a ambos lados de la ecuación para despejar la variable.

Resuelve.

A $\mathbf{l - 3.84 = 7.2}$

$$\begin{array}{rcr} l - 3.84 & = & 7.20 \\ \underline{+\ 3.84} & & \underline{+\ 3.84} \\ l & = & 11.04 \end{array}$$

Suma para despejar l.

B $\mathbf{y + 20.51 = 26}$

$$\begin{array}{rcr} y + 20.51 & = & \overset{5\ 9\ 10}{2\not{6}.\not{0}\not{0}} \\ \underline{-\ 20.51} & & \underline{-\ 20.51} \\ y & = & 5.49 \end{array}$$

Resta para despejar y.

EJEMPLO 2 **Resolver ecuaciones mediante la multiplicación o la división**

Resuelve.

A $\mathbf{\frac{w}{3.9} = 1.2}$

$$\frac{w}{3.9} = 1.2$$

$$\frac{w}{3.9} \cdot \mathbf{3.9} = 1.2 \cdot \mathbf{3.9}$$ *Multiplica para despejar w.*

$$w = 4.68$$

B $\mathbf{4 = 1.6c}$

$$4 = 1.6c$$

$$\frac{4}{\mathbf{1.6}} = \frac{1.6c}{\mathbf{1.6}}$$ *Divide para despejar c.*

$$\frac{4}{1.6} = c$$ *Razona: 4 ÷ 1.6 = 40 ÷ 16.*

$$2.5 = c$$

EJEMPLO 3 **APLICACIÓN A LA RESOLUCIÓN DE PROBLEMAS**

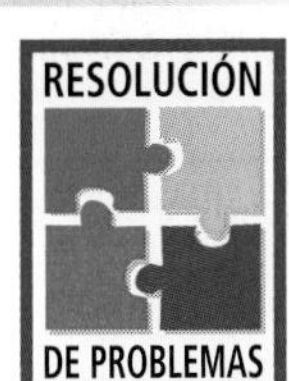

Yancey quiere comprar una nueva tabla para nieve que cuesta \$396.00. Si gana \$8.25 por hora en el trabajo, ¿cuántas horas debe trabajar para ganar lo suficiente y comprar la tabla?

1 Comprende el problema

Escribe la pregunta como enunciado.

- Halla la cantidad de horas que Yancey debe trabajar para ganar \$396.00.

Haz una lista con la **información importante:**

- Yancey gana \$8.25 por hora.
- Yancey necesita \$396.00 para comprar una tabla.

2 Haz un plan

El sueldo de Yancey es igual a lo que gana por hora multiplicado por la cantidad de horas que trabaja. Como sabes cuánto dinero necesita reunir, puedes escribir una ecuación en la que h sea la cantidad de horas.

$$8.25h = 396$$

3 Resuelve

$$8.25h = 396$$

$$\frac{8.25h}{8.25} = \frac{396}{8.25} \qquad \textit{Divide para despejar h.}$$

$$h = 48$$

Yancey debe trabajar 48 horas.

4 Repasa

Puedes redondear 8.25 a 8 y 396 a 400 para estimar cuántas horas necesita trabajar Yancey.

$400 \div 8 = 50$

Por lo tanto, 48 horas es una respuesta razonable.

Razonar y comentar

1. **Describe** cómo resolver la ecuación $-1.25 + x = 1.25$. Luego resuelve.
2. **Explica** cómo puedes indicar si 1.01 es una solución de $10s = -10.1$ sin resolver la ecuación.

3-6 Ejercicios

go.hrw.com
Ayuda en línea para tareas*
CLAVE: MS7 3-6
Recursos en línea para padres
CLAVE: MS7 Parent
*(Disponible sólo en inglés)

PRÁCTICA GUIADA

Ver Ejemplo 1 **Resuelve.**

1. $w - 5.8 = 1.2$ **2.** $x + 9.15 = 17$

3. $k + 3.91 = 28$ **4.** $n - 1.35 = 19.9$

Ver Ejemplo 2 **5.** $\frac{b}{1.4} = 3.6$ **6.** $\frac{x}{0.8} = 7.2$

7. $3.1t = 27.9$ **8.** $7.5 = 5y$

Ver Ejemplo 3 **9.** **Matemáticas para el consumidor** Jeff compró un sándwich y una ensalada para el almuerzo. Su cuenta fue de \$7.10. La ensalada costó \$2.85. ¿Cuánto costó el sándwich?

PRÁCTICA INDEPENDIENTE

Ver Ejemplo 1 **Resuelve.**

10. $v + 0.84 = 6$ **11.** $c - 32.56 = 12$ **12.** $d - 14.25 = -23.9$

13. $3.52 + a = 8.6$ **14.** $w - 9.01 = 12.6$ **15.** $p + 30.34 = -22.87$

Ver Ejemplo 2 **16.** $3.2c = 8$ **17.** $72 = 4.5z$ **18.** $21.8x = -124.26$

19. $\frac{w}{2.8} = 4.2$ **20.** $\frac{m}{0.19} = 12$ **21.** $\frac{a}{21.23} = -3.5$

Ver Ejemplo 3 **22.** En la feria, 25 vales de alimentos cuestan \$31.25. ¿Cuánto cuesta cada vale?

23. Para escalar la pared de roca de la feria, debes contar con 5 boletos. Si cada boleto cuesta \$1.50, ¿cuánto cuesta escalar la pared de roca?

PRÁCTICA Y RESOLUCIÓN DE PROBLEMAS

Práctica adicional
Ver página 731

Resuelve.

24. $1.2y = -1.44$ **25.** $\frac{n}{8.2} = -0.6$ **26.** $w - 4.1 = -5$

27. $r + 0.48 = 1.2$ **28.** $x - 5.2 = -7.3$ **29.** $1.05 = -7m$

30. $a + 0.81 = -6.3$ **31.** $60k = 54$ **32.** $\frac{h}{-7.1} = 0.62$

33. $\frac{t}{-0.18} = -5.2$ **34.** $7.9 = d + 12.7$ **35.** $-1.8 + v = -3.8$

36. $-k = 287.658$ **37.** $-n = -12.254$ **38.** $0.64f = 12.8$

39. $15.217 - j = 4.11$ **40.** $-2.1 = p + (-9.3)$ **41.** $\frac{27.3}{g} = 54.6$

42. El Club de Teatro en la Intermedia Smith Valley vende masa para galletas a fin de reunir dinero para comprar vestuario. Si cada envase de masa cuesta \$4.75, ¿cuántos envases deben vender los integrantes del club para reunir \$570.00?

43. **Matemáticas para el consumidor** Gregory compró un escritorio para computadora a \$38 en una tienda de objetos usados. El precio regular de un escritorio similar en una mueblería es 4.5 veces más alto. ¿Cuál es el precio regular del escritorio en la mueblería?

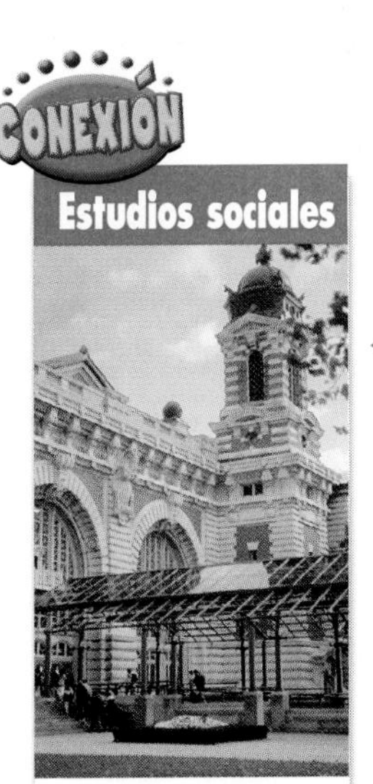

De 1892 a 1924, más de 22 millones de inmigrantes llegaron a la isla Ellis en Nueva York.

44. Ciencias físicas Las monedas de un centavo acuñadas, o creadas, antes de 1982 estaban hechas en su mayor parte de cobre y tenían una densidad de 8.85 g/cm^3. Debido a un aumento en el costo del cobre, la densidad de las monedas de un centavo acuñadas después de 1982 es 1.71 g/cm^3 menor. ¿Cuál es la densidad de las monedas de un centavo acuñadas en la actualidad?

45. Estudios sociales En la tabla se muestran los orígenes europeos más comunes de los antepasados de los estadounidenses (en millones), según un estudio complementario del Censo 2000. Además, 19,600 millones de personas manifestaron que sus antepasados eran "americanos".

Orígenes de los antepasados de los estadounidenses

Antepasados europeos	Cantidad (millones)
Ingleses	28.3
Franceses	9.8
Alemanes	46.5
Irlandeses	33.1
Italianos	15.9
Polacos	9.1
Escoceses	5.4

a. ¿Cuántas personas afirmaron haber tenido antepasados de los países que aparecen en la lista, según la encuesta?

b. Si los datos se ordenaran de mayor a menor, ¿entre qué dos nacionalidades se ubicarían los antepasados "americanos"?

46. ¿Dónde está el error? La solución de un estudiante a la ecuación $m + 0.63 = 5$ fue $m = 5.63$. ¿Dónde está el error? ¿Cuál es la solución correcta?

47. Escríbelo Compara el proceso de resolver ecuaciones que contienen enteros con el proceso de resolver ecuaciones que contienen decimales.

48. Desafío Resuelve la ecuación $-2.8 + (b - 1.7) = -0.6 \cdot 9.4$.

PREPARACIÓN PARA EL EXAMEN y repaso en espiral

49. Opción múltiple ¿Cuál es la solución de la ecuación $-4.55 + x = 6.32$?

Ⓐ $x = -1.39$ Ⓑ $x = 1.77$ Ⓒ $x = 10.87$ Ⓓ $x = 28.76$

50. Opción múltiple Un grupo de porristas está vendiendo números de rifa. Cuestan \$0.25 cada uno ó 5 por \$1.00. Julie compró un paquete de 5 números. ¿Qué ecuación puedes usar para hallar cuánto pagó Julie por cada número de rifa?

Ⓕ $5x = 0.25$ Ⓖ $0.25x = 1.00$ Ⓗ $5x = 1.00$ Ⓙ $1.00x = 0.25$

51. Respuesta desarrollada Escribe un problema con palabras que pueda resolverse con la ecuación $6.25x = 125$. Resuelve el problema y explica qué significa la solución.

Escribe cada número en notación científica. (Lección 1-4)

52. 340,000 **53.** 6,000,000 **54.** $32.4 \cdot 10^2$

Simplifica cada expresión. (Lección 3-5)

55. $6.3 \div 2.1 - 1.5$ **56.** $4 \cdot 5.1 \div 2 + 3.6$ **57.** $(1.6 + 3.8) \div 1.8$

58. $(-5.4 + 3.6) \div 0.9$ **59.** $-4.5 \div 0.6 \cdot (-1.2)$ **60.** $5.8 + 3.2 \div (-6.4)$

SECCIÓN 3A

Prueba de las Lecciones 3-1 a 3-6

3-1 Cómo estimar con decimales

Estima.

1. $163.2 \cdot 5.4$ **2.** $37.19 + 100.94$ **3.** $376.82 - 139.28$ **4.** $33.19 \div 8.18$

5. Como tarea, Brad resolvió el problema 119.67 m ÷ 10.43. Su respuesta fue 11.47. Usa la estimación para comprobar si su respuesta es razonable.

3-2 Cómo sumar y restar decimales

Suma o resta.

6. $4.73 + 29.68$ **7.** $-6.89 - (-29.4)$ **8.** $23.58 - 8.36$ **9.** $-15 + (-9.44)$

3-3 Cómo multiplicar decimales

Multiplica.

10. $3.4 \cdot 9.6$ **11.** $-2.66 \cdot 0.9$ **12.** $-7 \cdot (-0.06)$ **13.** $6.94 \cdot (-24)$

14. Cami corre 7.02 millas por hora. ¿Cuántas millas puede correr en 1.75 horas? Redondea tu respuesta a la centésima más cercana.

3-4 Cómo dividir decimales entre enteros

Divide.

15. $10.8 \div (-4)$ **16.** $6.5 \div 2$ **17.** $-45.6 \div 12$ **18.** $-99.36 \div (-4)$

3-5 Cómo dividir decimales y enteros entre decimales

Divide.

19. $10.4 \div (-0.8)$ **20.** $18 \div 2.4$ **21.** $-3.3 \div 0.11$ **22.** $-36 \div (-0.9)$

23. Cynthia corrió 17.5 vueltas en 38.5 minutos. Si corrió siempre a la misma velocidad, ¿cuánto tardó en correr una vuelta completa?

3-6 Cómo resolver ecuaciones que contienen decimales

Resuelve.

24. $3.4 + n = 8$ **25.** $x - 1.75 = -19$ **26.** $-3.5 = -5x$ **27.** $10.1 = \frac{s}{8}$

28. Pablo gana $5.50 por hora. Su amigo Raymond gana 1.2 veces más. ¿Cuánto gana Raymond por hora?

Enfoque en resolución de problemas

Repasa

- **¿Responde tu solución a lo que pregunta el problema?**

En ocasiones, antes de resolver un problema, primero necesitas usar los datos que se te dan para hallar información adicional. Cada vez que halles la solución de un problema, debes preguntarte si tu solución responde a la pregunta planteada o si sólo te da la información que necesitas para hallar la respuesta final.

Lee cada problema y determina si la solución que se da responde a la pregunta del problema. Explica tu respuesta.

1. En una tienda, un CD nuevo cuesta \$15.99. En una segunda tienda, el mismo CD cuesta 0.75 de ese precio. ¿Aproximadamente cuánto cuesta en la segunda tienda?

   Solución: El precio de la segunda tienda es aproximadamente \$12.00.

2. Bobbie es 1.4 pies más baja que su hermana mayor. Si la hermana de Bobbie mide 5.5 pies de estatura, ¿qué estatura tiene Bobbie?

   Solución: Bobbie tiene una estatura de 4.1 pies.

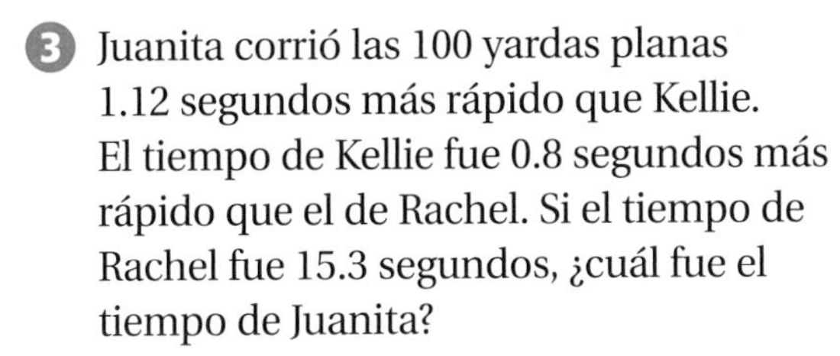

3. Juanita corrió las 100 yardas planas 1.12 segundos más rápido que Kellie. El tiempo de Kellie fue 0.8 segundos más rápido que el de Rachel. Si el tiempo de Rachel fue 15.3 segundos, ¿cuál fue el tiempo de Juanita?

   Solución: El tiempo de Kellie fue 14.5 segundos.

4. Los columpios de un parque local se ubican en un cajón de arena triangular. El lado A del cajón de arena es 2 metros más largo que el lado B. El lado B tiene el doble de largo que el lado C. Si el lado C tiene 6 metros de largo, ¿cuánto mide el lado A?

   Solución: El lado B mide 12 metros de largo.

5. Tanto Tyrone como Albert caminan diariamente para ir y volver de la escuela. Albert tiene que caminar 1.25 millas más que Tyrone tanto de ida como de vuelta. Si la casa de Tyrone está a 0.6 mi de la escuela, ¿cuánto caminan ambos chicos en total?

   Solución: Albert vive a 1.85 mi de la escuela.

3-7 Cómo estimar con fracciones

Destreza de resolución de problemas

Aprender a estimar sumas, diferencias, productos y cocientes de fracciones y números mixtos

Una de las langostas más grandes que se han atrapado se encontró en la costa de Nueva Escocia, Canadá y pesaba $44\frac{3}{8}$ lb. ¿Aproximadamente por cuánto sobrepasó a una langosta promedio, que puede pesar $3\frac{1}{4}$ lb?

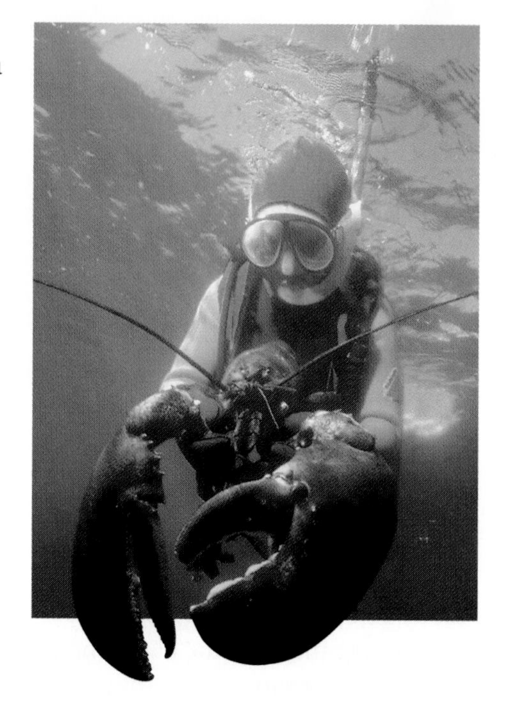

A veces, al resolver problemas, no necesitas dar una respuesta exacta. Para estimar sumas y diferencias de fracciones y números mixtos, redondea cada fracción a 0, $\frac{1}{2}$ ó 1. Para eso, puedes usar una recta numérica.

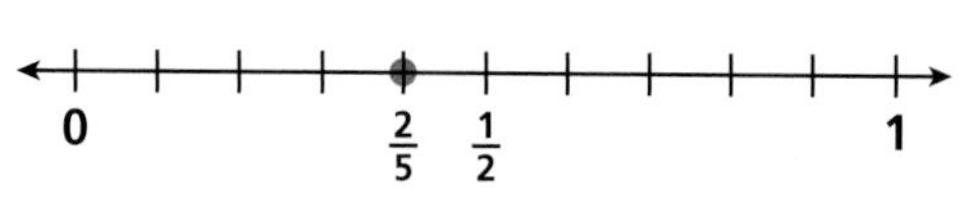

$\frac{2}{5}$ está más cerca de $\frac{1}{2}$ que de 0.

También puedes redondear fracciones comparando numeradores con denominadores.

Referencias para redondear fracciones		
Redondea a **0** si el numerador es mucho más pequeño que el denominador. Ejemplos: $\frac{1}{9}, \frac{3}{20}, \frac{2}{11}$	Redondea a $\frac{1}{2}$ si el numerador equivale aproximadamente a la mitad del denominador. Ejemplos: $\frac{2}{5}, \frac{5}{12}, \frac{7}{13}$	Redondea a **1** si el numerador es casi igual al denominador. Ejemplos: $\frac{8}{9}, \frac{23}{25}, \frac{97}{100}$

EJEMPLO 1 *Aplicación a las mediciones*

Una de las langostas más grandes que se ha atrapado pesaba $44\frac{3}{8}$ lb. Estima por cuánto sobrepasaba en peso esta langosta a una langosta promedio de $3\frac{1}{4}$ lb.

$44\frac{3}{8} - 3\frac{1}{4}$

$44\frac{3}{8} \longrightarrow 44\frac{1}{2}$ $\quad 3\frac{1}{4} \longrightarrow 3\frac{1}{2}$ *Redondea cada número mixto.*

$44\frac{1}{2} - 3\frac{1}{2} = 41$ *Resta.*

La langosta pesaba cerca de 41 lb más que una langosta promedio.

Pista útil

Redondea $\frac{1}{4}$ a $\frac{1}{2}$, $\frac{1}{3}$ a $\frac{1}{2}$ y $\frac{3}{4}$ a 1.

EJEMPLO 2 Estimar sumas y diferencias

Estima cada suma o diferencia.

A $\frac{4}{7} - \frac{13}{16}$

$\frac{4}{7} \longrightarrow \frac{1}{2}$ $\quad \frac{13}{16} \longrightarrow 1$ *Redondea cada fracción.*

$\frac{1}{2} - 1 = -\frac{1}{2}$ *Resta.*

B $3\frac{3}{8} + 3\frac{1}{3}$

$3\frac{3}{8} \longrightarrow 3\frac{1}{2}$ $\quad 3\frac{1}{3} \longrightarrow 3\frac{1}{2}$ *Redondea cada número mixto.*

$3\frac{1}{2} + 3\frac{1}{2} = 7$ *Suma.*

C $5\frac{7}{8} + \left(-\frac{2}{5}\right)$

$5\frac{7}{8} \longrightarrow 6$ $\quad -\frac{2}{5} \longrightarrow -\frac{1}{2}$ *Redondea cada número.*

$6 + \left(-\frac{1}{2}\right) = 5\frac{1}{2}$ *Suma.*

Pista útil

En la fracción $\frac{7}{8}$, el numerador tiene un valor cercano al denominador. Por lo tanto, redondea $\frac{7}{8}$ a 1.

Puedes estimar productos y cocientes de números mixtos redondeando al número cabal más cercano. Si la fracción de un número mixto es mayor que o igual a $\frac{1}{2}$, redondea el número mixto hacia arriba, al número cabal que le sigue. Si la fracción es menor que $\frac{1}{2}$, redondea a un número cabal hacia abajo, eliminando la fracción.

EJEMPLO 3 Estimar productos y cocientes

Estima cada producto o cociente.

A $4\frac{2}{7} \cdot 6\frac{9}{10}$

$4\frac{2}{7} \longrightarrow 4$ $\quad 6\frac{9}{10} \longrightarrow 7$ *Redondea cada número mixto al número cabal más cercano.*

$4 \cdot 7 = 28$ *Multiplica.*

B $11\frac{3}{4} \div 2\frac{1}{5}$

$11\frac{3}{4} \longrightarrow 12$ $\quad 2\frac{1}{5} \longrightarrow 2$ *Redondea cada número mixto al número cabal más cercano.*

$12 \div 2 = 6$ *Divide.*

Razonar y comentar

1. **Demuestra** cómo redondear $\frac{5}{12}$ y $5\frac{1}{5}$.
2. **Explica** cómo sabes que $25\frac{5}{8} \cdot 5\frac{1}{10} > 125$.

3-7 Ejercicios

go.hrw.com
Ayuda en línea para tareas*
CLAVE: MS7 3-7
Recursos en línea para padres
CLAVE: MS7 Parent
*(Disponible sólo en inglés)

PRÁCTICA GUIADA

Ver Ejemplo 

1. La longitud de una camioneta deportiva grande es $18\frac{9}{10}$ pies y la de una pequeña es $15\frac{1}{8}$ pies. Estima por cuánto sobrepasa la camioneta grande a la pequeña.

Ver Ejemplo 2

Estima cada suma o diferencia.

2. $\frac{5}{6} + \frac{5}{12}$ 3. $\frac{15}{16} - \frac{4}{5}$ 4. $2\frac{1}{6} + 3\frac{6}{11}$ 5. $5\frac{2}{7} - 2\frac{7}{9}$

Ver Ejemplo 3

Estima cada producto o cociente.

6. $1\frac{3}{25} \cdot 9\frac{6}{7}$ 7. $21\frac{2}{7} \div 7\frac{1}{3}$ 8. $31\frac{7}{8} \div 4\frac{1}{5}$ 9. $12\frac{2}{5} \cdot 3\frac{6}{9}$

PRÁCTICA INDEPENDIENTE

Ver Ejemplo 

10. **Medición** La habitación de Sara mide $14\frac{5}{6}$ pies de largo por $12\frac{1}{4}$ pies de ancho. Estima la diferencia entre la longitud y el ancho de la habitación de Sara.

Ver Ejemplo 2

Estima cada suma o diferencia.

11. $\frac{4}{9} + \frac{3}{5}$ 12. $2\frac{5}{9} + 1\frac{7}{8}$ 13. $8\frac{3}{4} - 6\frac{2}{5}$ 14. $6\frac{1}{3} + \left(-\frac{5}{6}\right)$

15. $\frac{7}{8} - \frac{2}{5}$ 16. $15\frac{1}{7} - 10\frac{8}{9}$ 17. $8\frac{7}{15} + 2\frac{7}{8}$ 18. $\frac{4}{5} + 7\frac{1}{8}$

Ver Ejemplo 3

Estima cada producto o cociente.

19. $23\frac{5}{7} \div 3\frac{6}{9}$ 20. $10\frac{2}{5} \div 4\frac{5}{8}$ 21. $2\frac{1}{8} \cdot 14\frac{5}{6}$ 22. $7\frac{9}{10} \cdot 11\frac{3}{4}$

23. $5\frac{3}{5} \div 2\frac{2}{3}$ 24. $12\frac{4}{6} \cdot 3\frac{2}{7}$ 25. $8\frac{1}{4} \div 1\frac{7}{8}$ 26. $15\frac{12}{15} \cdot 1\frac{5}{7}$

PRÁCTICA Y RESOLUCIÓN DE PROBLEMAS

Práctica adicional
Ver página 731

Estima cada suma, diferencia, producto o cociente.

27. $\frac{7}{9} - \frac{3}{8}$ 28. $\frac{3}{5} + \frac{6}{7}$ 29. $2\frac{5}{7} \cdot 8\frac{3}{11}$ 30. $16\frac{7}{20} \div 3\frac{8}{9}$

31. $-1\frac{3}{5} \cdot 4\frac{6}{13}$ 32. $5\frac{3}{5} - 4\frac{1}{3}$ 33. $3\frac{7}{8} + \frac{2}{15}$ 34. $19\frac{5}{7} \div \left(-5\frac{2}{5}\right)$

35. $\frac{3}{8} + 3\frac{5}{7} + 6\frac{7}{8}$ 36. $8\frac{4}{5} + 6\frac{1}{12} + 3\frac{2}{5}$ 37. $14\frac{2}{3} + 1\frac{7}{9} - 11\frac{14}{29}$

38. Kevin tiene $3\frac{3}{4}$ libras de pacanas y $6\frac{2}{3}$ libras de nueces de Castilla. ¿Aproximadamente por cuánto sobrepasa la cantidad de nueces de Castilla a la cantidad de pacanas?

39. **Negocios** El 19 de octubre de 1987 se conoce como el "lunes negro", pues ese día el mercado de valores cayó 508 puntos. Las acciones de Xerox empezaron en $\$70\frac{1}{8}$ y terminaron en $\$56\frac{1}{4}$. ¿Aproximadamente cuánto cayó el precio de las acciones de Xerox en ese día?

40. **Tiempo libre** Mónica y Paul caminaron $5\frac{3}{8}$ millas el sábado y $4\frac{9}{10}$ millas el domingo. Estima la cantidad de millas que caminaron Mónica y Paul.

41. **Razonamiento crítico** Si redondeas un divisor hacia abajo, ¿el cociente será menor o mayor que el cociente verdadero? Explica.

Ciencias biológicas **En el diagrama se muestra la envergadura de diferentes especies de aves. Usa el diagrama para los Ejercicios 42 y 43.**

42. ¿Aproximadamente por cuánto sobrepasa la envergadura de un albatros a la de una gaviota?

43. ¿Aproximadamente por cuánto sobrepasa la envergadura de un águila real a la de una urraca azul?

44. **Escribe un problema** Con ayuda de números mixtos, escribe un problema en el que una estimación sea suficiente para resolverlo.

45. **Escríbelo** ¿En qué se parece estimar fracciones o números mixtos a redondear números cabales?

46. **Desafío** Supongamos que el 16 de octubre de 1987 compraste 10 acciones de Xerox a $73 por acción y las vendiste al final de la jornada del 19 de octubre de 1987 a $\$56\frac{1}{4}$ por acción. ¿Aproximadamente cuánto dinero habrías perdido?

Preparación para el examen y repaso en espiral

47. **Opción múltiple** ¿Para cuál de las siguientes opciones sería 2 la mejor estimación?

Ⓐ $8\frac{7}{9} \cdot 4\frac{2}{5}$ Ⓑ $4\frac{1}{5} \div 2\frac{5}{9}$ Ⓒ $8\frac{7}{9} \cdot 2\frac{1}{5}$ Ⓓ $8\frac{1}{9} \div 4\frac{2}{5}$

48. **Opción múltiple** En la tabla se muestran las distancias que recorrió María en bicicleta cada día de la semana pasada.

Día	Lu	Ma	Mi	Ju	Vi	Sa	Do
Distancia (mi)	$12\frac{3}{8}$	$9\frac{11}{15}$	$3\frac{1}{4}$	$8\frac{1}{2}$	0	$4\frac{3}{4}$	$5\frac{2}{5}$

¿Cuál es la mejor estimación de la distancia total que recorrió María la semana pasada?

Ⓕ 40 mi Ⓖ 44 mi Ⓗ 48 mi Ⓙ 52 mi

Resuelve cada ecuación. Comprueba tu respuesta. (Lecciones 1-11 y 1-12)

49. $x + 16 = 43$ **50.** $y - 32 = 14$ **51.** $5m = 65$ **52.** $\frac{n}{3} = 18$

Resuelve. (Lección 3-6)

53. $-7.1x = -46.15$ **54.** $8.7 = y + (-4.6)$ **55.** $\frac{q}{-5.4} = 3.6$ **56.** $r - 4 = -31.2$

Modelo de suma y resta de fracciones

Para usar con la Lección 3-8

Las barras de fracciones pueden usarse para representar la suma y resta de fracciones.

Actividad

Puedes usar las barras de fracciones para hallar $\frac{3}{8} + \frac{2}{8}$.

Usa barras de fracciones para representar ambas fracciones. Coloca las barras de fracciones lado a lado.

$\frac{1}{8}$	$\frac{1}{8}$	$\frac{1}{8}$	$\frac{1}{8}$	$\frac{1}{8}$

$$\frac{3}{8} + \frac{2}{8} = \frac{5}{8}$$

1 Usa barras de fracciones para hallar cada suma.

a. $\frac{1}{3} + \frac{1}{3}$ **b.** $\frac{2}{4} + \frac{1}{4}$ **c.** $\frac{3}{12} + \frac{2}{12}$ **d.** $\frac{1}{5} + \frac{2}{5}$

Puedes usar barras de fracciones para hallar $\frac{1}{3} + \frac{1}{4}$.

Usa barras de fracciones para representar ambas fracciones. Coloca las barras de fracciones lado a lado. ¿Qué clase de barra de fracción colocada lado a lado entrará exactamente de abajo de $\frac{1}{3}$ y $\frac{1}{4}$? (*Pista:* ¿Cuál es el mcm 3 y 4?)

$\frac{1}{3}$				$\frac{1}{4}$		
$\frac{1}{12}$	$\frac{1}{12}$	$\frac{1}{12}$	$\frac{1}{12}$	$\frac{1}{12}$	$\frac{1}{12}$	$\frac{1}{12}$

$$\frac{1}{3} + \frac{1}{4} = \frac{7}{12}$$

2 Usa barras de fracciones para hallar cada suma.

a. $\frac{1}{2} + \frac{1}{3}$ **b.** $\frac{1}{2} + \frac{1}{4}$ **c.** $\frac{1}{3} + \frac{1}{6}$ **d.** $\frac{1}{4} + \frac{1}{6}$

Puedes usar barras de fracciones para hallar $\frac{1}{3} + \frac{5}{6}$.

Usa barras de fracciones para representar ambas fraccciones. Coloca las barras de fracciones lado a lado. ¿Qué clase de barra de fracciones colocada lado a lado entrará exactamente debajo de $\frac{1}{3}$ y $\frac{5}{6}$? (*Pista:* ¿Cuál es el mcm de 3 y 6?)

$\frac{1}{3}$		$\frac{1}{6}$	$\frac{1}{6}$	$\frac{1}{6}$	$\frac{1}{6}$	$\frac{1}{6}$
$\frac{1}{6}$	$\frac{1}{6}$	$\frac{1}{6}$	$\frac{1}{6}$	$\frac{1}{6}$	$\frac{1}{6}$	$\frac{1}{6}$

$$\frac{1}{3} + \frac{5}{6} = \frac{7}{6}$$

Cuando la suma es una fracción impropia, puedes usar la barra 1 junto con las barras de fracciones para hallar el número mixto equivalente.

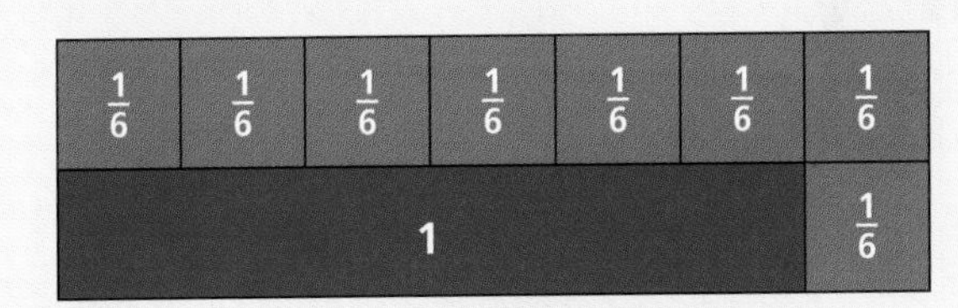

$\frac{7}{6} = 1\frac{1}{6}$

3 Usa barras de fracciones para hallar cada suma.

a. $\frac{3}{4} + \frac{3}{4}$ **b.** $\frac{2}{3} + \frac{1}{2}$ **c.** $\frac{5}{6} + \frac{1}{4}$ **d.** $\frac{3}{8} + \frac{3}{4}$

Puedes usar barras de fracciones para hallar $\frac{2}{3} - \frac{1}{2}$.

Coloca una barra de $\frac{1}{2}$ bajo las barras que muestran $\frac{2}{3}$ y halla qué fracción entra en el espacio restante.

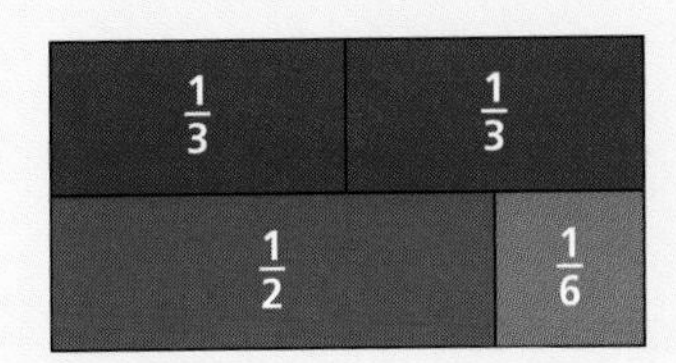

$\frac{3}{2} - \frac{1}{2} = \frac{1}{6}$

4 Usa barras de fracciones para hallar cada diferencia.

a. $\frac{2}{3} - \frac{1}{3}$ **b.** $\frac{1}{4} - \frac{1}{6}$ **c.** $\frac{1}{2} - \frac{1}{3}$ **d.** $\frac{3}{4} - \frac{2}{3}$

Razonar y comentar

1. Haz un modelo de $\frac{3}{4} - \frac{1}{6}$ y resuélvelo. Explica tus pasos.

2. Dos estudiantes resolvieron $\frac{1}{4} + \frac{1}{3}$ de diferentes maneras. Uno obtuvo $\frac{7}{12}$ como respuesta y el otro obtuvo $\frac{2}{7}$. Usa modelos para mostrar qué estudiante tiene la respuesta correcta.

3. Halla tres maneras diferentes de hacer un modelo de $\frac{1}{2} + \frac{1}{4}$.

Inténtalo

Usa barras de fracciones para hallar cada suma o diferencia.

1. $\frac{1}{2} + \frac{1}{2}$ **2.** $\frac{2}{3} + \frac{1}{6}$ **3.** $\frac{1}{4} + \frac{1}{6}$ **4.** $\frac{1}{3} + \frac{7}{12}$

5. $\frac{5}{12} - \frac{1}{3}$ **6.** $\frac{1}{2} - \frac{1}{4}$ **7.** $\frac{3}{4} - \frac{1}{6}$ **8.** $\frac{2}{3} - \frac{1}{4}$

9. Comiste $\frac{1}{4}$ de pizza en el almuerzo y $\frac{5}{8}$ de la pizza en la cena. ¿Cuánto de la pizza comiste en total?

10. La biblioteca está a $\frac{5}{6}$ de milla de tu casa. Después de caminar $\frac{3}{4}$ de milla, te detienes a visitar a un amigo de camino a la biblioteca. ¿Cuánto más debes caminar para llegar a la biblioteca?

3-8 Cómo sumar y restar fracciones

Aprender a sumar y restar fracciones

Venus, el 14 de marzo

La Tierra, el 14 de marzo

1ro de enero

Del 1ro de enero al 14 de marzo de cada año, la Tierra completa cerca de $\frac{1}{5}$ de su órbita alrededor del Sol, mientras que Venus completa cerca de $\frac{1}{3}$ de su órbita. En la ilustración se muestra cuáles serían las posiciones de los planetas el 14 de marzo si empezaran en el mismo lugar el 1ro de enero y sus órbitas fueran circulares. Para saber cuánto más de su órbita completa Venus que la Tierra, necesitas restar fracciones.

EJEMPLO 1 Sumar y restar fracciones con igual denominador

Suma o resta. Escribe cada respuesta en su mínima expresión.

A $\frac{3}{10} + \frac{1}{10}$

$\frac{3}{10} + \frac{1}{10} = \frac{3+1}{10}$ *Suma los numeradores y conserva el denominador común.*

$= \frac{4}{10} = \frac{2}{5}$ *Simplifica.*

B $\frac{7}{9} - \frac{4}{9}$

$\frac{7}{9} - \frac{4}{9} = \frac{7-4}{9}$ *Resta los numeradores y conserva el denominador común.*

$= \frac{3}{9} = \frac{1}{3}$ *Simplifica.*

Para sumar o restar fracciones con denominadores distintos, debes volver a escribir las fracciones con un denominador común.

Pista útil

El mcm de dos denominadores es el mínimo común denominador (mcd) de las fracciones.

Dos formas de hallar un denominador común
• Halla el mcm (mínimo común múltiplo) de los denominadores. • Multiplica los denominadores.

EJEMPLO 2 Sumar y restar fracciones con denominadores distintos

Suma o resta. Escribe cada respuesta en su mínima expresión.

A $\frac{3}{8} + \frac{5}{12}$

$\frac{3}{8} + \frac{5}{12} = \frac{3 \cdot 3}{8 \cdot 3} + \frac{5 \cdot 2}{12 \cdot 2}$ — *El mcm de los denominadores es 24.*

$= \frac{9}{24} + \frac{10}{24}$ — *Escribe fracciones equivalentes usando un denominador común.*

$= \frac{19}{24}$ — *Suma.*

B $\frac{1}{10} - \frac{5}{8}$

$\frac{1}{10} - \frac{5}{8} = \frac{1 \cdot 4}{10 \cdot 4} - \frac{5 \cdot 5}{8 \cdot 5}$ — *El mcm de los denominadores es 40.*

$= \frac{4}{40} - \frac{25}{40}$ — *Escribe fracciones equivalentes usando un denominador común.*

$= -\frac{21}{40}$ — *Resta.*

C $-\frac{2}{3} + \frac{5}{8}$

$-\frac{2}{3} + \frac{5}{8} = -\frac{2 \cdot 8}{3 \cdot 8} + \frac{5 \cdot 3}{8 \cdot 3}$ — *Multiplica los denominadores.*

$= -\frac{16}{24} + \frac{15}{24}$ — *Escribe fracciones equivalentes usando un denominador común.*

$= -\frac{1}{24}$ — *Suma.*

EJEMPLO 3 *Aplicación a la astronomía*

Del 1ro de enero al 14 de marzo, la Tierra completa aproximadamente $\frac{1}{5}$ de su órbita, mientras que Venus completa alrededor de $\frac{1}{3}$ de su órbita. ¿Cuánto más de su órbita completa Venus que la Tierra?

$\frac{1}{3} - \frac{1}{5} = \frac{1 \cdot 5}{3 \cdot 5} - \frac{1 \cdot 3}{5 \cdot 3}$ — *El mcm de los denominadores es 15.*

$= \frac{5}{15} - \frac{3}{15}$ — *Escribe fracciones equivalentes.*

$= \frac{2}{15}$ — *Resta.*

Venus completa $\frac{2}{15}$ más de su órbita que la Tierra.

Razonar y comentar

1. **Describe** el proceso para restar fracciones con denominadores distintos.
2. **Explica** si $\frac{3}{4} + \frac{2}{3} = \frac{5}{7}$ es correcto.

3-8 Ejercicios

go.hrw.com
Ayuda en línea para tareas*
CLAVE: MS7 3-8
Recursos en línea para padres
CLAVE: MS7 Parent
*(Disponible sólo en inglés)

PRÁCTICA GUIADA

Ver Ejemplo 1

Suma o resta. Escribe cada respuesta en su mínima expresión.

1. $\frac{2}{3} - \frac{1}{3}$ **2.** $\frac{1}{12} + \frac{1}{12}$ **3.** $\frac{16}{21} - \frac{7}{21}$ **4.** $\frac{4}{17} + \frac{11}{17}$

Ver Ejemplo 2

5. $\frac{1}{6} + \frac{1}{3}$ **6.** $\frac{9}{10} - \frac{3}{4}$ **7.** $\frac{2}{3} + \frac{1}{8}$ **8.** $\frac{5}{8} - \frac{3}{10}$

Ver Ejemplo 3

9. Parker gasta $\frac{1}{4}$ de sus ingresos en renta y $\frac{1}{6}$ en entretenimiento. ¿Por cuánto sobrepasa lo que gasta en renta a lo que gasta en entretenimiento?

PRÁCTICA INDEPENDIENTE

Ver Ejemplo 1

Suma o resta. Escribe cada respuesta en su mínima expresión.

10. $\frac{2}{3} + \frac{1}{3}$ **11.** $\frac{3}{20} + \frac{7}{20}$ **12.** $\frac{5}{8} + \frac{7}{8}$ **13.** $\frac{6}{15} + \frac{3}{15}$

14. $\frac{7}{12} - \frac{5}{12}$ **15.** $\frac{5}{6} - \frac{1}{6}$ **16.** $\frac{8}{9} - \frac{5}{9}$ **17.** $\frac{9}{25} - \frac{4}{25}$

Ver Ejemplo 2

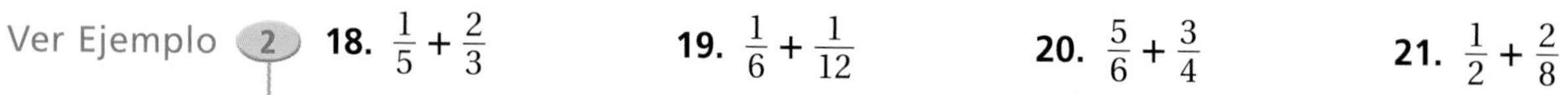

18. $\frac{1}{5} + \frac{2}{3}$ **19.** $\frac{1}{6} + \frac{1}{12}$ **20.** $\frac{5}{6} + \frac{3}{4}$ **21.** $\frac{1}{2} + \frac{2}{8}$

22. $\frac{21}{24} - \frac{1}{2}$ **23.** $\frac{3}{4} - \frac{11}{12}$ **24.** $\frac{1}{2} - \frac{2}{7}$ **25.** $\frac{7}{10} - \frac{1}{6}$

Ver Ejemplo 3

26. Seana recogió $\frac{3}{4}$ de un cuarto de arándanos azules. Se comió $\frac{1}{12}$ del cuarto. ¿Cuánto quedó?

27. Armando vive a $\frac{2}{3}$ mi de la escuela. Si ya caminó $\frac{1}{2}$ mi esta mañana, ¿cuánto más debe caminar para llegar a la escuela?

PRÁCTICA Y RESOLUCIÓN DE PROBLEMAS

Práctica adicional
Ver página 731

Halla cada suma o diferencia. Escribe tu respuesta en su mínima expresión.

28. $\frac{4}{5} + \frac{6}{7}$ **29.** $\frac{5}{6} - \frac{1}{9}$ **30.** $\frac{1}{2} - \frac{3}{4}$ **31.** $\frac{2}{3} + \frac{2}{15}$

32. $\frac{5}{7} + \frac{1}{3}$ **33.** $\frac{1}{2} - \frac{7}{12}$ **34.** $\frac{3}{4} + \frac{2}{5}$ **35.** $\frac{9}{14} - \frac{1}{7}$

36. $\frac{7}{8} + \frac{2}{3} + \frac{5}{6}$ **37.** $\frac{3}{5} + \frac{1}{10} - \frac{3}{4}$ **38.** $\frac{3}{10} + \frac{5}{8} + \frac{1}{5}$ **39.** $\frac{2}{5} - \frac{1}{6} + \frac{7}{10}$

40. $-\frac{1}{2} + \frac{3}{8} + \frac{2}{7}$ **41.** $\frac{1}{3} + \frac{3}{7} - \frac{1}{9}$ **42.** $\frac{2}{9} - \frac{7}{18} + \frac{1}{6}$ **43.** $\frac{2}{15} + \frac{4}{9} + \frac{1}{3}$

44. $\frac{9}{35} - \frac{4}{7} - \frac{5}{14}$ **45.** $\frac{1}{3} - \frac{5}{7} + \frac{8}{21}$ **46.** $-\frac{2}{9} - \frac{1}{12} - \frac{7}{18}$ **47.** $-\frac{2}{3} + \frac{4}{5} + \frac{5}{8}$

48. Cocina Una ensalada de frutas requiere $\frac{1}{2}$ taza de azúcar. Otra ensalada requiere 2 cucharadas de azúcar. Como 1 cucharada es $\frac{1}{16}$ de taza, ¿cuánta más azúcar requiere la primera ensalada?

49. A Earl le llevó $\frac{1}{2}$ hora hacer su tarea de ciencias y $\frac{1}{3}$ de hora hacer su tarea de matemáticas. ¿Cuánto tiempo trabajó Earl en sus tareas?

50. Música En la música escrita en un compás de $^4/_4$, la nota blanca dura $\frac{1}{2}$ compás y la corchea dura $\frac{1}{8}$ de compás. En términos de compases de música, ¿cuál es la diferencia de duración entre las dos notas?

Estado físico Cuatro amigas compitieron para ver hasta dónde podían caminar haciendo girar un aro alrededor de la cintura. En la tabla se muestra cuánto caminó cada una. Usa la tabla para los Ejercicios del 51 al 53.

Persona	Distancia (mi)
Rosalyn	$\frac{1}{8}$
Cai	$\frac{3}{4}$
Lauren	$\frac{2}{3}$
Janna	$\frac{7}{10}$

51. ¿Cuánto más caminó Lauren que Rosalyn?

52. ¿Cuál es la distancia combinada que caminaron Cai y Rosalyn?

53. ¿Quién caminó más: Janna o Cai?

54. Medición Una musaraña pesa $\frac{3}{16}$ lb. Un hámster pesa $\frac{1}{4}$ lb.

a. ¿Por cuántas libras de peso sobrepasa un hámster a una musaraña?

b. Hay 16 oz en 1 lb. ¿Por cuántas onzas de peso sobrepasa el hámster a la musaraña?

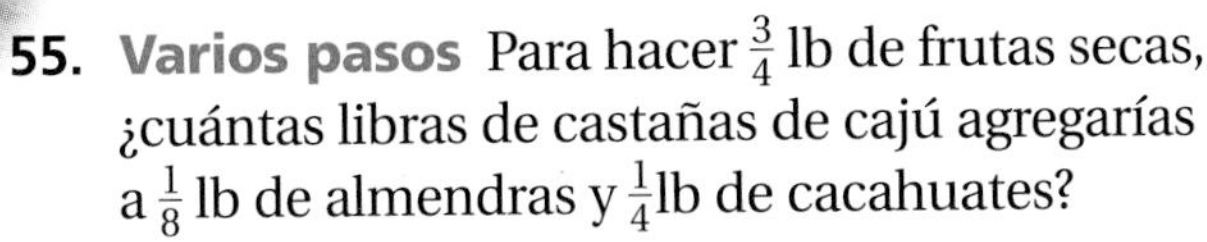

55. Varios pasos Para hacer $\frac{3}{4}$ lb de frutas secas, ¿cuántas libras de castañas de cajú agregarías a $\frac{1}{8}$ lb de almendras y $\frac{1}{4}$ lb de cacahuates?

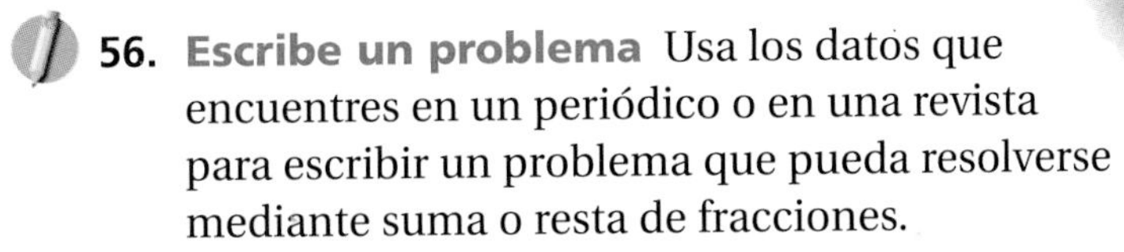

56. Escribe un problema Usa los datos que encuentres en un periódico o en una revista para escribir un problema que pueda resolverse mediante suma o resta de fracciones.

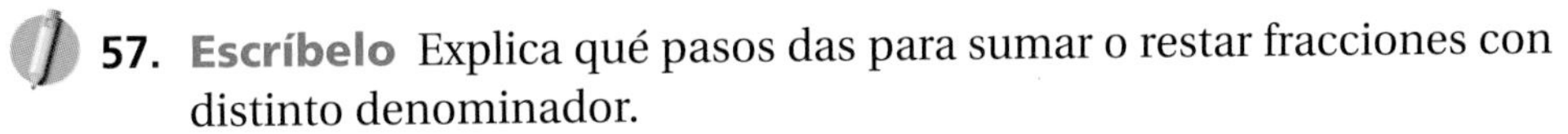

57. Escríbelo Explica qué pasos das para sumar o restar fracciones con distinto denominador.

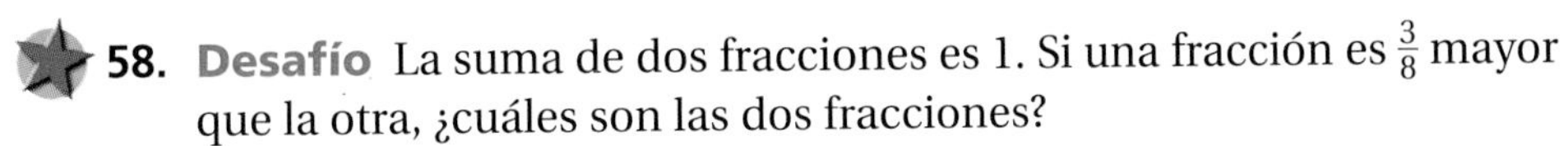

58. Desafío La suma de dos fracciones es 1. Si una fracción es $\frac{3}{8}$ mayor que la otra, ¿cuáles son las dos fracciones?

Preparación para el examen y repaso en espiral

59. Opción múltiple ¿Cuál es el valor de la expresión $\frac{3}{7} + \frac{1}{5}$?

Ⓐ $\frac{1}{3}$ Ⓑ $\frac{22}{35}$ Ⓒ $\frac{2}{3}$ Ⓓ $\frac{26}{35}$

60. Respuesta gráfica Grace tiene $\frac{1}{2}$ libra de manzanas. Julie tiene $\frac{3}{8}$ de libra de manzanas. Ambas quieren juntar sus manzanas para usarlas en una receta que requiere 1 libra de manzanas. ¿Cuántas libras más de manzanas necesitan?

Halla el máximo común divisor (MCD). (Lección 2-7)

61. 5, 9 **62.** 6, 54 **63.** 18, 24 **64.** 12, 36, 50

Estima cada suma o diferencia. (Lección 3-7)

65. $\frac{4}{7} + \frac{1}{9}$ **66.** $4\frac{2}{3} - 2\frac{3}{5}$ **67.** $7\frac{5}{9} - \left(-3\frac{2}{7}\right)$ **68.** $6\frac{1}{8} + 2\frac{4}{7}$

3-9 Cómo sumar y restar números mixtos

Aprender a sumar y restar números mixtos

Los escarabajos pueden hallarse en todas partes del mundo en una fabulosa variedad de formas, tamaños y colores. El escarabajo jirafa de Madagascar puede crecer aproximadamente $6\frac{2}{5}$ centímetros más que el escarabajo verde gigante de la fruta. El escarabajo verde de la fruta puede crecer hasta $1\frac{1}{5}$ centímetro de largo. Para hallar la longitud máxima del escarabajo jirafa, puedes sumar $6\frac{2}{5}$ y $1\frac{1}{5}$.

EJEMPLO 1 *Aplicación a las mediciones*

Pista útil

Un número mixto es la suma de un entero y una fracción: $3\frac{4}{5} = 3 + \frac{4}{5}$.

El escarabajo jirafa puede medir de largo unos $6\frac{2}{5}$ centímetros más que el escarabajo verde gigante de la fruta. El escarabajo verde de la fruta puede llegar a medir hasta $1\frac{1}{5}$ centímetro de largo. ¿Cuál es la longitud máxima de un escarabajo jirafa?

$6\frac{2}{5} + 1\frac{1}{5} = 7 + \frac{3}{5}$ *Suma los enteros y luego suma las fracciones.*

$= 7\frac{3}{5}$ *Suma.*

La longitud máxima de un escarabajo jirafa es $7\frac{3}{5}$ centímetros.

EJEMPLO 2 Sumar números mixtos

Suma. Escribe cada respuesta en su mínima expresión.

A $3\frac{4}{5} + 4\frac{2}{5}$

$3\frac{4}{5} + 4\frac{2}{5} = 7 + \frac{6}{5}$ *Suma los enteros y luego suma las fracciones.*

$= 7 + 1\frac{1}{5}$ *Escribe la fracción impropia como número mixto.*

$= 8\frac{1}{5}$ *Suma.*

B $1\frac{2}{15} + 7\frac{1}{6}$

$1\frac{2}{15} + 7\frac{1}{6} = 1\frac{4}{30} + 7\frac{5}{30}$ *Halla un denominador común.*

$= 8 + \frac{9}{30}$ *Suma los enteros y luego suma las fracciones.*

$= 8\frac{9}{30} = 8\frac{3}{10}$ *Suma. Luego simplifica.*

A veces, cuando restas números mixtos, la parte fraccional del primer número es menor que la parte fraccional del segundo número. En estos casos, debes reagrupar antes de restar.

REAGRUPAR NÚMEROS MIXTOS	
Con palabras	**Con números**
Reagrupa.	$7\frac{1}{8} = 6 + 1 + \frac{1}{8}$
Escribe 1 como fracción con un denominador común.	$= 6 + \frac{8}{8} + \frac{1}{8}$
Suma.	$= 6\frac{9}{8}$

¡Recuerda!

Cualquier fracción en la que el numerador y el denominador sean iguales es igual a 1.

EJEMPLO 3 Restar números mixtos

Resta. Escribe cada respuesta en su mínima expresión.

A $10\frac{7}{9} - 4\frac{2}{9}$

$10\frac{7}{9} - 4\frac{2}{9} = 6\frac{5}{9}$ *Resta los enteros y luego resta las fracciones.*

B $12\frac{7}{8} - 5\frac{17}{24}$

$12\frac{7}{8} - 5\frac{17}{24} = 12\frac{21}{24} - 5\frac{17}{24}$ *Halla un denominador común.*

$= 7\frac{4}{24}$ *Resta los enteros y luego resta las fracciones.*

$= 7\frac{1}{6}$ *Simplifica.*

C $72\frac{3}{5} - 63\frac{4}{5}$

$72\frac{3}{5} - 63\frac{4}{5} = 71\frac{8}{5} - 63\frac{4}{5}$ *Reagrupa.* $72\frac{3}{5} = 71 + \frac{5}{5} + \frac{3}{5}$

$= 8\frac{4}{5}$ *Resta los enteros y luego resta las fracciones.*

Razonar y comentar

1. **Describe** el proceso para restar números mixtos.
2. **Explica** si $2\frac{3}{5} + 1\frac{3}{5} = 3\frac{6}{5}$ es correcto. ¿Hay otra forma de escribir la respuesta?
3. **Demuestra** cómo reagrupar para simplificar $6\frac{2}{5} - 4\frac{3}{5}$.

3-9 Ejercicios

go.hrw.com
Ayuda en línea para tareas*
CLAVE: MS7 3-9
Recursos en línea para padres
CLAVE: MS7 Parent
*(Disponible sólo en inglés)

PRÁCTICA GUIADA

Ver Ejemplo 1

1. **Medición** La madre de Chrystelle es $1\frac{2}{3}$ pie más alta que Chrystelle. Si Chrystelle tiene una estatura de $3\frac{1}{2}$ pies, ¿qué estatura tiene su madre?

Ver Ejemplo 2

Suma. Escribe cada respuesta en su mínima expresión.

2. $3\frac{2}{5} + 4\frac{1}{5}$
3. $2\frac{7}{8} + 3\frac{3}{4}$
4. $1\frac{8}{9} + 4\frac{4}{9}$
5. $5\frac{1}{2} + 2\frac{1}{4}$

Ver Ejemplo 3

Resta. Escribe cada respuesta en su mínima expresión.

6. $6\frac{2}{3} - 5\frac{1}{3}$
7. $8\frac{1}{6} - 2\frac{5}{6}$
8. $3\frac{2}{3} - 2\frac{3}{4}$
9. $7\frac{5}{8} - 3\frac{2}{5}$

PRÁCTICA INDEPENDIENTE

Ver Ejemplo 1

10. **Deportes** La pista de carreras de Daytona International Speedway es $\frac{24}{25}$ mi más larga que la de Atlanta Motor Speedway. Si la pista de carreras de Atlanta mide $1\frac{27}{50}$ mi de largo, ¿cuánto mide la de Daytona?

Ver Ejemplo 2

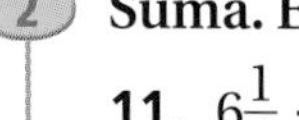

Suma. Escribe cada respuesta en su mínima expresión.

11. $6\frac{1}{4} + 8\frac{3}{4}$
12. $3\frac{3}{5} + 7\frac{4}{5}$
13. $3\frac{5}{6} + 1\frac{5}{6}$
14. $2\frac{3}{5} + 4\frac{1}{3}$
15. $2\frac{3}{10} + 4\frac{1}{2}$
16. $6\frac{1}{8} + 8\frac{9}{10}$
17. $6\frac{1}{6} + 5\frac{3}{10}$
18. $1\frac{2}{5} + 9\frac{1}{4}$

Ver Ejemplo 3

Resta. Escribe cada respuesta en su mínima expresión.

19. $2\frac{1}{14} - 1\frac{3}{14}$
20. $4\frac{5}{12} - 1\frac{7}{12}$
21. $8 - 2\frac{3}{4}$
22. $7\frac{3}{4} - 5\frac{2}{3}$
23. $8\frac{3}{4} - 6\frac{2}{5}$
24. $3\frac{1}{3} - 2\frac{5}{8}$
25. $4\frac{2}{5} - 3\frac{1}{2}$
26. $11 - 6\frac{5}{9}$

PRÁCTICA Y RESOLUCIÓN DE PROBLEMAS

Práctica adicional
Ver página 732

Suma o resta. Escribe cada respuesta en su mínima expresión.

27. $7\frac{1}{3} + 8\frac{1}{5}$
28. $14\frac{3}{5} - 8\frac{1}{2}$
29. $9\frac{1}{6} + 4\frac{6}{9}$
30. $21\frac{8}{12} - 3\frac{1}{2}$
31. $3\frac{5}{8} + 2\frac{7}{12}$
32. $25\frac{1}{3} + 3\frac{5}{6}$
33. $1\frac{7}{9} - \frac{17}{18}$
34. $3\frac{1}{2} + 5\frac{1}{4}$
35. $1\frac{7}{15} + 2\frac{7}{10}$
36. $12\frac{4}{6} - \frac{2}{5}$
37. $4\frac{2}{3} + 1\frac{7}{8} + 3\frac{1}{2}$
38. $5\frac{1}{6} + 8\frac{2}{3} - 9\frac{1}{2}$

Compara. Escribe $<$, $>$ ó $=$.

39. $12\frac{1}{4} - 10\frac{3}{4}$ ■ $5\frac{1}{2} - 3\frac{7}{10}$
40. $4\frac{1}{2} + 3\frac{4}{5}$ ■ $4\frac{5}{7} + 3\frac{1}{2}$
41. $13\frac{3}{4} - 2\frac{3}{8}$ ■ $5\frac{5}{6} + 4\frac{2}{9}$
42. $4\frac{1}{3} - 2\frac{1}{4}$ ■ $3\frac{1}{4} - 1\frac{1}{6}$
43. Los ingredientes líquidos de una receta son agua y aceite de oliva. La receta requiere $3\frac{1}{2}$ tazas de agua y $1\frac{1}{8}$ taza de aceite de oliva. ¿Cuántas tazas de ingredientes líquidos requiere la receta?

Viajes En la tabla se muestran las distancias en millas entre cuatro ciudades. Para hallar la distancia entre dos ciudades, ubica el cuadrado en el que la fila de una ciudad se interseca con la columna de otra ciudad.

Holanda produce más de 3 mil millones de tulipanes al año.

	Atherton	Baily	Charleston	Dixon
Atherton	X	$40\frac{2}{3}$	$100\frac{5}{6}$	$16\frac{1}{2}$
Baily	$40\frac{2}{3}$	X	$210\frac{3}{8}$	$30\frac{2}{3}$
Charleston	$100\frac{5}{6}$	$210\frac{3}{8}$	X	$98\frac{3}{4}$
Dixon	$16\frac{1}{2}$	$30\frac{2}{3}$	$98\frac{3}{4}$	X

44. ¿Por cuánto sobrepasa la distancia de Charleston a Dixon a la de Atherton a Baily?

45. Si conduces de Charleston a Atherton y luego de Atherton a Dixon, ¿cuánto recorres?

46. Agricultura En 2003, Estados Unidos importó $\frac{97}{100}$ de sus bulbos de tulipán de Holanda y $\frac{1}{50}$ de Nueva Zelanda. ¿Por cuánto sobrepasan las importaciones de bulbos de tulipán de Holanda a las de Nueva Zelanda, expresado en fracciones?

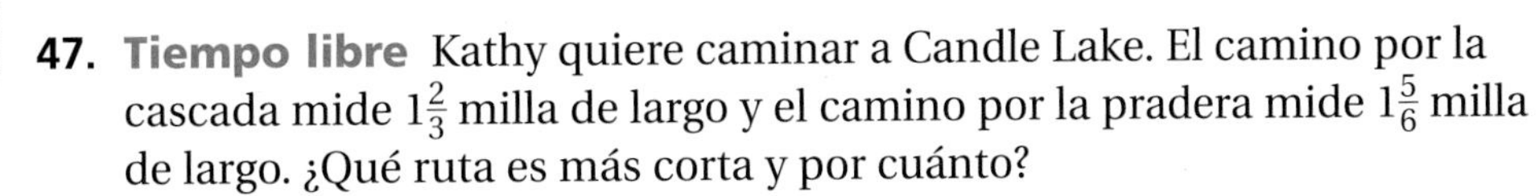

47. Tiempo libre Kathy quiere caminar a Candle Lake. El camino por la cascada mide $1\frac{2}{3}$ milla de largo y el camino por la pradera mide $1\frac{5}{6}$ milla de largo. ¿Qué ruta es más corta y por cuánto?

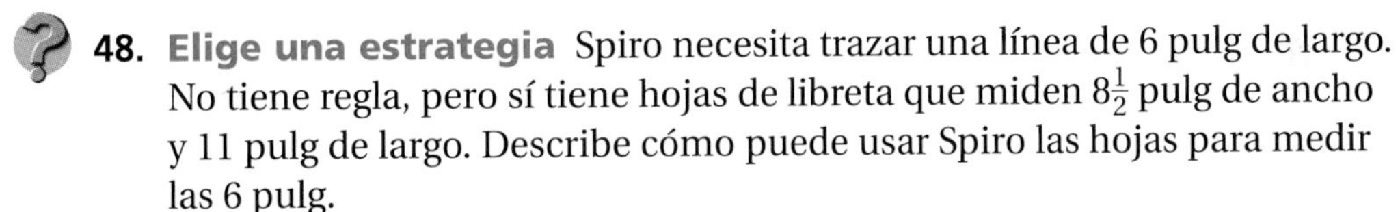

48. Elige una estrategia Spiro necesita trazar una línea de 6 pulg de largo. No tiene regla, pero sí tiene hojas de libreta que miden $8\frac{1}{2}$ pulg de ancho y 11 pulg de largo. Describe cómo puede usar Spiro las hojas para medir las 6 pulg.

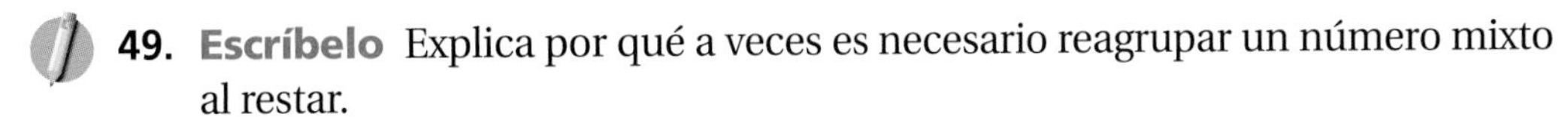

49. Escríbelo Explica por qué a veces es necesario reagrupar un número mixto al restar.

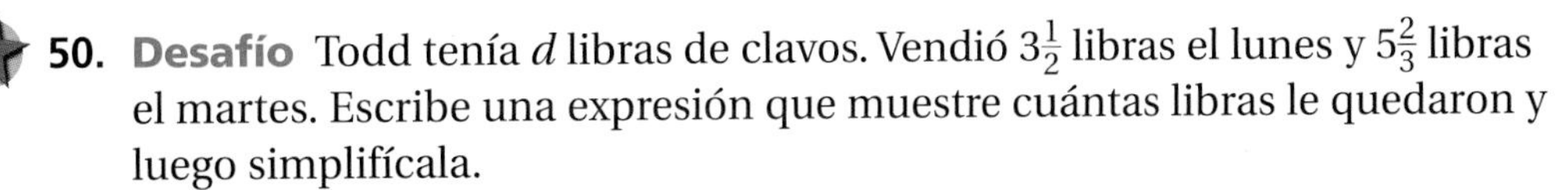

50. Desafío Todd tenía d libras de clavos. Vendió $3\frac{1}{2}$ libras el lunes y $5\frac{2}{3}$ libras el martes. Escribe una expresión que muestre cuántas libras le quedaron y luego simplifícala.

Preparación Para El Examen y repaso en espiral

51. Opción múltiple ¿Qué expresión NO es igual a $2\frac{7}{8}$?

Ⓐ $1\frac{1}{2} + 1\frac{3}{8}$ Ⓑ $5\frac{15}{16} - 3\frac{1}{16}$ Ⓒ $6 - 3\frac{1}{8}$ Ⓓ $1\frac{1}{8} + 1\frac{1}{4}$

52. Respuesta breve En donde vive Maddie, hay un impuesto sobre la venta estatal de $5\frac{1}{2}$ centavos, un impuesto sobre la venta del condado de $1\frac{3}{4}$ centavo y un impuesto sobre la venta de la ciudad de $\frac{3}{4}$ de centavo. El impuesto total sobre la venta es la suma de los impuestos sobre la venta del estado, del condado y de la ciudad. ¿Cuál es el impuesto total sobre la venta donde vive Maddie? Muestra tu trabajo.

Halla cada suma. (Lección 2-2)

53. $-3 + 9$ **54.** $6 + (-15)$ **55.** $-4 + (-8)$ **56** $-11 + 5$

Halla cada suma o diferencia. Escribe tu respuesta en su mínima expresión. (Lección 3-8)

57. $\frac{2}{5} + 2\frac{7}{20}$ **58.** $\frac{3}{7} - \frac{1}{3}$ **59.** $\frac{3}{4} + \frac{7}{18}$ **60.** $\frac{1}{3} - \frac{4}{5}$

Modelo de multiplicación y división de fracciones

Para usar con las Lecciones 3-10 y 3-11

go.hrw.com
Recursos en línea para el laboratorio
CLAVE: MS7 Lab3

Puedes usar cuadrículas para hacer un modelo de la multiplicación y división de fracciones.

Actividad 1

Usa una cuadrícula para hacer un modelo de $\frac{3}{4} \cdot \frac{1}{2}$.

Piensa en $\frac{3}{4} \cdot \frac{1}{2}$ como $\frac{3}{4}$ de $\frac{1}{2}$.

Haz un modelo de $\frac{1}{2}$ sombreando la mitad de una cuadrícula.

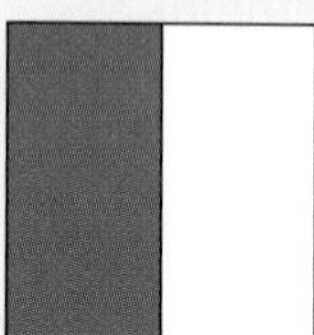

El denominador te indica que debes dividir la cuadrícula en 2 partes. El numerador te indica cuántas partes debes sombrear.

Divide la cuadrícula en 4 secciones horizontales iguales.

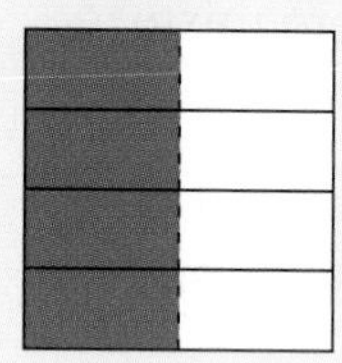

Usa otro color para sombrear $\frac{3}{4}$ de la misma cuadrícula.

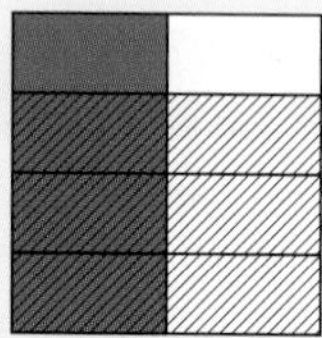

El denominador te indica que debes dividir la cuadrícula en 4 partes. El numerador te indica cuántas partes debes sombrear.

¿Qué fracción de $\frac{1}{2}$ está sombreada? *Para hallar el numerador, razona: ¿cuántas partes se superponen? Para hallar el denominador, razona: ¿cuántas partes hay en total?*

$$\frac{3}{4} \cdot \frac{1}{2} = \frac{3}{8}$$

Razonar y comentar

1. ¿Se hacen modelos de $\frac{2}{3} \cdot \frac{1}{5}$ y $\frac{1}{5} \cdot \frac{2}{3}$ de la misma manera? Explica.
2. Cuando multiplicas una fracción positiva por otra fracción positiva, el producto es menor que cualquiera de los factores. ¿Por qué?

Inténtalo

Usa una cuadrícula para hallar cada producto.

1. $\frac{1}{2} \cdot \frac{1}{2}$ **2.** $\frac{3}{4} \cdot \frac{2}{3}$ **3.** $\frac{5}{8} \cdot \frac{1}{3}$ **4.** $\frac{2}{5} \cdot \frac{5}{6}$

Actividad 2

Usa cuadrículas para hacer un modelo de $4\frac{1}{3} \div \frac{2}{3}$.

Divide 5 cuadrículas en tercios. Sombrea 4 cuadrículas y $\frac{1}{3}$ de la quinta para representar $4\frac{1}{3}$.

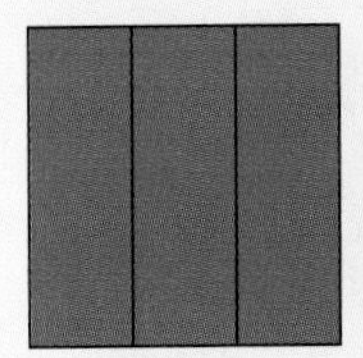 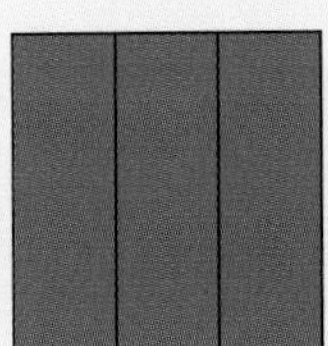 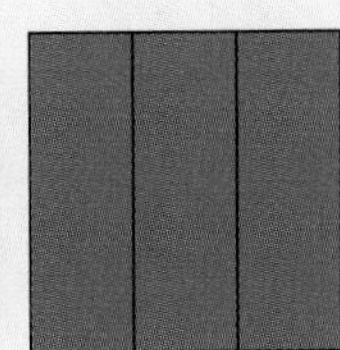 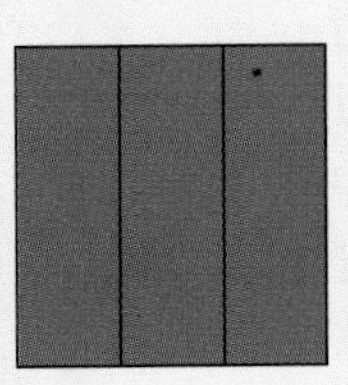 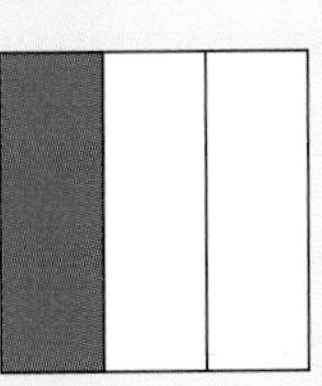

Razona: ¿cuántos grupos de $\frac{2}{3}$ hay en $4\frac{1}{3}$?

Divide las cuadrículas sombreadas en grupos iguales de 2.

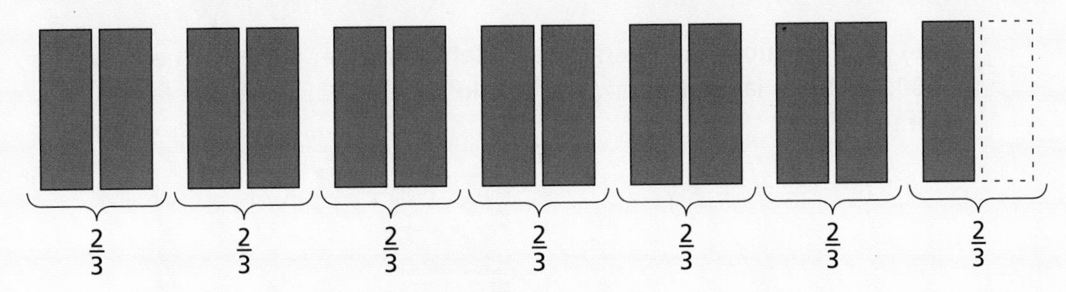

Hay 6 grupos de $\frac{2}{3}$, más $\frac{1}{3}$ que sobra. Esa parte es $\frac{1}{2}$ de un grupo de $\frac{2}{3}$.

Por lo tanto, hay $6 + \frac{1}{2}$ grupos de $\frac{2}{3}$ en $4\frac{1}{3}$.

$4\frac{1}{3} \div \frac{2}{3} = 6\frac{1}{2}$

Razonar y comentar

1. ¿Se hacen modelos de $\frac{3}{4} \div \frac{1}{6}$ y $\frac{1}{6} \div \frac{3}{4}$ de la misma manera? Explica.
2. Cuando divides fracciones, ¿el cociente es mayor o menor que el dividendo y el divisor? Explica.

Inténtalo

Usa cuadrículas para hallar cada cociente.

1. $\frac{7}{12} \div \frac{1}{6}$ **2.** $\frac{4}{5} \div \frac{3}{10}$ **3.** $\frac{2}{3} \div \frac{4}{9}$ **4.** $3\frac{2}{5} \div \frac{3}{5}$

3-10 Cómo multiplicar fracciones y números mixtos

Aprender a multiplicar fracciones y números mixtos

El Puente de la Bahía de San Francisco a Oakland, inaugurado en 1936, es un puente de cuota que usan los conductores que viajan entre ambas ciudades. En 1939, la cuota para un automóvil que atravesaba el puente era $\frac{2}{15}$ de la cuota del año 2005. Para hallar la cuota de 1939, necesitarás multiplicar la cuota del 2005 por una fracción.

EJEMPLO 1 *Aplicación al transporte*

En el 2005, la cuota del Puente de la Bahía para un automóvil era \$3.00. En 1939, la cuota era $\frac{2}{15}$ de la cuota del 2005. ¿Cuál era la cuota en 1939?

$3 \cdot \frac{2}{15} = \frac{2}{15} + \frac{2}{15} + \frac{2}{15}$

$= \frac{6}{15}$

$= \frac{2}{5}$ *Simplifica.*

$= 0.40$ *Divide 2 entre 5 para escribir la fracción como decimal.*

$\frac{1}{15}\frac{1}{15} + \frac{1}{15}\frac{1}{15} + \frac{1}{15}\frac{1}{15}$

$\frac{1}{15}\frac{1}{15}\frac{1}{15}\frac{1}{15}\frac{1}{15}\frac{1}{15}$

$\frac{1}{5}\ \frac{1}{5}$

La cuota del Puente de la Bahía para un automóvil en 1939 era \$0.40.

Para multiplicar fracciones, multiplica los numeradores para hallar el numerador del producto. Luego, multiplica los denominadores para hallar el denominador del producto.

EJEMPLO 2 Multiplicar fracciones

¡Recuerda!

Puedes escribir cualquier entero como fracción con denominador 1.

Multiplica. Escribe cada respuesta en su mínima expresión.

A $-15 \cdot \frac{2}{3}$

$-15 \cdot \frac{2}{3} = -\frac{15}{1} \cdot \frac{2}{3}$ *Escribe –15 como fracción.*

$= -\frac{\overset{5}{\cancel{15}} \cdot 2}{1 \cdot \underset{1}{\cancel{3}}}$ *Simplifica.*

$= -\frac{10}{1} = -10$ *Multiplica los numeradores. Multiplica los denominadores.*

Multiplica. Escribe cada respuesta en su mínima expresión.

B $\frac{1}{4} \cdot \frac{4}{5}$

$\frac{1}{4} \cdot \frac{4}{5} = \frac{1 \cdot \cancel{4}^{1}}{{}_{1}\cancel{4} \cdot 5}$ — *Simplifica.*

$= \frac{1}{5}$ — *Multiplica los numeradores. Multiplica los denominadores.*

C $\frac{3}{4} \cdot \left(-\frac{1}{2}\right)$

$\frac{3}{4} \cdot \left(-\frac{1}{2}\right) = -\frac{3 \cdot 1}{4 \cdot 2}$ — *Los signos son diferentes, por lo tanto, la respuesta será negativa.*

$= -\frac{3}{8}$ — *Multiplica los numeradores. Multiplica los denominadores.*

EJEMPLO 3 Multiplicar números mixtos

Multiplica. Escribe cada respuesta en su mínima expresión.

A $8 \cdot 2\frac{3}{4}$

$8 \cdot 2\frac{3}{4} = \frac{8}{1} \cdot \frac{11}{4}$ — *Escribe los números mixtos como fracciones impropias.*

$= \frac{{}^{2}\cancel{8} \cdot 11}{1 \cdot \cancel{4}_{1}}$ — *Simplifica.*

$= \frac{22}{1} = 22$ — *Multiplica los numeradores. Multiplica los denominadores.*

B $\frac{1}{3} \cdot 4\frac{1}{2}$

$\frac{1}{3} \cdot 4\frac{1}{2} = \frac{1}{3} \cdot \frac{9}{2}$ — *Escribe el número mixto como fracción impropia.*

$= \frac{1 \cdot \cancel{9}^{3}}{{}_{1}\cancel{3} \cdot 2}$ — *Simplifica.*

$= \frac{3}{2}$ ó $1\frac{1}{2}$ — *Multiplica los numeradores. Multiplica los denominadores.*

C $3\frac{3}{5} \cdot 1\frac{1}{12}$

$3\frac{3}{5} \cdot 1\frac{1}{12} = \frac{18}{5} \cdot \frac{13}{12}$ — *Escribe los números mixtos como fracciones impropias.*

$= \frac{{}^{3}\cancel{18} \cdot 13}{5 \cdot \cancel{12}_{2}}$ — *Simplifica.*

$= \frac{39}{10}$ ó $3\frac{9}{10}$ — *Multiplica los numeradores. Multiplica los denominadores.*

Razonar y comentar

1. **Describe** cómo multiplicar un número mixto y una fracción.
2. **Explica** por qué $\frac{1}{2} \cdot \frac{1}{3} \cdot \frac{1}{4} = \frac{1}{24}$ es o no es correcto.
3. **Explica** por qué necesitarías simplificar antes de multiplicar $\frac{2}{3} \cdot \frac{3}{4}$. ¿Qué respuesta obtendrás si no simplificas primero?

3-10 Ejercicios

go.hrw.com
Ayuda en línea para tareas*
CLAVE: MT7 3-10
Recursos en línea para padres
CLAVE: MT7 Parent
*(Disponible sólo en inglés)

PRÁCTICA GUIADA

Ver Ejemplo 

1. En promedio, la gente sueña durante $\frac{1}{4}$ del tiempo que duerme. Si Maxwell durmió 10 horas anoche, ¿durante cuánto tiempo soñó? Escribe tu respuesta en su mínima expresión.

Ver Ejemplo 

Multiplica. Escribe cada respuesta en su mínima expresión.

2. $-8 \cdot \frac{3}{4}$ 3. $\frac{2}{3} \cdot \frac{3}{5}$ 4. $\frac{1}{4} \cdot \left(-\frac{2}{3}\right)$ 5. $\frac{3}{5} \cdot (-15)$

Ver Ejemplo 3

6. $4 \cdot 3\frac{1}{2}$ 7. $\frac{4}{9} \cdot 5\frac{2}{5}$ 8. $1\frac{1}{2} \cdot 1\frac{5}{9}$ 9. $2\frac{6}{7} \cdot (-7)$

PRÁCTICA INDEPENDIENTE

Ver Ejemplo 

10. Sherry pasó 4 horas ejercitándose la semana pasada. Si pasó $\frac{5}{6}$ del tiempo trotando, ¿cuánto tiempo trotó? Escribe tu respuesta en su mínima expresión.

11. **Medición** Una receta de galletas requiere $\frac{1}{3}$ cdta de sal por tanda. Doreen está preparando galletas para una venta de postres de la escuela y quiere hornear 5 tandas de galletas. ¿Cuánta sal necesita? Escribe tu respuesta en su mínima expresión.

Ver Ejemplo 

Multiplica. Escribe cada respuesta en su mínima expresión.

12. $5 \cdot \frac{1}{8}$ 13. $4 \cdot \frac{1}{8}$ 14. $3 \cdot \frac{5}{8}$ 15. $6 \cdot \frac{2}{3}$

16. $\frac{2}{5} \cdot \frac{5}{7}$ 17. $\frac{3}{8} \cdot \frac{2}{3}$ 18. $\frac{1}{2} \cdot \left(-\frac{4}{9}\right)$ 19. $-\frac{5}{6} \cdot \frac{2}{3}$

Ver Ejemplo 3

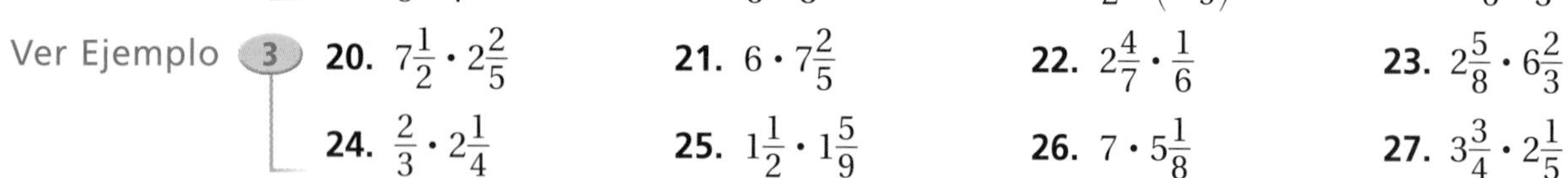

20. $7\frac{1}{2} \cdot 2\frac{2}{5}$ 21. $6 \cdot 7\frac{2}{5}$ 22. $2\frac{4}{7} \cdot \frac{1}{6}$ 23. $2\frac{5}{8} \cdot 6\frac{2}{3}$

24. $\frac{2}{3} \cdot 2\frac{1}{4}$ 25. $1\frac{1}{2} \cdot 1\frac{5}{9}$ 26. $7 \cdot 5\frac{1}{8}$ 27. $3\frac{3}{4} \cdot 2\frac{1}{5}$

PRÁCTICA Y RESOLUCIÓN DE PROBLEMAS

Práctica adicional
Ver página 732

Multiplica. Escribe cada respuesta en su mínima expresión.

28. $\frac{5}{8} \cdot \frac{4}{5}$ 29. $4\frac{3}{7} \cdot \frac{5}{6}$ 30. $-\frac{2}{3} \cdot 6$ 31. $2 \cdot \frac{1}{6}$

32. $\frac{1}{8} \cdot 5$ 33. $-\frac{3}{4} \cdot \frac{2}{9}$ 34. $4\frac{2}{3} \cdot 2\frac{4}{7}$ 35. $-\frac{4}{9} \cdot \left(-\frac{3}{16}\right)$

36. $3\frac{1}{2} \cdot 5$ 37. $\frac{1}{2} \cdot \frac{2}{3} \cdot \frac{3}{5}$ 38. $\frac{6}{7} \cdot 5$ 39. $1\frac{1}{2} \cdot \frac{3}{5} \cdot \frac{7}{9}$

40. $-\frac{2}{3} \cdot 1\frac{1}{2} \cdot \frac{2}{3}$ 41. $\frac{8}{9} \cdot \frac{3}{11} \cdot \frac{33}{40}$ 42. $\frac{1}{6} \cdot 6 \cdot 8\frac{2}{3}$ 43. $-\frac{8}{9} \cdot \left(-1\frac{1}{8}\right)$

Completa cada enunciado de multiplicación.

44. $\frac{1}{2} \cdot \frac{\square}{8} = \frac{3}{16}$ 45. $\frac{2}{3} \cdot \frac{\square}{4} = \frac{1}{2}$ 46. $\frac{\square}{3} \cdot \frac{5}{8} = \frac{5}{12}$ 47. $\frac{3}{5} \cdot \frac{\square}{7} = \frac{3}{7}$

48. $\frac{5}{6} \cdot \frac{3}{\square} = \frac{1}{4}$ 49. $\frac{4}{\square} \cdot \frac{4}{5} = \frac{8}{15}$ 50. $\frac{2}{3} \cdot \frac{9}{\square} = \frac{3}{11}$ 51. $\frac{\square}{15} \cdot \frac{3}{5} = \frac{1}{25}$

52. **Medición** Un clip estándar tiene $1\frac{1}{4}$ pulg de largo. Si unes 75 clips por los extremos, ¿qué tan larga sería la cadena de clips?

53. Ciencias físicas El peso de un objeto en la Luna equivale a $\frac{1}{6}$ de su peso en la Tierra. Si una bola de boliche pesa $12\frac{1}{2}$ libras en la Tierra, ¿cuánto pesaría en la Luna?

54. En una encuesta, a 200 estudiantes se les preguntó qué había influido más en ellos cuando compraron su CD más reciente. Los resultados se muestran en la gráfica circular.

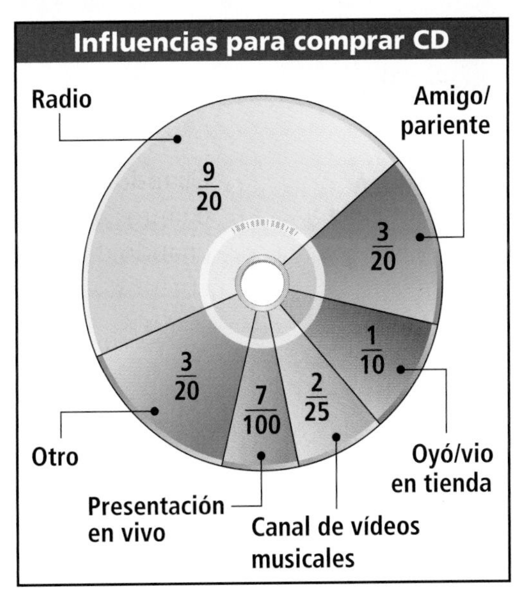

a. ¿Cuántos estudiantes dijeron que la radio había influido más en ellos?

b. ¿Por cuánto sobrepasan los estudiantes en los que influyó la radio a los estudiantes en los que influyó un canal de videos musicales?

c. ¿Cuántos dijeron que un amigo o pariente habían influido en ellos o que habían oído el CD en una tienda?

55. El río Mississippi fluye a una tasa de 2 millas por hora. Si Eduardo se desplaza río abajo en un bote durante $5\frac{2}{3}$ horas, ¿qué distancia recorre?

56. Elige una estrategia ¿Cuál es el producto de $\frac{1}{2} \cdot \frac{2}{3} \cdot \frac{3}{4} \cdot \frac{4}{5}$?

Ⓐ $\frac{1}{5}$ Ⓑ 5 Ⓒ $\frac{1}{20}$ Ⓓ $\frac{3}{5}$

57. Escríbelo Explica por qué el producto de dos fracciones propias positivas siempre es menor que cualquiera de las dos fracciones.

58. Desafío Escribe tres problemas de multiplicación para mostrar que el producto de dos fracciones puede ser menor que, igual a o mayor que 1.

PREPARACIÓN PARA EL EXAMEN y repaso en espiral

59. Opción múltiple ¿Qué expresión es mayor que $5\frac{5}{8}$?

Ⓐ $8 \cdot \frac{9}{16}$ Ⓑ $-\frac{7}{9} \cdot \left(-8\frac{2}{7}\right)$ Ⓒ $3\frac{1}{2} \cdot \frac{5}{7}$ Ⓓ $-\frac{3}{7} \cdot \frac{14}{27}$

60. Opción múltiple Un objeto pesa en Marte aproximadamente $\frac{3}{8}$ de lo que pesa en la Tierra. Si Sam pesa 85 libras en la Tierra, ¿cuánto pesará en Marte?

Ⓕ 11 libras Ⓖ $31\frac{7}{8}$ libras Ⓗ $120\frac{4}{5}$ libras Ⓙ $226\frac{2}{3}$ libras

Usa una recta numérica para ordenar los enteros de menor a mayor. (Lección 2-1)

61. $-7, 5, -3, 0, 4$ **62.** $-5, -10, -15, -20, 0$ **63.** $9, -9, -4, 1, -1$

Suma o resta. Escribe cada respuesta en su mínima expresión. (Lección 3-9)

64. $4\frac{3}{5} + 2\frac{1}{5}$ **65.** $2\frac{3}{4} - 1\frac{1}{3}$ **66.** $5\frac{1}{7} + 3\frac{5}{14}$ **67.** $4\frac{5}{6} + 2\frac{5}{8}$

3-11 Cómo dividir fracciones y números mixtos

Aprender a dividir fracciones y números mixtos

Vocabulario
recíproco

Cuando divides 8 entre 4, hallas cuántos 4 hay en 8. De igual modo, cuando divides 2 entre $\frac{1}{3}$, hallas cuántos $\frac{1}{3}$ hay en 2.

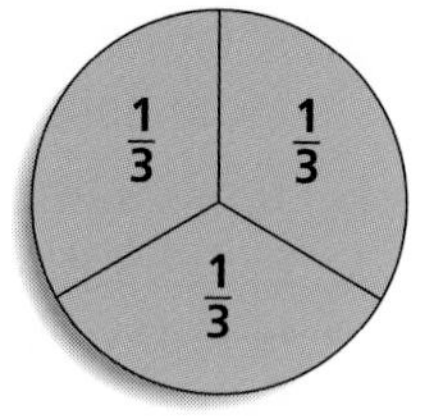

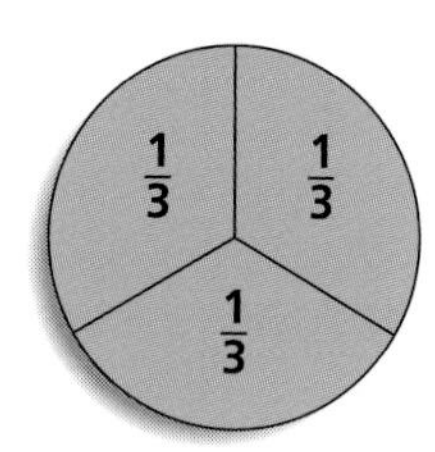

Hay seis $\frac{1}{3}$ en 2.

Los *recíprocos* pueden ayudarte a dividir entre fracciones. Dos números son **recíprocos** si su producto es 1. El recíproco de $\frac{1}{3}$ es 3 porque

$$\frac{1}{3} \cdot 3 = \frac{1}{3} \cdot \frac{3}{1} = \frac{3}{3} = 1.$$

Para dividir entre una fracción, halla su recíproco y luego multiplica.

$$2 \div \frac{1}{3} = 2 \cdot 3 = 6$$

EJEMPLO 1 Dividir fracciones

Divide. Escribe cada respuesta en su mínima expresión.

A $\frac{2}{3} \div \frac{1}{5}$

$\frac{2}{3} \div \frac{1}{5} = \frac{2}{3} \cdot \frac{5}{1}$ — *Multiplica por el recíproco de $\frac{1}{5}$.*

$= \frac{2 \cdot 5}{3 \cdot 1}$

$= \frac{10}{3}$ ó $3\frac{1}{3}$

B $\frac{3}{5} \div 6$

$\frac{3}{5} \div 6 = \frac{3}{5} \cdot \frac{1}{6}$ — *Multiplica por el recíproco de 6.*

$= \frac{{}^{1}\cancel{3} \cdot 1}{5 \cdot \cancel{6}_{2}}$ — *Simplifica.*

$= \frac{1}{10}$

EJEMPLO 2 Dividir números mixtos

Divide. Escribe cada respuesta en su mínima expresión.

A $4\frac{1}{3} \div 2\frac{1}{2}$

$4\frac{1}{3} \div 2\frac{1}{2} = \frac{13}{3} \div \frac{5}{2}$ — *Escribe los números mixtos como fracciones impropias.*

$= \frac{13}{3} \cdot \frac{2}{5}$ — *Multiplica por el recíproco de $\frac{5}{2}$.*

$= \frac{26}{15}$ ó $1\frac{11}{15}$

Divide. Escribe cada respuesta en su mínima expresión.

B $\frac{5}{6} \div 7\frac{1}{7}$

$\frac{5}{6} \div 7\frac{1}{7} = \frac{5}{6} \div \frac{50}{7}$ — *Escribe $7\frac{1}{7}$ como fracción impropia.*

$= \frac{5}{6} \cdot \frac{7}{50}$ — *Multiplica por el recíproco de $\frac{50}{7}$.*

$= \frac{\cancel{5}^{1} \cdot 7}{6 \cdot \cancel{50}_{10}}$ — *Simplifica.*

$= \frac{7}{60}$

C $4\frac{4}{5} \div \frac{6}{7}$

$4\frac{4}{5} \div \frac{6}{7} = \frac{24}{5} \div \frac{6}{7}$ — *Escribe $4\frac{4}{5}$ como fracción impropia.*

$= \frac{24}{5} \cdot \frac{7}{6}$ — *Multiplica por el recíproco de $\frac{6}{7}$.*

$= \frac{\cancel{24}^{4} \cdot 7}{5 \cdot \cancel{6}_{1}}$ — *Simplifica.*

$= \frac{28}{5}$ ó $5\frac{3}{5}$

EJEMPLO 3 *Aplicación a los estudios sociales*

Estudios sociales

El valor del marco, la unidad monetaria alemana, cayó después de la Primera Guerra Mundial. Para noviembre de 1923, una sola hogaza de pan costaba 2,000,000,000 de marcos. La gente usaba los billetes sin valor para muchos fines poco usuales, como hacer cometas.

Usa la gráfica de barras para determinar cuánto tiempo más se espera que permanezca en circulación un billete de $100 que uno de $1.

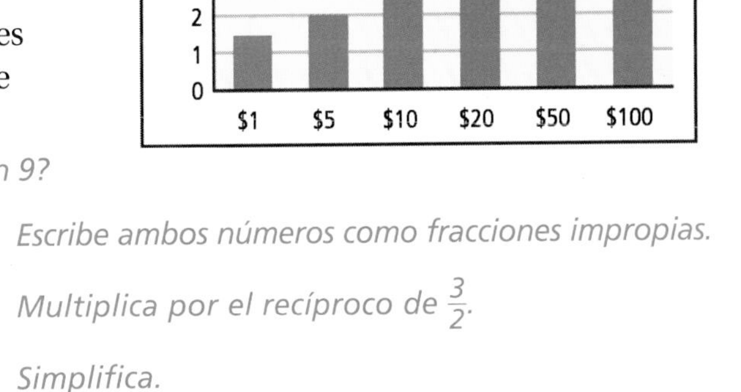

La vida de un billete de $1 es $1\frac{1}{2}$ año. La vida de un billete de $100 es 9 años.

Razona: ¿Cuántos $1\frac{1}{2}$ hay en 9?

$9 \div 1\frac{1}{2} = \frac{9}{1} \div \frac{3}{2}$ — *Escribe ambos números como fracciones impropias.*

$= \frac{9}{1} \cdot \frac{2}{3}$ — *Multiplica por el recíproco de $\frac{3}{2}$.*

$= \frac{\cancel{9}^{3} \cdot 2}{1 \cdot \cancel{3}_{1}}$ — *Simplifica.*

$= \frac{6}{1}$ ó 6

Se espera que un billete de $100 permanezca en circulación 6 veces más tiempo que un billete de $1.

Razonar y comentar

1. **Explica** si $\frac{1}{2} \div \frac{2}{3}$ es lo mismo que $2 \cdot \frac{2}{3}$.
2. **Compara** los pasos que se dan para multiplicar números mixtos con los que se dan para dividirlos.

3-11 Ejercicios

go.hrw.com
Ayuda en línea para tareas*
CLAVE: MS7 3-11
Recursos en línea para padres
CLAVE: MS7 Parent
*(Disponible sólo en inglés)

PRÁCTICA GUIADA

Ver Ejemplo 1

Divide. Escribe cada respuesta en su mínima expresión.

1. $6 \div \frac{1}{3}$ **2.** $\frac{3}{5} \div \frac{3}{4}$ **3.** $\frac{3}{4} \div 8$ **4.** $-\frac{5}{9} \div \frac{2}{5}$

Ver Ejemplo 2

5. $\frac{5}{6} \div 3\frac{1}{3}$ **6.** $5\frac{5}{8} \div 4\frac{1}{2}$ **7.** $10\frac{4}{5} \div 5\frac{2}{5}$ **8.** $2\frac{1}{10} \div \frac{3}{5}$

Ver Ejemplo 3

9. Kareem tiene $12\frac{1}{2}$ yardas de material. Una capa para una obra teatral se lleva $3\frac{5}{6}$ yardas. ¿Cuántas capas puede hacer Kareem con el material?

PRÁCTICA INDEPENDIENTE

Ver Ejemplo 1

Divide. Escribe cada respuesta en su mínima expresión.

10. $2 \div \frac{7}{8}$ **11.** $10 \div \frac{5}{9}$ **12.** $\frac{3}{4} \div \frac{6}{7}$ **13.** $\frac{7}{8} \div -\frac{1}{5}$

14. $\frac{8}{9} \div \frac{1}{4}$ **15.** $\frac{4}{9} \div 12$ **16.** $\frac{9}{10} \div 6$ **17.** $-16 \div \frac{2}{5}$

Ver Ejemplo 2

18. $\frac{7}{11} \div 4\frac{1}{5}$ **19.** $\frac{3}{4} \div 2\frac{1}{10}$ **20.** $22\frac{1}{2} \div 4\frac{2}{7}$ **21.** $-10\frac{1}{2} \div \frac{3}{4}$

22. $3\frac{5}{7} \div 9\frac{1}{7}$ **23.** $14\frac{2}{3} \div 1\frac{1}{6}$ **24.** $7\frac{7}{10} \div 2\frac{2}{5}$ **25.** $8\frac{2}{5} \div -\frac{7}{8}$

Ver Ejemplo 

26. Una juguera contiene $43\frac{3}{4}$ pintas de jugo. ¿Cuántas botellas de $2\frac{1}{2}$ pintas pueden llenarse con esa cantidad de jugo?

27. **Medición** ¿Cuántas cintas de $24\frac{1}{2}$ pulg pueden cortarse de un rollo de cinta que mide 147 pulg de largo?

PRÁCTICA Y RESOLUCIÓN DE PROBLEMAS

Práctica adicional
Ver página 732

Evalúa. Escribe cada respuesta en su mínima expresión.

28. $6\frac{2}{3} \div \frac{7}{9}$ **29.** $9 \div 1\frac{2}{3}$ **30.** $\frac{2}{3} \div \frac{8}{9}$ **31.** $-1\frac{7}{11} \div \left(-\frac{9}{11}\right)$

32. $\frac{1}{2} \div 4\frac{3}{4}$ **33.** $\frac{4}{21} \div 3\frac{1}{2}$ **34.** $4\frac{1}{2} \div 3\frac{1}{2}$ **35.** $-1\frac{3}{5} \div 2\frac{1}{2}$

36. $\frac{7}{8} \div 2\frac{1}{10}$ **37.** $1\frac{3}{5} \div \left(2\frac{2}{9}\right)$ **38.** $\left(\frac{1}{2} + \frac{2}{3}\right) \div 1\frac{1}{2}$ **39.** $\left(2\frac{3}{4} + 3\frac{2}{3}\right) \div \frac{11}{18}$

40. $2\frac{2}{3} \div \left(\frac{1}{5} \cdot \frac{2}{3}\right)$ **41.** $\frac{4}{5} \cdot \frac{3}{8} \div \frac{9}{10}$ **42.** $-\frac{12}{13} \cdot \frac{13}{18} \div 1\frac{1}{2}$ **43.** $\frac{3}{7} \div \frac{15}{28} \div \left(-\frac{4}{5}\right)$

44. **Varios pasos** Tres amigos conducen a un parque de diversiones que está a $226\frac{4}{5}$ mi de su ciudad.

a. Si cada amigo conduce la misma distancia, ¿cuánto conducirá cada uno?

b. Como el primero de ellos conducirá en hora pico, sus amigos acordaron que él sólo conducirá $\frac{1}{3}$ de la distancia calculada en **a.** ¿Qué distancia recorrerá el primer conductor?

45. **Varios pasos** ¿Cuántas porciones de carne para hamburguesa de $\frac{1}{4}$ lb pueden prepararse con un paquete de $10\frac{1}{4}$ lb y otro de $11\frac{1}{2}$ lb de carne molida?

con las artes industriales

46. **Varios pasos** Los estudiantes de la clase de carpintería del maestro Park están haciendo casas para pájaros. Los planos exigen que las piezas laterales midan$7\frac{1}{4}$ pulg de largo. Si el maestro Park tiene 6 tablas que miden $50\frac{3}{4}$ pulgadas de largo, ¿cuántas piezas laterales pueden cortarse?

47. Para su clase de dibujo técnico, Manuel dibuja los planos de una estantería. Como quiere que su dibujo tenga $\frac{1}{4}$ del tamaño real de la estantería, tiene que dividir cada medida entre 4. Si la estantería medirá $3\frac{2}{3}$ pies de ancho, ¿cuál será el ancho del dibujo?

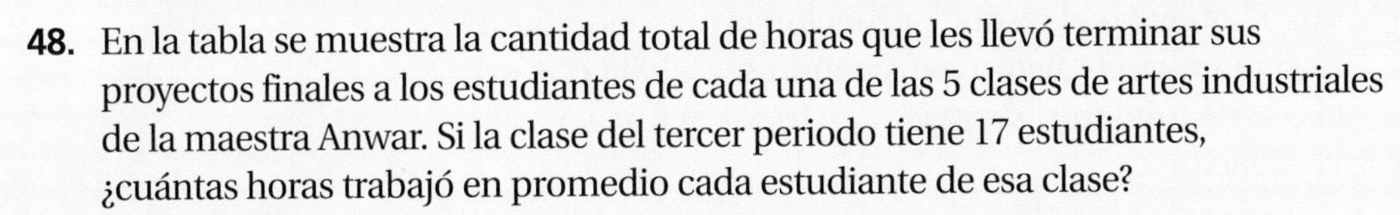

48. En la tabla se muestra la cantidad total de horas que les llevó terminar sus proyectos finales a los estudiantes de cada una de las 5 clases de artes industriales de la maestra Anwar. Si la clase del tercer periodo tiene 17 estudiantes, ¿cuántas horas trabajó en promedio cada estudiante de esa clase?

Periodo	Horas
1ro	$200\frac{1}{2}$
2do	$179\frac{2}{5}$
3ro	$199\frac{3}{4}$
5to	$190\frac{3}{4}$
6to	$180\frac{1}{4}$

49. **Razonamiento crítico** Brandy está cortando círculos de una tira de aluminio. Si cada círculo mide $1\frac{1}{4}$ pulgada de altura, ¿cuántos círculos puede obtener de una tira de aluminio de $8\frac{3}{4}$ pulgadas por $1\frac{1}{4}$ pulgada?

50. **Desafío** Alexandra está cortando plantillas de madera para escribir su nombre con mayúsculas. El primer paso que da es cortar un cuadrado de madera de $3\frac{1}{2}$ pulg de lado para cada letra de su nombre. ¿Podrá Alexandra hacer todas las letras de su nombre con una sola pieza de madera que mide $7\frac{1}{2}$ pulg de ancho por 18 pulg de largo? Explica tu respuesta.

PREPARACIÓN PARA EL EXAMEN y repaso en espiral

51. **Opción múltiple** ¿Qué expresión NO es equivalente a $2\frac{2}{3} \div 1\frac{5}{8}$?

Ⓐ $\frac{8}{3} \cdot \frac{8}{13}$ Ⓑ $2\frac{2}{3} \cdot \frac{13}{8}$ Ⓒ $\frac{8}{3} \cdot \frac{13}{8}$ Ⓓ $\frac{8}{3} \cdot 1\frac{5}{8}$

52. **Opción múltiple** ¿Cuál es el valor de la expresión $\frac{3}{5} \cdot \frac{1}{6} \div \frac{2}{5}$?

Ⓕ $\frac{1}{25}$ Ⓖ $\frac{1}{4}$ Ⓗ $\frac{15}{22}$ Ⓙ 25

53. **Respuesta gráfica** En el albergue de mascotas, cada gato recibe $\frac{3}{4}$ tz de alimento por día. Si Alysse tiene $16\frac{1}{2}$ tz de alimento para gatos, ¿cuántos gatos puede alimentar?

Halla el mínimo común múltiplo (mcm). (Lección 2-8)

54. 2, 15 55. 6, 8 56. 4, 6, 18 57. 3, 4, 8

Multiplica. Escribe cada respuesta en su mínima expresión. (Lección 3-10)

58. $-\frac{2}{15} \cdot \frac{5}{8}$ 59. $1\frac{7}{20} \cdot 6$ 60. $1\frac{2}{7} \cdot 2\frac{3}{4}$ 61. $\frac{1}{8} \cdot 6 \cdot 2\frac{5}{9}$

3-12 Cómo resolver ecuaciones que contienen fracciones

Aprender a resolver ecuaciones de un paso que contienen fracciones

El oro de 24 quilates es oro puro, en tanto que el oro de 18 quilates tiene sólo $\frac{3}{4}$ de pureza. El restante $\frac{1}{4}$ del oro de 18 quilates está compuesto por uno o más metales diferentes, como la plata, el cobre o el cinc. El color del oro varía, según el tipo y la cantidad de cada metal que se agregue al oro puro.

Las ecuaciones pueden ayudarte a determinar las cantidades de metales en diferentes clases de oro. El objetivo al resolver ecuaciones que contienen fracciones es el mismo que cuando se trabaja con otras clases de números: *despejar la variable* a un lado de la ecuación.

EJEMPLO 1 Resolver ecuaciones con sumas o restas

Resuelve. Escribe cada respuesta en su mínima expresión.

A $x - \frac{1}{5} = \frac{3}{5}$

$x - \frac{1}{5} = \frac{3}{5}$

$x - \frac{1}{5} + \frac{1}{5} = \frac{3}{5} + \frac{1}{5}$ — *Suma para despejar x.*

$x = \frac{4}{5}$ — *Suma.*

B $\frac{5}{12} + y = \frac{2}{3}$

$\frac{5}{12} + y = \frac{2}{3}$

$\frac{5}{12} + y - \frac{5}{12} = \frac{2}{3} - \frac{5}{12}$ — *Resta para despejar y.*

$y = \frac{8}{12} - \frac{5}{12}$ — *Halla un denominador común.*

$y = \frac{3}{12} = \frac{1}{4}$ — *Resta. Luego simplifica.*

C $\frac{7}{18} + u = -\frac{14}{27}$

$\frac{7}{18} + u = -\frac{14}{27}$

$\frac{7}{18} + u - \frac{7}{18} = -\frac{14}{27} - \frac{7}{18}$ — *Resta para despejar u.*

$u = -\frac{28}{54} - \frac{21}{54}$ — *Halla un denominador común.*

$u = -\frac{49}{54}$ — *Resta.*

Pista útil

También puedes despejar la variable y sumando el opuesto de $\frac{5}{12}$, $-\frac{5}{12}$, a ambos lados.

EJEMPLO 2 Resolver ecuaciones con multiplicaciones

Resuelve. Escribe cada respuesta en su mínima expresión.

> **¡Atención!**
>
> Para cancelar la multiplicación por $\frac{2}{3}$, debes dividir entre $\frac{2}{3}$ ó multiplicar por su recíproco, $\frac{3}{2}$.

A $\frac{2}{3}x = \frac{4}{5}$

$$\frac{2}{3}x = \frac{4}{5}$$

$$\frac{2}{3}x \cdot \frac{3}{2} = \frac{{}^{2}\cancel{4}}{5} \cdot \frac{3}{\cancel{2}_{1}}$$ *Multiplica por el recíproco de $\frac{2}{3}$. Luego simplifica.*

$$x = \frac{6}{5} \text{ ó } 1\frac{1}{5}$$

B $3y = \frac{6}{7}$

$$3y = \frac{6}{7}$$

$$3y \cdot \frac{1}{3} = \frac{{}^{2}\cancel{6}}{7} \cdot \frac{1}{\cancel{3}_{1}}$$ *Multiplica por el recíproco de 3. Luego simplifica.*

$$y = \frac{2}{7}$$

EJEMPLO 3 *Aplicación a las ciencias físicas*

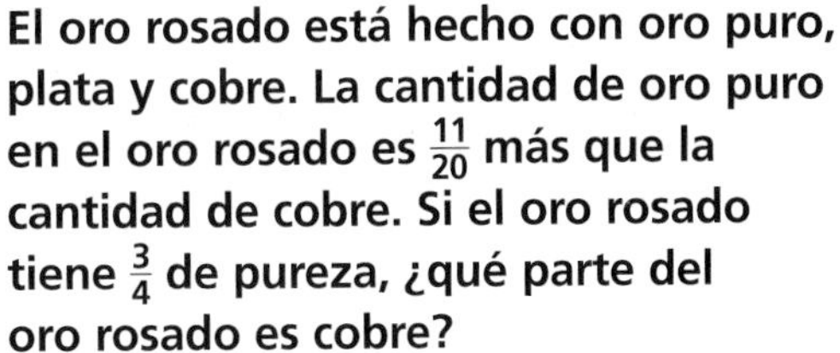

El oro rosado está hecho con oro puro, plata y cobre. La cantidad de oro puro en el oro rosado es $\frac{11}{20}$ más que la cantidad de cobre. Si el oro rosado tiene $\frac{3}{4}$ de pureza, ¿qué parte del oro rosado es cobre?

Sea c la cantidad de cobre en el oro rosado.

$$c + \frac{11}{20} = \frac{3}{4}$$ *Escribe una ecuación.*

$$c + \frac{11}{20} - \frac{11}{20} = \frac{3}{4} - \frac{11}{20}$$ *Resta para despejar c.*

$$c = \frac{15}{20} - \frac{11}{20}$$ *Halla un denominador común.*

$$c = \frac{4}{20}$$ *Resta.*

$$c = \frac{1}{5}$$ *Simplifica.*

El oro rosado tiene $\frac{1}{5}$ de cobre.

Razonar y comentar

1. **Muestra** el primer paso que usarías para resolver $m + 3\frac{5}{8} = 12\frac{1}{2}$.
2. **Describe** cómo decidir si $\frac{2}{3}$ es una solución de $\frac{7}{8}y = \frac{3}{5}$.
3. **Explica** por qué resolver $\frac{2}{5}c = \frac{8}{9}$ multiplicando ambos lados por $\frac{5}{2}$ es lo mismo que resolverlo dividiendo ambos lados entre $\frac{2}{5}$.

3-12 Ejercicios

go.hrw.com
Ayuda en línea para tareas*
CLAVE: MS7 3-12
Recursos en línea para padres
CLAVE: MS7 Parent
*(Disponible sólo en inglés)

PRÁCTICA GUIADA

Ver Ejemplo 1

Resuelve. Escribe cada respuesta en su mínima expresión.

1. $a - \frac{1}{2} = \frac{1}{4}$
2. $m + \frac{1}{6} = \frac{5}{6}$
3. $p - \frac{2}{3} = \frac{5}{6}$

Ver Ejemplo 2

4. $\frac{1}{5}x = 8$
5. $\frac{2}{3}r = \frac{3}{5}$
6. $3w = \frac{3}{7}$

Ver Ejemplo 3

7. Kara tiene $\frac{3}{8}$ de taza de avena menos de lo que necesita para una receta de galletas. Si tiene $\frac{3}{4}$ de taza de avena, ¿cuánta avena necesita?

PRÁCTICA INDEPENDIENTE

Ver Ejemplo 1

Resuelve. Escribe cada respuesta en su mínima expresión.

8. $n - \frac{1}{5} = \frac{3}{5}$
9. $t - \frac{3}{8} = \frac{1}{4}$
10. $s - \frac{7}{24} = \frac{1}{3}$
11. $x + \frac{2}{3} = 2\frac{7}{8}$
12. $h + \frac{7}{10} = \frac{7}{10}$
13. $y + \frac{5}{6} = \frac{19}{20}$

Ver Ejemplo 2

14. $\frac{1}{5}x = 4$
15. $\frac{1}{4}w = \frac{1}{8}$
16. $5y = \frac{3}{10}$
17. $6z = \frac{1}{2}$
18. $\frac{5}{8}x = \frac{2}{5}$
19. $\frac{5}{8}n = 1\frac{1}{5}$

Ver Ejemplo 3

20. **Ciencias de la Tierra** El carbono 14 tiene una vida media de 5,730 años. Después de 17,190 años, quedará $\frac{1}{8}$ de carbono 14 en una muestra. Si quedaron 5 gramos de carbono 14 después de 17,190 años, ¿cuánto había en la muestra original?

PRÁCTICA Y RESOLUCIÓN DE PROBLEMAS

Práctica adicional
Ver página 732

Resuelve. Escribe cada respuesta en su mínima expresión.

21. $\frac{4}{5}t = \frac{1}{5}$
22. $m - \frac{1}{2} = \frac{2}{3}$
23. $\frac{1}{8}w = \frac{3}{4}$
24. $\frac{8}{9} + t = \frac{17}{18}$
25. $\frac{5}{3}x = 1$
26. $j + \frac{5}{8} = \frac{11}{16}$
27. $\frac{4}{3}n = 3\frac{1}{5}$
28. $z + \frac{1}{6} = 3\frac{9}{15}$
29. $\frac{3}{4}y = \frac{3}{8}$
30. $-\frac{5}{26} + m = -\frac{7}{13}$
31. $-\frac{8}{77} + r = -\frac{1}{11}$
32. $y - \frac{3}{4} = -\frac{9}{20}$
33. $h - \frac{3}{8} = -\frac{11}{24}$
34. $-\frac{5}{36}t = -\frac{5}{16}$
35. $-\frac{8}{13}v = -\frac{6}{13}$
36. $4\frac{6}{7} + p = 5\frac{1}{4}$
37. $d - 5\frac{1}{8} = 9\frac{3}{10}$
38. $6\frac{8}{21}k = 13\frac{1}{3}$

39. **Alimentos** En Finlandia, el consumo promedio anual de café por persona es de $24\frac{1}{4}$ lb. Esto es $13\frac{1}{16}$ lb más que el promedio por persona en Italia. En promedio, ¿cuánto café bebe un italiano cada año?

40. **Meteorología** Yuma, Arizona, recibe $102\frac{1}{100}$ pulgadas menos de lluvia al año que Quillayute, Washington, que recibe $105\ \frac{9}{50}$ pulgadas por año. (*Fuente:* Servicio Meteorológico Nacional). ¿Cuánta lluvia recibe Yuma en un año?

41. **Ciencias biológicas** Los científicos han descubierto $1\frac{1}{2}$ millones de especies de animales. Se estima que esto es $\frac{1}{10}$ de la cantidad total de especies que se cree que existen. ¿Aproximadamente cuántas especies creen los científicos que existen?

42. **Historia** En la gráfica circular se muestran los lugares de nacimiento de los presidentes de Estados Unidos que gobernaron entre 1789 y 1845.
    a. Si seis de los presidentes representados en la gráfica nacieron en Virginia, ¿cuántos presidentes representa la gráfica?
    b. Si usas la respuesta que diste en la parte **a,** ¿cuántos de los presidentes nacieron en Massachusetts?

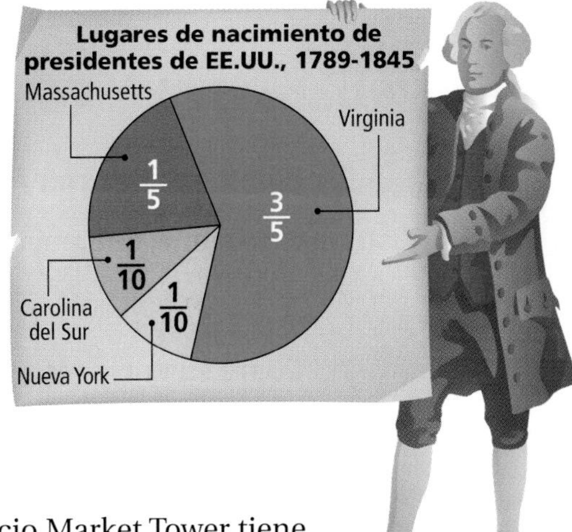

43. **Arquitectura** En Indianápolis, el edificio Market Tower tiene $\frac{2}{3}$ de los pisos que tiene el Bank One Tower. Si el Market Tower tiene 32 pisos, ¿cuántos pisos tiene el Bank One Tower?

44. **Varios pasos** Cada semana, Jennifer ahorra $\frac{1}{5}$ de su mensualidad y gasta parte del resto en almuerzos. Esta semana, le quedaron $\frac{2}{15}$ de su mensualidad después de comprar su almuerzo diario. ¿Qué fracción de su mensualidad gastó en almuerzos?

45. **¿Dónde está el error?** Un estudiante resolvió $\frac{3}{5}x = \frac{2}{3}$ y obtuvo $x = \frac{2}{5}$. Halla el error.

46. **Escríbelo** Resuelve $3\frac{1}{3}z = 1\frac{1}{2}$. Explica por qué necesitas escribir números mixtos como fracciones impropias al multiplicar y dividir.

47. **Desafío** Resuelve $\frac{3}{5}w = 0.9$. Escribe tu respuesta como fracción y como decimal.

Preparación Para El Examen y repaso en espiral

48. **Opción múltiple** ¿Qué valor de y es la solución de la ecuación $y - \frac{7}{8} = \frac{3}{5}$?

Ⓐ $y = -\frac{11}{40}$ Ⓑ $y = \frac{10}{13}$ Ⓒ $y = 1\frac{19}{40}$ Ⓓ $y = 2$

49. **Opción múltiple** ¿De cuál de las siguientes ecuaciones la solución es $x = -\frac{2}{5}$?

Ⓕ $\frac{2}{5}x = -1$ Ⓖ $-\frac{3}{4}x = \frac{6}{20}$ Ⓗ $-\frac{4}{7} + x = \frac{2}{3}$ Ⓙ $x - 3\frac{5}{7} = 3\frac{1}{2}$

Ordena los números de menor a mayor. (Lección 2-11)

50. $-0.61, -\frac{3}{5}, -\frac{4}{3}, -1.25$
51. $3.25, 3\frac{2}{10}, 3, 3.02$
52. $\frac{1}{2}, -0.2, -\frac{7}{10}, 0.04$

Estima. (Lección 3-1)

53. $5.87 - 7.01$
54. $4.0387 + (-2.13)$
55. $6.785 \cdot 3.01$

CAPÍTULO 3

¿LISTO PARA SEGUIR?

SECCIÓN 3B

Prueba de las Lecciones 3-7 a 3-12

3-7 Cómo estimar con fracciones

Estima cada suma, diferencia, producto o cociente.

1. $\frac{3}{4} - \frac{2}{9}$ **2.** $-\frac{2}{7} + 5\frac{6}{11}$ **3.** $4\frac{9}{15} \cdot 3\frac{1}{4}$ **4.** $9\frac{7}{9} \div 4\frac{3}{5}$

3-8 Cómo sumar y restar fracciones

Suma o resta. Escribe cada respuesta en su mínima expresión.

5. $\frac{5}{8} + \frac{1}{8}$ **6.** $\frac{14}{15} - \frac{11}{15}$ **7.** $-\frac{1}{3} + \frac{6}{9}$ **8.** $\frac{5}{8} - \frac{2}{3}$

3-9 Cómo sumar y restar números mixtos

Suma o resta. Escribe cada respuesta en su mínima expresión.

9. $6\frac{1}{9} + 2\frac{2}{9}$ **10.** $1\frac{3}{6} + 7\frac{2}{3}$ **11.** $5\frac{5}{8} - 3\frac{1}{8}$ **12.** $8\frac{1}{12} - 3\frac{1}{4}$

13. Una mamá jirafa mide $13\frac{7}{10}$ pies de altura. Es $5\frac{1}{2}$ pies más alta que su cría. ¿Qué altura tiene la cría?

3-10 Cómo multiplicar fracciones y números mixtos

Multiplica. Escribe cada respuesta en su mínima expresión.

14. $-12 \cdot \frac{5}{6}$ **15.** $\frac{5}{14} \cdot \frac{7}{10}$ **16.** $8\frac{4}{5} \cdot \frac{10}{11}$ **17** $10\frac{5}{12} \cdot 1\frac{3}{5}$

18. Una receta requiere $1\frac{1}{3}$ taza de harina. Tom va a preparar $2\frac{1}{2}$ veces la receta para una reunión familiar. ¿Cuánta harina necesita? Escribe tu respuesta en su mínima expresión.

3-11 Cómo dividir fracciones y números mixtos

Divide. Escribe cada respuesta en su mínima expresión.

19. $\frac{1}{6} \div \frac{5}{6}$ **20.** $\frac{2}{3} \div 4$ **21.** $5\frac{3}{5} \div \frac{4}{5}$ **22.** $4\frac{2}{7} \div 1\frac{1}{5}$

23. Nina tiene $9\frac{3}{7}$ yardas de tela. Necesita $1\frac{4}{7}$ yarda para hacer una funda de almohada. ¿Cuántas fundas puede hacer Nina con la tela que tiene?

3-12 Cómo resolver ecuaciones que contienen fracciones

Resuelve. Escribe cada respuesta en su mínima expresión.

24. $x - \frac{2}{3} = \frac{2}{15}$ **25.** $\frac{4}{9} = -2q$ **26.** $\frac{1}{6}m = \frac{1}{9}$ **27.** $\frac{3}{8} + p = -\frac{1}{6}$

28. El tío Frank tiene una receta para hacer tortas de maíz fritas que requiere $\frac{1}{8}$ cucharadita de pimienta de Cayena. Además, la receta requiere 6 veces más de sal que de pimienta de Cayena. ¿Cuánta sal requiere la receta del tío Frank?

¿Listo para seguir?

Preparación de varios pasos para el examen

CAPÍTULO 3

Viaje al sur La familia Estrada planea pasar las vacaciones en la playa de Corpus Christi, Texas. Los Estrada viven en Fort Worth y están considerando varias maneras de hacer el viaje. Corpus Christi está 372 millas al sur de Fort Worth.

1. En Internet, pueden comprar un pasaje en avión ida y vuelta a $139.55. ¿Cuánto les costaría a los cuatro miembros de la familia volar a Corpus Christi?
2. La gasolina cuesta $2.31 por galón. Con un galón de gasolina, el automóvil de la familia recorre 21 millas. ¿Cuánto le cuesta a la familia recorrer 1 milla?
3. ¿Cuánto le costará a la familia conducir ida y vuelta a Corpus Christi? Explica.
4. ¿Cuánto dinero puede ahorrarse la familia yendo en automóvil en vez de en avión?
5. Los Estrada decidieron viajar en automóvil y detenerse para descansar en Waco. ¿Qué fracción del viaje habrá completado la familia al llegar a Waco?
6. La distancia de Waco a San Antonio es $\frac{9}{20}$ del viaje. ¿Qué fracción del viaje habrá completado la familia al llegar a San Antonio?
7. Los Estrada prolongaron su viaje hasta Raymondville, que está $1\frac{1}{4}$ veces más lejos de Fort Worth que Corpus Christi. ¿A qué distancia está Raymondville de Fort Worth?

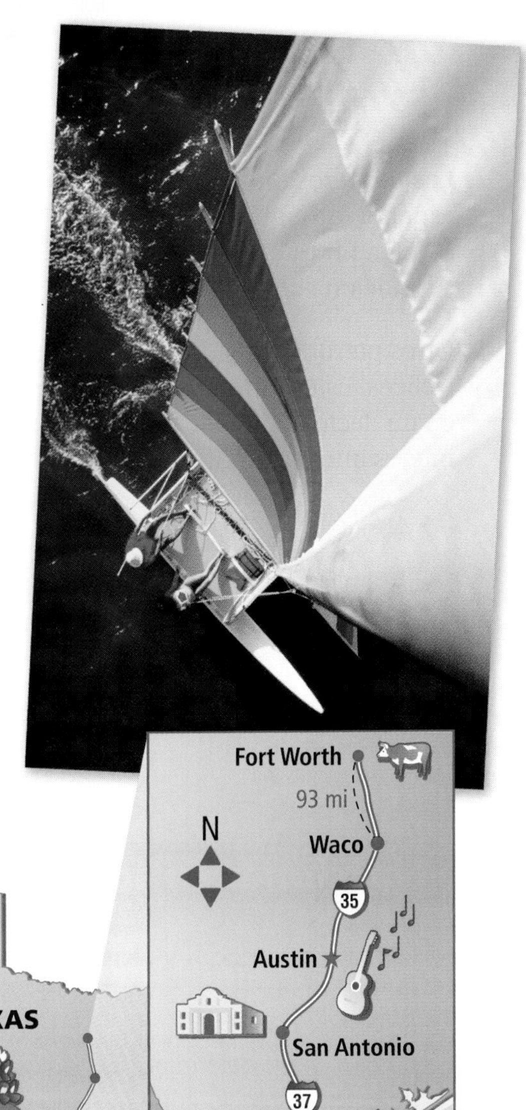

Preparación de varios pasos para el examen

¡Vamos a jugar!

Patrones de números

Los números en inglés *one* a *ten* forman el siguiente patrón. Cada flecha indica cierta relación entre los dos números. *Four* se relaciona con sí mismo. ¿Puedes hallar qué patrón es?

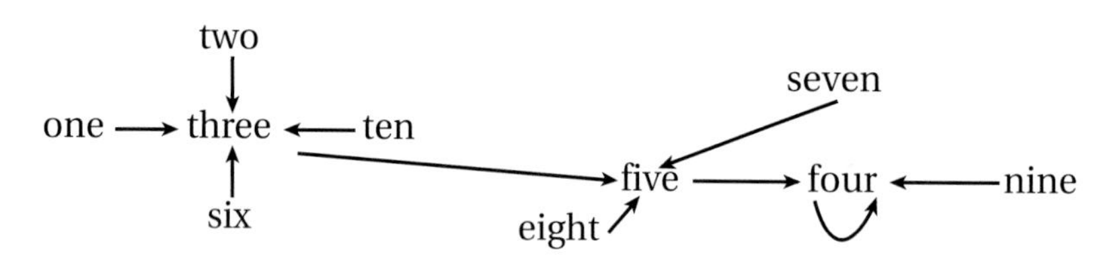

Los números uno a diez en español forman un patrón similar. En este caso, cinco se relaciona con sí mismo.

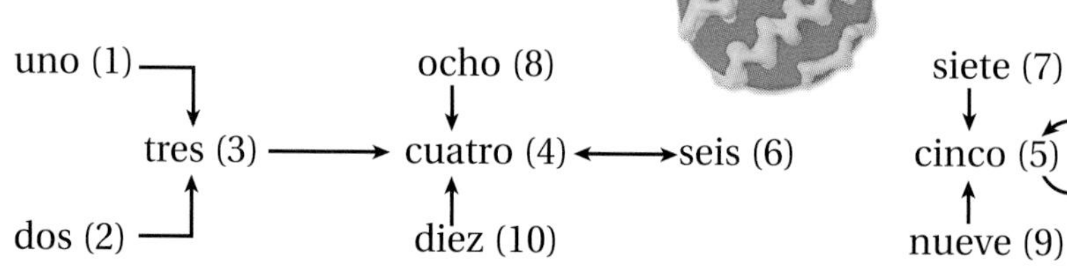

Otros patrones interesantes de números se relacionan con los números cíclicos. Estos números a veces ocurren cuando una fracción se convierte en un decimal periódico infinito. Uno de los números cíclicos más interesantes se produce al convertir la fracción $\frac{1}{7}$ en decimal.

$$\frac{1}{7} = 0.142857142857142\ldots$$

Multiplicar 142857 por los números del 1 al 6 produce los mismos dígitos en un orden diferente.

$1 \cdot 142857 = 142857$

$2 \cdot 142857 = 285714$

$3 \cdot 142857 = 428571$

$4 \cdot 142857 = 571428$

$5 \cdot 142857 = 714285$

$6 \cdot 142857 = 857142$

Fracciones en acción

Lanza cuatro dados y usa los números para formar dos fracciones. Suma las fracciones y trata de obtener una suma que se acerque a 1 lo más posible. Para determinar tu puntaje en cada turno, halla la diferencia entre la suma de tus fracciones y 1. Lleva el total de tus puntajes mientras juegas. El ganador es el jugador con el puntaje más alto al final del juego.

La copia completa de las reglas se encuentra disponible en línea.

go.hrw.com
¡Vamos a jugar! Extra
CLAVE: MS7 Games

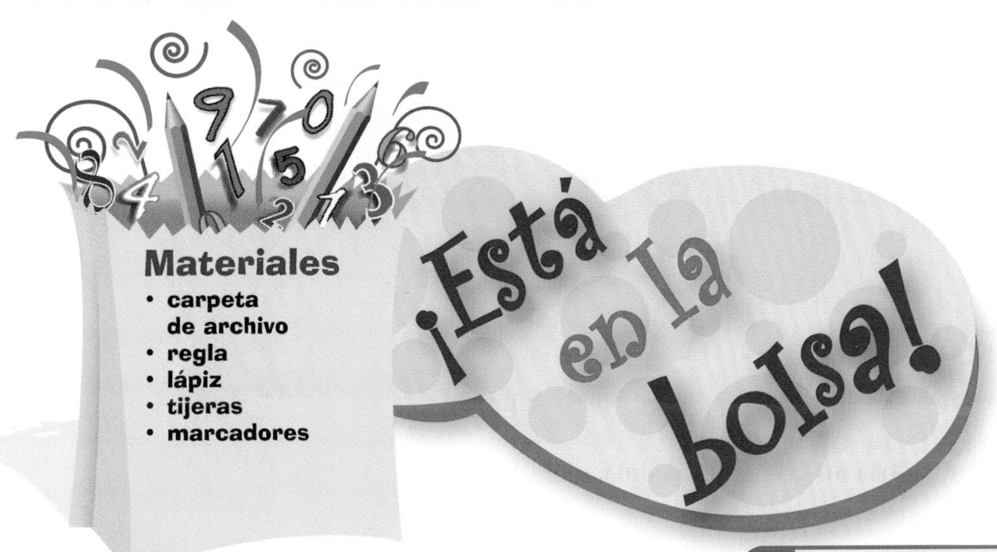

Materiales

- carpeta de archivo
- regla
- lápiz
- tijeras
- marcadores

PROYECTO Diapositivas

Coloca diapositivas en el marco para repasar conceptos clave sobre las operaciones con números racionales.

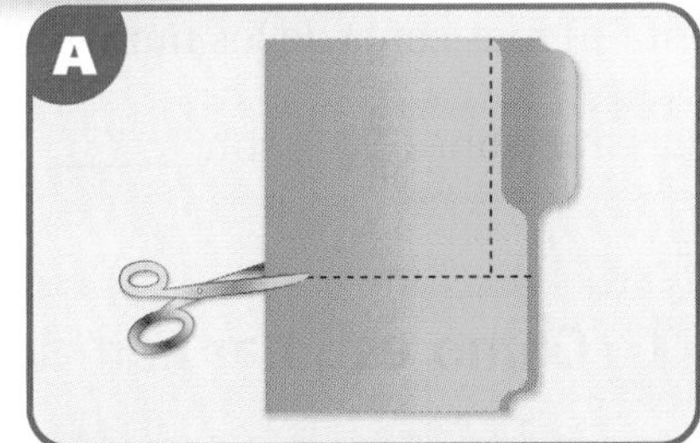

Instrucciones

1. Mantén la carpeta de archivo cerrada durante todo el proyecto. Recorta una tira de $3\frac{1}{2}$ pulg de la base de la carpeta. Recorta el resto de la carpeta de modo que no queden lengüetas y mida 8 pulg por 8 pulg. **Figura A**

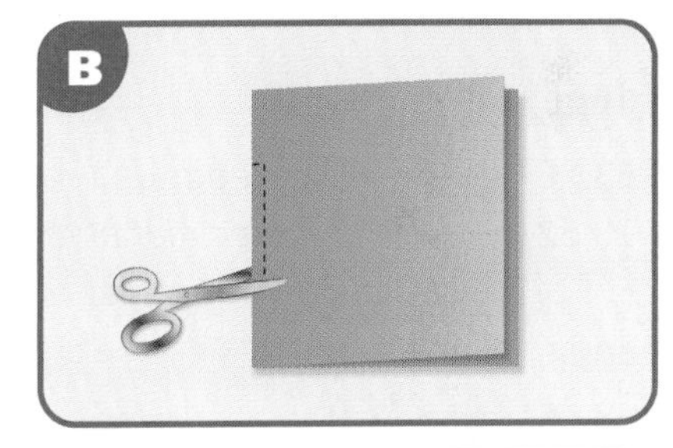

2. Haz un corte angosto de unas 4 pulg a lo largo de la mitad del extremo plegado.**Figura B**

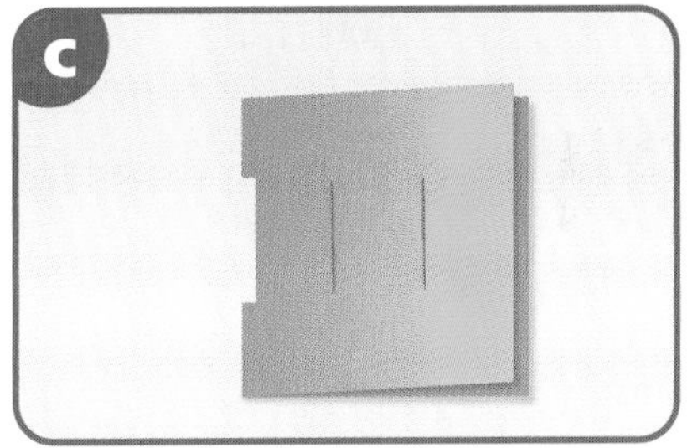

3. Haz una hendidura de $3\frac{3}{4}$ pulg a aproximadamente 2 pulg a la derecha del corte. Haz otra hendidura que también mida $3\frac{3}{4}$ pulg de largo a aproximadamente 3 pulg a la derecha de la primera hendidura. **Figura C**

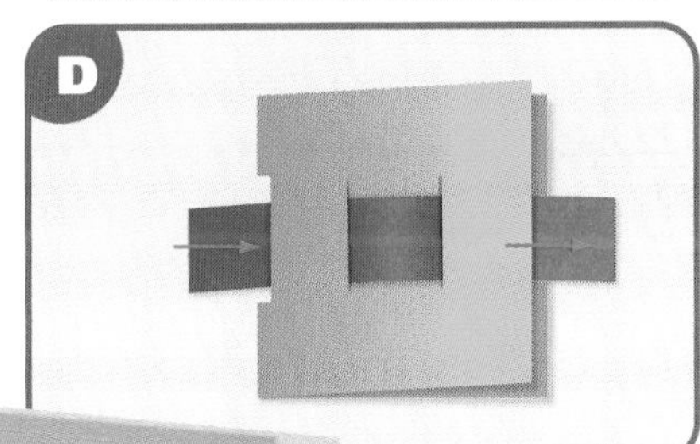

4. Introduce la tira de $3\frac{1}{2}$ pulg de la carpeta en el corte, a través de la primera y la segunda hendidura. **Figura D**

Tomar notas de matemáticas

A medida que pasas la tira a través del marco, divídela en varias secciones. Usa cada sección para anotar términos de vocabulario y problemas de práctica del capítulo.

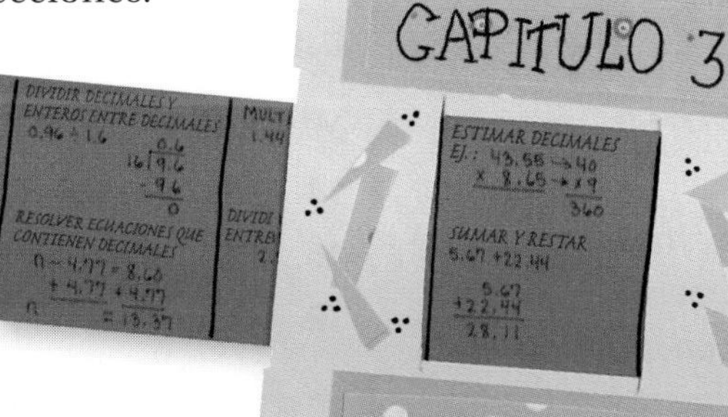
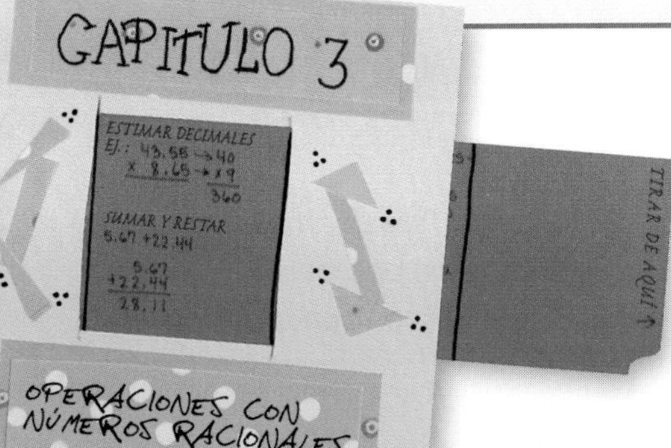

CAPÍTULO 3

Guía de estudio: Repaso

Vocabulario

números compatibles . . . . 150 **recíproco** 200

Completa los enunciados con las palabras del vocabulario.

1. Al estimar productos o cocientes, puedes usar el/los ___?___ que está(n) más cerca de los números originales y es/son fáciles de usar.

2. Las fracciones $\frac{3}{8}$ y $\frac{8}{3}$ son ___?___ porque se multiplican para dar 1.

3-1 Cómo estimar con decimales (págs. 150–153)

EJEMPLO

■ **Estima.**

$$\begin{array}{r} 63.28 \\ +\ 16.52 \\ \hline \end{array} \longrightarrow \begin{array}{r} 63 \\ +\ 17 \\ \hline 80 \end{array}$$

Redondea cada decimal al entero más cercano.

$$\begin{array}{r} 43.55 \\ \times\ 8.65 \\ \hline \end{array} \longrightarrow \begin{array}{r} 40 \\ \times\ 9 \\ \hline 360 \end{array}$$

Usa números compatibles.

EJERCICIOS

3. 54.4 + 55.99 **4.** 11.48 − 5.6

5. 24.77 · 3.45 **6.** 37.8 ÷ 9.3

7. Helen ahorra $7.85 cada semana. Quiere comprar un televisor que cuesta $163.15. ¿Durante cuántas semanas aproximadamente tendrá que ahorrar dinero para poder comprar el televisor?

3-2 Cómo sumar y restar decimales (págs. 154–157)

EJEMPLO

■ **Suma.**

5.67 + 22.44

$$\begin{array}{r} 5.67 \\ +\ 22.44 \\ \hline 28.11 \end{array}$$

Alinea los puntos decimales.

Suma.

EJERCICIOS

Suma o resta.

8. 4.99 + 22.89 **9.** −6.7 + (−44.5)

10. 18.09 − 11.87 **11.** 47 + 5.902

12. 23 − 8.905 **13.** 4.68 + 31.2

3-3 Cómo multiplicar decimales (págs. 160–163)

EJEMPLO

■ **Multiplica.**

1.44 · 0.6

$$\begin{array}{r} 1.44 \\ \times\ 0.6 \\ \hline 0.864 \end{array}$$

2 posiciones decimales

1 posición decimal

2 + 1 = 3 posiciones decimales

EJERCICIOS

Multiplica.

14. 7 · 0.5 **15.** −4.3 · 9

16. 4.55 · 8.9 **17.** 7.88 · 7.65

18. 63.4 · 1.22 **19.** −9.9 · 1.9

3-4 Cómo dividir decimales entre enteros (págs. 166–169)

EJEMPLO

■ **Divide.**

$2.8 \div 7$

$$\begin{array}{r} 0.4 \\ 7\overline{)2.8} \\ -2\,8 \\ \hline 0 \end{array}$$

Ubica el punto decimal del cociente directamente arriba del punto decimal del dividendo.

EJERCICIOS

Divide.

20. $16.1 \div 7$

21. $102.9 \div (-21)$

22. $0.48 \div 6$

23. $17.4 \div (-3)$

24. $8.25 \div (-5)$

25. $81.6 \div 24$

3-5 Cómo dividir decimales y enteros entre decimales (págs. 170–173)

EJEMPLO

■ **Divide.**

$0.96 \div 1.6$

$$\begin{array}{r} 0.6 \\ 16\overline{)9.6} \\ -9\,6 \\ \hline 0 \end{array}$$

Multiplica ambos números por 10 para convertir el divisor en un entero.

EJERCICIOS

Divide.

26. $7.65 \div 1.7$

27. $9.483 \div (-8.7)$

28. $126.28 \div (-8.2)$

29. $2.5 \div (-0.005)$

30. $9 \div 4.5$

31. $13 \div 3.25$

3-6 Cómo resolver ecuaciones que contienen decimales (págs. 174–177)

EJEMPLO

■ **Resuelve.**

$$\begin{aligned} n - 4.77 &= 8.60 \\ +4.77 \quad & \quad +4.77 \\ \hline n \quad &= 13.37 \end{aligned}$$

Suma para despejar n.

EJERCICIOS

Resuelve.

32. $x + 40.44 = 30$

33. $\frac{s}{1.07} = 100$

34. $0.8n = 0.0056$

35. $k - 8 = 0.64$

36. $3.65 + e = -1.4$

37. $\frac{w}{-0.2} = 15.4$

3-7 Cómo estimar con fracciones (págs. 180–183)

EJEMPLO

■ **Estima.**

$7\frac{3}{4} - 4\frac{1}{3}$

$7\frac{3}{4} \longrightarrow 8 \qquad 4\frac{1}{3} \longrightarrow 4\frac{1}{2}$

$8 - 4\frac{1}{2} = 3\frac{1}{2}$

$11\frac{7}{12} \div 3\frac{2}{5}$

$11\frac{7}{12} \longrightarrow 12 \qquad 3\frac{2}{5} \longrightarrow 3$

$12 \div 3 = 4$

EJERCICIOS

Estima cada suma, diferencia, producto o cociente.

38. $11\frac{1}{7} + 12\frac{3}{4}$

39. $5\frac{5}{7} - 13\frac{10}{17}$

40. $9\frac{7}{8} + \left(-7\frac{1}{13}\right)$

41. $11\frac{8}{9} - 11\frac{1}{20}$

42. $5\frac{13}{20} \cdot 4\frac{1}{2}$

43. $-6\frac{1}{4} \div -1\frac{5}{8}$

44. Sara corrió $2\frac{1}{3}$ vueltas a la pista el lunes y $7\frac{3}{4}$ vueltas el viernes. ¿Aproximadamente cuántas vueltas más corrió Sara el viernes?

3-8 Cómo sumar y restar fracciones (págs. 186–189)

EJEMPLO

- Suma.

$\frac{1}{3} + \frac{2}{5} = \frac{5}{15} + \frac{6}{15}$ *Escribe fracciones equivalentes usando un denominador común.*

$= \frac{11}{15}$

EJERCICIOS

Suma o resta. Escribe cada respuesta en su mínima expresión.

45. $\frac{3}{4} - \frac{1}{3}$ **46.** $\frac{1}{4} + \frac{3}{5}$

47. $\frac{4}{11} + \frac{4}{44}$ **48.** $\frac{4}{9} - \frac{1}{3}$

3-9 Cómo sumar y restar números mixtos (págs. 190–193)

EJEMPLO

- Suma.

$1\frac{1}{3} + 2\frac{1}{2} = 1\frac{2}{6} + 2\frac{3}{6}$ *Suma los enteros y luego suma las fracciones.*

$= 3 + \frac{5}{6}$

$= 3\frac{5}{6}$

EJERCICIOS

Suma o resta. Escribe cada respuesta en su mínima expresión

49. $3\frac{7}{8} + 2\frac{1}{3}$ **50.** $2\frac{1}{4} + 1\frac{1}{12}$

51. $8\frac{1}{2} - 2\frac{1}{4}$ **52.** $11\frac{3}{4} - 10\frac{1}{3}$

3-10 Cómo multiplicar fracciones y números mixtos (págs. 196–199)

EJEMPLO

- Multiplica. Escribe la respuesta en su mínima expresión.

$4\frac{1}{2} \cdot 5\frac{3}{4} = \frac{9}{2} \cdot \frac{23}{4}$

$= \frac{207}{8}$ ó $25\frac{7}{8}$

EJERCICIOS

Multiplica. Escribe cada respuesta en su mínima expresión.

53. $1\frac{2}{3} \cdot 4\frac{1}{2}$ **54.** $\frac{4}{5} \cdot 2\frac{3}{10}$

55. $4\frac{6}{7} \cdot 3\frac{5}{9}$ **56.** $3\frac{4}{7} \cdot 1\frac{3}{4}$

3-11 Cómo dividir fracciones y números mixtos (págs. 200–203)

EJEMPLO

- Divide.

$\frac{3}{4} \div \frac{2}{5} = \frac{3}{4} \cdot \frac{5}{2}$ *Multiplica por el recíproco de $\frac{2}{5}$.*

$= \frac{15}{8}$ ó $1\frac{7}{8}$

EJERCICIOS

Divide. Escribe cada respuesta en su mínima expresión.

57. $\frac{1}{3} \div 6\frac{1}{4}$ **58.** $\frac{1}{2} \div 3\frac{3}{4}$

59. $\frac{11}{13} \div \frac{11}{13}$ **60.** $2\frac{7}{8} \div 1\frac{1}{2}$

3-12 Cómo resolver ecuaciones que contienen fracciones (págs. 204–207)

EJEMPLO

- Resuelve. Escribe la respuesta en su mínima expresión.

$\frac{1}{4}x = \frac{1}{6}$

$\frac{4}{1} \cdot \frac{1}{4}x = \frac{1}{6} \cdot \frac{4}{1}$ *Multiplica por el recíproco de $\frac{1}{4}$.*

$x = \frac{4}{6} = \frac{2}{3}$

EJERCICIOS

Resuelve. Escribe cada respuesta en su mínima expresión.

61. $\frac{1}{5}x = \frac{1}{3}$ **62.** $\frac{1}{3} + y = \frac{2}{5}$

63. $\frac{1}{6}x = \frac{2}{7}$ **64.** $\frac{2}{7} + x = \frac{3}{4}$

EXAMEN DEL CAPÍTULO

CAPÍTULO 3

Estima.

1. $19.95 + 21.36$
2. $49.17 - 5.88$
3. $3.21 \cdot 16.78$
4. $49.1 \div 5.6$

Suma o resta.

5. $3.086 + 6.152$
6. $5.91 + 12.8$
7. $3.1 - 2.076$
8. $14.75 - 6.926$

Multiplica o divide.

9. $3.25 \cdot 24$
10. $-3.79 \cdot 0.9$
11. $3.2 \div 16$
12. $3.57 \div (-0.7)$

Resuelve.

13. $w - 5.3 = 7.6$
14. $4.9 = c + 3.7$
15. $b \div 1.8 = 2.1$
16. $4.3h = 81.7$

Estima cada suma, diferencia, producto o cociente.

17. $\frac{3}{4} + \frac{3}{8}$
18. $5\frac{7}{8} - 3\frac{1}{4}$
19. $6\frac{5}{7} \cdot 2\frac{2}{9}$
20. $8\frac{1}{5} \div 3\frac{9}{10}$

Suma o resta. Escribe cada respuesta en su mínima expresión.

21. $\frac{3}{10} + \frac{2}{5}$
22. $\frac{11}{16} - \frac{7}{8}$
23. $7\frac{1}{3} + 5\frac{11}{12}$
24. $9 - 3\frac{2}{5}$

Multiplica o divide. Escribe cada respuesta en su mínima expresión.

25. $5 \cdot 4\frac{1}{3}$
26. $2\frac{7}{10} \cdot 2\frac{2}{3}$
27. $\frac{3}{10} \div \frac{4}{5}$
28. $2\frac{1}{5} \div 1\frac{5}{6}$

29. Una receta requiere $4\frac{4}{5}$ cdas de mantequilla. Nassim va a preparar $3\frac{1}{3}$ veces esa receta para su equipo de fútbol. ¿Cuánta mantequilla necesita? Escribe tu respuesta en su mínima expresión.

30. Brianna tiene $11\frac{2}{3}$ tazas de leche. Necesita $1\frac{1}{6}$ taza para preparar un jarro de chocolate caliente. ¿Cuántos jarros de chocolate caliente puede preparar Brianna?

Resuelve. Escribe cada respuesta en su mínima expresión.

31. $\frac{1}{5}a = \frac{1}{8}$
32. $\frac{1}{4}c = 980$
33. $-\frac{7}{9} + w = \frac{2}{3}$
34. $z - \frac{5}{13} = \frac{6}{7}$

35. Alan terminó su tarea en $1\frac{1}{2}$ hora. Jimmy tardó $\frac{3}{4}$ de hora más que Alan en terminar su tarea. ¿Cuánto tiempo le llevó a Jimmy terminar su tarea?

36. Una tarde, Mya jugó dos partidos de softbol. El primer partido duró 42 min. El segundo duró $1\frac{2}{3}$ vez más que el primero. ¿Cuánto duró el segundo partido de Mya?

CAPÍTULO 3

AYUDA PARA EXAMEN

Estrategias para el examen estandarizado

Respuesta gráfica: Escribe respuestas gráficas

Cuando respondes a una pregunta de un examen en la que debes indicar tu respuesta en una cuadrícula, debes completar la cuadrícula de tu hoja de respuestas correctamente o esa parte se considerará incorrecta.

EJEMPLO 1

1	.	1	9	

Respuesta gráfica: Resuelve la ecuación 0.23 + r = 1.42.

$$\begin{aligned} 0.23 + r &= 1.42 \\ -0.23 \quad &\quad -0.23 \\ r &= 1.19 \end{aligned}$$

- Usa un lápiz para escribir tu respuesta en las casillas de respuestas que están al comienzo de la cuadrícula. Escribe el primer dígito de tu respuesta en la casilla que está más a la izquierda o escribe el último dígito de tu respuesta en la casilla que está más a la derecha. En algunas cuadrículas, la barra de fracciones y el punto decimal tienen una casilla designada.
- Coloca sólo un dígito o símbolo en cada casilla. No dejes una casilla en blanco en el medio de una respuesta.
- Sombrea el círculo de cada dígito o símbolo en la misma columna que en la casilla de respuestas.

EJEMPLO 2

		5	/	3

Respuesta gráfica: Divide $3 \div 1\frac{4}{5}$.

$$\begin{aligned} 3 \div 1\frac{4}{5} &= \frac{3}{1} \div \frac{9}{5} \\ &= \frac{3}{1} \cdot \frac{5}{9} \\ &= \frac{15}{9} = \frac{5}{3} = 1\frac{2}{3} = 1.\overline{6} \end{aligned}$$

La respuesta se simplifica a $\frac{5}{3}$, $1\frac{2}{3}$ ó $1.\overline{6}$.

- Los números mixtos y los decimales periódicos no pueden representarse en una cuadrícula. Por lo tanto, tu respuesta gráfica debe ser $\frac{5}{3}$.
- Escribe tu respuesta en las casillas de respuestas que están al comienzo de la cuadrícula.
- Escribe sólo un dígito o símbolo en cada casilla. No dejes una casilla en blanco en el medio de una respuesta.
- Sombrea el círculo de cada dígito o símbolo en la misma columna que en la casilla de respuestas.

Si en alguna de las preguntas de respuesta gráfica obtienes una respuesta negativa, repasa cuidadosamente el problema. Las cuadrículas de respuestas no incluyen signos negativos. Por lo tanto, si obtienes una respuesta negativa, es probable que hayas cometido un error de cálculo.

Lee cada enunciado y luego contesta las preguntas que le siguen.

Muestra A
Un estudiante resolvió correctamente una ecuación para x y obtuvo 42 como resultado. Luego, completó la cuadrícula como se muestra aquí.

			4	2

1. ¿Qué error cometió el estudiante al completar la cuadrícula?
2. Explica otro método para completar correctamente la cuadrícula.

Muestra B
Un estudiante multiplicó correctamente 0.16 por 0.07. Luego, completó la cuadrícula como se muestra aquí.

.	0	1	1	2

3. ¿Qué error cometió el estudiante al completar la cuadrícula?
4. Explica cómo completar la respuesta correctamente.

Muestra C
Un estudiante restó -12 de 5 y obtuvo -17 como respuesta. Luego, completó la cuadrícula como se muestra aquí.

-	1	7		

5. ¿Qué error cometió el estudiante al hallar la respuesta?
6. Explica por qué no puedes ingresar un número negativo en una cuadrícula.
7. Explica cómo completar la respuesta a 5 − (−12) correctamente.

Muestra D
Un estudiante simplificó correctamente $\frac{5}{6} + \frac{11}{12}$ y obtuvo $1\frac{9}{12}$ como resultado. Luego, completó la cuadrícula como se muestra aquí.

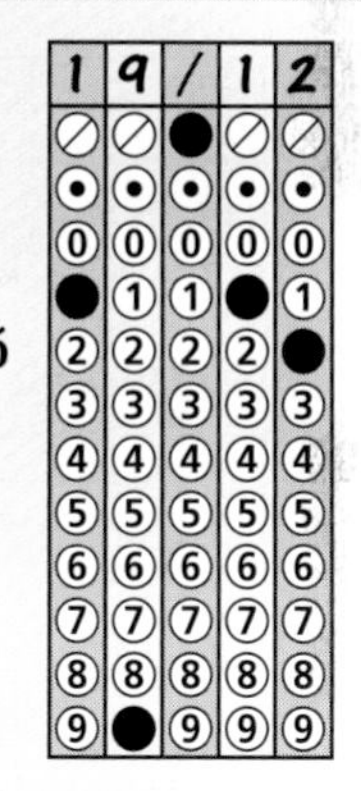

8. ¿Qué respuesta se muestra en la cuadrícula?
9. Explica por qué no puedes mostrar un número mixto en una cuadrícula.
10. Escribe dos formas equivalentes a la respuesta $1\frac{9}{12}$ que puedan ingresarse en la cuadrícula correctamente.

CAPÍTULO 3

PREPARACIÓN PARA EL EXAMEN ESTANDARIZADO

go.hrw.com
Práctica en línea para el examen estatal
CLAVE: MS7 TestPrep

Evaluación acumulativa, Capítulos 1–3

Opción múltiple

1. Una empresa de teléfonos celulares cobra $0.05 por cada mensaje de texto. ¿Qué expresión representa el costo de *m* mensajes de texto?

(A) $0.05m$
(B) $0.05 + m$
(C) $0.05 - m$
(D) $0.05 \div m$

2. El domingo, Ahmed tenía $7.50 en su cuenta bancaria. En la tabla se muestra el movimiento de su cuenta cada día de la semana pasada. ¿Cuál fue el saldo de la cuenta de Ahmed el viernes?

Día	Depósito	Extracción
Lunes	$25.25	No hubo
Martes	No hubo	−$108.13
Miércoles	$65.25	No hubo
Jueves	$32.17	No hubo
Viernes	No hubo	−$101.50

(F) −$86.96
(G) −$79.46
(H) $0
(J) $96.46

3. Natasha diseña una casa para el perro. Quiere que el frente de la casa mida $3\frac{1}{2}$ pies de ancho y que su costado mida $2\frac{3}{4}$ pies de ancho más que el frente. ¿Qué ecuación puede usarse para hallar *x*, la longitud del costado de la casa?

(A) $3\frac{1}{2} + 2\frac{3}{4} = x$
(B) $3\frac{1}{2} - 2\frac{3}{4} = x$
(C) $3\frac{1}{2} \cdot 2\frac{3}{4} = x$
(D) $3\frac{1}{2} \div 2\frac{3}{4} = x$

4. ¿Cuál es el valor de $5\frac{2}{3} \div \frac{3}{9}$?

(F) 17
(G) $\frac{17}{9}$
(H) 10
(J) $5\frac{1}{3}$

5. La señora Herold tiene $5\frac{1}{4}$ yardas de material para hacer dos vestidos. El vestido más largo requiere $3\frac{3}{4}$ yardas de material. ¿Qué ecuación puede usarse para hallar *t*, la cantidad de yardas de material que quedan para hacer el vestido más corto?

(A) $3\frac{3}{4} - t = 5\frac{1}{4}$
(B) $3\frac{3}{4} \cdot t = 5\frac{1}{4}$
(C) $3\frac{3}{4} \div t = 5\frac{1}{4}$
(D) $3\frac{3}{4} + t = 5\frac{1}{4}$

6. Carl construye una cerca. La primera estaca de la cerca mide 1 m de largo, la segunda, $1\frac{1}{4}$ m de largo y la tercera, $1\frac{1}{2}$ m de largo. Si el patrón continúa, ¿cuánto mide la séptima estaca?

(F) $1\frac{3}{4}$ m
(G) 2 m
(H) $2\frac{1}{4}$ m
(J) $2\frac{1}{2}$ m

7. Daisy, la bulldog, pesa $45\frac{13}{16}$ libras. Henry, el sabueso, pesa $21\frac{3}{4}$ libras. ¿Por cuántas libras Daisy sobrepasa a Henry en peso?

(A) $23\frac{15}{16}$ libras
(B) $24\frac{5}{6}$ libras
(C) $24\frac{1}{16}$ libras
(D) $67\frac{9}{16}$ libras

8. ¿Cuál es la factorización prima de 110?

(F) $55 \cdot 2$
(G) $22 \cdot 5 \cdot 2$
(H) $11 \cdot 5 \cdot 2$
(J) $110 \cdot 1$

9. Joel hizo un lanzamiento de peso de $24\frac{2}{9}$ yardas. Jamil hizo un lanzamiento de peso de $33\frac{10}{11}$ yardas. Estima cuánto más lejos lanzó el peso Jamil que Joel.

(A) 8 yardas
(B) 10 yardas
(C) 12 yardas
(D) 15 yardas

Siempre que sea posible, usa la lógica para eliminar al menos dos opciones de respuesta.

10. ¿Qué modelo representa mejor la expresión $\frac{6}{8} \times \frac{1}{2}$?

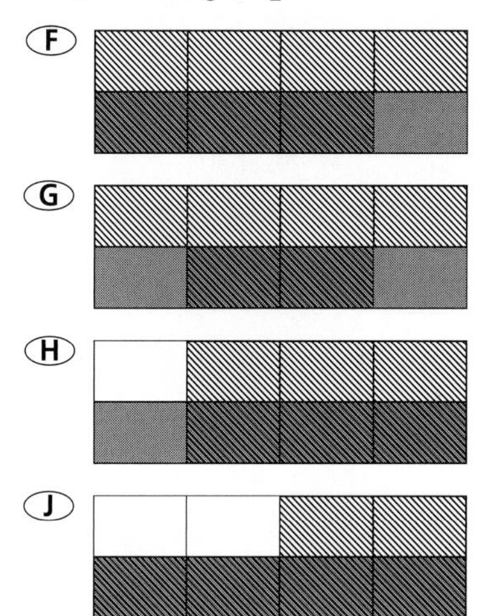

11. En la tabla se muestran los diferentes tipos de mascotas que tienen los estudiantes de español de la maestra Sizer. ¿Qué fracción de los estudiantes tiene un perro como mascota?

Tipo de mascota	Cantidad de estudiantes
Gato	5
Perro	9
Hámster	1

Ⓐ $\frac{3}{5}$ Ⓒ $\frac{1}{15}$

Ⓑ $\frac{1}{5}$ Ⓓ $\frac{1}{9}$

Respuesta gráfica

12. En 2004, el sueldo mínimo de los trabajadores era $5.85 la hora. Para hallar la cantidad de dinero que gana una persona con esta tasa si trabaja x horas, usa la ecuación $y = 5.85x$. ¿Cuántos dólares gana Frieda si trabaja 2.4 horas?

13. Resuelve la ecuación $\frac{5}{12}x = \frac{1}{4}$ para x.

14. ¿Cuál es el valor de la expresión $2(3.1) + 1.02(-4) - 8 + 3^2$?

Respuesta breve

15. Louise está en el piso 22 de un hotel. Su madre está en el piso 43. Louise quiere visitar a su madre, pero el elevador está fuera de servicio temporalmente. Escribe y resuelve una ecuación en la que halles la cantidad de pisos que Louise debe subir si usa las escaleras.

16. Mari compró 3 paquetes de papel de color. Usó $\frac{3}{4}$ de un paquete para hacer tarjetas de felicitaciones y usó $1\frac{1}{6}$ paquete para un proyecto de arte. Le dio $\frac{2}{3}$ de un paquete a su hermano. ¿Qué cantidad de papel de color le quedó a Mari? Muestra los pasos que usaste para hallar la respuesta.

17. Un proyecto de construcción requiere que 6 acres de tierra se dividan en terrenos de $\frac{3}{4}$ de acre. ¿Cuántos terrenos se pueden formar?. Explica tu respuesta.

Respuesta desarrollada

18. Una escuela superior organiza una competencia de triple salto de longitud. En esta competencia, los atletas realizan tres saltos consecutivos intentando cubrir la mayor distancia.

a. Los dos primeros saltos de Tony fueron de $11\frac{2}{3}$ pies y de $11\frac{1}{2}$ pies. En total, saltó 44 pies de distancia. Escribe una ecuación para hallar la distancia que cubrió en su último salto y resuélvela.

b. Los tres saltos de Candice cubrieron la misma distancia. En total, saltó 38 pies. ¿Cuál fue la longitud de cada salto?

c. En cada uno de sus tres saltos, David cubrió 11.6 pies, $11\frac{1}{4}$ pies y $11\frac{2}{3}$ pies de largo, respectivamente. Marca estas distancias en una recta numérica. ¿Cuál fue el salto más largo de David? ¿Por cuánto sobrepasó este salto al salto más corto de David?

CAPÍTULO

4

Patrones y funciones

go.hrw.com

Presentación del capítulo en línea

CLAVE: MS7 Ch4

Montañas rusas más rápidas de Estados Unidos	
Montaña rusa	**Velocidad (mi/h)**
Superman the Escape	100
Millennium Force	92
Goliath	85
Titan	85

Profesión *Diseñador de montañas rusas*

Los diseños tradicionales de montañas rusas usan la gravedad para ganar velocidad. Algunos diseños tienen espirales y vueltas que dan más emoción al paseo.

Jim Seay es diseñador de montañas rusas y usa métodos de alta tecnología para crear juegos emocionantes. Sus diseños incluyen un sistema que impulsa un carro de 0 a 70 millas por hora, ¡en menos de cuatro segundos!

Vocabulario

Elige de la lista el término que mejor complete cada enunciado.

1. Un(a) __?__ indica que dos expresiones son equivalentes.
2. Para __?__ una expresión se debe sustituir la variable por un número y simplificar.
3. El valor de la variable de una ecuación que hace que el enunciado sea verdadero es un(a) __?__ de la ecuación.
4. Un(a) __?__ es un número que puede escribirse como una razón de dos enteros.

ecuación

evaluar

número irracional

número racional

solución

Resuelve los ejercicios para practicar las destrezas que usarás en este capítulo.

Evaluar expresiones

Evalúa cada expresión.

5. $x + 5$ para $x = -18$
6. $-9y$ para $y = 13$
7. $\frac{z}{-6}$ para $z = 96$
8. $w - 9$ para $w = -13$
9. $-3z + 1$ para $z = 4$
10. $3w + 9$ para $w = 7$
11. $5 - \frac{y}{3}$ para $y = -3$
12. $x^2 + 1$ para $x = -2$

Resolver ecuaciones

Resuelve cada ecuación.

13. $y + 14 = -3$
14. $-4y = -72$
15. $y - 6 = 39$
16. $\frac{y}{3} = -9$
17. $56 = 8y$
18. $26 = y + 2$
19. $25 - y = 7$
20. $\frac{121}{y} = 11$
21. $-72 = 3y$
22. $25 = \frac{150}{y}$
23. $15 + y = 4$
24. $-120 = -2y$

Patrones numéricos

Halla los siguientes tres números en el patrón.

25. 95, 112, 129, 146, . . .
26. 85, 65, 60, 40, 35, . . .
27. 20, 20, 100, 100, 500, . . .
28. 12, 14, 17, 21, 26, . . .
29. 1, 3, 5, 7, . . .
30. −19, −12, −5, 2, . . .
31. 5, −10, 20, −40, 80, . . .
32. 0, −10, −5, −15, −10, . . .

CAPÍTULO 4

Guía de estudio: Avance

De dónde vienes

Antes,

- representaste gráficamente pares ordenados de números racionales no negativos en un plano cartesiano.
- usaste tablas para crear fórmulas que representan relaciones.
- formulaste ecuaciones a partir de situaciones.

En este capítulo

Estudiarás

- cómo marcar e identificar pares ordenados de enteros en un plano cartesiano.
- cómo representar gráficamente para demostrar las relaciones entre conjuntos de datos.
- cómo describir la relación entre los términos de una sucesión y sus ubicaciones en una sucesión.
- cómo formular situaciones cuando se da una ecuación simple.

Adónde vas

Puedes usar las destrezas aprendidas en este capítulo

- para trazar o interpretar una gráfica en la que muestres de qué forma una medición como la distancia, la velocidad, el costo o la temperatura cambia con el tiempo.
- para interpretar patrones y hacer predicciones en las ciencias, los negocios y las finanzas personales.

Vocabulario/Key Vocabulary

cuadrante	quadrant
ecuación lineal	linear equation
eje *x*	x-axis
eje *y*	y-axis
función	function
función lineal	linear function
origen	origin
par ordenado	ordered pair
plano cartesiano	coordinate plane
sucesión	sequence

Conexiones de vocabulario

Considera lo siguiente para familiarizarte con algunos de los términos de vocabulario del capítulo. Puedes consultar el capítulo, el glosario o un diccionario si lo deseas.

1. Una **sucesión** es una lista ordenada de números, como 2, 4, 6 y 8. ¿Puedes hacer una sucesión con un patrón y describir el patrón?
2. La palabra "lineal" viene de la palabra *línea.* ¿Cómo crees que se verá la gráfica de una **ecuación lineal?**
3. Un *origen* es el punto de comienzo de algo. ¿Puedes describir dónde hay que empezar para marcar un punto en un plano cartesiano? ¿Se te ocurre por qué el punto donde se cruzan el eje x y el eje y se llama **origen?**
4. Los *cuadrúpedos* son animales con cuatro patas y un *cuadrilátero* es una figura con cuatro lados. Un plano cartesiano tiene secciones llamadas **cuadrantes.** ¿Qué indica esta palabra acerca de la cantidad de secciones del plano cartesiano?

Estrategia de redacción: Escribe una justificación convincente

Una justificación o explicación convincente debe incluir:

- El problema expresado con tus propias palabras
- Una respuesta breve
- Pruebas que apoyen la respuesta
- Un enunciado de resumen

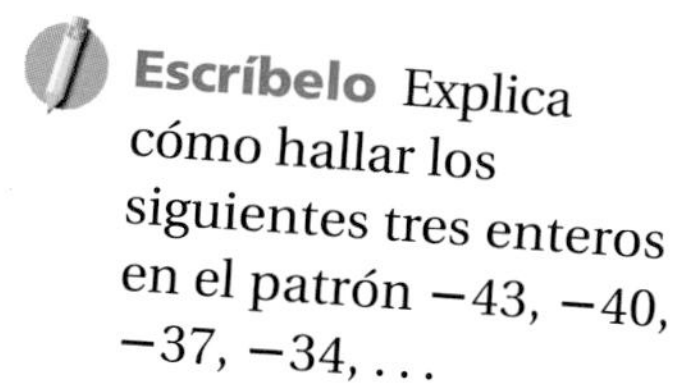

Paso 1 **Identifica el objetivo.**

Explica cómo hallar los siguientes tres enteros en el patrón $-43, -40, -37, -34, \ldots$

Paso 2 **Da una respuesta breve.**

A medida que el patrón continúa, el valor de los enteros aumenta. Halla cuánto aumenta cada entero en relación con el anterior. Luego, suma esa cantidad al último entero del patrón. Sigue este paso dos veces más para obtener los siguientes tres enteros del patrón.

Paso 3 **Da pruebas para apoyar tu respuesta.**

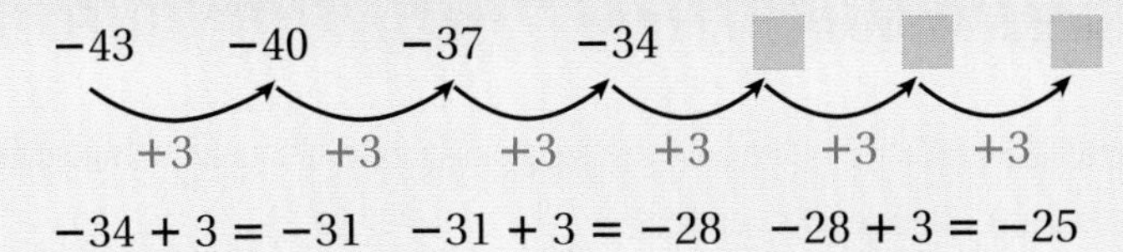

Halla cuánto aumenta cada entero.

$-34 + 3 = -31 \quad -31 + 3 = -28 \quad -28 + 3 = -25$

Los siguientes tres números son -31, -28 y -25.

El patrón consiste en sumar 3 a cada entero para obtener el siguiente entero.

Paso 4 **Resume tu justificación.**

Para hallar los siguientes tres valores en el patrón $-43, -40, -37, -34, \ldots$, halla la cantidad que debes sumar a cada entero para obtener el siguiente entero del patrón.

Inténtalo

Escribe una justificación convincente usando el método anterior.

1. Explica cómo hallar los siguientes tres enteros en el patrón $0, -2, -4, -6, \ldots$
2. Explica cómo hallar el séptimo entero en el patrón $-18, -13, -8, -3, \ldots$

4-1 El plano cartesiano

Aprender a marcar e identificar los pares ordenados en un plano cartesiano

Vocabulario

plano cartesiano

eje x

eje y

origen

cuadrante

par ordenado

Un **plano cartesiano** es un plano que contiene una recta numérica horizontal, llamada **eje x,** y una recta numérica vertical, llamada **eje y.** La intersección de estos ejes se llama **origen.**

Los ejes dividen el plano cartesiano en cuatro regiones llamadas **cuadrantes,** que tienen numeración I, II, III y IV.

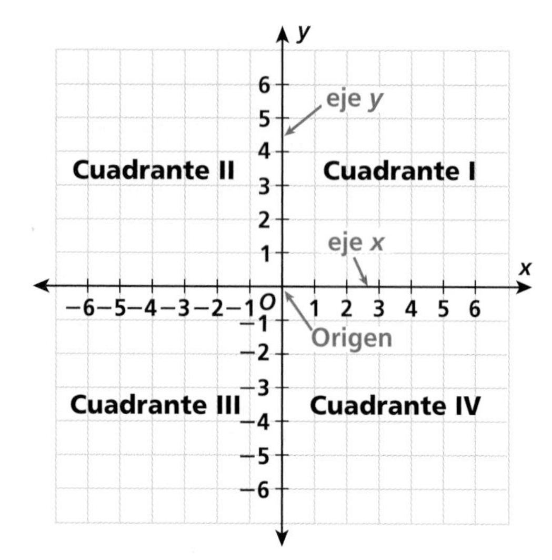

EJEMPLO 1 Identificar cuadrantes en un plano cartesiano

Identifica el cuadrante que contiene cada punto.

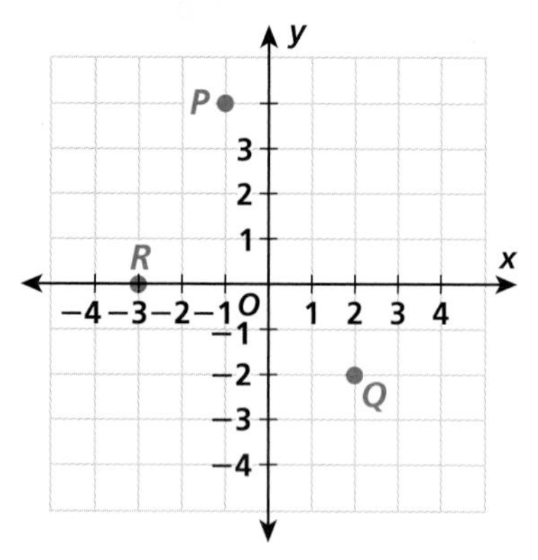

A P

P se ubica en el cuadrante II.

B Q

Q se ubica en el cuadrante IV.

C R

R se ubica en el eje x, entre los cuadrantes II y III.

Un **par ordenado** es un par de números que se usan para ubicar un punto en un plano cartesiano. Los dos números que forman el par ordenado se llaman coordenadas. El origen se identifica con el par ordenado (0, 0).

Par ordenado

(3, 2)

coordenada x — Unidades a la derecha o izquierda de 0

coordenada y — Unidades arriba o abajo de 0

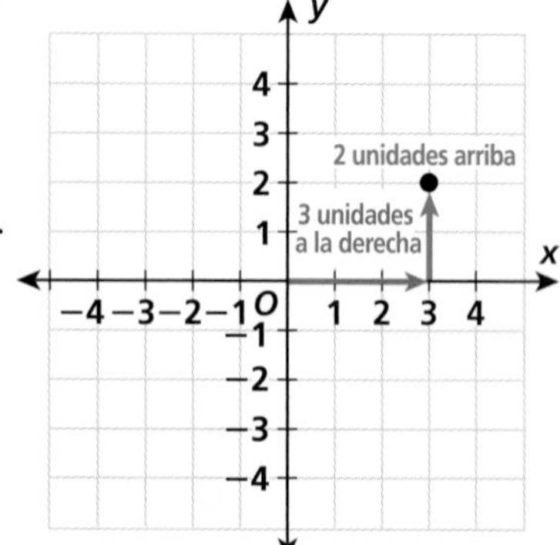

EJEMPLO 2 Marcar puntos en un plano cartesiano

Marca cada punto en un plano cartesiano.

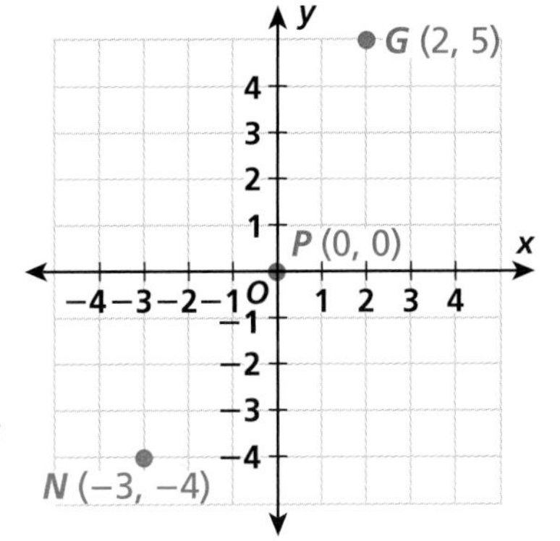

A $G(2, 5)$

Empieza en el origen. Muévete 2 unidades hacia la derecha y 5 hacia arriba.

B $N(-3, -4)$

Empieza en el origen. Muévete 3 unidades hacia la izquierda y 4 hacia abajo.

C $P(0, 0)$

El punto P está en el origen.

EJEMPLO 3 Identificar puntos en un plano cartesiano

Da las coordenadas de cada punto.

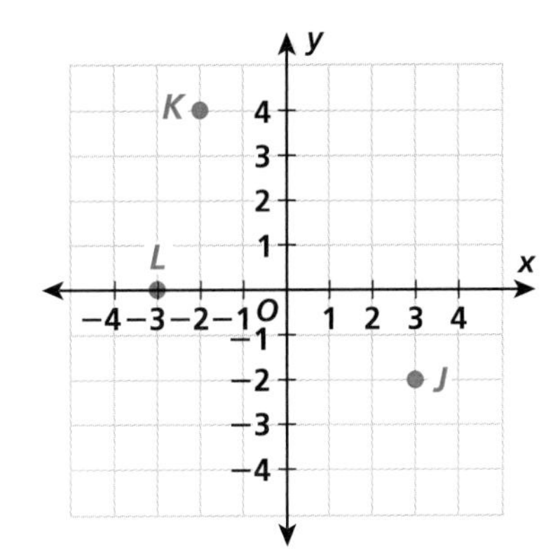

A J

Empieza en el origen. El punto J está 3 unidades a la derecha y 2 abajo.

Las coordenadas de J son $(3, -2)$.

B K

Empieza en el origen. El punto K está 2 unidades a la izquierda y 4 arriba.

Las coordenadas de K son $(-2, 4)$.

C L

Empieza en el origen. El punto L está 3 unidades a la izquierda en el eje x.

Las coordenadas de L son $(-3, 0)$.

Razonar y comentar

1. **Explica** si el punto (4, 5) es el mismo que el punto (5, 4).
2. **Identifica** la coordenada x de un punto en el eje y. Identifica la coordenada y de un punto en el eje x.
3. **Supongamos** que el Ecuador representa el eje x en un mapa de la Tierra y que una línea llamada *primer meridiano*, que atraviesa Inglaterra, representa el eje y. Comenzando por el origen, ¿cuáles de estas direcciones —este, oeste, norte y sur— son positivas? ¿Cuáles son negativas?

4-1 Ejercicios

go.hrw.com
Ayuda en línea para tareas*
CLAVE: MS7 4-1
Recursos en línea para padres
CLAVE: MS7 Parent
*(Disponible sólo en inglés)

PRÁCTICA GUIADA

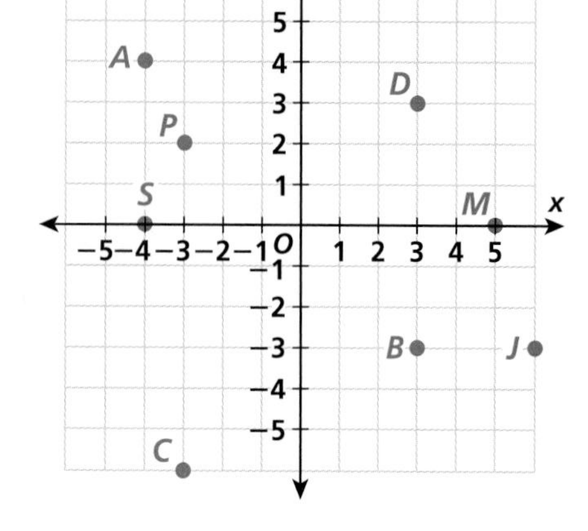

Ver Ejemplo 1 **Identifica el cuadrante que contiene cada punto.**

1. A
2. B
3. C
4. D

Ver Ejemplo 2 **Marca cada punto en un plano cartesiano.**

5. $E(-1, 2)$
6. $N(2, -4)$
7. $H(-3, -4)$
8. $T(5, 0)$

Ver Ejemplo 3 **Da las coordenadas de cada punto.**

9. J
10. P
11. S
12. M

PRÁCTICA INDEPENDIENTE

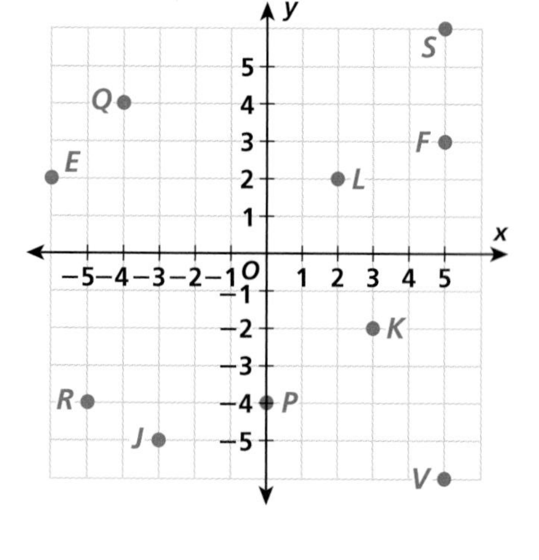

Ver Ejemplo 1 **Identifica el cuadrante que contiene cada punto.**

13. F
14. J
15. K
16. E

Ver Ejemplo 2 **Marca cada punto en un plano cartesiano.**

17. $A(-1, 1)$
18. $M(2, -2)$
19. $W(-5, -5)$
20. $G(0, -3)$

Ver Ejemplo 3 **Da las coordenadas de cada punto.**

21. Q
22. V
23. R
24. P
25. S
26. L

PRÁCTICA Y RESOLUCIÓN DE PROBLEMAS

Práctica adicional
Ver página 733

Para los Ejercicios 27 y 28, usa papel cuadriculado para representar gráficamente los pares ordenados. Usa un plano cartesiano diferente para cada ejercicio.

27. $(-8, 1)$; $(4, 3)$; $(-3, 6)$
28. $(-8, -2)$; $(-1, -2)$; $(-1, 3)$; $(-8, 3)$
29. **Geometría** Une los puntos del Ejercicio 27. Identifica la figura y los cuadrantes donde se ubica.
30. **Geometría** Une los puntos del Ejercicio 28 según el orden de la lista. Identifica la figura y los cuadrantes donde se ubica.

Identifica el cuadrante de cada punto que se describe a continuación.

31. La coordenada x y la coordenada y son negativas.
32. La coordenada x es negativa y la coordenada y es positiva.

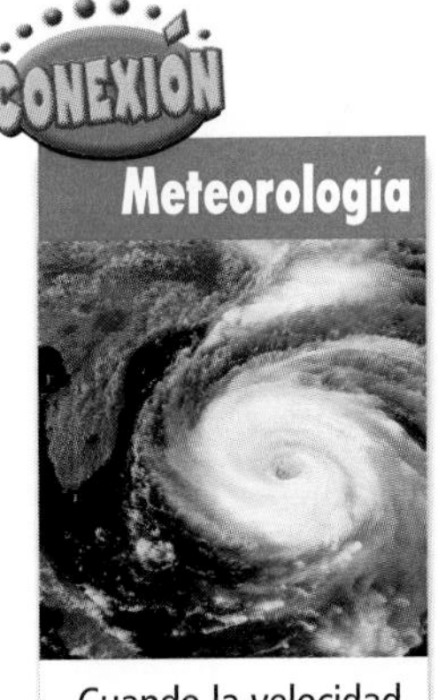

Cuando la velocidad del viento de una tormenta tropical alcanza las 74 mi/h, se clasifica como un huracán.

go.hrw.com
¡Web Extra!
CLAVE: MS7 Hurricane

33. ¿Qué punto está 9 unidades a la derecha y 3 unidades arriba del punto (3, 4)?

34. **Razonamiento crítico** Después de moverse 6 unidades hacia la derecha y 4 unidades hacia abajo, un punto se ubica en (6, 1). ¿Cuáles eran las coordenadas originales del punto?

35. **Meteorología** En el mapa se muestra el trayecto del huracán Andrew. Estima las coordenadas de la tormenta al entero más cercano para cada uno de los siguientes momentos.

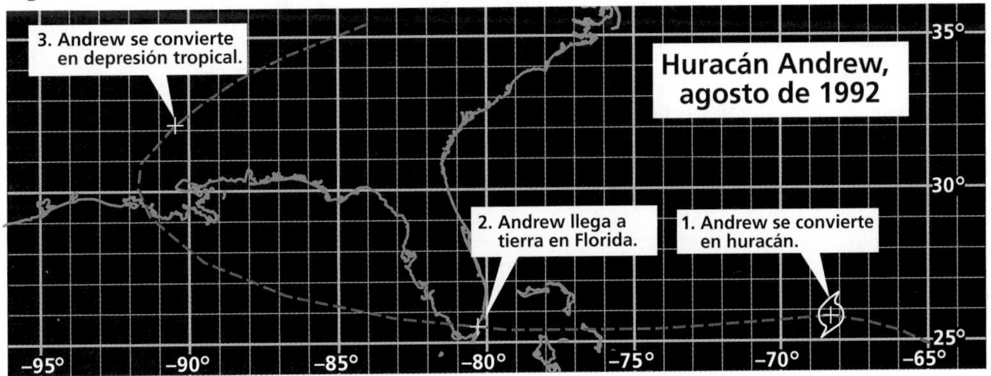

a. cuando Andrew se convirtió en huracán

b. cuando Andrew llegó a tierra en Florida

c. cuando Andrew perdió fuerza y se convirtió en depresión tropical

36. **¿Dónde está el error?** Para marcar (–12, 1), un estudiante empezó en (0, 0); se movió 12 unidades hacia la derecha y 1 hacia abajo. ¿Qué error cometió?

37. **Escríbelo** ¿Por qué es importante el orden al representar gráficamente un par ordenado en un plano cartesiano?

38. **Desafío** Armand y Kayla empezaron a trotar en el mismo punto. Armand trotó 4 millas hacia el sur y 6 millas hacia el este. Kayla trotó hacia el oeste y 4 millas hacia el sur. Si había 11 millas de distancia entre los dos cuando se detuvieron, ¿qué distancia trotó Kayla hacia el oeste?

PREPARACIÓN PARA EL EXAMEN y repaso en espiral

39. **Opción múltiple** ¿Cuál de los siguientes puntos se ubica dentro del círculo trazado a la derecha?

Ⓐ (2, 6) Ⓑ (−4, 4) Ⓒ (0, −4) Ⓓ (−6, 6)

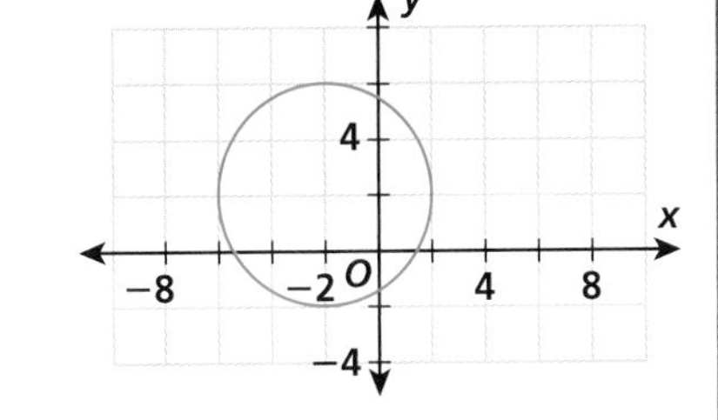

40. **Opción múltiple** ¿Qué punto del eje x está a la misma distancia del origen que (0, −3)?

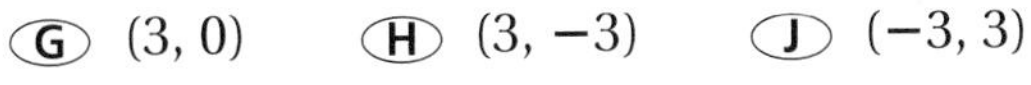

Ⓕ (0, 3) Ⓖ (3, 0) Ⓗ (3, −3) Ⓙ (−3, 3)

Halla cada suma. (Lección 2-2)

41. $-17 + 11$ **42.** $29 + 8$ **43.** $40 + (-64)$ **44.** $-55 + (-32)$

Divide. Escribe cada respuesta en su mínima expresión. (Lección 3-11)

45. $8 \div 1\frac{1}{4}$ **46.** $\frac{3}{5} \div \frac{6}{15}$ **47.** $2\frac{1}{3} \div 1\frac{2}{3}$ **48.** $\frac{5}{8} \div \frac{3}{4}$

4-2 Tablas y gráficas

Aprender a identificar y representar gráficamente pares ordenados de una tabla de valores

En octubre de 2004 nacieron cinco cachorros de león en el zoológico Henry Vilas, en Madison, Wisconsin. Para cuando los cachorros cumplieron 3 meses, comían $2\frac{1}{2}$ libras de alimento por día cada uno. En la tabla se muestra la cantidad de alimento necesario para alimentar a un cachorro durante varios días.

Cantidad de días	1	2	3	4
Cantidad de alimento (lb)	2.5	5	7.5	10

EJEMPLO 1 Identificar pares ordenados de una tabla de valores

Escribe los pares ordenados de la tabla.

x	y
5	6
7	7
9	7
11	9

→

(x, y)
(5, 6)
(7, 7)
(9, 7)
(11, 9)

Los pares ordenados son (5, 6), (7, 7), (9, 7) y (11, 9).

EJEMPLO 2 Representar gráficamente pares ordenados de una tabla de valores

Escribe y representa gráficamente los pares ordenados de la tabla.

x	−3	−1	1	3
y	4	1	−2	−5

Los pares ordenados son (−3, 4), (−1, 1), (1, −2) y (3, −5).

Marca los puntos en un plano cartesiano.

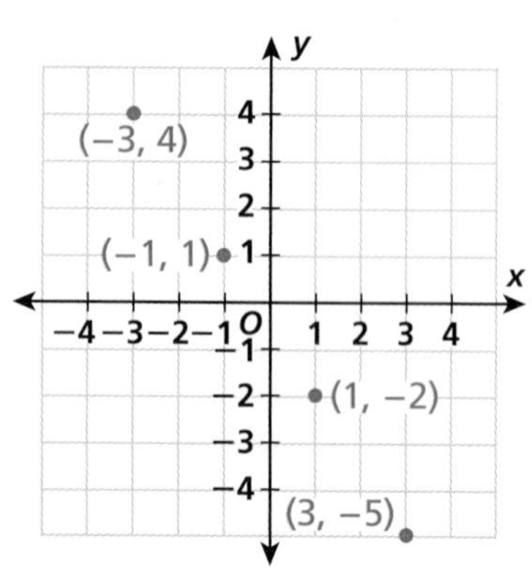

EJEMPLO 3 *Aplicación a las ciencias biológicas*

Los guardianes del zoológico Henry Vilas compran alimento para los cachorros de león. En la tabla se muestra la cantidad de alimento necesario para alimentar a un cachorro durante 4 días. Representa gráficamente los datos. ¿Cuál es la relación entre la cantidad de días y la cantidad de alimento?

Cantidad de días	1	2	3	4
Cantidad de alimento (lb)	2.5	5	7.5	10

Escribe los pares ordenados de la tabla.

Cantidad de días	1	2	3	4
Cantidad de alimento (lb)	2.5	5	7.5	10
(x, y)	(1, 2.5)	(2, 5)	(3, 7.5)	(4, 10)

Los pares ordenados son (1, 2.5), (2,5), (3, 7.5) y (4, 10).

Ahora marca los puntos en un plano cartesiano. Rotula los ejes.

En la gráfica se muestra que, por cada día adicional, se necesitan $2\frac{1}{2}$ libras más de alimento para cada cachorro de león.

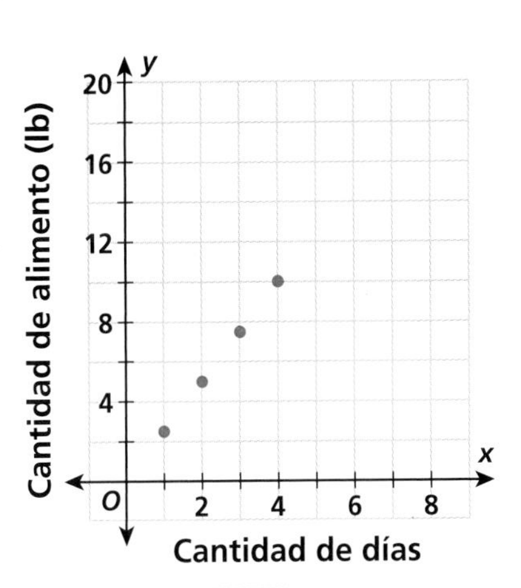

Razonar y comentar

1. **Da un ejemplo** de una tabla que incluya el origen como uno de sus pares ordenados.
2. **Explica** si puedes usar la gráfica del Ejemplo 3 para hallar la cantidad de alimento necesaria para alimentar a un cachorro durante 14 días.
3. **Describe** una situación del mundo real que podría representarse mediante una gráfica que tenga distintos puntos.

4-2 Ejercicios

go.hrw.com
Ayuda en línea para tareas*
CLAVE: MS7 4-2
Recursos en línea para padres
CLAVE: MS7 Parent
*(Disponible sólo en inglés)

PRÁCTICA GUIADA

Ver Ejemplo 1

Escribe los pares ordenados de cada tabla.

1.

x	y
1	1
2	1
3	1
4	1

2.

x	y
8	4
10	5
12	6
14	7

3.

x	y
−2	0
−1	9
0	18
1	27

Ver Ejemplo 2

Representa gráficamente los pares ordenados de cada tabla.

4.

x	1	2	3	4
y	−2	−1	0	1

5.

x	−5	−3	−1	1
y	4	2	0	−2

Ver Ejemplo 3

6. En la tabla se muestra el costo total de comprar diferentes cantidades de bebidas. Representa gráficamente los datos. ¿Cuál es la relación entre la cantidad de bebidas y el costo total?

Cantidad de bebidas	1	2	3	4
Costo total ($)	1.50	3.00	4.50	6.00

PRÁCTICA INDEPENDIENTE

Ver Ejemplo 1

Escribe los pares ordenados de cada tabla.

7.

x	y
−15	15
−10	10
−5	5
0	0

8.

x	y
−2	0
0	−1
4	−2
6	−3

9.

x	y
−11	−6
−9	−5
−7	−4
−5	−3

Ver Ejemplo 2

Representa gráficamente los pares ordenados de cada tabla.

10.

x	0	2	4	6
y	−1	1	3	5

11.

x	−3	−1	1	3
y	3	1	1	3

Ver Ejemplo 3

12. En la tabla se muestra el costo de una llamada telefónica internacional para diferentes cantidades de minutos. Representa gráficamente los datos. ¿Cuál es la relación entre la cantidad de minutos y el costo de una llamada?

Cantidad de minutos	2	4	6	8
Costo total ($)	2	3	4	5

PRÁCTICA Y RESOLUCIÓN DE PROBLEMAS

Práctica adicional
Ver página 733

13. **Negocios** Una contadora usa 3.5 galones de gasolina por día para conducir ida y vuelta entre su casa y la oficina.
    a. Haz una tabla en la que muestres la cantidad total de galones de gasolina que usa cada uno de los 5 días.
    b. Representa gráficamente los datos de tu respuesta a **a**.

14. **Artesanía** Para calcular el tiempo que una vela tarda en consumirse, los fabricantes de velas encienden la vela y registran la cantidad de cera que queda en diferentes momentos. En la tabla se muestran los datos correspondientes a una vela de 6 onzas.
    a. Haz una gráfica de los datos.
    b. Explica cómo puedes usar la gráfica para hallar la cantidad de cera que queda después de 35 horas.

Tiempo transcurrido (h)	Cera que queda (oz)
0	6
7	5
14	4
21	3

15. **Escribe un problema** Crea una tabla de datos en la que representes la cantidad de horas de tarea que haces por día durante 5 días. Representa gráficamente los datos de tu tabla.

16. **Escríbelo** En una tabla de datos se muestra la cantidad de veces que late el corazón de una ballena en 3, 4, 5 y 6 minutos. Describe cómo hacer una gráfica en la que muestres la relación entre la cantidad de minutos y la cantidad de latidos.

17. **Desafío** Una tabla de datos tiene los pares ordenados $(-2, 5)$, $(1, 4)$ y $(4, 3)$. Kim marca los puntos y los une con una línea recta. ¿En qué punto cruza la línea el eje x?

PREPARACIÓN PARA EL EXAMEN y repaso en espiral

18. **Opción múltiple** Miguel marcó los pares ordenados $(-3, -5)$, $(-2, -1)$, $(-1, 3)$ y $(0, 7)$. ¿Cuántos puntos marcó en el cuadrante III?

Ⓐ 0 Ⓑ 1 Ⓒ 2 Ⓓ 3

19. **Respuesta breve** En la tabla se muestran los perímetros y áreas de varios rectángulos. Haz una gráfica con los datos.

Perímetro (pulg)	6	10	14	18
Área (pulg^2)	2	6	12	20

Divide. Estima para comprobar si cada respuesta es razonable. (Lección 3-4)

20. $48.6 \div 6$
21. $31.5 \div (-5)$
22. $-8.32 \div 4$
23. $-74.1 \div 6$

Suma. Escribe cada respuesta en su mínima expresión. (Lección 3-9)

24. $1\frac{1}{5} + 3\frac{3}{5}$
25. $7\frac{2}{3} + 8\frac{2}{3}$
26. $9\frac{1}{4} + 6\frac{2}{3}$
27. $4\frac{7}{10} + 3\frac{1}{8}$

Marca cada punto en un plano cartesiano. (Lección 4-1)

28. $A(-4, 1)$
29. $B(0, 3)$
30. $C(2, -2)$
31. $D(1, 5)$

4-3 Cómo interpretar gráficas

Aprender a relacionar gráficas con situaciones

Puedes usar una gráfica para mostrar la relación entre velocidad y tiempo, tiempo y distancia, o velocidad y distancia.

En la gráfica de la derecha se muestran las diversas velocidades a las que Emma ejercita su caballo. El caballo camina a una velocidad constante los primeros 10 minutos. Aumenta su velocidad en los siguientes 7 minutos y luego galopa a un ritmo constante por 20 minutos. Después disminuye la marcha los siguientes 3 minutos y luego camina a un ritmo constante por 10 minutos.

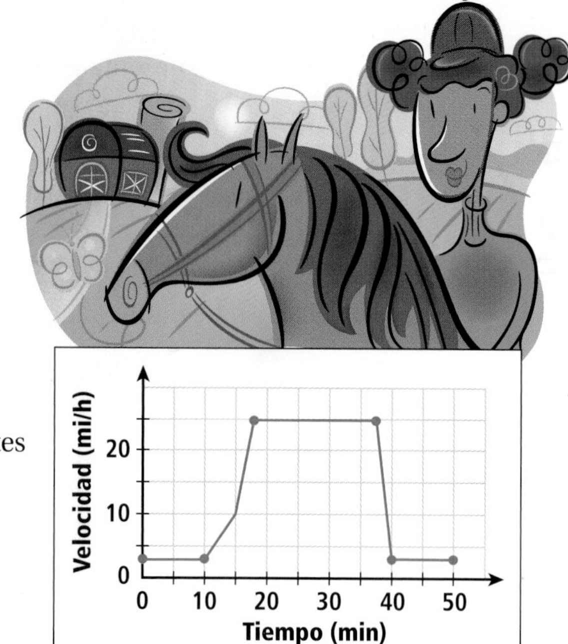

EJEMPLO 1 Relacionar gráficas con situaciones

Jenny conduce su automóvil desde su casa hasta la playa. Permanece en la playa todo el día antes de conducir de regreso a casa. ¿En qué gráfica se muestra mejor la situación?

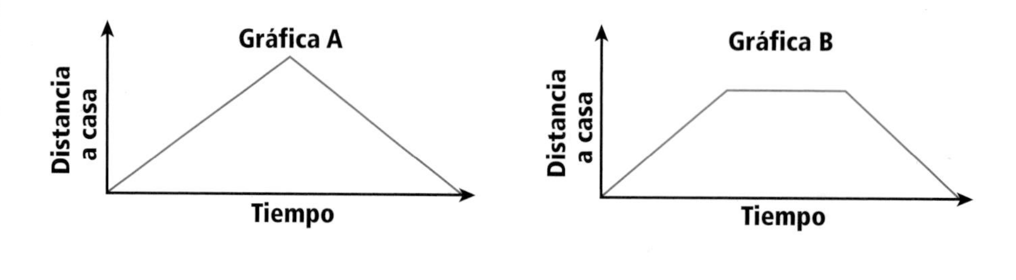

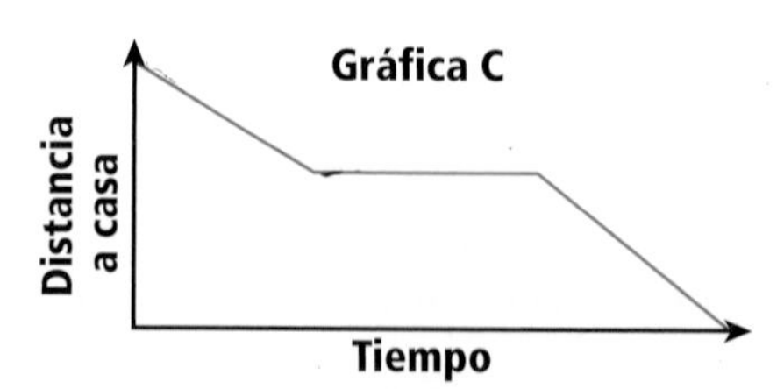

A medida que Jenny conduce a la playa, la distancia a su casa *aumenta.* Cuando está en la playa, la distancia a su casa es *constante.* A medida que regresa, la distancia a su casa *disminuye.* La respuesta es la gráfica b.

EJEMPLO  **APLICACIÓN A LA RESOLUCIÓN DE PROBLEMAS**

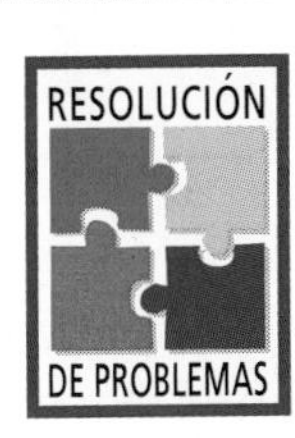

Maili y Katrina viajaron 10 millas desde la casa de Maili hasta el cine. Vieron una película y después recorrieron 5 millas más hasta un restaurante, donde almorzaron. Después de comer, regresaron a la casa de Maili. Traza una gráfica para mostrar la distancia que viajaron las dos amigas en comparación con el tiempo. Usa la gráfica para hallar la distancia total que recorrieron.

1 Comprende el problema

La respuesta será la distancia total que recorrieron Katrina y Maili.
Haz una lista con la **información importante:**

- Las amigas recorrieron 10 millas desde la casa de Maili hasta el cine.
- Viajaron 5 millas más y luego almorzaron.
- Volvieron a casa de Maili.

2 Haz un plan

Traza una gráfica que represente la situación. Luego, usa la gráfica para hallar la distancia total que recorrieron Katrina y Maili.

3 Resuelve

La distancia a la casa de Maili aumenta de 0 a 10 millas cuando las amigas van al cine. La distancia aumenta de 10 a 15 millas cuando van al restaurante. La distancia no cambia mientras las amigas ven la película ni mientras almuerzan. La distancia disminuye de 15 a 0 millas cuando regresan a casa.

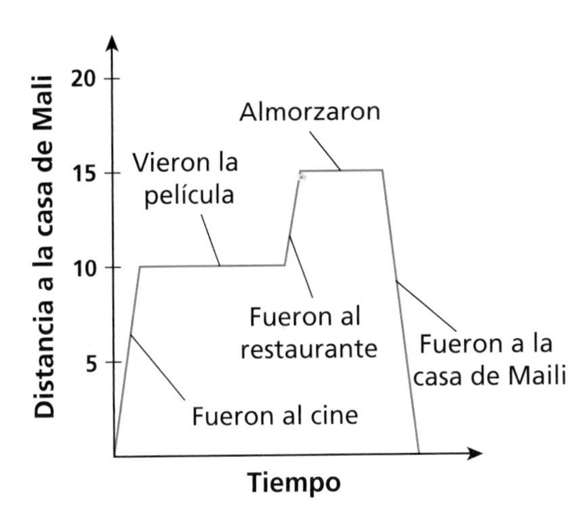

Maili y Katrina recorrieron un total de 30 millas.

4 Repasa

El cine está a 10 millas de distancia, por lo tanto, las amigas deben haber recorrido dos veces esa distancia para ir al cine y volver. La respuesta, 30 millas, es razonable, ya que es una distancia mayor que 20 millas.

Razonar y comentar

1. **Explica** el significado de un segmento horizontal en una gráfica en la que se compara la distancia con el tiempo.
2. **Describe** una situación del mundo real que se podría representar con una gráfica que tenga curvas o líneas conectadas.

4-3 Ejercicios

go.hrw.com
Ayuda en línea para tareas*
CLAVE: MS7 4-3
Recursos en línea para padres
CLAVE: MS7 Parent
*(Disponible sólo en inglés)

PRÁCTICA GUIADA

Ver Ejemplo 1

1. La temperatura de un cubo de hielo aumenta hasta que éste empieza a derretirse. A medida que se derrite, su temperatura permanece constante. ¿En qué gráfica se muestra mejor la situación?

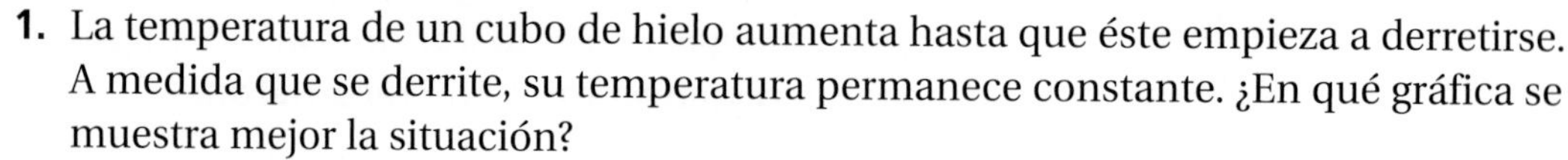

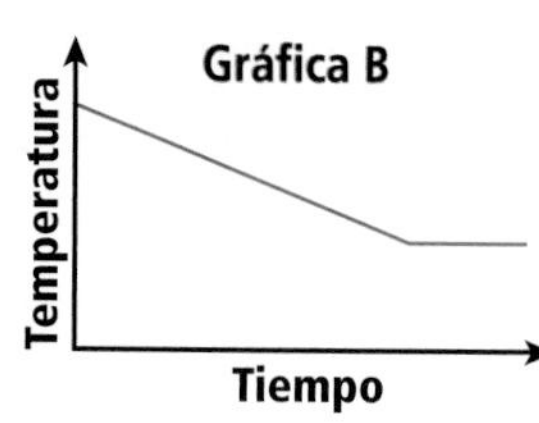

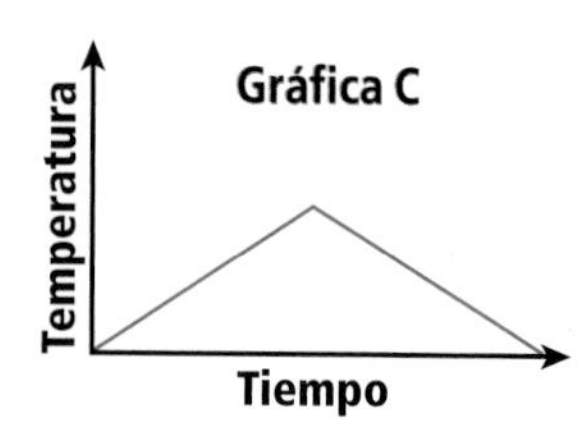

Ver Ejemplo 2

2. Mike y Claudia tomaron un autobús por 15 millas para ir a un parque natural. Esperaron en una fila para tomar un tren, que los llevó a dar una vuelta de 3 millas por el parque. Después del viaje en tren, almorzaron y luego tomaron el autobús para volver a casa. Traza una gráfica en la que muestres la distancia recorrida por Mike y Claudia en relación con el tiempo. Usa la gráfica para hallar la distancia total que recorrieron.

PRÁCTICA INDEPENDIENTE

Ver Ejemplo 

3. La tinta de una impresora se usa hasta que el cartucho de tinta se vacía. El cartucho se rellena y la tinta se usa de nuevo. ¿En qué gráfica se muestra mejor la situación?

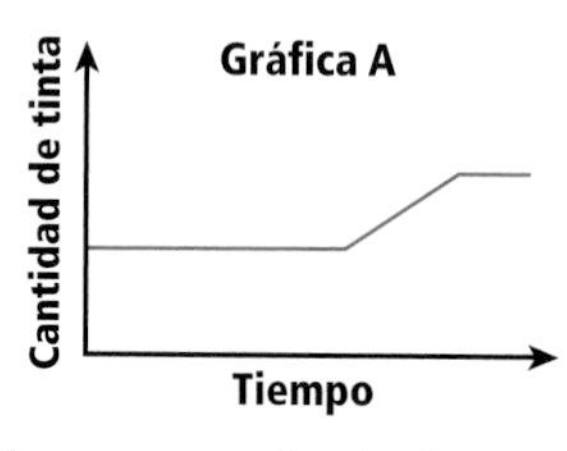

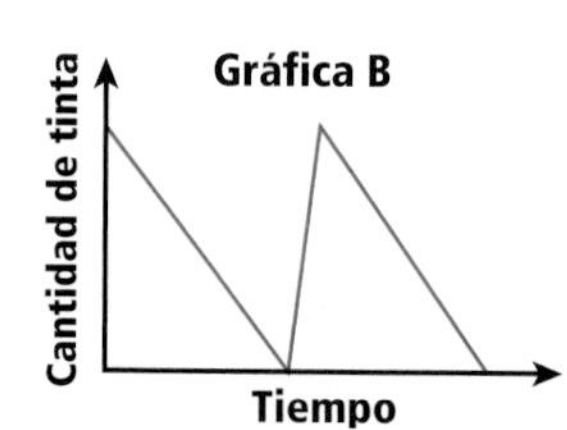

Ver Ejemplo 

4. Mientras conducía de su casa a la tienda, un viaje de 6 millas, Verónica se detuvo en una estación de servicio a comprar gasolina. Luego de llenar el tanque, siguió viaje hacia a la tienda. Después de hacer las compras, volvió a su casa. Traza una gráfica en la que muestres la distancia que recorrió Verónica en relación con el tiempo. Usa la gráfica para hallar la distancia total recorrida.

PRÁCTICA Y RESOLUCIÓN DE PROBLEMAS

Práctica adicional
Ver página 733

5. Describe una situación que se corresponda con la gráfica de la derecha.

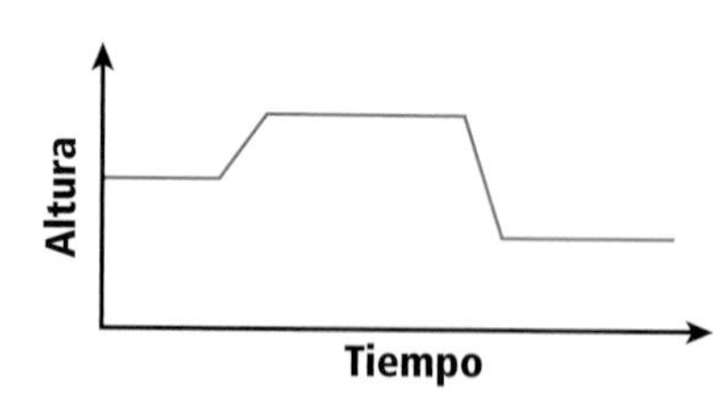

6. Lynn trotó 2.5 millas. Luego caminó un rato antes de detenerse para elongar. Traza una gráfica para mostrar la velocidad de Lynn en relación con el tiempo.

7. En su trayecto a la biblioteca, Jeff corre dos cuadras y luego camina tres cuadras más. Traza una gráfica para mostrar la distancia que recorre Jeff en relación con el tiempo.

8. **Razonamiento crítico** En la gráfica se muestra la inscripción a la escuela superior, con proyecciones futuras.

   a. Describe lo que ocurre en la gráfica.

   b. ¿Tiene sentido unir los puntos de la gráfica? Explica.

9. **Elige una estrategia** A dos madres que estaban con sus hijas se les dieron tres plátanos. Cada persona tenía un plátano. ¿Cómo es posible?

10. **Escríbelo** Un conductor conduce su automóvil a una velocidad constante de 55 mi/h. Describe una gráfica en la que muestres la velocidad del automóvil en relación con el tiempo. Luego describe una segunda gráfica en la que muestres la distancia recorrida en relación con el tiempo.

11. **Desafío** En la gráfica de la derecha se muestra la temperatura de un horno luego de ser encendido. Explica qué se muestra en la gráfica.

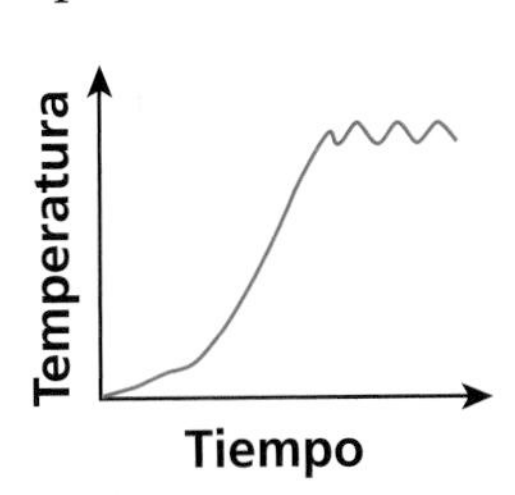

Preparación para el examen y repaso en espiral

12. **Opción múltiple** ¿Qué sucede con la velocidad en relación con el tiempo en la gráfica de la derecha?

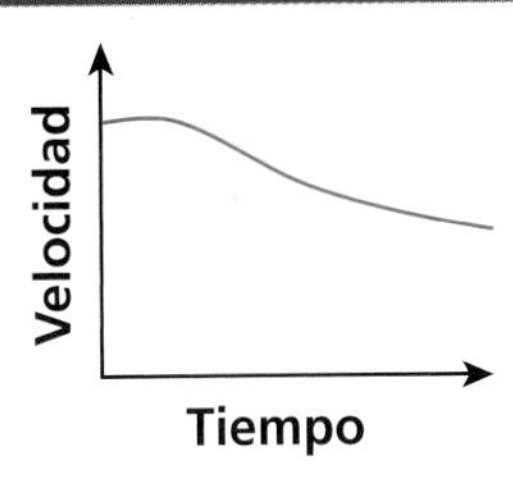

   Ⓐ Aumenta. Ⓒ Se mantiene igual.

   Ⓑ Disminuye. Ⓓ Varía.

13. **Respuesta breve** Keisha bebe un sorbo largo de una botella de agua. Deja la botella en el piso para atarse el zapato y luego la toma para beber un sorbo corto. Traza una gráfica en la que muestres la cantidad de agua en la botella a través del tiempo.

Halla cada valor absoluto. (Lección 2-1)

14. $|9|$ **15.** $|-3|$ **16.** $|-15|$ **17.** $|0|$ **18.** $|5|$

Halla el máximo común divisor. (Lección 2-7)

19. 12, 45 **20.** 33, 110 **21.** 6, 81 **22.** 24, 36

Escribe los pares ordenados de cada tabla. (Lección 4-2)

23.

x	1	3	5	7
y	4	6	8	10

24.

x	−6	0	6	12
y	0	6	−12	18

¿LISTO PARA SEGUIR?

SECCIÓN 4A

Prueba de las Lecciones 4-1 a 4-3

4-1 El plano cartesiano

Marca cada punto en un plano cartesiano. Luego identifica el cuadrante que contiene cada punto.

1. W $(1, 5)$ **2.** X $(5, -3)$ **3.** Y $(-1, -5)$ **4.** Z $(-8, 2)$

Da las coordenadas de cada punto.

5. A **6.** B

7. C **8.** D

9. E **10.** F

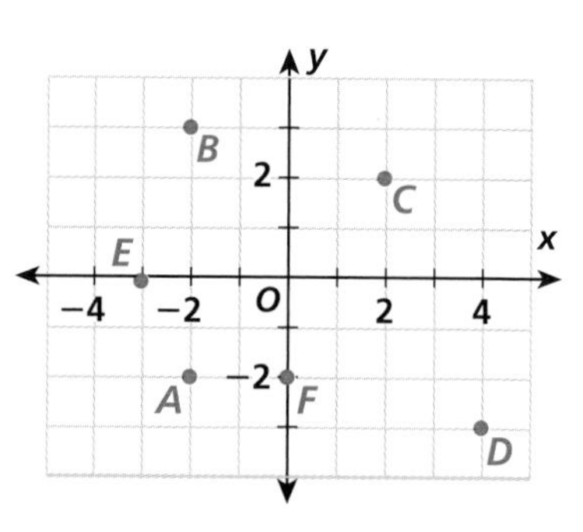

4-2 Tablas y gráficas

Escribe y representa gráficamente los pares ordenados de cada tabla.

11.

x	y
1	5
−3	0
2	−5

12.

x	y
7	4
0	0
−4	3

13.

x	y
0	2
−6	6
−1	−2

14. En la tabla se muestra la cantidad de cuartos que hay en cada cantidad de galones. Representa gráficamente los datos. ¿Cuál es la relación entre la cantidad de cuartos y la cantidad de galones?

Cuartos	8	12	16
Galones	2	3	4

4-3 Cómo interpretar gráficas

15. Raj escala hasta la cima de un acantilado. Desciende un poco hasta otro acantilado y luego comienza a escalar otra vez. ¿En qué gráfica se muestra mejor la situación?

Gráfica B

Altura

Tiempo

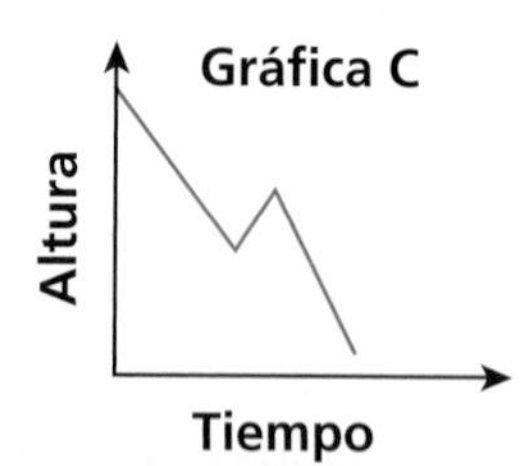

16. Ty camina 1 milla hasta el centro de compras. Una hora más tarde camina otra $\frac{1}{2}$ milla hasta un parque y almuerza. Luego camina a casa. Traza una gráfica para mostrar la distancia que recorrió Ty en relación con el tiempo. Usa tu gráfica para hallar la distancia total que recorrió.

Enfoque en resolución de problemas

Comprende el problema

• Ordena y prioriza la información.

Al leer un problema de matemáticas, organizar los sucesos, u *ordenarlos,* te ayuda a comprender mejor el problema. Poner en orden la información te ayuda a *priorizarla.* Para priorizar la información, decide qué es lo más importante de tu lista. La información más importante tiene la mayor prioridad.

Usa la información de la lista o de la tabla para responder a cada pregunta.

1. En la lista de la derecha se muestra todo lo que tiene que hacer Roderick el sábado. Empieza el día sin dinero.
   a. ¿Qué par de actividades en la lista de Roderick deben realizarse antes que cualquier otra actividad? ¿Estas dos actividades son de alta o baja prioridad?
   b. ¿Hay más de una manera en que él pueda ordenar sus actividades? Explica.
   c. Haz una lista del orden posible de las actividades de Roderick el sábado.

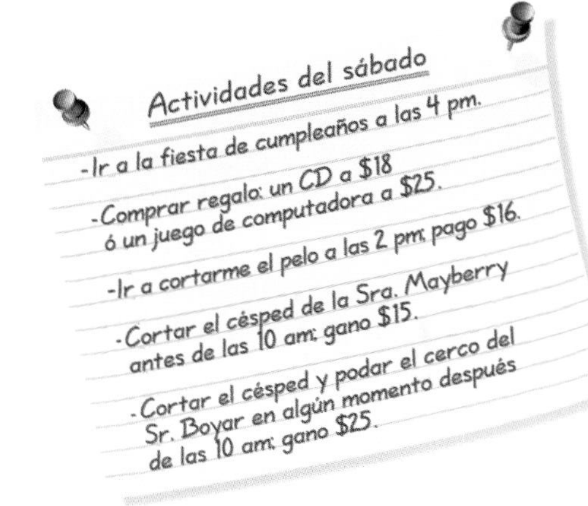

2. Tara y su familia visitarán Mundo Acuático de 9:30 a 4:00. Quieren ver el espectáculo de esquí acuático a las 10:00. Cada espectáculo en el parque dura 50 minutos. El tiempo que elijan para almorzar dependerá de los espectáculos que decidan ver.
   a. ¿Qué información que se da en el párrafo crees que tiene la mayor prioridad? ¿Cuál tiene la menor prioridad?
   b. Haz una lista del orden en que Tara y su familia pueden ver todos los espectáculos e incluye la hora a la que verán cada uno.
   c. ¿A qué hora deben planear su almuerzo?

Espectáculos en Mundo Acuático	
9:00, 12:00	Acrobacias bajo el agua
9:00, 3:00	Espectáculo de ballenas
10:00, 2:00	Espectáculo de delfines
10:00, 1:00	Esquí acuático
11:00, 4:00	Recorrido por el acuario

4-4 Funciones, tablas y gráficas

Aprender a usar tablas de función para generar y representar gráficamente pares ordenados

Vocabulario

función

valor de entrada

valor de salida

Rube Goldberg, un caricaturista famoso, inventó máquinas que realizan tareas comunes en formas extraordinarias. Cada máquina opera según una regla o una serie de pasos para producir un resultado o *valor de salida* determinado.

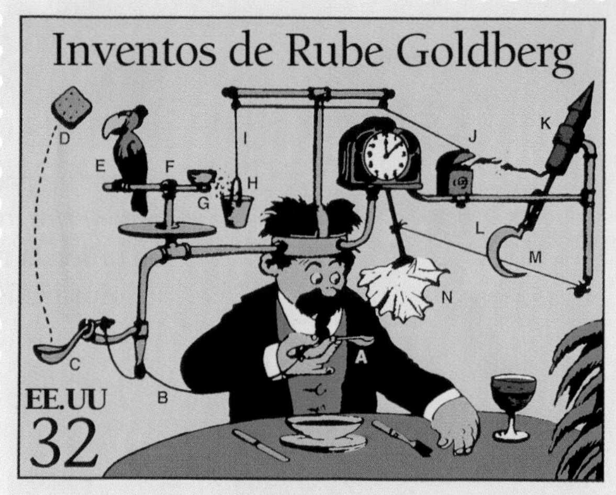

Cuando te llevas la cuchara de sopa (A) a la boca, la cuchara jala una cuerda (B), que tira del cucharón (C), el cual lanza una galleta (D) por encima del perico (E). El perico salta por la galleta y la percha (F) se inclina, vertiendo semillas (G) en el balde (H). El peso extra en el balde jala la cuerda (I), que abre y prende un encendedor automático (J), que enciende un cohete (K), el cual hace que la hoz (L) corte la cuerda (M) y que la servilleta atada al péndulo se mueva de un lado a otro y limpie tu barbilla.

En matemáticas, una **función** opera según una regla para producir exactamente un valor de salida por cada valor de entrada. El **valor de entrada** es el valor que se sustituye en la función. El **valor de salida** es el valor que resulta de la sustitución de un valor de entrada dado en la función.

Una función puede representarse como una regla escrita con palabras, como **"duplica el número y luego suma nueve al resultado"** o mediante una ecuación con dos variables. Una variable representa el valor de entrada y la otra representa el valor de salida.

Regla de función

$$y = 2x + 9$$

Variable de salida (y) **Variable de entrada** (x)

Puedes usar una tabla para organizar y mostrar los valores de entrada y salida de una función.

EJEMPLO 1 Completar una tabla de función

Halla el valor de salida para cada valor de entrada.

A $y = 4x - 2$

Valor de entrada	Regla	Valor de salida
x	$4x - 2$	y
−1	4(−1) − 2	−6
0	4(0) − 2	−2
3	4(3) − 2	10

Sustituye x por −1y luego simplifica.
Sustituye x por 0y luego simplifica.
Sustituye x por 3y luego simplifica.

Halla el valor de salida para cada valor de entrada.

B $y = 6x^2$

Valor de entrada	Regla	Valor de salida
x	$6x^2$	y
−5	$6(-5)^2$	150
0	$6(0)^2$	0
5	$6(5)^2$	150

Sustituye x por −5y luego simplifica.
Sustituye x por 0y luego simplifica.
Sustituye x por 5y luego simplifica.

¡Recuerda!

Un par ordenado es un par de números que representa un punto en una gráfica.

También puedes usar una gráfica para representar una función. Los valores de entrada y salida correspondientes forman en conjunto pares ordenados únicos.

EJEMPLO 2 Representar funciones con pares ordenados

Pista útil

Al escribir un par ordenado, escribe primero el valor de entrada y luego el valor de salida.

Haz una tabla de función y representa gráficamente los pares ordenados resultantes.

A $y = 2x$

Valor de entrada	Regla	Valor de salida	Par ordenado
x	$2x$	y	(x, y)
−2	2(−2)	−4	(−2, −4)
−1	2(−1)	−2	(−1, −2)
0	2(0)	0	(0, 0)
1	2(1)	2	(1, 2)
2	2(2)	4	(2, 4)

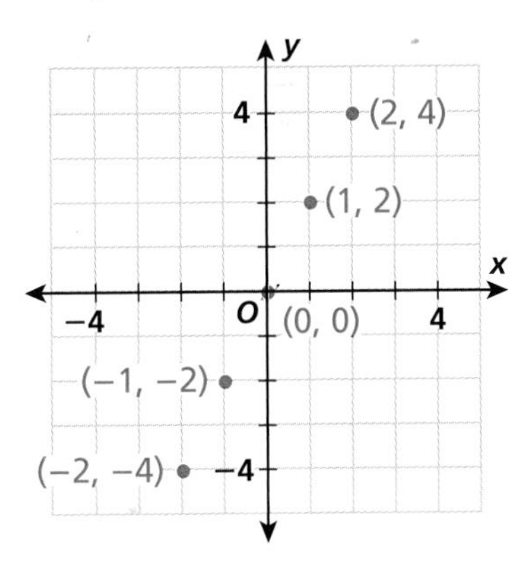

B $y = x^2$

Valor de entrada	Regla	Valor de salida	Par ordenado
x	x^2	y	(x, y)
−2	$(-2)^2$	4	(−2, 4)
−1	$(-1)^2$	1	(−1, 1)
0	$(0)^2$	0	(0, 0)
1	$(1)^2$	1	(1, 1)
2	$(2)^2$	4	(2, 4)

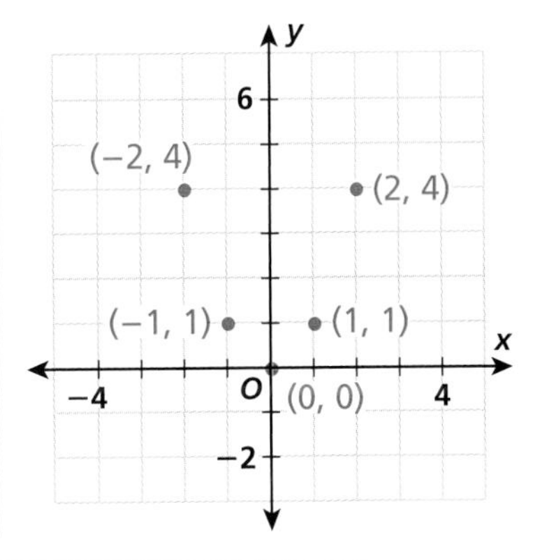

Razonar y comentar

1. **Describe** en qué se parece una función a una máquina.
2. **Da un ejemplo** de una regla que tome un valor de entrada de 4 y produzca un valor de salida de 10.

4-4 Ejercicios

go.hrw.com
Ayuda en línea para tareas*
CLAVE: MS7 4-4
Recursos en línea para padres
CLAVE: MS7 Parent
*(Disponible sólo en inglés)

PRÁCTICA GUIADA

Ver Ejemplo 1
Halla el valor de salida para cada valor de entrada.

1. $y = 2x + 1$

Valor de entrada	Regla	Valor de salida
x	$2x + 1$	y
−3		
0		
1		

2. $y = -x + 3$

Valor de entrada	Regla	Valor de salida
x	$-x + 3$	y
−2		
0		
2		

3. $y = 2x^2$

Valor de entrada	Regla	Valor de salida
x	$2x^2$	y
−5		
1		
3		

Ver Ejemplo 2
Haz una tabla de función y representa gráficamente los pares ordenados resultantes.

4. $y = 3x - 2$

Valor de entrada	Regla	Valor de salida	Par ordenado
x	$3x - 2$	y	(x, y)
−1			
0			
1			
2			

5. $y = x^2 + 2$

Valor de entrada	Regla	Valor de salida	Par ordenado
x	$x^2 + 2$	y	(x, y)
−1			
0			
1			
2			

PRÁCTICA INDEPENDIENTE

Ver Ejemplo 1
Halla el valor de salida para cada valor de entrada.

6. $y = -2x$

Valor de entrada	Regla	Valor de salida
x	$-2x$	y
−2		
0		
4		

7. $y = 3x + 2$

Valor de entrada	Regla	Valor de salida
x	$3x + 2$	y
−3		
−1		
2		

8. $y = 3x^2$

Valor de entrada	Regla	Valor de salida
x	$3x^2$	y
−10		
−6		
−2		

Ver Ejemplo 2
Haz una tabla de función y representa gráficamente los pares ordenados resultantes.

9. $y = x \div 2$

Valor de entrada	Regla	Valor de salida	Par ordenado
x	$x \div 2$	y	(x, y)
−1			
0			
1			
2			

10. $y = x^2 - 4$

Valor de entrada	Regla	Valor de salida	Par ordenado
x	$x^2 - 4$	y	(x, y)
−1			
0			
1			
2			

PRÁCTICA Y RESOLUCIÓN DE PROBLEMAS

Práctica adicional
Ver página 734

11. Meteorología El noreste recibe un promedio de 11.66 pulgadas de lluvia en verano.

a. Escribe una ecuación para hallar y, la diferencia en precipitaciones entre la cantidad promedio de lluvias de verano y x, las lluvias de verano de un determinado año.

b. Haz una tabla de función con los datos de las lluvias de verano de cada año.

Fuente: *USA Today,* 17 de agosto de 2001

12. Ciencias físicas La ecuación $F = \frac{9}{5}C + 32$ da la temperatura Fahrenheit F para una temperatura Celsius C determinada. Haz una tabla de función para los valores $C = -20°, -5°, 0°, 20°$ y $100°$.

13. ¿Dónde está el error? ¿Dónde está el error en la tabla de función de la derecha?

x	$y = -x - 5$	y
−2	$y = -(-2) - 5$	−7
−1	$y = -(-1) - 5$	−6
0	$y = -(0) - 5$	−5
1	$y = -(1) - 5$	−6
2	$y = -(2) - 5$	−7

14. Escríbelo Explica cómo hacer una tabla de función para $y = 2x + 11$.

15. Desafío Mountain Rental cobra un depósito de $25 más $10 por hora para alquilar una bicicleta. Escribe una ecuación que dé el costo y de alquilar una bicicleta durante x horas y luego escribe los pares ordenados para $x = \frac{1}{2}$, 5 y $8\frac{1}{2}$.

Preparación para el examen y repaso en espiral

16. Opción múltiple ¿En qué tabla se muestran los valores de salida y de entrada correctos para la función $y = -2x + 3$?

Ⓐ

x	y
−1	−1
0	0

Ⓑ

x	y
−3	−2
−2	−1

Ⓒ

x	y
−5	−7
−1	1

Ⓓ

x	y
−3	9
−1	5

17. Opción múltiple ¿Qué función se relaciona con la tabla de función de la derecha?

x	0	1	2
y	3	4	11

Ⓕ $y = x + 3$ Ⓗ $y = 5x + 1$

Ⓖ $y = x^2 + 7$ Ⓙ $y = x^3 + 3$

Simplifica. (Lección 2-3)

18. $43 - (-18)$ **19.** $3 - (-2) - (5 + 1)$ **20.** $-4 - 8 - (-3)$

Resuelve. Escribe cada respuesta en su mínima expresión. (Lección 3-12)

21. $\frac{1}{7}x = \frac{6}{7}$ **22.** $4z = \frac{4}{5}$ **23.** $\frac{6}{9}y = 3$ **24.** $\frac{1}{10}x = \frac{7}{8}$

4-5 Cómo hallar patrones en las sucesiones

Destreza de resolución de problemas

Aprender a hallar patrones para completar sucesiones mediante tablas de función

Vocabulario

sucesión

término

sucesión aritmética

sucesión geométrica

Muchos ejemplos de la naturaleza, como la disposición de las semillas en un girasol, siguen el patrón de las sucesiones.

Una **sucesión** es una lista ordenada de números. Cada número de una sucesión se llama **término.** Cuando la sucesión sigue un patrón, los términos de la sucesión son los valores de salida de una función y el valor de cada término depende de su posición en la sucesión.

Puedes usar una variable, como n, para representar la posición de un número en una sucesión.

n (posición en la sucesión)	1	2	3	4
y (valor del término)	2	4	6	8

En una **sucesión aritmética,** para obtener el siguiente término de la sucesión, se suma cada vez la misma cantidad. En una **sucesión geométrica,** para obtener el siguiente término de la sucesión, cada término se multiplica por la misma cantidad.

EJEMPLO 1 Identificar patrones en sucesiones

Indica si cada sucesión de valores de y es aritmética o geométrica. Luego halla y cuando $n = 5$.

A

n	1	2	3	4	5
y	−12	−5	2	9	■

En la sucesión −12, −5, 2, 9, ■, . . . , se suma 7 a cada término.

$9 + 7 = 16$ *Suma 7 al cuarto término.*

La sucesión es aritmética. Cuando $n = 5$, $y = 16$.

B

n	1	2	3	4	5
y	4	−12	36	−108	■

En la sucesión 4, −12, 36, −108, ■, . . . , cada término se multiplica por −3.

$-108 \cdot (-3) = 324$ *Multiplica el cuarto término por −3.*

La sucesión es geométrica. Cuando $n = 5$, $y = 324$.

EJEMPLO 2 Identificar funciones en sucesiones

Escribe una función que describa cada sucesión.

A 2, 4, 6, 8, . . .

Haz una tabla de función.

n	Regla	y
1	1 • 2	2
2	2 • 2	4
3	3 • 2	6
4	4 • 2	8

Multiplica n por 2.

La función $y = 2n$ describe esta sucesión.

B 4, 5, 6, 7, . . .

Haz una tabla de función.

n	Regla	y
1	1 + 3	4
2	2 + 3	5
3	3 + 3	6
4	4 + 3	7

Suma 3 a n.

La función $y = n + 3$ describe esta sucesión.

EJEMPLO 3 Usar funciones para continuar sucesiones

Sara debe leer un libro en una semana. Planea aumentar la cantidad de capítulos que lee por día. Su plan es leer 3 capítulos el domingo, 5 el lunes, 7 el martes y 9 el miércoles. Escribe una función con la que describas la sucesión y luego usa la función para predecir cuántos capítulos leerá Sara el sábado.

Escribe la cantidad de capítulos que Sara lee por día: 3, 5, 7, 9, . . .

Haz una tabla de función.

n	Regla	y
1	1 • 2 + 1	3
2	2 • 2 + 1	5
3	3 • 2 + 1	7
4	4 • 2 + 1	9

Multiplica n por 2 y luego suma 1.

$y = 2n + 1$ *Escribe la función.*

El sábado se corresponde con $n = 7$. Cuando $n = 7$, $y = 2 \cdot 7 + 1 = 15$.

Sara planea leer 15 capítulos el sábado.

Razonar y comentar

1. **Da un ejemplo** de una sucesión que contenga suma y da la regla que usaste.
2. **Describe** cómo hallar un patrón en la sucesión 1, 4, 16, 64, ...

4-5 Ejercicios

go.hrw.com
Ayuda en línea para tareas*
CLAVE: MS7 4-5
Recursos en línea para padres
CLAVE: MS7 Parent
*(Disponible sólo en inglés)

PRÁCTICA GUIADA

Ver Ejemplo 

Indica si cada sucesión de valores de y es aritmética o geométrica. Luego halla y cuando $n = 5$.

1.

n	1	2	3	4	5
y	−4	9	22	35	■

2.

n	1	2	3	4	5
y	8	4	2	1	■

Ver Ejemplo 

Escribe una función que describa cada sucesión.

3. 3, 6, 9, 12, . . . **4.** 3, 4, 5, 6, . . . **5.** 0, 1, 2, 3, . . . **6.** 5, 10, 15, 20, . . .

Ver Ejemplo 

7. En marzo, WaterWorks registró $195 por la venta de trajes de baño. La tienda vendió $390 en abril , $585 en mayo y $780 en junio. Escribe una función en la que describas la sucesión. Luego, usa la función para predecir las ventas de trajes de baño de la tienda en julio.

PRÁCTICA INDEPENDIENTE

Ver Ejemplo 

Indica si cada sucesión de valores de y es aritmética o geométrica. Luego, halla y cuando $n = 5$.

8.

n	1	2	3	4	5
y	13	26	52	104	■

9.

n	1	2	3	4	5
y	14	30	46	62	■

Ver Ejemplo 

Escribe una función que describa cada sucesión.

10. 5, 6, 7, 8, . . . **11.** 7, 14, 21, 28, . . . **12.** −2, −1, 0, 1, . . .

13. 20, 40, 60, 80, . . . **14.** $\frac{1}{2}, 1, \frac{3}{2}, 2, \ldots$ **15.** 1.5, 2.5, 3.5, 4.5, . . .

Ver Ejemplo 

16. La cantidad de asientos de la primera fila de un auditorio es 6. La segunda fila tiene 9 asientos, la tercera fila tiene 12 asientos y la cuarta fila tiene 15 asientos. Escribe una función en la que describas la sucesión. Luego usa la función para predecir la cantidad de asientos de la octava fila.

PRÁCTICA Y RESOLUCIÓN DE PROBLEMAS

Práctica adicional
Ver página 734

Escribe la regla de cada sucesión con palabras. Luego, halla los siguientes tres términos.

17. 35, 70, 105, 140, . . . **18.** 0.7, 1.7, 2.7, 3.7, . . . **19.** $\frac{3}{2}, \frac{5}{2}, \frac{7}{2}, \frac{9}{2}, \ldots$

20. −1, 0, 1, 2, . . . **21.** $\frac{1}{3}, \frac{2}{3}, 1, \frac{4}{3}, \ldots$ **22.** 6, 11, 16, 21, . . .

Escribe una función que describa cada sucesión. Usa la función para hallar el décimo término de la sucesión.

23. 0.5, 1.5, 2.5, 3.5, . . . **24.** 0, 2, 4, 6, . . . **25.** 5, 8, 11, 14, . . .

26. 3, 8, 13, 18, . . . **27.** 1, 3, 5, 7, . . . **28.** 6, 10, 14, 18, . . .

CONEXIÓN con las ciencias de la computación

Los programadores de computación usan funciones para crear diseños conocidos como *fractales.* Un fractal es un patrón *semejante a sí mismo,* lo que significa que cada parte del patrón es semejante al patrón entero. Los fractales se crean repitiendo un conjunto de pasos, llamados *iteraciones.*

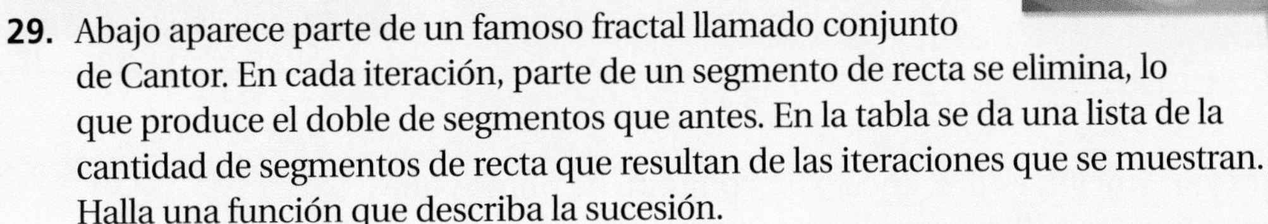

29. Abajo aparece parte de un famoso fractal llamado conjunto de Cantor. En cada iteración, parte de un segmento de recta se elimina, lo que produce el doble de segmentos que antes. En la tabla se da una lista de la cantidad de segmentos de recta que resultan de las iteraciones que se muestran. Halla una función que describa la sucesión.

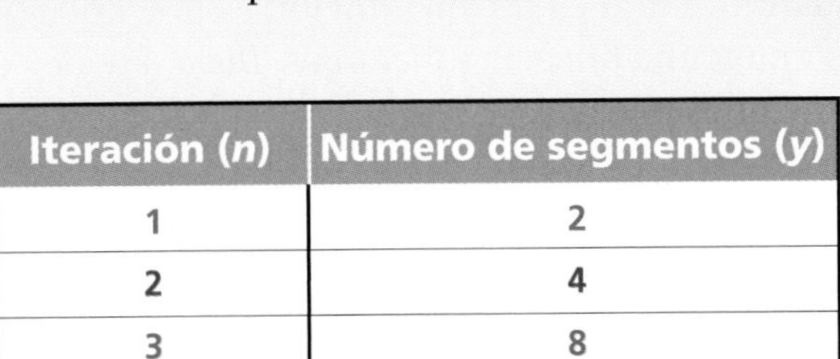

Iteración (n)	Número de segmentos (y)
1	2
2	4
3	8

30. Varios pasos Éstas son las primeras tres iteraciones del triángulo de Sierpinski. En cada iteración, cierta cantidad de triángulos más pequeños se quitan del triángulo más grande.

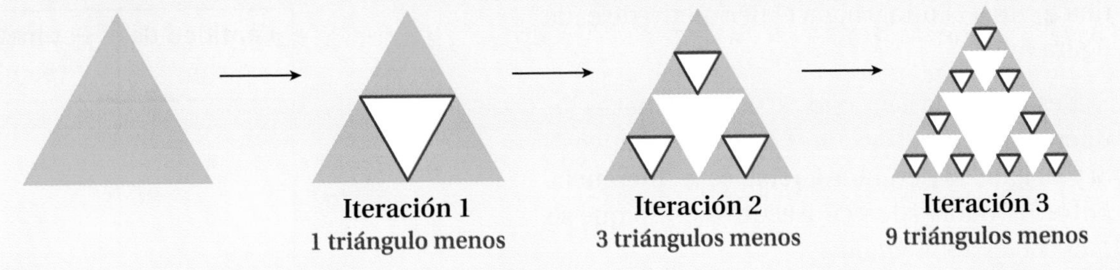

Iteración 1 1 triángulo menos

Iteración 2 3 triángulos menos

Iteración 3 9 triángulos menos

Crea una tabla para hacer una lista de la cantidad de triángulos amarillos que hay después de cada iteración. Luego halla una función en la que describas la sucesión.

31. Desafío Halla una función en la que describas la cantidad de triángulos quitados en cada iteración del triángulo de Sierpinski.

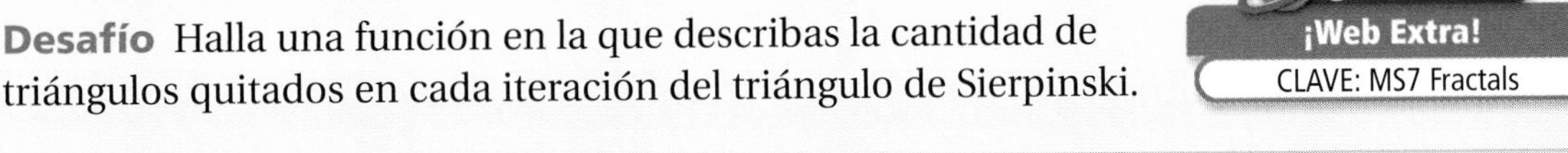

go.hrw.com
¡Web Extra!
CLAVE: MS7 Fractals

PREPARACIÓN PARA EL EXAMEN y repaso en espiral

32. Opción múltiple ¿Qué función describe la sucesión 1, 4, 7, 10, . . . ?

Ⓐ $y = 3n$ Ⓑ $y = n + 3$ Ⓒ $y = 3n - 2$ Ⓓ $y = 2n$

33. Respuesta desarrollada Crea una sucesión y luego escribe una función que la describa. Usa la función para encontrar el noveno término de la sucesión.

Halla cada valor. (Lección 1-2)

34. 15^2 **35.** 10^7 **36.** 7^4 **37.** 9^3

Halla cada producto. (Lección 2-4)

38. $-16 \cdot 2$ **39.** $-40 \cdot (-5)$ **40.** $4 \cdot (-11)$ **41.** $-5 \cdot (-21)$

Explorar las funciones lineales

Para usar con la Lección 4-6

Cuando la gráfica de una función es una línea o un conjunto de puntos que están en una línea, la función es *lineal.* Puedes usar patrones para explorar funciones lineales.

Actividad

1 El perímetro de una ficha cuadrada de pulgada de largo es 4 pulgadas. Coloca 2 fichas una junto a la otra. El perímetro de esta figura es 6 pulgadas.

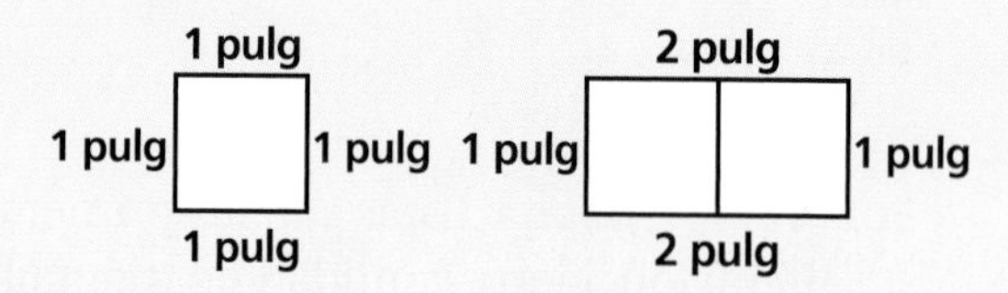

Cantidad de fichas	Perímetro (pulg)
1	4
2	6
3	
4	
5	

a. Completa la tabla de la derecha agregando fichas una junto a la otra y halla el perímetro de cada figura nueva.

b. Si x es igual a la cantidad de fichas, ¿cuál es la diferencia entre los valores de x consecutivos? Si y es igual al perímetro, ¿cuál es la diferencia entre los valores de y consecutivos? ¿En qué se parecen estas diferencias?

c. Representa gráficamente los pares ordenados de tu tabla en un plano cartesiano. ¿La gráfica es lineal? ¿Qué indica la tabla sobre esta función?

2 Dibuja el patrón de la derecha y completa los siguientes dos conjuntos de puntos en el patrón.

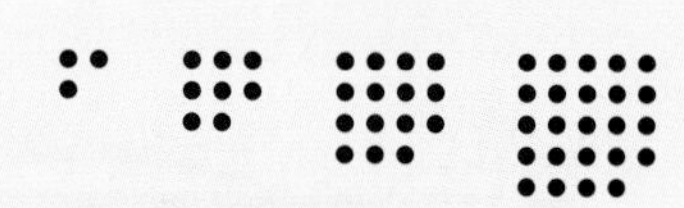

x	y
2	3
3	
4	
5	
6	

a. Completa la tabla de la derecha. Sea x igual a la cantidad de puntos en la fila superior de cada conjunto. Sea y igual a la cantidad total de puntos del conjunto.

b. ¿Cuál es la diferencia entre los valores de x consecutivos? ¿Cuál es la diferencia entre los valores de y consecutivos? ¿En qué se parecen estas diferencias?

c. Representa gráficamente los pares ordenados en un plano cartesiano. ¿La gráfica es lineal? ¿Qué indica la tabla sobre esta función?

3 Usa fichas cuadradas para representar rectángulos de los siguientes tamaños: 2 × 1, 2 × 2, 2 × 3, 2 × 4 y 2 × 5. Se muestran un ejemplo de los primeros tres rectángulos.

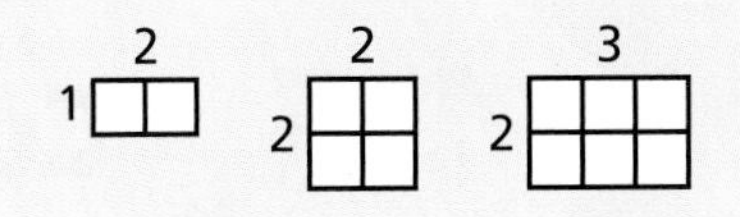

a. Halla el perímetro y el área de cada rectángulo. Completa la tabla de la derecha. Sea x = perímetro e y = área. (Para hallar el área de un rectángulo, multiplica su longitud por su ancho. En la tabla se muestra el área de los dos primeros rectángulos).

Rectángulo	Perímetro x	Área y
2 × 1		2
2 × 2		4
2 × 3		
2 × 4		
2 × 5		

b. ¿Cuál es la diferencia entre los valores de x consecutivos? ¿Cuál es la diferencia entre los valores de y consecutivos? ¿En qué se parecen estas diferencias?

c. Con lo que has observado en **1** y **2**, indica si la relación entre x e y en la tabla es lineal.

d. Representa los pares ordenados de tu tabla en un plano cartesiano. ¿La forma de tu gráfica concuerda con tu respuesta a **c**?

Razonar y comentar

1. ¿Cómo puedes indicar, al observar una tabla de función, si la gráfica de la función es una línea?

2. ¿Es $y = x^2$ una función lineal? Explica tu respuesta.

Inténtalo

1. Usa fichas cuadradas para representar cada uno de los patrones que se muestran abajo.

2. Representa los siguientes dos conjuntos de cada patrón con fichas cuadradas.

3. Completa cada tabla.

4. Representa gráficamente los pares ordenados de cada tabla y luego indica si la función es lineal.

Patrón 1

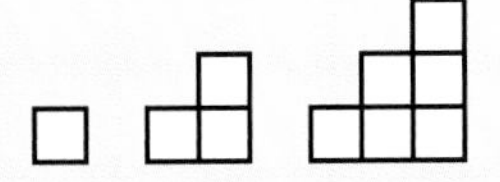

Cantidad de fichas x	Perímetro y
	4
	8
	12

Patrón 2

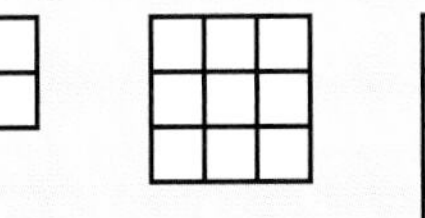

Perímetro x	Área y
8	
12	
16	

Patrón 3

Perímetro x	Área y
4	
6	
8	

4-6 Cómo representar gráficamente funciones lineales

Aprender a identificar y representar ecuaciones lineales

Vocabulario

ecuación lineal

función lineal

En la gráfica de abajo se muestra la distancia que recorre una cámara río abajo si la corriente fluye a 2 millas por hora. La gráfica es lineal porque todos los puntos están en una línea. Forma parte de la gráfica de una *ecuación lineal.*

Una **ecuación lineal** es una ecuación cuya gráfica es una línea. Las soluciones de una ecuación lineal son los puntos que forman su gráfica. Las ecuaciones lineales y las gráficas lineales pueden ser representaciones diferentes de *funciones lineales.* Una **función lineal** es una función cuya gráfica es una línea no vertical.

Para hacer la gráfica de una función lineal sólo necesitas conocer dos puntos. Sin embargo, representar un tercer punto sirve para comprobar. Puedes usar una tabla de función para hallar cada par ordenado.

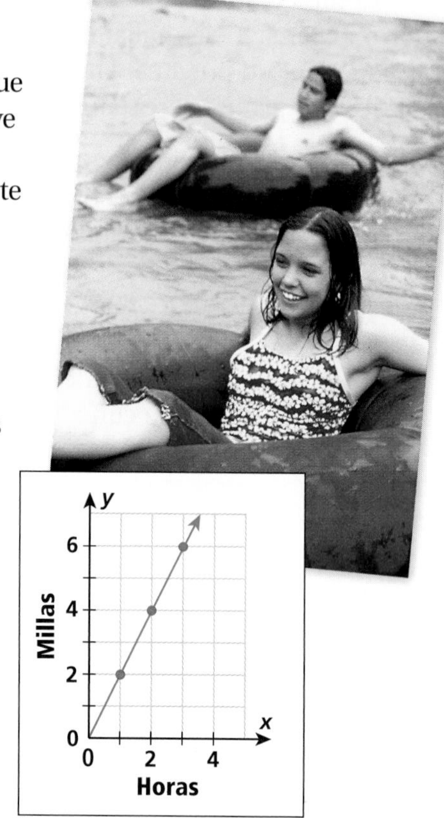

EJEMPLO 1 Representar gráficamente funciones lineales

Representa gráficamente la función lineal $y = 2x + 1$.

Valor de entrada	Regla	Valor de salida	Par ordenado
x	$2x + 1$	y	(x, y)
-1	$2(-1) + 1$	-1	$(-1, -1)$
0	$2(0) + 1$	1	$(0, 1)$
1	$2(1) + 1$	3	$(1, 3)$

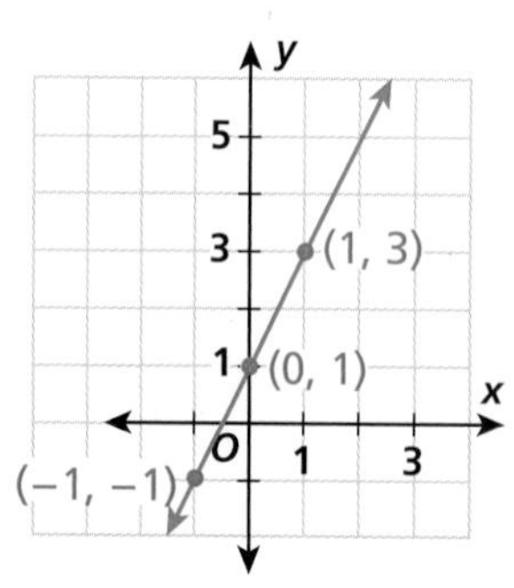

Coloca cada par ordenado en la cuadrícula de coordenadas y luego une los puntos para formar una línea.

EJEMPLO 2 *Aplicación a las ciencias físicas*

Por cada grado que la temperatura aumenta en la escala Celsius, aumenta 1.8 grados en la escala Fahrenheit. Cuando la temperatura es 0° C, equivale a 32° F. Escribe una función lineal en la que describas la relación entre las escalas Celsius y Fahrenheit. Luego, haz una gráfica en la que muestres la relación.

Sea x el valor de entrada, que es la temperatura en grados Celsius. Sea y el valor de salida, que es la temperatura en grados Fahrenheit.

La función es $y = 1.8x + 32$.

Haz una tabla de función. Incluye una columna para la regla.

Valor de entrada	Regla	Valor de salida
x	$1.8x + 32$	y
0	1.8(0) + 32	32
15	1.8(15) + 32	59
30	1.8(30) + 32	86

Multiplica el valor de entrada por 1.8 y luego suma 32.

Representa gráficamente los pares ordenados (0, 32), (15, 59) y (30, 86) de tu tabla. Une los puntos para formar una línea.

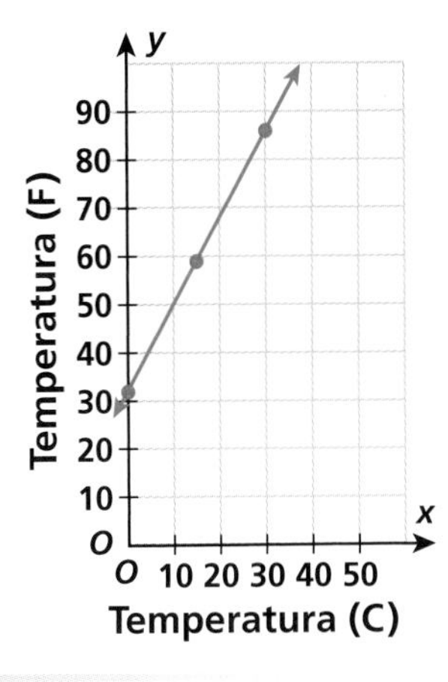

Como cada valor de salida y depende del valor de entrada x, y se llama *variable dependiente* y x se llama *variable independiente.*

Razonar y comentar

1. **Describe** cómo se relaciona una ecuación lineal con una gráfica lineal.
2. **Explica** cómo usar una gráfica para hallar el valor de salida de una función lineal para un valor de entrada dado.

4-6 Ejercicios

go.hrw.com
Ayuda en línea para tareas*
CLAVE: MS7 4-6
Recursos en línea para padres
CLAVE: MS7 Parent
*(Disponible sólo en inglés)

PRÁCTICA GUIADA

Ver Ejemplo 

Representa gráficamente cada función lineal.

1. $y = x + 3$

Valor de entrada	Regla	Valor de salida	Par ordenado
x	$x + 3$	y	(x, y)
−2			
0			
2			

2. $y = 2x - 2$

Valor de entrada	Regla	Valor de salida	Par ordenado
x	$2x - 2$	y	(x, y)
−1			
0			
1			

Ver Ejemplo 

3. Para llenar una piscina comunitaria, se usa un camión cisterna. El camión bombea 750 galones de agua por hora. Escribe una función lineal que describa la cantidad de agua en la piscina con el paso del tiempo. Luego, haz una gráfica en la que muestres la cantidad de agua en la piscina durante las primeras 6 horas.

PRÁCTICA INDEPENDIENTE

Ver Ejemplo 1

Representa gráficamente cada función lineal.

4. $y = -x - 2$

Valor de entrada	Regla	Valor de salida	Par ordenado
x	$-x - 2$	y	(x, y)
0			
1			
2			

5. $y = x - 1$

Valor de entrada	Regla	Valor de salida	Par ordenado
x	$x - 1$	y	(x, y)
3			
4			
5			

6. $y = 3x - 1$

Valor de entrada	Regla	Valor de salida	Par ordenado
x	$3x - 1$	y	(x, y)
−4			
0			
4			

7. $y = 2x + 3$

Valor de entrada	Regla	Valor de salida	Par ordenado
x	$2x + 3$	y	(x, y)
−2			
−1			
0			

Ver Ejemplo 

8. **Ciencias físicas** La temperatura de un líquido aumenta a la tasa de 3° C por hora. Cuando Joe empieza a medir la temperatura, ésta es 40° C. Escribe una función lineal que describa la temperatura del líquido con el paso del tiempo. Luego, haz una gráfica en la que muestres la temperatura durante las primeras 12 horas.

PRÁCTICA Y RESOLUCIÓN DE PROBLEMAS

Práctica adicional
Ver página 734

Cerca del 15% del gas metano en la atmósfera proviene de animales de granja como las vacas y las ovejas

9. **Ciencias de la Tierra** El nivel del agua en un pozo es de 100 m. El agua que se filtra aumenta el nivel 10 cm por año, pero a la vez, el agua se escurre a una tasa de 2 m por año.¿Cuál será el nivel del agua en 10 años?

10. **Varios pasos** Representa gráficamente la función $y = -2x + 1$. Si el par ordenado $(x, -5)$ está en la gráfica de la función, ¿cuál es el valor de x? Usa tu gráfica para hallar la respuesta.

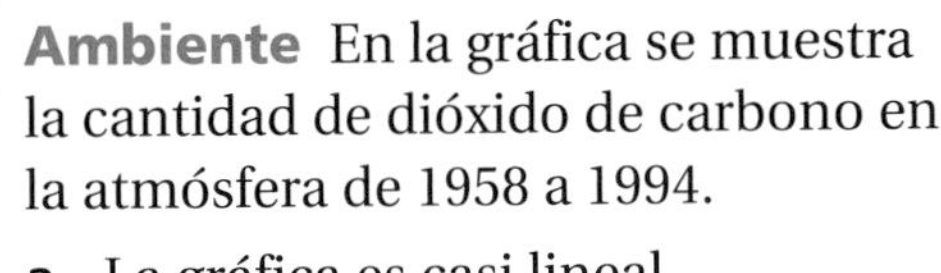

11. **Ambiente** En la gráfica se muestra la cantidad de dióxido de carbono en la atmósfera de 1958 a 1994.

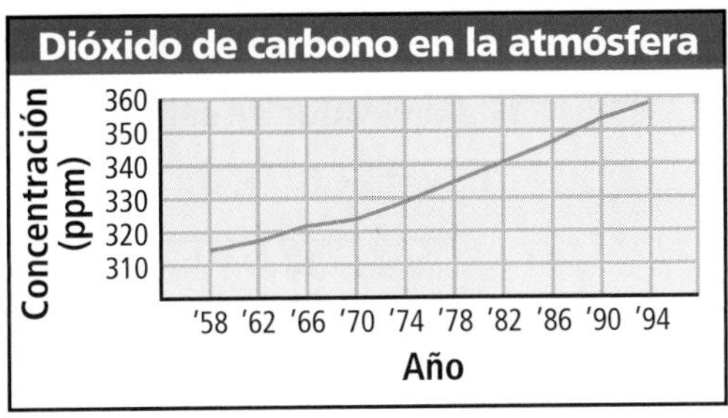

   a. La gráfica es casi lineal. ¿Aproximadamente cuántas partes por millón (ppm) aumentó la concentración cada 4 años?

   b. Dadas las partes por millón en 1994 que se muestran en la gráfica, ¿aproximadamente cuántas partes por millón predices que habrá después de cuatro periodos de 4 años más o en el año 2010?

12. **¿Cuál es la pregunta?** Tron usó la ecuación $y = 100 + 25x$ para llevar la cuenta de sus ahorros y después de x meses. Si la respuesta es \$250, ¿cuál es la pregunta?

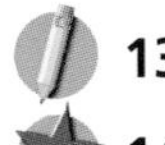

13. **Escríbelo** Explica cómo representar $y = 2x - 5$.

14. **Desafío** Ciertas bacterias se dividen cada 30 minutos. Puedes usar la función $y = 2^x$ para hallar cuántas bacterias hay después de cada periodo de media hora, donde x es la cantidad de periodos de media hora. Haz una tabla de valores para $x = 1, 2, 3, 4$ y 5. Represента gráficamente los puntos. ¿En qué difiere la gráfica de las que has visto hasta ahora en esta lección?

PREPARACIÓN PARA EL EXAMEN y repaso en espiral

15. **Opción múltiple** ¿La gráfica de qué función lineal pasa por el origen?

   (A) $y = x + 2$ (B) $y = 3x$ (C) $y = x - 1$ (D) $y = 2x + 4$

16. **Respuesta breve** Simón representó gráficamente la función lineal $y = -x + 3$ de la derecha. Explica su error y representa gráficamente $y = -x + 3$ de manera correcta en una cuadrícula de coordenadas.

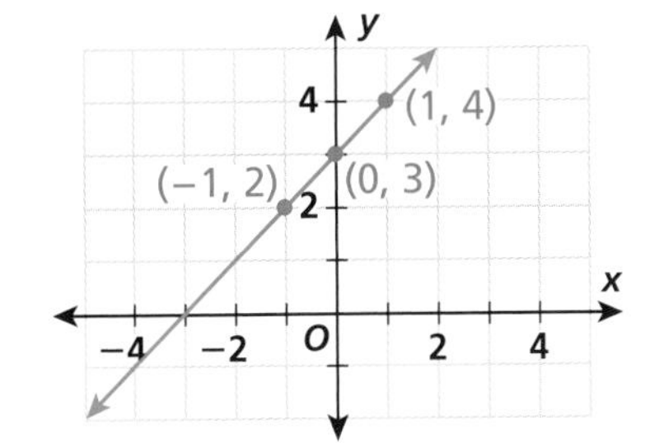

17. Cuenta una historia que se pueda representar con la gráfica. (Lección 4-3)

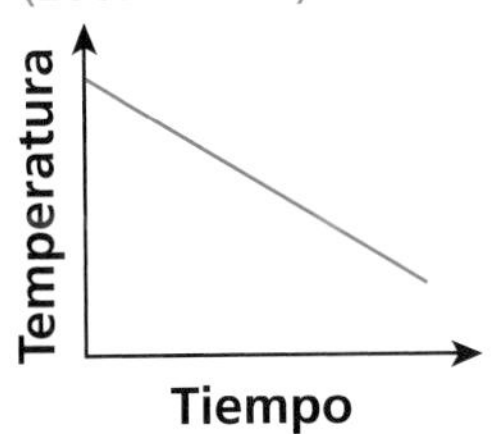

Escribe una función que describa cada sucesión. (Lección 4-5)

18. 15, 10, 5, 0, . . . 19. −4, −2, 0, 2, . . . 20. 0.2, 1.2, 2.2, 3.2, . . .

SECCIÓN 4B

Prueba de las Lecciones 4-4 a 4-6

4-4 Funciones, tablas y gráficas

Halla el valor de salida para cada valor de entrada.

1. $y = -3x + 2$

Valor de entrada	Regla	Valor de salida
x	$-3x + 2$	y
−1		
0		
1		

2. $y = x \div 2$

Valor de entrada	Regla	Valor de salida
x	$x \div 2$	y
−10		
2		
6		

Haz una tabla de función y representa gráficamente los pares ordenados resultantes.

3. $y = -6x$
4. $y = 4x - 3$
5. $y = 4x^2$

4-5 Cómo hallar patrones en las sucesiones

Indica si la sucesión de los valores de y es aritmética o geométrica. Luego, halla y cuando $n = 5$.

6.

n	1	2	3	4	5
y	−2	7	16	25	■

7.

n	1	2	3	4	5
y	30	60	120	240	■

8.

n	1	2	3	4	5
y	16	9	2	−5	■

9.

n	1	2	3	4	5
y	−5	15	−45	135	■

Escribe una función en la que describas cada sucesión. Usa la función para hallar el undécimo término de la sucesión.

10. 1, 2, 3, 4, . . .
11. 4, 8, 12, 16, . . .
12. 11, 21, 31, 41, . . .
13. 1, 4, 9, 16, . . .

4-6 Cómo representar gráficamente funciones lineales

Representa gráficamente cada función lineal.

14. $y = x - 4$
15. $y = 2x - 5$
16. $y = -x + 7$
17. $y = -2x + 1$

18. Un tren de carga recorre 50 millas por hora. Escribe una función lineal en la que describas la distancia que recorre el tren a través del tiempo. Luego, haz una gráfica en la que muestres la distancia que recorre el tren en las primeras 9 horas.

Preparación de varios pasos para el examen

Ir de paseo Shauna y su familia planean pasar el día en un parque de diversiones local. El parque cobra una entrada general y vende boletos para los juegos.

1. La tabla de la derecha puede usarse para determinar cuánto podrían gastar Shauna y su familia en un día en el parque. Completa la tabla.

Cantidad de juegos	Regla	Costo
0		\$8
1	8 + 3(1)	\$11
2		\$14
3	8 + 3(3)	
4		\$20
6	8 + 3(6)	
8		\$32
12		

2. ¿Cuánto cuesta la entrada al parque? ¿Cuánto cuesta el boleto para cada juego?
3. Supongamos que x representa la cantidad de juegos e y el costo. Escribe una función en la que describas los datos de la tabla.
4. Usa la función que escribiste en el Problema 3 para hallar el costo de 14 juegos.
5. Haz una gráfica en la que muestres el costo como una función de la cantidad de juegos.
6. El parque ofrece un pase de precio fijo de \$38 para tener acceso a todos los juegos durante todo un día. Explica cuándo este pase es una mejor compra que pagar cada juego individual.
7. Shauna y su hermano planean andar en 15 juegos cada uno. Sus padres andarán en 6 juegos cada uno. Halla cuánto le va a costar a la familia ir al parque. Explica tu respuesta.

EXTENSIÓN

Funciones no lineales

Aprender a identificar funciones no lineales

Vocabulario

función no lineal

Cuando inflas un globo, aumenta su volumen. En la tabla de la derecha se muestra el aumento de volumen de un globo redondo a medida que cambia su radio. ¿Crees que la gráfica de los datos sería una línea recta o no? Puedes hacer una gráfica para averiguarlo.

Radio (pulg)	Volumen ($pulg^3$)
1	4.19
2	33.52
3	113.13
4	268.16
5	523.75

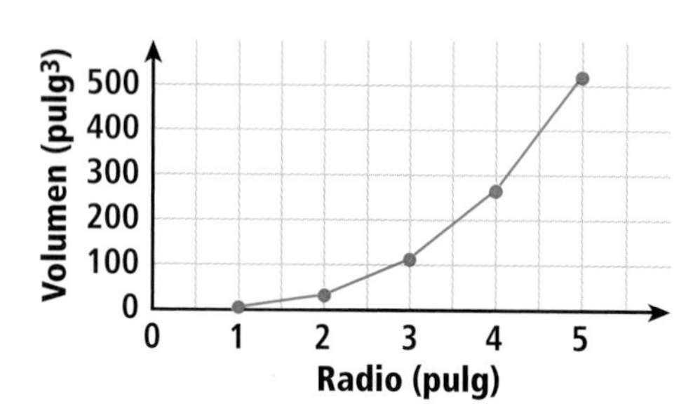

Una **función no lineal** es una función cuya gráfica no es una línea recta.

EJEMPLO 1 Identificar gráficas de funciones no lineales

Indica si la gráfica es lineal o no lineal.

A

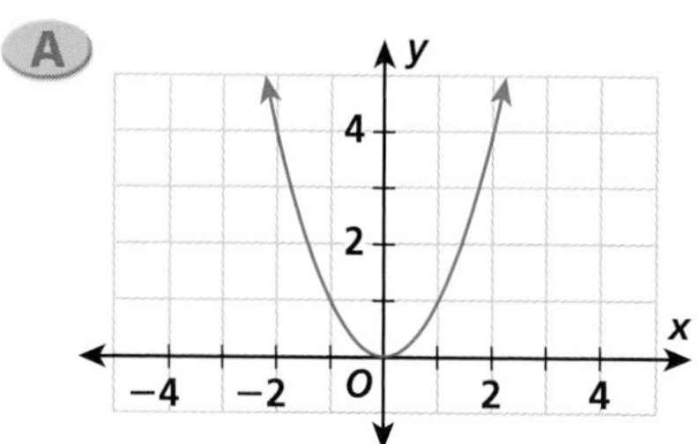

La gráfica no es una línea recta, por lo tanto, es no lineal.

B

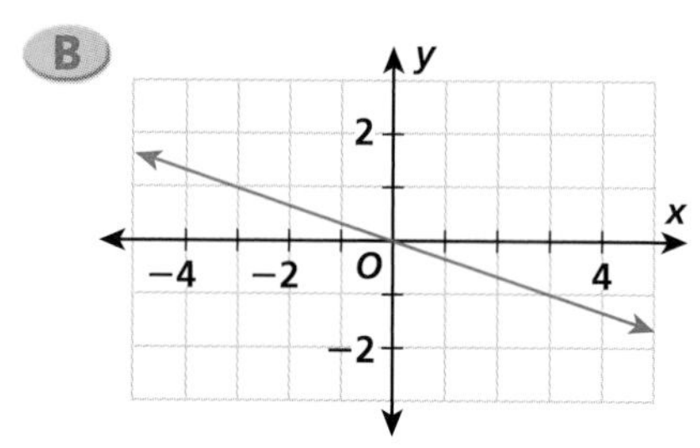

La gráfica es una línea recta, por lo tanto, es lineal.

Puedes usar una tabla de función para determinar si los pares ordenados describen una relación lineal o no lineal.

Para una funciòn que tiene una relación lineal, cuando la diferencia entre cada valor sucesivo de entrada es constante, la diferencia entre cada valor correspondiente de salida es *constante.*

Para una función que tiene una relación no lineal, cuando la diferencia entre cada valor sucesivo de entrada es constante, la diferencia entre cada valor correspondiente de salida *varía.*

EJEMPLO 2 Identificar relaciones no lineales en tablas de función

Indica si la función que se representa en cada tabla tiene una relación lineal o no lineal.

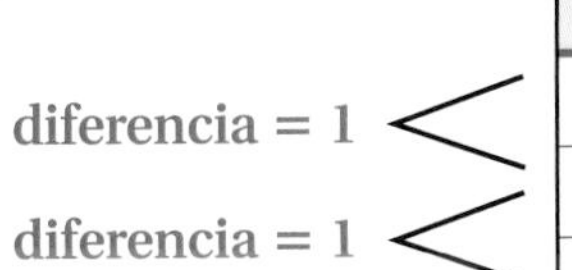

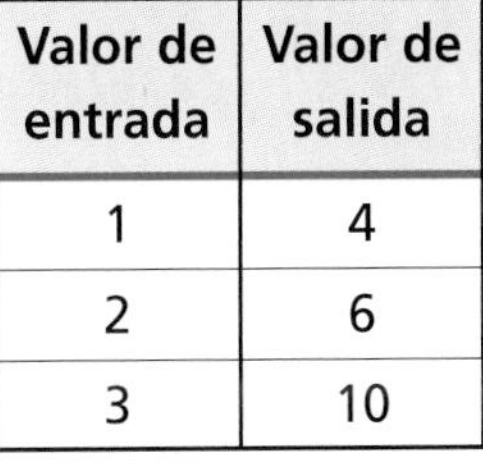

Valor de entrada	Valor de salida
1	4
2	6
3	10

diferencia = 2
diferencia = 4

La diferencia es constante. *La diferencia varía.*

La función que se representa en la tabla tiene una relación no lineal.

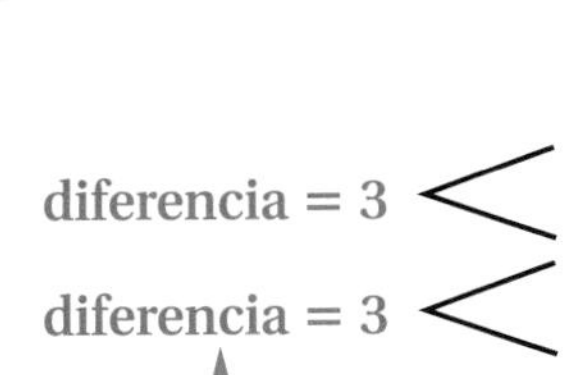

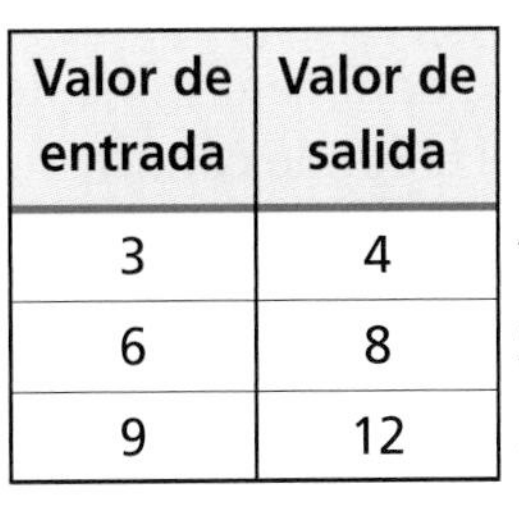

Valor de entrada	Valor de salida
3	4
6	8
9	12

diferencia = 4
diferencia = 4

La diferencia es constante. *La diferencia es constante.*

La función que se representa en la tabla tiene una relación lineal.

EXTENSIÓN Ejercicios

Indica si la gráfica es lineal o no lineal.

1.

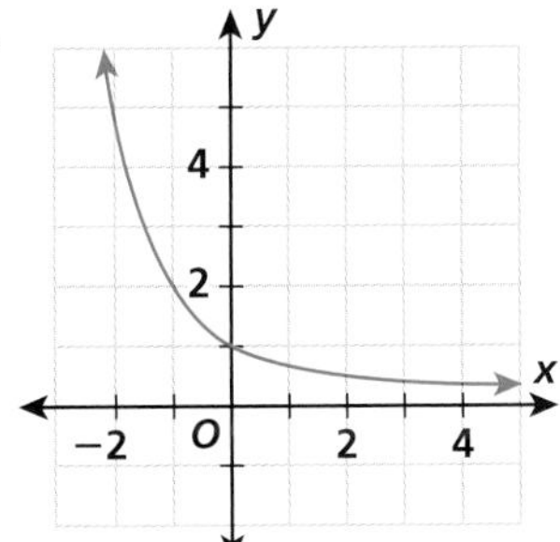

2.

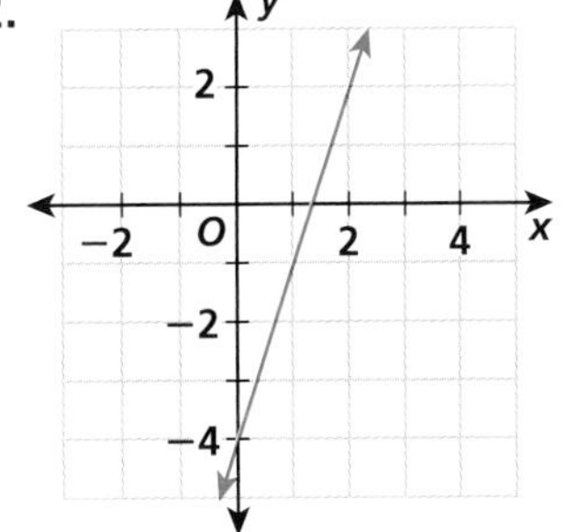

3.

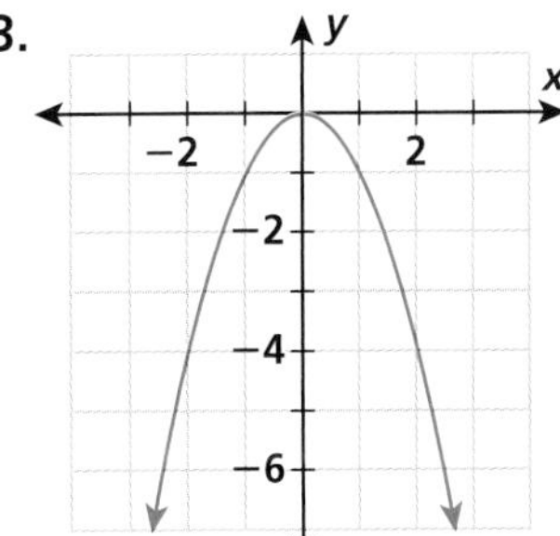

Indica si la función que se representa en cada tabla tiene una relación lineal o no lineal.

4.

Valor de entrada	Valor de salida
2	5
4	7
6	9

5.

Valor de entrada	Valor de salida
1	6
2	9
3	14

6.

Valor de entrada	Valor de salida
4	25
8	36
12	49

¡Vamos a jugar!

Encontrar ropa

Cinco estudiantes de la misma clase de matemáticas se reunieron a estudiar para un examen. Se sentaron alrededor de una mesa circular con el asiento 1 y el asiento 5 juntos. Ningún estudiante usaba camisa del mismo color ni el mismo tipo de zapatos. A partir de las claves que se dan, determina dónde se sentó cada estudiante, el color de camisa de cada uno y qué tipo de zapatos usaba.

1. Los zapatos de las chicas eran sandalias, chancletas y botas.
2. Robin, que usaba una camisa azul, se sentó junto a la persona que usaba la camisa verde. No estaba sentada junto a la persona que usaba la camisa anaranjada.
3. Lila estaba sentada entre la persona que usaba sandalias y la persona que usaba camisa amarilla.
4. El chico que calzaba tenis usaba la camisa anaranjada.
5. April calzaba chancletas y se sentó entre Lila y Charles.
6. Glenn calzaba mocasines, pero su camisa no era marrón.
7. Robin se sentó en el asiento 1.

Puedes usar una tabla como la de abajo para organizar la información que se da. Pon *X* en los espacios donde la información sea falsa y *O* en los espacios donde la información sea verdadera. Parte de la información de las dos primeras claves ya se ha incluido en la tabla. Necesitarás leer las claves varias veces y usar la lógica para completar la tabla.

	Asiento 1	Asiento 2	Asiento 3	Asiento 4	Asiento 5	Camisa azul	Camisa verde	Camisa anaranjada	Camisa amarilla	Camisa marrón	Sandalias	Chancletas	Botas	Tenis	Mocasines
Lila						X								X	X
Robin						O	X	X	X	X				X	X
April						X								X	X
Charles						X									
Glenn						X									

PROYECTO **Libros plegados para patrones y funciones**

En estos prácticos libros podrás guardar tus notas de cada lección del capítulo.

Instrucciones

1. Dobla una hoja de papel por la mitad. Luego, abre la hoja y extiéndela sobre la mesa de manera que forme un pico. **Figura A**

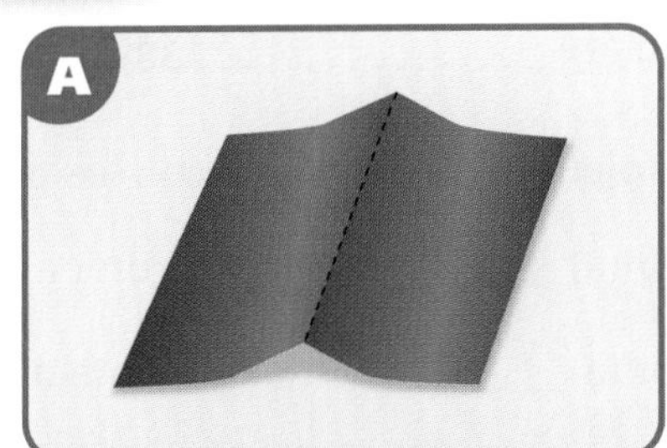

2. Dobla los bordes derecho e izquierdo hasta el pliegue del medio. Una vez que hagas esto, el papel quedará dividido en cuatro secciones, al estilo de un acordeón. **Figura B**

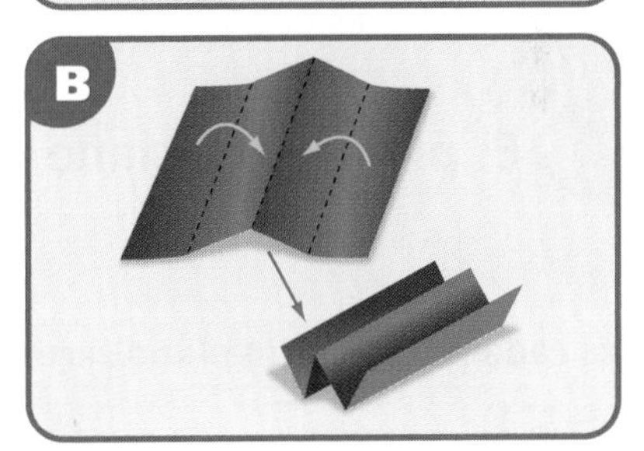

3. Une las secciones del medio. Con las tijeras, haz una hendidura en el centro de estas secciones que llegue hasta donde comienzan los pliegues. **Figura C**

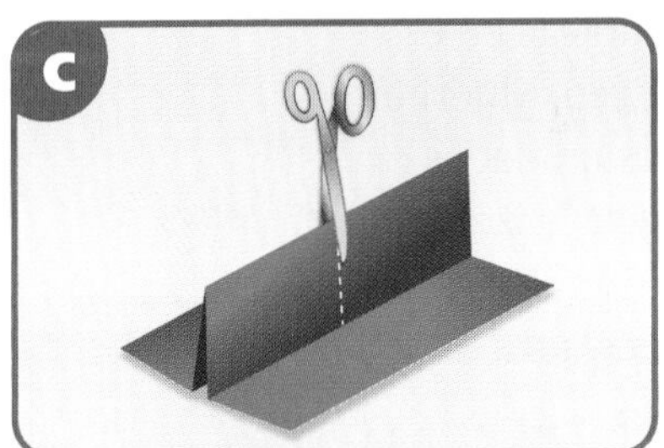

4. Sujeta el papel a ambos lados de la hendidura. Cuando abras la hendidura, el papel formará un libro de cuatro páginas. **Figura D**

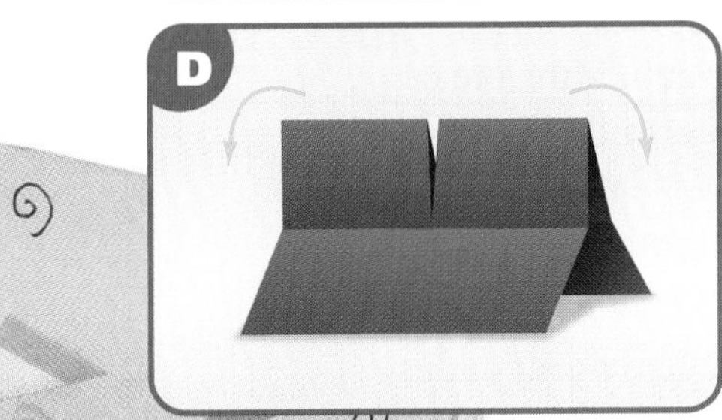

5. Pliega los extremos superiores y dobla el libro hasta cerrarlo. Repite todos los pasos para hacer cinco libros más.

Tomar notas de matemáticas

En la tapa de cada libro, escribe el número y el nombre de una lección del capítulo. Usa las páginas restantes para tomar notas de la lección.

CAPÍTULO 4

Guía de estudio: Repaso

Vocabulario

cuadrante 224	función lineal 248	sucesión aritmética 242
ecuación lineal 248	origen 224	sucesión geométrica ... 242
eje x 224	par ordenado 224	término 242
eje y 224	plano cartesiano 224	valor de entrada 238
función 238	sucesión 242	valor de salida 238

Completa los enunciados con las palabras del vocabulario.

1. Un(a) ___?___ es una lista ordenada de números.

2. Un(a) ___?___ da exactamente un valor de salida para cada valor de entrada.

3. Un(a) ___?___ es una función cuya gráfica es una línea no vertical.

4-1 El plano cartesiano (págs. 224–227)

EJEMPLO

Marca cada punto en un plano cartesiano.

- **$M(-3, 1)$**
  Empieza en el origen. Muévete tres unidades hacia la izquierda y 1 unidad hacia arriba.
- **$R(3, -4)$**
  Empieza en el origen. Muévete tres unidades hacia la derecha y 4 unidades hacia abajo.
- **Da las coordenadas de cada punto e indica qué cuadrante lo contiene.**
  $A(-3, 2)$; II
  $B(2, -3)$; IV
  $C(-2, -3)$; III
  $D(3, 2)$; I

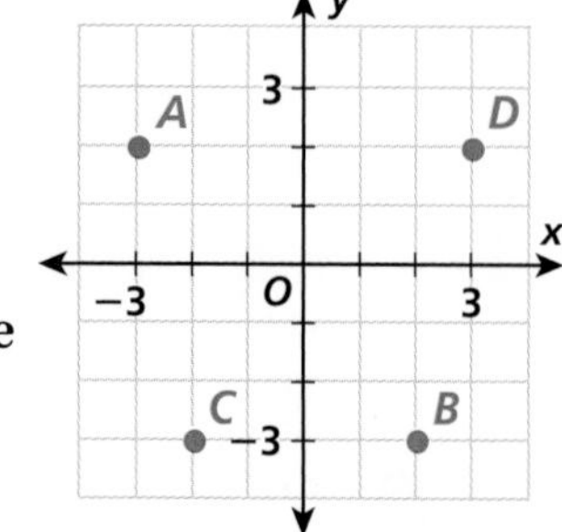

EJERCICIOS

Marca cada punto en un plano cartesiano.

4. $A(4, 2)$
5. $B(-4, -2)$
6. $C(-2, 4)$
7. $D(2, -4)$

Da las coordenadas de cada punto e indica qué cuadrante lo contiene.

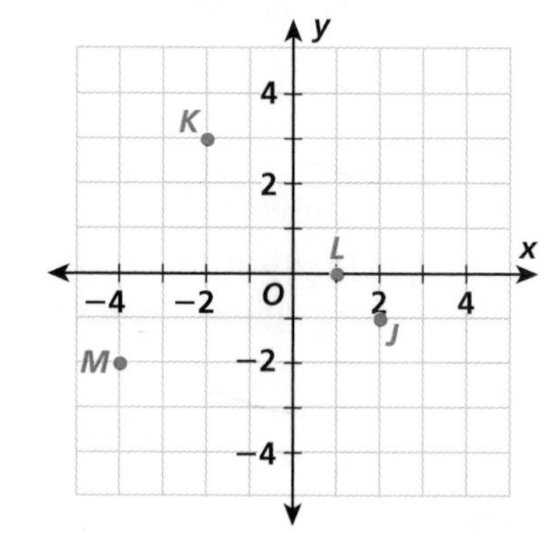

8. J
9. K
10. L
11. M

4-2 Tablas y gráficas (págs. 228–231)

EJEMPLO

- **Escribe los pares ordenados de la tabla.**

x	y
3	1
2	4
5	7

Los pares ordenados son (3, 1), (2, 4) y (5, 7).

EJERCICIOS

Escribe los pares ordenados de cada tabla y represéntalos gráficamente.

12.

x	y
−2	0
1	1
3	−4

13.

x	y
5	2
−2	−6
0	3

4-3 Cómo interpretar gráficas (págs. 232–235)

EJEMPLO

- **Ari visita a su abuela, que vive a 45 millas de distancia. Después de la visita regresa a su casa, pero se detiene a cargar gasolina en el camino. Traza una gráfica que muestre la distancia que recorre Ari en relación con el tiempo. Usa tu gráfica para hallar la distancia total que recorre.**

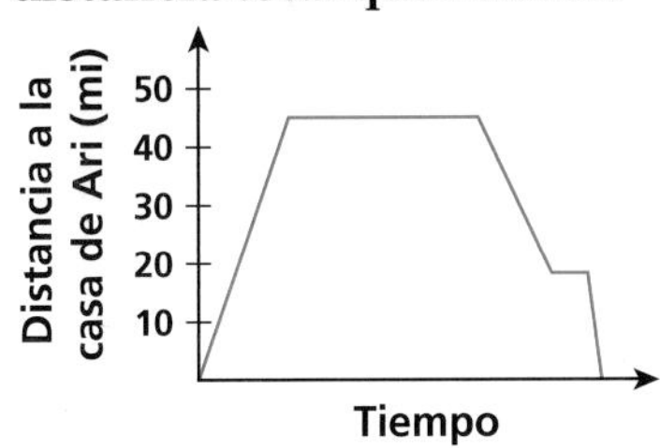

La gráfica aumenta de 0 a 45 millas y luego disminuye de 45 a 0 millas. La distancia no cambia mientras Ari está con su abuela ni cuando se detiene a cargar gasolina. Ari recorre un total de 90 millas.

EJERCICIOS

14. Amanda camina 1.5 millas a la escuela por la mañana. Después de la escuela, camina 0.5 milla más hasta la biblioteca pública. Después de elegir sus libros, camina 2 millas a su casa. Traza una gráfica para mostrar la distancia que recorre Amanda en relación con el tiempo. Usa tu gráfica para hallar la distancia total que recorre.

15. Joel va en bicicleta al parque, a 12 millas de distancia, a encontrarse con sus amigos. Luego recorre otras 6 millas hasta la tienda de comestibles y luego 18 millas de regreso a casa. Traza una gráfica en la que indiques la distancia que viajó Joel en relación con el tiempo. Basándote en la gráfica, halla la distancia total.

4-4 Funciones, tablas y gráficas (págs. 238–241)

EJEMPLO

- **Halla el valor de salida para cada valor de entrada.**
$y = 3x + 4$

Valor de entrada	Regla	Valor de salida
x	$3x + 4$	y
−1	$3(-1) + 4$	1
0	$3(0) + 4$	4
2	$3(2) + 4$	10

EJERCICIOS

Halla el valor de salida para cada valor de entrada.

16. $y = x^2 - 1$

Valor de entrada	Regla	Valor de salida
x	$x^2 - 1$	y
−2		
3		
5		

4-5 Cómo hallar patrones en las sucesiones (págs. 242–245)

EJEMPLO

Identifica si la sucesión de valores de y es aritmética o geométrica. Luego halla y cuando $n = 4$.

n	1	2	3	4	5
y	−1	3	7	11	■

En la sucesión, se suma 4 a cada término.

$11 + 4 = 15$ *Suma 4 al cuarto término.*

La sucesión es aritmética.
Cuando $n = 4$, $y = 11$.

■ **Escribe una función que describa la sucesión. Luego, úsala para hallar el octavo término de la sucesión.**

3, 6, 9, 12, . . .

n	Regla	y
1	1 · 3	3
2	2 · 3	6
3	3 · 3	9
4	4 · 3	12

Función: $y = 3n$
Cuando $n = 8$, $y = 24$.

EJERCICIOS

Indica si cada sucesión de valores de y es aritmética o geométrica. Luego halla y cuando $n = 4$.

17.

n	1	2	3	4	5
y	3	9	27	81	■

18.

n	1	2	3	4	5
y	14	3	−8	−19	■

Escribe una función que describa cada sucesión. Luego, úsala para hallar el octavo término de la sucesión.

19. 25, 50, 75, 100, . . .

20. −3, −2, −1, 0, . . .

21. −4, −1, 2, 5, . . .

22. 4, 6, 8, 10, . . .

4-6 Cómo representar gráficamente funciones lineales (págs. 248–251)

EJEMPLO

■ **Representa gráficamente la función lineal $y = -x + 2$.**

Valor de entrada	Regla	Valor de salida	Par ordenado
x	$-x + 2$	y	(x, y)
−1	−(−1) + 2	3	(−1, 3)
0	−(0) + 2	2	(0, 2)
2	−(2) + 2	0	(2, 0)

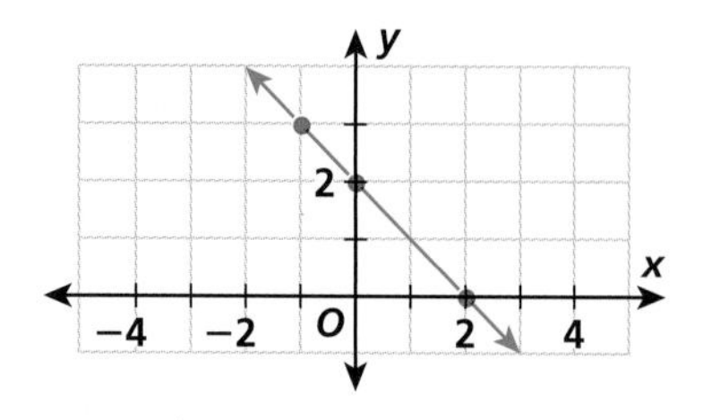

EJERCICIOS

Representa gráficamente cada función lineal.

23. $y = 2x - 1$

24. $y = -3x$

25. $y = x - 3$

26. $y = 2x + 4$

27. $y = x - 6$

28. $y = 3x - 9$

EXAMEN DEL CAPÍTULO

CAPÍTULO 4

Marca cada punto en un plano cartesiano. Luego identifica el cuadrante que contiene cada punto.

1. $L(4, -3)$ **2.** $M(-5, 2)$ **3.** $N(7, 1)$ **4.** $O(-7, -2)$

Da las coordenadas de cada punto.

5. A **6.** B **7.** C

8. D **9.** E **10.** F

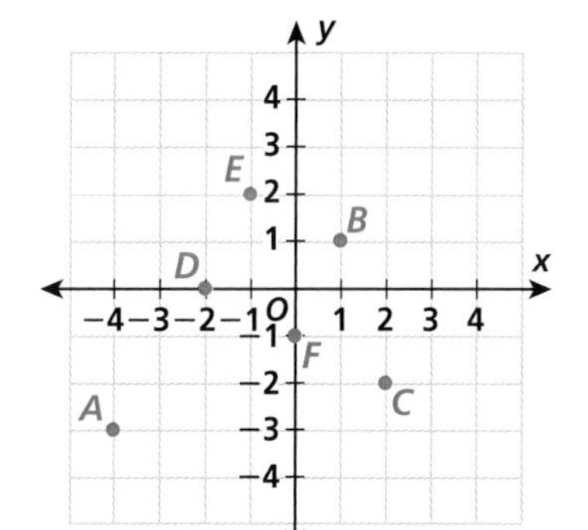

Escribe los pares ordenados de cada tabla y represéntalos gráficamente.

11.

x	y
1	5
−3	0
2	−5

12.

x	y
0	2
−6	6
−1	−2

13. Ian trota 4 millas hasta el lago y luego descansa 30 minutos antes de trotar de regreso a casa. Haz una gráfica en la que muestres la distancia que recorrió Ian en relación con el tiempo. Usa tu gráfica para hallar la distancia total que recorrió.

Halla el valor de salida para cada valor de entrada.

14. $y = -2x + 5$

Valor de entrada	Regla	Valor de salida
x	−2x + 5	y
−1		
0		
1		

15. $y = x \div 4$

Valor de entrada	Regla	Valor de salida
x	x ÷ 4	y
−8		
0		
4		

Indica si cada sucesión de valores de y es aritmética o geométrica. Luego halla y cuando $n = 5$.

16.

n	1	2	3	4	5
y	−2	8	−32	128	

17.

n	1	2	3	4	5
y	−27	−16	−5	6	

Escribe una función que describa cada sucesión. Usa la función para hallar el undécimo término de la sucesión.

18. 1, 3, 5, 7, . . . **19.** 11, 21, 31, 41, . . . **20.** 0, 3, 8, 15, . . .

Representa gráficamente cada función lineal.

21. $y = 3x - 4$ **22.** $y = x - 8$ **23.** $y = 2x + 7$

CAPÍTULO 4

PREPARACIÓN PARA EL EXAMEN ESTANDARIZADO

go.hrw.com
Práctica en línea para el examen estatal
CLAVE: MS7 TestPrep

Evaluación acumulativa, Capítulos 1–4

Opción múltiple

1. ¿Entre qué pares de números está la fracción $\frac{7}{12}$ en una recta numérica?

(A) $\frac{5}{12}$ y $\frac{1}{2}$

(B) $\frac{13}{24}$ y $\frac{3}{4}$

(C) $\frac{1}{3}$ y $\frac{11}{24}$

(D) $\frac{2}{3}$ y $\frac{5}{6}$

2. ¿Qué descripción muestra la relación entre un término y n, su posición en la sucesión?

Posición	Valor del término
1	1.25
2	3.25
3	5.25
4	7.25
n	

(F) Sumar 1.25 a n

(G) Sumar 1 a n y multiplicar por 2

(H) Multiplicar n por 1 y sumar 1.25

(J) Multiplicar n por 2 y restar 0.75

3. ¿Para qué ecuación es $x = -10$ la solución?

(A) $2x - 20 = 0$

(B) $\frac{1}{5}x + 2 = 0$

(C) $\frac{1}{5}x - 2 = 0$

(D) $-2x + 20 = 0$

4. ¿Cuál es el mínimo común múltiplo de 10, 25 y 30?

(F) 5

(G) 50

(H) 150

(J) 200

5. ¿Qué problema corresponde a la siguiente ecuación?

$$x + 55 = 92$$

(A) Liam tiene 55 fichas, pero necesita un total de 92 para terminar un proyecto. ¿Cuántas fichas le faltan a Liam?

(B) Cher gastó $55 en el mercado y sólo le quedan $92. ¿Con cuánto dinero empezó Cher?

(C) Byron condujo 55 millas cada día durante 92 días. ¿Cuántas millas condujo Byron en total?

(D) Por cada 55 estudiantes que compren ropa deportiva con distintivos, los patrocinadores donarán $92. ¿Cuántos estudiantes compraron ropa con distintivos hasta ahora?

6. Una receta que rinde 2 tazas de salsa de guacamole requiere $1\frac{3}{4}$ taza de puré de aguacate. ¿Cuánto aguacate se necesita para preparar 4 tazas de salsa con esta receta?

(F) 3.25 tazas

(G) 3.5 tazas

(H) 3.75 tazas

(J) 4 tazas

7. ¿Qué par ordenado está en el eje x?

(A) (0, −5)

(B) (5, −5)

(C) (−5, 0)

(D) (1, −5)

8. ¿Qué par ordenado NO es una solución de $y = 5x - 4$?

(F) (2, 6)

(G) (0, −4)

(H) (1, 0)

(J) (−1, −9)

Si no recuerdas cómo resolver un problema, trabaja en sentido inverso desde las opciones de respuesta.

9. Carolyn gana entre $5.75 y $9.50 la hora por cuidar bebés. ¿Cuál es la mejor estimación de la cantidad total que gana por cuidar bebés durante 9 horas?

(A) De $30 a $55

(B) De $55 a $80

(C) De $80 a $105

(D) De $105 a $130

Respuesta gráfica

10. Patrick planea pasar los próximos 28 días ejercitándose para una competencia de levantamiento de pesas. Piensa pasar un total de 119 horas en el gimnasio. Si Patrick pasa en el gimnasio la misma cantidad de horas cada día, ¿cuántas horas diarias pasará en el gimnasio?

11. Resuelve la ecuación $-4.3x = -0.215$ para x.

12. Determina la coordenada y del punto.

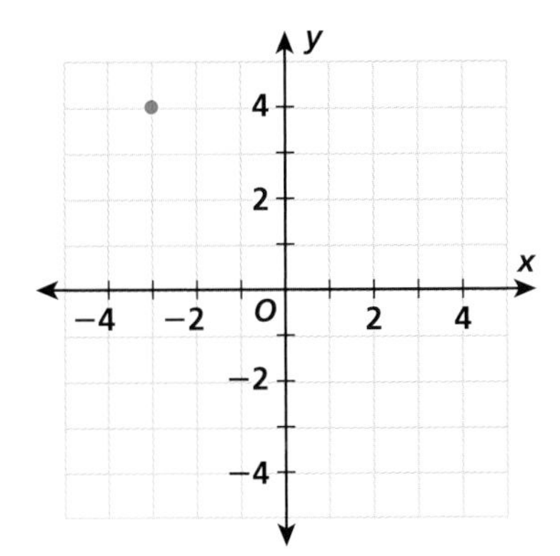

13. ¿Cuál es el sexto término de la siguiente sucesión?

$\frac{1}{2}, 1\frac{1}{4}, 2, 2\frac{3}{4}, \ldots$

Respuesta breve

14. Un maestro comentó 112 de las 164 páginas del libro de texto. ¿Qué porción del libro comentó el maestro? Escribe tu respuesta como un decimal redondeado a la milésima más cercana y como una fracción en su mínima expresión.

15. Una bolsa de monedas de 5 y 25 centavos contiene cuatro veces más monedas de 5 centavos que de 25 centavos. El valor total de las monedas de la bolsa es $1.35.

a. ¿Cuántas monedas de 5 centavos hay en la bolsa?

b. ¿Cuántas monedas de 25 centavos hay en la bolsa?

16. Describe en qué orden realizarías las operaciones para hallar el valor de $(4 \cdot 4 - 6)^2 + (5 \cdot 7)$.

17. Para preparar una receta, se necesitan $\frac{3}{4}$ de taza de harina y $\frac{2}{3}$ de taza de mantequilla. ¿Se necesita más harina o más mantequilla? ¿Ocurre lo mismo si se duplican las cantidades de la receta? Explica cómo determinaste tu respuesta.

Respuesta desarrollada

18. Un autobús viaja a una velocidad promedio de 50 millas por hora de Nashville, Tennessee, a El Paso, Texas. Para hallar la distancia y recorrida en x horas, usa la ecuación $y = 50x$.

a. Haz una tabla de pares ordenados usando el dominio $x = 1, 2, 3, 4$ y 5.

b. Representa gráficamente en un plano cartesiano las soluciones de la tabla de pares ordenados.

c. Brett sale de Nashville en autobús a las 6:00 am. Necesita llegar a El Paso antes de las 5:00 am del día siguiente. Si Nashville está a 1,100 millas de El Paso, ¿llegará Brett a tiempo? Explica cómo determinaste tu respuesta.

Resolución de problemas en lugares

UTAH

Las salinas de Bonneville

Las salinas de Bonneville son un tramo de tierra estéril ubicado al noroeste de Utah que abarca más de 30,000 acres. Quizá sea un lugar desolado, pero su superficie plana lo convierte en un lugar ideal para las carreras de automóviles de alta velocidad. De hecho, en las salinas se batieron decenas de récords de velocidad por tierra.

Elige una o más estrategias para resolver cada problema.

1. En 1965, Art Arfons batió un récord de velocidad en las salinas. En la tabla se muestra la distancia que recorrió su auto en diferentes periodos. ¿A qué velocidad condujo Arfons en millas por hora?

El récord de velocidad de 1965

Tiempo (min)	Distancia (mi)
2	19.22
3	28.83
4	38.44

2. La superficie de las salinas de Bonneville es aproximadamente rectangular y su longitud mide el doble de su ancho. En los preparativos de la carrera, un equipo instala 42 pilones. Colocan uno en cada una de las cuatro esquinas de la superficie para carreras y uno por milla entre las cuatro esquinas a lo largo de los bordes. ¿Cuál es la longitud y el ancho de las salinas?

3. En 1914, Teddy Tezlaff batió el primer récord de velocidad por tierra en las salinas de Bonneville. Un récord alcanzado en 1963 superó al de Tezlaff en 265.7 mi/h y otro alcanzado en 1964 superó al de 1963 en 129.3 mi/h. El récord de 1964 fue de 536.7 mi/h. ¿Cuál fue la velocidad de Tezlaff al batir el récord?

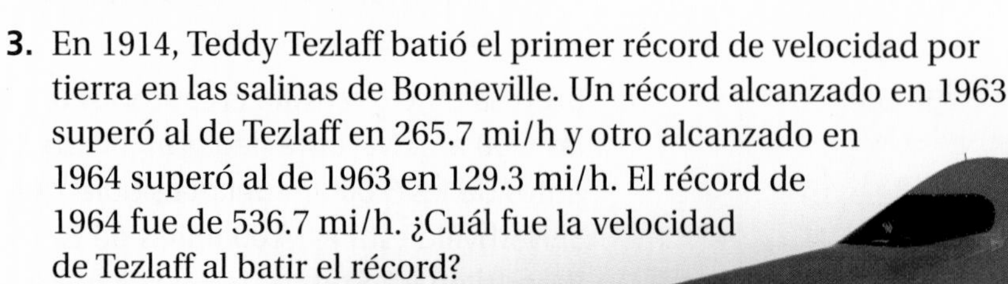

Estrategias de resolución de problemas

Dibujar un diagrama
Hacer un modelo
Calcular y poner a prueba
Trabajar en sentido inverso
Hallar un patrón
Hacer una tabla
Resolver un problema más sencillo
Usar el razonamiento lógico
Representar
Hacer una lista organizada

Park City

Park City, en Utah, fue conocido primero como un pueblo minero dedicado a la extracción de plata. En los últimos años, se hizo famoso como destino mundial de deportes de invierno. Como una de las sedes de los Juegos Olímpicos de Invierno de 2002, Park City fue el sitio donde se realizaron las competencias de salto en esquíes y slalom.

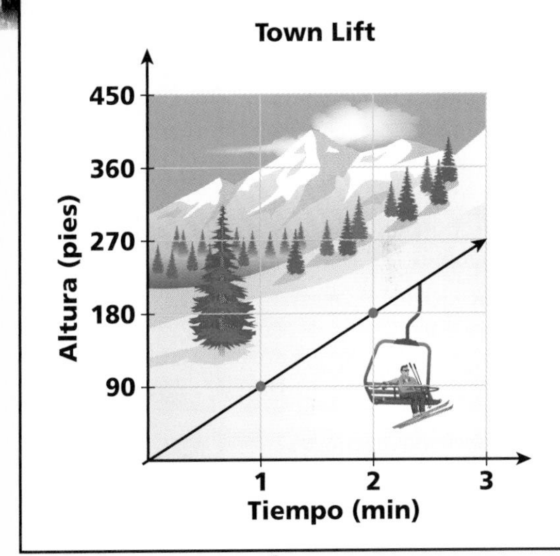

Elige una o más estrategias para resolver cada problema. Usa la gráfica para los Problemas 1 y 2.

1. En Park City hay un telesquí, llamado Town Lift, que comienza en Main Street. En la gráfica se ilustra el ascenso de una persona que subió al telesquí en Main Street. Predice cuánto ascenderá la persona después de 9 minutos.

2. El Town Lift lleva a las personas al comienzo de una pista que tiene una altura de 1,170 pies. Predice cuánto tarda el telesquí desde Main Street hasta el comienzo de la pista.

3. Uno de los centros turísticos de esquí de la ciudad ofrece clases particulares de esquí. El costo para la primera persona es \$53, más \$13 por cada persona adicional. Si tu grupo tiene \$130 para gastar en clases, ¿cuántas personas pueden tomar clases particulares?

4. Un centro turístico de Park City tiene 100 pistas de esquí. Cada pista se clasifica como para principiantes, intermedia o avanzada. Hay 44 pistas intermedias y 20 pistas avanzadas más que para principiantes, principiantes. ¿Cuántas pistas avanzadas hay?

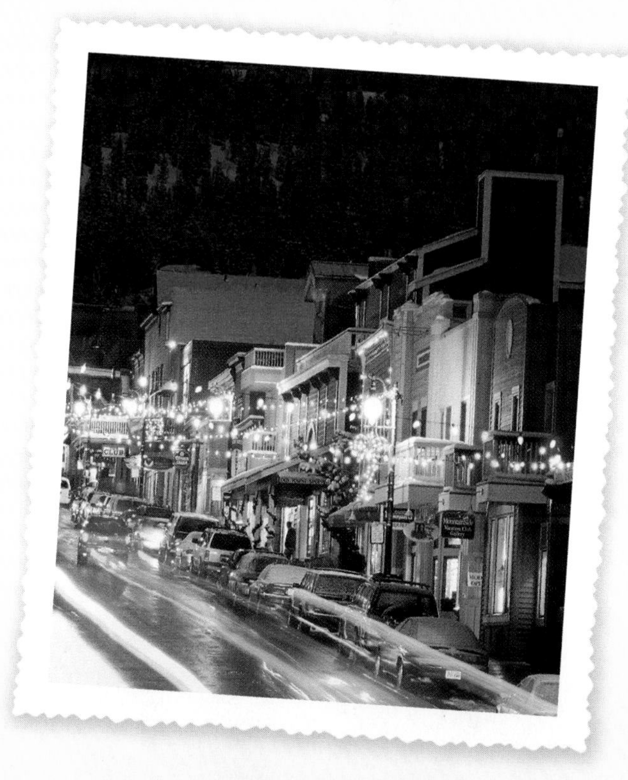

CAPÍTULO 5

Relaciones proporcionales

PREPARACIÓN DE VARIOS PASOS PARA EL EXAMEN

go.hrw.com
Presentación del capítulo en línea
CLAVE: MS7 Ch5

Longitudes de los barcos y sus modelos

Barco	Longitud del barco (m)	Escala	Longitud del modelo (mm)
Santa María	36.4	$\frac{1}{65}$	560
Golden Hind	25.9	$\frac{1}{72}$	360
HMS *Bounty*	47.0	$\frac{1}{48}$	980
Mayflower	38.7	$\frac{1}{64}$	605

Profesión ***Modelista***

Al crear modelos de barcos históricos, los modelistas construyen cuidadosamente y con el máximo detalle posible sus modelos a escala. Los modelos de barcos que se construyen para las películas son mucho más pequeños que los barcos originales, mientras que los que se construyen para exhibición son con frecuencia del tamaño del original.

En la tabla, las escalas muestran la relación entre el tamaño de algunos modelos y el tamaño de los barcos originales.

Vocabulario

Elige de la lista el término que mejor complete cada enunciado.

1. Un(a) __?__ es un número que representa parte de un todo.
2. Una figura cerrada con tres lados se llama __?__.
3. Dos fracciones son __?__ si representan el mismo número.
4. Una forma de comparar dos fracciones consiste en hallar primero un(a) __?__.

común denominador
cuadrilátero
equivalentes
fracción
triángulo

Resuelve los ejercicios para practicar las destrezas que usarás en este capítulo.

Escribir fracciones equivalentes

Halla dos fracciones que sean equivalentes a cada fracción.

5. $\frac{2}{5}$ **6.** $\frac{7}{11}$ **7.** $\frac{25}{100}$ **8.** $\frac{4}{6}$

9. $\frac{5}{17}$ **10.** $\frac{15}{23}$ **11.** $\frac{24}{78}$ **12.** $\frac{150}{325}$

Comparar fracciones

Compara. Escribe $<$ ó $>$.

13. $\frac{5}{6} \blacksquare \frac{2}{3}$ **14.** $\frac{3}{8} \blacksquare \frac{2}{5}$ **15.** $\frac{6}{11} \blacksquare \frac{1}{4}$ **16.** $\frac{5}{8} \blacksquare \frac{11}{12}$

17. $\frac{8}{9} \blacksquare \frac{12}{13}$ **18.** $\frac{5}{11} \blacksquare \frac{7}{21}$ **19.** $\frac{4}{10} \blacksquare \frac{3}{7}$ **20.** $\frac{3}{4} \blacksquare \frac{2}{9}$

Resolver ecuaciones de multiplicación

Resuelve cada ecuación.

21. $3x = 12$ **22.** $15t = 75$ **23.** $2y = 14$ **24.** $7m = 84$

25. $25c = 125$ **26.** $16f = 320$ **27.** $11n = 121$ **28.** $53y = 318$

Multiplicar fracciones

Resuelve. Escribe cada respuesta en su mínima expresión.

29. $\frac{2}{3} \cdot \frac{5}{7}$ **30.** $\frac{12}{16} \cdot \frac{3}{9}$ **31.** $\frac{4}{9} \cdot \frac{18}{24}$ **32.** $\frac{1}{56} \cdot \frac{50}{200}$

33. $\frac{1}{5} \cdot \frac{5}{9}$ **34.** $\frac{7}{8} \cdot \frac{4}{3}$ **35.** $\frac{25}{100} \cdot \frac{30}{90}$ **36.** $\frac{46}{91} \cdot \frac{3}{6}$

CAPÍTULO 5

Guía de estudio: Avance

De dónde vienes

Antes,

- usaste razones para describir situaciones proporcionales.
- usaste razones para hacer predicciones en situaciones proporcionales.
- usaste tablas para describir relaciones proporcionales que implican conversiones.

En este capítulo

Estudiarás

- cómo usar la división para hallar tasas unitarias y razones en relaciones proporcionales.
- cómo estimar y hallar soluciones a problemas de aplicación en los que hay relaciones proporcionales.
- cómo crear fórmulas en las que hay conversión de unidades.
- cómo usar atributos esenciales para definir la semejanza.
- cómo usar razones y proporciones en dibujos y modelos a escala.

Adónde vas

Puedes usar las destrezas aprendidas en este capítulo

- para leer e interpretar mapas.
- para hallar la altura de los objetos que son demasiado altos para medir.

Vocabulario/Key Vocabulary

ángulos correspondientes	corresponding angles
dibujo a escala	scale drawing
escala	scale
lados correspondientes	corresponding sides
modelo a escala	scale model
pendiente	slope
proporción	proportion
razón	ratio
razones equivalentes	equivalent ratios
semejante	similar
tasa	rate

Conexiones de vocabulario

Considera lo siguiente para familiarizarte con algunos de los términos de vocabulario del capítulo. Puedes consultar el capítulo, el glosario o un diccionario si lo deseas.

1. "Millas por hora", "estudiantes por clase" y "calorías por porción" son ejemplos de *tasas.* ¿Qué otras tasas se te ocurren? ¿Cómo le describirías una **tasa** a alguien si no pudieras usar ejemplos en tu explicación?
2. *Semejantes* significa "con características en común". Si dos triángulos son **semejantes,** ¿qué características podrían tener en común?
3. La *pendiente* de un camino de montaña describe la inclinación de la subida. ¿Qué podría describir la **pendiente** de una línea?

Estrategia de redacción: Usa tus propias palabras

Usar tus propias palabras para explicar un concepto puede ayudarte a comprender ese concepto. Por ejemplo, aprender a resolver ecuaciones puede parecer difícil si el libro de texto no explica cómo resolver ecuaciones de la misma manera en que tú lo harías.

A medida que trabajes en una lección:

- Identifica las ideas importantes en la explicación del libro.
- Usa tus propias palabras para explicar estas ideas.

Lo que Sara lee	Lo que Sara escribe
Una **ecuación** es un enunciado matemático que indica que dos expresiones tienen el mismo valor.	*Una ecuación tiene un signo de igualdad que indica que dos expresiones son iguales entre sí.*
Cuando una ecuación contiene una variable, el valor de la variable que hace que el enunciado sea verdadero se llama **solución** de la ecuación.	*La solución de una ecuación que contiene una variable es el número que es igual a esa variable.*
Si una variable se multiplica por un número, puedes usar la división para despejar la variable. Divide ambos lados de la ecuación entre el número.	*Cuando la variable se multiplica por un número, puedes cancelar la multiplicación y quedarte sólo con la variable si divides los dos lados de la ecuación entre el número.*

Vuelve a escribir cada enunciado con tus propias palabras.

1. Cuando resuelves ecuaciones de suma que contienen enteros, suma los opuestos para despejar la variable.
2. Cuando resuelves ecuaciones que contienen una operación, usa una operación inversa para despejar la variable.

5-1 Razones

Aprender a identificar, escribir y comparar razones

Vocabulario
razón

En su práctica de básquetbol, Kathlene anotó 17 canastas en 25 intentos. Comparó la cantidad de canastas que anotó con la cantidad total de intentos que hizo mediante la *razón* $\frac{17}{25}$. Una **razón** es la comparación que se hace de dos cantidades mediante una división.

Kathlene puede escribir de tres formas diferentes la razón de las canastas anotadas a los intentos.

$\frac{17}{25}$ **17 a 25** **17:25**

EJEMPLO 1 Escribir razones

Una canasta de frutas contiene 6 manzanas, 4 plátanos y 3 naranjas. Escribe cada razón en las tres formas.

A plátanos a manzanas

$$\frac{\text{cantidad de plátanos}}{\text{cantidad de manzanas}} = \frac{4}{6}$$ *Hay 4 plátanos y 6 manzanas.*

La razón de plátanos a manzanas puede escribirse como $\frac{4}{6}$, 4 a 6 ó 4:6.

B plátanos y manzanas a naranjas

$$\frac{\text{cantidad de plátanos y manzanas}}{\text{cantidad de naranjas}} = \frac{4 + 6}{3} = \frac{10}{3}$$

La razón de plátanos y manzanas a naranjas puede escribirse como $\frac{10}{3}$, 10 a 3 ó 10:3.

C naranjas al total de frutas

$$\frac{\text{cantidad de naranjas}}{\text{cantidad total de frutas}} = \frac{3}{6 + 4 + 3} = \frac{3}{13}$$

La razón de naranjas al total de frutas puede escribirse como $\frac{3}{13}$, 3 a 13 ó 3:13.

A veces, una razón puede simplificarse. Para simplificar una razón, escríbela primero como fracción y luego simplifica la fracción.

EJEMPLO 2 Escribir razones en su mínima expresión

¡Recuerda!

Una fracción está en su mínima expresión cuando el MCD del numerador y del denominador es 1.

En la Intermedia Franklin hay 252 estudiantes de séptimo grado y 9 maestros de séptimo grado. Escribe la razón de estudiantes a maestros en su mínima expresión.

$\frac{\text{estudiantes}}{\text{maestros}} = \frac{252}{9}$ *Escribe la razón como fracción.*

$= \frac{252 \div 9}{9 \div 9}$ *Simplifica.*

$= \frac{28}{1}$ *Por cada 28 estudiantes, hay 1 maestro.*

La razón de estudiantes a maestros es 28 a 1.

Para comparar razones, escríbelas como fracciones con denominadores comunes. Luego compara los numeradores.

EJEMPLO 3 Comparar razones

Indica si la fotografía tamaño billetera o la fotografía tamaño retrato tiene la mayor razón de ancho a longitud.

	Ancho (pulg)	Longitud (pulg)
Billetera	3.5	5
Anuncio personal	4	6
Escritorio	5	7
Retrato	8	10

Billetera: $\frac{\text{ancho (pulg)}}{\text{longitud (pulg)}} = \frac{3.5}{5}$

Retrato: $\frac{\text{ancho (pulg)}}{\text{longitud (pulg)}} = \frac{8}{10} = \frac{4}{5}$

Escribe las razones como fracciones con denominadores comunes.

Como $4 > 3.5$ y los denominadores son iguales, la foto tamaño retrato tiene la mayor razón de ancho a longitud.

Razonar y comentar

1. **Explica** por qué la razón $\frac{10}{3}$ del Ejemplo 1B no se escribe como número mixto.
2. **Indica** cómo simplificar una razón.
3. **Explica** cómo comparar dos razones.

5-1 Ejercicios

go.hrw.com
Ayuda en línea para tareas*
CLAVE: MS7 5-1
Recursos en línea para padres
CLAVE: MS7 Parent
*(Disponible sólo en inglés)

PRÁCTICA GUIADA

Ver Ejemplo 1

Sun-Li tiene 10 canicas azules, 3 canicas rojas y 17 canicas blancas. Escribe cada razón en las tres formas.

1. canicas azules a canicas rojas

2. canicas rojas al total de canicas

Ver Ejemplo 

3. En un acuario de 40 galones, hay 21 peces tetra neones y 7 peces cebra. Escribe la razón de tetra neones a peces cebra en su mínima expresión.

Ver Ejemplo 

4. Indica quién tiene la colección de DVD con la mayor razón de comedias a películas de aventuras.

	Joseph	Yolanda
Comedia	5	7
Aventuras	3	5

PRÁCTICA INDEPENDIENTE

Ver Ejemplo 

Una liga de fútbol tiene 25 estudiantes de sexto grado, 30 de séptimo y 15 de octavo. Escribe cada razón en las tres formas.

5. estudiantes de sexto grado a estudiantes de séptimo

6. estudiantes de sexto grado al total de estudiantes

7. estudiantes de séptimo grado a estudiantes de octavo

8. estudiantes de séptimo y octavo grado a estudiantes de sexto

Ver Ejemplo 

9. Treinta y seis personas se presentaron en una selección de actores y 9 personas consiguieron papeles. Escribe, en su mínima expresión, la razón de la cantidad de personas que se presentaron a la cantidad de personas que consiguieron papeles.

Ver Ejemplo 

10. Indica quién tiene la mezcla de frutas secas con la mayor razón de cacahuates al total de frutas secas.

	Dina	Don
Almendras	6	11
Castañas de cajú	8	7
Cacahuates	10	18

PRÁCTICA Y RESOLUCIÓN DE PROBLEMAS

Práctica adicional
Ver página 735

Usa la tabla para los Ejercicios del 11 al 13.

11. Indica si es el grupo 1 ó el grupo 2 el que tiene la mayor razón de cantidad de personas que está a favor de un almuerzo al aire libre a la cantidad de personas que no opinan.

Opiniones sobre el almuerzo al aire libre			
	Grupo 1	Grupo 2	Grupo 3
A favor	9	10	12
En contra	14	16	16
No opinan	5	6	8

12. ¿Qué grupo tiene la menor razón de la cantidad de personas en contra de un almuerzo al aire libre al total de personas encuestadas?

13. **Estimación** Para cada grupo, ¿la razón de la cantidad de personas a favor de un almuerzo al aire libre a la cantidad de personas en contra es menor o mayor que $\frac{1}{2}$?

con las ciencias físicas

La presión del agua a diferentes profundidades puede medirse en *atmósferas,* o atm. La presión del agua sobre un buzo aumenta a medida que el buzo desciende por debajo de la superficie. Usa la tabla para los Ejercicios del 14 al 20.

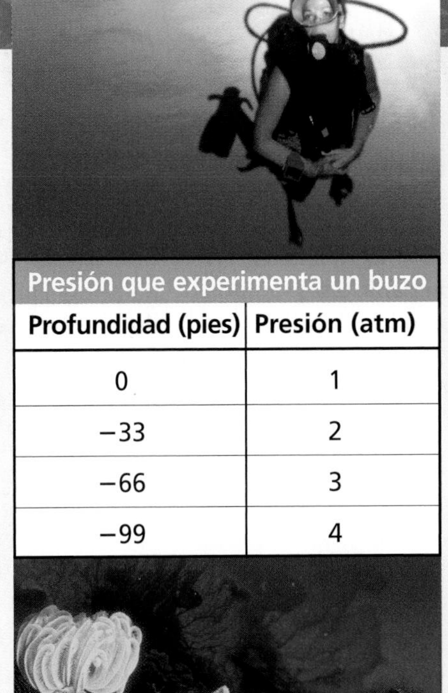

Presión que experimenta un buzo	
Profundidad (pies)	**Presión (atm)**
0	1
−33	2
−66	3
−99	4

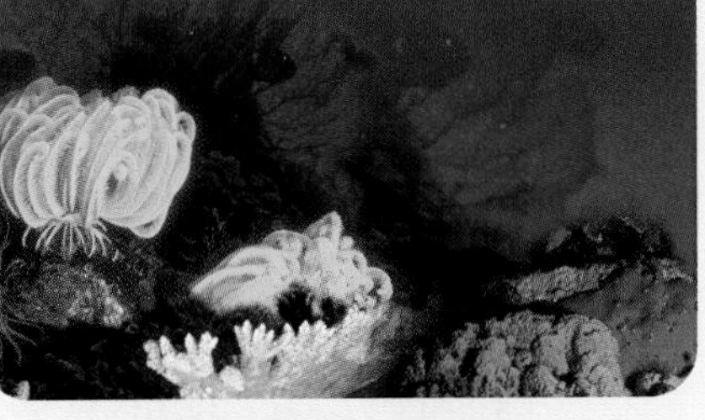

Escribe cada razón en las tres formas.

14. presión a –33 pies a presión en la superficie

15. presión a –66 pies a presión en la superficie

16. presión a –99 pies a presión en la superficie

17. presión a –66 pies a presión a –33 pies

18. presión a –99 pies a presión a –66 pies

19. Indica si la razón de la presión a –66 pies a la presión a –33 pies es mayor o menor que la razón de la presión a –99 pies a la presión a –66 pies.

20. **Desafío** La razón de la presión inicial y la nueva presión cuando un buzo va de –33 pies a –66 pies es menor que la razón de las presiones cuando el buzo va de la superficie a –33 pies. La razón de las presiones es incluso menor cuando el buzo va de –66 pies a –99 pies. Explica por qué esto es verdad.

PREPARACIÓN PARA EL EXAMEN y repaso en espiral

21. Opción múltiple La Intermedia Johnson tiene 125 estudiantes de sexto grado, 150 de séptimo y 100 de octavo. ¿Qué enunciado NO es verdadero?

Ⓐ La razón de los estudiantes de sexto a los de séptimo es 5 a 6.

Ⓑ La razón de los estudiantes de octavo a los de séptimo es 3:2.

Ⓒ La razón de los estudiantes de sexto al total de estudiantes de los tres grados es 1:3.

Ⓓ La razón de los estudiantes de octavo al total de estudiantes de los tres grados es 4 a 15.

22. Respuesta breve Una receta de panqueques requiere 4 tazas de mezcla para panqueques cada 3 tazas de leche. Una receta para panecillos requiere 2 tazas de mezcla para panecillos por cada taza de leche. ¿Qué receta tiene la mayor razón de mezcla a leche? Explica.

Resuelve. (Lección 3-6)

23. $125 + x = -5.47$ **24.** $3.8y = 27.36$ **25.** $v - 3.8 = 4.7$

26. Identifica el cuadrante donde se encuentra el punto $(5, -7)$. (Lección 4-1)

5-2 Tasas

Aprender a hallar y comparar tasas unitarias, como la velocidad promedio y el precio unitario

Vocabulario

tasa

tasa unitaria

Los Lawson van a acampar a Rainbow Falls, que está a 288 millas de su casa. Les gustaría llegar al campamento en 6 horas para preparar el lugar mientras aún es de día. ¿A qué velocidad promedio, en millas por hora, deberían conducir?

Una **tasa** es una razón que compara dos cantidades medidas en unidades diferentes. Para responder a la pregunta anterior, necesitas hallar la tasa de viaje de la familia.

Su tasa es $\frac{288 \text{ millas}}{6 \text{ horas}}$.

Una **tasa unitaria** es una tasa cuyo denominador es 1. Para convertir una tasa en una tasa unitaria, divide el numerador y el denominador entre el denominador.

EJEMPLO 1 Hallar tasas unitarias

A Cuando Sonia hace ejercicio, su corazón late 675 veces en 5 minutos. ¿Cuántas veces late por minuto?

$\frac{675 \text{ latidos}}{5 \text{ minutos}}$ *Escribe una tasa que compare los latidos y el tiempo.*

$\frac{675 \text{ latidos} \div 5}{5 \text{ minutos} \div 5}$ *Divide el numerador y el denominador entre 5.*

$\frac{135 \text{ latidos}}{1 \text{ minuto}}$ *Simplifica.*

El corazón de Sonia late 135 veces por minuto.

B Para hacer 4 pizzas rellenas grandes, Paul necesita 14 tazas de brócoli. ¿Cuánto brócoli necesita para hacer 1 pizza rellena grande?

$\frac{14 \text{ tazas de brócoli}}{4 \text{ pizzas rellenas}}$ *Escribe una tasa que compare las tazas con las pizzas.*

$\frac{14 \text{ tazas de brócoli} \div 4}{4 \text{ pizzas rellenas} \div 4}$ *Divide el numerador y el denominador entre 4.*

$\frac{3.5 \text{ tazas de brócoli}}{1 \text{ pizza rellena}}$ *Simplifica.*

Para hacer 1 pizza rellena grande, Paul necesita 3.5 tazas de brócoli.

Una tasa de velocidad promedio es la razón de la distancia recorrida al tiempo. La razón es una tasa porque las unidades del numerador y del denominador son diferentes.

EJEMPLO 2 Hallar la velocidad promedio

Los Lawson quieren viajar las 288 millas a Rainbow Falls en 6 horas. ¿Cuál debería ser su velocidad promedio en millas por hora?

$\frac{288 \text{ millas}}{6 \text{ horas}}$ *Escribe la tasa como fracción.*

$\frac{288 \text{ millas} \div 6}{6 \text{ horas} \div 6} = \frac{48 \text{ millas}}{1 \text{ hora}}$ *Divide el numerador y el denominador entre el denominador.*

Su velocidad promedio debería ser 48 millas por horas.

El precio unitario es el precio de una unidad de un artículo. La unidad que se usa depende de cómo se venda el artículo. En la tabla se muestran algunos ejemplos.

Tipo de artículo	Ejemplos de unidades
Líquido	Onzas líquidas, cuartos, galones, litros
Sólido	Onzas, libras, gramos, kilogramos
Cualquier artículo	Botella, recipiente, cartón

EJEMPLO  *Aplicación a las matemáticas para el consumidor*

Los Lawson se detienen en un mercado de agricultores al borde de la carretera. El mercado ofrece limonada en tres tamaños diferentes. ¿Qué tamaño de limonada tiene el precio más bajo por onza líquida?

Tamaño	Precio
12 oz líq	$0.89
18 oz líq	$1.69
24 oz líq	$2.09

Para hallar el precio unitario de cada tamaño, divide el precio entre la cantidad de onzas líquidas (oz líq).

$\frac{\$0.89}{12 \text{ oz líq}} \approx \frac{\$0.07}{\text{oz líq}}$ $\frac{\$1.69}{18 \text{ oz líq}} \approx \frac{\$0.09}{\text{oz líq}}$ $\frac{\$2.09}{24 \text{ oz líq}} \approx \frac{\$0.09}{\text{oz líq}}$

Como $\$0.07 < \$0.09$, la limonada de 12 oz líq tiene el precio más bajo por onza líquida.

Razonar y comentar

1. **Explica** cómo puedes indicar si una expresión representa una tasa unitaria.
2. **Supongamos** que una tienda ofrece cereal a un precio unitario de $0.15 por onza, mientras que otra tienda ofrece cereal a un precio unitario de $0.18 por onza. Antes de determinar qué cereal conviene comprar, ¿qué variables debes considerar?

5-2 Ejercicios

go.hrw.com
Ayuda en línea para tareas*
CLAVE: MS7 5-2
Recursos en línea para padres
CLAVE: MS7 Parent
*(Disponible sólo en inglés)

PRÁCTICA GUIADA

Ver Ejemplo 

1. Una llave pierde 668 mililitros de agua en 8 minutos. ¿Cuántos mililitros de agua pierde la llave por minuto?
2. Una receta para hacer 6 panecillos requiere 360 gramos de copos de avena. ¿Cuántos gramos de copos de avena se necesitan para hacer cada panecillo?

Ver Ejemplo 

3. Un avión recorre 2,748 millas de vuelo en 6 horas. ¿Cuál es la tasa de velocidad promedio del avión en millas por hora?

Ver Ejemplo 

4. **Matemáticas para el consumidor** Durante un viaje en auto, los Weber cargaron gasolina en tres estaciones de servicio. En la primera estación pagaron $18.63 por 9 galones. En la segunda, pagaron $29.54 por 14 galones. En la tercera, pagaron $33.44 por 16 galones. ¿Qué estación de servicio ofrece el precio más bajo por galón?

PRÁCTICA INDEPENDIENTE

Ver Ejemplo 

5. En un trabajo después del horario escolar se pagan $116.25 cada 15 horas trabajadas. ¿Cuánto se paga ese trabajo por hora?
6. Samantha tardó 324 minutos en cocinar un pavo. Si el pavo pesaba 18 libras, ¿cuántos minutos por libra tardó Samantha en cocinarlo?

Ver Ejemplo 

7. **Deportes** La primera carrera automovilística de Indianápolis fue en 1911. El auto ganador recorrió 500 millas en 6.7 horas. ¿Cuál fue su tasa de velocidad promedio en millas por hora?

Ver Ejemplo 

8. **Matemáticas para el consumidor** Un supermercado vende jugo de naranja en tres tamaños diferentes. El de 32 oz líq cuesta $1.99; el de 64 oz líq cuesta $3.69 y el de 96 oz líq cuesta $5.85. ¿Qué tamaño de jugo de naranja tiene el precio más bajo por onza líquida?

PRÁCTICA Y RESOLUCIÓN DE PROBLEMAS

Práctica adicional
Ver página 735

Halla cada tasa unitaria. Redondea a la centésima más cercana si es necesario.

9. 9 vueltas en 3 juegos
10. $207, 000 por 1,800 pies^2
11. $2,010 en 6 meses
12. 52 canciones en 4 CD
13. 226 mi con 12 gal
14. 324 palabras en 6 min
15. 12 horas por $69
16. 6 lb a $12.95
17. 488 mi en 4 viajes
18. 220 m en 20 seg
19. 1.5 mi en 39 min
20. 24,000 km en 1.5 h
21. Todas las clases de la Intermedia Grant tienen la misma cantidad de estudiantes. Hay 38 clases y un total de 1,026 estudiantes. Escribe una tasa que describa la distribución de los estudiantes en las clases de la Intermedia Grant. ¿Cuál es la tasa unitaria?
22. **Estimación** Usa la estimación para determinar qué conviene más: 450 minutos de llamadas telefónicas a $49.99 u 800 minutos a $62.99.

Halla cada precio unitario. Luego decide cuál es la mejor compra.

23. $\frac{\$2.52}{42\text{ oz}}$ ó $\frac{\$3.64}{52\text{ oz}}$ **24.** $\frac{\$28.40}{8\text{ yd}}$ ó $\frac{\$55.50}{15\text{ yd}}$ **25.** $\frac{\$8.28}{0.3\text{ m}}$ ó $\frac{\$13.00}{0.4\text{ m}}$

26. Deportes En los Juegos Olímpicos de verano de 2004, Justin Gatlin ganó la carrera de 100 metros en 9.85 segundos. Shawn Crawford ganó la carrera de 200 metros en 19.79 segundos. ¿Qué corredor corrió a una tasa de velocidad promedio más rápida?

27. Estudios sociales La densidad de población de un país es la cantidad promedio de personas por unidad de área. Escribe las densidades de población de los países de la tabla como tasas unitarias. Redondea tus respuestas a la persona por milla cuadrada más cercana. Luego ordena los países de menor a mayor densidad de población.

País	Población	Área del territorio (mi^2)
Francia	60,424,213	210,669
Alemania	82,424,609	134,836
Polonia	38,626,349	117,555

28. Escribe un problema Una tienda vende toallas de papel en paquetes de 6 y de 8 unidades. Usa esta información para escribir un problema sobre comparación de tasas unitarias.

29. Escríbelo Michael Jordan tiene el promedio más alto de tantos convertidos en la historia de la NBA. Jugó en 1,072 partidos y anotó 32,292 puntos. Explica cómo hallar una tasa unitaria que describa su promedio de anotación. ¿Cuál es la tasa unitaria?

30. Desafío Mike llenó el tanque de su automóvil con 20 galones de gasolina común a $2.01 por galón. Su auto recorre un promedio de 25 millas por galón. Serena llenó el tanque de su auto con 15 galones de gasolina súper a $2.29 por galón. Su auto recorre un promedio de 30 millas por galón. Compara los costos unitarios de cada conductor para recorrer una milla.

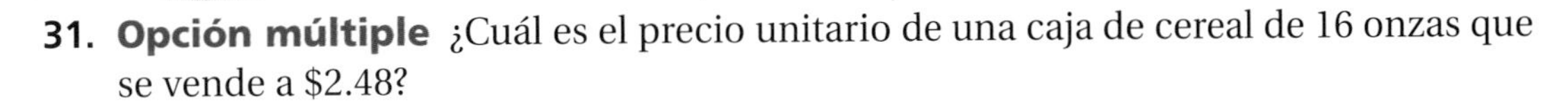

Preparación para el examen y repaso en espiral

31. Opción múltiple ¿Cuál es el precio unitario de una caja de cereal de 16 onzas que se vende a $2.48?

Ⓐ $0.14 Ⓑ $0.15 Ⓒ $0.0155 Ⓓ $0.155

32. Respuesta breve Un carpintero tarda 3 minutos en hacer 5 cortes en una tabla. Si cada corte se hace en el mismo espacio de tiempo, ¿a qué tasa corta el carpintero?

Compara. Escribe $<$, $>$ ó $=$. (Lección 1-3)

33. 600 mL $\square$ 5 L **34.** 0.009 mg $\square$ 8.91 g **35.** 254 cm $\square$ 25.4 mm

36. El bastón de Julita mide $3\frac{2}{3}$ pies de largo y el bastón de Toni mide $3\frac{3}{8}$ pies de largo. ¿Cuál de los dos bastones es más largo y por cuánto? (Lección 3-9)

5-3 Pendiente y tasas de cambio

Aprender **a determinar la pendiente de una línea y a reconocer tasas de cambio constantes y variables**

Vocabulario
pendiente

La inclinación de los escalones de la pirámide se mide dividiendo la altura de cada escalón entre su profundidad. La altura y la profundidad también pueden expresarse con las palabras *distancia vertical* y *distancia horizontal.*

Distancia horizontal
Distancia vertical

En Chichén Itzá, México, durante los equinoccios de primavera y otoño, se proyectan sombras sobre la pirámide El Castillo, que dan la impresión de una serpiente que se arrastra por los escalones.

La **pendiente** de una línea es la medida de su inclinación y la razón de su distancia vertical a su distancia horizontal.

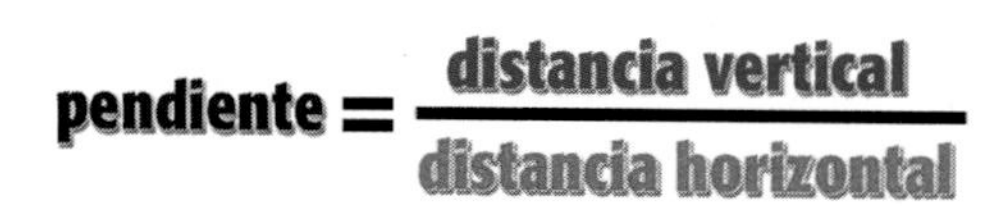

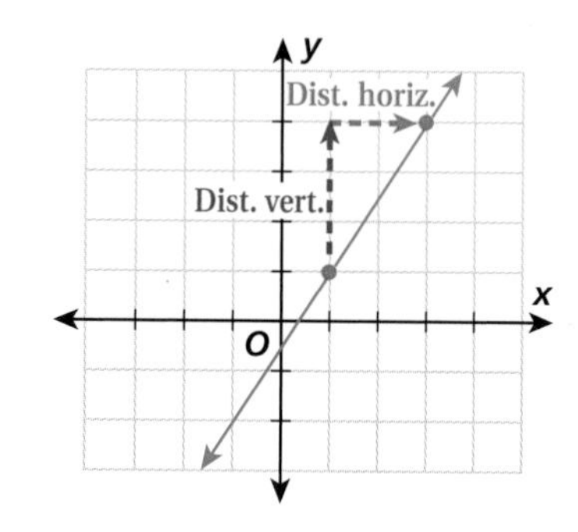

Si una línea asciende de izquierda a derecha, su pendiente es positiva. Si una línea desciende de izquierda a derecha, su pendiente es negativa.

EJEMPLO 1 Identificar la pendiente de una línea

Indica si la pendiente es positiva o negativa. Luego halla la pendiente.

A

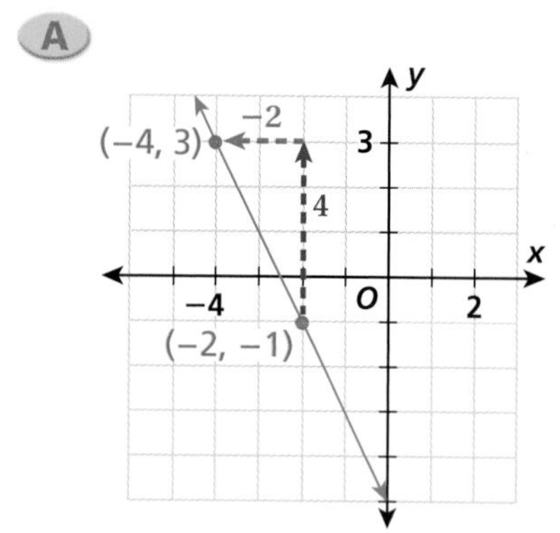

La línea desciende de izquierda a derecha.

La pendiente es negativa.

pendiente $= \dfrac{\text{dist. vert.}}{\text{dist. horiz.}}$

$= \dfrac{4}{-2}$ *La dist. vert. es 4. La dist. horiz. es −2.*

$= -2$

B

y
3
x
−3
3
O
3
(0, −1)
2
(−3, −3)
−4

La línea asciende de izquierda a derecha.

La pendiente es positiva.

pendiente $= \dfrac{\text{dist. vert.}}{\text{dist. horiz.}}$

$= \dfrac{2}{3}$ *La dist. vert. es 2. La dist. horiz. es 3.*

Puedes representar gráficamente una línea si conoces su pendiente y uno de sus puntos.

EJEMPLO 2 Usar la pendiente y un punto para representar una línea

Usa la pendiente y el punto que se dan para representar gráficamente cada línea.

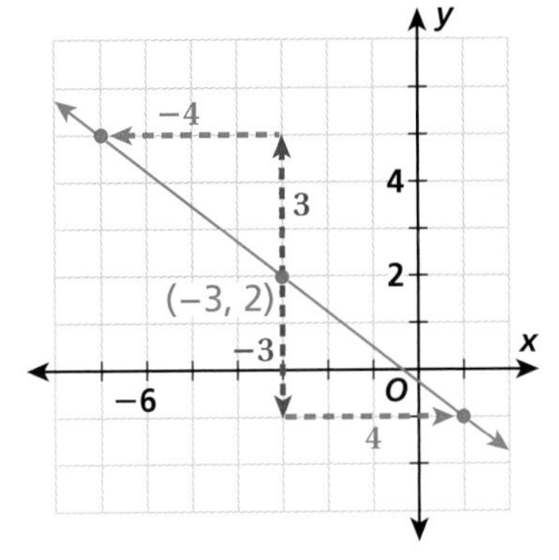

A $-\frac{3}{4}$; $(-3, 2)$

$\text{pendiente} = \frac{\text{dist. vert.}}{\text{dist. horiz.}} = \frac{-3}{4}$ ó $\frac{3}{-4}$

Desde $(-3, 2)$, muévete 3 unidades hacia abajo y 4 hacia la derecha ó 3 unidades hacia arriba y 4 hacia la izquierda. Marca el punto al que llegaste y traza una línea que pase por los dos puntos.

¡Recuerda!

Puedes escribir un entero como fracción colocando el entero en el numerador de la fracción y un 1 en el denominador.

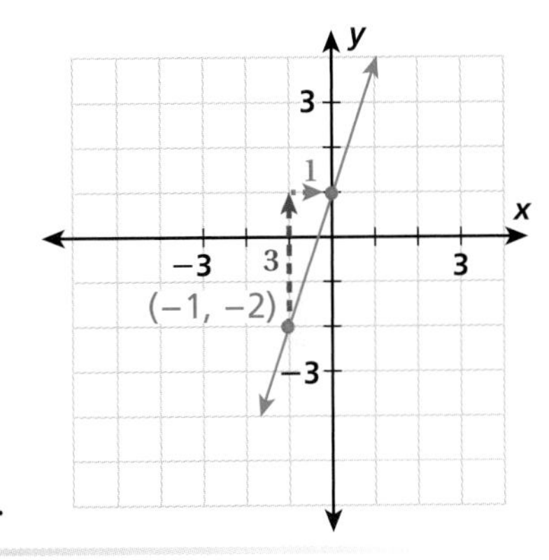

B 3; $(-1, -2)$

$3 = \frac{3}{1}$ *Escribe la pendiente como fracción.*

$\text{pendiente} = \frac{\text{dist. vert.}}{\text{dist. horiz.}} = \frac{3}{1}$

Desde $(-1, -2)$, muévete 3 unidades hacia arriba y 1 hacia la derecha. Marca el punto al que llegaste y traza una línea que pase por los dos puntos.

La razón de dos cantidades que cambian, como una pendiente, es una *tasa de cambio.*

Una *tasa de cambio constante* describe cambios de igual cantidad durante intervalos iguales. Una *tasa de cambio variable* describe cambios de diferente cantidad durante intervalos iguales.

La gráfica de una tasa de cambio constante es una línea y la gráfica de una tasa de cambio variable no es una línea.

EJEMPLO 3 Identificar tasas de cambio en gráficas

Indica si en cada gráfica se muestra una tasa de cambio constante o variable.

A

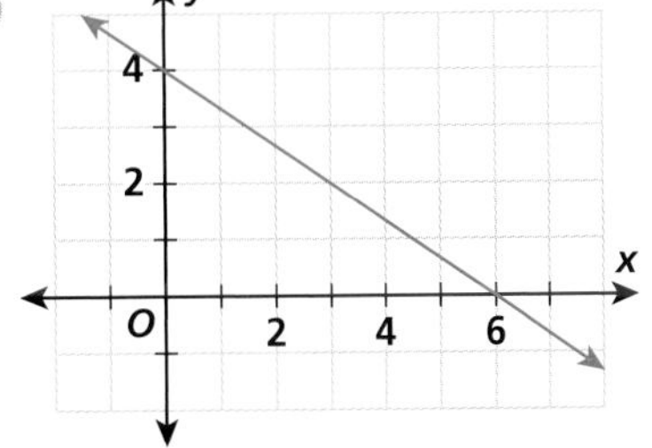

La gráfica es una línea. Por lo tanto, la tasa de cambio es constante.

B

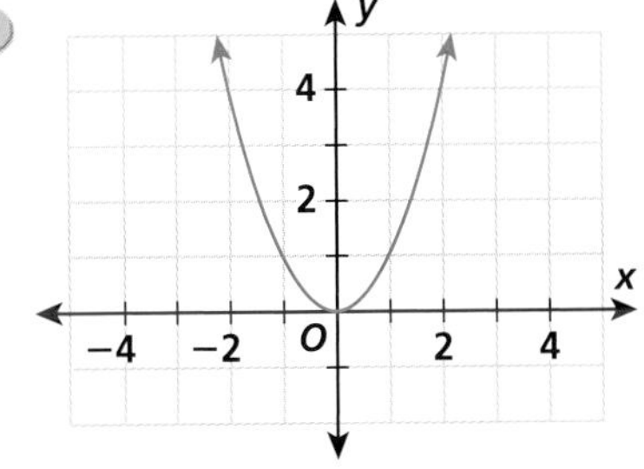

La gráfica no es una línea. Por lo tanto, la tasa de cambio es variable.

EJEMPLO 4 **Usar la tasa de cambio para resolver problemas**

En la gráfica se muestra la distancia que recorre un ciclista en el tiempo. ¿Viaja a una velocidad constante o variable? ¿A qué velocidad viaja?

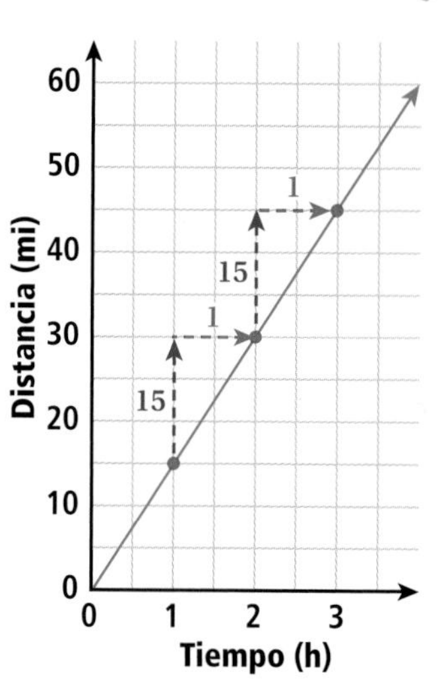

Como la gráfica es una línea, el ciclista viaja a una velocidad constante.

La cantidad de millas es la distancia vertical y la cantidad de tiempo es la distancia horizontal. Puedes hallar la velocidad si hallas la pendiente.

$$\text{pendiente (velocidad)} = \frac{\text{dist. vert. (distancia)}}{\text{dist. horiz. (tiempo)}} = \frac{15}{1}$$

El ciclista viaja a 15 millas por hora.

Razonar y comentar

1. **Describe** una línea con pendiente negativa.
2. **Compara** tasas de cambio constantes y variables.
3. **Da un ejemplo** de una situación del mundo real en la que se use una tasa de cambio.

5-3 Ejercicios

*(Disponible sólo en inglés)

PRÁCTICA GUIADA

Ver Ejemplo 1 **Indica si la pendiente es positiva o negativa. Luego halla la pendiente.**

1.

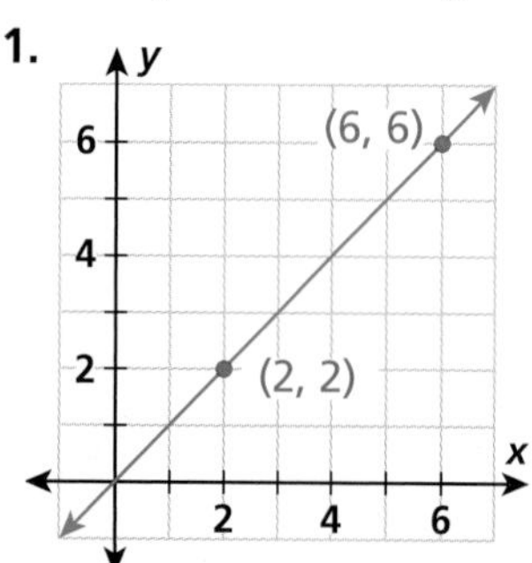

2.

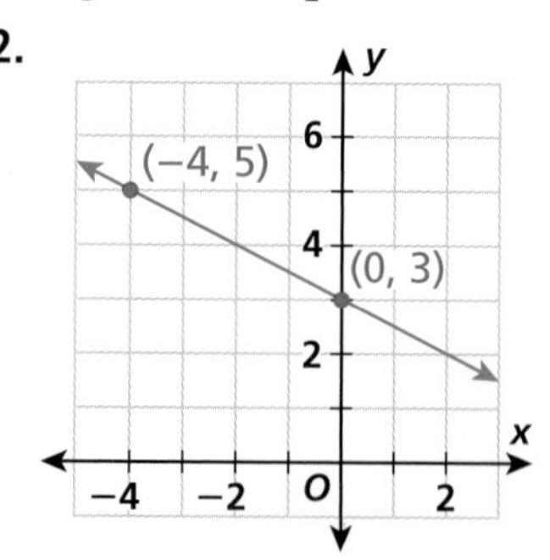

Ver Ejemplo 2 **Usa la pendiente y el punto que se dan para representar gráficamente cada línea.**

3. 3; (4, −2) **4.** −2; (−3, −2) **5.** $-\frac{1}{4}$; (0, 5) **6.** $\frac{3}{2}$; (−1, 1)

Ver Ejemplo 3 **Indica si en cada gráfica se muestra una tasa de cambio constante o variable.**

7.

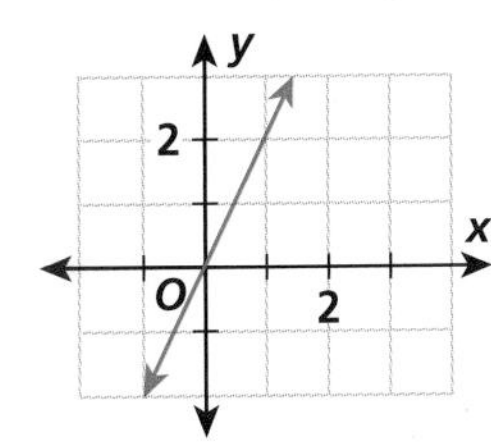

8.

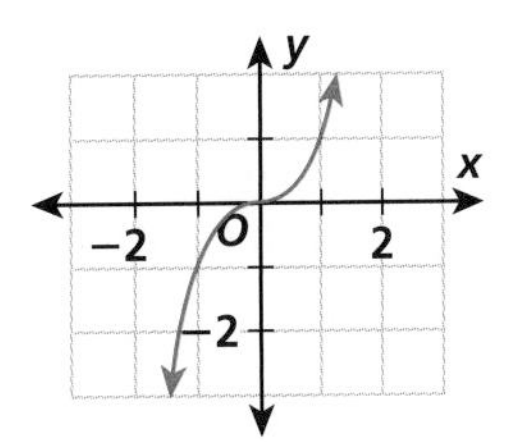

9.

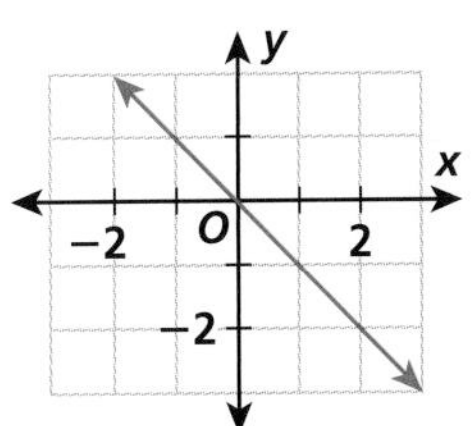

Ver Ejemplo 

10. En la gráfica se muestra la distancia que nada una trucha en cierto tiempo. ¿Nada a una velocidad constante o variable? ¿Qué tan rápido lo hace?

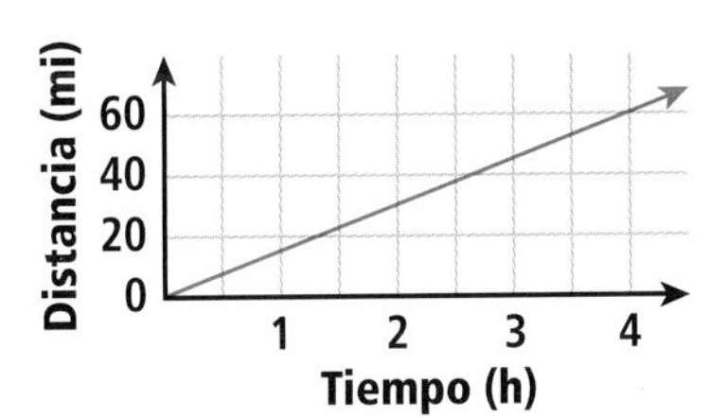

PRÁCTICA INDEPENDIENTE

Ver Ejemplo  **Indica si la pendiente es positiva o negativa. Luego halla la pendiente.**

11.

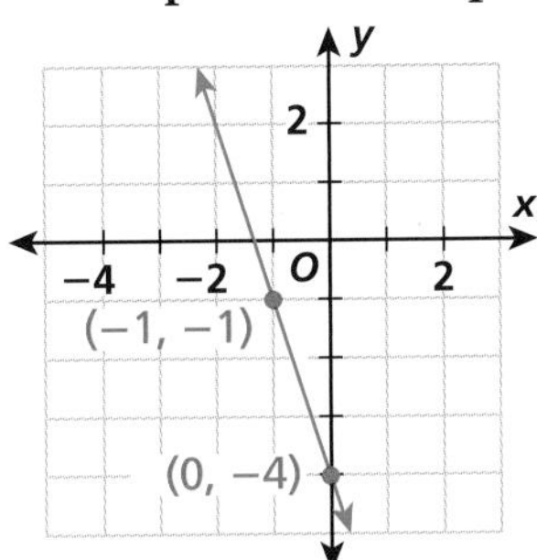

12.

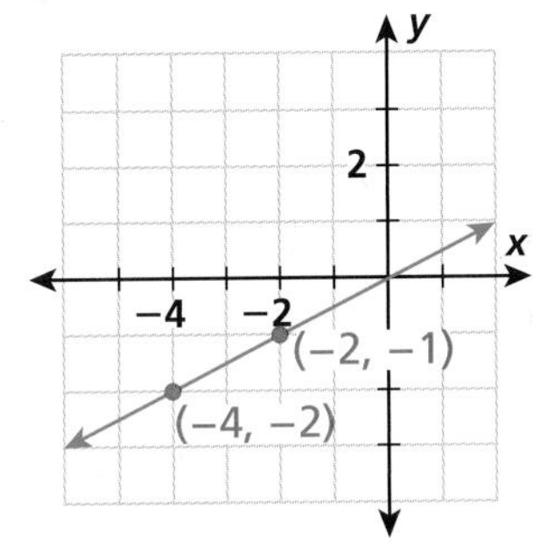

Ver Ejemplo 2 **Usa la pendiente y el punto que se dan para representar gráficamente cada línea.**

13. -1; $(-1, 4)$ **14.** 4; $(-1, -3)$ **15.** $\frac{3}{5}$; $(3, -1)$ **16.** $\frac{2}{3}$; $(0, 5)$

Ver Ejemplo 3 **Indica si en cada gráfica se muestra una tasa de cambio constante o variable.**

17.

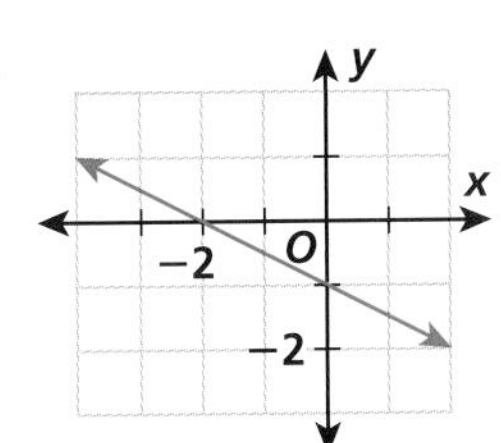

18.

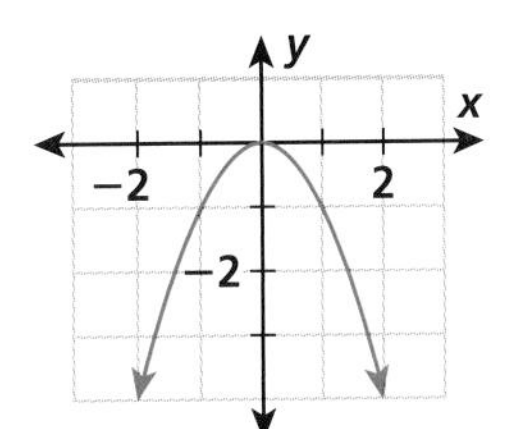

19.

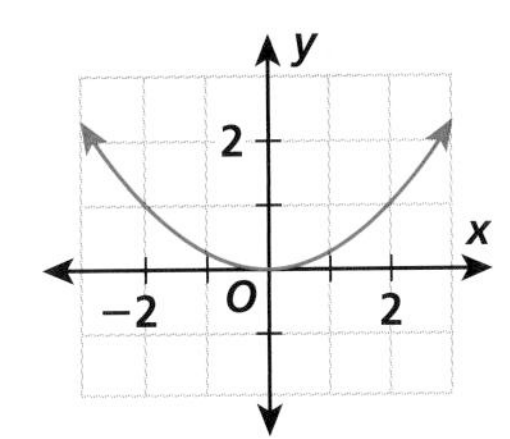

Ver Ejemplo 

20. En la gráfica se muestra la cantidad de lluvia que cae en cierto tiempo. ¿La lluvia cae a una tasa constante o variable? ¿Cuánta lluvia cae por hora?

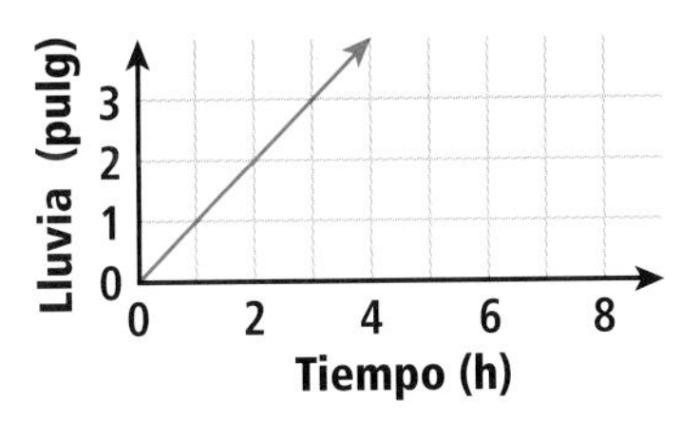

PRÁCTICA Y RESOLUCIÓN DE PROBLEMAS

Práctica adicional
Ver página 735

21. **Varios pasos** Una línea tiene una pendiente de 5 y pasa por los puntos (4, 3) y (2, y). ¿Cuál es el valor de y?

22. Una línea pasa por el origen y tiene una pendiente de $-\frac{3}{2}$. ¿Por qué cuadrante pasa la línea?

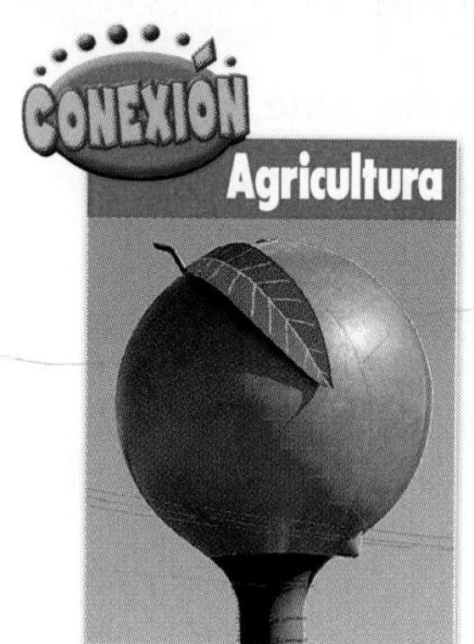

Este depósito de agua se encuentra en Gaffney, Carolina del Sur, donde se celebra cada año el Festival del Durazno de Carolina del Sur.

Representa gráficamente la línea que contiene los dos puntos y luego halla la pendiente.

23. $(-2, 13), (1, 4)$ **24.** $(-2, -6), (2, 2)$ **25.** $(-2, -3), (2, 3)$ **26.** $(2, -3), (3, -5)$

27. Explica si piensas que sería más difícil subir corriendo una colina con una pendiente de $\frac{1}{3}$ ó una colina con una pendiente de $\frac{3}{4}$.

28. Agricultura En la gráfica de la derecha se muestra el costo por libra de los duraznos.

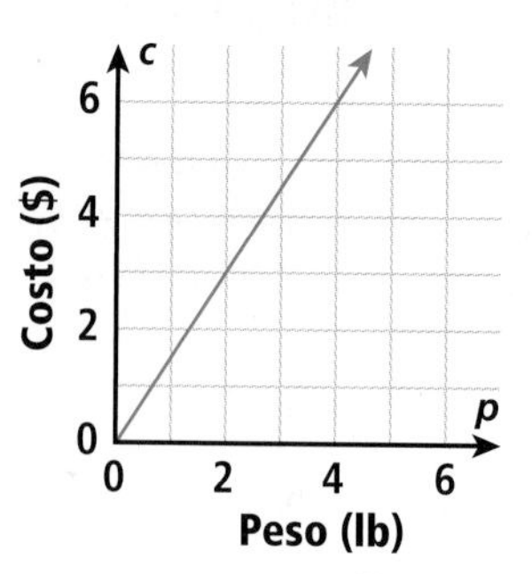

a. ¿El costo por libra es una tasa constante o variable?

b. ¿Cuál es el costo por libra de duraznos?

29. Razonamiento crítico Una línea tiene pendiente negativa. Explica cómo cambian los valores de y de la línea a medida que aumentan los valores de x.

30. ¿Dónde está el error? Kyle representó gráficamente una línea con una pendiente de $-\frac{4}{3}$ y el punto $(2, 3)$. Cuando usó la pendiente para hallar el segundo punto, halló $(5, 7)$. ¿Qué error cometió Kyle?

31. Escríbelo Explica cómo representar gráficamente una línea cuando se da la pendiente y uno de los puntos de la línea.

32. Desafío En un parque, la población de perros de la pradera se duplica cada año. ¿Esta población tiene una tasa de cambio constante o variable? Explica.

PREPARACIÓN PARA EL EXAMEN y repaso en espiral

33. Opción múltiple Para representar gráficamente una línea, Caelyn marcó el punto $(2, 1)$ y luego usó la pendiente $-\frac{1}{2}$ para hallar otro punto en la línea. ¿Cuál podría ser el otro punto que Caelyn halló en la línea?

Ⓐ $(1, 3)$ Ⓑ $(4, 0)$ Ⓒ $(1, -1)$ Ⓓ $(0, 0)$

33. Opción múltiple Una línea tiene pendiente positiva y pasa por el punto $(-1, 2)$. ¿Por qué cuadrante NO puede pasar la línea?

Ⓕ Cuadrante I Ⓖ Cuadrante II Ⓗ Cuadrante III Ⓙ Cuadrante IV

35. Respuesta breve Explica cómo puedes usar tres puntos de una gráfica para determinar si la tasa de cambio es constante o variable.

Halla cada valor. (Lección 1-2)

36. 3^5 **37.** 5^3 **38.** 4^1 **39.** 10^5

Escribe una regla para cada sucesión usando expresiones con palabras. Luego halla los siguientes tres términos. (Lección 4-5)

40. $3.7, 3.2, 2.7, 2.2, \ldots$ **41.** $-\frac{3}{2}, 0, \frac{3}{2}, 3, \ldots$ **42.** $3, -1, \frac{1}{3}, -\frac{1}{9}, \ldots$

5-4 Cómo identificar y escribir proporciones

Aprender a hallar razones equivalentes y a identificar proporciones

Vocabulario

razones equivalentes

proporción

Los estudiantes de la clase de matemáticas del maestro Howell se miden el ancho a y la longitud ℓ de la cabeza. La razón de ℓ a a es de 10 pulgadas a 6 pulgadas en el caso de Jean y de 25 centímetros a 15 centímetros en el caso de Pat.

Los calibradores tienen brazos ajustables que se usan para medir el grosor de los objetos.

Estas razones pueden escribirse como las fracciones $\frac{10}{6}$ y $\frac{25}{15}$. Como ambas razones se simplifican a $\frac{5}{3}$, son equivalentes. Las **razones equivalentes** son razones que identifican la misma comparación.

Una ecuación con la que se indica que dos razones son equivalentes se llama **proporción.** En la ecuación o proporción siguiente se indica que las razones $\frac{10}{6}$ y $\frac{25}{15}$ son equivalentes.

$$\frac{10}{6} = \frac{25}{15}$$

Si dos razones son equivalentes, se dice que son *proporcionales* una respecto de otra o que están *en proporción.*

Leer matemáticas

Lee la proporción $\frac{10}{6} = \frac{25}{15}$ de la siguiente forma: "diez es a seis como veinticinco es a quince".

EJEMPLO 1 **Comparar razones en su mínima expresión**

Determina si las razones son proporcionales.

A $\frac{2}{7}, \frac{6}{21}$

$\frac{2}{7}$ — *$\frac{2}{7}$ ya está en su mínima expresión.*

$\frac{6}{21} = \frac{6 \div 3}{21 \div 3} = \frac{2}{7}$ — *Simplifica $\frac{6}{21}$.*

Como $\frac{2}{7} = \frac{2}{7}$, las razones son proporcionales.

B $\frac{8}{24}, \frac{6}{20}$

$\frac{8}{24} = \frac{8 \div 8}{24 \div 8} = \frac{1}{3}$ — *Simplifica $\frac{8}{24}$.*

$\frac{6}{20} = \frac{6 \div 2}{20 \div 2} = \frac{3}{10}$ — *Simplifica $\frac{6}{20}$.*

Como $\frac{1}{3} \neq \frac{3}{10}$, las razones *no* son proporcionales.

EJEMPLO 2 Comparar razones mediante un denominador común

Usa los datos de la tabla para determinar si las razones de avena a agua son proporcionales en las dos porciones de avena.

Porciones de avena	Tazas de avena	Tazas de agua
8	2	4
12	3	6

Escribe las razones de avena a agua para 8 y 12 porciones.

Razón de avena a agua, 8 porciones: $\frac{2}{4}$ — *Escribe la razón como fracción.*

Razón de avena a agua, 12 porciones: $\frac{3}{6}$ — *Escribe la razón como fracción.*

$\frac{2}{4} = \frac{2 \cdot 6}{4 \cdot 6} = \frac{12}{24}$

$\frac{3}{6} = \frac{3 \cdot 4}{6 \cdot 4} = \frac{12}{24}$ — *Escribe las razones con un denominador común, como 24.*

Como las dos razones son iguales a $\frac{12}{24}$, son proporcionales.

Puedes hallar una razón equivalente al multiplicar el numerador y el denominador de una razón por el mismo número o al dividirlos entre el mismo número.

EJEMPLO 3 Hallar razones equivalentes y escribir proporciones

Halla una razón equivalente a cada razón. Luego usa las razones para escribir una proporción.

A $\frac{8}{14}$

$\frac{8}{14} = \frac{8 \cdot 20}{14 \cdot 20} = \frac{160}{280}$ — *Multiplica el numerador y el denominador por cualquier número, como 20.*

$\frac{8}{14} = \frac{160}{280}$ — *Escribe una proporción.*

B $\frac{4}{18}$

$\frac{4}{18} = \frac{4 \div 2}{18 \div 2} = \frac{2}{9}$ — *Divide el numerador y el denominador entre un factor común, como 2.*

$\frac{4}{18} = \frac{2}{9}$ — *Escribe una proporción.*

Ciencias biológicas

Las razones de los tamaños de los segmentos de una concha de nautilo son aproximadamente iguales a la *razón áurea*, 1.618... Esta razón puede hallarse en muchos lugares de la naturaleza.

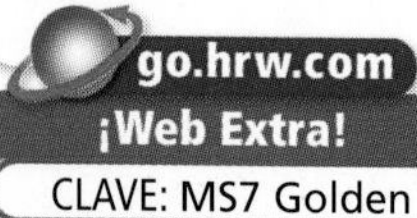

go.hrw.com
¡Web Extra!
CLAVE: MS7 Golden

Razonar y comentar

1. **Explica** por qué las razones del Ejemplo 1B no son proporcionales.
2. **Describe** qué significa que las razones sean proporcionales.
3. **Da un ejemplo** de proporción. Luego indica cómo sabes que es una proporción.

5-4 Ejercicios

go.hrw.com
Ayuda en línea para tareas*
CLAVE: MS7 5-4
Recursos en línea para padres
CLAVE: MS7 Parent
*(Disponible sólo en inglés)

PRÁCTICA GUIADA

Ver Ejemplo 1

Determina si las razones son proporcionales.

1. $\frac{2}{3}, \frac{4}{6}$
2. $\frac{5}{10}, \frac{8}{18}$
3. $\frac{9}{12}, \frac{15}{20}$
4. $\frac{3}{4}, \frac{8}{12}$

Ver Ejemplo 2

5. $\frac{10}{12}, \frac{15}{18}$
6. $\frac{6}{9}, \frac{8}{12}$
7. $\frac{3}{4}, \frac{5}{6}$
8. $\frac{4}{6}, \frac{6}{9}$

Ver Ejemplo 3

Halla una razón equivalente a cada razón. Luego usa las razones para escribir una proporción.

9. $\frac{1}{3}$
10. $\frac{9}{21}$
11. $\frac{8}{3}$
12. $\frac{10}{4}$

PRÁCTICA INDEPENDIENTE

Ver Ejemplo 1

Determina si las razones son proporcionales.

13. $\frac{5}{8}, \frac{7}{14}$
14. $\frac{8}{24}, \frac{10}{30}$
15. $\frac{18}{20}, \frac{81}{180}$
16. $\frac{15}{20}, \frac{27}{35}$

Ver Ejemplo 2

17. $\frac{2}{3}, \frac{4}{9}$
18. $\frac{18}{12}, \frac{15}{10}$
19. $\frac{7}{8}, \frac{14}{24}$
20. $\frac{18}{54}, \frac{10}{30}$

Ver Ejemplo 3

Halla una razón equivalente a cada razón. Luego usa las razones para escribir una proporción.

21. $\frac{5}{9}$
22. $\frac{27}{60}$
23. $\frac{6}{15}$
24. $\frac{121}{99}$
25. $\frac{11}{13}$
26. $\frac{5}{22}$
27. $\frac{78}{104}$
28. $\frac{27}{72}$

PRÁCTICA Y RESOLUCIÓN DE PROBLEMAS

Práctica adicional
Ver página 735

Completa cada tabla de razones equivalentes.

29.

peces ángel	4	8	■	20
peces tigre	■	6	18	■

30.

cuadrados	2	4	6	8
círculos	■	16	■	■

Halla dos razones equivalentes a cada razón que se da.

31. 3 a 7
32. 6:2
33. $\frac{5}{12}$
34. 8:4
35. 6 a 9
36. $\frac{10}{50}$
37. 10:4
38. 1 a 10

39. **Ecología** Si reciclas una lata de aluminio, ahorras suficiente energía para mantener encendido un televisor durante cuatro horas.
    a. Escribe la razón de latas a horas.
    b. La clase de Marti recicló suficientes latas de aluminio para mantener encendido un televisor durante 2,080 horas. ¿Reciclaron 545 latas? Justifica tu respuesta con razones equivalentes.

40. **Razonamiento crítico** La razón de chicas a chicos que viajan en autobús es 15:12. Si en la próxima parada desciende la misma cantidad de chicas y chicos, ¿sigue siendo 15:12 la razón de chicas a chicos? Explica.

47. **Razonamiento crítico** Escribe todas las proporciones posibles usando sólo los números 1, 2 y 4.

42. **Escuela** El año pasado, en la escuela de Kerry, la razón de estudiantes a maestros era 22:1. Escribe una razón equivalente para mostrar cuántos estudiantes y maestros podría haber habido en la escuela de Kerry.

43. **Ciencias biológicas** Los estudiantes de una clase de biología estudiaron cuatro lagunas para ver si habitaban salamandras y ranas en el área.

Laguna	Cantidad de salamandras	Cantidad de ranas
Laguna Cypress	8	5
Laguna Mill	15	10
Laguna Clear	3	2
Laguna Gill	2	7

   a. ¿Cuál fue la razón de salamandras a ranas en la laguna Cypress?

   b. ¿En qué dos lagunas la razón de salamandras a ranas fue igual?

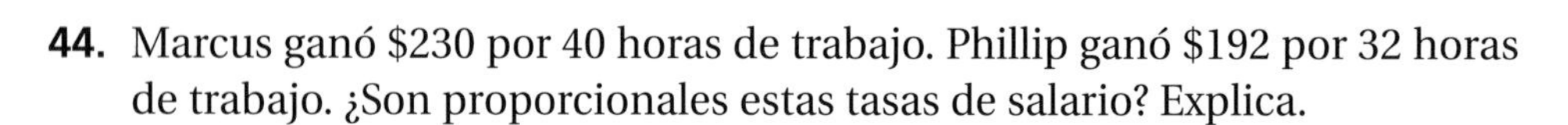

44. Marcus ganó $230 por 40 horas de trabajo. Phillip ganó $192 por 32 horas de trabajo. ¿Son proporcionales estas tasas de salario? Explica.

45. **¿Dónde está el error?** Un estudiante escribió la proporción $\frac{13}{20} = \frac{26}{60}$. ¿Qué error cometió?

46. **Escríbelo** Explica dos formas diferentes de determinar si dos razones son proporcionales.

47. **Desafío** Una paracaidista salta desde un avión. Después de 0.8 segundos, cayó 100 pies. Después de 3.1 segundos, cayó 500 pies. ¿La tasa a la que cayó (en pies por segundo) los primeros 100 pies es proporcional a la que cayó los siguientes 400 pies? Explica.

PREPARACIÓN PARA EL EXAMEN y repaso en espiral

48. **Opción múltiple** ¿Qué razón NO es equivalente a $\frac{32}{48}$?

Ⓐ $\frac{2}{3}$ Ⓑ $\frac{8}{12}$ Ⓒ $\frac{64}{96}$ Ⓓ $\frac{128}{144}$

49. **Opción múltiple** ¿Qué razón puede formar una proporción con $\frac{5}{6}$?

Ⓕ $\frac{13}{18}$ Ⓖ $\frac{25}{36}$ Ⓗ $\frac{70}{84}$ Ⓙ $\frac{95}{102}$

Divide. Estima para comprobar si cada respuesta es razonable. (Lección 3-5)

50. $14.35 \div 0.7$
51. $-9 \div 2.4$
52. $12.505 \div 3.05$
53. $427 \div (-5.6)$

Haz una tabla de función. (Lección 4-4)

54. $y = 2x - 1$
55. $y = -x + 3$
56. $y = \frac{x}{3} - 2$
57. $y = -3x + 4$

5-5 Cómo resolver proporciones

Aprender a resolver proporciones mediante productos cruzados

Vocabulario

producto cruzado

La densidad es una razón con la que se compara la masa de una sustancia con su volumen. Si te dan la densidad del hielo, puedes hallar la masa de 3 mL de hielo al resolver una proporción.

El hielo flota en el agua porque la densidad del hielo es menor que la densidad del agua.

Para dos razones, el producto del numerador de una razón y el denominador de la otra es un **producto cruzado.** Si los productos cruzados de las razones son iguales, entonces las razones forman una proporción.

$$\frac{2}{5} = \frac{6}{15} \qquad 5 \cdot 6 = 30 \qquad 2 \cdot 15 = 30$$

REGLA DEL PRODUCTO CRUZADO

En la proporción $\frac{a}{b} = \frac{c}{d}$, donde $b \neq 0$ y $d \neq 0$,
los productos cruzados, $a \cdot d$ y $b \cdot c$, son iguales.

Usa la regla del producto cruzado para resolver proporciones con variables.

EJEMPLO 1 Resolver proporciones mediante productos cruzados

Usa los productos cruzados para resolver la proporción $\frac{p}{6} = \frac{10}{3}$.

$\frac{p}{6} = \frac{10}{3}$

$p \cdot 3 = 6 \cdot 10$ *Los productos cruzados son iguales.*

$3p = 6$ *Multiplica.*

$\frac{3p}{3} = \frac{60}{3}$ *Divide cada lado entre 3 para despejar la variable.*

$p = 20$

Al establecer proporciones que incluyen unidades de medida diferentes, las unidades en los numeradores y las unidades en los denominadores deben ser idénticas o las unidades dentro de cada razón deben ser idénticas.

$$\frac{16 \text{ mi}}{4 \text{ h}} = \frac{8 \text{ mi}}{x \text{ h}} \qquad \frac{16 \text{ mi}}{8 \text{ mi}} = \frac{4 \text{ h}}{x \text{ h}}$$

EJEMPLO 

APLICACIÓN A LA RESOLUCIÓN DE PROBLEMAS

RESOLUCIÓN DE PROBLEMAS

La densidad de una sustancia es la razón de su masa a su volumen. La densidad del hielo es 0.92 g/mL. ¿Cuál es la masa de 3 mL de hielo?

1 Comprende el problema

Vuelve a escribir la pregunta como enunciado.

- Halla la masa, en gramos, de 3 mL de hielo.

Haz una lista con la **información importante:**

- densidad $= \dfrac{\text{masa (g)}}{\text{volumen (mL)}}$
- densidad del hielo $= \dfrac{0.92 \text{ g}}{1 \text{ mL}}$

2 Haz un plan

Usa la información que se da para establecer una proporción. Sea m la masa de 3 mL de hielo.

$$\frac{0.92 \text{ g}}{1 \text{ mL}} = \frac{m}{3 \text{ mL}} \begin{array}{l} \leftarrow \textit{masa} \\ \leftarrow \textit{volumen} \end{array}$$

3 Resuelve

Resuelve la proporción.

$\frac{0.92}{1} = \frac{m}{3}$ *Escribe la proporción.*

$1 \cdot m = 0.92 \cdot 3$ *Los productos cruzados son iguales.*

$m = 2.76$ *Multiplica.*

La masa de 3 mL de hielo es 2.76 g.

4 Repasa

Como la densidad del hielo es 0.92 g/mL, cada mililitro de hielo tiene una masa un poco menor que 1 g. Por lo tanto, 3 mL de hielo deben tener una masa un poco menor que 3 g. Como 2.76 es un poco menor que 3, la respuesta es razonable.

Razonar y comentar

2. Explica cómo el término *producto cruzado* puede ayudarte a recordar cómo se resuelve una proporción.

2. Describe el error en estos pasos: $\frac{2}{3} = \frac{x}{12}$; $2x = 36$; $x = 18$.

3. Muestra cómo usar productos cruzados para decidir si las razones 6:45 y 2:15 son proporcionales.

5-5 Ejercicios

go.hrw.com
Ayuda en línea para tareas*
CLAVE: MS7 5-5
Recursos en línea para padres
CLAVE: MS7 Parent
*(Disponible sólo en inglés)

PRÁCTICA GUIADA

Ver Ejemplo 1

Usa productos cruzados para resolver cada proporción.

1. $\frac{6}{10} = \frac{36}{x}$
2. $\frac{4}{7} = \frac{5}{p}$
3. $\frac{12.3}{m} = \frac{75}{100}$
4. $\frac{t}{42} = \frac{1.5}{3}$

Ver Ejemplo 2

5. Una pila de 2,450 billetes de un dólar pesa 5 libras. ¿Cuánto pesa una pila de 1,470 billetes de un dólar?

PRÁCTICA INDEPENDIENTE

Ver Ejemplo 1

Usa productos cruzados para resolver cada proporción.

6. $\frac{4}{36} = \frac{x}{180}$
7. $\frac{7}{84} = \frac{12}{h}$
8. $\frac{3}{24} = \frac{r}{52}$
9. $\frac{5}{140} = \frac{12}{v}$
10. $\frac{45}{x} = \frac{15}{3}$
11. $\frac{t}{6} = \frac{96}{16}$
12. $\frac{2}{5} = \frac{s}{12}$
13. $\frac{14}{n} = \frac{5}{8}$

Ver Ejemplo 2

14. Las monedas de euro tienen ocho denominaciones. Una denominación es la moneda de un euro, que vale 100 centavos. Una pila de 10 monedas de un euro tiene una altura de 21.25 milímetros. ¿Qué altura tendría una pila de 45 monedas de un euro? Redondea tu respuesta a la centésima de milímetro más cercana.
15. Hay 18.5 onzas de sopa en una lata. Esto es equivalente a 524 gramos. Si Jenna tiene 8 onzas de sopa, ¿cuántos gramos tiene? Redondea tu respuesta al gramo cabal más cercano.

PRÁCTICA Y RESOLUCIÓN DE PROBLEMAS

Práctica adicional
Ver página 735

Resuelve cada proporción. Luego halla otra razón equivalente.

16. $\frac{4}{h} = \frac{12}{24}$
17. $\frac{x}{15} = \frac{12}{90}$
18. $\frac{39}{4} = \frac{t}{12}$
19. $\frac{5.5}{6} = \frac{16.5}{w}$
20. $\frac{1}{3} = \frac{y}{25.5}$
21. $\frac{18}{x} = \frac{1}{5}$
22. $\frac{m}{4} = \frac{175}{20}$
23. $\frac{8.7}{2} = \frac{q}{4}$
24. $\frac{r}{84} = \frac{32.5}{182}$
25. $\frac{76}{304} = \frac{81}{k}$
26. $\frac{9}{500} = \frac{p}{2,500}$
27. $\frac{5}{j} = \frac{6}{19.8}$
28. Cierto tono se logra al mezclar 5 partes de pintura azul con 2 partes de pintura blanca. Para obtener el tono correcto, ¿cuántos cuartos de pintura blanca deberían mezclarse con 8.5 cuartos de pintura azul?
29. **Medición** Si colocas un objeto que tiene una masa de 8 gramos en un lado de una balanza, tendrías que poner aproximadamente 20 clips en el otro lado para equilibrar la balanza. ¿Cuántos clips equilibrarían el peso de un objeto de 10 gramos?
30. Sandra condujo 126.2 millas en 2 horas a una velocidad constante. Usa una proporción para hallar cuánto tiempo le llevaría conducir 189.3 millas a la misma velocidad.
31. **Varios pasos** En junio, un campamento tiene 325 acampantes y 26 orientadores. En julio, 265 acampantes se van y llegan 215 acampantes nuevos. ¿Cuántos orientadores necesita el campamento en julio para mantener una razón equivalente de acampantes a orientadores?

Ordena cada conjunto de números para formar una proporción.

32. 10, 6, 30, 18 **33.** 4, 6, 10, 15 **34.** 12, 21, 7, 4

35. 75, 4, 3, 100 **36.** 30, 42, 5, 7 **37.** 5, 90, 108, 6

38. Ciencias biológicas El lunes, una bióloga marina tomó una muestra al azar de 50 peces de un estanque y los clasificó con una marca. El martes, tomó una nueva muestra de 100 peces. Entre éstos había 4 que había clasificado el lunes.

a. ¿Qué comparación representa la razón $\frac{4}{100}$?

b. ¿Qué razón representa la cantidad de peces clasificados el lunes a n, la cantidad total estimada de peces en el estanque?

c. Usa una proporción para estimar la cantidad de peces en el estanque.

39. Química En la tabla se muestra el tipo y la cantidad de átomos en una molécula de ácido cítrico. Usa una proporción para hallar la cantidad de átomos de oxígeno en 15 moléculas de ácido cítrico.

Composición del ácido cítrico	
Tipo de átomo	**Cantidad de átomos**
Carbono	6
Hidrógeno	8
Oxígeno	7

40. Ciencias de la Tierra Puedes hallar la distancia a la que estás de una tormenta contando los segundos que pasan entre un relámpago y el trueno. Por ejemplo, si la diferencia de tiempo es 21 s, entonces la tormenta está a 7 km de distancia. ¿A qué distancia está una tormenta si la diferencia de tiempo es 9 s?

41. ¿Cuál es la pregunta? Hay 20 gramos de proteína en 3 onzas de pescado salteado. Si la respuesta es 9 onzas, ¿cuál es la pregunta?

42. Escríbelo Da un ejemplo de tu propia vida que pueda describirse mediante una razón. Luego, indica cómo te da información adicional una proporción.

43. Desafío Usa la propiedad de igualdad de la multiplicación y la proporción $\frac{a}{b} = \frac{c}{d}$ para mostrar que la regla del producto cruzado funciona.

Preparación Para El Examen y repaso en espiral

44. Opción múltiple ¿Qué proporción es verdadera?

Ⓐ $\frac{4}{8} = \frac{6}{10}$ Ⓑ $\frac{2}{7} = \frac{10}{15}$ Ⓒ $\frac{7}{14} = \frac{15}{30}$ Ⓓ $\frac{16}{25} = \frac{13}{18}$

45. Respuesta gráfica Halla una razón para completar la proporción $\frac{2}{3} = \frac{?}{?}$ de modo que los productos cruzados sean iguales a 12. Representa gráficamente tu respuesta en forma de fracción.

Estima. (Lección 3-1)

46. 16.21 − 14.87 **47.** 3.82 · (−4.97) **48.** −8.7 · (−20.1)

Halla cada tasa unitaria. (Lección 5-2)

49. 128 millas en 2 horas **50.** 9 libros en 6 semanas **51.** $114 en 12 horas

Crear fórmulas para convertir unidades

Para usar con la Lección 5-6

go.hrw.com
Recursos en línea para el laboratorio
CLAVE: MS7 Lab5

Actividad

Los impresores, los editores y los diseñadores gráficos miden las longitudes en *picas.* Mide cada uno de los siguientes segmentos a la pulgada más cercana y anota tus resultados en la tabla.

Segmento	Longitud (pulg)	Longitud (picas)	Razón de picas a pulgadas
1		6	
2		12	
3		24	
4		30	
5		36	

1 ______

2 ____________

3 ________________________

4 ______________________________

5 ____________________________________

Razonar y comentar

1. Haz una conjetura sobre la relación entre picas y pulgadas.
2. Usa tu conjetura para escribir una fórmula que relacione pulgadas n con picas p.
3. ¿Cuántas picas mide el ancho de una página de $8\frac{1}{2}$ pulg de ancho?

Inténtalo

Usando las pulgadas como coordenadas x y las picas como coordinadas y, escribe pares ordenados con los datos de la tabla. Luego marca los puntos y dibuja una gráfica.

1. ¿Qué forma tiene la gráfica?
2. Usa la gráfica para hallar la cantidad de picas que equivalen a 3 pulgadas.
3. Usa la gráfica para hallar la cantidad de pulgadas que equivalen a 27 picas.
4. Una diseñadora está armando una página de una revista. Una fotografía mide 18 picas por 15 picas. La diseñadora duplica las dimensiones de la fotografía. ¿Cuáles son, en pulgadas, las nuevas medidas de la fotografía?

5-6 Medidas usuales

Aprender a identificar y convertir unidades usuales de medida

La cobra rey es una de las serpientes más venenosas del mundo. Sólo 2 onzas líquidas del veneno de esta serpiente bastan para matar a un elefante de 2 toneladas.

Las siguientes referencias pueden ayudarte a comprender las onzas líquidas, las toneladas y otras unidades usuales de medida.

	Medida usual	Referencia
Longitud	Pulgada (pulg)	Longitud de un clip pequeño
	Pie (pie)	Longitud de una hoja de papel tamaño estándar
	Milla (mi)	Longitud de aproximadamente 18 campos de fútbol americano
Peso	Onza (oz)	Peso de una rebanada de pan
	Libra (lb)	Peso de 3 manzanas
	Tonelada	Peso de un búfalo
Capacidad	Onza líquida (oz líq)	Cantidad equivalente a dos cucharadas de agua
	Taza (tz)	Capacidad de una taza para medir estándar
	Galón (gal)	Capacidad de una jarra grande de leche

EJEMPLO 1 **Elegir la unidad de medida usual adecuada**

Elige la unidad usual más adecuada para cada medición. Justifica tu respuesta.

A **la longitud de una alfombra**

Pies: la longitud de una alfombra es similar a la de varias hojas de papel.

B **el peso de una revista**

Onzas: el peso de una revista es similar al peso de varias rebanadas de pan.

C **la capacidad de un acuario**

Galones: la capacidad de un acuario es similar a la de varias jarras grandes de leche.

En la siguiente tabla se muestran algunas unidades usuales equivalentes de uso frecuente.

Puedes usar medidas equivalentes para convertir unidades de medida.

Longitud	Peso	Capacidad
12 pulgadas (pulg) = 1 pie (pie) 3 pies = 1 yarda (yd) 5,280 pies = 1 milla (mi)	16 onzas (oz) = 1 libra (lb) 2,000 libras = 1 tonelada (t)	8 onzas líquidas (oz líq) = 1 taza (tz) 2 tazas = 1 pinta (pt) 2 pintas = 1 cuarto (ct) 4 cuartos = 1 galón (gal)

EJEMPLO 2 Convertir unidades usuales

Convierte 19 tz a onzas líquidas.

Método 1: Usar una proporción

Escribe una proporción usando una razón de medidas equivalentes.

$$\frac{\text{onzas líquidas}}{\text{tazas}} \quad \frac{8}{1} = \frac{x}{19}$$

$$8 \cdot 19 = 1 \cdot x$$

$$152 = x$$

Método 2: Multiplicar por 1

Multiplica por una razón igual a 1 y cancela las unidades.

$$19 \text{ tz} = \frac{19 \cancel{\text{tz}}}{1} \times \frac{8 \text{ oz líq}}{1 \cancel{\text{tz}}}$$

$$= \frac{19 \cdot 8 \text{ oz líq}}{1}$$

$$= 152 \text{ oz líq}$$

Diecinueve tazas equivalen a 152 onzas líquidas.

EJEMPLO 3 Sumar o restar unidades mixtas de medida

Una carpintera tiene un poste de madera que mide 4 pies de largo. Le cortó 17 pulg de un extremo. ¿Cuál es la longitud de lo que queda del poste?

En primer lugar, convierte 4 pies a pulgadas.

$$\frac{\text{pulgadas}}{\text{pies}} \quad \frac{12}{1} = \frac{x}{4}$$ *Escribe una proporción usando 1 pie = 12 pulg*

$$x = 48 \text{ pulg}$$

La carpintera cortó 17 pulg. Por lo tanto, resta 17 pulg.

$$4 \text{ pies} - 17 \text{ pulg} = 48 \text{ pulg} - 17 \text{ pulg}$$

$$= 31 \text{ pulg}$$

Escribe la respuesta en pies y en pulgadas.

$$31 \text{ pulg} \times \frac{1 \text{ pie}}{12 \text{ pulg}} = \frac{31}{12} \text{ pies}$$ *Multiplica por una razón igual a 1.*

$$= 2\frac{7}{12} \text{ pulg, ó 2 pies 7 pulg}$$

Razonar y comentar

1. **Describe** un objeto que pesarías en onzas.
2. **Explica** cómo convertir yardas a pies y pies a yardas.

5-6 Ejercicios

go.hrw.com
Ayuda en línea para tareas*
CLAVE: MS7 5-6
Recursos en línea para padres
CLAVE: MS7 Parent
*(Disponible sólo en inglés)

PRÁCTICA GUIADA

Ver Ejemplo 1

Elige la unidad usual más adecuada para cada medición. Justifica tu respuesta.

1. el ancho de una acera
2. la cantidad de agua de una piscina
3. el peso de un camión
4. la distancia que separa las orillas del lago Erie

Ver Ejemplo 2

Convierte cada medida.

5. 12 gal a cuartos de galón
6. 8 mi a pies
7. 72 oz a libras
8. 3.5 tz a onzas líquidas

Ver Ejemplo 

9. Un recipiente contiene 4 tz de masa para panqueques. Un cocinero usa 5 oz líq de la masa para hacer un panqueque. ¿Cuánta masa queda en el recipiente?

PRÁCTICA INDEPENDIENTE

Ver Ejemplo 1

Elige la unidad usual más adecuada para cada medición. Justifica tu respuesta.

10. el peso de una sandía
11. la envergadura de un gorrión
12. la capacidad de un tazón de sopa
13. la altura de un edificio de oficinas

Ver Ejemplo 2

Convierte cada medida.

14. 18 pt a cuartos
15. 15,840 pies a millas
16. 5.4 toneladas a libras
17. $6\frac{1}{4}$ pies a pulgadas

Ver Ejemplo 

18. Un escultor tiene un bloque de arcilla de 3 lb. Para hacer una escultura, le agrega al bloque 24 oz de arcilla. ¿Cuál es el peso total de la arcilla antes de que el escultor comience a esculpir?

PRÁCTICA Y RESOLUCIÓN DE PROBLEMAS

Práctica adicional
Ver página 736

Compara. Escribe $<$, $>$ ó $=$.

19. 6 yd ■ 12 pies
20. 80 oz ■ 5 lb
21. 18 pulg ■ 3 pies
22. 5 T ■ 12,000 lb
23. 8 gal ■ 30 ct
24. 6.5 tz ■ 52 oz líq
25. 10,000 pies ■ 2 mi
26. 20 pt ■ 40 tz
27. 1 gal ■ 18 tz

28. **Literatura** En 1873, Julio Verne escribió la novela *Veinte mil leguas de viaje submarino.* Una legua equivale aproximadamente a 3.45 millas. ¿Cuántas millas hay en 20,000 leguas?

29. **Ciencias de la Tierra** La profundidad promedio del océano Pacífico es 12,925 pies. ¿Qué profundidad tiene este océano en millas si la redondeas a la décima de milla más cercana?

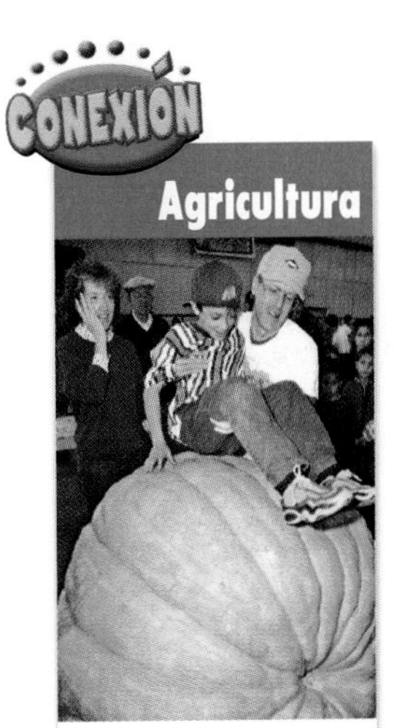

El dueño de esta calabaza de 1,009.6 lb ganó el premio a la calabaza gigante en el concurso de peso en septiembre de 2000, en Nueva Inglaterra.

Ordena cada conjunto de medidas de menor a mayor.

30. 8 pies; 2 yd; 60 pulg

31. 5 ct; 2 gal; 12 pt; 8 tz

32. $\frac{1}{2}$ tonelada; 8,000 oz; 430 lb

33. 2.5 mi; 12,000 pies; 5,000 yd

34. 63 oz líq, 7 tz, 1.5 ct

35. 9.5 yd, 32.5 pies, 380 pulg

36. **Agricultura** En un año, Estados Unidos produjo cerca de 895 millones de libras de calabazas. Según lo que se muestra en la tabla, ¿cuántas onzas de calabazas produjo el estado con menor producción?

Producción de calabazas en Estados Unidos

Estado	Calabazas (millones de libras)
California	180
Illinois	364
Nueva York	114
Pensilvania	109

37. **Varios pasos** Un maratón es una carrera de 26 millas y 385 yardas de longitud. ¿Cuál es la longitud del maratón en yardas?

38. En 1998, en Atlanta, Georgia, se hizo un batido helado con 2,505 galones de helado. ¿Cuántas porciones de 1 pinta de helado contenía el batido?

39. **Razonamiento crítico** Explica por qué es necesario dividir cuando conviertes una medida a una unidad mayor.

40. **¿Dónde está el error?** Un estudiante convirtió 480 pies a pulgadas como se muestra a continuación. ¿En qué se equivocó el estudiante? ¿Cuál es la respuesta correcta?

$$\frac{1 \text{ pie}}{12 \text{ pulg}} = \frac{x}{480 \text{ pies}}$$

41. **Escríbelo** Explica cómo convertir 1.2 toneladas a onzas.

42. **Desafío** Un billete de dólar mide aproximadamente 6 pulg de largo. Una estación de radio ofrece un premio que consiste en una hilera de billetes de dólar de una milla de largo. ¿Cuál es el valor del premio?

PREPARACIÓN PARA EL EXAMEN y repaso en espiral

43. **Opción múltiple** ¿Qué medida equivale a 32 ct?

Ⓐ 64 pt Ⓑ 128 gal Ⓒ 16 tz Ⓓ 512 oz líq

44. **Opción múltiple** Judy tiene 3 yardas de cinta. Para envolver un paquete, corta 16 pulgadas de la cinta. ¿Cuánta cinta le queda?

Ⓕ 1 pie 8 pulg Ⓖ 4 pies 8 pulg Ⓗ 7 pies 8 pulg Ⓙ 10 pies 4 pulg

45. Una tienda vende un televisor a $486.50. Si ese precio es 3.5 veces mayor que el que pagó la tienda por el televisor, ¿cuál fue el costo para la tienda? (Lección 3-6)

Determina si las razones son proporcionales. (Lección 5-4)

46. $\frac{20}{45}, \frac{8}{18}$

47. $\frac{6}{5}, \frac{5}{6}$

48. $\frac{11}{44}, \frac{7}{28}$

49. $\frac{9}{6}, \frac{27}{20}$

CAPÍTULO 5

¿LISTO PARA SEGUIR?

SECCIÓN 5A

Prueba de las Lecciones 5-1 a 5-6

5-1 Razones

1. Un puesto vendió 14 jugos de fresa, 18 jugos de plátano, 8 jugos de uva y 6 jugos de naranja durante un partido. Indica si es mayor la razón de jugos de fresa a jugos de naranja o la razón de jugos de plátano a jugos de uva.

5-2 Tasas

2. Shaunti condujo 621 millas en 11.5 horas. ¿Cuál fue su velocidad promedio en millas por hora?
3. Una tienda vende una bolsa de 7 oz de pasas de uva a $1.10 y una bolsa de 9 oz a $1.46. ¿Qué tamaño de bolsa tiene el precio más bajo por onza?

5-3 Pendiente y tasas de cambio

Indica si en cada gráfica se muestra una tasa de cambio constante o variable. Si es constante, halla la pendiente.

4. 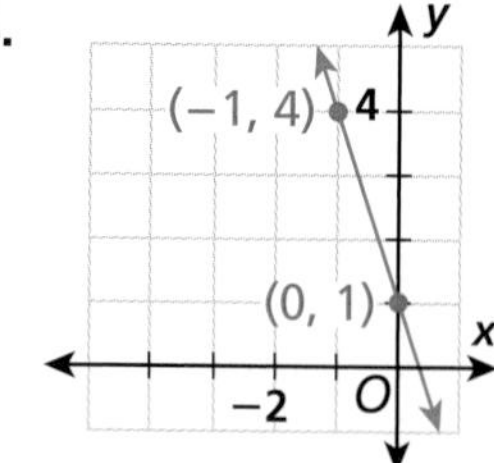

5. 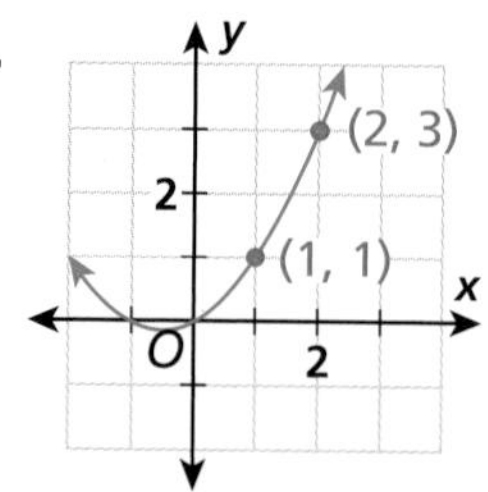

6. 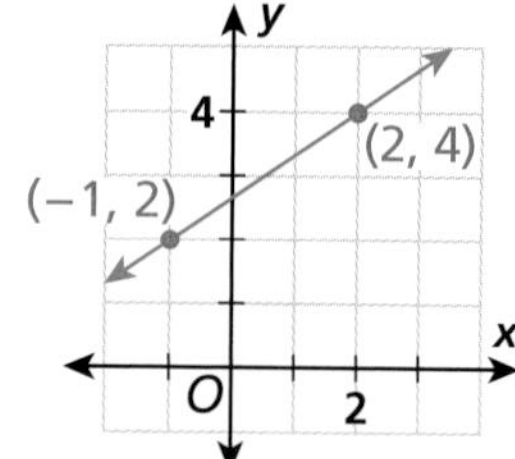

5-4 Cómo identificar y escribir proporciones

Halla una razón equivalente a cada razón. Luego usa las razones para escribir una proporción.

7. $\frac{10}{16}$
8. $\frac{21}{28}$
9. $\frac{12}{25}$
10. $\frac{40}{48}$

5-5 Cómo resolver proporciones

Usa productos cruzados para resolver cada proporción.

11. $\frac{n}{8} = \frac{15}{4}$
12. $\frac{20}{t} = \frac{2.5}{6}$
13. $\frac{6}{11} = \frac{0.12}{z}$
14. $\frac{15}{24} = \frac{x}{10}$

15. Se dice que un año de un perro equivale a 7 años humanos. Si el perro de Cliff tiene 5.5 años de edad en años de perro, ¿cuál es su edad en años humanos?

5-6 Medidas usuales

Convierte cada medida.

16. 7 lb a onzas
17. 15 ct a pintas
18. 3 mi a pies
19. 20 oz líq a tazas
20. 39 pies a yardas
21. 7,000 lb a toneladas

Enfoque en resolución de problemas

Haz un plan

- **Elige una estrategia para resolver el problema**

A continuación aparecen estrategias que podrías usar para resolver un problema:

- Hacer una tabla
- Hallar un patrón
- Hacer una lista organizada
- Trabajar en sentido inverso
- Representar
- Dibujar un diagrama
- Calcular y comprobar
- Usar el razonamiento lógico
- Resolver un problema más sencillo
- Hacer un modelo

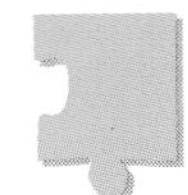

Indica qué estrategia de la lista usarías para resolver cada problema. Explica tu elección.

1. Una receta para preparar panecillos de arándanos requiere 1 taza de leche y 1.5 tazas de arándanos. Ashley quiere preparar más panecillos de los que indica la receta. En la masa para panecillos de Ashley, hay 4.5 tazas de arándanos azules. Si se guía por la receta, ¿cuántas tazas de leche necesitará?

2. La longitud de un rectángulo es 8 cm y su ancho es 5 cm menor que su longitud. Un rectángulo más grande, con dimensiones proporcionales a las del primero, mide 24 cm de largo. ¿Cuánto mide el ancho del rectángulo más grande?

3. Jeremy es el mayor de cuatro hermanos. Cada uno de los cuatro chicos recibe un pago por hacer las tareas del hogar cada semana. El pago que recibe cada chico depende de su edad. Jeremy tiene 13 años de edad y recibe $12.75. Su hermano de 11 años recibe $11.25 y su hermano de 9 años recibe $9.75. ¿Cuánto dinero recibe el hermano de 7 años?

4. Según un artículo de una revista de medicina, una dieta saludable debería incluir una razón de 2.5 porciones de carne a 4 porciones de verduras. Si comes 7 porciones de carne por semana, ¿cuántas porciones de verduras deberías comer?

Hacer figuras semejantes

Para usar con la Lección 5-7

Las *figuras semejantes* son figuras que tienen la misma forma, pero no necesariamente el mismo tamaño. Puedes hacer figuras semejantes al aumentar o disminuir las dos dimensiones de un rectángulo si las razones de las longitudes de los lados se mantienen proporcionales. Hacer el modelo de figuras semejantes usando fichas cuadradas puede ayudarte a resolver proporciones.

Actividad

Un rectángulo hecho de fichas cuadradas mide 5 fichas de largo por 2 fichas de ancho. ¿Cuál es la longitud de un rectángulo semejante con un ancho de 6 fichas?

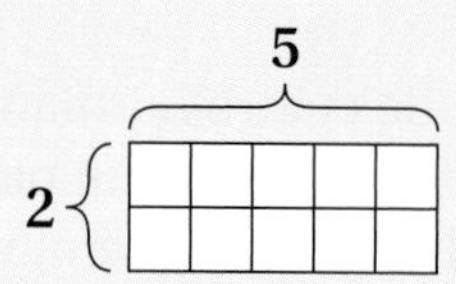

Usa fichas para formar un rectángulo de 5 × 2 .

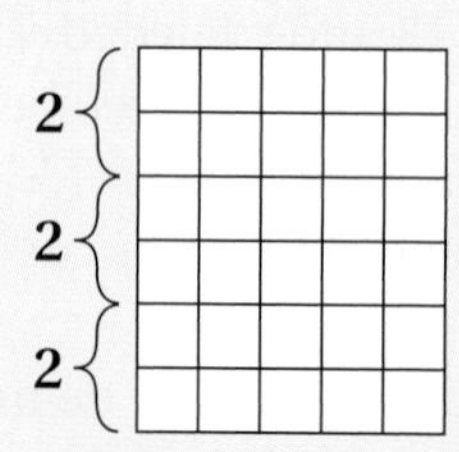

Agrega fichas para aumentar el ancho del rectángulo a 6 fichas.

Observa que ahora hay 3 conjuntos de 2 fichas de ancho del rectángulo porque 2 × 3 = 6.

El ancho del nuevo rectángulo es tres veces mayor que el del rectángulo original. Para que las razones de las medidas de los lados se mantengan proporcionales, la longitud también debe ser tres veces mayor que la del rectángulo original.

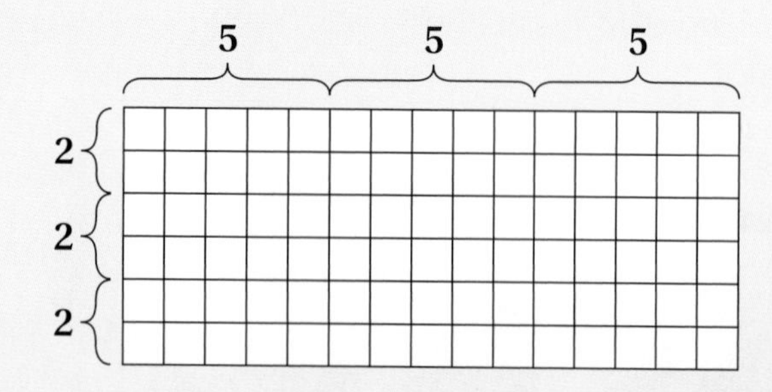

5 × 3 = 15

Agrega fichas para aumentar la longitud del rectángulo a 15 fichas.

La longitud del rectángulo semejante es 15 fichas.

Para comprobar tu respuesta, puedes usar razones.

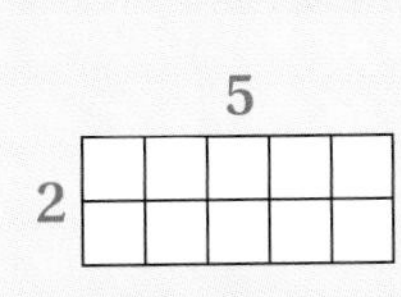

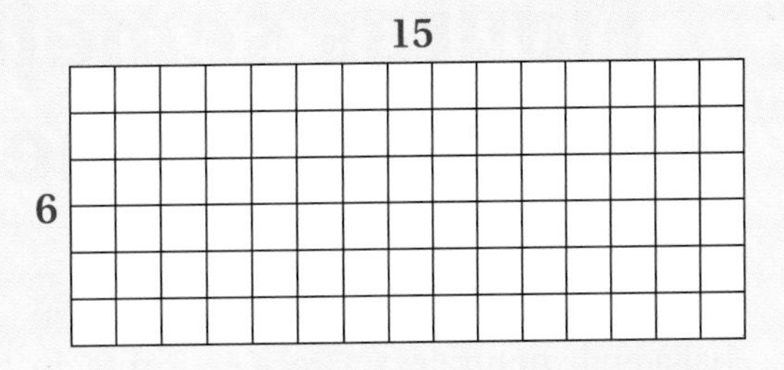

$\frac{2}{6} \stackrel{?}{=} \frac{5}{15}$ *Escribe razones usando las longitudes de los lados correspondientes.*

$\frac{1}{3} \stackrel{?}{=} \frac{1}{3}$ ✔ *Simplifica cada razón.*

1 Usa fichas cuadradas para hacer el modelo de figuras semejantes con las dimensiones que se dan. Luego halla la dimensión que falta de cada rectángulo semejante.

a. El rectángulo original tiene 4 fichas de ancho por 3 fichas de largo. El rectángulo semejante tiene 8 fichas de ancho por x fichas de largo.

b. El rectángulo original tiene 8 fichas de ancho por 10 fichas de largo. El rectángulo semejante tiene x fichas de ancho por 15 fichas de largo.

c. El rectángulo original tiene 3 fichas de ancho por 7 fichas de largo. El rectángulo semejante tiene 9 fichas de ancho por x fichas de largo.

Razonar y comentar

1. Sarah quiere agrandar su patio rectangular. ¿Por qué deberá cambiar las dos dimensiones del patio para crear uno semejante al original?

2. En un jardín, una parcela de tierra que mide 5 yd × 8 yd se usa para cultivar tomates. El dueño de la casa quiere reducir esta parcela a 4 yd × 6 yd. ¿Será la nueva parcela semejante a la original? ¿Por que sí o por qué no?

Inténtalo

1. Un rectángulo mide 3 pies de largo por 7 de ancho. ¿Cuál es el ancho de un rectángulo semejante con una longitud de 9 pies?

2. Un rectángulo mide 6 pies de largo por 12 de ancho. ¿Cuál es la longitud de un rectángulo semejante con un ancho de 4 pies?

Usa fichas cuadradas para hacer un modelo de rectángulos semejantes y resolver cada proporción.

3. $\frac{4}{5} = \frac{8}{x}$ **4.** $\frac{5}{9} = \frac{h}{18}$ **5.** $\frac{2}{y} = \frac{6}{18}$ **6.** $\frac{1}{t} = \frac{4}{16}$

7. $\frac{2}{3} = \frac{8}{m}$ **8.** $\frac{9}{12} = \frac{p}{4}$ **9.** $\frac{6}{r} = \frac{9}{15}$ **10.** $\frac{k}{12} = \frac{7}{6}$

5-7 Figuras semejantes y proporciones

Aprender a usar razones para determinar si dos figuras son semejantes

Vocabulario

semejantes

lados correspondientes

ángulos correspondientes

La fluorita octaédrica es un cristal que se halla en la naturaleza. Crece en forma de octaedro, una figura tridimensional de ocho caras triangulares. Los triángulos en los cristales de fluorita de diferentes tamaños son figuras *semejantes*. Las figuras **semejantes** tienen la misma forma, pero no necesariamente el mismo tamaño. El símbolo ~ significa "es semejante a".

Los **ángulos correspondientes** de dos o más polígonos están en la misma posición relativa. Los **lados correspondientes** de dos o más polígonos están en la misma posición relativa.

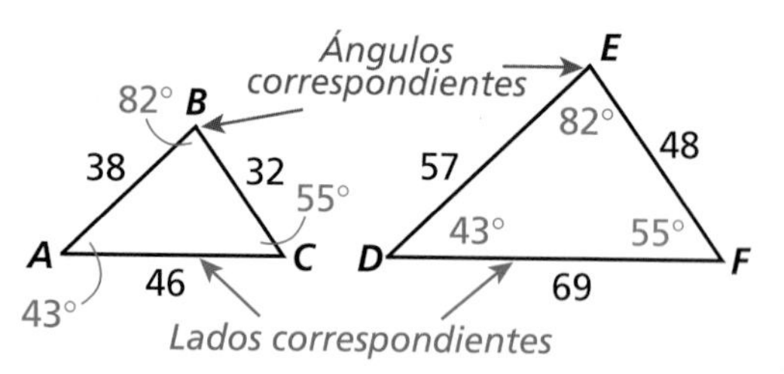

Escribir matemáticas

Al identificar figuras semejantes, indica las letras de los vértices correspondientes en el mismo orden. En el Ejemplo 1, $\triangle DEF \sim \triangle QRS$.

FIGURAS SEMEJANTES

Dos figuras son semejantes si

- las medidas de sus ángulos correspondientes son iguales.
- las razones de las longitudes de sus lados correspondientes son proporcionales.

EJEMPLO 1 Determinar si dos triángulos son semejantes

Indica si los triángulos son semejantes.

Los ángulos correspondientes de las figuras tienen medidas iguales.

$\overline{DE}$ es correspondiente con $\overline{QR}$.
$\overline{EF}$ es correspondiente con $\overline{RS}$.
$\overline{DF}$ es correspondiente con $\overline{QS}$.

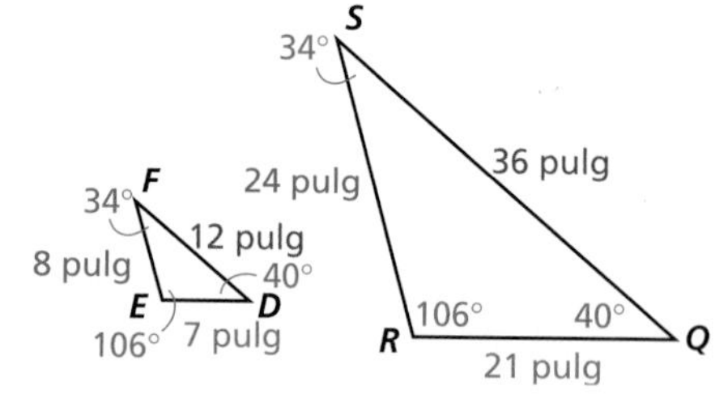

$\frac{DE}{QR} \stackrel{?}{=} \frac{EF}{RS} \stackrel{?}{=} \frac{DF}{QS}$ *Escribe las razones usando los lados correspondientes.*

$\frac{7}{21} \stackrel{?}{=} \frac{8}{24} \stackrel{?}{=} \frac{12}{36}$ *Sustituye las longitudes de los lados.*

$\frac{1}{3} \stackrel{?}{=} \frac{1}{3} \stackrel{?}{=} \frac{1}{3}$ *Simplifica cada razón.*

Como las medidas de los ángulos correspondientes son iguales y las razones de los lados correspondientes son equivalentes, los triángulos son semejantes.

Leer matemáticas

Uno de los lados de una figura puede identificarse por sus extremos, con una barra por encima.

$\overline{AB}$

Sin la barra, las letras indican la *longitud* del lado.

En los triángulos, si las longitudes de los lados correspondientes son todas proporcionales, los ángulos correspondientes *deben* tener medidas iguales. En las figuras de cuatro lados o más, si las longitudes de los lados correspondientes son todas proporcionales, entonces los ángulos correspondientes *pueden o no* tener medidas iguales.

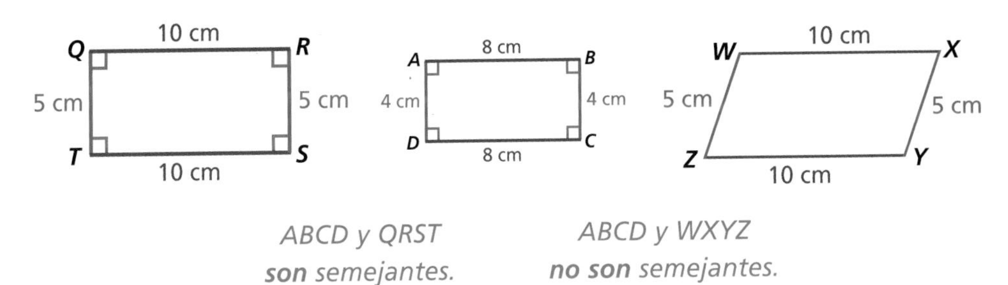

ABCD y QRST **son** *semejantes.*

ABCD y WXYZ **no son** *semejantes.*

EJEMPLO 2 Determinar si dos figuras de cuatro lados son semejantes

Indica si las figuras son semejantes.

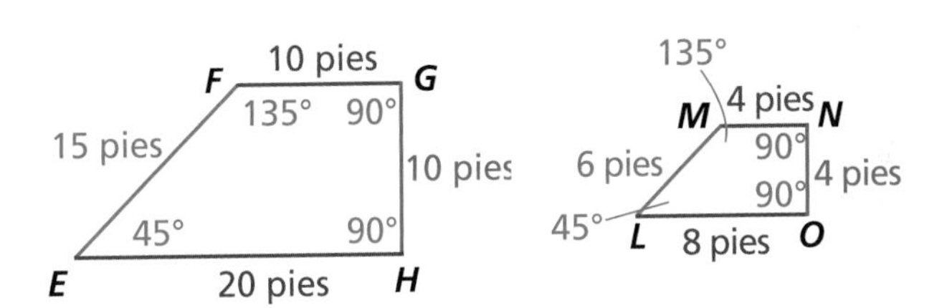

Los ángulos correspondientes de las figuras tienen medidas iguales. Escribe cada conjunto de lados correspondientes como razón.

$\frac{EF}{LM}$ *$\overline{EF}$ es correspondiente con $\overline{LM}$.*

$\frac{FG}{MN}$ *$\overline{FG}$ es correspondiente con $\overline{MN}$.*

$\frac{GH}{NO}$ *$\overline{GH}$ es correspondiente con $\overline{NO}$.*

$\frac{EH}{LO}$ *$\overline{EH}$ es correspondiente con $\overline{LO}$.*

Determina si las razones de las longitudes de los lados correspondientes son proporcionales.

$\frac{EF}{LM} \stackrel{?}{=} \frac{FG}{MN} \stackrel{?}{=} \frac{GH}{NO} \stackrel{?}{=} \frac{EH}{LO}$ *Escribe las razones usando los lados correspondientes.*

$\frac{15}{6} \stackrel{?}{=} \frac{10}{4} \stackrel{?}{=} \frac{10}{4} \stackrel{?}{=} \frac{20}{8}$ *Sustituye las longitudes de los lados.*

$\frac{5}{2} = \frac{5}{2} = \frac{5}{2} = \frac{5}{2}$ *Escribe las razones con denominadores comunes.*

Como las medidas de los ángulos correspondientes son iguales y las razones de los lados correspondientes son equivalentes, $EFGH \sim LMNO$.

Razonar y comentar

1. **Identifica** los ángulos correspondientes de $\triangle JKL$ y $\triangle UTS$.
2. **Explica** si todos los rectángulos son semejantes. Da ejemplos específicos para justificar tu respuesta.

5-7 Ejercicios

go.hrw.com
Ayuda en línea para tareas*
CLAVE: MS7 5-7
Recursos en línea para padres
CLAVE: MS7 Parent
*(Disponible sólo en inglés)

PRÁCTICA GUIADA

Ver Ejemplo 1 **Indica si los triángulos son semejantes.**

1.

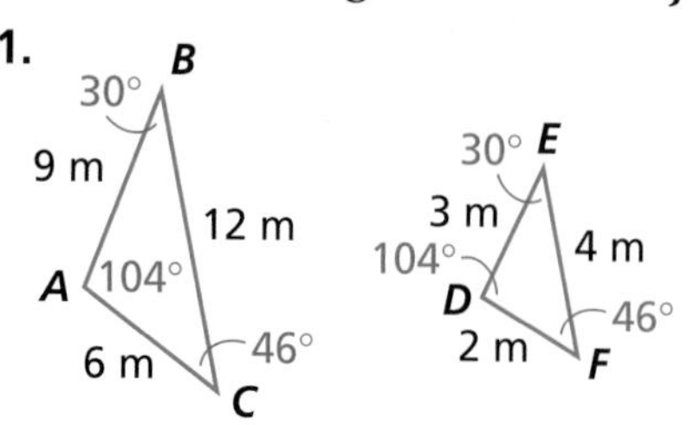

2.

R 38°
3 pulg
7 pulg
120° Q
22°
5 pulg
S
V 44°
15 pulg
28 pulg
T 105°
31°
20 pulg
W

Ver Ejemplo 2 **Indica si las figuras son semejantes.**

3.

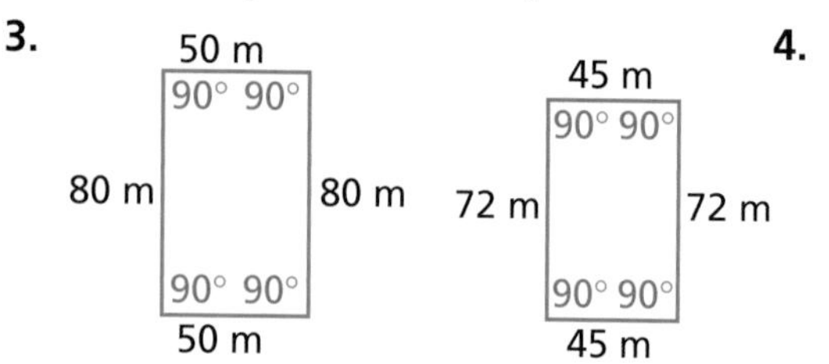

4.

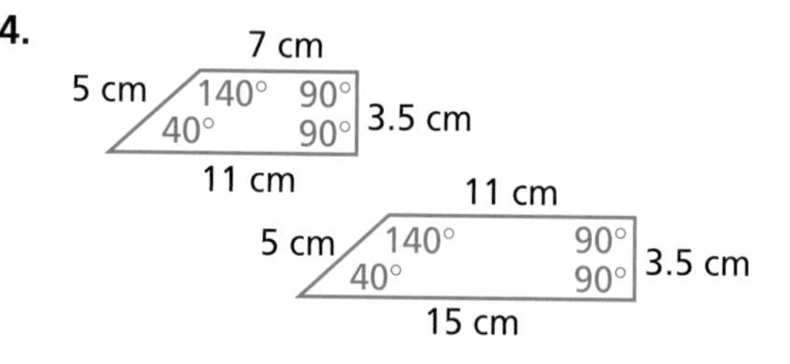

PRÁCTICA INDEPENDIENTE

Ver Ejemplo 1 **Indica si los triángulos son semejantes.**

5.

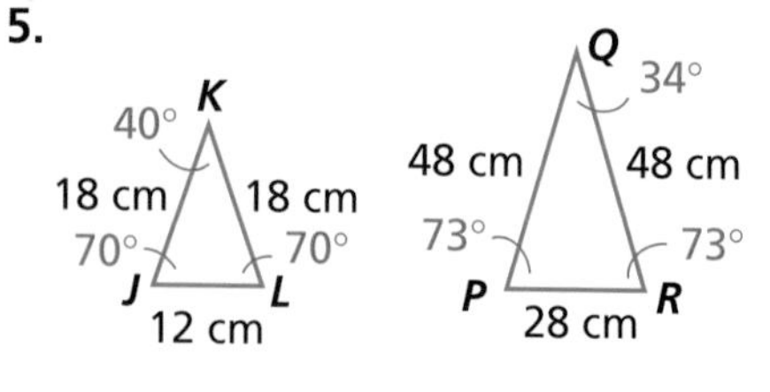

6.

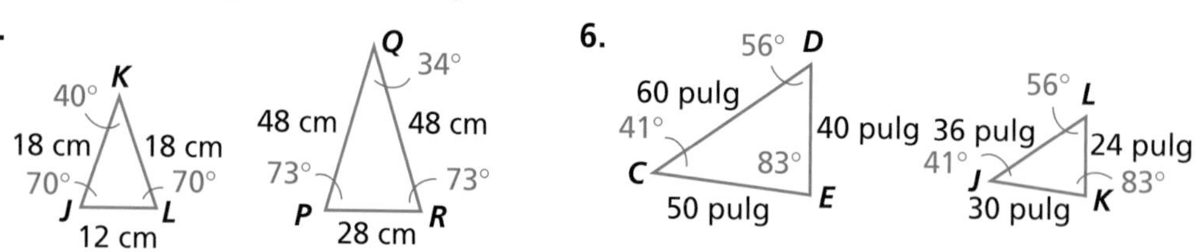

Ver Ejemplo 2 **Indica si las figuras son semejantes.**

7.

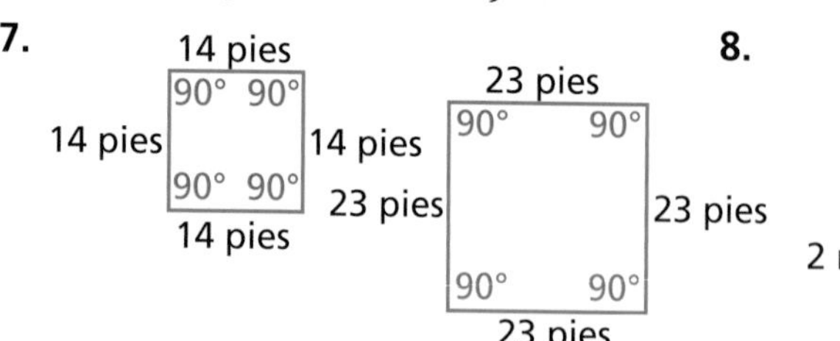

8.

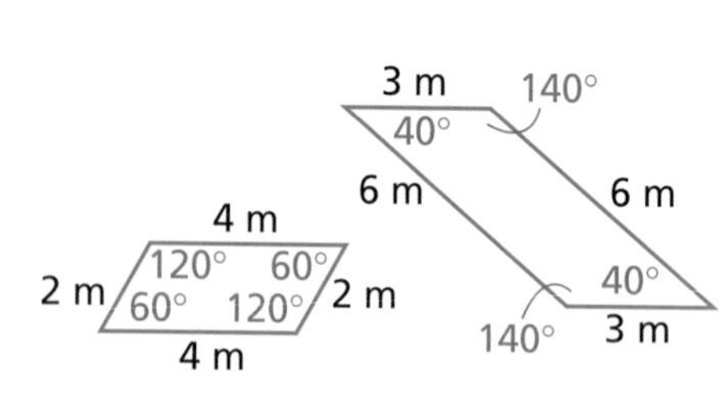

PRÁCTICA Y RESOLUCIÓN DE PROBLEMAS

Práctica adicional
Ver página 736

9. Indica si el paralelogramo y el trapecio podrían ser semejantes. Explica tu respuesta.

120° 60°
60° 120°

120° 120°
60° 60°

10. Kia quiere hacer copias semejantes, tanto pequeñas como grandes, de una de sus fotografías favoritas. El laboratorio fotográfico imprime en los siguientes tamaños: 3 pulg × 5 pulg, 4 pulg × 6 pulg, 8 pulg × 18 pulg, 9 pulg × 20 pulg y 16 pulg × 24 pulg. ¿Qué tamaños podría pedir Kia para obtener copias semejantes?

Indica si los triángulos son semejantes.

11.

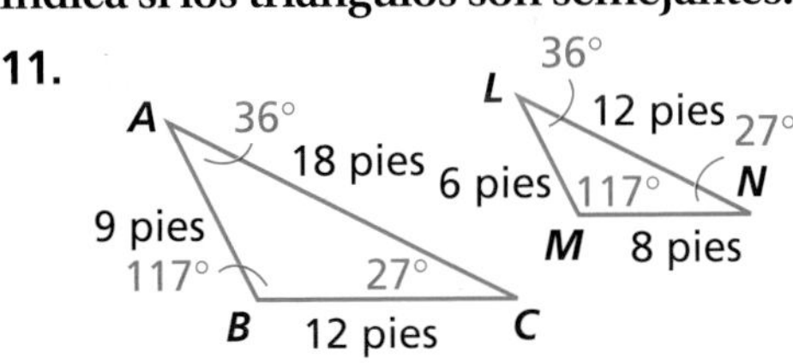

12.

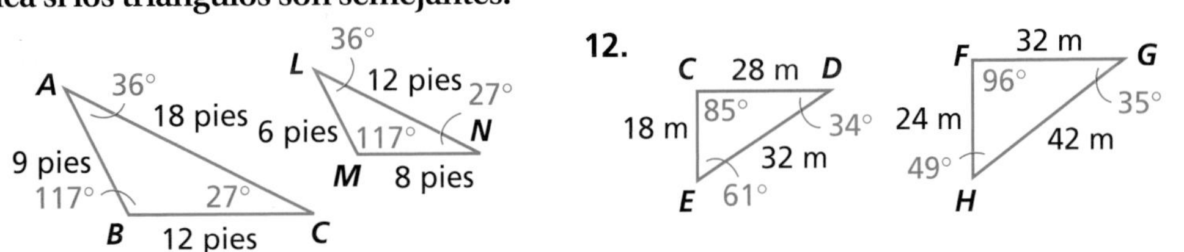

En la figura se muestra un rectángulo de 12 pies por 15 pies dividido en cuatro partes rectangulares. Explica si los rectángulos en cada par son semejantes.

13. el rectángulo *A* y el rectángulo original

14. el rectángulo *C* y el rectángulo *B*

15. el rectángulo original y el rectángulo *D*

Razonamiento crítico **Para los Ejercicios del 16 al 19, justifica tus respuestas mediante palabras o dibujos.**

16. ¿Son semejantes todos los cuadrados?

17. ¿Son semejantes todos los paralelogramos?

18. ¿Son semejantes todos los rectángulos?

19. ¿Son semejantes todos los triángulos rectángulos?

20. **Elige una estrategia** ¿Qué número da el mismo resultado al multiplicarlo por 6 que cuando se le suma 6?

21. **Escríbelo** Indica cómo decidir si dos figuras son semejantes.

22. **Desafío** Dos triángulos son semejantes. La razón de las longitudes de los lados correspondientes es $\frac{5}{4}$. Si la longitud de un lado del triángulo más grande es 40 pies, ¿cuál es la longitud del lado correspondiente del triángulo más pequeño?

Preparación para el examen y repaso en espiral

23. **Opción múltiple** Luis quiere construir una terraza semejante a una de 10 pies de largo y 8 pies de ancho. Si quiere construir una terraza de 18 pies de largo, ¿qué ancho debe tener la terraza?

Ⓐ 20 pies　Ⓑ 16 pies　Ⓒ 14.4 pies　Ⓓ 22.5 pies

24. **Respuesta breve** Si un billete de dólar real mide 2.61 pulg por 6.14 pulg y un billete de dólar de juguete mide 3.61 pulg por 7.14 pulg, ¿es el dinero de juguete semejante al dinero real? Explica tu respuesta.

Multiplica. Escribe cada respuesta en su mínima expresión. (Lección 3-10)

25. $-\frac{3}{4} \cdot 14$

26. $2\frac{1}{8} \cdot (-5)$

27. $\frac{1}{4} \cdot 1\frac{7}{8} \cdot 3\frac{1}{5}$

28. Indica qué razón es mayor: 5:3 ó 12:7. (Lección 5-1)

5-8 Cómo usar figuras semejantes

Aprender a usar figuras semejantes para hallar longitudes desconocidas

Vocabulario

medición indirecta

Los indígenas estadounidenses del noroeste, como la tribu tlingit de Alaska, usaban troncos de árbol para tallar tótems. Estos tótems, en ocasiones pintados con colores brillantes, podían medir hasta 80 pies de alto. Los tótems pueden ser tallas de animales, como osos y águilas, que simbolizan rasgos de la familia o el clan que los construyó.

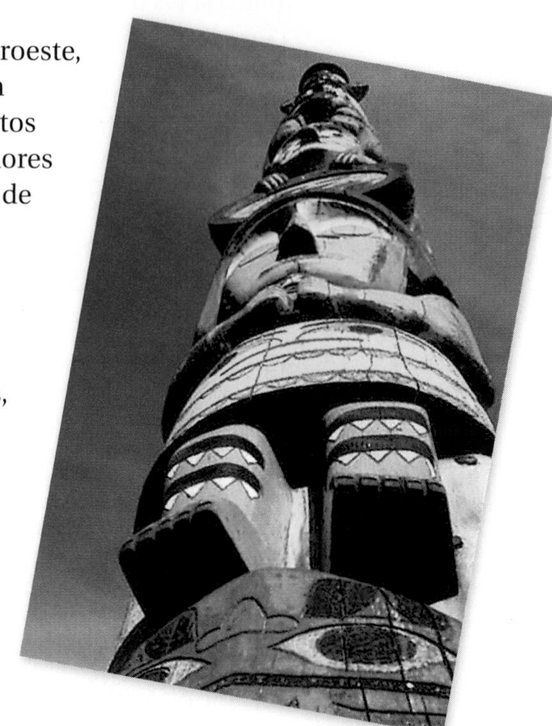

Medir la altura de los objetos elevados, como algunos tótems, es imposible con una regla o vara de de 1 yarda. Sin embargo, puedes usar una *medición indirecta.*

Una **medición indirecta** es un método en el que se usan proporciones para hallar una longitud o distancia desconocida en figuras semejantes.

EJEMPLO 1 Hallar longitudes desconocidas en figuras semejantes

$\triangle ABC \sim \triangle JKL$. Halla la longitud desconocida.

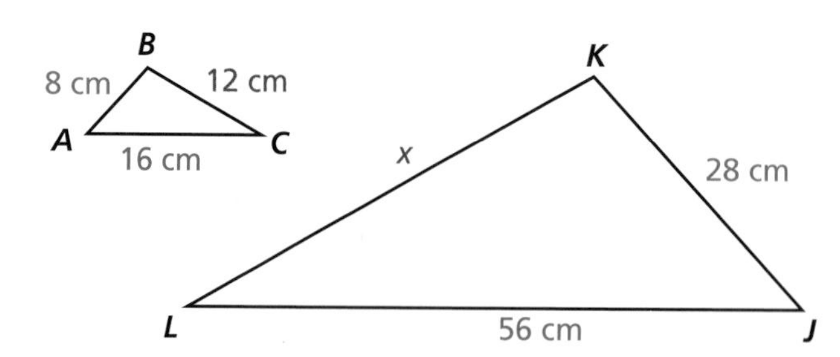

$\frac{AB}{JK} = \frac{BC}{KL}$ *Escribe una proporción usando lados correspondientes.*

$\frac{8}{28} = \frac{12}{x}$ *Sustituye las longitudes de los lados.*

$8 \cdot x = 28 \cdot 12$ *Halla los productos cruzados.*

$8x = 336$ *Multiplica.*

$\frac{8x}{8} = \frac{336}{8}$ *Divide cada lado entre 8 para despejar la variable.*

$x = 42$

KL equivale a 42 centímetros.

EJEMPLO 2 *Aplicación a las mediciones*

Una cancha de voleibol es un rectángulo que tiene forma semejante a una piscina olímpica. Halla el ancho de la piscina.

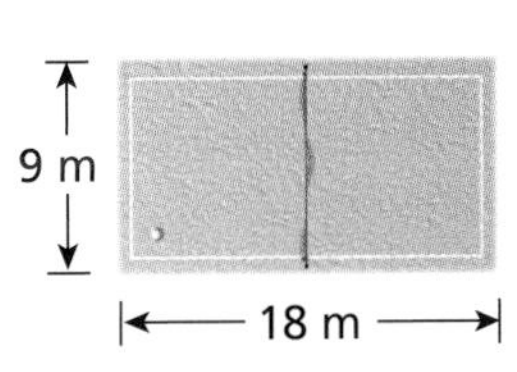

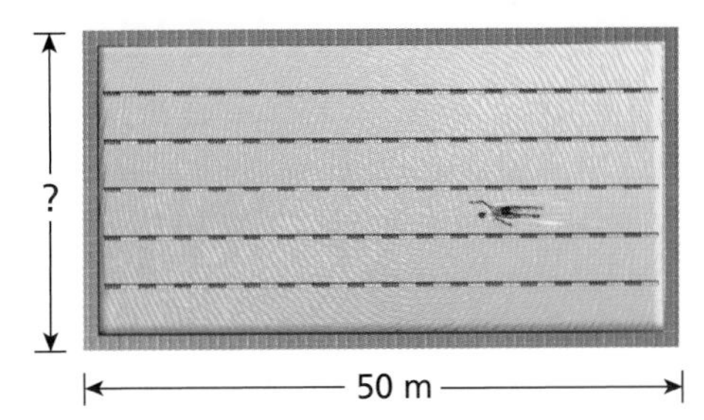

Sea a = el ancho de la piscina.

$$\frac{18}{50} = \frac{9}{a}$$ *Escribe una proporción usando la longitud de los lados correspondientes.*

$$18 \cdot a = 50 \cdot 9$$ *Halla los productos cruzados.*

$$18a = 450$$ *Multiplica.*

$$\frac{18a}{18} = \frac{450}{18}$$ *Divide cada lado entre 18 para despejar la variable.*

$$a = 25$$

La piscina mide 25 metros de ancho.

EJEMPLO  Estimar con la medición indirecta

Estima la altura de la pajarera en el patio de Chantal, que se muestra a la derecha.

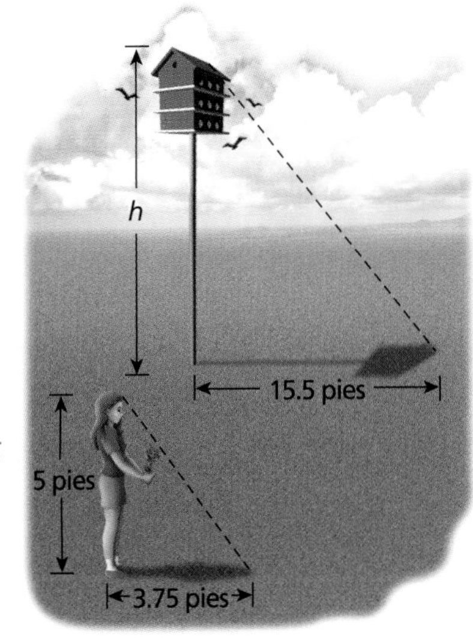

$$\frac{h}{5} = \frac{15.5}{3.75}$$ *Escribe una proporción.*

$$\frac{h}{5} \approx \frac{16}{4}$$ *Usa números compatibles para estimar.*

$$\frac{h}{5} = 4$$ *Simplifica.*

$$5 \cdot \frac{h}{5} = 5 \cdot 4$$ *Multiplica cada lado por 5 para despejar la variable.*

$$h = 20$$

La pajarera mide aproximadamente 20 pies de altura.

Razonar y comentar

1. **Escribe** otra proporción que podría usarse para hallar el valor de x en el Ejemplo 1.
2. **Menciona** dos objetos que tiene sentido medir usando la medición indirecta.

5-8 Ejercicios

go.hrw.com
Ayuda en línea para tareas*
CLAVE: MS7 5-8
Recursos en línea para padres
CLAVE: MS7 Parent
*(Disponible sólo en inglés)

PRÁCTICA GUIADA

Ver Ejemplo 1

$\triangle XYZ \sim \triangle PQR$ en cada par. Halla las longitudes desconocidas.

1.

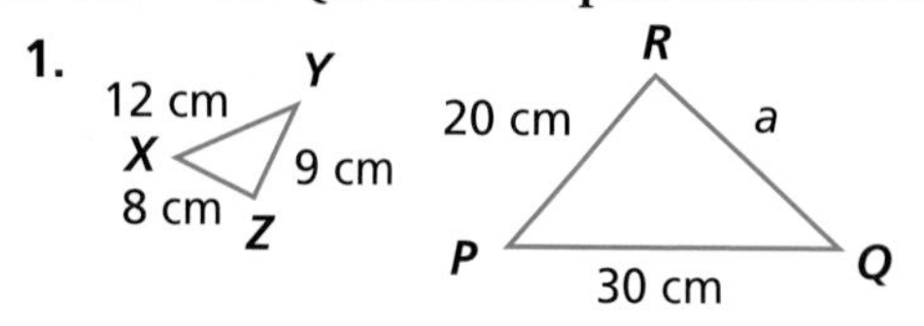

2.

Y
48 m
64 m
X
y
Z

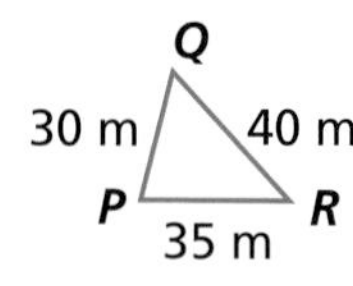

Ver Ejemplo 

3. Los jardines rectangulares de la derecha tienen forma semejante. ¿Qué ancho tiene el jardín más pequeño?

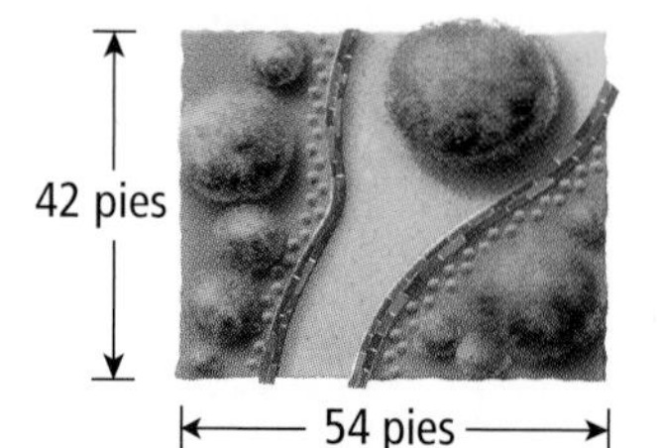

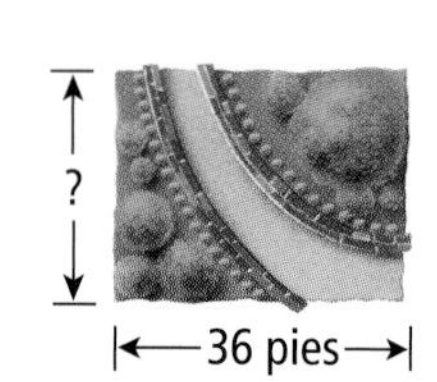

Ver Ejemplo 

4. Un depósito de agua proyecta una sombra de 21 pies de largo. Un árbol proyecta una sombra de 8 pies de largo. Estima la altura del depósito de agua.

PRÁCTICA INDEPENDIENTE

Ver Ejemplo 

$\triangle ABC \sim \triangle DEF$ en cada par. Halla las longitudes desconocidas.

5.

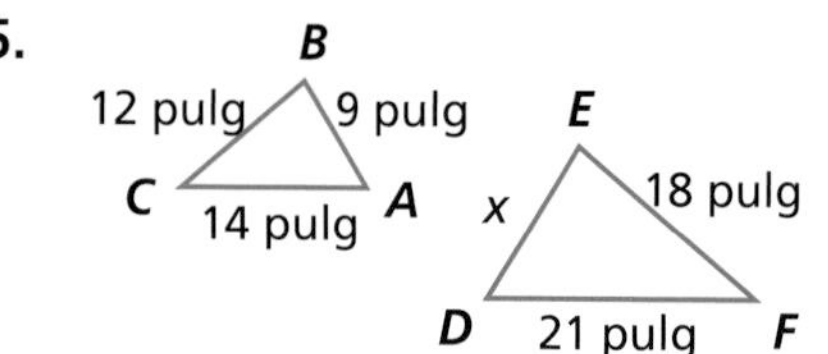

6.

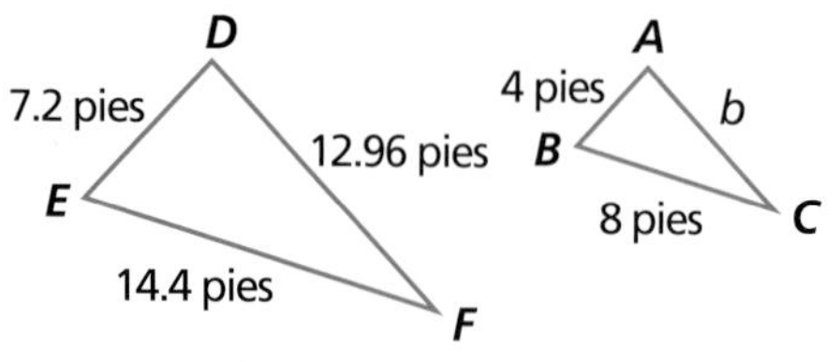

Ver Ejemplo 

7. Las dos ventanas rectangulares de la derecha son semejantes. ¿Cuál es la altura de la ventana más grande?

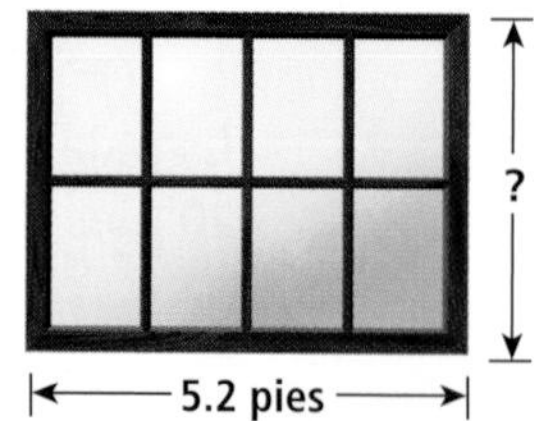

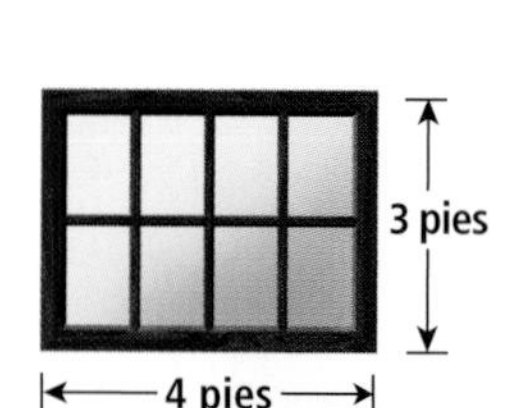

Ver Ejemplo 

8. Un cactus proyecta una sombra de 14 pies 7 pulg de largo. Un portón cercano proyecta una sombra de 5 pies de largo. Estima la altura del cactus.

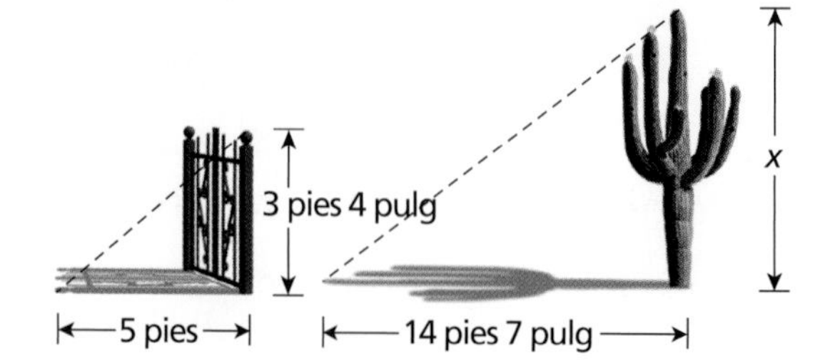

PRÁCTICA Y RESOLUCIÓN DE PROBLEMAS

Práctica adicional
Ver página 736

9. Un edificio de 14 m de altura proyecta una sombra de 16 m de largo mientras que un edificio más alto proyecta una sombra de 24 m de largo. ¿Cuál es la altura del edificio más alto?

10. Dos tamaños comunes de sobres son $3\frac{1}{2}$ pulg × $6\frac{1}{2}$ pulg y 4 pulg × $9\frac{1}{2}$ pulg. ¿Son semejantes estos sobres? Explica.

11. **Arte** Una clase de arte pinta un mural compuesto por formas geométricas de colores brillantes. La clase ha decidido que todos los triángulos rectángulos del diseño sean semejantes al triángulo rectángulo que se pintará de color rojo fuego. Halla las medidas de los triángulos rectángulos de la tabla. Redondea tus respuestas a la décima más cercana.

Color del triángulo	Longitud (pulg)	Altura (pulg)
Rojo fuego	12	16
Anaranjado brillante	7	■
Púrpura uva	■	4
Azul dinamita	15	■

12. **Escribe un problema** Escribe un problema que pueda resolverse con una medición indirecta.

13. **Escríbelo** Supongamos que conoces las longitudes laterales de un triángulo y la longitud de uno de los lados de un segundo triángulo semejante. Explica cómo usar las propiedades de las figuras semejantes para hallar las longitudes desconocidas en el segundo triángulo.

14. **Desafío** $\triangle ABE \sim \triangle ACD$. ¿Cuál es el valor de y en el diagrama?

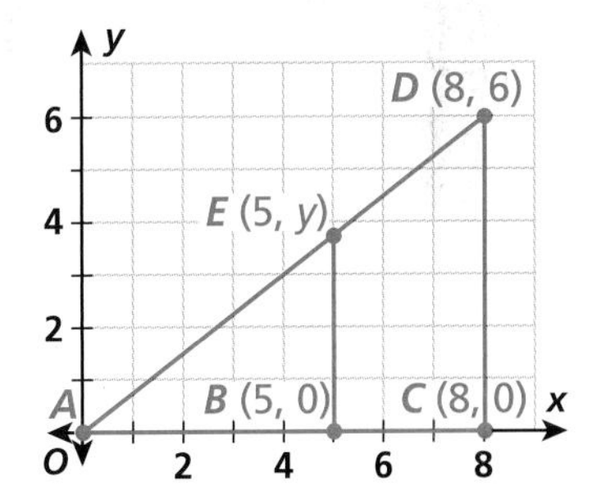

PREPARACIÓN PARA EL EXAMEN y repaso en espiral

15. **Opción múltiple** Halla la longitud desconocida en las figuras semejantes.

Ⓐ 10 cm Ⓒ 15 cm

Ⓑ 12 cm Ⓓ 18 cm

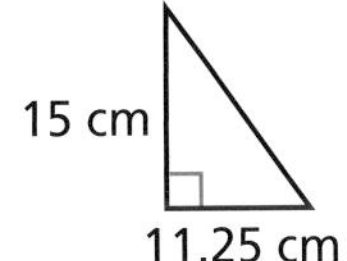

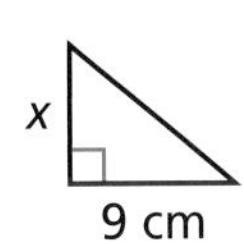

16. **Respuesta breves** Un edificio proyecta una sombra de 16 pies. Un hombre de 6 pies que está parado al lado del edificio proyecta una sombra de 2.5 pies. ¿Cuál es la altura del edificio en pies?

Escribe cada frase como una expresión algebraica. (Lección 1-8)

17. el producto de 18 e y

18. 5 menos que un número

19. 12 dividido entre z

Elige la unidad usual más adecuada para cada medición. Justifica tu respuesta. (Lección 5-6)

20. el peso de un teléfono celular

21. la altura de un gato

22. la capacidad de un tanque de gasolina

5-9 Dibujos y modelos a escala

Aprender a comprender las razones y proporciones en dibujos a escala y a usar las razones y proporciones con escalas

Vocabulario

modelo a escala

factor de escala

escala

dibujo a escala

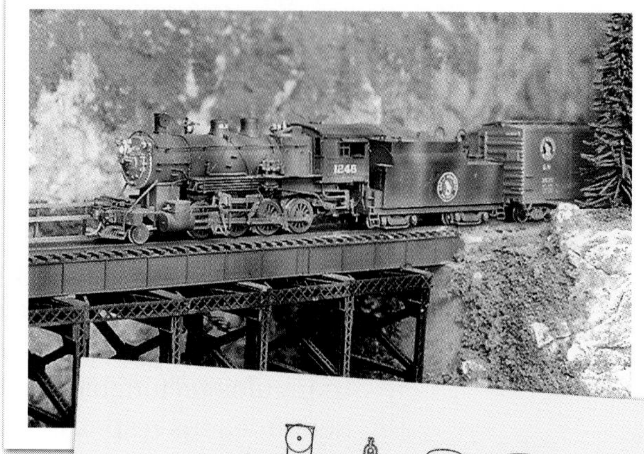

Este modelo de tren HO es un *modelo a escala* de un tren histórico. Un **modelo a escala** es un modelo proporcional tridimensional de un objeto. Sus dimensiones se relacionan con las dimensiones del objeto real por una razón llamada **factor de escala.** El factor de escala HO es $\frac{1}{87}$. Esto significa que cada dimensión del modelo es $\frac{1}{87}$ de la dimensión correspondiente del tren real.

Una **escala** es la razón entre dos conjuntos de medidas. En las escalas se pueden usar unidades iguales o diferentes. En la fotografía se muestra un *dibujo a escala* del modelo del tren. Un **dibujo a escala** es un dibujo proporcional bidimensional de un objeto. Tanto los dibujos a escala como los modelos a escala pueden ser más pequeños o grandes que los objetos que representan.

EJEMPLO 1 **Hallar un factor de escala**

Identifica el factor de escala.

	Auto de carreras	Modelo
Longitud (pulg)	132	11
Altura (pulg)	66	5.5

Puedes usar las longitudes *o* las alturas para hallar el factor de escala.

$$\frac{\text{long. modelo}}{\text{long. auto}} = \frac{11}{132} = \frac{1}{12}$$ *Escribe una razón. Luego simplifica.*

$$\frac{\text{altura modelo}}{\text{altura auto}} = \frac{5.5}{66} = \frac{1}{12}$$

El factor de escala es $\frac{1}{12}$. Esto es razonable porque $\frac{1}{10}$ de la longitud del auto de carreras es 13.2 pulg. La longitud del modelo es 11 pulg, que es menor que 13.2 pulg, y $\frac{1}{12}$ es menor que $\frac{1}{10}$.

¡Atención!

Un factor de escala es siempre la razón de las dimensiones del modelo a las dimensiones del objeto real.

EJEMPLO 2 Usar factores de escala para hallar longitudes desconocidas

Las dimensiones de una fotografía de la pintura de Vincent van Gogh, *Naturaleza muerta con lirios sobre fondo amarillo,* son 6.13 cm y 4.90 cm. El factor de escala es $\frac{1}{15}$. Halla el tamaño de la pintura real, a la décima de centímetro más cercana.

Razona: $\frac{\text{fotografía}}{\text{pintura}} = \frac{1}{15}$

$\frac{6.13}{\ell} = \frac{1}{15}$ *Escribe una proporción para hallar la longitud ℓ.*

$\ell = 6.13 \cdot 15$ *Halla los productos cruzados.*

$\ell = 92.0$ cm *Multiplica y redondea a la décima más cercana.*

$\frac{4.90}{a} = \frac{1}{15}$ *Escribe una proporción para hallar el ancho a.*

$a = 4.90 \cdot 15$ *Halla los productos cruzados.*

$a = 73.5$ *Multiplica y redondea a la décima más cercana.*

La pintura mide 92.0 cm de largo y 73.5 cm de ancho.

EJEMPLO 3 *Aplicación a las mediciones*

En un mapa de Florida, la distancia entre Hialeah y Tampa es 10.5 cm. ¿Cuál es la distancia real entre las ciudades si la escala del mapa es 3 cm = 80 mi?

Razona: $\frac{\text{distancia en el mapa}}{\text{distancia real}} = \frac{3}{80}$

$\frac{3}{80} = \frac{10.5}{d}$ *Escribe una proporción.*

$3 \cdot d = 80 \cdot 10.5$ *Halla los productos cruzados.*

$3d = 840$

$\frac{3d}{3} = \frac{840}{3}$ *Divide ambos lados entre 3.*

$d = 280$ mi

La distancia entre las ciudades es 280 millas.

Razonar y comentar

1. **Explica** cómo puedes indicar si un modelo con un factor de escala de $\frac{5}{3}$ es más grande o más pequeño que el objeto original.
2. **Describe** cómo hallar el factor de escala si una antena mide 60 pies de largo y un dibujo a escala muestra la longitud como 1 pie de largo.

5-9 Ejercicios

go.hrw.com
Ayuda en línea para tareas*
CLAVE: MS7 5-9
Recursos en línea para padres
CLAVE: MS7 Parent
*(Disponible sólo en inglés)

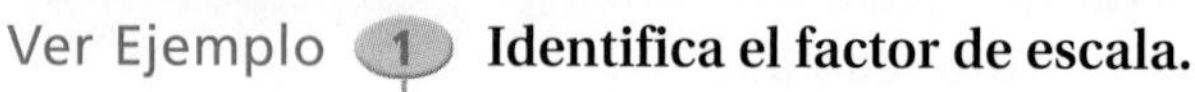

PRÁCTICA GUIADA

Ver Ejemplo 1

Identifica el factor de escala.

1.

	Oso pardo	Modelo
Altura (pulg)	84	6

2.

	Anguila morena	Modelo
Longitud (pies)	5	$1\frac{1}{2}$

Ver Ejemplo 2

3. En una fotografía, una escultura mide 4.2 cm de alto y 2.5 cm de ancho. El factor de escala es $\frac{1}{16}$. Halla el tamaño de la escultura real.

Ver Ejemplo 3

4. La señorita Jackson conduce de South Bend a Indianápolis. Mide una distancia de 4.3 cm entre las ciudades en su mapa de carreteras de Indiana. ¿Cuál es la distancia real entre las ciudades si la escala del mapa es 1 cm = 30 mi?

PRÁCTICA INDEPENDIENTE

Ver Ejemplo 1

Identifica el factor de escala.

5.

	Águila	Modelo
Envergadura (pulg)	90	6

6.

	Delfín	Modelo
Longitud (cm)	260	13

Ver Ejemplo 2

7. En un dibujo a escala, un árbol tiene una altura de $6\frac{3}{4}$ pulgadas. El factor de escala es $\frac{1}{20}$. Halla la altura del árbol real.

Ver Ejemplo 3

8. **Medición** En un mapa de carreteras de Virginia, la distancia de Alejandría a Roanoke es 7.6 cm. ¿Cuál es la distancia real entre las ciudades si la escala del mapa es 2 cm = 50 mi?

PRÁCTICA Y RESOLUCIÓN DE PROBLEMAS

Práctica adicional
Ver páginas 736

El factor de escala de cada modelo es 1:12. Halla las dimensiones que faltan.

	Objeto	Dimensiones reales	Dimensiones del modelo
9.	Lámpara	Altura ■	Altura: $1\frac{1}{3}$ pulg
10.	Sofá	Altura: 32 pulg Longitud: 69 pulg	Altura: ■ Longitud: ■
11.	Mesa	Altura: ■ Ancho: ■ Longitud: ■	Altura: 6.25 cm Ancho: 11.75 cm Longitud: 20 cm
12.	Silla	Altura: $51\frac{1}{2}$ pulg	Altura: ■

13. **Razonamiento crítico** Un mostrador mide 18 pies de largo. ¿Cuál es su longitud en un dibujo cuya escala es 1 pulg = 3 yd?

14. **Escríbelo** La escala para un dibujo es 10 cm = 1 mm. ¿Cuál será más grande: el objeto real o el dibujo a escala? Explica.

CONEXIÓN con la historia

Usa el mapa para los Ejercicios 15 y 16.

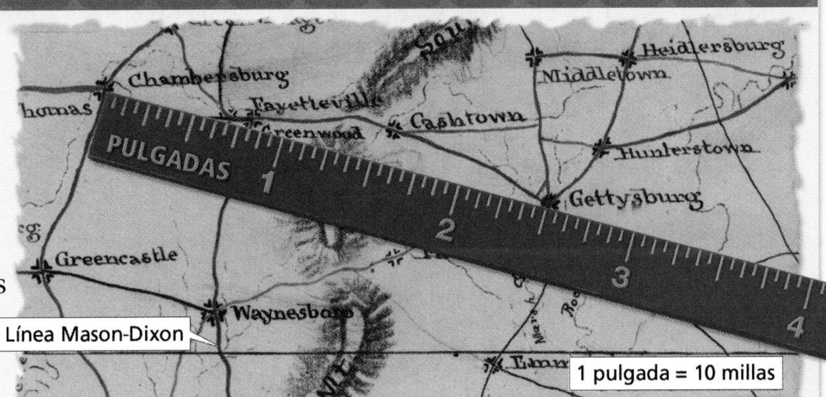

15. En 1863, las tropas confederadas marcharon de Chambersburg a Gettysburg en busca de zapatos. Usa la regla y la escala del mapa para estimar cuánto marcharon los soldados confederados, muchos de los cuales andaban descalzos.

16. Antes de la Guerra Civil, la línea Mason-Dixon se consideraba la línea divisoria entre el Norte y el Sur. Si Gettysburg está a unas 8.1 millas al norte de la línea Mason-Dixon, ¿cuál es la distancia en pulgadas entre Gettysburg y la línea Dixon-Mason en el mapa?

17. Varios pasos Toby hace un modelo a escala del campo de batalla de Fredericksburg. El área que quiere representar mide aproximadamente 11 mi por 7.5 mi. Él planea colocar el modelo en una mesa cuadrada de 3.25 pies por 3.25 pies. En cada lado del modelo, quiere dejar al menos 3 pulg entre el modelo y los bordes de la mesa. ¿Cuál es la escala más grande que puede usar?

18. Desafío Un mapa de Vicksburg, Mississippi, tiene una escala de "1 milla por pulgada". El mapa se ha reducido, de modo que 5 pulgadas en el mapa original aparecen como 1.5 pulgadas en el mapa reducido. Si la distancia entre dos puntos en el mapa reducido es 1.75 pulgadas, ¿cuál es la distancia real en millas?

Esta pintura de H. A. Ogden muestra al general Robert E. Lee en Fredericksburg en 1862.

PREPARACIÓN PARA EL EXAMEN y repaso en espiral

19. Opción múltiple En un modelo a escala con una escala de $\frac{1}{16}$, la altura de un cobertizo es 7 pulgadas. ¿Cuál es la altura aproximada del cobertizo real?

Ⓐ 2 pies Ⓑ 9 pies Ⓒ 58 pies Ⓓ 112 pies

20. Respuesta gráfica En un mapa, la escala es 3 cm = 75 mi. Si la distancia entre dos ciudades del mapa es 6.8 cm, ¿cuál es la distancia entre las ciudades reales en millas?

Ordena los números de menor a mayor. (Lección 2-11)

21. $\frac{4}{7}$, 0.41, 0.054 **22.** $\frac{1}{4}$, 0.2, -1.2 **23.** 0.7, $\frac{7}{9}$, $\frac{7}{11}$ **24.** 0.3, $-\frac{5}{6}$, 0.32

Divide. Estima para comprobar si cada respuesta es razonable. (Lección 3-4)

25. $0.32 \div 5$ **26.** $78.57 \div 9$ **27.** $40.5 \div 15$ **28.** $29.68 \div 28$

SECCIÓN 5B

Prueba de las Lecciones 5-7 a 5-9

5-7 Figuras semejantes y proporciones

1. Indica si los triángulos son semejantes.

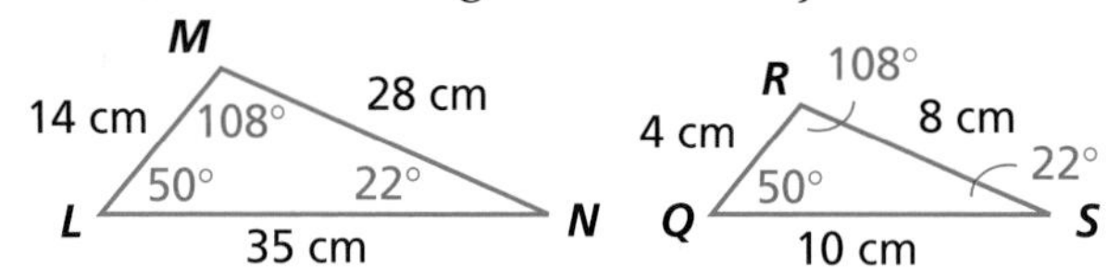

2. Indica si las figuras son semejantes.

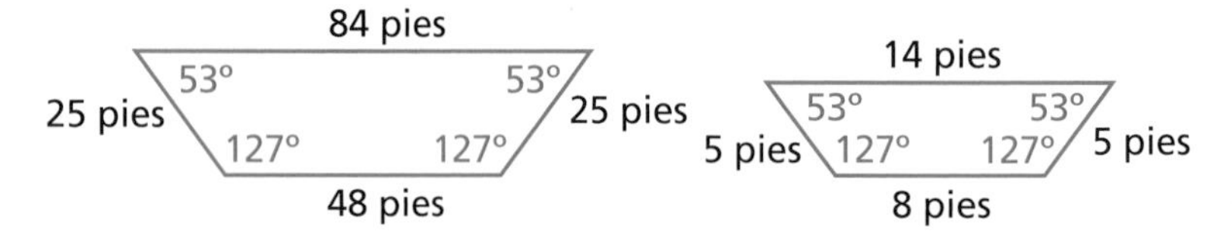

5-8 Cómo usar figuras semejantes

$\triangle ABC \sim \triangle XYZ$ en cada par. Halla las longitudes desconocidas.

3. 4.

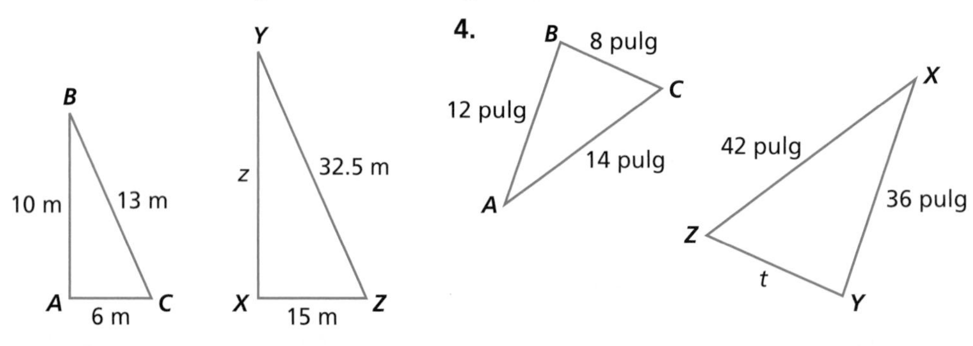

5. Reynaldo hizo un diseño rectangular que medía 6 pulg de ancho y 8 pulg de largo. Usó una fotocopiadora para ampliar el dibujo rectangular de modo que midiera 10 pulg de ancho. ¿Cuál era la longitud del dibujo ampliado?
6. La estatura de Redon es 6 pies 2 pulg y su sombra mide 4 pies 1 pulg de largo. Al mismo tiempo, un edificio proyecta una sombra que mide 19 pies 10 pulg de largo. Estima la altura del edificio.

5-9 Dibujos y modelos a escala

7. Un actor tiene una estatura de 6 pies. En un cartel que anuncia una nueva película, su foto está ampliada, por lo que su estatura alcanza los 16.8 pies. ¿Cuál es el factor de escala?
8. En un dibujo a escala, una entrada para automóviles mide 6 pulg de largo. El factor de escala es $\frac{1}{24}$. Halla la longitud de la entrada para automóviles real.
9. Un mapa de Texas tiene una escala de 1 pulg = 65 mi. Si la distancia de Dallas a San Antonio es 260 mi, ¿cuál es la distancia en pulgadas, en el mapa, entre las dos ciudades?

¿Listo para seguir?

Preparación de varios pasos para el examen

Jugo de campamento Cuando los acampantes tienen sed, preparan el famoso jugo de campamento (bug juice). En las recetas se muestra cómo preparan el jugo dos campamentos: el campamento Cielo grande y el campamento Flores silvestres. En cada campamento hay 180 acampantes. En un día normal, cada acampante bebe dos tazas de 8 onzas de jugo.

1. ¿Cuántas onzas de jugo se consumen por día en cada campamento?
2. ¿Cuánto cuesta hacer dos cuartos de jugo en cada campamento?
3. Cada campamento destinó $30 del presupuesto por día para el jugo. ¿Son suficientes $30 diarios? ¿Cómo lo sabes? Muestra tu trabajo.
4. Los acampantes empiezan a quejarse porque quieren un jugo más concentrado. ¿Cómo puede cada campamento cambiar su receta, seguir sirviendo dos tazas de 8 onzas a 180 acampantes cada día y no gastar más de $40 por día? Explica tu razonamiento.

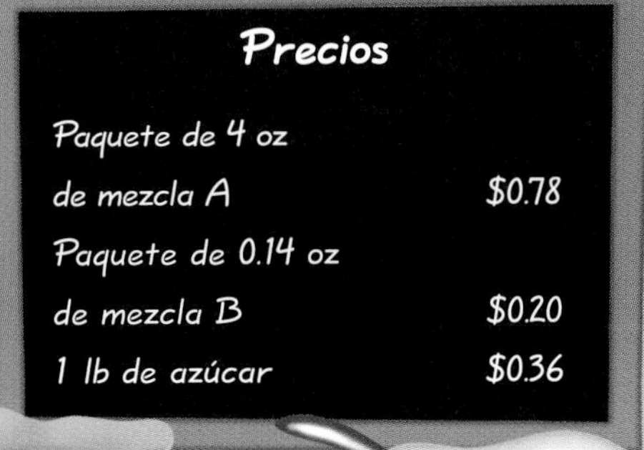

EXTENSIÓN

Análisis dimensional

Aprender a usar el análisis dimensional para hacer conversiones de unidades

Vocabulario

factor de conversión de unidades

Puedes usar un *factor de conversión de unidades* para cambiar, o convertir, medidas de una unidad a otra. Un **factor de conversión de unidades** es una fracción en la cual el numerador y el denominador representan la misma cantidad, pero en unidades diferentes. La fracción $\frac{5{,}280 \text{ pies}}{1 \text{ mi}}$ es un factor de conversión de unidades que puede usarse para convertir de millas a pies. Observa que, como 1 mi = 5,280 pies, el factor de conversión se puede simplificar a 1.

$$\frac{5{,}280\text{pies}}{1\text{mi}} = \frac{5{,}280\text{pies}}{5{,}280\text{pies}} = 1$$

Al multiplicar una cantidad por un factor de conversión de unidades, sólo se modifican las unidades, no el valor de la cantidad. El proceso de elegir un factor de conversión apropiado se llama *análisis dimensional.*

EJEMPLO 1 Hacer conversiones de unidades

Una cubeta tiene una capacidad de 16 cuartos. ¿Cuántos galones de agua llenarán la cubeta? Usa un factor de conversión de unidades para convertir las unidades.

Un galón equivale a 4 cuartos, así que un factor de conversión de unidades es $\frac{1 \text{ gal}}{4 \text{ ct}}$ ó $\frac{4 \text{ ct}}{1 \text{ gal}}$. Elige el que te permita "cancelar" los cuartos.

$$16 \cancel{\text{ct}} \cdot \frac{1\text{gal}}{4 \cancel{\text{ct}}} = \frac{16\text{gal}}{4}$$ *Multiplica.*

$$= 4 \text{ gal}$$

Cuatro galones llenarán una cubeta de 16 cuartos.

EJEMPLO 2 Hacer conversiones de tasas

Usa un factor de conversión de unidades para convertir 80 millas por hora a pies por hora.

Hay 5,280 pies por milla, así que usa $\frac{5{,}280 \text{ pies}}{1 \text{ mi}}$ para cancelar las millas.

$$\frac{80 \cancel{\text{mi}}}{1 \text{ h}} \cdot \frac{5{,}280 \text{ pies}}{1 \cancel{\text{mi}}} = \frac{80 \cdot 5{,}280}{1 \text{ h}}$$ *Multiplica.*

$$= \frac{422{,}400 \text{ pies}}{1 \text{ h}}$$

Ochenta millas por hora equivalen a 422,400 pies por hora.

EXTENSIÓN Ejercicios

Escribe el factor de conversión de unidades adecuado para cada conversión.

1. pulgadas a pies
2. metros a centímetros
3. minutos a horas
4. yardas a pies

Usa un factor de conversión de unidades para convertir las unidades.

5. Una bolsa de manzanas pesa 64 onzas. ¿Cuántas libras pesa?
6. Necesitas 48 pulgadas de cinta. ¿Cuántos pies de cinta necesitas?
7. Una receta de sopa requiere 3.5 cuartos de agua. ¿Cuántas pintas de agua requiere?

Usa un factor de conversión de unidades para convertir las unidades de cada tasa.

8. Convierte 32 pies por segundo a pulgadas por segundo.
9. Una tienda de manualidades cobra $1.75 por pie de encaje. ¿A cuánto equivale esto por yarda?
10. Una compañía alquila botes a $9 la hora. ¿A cuánto equivale esto por minuto?
11. **Ciencias de la Tierra** La cantidad de tiempo que tarda un planeta en dar una vuelta alrededor del Sol se llama periodo de revolución. El periodo de revolución de la Tierra es un año terrestre y el periodo de revolución de cualquier otro planeta es un año en ese planeta.

Periodos de revolución comparados con la revolución terrestre

Planeta	Una revolución en años terrestres
Venus	0.615
Marte	1.88
Neptuno	164.79

   a. ¿Cuántos años terrestres tardaría Venus en girar alrededor del Sol?
   b. Usa un factor de conversión de unidades para hallar la cantidad de años de Venus equivalentes a tres años terrestres. Redondea a la décima más cercana.
   c. Halla tu edad en cada planeta redondeada al año más cercano.

12. En Inglaterra, una unidad de medición que se usa comúnmente es la *stone*. Una *stone* equivale a 14 libras. Si Jo pesa 95 libras, ¿aproximadamente cuántas *stone* pesa? Redondea tu respuesta a la décima de *stone* más cercana.
13. **Dinero** El pie de alambre para cercas cuesta $3.75. Harris quiere cercar su jardín rectangular, que mide 6 yardas por 4 yardas. ¿Cuánto le costará el alambre para el jardín?
14. **¿Dónde está el error?** Janice convirtió 56 galones por segundo a cuartos por minuto usando los factores de conversión de unidades $\frac{4 \text{ cuartos}}{1 \text{ galón}}$ y $\frac{60 \text{ segundos}}{1 \text{ minuto}}$. Su resultado fue 13,440 cuartos por minuto. ¿Fue razonable su respuesta? Explica.
15. **Desafío** Tu auto recorre 32 millas por galón de gasolina. Tienes $15 y la gasolina cuesta $2.50 por galón. ¿Qué distancia puedes recorrer con $15?

¡Vamos a jugar!

Trabajo acuático

Tienes tres vasos: uno de 3 onzas, otro de 5 onzas y otro de 8 onzas. El vaso de 8 onzas está lleno de agua y los otros dos están vacíos. Si viertes agua de un vaso a otro, ¿cómo puedes obtener exactamente 6 onzas de agua en uno de los vasos? A continuación se describe la solución paso a paso.

1. Vierte el agua del vaso de 8 onzas en el de 5 onzas.
2. Vierte el agua del vaso de 5 onzas en el de 3 onzas.
3. Vierte el agua del vaso de 3 onzas en el de 8 onzas.

Ahora tienes 6 onzas de agua en el vaso de 8 onzas.

Empieza de nuevo, pero en esta ocasión trata de obtener exactamente 4 onzas de agua en un vaso. (*Pista:* halla la manera de obtener 1 onza de agua. Empieza por verter el agua en el vaso de 3 onzas).

Luego, con vasos de 3, 8 y 11 onzas, trata de obtener exactamente 9 onzas de agua en un vaso. Empieza con el vaso de 11 onzas lleno de agua. (*Pista:* empieza por verter el agua en el vaso de 8 onzas).

Observa el tamaño de los vasos en cada problema. El volumen del tercer vaso es la suma de los volúmenes de los dos primeros vasos: $3 + 5 = 8$ y $3 + 8 = 11$. Si usas cualquier cantidad para los dos vasos más pequeños y empiezas con el vaso más grande lleno, puedes obtener cualquier múltiplo del volumen del vaso más pequeño. Inténtalo para que lo compruebes.

Concentración

Cada carta en una baraja tiene una razón en uno de los lados. Se coloca cada carta boca abajo. Cada jugador o equipo voltea por turnos dos cartas. Si las razones de las cartas son equivalentes, el jugador o el equipo se queda con el par. Si no, el siguiente jugador o equipo voltea dos cartas. Después de que se hayan volteado todas las cartas, gana el jugador o el equipo que tenga más pares.

La copia completa de las reglas y las piezas del juego se encuentran disponibles en línea.

go.hrw.com
¡Vamos a jugar! Extra
CLAVE: MS7 Games

Materiales
- **2 platos de papel**
- **tijeras**
- **marcadores**

PROYECTO Proporciones en platos de papel

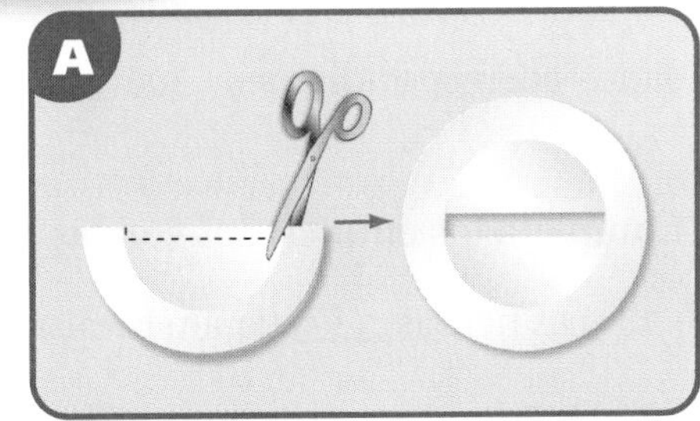

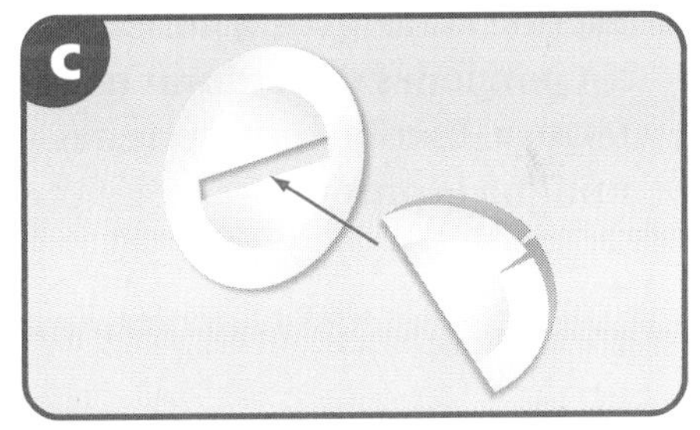

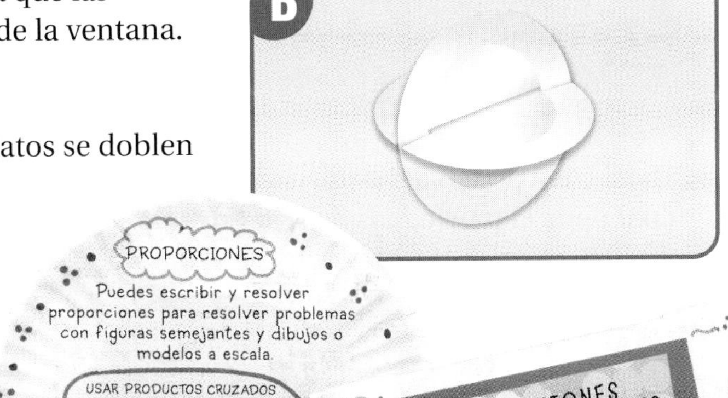

Sirve algunas proporciones en este libro hecho con platos de papel.

1. Dobla uno de los platos de papel por la mitad. Recorta un rectángulo angosto a lo largo del extremo plegado. La longitud del rectángulo debe ser igual al diámetro del círculo interior del plato. Cuando abras el plato, tendrás una ventana angosta en el centro. **Figura A**

2. Dobla por la mitad el segundo plato de papel y luego desdóblalo. Recorta hendiduras a ambos lados del pliegue, desde el borde del plato hasta el círculo interior. **Figura B**

3. Enrolla el plato con las hendiduras de manera que las hendiduras se toquen. Luego desliza este plato a través de la ventana angosta del otro plato. **Figura C**

4. Cuando hayas deslizado la mitad del plato enrollado a través de la ventana, desenróllalo para que las hendiduras se inserten en los costados de la ventana. **Figura D**

5. Cierra el libro de modo que todos los platos se doblen por la mitad.

Tomar notas de matemáticas

Escribe el número y el nombre del capítulo en la tapa del libro. Luego repasa el capítulo y usa las páginas interiores para tomar notas sobre razones, tasas, proporciones y figuras semejantes.

CAPÍTULO 5

Guía de estudio: Repaso

Vocabulario

Completa los enunciados con las palabras del vocabulario.

1. Las figuras __?__ tienen la misma forma, pero no necesariamente el mismo tamaño.
2. Un(a) __?__ es una comparación de dos números y un(a) __?__ es una razón con la que comparas dos cantidades medidas en unidades diferentes.
3. La razón que se usa para agrandar o reducir figuras semejantes es un(a) __?__ .

5-1 Razones (págs. 270–273)

EJEMPLO

- **Escribe la razón de 2 porciones de pan a 4 porciones de verduras en las tres formas. Escribe tus respuestas en su mínima expresión.**

$\frac{2}{4} = \frac{1}{2}$ *Escribe la razón de 2 a 4 en en su mínima expresión.*

$\frac{1}{2}$, 1 a 2, 1:2

EJERCICIOS

Hay 3 globos rojos, 7 azules y 5 amarillos.

4. Escribe la razón de globos azules al total de globos en las tres formas. Escribe tu respuesta en su mínima expresión.
5. Indica qué razón es mayor, la de globos rojos a azules o la de globos amarillos al total de globos.

5-2 Tasas (págs. 274–277)

EJEMPLO

- **Halla cada precio unitario. Luego decide cuál tiene el precio más bajo por onza.**

$\frac{\$2.70}{5 \text{ oz}}$ ó $\frac{\$4.32}{12 \text{ oz}}$

$\frac{\$2.70}{5 \text{ oz}} = \frac{\$0.54}{\text{oz}}$ y $\frac{\$4.32}{12 \text{ oz}} = \frac{\$0.36}{\text{oz}}$

Como $0.36 < 0.54$, $\frac{\$4.32}{12 \text{ oz}}$ tiene el precio más bajo por onza.

EJERCICIOS

Halla cada tasa de velocidad promedio.

6. 540 pies en 90 s
7. 436 mi en 4 h

Halla cada precio unitario. Luego decide cuál es la mejor compra.

8 $\frac{\$56}{25 \text{ gal}}$ ó $\frac{\$32.05}{15 \text{ gal}}$

9. $\frac{\$160}{5\text{g}}$ ó $\frac{\$315}{9\text{g}}$

5-3 Pendiente y tasas de cambio (págs. 278–282)

EJEMPLO

■ **Indica si la gráfica muestra una tasa de cambio constante o variable. Si es constante, halla la pendiente.**

La gráfica es una línea; por lo tanto, la tasa de cambio es constante.

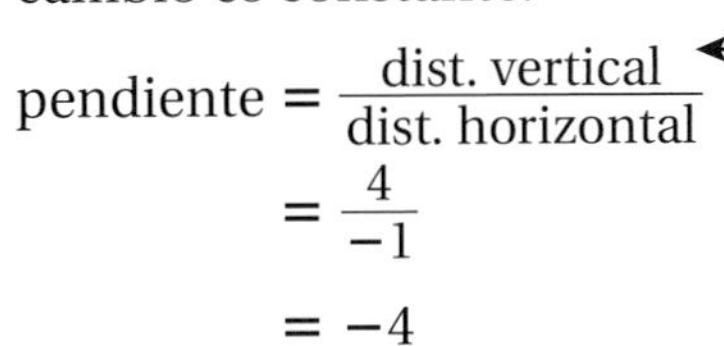

$$\text{pendiente} = \frac{\text{dist. vertical}}{\text{dist. horizontal}} = \frac{4}{-1} = -4$$

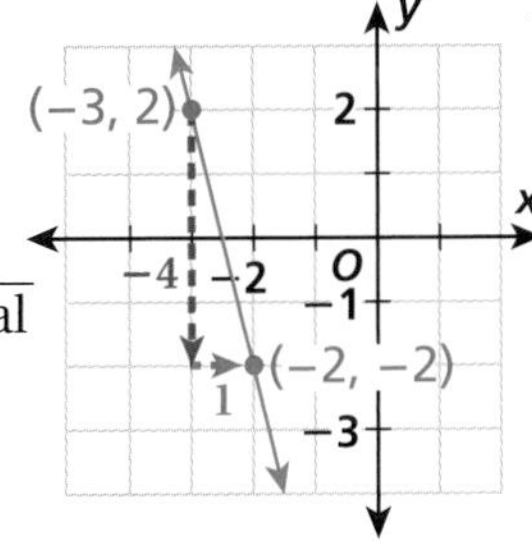

EJERCICIOS

Indica si en cada gráfica se muestra una tasa de cambio constante o variable. Si es constante, halla la pendiente.

10.

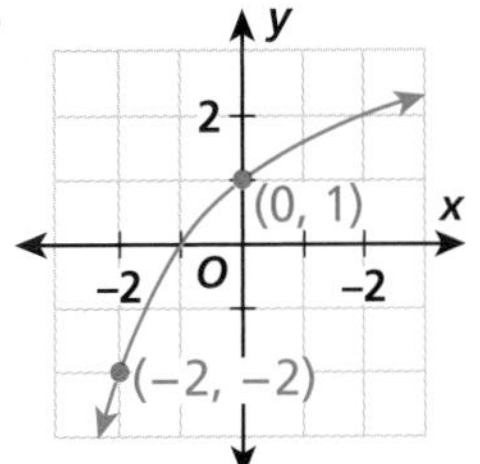

11.

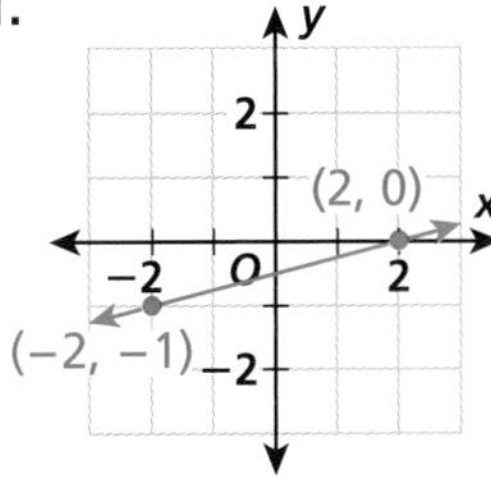

5-4 Cómo identificar y escribir proporciones (págs. 283–286)

EJEMPLO

■ **Determina si $\frac{5}{12}$ y $\frac{3}{9}$ son proporcionales.**

$\frac{5}{12}$ — *$\frac{5}{12}$ ya está en su mínima expresión.*

$\frac{3}{9} = \frac{1}{3}$ — *Simplifica $\frac{3}{9}$.*

$\frac{5}{12} \neq \frac{1}{3}$ — *Las razones no son proporcionales.*

EJERCICIOS

Determina si las razones son proporcionales.

12. $\frac{9}{27}, \frac{6}{20}$ **13.** $\frac{15}{25}, \frac{20}{30}$ **14.** $\frac{21}{14}, \frac{18}{12}$

Halla una razón equivalente a la razón que se da. Luego usa las razones para escribir una proporción.

15. $\frac{10}{12}$ **16.** $\frac{45}{50}$ **17.** $\frac{9}{15}$

5-5 Cómo resolver proporciones (págs. 287–290)

EJEMPLO

■ **Usa productos cruzados para resolver $\frac{p}{8} = \frac{10}{12}$.**

$\frac{p}{8} = \frac{10}{12}$

$p \cdot 12 = 8 \cdot 10$ — *Multiplica los productos cruzados.*

$12p = 80$

$\frac{12p}{12} = \frac{80}{12}$ — *Divide cada lado entre 12.*

$p = \frac{20}{3}$ ó $6\frac{2}{3}$

EJERCICIOS

Usa productos cruzados para resolver cada proporción.

18. $\frac{4}{6} = \frac{n}{3}$ **19.** $\frac{2}{a} = \frac{5}{15}$

20. $\frac{b}{1.5} = \frac{8}{3}$ **21.** $\frac{16}{11} = \frac{96}{x}$

22. $\frac{2}{y} = \frac{1}{5}$ **23.** $\frac{7}{2} = \frac{70}{w}$

5-6 Medidas usuales (págs. 292-295)

EJEMPLO

■ **Convierte 5 mi a pies.**

$\frac{\text{pies}}{\text{millas}} \begin{matrix}\rightarrow\\ \rightarrow\end{matrix} \frac{5{,}280}{1} = \frac{x}{5}$

$x = 5{,}280 \cdot 5 = 26{,}400$ pies

EJERCICIOS

Convierte cada medida.

24. 32 oz líq a pintas
25. 1.5 toneladas a libras
26. 13, 200 pies a millas

Guía de estudio: Repaso

5-7 Figuras semejantes y proporciones (págs. 300–303)

EJEMPLO

■ **Indica si las figuras son semejantes.**

Los ángulos correspondientes de las figuras tienen medidas iguales.

$\frac{5}{30} \stackrel{?}{=} \frac{3}{18} \stackrel{?}{=} \frac{5}{30} \stackrel{?}{=} \frac{3}{18}$

$\frac{1}{6} = \frac{1}{6} = \frac{1}{6} = \frac{1}{6}$

Las razones de los lados correspondientes son equivalentes. Las figuras son semejantes.

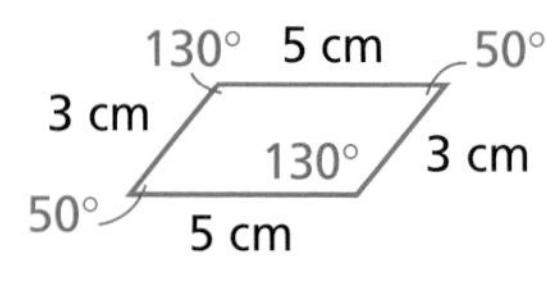

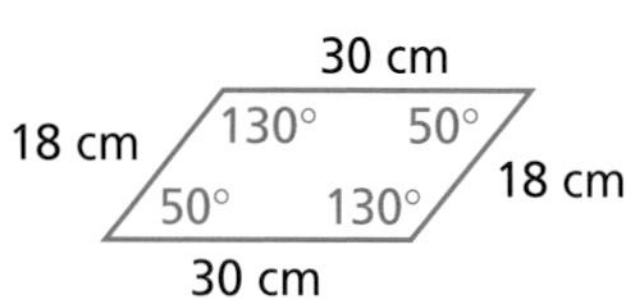

EJERCICIOS

Indica si las figuras son semejantes.

27.

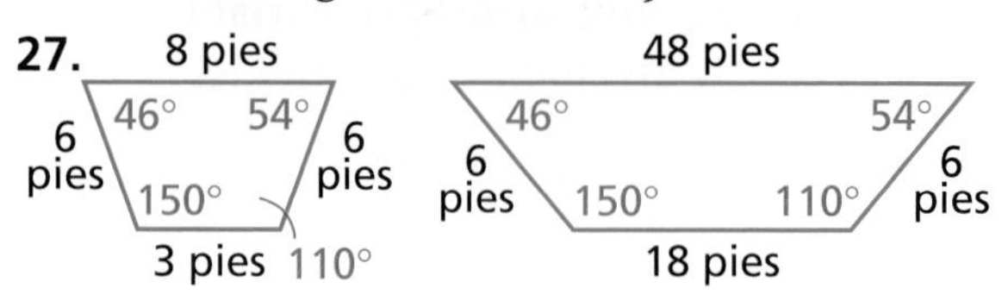

28.

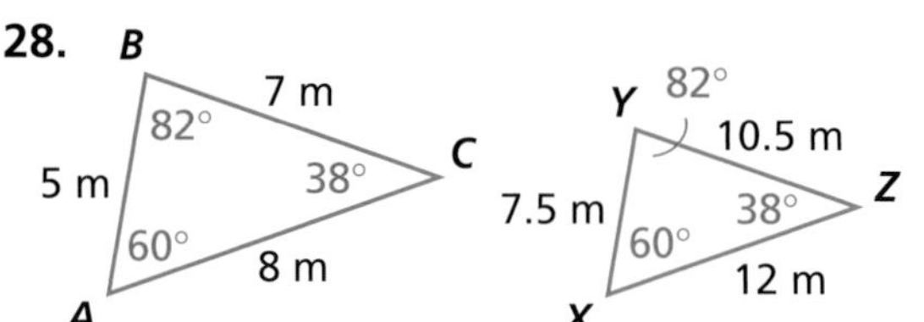

5-8 Cómo usar figuras semejantes (págs. 304–307)

EJEMPLO

■ **$\triangle ABC \sim \triangle LMN$. Halla la longitud desconocida.**

$\frac{AB}{LM} = \frac{AC}{LN}$

$\frac{8}{t} = \frac{11}{44}$

$8 \cdot 44 = t \cdot 11$

$352 = 11t$

$\frac{352}{11} = \frac{11t}{11}$

$32 \text{ pulg} = t$

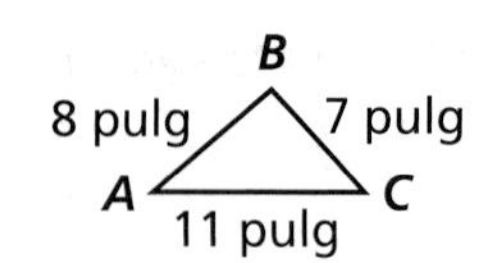

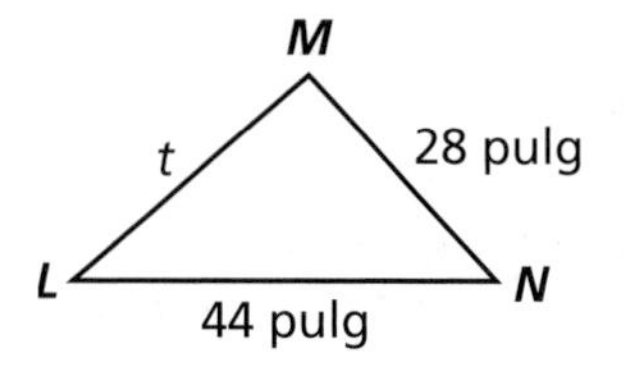

EJERCICIOS

$\triangle JKL \sim \triangle DEF$. Halla la longitud desconocida.

29.

K, 18 pies, 18 pies, J, L, 25 pies

F, x, D, 72 pies, 72 pies, E

30. Un árbol proyecta una sombra de $30\frac{1}{2}$ pies en un momento del día en que una estaca de 2 pies proyecta una sombra de $7\frac{2}{3}$ pies. Estima la altura del árbol.

5-9 Dibujos y modelos a escala (págs. 308–311)

EJEMPLO

■ **Un modelo de barco mide 4 pulg de longitud. El factor de escala es $\frac{1}{24}$. ¿Cuál es la longitud del barco real?**

$\frac{\text{modelo}}{\text{barco}} = \frac{1}{24}$

$\frac{4}{n} = \frac{1}{24}$ *Escribe una proporción.*

$4 \cdot 24 = n \cdot 1$ *Halla los productos cruzados.*

$96 = n$ *Resuelve.*

El barco mide 96 pulgadas de longitud.

EJERCICIOS

31. El *Flyer* de los hermanos Wright tenía una envergadura de 484 pulgadas. Carla compró un modelo del avión con un factor de escala de $\frac{1}{40}$. ¿Cuál es la envergadura del modelo?

32. La distancia de Austin a Houston en un mapa es 4.3 pulgadas. La escala del mapa es 1 pulgada = 38 millas. ¿Cuál es la distancia real?

EXAMEN DEL CAPÍTULO

1. Stan halló 12 monedas de 1 centavo, 15 monedas de 5 centavos, 7 monedas de 10 centavos y 5 monedas de 25 centavos. Indica si es mayor la razón de monedas de 1 centavo a monedas de 25 centavos o la razón de monedas de 5 centavos a monedas de 10 centavos.
2. Lenny vendió 576 tacos en 48 horas. ¿Cuál fue la tasa de venta de tacos promedio de Lenny?
3. Una tienda vende una caja de 5 lb de detergente a $5.25 y una caja de 10 lb de detergente a $9.75. ¿Qué tamaño de caja tiene el precio más bajo por libra?

Indica si en cada gráfica se muestra una tasa de cambio constante o variable. Si es constante, halla la pendiente.

4.

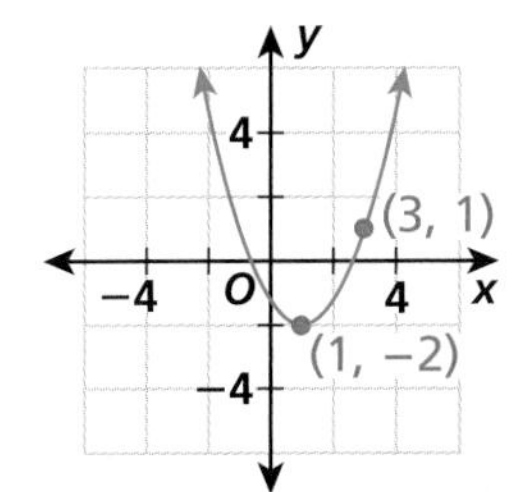

5.

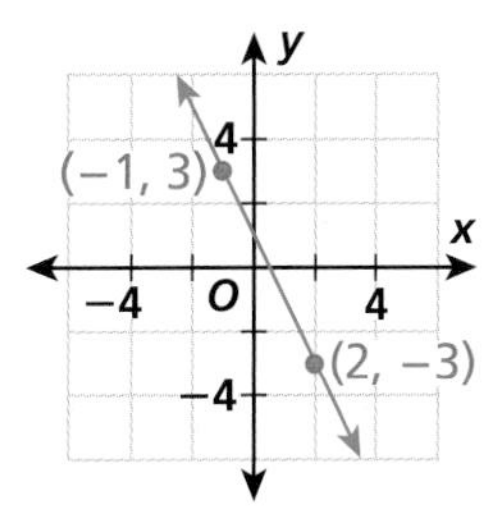

Halla una razón equivalente a cada razón. Luego usa las razones para escribir una proporción.

6. $\frac{22}{30}$ 7. $\frac{7}{9}$ 8. $\frac{18}{54}$ 9. $\frac{10}{17}$

Usa productos cruzados para resolver cada proporción.

10. $\frac{9}{12} = \frac{m}{6}$ 11. $\frac{x}{2} = \frac{18}{6}$ 12. $\frac{3}{7} = \frac{21}{t}$ 13. $\frac{5}{p} = \frac{10}{2}$

Convierte cada medida.

14. 13,200 pies a millas 15. 3.5 lb a onzas 16. 17 ct a galones

Indica si las figuras son semejantes.

17.

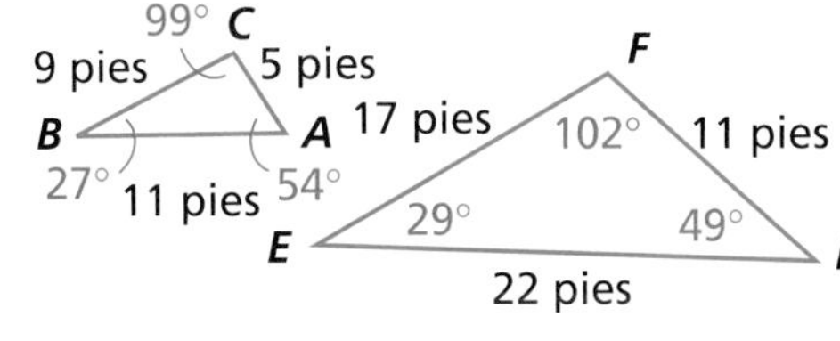

18.

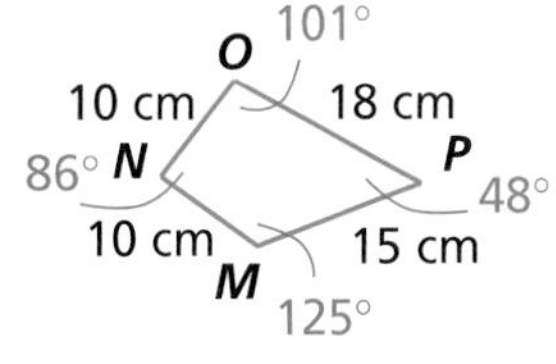

101° S, 6 cm, 10.8 cm, R, T, 48°, 6 cm, 86°, Q, 9 cm, 125°

$\triangle WYZ \sim \triangle MNO$ **en cada par. Halla las longitudes desconocidas.**

19.

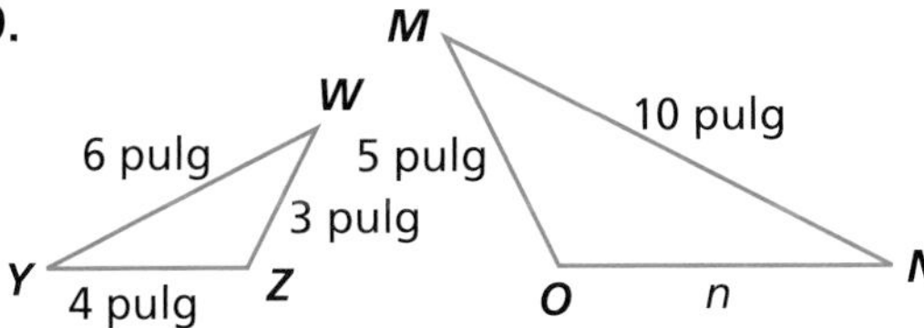

20.

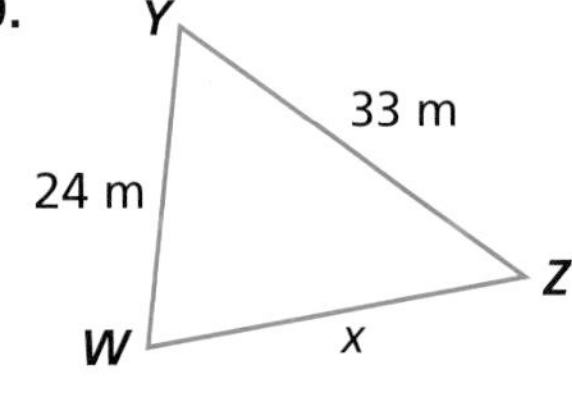

N, 8 m, 11 m, O, M, 10 m

21. Un modelo a escala de un edificio mide 8 pulg por 12 pulg. Si la escala es 1 pulg = 15 pies, ¿cuáles son las dimensiones del edificio real?
22. La distancia de Portland a Seaside es 75 mi. ¿Cuál es la distancia en pulgadas entre las dos ciudades en un mapa si la escala es $1\frac{1}{4}$ pulg = 25 mi?

AYUDA PARA EXAMEN

Estrategias para el examen estandarizado

Respuesta desarrollada: Comprende los puntajes

Por lo general, las preguntas de respuesta desarrollada de un examen abarcan varios pasos y requieren una respuesta detallada. Las respuestas se califican según un criterio de 4 puntos. Una respuesta correcta y completa vale 4 puntos, una respuesta parcial vale de 2 a 3 puntos, una respuesta incorrecta que no muestre ningún trabajo vale 1 punto y la falta de respuesta vale 0 puntos.

EJEMPLO

Respuesta desarrollada Una bolsa de 10 libras de manzanas cuesta \$4. Escribe y resuelve una proporción para hallar cuánto costaría una bolsa de 15 libras de manzanas a la misma tasa. Explica cómo se relaciona el aumento de peso con el aumento de costo.

A continuación, verás cómo se califican distintas respuestas según el criterio indicado arriba.

Respuesta de 4 puntos:

Sea c = el costo de la bolsa de 15 lb.

$$\frac{10 \text{ libras}}{\$4} = \frac{15 \text{ libras}}{c}$$

$$10 \cdot c = 4 \cdot 15$$

$$\frac{10c}{10} = \frac{60}{10}$$

$$c = 6$$

La bolsa de 15 lb cuesta \$6.

Cada 5 libras adicionales, el costo aumenta 2 dólares.

Respuesta de 3 puntos:

Sea c = el costo de la bolsa de 15 lb.

$$\frac{10 \text{ libras}}{\$4} = \frac{15 \text{ libras}}{c}$$

$$10 \cdot c = 4 \cdot 15$$

$$\frac{10c}{10} = \frac{60}{10}$$

$$c = \$6$$

La bolsa de 15 lb cuesta \$6.

Por cada 5 libras adicionales, el costo aumenta 6 dólares.

La proporción está bien planteada y bien resuelta y se muestra todo el trabajo, pero la explicación es incorrecta.

Respuesta de 2 puntos:

Sea c = el costo de las manzanas.

$$\frac{10 \text{ libras}}{\$4} = \frac{c}{15 \text{ libras}}$$

$$10 \cdot 15 = 4 \cdot c$$

$$\frac{150}{4} = \frac{4c}{4}$$

$$37.5 = c$$

La proporción está mal planteada y no se da ninguna explicación.

Respuesta de 1 punto:

$$37.5 = c$$

La respuesta es incorrecta, no se muestra ningún trabajo y no se da ninguna explicación.

Después de contestar una pregunta de examen de respuesta desarrollada, vuelve a leer la pregunta para asegurarte de haber contestado todas sus partes.

Lee cada recuadro y contesta las preguntas que le siguen usando el siguiente criterio de puntaje.

Criterio de puntaje:

4 puntos: El estudiante responde correctamente a todas las partes de la pregunta, muestra todo su trabajo y da una explicación completa y correcta.

3 puntos: El estudiante responde a todas las partes de la pregunta, muestra todo su trabajo y da una explicación completa que demuestra su comprensión, pero comete errores menores de cálculo.

2 puntos: El estudiante no responde a todas las partes de la pregunta, pero muestra todo su trabajo y da una explicación completa y correcta de las partes que respondió, o responde correctamente a todas las partes de la pregunta, pero no muestra todo su trabajo o no da una explicación.

1 punto: El estudiante da respuestas incorrectas y muestra poco o ningún trabajo o explicación, o no sigue las instrucciones.

0 puntos: El estudiante no responde.

A

Respuesta desarrollada Alex dibujó un modelo de una pajarera con una escala de 1 pulgada a 3 pulgadas. En su dibujo, la pajarera mide 6 pulgadas de altura. Define una variable y luego escribe y resuelve una proporción para hallar la altura de la pajarera real.

1. ¿La siguiente respuesta debería recibir una calificación de 4 puntos? ¿Por qué sí o por qué no?

$$\frac{1 \text{ pulgada}}{6 \text{ pulgadas}} = \frac{3 \text{ pulgadas}}{h}$$

$$1 \cdot h = 3 \cdot 6$$

$$h = 18$$

La pajarera real mide 18 pulgadas de alto.

B

Respuesta desarrollada Usa una tabla para hallar una regla que describa la relación entre los primeros cuatro términos de la sucesión 2, 4, 8, 16, . . . y sus posiciones en la sucesión. Luego halla los tres términos siguientes de la sucesión.

2. ¿Qué agregarías a la respuesta, si fuera necesario, para que obtenga el puntaje máximo?

n	1	2	3	4
Regla	2^1	2^2	2^3	2^4
y	2	4	8	16

Cada término es 2 veces mayor que el que lo antecede. La regla es 2^n.

C

Respuesta desarrollada Las figuras son semejantes. Halla el valor de x y la suma de las longitudes de los lados de una de las figuras.

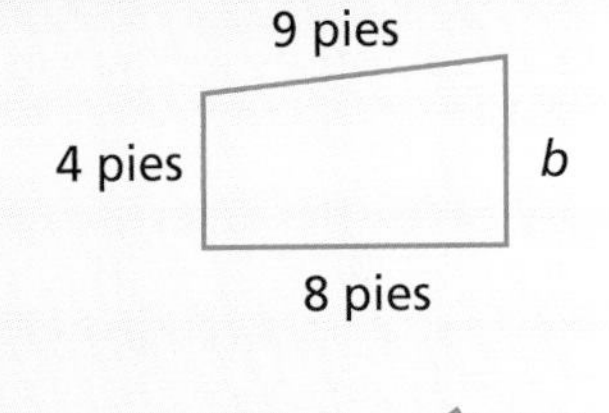

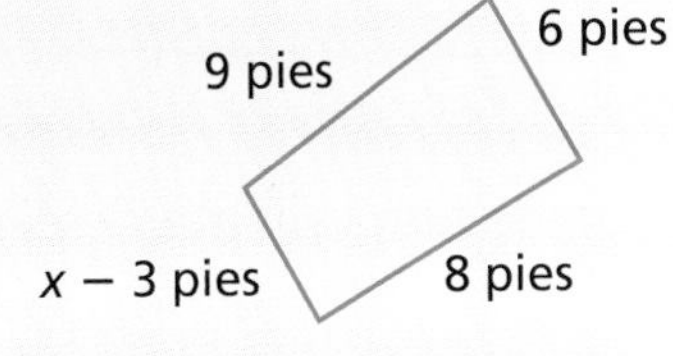

3. ¿Qué hay que incluir en una respuesta para que reciba 4 puntos?

4. Escribe una respuesta que reciba la calificación máxima.

Ayuda para examen

CAPÍTULO 5

PREPARACIÓN PARA EL EXAMEN ESTANDARIZADO

go.hrw.com
Práctica en línea para el examen estatal
CLAVE: MS7 TestPrep

Evaluación acumulativa, Capítulos 1–5

Opción múltiple

1. ¿Cuál es la distancia desconocida b en los triángulos semejantes ABC y DEF?

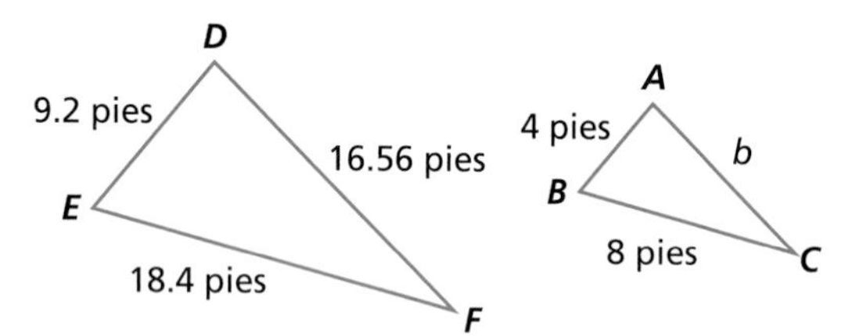

Ⓐ 7.2 pies Ⓑ 6 pies Ⓒ 4 pies Ⓓ 5.6 pies

2. La longitud total del puente Golden Gate de San Francisco, California, es 8,981 pies. Si un auto viaja a una velocidad de 45 millas por hora, ¿cuántos minutos tardará en cruzar el puente?

Ⓕ 0.04 minutos Ⓖ 1.28 minutos Ⓗ 1.7 minutos Ⓙ 2.27 minutos

3. ¿De qué ecuación es la solución $x = \frac{2}{5}$?

Ⓐ $5x - \frac{25}{2} = 0$

Ⓑ $-\frac{1}{5}x + \frac{2}{25} = 0$

Ⓒ $\frac{1}{5}x - 2 = 0$

Ⓓ $-5x + \frac{1}{2} = 0$

4. Un globo de aire caliente desciende 38.5 metros en 22 segundos. Si el globo sigue descendiendo a esta tasa, ¿cuánto tardará en descender 125 metros?

Ⓕ 25.25 segundos Ⓖ 86.5 segundos Ⓗ 71.43 segundos Ⓙ 218.75 segundos

5. ¿Qué valor completa la tabla de razones equivalentes?

Micrófonos	3	9	15	36
Máquinas de karaoke	1	3	?	12

Ⓐ 5 Ⓑ 7 Ⓒ 8 Ⓓ 9

6. En un campo de béisbol, la distancia entre la base del bateador y el montículo del lanzador es $60\frac{1}{2}$ pies. La distancia entre la base del bateador y la segunda base es $127\frac{7}{24}$ pies. ¿Qué diferencia hay entre ambas distancias?

Ⓕ $61\frac{1}{3}$ pies Ⓖ $66\frac{5}{6}$ pies Ⓗ $66\frac{19}{24}$ pies Ⓙ $66\frac{5}{24}$ pies

7. ¿Qué expresión con palabras describe mejor la expresión $n - 6$?

Ⓐ 6 más que un número

Ⓑ Un número menor que 6

Ⓒ 6 menos un número

Ⓓ 6 restado de un número

8. Una pelota de fútbol americano pesa aproximadamente $\frac{3}{20}$ de kilogramo. Si un entrenador tiene 15 pelotas de fútbol en una bolsa grande, ¿qué estimación describe mejor el peso total de las pelotas de fútbol?

Ⓕ Un poco menos de 3 kilogramos

Ⓖ Un poco más de 2 kilogramos

Ⓗ Casi 1 kilogramo

Ⓙ Entre 1 y 2 kilogramos

9. ¿Qué punto pertenece a la línea $y = 4x + 2$?

Ⓐ (2, 10)

Ⓑ (0, −2)

Ⓒ (−4, 2)

Ⓓ (−2, 6)

10. En un dibujo a escala, una torre de telefonía celular mide 1.25 pies de alto. El factor de escala es $\frac{1}{150}$. ¿Cuál es la altura de la torre de telefonía celular real?

Ⓕ 37.5 pies

Ⓖ 120 pies

Ⓗ 148 pies

Ⓙ 187.5 pies

Si no tienes un diagrama o una gráfica a tu disposición, haz uno rápidamente para comprender mejor la información que te dan en la pregunta del examen.

Respuesta gráfica

11. La Campana de la Libertad, un símbolo de libertad en Estados Unidos, pesa 2,080 libras. ¿Cuántas toneladas pesa?

12. Halla el cociente de –51.03 ÷ (−8.1).

13. ¿Cuál es la pendiente de esta línea?

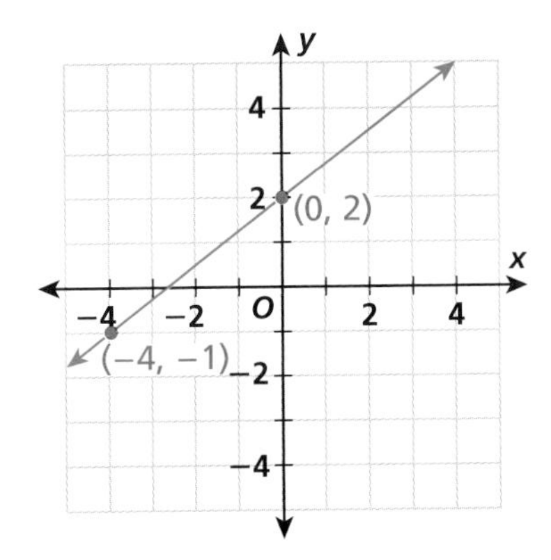

14. Un florista prepara ramos de flores para una exposición. Tiene 84 tulipanes y 56 margaritas. Cada ramo tendrá la misma cantidad de tulipanes y la misma cantidad de margaritas. ¿Cuántos ramos puede hacer el florista para esta exposición?

Respuesta breve

15. Jana comenzó el mes con \$102.50 en su cuenta corriente. Durante el mes, depositó \$8.50 que ganó trabajando como niñera, retiró \$9.75 para comprar un CD, depositó \$5.00 que le regaló su tía y retiró \$6.50 para comprar una entrada al cine. Usando números compatibles, escribe y evalúa una expresión para estimar el saldo de la cuenta de Jana a fin de mes.

16. Un farol proyecta una sombra que mide 18 pies de largo. En el mismo momento del día, Alyce proyecta una sombra que mide 4.2 pies de largo. Alyce mide 5.3 pies de estatura. Haz un dibujo de la situación. Establece y resuelve una proporción para hallar la altura del farol al pie más cercano. Muestra tu trabajo.

Respuesta desarrollada

17. Riley traza un mapa del estado de Virginia. De este a oeste, la mayor distancia a lo largo del estado es aproximadamente 430 millas. De norte a sur, la mayor distancia es aproximadamente 200 millas.

a. Riley usa una escala de mapa de 1 pulgada = 24 millas. Halla la longitud del mapa de este a oeste y la longitud de norte a sur. Redondea tus respuestas a la décima más cercana.

b. La longitud entre dos ciudades en el mapa de Riley es 9 pulgadas. ¿Cuál es la distancia entre las ciudades en millas?

c. Si un avión viaja a una velocidad de 520 millas por hora, ¿aproximadamente cuántos minutos le llevará volar de este a oeste por la parte más ancha de Virginia? Muestra tu trabajo.

CAPÍTULO 6

Porcentajes

go.hrw.com
Presentación del capítulo en línea
CLAVE: MS7 Ch6

Basura urbana depositada en vertederos de EE.UU. por año (en millones de toneladas)

Tierra	Madera	Concreto	Residuos domésticos
107.6	87.6	22.5	32.7

Profesión *Arqueóloga urbana*

¿Alguna vez has deseado estudiar los estilos de vida de pueblos que vivieron hace mucho tiempo? Si es así, la arqueología podría interesarte. Los arqueólogos aprenden de las civilizaciones antiguas al excavar ciudades y examinar objetos del pasado. ¡Examinan hasta la basura!

De 1973 a 2003, los arqueólogos urbanos del Proyecto Basura aprendieron sobre los hábitos de las sociedades actuales excavando los vertederos y estudiando las cosas que tiramos. Descubrieron que alrededor del 80% de la basura urbana en Estados Unidos se deposita en vertederos.

Vocabulario

Elige de la lista el término que mejor complete cada enunciado.

1. El enunciado en que dos razones son equivalentes se llama __?__.
2. Para escribir $\frac{2}{3}$ como un(a) __?__, divide el numerador entre el denominador.
3. Un(a) __?__ es una comparación de dos cantidades que se hace mediante una división.
4. El/La __?__ de $\frac{9}{24}$ es $\frac{3}{8}$.

decimal
ecuación
fracción
mínima expresión
proporción
razón

Resuelve los ejercicios para practicar las destrezas que usarás en este capítulo.

Escribir fracciones como decimales

Escribe cada fracción como decimal.

5. $\frac{8}{10}$ **6.** $\frac{53}{100}$ **7.** $\frac{739}{1{,}000}$ **8.** $\frac{7}{100}$

9. $\frac{2}{5}$ **10.** $\frac{5}{8}$ **11.** $\frac{7}{12}$ **12.** $\frac{13}{20}$

Escribir decimales como fracciones

Escribe cada decimal como una fracción en su mínima expresión.

13. 0.05 **14.** 0.92 **15.** 0.013 **16.** 0.8

17. 0.006 **18.** 0.305 **19.** 0.0007 **20.** 1.04

Resolver ecuaciones con multiplicaciones

Resuelve cada ecuación.

21. $100n = 300$ **22.** $38 = 0.4x$ **23.** $16p = 1{,}200$

24. $9 = 72y$ **25.** $0.07m = 56$ **26.** $25 = 100t$

Resolver proporciones

Resuelve cada proporción.

27. $\frac{2}{3} = \frac{x}{12}$ **28.** $\frac{x}{20} = \frac{3}{4}$ **29.** $\frac{8}{15} = \frac{x}{45}$

30. $\frac{16}{28} = \frac{4}{n}$ **31.** $\frac{p}{100} = \frac{12}{36}$ **32.** $\frac{42}{12} = \frac{14}{n}$

33. $\frac{8}{y} = \frac{10}{5}$ **34.** $\frac{6}{9} = \frac{d}{24}$ **35.** $\frac{21}{a} = \frac{7}{5}$

CAPÍTULO 6

Guía de estudio: Avance

De dónde vienes

Antes,

- representaste porcentajes.
- escribiste porcentajes, decimales y fracciones equivalentes.
- resolviste problemas con porcentajes que contenían descuentos, impuesto sobre la venta y propinas.

En este capítulo

Estudiarás

- cómo representar y estimar porcentajes.
- cómo escribir porcentajes que contengan porcentajes , decimales y fracciones equivalentes menores que 1 y mayores que 100.
- cómo resolver problemas con porcentajes relacionados con descuentos, impuesto sobre la venta, propinas, ganancias, porcentaje de cambio e interés simple.
- cómo comparar fracciones, decimales y porcentajes.

Adónde vas

Puedes usar las destrezas aprendidas en este capítulo

- para hallar o estimar descuentos, impuesto sobre la venta y propinas cuando haces las compras o comes afuera.
- para resolver problemas bancarios.

Vocabulario/Key Vocabulary

capital	principal
interés	interest
interés simple	simple interest
porcentaje	percent
porcentaje de cambio	percent of change
porcentaje de disminución	percent of decrease
porcentaje de incremento	percent of increase

Conexiones de vocabulario

Considera lo siguiente para familiarizarte con algunos de los términos de vocabulario del capítulo. Puedes consultar el capítulo, el glosario o un diccionario si lo deseas.

1. La palabra italiana *cento* y el término francés *cent* significan "cien". ¿Qué crees que significa **porcentaje?**
2. La palabra *interés* viene del latín *(inter- + esse)* y significa "estar entre" y "hacer una diferencia". En el mundo de los negocios, el interés es una cantidad que se cobra o se paga por el uso del dinero. ¿Cómo puedes relacionar las raíces y los significados del latín con la definición comercial de **interés?**
3. El *capital* es la cantidad de dinero que se deposita o se presta. El interés se calcula sobre el capital. Según otras definiciones habituales, capital significa "principal", "de gran importancia" y también "patrimonio". ¿Cómo pueden ayudarte estas definiciones a recordar el significado comercial de **capital?**

Estrategia de estudio: Usa múltiples representaciones

Cuando se introduce un nuevo concepto matemático, se suele explicar de varias maneras. A medida que estudias, presta atención a todos los modelos, tablas, listas, gráficas, diagramas, símbolos y palabras que se usan para describir un concepto.

En este ejemplo, el concepto de cómo hallar fracciones equivalentes se representa con un modelo, con números y con palabras.

Hallar fracciones equivalentes

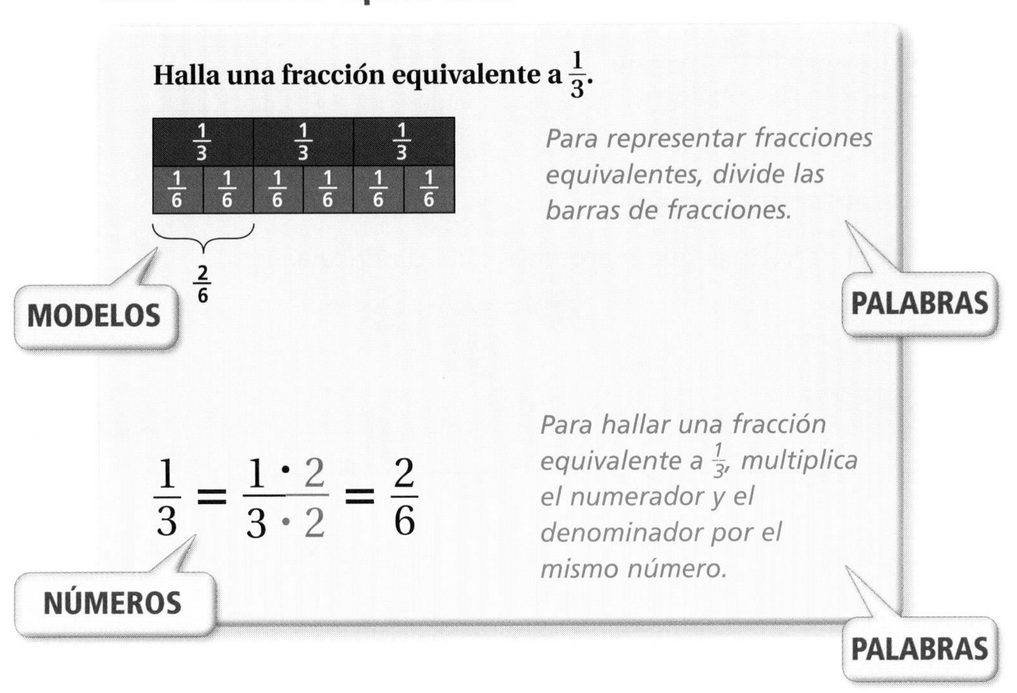

Inténtalo

1. Explica las ventajas de representar una idea nueva de varias maneras cuando tomas notas.
2. Explica cómo puedes usar modelos y números para hallar fracciones equivalentes. ¿Qué método prefieres? Explica.

6-1 Porcentajes

Aprender a representar porcentajes y a escribir porcentajes como decimales y fracciones equivalentes

Vocabulario

porcentaje

Se estima que más de la mitad de las especies vegetales y animales de la Tierra viven en selvas tropicales. Sin embargo, las selvas tropicales cubren menos de 6 de cada 100 millas cuadradas del territorio del planeta. Puedes escribir esta razón, de 6 a 100, como un *porcentaje*, 6%.

Un **porcentaje** es la razón de un número a 100. Para indicar que un número es un porcentaje, se usa el símbolo %.

$\frac{6}{100} = 6\%$

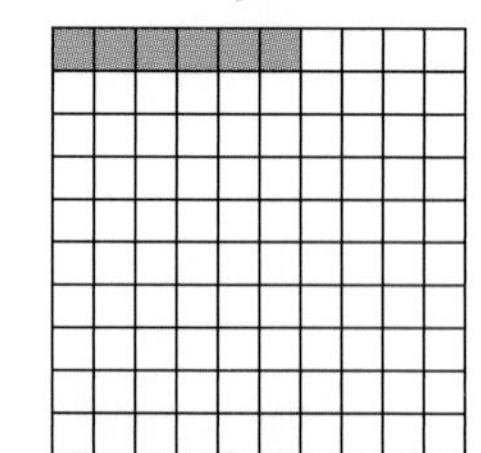

EJEMPLO 1 Representar porcentajes

Escribe el porcentaje que representa cada cuadrícula.

Leer matemáticas

La palabra *porcentaje* significa "por cien". Por lo tanto, 6% significa "6 de cada 100".

A

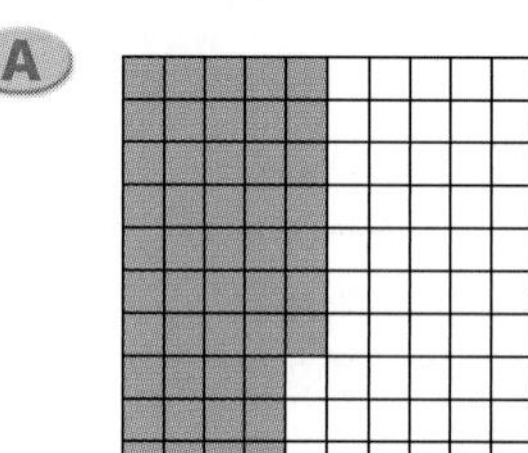

$\frac{\text{sombreado}}{\text{total}} \rightarrow \frac{47}{100} = 47\%$

B

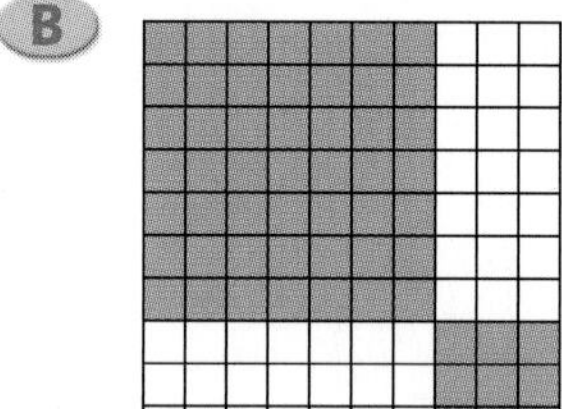

$\frac{\text{sombreado}}{\text{total}} \rightarrow \frac{49 + 9}{100} = \frac{58}{100} = 58\%$

Los porcentajes pueden escribirse como decimales o como fracciones.

EJEMPLO 2 Escribir porcentajes como fracciones

Escribe 35% como una fracción en su mínima expresión.

$35\% = \frac{35}{100}$ *Escribe el porcentaje como fracción con un denominador de 100.*

$= \frac{7}{20}$ *Simplifica.*

Por lo tanto, 35% puede escribirse como $\frac{7}{20}$.

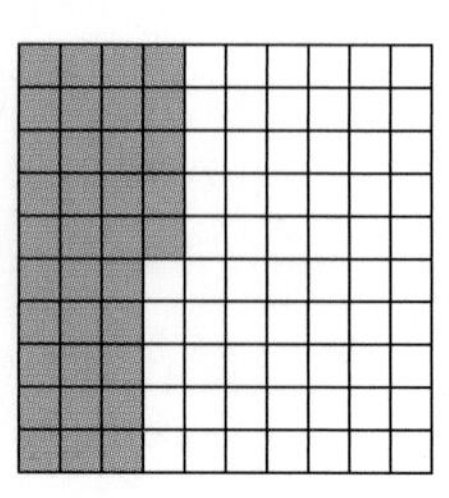

EJEMPLO 3 **Escribir porcentajes como decimales**

Escribe 43% como decimal.

Método A: Usar lápiz y papel

$43\% = \frac{43}{100}$ *Escribe el porcentaje como fracción.*

$= 0.43$ *Divide 43 entre 100.*

Método B: Usar el cálculo mental

$43.\% = 0.43$ *Mueve el punto decimal dos posiciones hacia la izquierda.*

Razonar y comentar

1. **Indica** con tus propias palabras el significado de *porcentaje*.
2. **Explica** cómo escribir 5% como decimal.

6-1 Ejercicios

*(Disponible sólo en inglés)

PRÁCTICA GUIADA

Ver Ejemplo 1 Escribe el porcentaje que representa cada cuadrícula.

1. 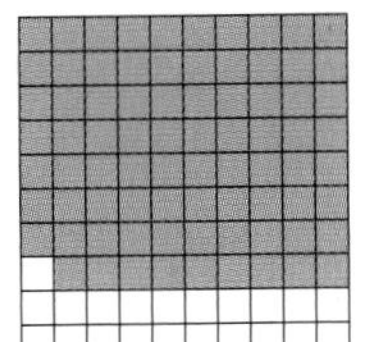
2. 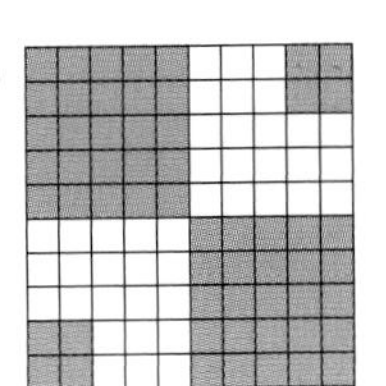
3. 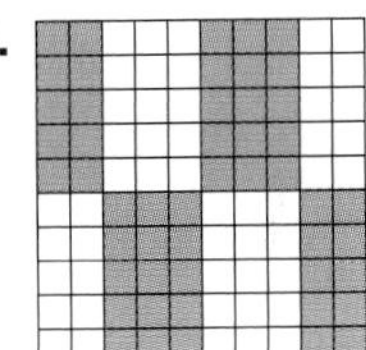

Ver Ejemplo 2 Escribe cada porcentaje como una fracción en su mínima expresión.

4. 65% **5.** 82% **6.** 12% **7.** 38% **8.** 75%

Ver Ejemplo 3 Escribe cada porcentaje como decimal.

9. 22% **10.** 51% **11.** 8.07% **12.** 1.6% **13.** 11%

PRÁCTICA INDEPENDIENTE

Ver Ejemplo 1 Escribe el porcentaje que representa cada cuadrícula.

14. 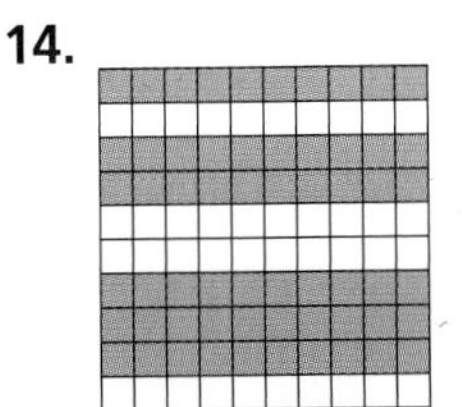
15. 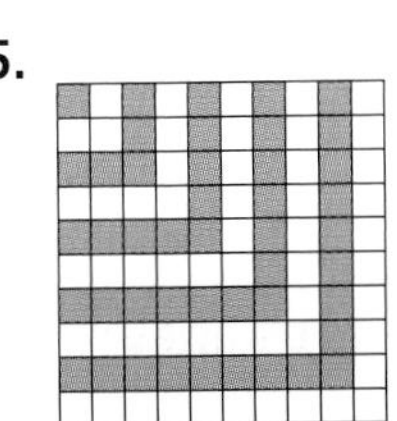
16. 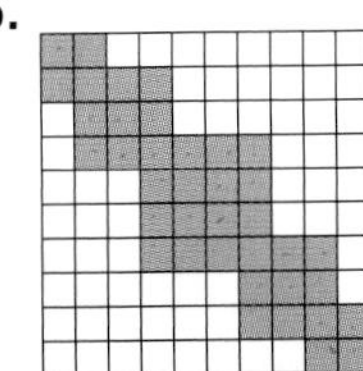

Ver Ejemplo 2 **Escribe cada porcentaje como una fracción en su mínima expresión.**

17. 55% **18.** 34% **19.** 83% **20.** 53% **21.** 81%

Ver Ejemplo 3 **Escribe cada porcentaje como decimal.**

22. 48% **23.** 9.8% **24.** 30.2% **25.** 66.3% **26.** 8.39%

PRÁCTICA Y RESOLUCIÓN DE PROBLEMAS

Práctica adicional
Ver página 737

Escribe cada porcentaje como una fracción en su mínima expresión y como decimal.

27. 2.70% **28.** 7.6% **29.** 44% **30.** 3.148% **31.** 10.5%

Compara. Escribe $<$, $>$ ó $=$.

32. $\frac{18}{100}$ ■ 22% **33.** $\frac{35}{52}$ ■ 72% **34.** $\frac{10}{50}$ ■ 22% **35.** $\frac{11}{20}$ ■ 56%

36. 41% ■ $\frac{13}{30}$ **37.** $\frac{17}{20}$ ■ 85% **38.** $\frac{3}{5}$ ■ 60% **39.** 15% ■ $\frac{4}{30}$

40. **Varios pasos** En una etiqueta con información nutricional, se indica que una porción de tortillitas de maíz contiene 7 gramos de grasas y un 11% de la cantidad diaria recomendada (CDR) de grasas.

a. Escribe una razón que represente el porcentaje de CDR de grasas en una porción de tortillitas de maíz.

b. Usa la razón del punto **a** para escribir y resolver una proporción que determine cuántos gramos de grasas hay en la cantidad diaria recomendada.

41. **Elige una estrategia** Durante la clase, Brad completó 63% de su tarea y Liz completó $\frac{5}{7}$ de la suya. ¿Quién debe completar un porcentaje mayor de su tarea en casa?

42. **Escríbelo** Compara razones y porcentajes. ¿En qué se parecen? ¿En qué se diferencian?

43. **Desafío** Escribe cada uno de los siguientes decimales como porcentajes: 0.4 y 0.03.

PREPARACIÓN PARA EL EXAMEN y repaso en espiral

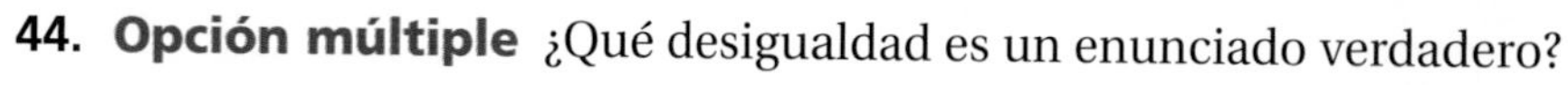

44. **Opción múltiple** ¿Qué desigualdad es un enunciado verdadero?

Ⓐ $24\% > \frac{1}{4}$ Ⓑ $0.76 < 76\%$ Ⓒ $8\% < 0.8$ Ⓓ $\frac{1}{5} < 5\%$

45. **Respuesta breve** Diecinueve de los 25 estudiantes del equipo de Sean vendieron jarros y 68% de los estudiantes del equipo de Chi vendieron gorras. ¿Qué equipo tuvo el mayor porcentaje de participantes en la recolección de fondos?

Estima cada suma o diferencia. (Lección 3-7)

46. $\frac{7}{8} - \frac{3}{7}$ **47.** $6\frac{1}{10} + 5\frac{7}{9}$ **48.** $5\frac{2}{3} - \left(-\frac{3}{4}\right)$ **49.** $\frac{5}{12} + 2\frac{4}{5}$

Marca cada punto en un plano cartesiano. (Lección 4-1)

50. $A(2, 3)$ **51.** $B(-1, 4)$ **52.** $C(-2, -6)$ **53.** $D(0, -3)$

6-2 Fracciones, decimales y porcentajes

Aprender a escribir decimales y fracciones como porcentajes

Los estudiantes de la Intermedia Westview reúnen latas de comida para el banco de alimentos. local. Su objetivo es reunir 2,000 latas en un mes. Después de 10 días, tienen 800 latas de comida.

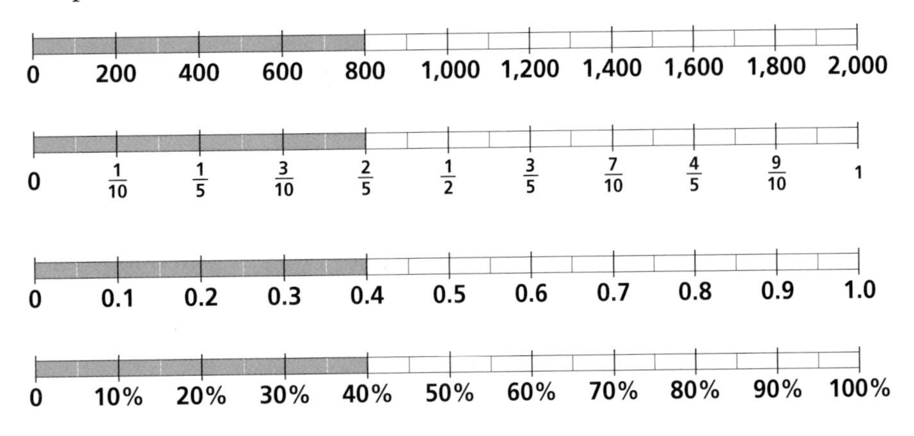

En los modelos se muestra que 800 de 2,000 puede escribirse $\frac{800}{2{,}000}$, $\frac{2}{5}$, 0.4 ó 40%. Los estudiantes alcanzaron el 40% de su objetivo.

EJEMPLO 1 Escribir decimales como porcentajes

Escribe 0.2 como porcentaje.

Método 1: Usar lápiz y papel

$0.2 = \frac{2}{10} = \frac{20}{100}$ *Escribe el decimal como una fracción con denominador 100.*

$= 20\%$ *Escribe el numerador con un signo de porcentaje.*

Método 2: Usar el cálculo mental

$0.20 = 20.0\%$ *Mueve el punto decimal dos posiciones hacia la derecha y agrega un signo de porcentaje.*

$= 20\%$

EJEMPLO 2 Escribir fracciones como porcentajes

¡Recuerda!

Para dividir 4 entre 5, usa la división larga y coloca un punto decimal seguido de un cero después del 4.

$5\overline{)4.0}$ = 0.8

Escribe $\frac{4}{5}$ como porcentaje.

Método 1: Usar lápiz y papel

$\frac{4}{5} = 4 \div 5$ *Usa la división para escribir la fracción como decimal.*

$= 0.8$

$= 0.80$

$= 80\%$ *Escribe el decimal como porcentaje.*

Método 2: Usar el cálculo mental

$\frac{4 \cdot 20}{5 \cdot 20} = \frac{80}{100}$ *Escribe una fracción equivalente con denominador 100.*

$= 80\%$ *Escribe el numerador con un signo de porcentaje.*

EJEMPLO 3 Elegir un método de cálculo

Decide si usar lápiz y papel, el cálculo mental o una calculadora es más útil para resolver el siguiente problema. Luego resuélvelo.

En una encuesta, se preguntó a 55 personas si preferían los perros o los gatos. Veintinueve personas dijeron que preferían los gatos. ¿Qué porcentaje dijo que prefería los gatos?

29 de 55 $= \frac{29}{55}$ — *Razona: Como 29 ÷ 55 no se divide en forma exacta, usar lápiz y papel no es una buena elección. Razona: Como el denominador no es un factor de 100, el cálculo mental no es una buena elección.*

El mejor método es usar una calculadora.

29 [÷] 55 [ENTER] 0.5272727273

$0.5272727273 = 52.72727273\%$ — *Escribe el decimal como porcentaje.*

$\approx 52.7\%$ — *Redondea a la décima de porcentaje más cercana.*

Alrededor del 52.7% de las personas encuestadas dijeron que preferían los gatos.

Razonar y comentar

1. **Describe** dos métodos que podrías usar para escribir $\frac{3}{4}$ como porcentaje.
2. **Escribe** la razón 25:100 como fracción, como decimal y como porcentaje.

6-2 Ejercicios

PRÁCTICA GUIADA

Ver Ejemplo 1

Escribe cada decimal como porcentaje.

1. 0.6
2. 0.32
3. 0.544
4. 0.06
5. 0.087

Ver Ejemplo 2

Escribe cada fracción como porcentaje.

6. $\frac{1}{4}$
7. $\frac{3}{25}$
8. $\frac{11}{20}$
9. $\frac{7}{40}$
10. $\frac{5}{8}$

Ver Ejemplo 3

11. **Decide si usar lápiz y papel, el cálculo mental o una calculadora es más útil para resolver el siguiente problema. Luego resuélvelo.**

    En una encuesta, se preguntó a 50 estudiantes si preferían la pizza de salchichón o la de queso. Veinte dijeron que preferían la de queso. ¿Qué porcentaje dijo que prefería la pizza de queso?

PRÁCTICA INDEPENDIENTE

Ver Ejemplo 1

Escribe cada decimal como porcentaje.

12. 0.15 **13.** 0.83 **14.** 0.325 **15.** 0.081 **16.** 0.42

Ver Ejemplo 2

Escribe cada fracción como porcentaje.

17. $\frac{3}{4}$ **18.** $\frac{2}{5}$ **19.** $\frac{3}{8}$ **20.** $\frac{3}{16}$ **21.** $\frac{7}{25}$

Ver Ejemplo 3

22. Decide si usar lápiz y papel, el cálculo mental o una calculadora es más útil para resolver el siguiente problema. Luego resuélvelo.

En una encuesta que se hizo en un parque temático, se preguntó a 75 visitantes si preferían la rueda de la fortuna o la montaña rusa. Treinta visitantes preferían la rueda de la fortuna. ¿Qué porcentaje prefería la rueda de la fortuna?

PRÁCTICA Y RESOLUCIÓN DE PROBLEMAS

Práctica adicional
Ver página 737

Compara. Escribe <, > ó =.

23. 45% ■ $\frac{2}{5}$ **24.** 9% ■ 0.9 **25.** $\frac{7}{12}$ ■ 60% **26.** 0.037 ■ 37%

27. Varios pasos La mitad de los 900 estudiantes de la Intermedia Jefferson son chicos. Un décimo de los chicos están en la banda y un quinto de los chicos de la banda tocan la trompeta. ¿Qué porcentaje de los chicos de Jefferson toca la trompeta en la banda?

28. Ciencias biológicas Las selvas tropicales son el hogar de 90,000 de las 250,000 especies de plantas identificadas del mundo. ¿Qué porcentaje de las especies de plantas se halla en las selvas tropicales?

29. ¿Dónde está el error? Un estudiante escribió $\frac{2}{5}$ como 0.4%. ¿Qué error cometió?

30. Escríbelo Describe dos maneras de convertir una fracción en un porcentaje.

31. Desafío Las lluvias promedio en una zona desértica son de 12 pulgadas anuales. Este año hubo 15 pulgadas de lluvia en la zona. ¿Qué porcentaje de la cantidad promedio de lluvia representan 15 pulgadas?

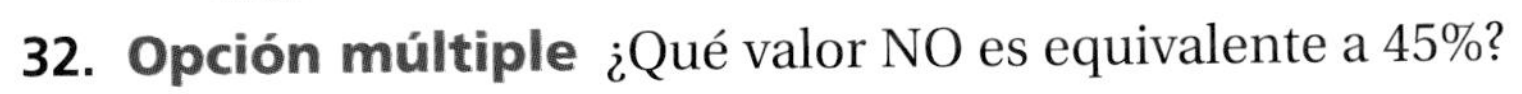

PREPARACIÓN PARA EL EXAMEN y repaso en espiral

32. Opción múltiple ¿Qué valor NO es equivalente a 45%?

Ⓐ $\frac{9}{20}$ Ⓑ 0.45 Ⓒ $\frac{45}{100}$ Ⓓ 0.045

33. Respuesta breve La habitación de Melanie mide 10 pies por 12 pies. Su alfombra cubre 90 pies^2. Explica cómo determinar el porcentaje de piso cubierto por la alfombra.

Haz una tabla de función para $x = -2, -1, 0, 1$ y 2. (Lección 4-4)

34. $y = 5x + 2$ **35.** $y = -2x$ **36.** $y = -\frac{2}{3}x - 4$

37. La longitud real de una habitación es 6 m. El factor de escala de un modelo es 1:15. ¿Cuál es la longitud de la habitación en el modelo? (Lección 5-9)

6-3 Estimación con porcentajes

Destreza de resolución de problemas

Aprender a estimar porcentajes

Una secadora para el cabello cuesta $14.99 en la tienda Hair Haven. La tienda Carissa's Corner ofrece la misma secadora con una rebaja del 20% sobre el precio normal de $19.99. Para saber qué tienda ofrece el mejor precio, puedes usar la estimación.

En la tabla se muestran porcentajes comunes y sus equivalentes en fracciones. Puedes estimar el porcentaje de un número sustituyéndolo por una fracción que esté cerca de un porcentaje dado.

Porcentaje	10%	20%	25%	$33\frac{1}{3}$%	50%	$66\frac{2}{3}$%
Fracción	$\frac{1}{10}$	$\frac{1}{5}$	$\frac{1}{4}$	$\frac{1}{3}$	$\frac{1}{2}$	$\frac{2}{3}$

EJEMPLO 1 Usar fracciones para estimar porcentajes

¡Recuerda!

Los números compatibles son números cercanos a los del problema y te ayudan a usar el cálculo mental para hallar una solución.

Usa una fracción para estimar el 48% de 79.

48% de 79 $\approx \frac{1}{2} \cdot 79$ — *Razona: 48% es aproximadamente 50% y 50% es equivalente a $\frac{1}{2}$.*

$\approx \frac{1}{2} \cdot 80$ — *Cambia 79 por un número compatible.*

≈ 40 — *Multiplica.*

El 48% de 79 es aproximadamente 40.

EJEMPLO 2 *Aplicación a matemáticas para el consumidor*

La tienda Carissa's Corner ofrece un descuento del 20% en la secadora que cuesta $19.99. La misma secadora cuesta $14.99 en Hair Haven. ¿Qué tienda ofrece el mejor precio?

Primero halla el descuento de la secadora en Carissa's Corner.

20% de \$19.99 $= \frac{1}{5} \cdot \$19.99$ — *Razona: 20% es equivalente a $\frac{1}{5}$.*

$\approx \frac{1}{5} \cdot \$20$ — *Cambia $19.99 por un número compatible.*

$\approx \$4$ — *Multiplica.*

El descuento es de aproximadamente $4. Como $20 − $4 = $16, la secadora de $14.99 en Hair Haven tiene el mejor precio.

Otra forma de estimar porcentajes es hallar el 1% ó el 10% de un número. Puedes hacerlo moviendo el punto decimal del número.

1% de 45 = .45.0

= 0.45

Para hallar el 1% de un número, mueve el punto decimal dos posiciones hacia la izquierda.

10% de 45 = 4.5.0

= 4.5

Para hallar el 10% de un número, mueve el punto decimal una posición hacia la izquierda.

EJEMPLO 3 Estimar con porcentajes simples

Usa 1% ó 10% para estimar el porcentaje de cada número.

A 3% de 59

59 es aproximadamente 60, por lo tanto, halla el 3% de 60.

1% de 60 = .60.0

3% de 60 = 3 • 0.60 = 1.8 — *3% es igual a 3 • 1%.*

3% de 59 es aproximadamente 1.8.

B 18% de 45

18% es aproximadamente 20%, por lo tanto, halla el 20% de 45.

10% de 45 = 45.0

20% de 45 = 2 • 4.5 = 9.0 — *20% es igual a 2 • 10%.*

18% de 45 es aproximadamente 9.

EJEMPLO 4 *Aplicación a matemáticas para el consumidor*

Eric y Selena gastaron $25.85 en un restaurante. ¿Aproximadamente cuánto dinero deben dejar para una propina del 15%?

Como $25.85 es aproximadamente $26, halla el 15% de $26.

15% = 10% + 5% — *Razona: 15% es 10% más 5%.*

10% de $26 = $2.60

5% de $26 = $2.60 ÷ 2 = $1.30 — *5% es $\frac{1}{2}$ de 10%, por lo tanto, divide $2.60 entre 2.*

$2.60 + $1.30 = $3.90 — *Suma las estimaciones de 10% y 5%.*

Eric y Selena deben dejar aproximadamente $3.90 para una propina del 15%.

Razonar y comentar

1. **Describe** dos formas de estimar el 51% de 88.
2. **Explica** por qué dividirías entre 7 ó multiplicarías por $\frac{1}{7}$ para estimar una propina del 15%.
3. **Da un ejemplo** de una situación en la que una estimación de un porcentaje sea suficiente y de una situación en la que sea necesario un porcentaje exacto.

6-3 Ejercicios

go.hrw.com
Ayuda en línea para tareas*
CLAVE: MS7 6-3
Recursos en línea para padres
CLAVE: MS7 Parent
*(Disponible sólo en inglés)

PRÁCTICA GUIADA

Ver Ejemplo 1

Usa una fracción para estimar el porcentaje de cada número.

1. 30% de 86 **2.** 52% de 83 **3.** 10% de 48 **4.** 27% de 63

Ver Ejemplo 

5. Darden tiene $35 para gastar en una mochila. Encuentra una en oferta con un descuento del 35% sobre el precio regular de $43.99. ¿Tiene suficiente dinero para comprar la mochila? Explica.

Ver Ejemplo 3

Usa 1% ó 10% para estimar el porcentaje de cada número.

6. 5% de 82 **7.** 39% de 19 **8.** 21% de 68 **9.** 7% de 109

Ver Ejemplo 4

10. La Sra. Coronado gastó $23 en una manicura. ¿Aproximadamente cuánto dinero debe dejar para una propina del 15%?

PRÁCTICA INDEPENDIENTE

Ver Ejemplo 1

Usa una fracción para estimar el porcentaje de cada número.

11. 8% de 261 **12.** 34% de 93 **13.** 53% de 142 **14.** 23% de 98

15. 51% de 432 **16.** 18% de 42 **17.** 11% de 132 **18.** 54% de 39

Ver Ejemplo 

19. **Matemáticas para el consumidor** Un par de zapatos en The Value Store cuesta $20. Fancy Feet tiene los mismos zapatos en oferta con un descuento del 25% sobre el precio regular de $23.99. ¿Qué tienda ofrece el mejor precio por los zapatos?

Usa 1% ó 10% para estimar el porcentaje de cada número.

20. 41% de 16 **21.** 8% de 310 **22.** 83% de 70 **23.** 2% de 634

24. 58% de 81 **25.** 24% de 49 **26.** 11% de 99 **27.** 63% de 39

Ver Ejemplo 

28. El almuerzo de Marc cuesta $8.92. Marc quiere dejar una propina del 15% por el servicio. ¿Aproximadamente de cuánto debe ser su propina?

PRÁCTICA Y RESOLUCIÓN DE PROBLEMAS

Práctica adicional
Ver página 737

Estima.

29. 31% de 180 **30.** 18% de 150 **31.** 3% de 96 **32.** 2% de 198

33. 78% de 90 **34.** 52% de 234 **35.** 19% de 75 **36.** 4% de 311

37. Un nuevo paquete de refrigerios contiene 20% más de refrigerios que el anterior. En el paquete anterior había 22 onzas de refrigerios. ¿Aproximadamente cuántas onzas hay en el nuevo?

38. Frameworks cobra $60.85 por enmarcar pinturas. Incluido el 7% del impuesto sobre la venta, ¿aproximadamente cuánto costará enmarcar una pintura?

39. **Varios pasos** El almuerzo de Camden costó $11.67 y él dejó $2.00 de propina. ¿Aproximadamente cuánto más que el 15% del total de la cuenta dejó Camden como propina?

40. **Deportes** La temporada pasada, Ali logró un hit 19.3% de las veces en su turno al bate. Si Ali tuvo 82 turnos al bate, ¿aproximadamente cuántos hits logró?

41. **Negocios** En la tabla se muestran los resultados de una encuesta sobre Internet. La cantidad de personas entrevistadas fue 391.
    a. Estima la cantidad de personas dispuestas a dar su dirección de correo electrónico.
    b. Estima la cantidad de personas no dispuestas a dar su número de tarjeta de crédito.

Información que las personas están dispuestas a dar en Internet

Información	Porcentaje de personas
Dirección de correo electrónico	78
Número telefónico del trabajo	53
Domicilio	49
Número telefónico particular	35
Número de tarjeta de crédito	33
Número de seguridad social	11

42. **Varios pasos** Sandi gana $43,000 al año. Este año, planea gastar aproximadamente el 27% de sus ingresos en la renta.
    a. ¿Aproximadamente cuánto planea gastar Sandi en la renta este año?
    b. ¿Aproximadamente cuánto planea gastar en la renta cada mes?

43. **Escribe un problema** Usa la información de la tabla del Ejercicio 41 para escribir un problema que pueda resolverse mediante la estimación de un porcentaje.

44. **Escríbelo** Explica por qué sería importante saber si tu estimación de un porcentaje es demasiado alta o baja. Da un ejemplo.

45. **Desafío** Usa la tabla del Ejercicio 41 para estimar por cuánto sobrepasan las personas que darían su número telefónico de trabajo a las que darían su número de seguridad social. Muestra tu trabajo usando dos métodos diferentes.

Preparación para el examen y repaso en espiral

46. **Opción múltiple** Aproximadamente el 65% de las personas en una encuesta dijeron que habían leído un "blog", o diario electrónico, en Internet. Se encuestó 66 personas en total. ¿Cuál es la mejor estimación de la cantidad total de personas encuestadas que habían leído un "blog"?

    (A) 30 (B) 35 (C) 45 (D) 50

47. **Respuesta breve** La cuenta de la cena de Ryan es $35.00. Quiere dejar una propina del 15%. Explica cómo usar el cálculo mental para determinar cuánta propina debe dejar.

Halla cada producto. (Lección 3-3)

48. $0.8 \cdot 96$ 49. $30 \cdot 0.04$ 50. $1.6 \cdot 900$ 51. $0.005 \cdot 75$

52. La habitación de Brandi se pintó con un color que es una mezcla de 3 partes de pintura roja y 2 partes de pintura blanca. ¿Cuántos cuartos de pintura blanca necesita mezclar Brandi con 6 cuartos de pintura roja para formar un color igual al de su habitación? (Lección 5-5)

Explorar porcentajes

Para usar con la Lección 6-4

go.hrw.com
Recursos en línea para el laboratorio
CLAVE: MS7 Lab6

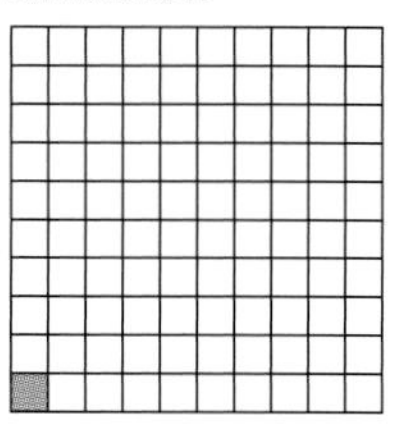

1% es 1 de cada 100.

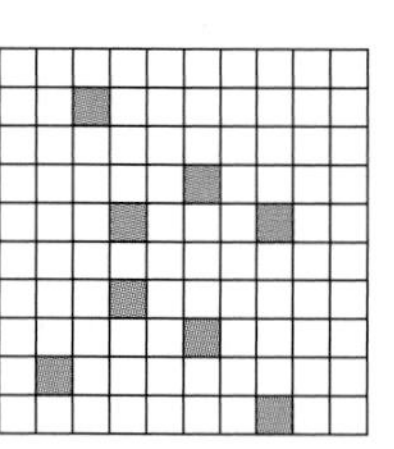

8% es 8 de cada 100.

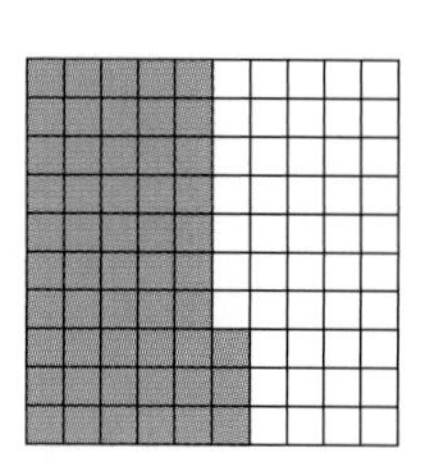

53% es 53 de cada100.

Puedes usar cuadrículas de 10 por 10 para representar porcentajes, incluso los que son menores que 1 ó mayores que 100.

Actividad 1

1 Usa cuadrículas de 10 por 10 para representar 132%.

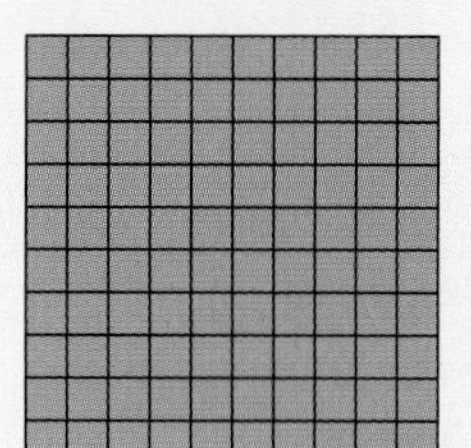

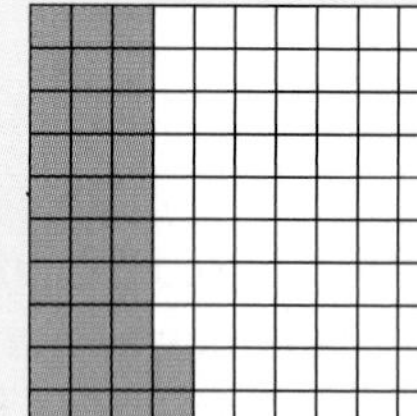

Razona: 132% significa 132 de cada 100.

Sombrea 100 cuadrados más 32 cuadrados para representar 132%.

2 Usa una cuadrícula de 10 por 10 para representar 0.5%.

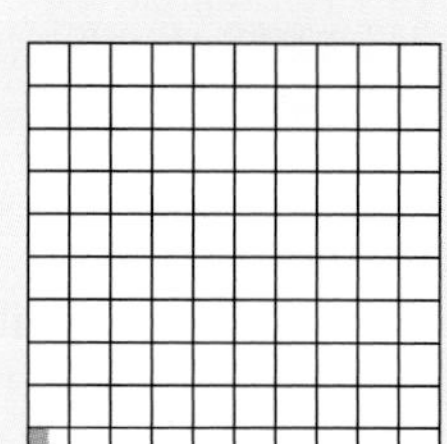

Razona: Un cuadrado es igual a 1%, por lo tanto, $\frac{1}{2}$ de un cuadrado es igual a 0.5%.

Sombrea $\frac{1}{2}$ de un cuadrado para representar 0.5%.

Razonar y comentar

1. Explica cómo representar 36.75% en una cuadrícula de 10 por 10.
2. ¿Cómo puedes representar 0.7%? Explica tu respuesta.

Inténtalo

Usa cuadrículas de 10 por 10 para representar cada porcentaje.

1. 280% **2.** $16\frac{1}{2}$% **3.** 0.25% **4.** 65% **5.** 140.75%

Puedes usar una barra de porcentaje y una barra de cantidad para representar cómo se halla un porcentaje de un número.

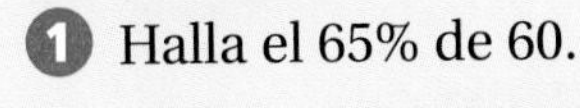

Actividad 2

1 Halla el 65% de 60.

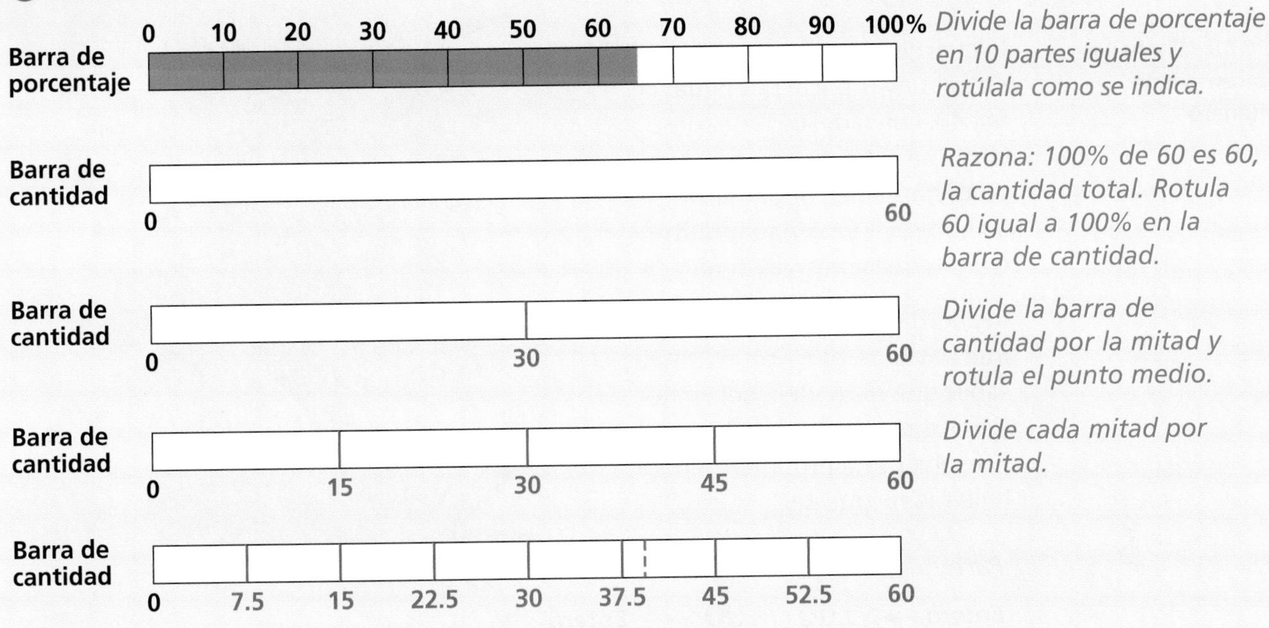

¿Qué punto de la barra de cantidad queda alineado con el 65% de la barra de porcentaje?
El 65% de 60 es aproximadamente 39. *Comprueba multiplicando: $0.65 \cdot 60 = 39$.*

2 Halla el 125% de 60. *Razona: 125% de un entero es más que el entero.*
Extiende las barras para hallar el 125% de un número.

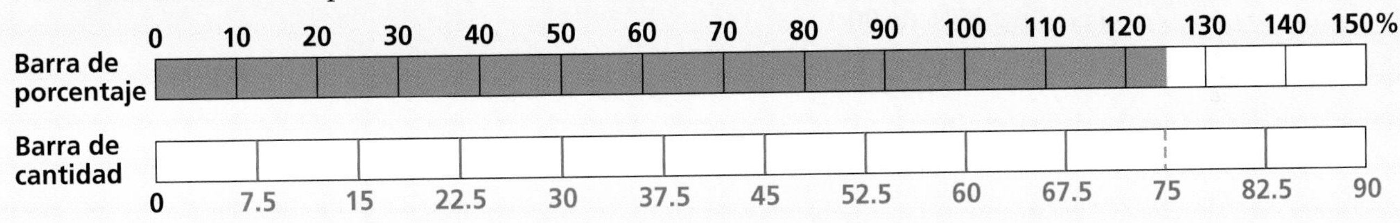

¿Qué punto de la barra de cantidad se alinea con el 125% de la barra de porcentaje?
El 125% de 60 es aproximadamente 75. *Comprueba multiplicando: $1.25 \cdot 60 = 75$.*

Razonar y comentar

1. Explica cómo usar una barra de porcentaje y una barra de cantidad para hallar un porcentaje de un número.
2. Explica por qué usar una barra de porcentaje y una barra de cantidad para representar la búsqueda de un porcentaje de un número implica una estimación.

Inténtalo

Usa una barra de porcentaje y una barra de cantidad para hallar el porcentaje de cada número. Usa una calculadora para comprobar tus respuestas.

1. 75% de 36 **2.** 60% de 15 **3.** 135% de 40 **4.** 112% de 25 **5.** 25% de 75

6-4 Porcentaje de un número

Aprender a hallar el porcentaje de un número

El cuerpo humano está formado en su mayor parte por agua. De hecho, cerca del 67% del peso corporal total de una persona (100%) es agua. Si Cameron pesa 90 libras, ¿aproximadamente cuánto de su peso es agua?

Recuerda que un porcentaje es una parte de 100. Como quieres saber qué parte del cuerpo de Cameron es agua, puedes establecer y resolver una proporción para hallar la respuesta.

Parte → $\frac{67}{100} = \frac{n}{90}$ ← *Parte*

Entero → (denominadores) ← *Entero*

EJEMPLO 1 Usar proporciones para hallar porcentajes de números

Halla el porcentaje de cada número.

A **67% de 90**

$\frac{67}{100} = \frac{n}{90}$ — *Escribe una proporción.*

$67 \cdot 90 = 100 \cdot n$ — *Iguala los productos cruzados.*

$6{,}030 = 100n$ — *Multiplica.*

$\frac{6{,}030}{100} = \frac{100n}{100}$ — *Divide cada lado entre 100 para despejar la variable.*

$60.3 = n$

67% de 90 es 60.3.

B **145% de 210**

$\frac{145}{100} = \frac{n}{210}$ — *Escribe una proporción.*

$145 \cdot 210 = 100 \cdot n$ — *Iguala los productos cruzados.*

$30{,}450 = 100n$ — *Multiplica.*

$\frac{30{,}450}{100} = \frac{100n}{100}$ — *Divide cada lado entre 100 para despejar la variable.*

$304.5 = n$

145% de 210 es 304.5.

Pista útil

Al resolver un problema con un porcentaje mayor que 100%, la *parte* será mayor que el *entero*.

Además de usar proporciones, puedes hallar el porcentaje de un número mediante equivalentes decimales.

EJEMPLO 2 Usar equivalentes decimales para hallar porcentajes de números

Halla el porcentaje de cada número. Comprueba si tu respuesta es razonable.

A 8% de 50

8% de 50 = 0.08 · 50 *Escribe el porcentaje como decimal.*
= 4 *Multiplica.*

Haz un modelo

Como el 10% de 50 es 5, una respuesta razonable para el 8% de 50 es 4.

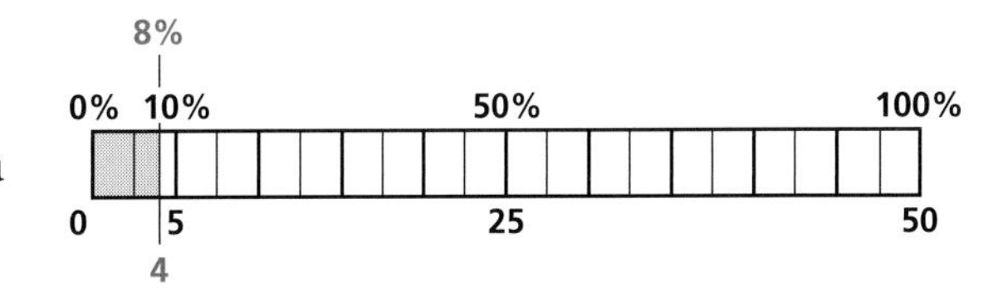

B 0.5% de 36

0.5% de 36 = 0.005 · 36 *Escribe el porcentaje como decimal.*
= 0.18 *Multiplica.*

Estima

1% de 36 = 0.36, así que el 0.5% de 36 es la mitad de 0.36. Por lo tanto, 0.18 es una respuesta razonable.

EJEMPLO 3 *Aplicación a la geografía*

El área continental de la Tierra abarca en total unas 57,308,738 mi^2. El área de Asia es cerca del 30% de ese total. ¿Cuál es el área aproximada de Asia a la milla cuadrada más cercana?

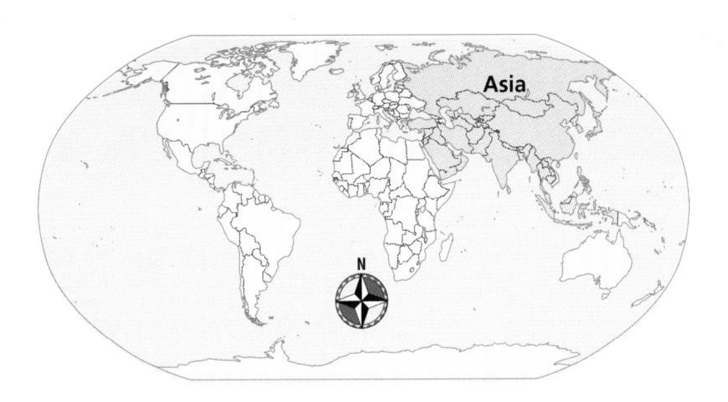

Halla el 30% de 57,308,738.

0.30 · 57,308,738 *Escribe el porcentaje como decimal.*
= 17,192,621.4 *Multiplica.*

El área de Asia es aproximadamente 17,192,621 mi^2.

Razonar y comentar

1. **Explica** cómo establecer una proporción para hallar el 150% de un número.
2. **Describe** una situación en la que necesitarías hallar el porcentaje de un número.

6-4 Ejercicios

go.hrw.com
Ayuda en línea para tareas*
CLAVE: MS7 6-4
Recursos en línea para padres
CLAVE: MS7 Parent
*(Disponible sólo en inglés)

PRÁCTICA GUIADA

Ver Ejemplo 

Halla el porcentaje de cada número.

1. 30% de 80 **2.** 38% de 400 **3.** 200% de 10 **4.** 180% de 90

Ver Ejemplo 2

Halla el porcentaje de cada número. Comprueba si tu respuesta es razonable.

5. 16% de 50 **6.** 7% de 200 **7.** 47% de 900 **8.** 40% de 75

Ver Ejemplo 

9. De los 450 estudiantes de la Intermedia Miller, el 38% toma el autobús para ir a la escuela. ¿Cuántos estudiantes toman el autobús para ir a la escuela?

PRÁCTICA INDEPENDIENTE

Ver Ejemplo 1

Halla el porcentaje de cada número.

10. 80% de 35 **11.** 16% de 70 **12.** 150% de 80 **13.** 118% de 3,000

14. 5% de 58 **15.** 1% de 4 **16.** 103% de 50 **17.** 225% de 8

Ver Ejemplo 

Halla el porcentaje de cada número. Comprueba si tu respuesta es razonable.

18. 9% de 40 **19.** 20% de 65 **20.** 36% de 50 **21.** 2.9% de 60

22. 5% de 12 **23.** 220% de 18 **24.** 0.2% de 160 **25.** 155% de 8

Ver Ejemplo 3

26. En 2004 el Club Canófilo de EE.UU tenía anotados 19,396 perros bulldog. Cerca del 86% de esta cantidad se anotó en 2003. ¿Aproximadamente cuántos perros bulldog se anotaron en 2003?

PRÁCTICA Y RESOLUCIÓN DE PROBLEMAS

Práctica adicional
Ver página 737

Resuelve.

27. ¿Qué número es el 60% de 10? **28.** ¿Qué número es el 25% de 160?

29. ¿Qué número es el 15% de 30? **30.** ¿Qué número es el 10% de 84?

31. ¿Qué número es el 25% de 47? **32.** ¿Qué número es el 59% de 20?

33. ¿Qué número es el 125% de 4,100? **34.** ¿Qué número es el 150% de 150?

Halla el porcentaje de cada número. Si es necesario, redondea a la décima más cercana.

35. 160% de 50 **36.** 350% de 20 **37.** 480% de 25 **38.** 115% de 200

39. 18% de 3.4 **40.** 0.9% de 43 **41.** 98% de 4.3 **42.** 1.22% de 56

43. **Matemáticas para el consumidor** La tienda Fun Tees ofrece el 30% de descuento en todas sus mercaderías. Halla qué descuento se hace sobre una camiseta cuyo precio original es $15.99.

44. **Varios pasos** La tienda Shoe Style ofrece toda su mercadería con un 25% de descuento. Halla el precio de unas sandalias cuyo precio original era $10.

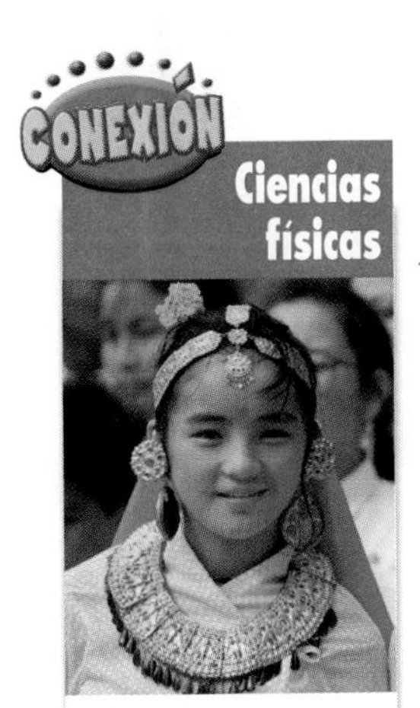

El oro puro es un metal blando que se raya con facilidad. Para que el oro de las joyas dure más, suelen combinarlo con otros metales, como el cobre y el níquel.

45. **Nutrición** El Departamento de Agricultura de Estados Unidos recomienda a las mujeres comer 25 g de fibra por día. Una barra de granola proporciona el 9% de esa cantidad. ¿Cuántos gramos de fibra contiene?

46. **Ciencias físicas** El porcentaje de oro puro en el oro de 14 quilates es alrededor del 58.3%. Un anillo de 14 quilates pesa 5.6 gramos. ¿Aproximadamente cuántos gramos de oro puro hay en el anillo?

47. **Ciencias de la Tierra** La magnitud aparente de la estrella Mimosa es 1.25. Spica, otra estrella, tiene una magnitud aparente que es el 78.4% de la de Mimosa. ¿Cuál es la magnitud aparente de Spica?

48. **Varios pasos** Trahn compró un par de pantalones deportivos a $39.95 y una chaqueta a $64.00. La tasa del impuesto sobre la venta en sus compras fue del 5.5%. Halla el costo total de las compras de Trahn, incluyendo el impuesto sobre la venta.

49. En la gráfica se muestran los resultados de una encuesta estudiantil sobre computadoras. Usa la gráfica para predecir cuántos estudiantes de tu clase tienen computadora en casa.

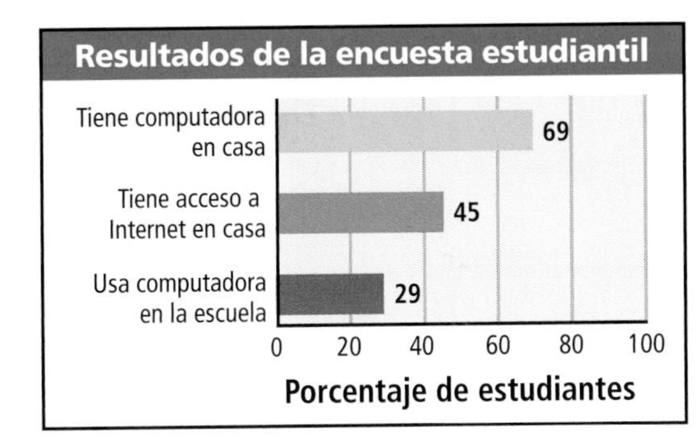

50. **¿Dónde está el error?** Un estudiante usó la proporción $\frac{n}{100} = \frac{5}{26}$ para hallar el 5% de 26. ¿Qué error cometió el estudiante?

51. **Escríbelo** Describe dos formas de hallar el 18% de 40.

52. **Desafío** El sueldo inicial de François era de $6.25 por hora. Durante la revisión salarial anual, obtuvo un aumento del 5%. Halla el aumento salarial de François al centavo más cercano y la cantidad que ganará con ese aumento. Luego halla el 105% de $6.25. ¿Qué conclusión puedes sacar?

Preparación para el examen y repaso en espiral

53. **Opción múltiple** De los 875 estudiantes inscritos en la Intermedia Sycamore Valley, el 48% son chicos. ¿Cuántos estudiantes son chicos?

Ⓐ 250 Ⓑ 310 Ⓒ 420 Ⓓ 440

54. **Respuesta gráfica** Un complejo de vitaminas para niños tiene un 80% de la cantidad diaria recomendada de zinc. La cantidad diaria recomendada de zinc es 15 mg. ¿Cuántos miligramos de zinc aporta el complejo de vitaminas?

Halla cada tasa unitaria. (Lección 5-2)

55. Mónica compra 3 libras de duraznos a $5.25. ¿Cuál es el costo por libra?

56. Kevin escribe a máquina 295 palabras en 5 minutos. ¿A qué tasa escribe Kevin?

Escribe cada decimal como porcentaje. (Lección 6-2)

57. 0.0125 58. 0.26 59. 0.389 60. 0.099 61. 0.407

6-5 Cómo resolver problemas que contienen porcentajes

Aprender a resolver problemas que contienen porcentajes

Los perezosos pueden parecer holgazanes, pero su movimiento extremadamente lento los hace casi invisibles para los depredadores. Los perezosos duermen en promedio 16.5 horas al día. Para hallar qué porcentaje de un día de 24 horas son 16.5 horas, puedes usar una proporción o una ecuación.

Método de las proporciones

Parte → $\frac{n}{100} = \frac{16.5}{24}$ ← *Parte*

Entero → (100) (24) ← *Entero*

$n \cdot 24 = 100 \cdot 16.5$

$24n = 1{,}650$

$n = 68.75$

Método de las ecuaciones

¿Qué porcentaje de 24 es 16.5?

↓ ↓ ↓ ↓ ↓

$n \cdot 24 = 16.5$

$n = \frac{16.5}{24}$

$n = 0.6875$

¡Los perezosos duermen aproximadamente el 69% del día!

EJEMPLO 1 Usar proporciones para resolver problemas con porcentajes

Resuelve.

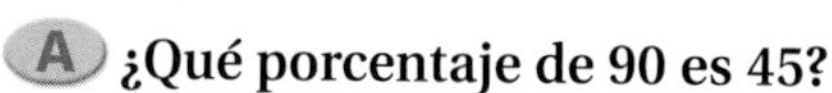

A ¿Qué porcentaje de 90 es 45?

$\frac{n}{100} = \frac{45}{90}$	*Escribe una proporción.*
$n \cdot 90 = 100 \cdot 45$	*Iguala los productos cruzados.*
$90n = 4{,}500$	*Multiplica.*
$\frac{90n}{90} = \frac{4{,}500}{90}$	*Divide cada lado entre 90 para despejar la variable.*
$n = 50$	

45 es el 50% de 90.

B ¿El 8% de qué número es 12?

$\frac{8}{100} = \frac{12}{n}$	*Escribe una proporción.*
$8 \cdot n = 100 \cdot 12$	*Iguala los productos cruzados.*
$8n = 1{,}200$	*Multiplica.*
$\frac{8n}{8} = \frac{1{,}200}{8}$	*Divide cada lado entre 8 para despejar la variable.*
$n = 150$	

12 es el 8% de 150.

EJEMPLO 2 Usar ecuaciones para resolver problemas con porcentajes

Resuelve.

A ¿Qué porcentaje de 75 es 105?

$n \cdot 75 = 105$ *Escribe una ecuación.*

$\frac{n \cdot 75}{75} = \frac{105}{75}$ *Divide cada lado entre 75 para despejar la variable.*

$n = 1.4$

$n = 140\%$ *Escribe el decimal como porcentaje.*

105 es el 140% de 75.

B ¿El 20% de qué número es 48?

$48 = 20\% \cdot n$ *Escribe una ecuación.*

$48 = 0.2 \cdot n$ *Escribe 20% como decimal.*

$\frac{48}{0.2} = \frac{0.2 \cdot n}{0.2}$ *Divide cada lado entre 0.2 para despejar la variable.*

$240 = n$

48 es el 20% de 240.

EJEMPLO 3 Hallar el impuesto sobre la venta

Ravi compró una camiseta a un precio de venta al detalle de $12 y pagó $0.99 de impuesto sobre la venta. ¿Cuál es la tasa del impuesto sobre la venta en la tienda donde Ravi compró la camiseta?

Vuelve a escribir la pregunta: ¿Qué porcentaje de $12 es $0.99?

$\frac{n}{100} = \frac{0.99}{12}$ *Escribe una proporción.*

$n \cdot 12 = 100 \cdot 0.99$ *Iguala los productos cruzados.*

$12n = 99$ *Multiplica.*

$\frac{12n}{12} = \frac{99}{12}$ *Divide cada lado entre 12.*

$n = 8.25$

$0.99 es 8.25% de $12. En la tienda donde Ravi compró la camiseta, la tasa del impuesto sobre la venta es 8.25%.

Pista útil

La *tasa de impuesto sobre la venta* es el porcentaje que se usa para calcular el impuesto sobre la venta.

Razonar y comentar

1. **Describe** dos métodos para resolver problemas que contienen porcentajes.
2. **Explica** si prefieres usar el método de las proporciones o el de las ecuaciones para resolver problemas que contienen porcentajes.
3. **Indica** cuál es el primer paso para resolver un problema con impuestos sobre la venta.

6-5 Ejercicios

go.hrw.com
Ayuda en línea para tareas*
CLAVE: MS7 6-5
Recursos en línea para padres
CLAVE: MS7 Parent
*(Disponible sólo en inglés)

PRÁCTICA GUIADA

Resuelve.

Ver Ejemplo 

1. ¿Qué porcentaje de 100 es 25?

2. ¿Qué porcentaje de 5 es 4?

3. ¿El 10% de qué número es 6?

4. ¿El 20% de qué número es 8?

Ver Ejemplo 

5. ¿Qué porcentaje de 50 es 9?

6. ¿Qué porcentaje de 30 es 27?

7. ¿El 14% de qué número es 7?

8. ¿El 15% de qué número es 30?

Ver Ejemplo 

9. En la tienda Surf 'n' Skate, el impuesto sobre la venta de una patineta de $120 es $9.60. ¿Cuál es el la tasa del impuesto sobre la venta?

PRÁCTICA INDEPENDIENTE

Resuelve.

Ver Ejemplo 1

10. ¿Qué porcentaje de 60 es 40?

11. ¿Qué porcentaje de 48 es 16?

12. ¿Qué porcentaje de 45 es 9?

13. ¿Qué porcentaje de 6 es 18?

14. ¿El 140% de qué número es 56?

15. ¿El 20% de qué número es 45?

Ver Ejemplo 

16. ¿Qué porcentaje de 80 es 10?

17. ¿Qué porcentaje de 12.4 es 12.4?

18. ¿El 15% de qué número es 18?

19. ¿El 30% de qué número es 9?

20. ¿El 210% de qué número es 147?

21. ¿El 40% de qué número es 8.8?

Ver Ejemplo 

22. En una subasta para recaudar fondos para una escuela, un paquete de 12 lápices con aroma a canela se ofrece a $3.00. ¿Cuál es la tasa del impuesto sobre la venta si el costo total de los lápices es $3.21?

PRÁCTICA Y RESOLUCIÓN DE PROBLEMAS

Práctica adicional
Ver página 738

Resuelve. Redondea las respuestas a la décima más cercana si es necesario.

23. ¿Qué porcentaje de 9 es 5?

24. ¿Cuánto es el 45% de 39?

25. ¿El 80% de qué número es 55?

26. ¿Qué porcentaje de 19 es 12?

27. ¿Cuánto es el 155% de 50?

28. ¿El 0.9% de qué número es 5.8?

29. ¿El 36% de qué número es 57?

30. ¿Qué porcentaje de 64 es 40?

31. **Varios pasos** Según la publicidad, el costo de la entrada a un parque acuático ubicado en una ciudad cercana es $25 por estudiante. Un estudiante pagó $30 para entrar y recibió $3.75 de vuelto. ¿Cuál es la tasa del impuesto sobre la venta en esa ciudad?

32. **Matemáticas para el consumidor** En la tabla se muestra el costo de un filtro solar en Beach City y en Desert City con y sin el impuesto sobre la venta. ¿Qué ciudad tiene una tasa del impuesto sobre la venta mayor? Da la tasa del impuesto sobre la venta en cada ciudad.

	Costo	Costo + impuesto
Beach City	$10	$10.83
Desert City	$5	$5.42

33. **Razonamiento crítico** ¿Qué número se usa siempre que estableces una proporción para resolver un problema que contiene porcentajes? Explica.

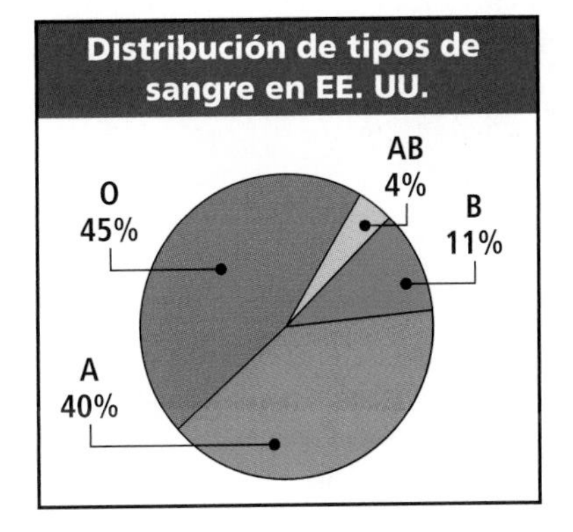

34. **Salud** En la gráfica circular se muestra la distribución aproximada de los tipos de sangre entre los estadounidenses.

    a. En una encuesta, 126 personas tenían sangre tipo O. Predice cuántas personas se encuestaron.

    b. ¿Cuántos de los encuestados tenían sangre tipo AB?

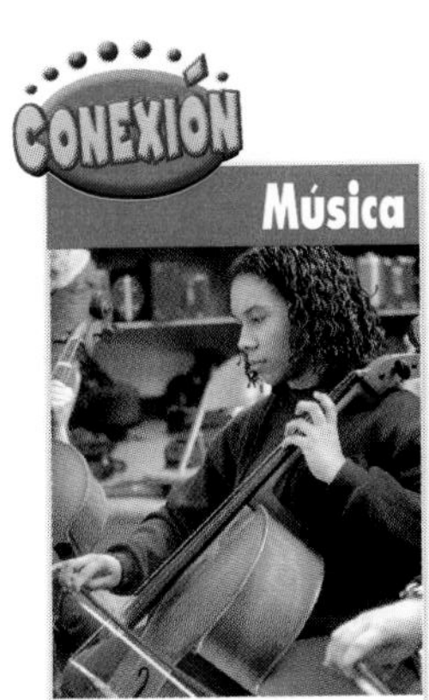

La familia de las violas está formada por el violoncelo, el violín y la viola. De los tres instrumentos, el violoncelo es el más grande.

35. **Música** Beethoven escribió 9 tríos para piano, violín y violoncelo. El 20% de las piezas de música de cámara que escribió Beethoven son tríos. ¿Cuántas piezas de música de cámara escribió?

36. **Historia** La extensión del primer discurso de toma de posesión de Abraham Lincoln fue de 3,635 palabras. La extensión de su segundo discurso de toma de posesión fue aproximadamente el 19.3% de la extensión de su primer discurso. ¿Aproximadamente qué extensión tuvo el segundo discurso de Lincoln?

37. **¿Cuál es la pregunta?** La primera vuelta de una carrera de autos es de 2,500 m. Esto es el 10% de la distancia total de la carrera. La respuesta es 10. ¿Cuál es la pregunta?

38. **Escríbelo** Si 35 es el 110% de un número, ¿el número es mayor o menor que 35? Explica.

39. **Desafío** A Kayleen le ofrecieron dos empleos. En el primer empleo le ofrecen un salario anual de $32,000. En el segundo empleo le ofrecen un salario anual de $10,000 más 8% en comisiones por todas sus ventas. ¿Cuánto necesitaría vender Kayleen por mes para que, con las comisiones, gane más dinero en el segundo empleo?

Preparación para el examen y repaso en espiral

40. **Opción múltiple** Treinta niños de un club de actividades extraescolares asistieron a la función de la tarde. Eran el 20% de los niños del club. ¿Cuántos niños hay en el club?

    Ⓐ 6 Ⓑ 67 Ⓒ 150 Ⓓ 600

41. **Respuesta gráfica** Jason ahorra el 30% de su paga mensual para la universidad. El mes pasado ganó $250. ¿Cuántos dólares ahorró para la universidad?

Divide. (Lecciones 3-4 y 3-5)

42. $-3.92 \div 7$ 43. $10.68 \div 3$ 44. $23.2 \div 0.2$ 45. $19.52 \div 6.1$

Halla el porcentaje de cada número. Si es necesario, redondea a la centésima más cercana. (Lección 6-4)

46. 45% de 26 47. 22% de 30 48. 15% de 17 49. 68% de 98

SECCIÓN 6A

Prueba de las Lecciones 6-1 a 6-5

6-1 Porcentajes

Escribe cada porcentaje como una fracción en su mínima expresión.

1. 9% **2.** 43% **3.** 5% **4.** 18%

Escribe cada porcentaje como decimal.

5. 22% **6.** 90% **7.** 29% **8.** 5%

6-2 Fracciones, decimales y porcentajes

Escribe cada decimal como porcentaje.

9. 0.85 **10.** 0.026 **11.** 0.1111 **12.** 0.56

Escribe cada fracción como porcentaje. Redondea a la décima de porcentaje más cercana si es necesario.

13. $\frac{14}{81}$ **14.** $\frac{25}{52}$ **15.** $\frac{55}{78}$ **16.** $\frac{13}{32}$

6-3 Estimación con porcentajes

Estima.

17. 49% de 46 **18.** 9% de 25 **19.** 36% de 150 **20.** 5% de 60

21. 18% de 80 **22.** 26% de 115 **23.** 91% de 300 **24.** 42% de 197

25. Carlton gastó $21.85 en un almuerzo para él y un amigo. ¿Aproximadamente cuánto dinero debe dejar para una propina del 15%?

6-4 Porcentaje de un número

Halla el porcentaje de cada número.

26. 25% de 84 **27.** 52% de 300 **28.** 0.5% de 40 **29.** 160% de 450

30. 41% de 122 **31.** 178% de 35 **32.** 29% de 88 **33.** 80% de 176

34. Durante la liquidación previa al inicio de clases, los estudiantes obtienen un 15% de descuento sobre los precios originales en la tienda Todo Fluorescente. Halla el descuento que se hizo sobre una cantidad de cuadernos fluorescentes cuyo precio original era $7.99.

6-5 Cómo resolver problemas que contienen porcentajes

Resuelve. Redondea a la décima más cercana si es necesario.

35. ¿El 44% de qué número es 14? **36.** ¿Qué porcentaje de 900 es 22?

37. ¿Qué porcentaje de 396 es 99? **38.** ¿El 24% de qué número es 75?

39. El impuesto sobre la venta de una cámara digital de $105 es $7.15. ¿Cuál es la tasa del impuesto sobre la venta?

Enfoque en resolución de problemas

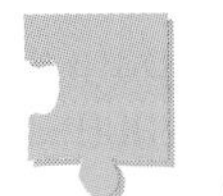

Haz un plan

- **Estimar o hallar una respuesta exacta**

En ocasiones, una estimación es suficiente al resolver un problema. Otras veces, necesitas hallar una respuesta exacta. Antes de tratar de resolver un problema, debes decidir si con una estimación será suficiente. Por lo general, si un problema incluye la palabra *aproximadamente,* puedes estimar la respuesta.

Lee cada problema. Decide si necesitas una respuesta exacta o si puedes resolver el problema con una estimación. Explica cómo lo sabes.

1. A Barry le quedan $21.50 de su mensualidad. Quiere comprar un libro de $5.85 y un CD de $14.99. Si estos precios incluyen el impuesto, ¿le queda suficiente dinero para comprar tanto el libro como el CD?

2. El fin de semana pasado, Valerie tocó la batería durante 3 horas. Esto es el 40% del tiempo total que ensayó la semana pasada. ¿Cuánto tiempo ensayó Valerie la semana pasada?

3. Amber salió a comprar un abrigo de invierno. Halló uno que cuesta $157. El abrigo tiene un descuento del 25% sólo por hoy. ¿Aproximadamente cuánto dinero ahorrará Amber si compra el abrigo hoy?

4. Marcus está calculando un presupuesto. Piensa gastar menos del 35% de su dinero de cada semana en entretenimiento. La semana pasada, Marcus gastó $7.42 en entretenimiento. Si Marcus recibe $20.00 cada semana, ¿se mantuvo en su presupuesto?

5. Un piano vertical se vende con un 20% de descuento. El precio original es $9,840. ¿Cuál es el precio de venta?

6. La banda de la Intermedia Mapleton tiene 41 estudiantes. Seis de ellos tocan instrumentos de percusión. ¿Son más del 15% de los estudiantes los que tocan instrumentos de percusión?

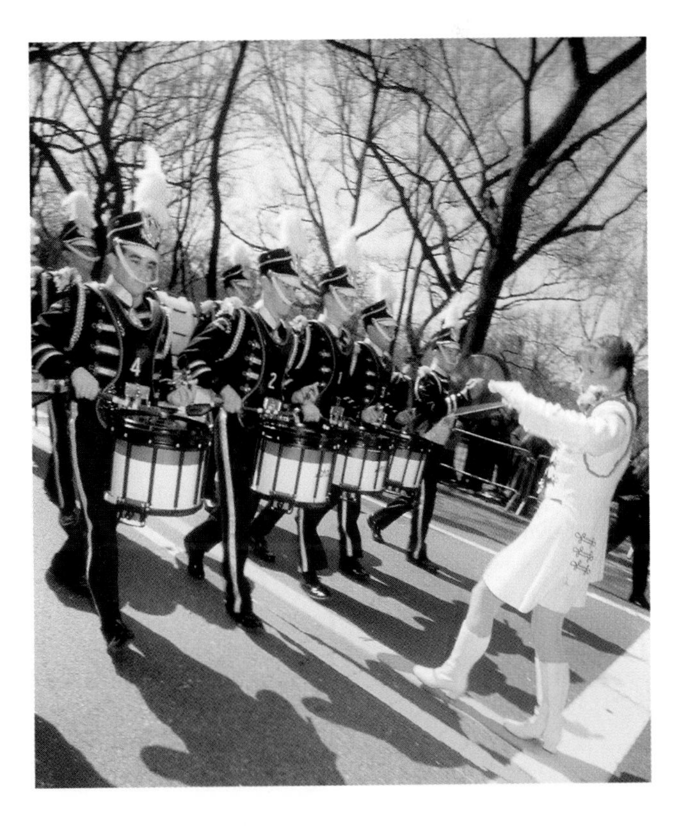

6-6 Porcentaje de cambio

Aprender a resolver problemas que contienen porcentajes de cambio

Vocabulario

porcentaje de cambio

porcentaje de incremento

porcentaje de disminución

La Comisión de Seguridad de Productos para el Consumidor de EE.UU. informó que en 2000 se atendieron en hospitales 4,390 lesiones relacionadas con escúters. Esto es el 230% más que las 1,330 lesiones registradas en 1999.

Para describir una cantidad que cambia, puede usarse un porcentaje. El **porcentaje de cambio** es la cantidad, expresada como porcentaje, que aumenta o disminuye un número. Si la cantidad sube, es un **porcentaje de incremento.** Si baja, es un **porcentaje de disminución.**

Puedes hallar el porcentaje de cambio si usas la siguiente fórmula.

$$\text{porcentaje de cambio} = \frac{\text{cantidad de cambio}}{\text{cantidad original}}$$

EJEMPLO 1 Hallar el porcentaje de cambio

Halla cada porcentaje de cambio. Redondea las respuestas a la décima de porcentaje más cercana si es necesario.

Pista útil

Cuando un número disminuye, resta la nueva cantidad de la cantidad original para hallar la cantidad de cambio. Cuando un número aumenta, resta la cantidad original de la nueva cantidad.

A **27 disminuye a 20.**

$27 - 20 = 7$ *Halla la cantidad de cambio.*

porcentaje de cambio $= \frac{7}{27}$ *Sustituye los valores en la fórmula.*

≈ 0.259259 *Divide.*

$\approx 25.9\%$ *Escribe como porcentaje. Redondea.*

El porcentaje de disminución es aproximadamente 25.9%.

B **32 se incrementa a 67.**

$67 - 32 = 35$ *Halla la cantidad de cambio.*

porcentaje de cambio $= \frac{35}{32}$ *Sustituye los valores en la fórmula.*

$= 1.09375$ *Divide.*

$\approx 109.4\%$ *Escribe como porcentaje. Redondea.*

El porcentaje de incremento es aproximadamente 109.4%.

EJEMPLO 2 Usar el porcentaje de cambio

El precio regular de un reproductor de MP3 en la tienda TechSource es $79.99. Esta semana, el reproductor de MP3 está en oferta con un descuento del 25%. ¿Cuál es el precio de oferta del reproductor de MP3?

Paso 1: Halla la cantidad de descuento.

$25\% \cdot 79.99 = d$ *Razona: ¿Cuánto es el 25% de $79.99?*

$0.25 \cdot 79.99 = d$ *Escribe el porcentaje como decimal.*

$19.9975 = d$

$\$20.00 \approx d$ *Redondea al centavo más cercano.*

La cantidad de descuento es $20.00.

Paso 2: Halla el precio de oferta.

precio regular	–	cantidad de descuento	=	precio de oferta
$79.99	–	$20.00	=	$59.99

El precio de oferta es $59.99.

EJEMPLO  *Aplicación a los negocios*

La tienda Winter Wonders compra esferas de nieve a un fabricante a $9.20 cada una y las vende con un incremento del 95% en el precio. ¿Cuál es el precio al detalle de las esferas?

Paso 1: Halla la cantidad n del incremento.

Razona: ¿Cuánto es el 95% de $9.20?

$95\% \cdot 9.20 = n$

$0.95 \cdot 9.20 = n$ *Escribe el porcentaje como decimal.*

$8.74 = n$

Paso 2: Halla el precio al detalle.

precio al por mayor	+	cantidad de incremento	=	precio al detalle
$9.20	+	$8.74	=	$17.94

El precio al detalle de las esferas de nieve es $17.94 cada una.

Razonar y comentar

1. **Explica** qué se entiende por una disminución del 100%.
2. **Da un ejemplo** en el que la cantidad de incremento sea mayor que la cantidad original. ¿Qué sabes sobre el porcentaje de incremento?

6-6 Ejercicios

go.hrw.com
Ayuda en línea para tareas*
CLAVE: MS7 6-6
Recursos en línea para padres
CLAVE: MS7 Parent
*(Disponible sólo en inglés)

PRÁCTICA GUIADA

Ver Ejemplo 

Halla cada porcentaje de cambio. Redondea las respuestas a la décima de porcentaje más cercana si es necesario.

1. 25 disminuye a 18.
2. 36 aumenta a 84.
3. 62 disminuye a 52.
4. 28 aumenta a 96.

Ver Ejemplo 

5. El precio regular de un suéter es $42.99. Se vende con un descuento del 20%. Halla el precio de oferta.

Ver Ejemplo 

6. **Negocios** El precio al detalle de un par de zapatos tiene un incremento del 98% sobre su precio al por mayor. Si el precio al por mayor de los zapatos es $12.50, ¿cuál es el precio al detalle?

PRÁCTICA INDEPENDIENTE

Ver Ejemplo 1

Halla cada porcentaje de cambio. Redondea las respuestas a la décima de porcentaje más cercana si es necesario.

7. 72 disminuye a 45.
8. 55 aumenta a 90.
9. 180 disminuye a 140.
10. 230 aumenta a 250.

Ver Ejemplo 

11. Una patineta de $65 se vende con un descuento del 15%. Halla el precio de oferta.

Ver Ejemplo 

12. **Negocios** Un joyero le compra un anillo a un artesano a $85. Vende el anillo en su tienda con un incremento del 135% en el precio. ¿Cuál es el precio al detalle del anillo?

PRÁCTICA Y RESOLUCIÓN DE PROBLEMAS

Práctica adicional
Ver página 738

Halla cada porcentaje de cambio, cantidad de incremento o cantidad de disminución. Redondea las respuestas a la décima más cercana si es necesario.

13. $8.80 se incrementa a $17.60.
14. 6.2 disminuye a 5.9.
15. 39.2 se incrementa a 56.3.
16. $325 disminuye a $100.
17. 75 disminuye un 40%.
18. 28 se incrementa un 150%.

19. Un tanque de agua tiene una capacidad de 45 galones. Otro tanque puede contener 25% más de agua. ¿Cuál es la capacidad del nuevo tanque?

20. **Negocios** Marla hace carteras elásticas con cuentas y las vende a la tienda Bangles 'n' Beads a $7 cada una. La tienda obtiene una ganancia del 28% por cada cartera. Halla el precio al detalle de las carteras.

20. **Varios pasos** Una tienda rebaja toda su mercadería. El precio original de un par de anteojos de sol era $44.95. El precio de oferta es $26.97. Según esta tasa de descuento, ¿cuál era el precio original de un traje de baño cuyo precio de oferta es $28.95?

22. **Razonamiento crítico** Explica por qué un cambio de precio de $20 a $10 es una disminución del 50%, pero un cambio de precio de $10 a $20 es un aumento del 100%.

con la economía

23. En la información de la derecha se muestran los gastos de la familia Kramer en un año.
    a. Si los Kramer gastaron $2,905 en el automóvil, ¿cuál fue su ingreso durante el año?
    b. ¿Cuánto dinero gastaron en el mantenimiento de la casa?
    c. Los Kramer pagan $14,400 al año por su hipoteca. ¿Qué porcentaje de sus gastos representa esa cantidad? Redondea tu respuesta a la décima más cercana.

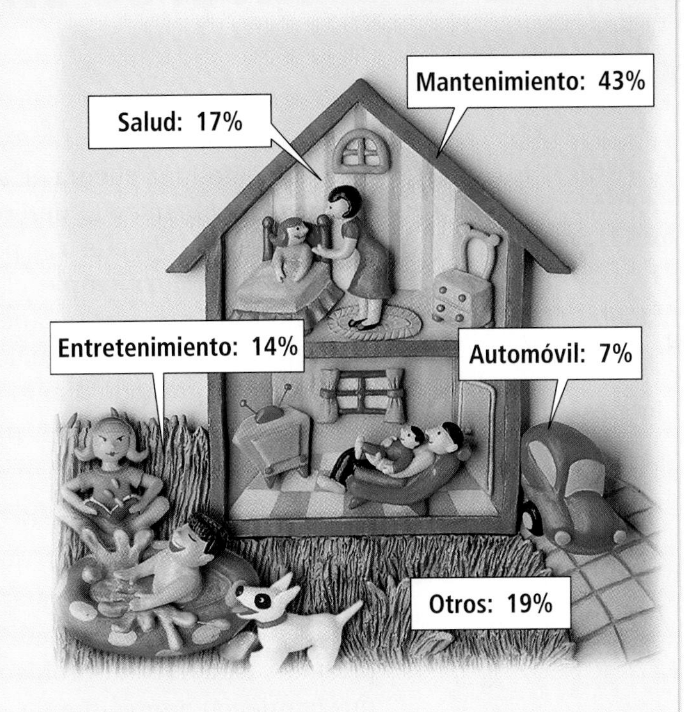

24. Los gastos en salud en Estados Unidos fueron de $428,700 millones en 1985 y $991,400 millones en 1995. ¿Cuál fue el porcentaje de incremento en los gastos de salud durante ese periodo de diez años? Redondea tu respuesta a la décima de porcentaje más cercana.

25. En 1990, la cantidad total de energía consu-mida en transporte en Estados Unidos fue de 22,540 billones de unidades térmicas inglesas (Btu). De 1950 a 1990, hubo un incremento del 165% en la energía consumida en transporte. ¿Aproximadamente cuántas Btu de energía se consumieron en 1950?

26. **Desafío** En 1960, el 21.5% de los hogares estadounidenses no tenían teléfono. Esta estadística disminuyó un 75.8% entre 1960 y 1990. En 1990, ¿qué porcentaje de los hogares estadounidenses tenía teléfono?

PREPARACIÓN PARA EL EXAMEN y repaso en espiral

27. **Opción múltiple** Halla el porcentaje de cambio si el precio de una botella de agua de 20 onzas aumenta de $0.85 a $1.25. Redondea a la décima más cercana.

    (A) 47.1% (B) 40.0% (C) 32.0% (D) 1.7%

28. **Respuesta desarrollada** Una tienda le compra jeans a una fábrica a $30 cada uno y los vende con un aumento del 50%. Al final de la temporada, la tienda vende los jeans en oferta con un 50% de descuento. ¿Es $30 el precio de oferta? Explica tu razonamiento.

Escribe cada número mixto como una fracción impropia. (Lección 2-9)

29. $3\frac{2}{9}$ 30. $6\frac{2}{3}$ 31. $7\frac{1}{4}$ 32. $3\frac{2}{5}$ 33. $24\frac{1}{3}$

Convierte cada medida. (Lección 5-6)

34. 34 mi a pies 35. 52 oz a libras 36. 164 lb a toneladas

6-7 Interés simple

Aprender a resolver problemas que contienen interés simple

Vocabulario

interés

interés simple

capital

Cuando tienes una cuenta de ahorros, tu dinero da *intereses*. El **interés** es una cantidad que se obtiene o se paga por el uso del dinero. Por ejemplo, el banco te paga intereses por usar tu dinero para realizar sus negocios. De igual manera, cuando pides prestado dinero al banco, éste te cobra intereses por el préstamo que te hace.

Una forma de interés, llamado **interés simple,** es el dinero que se paga sólo sobre el *capital.* El **capital** es la cantidad de dinero depositado o prestado. Para resolver problemas que contienen interés simple, puedes usar la siguiente fórmula.

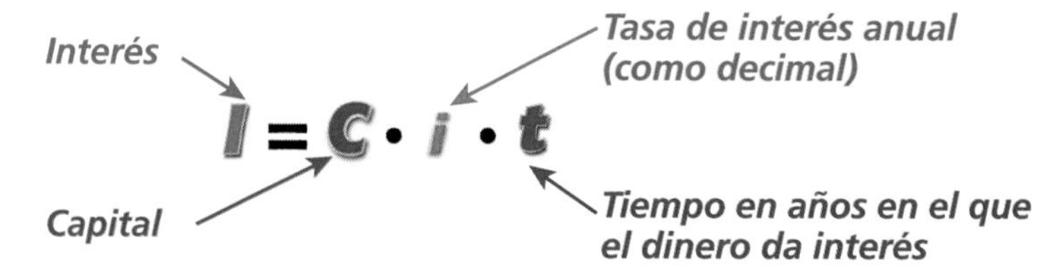

EJEMPLO 1 Usar la fórmula de interés simple

Halla cada valor que falta.

A $I = \square$, $C = \$225$, $i = 3\%$, $t = 2$ años

$I = C \cdot i \cdot t$

$I = 225 \cdot 0.03 \cdot 2$ *Sustituye. Usa 0.03 para 3%.*

$I = 13.5$ *Multiplica.*

El interés simple es $13.50.

B $I = \$300$, $C = \$1{,}000$, $i = \square$, $t = 5$ años

$I = C \cdot i \cdot t$

$300 = 1{,}000 \cdot i \cdot 5$ *Sustituye.*

$300 = 5{,}000i$ *Multiplica.*

$\frac{300}{5{,}000} = \frac{5{,}000i}{5{,}000}$ *Divide entre 5,000 para despejar la variable.*

$0.06 = i$

La tasa de interés es del 6%.

EJEMPLO 2 **APLICACIÓN A LA RESOLUCIÓN DE PROBLEMAS**

Olivia deposita $7,000 en una cuenta que da un interés simple del 7%. ¿Aproximadamente cuánto tiempo pasará para que el saldo de su cuenta llegue a $8,000?

1 Comprende el problema

Vuelve a escribir la pregunta como un enunciado:

- Halla la cantidad de años que pasarán para que el saldo de la cuenta de Olivia llegue a $8,000.

Haz una lista con la **información importante:**

- El capital es $7,000.
- La tasa de interés es del 7%.
- El saldo de su cuenta será $8,000.

2 Haz un plan

El saldo de la cuenta A de Olivia incluye el capital más el interés: $A = C + I$. Una vez que hallas I, puedes usar $I = C \cdot i \cdot t$ para hallar el tiempo.

3 Resuelve

$$A = C + I$$

$8{,}000 = 7{,}000 + I$ — *Sustituye.*

$\underline{-7{,}000} \quad \underline{-7{,}000}$ — *Resta para despejar la variable.*

$1{,}000 = I$

$$I = C \cdot i \cdot t$$

$1{,}000 = 7{,}000 \cdot 0.07 \cdot t$ — *Sustituye. Usa 0.07 para 7%.*

$1{,}000 = 490t$ — *Multiplica.*

$\frac{1{,}000}{490} = \frac{490t}{490}$ — *Divide para despejar la variable.*

$2.04 \approx t$ — *Redondea a la centésima más cercana.*

Pasarán apenas más de 2 años.

4 Repasa.

La cuenta da 7% de $7,000, que es $490, por año. Por lo tanto, después de 2 años, el interés será $980, para llegar a un saldo total de $7,980. Una respuesta de apenas más de 2 años para que la cuenta alcance los $8,000 tiene sentido.

Razonar y comentar

1. **Escribe** el valor de t para un periodo de 6 meses.
2. **Muestra** cómo hallar i si $I = \$10$, $C = \$100$ y $t = 2$ años.

6-7 Ejercicios

go.hrw.com
Ayuda en línea para tareas*
CLAVE: MS7 6-7
Recursos en línea para padres
CLAVE: MS7 Parent
*(Disponible sólo en inglés)

PRÁCTICA GUIADA

Ver Ejemplo 1

Halla cada valor que falta.

1. $I = \square$, $C = \$300$, $i = 4\%$, $t = 2$ años
2. $I = \square$, $C = \$500$, $i = 2\%$, $t = 1$ año
3. $I = \$120$, $C = \square$, $i = 6\%$, $t = 5$ años
4. $I = \$240$, $C = \$4{,}000$, $i = \square$, $t = 2$ años

Ver Ejemplo 2

5. Scott deposita $8,000 en una cuenta que da 6% de interés simple. ¿Cuánto tiempo pasará para que la cantidad total sea $10,000?

PRÁCTICA INDEPENDIENTE

Ver Ejemplo 1

Halla cada valor que falta.

6. $I = \square$, $C = \$600$, $i = 7\%$, $t = 2$ años
7. $I = \square$, $C = \$12{,}000$, $i = 3\%$, $t = 9$ años
8. $I = \$364$, $C = \$1{,}300$, $i = \square$, $t = 7$ años
9. $I = \$440$, $C = \square$, $i = 5\%$, $t = 4$ años
10. $I = \$455$, $C = \square$, $i = 7\%$, $t = 5$ años
11. $I = \$231$, $C = \$700$, $i = \square$, $t = 3$ años

Ver Ejemplo 

12. Broderick deposita $6,000 en una cuenta que da 5.5% de interés simple. ¿Cuánto tiempo pasará para que la cantidad total sea $9,000?
13. Teresa deposita $4,000 en una cuenta que da 7% de interés simple. ¿Cuánto tiempo pasará para que la cantidad total sea $6,500?

PRÁCTICA Y RESOLUCIÓN DE PROBLEMAS

Práctica adicional
Ver página 738

Completa la tabla.

	Capital	Tasa de interés	Tiempo	Interés simple
14.	$2,455	3%	■	$441.90
15.	■	4.25%	3 años	$663
16.	$18,500	■	42 meses	$1,942.50
17.	$425.50	5%	10 años	■
18.	■	6%	3 años	$2,952

19. **Finanzas** ¿En cuántos años se duplicarán $4,000 a una tasa del 5% de interés simple?
20. **Banca** Luego de 2 años, una cuenta de ahorros que daba un interés simple sumó $585.75. El depósito original era de $550. ¿Cuál era la tasa de interés?

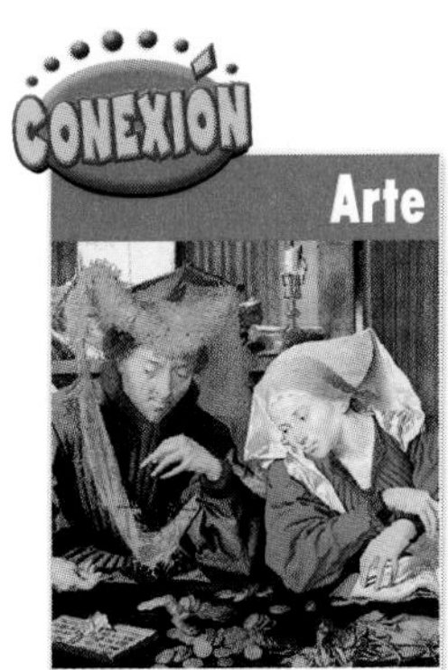

El artista flamenco Marinus van Reymerswaele pintó escenas de recaudadores de impuestos y banqueros. *El cambista y su esposa* fue terminada en 1539.

Usa la gráfica para los Ejercicios del 21 al 23.

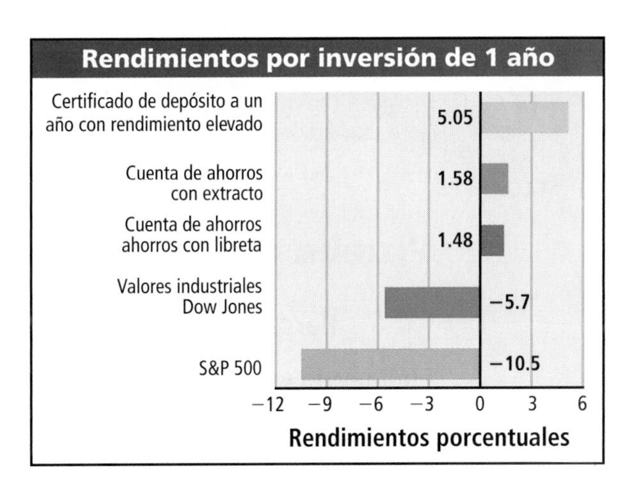

21. ¿Por cuánto sobrepasan los intereses de $8,000 depositados por 6 meses en una cuenta de ahorros con extracto a los de una cuenta de ahorro con libreta?

22. ¿Cuánto dinero se perdió de los $5,000 invertidos en 500 acciones de S&P durante un año?

23. Compara los rendimientos de $12,000 invertidos en un certificado de depósito a un año y en valores Dow Jones por un año.

24. Arte Alexandra puede comprarle a su profesor de arte un conjunto portátil de muebles de trabajo para artistas. Lo compraría con un crédito de $5,000 con una tasa de interés simple del 4% durante tres años. A través de Internet, puede comprar un conjunto similar a $5,550 más $295 en gastos de embalaje y envío. ¿Qué conjunto cuesta menos, con el interés incluido? ¿Cuánto pagaría Alexandra por el conjunto?

25. Escribe un problema Usa la gráfica de los Ejercicios del 21 al 23 para escribir un problema que pueda resolverse con la fórmula del interés simple.

26. Escríbelo Explica si pagarías más en interés simple por un préstamo si usaras el plan A o el plan B.

Plan A: $1,500 por 8 años al 6% **Plan B:** $1,500 por 6 años al 8%

27. Desafío Los Jackson están por abrir una cuenta de ahorros para la educación universitaria de su hijo. Dentro de 18 años, necesitarán aproximadamente $134,000. Si la cuenta da 6% de interés simple, ¿cuánto dinero deben invertir ahora los Jackson para cubrir el costo de la educación universitaria de su hijo?

PREPARACIÓN PARA EL EXAMEN y repaso en espiral

28. Opción múltiple Julián deposita $4,500 en una cuenta bancaria que paga 3% de interés simple. ¿Cuánto interés ganará en 5 años?

Ⓐ $135 Ⓑ $485 Ⓒ $675 Ⓓ $5,175

29. Respuesta breve Susan depositó $3,000 en un banco con una tasa de interés simple del 6.5%. ¿Cuánto tiempo pasará hasta que tenga $3,500 en el banco?

30. La tapa de un libro pequeño mide $1\frac{1}{3}$ pies de largo. ¿Cuántas tapas de libro pueden hacerse con 40 pies de material para tapas de libro? (Lección 3-11)

Halla cada porcentaje de cambio. Si es necesario, redondea las respuestas a la décima de porcentaje más cercana. (Lección 6-6)

31. 154 aumenta a 200. **32.** 95 disminuye a 75. **33.** 88 aumenta a 170.

SECCIÓN 6B

Prueba de las Lecciones 6-6 y 6-7

6-6 Porcentaje de cambio

Halla cada porcentaje de cambio. Si es necesario, redondea a la décima de porcentaje más cercana.

1. 37 disminuye a 17.
2. 121 aumenta a 321.
3. 89 disminuye a 84.
4. 45 aumenta a 60.
5. 61 disminuye a 33.
6. 86 aumenta a 95.

Cuando los clientes contratan un servicio de telefonía celular, las empresas que ofrecen el servicio suelen hacerles un descuento en el precio del teléfono. En la tabla aparece una lista de los precios de los teléfonos celulares que ofrece la empresa de telefonía On-the-Go. Usa la tabla para los Ejercicios del 7 al 9.

Teléfonos celulares On-the-Go	
Precio regular	Con un contrato de 2 años
$49	Gratis
$99	$39.60
$149	$47.68
$189	$52.92
$229	$57.25

7. Halla el porcentaje de descuento sobre el teléfono de $99 con un contrato de 2 años.
8. Halla el porcentaje de descuento sobre el teléfono de $149 con un contrato de 2 años.
9. ¿Qué sucede con el porcentaje de descuento que la empresa On-the-Go ofrece sobre sus teléfonos a medida que el precio del celular aumenta?
10. Como Frank va aumentando la distancia que corre diariamente, necesita llevar más agua consigo. La botella actual de agua contiene 16 onzas. En la botella nueva hay un 25% más de agua que en la actual. ¿Cuál es la capacidad de la nueva botella de agua?

6-7 Interés simple

Halla cada valor que falta.

11. $I = \square$, $C = \$750$, $i = 4\%$, $t = 3$ años
12. $I = \$120$, $C = \square$, $i = 3\%$, $t = 5$ años
13. $I = \$180$, $C = \$1500$, $i = \square$, $t = 2$ años
14. $I = \$220$, $C = \$680$, $i = 8\%$, $t = \square$
15. Leslie quiere depositar $10,000 en una cuenta que da 5% de interés simple para tener $12,000 cuando empiece la universidad. ¿Cuánto tardará su cuenta en llegar a los $12,000?
16. Harrison deposita $345 en una cuenta de ahorros que da 4.2% de interés simple. ¿Cuánto tardará el saldo de su cuenta en llegar a $410?

¿Listo para seguir?

PREPARACIÓN DE VARIOS PASOS PARA EL EXAMEN

CAPÍTULO 6

Una ganga Shannon y Mary se entrenan para un triatlón. Mary se entera de que una tienda local de artículos deportivos tiene una oferta de fin de semana en cascos de bicicleta. Ambas chicas resuelven reemplazar sus cascos viejos.

Las chicas ven dos letreros cuando entran en la tienda el sábado por la mañana. Un letrero anuncia la oferta de fin de semana. El otro señala una oferta especial para madrugadores.

OFERTA ESPECIAL PARA MADRUGADORES
8:00 am - 11:00 am
¡Un descuento adicional de $\frac{1}{3}$ sobre el precio de OFERTA de FIN DE SEMANA para todos los cascos de bicicleta!

1. El casco que quiere Shannon tiene un precio regular de \$54. ¿Cuánto cuesta este casco durante la oferta de fin de semana?

2. ¿Cuánto dinero ahorra Shannon sobre el precio de fin de semana si compra su casco favorito antes de las 11:00 am?

3. El casco que quiere Mary cuesta normalmente \$48. ¿Cuánto cuesta este casco durante la oferta especial para madrugadores?

4. Shannon cree que con las dos ofertas combinadas los cascos cuestan ahora 70% menos que el precio regular. Mary no está de acuerdo; cree que el descuento total es menor que el 70%. ¿Quién calculó correctamente el descuento: Shannon o Mary? Explica tu respuesta.

¡Vamos a jugar!

¡Ilumínalo!

En un reloj digital, cada dígito que aparece en la pantalla está formado por hasta siete luces. Puedes rotular cada luz como se muestra abajo.

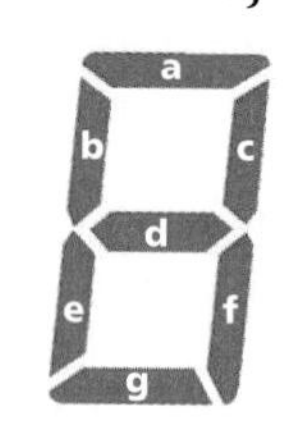

Si cada número se iluminara durante el mismo tiempo, podrías hallar qué luz está encendida el mayor porcentaje de tiempo. También podrías hallar qué luz está encendida el menor porcentaje de tiempo.

Por cada número del 0 al 9, haz una lista de las letras de las luces que se usan cuando se muestra ese número. Los primeros números están resueltos a manera de ejemplo.

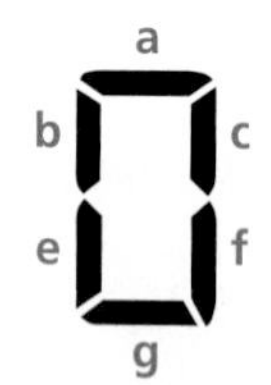

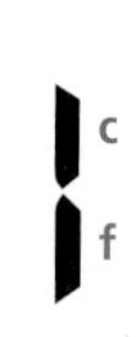

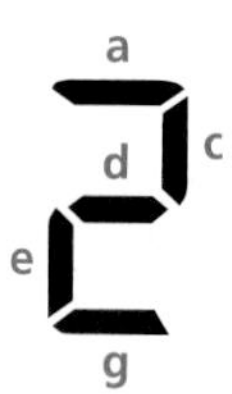

Una vez que hayas determinado qué luces se encienden en cada número, cuenta cuántas veces se enciende cada luz. ¿Qué porcentaje del tiempo se enciende cada una? ¿Qué te indica esto sobre cuál será la luz que se quemará primero?

Lotería de porcentajes

Usa los cartones de lotería con números y porcentajes que aparecen en línea. El coordinador tiene un conjunto de problemas de porcentajes y lee un problema. Luego los jugadores lo resuelven y la solución es un número o un porcentaje. Si los jugadores tienen la solución en su cartón, la marcan. En este juego se aplican las reglas normales de la lotería. Puedes ganar con una fila horizontal, vertical o diagonal.

La copia completa de las reglas y las piezas del juego se encuentran disponibles en línea.

go.hrw.com
¡Vamos a jugar! Extra
CLAVE: MS7 Games

PROYECTO Tiras de porcentaje

Este colorido cuadernillo contiene preguntas y respuestas sobre porcentajes.

Instrucciones

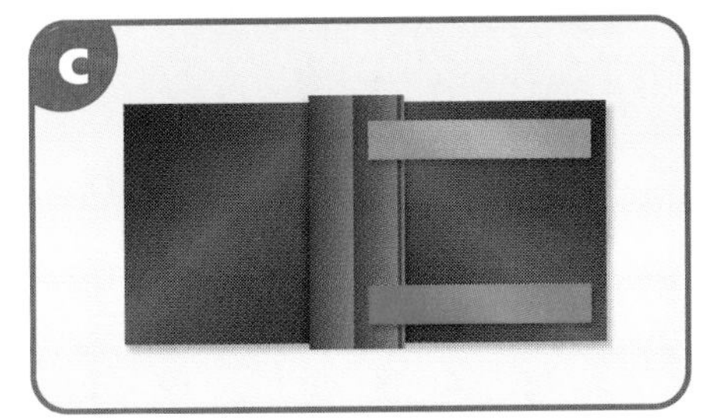

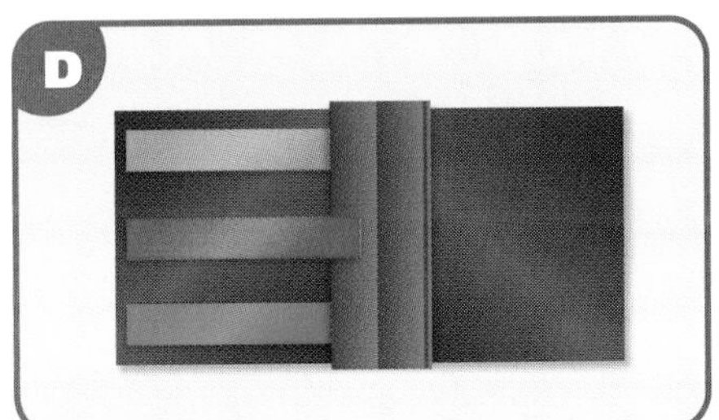

1. Dobla uno de los trozos de cartulina por la mitad. Corta a lo largo del pliegue para formar dos rectángulos de $5\frac{1}{4}$ pulgadas por 6 pulgadas cada uno. Más tarde los usarás como tapas de tu cuadernillo.

2. En el otro trozo de cartulina, haz pliegues al estilo de un acordeón que midan $\frac{3}{4}$ de pulgada de ancho. Cuando termines, debe haber 16 paneles. Estos paneles serán las páginas de tu cuadernillo. **Figura A**

3. Pliega la tira de acordeón. Pega las tapas en el primer y último panel de la tira. **Figura B**

4. Abre la tapa del frente. Pega una tira de papel de colores en las partes superior e inferior de la primera página. **Figura C**

5. Da vuelta la página. Pega una tira de papel de colores en la parte de atrás de la primera página, entre las dos tiras anteriores. **Figura D**

6. Pega tiras de papel de colores en las páginas restantes de la misma manera.

Matemáticas en acción

En la parte de adelante de cada tira, escribe una pregunta sobre porcentajes. En la parte de atrás, escribe su respuesta. Intercambia los cuadernillos con otro estudiante y pon a prueba tus conocimientos sobre porcentajes.

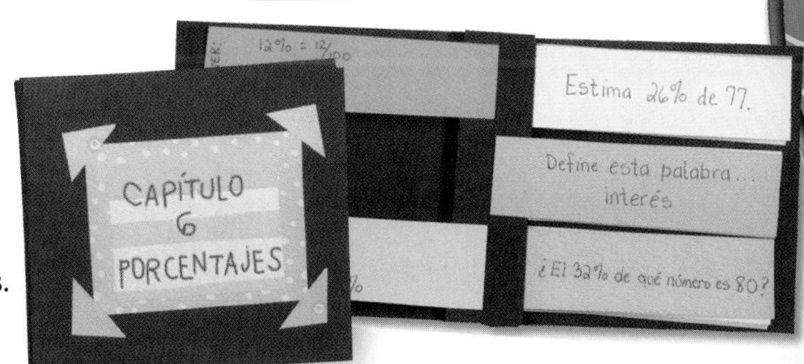

CAPÍTULO 6

Guía de estudio: Repaso

Vocabulario

Completa los enunciados con las palabras del vocabulario.

1. El/La __?__ es una cantidad que se obtiene o se paga por el uso del dinero. La ecuación $I = C \cdot i \cdot t$ se usa para calcular el/la __?__. La letra C representa el/la __?__ y la letra i representa la tasa anual.

2. La razón de una cantidad de incremento a la cantidad original es el/la __?__.

3. La razón de una cantidad de disminución a la cantidad original es el/la __?__.

4. Un/Una __?__ es una razón cuyo denominador es 100.

6-1 Porcentajes (págs. 330–332)

EJEMPLO

■ **Escribe 12% como una fracción en su mínima expresión y como decimal.**

$$12\% = \frac{12}{100} = \frac{12 \div 4}{100 \div 4} = \frac{3}{25}$$

$$12\% = \frac{12}{100} = 0.12$$

EJERCICIOS

Escribe cada porcentaje como una fracción en su mínima expresión y como decimal.

5. 78%
6. 40%
7. 5%
8. 16%
9. 65%
10. 89%

6-2 Fracciones, decimales y porcentajes (págs. 333–335)

EJEMPLO

Escribe como porcentaje.

■ $\frac{7}{8}$

$$\frac{7}{8} = 7 \div 8 = 0.875 = 87.5\%$$

■ **0.82**

$$0.82 = \frac{82}{100} = 82\%$$

EJERCICIOS

Escribe como porcentaje. Redondea a la décima de porcentaje más cercana si es necesario.

11. $\frac{3}{5}$
12. $\frac{1}{6}$
13. 0.06
14. 0.8
15. $\frac{2}{3}$
16. 0.0056

6-3 Estimación con porcentajes (págs. 336–339)

EJEMPLO

■ **Estima el 26% de 77.**

26% de $77 \approx \frac{1}{4} \cdot 77$ *26% es aprox. 25% y 25% es equivalente a $\frac{1}{4}$.*

$\approx \frac{1}{4} \cdot 80$ *Sustituye 77 por 80.*

≈ 20 *Multiplica.*

26% de 77 es aproximadamente 20.

EJERCICIOS

Estima.

17. 22% de 44

18. 74% de 120

19. 43% de 64

20. 31% de 97

21. 49% de 82

22. 6% de 53

23. La cena de Byron y Kate costó $18.23. ¿Cuánto dinero deben dejar para una propina de 15%?

6-4 Porcentaje de un número (págs. 342–345)

EJEMPLO

■ **Halla el porcentaje del número.**

125% de 610

$\frac{125}{100} = \frac{n}{610}$ *Escribe una proporción.*

$125 \cdot 610 = 100 \cdot n$

$76{,}250 = 100n$

$\frac{76{,}250}{100} = \frac{100n}{100}$

$762.5 = n$

125% de 610 es 762.5.

EJERCICIOS

Halla el porcentaje de cada número.

24. 16% de 425

25. 48% de 50

26. 7% de 63

27. 96% de 125

28. 130% de 21

29. 72% de 75

30. La Intermedia Canyon tiene 1,247 estudiantes. Aproximadamente el 38% de los estudiantes está en séptimo grado. ¿Aproximadamente cuántos estudiantes de séptimo grado asisten a la Intermedia Canyon?

6-5 Cómo resolver problemas que contienen porcentajes (págs. 346–349)

EJEMPLO

■ **Resuelve.**

¿El 32% de qué número es 80?

$80 = 32\% \cdot n$ *Escribe una ecuación.*

$80 = 0.32 \cdot n$ *Escribe 32% como decimal.*

$\frac{80}{0.32} = \frac{0.32 \cdot n}{0.32}$ *Despeja la variable.*

$250 = n$

80 es el 32% de 250.

EJERCICIOS

Resuelve.

31. ¿El 20% de qué número es 25?

32. ¿Qué porcentaje de 50 es 4?

33. ¿El 250% de qué número es 30?

34. ¿Qué porcentaje de 96 es 36?

35. ¿El 75% de qué número es 6?

36. ¿Qué porcentaje de 720 es 200?

37. El impuesto sobre la venta para una camisa de 25$ que se compró en una tienda de Oak Park es $1.99. ¿Cuál es la tasa del impuesto sobre la venta en Oak Park?

6-6 Porcentaje de cambio (págs. 352–355)

EJEMPLO

Halla cada porcentaje de cambio. Redondea las respuestas a la décima más cercana si es necesario.

- **25 disminuye a 16.**

$25 - 16 = 9$

$$\text{porcentaje de cambio} = \frac{9}{25} = 0.36 = 36\%$$

El porcentaje de disminución es 36%.

- **13.5 aumenta a 27.**

$27 - 13.5 = 13.5$

$$\text{porcentaje de cambio} = \frac{13.5}{13.5} = 1 = 100\%$$

El porcentaje de incremento es 100%.

EJERCICIOS

Halla cada porcentaje de cambio. Redondea las respuestas a la décima más cercana si es necesario.

38. 54 aumenta a 81.

39. 14 disminuye a 12.

40. 110 aumenta a 143.

41. 90 disminuye a 15.2.

42. 26 aumenta a 32.

43. 84 disminuye a 21.

44. El precio regular de un nuevo par de esquíes es $245. Esta semana los esquíes están en oferta con un 15% de descuento. Halla el precio de oferta.

45. Bianca hace pulseras de cuentas. Hacer cada pulsera le cuesta $3.25. Bianca las vende con un aumento del 140% en el precio. ¿Cuál es el precio de cada pulsera?

6-7 Interés simple (págs. 356–359)

EJEMPLO

Halla cada valor que falta.

- **$I = \square$, $C = \$545$, $i = 1.5\%$, $t = 2$ años**

$I = C \cdot i \cdot t$

$I = 545 \cdot 0.015 \cdot 2$ *Sustituye.*

$I = 16.35$ *Multiplica.*

El interés simple es de $16.35.

- **$I = \$825$, $C = \square$, $i = 6\%$, $t = 11$ años**

$I = C \cdot i \cdot t$

$825 = C \cdot 0.06 \cdot 11$ *Sustituye.*

$825 = C \cdot 0.66$ *Multiplica.*

$\frac{825}{0.66} = \frac{C \cdot 0.66}{0.66}$ *Despeja la variable.*

$1{,}250 = C$

El capital es $1,250.

EJERCICIOS

Halla cada valor que falta.

46. $I = \square$, $C = \$1{,}000$, $i = 3\%$, $t = 6$ meses

47. $I = \$452.16$, $C = \$1{,}256$, $i = 12\%$, $t = \square$

48. $I = \square$, $C = \$675$, $i = 4.5\%$, $t = 8$ años

49. $I = \$555.75$, $C = \$950$, $i = \square$, $t = 15$ años

50. $I = \$172.50$, $C = \square$, $i = 5\%$, $t = 18$ meses

51. Craig deposita $1,000 en una cuenta de ahorros que da 5% de interés simple. ¿Cuánto tiempo pasará hasta que el total de su cuenta llegue a $1,350?

52. Zach deposita $755 en una cuenta que da 4.2% de interés simple. ¿Cuánto tiempo pasará hasta que el total de su cuenta llegue a $1,050?

EXAMEN DEL CAPÍTULO

CAPÍTULO 6

Escribe cada porcentaje como una fracción en su mínima expresión y como decimal.

1. 95% **2.** 37.5% **3.** 4% **4.** 0.01%

Escribe como porcentaje. Si es necesario, redondea a la décima de porcentaje más cercana.

5. 0.75 **6.** 0.06 **7.** 0.8 **8.** 0.0039

9. $\frac{3}{10}$ **10.** $\frac{9}{20}$ **11.** $\frac{5}{16}$ **12.** $\frac{7}{21}$

Estima.

13. 48% de 8 **14.** 3% de 119 **15.** 26% de 32 **16.** 76% de 280

17. Los Patterson gastaron $47.89 en un restaurante. ¿Aproximadamente cuánto dinero deben dejar para una propina del 15%?

Halla el porcentaje de cada número.

18. 90% de 200 **19.** 35% de 210 **20.** 16% de 85

21. 250% de 30 **22.** 38% de 11 **23.** 5% de 145

Resuelve.

24. ¿Qué porcentaje de 150 es 36? **25.** ¿Qué porcentaje de 145 es 29?

26. ¿Qué porcentaje de 340 es 51? **27.** ¿El 40% de qué número es 36?

28. ¿El 14% de qué número es 70? **29.** ¿El 20% de qué número es 25?

30. La Intermedia Hampton espera recibir 376 estudiantes de séptimo grado el próximo año. Esto es el 40% de las inscripciones esperadas en la escuela. ¿Cuántos estudiantes se espera que se inscriban el próximo año?

Halla cada porcentaje de cambio. Si es necesario, redondea las respuestas a la décima más cercana.

31. 30 aumenta a 45. **32.** 115 disminuye a 46.

33. 116 aumenta a 145. **34.** 129 disminuye a 32.

35. El teatro de una comunidad vendió 8,500 boletos durante el primer año. Para el décimo año, las ventas se incrementaron un 34%. ¿Cuántos boletos vendió el teatro durante su décimo año?

Halla cada valor que falta.

36. $I = \square$, $C = \$500$, $i = 5\%$, $t = 1$ año **37.** $I = \$702$, $C = \$1{,}200$, $i = 3.9\%$, $t = \square$

38. $I = \$468$, $C = \$900$, $i = \square$, $t = 8$ años **39.** $I = \$37.50$, $C = \square$, $i = 10\%$, $t = 6$ meses

40. Kate invirtió $3,500 a una tasa del 5% de interés simple. ¿Cuántos años pasarán antes de que la cantidad original se duplique?

CAPÍTULO 6

PREPARACIÓN PARA EL EXAMEN ESTANDARIZADO

go.hrw.com
Práctica en línea para el examen estatal
CLAVE: MS7 TestPrep

Evaluación acumulativa: Capítulos 1–6

Opción múltiple

1. ¿Qué razón corresponde a estas figuras semejantes?

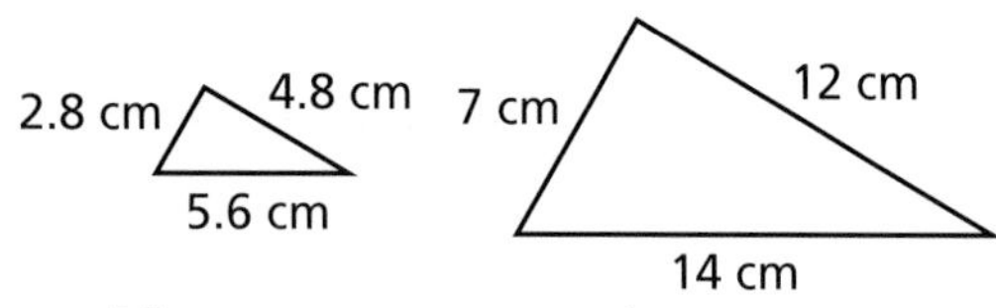

Ⓐ $\frac{4.2}{1}$ Ⓒ $\frac{1}{2}$

Ⓑ $\frac{2.5}{1}$ Ⓓ $\frac{1}{4}$

2. ¿Cuál de las siguientes opciones NO es equivalente a 12%?

Ⓕ 0.012   Ⓗ 0.12

Ⓖ $\frac{12}{100}$ Ⓙ $\frac{3}{25}$

3. ¿Qué situación corresponde a la gráfica?

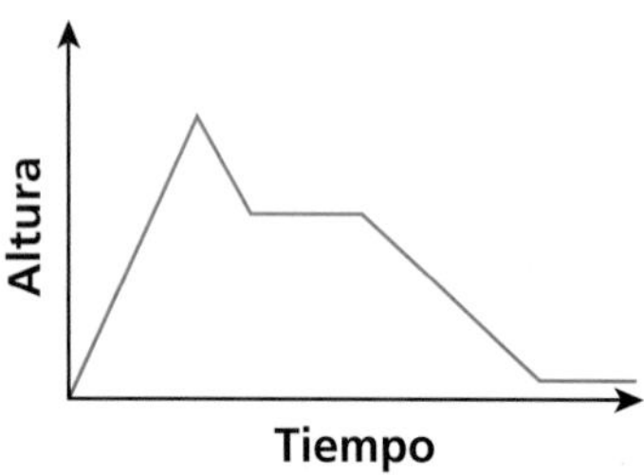

Ⓐ Ty sube una colina en bicicleta. Cuando llega a la cima, comienza a bajar de inmediato, se detiene, descansa un momento, continúa bajando y luego, descansa.

Ⓑ Paul sube una colina corriendo, se detiene un momento para tomar agua y luego baja la colina corriendo.

Ⓒ Sue baja una colina patinando, se detiene a almorzar y luego sigue su camino por un trecho plano.

Ⓓ Eric nada un largo en la piscina. Cuando llega al otro lado, descansa un momento y luego nada varios largos sin parar.

4. ¿Qué punto no está en la gráfica de $y = x^2 - 3$?

Ⓕ (0, −3)   Ⓗ (−2, −7)

Ⓖ (2, 1)   Ⓙ (−1, −2)

5. ¿Qué ecuación es un ejemplo de la propiedad de identidad?

Ⓐ 100 + 10 = 2(50 + 5)

Ⓑ 50 + 10 = 10 + 50

Ⓒ 25 + (50 + 10) = (25 + 50) + 10

Ⓓ 50 + 0 = 50

6. Un aro de básquetbol que suele venderse a $825 se vende en oferta a $650. ¿Cuál es el porcentaje de disminución redondeado al porcentaje cabal más cercano?

Ⓕ 12%   Ⓗ 27%

Ⓖ 21%   Ⓙ 79%

7. En Oregón, cerca de 40 de los casi 1,000 sistemas públicos de provisión de agua del estado agregan flúor al agua. ¿Qué porcentaje representa mejor esta situación?

Ⓐ 0.4%   Ⓒ 40%

Ⓑ 4%   Ⓓ 400%

8. En 2004, la cantidad de grullas americanas que hibernan en Texas alcanzó un récord sin precedentes de 213. La cantidad mínima de grullas americanas que se registró en Texas fue de 15 en 1941. ¿Cuál es el porcentaje de incremento de las grullas americanas que hibernaron en Texas de 1941 a 2004?

Ⓕ 7%   Ⓗ 198%

Ⓖ 91%   Ⓙ 1,320%

9. ¿Cuál es el valor de $8\frac{2}{5} - 2\frac{3}{4}$?

Ⓐ $5\frac{9}{20}$

Ⓑ $5\frac{13}{20}$

Ⓒ $6\frac{1}{9}$

Ⓓ $6\frac{7}{20}$

10. ¿Qué punto se encuentra fuera del círculo?

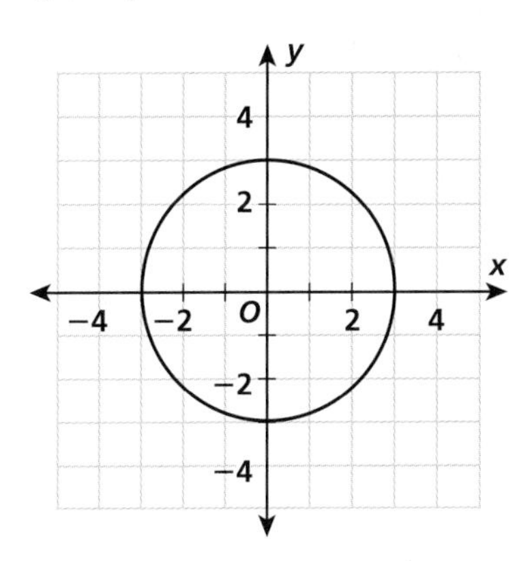

Ⓕ (–3, 0)

Ⓖ (1, 2)

Ⓗ (3, 3)

Ⓙ (–2, 1)

Antes de elegir una respuesta, asegúrate de que tenga sentido. Vuelve a leer la pregunta y determina si tu respuesta es razonable.

Respuesta gráfica

11. Jarvis deposita $1,200 en una cuenta que da 3% de interés simple. ¿Cuántos años tardará en obtener $432 de interés?

12. Sylas completó los 100 metros de estilo libre en natación en 80.35 segundos. El ganador de la competencia los completó en 79.22 segundos. ¿Cuántos segundos antes que Sylas completó el ganador los 100 metros?

13. Un entrenador de béisbol tiene una regla según la cual, cada vez que un jugador se poncha, debe hacer 12 flexiones de brazos. Si Cal se ponchó 27 veces, ¿cuántas flexiones de brazos deberá hacer?

14. Escribe un decimal equivalente a 65%.

15. ¿Cuál es el denominador del valor de $\frac{3}{2} + \frac{5}{6}$ cuando se escribe en su mínima expresión?

Respuesta breve

16. En la gráfica se muestra la cantidad de chicos y chicas que participaron de un espectáculo de talentos.

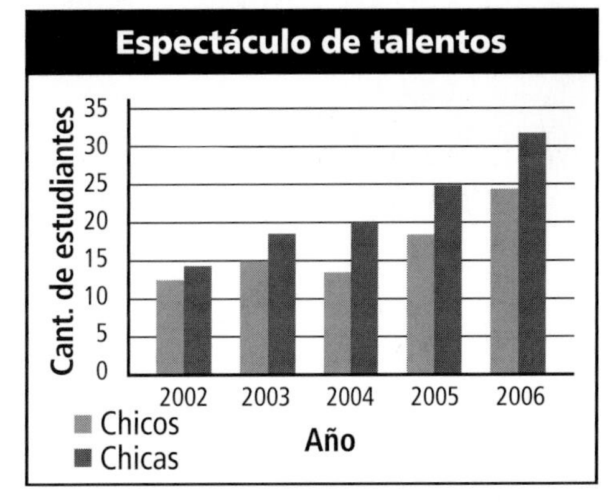

a. ¿Cuál es el porcentaje de incremento aproximado de chicas que participaron del espectáculo de talentos entre 2002 y 2005?

b. ¿Qué porcentaje de los estudiantes que participaron en 2006 eran chicos? Explica cómo hallaste tu respuesta.

17. Una asociación de amas de casa tiene 134 miembros. Si 31 miembros son expertos en enlatar vegetales, ¿son más o menos que el 25% los miembros expertos en enlatar? Explica cómo lo sabes.

Respuesta desarrollada

18. Riley y Louie tienen cada uno $5,000 para invertir. Ambos invierten a una tasa de interés simple del 2.5%.

a. Riley mantiene su dinero invertido durante 7 años. ¿Cuánto interés ganará? ¿Cuánto sumará su inversión?

b. ¿Cuál es el valor de la inversión de Louie si invierte durante 3 años, luego saca el dinero del banco, gasta $1,000 e invierte lo que queda durante 4 años más a una tasa del 4%?

c. De acuerdo con la información de los puntos **a** y **b**, ¿quién gana más dinero en 7 años: Riley o Louie? Explica tu razonamiento.

Resolución de problemas en lugares

MICHIGAN

La primera cadena de montaje

En 1913, un ingeniero llamado Henry Ford revolucionó la industria automotriz al instalar la primera cadena automatizada de montaje del mundo en su fábrica de Highland Park. Antes de la cadena de montaje, construir el bastidor de un auto llevaba más de 12 horas. Al mantener a los trabajadores en un lugar y hacer que las partes llegaran a ellos a través de correas transportadoras, ¡Ford podía fabricar un automóvil cada 24 segundos!

Elige una o más estrategias para resolver cada problema.

1. La primera vez que Ford usó una cadena de montaje fue para fabricar una pieza de automóvil llamada magneto. La razón del tiempo que se tardaba en construir un magneto antes de la aparición de la cadena de montaje al tiempo que se tardaba después de la aparición de la cadena de montaje es 4:1. Con la cadena de montaje, la fabricación de esta pieza tardaba 15 minutos menos. ¿Cuánto tardaba en fabricarse un magneto antes de la aparición de la cadena de montaje?

2. El precio de los automóviles bajó a medida que mejoró la producción de automóviles en serie. En 1914, el modelo T era 53% más barato que en 1908. En 1925, el precio del modelo T era 59% más barato que en 1914. Si en 1925 el modelo T se vendía a $260, ¿cuánto costaba el modelo T en 1908?

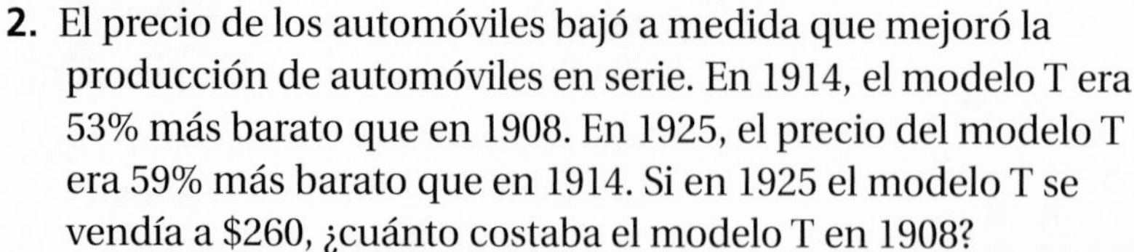

Usa la tabla para el Ejercicio 3.

3. La cadena de montaje aumentó la producción anual de automóviles. Predice la cantidad de modelos T que se fabricaron en 1918.

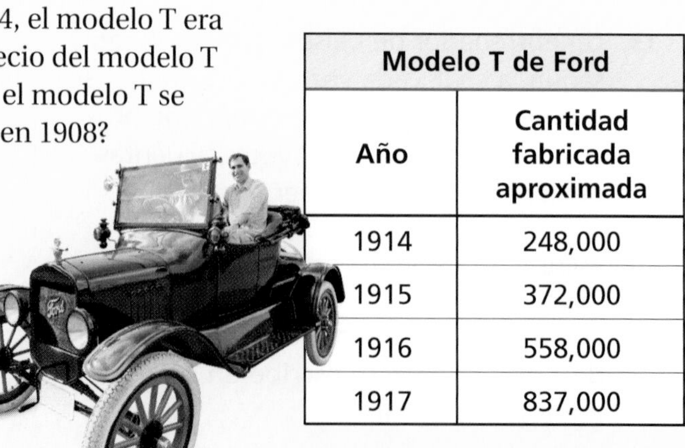

Modelo T de Ford	
Año	**Cantidad fabricada aproximada**
1914	248,000
1915	372,000
1916	558,000
1917	837,000

Estrategias de resolución de problemas

Dibujar un diagrama
Hacer un modelo
Calcular y poner a prueba
Trabajar en sentido inverso
Hallar un patrón
Hacer una tabla
Resolver un problema más sencillo
Usar el razonamiento lógico
Representar
Hacer una lista organizada

Universidad Estatal de Michigan

La Universidad Estatal de Michigan se ubica en East Lansing. Se fundó en 1855 y fue la primera institución superior de agricultura de la nación. Las clases comenzaron en 1857 con solo 63 estudiantes y 5 docentes. Hoy esta universidad es una de las más grandes de Estados Unidos, con más de 200 programas de estudio.

Elige una o más estrategias para resolver cada problema.

1. En 2005, había aproximadamente 45,000 estudiantes en la Universidad Estatal de Michigan. La cantidad de estudiantes de grado era el 350% de la cantidad de estudiantes de posgrado. ¿Cuántos estudiantes de grado había? ¿Cuántos estudiantes de posgrado había?

Usa la tabla para los Ejercicios del 2 al 4.

2. Si los gastos de pensión completa aumentan un 6% por año, ¿cuánto costará la pensión completa en 2010?

3. Si la inscripción para los residentes de Michigan aumenta 8% por año, ¿cuál será el primer año en que la inscripción para los residentes de Michigan supere los $10,000?

4. Jamal, Kyle y Lisa estudian en la Universidad Estatal de Michigan. Cada estudiante debe pagar la matrícula, la inscripción, la pensión completa e impuestos. La inscripción es aproximadamente un 6% de los gastos de Jamal, la pensión completa es un 23% de los gastos de Kyle y la matrícula es un 49% de los gastos de Lisa. ¿Qué estudiante no es residente de Michigan?

Gastos anuales en la Universidad Estatal de Michigan (2004)	
Inscripción para residentes de Michigan	$6,188
Inscripción para residentes de otros estados	$17,033
Matrícula	$812
Pensión completa	$5,458
Impuestos	$44

CAPÍTULO 7

Recopilar, presentar y analizar datos

go.hrw.com
Presentación del capítulo en línea
CLAVE: MS7 Ch7

Ave	Número promedio de avistajes					
	Nov	Dic	Ene	Feb	Mar	Abr
Paloma torcaza	7.0	8.0	9.0	8.0	6.0	5.0
Carpintero pecho rojo	1.25	1.3	1.3	1.3	1.3	1.5
Carbonero de Carolina	2.8	2.8	2.8	2.7	2.5	2.4

Profesión ***Naturalista***

Los naturalistas dedican tiempo a estudiar poblaciones de peces, aves y otros seres vivos. La información que reúnen a menudo se usa para determinar si las poblaciones aumentan o disminuyen.

En ocasiones, los naturalistas aficionados ayudan a los científicos a recopilar información. Por ejemplo, las personas que tienen comederos de aves informan a Project FeederWatch la cantidad y los tipos de aves que ven en sus comederos durante el invierno.

Vocabulario

Elige de la lista el término que mejor complete cada enunciado.

círculo
escala
frecuencia
intervalo
segmento de recta

1. La parte de una línea que consiste en dos extremos y todos los puntos entre esos extremos se llama __?__.
2. Un(a) __?__ es la cantidad de espacio entre los valores marcados en la __?__ de una gráfica.
3. La cantidad de veces que aparece un elemento es su __?__.

Resuelve los ejercicios para practicar las destrezas que usarás en este capítulo.

Ordenar números cabales

Ordena los números de menor a mayor.

4. 45, 23, 65, 15, 42, 18
5. 103, 105, 102, 118, 87, 104
6. 56, 65, 24, 19, 76, 33, 82
7. 8, 3, 6, 2, 5, 9, 3, 4, 2

Operaciones con números cabales

Suma o resta.

8. $18 + 26$
9. $23 + 17$
10. $75 + 37$
11. $98 + 64$
12. $133 - 35$
13. $54 - 29$
14. $200 - 88$
15. $1{,}055 - 899$

Ubicar puntos en una recta numérica

Copia la recta numérica. Luego representa gráficamente cada número.

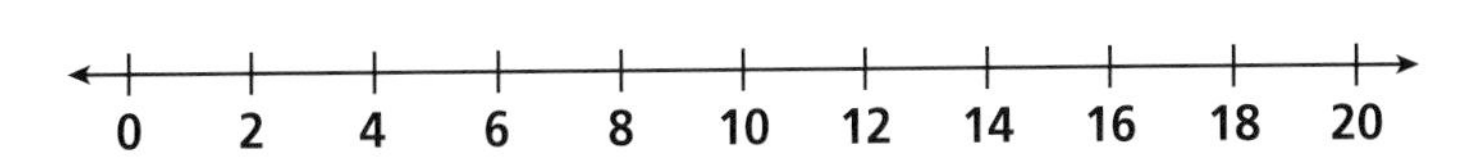

16. 15
17. 2
18. 18
19. 7

Leer una tabla

Usa los datos de la tabla para los Ejercicios 20 y 21.

20. ¿Qué animal es el más rápido?
21. ¿Qué animal es más rápido: un conejo o una cebra?

Velocidades máximas de algunos animales

Animal	Velocidad (mi/h)
Elefante	25
León	50
Conejo	35
Cebra	40

CAPÍTULO 7

Guía de estudio: Avance

De dónde vienes

Antes,

- usaste una representación apropiada para presentar datos.
- identificaste la media, la mediana, la moda y el rango de un conjunto de datos.
- resolviste problemas al recopilar, organizar y presentar datos.

En este capítulo

Estudiarás

- cómo seleccionar una representación apropiada para presentar relaciones entre datos.
- cómo elegir entre la media, la mediana, la moda y el rango para describir un conjunto de datos.
- cómo hacer inferencias y escribir justificaciones convincentes basadas en el análisis de los datos.

Adónde vas

Puedes usar las destrezas aprendidas en este capítulo

- para analizar tendencias y tomar decisiones sobre negocios y comercialización.
- para fortalecer un argumento persuasivo presentando datos y tendencias en presentaciones visuales.

Vocabulario/Key Vocabulary

diagrama de acumulación	line plot
diagrama de dispersión	scatter plot
diagrama de tallo y hojas	stem-and-leaf plot
gráfica circular	circle graph
gráfica de barras	bar graph
gráfica lineal	line graph
media	mean
mediana	median
moda	mode
tabla de frecuencia	frequency table

Conexiones de vocabulario

Considera lo siguiente para familiarizarte con algunos de los términos de vocabulario del capítulo. Puedes consultar el capítulo, el glosario o un diccionario si lo deseas.

1. La palabra *mediana* viene de la palabra latina *medius*, que significa "el medio". ¿Qué es la **mediana** de un conjunto de datos? ¿Qué otras palabras vienen de esta raíz latina?
2. *Dispersar* puede significar "esparcir" o "arrojar al azar". ¿Qué aspecto podrían tener los puntos de un **diagrama de dispersión?**
3. La *frecuencia* es la medida de cuán a menudo ocurre un suceso o la cantidad de objetos semejantes en un grupo. ¿Qué piensas que mostrará una **tabla de frecuencia?**

Estrategia de lectura: Lee una lección para comprender

Antes de comenzar a leer una lección, averigua cuál es su tema u objetivo principal. Cada lección se centra en un objetivo específico, que figura al comienzo de la primera página de la lección. Mantener el objetivo en mente mientras lees te servirá de guía a través del material de la lección. Puedes usar algunos de los siguientes consejos para comprender las matemáticas al leer:

Aprender a hallar el porcentaje de un número

→ **Identifica el objetivo de la lección. Luego, echa un vistazo a la lección para tener una idea de dónde se cubre el objetivo.**

"¿Cómo hallo el porcentaje de un número?".

→ **A medida que avanzas en la lectura de la lección, anota todas las preguntas, problemas o dificultades que se te presenten.**

Halla el porcentaje de cada número

8% de 50

8% de 50 $= 0.08 \cdot 50$ *Escribe el porcentaje como decimal.*

$= 4$ *Multiplica.*

→ **Lee atentamente cada ejemplo, ya que los ejemplos ayudan a demostrar los objetivos.**

Razonar y comentar

1. Explica cómo establecer una proporción para hallar el 150% de un número.

→ **Comprueba que comprendiste la lección respondiendo a las preguntas de Razonar y comentar.**

Inténtalo

Usa la Lección 6-1 de tu libro de texto para responder a cada pregunta.

1. ¿Cuál es el objetivo de la lección?
2. ¿Qué términos nuevos se definen en la lección?
3. ¿Qué destrezas se enseñan en el Ejemplo 3 de la lección?
4. ¿Qué partes de la lección puedes usar como ayuda para responder a la pregunta 1 de Razonar y comentar?

7-1 Tablas de frecuencia, diagramas de tallo y hojas y diagramas de acumulación

Aprender a organizar e interpretar datos en tablas de frecuencia, diagramas de tallo y hojas y diagramas de acumulación

Vocabulario

tabla de frecuencia

frecuencia acumulativa

diagrama de tallo y hojas

diagrama de acumulación

Los cines IMAX®, con sus enormes pantallas y potentes sistemas de sonido, hacen que los espectadores sientan como si estuvieran en medio de la acción. En 2005, la película IMAX clásica *The Dream Is Alive* obtuvo ingresos de taquilla de más de $149 millones.

Para ver qué tan común es que una película IMAX atraiga a esa enorme cantidad de espectadores, puedes usar una *tabla de frecuencia.* Una **tabla de frecuencia** es una forma de organizar los datos por categorías o grupos. Al incluir una columna de **frecuencia acumulativa** en tu tabla, puedes llevar la cuenta en todo momento de la cantidad total de datos.

EJEMPLO 1 Organizar e interpretar datos en una tabla de frecuencia

En la lista se muestran los ingresos de taquilla en millones de dólares de 20 películas IMAX. Haz una tabla de frecuencia acumulativa con los datos. ¿Cuántas películas ganaron menos de $40 millones?

76, 51, 41, 38, 18, 17, 16, 15, 13, 13, 12, 12, 10, 10, 6, 5, 5, 4, 4, 2

Paso 1: Elige una escala que incluya todos los datos. Luego, divide la escala en intervalos iguales.

Paso 2: Halla la cantidad de datos en cada intervalo. Escribe estos números en la columna de "Frecuencia".

Paso 3: Halla la frecuencia acumulativa de cada fila sumando todos los valores de la frecuencia que estén por encima o en esa fila.

Películas IMAX		
Ingresos (millones de $)	**Frecuencia**	**Frecuencia acumulativa**
0–19	16	16
20–39	1	17
40–59	2	19
60–79	1	20

La cantidad de películas que ganaron menos de $40 millones es la frecuencia acumulativa de las dos primeras filas: 17.

En un **diagrama de tallo y hojas** se usan los dígitos de cada número para organizar y mostrar un conjunto de datos. Cada *hoja* en el diagrama representa el dígito derecho del valor de un dato y cada *tallo* representa los dígitos izquierdos restantes. La clave muestra los valores de los datos en el diagrama.

Tallos	Hojas
2	4 7 9
3	0 6

Clave: 2|7 significa 27.

EJEMPLO 2 Organizar e interpretar datos en un diagrama de tallo y hojas

En la tabla se muestra la cantidad de minutos que los estudiantes dedican a hacer su tarea de español. Haz un diagrama de tallo y hojas con los datos. Luego, halla la cantidad de estudiantes que estudiaron más de 45 minutos.

Minutos dedicados a hacer la tarea					
38	48	45	32	29	48
32	45	36	22	21	64
35	45	47	26	43	29

Paso 1: Ordena los datos de menor a mayor. Como los valores de los datos están entre 21 y 64, usa las decenas para los tallos y las unidades para las hojas.

Paso 2: Haz una lista de tallos de menor a mayor en el diagrama.

Paso 3: Haz una lista de hojas en cada tallo de menor a mayor.

Paso 4: Agrega una clave y el título de la gráfica.

Los tallos son los dígitos de las decenas.

El tallo 5 no tiene hojas; por lo tanto, no hay valores de datos en los 50.

Minutos dedicados a la tarea

Tallos	Hojas
2	1 2 6 9 9
3	2 2 5 6 8
4	3 5 5 5 7 8 8
5	
6	4

Clave: 3|2 significa 32.

Las hojas son los dígitos de las unidades.

Las entradas en la segunda fila representan los valores de datos 32, 32, 35, 36 y 38.

Un estudiante estudió durante 47 minutos, 2 estudiantes estudiaron durante 48 minutos y un estudiante estudió durante 64 minutos.

En total, 4 estudiantes estudiaron durante más de 45 minutos.

Pista útil

Para representar 5 minutos en el diagrama de tallo y hojas del Ejemplo 2, usarías 0 como tallo y 5 como hoja.

De manera similar a un diagrama de tallo y hojas, un **diagrama de acumulación** puede usarse para mostrar cuántas veces aparece cada valor de datos. En los diagramas de acumulación se usa una recta numérica y **X** para mostrar la frecuencia. Al observar un diagrama de acumulación, puedes ver rápidamente la *distribución*, o la amplitud, de los datos.

EJEMPLO 3 Organizar e interpretar datos en un diagrama de acumulación

Haz un diagrama de acumulación con los datos. ¿Cuántas millas diarias corrió Trey con más frecuencia?

Cantidad de millas diarias que Trey corrió durante el entrenamiento								
5	6	5	5	3	5	4	4	6
8	6	3	4	3	2	16	12	12

Paso 1: Los valores de los datos van de 2 a 16. Traza una recta numérica que incluya este rango.

Paso 2: Coloca una **X** sobre el número de la recta numérica que corresponda a la cantidad de millas que Trey corrió por día.

La mayor cantidad de **X** aparecen sobre el número 5. Esto significa que Trey corrió 5 millas con mayor frecuencia.

Razonar y comentar

1. Indica qué usarías para determinar la cantidad de valores de datos en un conjunto: una tabla de frecuencia acumulativa o un diagrama de tallo y hojas. Explica.

7-1 Ejercicios

PRÁCTICA GUIADA

Cantidad de votos electorales en estados seleccionados (2004)											
CA	55	GA	15	IN	11	MI	17	NY	31	PA	21
NJ	15	IL	21	KY	8	NC	15	OH	20	TX	34

Ver Ejemplo 
1. Haz una tabla de frecuencia acumulativa con los datos. ¿Cuántos de los estados tenían menos de 20 votos electorales en 2004?

Ver Ejemplo 
2. Haz un diagrama de tallo y hojas con los datos. ¿Cuántos de los estados tenían más de 30 votos electorales en 2004?

Ver Ejemplo 
3. Haz un diagrama de acumulación con los datos. Para los estados que se muestran, ¿cuál fue la cantidad más común de votos electorales en 2004?

PRÁCTICA INDEPENDIENTE

En la tabla se muestran las edades de los primeros 18 presidentes de EE.UU. al tomar posesión de su cargo.

Presidente	Edad	Presidente	Edad	Presidente	Edad
Washington	57	Jackson	61	Fillmore	50
Adams	61	Van Buren	54	Pierce	48
Jefferson	57	Harrison	68	Buchanan	65
Madison	57	Tyler	51	Lincoln	52
Monroe	58	Polk	49	Johnson	56
Adams	57	Taylor	64	Grant	46

Ver Ejemplo 

4. Haz una tabla de frecuencia acumulativa con los datos. ¿Cuántos de los presidentes tenían menos de 65 años al tomar posesión de su cargo?

Ver Ejemplo 

5. Haz un diagrama de tallo y hojas con los datos. ¿Cuántos de los presidentes tenían entre 40 y 50 años al tomar posesión de su cargo?

Ver Ejemplo 

6. Haz un diagrama de acumulación con los datos. ¿Cuál fue la edad más común a la que los presidentes tomaron posesión de su cargo?

PRÁCTICA Y RESOLUCIÓN DE PROBLEMAS

Práctica adicional
Ver página 739

Usa el diagrama de tallo y hojas para los Ejercicios del 7 al 9.

Tallos	Hojas
0	4 6 6 9
1	2 5 8 8 8
2	0 3
3	1

Clave: 1|2 significa 12.

7. ¿Cuál es el menor valor? ¿Cuál es el mayor valor?
8. ¿Qué valor aparece con mayor frecuencia?
9. **Razonamiento crítico** ¿Cuál de las siguientes opciones es más probablemente la fuente de los datos que aparecen en el diagrama de tallo y hojas?

   (A) la talla de zapatos de 12 estudiantes de intermedia

   (B) la cantidad de horas que 12 adultos hicieron ejercicio en un mes

   (C) la cantidad de cajas de cereal por hogar en un determinado momento

   (D) las temperaturas mensuales en grados Fahrenheit en Chicago, Illinois

10. **Ciencias de la Tierra** En la tabla se muestran las masas de los meteoritos más grandes que se han encontrado en la Tierra.

Meteoritos más grandes			
Meteorito	**Masa (kg)**	**Meteorito**	**Masa (kg)**
Armanty	23.5	Chupaderos	14
Bacubirito	22	Hoba	60
Campo del Cielo	15	Mbosi	16
Cape York (Agpalilik)	20	Mundrabilla	12
Cape York (Ahnighito)	31	Willamette	15

   a. Usa los datos de la tabla para hacer un diagrama de acumulación.

   b. ¿Cuántos meteoritos tienen una masa de 15 kilogramos o más?

CONEXIÓN con las ciencias biológicas

En el mapa se muestra la cantidad de especies animales en grave peligro de extinción en cada país de América del Sur. Una especie está en grave peligro cuando enfrenta un riesgo muy elevado de extinción en su hábitat natural en el futuro próximo.

11. ¿Qué país tiene la menor cantidad de especies en peligro? ¿Cuál tiene la mayor cantidad?

12. Haz una tabla de frecuencia acumulativa con los datos. ¿Cuántos países tienen menos de 20 especies en grave peligro?

13. Haz un diagrama de tallo y hojas con los datos.

14. **Escríbelo** Explica cómo, al cambiar los intervalos que usaste en el Ejercicio 12, cambia tu tabla de frecuencia acumulativa.

15. **Desafío** Hace poco tiempo, había 190 especies en peligro en Estados Unidos. Muestra cómo representar este número en un diagrama de tallo y hojas.

Fuente: Unión Internacional para la Conservación de la Naturaleza y los Recursos Naturales

go.hrw.com
¡Web Extra!
CLAVE: MS7 Endangered

PREPARACIÓN PARA EL EXAMEN y repaso en espiral

Usa los datos para los Ejercicios 16 y 17.

20	30	9	25	28
8	11	12	7	18
33	26	10	9	2

16. **Opción múltiple** ¿Cuántos tallos tendría un diagrama de tallo y hojas con los datos de la tabla?

Ⓐ 1   Ⓒ 3

Ⓑ 2   Ⓓ 4

17. **Respuesta desarrollada** Haz un diagrama de tallo y hojas y un diagrama de acumulación con los datos de la tabla. ¿Qué presentación muestra mejor la distribución de los datos? Explica.

18. María tiene 18 yardas de tela. Una funda lleva $1\frac{1}{5}$ yardas. ¿Cuántas fundas puede hacer María con la tela? (Lección 3-11)

Halla cada tasa unitaria. Redondea a la centésima más cercana si es necesario. (Lección 5-2)

19. 12 h a $102   **20.** $2,289 en 7 meses   **21.** 48 puntos en 3 partidos

7-2 Media, mediana, moda y rango

Aprender a hallar la media, la mediana, la moda y el rango de un conjunto de datos

Vocabulario

media
mediana
moda
rango
valor extremo

Para descifrar mensajes secretos codificados, puedes hacer una lista del número de veces que aparece cada símbolo del código en el mensaje. El símbolo que aparezca más a menudo representa la *moda*, que probablemente corresponda a la *e*.

Los hablantes de navajo usaron esa lengua como un código de comunicación en la Segunda Guerra Mundial.

La moda, junto con la *media* y la *mediana*, es una medida de *tendencia dominante* que se usa para representar la "parte intermedia" de un conjunto de datos.

- La **media** es la suma de los valores de los datos dividida entre la cantidad de datos.
- La **mediana** es el valor intermedio de una cantidad impar de datos ordenados. En un número par de datos, la mediana es la media de los dos valores intermedios.
- La **moda** es el valor o los valores que aparecen más a menudo. Cuando todos los valores de los datos aparecen la misma cantidad de veces, no hay moda.

El **rango** de un conjunto de datos es la diferencia entre el mayor y el menor valor.

EJEMPLO 1 Hallar la media, la mediana, la moda y el rango de un conjunto de datos

Pista útil

La media se conoce también como *promedio*.

Halla la media, la mediana, la moda y el rango del conjunto de datos.

2, 1, 8, 0, 2, 4, 3, 4

media:

$2 + 1 + 8 + 0 + 2 + 4 + 3 + 4 = 24$ — *Suma los valores.*

$24 \div 8 = 3$ — *Divide la suma entre la cantidad de datos.*

La media es 3.

mediana:

0, 1, 2, 2, 3, 4, 4, 8 — *Ordena los valores.*

$\frac{2 + 3}{2} = 2.5$ — *Hay dos valores intermedios, así que halla la media de estos valores.*

La mediana es 2.5.

moda:

0, 1, 2, 2, 3, 4, 4, 8 — *Los valores 2 y 4 aparecen dos veces.*

Las modas son 2 y 4.

rango: $8 - 0 = 8$ — *Resta el valor menor del mayor.*

El rango es 8.

Con frecuencia, una medida de tendencia dominante es más adecuada que otra para describir un conjunto de datos. Piensa qué te dice cada medida sobre los datos. Luego, elige la medida con la que puedas responder mejor a la pregunta que se te hace.

EJEMPLO 2 Elegir la mejor medida para describir un conjunto de datos

En el diagrama de acumulación se muestra la cantidad de horas que 15 personas hicieron ejercicio durante una semana. ¿Qué medida de tendencia dominante describe mejor estos datos? Justifica tu respuesta.

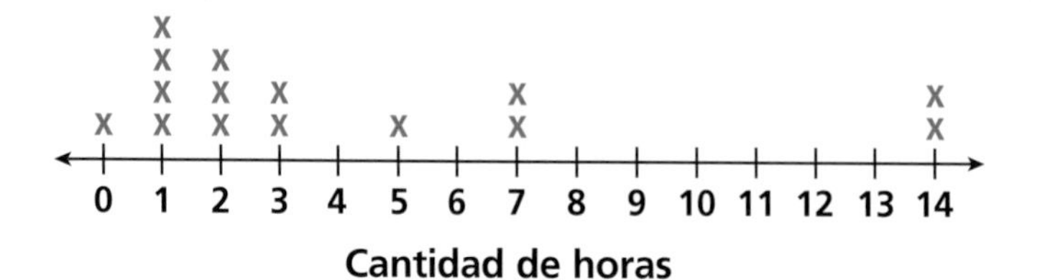

media:

$$\frac{0+1+1+1+1+2+2+2+3+3+5+7+7+14+14}{15} = \frac{63}{15} = 4.2$$

La media es 4.2.

La mayoría de las personas hicieron ejercicio menos de 4 horas. Por lo tanto, la media no es la medida que mejor describe el conjunto de datos.

mediana:

0, 1, 1, 1, 1, 2, 2, 2, 3, 3, 5, 7, 7, 14, 14

La mediana es 2.

La mediana describe mejor el conjunto de datos porque la mayor parte de los datos se agrupa alrededor del valor 2.

moda:

En el diagrama de acumulación, la mayor cantidad de **X** está sobre el número 1.

La moda es 1.

La moda representa sólo a 4 de las 15 personas. La moda no describe todo el conjunto de datos.

En el conjunto de datos del Ejemplo 2, el valor 14 es mucho mayor que los otros valores del conjunto. Un valor tan diferente de los demás se llama **valor extremo.** Los valores extremos pueden afectar en gran medida a la media de un conjunto de datos.

Medida	Es más útil cuando
media	los datos se distribuyen en forma bastante pareja.
mediana	el conjunto de datos tiene un valor extremo.
moda	los datos se relacionan con un tema en el que muchos puntos de datos de un valor son importantes, como el resultado de las elecciones.

EJEMPLO 

Explorar los efectos de los valores extremos en las medidas de tendencia dominante

En la tabla se muestra la cantidad de piezas de arte creadas por los estudiantes de un taller de vidrio soplado. Identifica el valor extremo del conjunto de datos y determina cómo influye este valor en la media, la mediana y la moda de los datos. Luego, indica qué medida de tendencia dominante describe mejor los datos con y sin el valor extremo.

Nombre	Cantidad de piezas
Suzanne	5
Glen	1
Charissa	3
Eileen	4
Hermann	14
Tom	2

El valor extremo es 14.

Sin el valor extremo

media:

$$\frac{5 + 1 + 3 + 4 + 2}{5} = 3$$

La media es 3.
El valor extremo aumenta la media de los datos aproximadamente 1.8.

mediana:

1, 2, 3, 4, 5

La mediana es 3.
El valor extremo aumenta la mediana de los datos aproximadamente 0.5.

moda:

No hay moda.
El valor extremo no cambia la moda de los datos.

Con el valor extremo

media:

$$\frac{5 + 1 + 3 + 4 + 14 + 2}{6} \approx 4.8$$

La media es aproximadamente 4.8.

mediana:

1, 2, 3, 4, 5, 14

$$\frac{3 + 4}{2} = 3.5$$

La mediana es 3.5.

moda:

No hay moda.

La mediana describe mejor los datos con el valor extremo. La media y la mediana describen mejor los datos sin el valor extremo.

¡Atención!

Como todos los valores de datos aparecen la misma cantidad de veces, el conjunto no tiene moda.

Razonar y comentar

1. **Describe** una situación en que la media describa mejor un conjunto de datos.
2. **Indica** qué medida de tendencia dominante debe ser un valor de datos.
3. **Explica** cómo influye un valor extremo en la media, la mediana y la moda de un conjunto de datos.

7-2 Ejercicios

go.hrw.com
Ayuda en línea para tareas*
CLAVE: MS7 7-2
Recursos en línea para padres
CLAVE: MS7 Parent
*(Disponible sólo en inglés)

PRÁCTICA GUIADA

Ver Ejemplo 1 **Halla la media, la mediana, la moda y el rango de cada conjunto de datos.**

1. 5, 30, 35, 20, 5, 25, 20

2. 44, 68, 48, 61, 59, 48, 63, 49

Ver Ejemplo 2

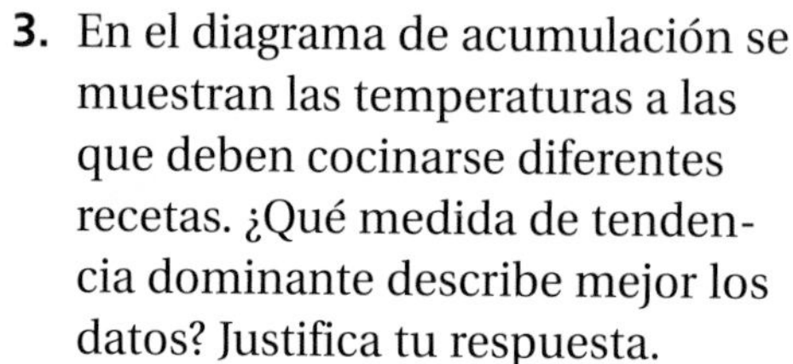

3. En el diagrama de acumulación se muestran las temperaturas a las que deben cocinarse diferentes recetas. ¿Qué medida de tendencia dominante describe mejor los datos? Justifica tu respuesta.

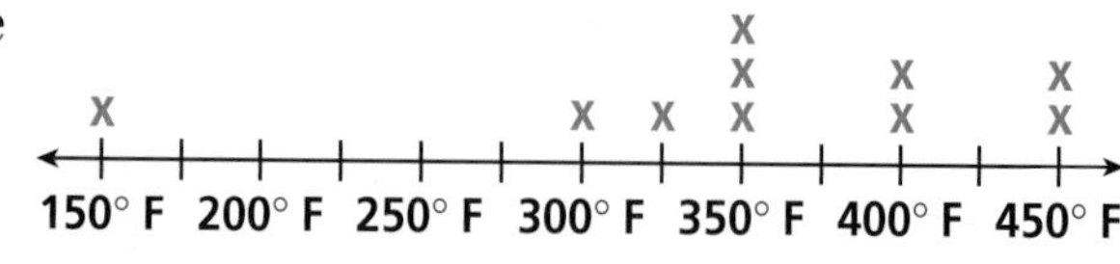

Ver Ejemplo 3 

4. En la tabla se muestra la cantidad de vasos de agua consumidos en un día. Identifica el valor extremo en el conjunto de datos y determina cómo influye en la media, la mediana y la moda del conjunto. Luego, indica qué medida de tendencia dominante describe mejor los datos con y sin el valor extremo.

Consumo de agua								
Nombre	Randy	Lori	Anita	Jana	Sonya	Víctor	Mark	Jorge
Vasos	4	12	3	1	4	7	5	4

PRÁCTICA INDEPENDIENTE

Ver Ejemplo 1  **Halla la media, la mediana, la moda y el rango de cada conjunto de datos.**

5. 92, 88, 65, 68, 76, 90, 84, 88, 93, 89

6. 23, 43, 5, 3, 4, 14, 24, 15, 15, 13

7. 2.0, 4.4, 6.2, 3.2, 4.4, 6.2, 3.7

8. 13.1, 7.5, 3.9, 4.8, 17.1, 14.6, 8.3, 3.9

Ver Ejemplo 2 

9. En el diagrama de acumulación se muestra la cantidad de letras de los nombres en inglés de los 12 meses. ¿Qué medida de tendencia dominante describe mejor el conjunto de datos? Justifica tu respuesta.

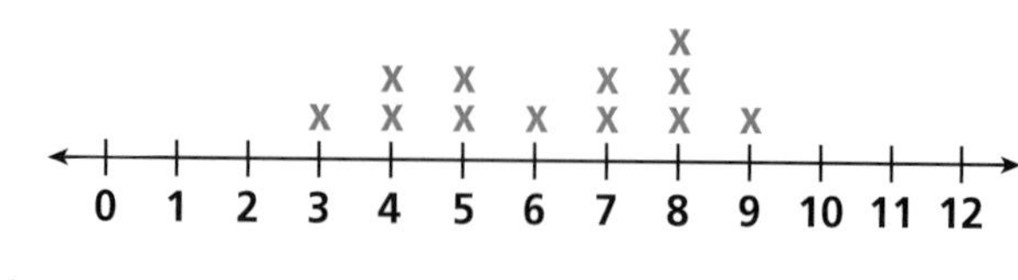

Ver Ejemplo 3  **Identifica el valor extremo en cada conjunto de datos y determina cómo influye ese valor en la media, la mediana y la moda de los datos. Luego, indica qué medida de tendencia dominante describe mejor los datos con y sin el valor extremo.**

10. 13, 18, 20, 5, 15, 20, 13, 20

11. 45, 48, 63, 85, 151, 47, 88, 44, 68

PRÁCTICA Y RESOLUCIÓN DE PROBLEMAS

Práctica adicional
Ver página 739

12. Salud Según los datos de las tres revisiones médicas anuales, la estatura media de Jon es 62 pulg. En las dos primeras revisiones, la estatura de Jon fue 58 pulg y 61 pulg. ¿Cuál fue su estatura en la tercera revisión?

CONEXIÓN
Deportes

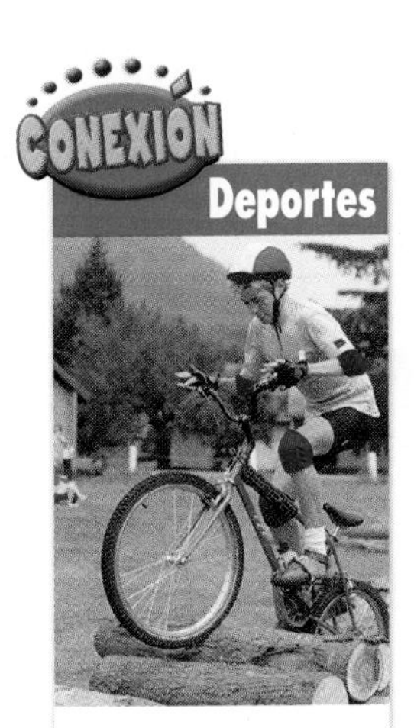

Las bicicletas de montaña representan más del 50% de las ventas de bicicletas en Estados Unidos.

13. Halla la media, la mediana y la moda de los datos presentados en el diagrama de acumulación. Luego, determina cómo influye el valor extremo en la media.

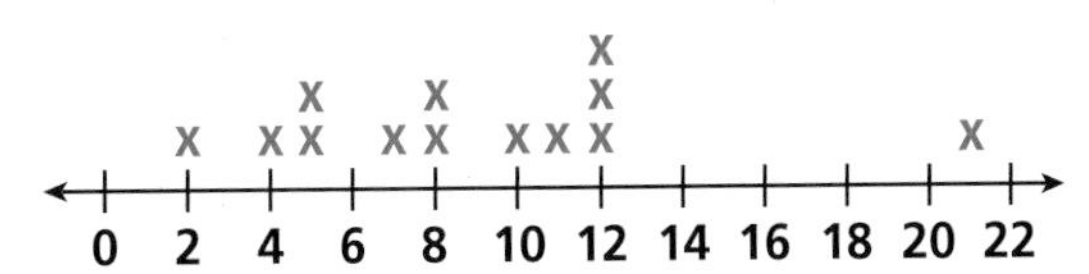

14. **Razonamiento crítico** Los valores de un conjunto de datos son 95, 93, 91, 95, 100, 99 y 92. ¿Qué valor puede agregarse al conjunto para que la media, la mediana y la moda sigan siendo las mismas?

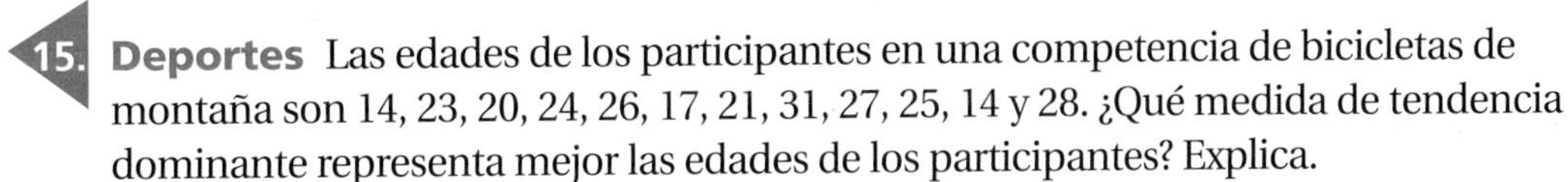

15. **Deportes** Las edades de los participantes en una competencia de bicicletas de montaña son 14, 23, 20, 24, 26, 17, 21, 31, 27, 25, 14 y 28. ¿Qué medida de tendencia dominante representa mejor las edades de los participantes? Explica.

16. **Estimación** En la tabla se muestra la lluvia caída en pulgadas por mes durante 6 meses. Estima la media, la mediana y el rango de los datos.

Mes	Lluvia caída (pulg)
Ene	4.33
Feb	1.62
Mar	2.17
Abr	0.56
May	3.35
Jun	1.14

17. **¿Cuál es la pregunta?** Los valores en un conjunto de datos son 10, 7, 9, 5, 13, 10, 7, 14, 8 y 11. ¿Cuál es la pregunta sobre la tendencia dominante de este conjunto que tiene como respuesta 9.5?

18. **Escríbelo** ¿En qué medida de tendencia dominante suele influir un valor extremo? Explica.

19. **Desafío** Elige una medida de tendencia dominante que describa cada situación. Explica tu elección.
    a. la cantidad de hermanos en una familia **b.** la cantidad de días en un mes

PREPARACIÓN PARA EL EXAMEN y repaso en espiral

20. **Opción múltiple** ¿Cuál es la media de los puntajes ganadores que se muestran en la tabla?

Puntajes ganadores del torneo de expertos					
Año	2001	2002	2003	2004	2005
Puntaje	272	276	281	279	276

Ⓐ 276 Ⓒ 282.1
Ⓑ 276.8 Ⓓ 285

21. **Opción múltiple** ¿En qué conjunto de datos la media, la mediana y la moda son el mismo número?

Ⓕ 6, 2, 5, 4, 3, 4, 1 Ⓗ 2, 3, 7, 3, 8, 3, 2
Ⓖ 4, 2, 2, 1, 3, 2, 3 Ⓙ 4, 3, 4, 3, 4, 6, 4

22. Brett deposita $4,000 en una cuenta que da 4.5% de interés simple. ¿En cuánto tiempo la cantidad total será de $4,800? (Lección 6-7)

23. Haz un diagrama de tallo y hojas con los siguientes datos: 48, 60, 57, 62, 43, 62, 45 y 51. (Lección 7-1)

Gráficas de barras e histogramas

Aprender a presentar y analizar datos en gráficas de barras e histogramas

Vocabulario

gráfica de barras

gráfica de doble barra

histograma

En todo el mundo se hablan cientos de idiomas diferentes. En la gráfica se muestra la cantidad de hablantes de cuatro idiomas.

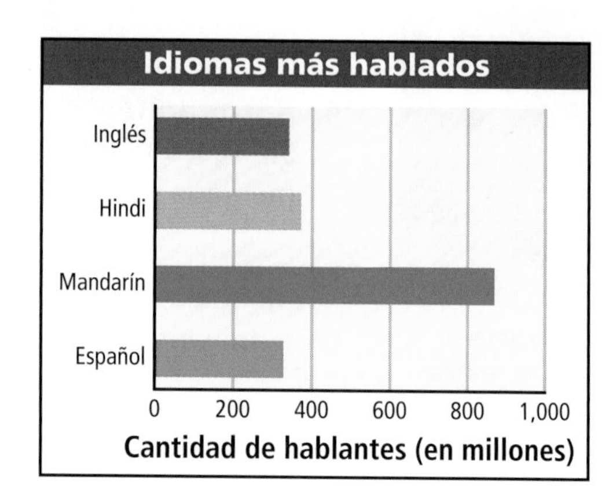

Una **gráfica de barras** se puede usar para presentar y comparar datos. La escala de una gráfica de barras debe incluir todos los datos y estar dividida fácilmente en intervalos iguales.

EJEMPLO 1 Interpretar una gráfica de barras

Usa la gráfica de barras para responder a cada pregunta.

A **¿Qué idioma tiene la mayor cantidad de hablantes?**

La barra del mandarín es la más larga, de modo que el mandarín tiene la mayor cantidad de hablantes.

B **¿Por cuánto sobrepasan las personas que hablan mandarín a las que hablan hindi?**

Aproximadamente 500 millones de personas más hablan mandarín.

Al comparar dos conjuntos de datos relacionados, se usa una **gráfica de doble barra.**

EJEMPLO 2 Hacer una gráfica de doble barra

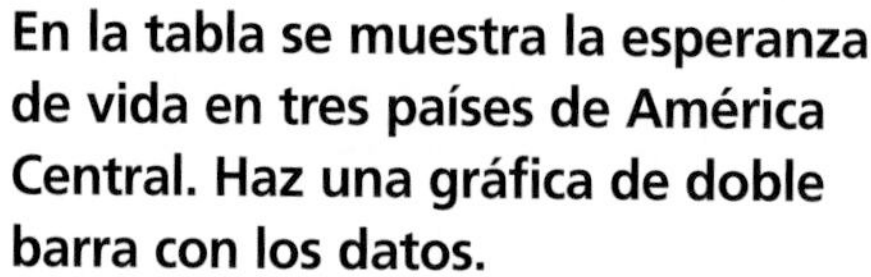

En la tabla se muestra la esperanza de vida en tres países de América Central. Haz una gráfica de doble barra con los datos.

País	Hombres	Mujeres
El Salvador	67	74
Honduras	63	66
Nicaragua	65	70

Paso 1: Elige una escala y un intervalo para el eje vertical.

Paso 2: Dibuja un par de barras para los datos de cada país. Usa colores diferentes para hombres y mujeres.

Paso 3: Rotula los ejes y da un título a la gráfica.

Paso 4: Haz una clave que muestre lo que representa cada barra.

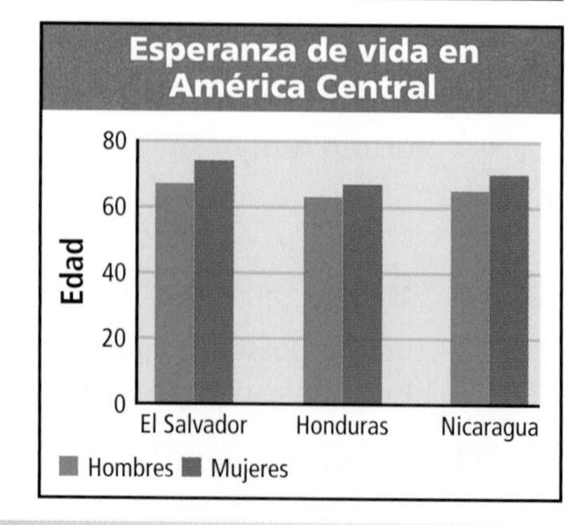

Un **histograma** es una gráfica de barras que presenta la frecuencia de los datos en intervalos iguales. En un histograma, no hay espacio entre las barras.

EJEMPLO 3 Hacer un histograma

En esta tabla se muestran los resultados de una encuesta sobre la cantidad de CD que tienen los estudiantes. Haz un histograma con los datos.

Cantidad de CD									
1	|||	5	𝍸|	9	𝍸|	13	𝍸||||	17	𝍸||||
2	||	6	|||	10	𝍸𝍸	14	𝍸𝍸|	18	𝍸||
3	𝍸	7	𝍸|||	11	𝍸𝍸|	15	𝍸𝍸|	19	||
4	𝍸|	8	𝍸||	12	𝍸𝍸	16	𝍸𝍸|	20	𝍸|

Cantidad de CD	Frecuencia
1–5	22
6–10	34
11–15	52
16–20	35

Paso 1: Haz una tabla de frecuencia con los datos. Asegúrate de usar una escala que incluya todos los valores de datos y de dividir la escala en intervalos iguales. Usa estos intervalos en el eje horizontal de tu histograma.

Paso 2: Elige una escala y un intervalo adecuados para el eje vertical. El valor mayor en la escala debe ser al menos tan grande como la frecuencia mayor.

Paso 3: Dibuja una barra para cada intervalo. La altura de la barra es la frecuencia de ese intervalo. Las barras deben tocarse, pero no superponerse.

Paso 4: Rotula los ejes y da un título a la gráfica.

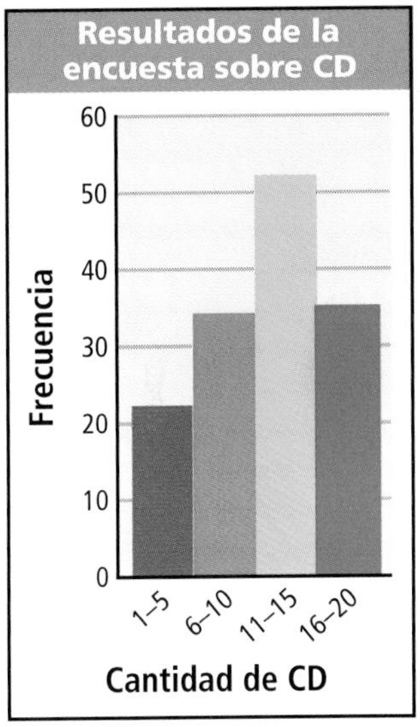

Resultados de la encuesta sobre CD

Frecuencia

60
50
40
30
20
10
0

1–5
6–10
11–15
16–20

Cantidad de CD

Razonar y comentar

1. **Explica** cómo usar la tabla de frecuencia del Ejemplo 3 para hallar la cantidad de estudiantes encuestados.
2. **Explica** por qué podrías usar una gráfica de doble barra en lugar de dos gráficas de barras para presentar datos.
3. **Describe** las semejanzas y diferencias entre una gráfica de barras y un histograma.

7-3 Ejercicios

go.hrw.com
Ayuda en línea para tareas*
CLAVE: MS7 7-3
Recursos en línea para padres
CLAVE: MS7 Parent
*(Disponible sólo en inglés)

PRÁCTICA GUIADA

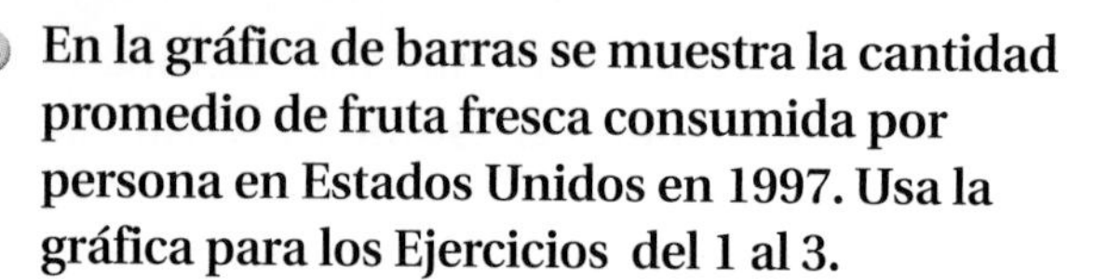

Ver Ejemplo 1

En la gráfica de barras se muestra la cantidad promedio de fruta fresca consumida por persona en Estados Unidos en 1997. Usa la gráfica para los Ejercicios del 1 al 3.

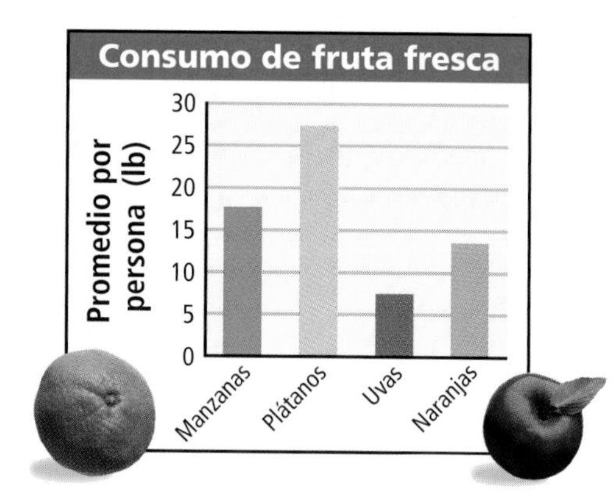

1. ¿Qué fruta se consumió menos?
2. ¿Aproximadamente cuántas libras de manzanas se consumieron por persona?
3. ¿Aproximadamente por cuánto sobrepasan las libras de plátanos a las libras de naranjas que se consumieron por persona?

Ver Ejemplo 2

4. En la tabla se muestran las puntuaciones nacionales promedio del SAT de tres años. Haz una gráfica de doble barra con los datos.

Año	Lengua	Matem.
1980	502	492
1990	500	501
2000	505	514

Ver Ejemplo 3

5. En la lista siguiente se muestran las edades de los músicos de una orquesta local. Haz un histograma con los datos.

   14, 35, 22, 18, 49, 38, 30, 27, 45, 19, 35, 46, 27, 21, 32, 30

PRÁCTICA INDEPENDIENTE

Ver Ejemplo 1

En la gráfica de barras se muestra la precipitación máxima de varios estados en 24 horas. Usa la gráfica para los Ejercicios del 6 al 8.

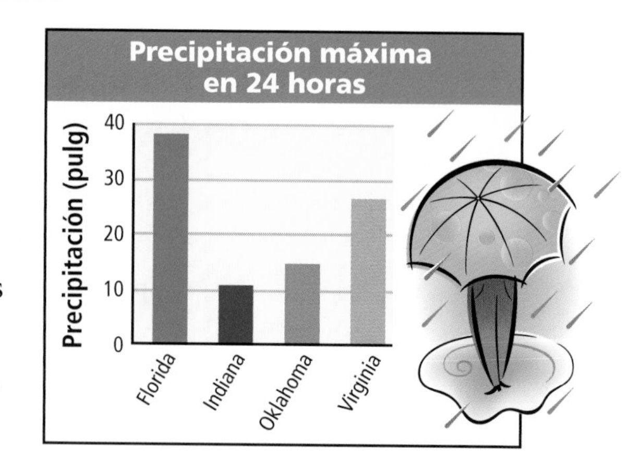

6. ¿Qué estado recibió la mayor precipitación en 24 horas?
7. ¿Aproximadamente cuántas pulgadas de precipitación recibió Virginia?
8. ¿Aproximadamente cuántas pulgadas más de precipitación recibió Oklahoma que Indiana?

Ver Ejemplo 2

9. En la tabla se muestra el ingreso promedio anual per cápita de tres ciudades chinas. Haz una gráfica de doble barra con los datos.

Ciudad	1994	2000
Beijing	$614	$1,256
Shanghai	$716	$1,424
Shenzhen	$1,324	$2,626

Ver Ejemplo 3

10. En esta lista se muestran los resultados de una prueba de mecanografía en palabras por minuto. Haz un histograma con los datos.

    62, 55, 68, 47, 50, 41, 62, 39, 54, 70, 56, 47, 71, 55, 60, 42

Práctica adicional
Ver página 739

CONEXIÓN con los estudios sociales

En 1896 y 1900, dos candidatos compitieron por la presidencia de Estados Unidos: el republicano William McKinley y el demócrata William Jennings Bryan. En la tabla se muestra la cantidad de votos que recibieron en esas elecciones.

William Jennings Bryan

11. Usa los datos de la tabla para hacer una gráfica de doble barra. Rotula el eje horizontal con los años.

Candidato	1896	1900
McKinley	271	292
Bryan	176	155

12. **Estimación** En 1896, ¿aproximadamente por cuántos votos superó McKinley a Bryan?

13. En la tabla de frecuencia se muestra la cantidad de años que duraron en el cargo los primeros 42 presidentes. ¿Puedes decir cuántos presidentes duraron en el cargo exactamente seis años? Explica.

Años en el cargo	Frecuencia
0–2	7
3–5	22
6–8	12
9–11	0
12–14	1

William McKinley

14. Usa la tabla de frecuencia para hacer un histograma.

15. **Escríbelo** ¿Qué muestra tu histograma sobre la cantidad de años que duraron en el cargo los presidentes?

PREPARACIÓN PARA EL EXAMEN y repaso en espiral

Usa la gráfica para los Ejercicios 16 y 17.

Votos electorales

Cantidad de votos: 0, 100, 200, 300, 400, 500

Año: 1988, 1992, 1996, 2000, 2004

Demócratas, Republicanos

16. **Opción múltiple** ¿En qué año obtuvieron menos votos los demócratas?

Ⓐ 1988 Ⓒ 2000

Ⓑ 1996 Ⓓ 2004

17. **Opción múltiple** ¿En qué año se registró la menor diferencia de votos entre los republicanos y los demócratas?

Ⓕ 1988 Ⓖ 1992 Ⓗ 2000 Ⓙ 2004

Determina si las razones son proporcionales. (Lección 5-4)

18. $\frac{10}{24}, \frac{15}{36}$ **19.** $\frac{5}{22}, \frac{10}{27}$ **20.** $\frac{2}{20}, \frac{3}{30}$ **21.** $\frac{72}{96}, \frac{9}{12}$

Halla la media, la mediana, la moda y el rango de cada conjunto de datos. (Lección 7-2)

22. 42, 29, 49, 32, 19 **23.** 15, 34, 26, 15, 21, 30 **24.** 4, 3, 3, 3, 3, 4, 1

7-4 Cómo leer e interpretar gráficas circulares

Aprender a leer e interpretar datos presentados en gráficas circulares

Vocabulario

gráfica circular

sector

Una **gráfica circular,** o gráfica de pastel, muestra cómo se divide en partes un conjunto de datos. El círculo completo contiene el 100% de los datos. Cada **sector,** o rebanada del círculo, representa una parte del conjunto de datos completo.

Esta gráfica circular compara la cantidad de especies en cada grupo de equinodermos. Los equinodermos son animales marinos que viven en el fondo del océano. El término *equinodermo* significa "piel con púas".

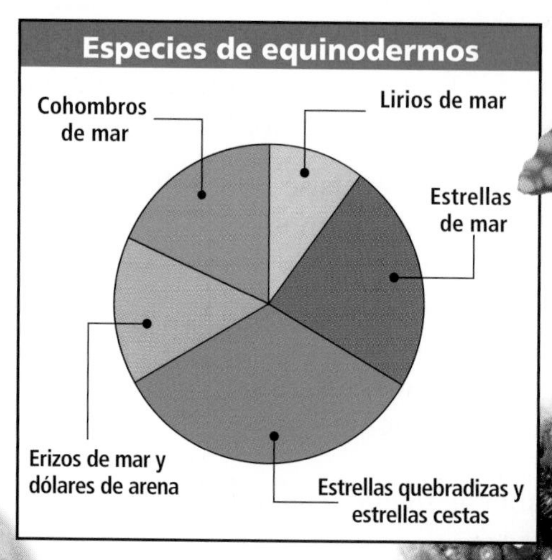

EJEMPLO 1 *Aplicación a las ciencias biológicas*

Usa la gráfica circular para responder a cada pregunta.

A **¿Qué grupo de equinodermos tiene la mayor cantidad de especies?**

El sector de las estrellas quebradizas y las estrellas cestas es el más grande, de modo que este grupo tiene la mayor cantidad de especies.

B **¿Aproximadamente qué porcentaje de las especies de equinodermos son estrellas de mar?**

El sector de las estrellas de mar es una cuarta parte del círculo. Como el círculo muestra el 100% de los datos, una cuarta parte del 100%, ó 25%, de las especies de equinodermos son estrellas de mar.

C **¿Qué grupo está formado por menos especies: el de los cohombros de mar o el de los erizos de mar y dólares de arena?**

El sector de los erizos de mar y dólares de arena es más pequeño que el sector de los cohombros de mar. Esto significa que hay menos especies de erizos de mar y dólares de arena que de cohombros.

EJEMPLO 2 Interpretar gráficas circulares

León entrevistó a 30 personas para averiguar si tenían mascotas. En la gráfica circular se muestran sus resultados. Usa la gráfica para responder a cada pregunta.

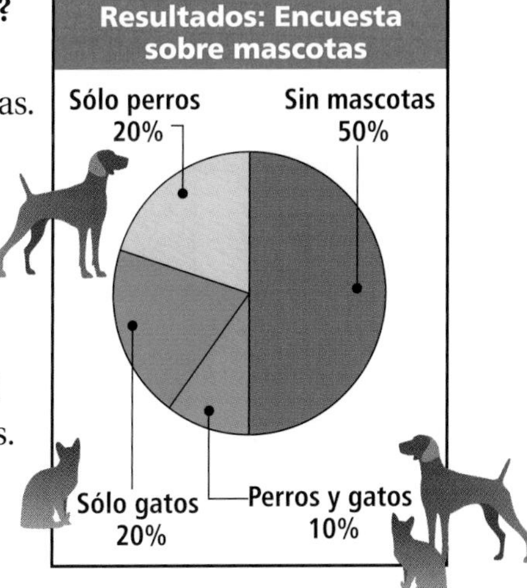

A **¿Cuántas personas no tienen mascotas?**

En la gráfica circular se muestra que el 50% de las 30 personas no tiene mascotas.

50% de $30 = 0.5 \cdot 30$

$= 15$

Quince personas no tienen mascotas.

B **¿Cuántas personas tienen sólo gatos?**

En la gráfica circular se muestra que el 20% de las 30 personas tiene sólo gatos.

20% de $30 = 0.2 \cdot 30$

$= 6$

Seis personas tienen sólo gatos.

EJEMPLO 3 Elegir una gráfica adecuada

Decide si sería mejor presentar la información en una gráfica de barras o en una gráfica circular. Explica tu respuesta.

A **el porcentaje de electricidad que proviene de cada una de las diversas fuentes de energía en un país**

Una gráfica circular es la mejor elección, porque permite ver qué parte de la electricidad del país proviene de cada fuente de energía.

B **la cantidad de visitantes al Parque Nacional Arches en cada uno de los últimos cinco años**

Una gráfica de barras es la mejor elección, porque permite ver cómo ha cambiado con los años la cantidad de visitantes.

C **la comparación entre el tiempo dedicado a la clase de matemáticas y el tiempo total dedicado a la escuela diariamente**

Una gráfica circular es la mejor elección, pues el sector que representa el tiempo dedicado a la clase de matemáticas podría compararse con el círculo completo, que representa el tiempo total dedicado a la escuela.

CONEXIÓN Ciencias de la Tierra

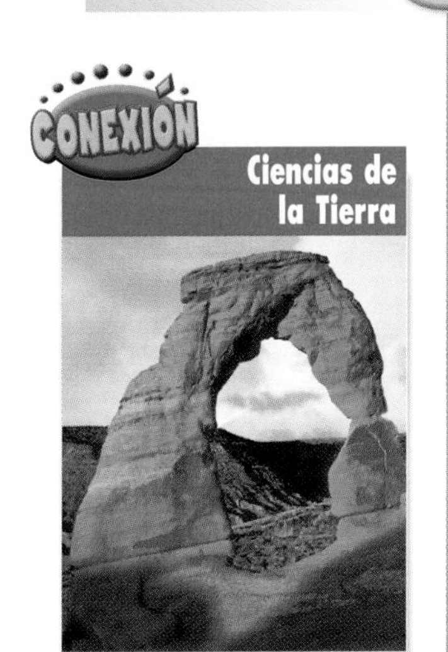

El Parque Nacional Arches, ubicado en la parte sureste de Utah, abarca 73,379 acres. El parque es famoso por sus arcos naturales de arenisca.

Razonar y comentar

1. **Describe** dos formas de usar una gráfica circular para comparar datos.
2. **Compara** el uso de las gráficas circulares con el uso de las gráficas de barras para presentar datos.

7-4 Ejercicios

go.hrw.com
Ayuda en línea para tareas*
CLAVE: MS7 7-4
Recursos en línea para padres
CLAVE: MS7 Parent
*(Disponible sólo en inglés)

PRÁCTICA GUIADA

En esta gráfica circular se muestra el gasto estimado en publicidad durante el año 2000. Usa la gráfica para los Ejercicios del 1 al 3.

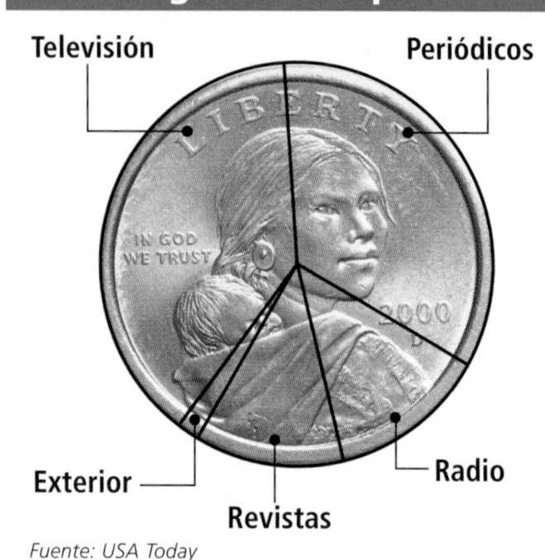

Fuente: USA Today

Ver Ejemplo 1

1. ¿En qué clase de publicidad se gastó la menor cantidad de dinero?

2. ¿Aproximadamente qué porcentaje del gasto se destinó a la publicidad en radio y revistas?

Ver Ejemplo 2

3. La publicidad en televisión y revistas representó alrededor del 50% de todo el gasto en publicidad de 2000. Si la cantidad total gastada fue $100,000, ¿cuánto se gastó en publicidad en televisión y revistas?

Ver Ejemplo 

Decide si sería mejor presentar la información en una gráfica de barras o una gráfica circular. Explica tu respuesta.

4. la longitud de los cinco ríos más largos del mundo

5. el porcentaje de ciudadanos que votaron por cada candidato en una elección

PRÁCTICA INDEPENDIENTE

En la gráfica circular se muestran los resultados de una encuesta que se hizo a 100 adolescentes sobre cuál era su deporte favorito. Usa la gráfica para los Ejercicios del 6 al 8.

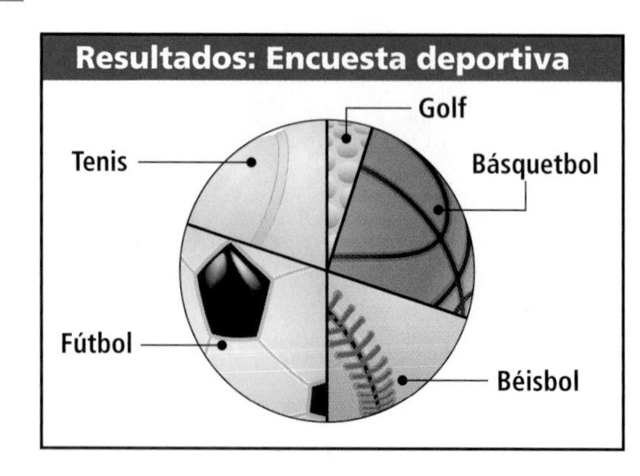

Ver Ejemplo 

6. ¿Más adolescentes eligieron básquetbol o tenis como deporte favorito?

7. ¿Aproximadamente qué porcentaje de adolescentes eligió fútbol como deporte favorito?

Ver Ejemplo 

8. Según la encuesta, 5% de los adolescentes eligieron el golf. ¿Cuál es la cantidad de adolescentes que eligieron el golf?

Ver Ejemplo 

Decide si sería mejor presentar la información en una gráfica de barras o una gráfica circular. Explica tu respuesta.

9. la cantidad de calorías consumidas en el desayuno en comparación con la cantidad total de calorías consumidas en un día

10. la cantidad de pulgadas de lluvia caída por mes en Honolulu, Hawai, durante un año

PRÁCTICA Y RESOLUCIÓN DE PROBLEMAS

Práctica adicional
Ver página 739

Geografía En la gráfica circular se muestra el porcentaje del área terrestre del planeta que cubre cada continente. Usa la gráfica para los Ejercicios del 11 al 13.

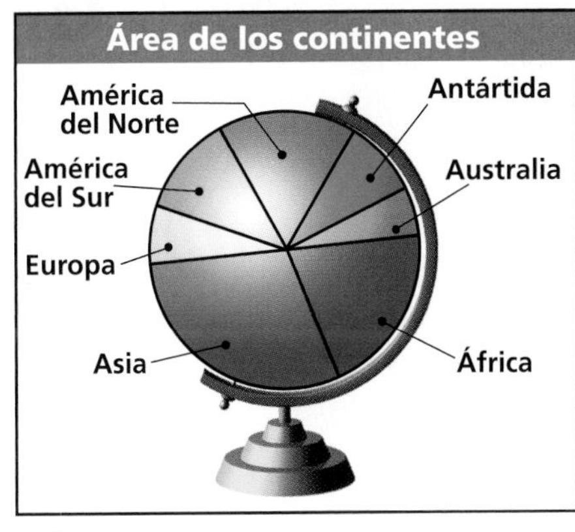

11. Ordena los continentes del más grande al más pequeño.

12. ¿Aproximadamente qué porcentaje del área terrestre total del planeta representa Asia?

13. ¿Aproximadamente qué porcentaje del área terrestre total del planeta representan América del Norte y América del Sur en conjunto?

14. **Razonamiento crítico** A un grupo de 200 estudiantes se les preguntó qué les gustaba hacer en su tiempo libre. De los estudiantes encuestados, el 47% dijo que le gustaba jugar en la computadora, el 59% dijo que le gustaba ir al centro comercial, el 38% dijo que le gustaba ir al cine y el 41% dijo que le gustaba hacer deportes. ¿Puedes hacer una gráfica circular para presentar estos datos? Explica.

15. **¿Dónde está el error?** En la tabla se muestra el tipo de mascota que tiene un grupo de estudiantes. En una gráfica circular de los datos se muestra que el 25% de los estudiantes tiene un perro. ¿Por qué es incorrecta la gráfica?

Mascota	Cantidad de estudiantes
Gato	𝍸 𝍸 𝍸
Perro	𝍸 𝍸 𝍷
Pez	𝍷𝍷𝍷𝍷
Otros	𝍸

16. **Escríbelo** ¿Qué destrezas matemáticas usas al interpretar la información de una gráfica circular?

17. **Desafío** El área terrestre total del planeta es aproximadamente de 57,900,000 millas cuadradas. La Antártida es casi el 10% del área total. ¿Cuál es el área terrestre aproximada de la Antártida en millas cuadradas?

PREPARACIÓN PARA EL EXAMEN y repaso en espiral

Usa la gráfica para los Ejercicios 18 y 19.

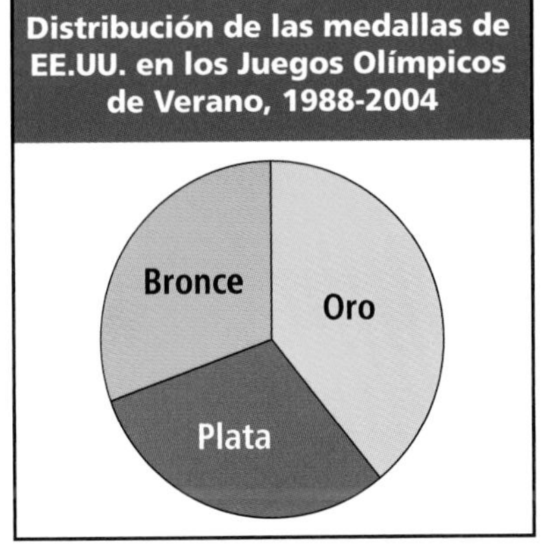

18. **Opción múltiple** ¿Qué porcentaje aproximado de las medallas ganadas por Estados Unidos eran de oro?

Ⓐ 25% Ⓑ 40% Ⓒ 50% Ⓓ 75%

19. **Respuesta breve** Entre 1988 y 2004, Estados Unidos ganó 502 medallas en total en los Juegos Olímpicos de Verano. ¿Aproximadamente cuántas de estas medallas eran de bronce? Muestra tu trabajo.

20. José tiene una bandera de Estados Unidos que mide 10 pulg por 19 pulg. Dibuja una bandera de 60 pulg por 114 pulg. ¿Será la bandera que dibuja semejante a la bandera de Estados Unidos? (Lección 5-7)

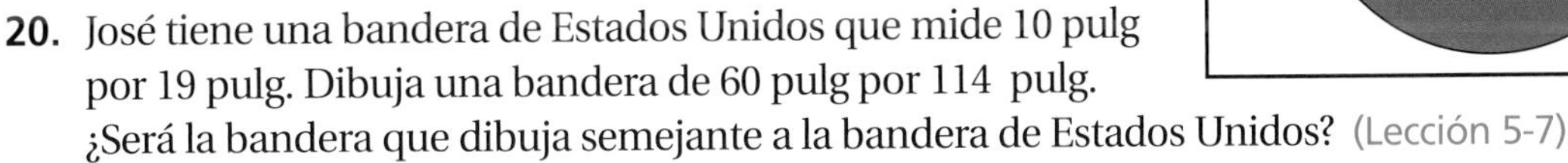

Compara. Escribe <, > ó =. (Lección 6-2)

21. 0.1 ▇ 0.09 **22.** 1.71 ▇ $\frac{24}{11}$ **23.** 1.25 ▇ 125% **24.** 32.5 ▇ 69%

7-5 Gráficas de mediana y rango

Aprender a presentar y analizar datos en gráficas de mediana y rango

Vocabulario

gráfica de mediana y rango

cuartil inferior

cuartil superior

rango entre cuartiles

Carson planea ir de excursión de pesca en alta mar. Elige un paseo de pesca basándose en la cantidad de peces que se pescaron en diferentes paseos.

En una **gráfica de mediana y rango** se usa una recta numérica para mostrar la distribución de un conjunto de datos.

Para hacer una gráfica de mediana y rango, en primer lugar divide los datos en cuatro partes mediante *cuartiles.* La mediana, o *cuartil medio,* divide los datos en una mitad inferior y una mitad superior. La mediana de la mitad inferior es el **cuartil inferior** y la mediana de la mitad superior es el **cuartil superior.**

EJEMPLO 1 Hacer una gráfica de mediana y rango

Usa los datos para hacer una gráfica de mediana y rango.

26, 17, 21, 23, 19, 28, 17, 20, 29

Paso 1: Ordena los datos de menor a mayor. Luego, halla los valores mínimo y máximo, la mediana y los cuartiles inferior y superior.

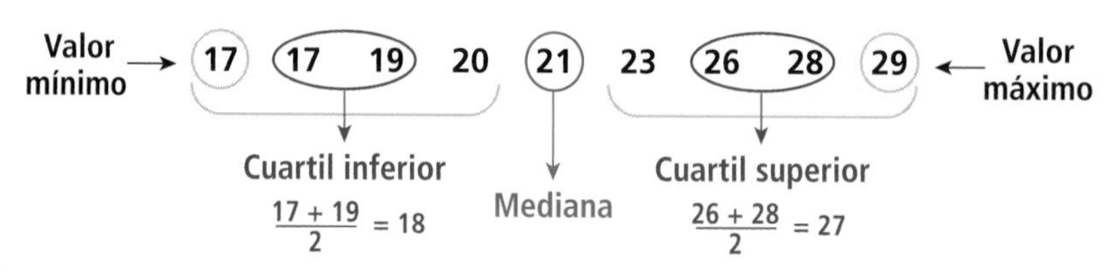

Paso 2: Haz una recta numérica. Sobre la recta, marca un punto por cada valor del Paso 1.

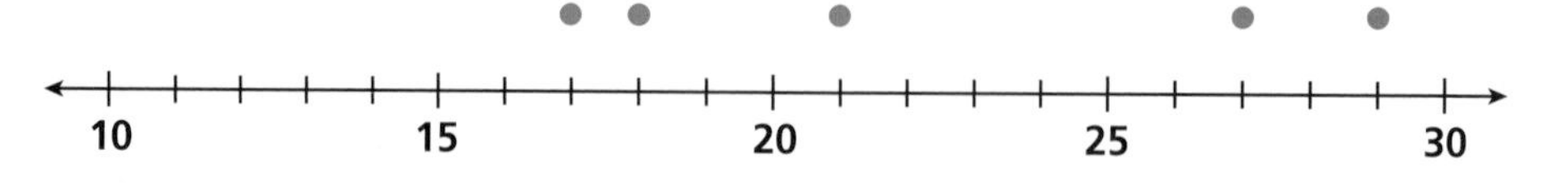

Paso 3: Dibuja una caja que vaya desde el cuartil inferior al superior. Dentro de la caja, traza una línea vertical a través de la mediana. Luego, traza líneas desde la caja a los valores mínimo y máximo.

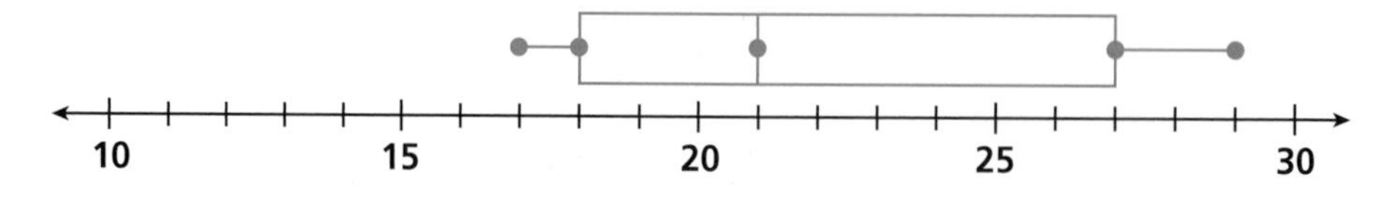

¡Atención!

Para hallar la mediana de un conjunto de datos con un número par de valores, halla la media de los dos valores del medio.

El **rango entre cuartiles** de un conjunto de datos es la diferencia entre el cuartil inferior y el cuartil superior. Indica cuál es la amplitud de los datos en torno de la mediana.

Puedes usar una gráfica de mediana y rango para analizar la distribución de los datos dentro de un conjunto. Las gráficas de mediana y rango también pueden ayudarte a comparar dos conjuntos de datos.

EJEMPLO 2 Comparar gráficas de mediana y rango

En las siguientes gráficas de mediana y rango se muestra la distribución de la cantidad de peces que se pescaron por viaje en dos paseos de pesca.

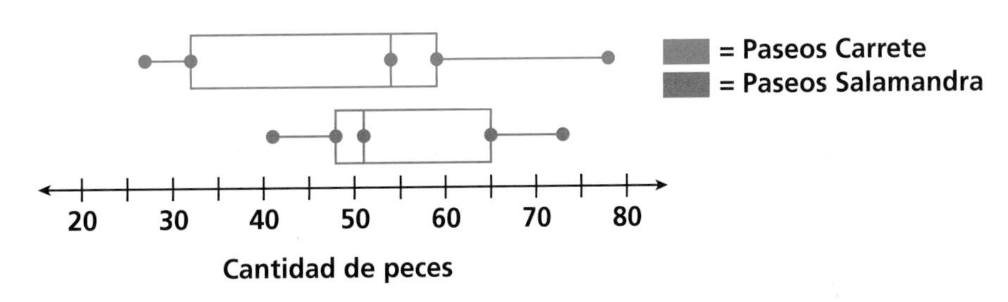

A ¿Qué paseo de pesca tiene una mayor mediana?

La mediana de la cantidad de peces que se pescaron durante los paseos Carrete, aproximadamente 54, es mayor que la mediana de la cantidad de peces que se pescaron durante los paseos Salamandra, aproximadamente 51.

B ¿Qué paseo de pesca tiene un mayor rango entre cuartiles?

La longitud de la caja en una gráfica de mediana y rango indica el rango entre cuartiles. Los paseos Carrete tienen una caja más larga. Por lo tanto, su rango entre cuartiles es mayor.

C ¿Qué paseo de pesca parece más predecible en cuanto a la cantidad de peces que se pescan durante una excursión?

Los paseos Salamandra presentan un rango y un rango entre cuartiles menores, lo que significa que hay menos variación en los datos. Por lo tanto, la cantidad de peces que se pescan es más predecible.

Razonar y comentar

1. **Describe** qué puedes decir sobre un conjunto de datos a partir de una gráfica de mediana y rango.
2. **Explica** qué diferencia hay entre el rango y el rango entre cuartiles de un conjunto de datos. ¿Qué medida te dice más sobre la tendencia dominante?

7-5 Ejercicios

go.hrw.com
Ayuda en línea para tareas*
CLAVE: MS7 7-5
Recursos en línea para padres
CLAVE: MS7 Parent
*(Disponible sólo en inglés)

PRÁCTICA GUIADA

Ver Ejemplo 1 **Usa los datos para hacer una gráfica de mediana y rango.**

1. 46 35 46 38 37 33 49 42 35 40 37

Ver Ejemplo 2 **Usa las gráficas de mediana y rango de las pulgadas recorridas en vuelo por dos avioncitos de papel para los Ejercicios del 2 al 4.**

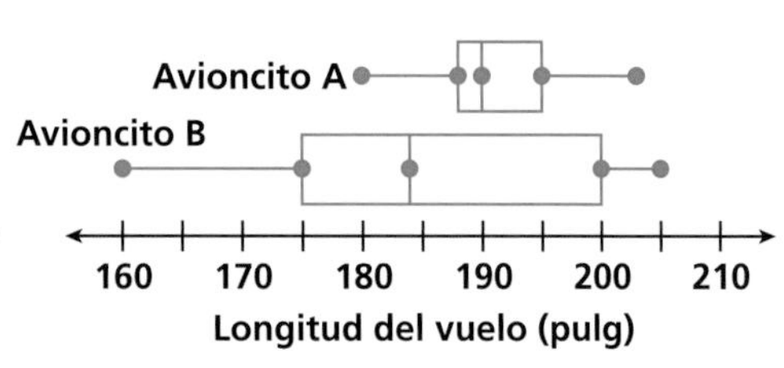

2. ¿Qué avioncito de papel tiene una mediana de longitud de vuelo mayor?

3. ¿Qué avioncito de papel tiene un mayor rango entre cuartiles de longitudes de vuelo?

4. ¿Qué avioncito de papel parece tener una longitud de vuelo más predecible?

PRÁCTICA INDEPENDIENTE

Ver Ejemplo  **Usa los datos para hacer una gráfica de mediana y rango.**

5. 81 73 88 85 81 72 86 72 79 75 76

Ver Ejemplo 2 **Usa las gráficas de mediana y rango sobre los costos de alquiler de apartamentos en dos ciudades diferentes para los Ejercicios del 6 al 8.**

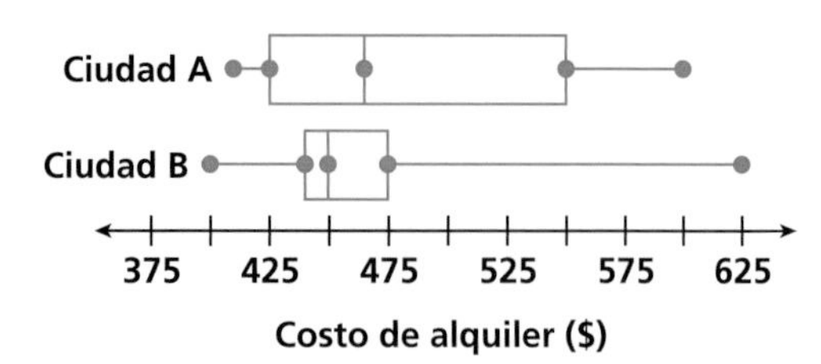

6. ¿Qué ciudad tiene una mediana de costo de alquiler de apartamentos mayor?

7. ¿Qué ciudad tiene un mayor rango entre cuartiles de costos de alquiler?

8. ¿Qué ciudad parece tener un costo de alquiler de apartamentos más predecible?

PRÁCTICA Y RESOLUCIÓN DE PROBLEMAS

Práctica adicional
Ver página 739

Abajo se muestra la cantidad de anotaciones por partido de un jugador de básquetbol. Usa los datos para los Ejercicios del 9 al 11.

12 7 15 23 10 18 39 15 20 8 13

9. Haz dos gráficas de mediana y rango con los datos en la misma recta numérica: una gráfica con el valor extremo y otra sin el valor extremo.

10. ¿Cómo influye el valor extremo en el rango entre cuartiles de los datos?

11. ¿A cuál afecta más el valor extremo: al rango o al rango entre cuartiles?

12. Haz una gráfica de mediana y rango con los datos del diagrama de acumulación.

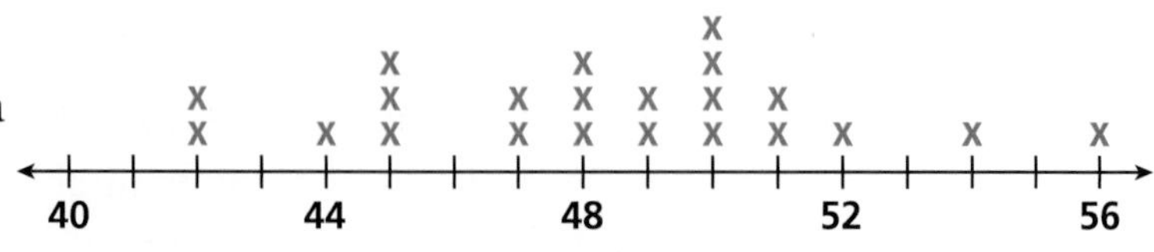

13. **Deportes** En la tabla se muestran los 15 países que ganaron más medallas en los Juegos Olímpicos de 2004.

País	Medallas	País	Medallas	País	Medallas
EE.UU.	103	Rusia	92	China	63
Australia	49	Alemania	48	Japón	37
Francia	33	Italia	32	Gran Bretaña	30
Corea	30	Cuba	27	Ucrania	23
Países Bajos	22	Rumania	19	España	19

a. Haz una gráfica de mediana y rango con los datos.

b. Describe la distribución de la cantidad de medallas ganadas.

14. **Medición** En el diagrama de tallo y hojas se muestran las estaturas en pulgadas de los estudiantes de una clase de séptimo grado.

Estatura de los estudiantes

Tallos	Hojas
5	3 5 6 6 8 8 8 9 9
6	0 0 1 1 1 1 1 2 2 2 4

Clave: 5|3 significa 53.

a. Haz una gráfica de mediana y rango con los datos.

b. ¿Qué estatura superan tres cuartos de los estudiantes?

c. ¿Qué estatura no superan tres cuartos de los estudiantes?

15. **¿Dónde está el error?** Usando los datos 2, 9, 5, 14, 8, 13, 7, 5 y 8, un estudiante halló que el cuartil superior era 9. ¿Qué error cometió?

16. **Escríbelo** Dos gráficas de mediana y rango tienen la misma mediana y el mismo rango. Si la caja de una gráfica es más grande, ¿qué puedes decir sobre la diferencia entre los dos conjuntos de datos?

17. **Desafío** Un valor extremo es al menos 1.5 veces mayor que el rango entre cuartiles. Menciona el valor que pueda considerarse valor extremo del conjunto de datos 1, 2, 4, 2, 1, 0, 6, 8, 1, 6 y 2.

Preparación Para El Examen y repaso en espiral

Usa la gráfica para los Ejercicios 18 y 19.

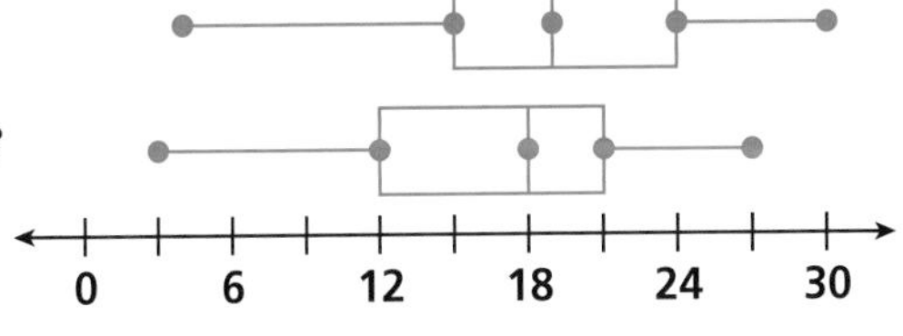

18 **Opción múltiple** ¿Cuál es la diferencia entre los rangos entre cuartiles de los dos conjuntos de datos?

Ⓐ 21 Ⓒ 9

Ⓑ 18 Ⓓ 0

19. **Respuesta gráfica** ¿Cuál es el cuartil inferior de la gráfica de mediana y rango de mayor rango?

20. Un árbol proyecta una sombra de 21.25 pies, mientras que un hombre de 6 pies de estatura proyecta una sombra de 10.5 pies. Estima la altura del árbol. (Lección 5-8)

21. Mari gastó $24.69 en un almuerzo con su madre. ¿Cuánto debe dejar aproximadamente para una propina del 15%? (Lección 6-3)

Usar diagramas de Venn para presentar los datos recopilados

Para usar con la Lección 7-5

go.hrw.com
Recursos en línea para el laboratorio
CLAVE: MS7 Lab7

Puedes usar un diagrama de Venn para presentar relaciones entre datos. Usa óvalos, círculos u otras figuras para representar conjuntos de datos distintos.

Actividad 1

En la Intermedia Landry, 127 estudiantes participan de un deporte en equipo, 145 tocan un instrumento musical y 31 hacen ambas cosas. Haz un diagrama de Venn para presentar la relación entre los datos.

1. Dibuja y rotula dos círculos superpuestos para representar los conjuntos de estudiantes que juegan un deporte en equipo y que tocan un instrumento. Escribe el rótulo "Deporte en equipo" en uno e "Instrumento musical" en el otro.

Deporte en equipo | Instrumento musical

2. Escribe "31" en el área en la que los círculos se superponen. Es la cantidad de estudiantes que tocan un instrumento y participan de un deporte en equipo.

3. Para hallar la cantidad de estudiantes que *sólo* participan de deportes en equipo, comienza con la cantidad de estudiantes que participa de un deporte en equipo, 127, y réstale la cantidad de estudiantes que hacen ambas cosas, 31.

deporte en equipo − ambas cosas = *sólo* deportes en equipo

127 − 31 = 96

Usa el mismo proceso para hallar la cantidad de estudiantes que *sólo* toca un instrumento musical.

instrumento musical − ambas cosas = *sólo* instrumento musical

145 − 31 = 114

4. Completa el diagrama de Venn agregando la cantidad de estudiantes que *sólo* participa de un deporte en equipo y la cantidad de estudiantes que *sólo* toca un instrumento.

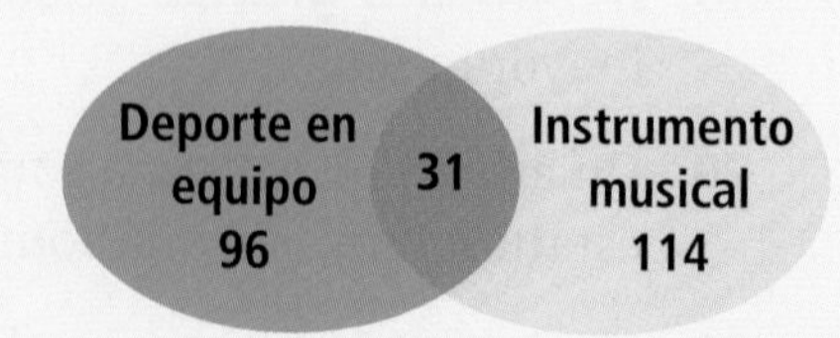

Razonar y comentar

1. Explica por qué algunos de los números que aparecieron en la Actividad 2, como 127 y 145, no aparecen en el diagrama de Venn.

2. Describe un diagrama de Venn que tenga tres conjuntos de datos distintos. ¿Cuántas áreas superpuestas tiene?

Inténtalo

En una encuesta sobre comidas favoritas, 60 personas dijeron que les gustaban las pastas, 45 dijeron que les gustaba el pollo y 70 dijeron que les gustaban los perros calientes. Además, 15 personas dijeron que les gustaban el pollo y las pastas, 22 que les gustaban los perros calientes y el pollo y 17 que les gustaban los perros calientes y las pastas. Sólo 8 personas dijeron que les gustaban las 3 comidas.

1. ¿A cuántas personas les gustan sólo las pastas?

2. ¿A cuántas personas les gusta sólo el pollo?

3. ¿A cuántas personas les gustan sólo los perros calientes?

4. Haz un diagrama de Venn para mostrar las relaciones entre los datos.

Actividad 2

1. Entrevista a tus compañeros para saber qué tipo de película les gusta (por ejemplo, acción, comedia, drama y terror).

2. Haz un diagrama de Venn para mostrar las relaciones entre los datos recopilados.

Razonar y comentar

1. Indica cuántos conjuntos individuales y cuántas áreas superpuestas habrá en el diagrama de Venn de los datos sobre películas.

2. Describe cómo sería un diagrama de Venn de las edades de los estudiantes. ¿Habría conjuntos superpuestos? Explica.

Inténtalo

1. Entrevista a tus compañeros para saber en qué tipo de deporte les gusta participar. Haz un diagrama de Venn para mostrar las relaciones entre los datos.

2. En el diagrama de Venn se muestran los tipos de ejercicio que practican algunos estudiantes.

   a. ¿A cuántos estudiantes se encuestó?

   b. ¿Cuántos estudiantes corren?

   c. ¿A cuántos estudiantes les gusta andar en bicicleta y también caminar?

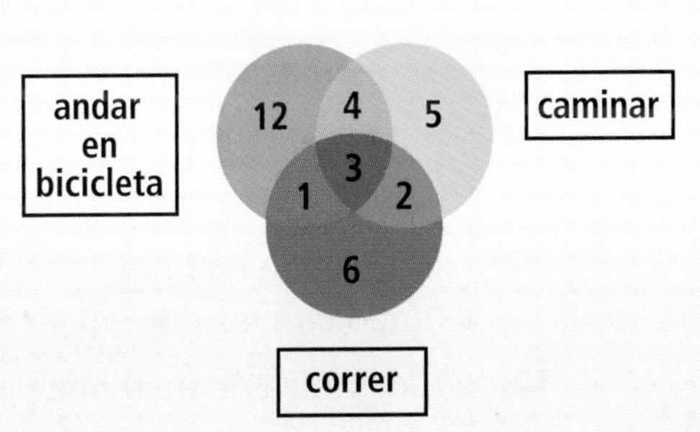

SECCIÓN 7A

Prueba de las Lecciones 7-1 a 7-5

7-1 Tablas de frecuencia, diagramas de tallo y hojas y diagramas de acumulación

En la lista se muestran las velocidades máximas de distintos animales terrestres.

42 55 62 48 65 51 47 59 67 61 49 54 55 52 44

1. Haz una tabla de frecuencia acumulativa con los datos.
2. Haz un diagrama de tallo y hojas con los datos.
3. Haz un diagrama de acumulación con los datos.

7-2 Media, mediana, moda y rango

En la lista se muestra el periodo de vida de los vampiros en cautiverio en años.

18 22 5 21 19 21 17 3 19 20 29 18 17

4. Halla la media, la mediana, la moda y el rango de los datos. Redondea tu respuesta a la décima de un año más cercana.
5. ¿Qué medida de tendencia dominante representa mejor los datos? Explica.

7-3 Gráficas de barras e histogramas

6. En la tabla se muestra la cantidad de estudiantes de sexto y séptimo grado que participaron en las ferias escolares. Haz una gráfica de doble barra con los datos.
7. La siguiente es una lista de la cantidad de pistas que hay en un grupo de CD. Haz un histograma con los datos.

13, 7, 10, 8, 15, 17, 22, 9, 11, 10, 16, 12, 9, 20

Participación en ferias escolares		
Feria	Sexto grado	Séptimo grado
Libros	55	76
Salud	69	58
Ciencias	74	98

7-4 Cómo leer e interpretar gráficas circulares

Usa la gráfica circular para resolver los problemas 8 y 9.

8. ¿Aproximadamente qué porcentaje de los estudiantes eligió el queso como ingrediente favorito?
9. De 200 estudiantes, el 25% eligió salchichón como ingrediente favorito. ¿Cuántos eligieron salchichón?

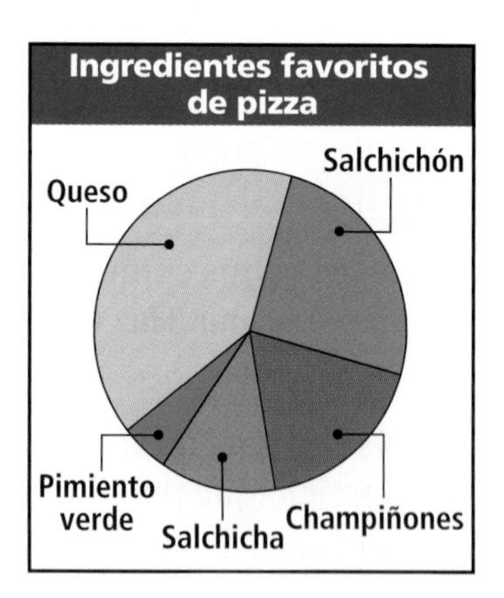

7-5 Gráficas de mediana y rango

10. Haz una gráfica de mediana y rango con los datos 14, 8, 13, 20, 15, 17, 1, 12, 18 y 10.
11. En la misma recta numérica, haz una gráfica de mediana y rango con los datos 3, 8, 5, 12, 6, 18, 14, 8, 15 y 11.
12. ¿Qué gráfica de mediana y rango tiene el mayor rango entre cuartiles?

Enfoque en resolución de problemas

Resuelve

- **Elige una operación: suma o resta**

Para decidir si debes sumar o restar al resolver un problema, debes determinar qué acción se desarrolla en el problema. Si se trata de combinar o juntar números, necesitas sumar. Si se trata de quitar o de hallar qué tan alejados están dos números, necesitas restar.

Determina la acción que se desarrolla en cada problema. Luego señala qué operación podrías usar para resolver el problema. Usa la tabla para los Problemas 5 y 6.

1. Betty, Raymond y Helen corrieron en una carrera de relevos de tres personas. Sus tiempos individuales fueron 48, 55 y 51 segundos. ¿Cuál fue su tiempo total?

2. El pino escocés y el roble sésil son árboles naturales de Irlanda del Norte. La altura de un pino escocés maduro es 111 pies y la de un roble sésil es 90 pies. ¿Por cuánto sobrepasa en altura el pino escocés al roble sésil?

3. El maestro Hutchins tiene $35.00 para comprar artículos para su clase de estudios sociales. Desea comprar artículos que cuestan $19.75, $8.49 y $7.10. ¿Tiene dinero suficiente para comprar todos los artículos?

4. La película de 1998 *Antz* (Hormiguitas) dura 83 minutos. Jordan ha visto 25 minutos de la película. ¿Cuántos minutos le faltan ver?

Tamaños de mamíferos marinos

Mamífero	Peso (kg)
Ballena asesina	3,600
Manatí	400
León marino	200
Morsa	750

5. En la tabla se dan los pesos aproximados de cuatro mamíferos marinos. ¿Por cuánto sobrepasa en peso la ballena asesina al león marino?

6. Halla el peso total del manatí, el león marino y la morsa. ¿Estos tres mamíferos en conjunto pesan más o menos que la ballena asesina?

7-6 Gráficas lineales

Aprender a presentar y analizar datos en gráficas lineales

Vocabulario

gráfica lineal

gráfica de doble línea

Para mostrar cómo cambian los datos en un periodo de tiempo, puedes usar una *gráfica lineal*. En una **gráfica lineal,** se usan segmentos de recta para unir los puntos que representan datos en una cuadrícula de coordenadas. El resultado es un registro visual del cambio.

Las gráficas lineales se usan para diversos propósitos, por ejemplo, para mostrar el crecimiento de un gato a lo largo del tiempo.

EJEMPLO 1 Hacer una gráfica lineal

Haz una gráfica lineal con los datos de la tabla. Usa la gráfica para determinar durante qué periodo de 2 meses aumentó más el peso del gato.

Edad (mes)	Peso (lb)
0	0.2
2	1.7
4	3.8
6	5.1
8	6.0
10	6.7
12	7.2

Paso 1: Determina la escala y el intervalo de cada eje. Coloca las unidades de tiempo en el eje horizontal.

Paso 2: Marca un punto por cada par de valores. Une los puntos con segmentos de recta.

Paso 3: Rotula los ejes y da un título a la gráfica.

Pista útil

Para marcar cada punto, comienza por el cero. Avanza hacia la *derecha* en el caso del tiempo y hacia *arriba* en el caso del peso.

Tasa de crecimiento de un gato

Peso (lb): 0, 2, 4, 6, 8

Edad (meses): 0, 2, 4, 6, 8, 10, 12

En la gráfica se muestra el segmento de recta más pronunciado entre los 2 y los 4 meses. Esto significa que el peso del gato aumentó más entre los 2 y 4 meses.

Para estimar los valores entre los puntos, puedes usar una gráfica lineal.

EJEMPLO 2 Usar una gráfica lineal para estimar datos

Usa la gráfica para estimar la población de Florida en 1990.

Para estimar la población en 1990, halla el punto en la línea entre los años 1980 y 2000 que corresponda a 1990.

En la gráfica se muestra cerca de 12.5 millones. De hecho, la población era de 12.9 millones en 1990.

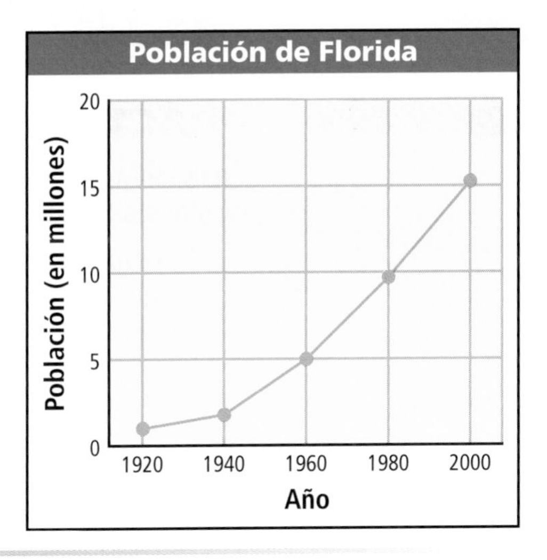

En una **gráfica de doble línea** se muestra el cambio a través del tiempo en dos conjuntos de datos.

EJEMPLO 3 Hacer una gráfica de doble línea

En la tabla se muestran las temperaturas diarias normales en grados Fahrenheit de dos ciudades de Alaska. Haz una gráfica de doble línea con los datos.

Mes	Nome	Anchorage
Ene	7	15
Feb	4	19
Mar	9	26
Abr	18	36
May	36	47
Jun	46	54

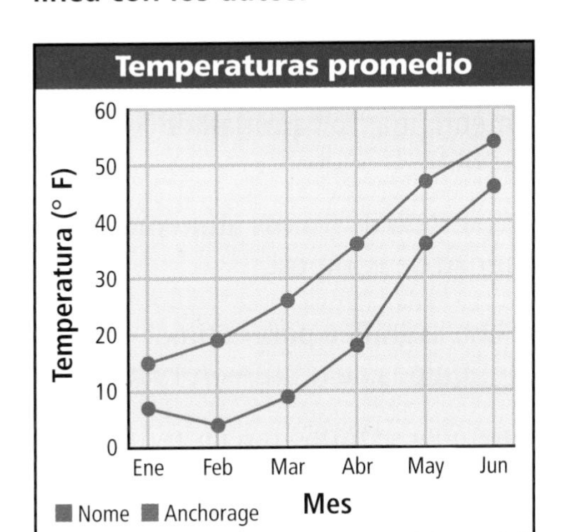

Marca un punto por cada temperatura en Nome y une los puntos. Luego, con un color diferente, marca un punto por cada temperatura en Anchorage y une los puntos. Haz una clave que muestre lo que representa cada línea.

Razonar y comentar

1. **Describe** cómo se vería una gráfica lineal de un conjunto de datos que aumenta y luego disminuye a medida que pasa el tiempo.
2. **Da un ejemplo** de una situación que se pueda describir mediante una gráfica de doble línea, en la cual los dos conjuntos de datos se crucen al menos una vez.

7-6 Ejercicios

go.hrw.com
Ayuda en línea para tareas*
CLAVE: MS7 7-6
Recursos en línea para padres
CLAVE: MS7 Parent
*(Disponible sólo en inglés)

PRÁCTICA GUIADA

En la tabla de la derecha se muestran los precios promedio del boleto de cine en Estados Unidos. Usa la tabla para los Ejercicios 1 y 2.

Año	Precio ($)
1965	1.01
1970	1.55
1975	2.05
1980	2.69
1985	3.55
1990	4.23
1995	4.35
2000	5.39
2005	6.41

Ver Ejemplo 1

1. Haz una gráfica lineal con los datos. Usa la gráfica para determinar durante qué periodo de 5 años aumentó menos el precio promedio del boleto.

Ver Ejemplo 2

2. Usa la gráfica para estimar el precio promedio del boleto en 1997.

Ver Ejemplo 3

3. En la siguiente tabla se muestra la cantidad en libras de jugo de manzana y manzanas consumidas por persona en Estados Unidos. Haz una gráfica de doble línea con los datos.

	2001	2002	2003	2004	2005
Jugo de manzanas	21.4	21.3	21.4	23.1	24.0
Manzanas	17.5	15.6	16.0	16.9	19.1

PRÁCTICA INDEPENDIENTE

En la tabla de la derecha se muestra la cantidad de equipos de la *National Basketball Association* (NBA). Usa la tabla para los Ejercicios del 4 al 6.

Año	Equipos
1965	9
1970	14
1975	18
1980	22
1985	23
1990	27
1995	27
2000	29
2005	30

Ver Ejemplo 1

4. Haz una gráfica lineal con los datos. Usa la gráfica para determinar durante qué periodo de 5 años aumentó más la cantidad de equipos de la NBA.

5. ¿Durante qué periodo de 5 años aumentó menos la cantidad de equipos?

Ver Ejemplo 2

6. **Estimación** Usa la gráfica para estimar la cantidad de equipos de la NBA en 1988.

Ver Ejemplo 3

7. En la siguiente tabla se muestran las temperaturas diarias normales en grados Fahrenheit en Peoria, Illinois, y Portland, Oregón. Haz una gráfica de doble línea con los datos.

	Jul	Ago	Sep	Oct	Nov	Dic
Peoria	76	73	66	54	41	27
Portland	68	69	63	55	46	40

PRÁCTICA Y RESOLUCIÓN DE PROBLEMAS

Práctica adicional
Ver página 740

8. **Razonamiento crítico** Explica cómo afectan el aspecto de una gráfica lineal los intervalos del eje vertical.

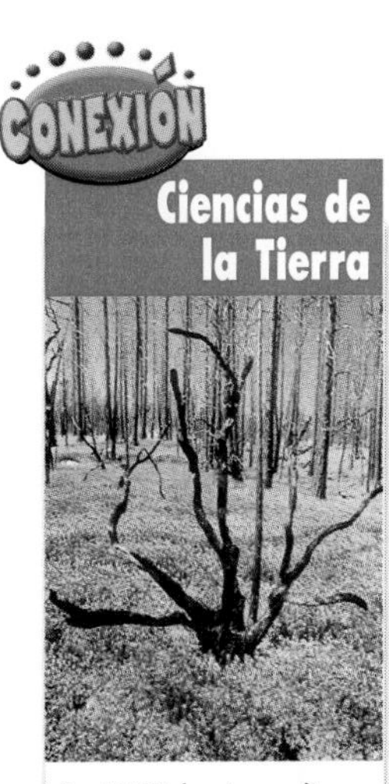

En 1988, los incendios forestales consumieron millones de acres en los parques nacionales Yosemite y Yellowstone.

9. **Ciencias biológicas** En la tabla se muestra la cantidad de especies de vertebrados en peligro de extinción en algunos años comprendidos entre 1998 y 2004.

	1998	2000	2002	2003	2004
Cantidad de especies (millares)	3.31	3.51	3.52	3.52	5.19

a. Haz una gráfica lineal con los datos de la tabla.

b. Estima la cantidad de especies de vertebrados en peligro de extinción en 1999.

10. **Ciencias de la Tierra** En la gráfica se muestra la cantidad de acres consumidos por incendios en Estados Unidos entre 1995 y 2000.

a. ¿Durante qué años los incendios consumieron más de 6 millones de acres?

b. Explica si la gráfica serviría para pronosticar datos futuros.

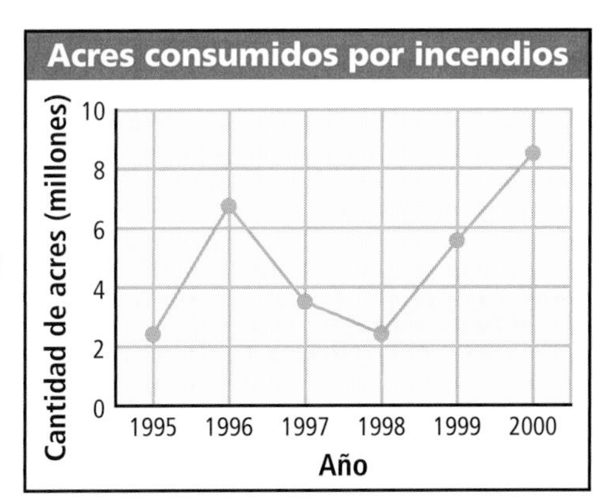

Fuente: Centro Nacional de Incendios

11. **¿Dónde está el error?** Denise hace un diagrama de acumulación para representar cómo cambió la población de su ciudad en 10 años. ¿Qué tipo de gráfica sería más apropiada para presentar estos datos? Explica.

12. **Escríbelo** Explica la ventaja de trazar una gráfica de doble línea en lugar de dos gráficas lineales separadas para conjuntos de datos relacionados.

13. **Desafío** En una gráfica lineal se muestra que la población de una ciudad era de 4,500 personas en 1980, 5,300 en 1990 y 6,100 en 2000. Si la población sigue creciendo a la misma tasa, ¿qué población mostrará la gráfica lineal en 2010?

Preparación para el examen y repaso en espiral

Usa la gráfica para los Ejercicios 14 y 15.

14. **Opción múltiple** ¿En qué periodo aumentó más el costo promedio del boleto para un partido de la liga nacional de béisbol?

(A) 1991–1993 (C) 1997–2001

(B) 1993–1997 (D) 2001–2005

15. **Respuesta breve** Usa la gráfica lineal para estimar el costo promedio de un boleto en 2003. Explica.

Escribe como porcentaje. Redondea a la décima de porcentaje más cercana si es necesario. (Lección 6-2)

16. 0.15 17. 1.36 18. $\frac{2}{3}$ 19. $\frac{11}{20}$

20. Decide qué representaría mejor la temperatura promedio de cada día durante una semana: una gráfica de barras o una gráfica circular. Explica tu respuesta. (Lección 7-4)

Usar la tecnología para presentar datos

Para usar con la Lección 7-6

go.hrw.com
Recursos en línea para el laboratorio
CLAVE: MS7 Lab7

Hay varias formas de presentar datos, como las gráficas de barras, las gráficas lineales y las gráficas circulares. Una hoja de cálculo ofrece una forma rápida de crear estas gráficas

Actividad

Usa una hoja de cálculo para presentar el presupuesto del Consejo Estudiantil de la Intermedia Kennedy que aparece en la tabla de la derecha.

Presupuesto del Consejo Estudiantil

Actividad	Cantidad ($)
Asambleas	275
Bailes	587
Festival de primavera	412
Banquete de premios	384
Otras	250

1 Abre el programa de hoja de cálculo y escribe los datos como se muestra a continuación. Escribe las actividades en la columna A y la cantidad presupuestada en la columna B. Incluye los títulos de las columnas en la fila 1.

	A	B	C
1	Actividad	Cantidad ($)	
2	Asambleas	275	
3	Bailes	587	
4	Festival de primavera	412	
5	Banquete de premios	384	
6	Otras	250	
7			

2 Para resaltar los datos, haz clic en la celda A1 y arrastra el cursor hasta la celda B6. Haz clic en el icono *Chart Wizard* (Asistente para gráficas) . Luego, haz clic en **FINISH (Terminar)** para elegir el primer tipo de gráfica de columnas.

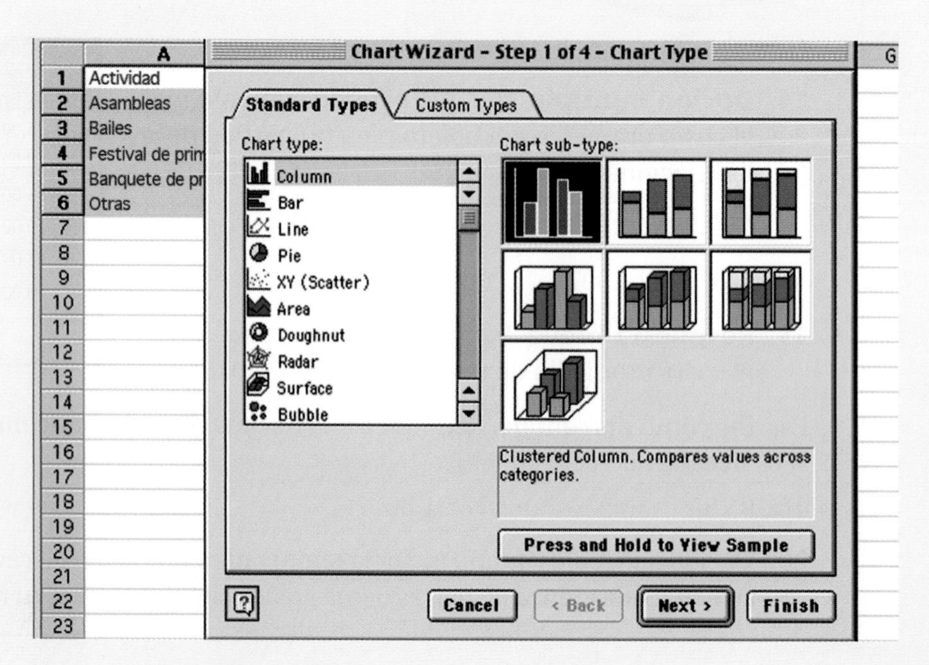

❷ La gráfica de barras de los datos aparece como se muestra aquí. Cambia el tamaño o la posición de la gráfica si es necesario.

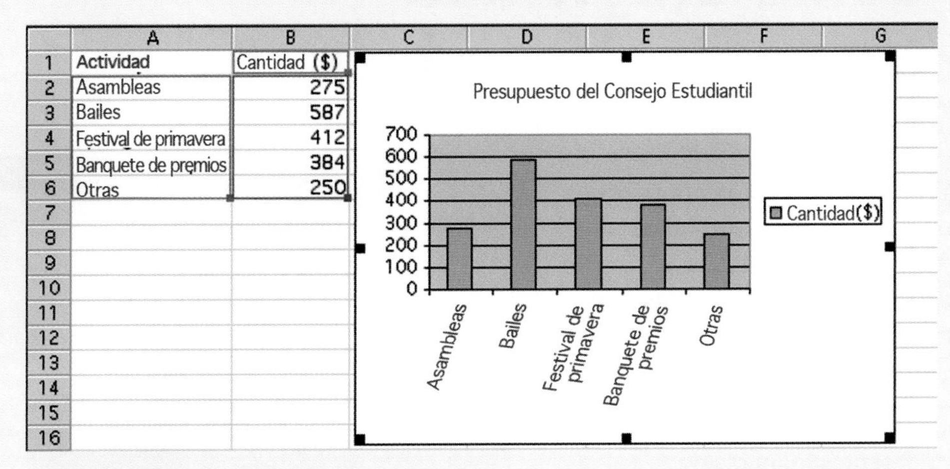

	A	B
1	Actividad	Cantidad ($)
2	Asambleas	275
3	Bailes	587
4	Festival de primavera	412
5	Banquete de premios	384
6	Otras	250

Para ver una gráfica circular de los datos, selecciona la gráfica de barras (como se muestra arriba). Haz clic en el icono *Chart Wizard* y elige *"Pie"*, que es la gráfica circular. Luego, haz clic en **FINISH** para elegir el primer tipo de gráfica circular.

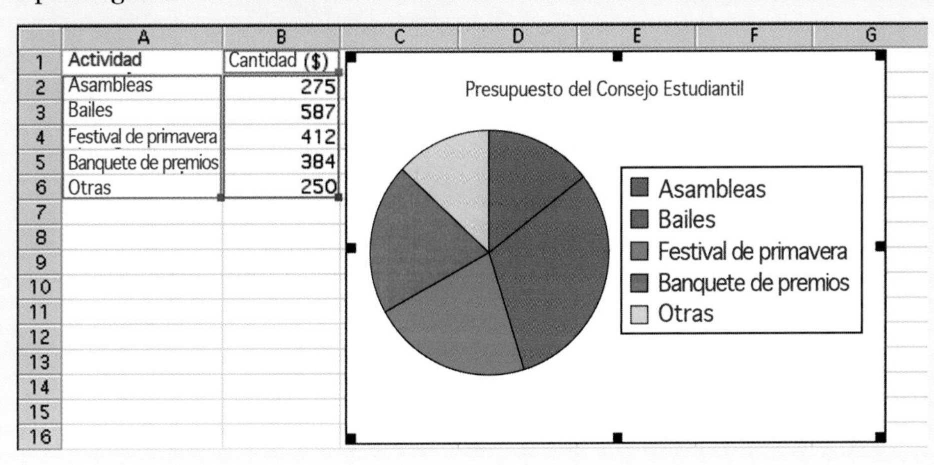

	A	B
1	Actividad	Cantidad ($)
2	Asambleas	275
3	Bailes	587
4	Festival de primavera	412
5	Banquete de premios	384
6	Otras	250

Razonar y comentar

1. ¿Qué gráfica presenta mejor el presupuesto del Consejo Estudiantil? ¿Por qué?
2. ¿Sería adecuado presentar los datos del presupuesto del Consejo Estudiantil en una gráfica lineal? Explica.

Inténtalo

1. En la tabla se muestra la cantidad de anotaciones de integrantes de un equipo femenino de básquetbol durante una temporada. Usa una hoja de cálculo para crear una gráfica de barras y una gráfica circular con los datos.

Jugador	Ana	Angel	Mary	Nia	Tina	Zoe
Anotaciones	201	145	89	40	21	8

2. ¿Qué gráfica presenta mejor los datos? ¿Por qué?

Cómo elegir una presentación adecuada

Aprender a seleccionar y a usar representaciones adecuadas para los datos

En un viaje de estudio a un parque de mariposas, los estudiantes anotaron la cantidad de especies de cada familia de mariposas que vieron. ¿Qué tipo de gráfica presentaría mejor los datos que recopilaron?

Hay diferentes maneras de presentar datos. Algunas son más adecuadas que otras, según la forma en que deban analizarse los datos.

Usa una **gráfica de barras** para presentar y comparar datos.

Usa una **gráfica circular** para mostrar cómo se divide en partes un conjunto de datos.

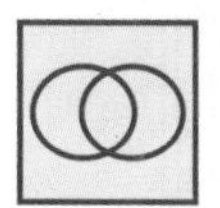

Usa un **diagrama de Venn** para mostrar las relaciones entre dos o más conjuntos de datos.

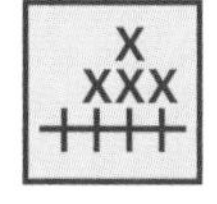

Usa un **diagrama de acumulación** para mostrar la frecuencia de los valores.

Usa una **gráfica lineal** para mostrar cómo cambian los datos en el tiempo.

Usa un **diagrama de tallo y hojas** para mostrar la frecuencia de los valores y cómo se distribuyen.

EJEMPLO  1 Elegir una presentación adecuada

A Los estudiantes quieren crear una presentación para mostrar la cantidad de especies de cada familia de mariposas que vieron. Elige el tipo de gráfica que representaría mejor los datos de la tabla. Explica.

Familia de mariposas	Cantidad de especies
Alas de telaraña	7
Capitanas	10
Colas de golondrina	5
Blancas y azufre	4

Hay diferentes categorías que muestran la cantidad de especies en cada familia de mariposas.

Se puede usar una gráfica de barras para presentar datos en categorías.

B Los estudiantes quieren crear una representación para mostrar la población de mariposas del parque en los últimos años. Elige el tipo de gráfica que representaría mejor estos datos. Explica.

Una gráfica lineal representaría mejor la población en el tiempo.

EJEMPLO 2 Identificar la presentación más adecuada

En la tabla se muestra el tiempo que los estudiantes pasaron en las diferentes exposiciones del parque de mariposas. Explica por qué cada representación es adecuada o no para los datos.

Exposición	Tiempo (min)
Mariposas	60
Insectos	45
Invertebrados	30
Aves	15

A

Tallos	Hojas
1	5
2	
3	0
4	5
5	
6	0

Clave: 2|0 significa 20.

En un diagrama de tallo y hojas se muestra la frecuencia de los datos y su distribución.

Hay sólo cuatro valores de datos y su frecuencia y distribución son importantes.

B

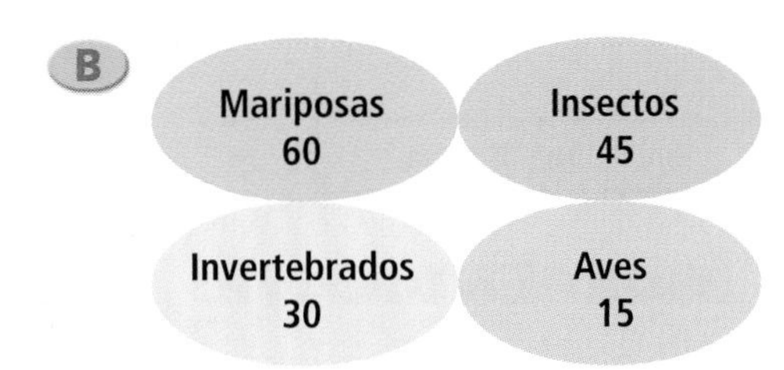

En un diagrama de Venn se muestra la relación entre dos o más conjuntos de datos.

No hay relación entre los periodos de tiempo que los estudiantes pasaron en cada exposición.

C

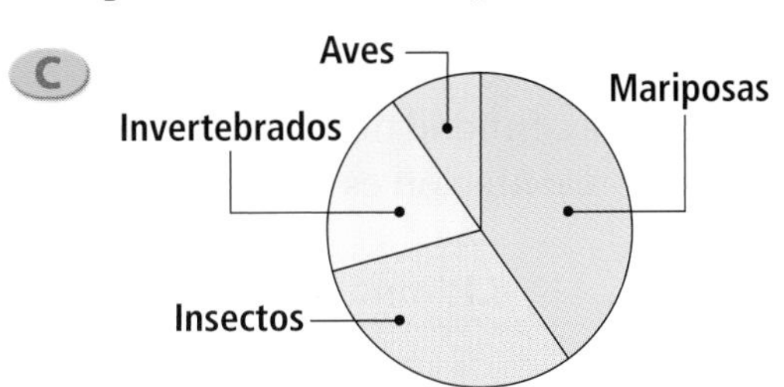

En una gráfica circular se muestra cómo un conjunto de datos se divide en partes.

En esta gráfica circular se muestra de manera adecuada la cantidad proporcional de tiempo que los estudiantes pasaron en cada exposición.

D

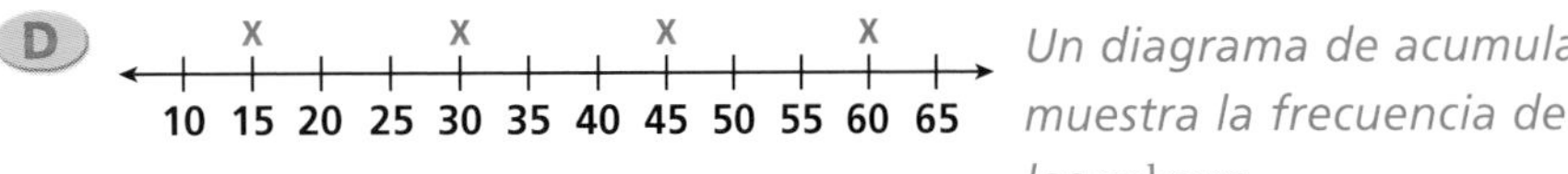

Un diagrama de acumulación muestra la frecuencia de los valores.

La frecuencia de los datos no es importante.

Razonar y comentar

1. **Explica** en qué se parecen los datos presentados en un diagrama de tallo y hojas y los datos presentados en un diagrama de acumulación.
2. **Describe** un conjunto de datos que podría presentarse mejor con una gráfica lineal.

7-7 Ejercicios

go.hrw.com
Ayuda en línea para tareas*
CLAVE: MS7 7-7
Recursos en línea para padres
CLAVE: MS7 Parent
*(Disponible sólo en inglés)

PRÁCTICA GUIADA

Ver Ejemplo 1 **Elige el tipo de gráfica que representaría mejor cada tipo de datos.**

1. el precio de los 5 televisores de plasma de 42 pulgadas más vendidos
2. la estatura de una persona desde su nacimiento hasta los 21 años

Ver Ejemplo 2 **En la tabla se muestran las ganancias de Keiffer durante un mes. Explica por qué cada presentación es o no adecuada para los datos.**

Semana	1	2	3	4
Ganancias ($)	20	30	15	25

3. 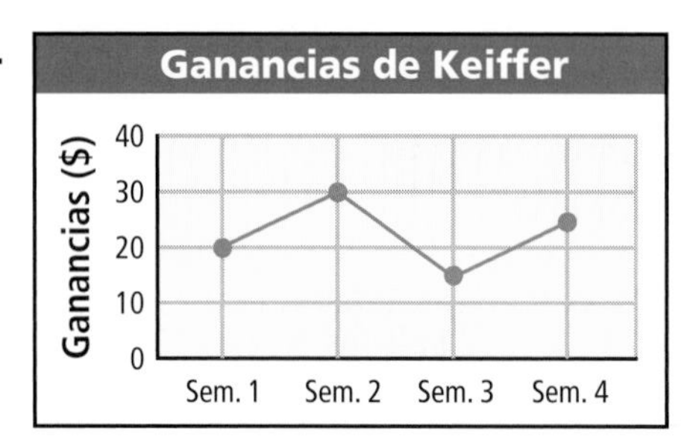

4. 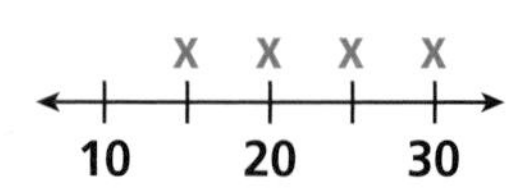

PRÁCTICA INDEPENDIENTE

Ver Ejemplo 1 **Elige el tipo de gráfica que representaría mejor cada tipo de datos.**

5. la cantidad de pistas de cada uno de los 50 CD de una colección.
6. la cantidad de atletas que corrieron en un maratón durante los últimos cinco años

Ver Ejemplo 2 **En la tabla se muestra la cantidad de personas que participaron en diversas actividades. Explica por qué cada presentación es o no adecuada para los datos.**

Actividad	Ciclismo	Excursionismo	Patinaje	Trotar
Cantidad de personas	35	20	25	15

7. 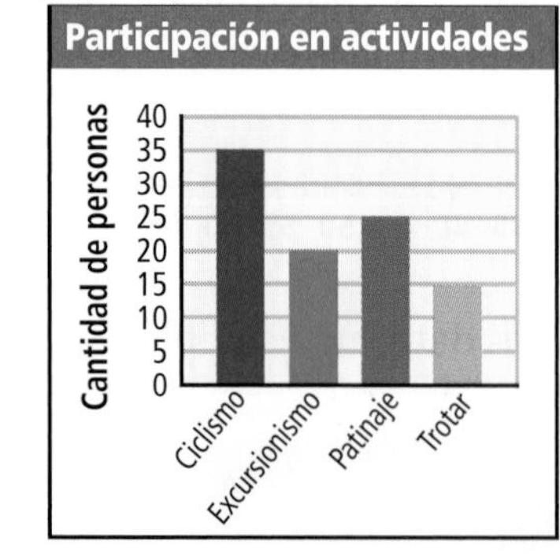

8.

Tallos	Hojas
1	5
2	0 5
3	5

Clave: 1|5 significa 15.

PRÁCTICA Y RESOLUCIÓN DE PROBLEMAS

Práctica adicional
Ver página 740

9. Los datos muestran la cantidad de libros que leyeron 25 estudiantes el verano pasado. 7, 10, 8, 6, 0, 5, 3, 8, 12, 7, 2, 5, 9, 10, 15, 8, 3, 1, 0, 4, 7, 10, 8, 2, 11
Haz el tipo de gráfica que mejor represente los datos.

10. **Ciencias biológicas** El dragón de Komodo es la especie de lagartija más grande del mundo. En la tabla se muestra el peso de algunos adultos macho. Haz la gráfica que represente mejor la información.

Peso (lb)	Frecuencia
161–170	4
171–180	8
181–190	12
191–200	11
201–210	7

11. Yoko quiere usar un diagrama de tallo y hojas para mostrar el crecimiento del chícharo de olor que plantó el año pasado. Midió cuánto crecieron las ramas cada mes. Explica por qué la opción de Yoko puede ser o no la mejor manera de representar los datos.

12. **Nutrición** En la tabla se muestra la cantidad de proteínas por porción en diferentes alimentos. Haz dos presentaciones diferentes para los datos. Explica tus elecciones.

Alimento	Proteínas (g)
Huevo	6
Leche	8
Queso	24
Carne asada	28

13. **Elige una estrategia** Cinco amigos trabajaron juntos en un proyecto. Matti, Jerad y Stu trabajaron la misma cantidad de tiempo. Tisha trabajó un total de 3 horas, que equivale a la cantidad total de tiempo que trabajaron Matti, Jerad y Stu. Pablo y Matti juntos trabajaron $\frac{1}{2}$ de la cantidad de tiempo total que trabajaron los cinco amigos. Haz la gráfica que represente mejor la información.

14. **Escríbelo** ¿Una gráfica circular es siempre adecuada para representar datos expresados como porcentajes? Explica tu respuesta.

15. **Desafío** En la tabla se muestran los resultados de una encuesta hecha a 50 personas sobre su color favorito. ¿Qué tipo de gráfica elegirías para representar los datos de los que eligieron azul, verde o rojo? Explica.

Color	Azul	Amarillo	Verde	Rojo	Otro
Cantidad	14	4	6	14	12

Preparación Para El Examen y repaso en espiral

16. **Opción múltiple** ¿Qué tipo de presentación sería más adecuada para comparar las precipitaciones mensuales de cinco ciudades?

(A) Gráfica lineal
(B) Gráfica de barras
(C) Gráfica circular
(D) Diagrama de tallo y hojas

17. **Respuesta desarrollada** La familia de Nathan destina $1,000 del presupuesto mensual a gastos. Gasta $250 en comida, $500 en alquiler, $150 en transporte y $100 en servicios públicos. Indica qué tipo de gráfica representaría mejor los datos, justifica tu respuesta y dibuja la gráfica.

Escribe cada decimal como porcentaje. (Lección 6-2)

18. 0.27
19. 0.9
20. 0.02
21. 0.406

22. De los 75 acampantes del campamento de verano "Senderos felices", el 36% se inscribió para salir a cabalgar los martes. ¿Cuántos acampantes se inscribieron? (Lección 6-4)

7-8 Poblaciones y muestras

Aprender a comparar y analizar métodos de muestreo

Vocabulario

población

muestreo

muestra aleatoria

muestra de conveniencia

muestra no representativa

Pista útil

Una muestra aleatoria tiene más probabilidades de ser representativa de una población que una muestra de conveniencia.

En 2002, se difundió la noticia de que la caquexia crónica, o enfermedad del alce loco, se estaba propagando hacia el oeste por América del Norte. Para verificar una afirmación como ésa, se debía examinar a la población de alces.

Cuando se reúne información sobre un grupo, como el grupo de todos los alces de América del Norte, la totalidad de este grupo se llama **población.** Como examinar a cada miembro de un grupo grande puede ser difícil o imposible, los investigadores suelen estudiar una parte de la población, llamada **muestra.**

Para realizar una **muestra aleatoria,** se elige al azar a miembros de la población. Esto permite que todos los miembros de la población tengan la misma posibilidad de ser elegidos. Una **muestra de conveniencia** se basa en miembros de la población que ya están disponibles, como 30 alces en una reserva natural.

EJEMPLO 1 Analizar métodos de muestreo

Determina qué método de muestreo representará mejor a toda la población. Justifica tu respuesta.

Asistencia de estudiantes a partidos de fútbol americano	
Método de muestreo	**Resultado de la encuesta**
Arnie encuesta a 80 estudiantes eligiendo nombres al azar del directorio escolar.	El 62% asisten a partidos de fútbol americano.
Vic encuesta a 28 estudiantes que se sentaron cerca de él durante el almuerzo.	El 81% asisten a partidos de fútbol americano.

El método de Arnie produjo resultados más representativos de toda la población estudiantil porque usa una muestra aleatoria.

El método de Vic produjo resultados que no son representativos de toda la población estudiantil porque usa una muestra de conveniencia.

Una **muestra no representativa** no representa a la población de manera justa. Un estudio basado en 50 alces de un criador puede no ser representativo porque los alces de un criador podrían tener menos probabilidades de contraer la enfermedad del alce loco que los alces en su hábitat natural.

EJEMPLO 2 Identificar posibles muestras no representativas

Determina si cada muestra puede no ser representativa. Explica.

A Se encuesta a las primeras 50 personas que salen del cine para averiguar qué tipo de películas que les gusta a los habitantes del pueblo.

La muestra no es representativa. Es probable que no a todos les guste ver el tipo de película que esas 50 personas acaban de ver.

B Un bibliotecario elige 100 libros al azar de la base de datos de la biblioteca para calcular el promedio de páginas de un libro de la biblioteca.

No es una muestra no representativa. Es una muestra aleatoria.

Con los datos de una muestra aleatoria, puedes usar un razonamiento proporcional para hacer predicciones o verificar afirmaciones sobre toda la población.

EJEMPLO 3 Verificar afirmaciones basadas en datos estadísticos

Un biólogo estima que, de los 4,500 alces que hay en una reserva natural, más de 700 están infectados con un parásito. Una muestra aleatoria de 50 alces indica que 8 de ellos están infectados. Determina si es probable que la estimación del biólogo sea exacta.

Establece una proporción para predecir la cantidad total de alces infectados.

$$\frac{\text{alces infectados en la muestra}}{\text{tamaño de la muestra}} = \frac{\text{alces infectados en la población}}{\text{tamaño de la población}}$$

$\frac{8}{50} = \frac{x}{4{,}500}$ *Sea x la cantidad de alces infectados en la reserva*

$8 \cdot 4{,}500 = 50 \cdot x$ *Los productos cruzados son iguales.*

$36{,}000 = 50x$ *Multiplica.*

$\frac{36{,}000}{50} = \frac{50x}{50}$ *Divide cada lado entre 50 para despejar x.*

$720 = x$

Basándote en la muestra, puedes predecir que hay 720 alces infectados. Es probable que la estimación del biólogo sea exacta.

¡Recuerda!

En la proporción $\frac{a}{b} = \frac{c}{d}$, los productos cruzados, $a \cdot d$ y $b \cdot c$ son iguales.

Razonar y comentar

1. **Describe** una situación en la que te gustaría usar una muestra en lugar de hacer una encuesta a toda la población.
2. **Explica** por qué sería difícil obtener una muestra totalmente aleatoria de una población muy grande.

7-8 Ejercicios

go.hrw.com
Ayuda en línea para tareas*
CLAVE: MS7 7-8
Recursos en línea para padres
CLAVE: MS7 Parent
*(Disponible sólo en inglés)

PRÁCTICA GUIADA

Ver Ejemplo 

1. Determina qué método de muestreo representará mejor a toda la población. Justifica tu respuesta.

Autos "Estrella solitaria": Satisfacción del cliente	
Método de muestreo	**Resultados de la encuesta**
Nadia encuesta a 200 clientes en el local un sábado por la mañana.	El 92% está satisfecho.
Daria envía encuestas por correo a 100 clientes elegidos al azar.	El 68% está satisfecho.

Ver Ejemplo 

Determina si cada muestra puede no ser representativa. Explica.

2. Una compañía elige al azar 500 clientes de su base de datos y luego encuesta a esos clientes para conocer su opinión sobre la calidad del servicio.
3. Un empleado de un ayuntamiento entrevista a 100 clientes de un restaurante para averiguar acerca del trabajo y el salario de los habitantes de la ciudad.

Ver Ejemplo 

4. Una fábrica produce 150,000 focos de luz por día. El gerente de la fábrica estima que se producen menos de 1,000 focos defectuosos por día. En una muestra aleatoria de 250 focos, hay 2 focos defectuosos. Determina si es probable que la estimación del gerente sea exacta. Explica.

PRÁCTICA INDEPENDIENTE

Ver Ejemplo 

5. Determina qué método de muestreo representará mejor a toda la población. Justifica tu respuesta.

Periódico *Midville Morning News:* Renovación de la suscripción	
Método de muestreo	**Resultados de la encuesta**
Suzanne encuesta a 80 personas suscriptas en su vecindario.	El 61% quiere renovar la suscripción.
Vonetta encuesta por teléfono a 150 personas suscriptas que elige al azar.	El 82% quiere renovar la suscripción.

Ver Ejemplo 

Determina si cada muestra puede ser no representativa. Explica.

6. Un disc-jockey pregunta a los primeros diez radioescuchas que llaman si les gusta la última canción interpretada.
7. Los miembros de una organización para las elecciones encuestan a 700 votantes registrados eligiendo al azar sus nombres de una lista de todos los votantes registrados.

Ver Ejemplo 

8. En una universidad hay 30,600 estudiantes. Se les envía una encuesta por correo a 240 estudiantes, 20 de los cuales hablan tres o más idiomas. Predice la cantidad de estudiantes de la universidad que hablan tres o más idiomas.

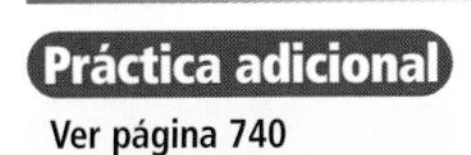

PRÁCTICA Y RESOLUCIÓN DE PROBLEMAS

Práctica adicional
Ver página 740

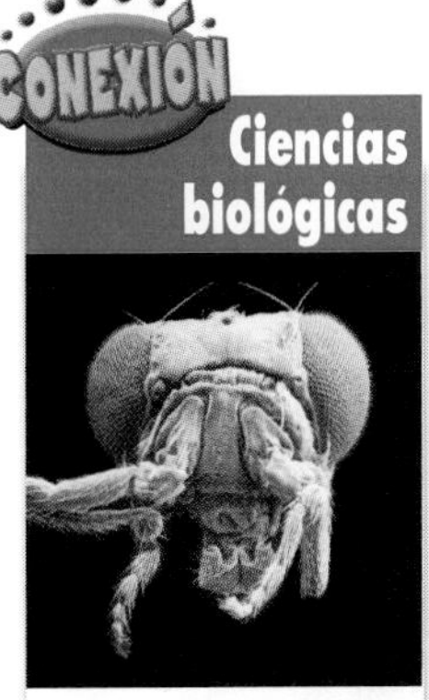

CONEXIÓN Ciencias biológicas

En América del Norte, las moscas de la fruta dañan las cerezas, las manzanas y los arándanos. En el Mediterráneo, son una amenaza para los cítricos.

Explica si encuestarías a toda la población o usarías una muestra.

9. Deseas saber cuál es el pintor favorito de los empleados del museo de arte local.

10. Deseas saber los tipos de calculadora que usan los estudiantes de intermedia en todo el país.

11. Deseas saber cuántas horas semanales dedican los estudiantes de tu clase de estudios sociales a hacer la tarea.

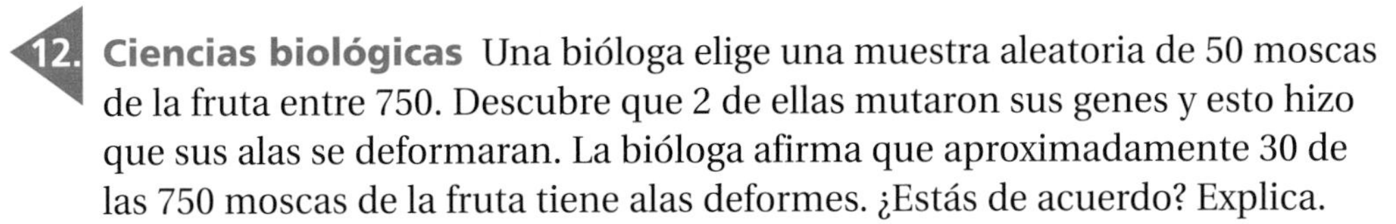

12. **Ciencias biológicas** Una bióloga elige una muestra aleatoria de 50 moscas de la fruta entre 750. Descubre que 2 de ellas mutaron sus genes y esto hizo que sus alas se deformaran. La bióloga afirma que aproximadamente 30 de las 750 moscas de la fruta tiene alas deformes. ¿Estás de acuerdo? Explica.

13. **Razonamiento crítico** Explica por qué encuestar a 100 personas del listado de la guía telefónica puede no ser una muestra aleatoria.

14. **¿Dónde está el error?** Los estudiantes de la clase de Jacy ponen un papel con su nombre dentro de un sombrero. De los 28 nombres que hay en el sombrero, Jacy toma 5 y descubre que 2 de esos 5 estudiantes dicen que su materia favorita es ciencias. Jacy predice que 254 estudiantes de los 635 estudiantes en su escuela dirían que su materia favorita es ciencias. ¿Cuál es el error en su predicción?

15. **Escríbelo** Supongamos que deseas saber si los estudiantes de séptimo grado de tu escuela pasan más tiempo viendo la televisión o usando la computadora. ¿Cómo elegirías una muestra aleatoria de la población?

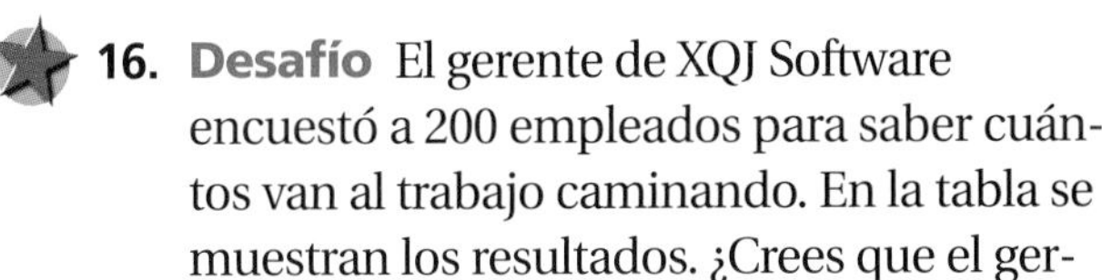

16. **Desafío** El gerente de XQJ Software encuestó a 200 empleados para saber cuántos van al trabajo caminando. En la tabla se muestran los resultados. ¿Crees que el gerente eligió una muestra aleatoria? ¿Por qué?

Empleados de XQJ Software

	Cantidad total	Cantidad que va al trabajo caminando
Población	9,200	300
Muestra	200	40

PREPARACIÓN PARA EL EXAMEN y repaso en espiral

17. **Opción múltiple** La Intermedia Banneker tiene 580 estudiantes. Wei encuesta a una muestra aleatoria de 30 estudiantes y descubre que 12 de ellos tienen un perro como mascota. ¿Cuántos estudiantes de la escuela probablemente tengan perros como mascota?

Ⓐ 116 Ⓑ 232 Ⓒ 290 Ⓓ 360

18. **Respuesta breve** Da un ejemplo de una muestra no representativa. Explica por qué no es representativa.

Escribe cada porcentaje como decimal. (Lección 6-1)

19. 52% **20.** 7% **21.** 110% **22.** 0.4%

Halla el porcentaje de cada número. (Lección 6-4)

23. 11% de 50 **24.** 48% de 600 **25.** 0.5% de 82 **26.** 210% de 16

7-9 Diagramas de dispersión

Aprender a presentar y analizar datos en diagramas de dispersión

Vocabulario

diagrama de dispersión
correlación positiva
correlación negativa
sin correlación

El supersauro, uno de los dinosaurios más grandes que se conocen, pesaba hasta 55 toneladas y llegaba a medir hasta 100 pies de la cabeza a la cola. El tiranosaurio, un dinosaurio carnívoro grande, tenía una tercera parte de la longitud del supersauro.

Dos conjuntos de datos, como la longitud y el peso de los dinosaurios, pueden estar relacionados. Para comprobarlo, haz un *diagrama de dispersión* con los datos de cada conjunto. Un **diagrama de dispersión** tiene dos rectas numéricas, llamadas *ejes,* uno por cada conjunto de datos. Cada punto en el diagrama representa un par de datos. Estos puntos pueden estar dispersos o agrupados en forma lineal o curva.

EJEMPLO  1 Hacer un diagrama de dispersión

Usa los datos para hacer un diagrama de dispersión. Describe la relación entre los conjuntos.

Nombre	Longitud (pies)	Peso (T)
Triceratops	30	6
Tiranosaurio	39	7
Euhelopus	50	25
Branquiosaurio	82	50
Supersaurio	100	55

Paso 1: Determina la escala y el intervalo de cada eje. Escribe las unidades de longitud en el eje horizontal y las unidades de peso en el eje vertical.

Paso 2: Marca un punto por cada par de valores.

Paso 3: Rotula los ejes y da título a la gráfica.

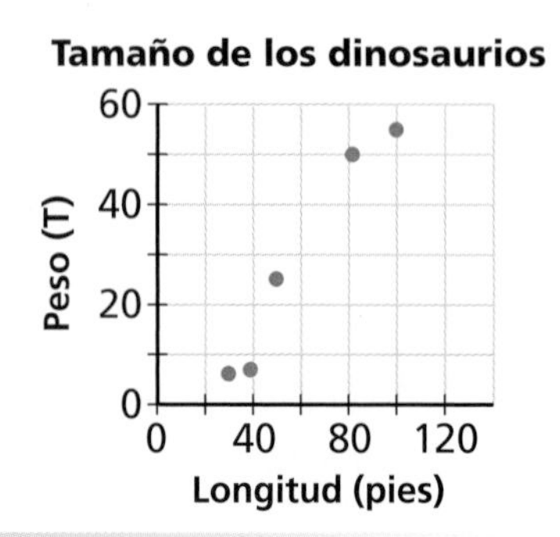

El diagrama de dispersión muestra que el peso de un dinosaurio suele aumentar a medida que aumenta su longitud.

Hay tres formas de describir los datos presentados en un diagrama de dispersión.

Correlación positiva

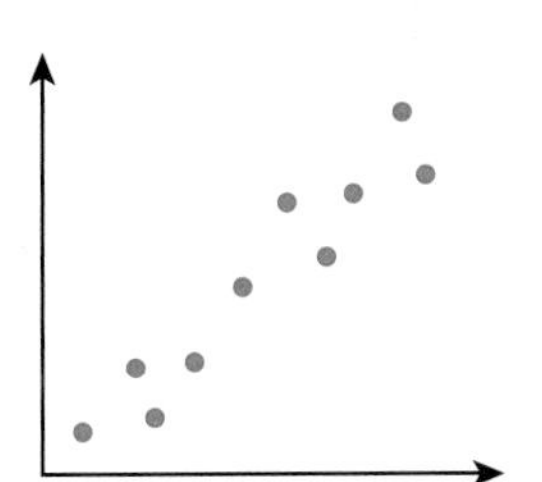

Los valores de ambos conjuntos de datos aumentan al mismo tiempo.

Correlación negativa

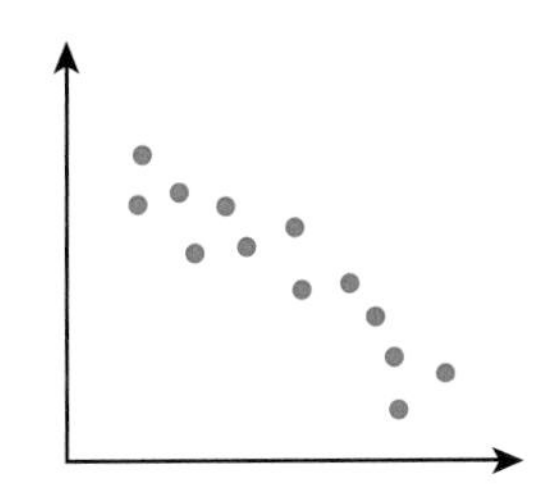

Los valores de un conjunto de datos aumentan a medida que disminuyen los valores del otro conjunto.

Sin correlación

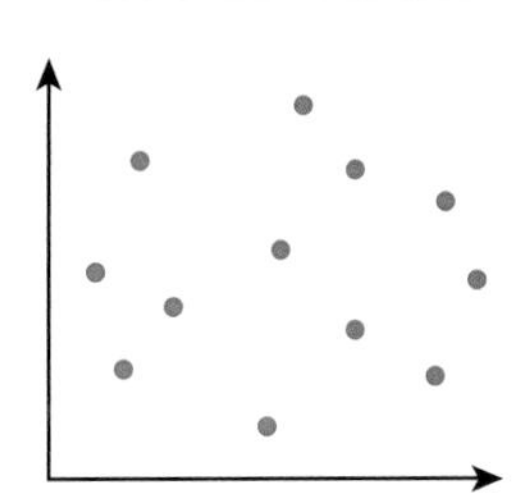

Los valores de ambos conjuntos de datos no muestran ningún patrón.

EJEMPLO 2 Determinar las relaciones entre dos conjuntos de datos

Escribe *correlación positiva, correlación negativa* o *sin correlación* para describir cada relación. Explica.

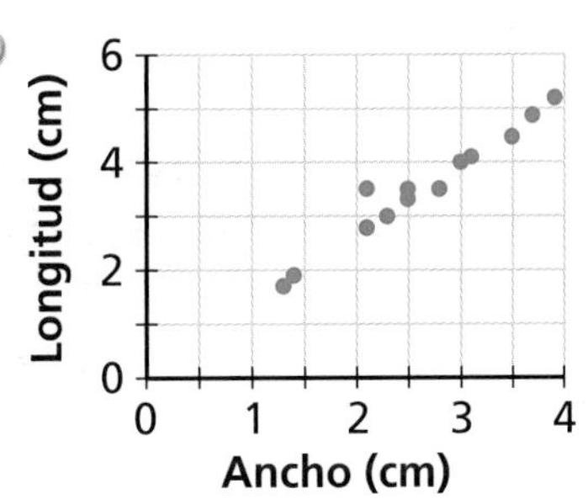

En la gráfica se muestra que, a medida que aumenta el ancho, aumenta la longitud. Por lo tanto, los conjuntos de datos tienen una correlación positiva.

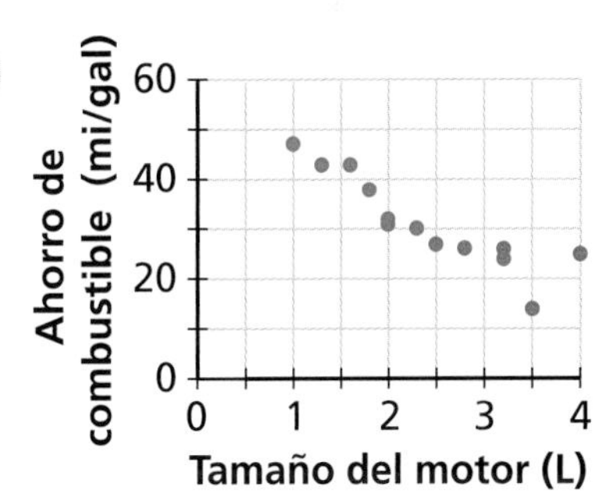

En la gráfica se muestra que, a medida que aumenta el tamaño del motor, disminuye el ahorro de combustible. Por lo tanto, los conjuntos de datos, tienen una correlación negativa.

C la edad de las personas y la cantidad de mascotas que tienen

La cantidad de mascotas que tiene una persona no se relaciona con su edad. Por lo tanto, parece no haber correlación entre los conjuntos de datos.

Razonar y comentar

1. **Describe** el tipo de correlación que puede haber entre la cantidad de ausencias en una clase y las calificaciones de la clase.
2. **Da un ejemplo** de relación entre dos conjuntos de datos que muestren una correlación negativa. Luego, da un ejemplo de correlación positiva.

7-9 Ejercicios

go.hrw.com
Ayuda en línea para tareas*
CLAVE: MS7 7-9
Recursos en línea para padres
CLAVE: MS7 Parent
*(Disponible sólo en inglés)

PRÁCTICA GUIADA

Ver Ejemplo 

1. En la tabla se muestran los pesos (en kilogramos) y las frecuencias cardiacas (en latidos por minuto) comunes de varios mamíferos. Usa los datos para hacer un diagrama de dispersión. Describe la relación entre los conjuntos de datos.

Mamífero	Peso	Frecuencia cardiaca
Hurón	0.6	360
Humano	70	70
Llama	185	75
Ciervo	110	80
Mono rhesus	10	160

Ver Ejemplo 2

Escribe *correlación positiva, correlación negativa* o *sin correlación* para describir cada relación. Explica.

2. **Calificación en matemáticas y tallas de zapatos**

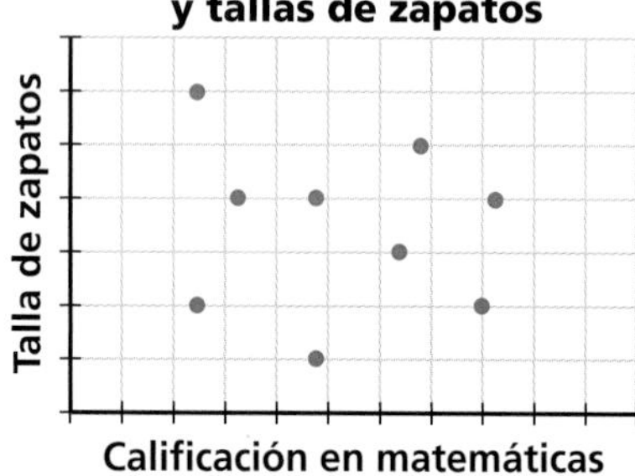

3. **Experiencia de trabajo**

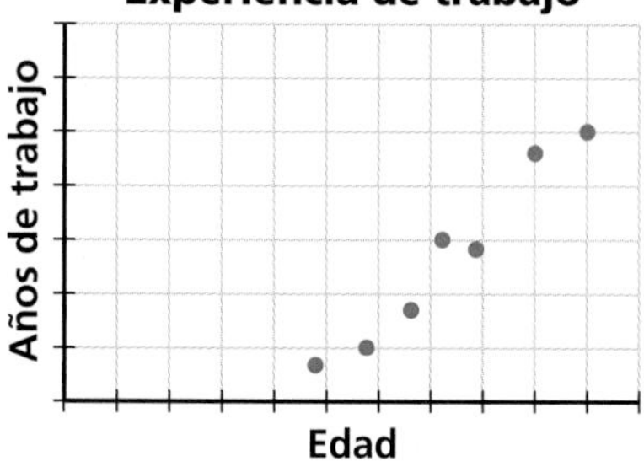

4. el tiempo en que un auto recorre 100 millas y la velocidad del auto

PRÁCTICA INDEPENDIENTE

Ver Ejemplo 

5. En la tabla se muestra la capacidad de una celda de energía solar (en megavatios) en diferentes años. Usa los datos para hacer un diagrama de dispersión. Describe la relación entre los conjuntos de datos.

Año	Capacidad	Año	Capacidad
1990	13.8	1993	21.0
1991	14.9	1994	26.1
1992	15.6	1995	31.1

Ver Ejemplo 2

Escribe *correlación positiva, correlación negativa* o *sin correlación* para describir cada relación. Explica.

6. **Ventas**

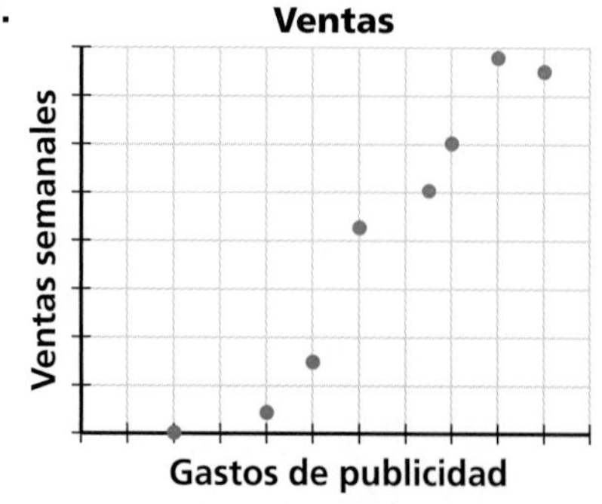

7. **Millaje y valor de un auto**

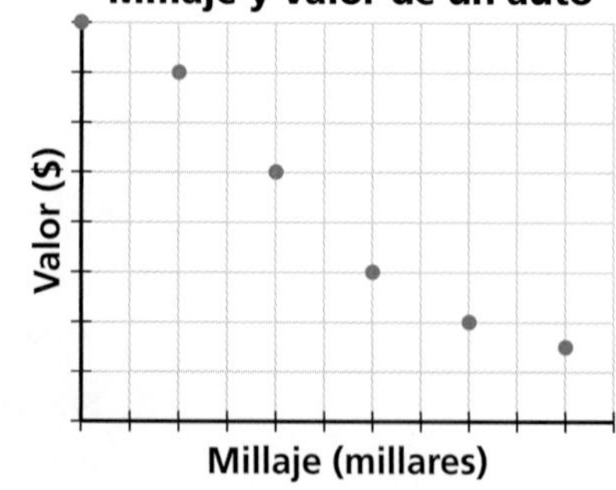

Práctica adicional
Ver página 740

8. la cantidad de estudiantes en un distrito y la cantidad de autobuses en el distrito

con las ciencias

Razonamiento crítico Para los Ejercicios del 9 al 11, indica si esperarías una correlación positiva, una correlación negativa o ninguna correlación. Explica tus respuestas.

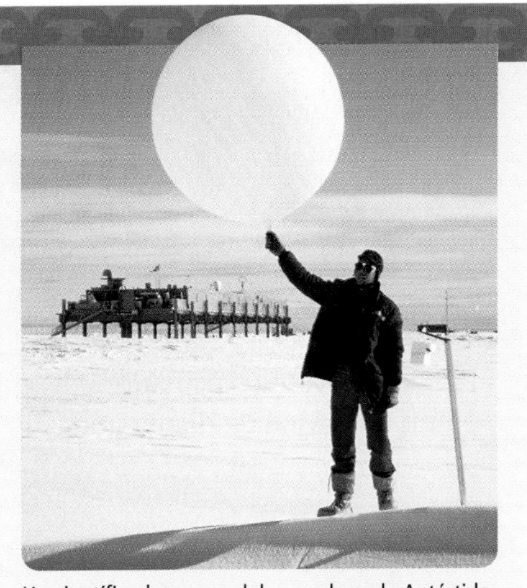

Un científico lanza un globo sonda en la Antártida.

9. la temperatura promedio de un lugar y la cantidad de lluvia que recibe cada año

10. la latitud de un lugar y la cantidad de nieve que cae cada año

11. la cantidad de horas de luz diurna y la cantidad de lluvia en un día

12. En la tabla se muestra la latitud y la temperatura promedio de varios lugares en el hemisferio sur. Haz un diagrama de dispersión con los datos. ¿A qué conclusión llegas a partir de estos datos?

Lugar	Latitud	Temperatura
Quito, Ecuador	0° S	55° F
Melbourne, Australia	38° S	43° F
Tucumán, Argentina	27° S	57° F
Tananarive, Madagascar	19° S	60° F
Estación de Investigación Halley, Antártida	76° S	20° F

13. **Desafío** La altura de un lugar tiene una correlación negativa con su temperatura promedio y una correlación positiva con la cantidad de nieve que cae. ¿Qué clase de correlación esperarías entre la temperatura y la cantidad de nieve? Explica.

Preparación Para El Examen y repaso en espiral

14. Opción múltiple Usa el diagrama de dispersión para determinar qué enunciados son verdaderos.

I Los datos muestran una correlación positiva.
II Los datos muestran una correlación negativa.
III Los datos no muestran ninguna correlación.
IV A medida que pasan los años, el premio en dinero aumenta.

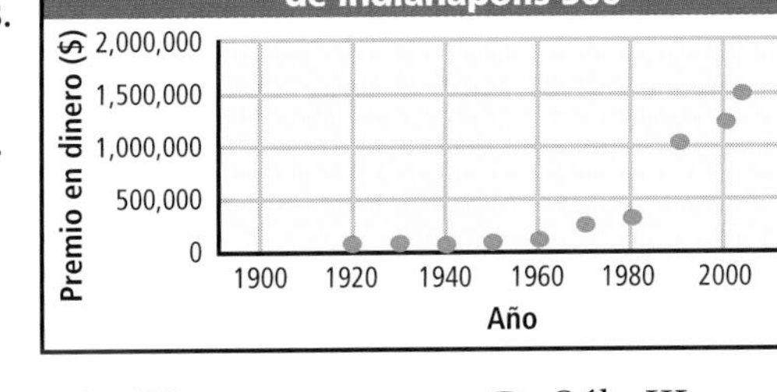

Ⓐ Sólo I Ⓑ I y IV Ⓒ II y IV Ⓓ Sólo III

15. Respuesta breve Da un ejemplo de dos conjuntos de datos que esperarías que tengan una correlación positiva. Explica tu respuesta.

Halla el porcentaje de cada número. Si es necesario, redondea a la décima más cercana. (Lección 6-4)

16. 95% de 80 **17.** 120% de 63 **18.** 62% de 14 **19.** 7% de 50

20. El precio regular de un monitor de computadora en la tienda de artículos electrónicos es $499. Este mes el monitor está en oferta con un 15% de descuento. Halla el precio de oferta del monitor. (Lección 6-6)

Muestras y líneas de mejor ajuste

Para usar después de la Lección 7-9

Puedes usar una calculadora de gráficas para presentar relaciones entre variables en un diagrama de dispersión.

Actividad 1

1 Encuesta al menos a 30 estudiantes de tu clase para hallar la siguiente información. Anota los datos en una tabla como la siguiente. (Tu tabla tendrá al menos 30 filas de datos). En **L5**, usa números para el mes. Por ejemplo, escribe "1" para enero, "2" para febrero, etc.

L1 Estatura (pulg)	L2 Edad (años)	L3 Longitud de pie (pulg)	L4 Longitud de antebrazo (pulg)	L5 Mes de nacimiento
66	12	11	10	3
63	13	8	9	10
65	12	10	9.5	7

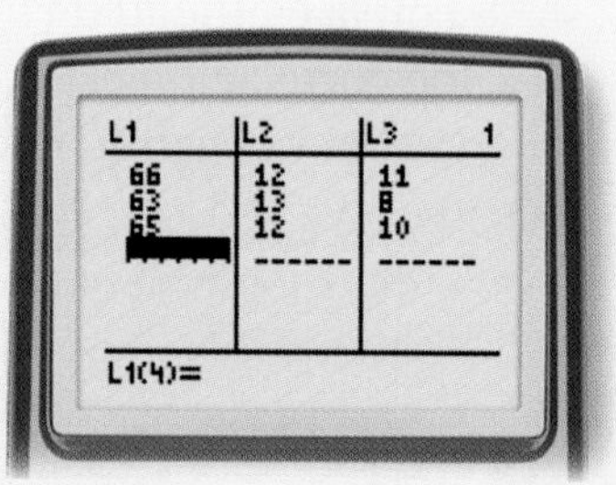

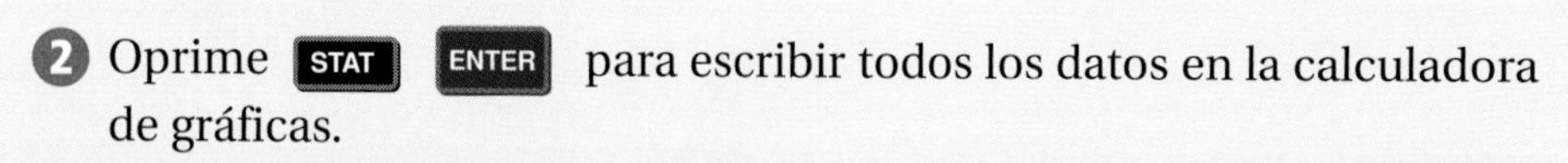

2 Oprime STAT ENTER para escribir todos los datos en la calculadora de gráficas.

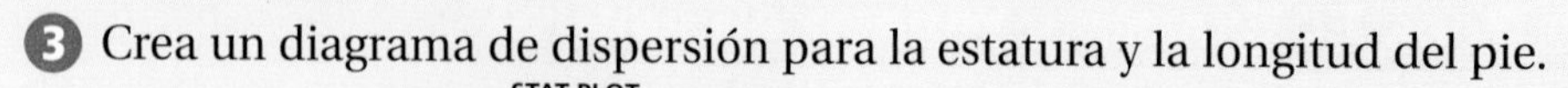

3 Crea un diagrama de dispersión para la estatura y la longitud del pie.

a. Oprime 2nd STAT PLOT Y= ENTER para el **Plot 1**.

b. Selecciona ON y usa las flechas para elegir el diagrama de dispersión según el **Type**.

c. Usa la flecha de abajo para mover el cursor hasta **Xlist**. Oprime 2nd 1 para seleccionar **L1**.

d. Mueve el cursor hasta **Ylist**. Oprime 2nd 3 para seleccionar **L3**.

e. Oprime ZOOM y luego **9: ZoomStat** para ver tu gráfica.

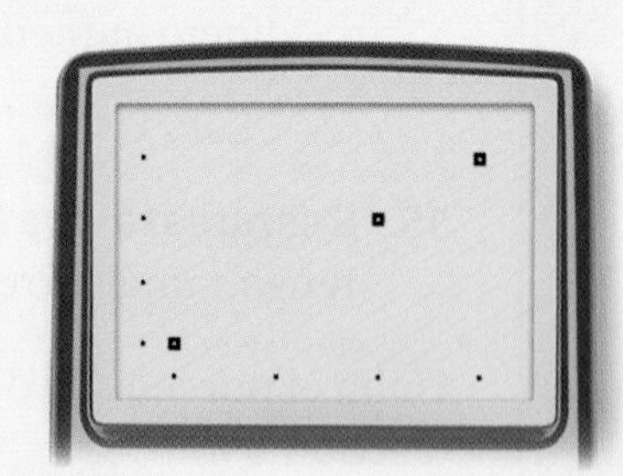

Razonar y comentar

1. Describe la relación entre la estatura y la longitud del pie que se muestra en el diagrama de dispersión de la Actividad 1.

2. ¿Qué relaciones esperarías ver entre las demás variables de la tabla?

Inténtalo

1. Crea un diagrama de dispersión para los demás pares de variables de tu tabla de recopilación de datos. ¿Qué variables muestran una correlación positiva? ¿Y una correlación negativa? ¿Y ninguna correlación?

Actividad 2

1. Sigue los pasos de la Actividad 1, parte 3, para presentar un diagrama de dispersión que muestre la relación entre la estatura y la longitud del antebrazo.

2. Usa TRACE para mover el cursor entre los puntos de la gráfica. Usa las coordenadas de dos puntos para estimar la pendiente de una línea que mejor se ajuste a los puntos de datos de la gráfica.

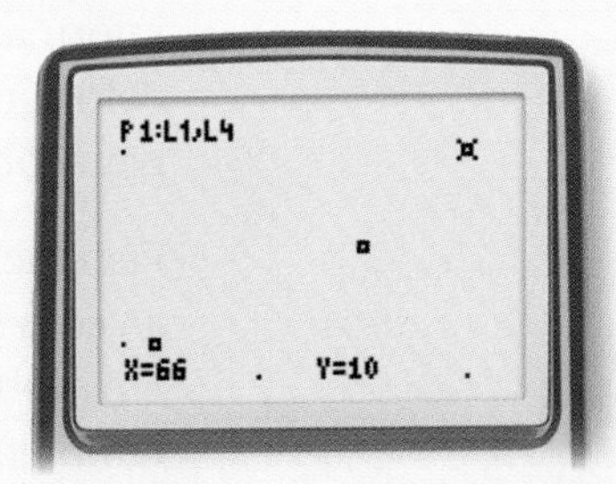

3. Oprime STAT y luego usa la flecha derecha para seleccionar **CALC 4: LinReg (*ax* + *b*)**. Luego oprime 2nd 1 , 2nd 4 ENTER para hallar la ecuación de la línea de mejor ajuste.

4. Oprime Y= VARS **5: Statistics. . . .** Usa la flecha derecha para seleccionar **EQ 1: RegEQ** y oprime ENTER para ubicar la ecuación de la línea de mejor ajuste en el editor de ecuaciones.

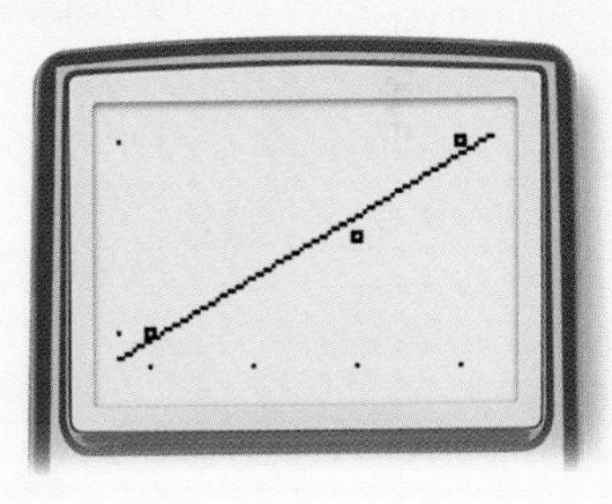

5. Oprime GRAPH para ver la representación gráfica de la línea de mejor ajuste con los puntos de datos en el diagrama de dispersión.

Razonar y comentar

1. Comenta por qué estimar la línea de mejor ajuste es más fácil cuantos más puntos de datos tengas.

2. Explica si la muestra de tu clase es representativa de la población.

Inténtalo

1. **a.** Oprime 2nd STAT MATH **3: mean (** 2nd 1 ENTER para hallar la altura media de tus 30 compañeros de clase.

   b. Calcula la estatura media de tres estudiantes de la encuesta original que se sienten cerca de ti. ¿Qué clase de muestra es ésta? ¿En qué se diferencia la estatura media de esta muestra de la media de la población de la parte **a**? Explica por qué podrían ser diferentes.

   c. Calcula la estatura media de 15 estudiantes de la encuesta original. ¿En qué se diferencia este número de la media de la población? ¿Está más cerca de la media que la respuesta que obtuviste en la parte **b**?

7-10 Gráficas engañosas

Aprender a **identificar y analizar gráficas engañosas**

En los anuncios y artículos informativos a menudo se usan datos para apoyar una opinión. A veces estos datos se presentan de una manera que influye en la interpretación de la información. Una presentación de datos que distorsiona la información para convencer puede ser *engañosa.*

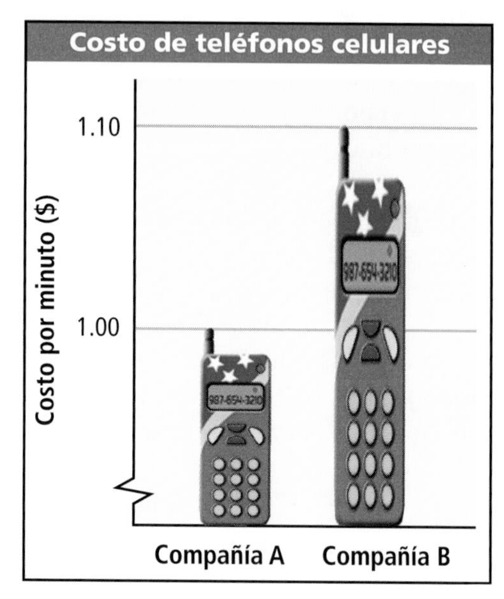

Para facilitar la lectura de una gráfica a veces se usa un eje "discontinuo". Sin embargo, un eje discontinuo también puede ser engañoso. En la gráfica de la derecha, el costo por minuto del servicio de la Compañía B parece ser el doble del costo del servicio de la Compañía A. De hecho, la diferencia es sólo de $0.10 por minuto.

EJEMPLO 1 *Aplicación a los estudios sociales*

En las dos gráficas de barras se muestra el porcentaje de personas en California, Maryland, Michigan y Washington que usan cinturón de seguridad. ¿Qué gráfica podría ser engañosa? ¿Por qué?

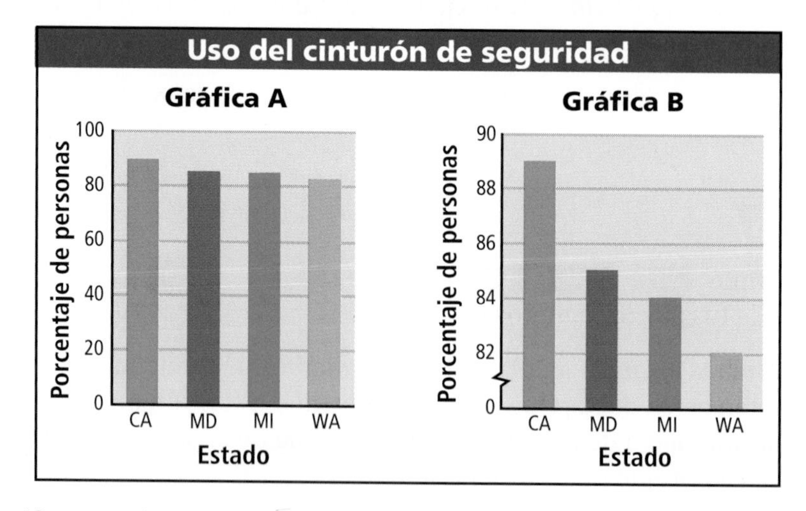

La gráfica B podría ser engañosa. Como el eje vertical en la gráfica B es discontinuo, parece que el porcentaje de personas en California que usan cinturón de seguridad es dos veces mayor que el porcentaje en Michigan. En realidad, sólo es 5% mayor. A partir de la gráfica B podría concluirse que el porcentaje de personas en California que usa cinturón de seguridad es mucho mayor que los porcentajes en otros estados.

EJEMPLO 2 Analizar gráficas engañosas

Explica por qué podría ser engañosa cada gráfica.

A

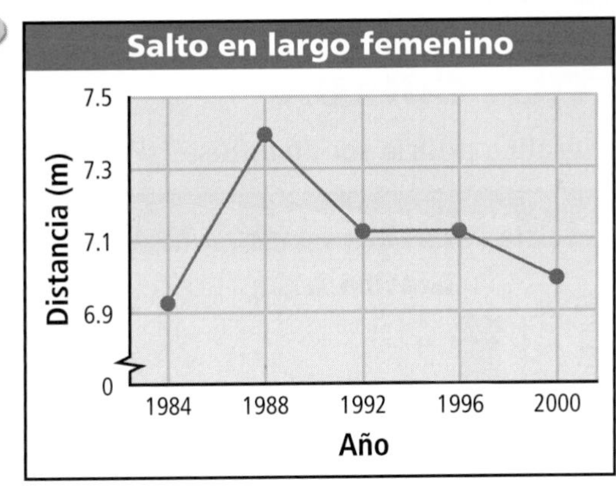

Como el eje vertical es discontinuo, la distancia del salto de 1988 parece ser dos veces mayor que el de 1984. En realidad, la distancia del salto de 1988 es menos de 0.5 metros mayor que en los otros años.

B

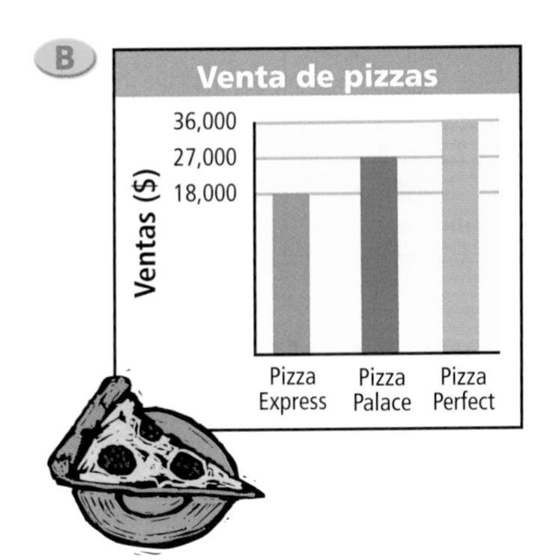

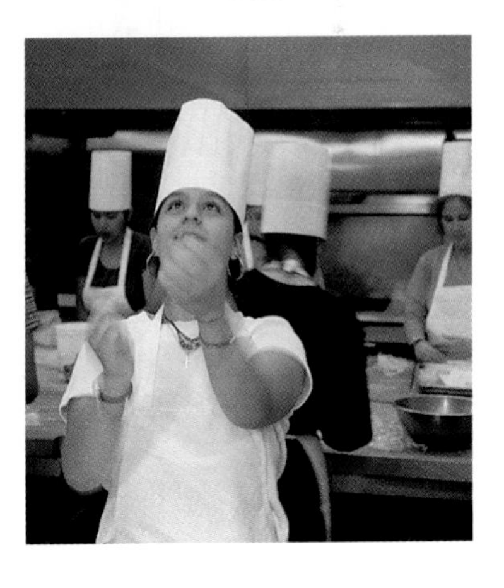

La escala de la gráfica es incorrecta. En el eje vertical, las distancias iguales deberían representar intervalos iguales de los números, pero en esta gráfica los primeros $18,000 en ventas son mayores que los siguientes $18,000. Por ello, a partir de las barras, no podrías decir que las ventas de Pizza Perfect fueron dos veces mayores que las de Pizza Express.

Razonar y comentar

1. **Explica** cómo usar la escala de una gráfica para decidir si es engañosa.
2. **Describe** qué indicaría que una gráfica es engañosa.
3. **Da un ejemplo** de una situación en la que se podría usar una gráfica engañosa para convencer a los lectores.

7-10 Ejercicios

PRÁCTICA GUIADA

Ver Ejemplo 1

1. ¿Qué gráfica podría ser engañosa? ¿Por qué?

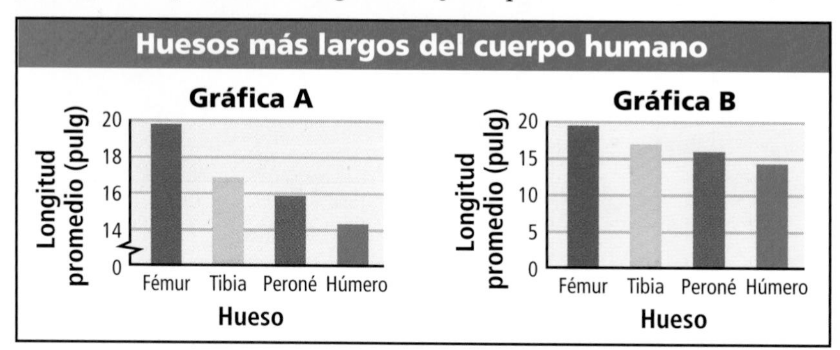

Ver Ejemplo 2

Explica por qué cada gráfica podría ser engañosa.

2.

3.

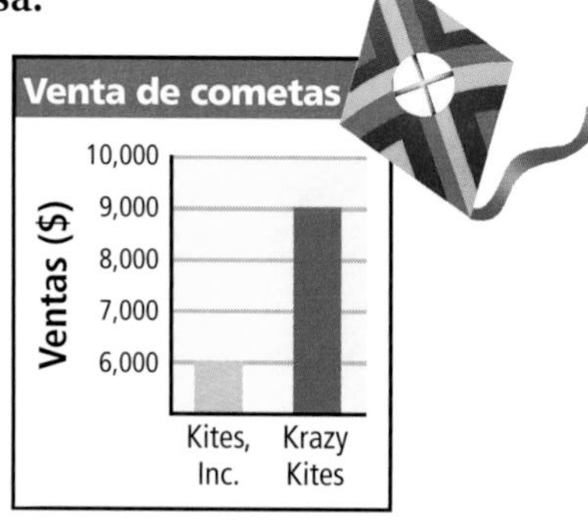

PRÁCTICA INDEPENDIENTE

Ver Ejemplo 1

4. ¿Qué gráfica podría ser engañosa? ¿Por qué?

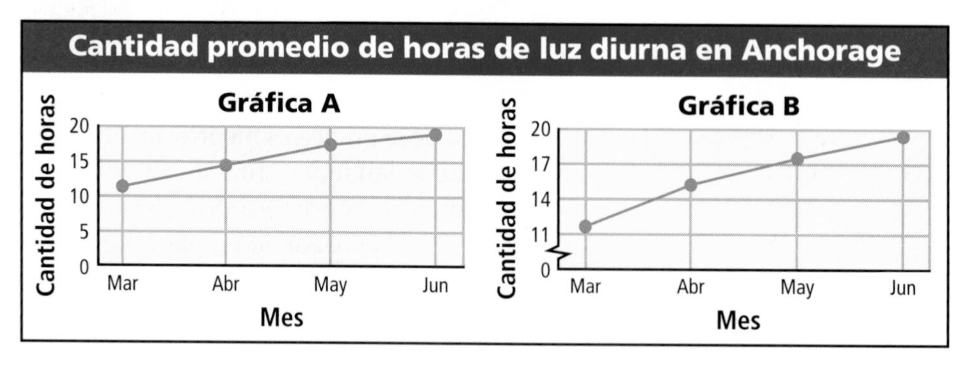

Ver Ejemplo 2

Explica por qué cada gráfica podría ser engañosa.

5.

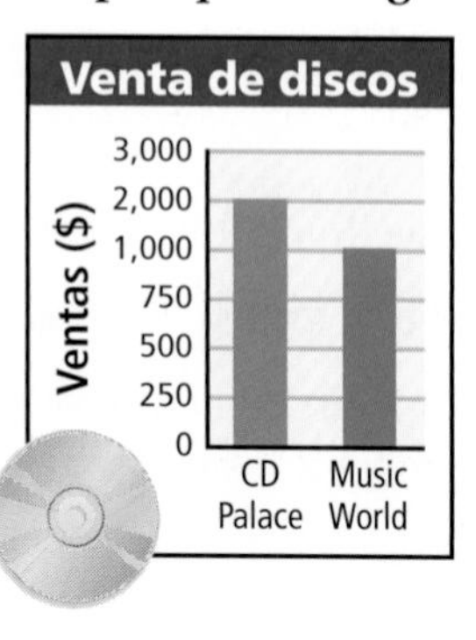

6.

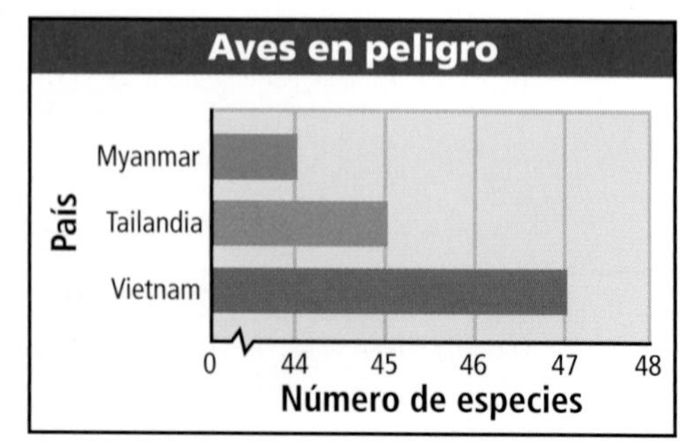

PRÁCTICA Y RESOLUCIÓN DE PROBLEMAS

Práctica adicional
Ver página 740

7. **Negocios** Explica por qué las siguientes gráficas son engañosas. Luego indica cómo dibujarlas de manera que no resulten engañosas.

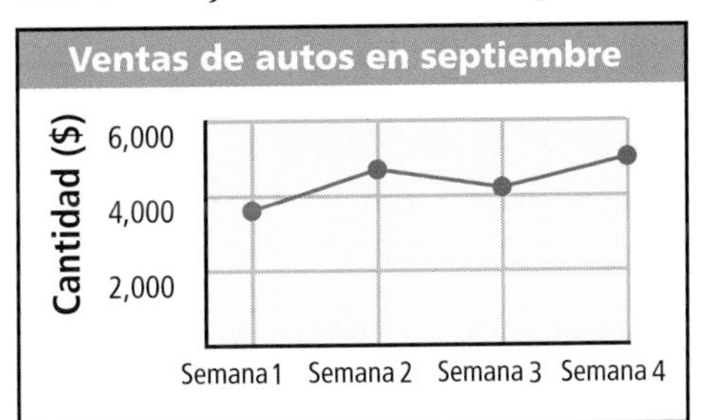

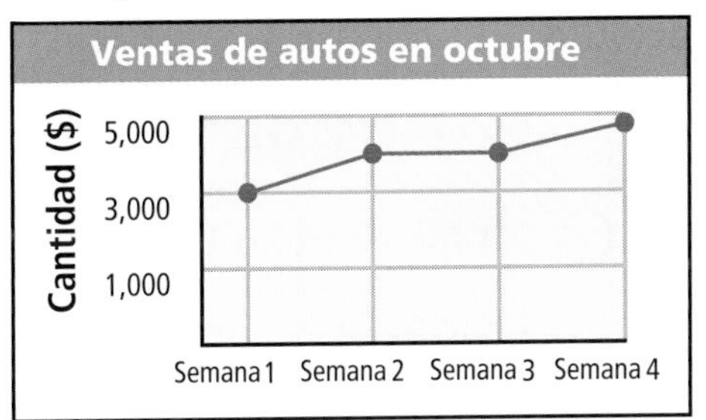

8. **Estudios sociales** El Camino de los Apalaches es un sendero de 2,160 millas que va desde Maine hasta Georgia. En la gráfica de barras se muestra la cantidad de millas del sendero en tres estados. Dibuja la gráfica de manera que no resulte engañosa. Luego compara las dos gráficas.

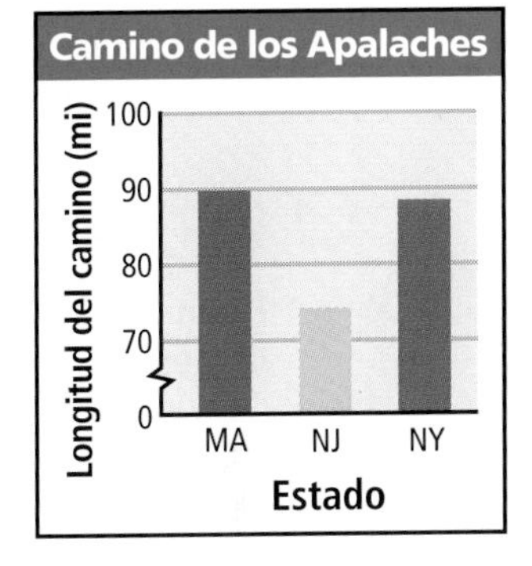

9. **Elige una estrategia** Tanya tenía \$1.19 en monedas. Ninguna moneda era de dólar o de 50 centavos. Josie le pidió cambio de un dólar a Tanya, pero ella no tenía el cambio correcto. ¿Qué monedas tenía Tanya?

10. **Escríbelo** ¿Por qué es importante examinar con atención las gráficas en los anuncios?

11. **Desafío** Una compañía preguntó a 10 personas cuál era su marca de pasta dental favorita. Tres eligieron Sparkle, una escogió Smile y seis escogieron Purely White. Un anuncio de Sparkle dice: "¡Tres veces más personas que prefieren Sparkle antes que Smile!" Explica por qué este enunciado es engañoso.

Preparación Para El Examen y repaso en espiral

Usa la gráfica para los Ejercicios 12 y 13.

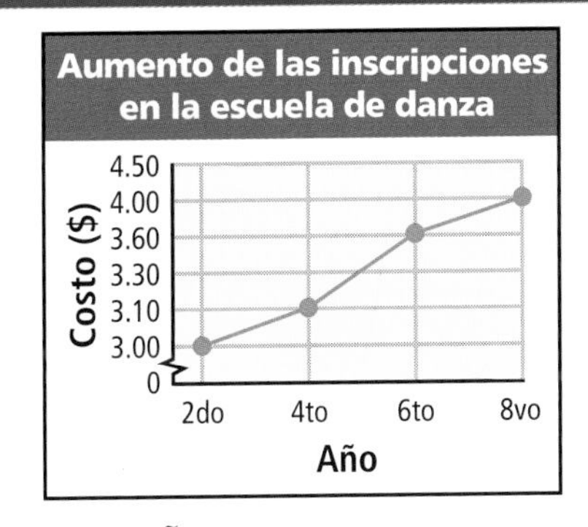

12. **Opción múltiple** ¿Qué enunciado NO es una razón que explique por qué la gráfica es engañosa?

Ⓐ Intervalo interrumpido en el eje vertical

Ⓑ El título

Ⓒ La escala vertical no es lo suficientemente pequeña.

Ⓓ Los intervalos no son iguales.

13. **Respuesta breve** Vuelve a dibujar la gráfica de modo que no sea engañosa.

Resuelve. Escribe cada respuesta en su mínima expresión. (Lección 3-12)

14. $\frac{3}{5}x = \frac{1}{5}$ 15. $x + \frac{2}{3} = \frac{5}{6}$ 16. $-\frac{1}{8}x = \frac{3}{4}$ 17. $x - \frac{3}{8} = -\frac{5}{6}$

Escribe correlación positiva, correlación negativa o sin correlación para describir la relación. (Lección 7-9)

18. estatura y puntajes en un examen
19. la velocidad de un auto y el tiempo para recorrer una distancia

SECCIÓN 7B

Prueba de las Lecciones 7-6 a 7-10

7-6 Gráficas lineales

En la tabla se muestra el valor de un camión a medida que aumenta su millaje.

Millaje (en millares)	Valor del camión ($)
0	20,000
20	18,000
40	14,000
60	11,000
80	10,000

1. Haz una gráfica lineal con los datos.
2. Usa la gráfica para estimar el valor del camión cuando tiene 12,000 millas.

7-7 Cómo elegir una presentación adecuada

En la tabla se muestra la frecuencia mundial de los terremotos.

Frecuencia de los terremotos	
Categoría	Frecuencia anual
Grande	1
Severo	18
Fuerte	120
Moderado	800

3. Elige el tipo de gráfica que presentaría mejor estos datos.
4. Crea la gráfica que presentaría mejor los datos.

7-8 Poblaciones y muestras

Determina si cada muestra puede no ser representativa. Explica.

5. Rickie encuesta a personas en un parque de diversiones para averiguar la cantidad promedio de integrantes de su núcleo familiar.
6. Theo encuesta a una de cada cuatro personas que entran en una tienda de comestibles para saber cuál es la cantidad promedio de mascotas que tienen.
7. Un biólogo estima que hay 1,800 peces en una cantera. Para comprobar esta estimación, un estudiante atrapó 150 peces de la cantera, los marcó y luego los devolvió a la cantera. Unos días más tarde, el estudiante atrapó 50 peces y observó que 4 de ellos estaban marcados. Determina si es probable que la estimación del biólogo sea exacta.

7-9 Diagramas de dispersión

8. Usa los datos para hacer un diagrama de dispersión.
9. Escribe *correlación positiva, correlación negativa* o *sin correlación* para describir la relación entre los conjuntos de datos.

Costo ($)	2	3	4	5
Cantidad de artículos comprados	12	8	6	3

7-10 Gráficas engañosas

10. ¿Qué gráfica es engañosa? Explica.

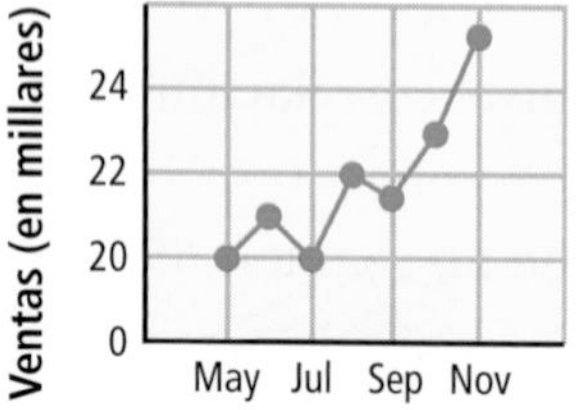

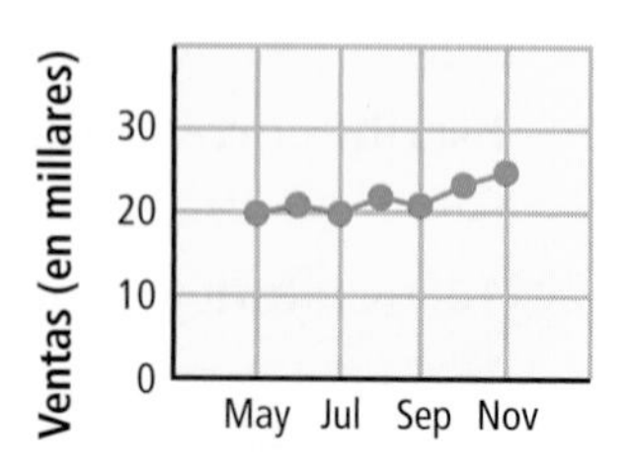

¿Listo para seguir?

PREPARACIÓN DE VARIOS PASOS PARA EL EXAMEN

CAPÍTULO 7

Grandes premios en dinero Una emisora radial organiza un concurso. Cada ganador elegirá un sobre con dinero. La emisora planea tener 150 ganadores y entregar $6,000. En la tabla se muestra el plan para llenar los sobres.

Cantidad de sobres	Cantidad de dinero
1	$5,000
2	$250
4	$50
12	$10
6	$5
25	$2
100	$1

1. La emisora quiere describir la cantidad usual de dinero que recibirá cada ganador. ¿Cuál es la media, la mediana, la moda y el rango de las cantidades ganadas?
2. Los auspiciantes deciden duplicar la cantidad de dinero que otorgan. Para hacer esto, el gerente de la emisora quiere duplicar el dinero de cada sobre. Haz una tabla en la que muestres cuánto dinero habrá en cada sobre.
3. ¿Cómo influye el plan del gerente en la media, la mediana, la moda y el rango de las cantidades de los premios?
4. Los disc-jockeys creen que es mejor duplicar la cantidad de ganadores en lugar de duplicar la cantidad de dinero por sobre. Quieren duplicar la cantidad de sobres que contengan cada suma de dinero. Haz una nueva tabla en la que muestres su plan.
5. ¿Cómo influye el plan de los disc-jockeys en la media, la mediana, la moda y el rango de las cantidades de los premios?

Preparación de varios pasos para el examen

¡Vamos a jugar!

Descifrador de códigos

Un *criptograma* es un mensaje escrito en código. Uno de los tipos de código más comunes es el código de sustitución, en el que cada letra de un texto se reemplaza por otra letra. En la tabla se muestra una manera de reemplazar letras en un texto para escribir un mensaje en código.

Letra original	A	B	C	D	E	F	G	H	I	J	K	L	M
Letra del código	J	E	O	H	K	A	U	B	L	Y	V	G	P
Letra original	N	O	P	Q	R	S	T	U	V	W	X	Y	Z
Letra del código	X	N	S	D	Z	Q	M	W	C	R	F	T	I

Con este código, la palabra MATH se escribe PJMB. También puedes usar la tabla como una clave para descifrar mensajes. Trata de descifrar el siguiente mensaje.(Nota: El mensaje se encuentra en inglés).

J EJZ UZJSB OJX EK WQKH MN HLQSGJT HJMJ.

Supongamos que quieres descifrar un código de sustitución pero no tienes la clave. Puedes usar la frecuencia de las letras como ayuda. En la siguiente gráfica de barras se muestra la cantidad de veces que es probable que aparezca cada letra del idioma inglés en un texto de 100 letras.

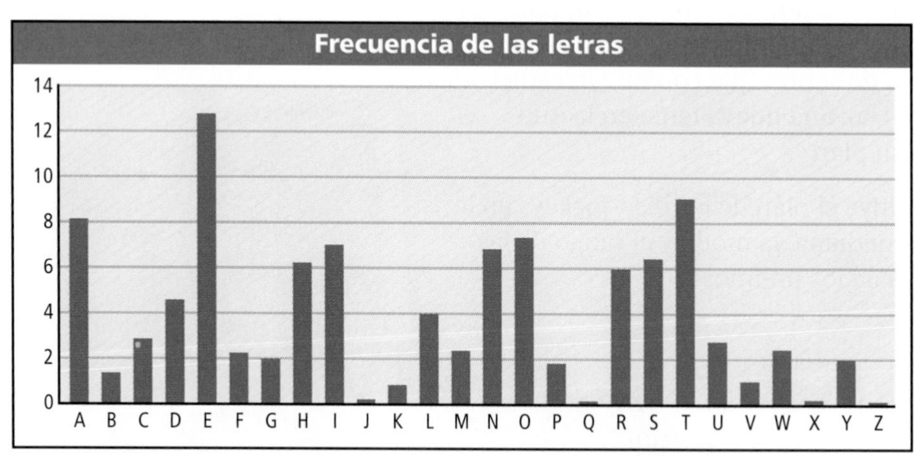

En la gráfica puedes ver que la E es la moda. En un texto en código, es probable que la letra que aparezca con más frecuencia represente la E. La letra que aparezca en segundo lugar de frecuencia probablemente sea la T. Cuenta la cantidad de veces que aparece cada letra en el siguiente mensaje. Luego usa las frecuencias de las letras y conjeturas para descifrar el mensaje. (*Pista:* en este código, la P representa a la letra M). (Nota: El mensaje se encuentra en inglés).

KSQ PQUR, KSQ PQHGUR, URH KSQ PXHQ KQWW VXE DXPQKSGRT UCXEK U DQK XZ HUKU.

PROYECTO Relaciones gráficas

Usa una caja de CD vacía para crear un juego de relaciones magnético sobre diferentes tipos de gráficas.

Instrucciones

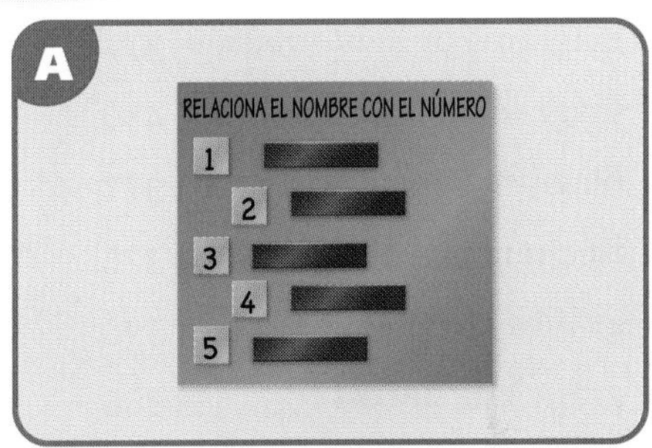

1. Recorta la cartulina de manera que su tamaño sea de $4\frac{1}{2}$ pulgadas por 5 pulgadas. En ella escribe "Relaciona el nombre con el número" y haz una lista del 1 al 5, como se muestra. Recorta pequeños rectángulos de la cinta magnética y pégalos junto a los números. **Figura A**

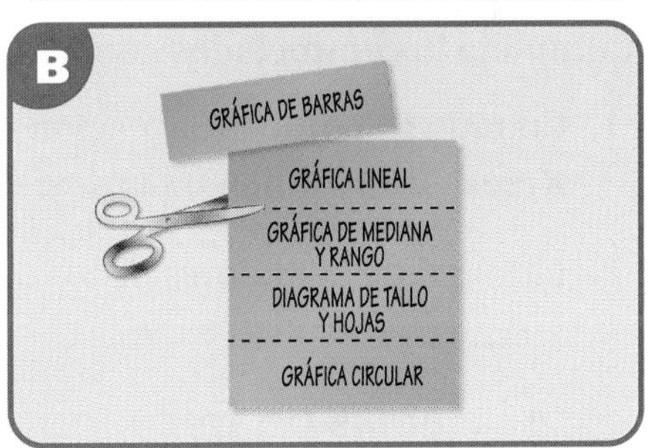

2. Pega papel de colores en el resto de la cinta magnética. Escribe los nombres de cinco tipos de gráficas diferentes en la cinta. Recorta para formar rectángulos magnéticos con el nombre de las gráficas. **Figura B**

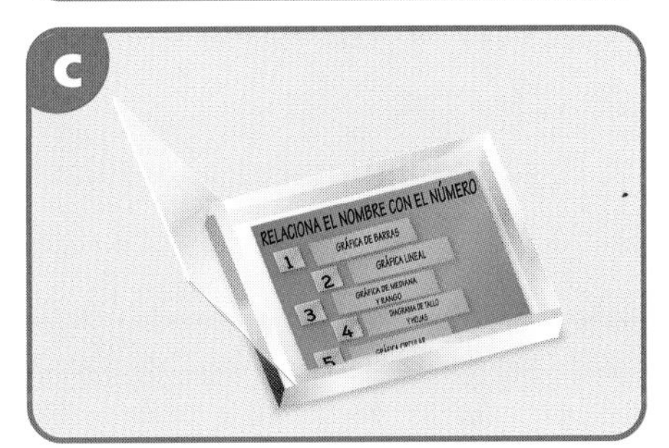

3. Coloca un nombre magnético de una gráfica junto a cada número de la cartulina. Luego, pega la cartulina con cinta adhesiva en la parte interior de la contratapa de la caja de CD vacía. **Figura C**

4. Recorta cinco cuadrados de papel cuadriculado de $4\frac{1}{2}$ pulgadas por $4\frac{1}{2}$ pulgadas. Numera los cuadrados del 1 al 5. Dibuja un tipo de gráfica diferente en cada uno de los cuadrados, asegurándote de que coincidan con los tipos de gráfica que figuran en los rectángulos magnéticos.

5. Usa la engrapadora para unir las gráficas y hacer una libreta. Introdúcela en la tapa de la caja de CD.

Matemáticas en acción

Intercambia el juego con un compañero. ¿Puedes relacionar cada gráfica con su nombre?

CAPÍTULO 7

Guía de estudio: Repaso

Vocabulario

correlación negativa 417	gráfica de doble barra ... 386	muestra de conveniencia 412
correlación positiva 417	gráfica de doble línea ... 403	muestra no representativa 413
cuartil inferior 394	gráfica de mediana y rango 394	población 412
cuartil superior 394	gráfica lineal 402	rango 381
diagrama de acumulación 377	histograma 387	rango entre cuartiles 395
diagrama de dispersión 416	media 381	sector 390
diagrama de tallo y hojas 377	mediana 381	sin correlación 417
frecuencia acumulativa 376	moda 381	tabla de frecuencia 376
gráfica circular 390	muestra 412	valor extremo 382
gráfica de barras 386	muestra aleatoria 412	

Completa los enunciados con las palabras del vocabulario.

1. Cuando se reúne información sobre un(a) ___?___, los investigadores a menudo estudian una parte del grupo, llamada ___?___.

2. La suma de los valores de los datos dividida entre la cantidad de datos se llama ___?___ de los datos.

7-1 Tablas de frecuencia, diagramas de tallo y hojas y diagramas de acumulación (págs. 376–380)

EJEMPLO

- **Haz un diagrama de acumulación con los datos.**

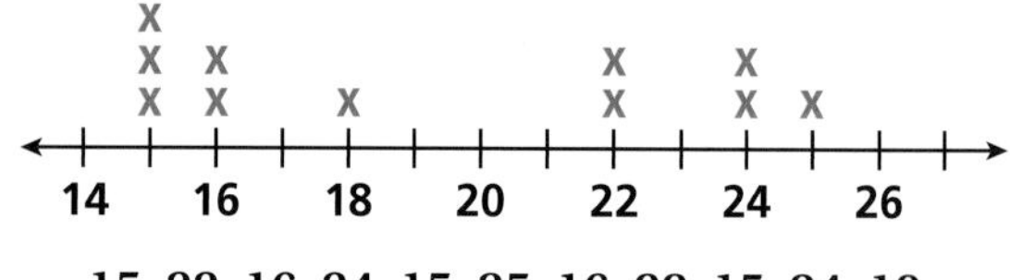

15, 22, 16, 24, 15, 25, 16, 22, 15, 24, 18

EJERCICIOS

Usa el conjunto de datos 35, 29, 14, 19, 32, 25, 27, 16 y 8 para los Ejercicios del 3 al 5.

3. Haz una tabla de frecuencia acumulativa.
4. Haz un diagrama de tallo y hojas.
5. Haz un diagrama de acumulación.

7-2 Media, mediana, moda y rango (págs. 381–385)

EJEMPLO

- **Halla la media, la mediana, la moda y el rango del conjunto de datos 3, 7, 10, 2 y 3.**

Media: $3 + 7 + 10 + 2 + 3 = 25 \quad \frac{25}{5} = 5$

Mediana: 2, 3, 3, 7, 10

Moda: 3 Rango: $10 - 2 = 8$

EJERCICIOS

Halla la media, la mediana, la moda y el rango de cada conjunto de datos.

6. 324, 233, 324, 399, 233, 299
7. 48, 39, 27, 52, 45, 47, 49, 37

7-3 Gráficas de barras e histogramas (págs. 386–389)

EJEMPLO

- **Haz una gráfica de barras con los resultados del club de ajedrez: G, P, G, G, P, G, P, P, G, G, G, P, G.**

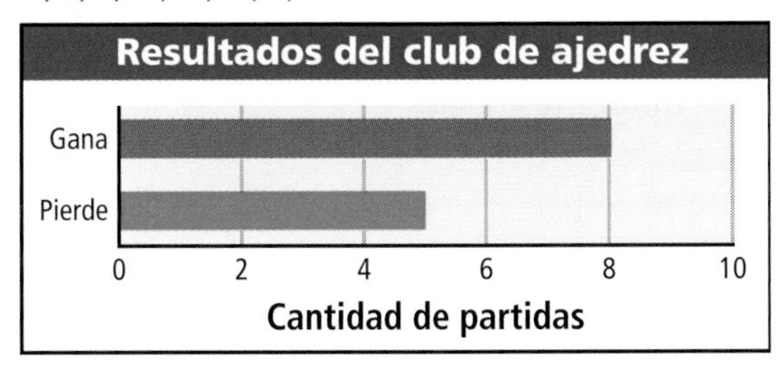

EJERCICIOS

8. Haz una gráfica de doble barra con los datos.

Mascota favorita	Chicas	Chicos
Gato	42	31
Perro	36	52
Pez	3	10
Otra	19	7

7-4 Cómo leer e interpretar gráficas circulares (págs. 390–393)

EJEMPLO

- **¿Aproximadamente qué porcentaje de personas dijeron que el amarillo era su color favorito?**
  Aproximadamente el 25%

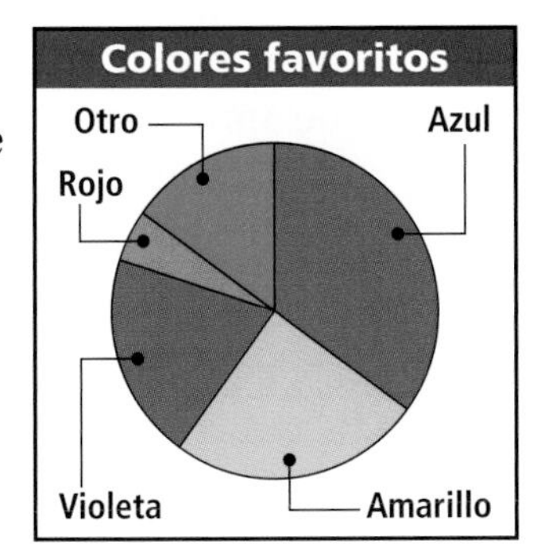

EJERCICIOS

Usa la gráfica circular para los Ejercicios 9 y 10.

9. ¿Fueron más los que eligieron el violeta o el amarillo como color favorito?
10. De las 100 personas encuestadas, el 35% eligió el azul como color favorito. ¿Cuántas personas eligieron el azul?

7-5 Gráficas de mediana y rango (págs. 394–397)

EJEMPLO

- **Usa los datos para hacer una gráfica de mediana y rango: 14, 10, 23, 16, 21, 26, 23, 17 y 25.**

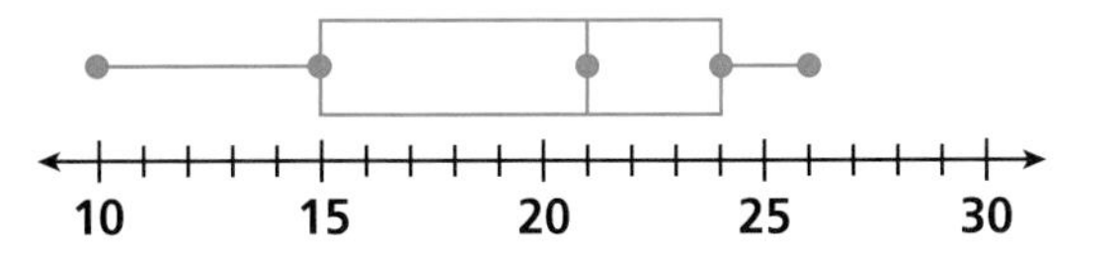

EJERCICIOS

Usa los siguientes datos para los Ejercicios 11 y 12: 33, 38, 43, 30, 29, 40, 51, 27, 42, 23 y 31.

11. Haz una gráfica de mediana y rango.
12. ¿Cuál es el rango entre cuartiles?

7-6 Gráficas lineales (págs. 402–405)

EJEMPLO

- **Haz una gráfica lineal con los datos: Abr, 5 pulg; May, 3 pulg; Jun, 4 pulg; Jul, 1 pulg.**

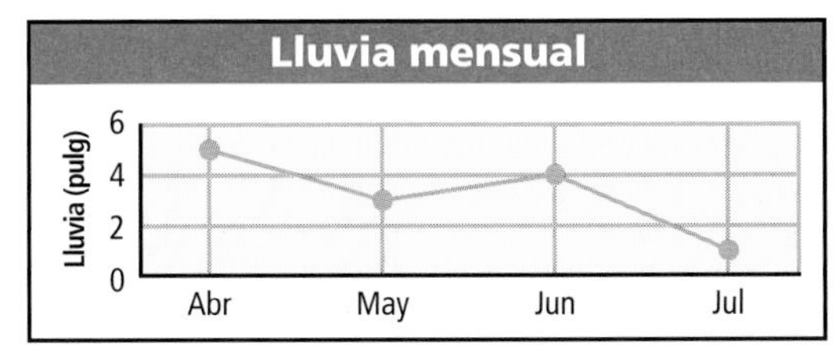

EJERCICIOS

13. Haz una gráfica de doble línea con los datos de la tabla.

Mejores marcadores del Abierto de EE.UU.					
	1995	1996	1997	1998	1999
Hombres	280	278	276	280	279
Mujeres	278	272	274	290	272

7-7 Cómo elegir una presentación adecuada (págs. 408–411)

EJEMPLO

Elige el tipo de gráfica que representaría mejor la población de una ciudad a lo largo de 10 años.

Gráfica lineal

EJERCICIOS

Elige el tipo de gráfica que representaría mejor estos datos.

14. cantidad de perros en un criadero cada día

15. cantidad de exportaciones de diferentes países

7-8 Poblaciones y muestras (págs. 412–415)

EJEMPLO

- **En una muestra aleatoria de 50 palomas de un parque, 4 tienen un pico deforme. ¿Es razonable afirmar que aproximadamente 20 palomas de la población de 2,000 tiene esta deformación? Explica.**

  No, porque $\frac{4}{50}$ no se aproxima proporcionalmente a $\frac{20}{2,000}$.

EJERCICIOS

16. De 35 personas encuestadas, 14 prefieren el detergente marca X. ¿Es razonable que el gerente de la tienda afirme que aproximadamente 2,500 de los 6,000 habitantes del pueblo preferirán el detergente marca X?

7-9 Diagramas de dispersión (págs. 416–419)

EJEMPLO

- **Escribe *correlación positiva, correlación negativa* o *sin correlación* para describir la relación entre la fecha de nacimiento y el color de ojos.**

  Parece no haber correlación entre los conjuntos de datos.

EJERCICIOS

17. Usa los datos para hacer un diagrama de dispersión. Escribe *correlación positiva, correlación negativa* o *sin correlación.*

Clientes	47	56	35	75	25
Ventas ($)	495	501	490	520	375

7-10 Gráficas engañosas (págs. 422–425)

EJEMPLO

- **Explica por qué la gráfica podría ser engañosa.**

  Como el eje vertical es discontinuo, parece que las ventas de A son el doble de las de B.

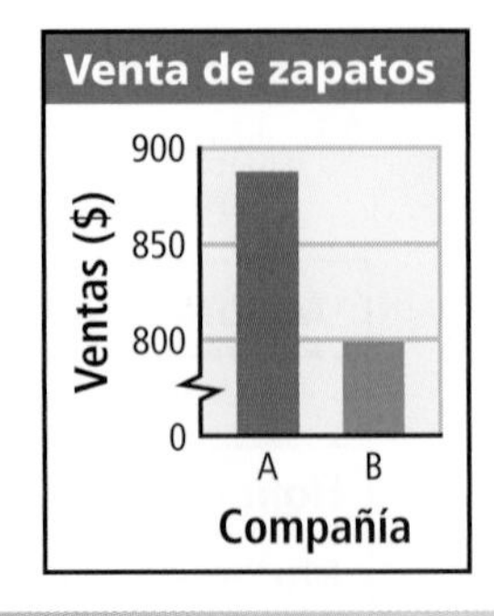

EJERCICIOS

18. Explica por qué la gráfica podría ser engañosa.

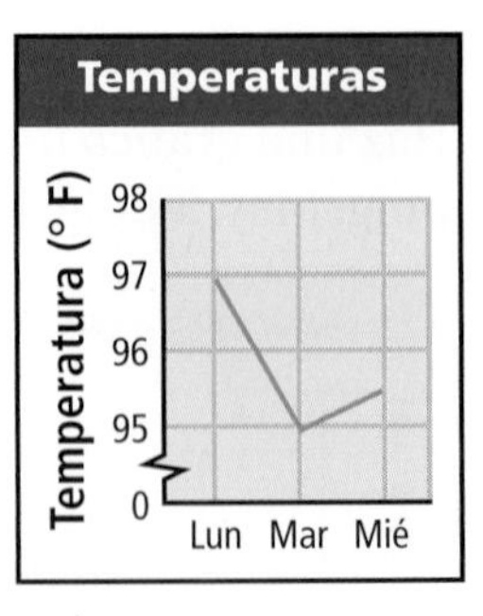

Usa el conjunto de datos 12, 18, 12, 22, 28, 23, 32, 10, 29 y 36 para los Problemas del 1 al 8.

1. Halla la media, la mediana, la moda y el rango del conjunto de datos.
2. ¿Cómo influye el valor extremo 57 en las medidas de tendencia dominante?
3. Haz una tabla de frecuencia acumulativa con los datos.
4. Haz un diagrama de tallo y hojas con los datos.
5. Haz un diagrama de acumulación con los datos.
6. Haz un histograma con los datos.
7. Haz una gráfica de mediana y rango con los datos.
8. ¿Cuál es el rango entre cuartiles?

Usa la tabla para los Problemas 9 y 10.

9. En la tabla muestra el peso en libras de varios mamíferos. Haz una gráfica de doble barra con los datos.
10. ¿Qué mamífero muestra la mayor diferencia de peso entre macho y hembra?

Mamífero	Macho	Hembra
Gorila	450	200
León	400	300
Tigre	420	300

Usa la gráfica circular para los Problemas 11 y 12.

11. ¿Aproximadamente qué porcentaje de los estudiantes está en séptimo grado?
12. Si la población escolar es de 1,200 estudiantes, ¿más de 500 están en octavo grado? Explica.

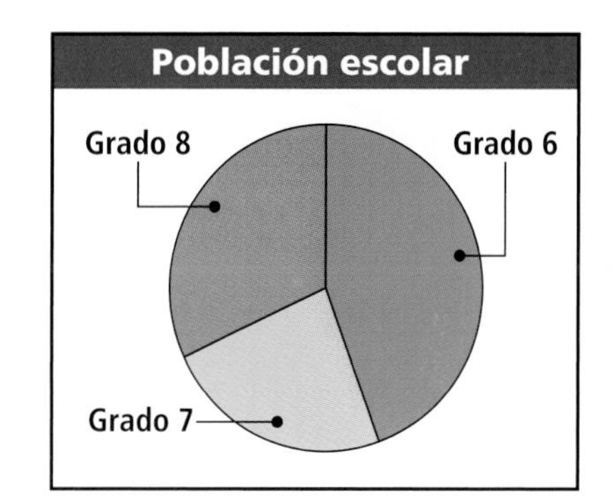

Usa la tabla para los Problemas 13 y 14.

13. En la tabla se muestran las tasas de rendimiento de un autobús en millas por galón durante varios años. Haz una gráfica lineal con los datos. ¿Durante qué periodo de 2 años disminuyó la tasa de rendimiento?
14. Estima la tasa de rendimiento de 1997.

Año	1992	1994	1996	1998
Tasa	21.0	20.7	21.2	21.6

15. ¿Qué tipo de gráfica presentaría mejor la asistencia de los estudiantes a diversos acontecimientos deportivos?

Para los Problemas 16 y 17, escribe *correlación positiva, correlación negativa o sin correlación* para cada relación.

16. tamaño de las manos y velocidad de mecanografía
17. altura desde donde se deja caer un objeto y tiempo que tarda en tocar el suelo
18. Explica por qué la gráfica de la derecha podría ser engañosa.

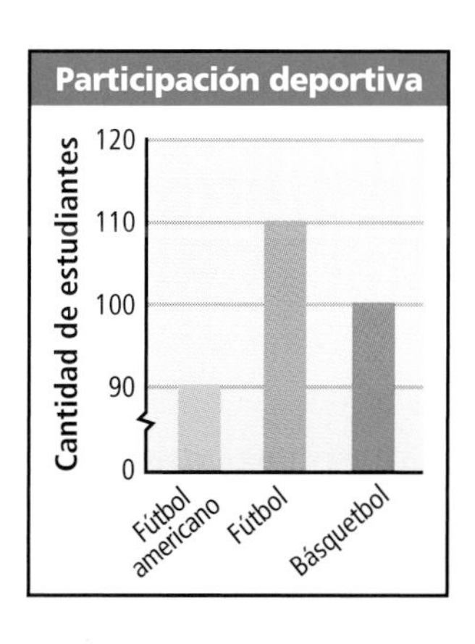

Examen del capítulo

AYUDA PARA EXAMEN

Estrategias para el examen estandarizado

Respuesta breve: Escribe respuestas breves

Las preguntas de respuesta breve del examen sirven para evaluar tu comprensión de un concepto matemático. En tu respuesta, generalmente debes mostrar tu trabajo y explicarlo. El puntaje se basa en una tabla con un máximo de 2 puntos llamada criterio de puntaje.

EJEMPLO 1

Respuesta breve Los siguientes datos representan la cantidad de horas que Leann estudió para su examen de historia cada día después de la escuela.

0, 1, 0, 1, 5, 3, 4

Halla la media, la mediana y la moda del conjunto de datos. ¿Qué medida de tendencia dominante representa mejor los datos? Explica tu respuesta.

Estas son algunas respuestas calificadas según el criterio de 2 puntos.

Criterio de puntaje

2 puntos: El estudiante responde correctamente a la pregunta, muestra todo el trabajo y da una explicación completa y correcta.

1 punto: El estudiante responde correctamente, pero no muestra todo su trabajo o no ofrece una explicación completa; o comete pequeños errores que hacen que la solución sea incorrecta, pero muestra todo el trabajo y da una explicación completa.

0 puntos: El estudiante da una respuesta incorrecta sin mostrar el trabajo ni dar explicaciones, o no da una respuesta.

Respuesta de 2 puntos:

$\frac{0+1+0+1+5+3+4}{7} = 2$ *La media es 2.*

0 0 1 (1) 3 4 5 *La mediana es 1.*

(0 0) (1 1) 3 4 5 *Las modas son 0 y 1.*

La medida de tendencia dominante que representa mejor los datos es la media, porque muestra la cantidad promedio de horas que Leann estudió antes del examen.

Respuesta de 1 punto:

$\frac{0+1+0+1+5+3+4}{7} = 2$ *La media es 2.*

0 0 1 (1) 3 4 5 *La mediana es 1.*

(0 0) (1 1) 3 4 5 *Las modas son 0 y 1.*

Observa que no se da una explicación de la medida de tendencia dominante que representa mejor los datos.

Respuesta de 0 puntos:

La media es 2, la mediana es 2 y la moda es 0.

Observa que la respuesta es incorrecta y que no hay explicación.

Subraya o resalta lo que se te pide que hagas en cada pregunta. Asegúrate de explicar con oraciones completas cómo obtuviste tu respuesta.

Lee cada recuadro y contesta las preguntas que le siguen.

A

Respuesta breve En la gráfica de mediana y rango se muestra la estatura en pulgadas de estudiantes de séptimo grado. Describe la amplitud de los datos.

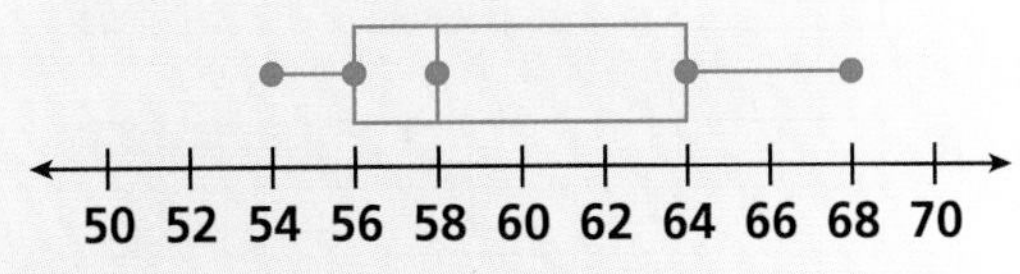

Respuesta del estudiante

Hay más estudiantes que miden entre 58 y 70 pulgadas que entre 50 y 58 pulgadas de alto porque el tercer cuartil está más lejos de la mediana que el primer cuartil.

1. ¿Qué puntaje merece la respuesta del estudiante? Explica tu razonamiento.
2. ¿Qué información adicional, si la hay, se debería incluir en la respuesta para recibir el puntaje máximo?

B

Respuesta breve Explica el tipo de gráfica que usarías para representar la cantidad de cada tipo de auto que se vende en una concesionaria en mayo.

Respuesta del estudiante

Usaría una gráfica de barras para mostrar cuántos autos de cada modelo se vendieron ese mes.

3. ¿Qué puntaje merece la respuesta del estudiante? Explica tu razonamiento.
4. ¿Qué información adicional, si la hay, se debería incluir en la respuesta para recibir el puntaje máximo?

C

Respuesta breve Haz un diagrama de dispersión con los datos y describe la correlación entre la temperatura al aire libre y la cantidad de personas que hay en la piscina pública.

Temperatura (° F)	70	75	80	85	90
Cantidad de personas	20	22	40	46	67

Respuesta del estudiante

Hay una correlación positiva entre la temperatura y la cantidad de personas que hay en la piscina pública porque, a medida que aumenta la temperatura, más personas quieren ir a nadar.

5. ¿Qué puntaje merece la respuesta del estudiante? Explica tu razonamiento.
6. ¿Qué información adicional, si la hay, se debería incluir en la respuesta para recibir el puntaje máximo?

D

Respuesta breve Se hizo una encuesta para determinar qué grupo de edades vio más películas en noviembre. En el cine, se preguntó la edad a quince personas y sus respuestas fueron: 6, 10, 34, 22, 46, 11, 62, 14, 14, 5, 23, 25, 17, 18 y 55. Haz una tabla de frecuencia acumulativa con los datos. Luego, explica qué grupo vio más películas.

Respuesta del estudiante

Grupo de edades	*Frecuencia*	*Frecuencia acumulativa*
0-13	4	4
14-26	7	11
27-40	1	12
41-54	1	13
55-68	2	15

7. ¿Qué puntaje merece la respuesta del estudiante? Explica tu razonamiento.
8. ¿Qué información adicional, si la hay, se debería incluir en la respuesta para recibir el puntaje máximo?

CAPÍTULO 7

PREPARACIÓN PARA EL EXAMEN ESTANDARIZADO

go.hrw.com
Práctica en línea para el examen estatal
CLAVE: MS7 TestPrep

Evaluación acumulativa, Capítulos 1–7

Opción múltiple

1. ¿Qué expresión es verdadera para el conjunto de datos? 15, 18, 13, 15, 16, 14

   (A) Media < moda

   (B) Mediana > media

   (C) Mediana = media

   (D) Mediana = moda

2. ¿Cuál es el primer paso para simplificar esta expresión?

   $\frac{2}{5} + [3 - 5(2)] \div 6$

   (F) Multiplicar 5 por 2

   (G) Dividir entre 6

   (H) Restar 5 de 3

   (J) Dividir 2 entre 5

3. ¿Cuál es la pendiente de esta línea?

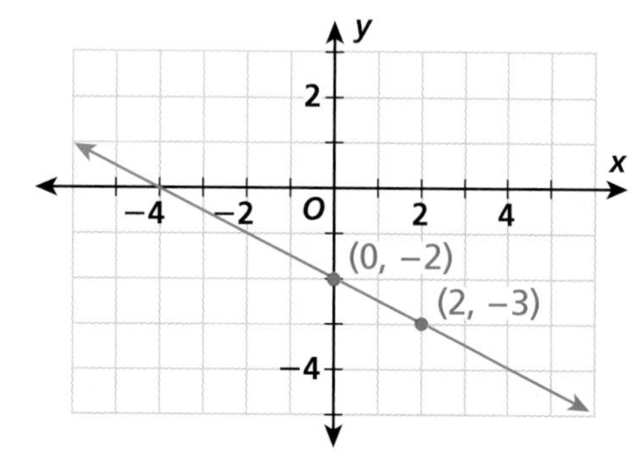

   (A) $\frac{1}{2}$ (C) 2

   (B) $-\frac{2}{1}$ (D) $-\frac{1}{2}$

4. El lunes la temperatura fue de −13° F. El martes la temperatura aumentó 7° F. ¿Cuál fue la temperatura el martes?

   (F) −20° F   (H) −6° F

   (G) −8° F   (J) 7° F

5. ¿Qué modelo representa mejor la fracción $\frac{5}{8}$?

   (A) 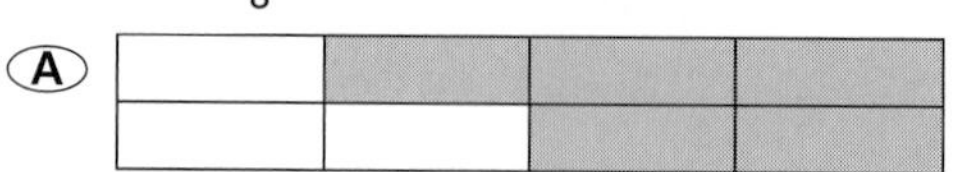

   (B) 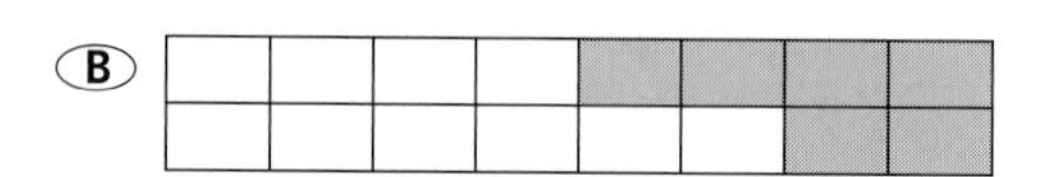

   (C) 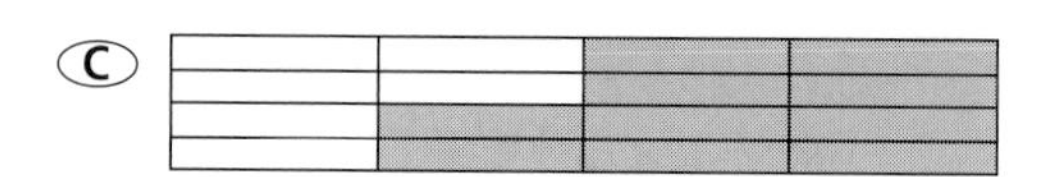

   (D) 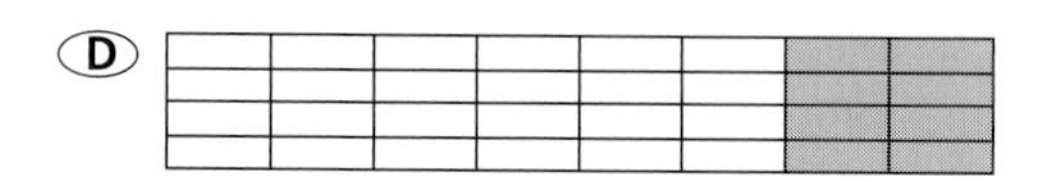

6. Roy come $\frac{1}{4}$ de taza de cereal todos los días en su desayuno. En lo que va del año comió un total de 16 tazas de cereal. ¿Cuántos días comió cereal?

   (F) 4 días   (H) 32 días

   (G) 16 días   (J) 64 días

7. Esta semana, una tienda ofrece brillo labial a un 25% menos de su precio original. El precio original es $7.59. ¿Cuál es el precio de oferta?

   (A) $5.69   (C) $3.80

   (B) $4.93   (D) $1.90

8. ¿Cuál es la moda de los datos que se muestran en el diagrama de tallo y hojas?

Tallos	Hojas
6	1 2 2 5 9
7	0 4 6 7 8
8	3 3 3 5 6

Clave: 7|0 significa 70.

   (F) 25   (H) 76

   (G) 62   (J) 83

9. Resuelve $8 + 34x = -60$ para x.

Ⓐ $x = -5$ Ⓒ $x = -2$

Ⓑ $x = -0.97$ Ⓓ $x = 2$

10. ¿Qué enunciado está mejor apoyado por los datos?

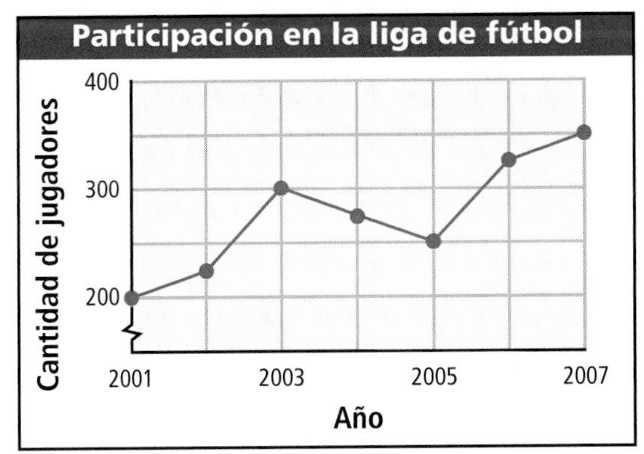

Ⓕ Más estudiantes jugaron fútbol en 2005 que en 2002.

Ⓖ De 2001 a 2007 la participación en fútbol aumentó 100%.

Ⓗ De 2002 a 2006 la participación en fútbol disminuyó 144%.

Ⓙ La participación aumentó de 2004 a 2005.

Lee una gráfica o un diagrama con tanta atención como lees la pregunta del examen. Estas ayudas visuales contienen información importante.

Respuesta gráfica

11. A la centésima más cercana, ¿cuál es la diferencia entre la media y la mediana del conjunto de datos?

14, 11, 14, 11, 13, 12, 9, 15, 16

12. ¿Qué valor representa el cuartil superior de los datos de la siguiente gráfica de mediana y rango?

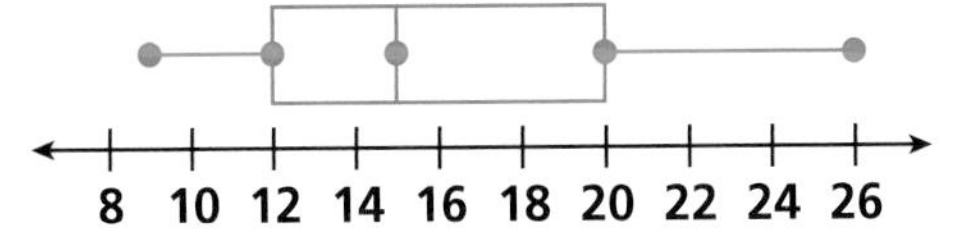

13. La clave de un diagrama de tallo y hojas dice que 2|5 significa 2.5. ¿Qué valor representa 1|8 ?

Respuesta breve

14. En la gráfica se muestran los resultados de una encuesta. Aaron leyó la gráfica y determinó que más de $\frac{1}{5}$ de los estudiantes eligió el drama como su tipo de película favorita. ¿Estás de acuerdo con Aaron? ¿Por qué sí o por qué no?

15. Un promotor inmobiliario compra 120 acres de tierra y planea dividir una parte en cinco lotes de 5 acres, otra parte en dos lotes de 10 acres y el resto en lotes de $\frac{1}{2}$ acre. Cada lote se venderá para construir una vivienda. ¿Cuántos lotes puede planear vender?

Respuesta desarrollada

16. El maestro Parker quiere identificar el tipo de actividades en las que participan los estudiantes después de la escuela. Para eso, encuesta a los estudiantes del duodécimo grado de su clase de ciencias. En la tabla se muestran los resultados.

Actividad	Chicos	Chicas
Hacer deportes	36	24
Hablar con amigos	6	30
Hacer la tarea	15	18
Trabajar	5	4

a. Usa los datos de la tabla para hacer una gráfica de doble barra.

b. ¿Cuál es la media del número de chicas por actividad? Muestra tu trabajo.

c. ¿Qué tipo de muestra se usa? ¿Esta muestra es representativa de la población? Explica.

CAPÍTULO 8

Figuras geométricas

PREPARACIÓN DE VARIOS PASOS PARA EL EXAMEN

Presentación del capítulo en línea

CLAVE: MS7 Ch8

Puentes largos

Puente	Ubicación	Tipo	Longitud de arco principal (m)
Great Belt	Dinamarca	Colgante	1,624
TataraJapón por cables	Sostenido 890		
Bayonne	EE.UU.	Arco de acero	511

Profesión *Diseñadora de puentes*

Muchos factores influyen en la forma en que se construye un puente. Un puente debe resistir los vientos, la nieve, el peso del tránsito y al mismo tiempo soportar su propio peso.

Los diseñadores de puentes también tienen que considerar la distancia (llamada *arco*) que debe atravesar un puente, la naturaleza del terreno y la apariencia de la estructura. Los diseñadores de puentes suelen combinar conocimientos tecnológicos y artísticos para crear estructuras que sean funcionales y bellas al mismo tiempo.

Vocabulario

Elige de la lista el término que mejor complete cada enunciado.

decimal
entero
par ordenado
porcentaje
proporción

1. Una ecuación que muestra que dos razones son iguales se llama __?__.
2. Las coordenadas de un punto en una cuadrícula se escriben como un(a) __?__ .
3. Un(a) __?__ es una razón especial que compara un número con 100 y usa el símbolo %.
4. El número −3 es un(a) __?__.

Resuelve los ejercicios para practicar las destrezas que usarás en este capítulo.

Porcentajes y decimales

Escribe cada decimal como porcentaje.

5. 0.77
6. 0.06
7. 0.9
8. 1.04

Escribe cada porcentaje como decimal.

9. 42%
10. 80%
11. 1%
12. 131%

Hallar el porcentaje de un número

Resuelve.

13. ¿Cuánto es el 10% de 40?
14. ¿Cuánto es el 12% de 100?
15. ¿Cuánto es el 99% de 60?
16. ¿Cuánto es el 100% de 81?
17. ¿Cuánto es el 45% de 360?
18. ¿Cuánto es el 55% de 1,024?

Operaciones inversas

Usa la operación inversa para escribir una ecuación. Resuelve.

19. $45 + n = 97$
20. $n - 18 = 100$
21. $n - 72 = 91$
22. $n + 23 = 55$
23. $5 \times t = 105$
24. $b \div 13 = 8$
25. $k \times 18 = 90$
26. $d \div 7 = 8$

Representar gráficamente pares ordenados

Usa el plano cartesiano de la derecha. Escribe el par ordenado de cada punto.

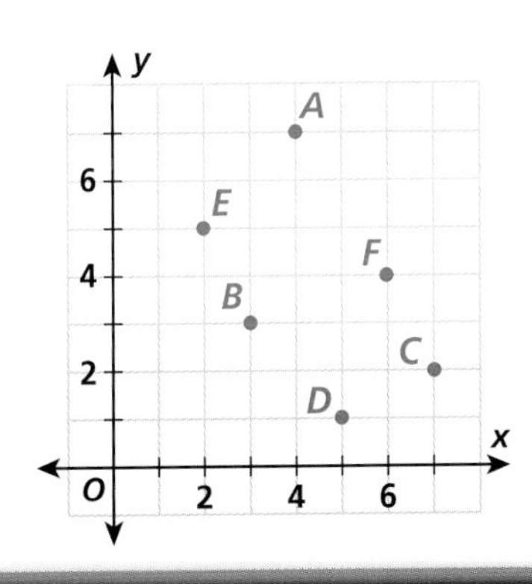

27. punto A
28. punto B
29. punto C
30. punto D
31. punto E
32. punto F

CAPÍTULO 8

Guía de estudio: Avance

De dónde vienes

Antes,

- identificaste las relaciones de los ángulos en los triángulos y los cuadriláteros.
- identificaste figuras semejantes.
- representaste gráficamente puntos en un plano cartesiano.

En este capítulo

Estudiarás

- cómo clasificar pares de ángulos como complementarios o suplementarios.
- cómo clasificar triángulos y cuadriláteros.
- cómo representar gráficamente traslaciones y reflexiones en un plano cartesiano.
- cómo usar la congruencia y la semejanza para resolver problemas.

Adónde vas

Puedes usar las destrezas aprendidas en este capítulo

- para resolver problemas relacionados con la arquitectura y la ingeniería.
- para usar transformaciones a fin de crear patrones en las clases de arte.

Vocabulario/Key Vocabulary

ángulo	angle
congruentes	congruent
cuadrilátero	quadrilateral
líneas paralelas	parallel lines
líneas perpendiculares	perpendicular lines
polígono	polygon
rotación	rotation
simetría axial	line symmetry
transformación	transformation
vértice	vertex

Conexiones de vocabulario

Considera lo siguiente para familiarizarte con algunos de los términos de vocabulario del capítulo. Puedes consultar el capítulo, el glosario o un diccionario si lo deseas.

1. La palabra *congruente* viene del latín *congruere*, que significa "estar de acuerdo o corresponder". Si dos figuras son **congruentes,** ¿crees que serán iguales o diferentes?
2. La palabra *polígono* viene del griego *polus*, que significa "muchos", y *gonia*, que significa "ángulo". ¿Cómo crees que es una figura llamada **polígono?**
3. La palabra *cuadrilátero* proviene del latín *cuadri*, que significa "cuatro", y *latus*, que significa "lado". ¿Cuántos lados crees que tiene un **cuadrilátero?**
4. La *rotación* puede ser "el acto de girar o dar vueltas". ¿Cómo crees que se mueve una figura cuando la **rotas?**

Estrategia de redacción: Haz un diario de matemáticas

Hacer un diario de matemáticas puede ayudarte a mejorar tus destrezas de redacción y de razonamiento y a entender temas de matemáticas que pueden resultarte confusos.

Tu diario te ayudará a reflexionar sobre lo que has aprendido en clase o a resumir vocabulario y conceptos importantes. Pero lo más importante es que tu diario de matemáticas puede ayudarte a saber cómo progresas a lo largo del año.

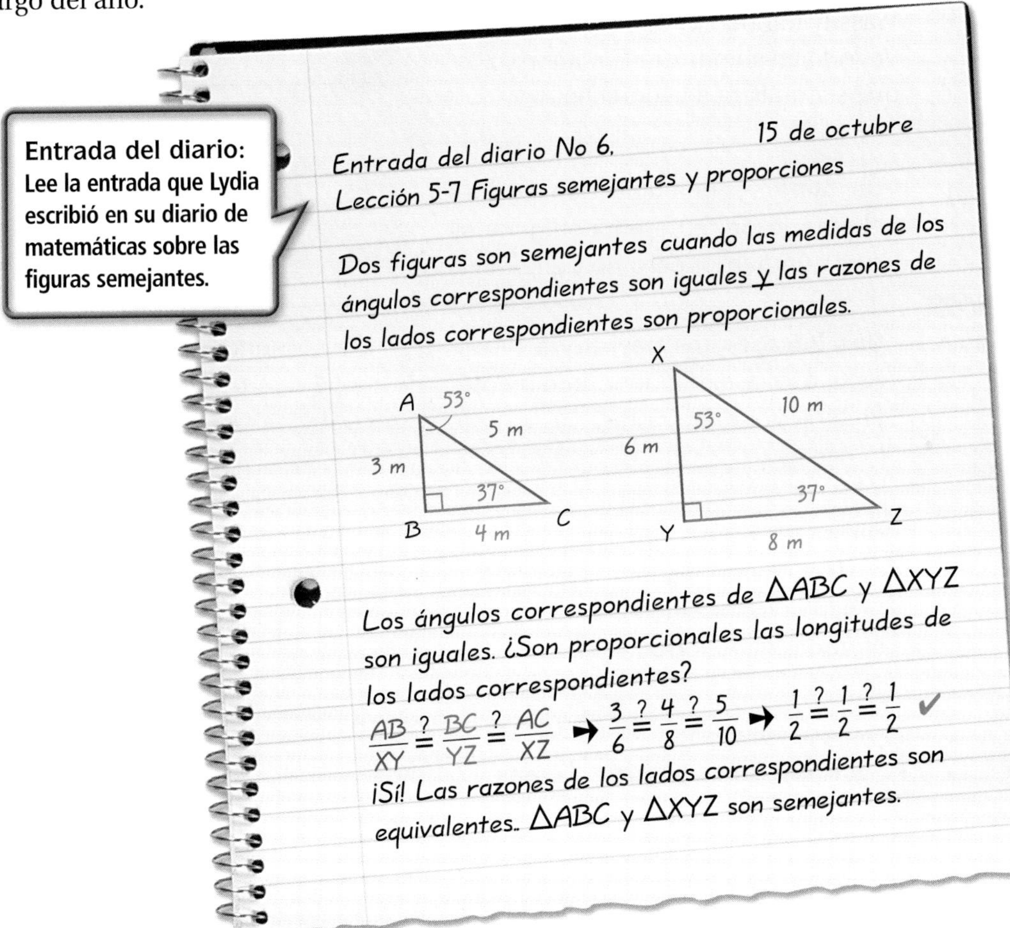

Inténtalo

Comienza un diario de matemáticas. Escribe una entrada cada día durante una semana. Usa las siguientes ideas para comenzar. Asegúrate de escribir la fecha de cada entrada.

- En esta lección aprendí que . . .
- Las destrezas que necesito para tener éxito en esta lección son . . .
- ¿Qué problemas tuve? ¿Cómo hice para resolverlos?

8-1 Figuras básicas de la geometría

Aprender a **identificar y describir figuras geométricas**

Vocabulario

punto
línea
plano
rayo
segmento de recta
congruentes

Los *puntos,* las *líneas* y los *planos* son las figuras más básicas de la geometría. Otras figuras geométricas, como los *segmentos de recta* y los *rayos,* se definen en función de estas figuras básicas.

Los artistas usan con frecuencia figuras geométricas básicas al crear sus obras. Por ejemplo, Wassily Kandinsky usó *segmentos de recta* en su pintura *Círculo rojo,* que se muestra a la derecha.

Pista útil

Una recta numérica es un ejemplo de línea y un plano cartesiano es un ejemplo de plano.

Un **punto** es una ubicación exacta en el espacio. Se representa en general como un punto, pero no tiene tamaño.	• A	punto A *Usa una letra mayúscula para identificar un punto.*
Una **línea** es una trayectoria recta que se extiende infinitamente en direcciones opuestas.	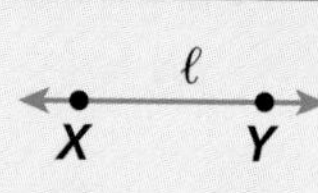	$\overleftrightarrow{XY}$, $\overleftrightarrow{YX}$ or ℓ *Usa dos puntos o una letra minúscula para identificar una línea.*
Un **plano** es una superficie perfectamente plana que se extiende infinitamente en en todas direcciones.	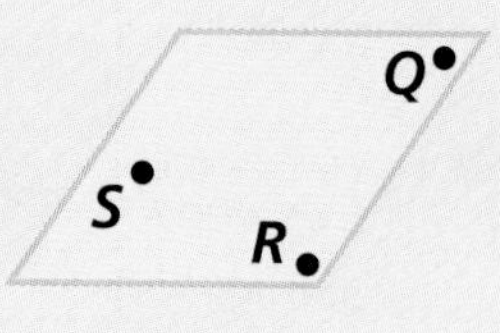	plano QRS *Usa tres puntos en cualquier orden que no estén en la misma línea, para identificar un plano.*

EJEMPLO 1 Identificar puntos, líneas y planos

Identifica las figuras del diagrama.

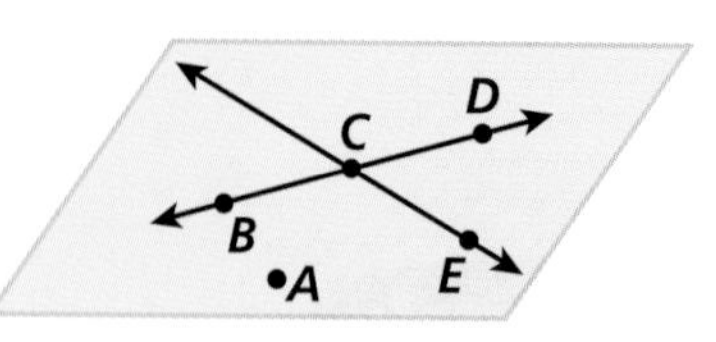

A **tres puntos**

A, E y D — *Elige tres puntos.*

B **dos líneas**

$\overleftrightarrow{BD}$, $\overleftrightarrow{CE}$ — *Elige dos puntos de una línea para identificarla.*

C **un plano**

plano ABC — *Elige tres puntos que no estén en la misma línea para identificar un plano.*

Un **rayo** es parte de una línea. Tiene un extremo y se extiende infinitamente en una dirección.	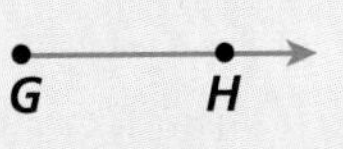	$\overrightarrow{GH}$ *Empieza con el extremo al identificar un rayo.*
Un **segmento de recta** es parte de una línea o un rayo que se extiende de un extremo a otro.		$\overline{LM}$ o $\overline{ML}$ *Usa los extremos para identificar un segmento de recta.*

EJEMPLO 2 Identificar segmentos de recta y rayos

Identifica las figuras del diagrama.

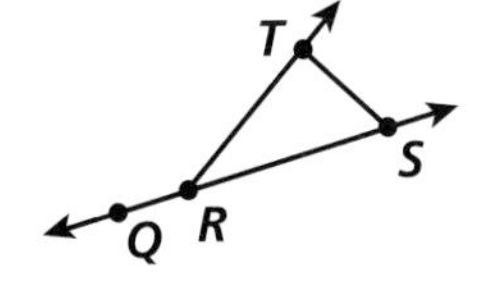

A tres rayos

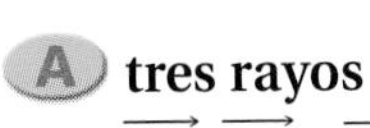

$\overrightarrow{RQ}$, $\overrightarrow{RT}$ y $\overrightarrow{SQ}$ — *Identifica primero el extremo de un rayo.*

B tres segmentos de recta

$\overline{RQ}$, $\overline{QS}$ y $\overline{ST}$ — *Usa los extremos en cualquier orden para identificar un segmento de recta.*

Dos figuras son **congruentes** cuando tienen la misma forma y el mismo tamaño. Los segmentos de recta son congruentes si tienen la misma longitud.

Para indicar segmentos de recta congruentes, puedes usar pequeñas marcas. En el triángulo de la derecha, los segmentos de recta *AB* y *BC* son congruentes.

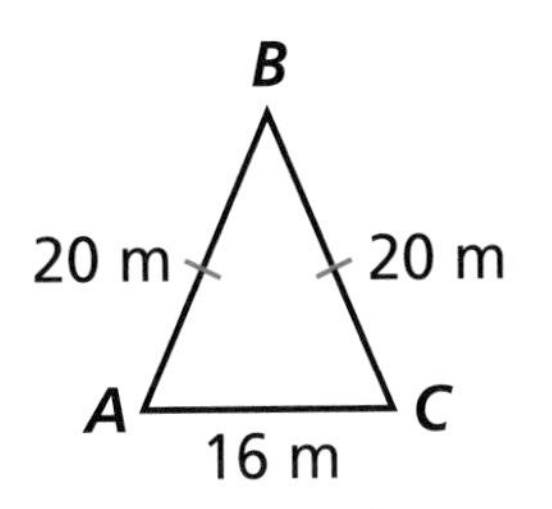

EJEMPLO 3 Identificar segmentos de recta congruentes

Identifica los segmentos de recta congruentes en la figura.

El símbolo ≅ significa "es congruente con".

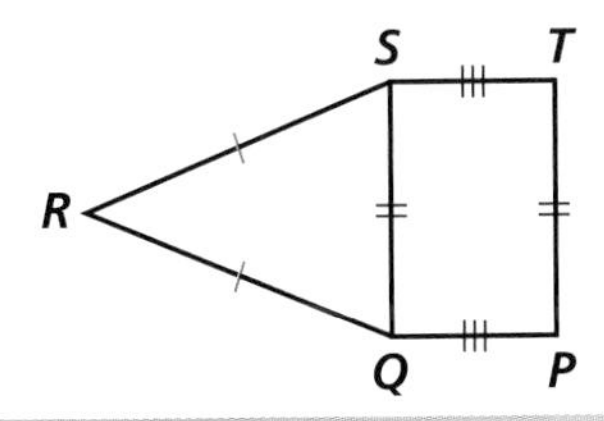

$\overline{QR} \cong \overline{SR}$ *Una marca*

$\overline{QS} \cong \overline{PT}$ *Dos marcas*

$\overline{QP} \cong \overline{ST}$ *Tres marcas*

Razonar y comentar

1. **Explica** por qué una línea y un plano pueden identificarse en más de dos formas. ¿En cuántas formas puede identificarse un segmento de recta?
2. **Explica** por qué es importante elegir tres puntos que no estén en la misma línea al identificar un plano.

8-1 Ejercicios

go.hrw.com
Ayuda en línea para tareas*
CLAVE: MS7 8-1
Recursos en línea para padres
CLAVE: MS7 Parent
*(Disponible sólo en inglés)

PRÁCTICA GUIADA

Ver Ejemplo 

Identifica las figuras en el diagrama.

1. tres puntos
2. dos líneas
3. un plano

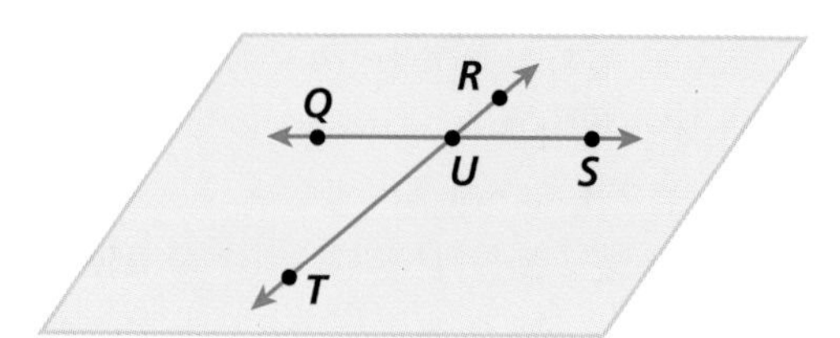

Ver Ejemplo 

4. tres rayos
5. tres segmentos de recta

Ver Ejemplo 

6. Identifica los segmentos de recta congruentes en la figura.

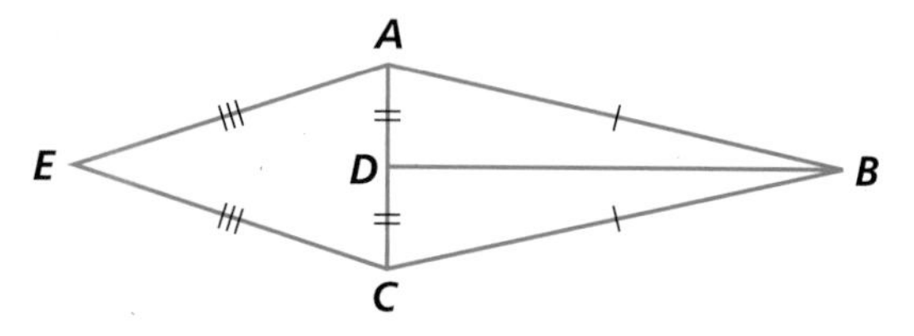

PRÁCTICA INDEPENDIENTE

Ver Ejemplo 

Identifica las figuras en el diagrama.

7. tres puntos
8. dos líneas
9. un plano

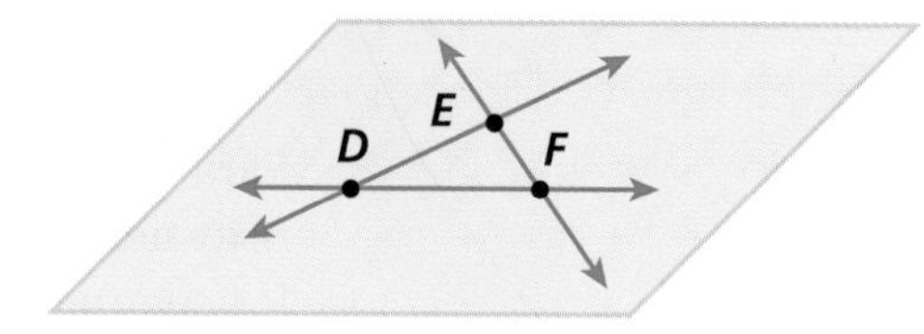

Ver Ejemplo 

10. tres rayos
11. tres segmentos de recta

Ver Ejemplo 

12. Identifica los segmentos de recta congruentes en la figura.

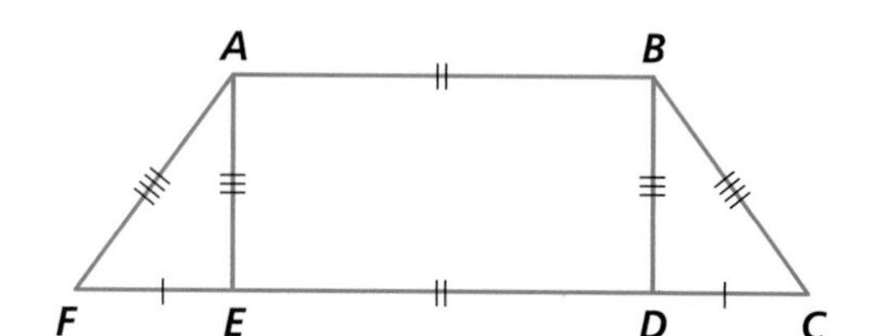

PRÁCTICA Y RESOLUCIÓN DE PROBLEMAS

Práctica adicional
Ver página 741

13. Identifica los puntos, líneas, segmentos de recta y rayos que se representan en la ilustración e indica en qué plano está cada uno. Es posible que algunas figuras estén en más de un plano.

14. **Razonamiento crítico** ¿Cuántos segmentos de recta diferentes pueden identificarse en la siguiente figura? Identifica cada segmento.

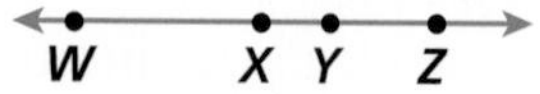

15. Haz un diagrama en el que puedan identificarse un plano, 5 puntos, 4 rayos y 2 líneas. Luego identifica las figuras.

con el arte

16. La obra artística de la derecha, de Diana Ong, se llama *Bloques* .

a. Copia los segmentos de recta que hay en la obra. Señala con marcas los segmentos de recta que parezcan congruentes.

b. Rotula los extremos de los segmentos, incluidos los puntos de intersección. Luego identifica cuatro pares de segmentos de recta que parezcan congruentes.

17. Haz una figura que contenga al menos tres conjuntos de segmentos de recta congruentes. Rotula los extremos y usa la notación para indicar qué segmentos son congruentes.

18. Razonamiento crítico ¿Pueden dos segmentos de recta diferentes compartir dos extremos? Haz un dibujo que ilustre tu respuesta.

19. Escríbelo Explica la diferencia entre una línea, un segmento de recta y un rayo. ¿Se puede estimar la longitud de cualquiera de estas figuras? Si se puede, indica de cuáles y por qué.

20. Desafío La escultura de madera de la derecha, de Georges Vantongerloo, se llama *Interrelación de volúmenes*. Explica si dos caras separadas en el frente de la escultura podrían estar en el mismo plano.

Preparación para el examen y repaso en espiral

21. Opción múltiple Identifica los segmentos de recta congruentes en la figura.

I $\overline{AB}, \overline{BC}$ II $\overline{AB}, \overline{CD}$

III $\overline{BC}, \overline{CD}$ IV $\overline{BC}, \overline{AD}$

Ⓐ Sólo I   Ⓑ I y III   Ⓒ II y IV   Ⓓ Sólo II

22. Respuesta breve Haz un plano que contenga los siguientes elementos: puntos *A*, *B* y *C*; segmento de recta *AB*; rayo *BC*; y línea *AC*.

Halla cada producto o cociente. (Lección 2-4)

23. $-48 \div (-3)$ **24.** $-2 \cdot (-6)$ **25.** $-56 \div 8$ **26.** $5 \cdot (-13)$

Halla cada porcentaje de cambio. Redondea tu respuesta a la décima de porcentaje más cercana si es necesario. (Lección 6-6)

27. 85 disminuye a 60.   **28.** 35 aumenta a 120.   **29.** 6 disminuye a 1.

Explorar ángulos complementarios y suplementarios

Para usar con la Lección 8-2

go.hrw.com
Recursos en línea para el laboratorio
CLAVE: MS7 Lab8

¡RECUERDA!
- Un ángulo está formado por dos rayos con un extremo común, que se llama vértice.

Actividad 1

Puedes usar un *transportador* para medir ángulos en unidades llamadas *grados*. Halla la medida de $\angle AVB$.

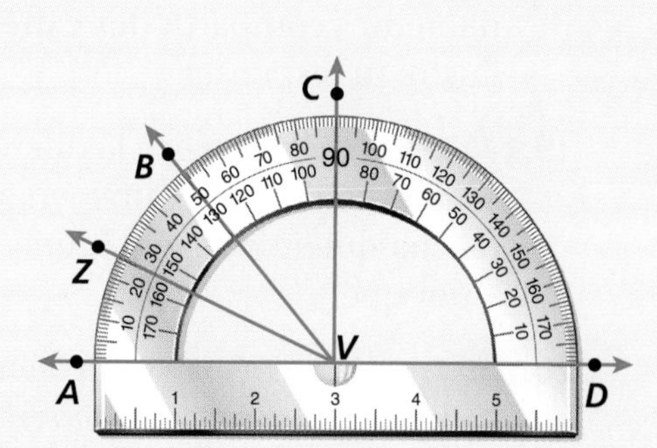

1. Coloca el punto central del transportador en el vértice del ángulo.
2. Coloca el transportador de modo que $\overrightarrow{AV}$ pase por la marca de 0°.
3. Con la escala que empieza en 0° sobre $\overrightarrow{AV}$, lee la medida en el punto en el que $\overrightarrow{VB}$ pasa por la escala. La medida de $\angle AVB$ es 50°.

Razonar y comentar

1. Explica cómo hallar la medida de $\angle$BVC sin mover el transportador.

Inténtalo

Usa el transportador de la Actividad 1 para hallar la medida de cada ángulo.

1. $\angle AVC$ **2.** $\angle AVZ$ **3.** $\angle DVC$

Actividad 2

Copia y mide cada par de ángulos.

Tipo de par de ángulos	Ejemplos	No-ejemplos
Complementarios	**1.** A B **3.** E F	**4.** C D **5.** G H

Tipos de par de ángulos	Ejemplos	No-ejemplos
Suplementarios	5. *I* *J* 7. *M* *N*	6. *K* *L* 8. *O* *P*

Razonar y comentar

1. Escribe una regla para cada tipo de par de ángulos (complementarios y suplementarios) que relacione las medidas de los ángulos.

Inténtalo

Usa un transportador para medir cada uno de los siguientes pares de ángulos. Indica si los pares de ángulos son complementarios, suplementarios o ninguno de los dos.

1. 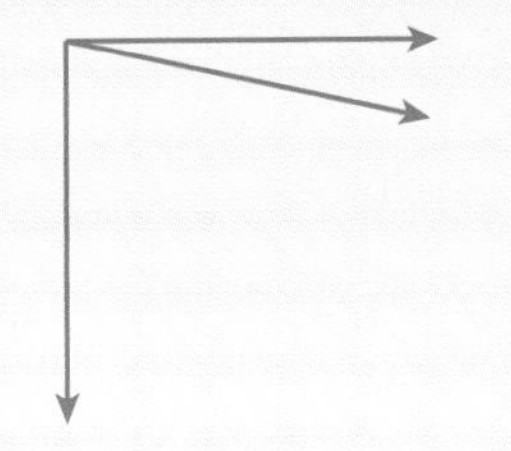

2. 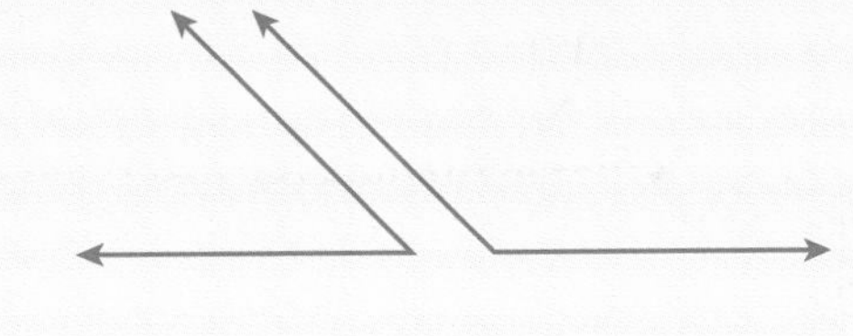

3. 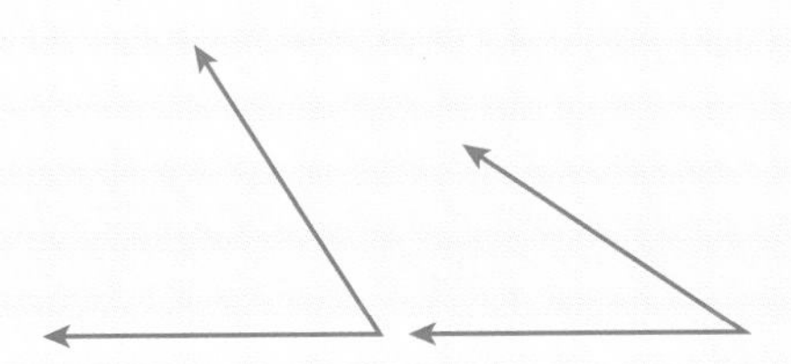

4. 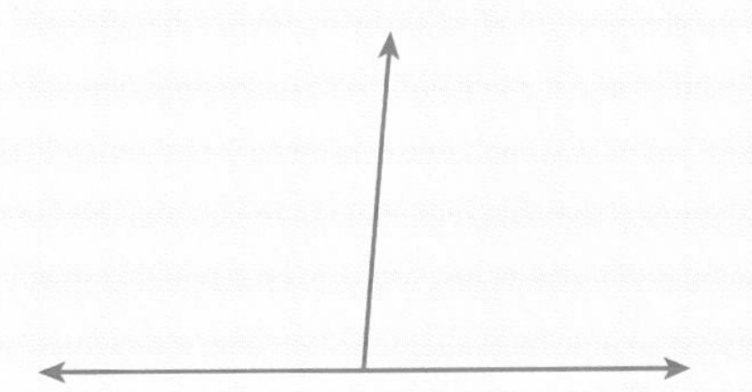

5. ¿Cómo puedes saber que los ángulos del Ejercicio 4 son suplementarios sin usar un transportador?

6. Usa un transportador para hallar todos los pares de ángulos complementarios y suplementarios en la figura de la derecha.

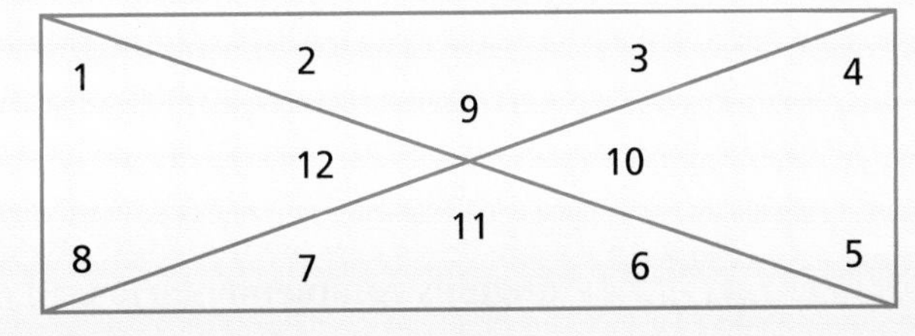

8-2 Cómo clasificar ángulos

Aprender a identificar ángulos y pares de ángulos

Vocabulario

ángulo

vértice

ángulo recto

ángulo agudo

ángulo obtuso

ángulo llano

ángulos complementarios

ángulos suplementarios

Al descender una rampa en una patineta, la velocidad que alcanzas depende en parte del *ángulo* que la rampa forme con el suelo.

Un **ángulo** está formado por dos rayos y un extremo común. Los dos rayos son los lados del ángulo. El extremo común es el **vértice.**

Los ángulos se miden en grados (°). La medida de un ángulo determina el tipo de ángulo de que se trata.

Un **ángulo recto** es un ángulo que mide exactamente 90°. Un ángulo recto se representa con el símbolo ⌉.

Un **ángulo agudo** es un ángulo que mide menos de 90°.

Un **ángulo obtuso** es un ángulo que mide más de 90°, pero menos de 180°.

Un **ángulo llano** es un ángulo que mide exactamente 180°.

EJEMPLO 1 Clasificar ángulos

Indica si cada ángulo es agudo, recto, obtuso o llano.

El ángulo mide más de 90°, pero menos de 180°. Por lo tanto, es un ángulo obtuso.

El ángulo mide menos de 90°. Por lo tanto, es un ángulo agudo.

Escribir matemáticas

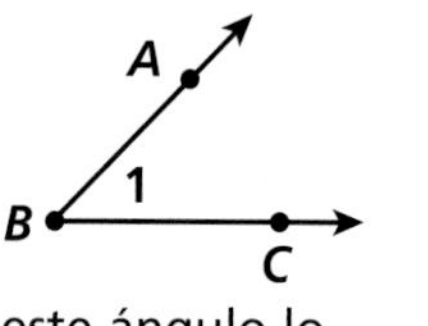

A este ángulo lo puedes identificar como $\angle ABC$, $\angle CBA$, $\angle B$ o $\angle 1$.

Si la suma de las medidas de dos ángulos es igual a 90°, los ángulos son **ángulos complementarios.** Si la suma de las medidas de dos ángulos es igual a 180°, los ángulos son **ángulos suplementarios.**

EJEMPLO 2 Identificar ángulos complementarios y suplementarios

Usa el diagrama para indicar si los ángulos son complementarios, suplementarios o ninguno de los dos.

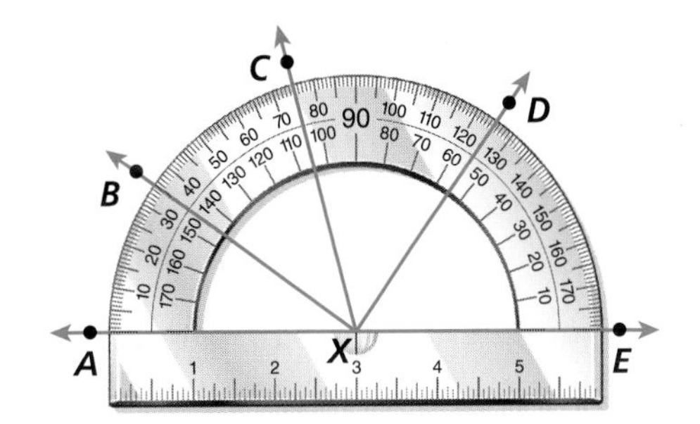

A $\angle DXE$ y $\angle AXB$

$m\angle DXE = 55°$ y $m\angle AXB = 35°$

Como $55° + 35° = 90°$, $\angle DXE$ y $\angle AXB$ son ángulos complementarios.

B $\angle DXE$ y $\angle BXC$

$m\angle DXE = 55°$. Para hallar $m\angle BXC$, empieza con la medida que cruza $\overrightarrow{XC}$, 75°, y resta la medida que cruza $\overrightarrow{XC}$, 35°. $m\angle BXC = 75° - 35° = 40°$.

Como $55° + 40° = 95°$, $\angle DXE$ y $\angle BXC$ no son ángulos complementarios ni suplementarios.

C $\angle AXC$ y $\angle CXE$

$m\angle AXC = 75°$ y $m\angle CXE = 105°$

Como $75° + 105° = 180°$, $\angle AXC$ y $\angle CXE$ son ángulos suplementarios.

Pista útil

Si el ángulo que mides es obtuso, mide más de 90°. Si es agudo, mide menos de 90°.

Leer matemáticas

Lee $m\angle DXE$ como "la medida del ángulo *DXE*".

EJEMPLO 3 Hallar medidas de ángulos

Los ángulos *R* y *V* son suplementarios. Si $m\angle R$ es 67°, ¿cuánto es $m\angle V$? Como $\angle R$ y $\angle V$ son suplementarios, $m\angle R + m\angle V = 180°$.

$$m\angle R + m\angle V = 180°$$

$$67° + m\angle V = 180° \quad \textit{Sustituye } m\angle R \textit{ por } 67°.$$

$$\underline{-67° \qquad\qquad -67°} \quad \textit{Resta 67° de ambos lados para despejar } m\angle V.$$

$$m\angle V = 113°$$

$\angle V$ mide 113°.

Razonar y comentar

1. **Describe** tres formas diferentes de clasificar un ángulo.
2. **Explica** cómo hallar la medida de $\angle P$ si $\angle P$ y $\angle Q$ son ángulos complementarios y $m\angle Q = 25°$.

8-2 Ejercicios

go.hrw.com
Ayuda en línea para tareas*
CLAVE: MS7 8-2
Recursos en línea para padres
CLAVE: MS7 Parent
*(Disponible sólo en inglés)

PRÁCTICA GUIADA

Ver Ejemplo 1

Indica si cada ángulo es agudo, recto, obtuso o llano.

1. 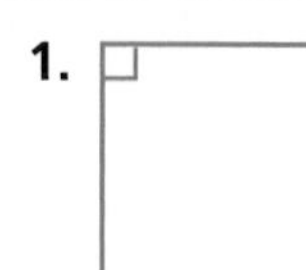

2. 

3. 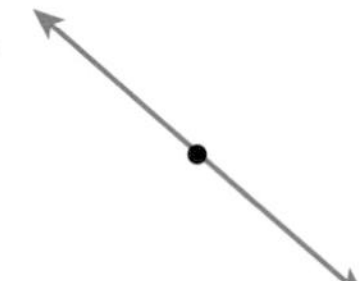

Ver Ejemplo 2

Usa el diagrama para indicar si los ángulos son complementarios, suplementarios o ninguno de los dos.

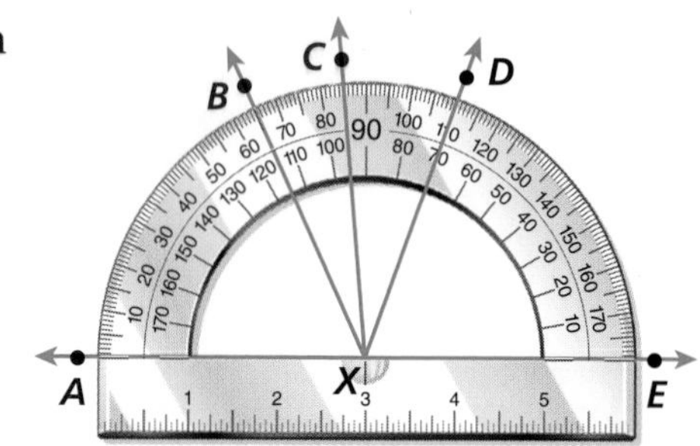

4. $\angle AXB$ y $\angle BXC$ **5.** $\angle BXC$ y $\angle DXE$

6. $\angle DXE$ y $\angle AXD$ **7.** $\angle CXD$ y $\angle AXB$

Ver Ejemplo 3

8. Los ángulos L y P son complementarios. Si m$\angle P$ es 34°, ¿cuánto es m$\angle L$?

9. Los ángulos B y C son suplementarios. Si m$\angle B$ es 119°, ¿cuánto es m$\angle C$?

PRÁCTICA INDEPENDIENTE

Ver Ejemplo 

Indica si cada ángulo es agudo, recto, obtuso o llano.

10. 

11. 

12. 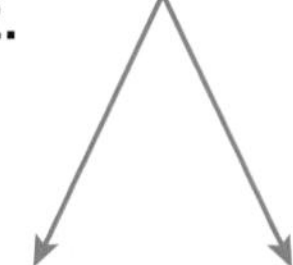

Ver Ejemplo 

Usa el diagrama para indicar si los ángulos son complementarios, suplementarios o ninguno de los dos.

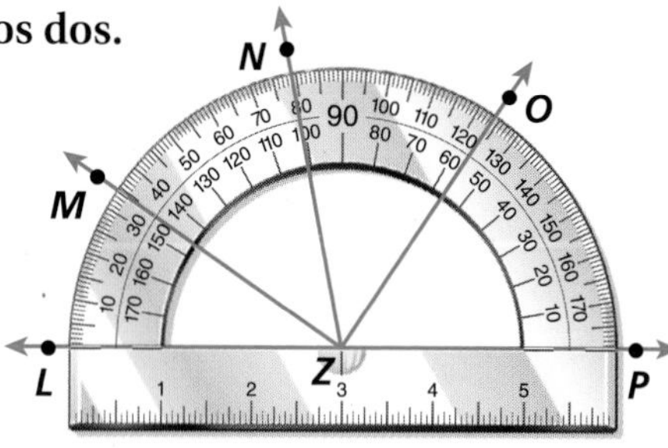

13. $\angle NZO$ y $\angle MZN$ **14.** $\angle MZN$ y $\angle OZP$

15. $\angle LZN$ y $\angle NZP$ **16.** $\angle NZO$ y $\angle LZM$

Ver Ejemplo 

17. Los ángulos F y O son suplementarios. Si m$\angle F$ es 85°, ¿cuánto es m$\angle O$?

18. Los ángulos J y K son complementarios. Si m$\angle K$ es 22°, ¿cuánto es m$\angle J$?

PRÁCTICA Y RESOLUCIÓN DE PROBLEMAS

Práctica adicional
Ver página 741

Clasifica cada par de ángulos como complementarios o suplementarios. Luego halla la medida de ángulo que falta.

19. 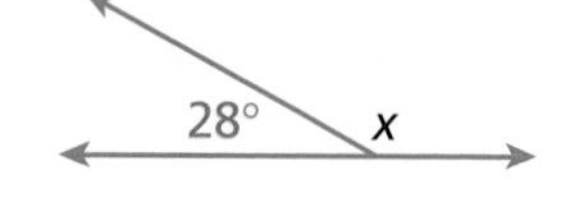

20. 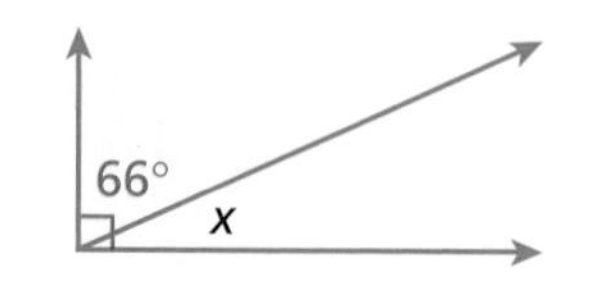

21. 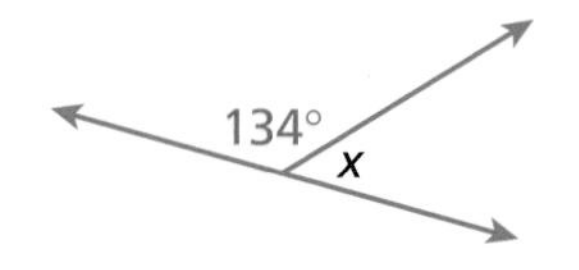

22. **Razonamiento crítico** Las manecillas de un reloj forman un ángulo agudo a la 1:00. ¿Qué tipo de ángulo se forma a las 6:00? ¿A las 3:00? ¿A las 5:00?

23. **Geografía** Las curvas imaginarias alrededor de la Tierra muestran las distancias en grados desde el Ecuador y el Primer Meridiano. En un mapa plano, estas curvas se presentan como líneas horizontales (latitud) y líneas verticales (longitud).

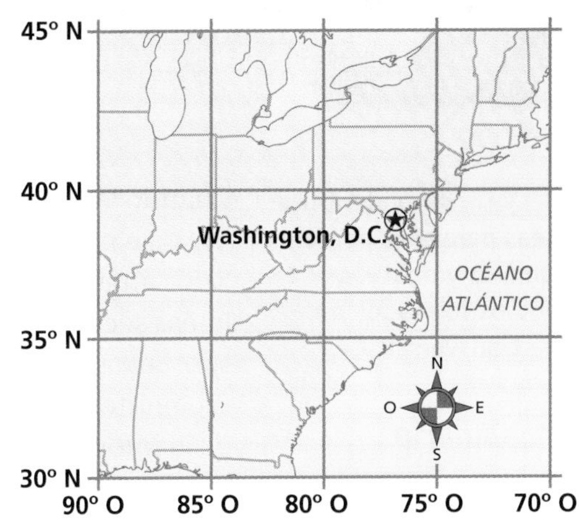

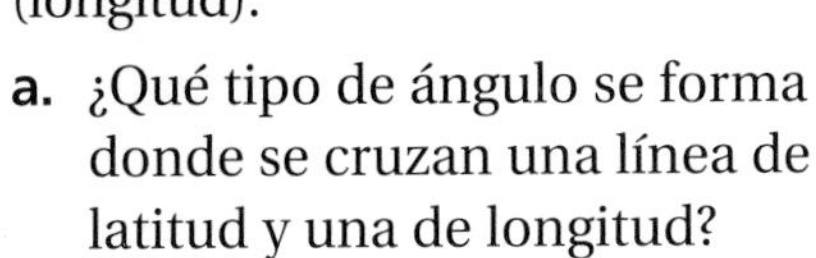

   a. ¿Qué tipo de ángulo se forma donde se cruzan una línea de latitud y una de longitud?

   b. Estima la latitud y longitud de Washington, D.C.

24. **¿Dónde está el error?** Un estudiante dice que cuando la suma de dos ángulos equivale a un ángulo llano, los dos ángulos son complementarios. Explica por qué está equivocado.

25. **Escríbelo** Describe la relación entre los ángulos complementarios y suplementarios.

26. **Desafío** Halla m$\angle BAC$ en la figura.

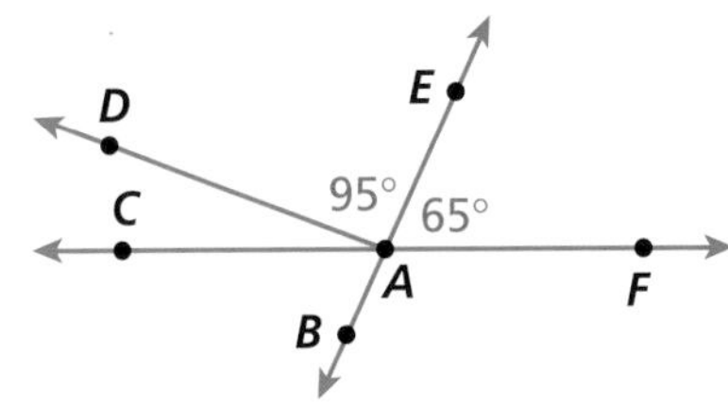

PREPARACIÓN PARA EL EXAMEN y repaso en espiral

Usa el diagrama para los Ejercicios 27 y 28.

27. **Opción múltiple** ¿Qué enunciado NO es verdadero?

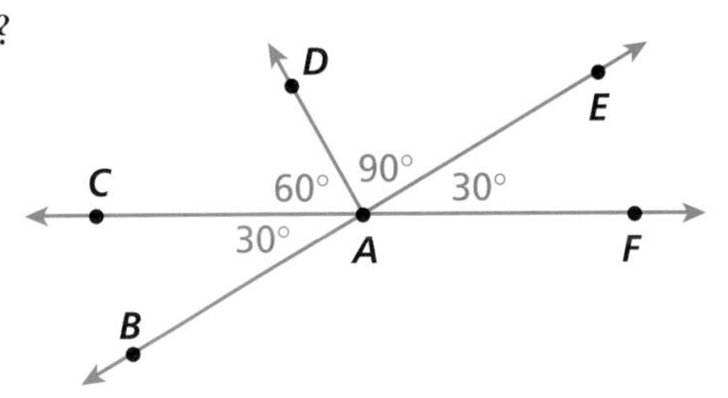

   (A) $\angle BAC$ es agudo.

   (B) $\angle DAE$ es un ángulo recto.

   (C) $\angle FAE$ y $\angle EAD$ son ángulos complementarios.

   (D) $\angle FAD$ y $\angle DAC$ son ángulos suplementarios.

28. **Opción múltiple** ¿Cuánto mide $\angle FAD$?

   (F) 30°   (G) 120°   (H) 150°   (J) 180°

Halla la media, la mediana, la moda y el rango de cada conjunto de datos. (Lección 7-2)

29. 6, 3, 5, 6, 8

30. 14, 18, 10, 20, 23

31. 41, 35, 29, 41, 58, 24

32. Identifica y nombra la figura de la derecha. (Lección 8-1)

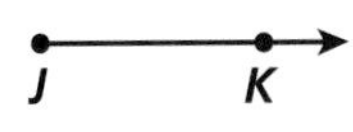

8-3 Relaciones entre ángulos

Aprender a identificar líneas paralelas, perpendiculares y oblicuas y ángulos formados por una transversal

Vocabulario

líneas perpendiculares

líneas paralelas

líneas oblicuas

ángulos adyacentes

ángulos opuestos por el vértice

transversal

ángulos correspondientes

Cuando las líneas, segmentos o rayos se intersecan, forman ángulos. Si los ángulos formados por dos líneas secantes miden 90°, las líneas son **líneas perpendiculares.** Los segmentos de recta rojos y amarillos de la fotografía del rascacielos son perpendiculares..

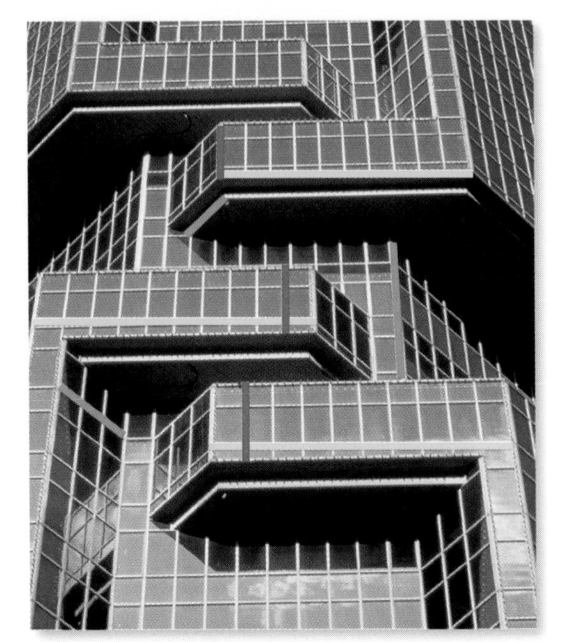

Algunas líneas en el mismo plano no se intersecan. Estas líneas son **líneas paralelas.** Los segmentos y rayos que son parte de líneas paralelas también son paralelos.

Las **líneas oblicuas** no son secantes, pero tampoco son paralelas. Están en planos diferentes. Los segmentos de recta anaranjados de la fotografía son oblicuos.

EJEMPLO 1 Identificar líneas paralelas, perpendiculares y oblicuas

Indica si las líneas de la figura parecen paralelas, perpendiculares u oblicuas.

A, B, C, D, E

Leer matemáticas

El símbolo $\perp$ significa "es perpendicular a". El símbolo $||$ significa "es paralelo a".

A $\overleftrightarrow{AB}$ y $\overleftrightarrow{AC}$

$\overleftrightarrow{AB} \perp \overleftrightarrow{AC}$

Las líneas parecen intersecarse para formar ángulos rectos.

B $\overleftrightarrow{CE}$ y $\overleftrightarrow{BD}$

$\overleftrightarrow{CE}$ y $\overleftrightarrow{BD}$ son oblicuas.

Las líneas están en planos diferentes y no se intersecan.

C $\overleftrightarrow{AC}$ y $\overleftrightarrow{BD}$

$\overleftrightarrow{AC} \, || \, \overleftrightarrow{BD}$

Las líneas están en el mismo plano, pero no se intersecan.

Leer matemáticas

Los ángulos que tienen la misma cantidad de marcas son congruentes.

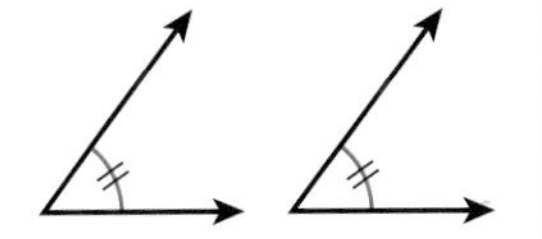

Los **ángulos adyacentes** tienen un vértice y un lado en común, pero no comparten puntos interiores. Los ángulos 2 y 3 del diagrama son adyacentes. Los ángulos adyacentes que se forman cuando dos líneas se cruzan son suplementarios.

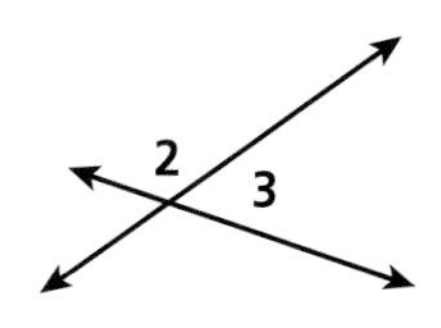

Los **ángulos opuestos por el vértice** son los ángulos opuestos que se forman cuando dos líneas se cruzan. Los ángulos opuestos por el vértice tienen la misma medida. Por lo tanto, son ángulos congruentes.

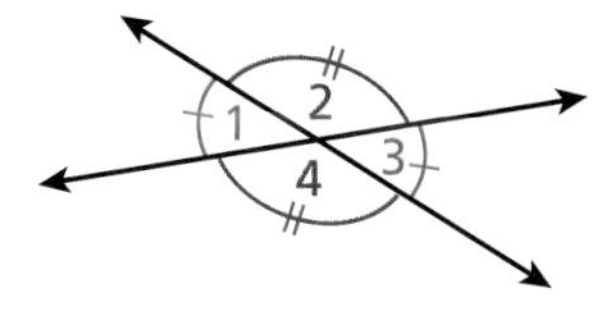

Una **transversal** es una línea que cruza dos o más líneas. La línea t es una transversal. Cuando las líneas que se cruzan son paralelas, se forman cuatro pares de *ángulos correspondientes*. Los **ángulos correspondientes** están del mismo lado de la transversal y están ambos por encima o ambos por debajo de las líneas paralelas. Los ángulos 1 y 5 son ángulos correspondientes. Los ángulos correspondientes son congruentes.

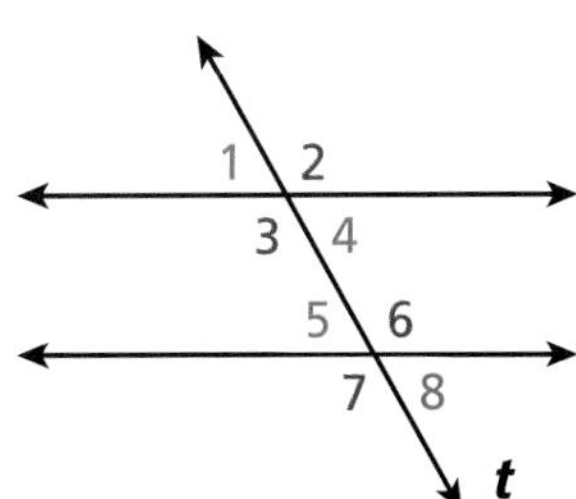

EJEMPLO 3 Usar las relaciones entre ángulos para hallar medidas de ángulos

Línea $n \parallel$ línea p. Halla la medida de cada ángulo.

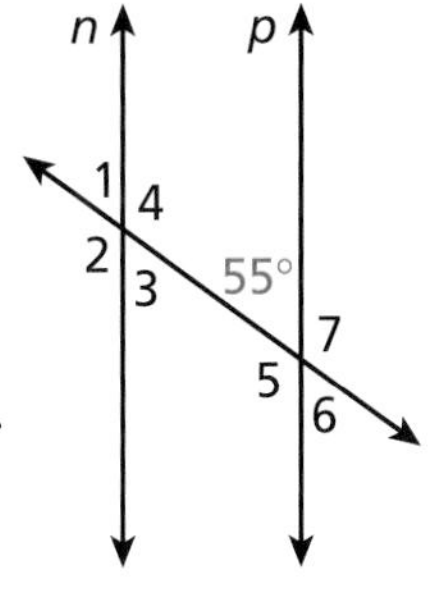

A $\angle 6$

$\angle 6$ y el ángulo de 55° son ángulos opuestos por el vértice. Como los ángulos opuestos por el vértice son congruentes, $m\angle 6 = 55°$.

B $\angle 1$

$\angle 1$ y el ángulo de 55° son ángulos correspondientes. Como los ángulos correspondientes son congruentes, $m\angle 1 = 55°$.

C $\angle 7$

$\angle 7$ y el ángulo de 55° son ángulos adyacentes y suplementarios.

$$\begin{aligned} m\angle 7 + 55° &= 180° \\ -55° &\quad -55° \\ m\angle 7 &= 125° \end{aligned}$$

La suma de las medidas de los ángulos suplementarios es igual a 180°.

Razonar y comentar

1. **Traza** dos líneas paralelas intersecadas por una transversal. Usa marcas para indicar los ángulos congruentes.
2. **Da** algunos ejemplos del mundo real en los que puedan verse relaciones entre líneas paralelas, perpendiculares y oblicuas.

8-3 Ejercicios

go.hrw.com
Ayuda en línea para tareas*
CLAVE: MS7 8-3
Recursos en línea para padres
CLAVE: MS7 Parent
*(Disponible sólo en inglés)

PRÁCTICA GUIADA

Ver Ejemplo 1 **Indica si las líneas parecen paralelas, perpendiculares u oblicuas.**

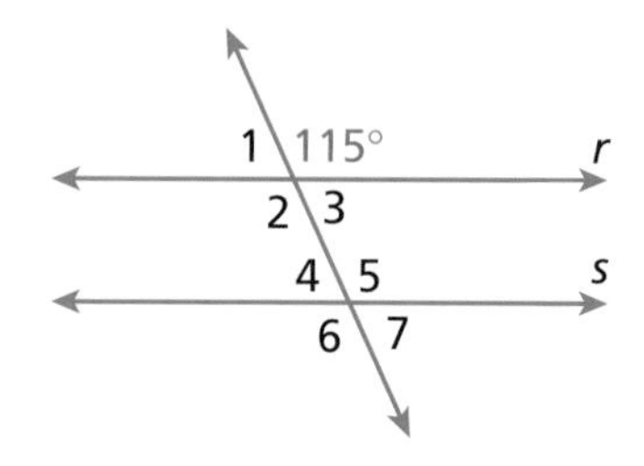

1. $\overleftrightarrow{JL}$ y $\overleftrightarrow{KM}$
2. $\overleftrightarrow{LM}$ y $\overleftrightarrow{KN}$
3. $\overleftrightarrow{LM}$ y $\overleftrightarrow{KM}$

Ver Ejemplo 2 **Línea $r \parallel$ línea s. Halla la medida de cada ángulo.**

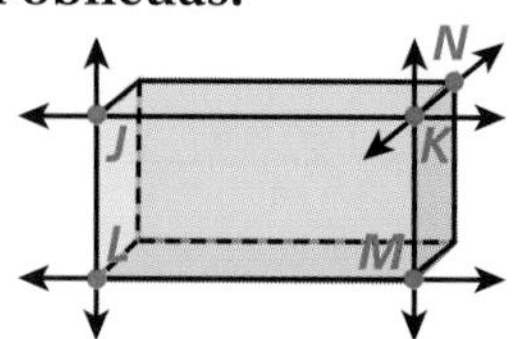

4. $\angle 5$
5. $\angle 2$
6. $\angle 7$

PRÁCTICA INDEPENDIENTE

Ver Ejemplo 1 **Indica si las líneas parecen paralelas, perpendiculares u oblicuas.**

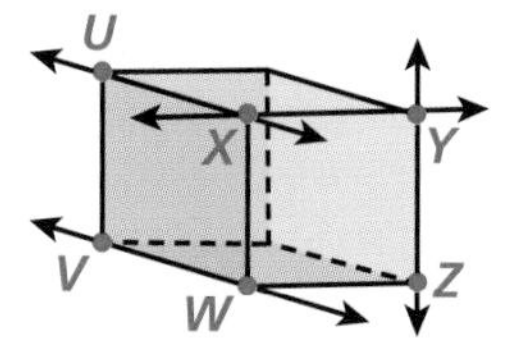

7. $\overleftrightarrow{UX}$ y $\overleftrightarrow{YZ}$
8. $\overleftrightarrow{YZ}$ y $\overleftrightarrow{XY}$
9. $\overleftrightarrow{UX}$ y $\overleftrightarrow{VW}$

Ver Ejemplo 2 **Línea $k \parallel$ línea m. Halla la medida de cada ángulo.**

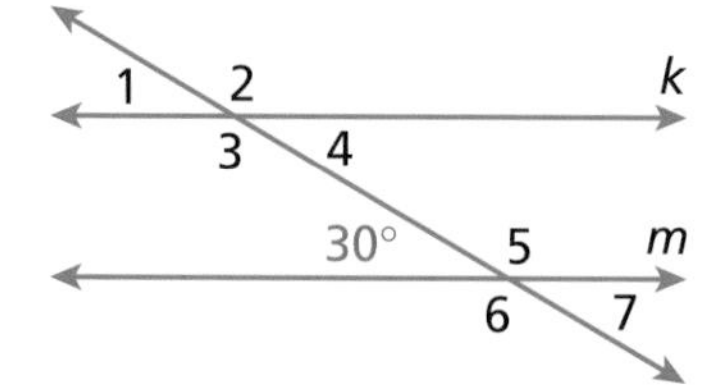

10. $\angle 1$
11. $\angle 3$
12. $\angle 6$

PRÁCTICA Y RESOLUCIÓN DE PROBLEMAS

Práctica adicional
Ver página 741

Usa la figura para completar los enunciados de los Ejercicios del 13 al 16.

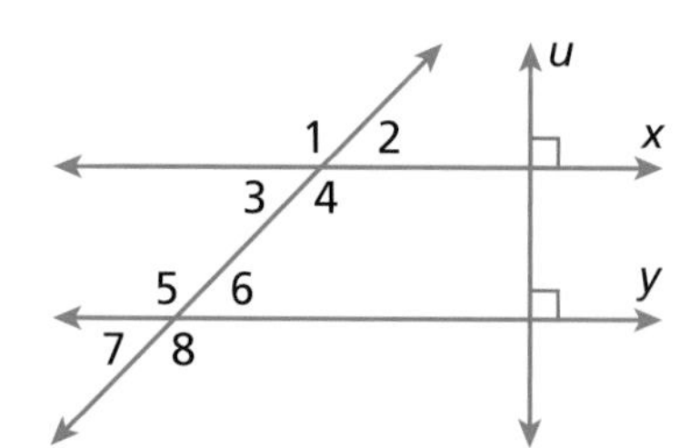

13. Las líneas x e y son __?__.
14. Las líneas u y x son __?__.
15. $\angle 3$ y $\angle 4$ son __?__. También son __?__.
16. $\angle 2$ y $\angle 6$ son __?__. También son __?__.
17. **Razonamiento crítico** Un par de ángulos complementarios son congruentes. ¿Cuánto mide cada ángulo?
18. **Varios pasos** Dos líneas se cruzan y forman cuatro ángulos. Uno de ellos mide 27°. Dibuja un diagrama para mostrar las medidas de los otros tres ángulos. Explica tu respuesta.

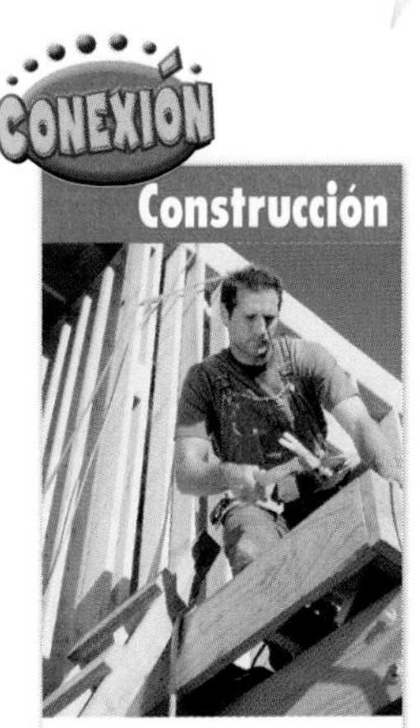

Los obreros de la construcción usan una herramienta especial llamada *escuadra* de que las maderas queden perpendiculares.

Indica si cada enunciado es verdadero siempre, a veces o nunca.

19. Los ángulos adyacentes son congruentes.

20. Las líneas que se cruzan son oblicuas.

21. Los ángulos opuestos por el vértice son congruentes.

22. Las líneas paralelas se cruzan.

23. Construcción En el diagrama del marco de pared parcial de la derecha, las vigas verticales son paralelas.

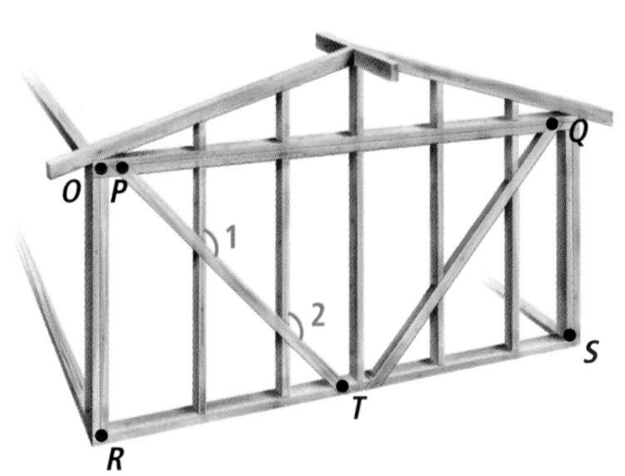

a. El ángulo ORT mide 90°. ¿Cómo se relacionan $\overline{OR}$ y $\overline{RS}$?

b. $\overline{PT}$ cruza dos vigas verticales.¿Qué palabra describe $\overline{PT}$?

c. ¿Cómo se relacionan $\angle 1$ y $\angle 2$?

24. Razonamiento crítico Dos líneas se cruzan y forman ángulos adyacentes congruentes. ¿Qué puedes decir sobre las dos líneas?

25. Elige una estrategia Marca los puntos de la figura. Dibuja todas las líneas que unan tres puntos. ¿Cuántos pares de líneas perpendiculares dibujaste?

Ⓐ 8 Ⓑ 9 Ⓒ 10 Ⓓ 14

26. Escríbelo Usa la definición de ángulo recto para explicar por qué los ángulos adyacentes formados por dos líneas que se cruzan son suplementarios.

27. Desafío Las líneas del estacionamiento parecen paralelas. ¿Cómo comprobarías que son paralelas?

Preparación para el examen y repaso en espiral

Usa el diagrama para resolver los Ejercicios 28 y 29.

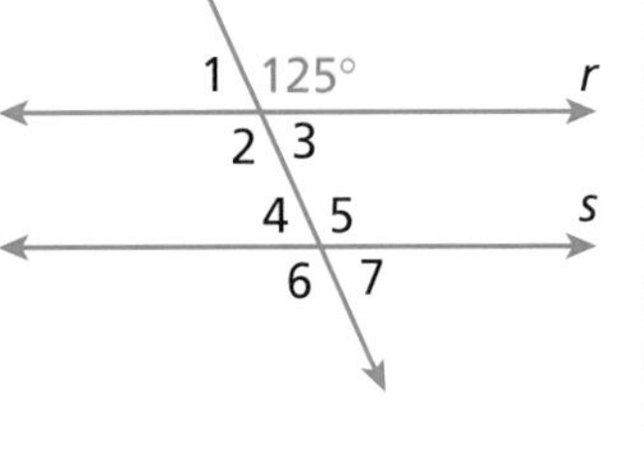

28. Opción múltiple ¿Cuánto mide $\angle 3$?

Ⓐ 125° Ⓑ 75° Ⓒ 65° Ⓓ 55°

29. Opción múltiple ¿Cuánto mide $\angle 6$?

Ⓕ 125° Ⓖ 75° Ⓗ 65° Ⓙ 55°

Suma o resta. Estima para comprobar si cada respuesta es razonable. (Lección 3-2)

30. $3.583 - (-2.759)$

31. $-9.43 + 7.68$

32. $-1.03 + (-0.081)$

Clasifica cada par de ángulos como complementarios o suplementarios. Luego halla la medida que falta. (Lección 8-2)

33.

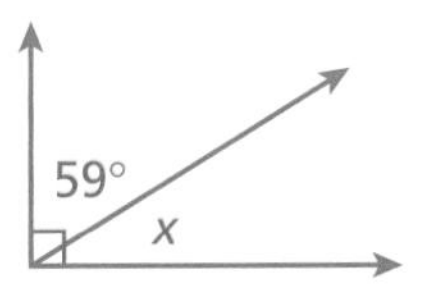

34.

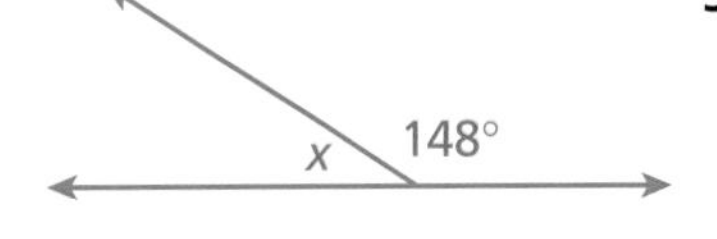

35.

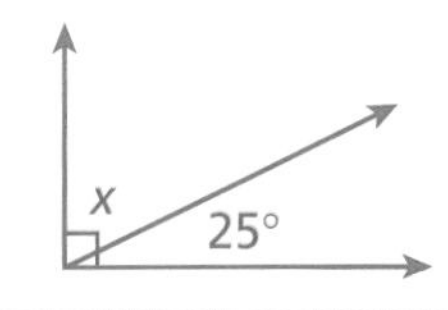

Laboratorio de PRÁCTICA 8-3

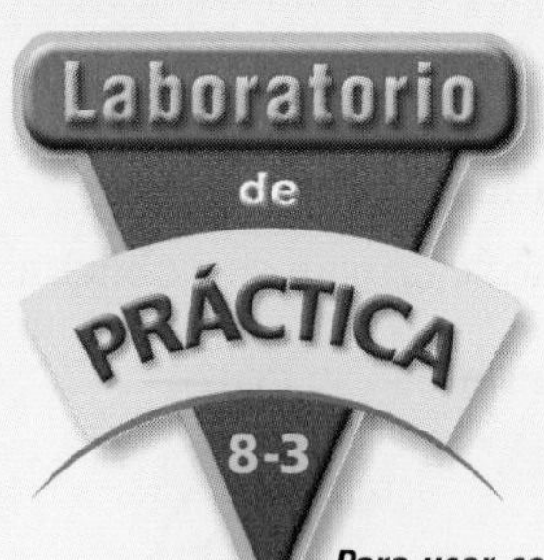

Trazar bisectrices y ángulos congruentes

Para usar con la Lección 8-3

go.hrw.com
Recursos en línea para el laboratorio
CLAVE: MS7 Lab8

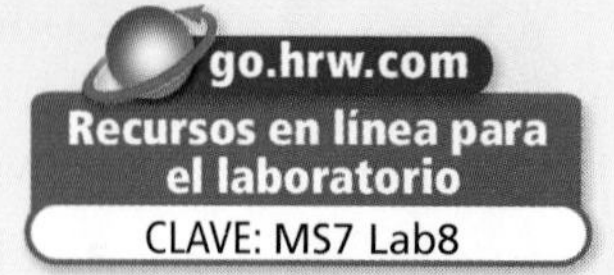

RECUERDA

- **Los ángulos congruentes tienen la misma medida y los segmentos congruentes tienen la misma longitud.**

Para trazar la bisectriz de un segmento o ángulo tienes que dividirlo en dos partes congruentes. Puedes trazar la bisectriz de segmentos y ángulos y trazar ángulos congruentes sin usar un transportador o una regla. En cambio, puedes usar un compás y una regla.

Actividad

1 Traza la bisectriz de un segmento de recta.

a. Dibuja en una hoja un segmento de recta $\overline{JS}$.

b. Coloca tu compás en el extremo J y, con una abertura mayor que la mitad de la longitud de $\overline{JS}$, dibuja un arco que cruce $\overline{JS}$.

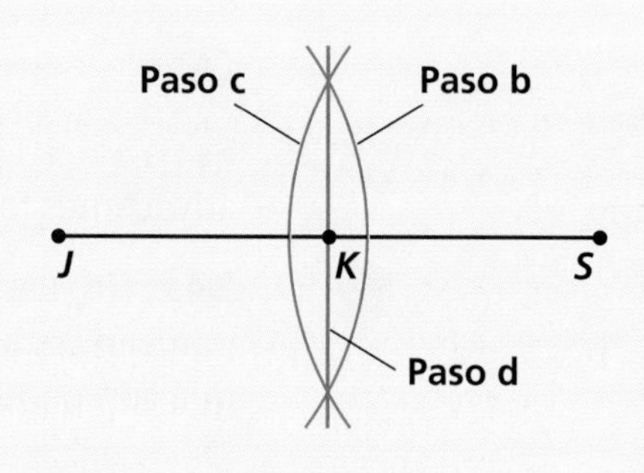

c. Coloca tu compás en el extremo S y dibuja un arco con una abertura igual a la del punto **b.** El arco debe intersecarse con el primer arco en ambos extremos.

d. Dibuja una línea para unir las intersecciones de los arcos. Rotula la intersección de $\overline{JS}$ y la linea punto K.

Mide $\overline{JS}$, $\overline{JK}$ y $\overline{KS}$. ¿Qué observas?

La bisectriz de $\overline{JS}$ es una *mediatriz* ya que todos los ángulos que forma con $\overline{JS}$ miden 90°.

2 Traza la bisectriz de un ángulo.

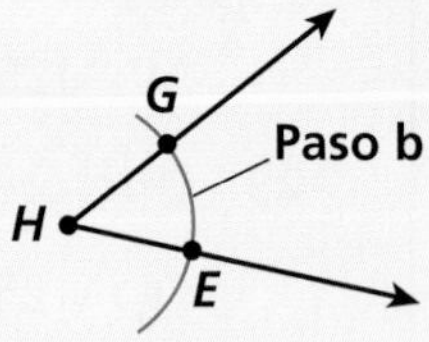

a. Dibuja un ángulo agudo GHE en una hoja de papel. Rotula el vértice H.

b. Coloca la punta del compás en H y dibuja un arco que cruce ambos lados del ángulo. Rotula los puntos G y E donde el arco cruza cada lado del ángulo.

c. Sin cambiar la abertura de tu compás, dibuja arcos secantes desde el punto G y el punto E. Rotula el punto de intersección D.

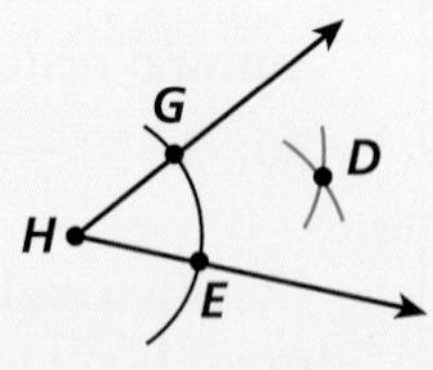

d. Dibuja $\overrightarrow{HD}$.

Usa tu transportador para medir los ángulos GHE, GHD y DHE. ¿Qué observas?

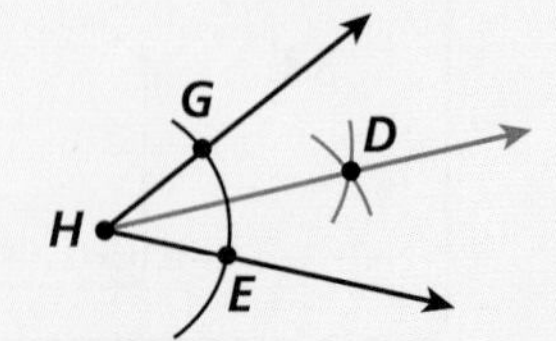

3 Traza ángulos congruentes.

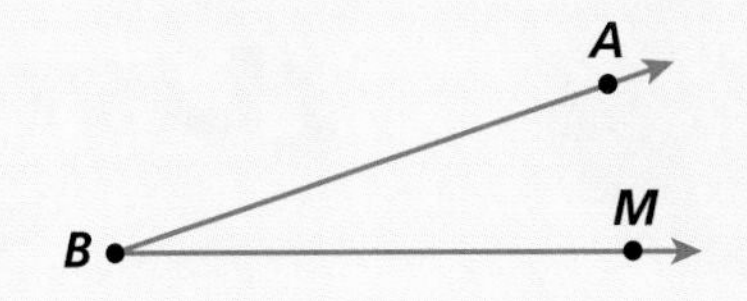

a. Dibuja un ángulo *ABM* en tu hoja de papel.

b. Para trazar un ángulo congruente con el ángulo *ABM*, empieza por dibujar un rayo y rotula su extremo *C*.

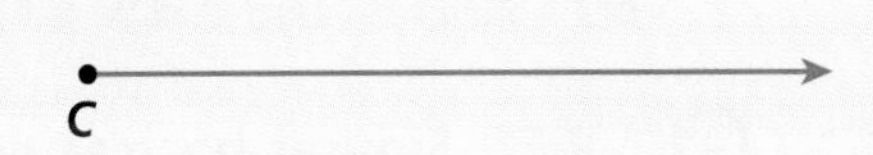

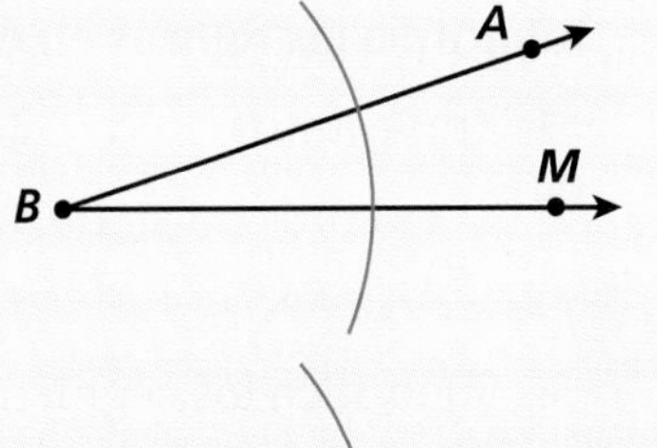

c. Con la punta de tu compás en *B*, dibuja un arco que cruce el ángulo *ABM*.

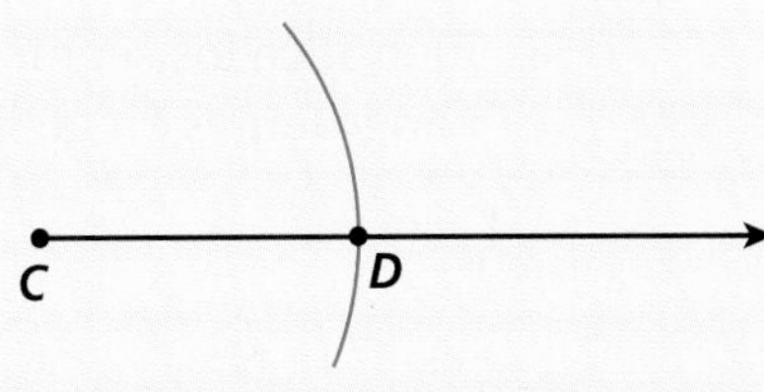

d. Con la misma abertura del compás, coloca la punta del compás en *C* y dibuja un arco que cruce el rayo. Rotula el punto *D* donde el arco cruza el rayo.

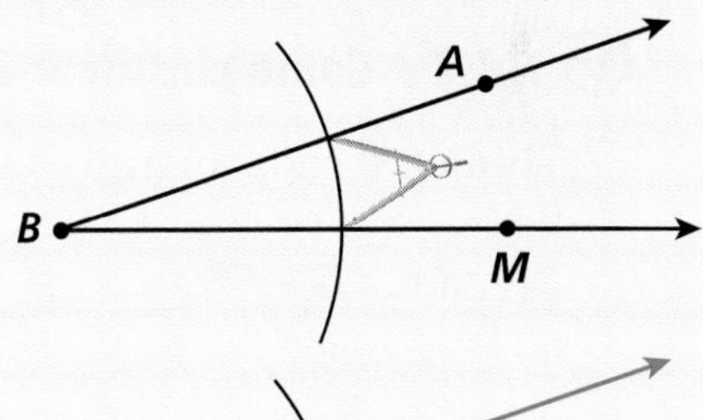

e. Con tu compás, mide el arco en el ángulo *ABM*.

f. Con la misma abertura, coloca la punta de tu compás en *D* y dibuja otro arco que cruce el primero. Rotula la intersección *F*. Dibuja $\overrightarrow{CF}$.

F
C
D

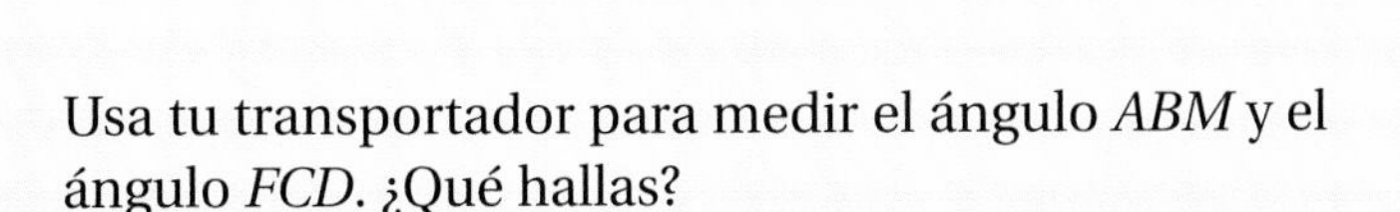

Usa tu transportador para medir el ángulo *ABM* y el ángulo *FCD*. ¿Qué hallas?

Razonar y comentar

1. ¿Cuántas bisectrices usarías para dividir un ángulo en cuatro partes iguales?
2. Se traza la bisectriz de un ángulo de 88° y luego la bisectriz de cada uno de los dos ángulos formados. ¿Cuál es la medida de cada uno de los ángulos más pequeños?

Inténtalo

Usa compás y regla para trazar cada figura.

1. Traza la bisectriz de un segmento de recta.
2. Traza el ángulo *GOB* y luego traza su bisectriz.
3. Traza un ángulo congruente con el ángulo *GOB*.

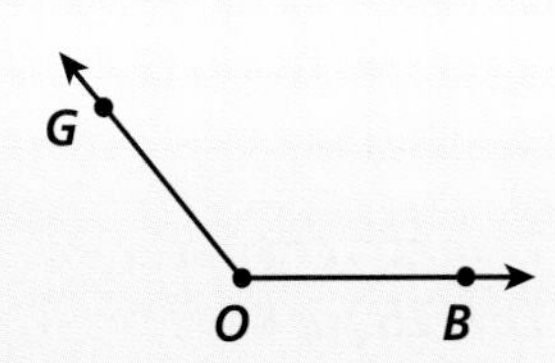

SECCIÓN 8A

Prueba de las Lecciones 8-1 a 8-3

8-1 Figuras básicas de la geometría

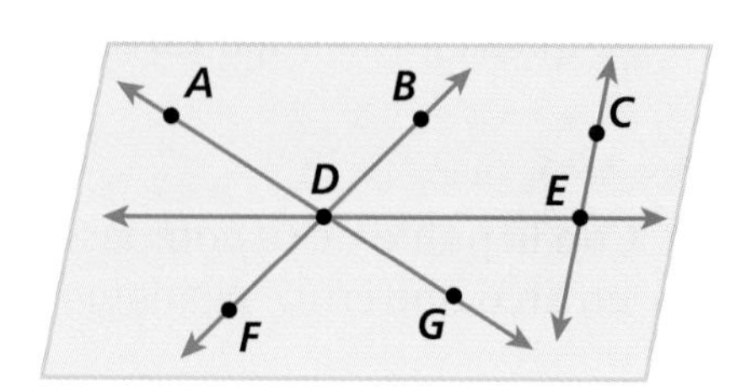

Identifica las figuras en el diagrama.

1. tres puntos
2. tres líneas
3. un plano
4. tres segmentos de recta
5. tres rayos
6. Identifica los segmentos de recta congruentes en la figura.

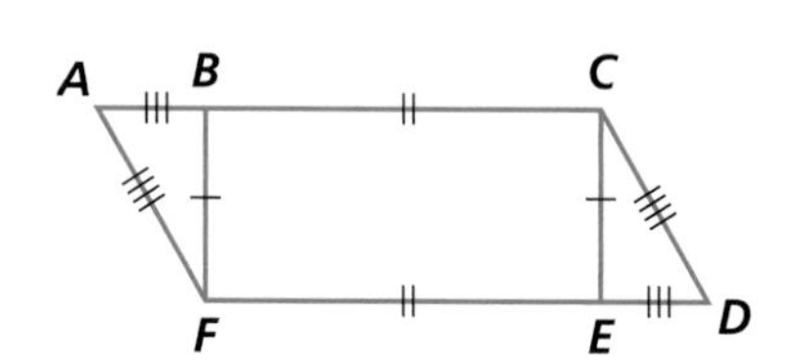

8-2 Cómo clasificar ángulos

Indica si cada ángulo es agudo, recto, obtuso o llano.

7. 8. 9. 10.

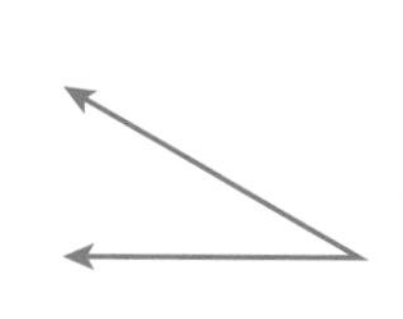

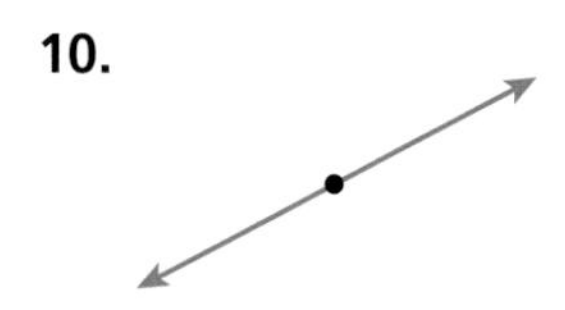

Usa el diagrama para indicar si los ángulos son complementarios, suplementarios o ninguno de los dos.

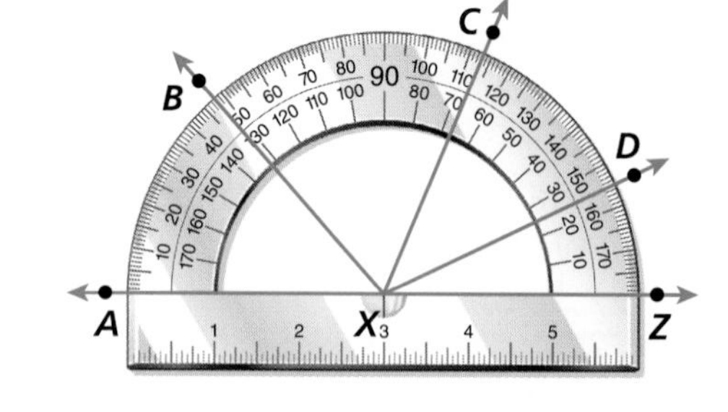

11. $\angle DXE$ y $\angle AXD$
12. $\angle AXB$ y $\angle CXD$
13. $\angle DXE$ y $\angle AXB$
14. $\angle BXC$ y $\angle DXE$
15. Los ángulos R y S son complementarios. Si $m\angle S$ es 17°, ¿cuánto es $m\angle R$?
16. Los ángulos D y F son suplementarios. Si $m\angle D$ es 45°, ¿cuánto es $m\angle F$?

8-3 Relaciones entre ángulos

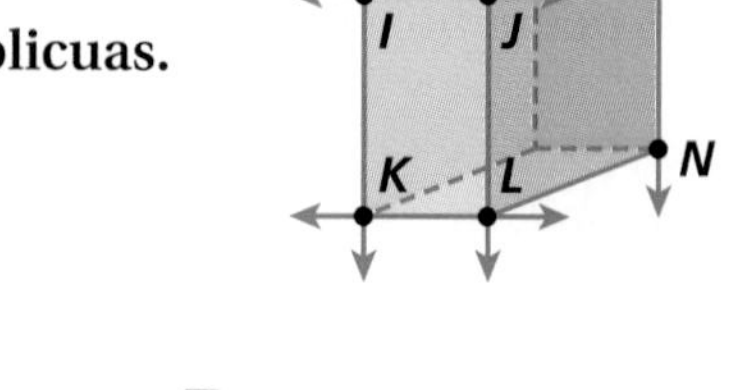

Indica si las líneas parecen paralelas, perpendiculares u oblicuas.

17. $\overleftrightarrow{KL}$ y $\overleftrightarrow{MN}$
18. $\overleftrightarrow{JL}$ y $\overleftrightarrow{MN}$
19. $\overleftrightarrow{KL}$ y $\overleftrightarrow{JL}$
20. $\overleftrightarrow{IJ}$ y $\overleftrightarrow{MN}$

Línea a || línea b. Halla la medida de cada ángulo.

21. $\angle 3$
22. $\angle 4$
23. $\angle 8$
24. $\angle 6$
25. $\angle 1$
26. $\angle 5$

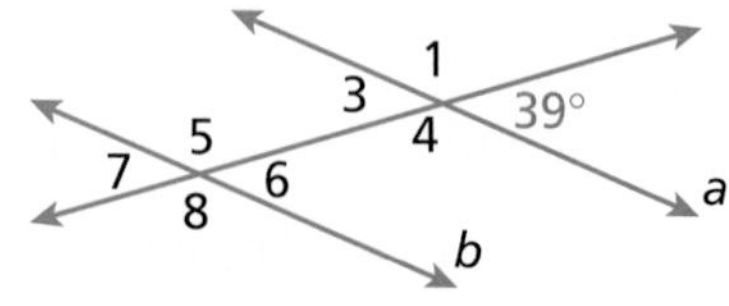

¿Listo para seguir?

Enfoque en resolución de problemas

Comprende el problema

• Vuelve a escribir el problema con tus propias palabras

Si escribes un problema con tus propias palabras, tal vez lo comprendas mejor. Antes de escribir el problema, tal vez necesites volver a leerlo varias veces. Puedes leerlo en voz alta para escucharte al decir las palabras.

Una vez que escribiste el problema con tus propias palabras, comprueba que hayas incluido toda la información necesaria para resolverlo.

Escribe cada problema con tus propias palabras. Comprueba que hayas incluido toda la información necesaria para resolverlo.

1. En el diagrama se muestra un rayo de luz reflejado en un espejo. El ángulo de reflexión es congruente con el ángulo de incidencia. Usa el diagrama para hallar la medida del ángulo obtuso que forma la luz reflejada en el espejo.

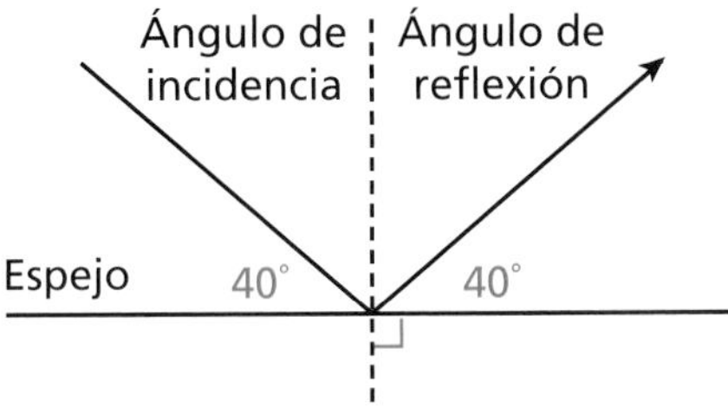

2. En la siguiente intersección, el giro a la izquierda de la calle Main en dirección norte hacia la calle Jefferson es peligroso porque la curva es demasiado cerrada. Los urbanistas decidieron modificar la carretera para aumentar el ángulo de la curva. Explica cómo cambiarían las medidas de los ángulos 1, 3 y 4 si la medida del ángulo 2 aumentara.

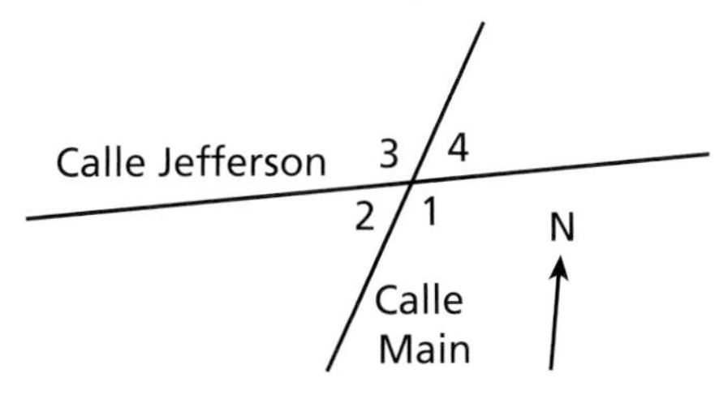

3. La transversal *r* corta las líneas paralelas *s* y *t*. Los ángulos obtusos formados por las líneas *s* y *t* miden 134°. Halla la medida de los ángulos agudos formados por la intersección de las líneas *t* y *r*.

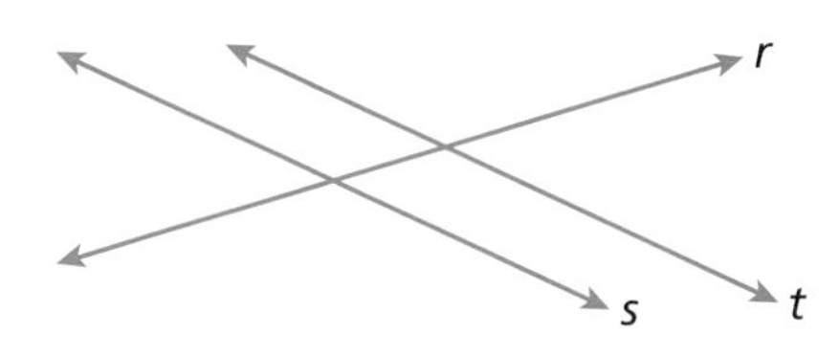

4. Muchos diseñadores de moda usan formas y patrones geométricos básicos en sus diseños textiles. En el siguiente diseño textil, los ángulos 1 y 2 están formados por dos líneas que se cruzan. Halla las medidas de $\angle 1$ y de $\angle 2$ si el ángulo adyacente a $\angle 2$ mide 88°.

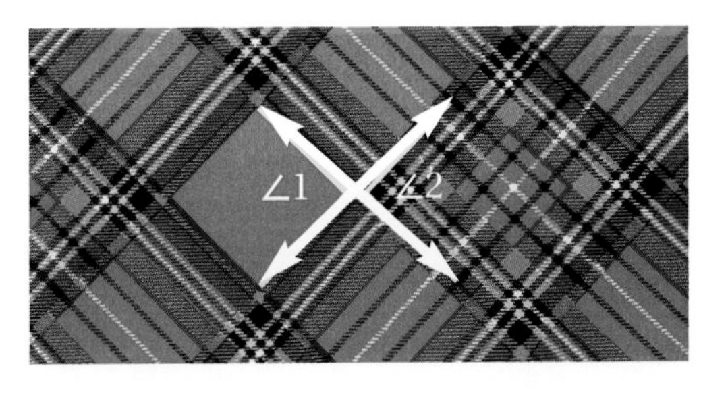

8-4 Propiedades de los círculos

Aprender a identificar las partes de un círculo y a hallar las medidas de ángulo central

Vocabulario

círculo

centro de un círculo

arco

radio

diámetro

cuerda

ángulo central

sector

La rueda es uno de los inventos más importantes de todos los tiempos. Los vehículos con ruedas (desde los antiguos carros hasta las bicicletas y los automóviles modernos) se basan en la idea del *círculo.*

Un **círculo** es el conjunto de todos los puntos en un plano que están a la misma distancia de un determinado punto, llamado **centro del círculo.**

Un círculo se identifica por su centro. Por ejemplo, si el punto A es el centro de un círculo, entonces el nombre del círculo es círculo A. Hay nombres especiales para las diferentes partes de un círculo.

Esta escultura en relieve se realizó alrededor del año 645 a.C. y muestra al rey Asurbanipal de Nínive conduciendo su carro de guerra.

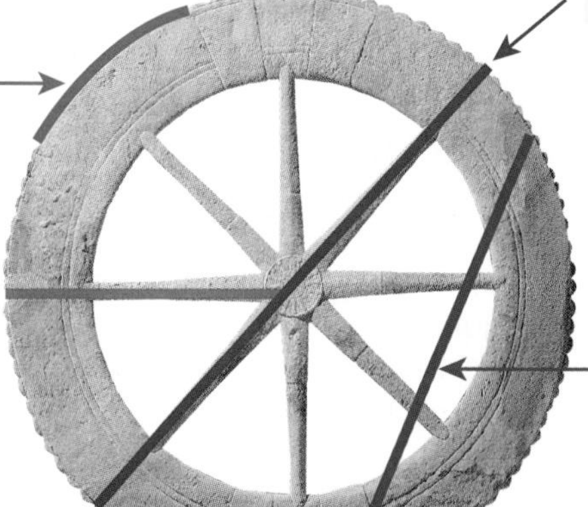

Arco
Parte de un círculo indicada por sus extremos

Radio
Segmento de recta cuyos extremos son el centro de un círculo y cualquier punto del círculo

Diámetro
Segmento de recta que pasa por el centro de un círculo y cuyos extremos están en el círculo

Cuerda
Segmento de recta cuyos extremos son dos puntos cualesquiera de un círculo

EJEMPLO 1 Identificar las partes de un círculo

Identifica las partes del círculo *P*.

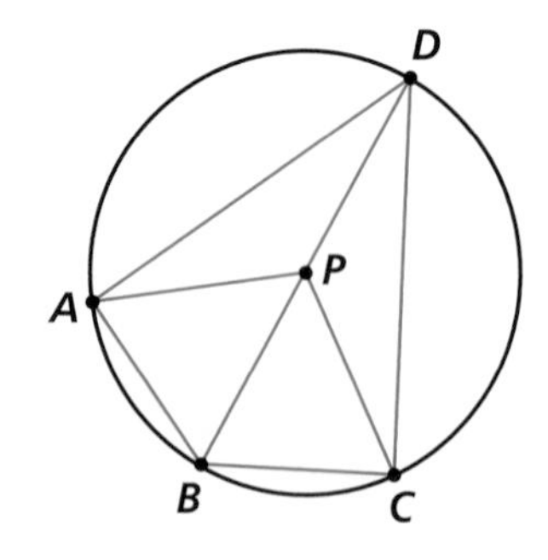

A **radios**
$\overline{PA}, \overline{PB}, \overline{PC}, \overline{PD}$

B **diámetro**
$\overline{BD}$

C **cuerdas**
$\overline{AD}, \overline{DC}, \overline{AB}, \overline{BC}, \overline{BD}$

Leer matemáticas

En inglés, el plural de *radius* (radio) es *radii.*

Un **ángulo central** de un círculo es un ángulo formado por dos radios. Un **sector** de un círculo es la parte del círculo encerrada por dos radios y un arco que los une.

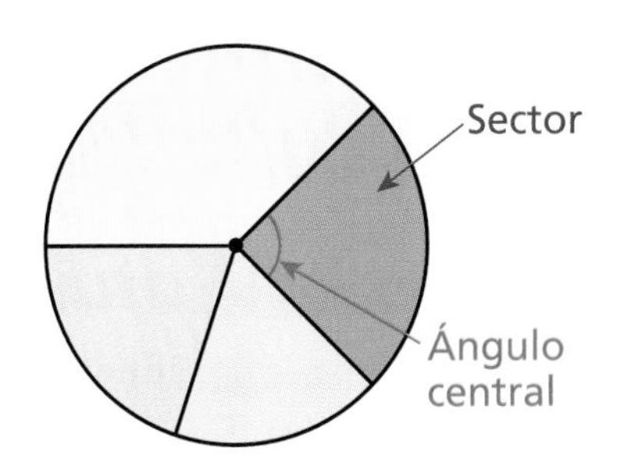

La suma de las medidas de todos los ángulos centrales no superpuestos de un círculo es 360°. Se dice que en un círculo hay 360°.

EJEMPLO 2 APLICACIÓN A LA RESOLUCIÓN DE PROBLEMAS

En la gráfica circular se muestran los resultados de una encuesta para determinar lo que la gente piensa sobre la circulación de monedas de un centavo. Halla la medida del ángulo central del sector que muestra el porcentaje de personas que están en contra de la circulación de las monedas de un centavo.

Fuente: USA Today, 2001

1 Comprende el problema

Haz una lista con la **información importante:**

- El porcentaje de personas que están en contra es del 32%.

2 Haz un plan

La medida del ángulo central del sector que representa a las personas que están en contra de la circulación de monedas de un centavo es el 32% de la medida del ángulo de todo el círculo. La medida del ángulo de un círculo es 360°. Como el sector es el 32% de la gráfica circular, la medida del ángulo central es el 32% de 360°.

32% de 360° = $0.32 \cdot 360°$

3 Resuelve

$0.32 \cdot 360° = 115.2°$ *Multiplica.*

El ángulo central del sector mide 115.2°.

4 Repasa

El sector de 32% es aproximadamente una tercera parte de la gráfica y 120° es una tercera parte de 360°. Como 115.2° está cerca de 120°, la respuesta es razonable.

Razonar y comentar

1. Explica por qué un diámetro es una cuerda, pero un radio no lo es.

2. Dibuja un círculo con un ángulo central de 90°.

8-4 Ejercicios

go.hrw.com
Ayuda en línea para tareas*
CLAVE: MS7 8-4
Recursos en línea para padres
CLAVE: MS7 Parent
*(Disponible sólo en inglés)

PRÁCTICA GUIADA

Ver Ejemplo 

Identifica las partes del círculo *O*.

1. radios
2. diámetro
3. cuerdas

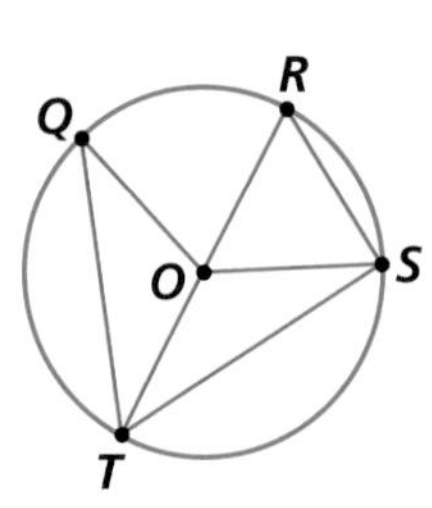

Ver Ejemplo 

4. En la gráfica circular se muestran los resultados de una encuesta del año 2001 en la que se preguntó lo siguiente: “Si describiera el ambiente de su oficina como un tipo de programa de televisión, ¿cuál sería?”. Halla la medida del ángulo central del sector que muestra el porcentaje de quienes describieron su lugar de trabajo como un drama judicial.

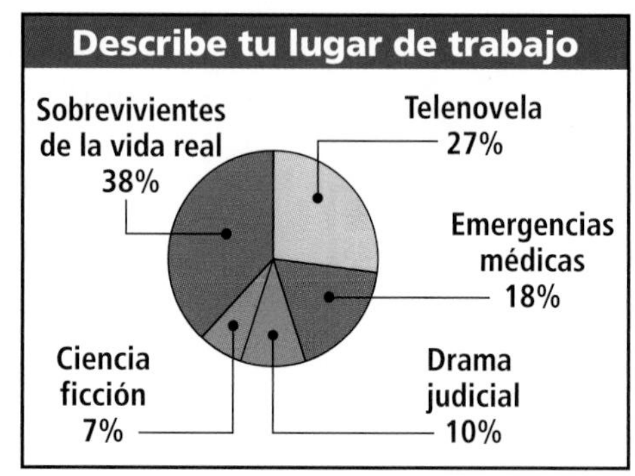

Fuente: USA Today

PRÁCTICA INDEPENDIENTE

Ver Ejemplo 

Indica las partes del círculo *C*.

5. radios
6. diámetros
7. cuerdas

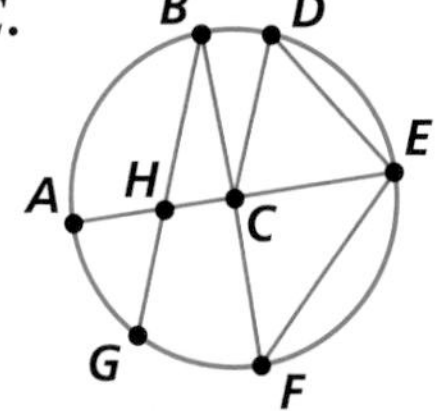

Ver Ejemplo 

8. En la gráfica circular se muestran las áreas desde las que Estados Unidos importa plátanos. Halla la medida del ángulo central del sector que muestra el porcentaje de importación de plátanos desde América del Sur.

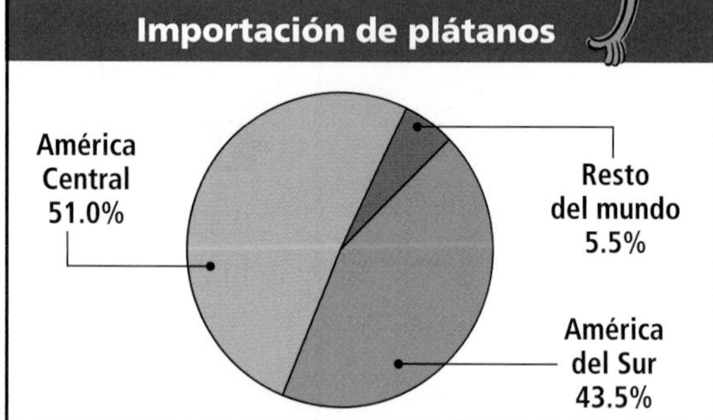

Fuente: Datos Comerciales de la Oficina del Censo de EE.UU.

PRÁCTICA Y RESOLUCIÓN DE PROBLEMAS

Práctica adicional
Ver página 742

9. ¿Cuál es la distancia entre los centros de los círculos de la derecha?

10. Un círculo se divide en cinco sectores iguales. Halla la medida del ángulo central de cada sector.

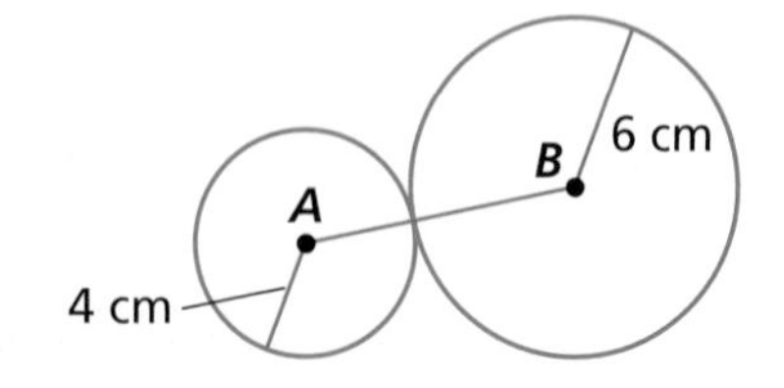

Música **Se pidió a ciudadanos de Estados Unidos que eligieran una canción nacional y un himno nacional. En las gráficas circulares se muestran los resultados de la encuesta. Usa las gráficas para los Ejercicios 11 y 12.**

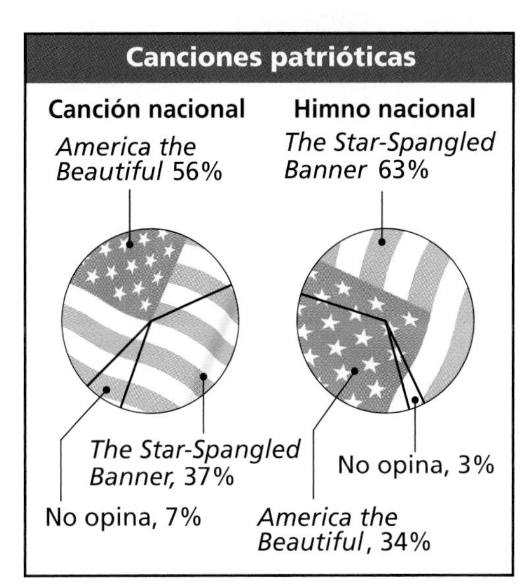

11. Halla la medida del ángulo central del sector que muestra el porcentaje de personas que eligieron *The Star-Spangled Banner* como su canción preferida.

12. Halla la medida del ángulo central del sector que muestra el porcentaje de personas que prefieren *God Bless America* como el himno nacional.

13. Si en el círculo de la derecha $\overline{AB} \parallel \overline{CD}$, ¿cuál es la medida de $\angle 1$? Explica tu respuesta.

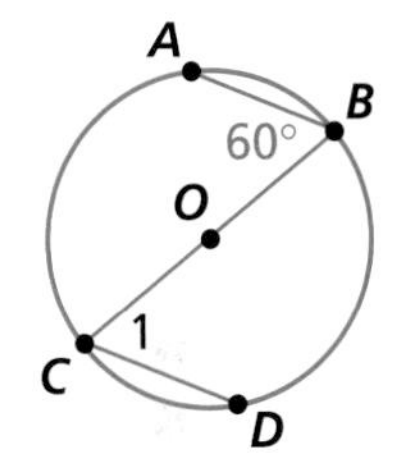

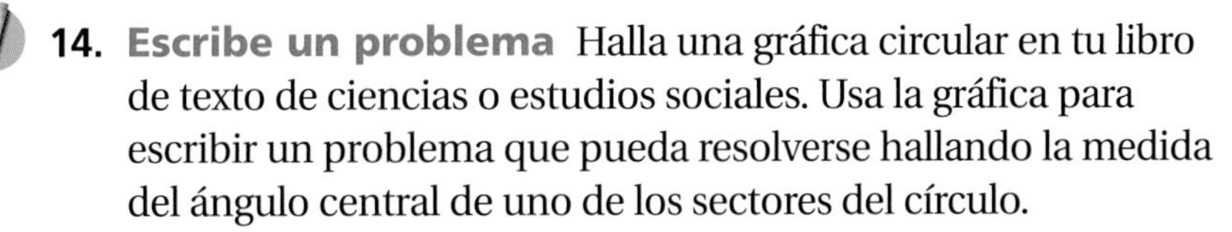

14. **Escribe un problema** Halla una gráfica circular en tu libro de texto de ciencias o estudios sociales. Usa la gráfica para escribir un problema que pueda resolverse hallando la medida del ángulo central de uno de los sectores del círculo.

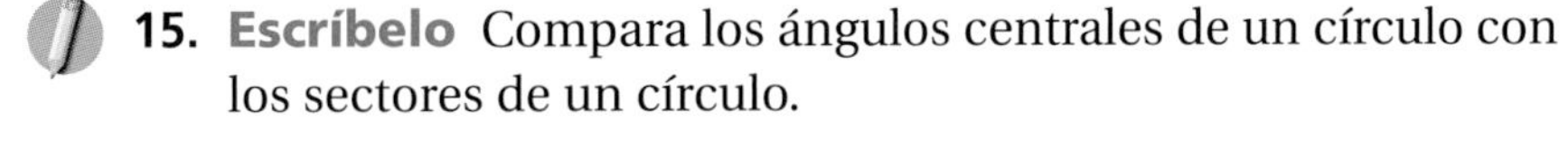

15. **Escríbelo** Compara los ángulos centrales de un círculo con los sectores de un círculo.

16. **Desafío** Halla la medida del ángulo entre las manecillas del reloj de la derecha.

Preparación Para El Examen y repaso en espiral

Usa la figura para los Ejercicios 17 y 18.

17. **Opción múltiple** ¿Qué enunciado acerca de la figura NO es verdadero?

Ⓐ $\overline{GI}$ es un diámetro del círculo.

Ⓑ $\overline{GI}$ es una cuerda del círculo.

Ⓒ $\angle GIJ$ es un ángulo central del círculo.

Ⓓ $\angle GFH$ y $\angle HFI$ son ángulos suplementarios.

18. **Respuesta gráfica** Si el diámetro del círculo es perpendicular a la cuerda HF, ¿cuál es la medida en grados de $\angle HFI$?

Estima. (Lección 6-3)

19. 28% de 150 **20.** 21% de 90 **21.** 2% de 55 **22.** 53% de 72

Usa el alfabeto de la derecha. (Lección 8-3)

23. Identifica las letras que parecen tener líneas paralelas.

24. Identifica las letras que parecen tener líneas perpendiculares.

ABCDEFGH
IJKLMN
OPQRST
UVWXYZ

Trazar gráficas circulares

Para usar con la Lección 8-4

go.hrw.com
Recursos en línea para el laboratorio
CLAVE: MS7 Lab8

RECUERDA
- Hay 360° en un círculo.
- Un radio es un segmento de recta que tiene un extremo en el centro de un círculo y el otro extremo en el círculo.

Una gráfica circular puede usarse para comparar datos que son parte de un todo.

Actividad

Puedes hacer una gráfica circular basándote en la información de una tabla.

En la Intermedia Booker se hizo una encuesta para hallar el porcentaje de estudiantes que prefieren ciertos tipos de libros. Los resultados se muestran en la tabla de abajo.

Para hacer una gráfica circular, necesitas hallar el tamaño de cada una de las partes de tu gráfica. Cada parte es un *sector.*

Para hallar el tamaño de un sector, debes hallar la medida de su ángulo. Para hacerlo, debes hallar qué porcentaje del círculo total representa ese sector.

Halla el tamaño de cada sector.

a. Copia la tabla de la derecha.

b. Halla un decimal equivalente a cada uno de los porcentajes dados y completa la columna de decimales de tu tabla.

c. Halla la fracción equivalente a cada porcentaje dado y completa la columna de fracciones de tu tabla.

d. Halla la medida del ángulo de cada sector, multiplicando cada fracción o decimal por 360°. Completa la última columna de tu tabla.

Tipos de libros favoritos de los estudiantes

Tipo de libro	Porcentaje	Decimal	Fracción	Grados
Misterio	35%			
Ciencia ficción	25%			
Deportes	20%			
Biografías	15%			
Humor	5%			

Sigue los siguientes pasos para dibujar una gráfica circular.

a. Con un compás, dibuja un círculo. Con una regla, traza un radio.

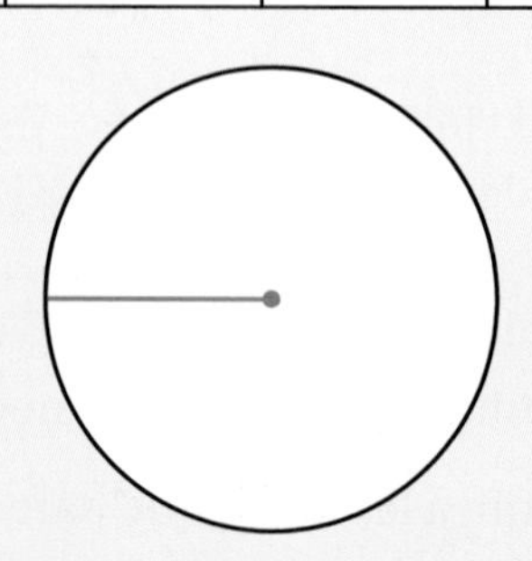

b. Usa un transportador para medir el ángulo del primer sector. Dibuja el ángulo.

c. Usa un transportador para medir el ángulo del siguiente sector. Dibuja el ángulo.

d. Continúa hasta completar la gráfica. Rotula cada sector con su nombre y porcentaje.

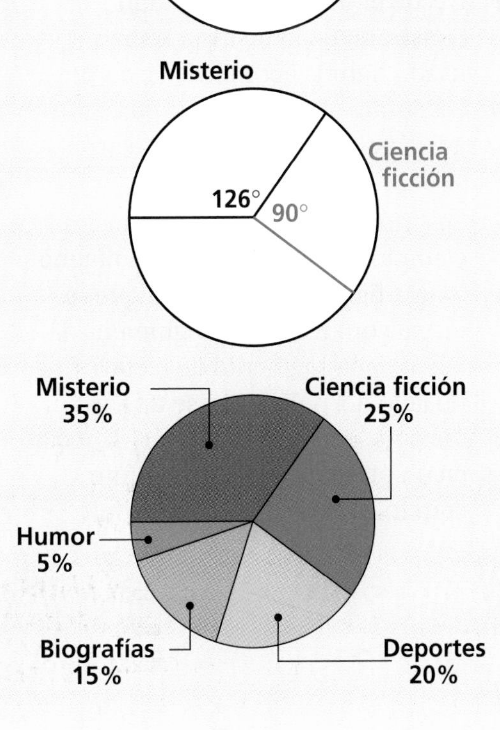

Razonar y comentar

1. Halla el total de cada columna de la tabla a partir del inicio de la actividad. ¿Qué observas?
2. ¿Qué tipo de datos representarías con una gráfica circular?
3. ¿Cómo se relaciona el tamaño de cada sector de tu gráfica circular con el porcentaje, el decimal y la fracción de tu tabla?

Inténtalo

1. Completa la siguiente tabla y usa la información para hacer una gráfica circular.

   En un sábado normal, Alan divide su tiempo libre de la siguiente manera:

Uso del tiempo libre				
Actividad	**Porcentaje**	**Decimal**	**Fracción**	**Grados**
Lectura	30%			
Deportes	25%			
Trabajar con la computadora	40%			
Ver televisión	5%			

8-5 Cómo clasificar polígonos

Aprender a identificar y dar un nombre a los polígonos

Vocabulario

polígono

polígono regular

Desde el período más antiguo registrado en la historia se han usado figuras geométricas, como triángulos y rectángulos, para adornar edificios y obras de arte.

Los triángulos y los rectángulos son ejemplos de *polígonos.* Un **polígono** es una figura plana cerrada que se forma con tres o más segmentos de recta. Cada segmento de recta forma un lado del polígono y se une, sin cruzarlo, con otro segmento de recta en un punto común. Este punto común es el vértice del polígono.

Los paracas fueron un antiguo pueblo de Perú. Entre los objetos que se han encontrado en las excavaciones en sus tierras hay tapices de colores como éste.

Leer matemáticas

En inglés, el plural de *vertex* (vértice) es *vertices.*

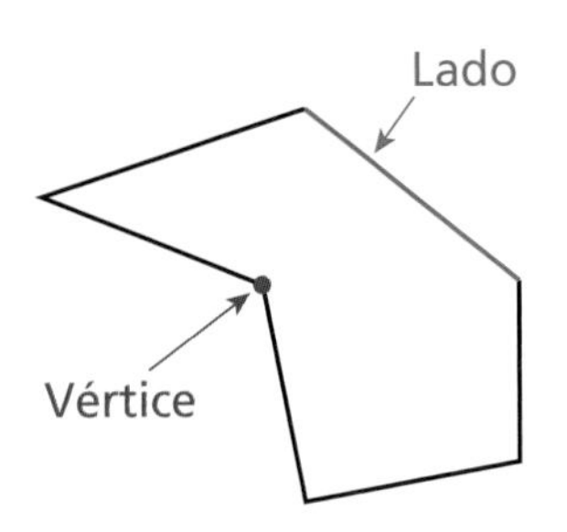

El polígono de la izquierda tiene seis lados y seis vértices.

EJEMPLO 1 Identificar polígonos

Determina si cada figura es un polígono. Si no lo es, explica por qué.

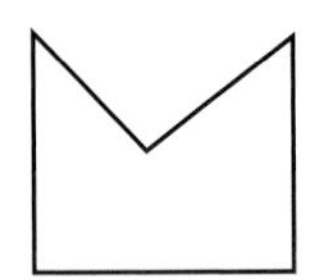

La figura es un polígono.
Es una figura cerrada con 5 lados.

La figura no es un polígono.
No es una figura cerrada.

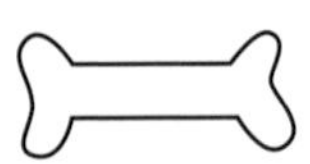

La figura no es un polígono.
No todos los lados de la figura son segmentos de recta.

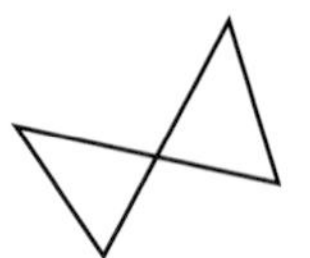

La figura no es un polígono.
Hay segmentos de recta que se cruzan en la figura.

Los polígonos se clasifican por la cantidad de lados y ángulos que tienen.

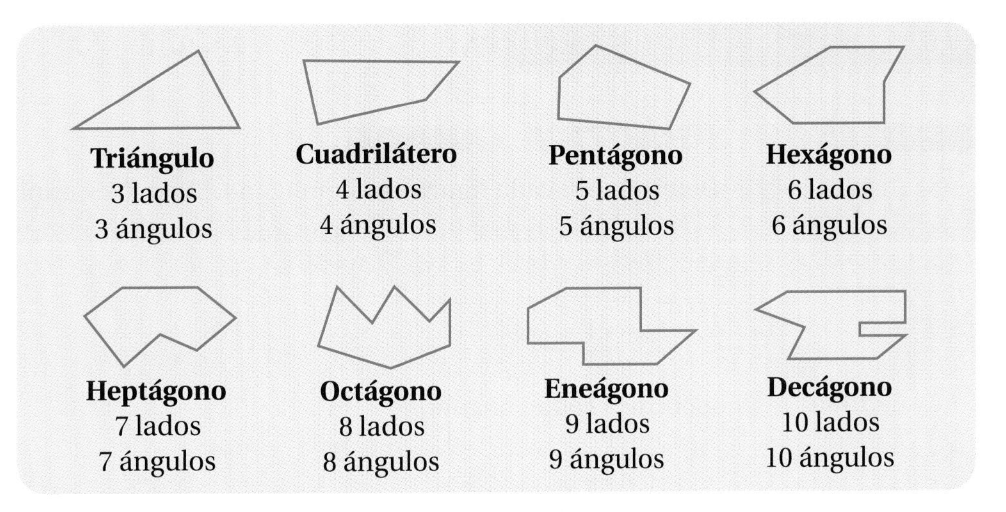

EJEMPLO 2 Clasificar polígonos

Identifica cada polígono.

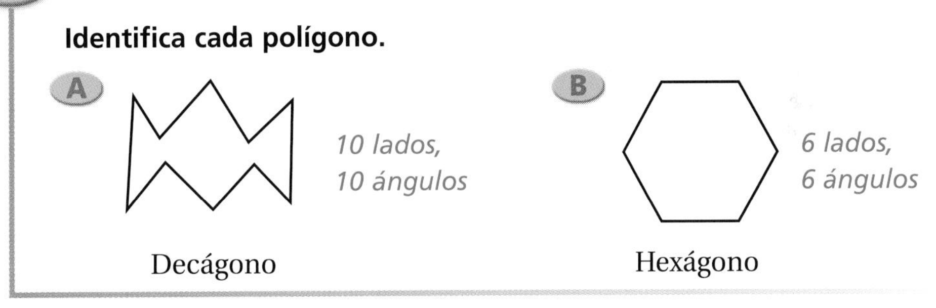

Un **polígono regular** es un polígono en el que todos los lados y todos los ángulos son congruentes.

EJEMPLO 3 Identificar y clasificar polígonos regulares

Identifica cada polígono e indica si es un polígono regular. Si no lo es, explica por qué.

¡Atención!

Un polígono con lados congruentes no es necesariamente un polígono regular. Sus ángulos también deben ser congruentes.

A

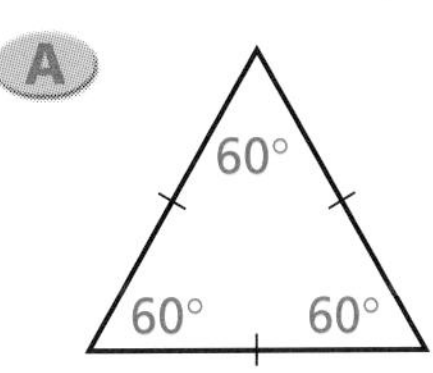

La figura tiene ángulos y lados congruentes. Es un triángulo regular.

B

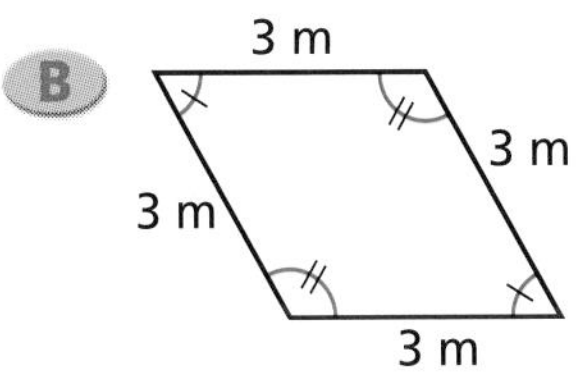

La figura es un cuadrilátero. No es un polígono regular porque no todos los ángulos son congruentes.

Razonar y comentar

1. **Explica** por qué un círculo no es un polígono.
2. **Menciona** tres razones por las que una figura no podría ser un polígono.

8-5 Ejercicios

go.hrw.com
Ayuda en línea para tareas*
CLAVE: MS7 8-5
Recursos en línea para padres
CLAVE: MS7 Parent
*(Disponible sólo en inglés)

PRÁCTICA GUIADA

Ver Ejemplo 1 Determina si cada figura es un polígono. Si no lo es, explica por qué.

1. 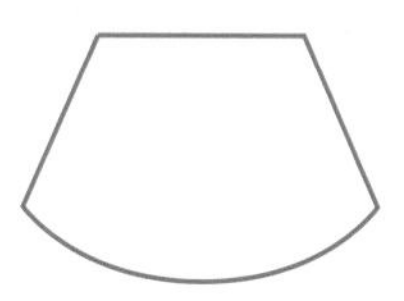

2. 

3. 

Ver Ejemplo 2 Identifica cada polígono.

4. 

5. 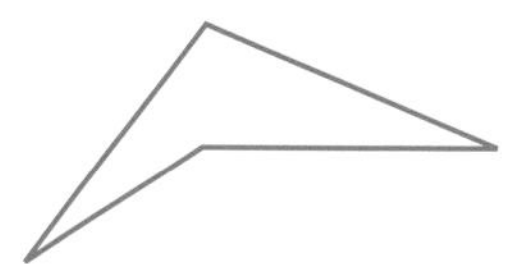

6. 

Ver Ejemplo 3 Identifica cada polígono e indica si es un polígono regular. Si no lo es, explica por qué.

7. 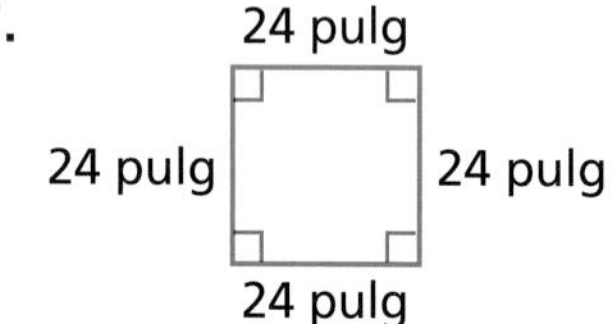

8. 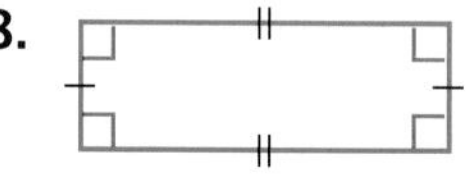

9. 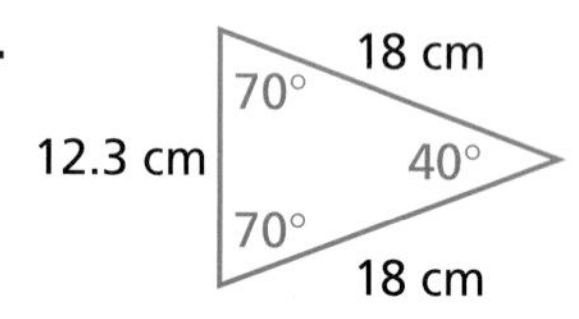

PRÁCTICA INDEPENDIENTE

Ver Ejemplo 1 Determina si cada figura es un polígono. Si no lo es, explica por qué.

10. 

11. 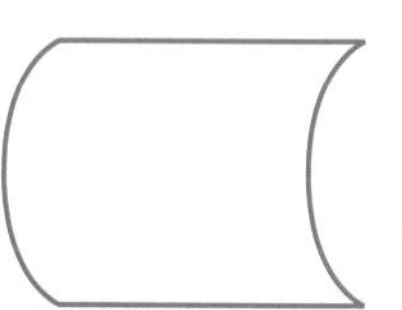

12. 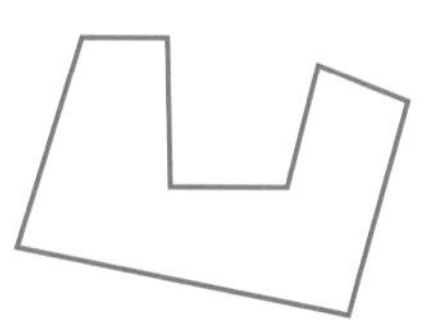

Ver Ejemplo 2 Identifica cada polígono.

13. 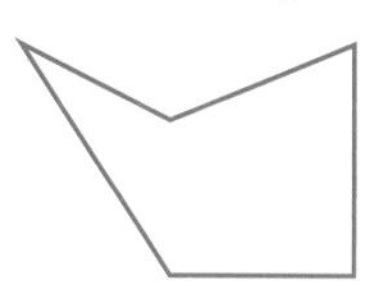

14. 

15. 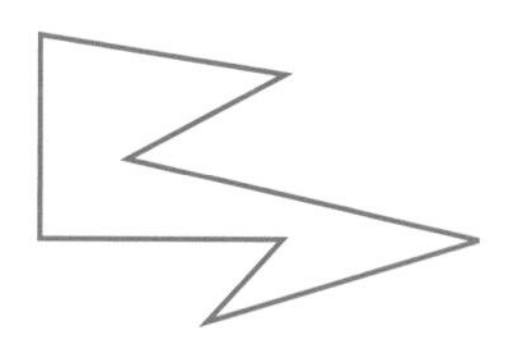

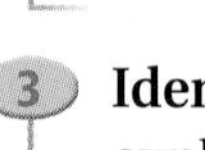

Ver Ejemplo 3 Identifica cada polígono e indica si es un polígono regular. Si no lo es, explica por qué.

16. 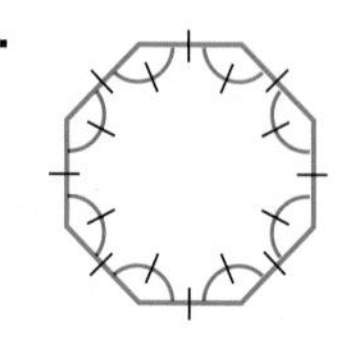

17. 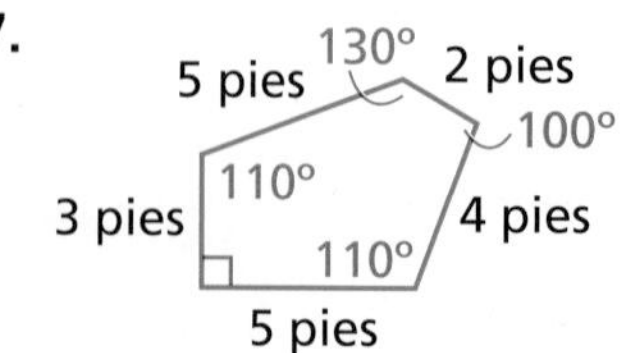

18. 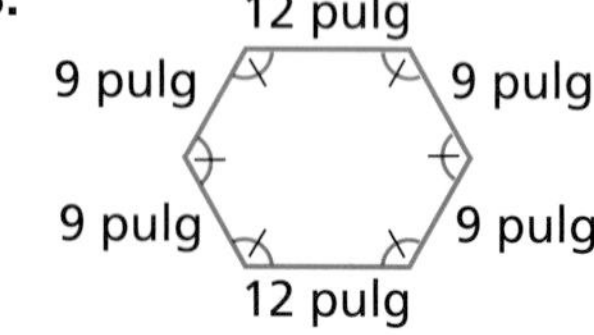

Práctica adicional
Ver página 742

con el arte

La confección de acolchados es un arte que existe en muchos países desde hace cientos de años. Algunas culturas registran su historia y su tradición mediante los colores y los patrones de los acolchados.

19. El diseño del acolchado de la derecha está formado por triángulos.

a. Identifica otros dos polígonos que veas en el patrón.

b. ¿Cuál de los polígonos del patrón parece regular?

Usa la fotografía del acolchado con dibujo de estrella para los Ejercicios 20 y 21.

20. La estrella grande en el patrón del acolchado está hecha con figuras más pequeñas bordadas una junto a otra. Estas pequeñas figuras son el mismo tipo de polígono. ¿Qué tipo de polígono son las figuras más pequeñas?

21. Un polígono recibe su nombre por el número de lados que tiene más la terminación *-ágono*. Por ejemplo, un polígono con 14 lados se llama 14-ágono. ¿Cuál es el nombre del polígono en forma de estrella más grande del acolchado?

22. **Desafío** El acolchado de la derecha tiene un diseño moderno. Halla y copia del diseño un polígono de cada tipo, desde un triángulo a un decágono, en tu hoja. Escribe el nombre de cada polígono junto a su dibujo.

go.hrw.com
¡Web Extra!
CLAVE: MS7 Quilt

Preparación para el examen y repaso en espiral

23. Opción múltiple ¿Qué enunciado sobre la figura es verdadero?

Ⓐ Es un polígono.

Ⓑ Es un polígono regular.

Ⓒ Es un cuadrilátero.

Ⓓ Es un eneágono.

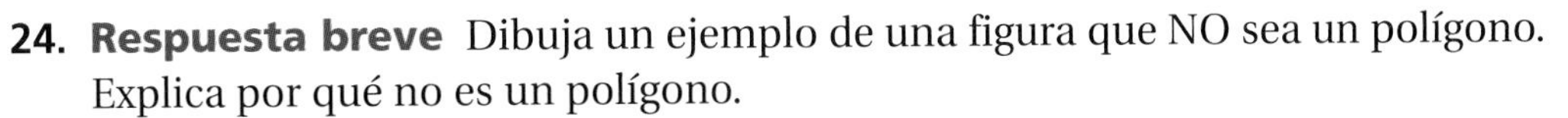

24. Respuesta breve Dibuja un ejemplo de una figura que NO sea un polígono. Explica por qué no es un polígono.

Escribe una función que describa cada sucesión. (Lección 4-5)

25. 4, 7, 10, 13, ...

26. –1, 1, 3, 5, ...

27. 2.3, 3.3, 4.3, 5.3, ...

Resuelve si es necesario. Redondea tu respuesta a la décima más cercana. (Lección 6-4)

28. ¿Qué porcentaje de 15 es 8?

29. ¿Cuánto es el 35% de 58?

30. ¿El 25% de qué número es 63%?

31. ¿Qué porcentaje de 85 es 22?

8-6 Cómo clasificar triángulos

Aprender a clasificar triángulos por las longitudes de sus lados y por las medidas de sus ángulos

Vocabulario

triángulo escaleno

triángulo isósceles

triángulo equilátero

triángulo acutángulo

triángulo obtusángulo

triángulo rectángulo

Para dirigir un planeador se usa una barra de control en forma de triángulo. La estructura de la mayoría de los planeadores se compone de muchos tipos de triángulos. Una forma de clasificar triángulos es por las longitudes de sus lados. Otra es por las medidas de sus ángulos.

Triángulos clasificados según sus lados

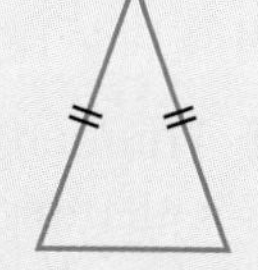

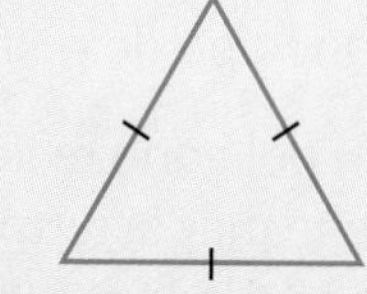

Un **triángulo escaleno** no tiene lados congruentes.

Un **triángulo isósceles** tiene al menos 2 lados congruentes.

En un **triángulo equilátero** todos los lados son congruentes.

Triángulos clasificados según sus ángulos

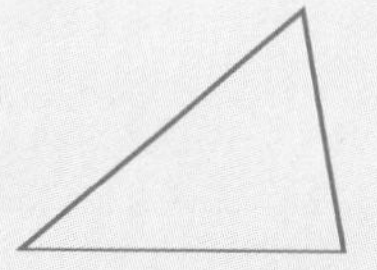

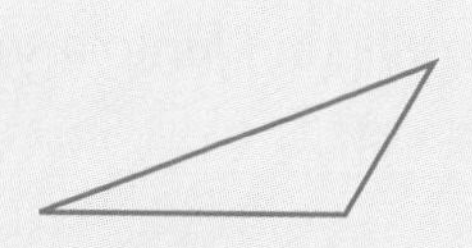

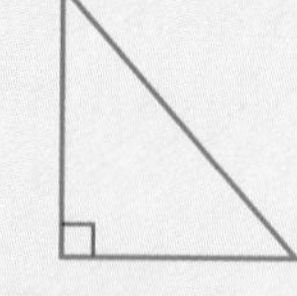

En un **triángulo acutángulo** todos los ángulos son agudos.

Un **triángulo obtusángulo** tiene exactamente un ángulo obtuso.

Un **triángulo rectángulo** tiene exactamente un ángulo recto.

EJEMPLO 1 **Clasificar triángulos**

Clasifica cada triángulo según sus lados y ángulos.

A

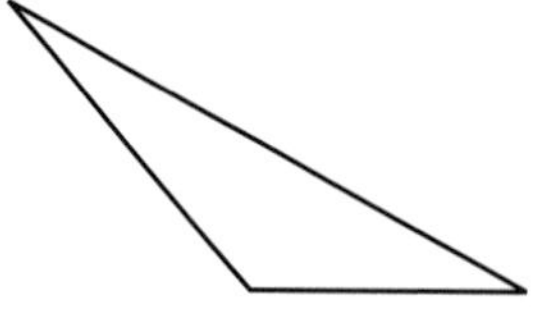

escaleno *Lados no congruentes*

obtusángulo *Un ángulo obtuso*

Éste es un triángulo escaleno obtusángulo.

B

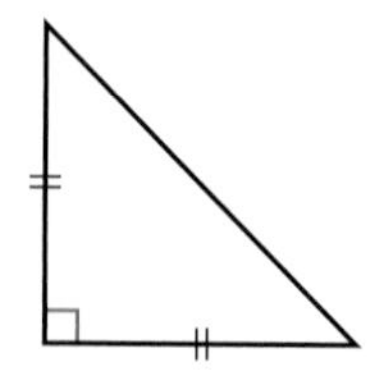

isósceles *Dos lados congruentes*

rectángulo *Un ángulo recto*

Éste es un triángulo isósceles rectángulo.

Clasifica cada triángulo según sus lados y ángulos.

C

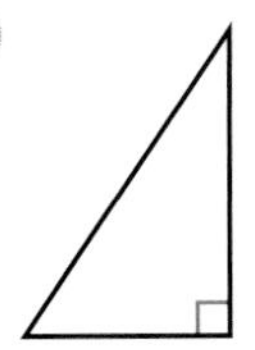

escaleno *Lados no congruentes*
rectángulo *Un ángulo recto*

Éste es un triángulo escaleno rectángulo.

D

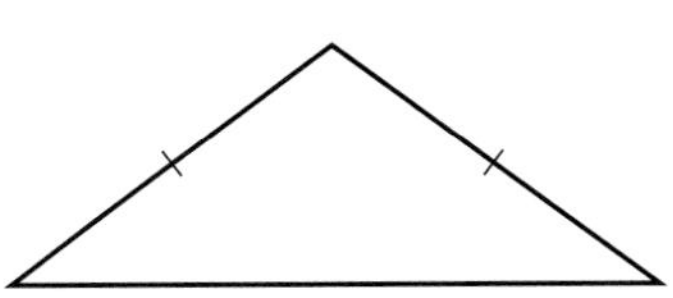

isósceles *Dos lados congruentes*
obtusángulo *Un ángulo obtuso*

Éste es un triángulo isósceles obtusángulo.

EJEMPLO 

2 Identificar triángulos

Identifica los diferentes tipos de triángulos de la figura y determina cuántos hay de cada uno.

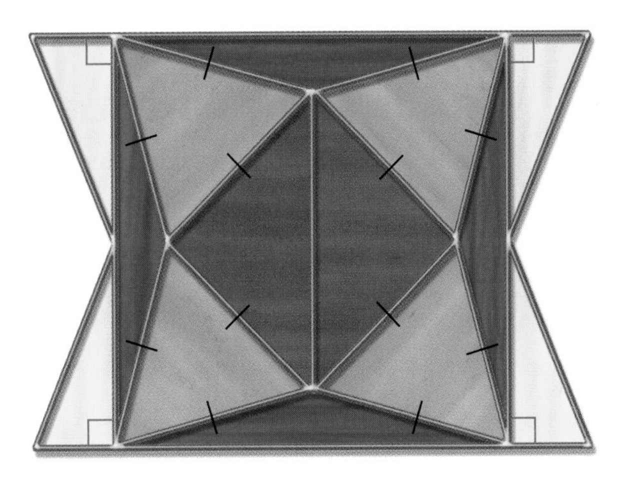

Tipo	Cuántos hay	Colores	Tipo	Cuántos hay	Colores
Escaleno	4	Amarillo	Rectángulo	6	Violeta, amarillo
Isósceles	10	Verde, rosa, violeta	Obtusángulo	4	Verde
Equilátero	4	Rosado	Acutángulo	4	Rosado

Razonar y comentar

1. **Dibuja** un triángulo isósceles acutángulo y un triángulo isósceles obtusángulo.
2. **Dibuja** un triángulo que sea escaleno y rectángulo.
3. **Explica** por qué todo triángulo equilátero también es un triángulo isósceles, pero no todos los triángulos isósceles son equiláteros.

8-6 Ejercicios

PRÁCTICA GUIADA

Ver Ejemplo 1

Clasifica cada triángulo según sus lados y ángulos.

1. 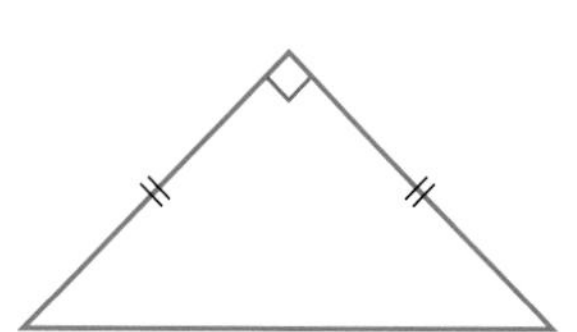

2. 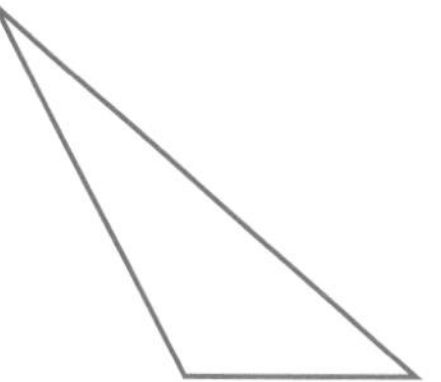

3. 

Ver Ejemplo 2

4. Identifica los diferentes tipos de triángulos de la figura y determina cuántos hay de cada uno.

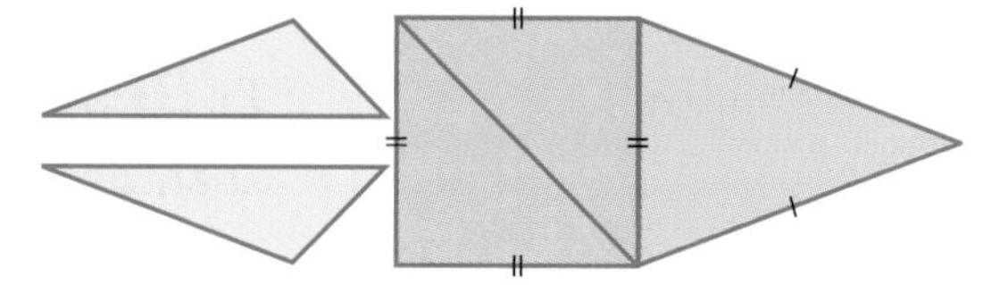

PRÁCTICA INDEPENDIENTE

Ver Ejemplo 1

Clasifica cada triángulo según sus lados y ángulos.

5. 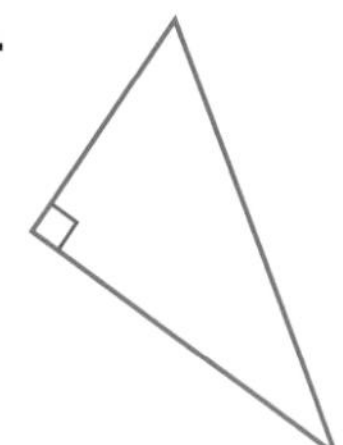

6. 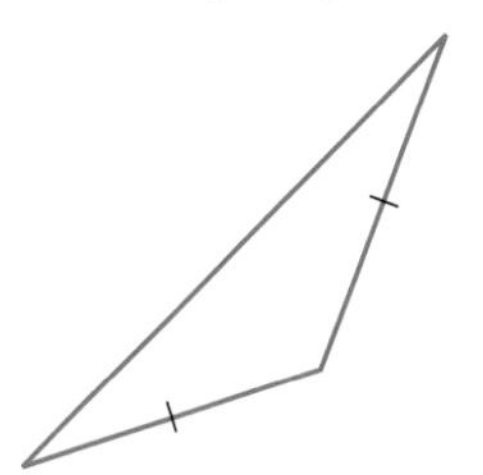

7. 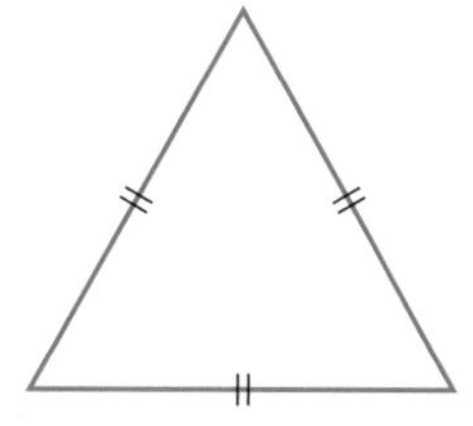

Ver Ejemplo 2

8. Identifica los diferentes tipos de triángulos de la figura y determina cuántos hay de cada uno.

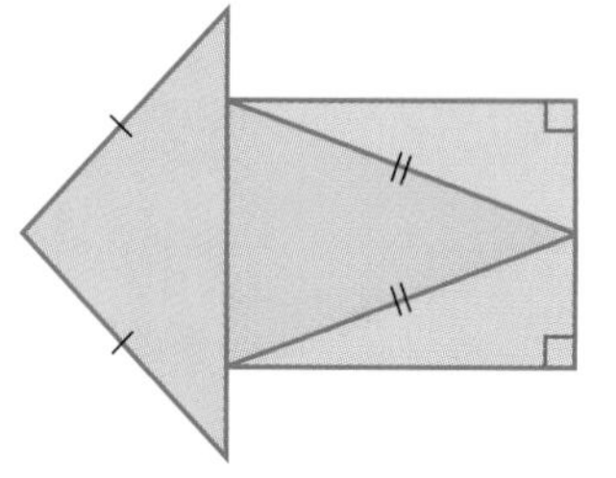

PRÁCTICA Y RESOLUCIÓN DE PROBLEMAS

Práctica adicional
Ver página 742

Clasifica cada triángulo según las longitudes de sus lados.

9. 6 pies, 9 pies, 12 pies
10. 2 pulg, 2 pulg, 2 pulg
11. 7.4 mi, 7.4 mi, 4 mi

Clasifica cada triángulo según las medidas de sus ángulos.

12. 105°, 38°, 37°
13. 45°, 90°, 45°
14. 40°, 60°, 80°

15. **Varios pasos** La suma de las longitudes de los lados del triángulo *ABC* es 25 pulg. Las longitudes de los lados $\overline{AB}$ y $\overline{BC}$ son 9 pulgadas y 8 pulgadas. Halla la longitud del lado $\overline{AC}$ y clasifica el triángulo.

16. Dibuja un cuadrado. Divídelo en dos triángulos. Describe los triángulos.

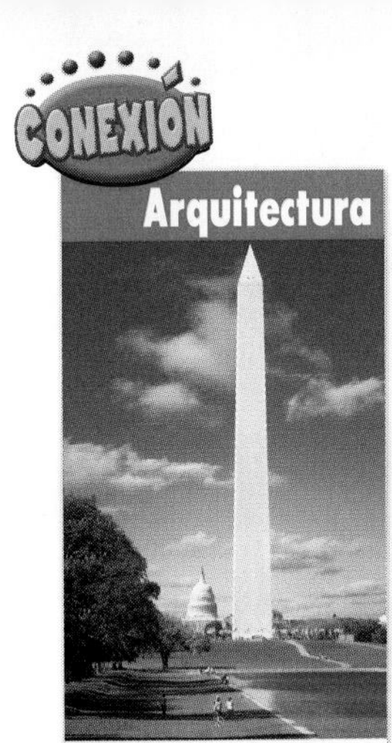

El Monumento a Washington se inauguró en 1888, 105 años después de que el Congreso propusiera erigir un monumento en honor al primer presidente de Estados Unidos.

Clasifica cada triángulo según sus lados y ángulos.

17.

18. 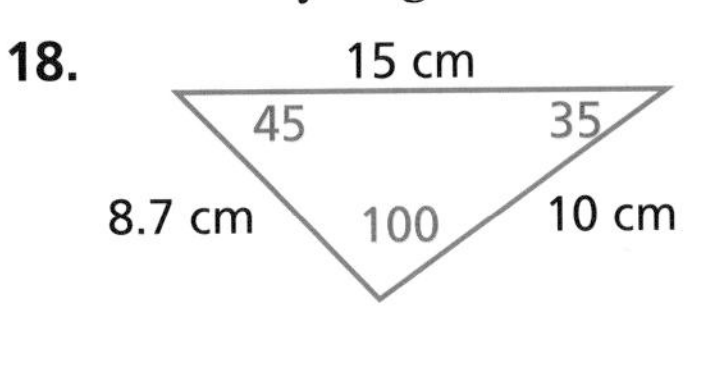

19. 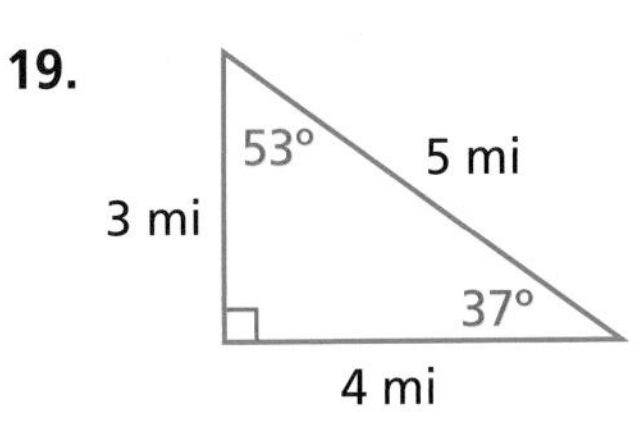

100 pies, 62°, 100 pies, 59°, 59°, 103 pies

20. **Geología** Cada cara de un cristal de topacio es un triángulo cuyos lados son de diferentes longitudes. ¿Qué clase de triángulo es cada cara de un cristal de topacio?

21. **Arquitectura** El Monumento a Washington es un obelisco cuya parte superior es una pirámide. La pirámide tiene cuatro caras triangulares. El borde inferior de cada cara mide 10.5 m. Los bordes más largos miden 17.0 m. ¿Qué clase de triángulo es cada cara de la pirámide?

22. **Razonamiento crítico** Un segmento de recta conecta cada vértice de un octágono con el vértice opuesto a él. ¿Cuántos triángulos hay dentro del octágono? ¿Qué tipo de triángulos son?

23. **Elige una estrategia** ¿Cuántos triángulos hay en la figura?

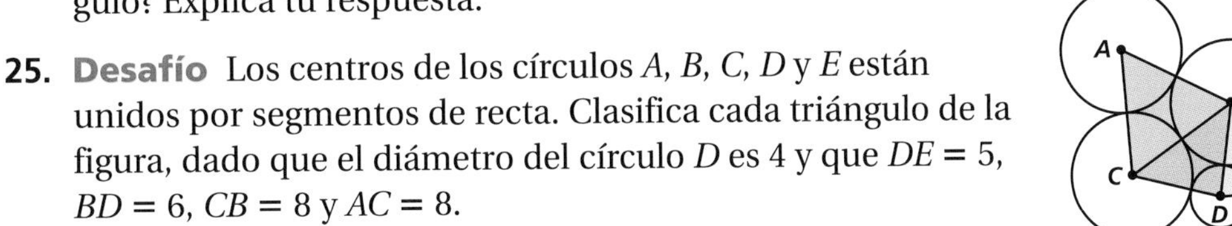

Ⓐ 6 Ⓑ 9 Ⓒ 10 Ⓓ 13

24. **Escríbelo** ¿Es posible que un triángulo equilátero sea obtusángulo? Explica tu respuesta.

25. **Desafío** Los centros de los círculos *A, B, C, D* y *E* están unidos por segmentos de recta. Clasifica cada triángulo de la figura, dado que el diámetro del círculo *D* es 4 y que $DE = 5$, $BD = 6$, $CB = 8$ y $AC = 8$.

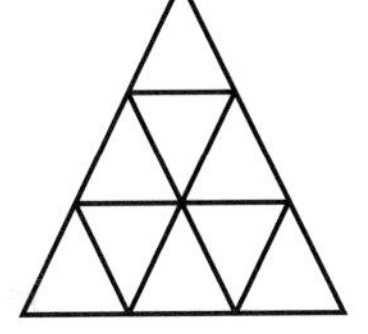

Preparación para el examen y repaso en espiral

26. **Opción múltiple** Basándote en las medidas dadas de los ángulos, ¿qué triángulo NO es acutángulo?

Ⓐ 60°, 60°, 60° Ⓑ 90°, 45°, 45° Ⓒ 54°, 54°, 72° Ⓓ 75°, 45°, 60°

27. **Opción múltiple** ¿Cuál de las siguientes opciones describe mejor el triángulo?

Ⓕ triángulo escaleno rectángulo Ⓗ triángulo isósceles obtusángulo

Ⓖ triángulo isósceles acutángulo Ⓙ triángulo equilátero acutángulo

124°, 28°, 28°

28. Ordena los números $\frac{3}{7}$, –0.4, 2.3 y $1\frac{3}{10}$ de menor a mayor. (Lección 2-11)

Identifica cada polígono e indica si es un polígono regular. Si no lo es, explica por qué. (Lección 8-5)

29. 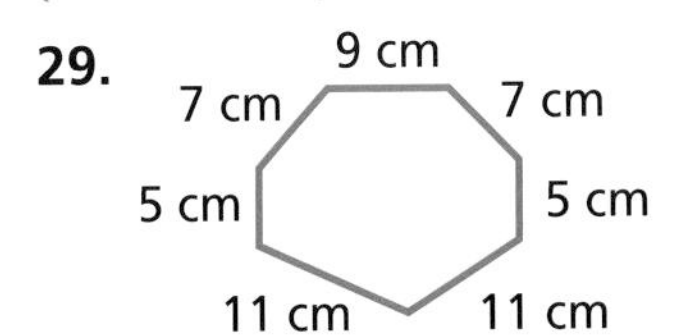

30. 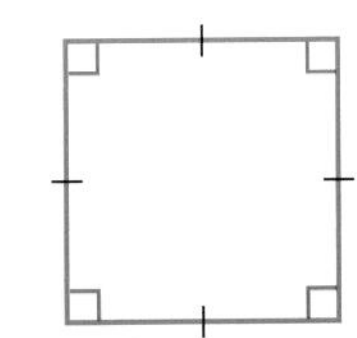

31. 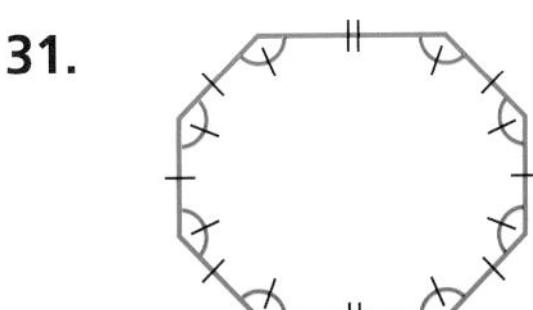

8-7 Cómo clasificar cuadriláteros

Aprender a dar nombre a los tipos de cuadriláteros, a identificarlos y a dibujarlos

Vocabulario

paralelogramo

rectángulo

rombo

cuadrado

trapecio

Los campus universitarios suelen estar construidos alrededor de un espacio abierto que se llama "cuadrángulo". Un cuadrángulo es un área cerrada de cuatro lados, o cuadrilátero.

Algunos cuadriláteros tienen propiedades que los clasifican como *cuadriláteros especiales*.

El Cuadrángulo de Humanidades, en la Universidad de Washington, Seattle

Paralelogramo	Los dos pares de lados opuestos son paralelos y congruentes. Los dos pares de ángulos opuestos son congruentes.
Rectángulo	Paralelogramo con cuatro ángulos rectos
Rombo	Paralelogramo con cuatro lados congruentes
Cuadrado	Paralelogramo con cuatro lados congruentes y cuatro ángulos rectos
Trapecio	Tiene exactamente un par de lados paralelos.

Los cuadriláteros pueden tener más de un nombre porque los cuadriláteros especiales en ocasiones comparten propiedades.

EJEMPLO  Clasificar cuadriláteros

Da todos los nombres que se apliquen a cada cuadrilátero. Luego identifica el nombre que mejor lo describe.

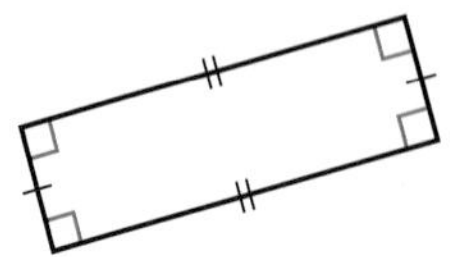

La figura tiene lados opuestos paralelos. Por lo tanto, es un paralelogramo. Tiene cuatro ángulos rectos. Por lo tanto, también es un rectángulo.

El nombre que mejor describe este cuadrilátero es *rectángulo.*

Da todos los nombres que se apliquen a cada cuadrilátero. Luego identifica el nombre que mejor lo describe.

B

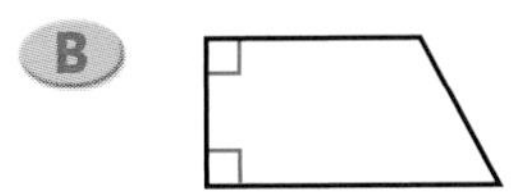

La figura tiene exactamente un par de lados opuestos paralelos. Por lo tanto, es un trapecio.

El nombre que mejor describe este cuadrilátero es *trapecio.*

C

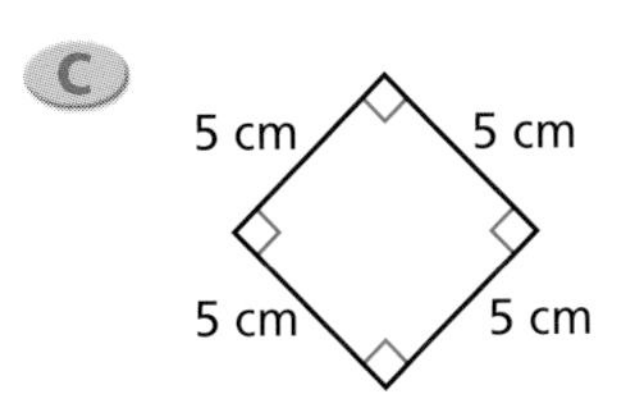

La figura tiene dos pares de lados opuestos paralelos. Por lo tanto, es un paralelogramo. Tiene cuatro ángulos rectos. Por lo tanto, también es un rectángulo. Tiene cuatro lados congruentes. Por lo tanto, también es un rombo y un cuadrado.

El nombre que mejor describe este cuadrilátero es *cuadrado*.

D

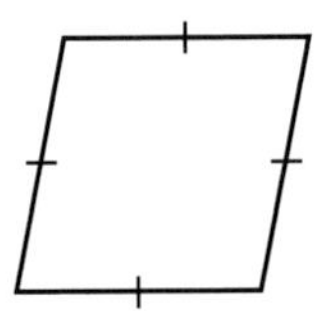

La figura tiene dos pares de lados opuestos paralelos. Por lo tanto, es un paralelogramo.Tiene cuatro lados congruentes. Por lo tanto, es un rombo. No tiene cuatro ángulos rectos. Por lo tanto, no es un rectángulo ni un cuadrado.

El nombre que mejor describe este cuadrilátero es *rombo.*

EJEMPLO 2 Dibujar cuadriláteros

Dibuja cada figura. Si no es posible dibujarla, explica por qué.

A **un paralelogramo que no sea un rombo**

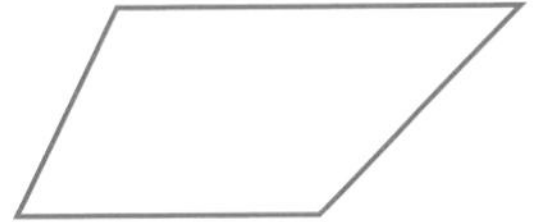

La figura tiene dos pares de lados paralelos, pero todos los lados no son congruentes.

B **un trapecio que además sea un rectángulo**

Un trapecio tiene exactamente un par de lados opuestos paralelos, pero un rectángulo tiene dos pares de lados opuestos paralelos. No es posible dibujar esta figura.

Razonar y comentar

1. **Describe** cómo puedes decidir si un rombo también es un cuadrado. Usa dibujos para justificar tu respuesta.
2. **Haz** un diagrama de Venn para mostrar cómo se relacionan las propiedades de los cinco cuadriláteros.

8-7 Ejercicios

go.hrw.com
Ayuda en línea para tareas*
CLAVE: MS7 8-7
Recursos en línea para padres
CLAVE: MS7 Parent
*(Disponible sólo en inglés)

PRÁCTICA GUIADA

Ver Ejemplo 
Da todos los nombres que se apliquen a cada cuadrilátero. Luego da el nombre que mejor lo describe.

1.
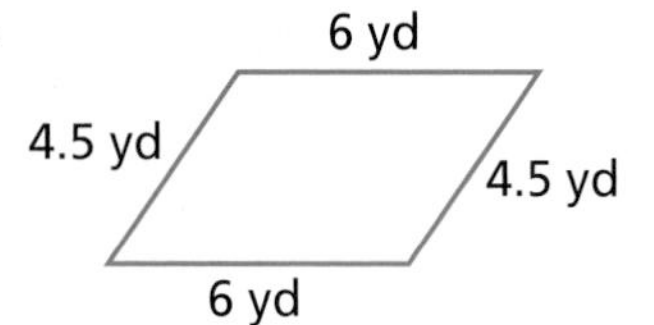

2.

3.
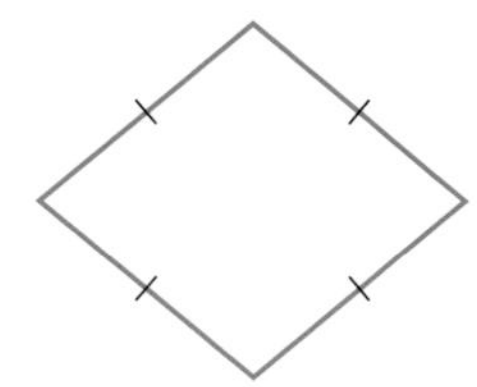

Ver Ejemplo 
Dibuja cada figura. Si no es posible dibujarla, explica por qué.

4. un rectángulo que no sea un cuadrado

5. un paralelogramo que también sea un trapecio

PRÁCTICA INDEPENDIENTE

Ver Ejemplo 
Da todos los nombres que se apliquen a cada cuadrilátero. Luego da el nombre que mejor lo describe.

6.
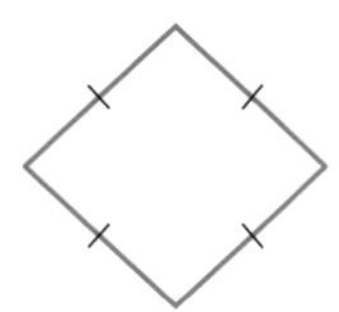

7.
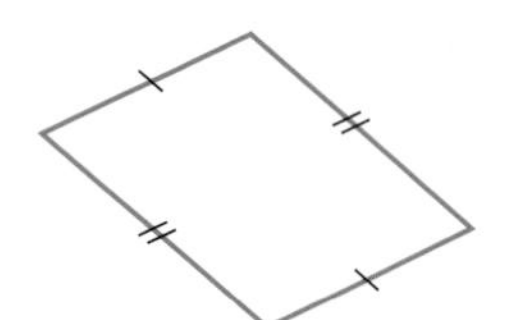

8.
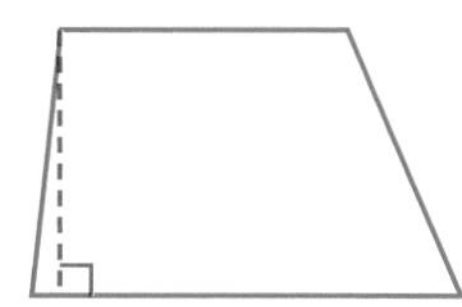

9.
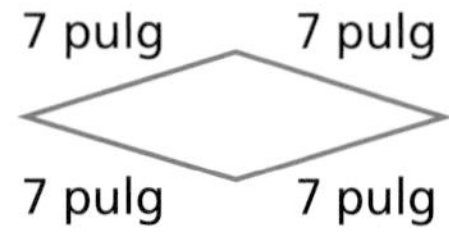

10.
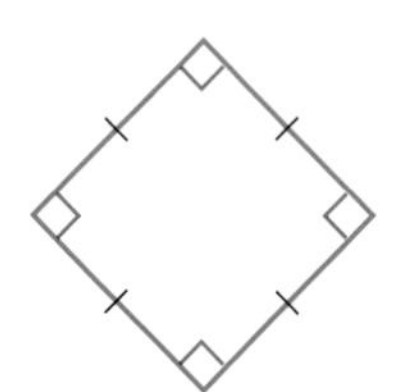

11.
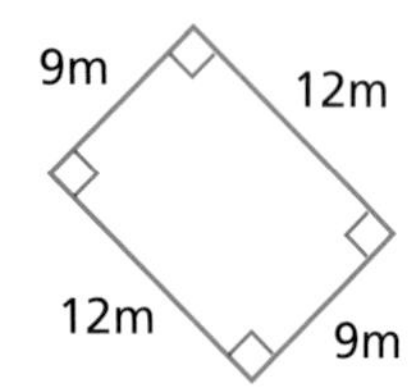

Ver Ejemplo 
Dibuja cada figura. Si no es posible dibujarla, explica por qué.

12. un paralelogramo que también sea un rombo

13. un rombo que no sea un cuadrado

PRÁCTICA Y RESOLUCIÓN DE PROBLEMAS

Práctica adicional
Ver página 742

Menciona los tipos de cuadrilátero que tienen las siguientes propiedades.

14. cuatro ángulos rectos

15. dos pares de lados opuestos paralelos

16. cuatro lados congruentes

17. lados opuestos que son congruentes

19. Describe cómo trazar un paralelogramo a partir de la figura de la derecha y luego trázalo.

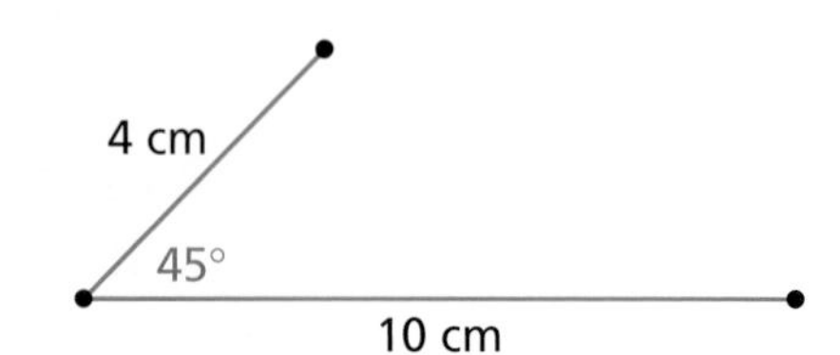

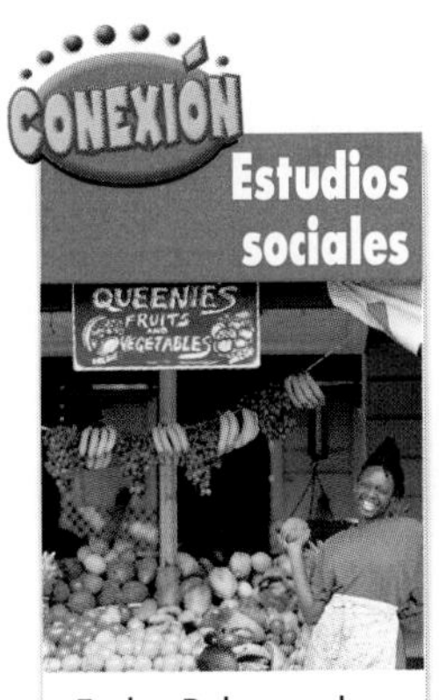

CONEXIÓN Estudios sociales

En las Bahamas hay frutas propias de la región, como la guayaba, la piña, el coco, el plátano y el plátano macho.

go.hrw.com
¡Web Extra!
CLAVE: MS7 Bahamas

Indica si cada enunciado es verdadero o falso. Explica tu respuesta.

19. Todos los cuadrados son rombos.

20. Todos los rectángulos son paralelogramos.

21. Todos los cuadrados son rectángulos.

22. Todos los rombos son rectángulos.

24. Algunos trapecios son cuadrados.

24. Algunos rectángulos son cuadrados.

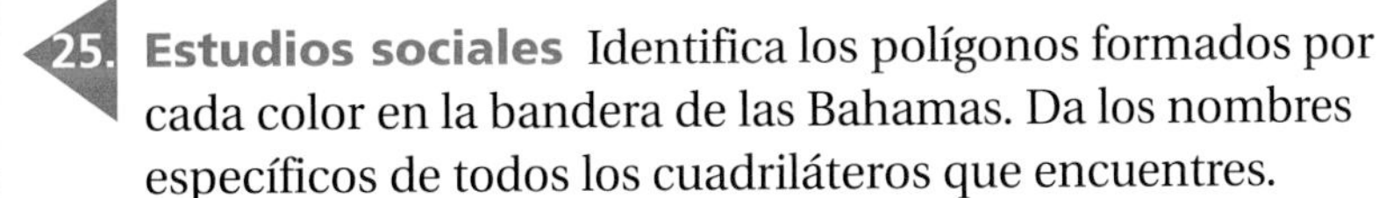

25. **Estudios sociales** Identifica los polígonos formados por cada color en la bandera de las Bahamas. Da los nombres específicos de todos los cuadriláteros que encuentres.

26. Representa gráficamente los puntos $A(-2, -2)$, $B(4, 1)$, $C(3, 4)$ y $D(-1, 2)$ y dibuja segmentos de recta para unir los puntos. ¿Qué clase de cuadrilátero dibujaste?

27. La carretera Bandon se está construyendo perpendicular a la Avenida A y la Avenida B, que son paralelas. ¿Qué clase de polígonos podrían formarse agregando una cuarta calle?

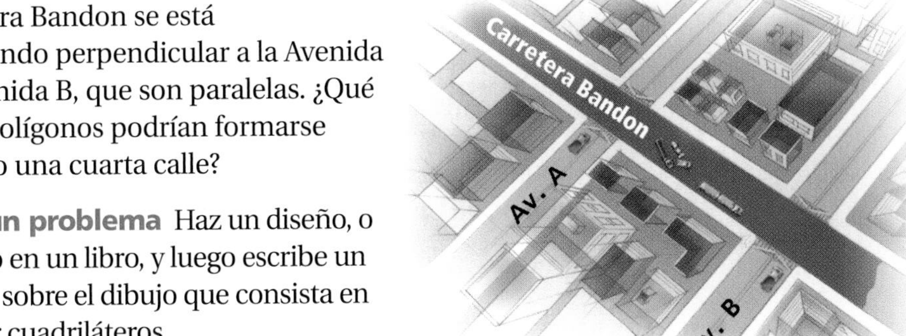

28. **Escribe un problema** Haz un diseño, o busca uno en un libro, y luego escribe un problema sobre el dibujo que consista en identificar cuadriláteros.

29. **Escríbelo** Puedes ver cuadriláteros en muchos campus universitarios. Describe dos cuadriláteros especiales que sueles encontrar en el mundo que te rodea.

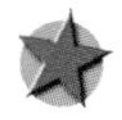

30. **Desafío** Las coordenadas de tres vértices de un paralelogramo son $(-1, 1)$, $(2, 1)$ y $(0, -4)$. ¿Cuáles son las coordenadas del cuarto vértice?

Preparación para el examen y repaso en espiral

31. **Opción múltiple** ¿Qué enunciado NO es verdadero?

Ⓐ Todos los rombos son paralelogramos.

Ⓑ Todos los cuadrados son rectángulos.

Ⓒ Algunos trapecios son rectángulos.

Ⓓ Algunos rombos son cuadrados.

32. **Respuesta desarrollada** Representa gráficamente los puntos $A(-1, 5)$, $B(4, 3)$, $C(2, -2)$ y $D(-3, 0)$. Dibuja los segmentos AB, BC, CD y AD y da todos los nombres que se apliquen al cuadrilátero. Luego da el nombre que mejor lo describe.

Usa el conjunto de datos 43, 28, 33, 49, 18, 44, 57, 34, 40, 57 para los Ejercicios 33 y 34. (Lección 7-1)

33. Haz un diagrama de tallo y hojas con los datos.

34. Haz una tabla de frecuencia acumulativa con los datos.

Clasifica cada triángulo según las medidas de sus ángulos. (Lección 8-6)

35. 50°, 50°, 80°

36. 40°, 50°, 90°

37. 20°, 30°, 130°

38. 20°, 60°, 100°

8-8 Ángulos de los polígonos

Aprender a hallar las medidas de los ángulos de los polígonos

Si arrancas las esquinas de un triángulo y las pones una junto a la otra, te darás cuenta de que forman un ángulo llano. Esto indica que la suma de las medidas de los ángulos de un triángulo es 180°.

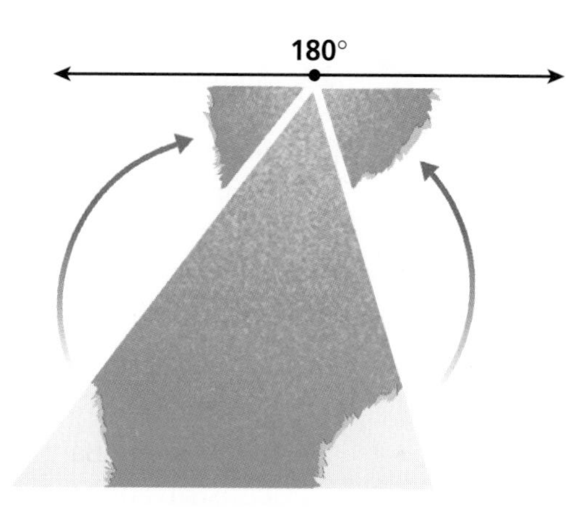

Ángulos de un triángulo	
La suma de las medidas de los ángulos de un triángulo es 180°.	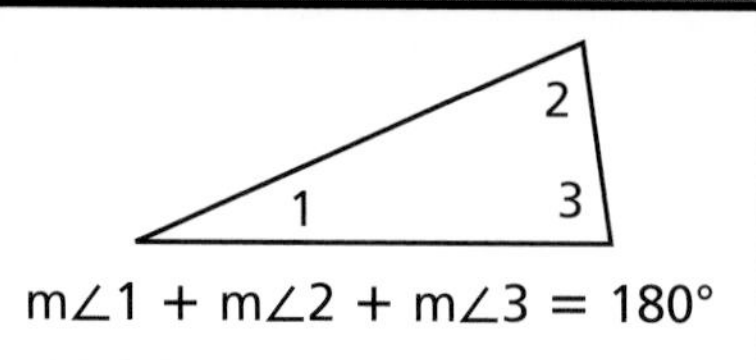 $m\angle 1 + m\angle 2 + m\angle 3 = 180°$

EJEMPLO 1 **Hallar la medida de un ángulo de un triángulo**

Halla la medida del ángulo desconocido del triángulo.

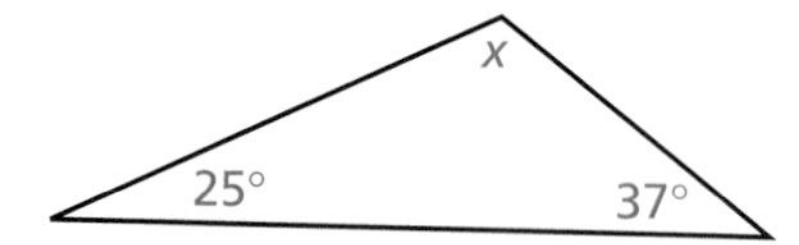

$25° + 37° + x = 180°$ *La suma de las medidas de los ángulos es 180°.*

$62° + x = 180°$ *Combina los términos semejantes.*

$\underline{-62°} \quad \underline{-62°}$ *Resta 62° de ambos lados.*

$x = 118°$

La medida del ángulo desconocido es 118°.

Para hallar la suma de las medidas de los ángulos de cualquier cuadrilátero, puedes dividir la figura en dos triángulos. Como la suma de las medidas de los ángulos de cada triángulo es 180°, la suma de las medidas en un cuadrilátero es 2 • 180°, ó 360°.

Ángulos de un cuadrilátero	
La suma de las medidas de los ángulos de un cuadrilátero es 360°.	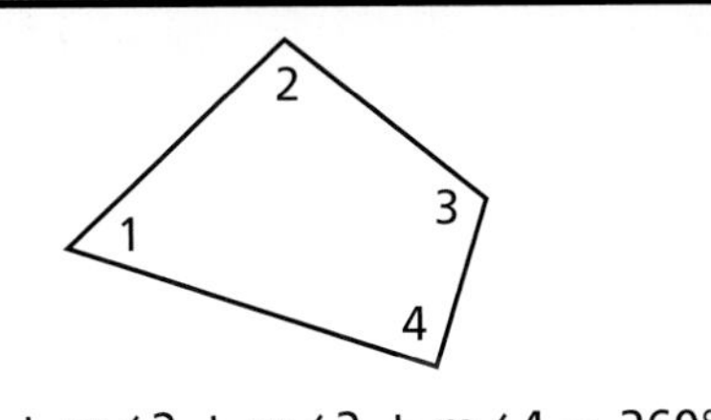 $m\angle 1 + m\angle 2 + m\angle 3 + m\angle 4 = 360°$

EJEMPLO 2 **Hallar la medida de un ángulo de un cuadrilátero**

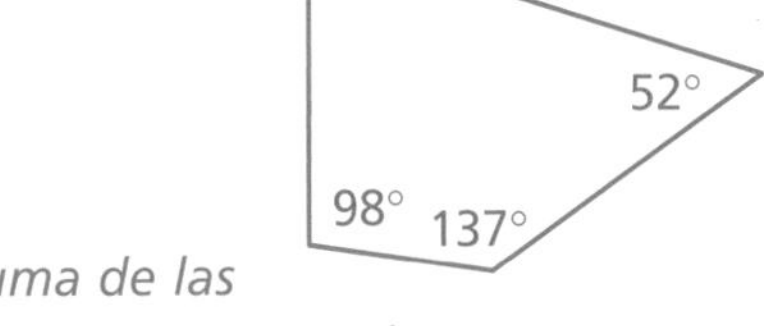

Halla la medida desconocida.

$98° + 137° + 52° + x = 360°$ *La suma de las medidas de los ángulos es 360°.*

$287° + x = 360°$ *Combina los términos semejantes.*

$\underline{-287°} \qquad \underline{-287°}$ *Resta 287° de ambos lados.*

$x = 73°$

La medida desconocida es 73°.

Si divides cualquier figura en triángulos, puedes hallar la suma de las medidas de sus ángulos.

EJEMPLO 3 **Dibujar triángulos para hallar la suma de los ángulos internos**

Divide el polígono en triángulos para hallar la suma de las medidas de sus ángulos.

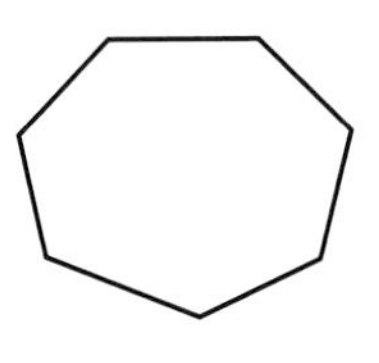

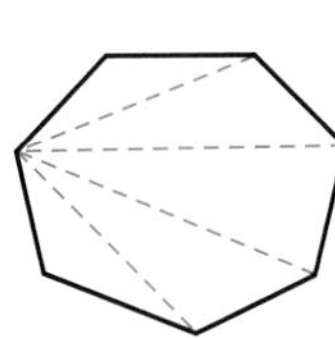

Hay 5 triángulos.

$5 \cdot 180° = 900°$

La suma de las medidas de los ángulos de un heptágono es 900°.

Razonar y comentar

1. **Explica** cómo hallar la medida de un ángulo de un triángulo cuando se conocen las medidas de los otros dos ángulos.
2. **Determina** en qué polígono es mayor la suma de las medidas de los ángulos: en un pentágono o en un octágono.
3. **Explica** cómo cambia la medida de cada ángulo de un polígono regular a medida que aumenta la cantidad de lados.

8-8 Ejercicios

go.hrw.com
Ayuda en línea para tareas*
CLAVE: MS7 8-8
Recursos en línea para padres
CLAVE: MS7 Parent
*(Disponible sólo en inglés)

PRÁCTICA GUIADA

Ver Ejemplo 1 Halla la medida del ángulo desconocido en cada triángulo.

1. 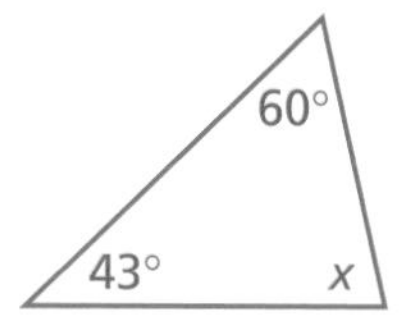

2. 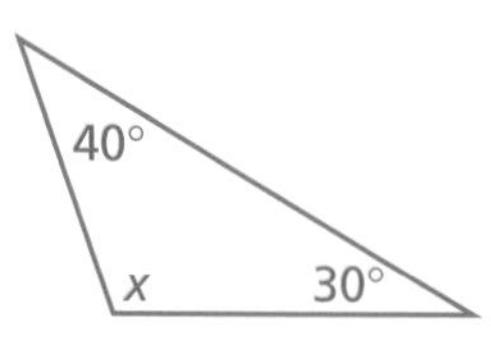

3. 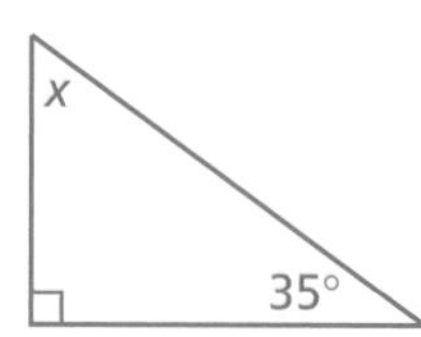

Ver Ejemplo 2 Halla la medida del ángulo desconocido en cada cuadrilátero.

4. 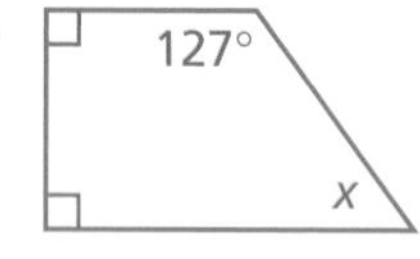

5. 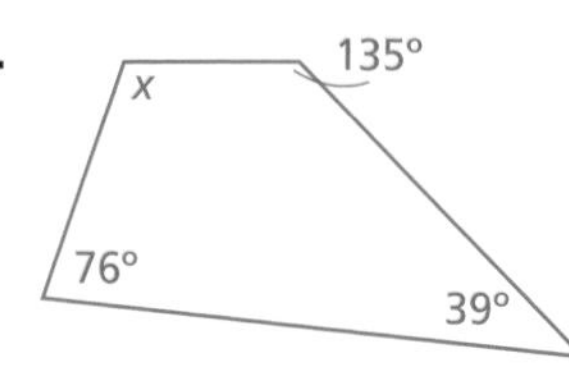

6. 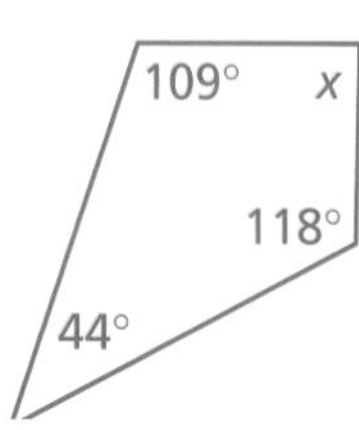

Ver Ejemplo 3 Divide cada polígono en triángulos para hallar la suma de las medidas de sus ángulos.

7. 

8. 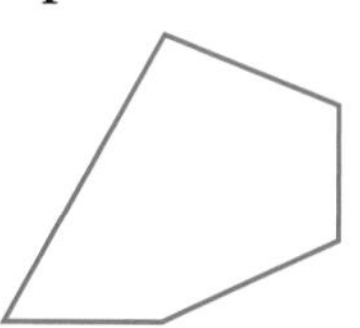

9. 

PRÁCTICA INDEPENDIENTE

Ver Ejemplo 1 Halla la medida del ángulo desconocido en cada triángulo.

10. 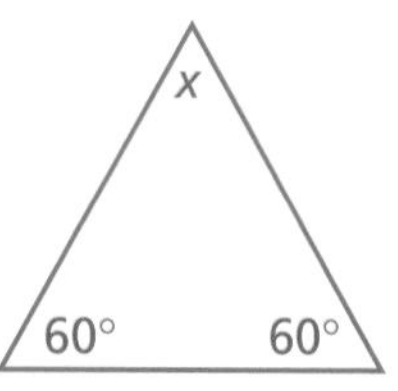

11. 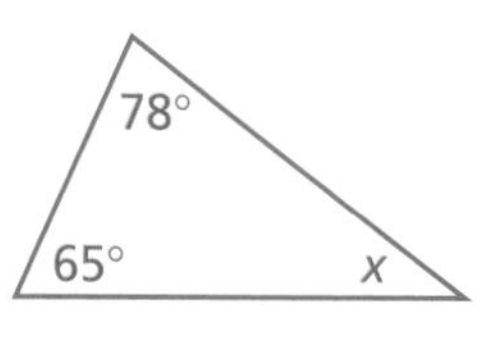

12. 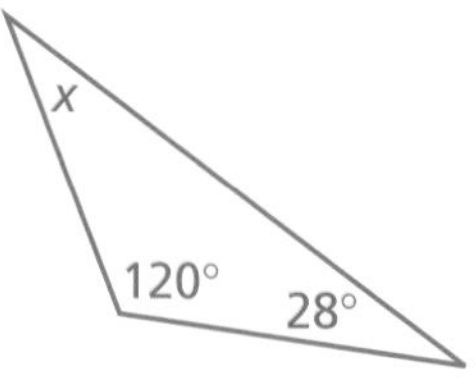

Ver Ejemplo 2 Halla la medida del ángulo desconocido en cada cuadrilátero.

13. 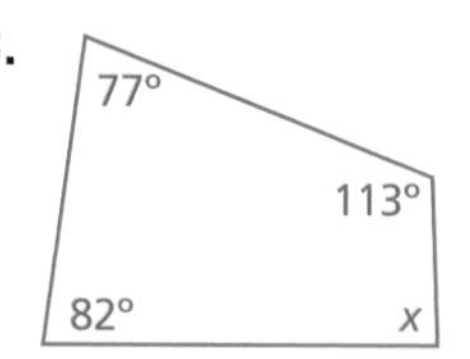

14. 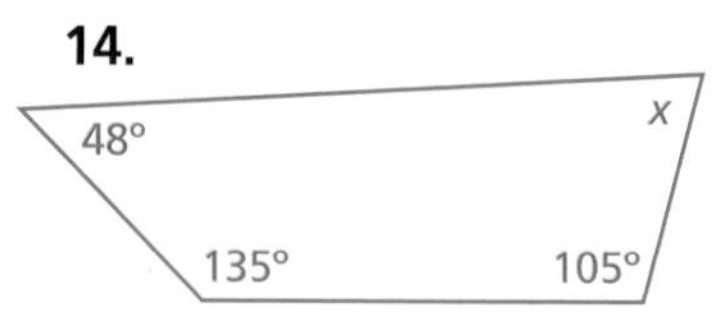

15. 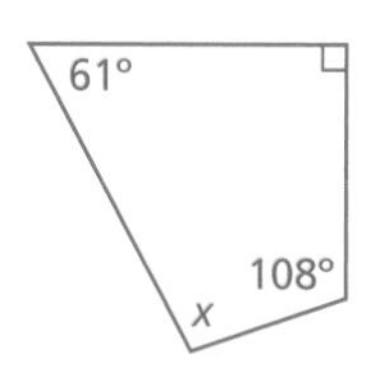

Ver Ejemplo 3 Divide cada polígono en triángulos para hallar la suma de las medidas de sus ángulos.

16. 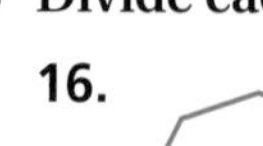

17. 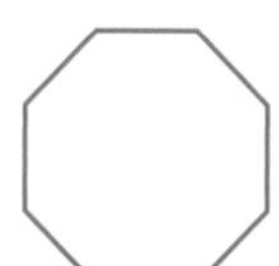

18. 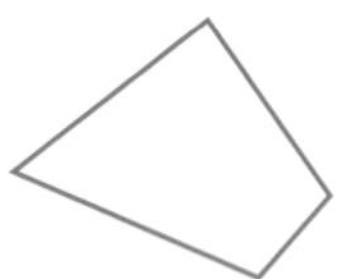

PRÁCTICA Y RESOLUCIÓN DE PROBLEMAS

Práctica adicional
Ver página 742

19. **Ciencias de la Tierra** Un reloj solar consiste en una base circular y un triángulo rectángulo colocado verticalmente sobre la base. Un ángulo agudo del triángulo rectángulo mide 52°. ¿Cuál es la medida del otro ángulo agudo?

Halla la medida del tercer ángulo de cada triángulo con las medidas de los dos ángulos que se dan. Luego clasifica el triángulo.

20. 56°, 101° **21.** 18°, 63° **22.** 62°, 58° **23.** 41°, 49°

24. Varios pasos Cada pared externa del Pentágono en Washington, D.C., mide 921 pies. ¿Cuál es la medida de cada ángulo de las paredes externas del Pentágono?

25. Razonamiento crítico Un puente de armadura está apoyado en estructuras triangulares llamadas canecillos o puntales. Si cada canecillo en un puente de armadura es un triángulo isósceles rectángulo, ¿cuál es la medida de cada ángulo en uno de los canecillos? (*Pista:* en cada canecillo hay dos ángulos congruentes).

26. ¿Dónde está el error? Un estudiante halla la suma de las medidas de los ángulos de un octágono multiplicando 7 • 180°. ¿Dónde está el error del estudiante?

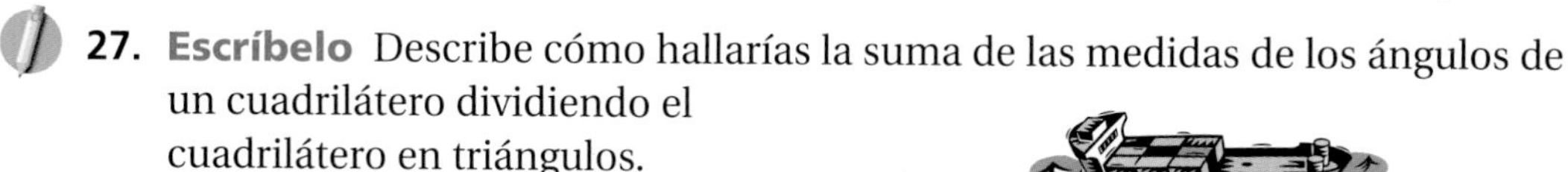

27. Escríbelo Describe cómo hallarías la suma de las medidas de los ángulos de un cuadrilátero dividiendo el cuadrilátero en triángulos.

28. Desafío El ángulo entre las líneas de observación de un faro a un remolcador y a un barco carguero mide 27°. El ángulo entre las líneas de observación del barco carguero es el doble del ángulo entre las líneas de observación del remolcador. ¿Cuáles son los ángulos del remolcador y del barco carguero?

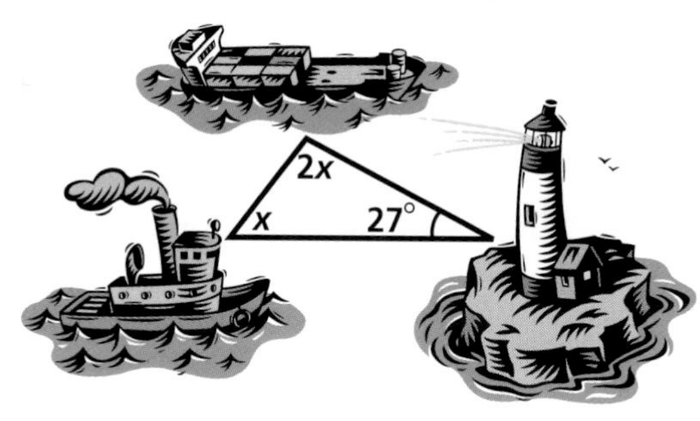

PREPARACIÓN PARA EL EXAMEN y repaso en espiral

29. Opción múltiple Un triángulo tiene tres ángulos congruentes. ¿Cuánto mide cada ángulo?

Ⓐ 50° Ⓑ 60° Ⓒ 75° Ⓓ 100°

30. Respuesta gráfica Dos ángulos de un triángulo miden 58° y 42°. ¿Cuánto mide en grados el tercer ángulo del triángulo?

Resuelve cada proporción. (Lección 5-5)

31. $\frac{x}{3} = \frac{30}{18}$ **32.** $\frac{8}{p} = \frac{24}{27}$ **33.** $\frac{4}{3} = \frac{t}{21}$ **34.** $\frac{0.5}{1.8} = \frac{n}{9}$

Identifica el tipo de cuadrilátero que tiene cada propiedad. (Lección 8-7)

35. dos pares de lados opuestos congruentes **36.** cuatro lados congruentes

CAPÍTULO 8

SECCIÓN 8B

Prueba de las Lecciones 8-4 a 8-8

8-4 Propiedades de los círculos

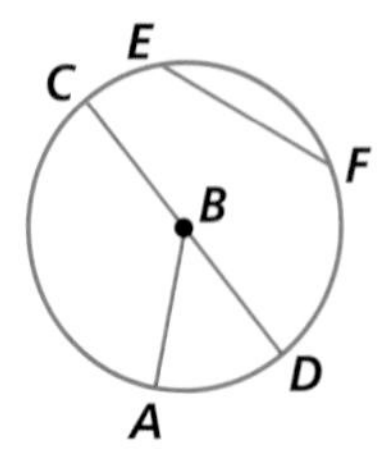

Identifica las partes del círculo B.

1. radios
2. diámetro
3. cuerdas
4. Un círculo se divide en 6 sectores iguales. Halla la medida del ángulo central de cada sector.

8-5 Cómo clasificar polígonos

Identifica cada polígono e indica si es un polígono regular. Si no lo es, explica por qué.

5. 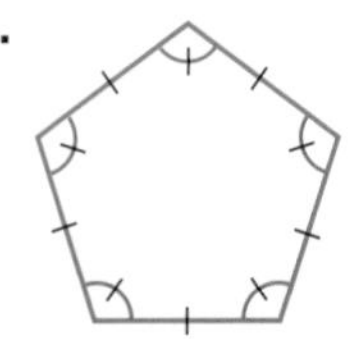

6. 

7. 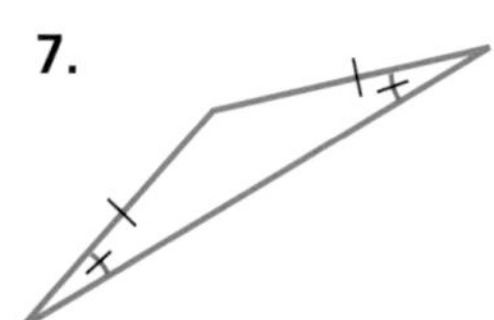

8. 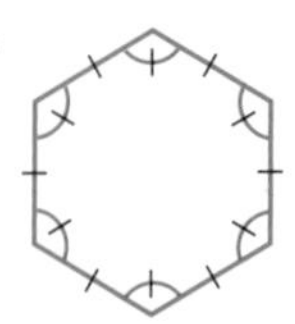

8-6 Cómo clasificar triángulos

Clasifica cada triángulo según sus lados y ángulos.

9. 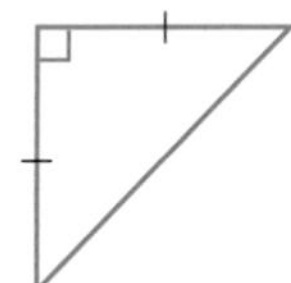

10. 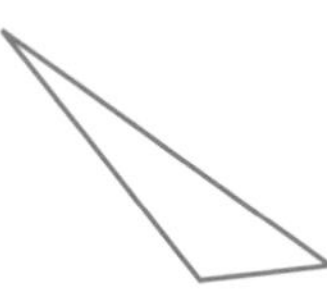

11. 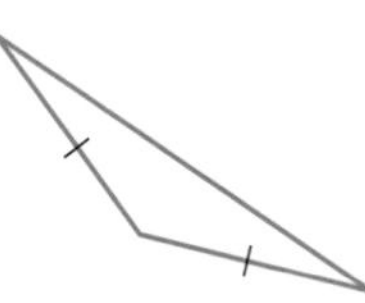

12. 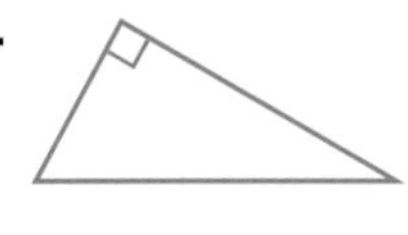

8-7 Cómo clasificar cuadriláteros

Da todos los nombres que se apliquen a cada cuadrilátero. Luego identifica el nombre que mejor lo describe.

13. 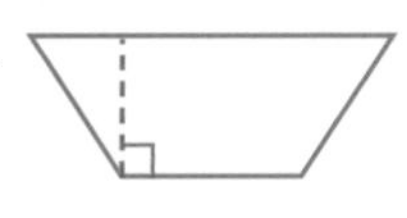

14. 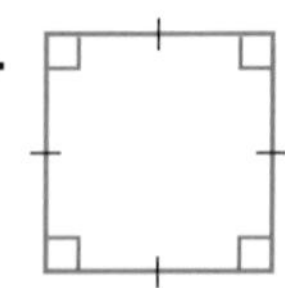

15. 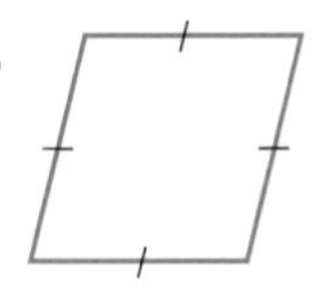

16. 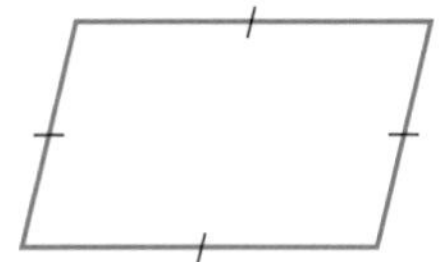

8-8 Ángulos de los polígonos

Halla el ángulo desconocido en cada figura.

17. 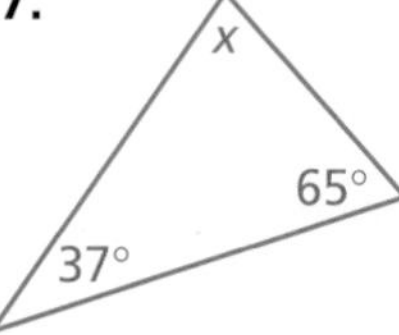

18. 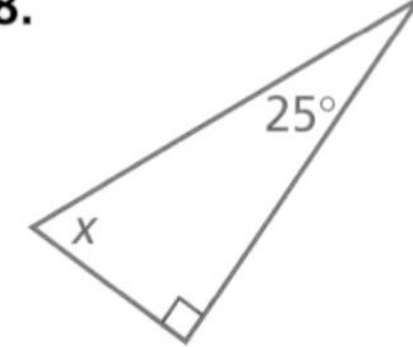

19. 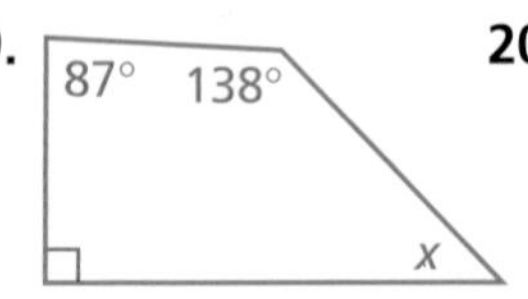

20. 

¿Listo para seguir?

Enfoque en resolución de problemas

Comprende el problema

• Comprende lo que dice el problema

Las palabras que no comprendes pueden a veces hacer que un problema sencillo parezca difícil. Algunas de estas palabras, como los nombres de cosas o personas, tal vez no sean necesarias para resolver el problema. Si un problema contiene un nombre que no te es familiar o que no puedes pronunciar, puedes sustituirlo por otra palabra. Si una palabra que no comprendes es necesaria para resolver el problema, busca su significado en el diccionario.

Lee cada problema y haz una lista de las palabras poco usuales o que no te son familiares. Si una palabra no es necesaria para resolver el problema, reemplázala por una que te sea familiar. Si una palabra es necesaria, búscala en el diccionario y escribe su significado.

1. Con un par de calibradores, el señor Papadimitriou mide el diámetro de una antiguo ánfora griego que mide 17.8 cm en su punto más ancho. ¿Cuál es el radio del ánfora en este punto?

2. Joseph quiere plantar gloxíneas y hortensias en dos jardines rectangulares semejantes. Uno de los jardines mide 5 pies de largo por 4 pies de ancho. El otro jardín mide 20 pies de largo. ¿Cuál es el ancho del segundo jardín?

3. El Sr. Manityche navega en su catamarán de Kaua'i a Ni'ihau una distancia aproximada de 12 millas náuticas. Si su velocidad promedio es 10 nudos, ¿cuánto durará el viaje?

4. La colección de lepidópteros de Aimee incluye una mariposa con manchas que parecen formar un triángulo escaleno en cada ala. ¿Cuál es la suma de los ángulos de cada triángulo en las alas de la mariposa?

5. Los estudiantes de una clase de física usan alambre y resistencias para construir un puente de Wheatstone. Cada lado de su diseño en forma de rombo mide 2 cm. ¿Qué medidas deben tener los ángulos del diseño para tener forma de cuadrado?

8-9 Figuras congruentes

Aprender a identificar figuras congruentes y a usar la congruencia para resolver problemas

Vocabulario

regla de lado-lado-lado

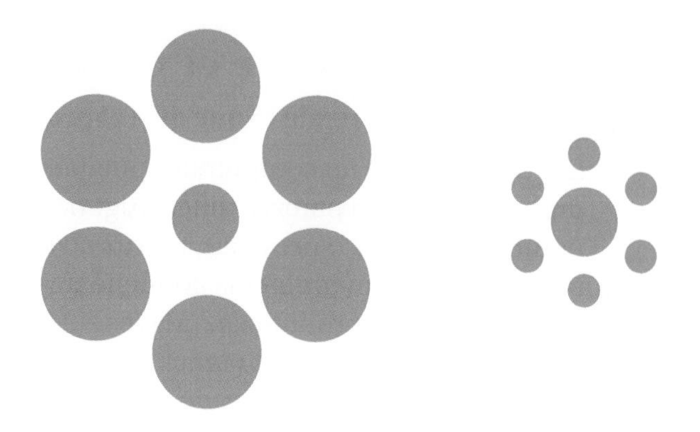

Observa los dos patrones. ¿Qué círculo central crees que es más grande? Pese a las apariencias, los dos círculos centrales son congruentes. Tienen la misma forma y el mismo tamaño. Sus diferencias aparentes son ilusiones ópticas. Una forma de determinar si las figuras son congruentes es ver si una de las figuras cabe exactamente sobre la otra.

EJEMPLO 1 Identificar figuras congruentes en el mundo real

Identifica las figuras congruentes.

A

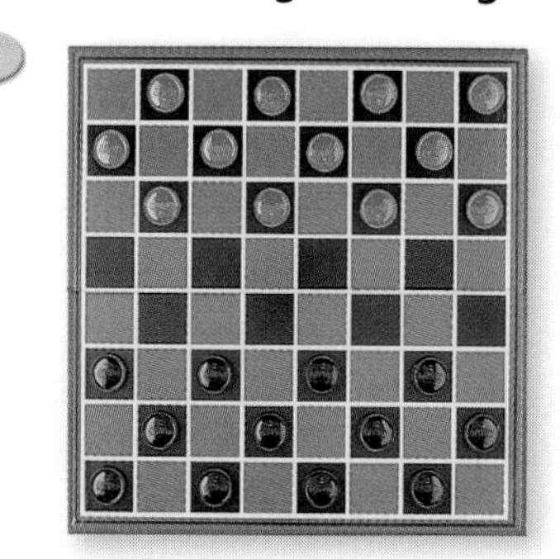

Los cuadrados de un tablero de damas son congruentes. Las fichas también son congruentes.

B

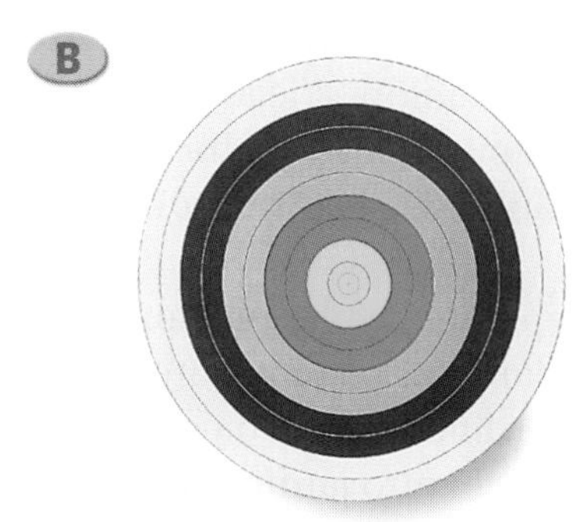

Los anillos en una diana no son congruentes. Cada anillo es más grande que el que está dentro de él.

Si todos los lados y ángulos correspondientes de dos polígonos son congruentes, entonces los polígonos son congruentes. En el caso particular de los triángulos, los ángulos correspondientes siempre serán congruentes si los lados correspondientes son congruentes. A esto se le llama **regla de lado-lado-lado.** Gracias a esta regla, para determinar si los triángulos son congruentes, sólo necesitas determinar si los lados son congruentes.

EJEMPLO  Identificar triángulos congruentes

Determina si los triángulos son congruentes.

$AC = 3$ m $DF = 3$ m
$AB = 4$ m $DE = 4$ m
$BC = 5$ m $EF = 5$ m

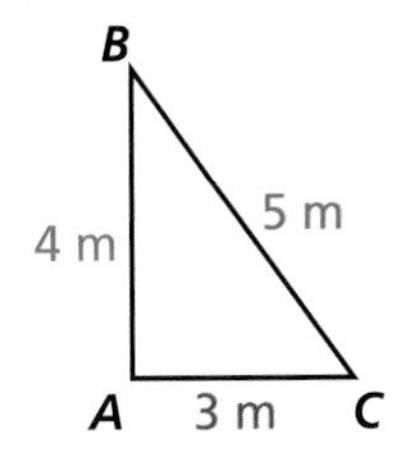

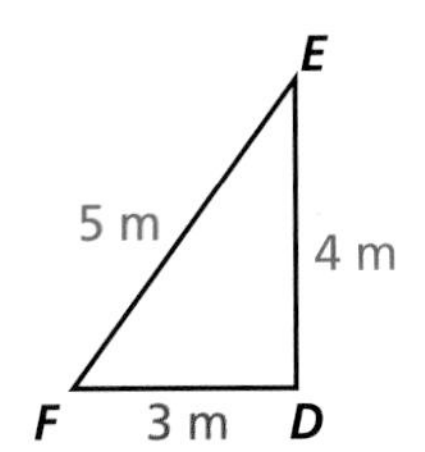

Según la regla de lado-lado-lado, $\triangle ABC$ es congruente con $\triangle DEF$, o $\triangle ABC \cong \triangle DEF$. Si volteas un triángulo, cabrá exactamente sobre el otro.

Leer matemáticas

La notación $\triangle ABC$ se lee como "triángulo ABC".

En polígonos con más de tres lados, no basta comparar las medidas de sus lados. Por ejemplo, los lados correspondientes de las siguientes figuras son congruentes, pero las figuras no son congruentes.

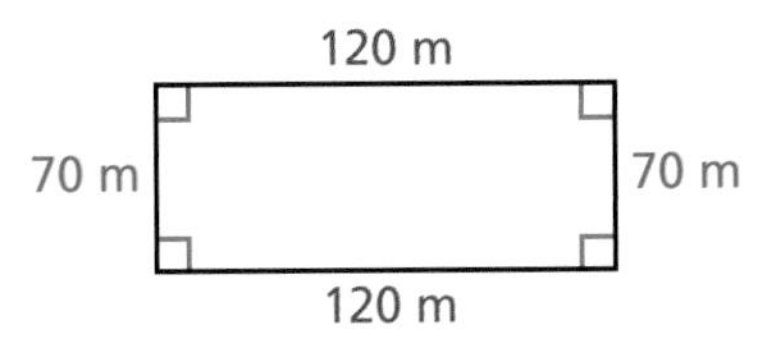

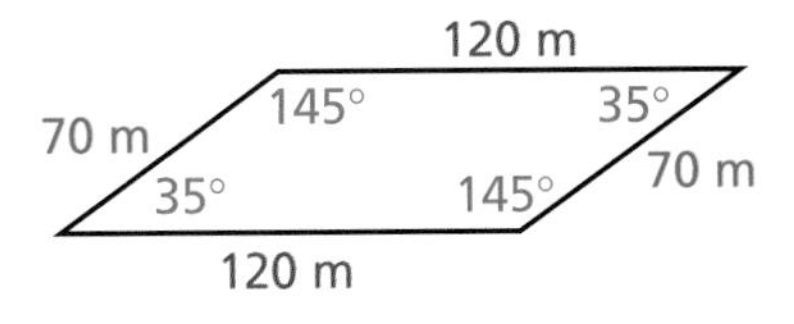

Si sabes que dos figuras son congruentes, puedes hallar las medidas que faltan en las figuras.

EJEMPLO  Usar la congruencia para hallar medidas que faltan

Determina la medida que falta en cada conjunto de polígonos congruentes.

A

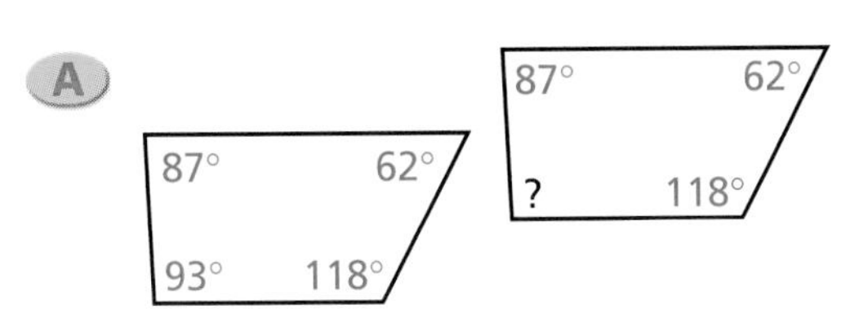

Los ángulos correspondientes de los polígonos congruentes son congruentes.

La medida del ángulo que falta es 93°.

B

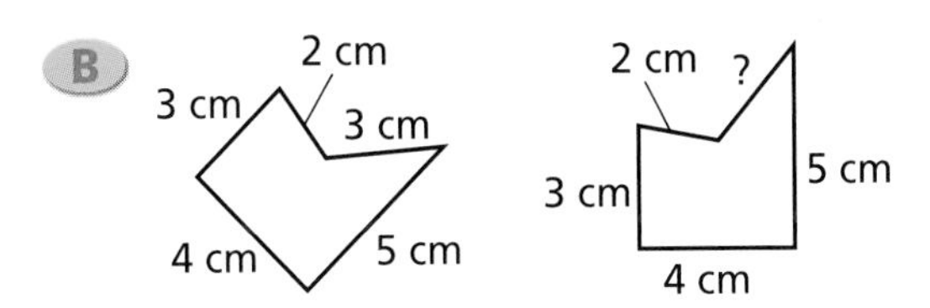

Los lados correspondientes de los polígonos congruentes son congruentes.

La longitud del lado que falta es 3 cm.

Razonar y comentar

1. **Dibuja** una ilustración para explicar si un triángulo isósceles puede ser congruente con un triángulo rectángulo.
2. **Explica** por qué las figuras congruentes son siempre figuras semejantes.

8-9 Ejercicios

go.hrw.com
Ayuda en línea para tareas*
CLAVE: MS7 8-9
Recursos en línea para padres
CLAVE: MS7 Parent
*(Disponible sólo en inglés)

PRÁCTICA GUIADA

Ver Ejemplo  1 **Identifica las figuras congruentes.**

1. 

2. 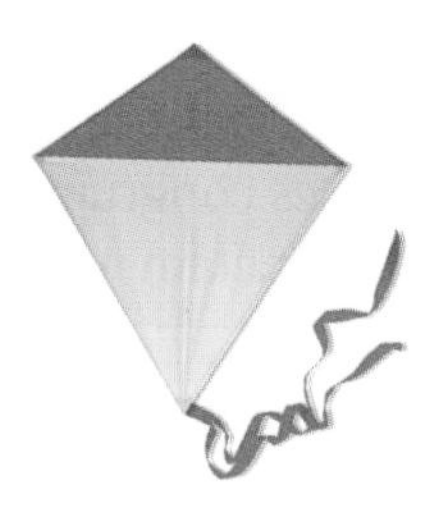

3. 

Ver Ejemplo  2 **Determina si los triángulos son congruentes.**

4. 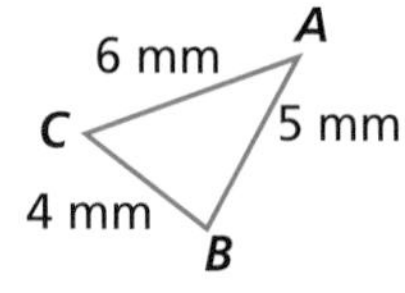

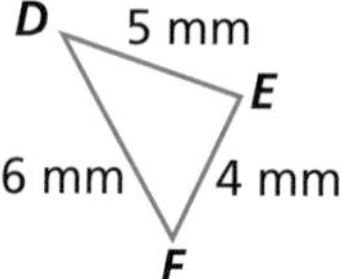

5. 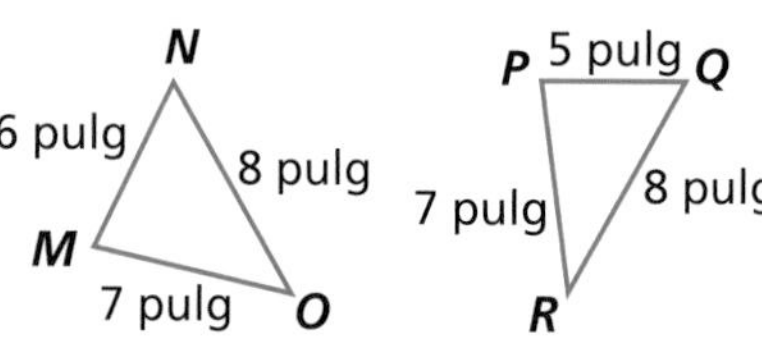

Ver Ejemplo  3 **Determina la medida que falta en cada conjunto de polígonos congruentes.**

6. 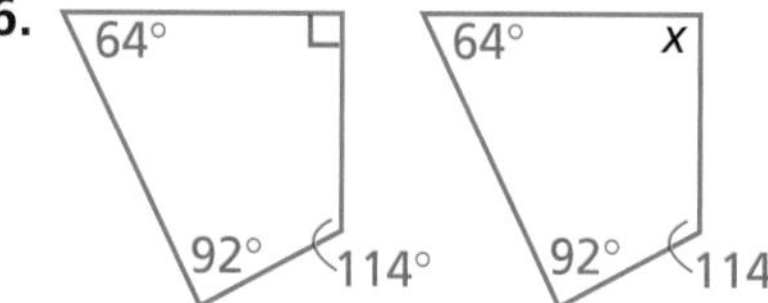

7. 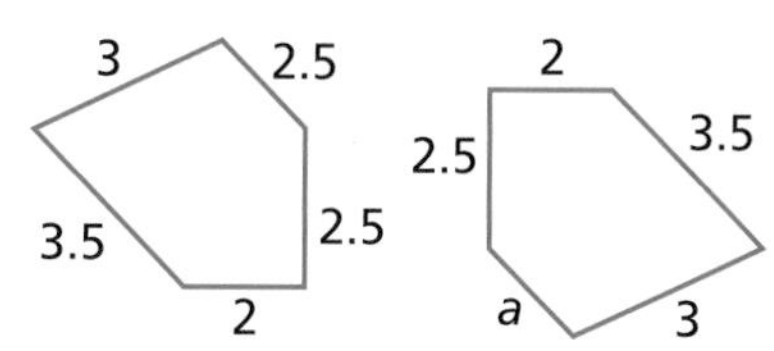

PRÁCTICA INDEPENDIENTE

Ver Ejemplo 1 **Identifica las figuras congruentes.**

8. 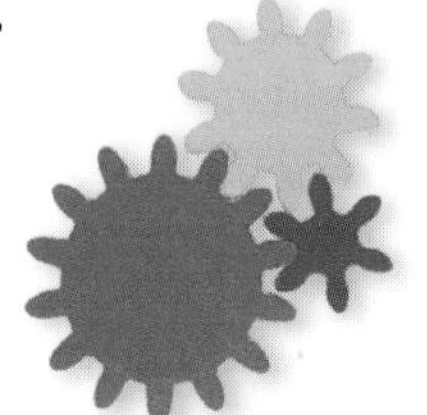

9. 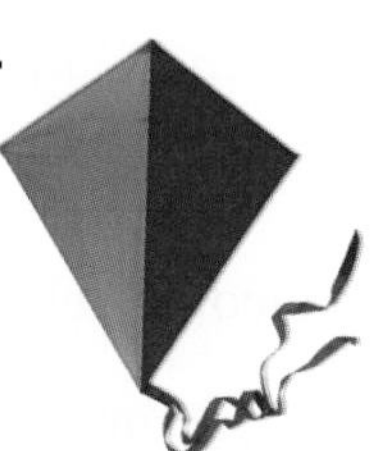

10. 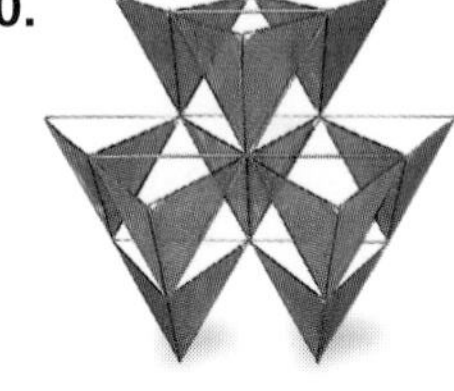

Ver Ejemplo  2 **Determina si los triángulos son congruentes.**

11. 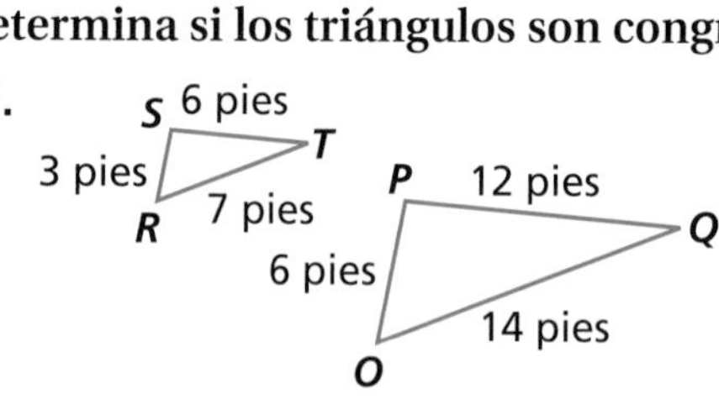

12. 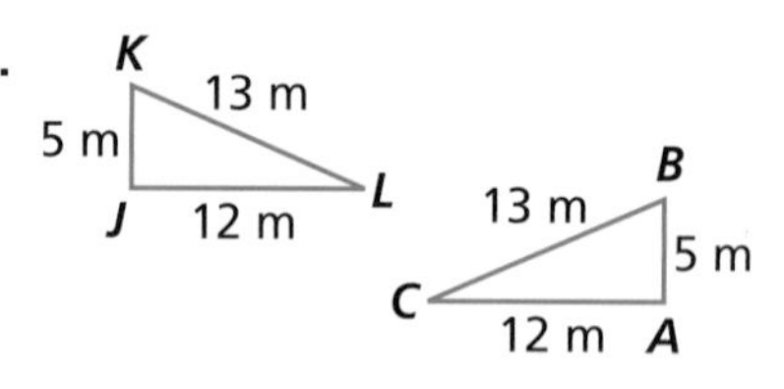

Ver Ejemplo  3 **Determina la medida que falta en cada conjunto de polígonos congruentes.**

13. 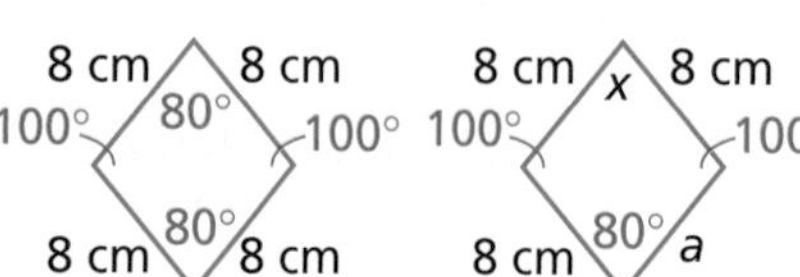

14. 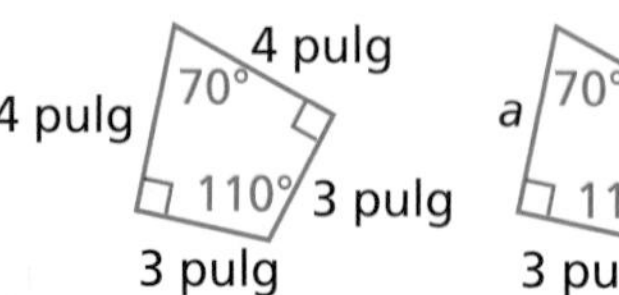

PRÁCTICA Y RESOLUCIÓN DE PROBLEMAS

Práctica adicional
Ver página 743

Indica la cantidad mínima de información necesaria para determinar si las figuras son congruentes.

15. dos triángulos **16.** dos cuadrados **17.** dos rectángulos **18.** dos pentágonos

19. Agrimensura En la figura, los árboles A y B están en lados opuestos del arroyo. Jamil quiere tender una cuerda de un árbol a otro. Si los triángulos ABC y DEC son congruentes, ¿cuál es la distancia entre los árboles?

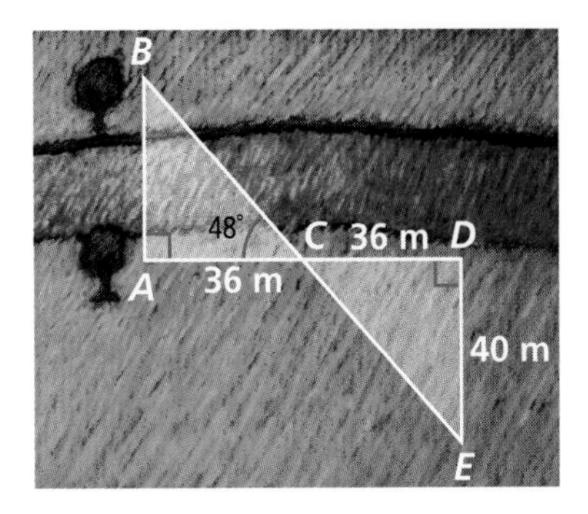

20. Pasatiempos En el bloque del acolchado, ¿qué figuras parecen congruentes?

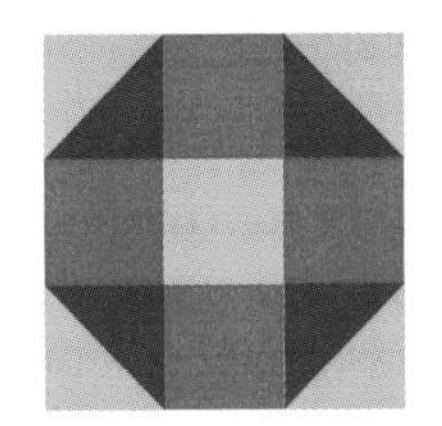

21. Elige una estrategia Anji y su hermano Art fueron caminando a la escuela por los caminos que aparecen en la figura. Salieron a las 7:40 am y caminaron al mismo ritmo. ¿Quién llegó primero a la escuela?

Ⓐ Anji Ⓑ Art Ⓒ Llegaron al mismo tiempo.

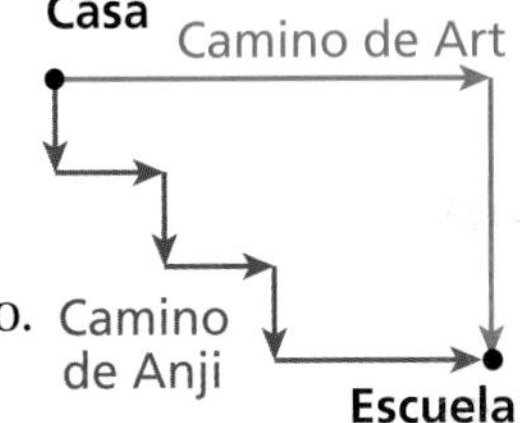

22. Escríbelo Explica cómo puedes determinar si dos triángulos son congruentes.

23. Desafío Si todos los ángulos de dos triángulos tienen la misma medida, ¿son los triángulos necesariamente congruentes?

PREPARACIÓN PARA EL EXAMEN y repaso en espiral

24. Opción múltiple ¿Qué figuras son congruentes?

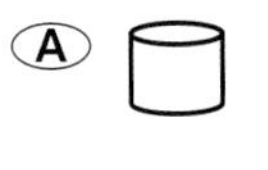
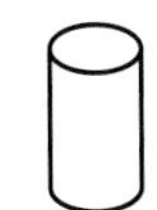

25. Opción múltiple Determina la medida que falta en los triángulos congruentes.

Ⓕ 4 mm Ⓗ 6 mm

Ⓖ 5 mm Ⓙ No puede determinarse.

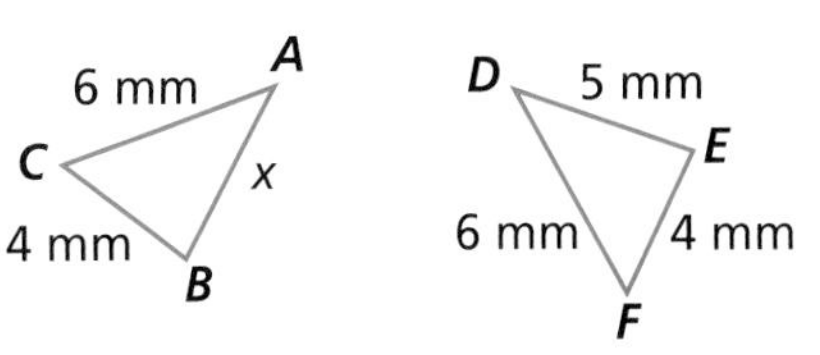

Marca cada punto en un plano cartesiano. (Lección 4-1)

26. $A(-4, 3)$ **27.** $B(1, -4)$ **28.** $C(-2, 0)$ **29.** $D(3, 2)$

Halla la medida del tercer ángulo de cada triángulo dadas las medidas de dos de sus ángulos. Luego clasifica el triángulo. (Lección 8-8)

30. 25°, 48° **31.** 125°, 30° **32.** 60°, 60° **33.** 72°, 18°

8-10 Traslaciones, reflexiones y rotaciones

Aprender a reconocer, describir y mostrar transformaciones

Vocabulario
- transformación
- imagen
- traslación
- reflexión
- línea de reflexión
- rotación

En la fotografía, Michelle Kwan realiza un *giro en reclinación.* Mantiene su cuerpo en una posición mientras ella gira. Éste es un ejemplo de una *transformación.*

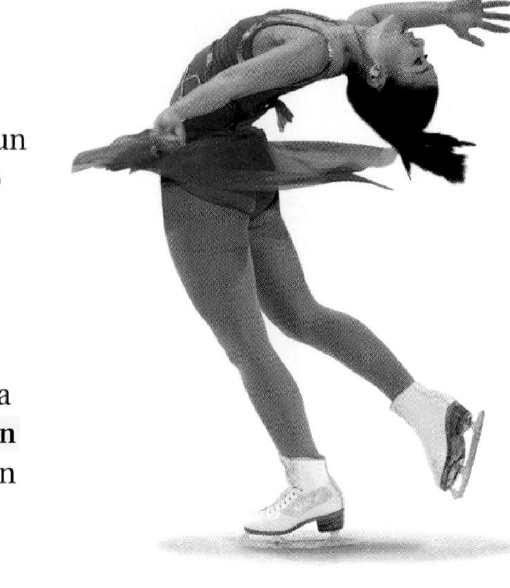

En matemáticas, una **transformación** cambia la posición u orientación de una figura. La figura que resulta es la **imagen** de la original. Las imágenes que resultan de las siguientes transformaciones son congruentes con las figuras originales.

Tipos de transformaciones

Traslación	Reflexión	Rotación
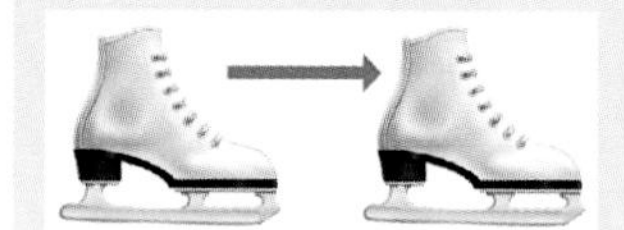	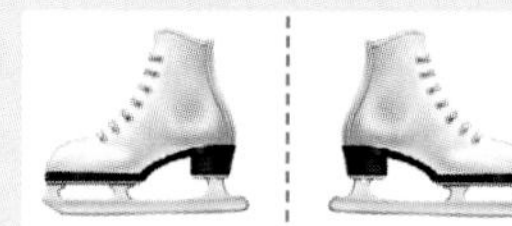	
La figura se desliza por una línea recta sin girar.	La figura se invierte sobre una **línea de reflexión** y crea una imagen de espejo.	La figura gira sobre un punto fijo.

EJEMPLO 1 Identificar tipos de transformaciones

Pista útil

El punto sobre el que gira una figura puede estar en la figura o fuera de la figura.

Identifica cada tipo de transformación.

A

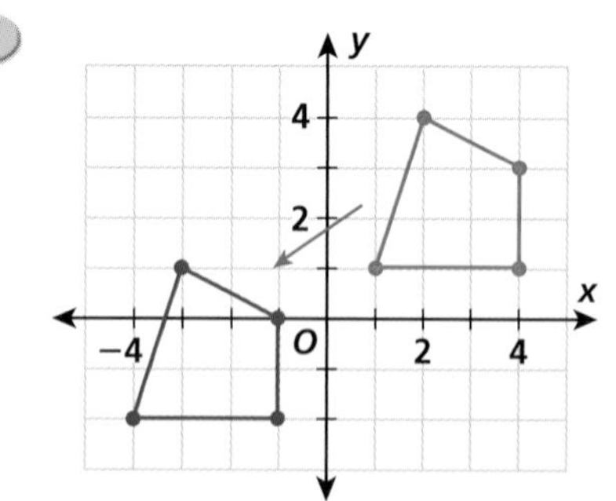

La figura se desplaza a lo largo de una línea recta.
Es una traslación.

B

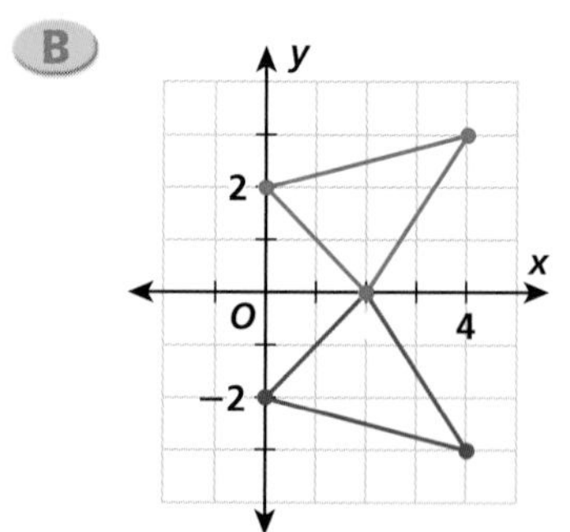

La figura gira sobre el eje x.
Es una reflexión.

EJEMPLO 2 Representar traslaciones en un plano cartesiano

Leer matemáticas

A′ se lee "A prima" y se usa para representar el punto en la imagen que corresponde al punto *A* de la figura original.

Representa gráficamente la traslación de $\triangle ABC$ 6 unidades hacia la derecha y 4 unidades hacia abajo.

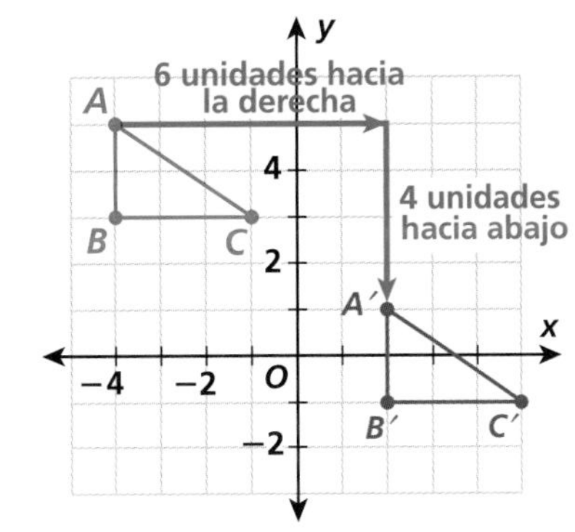

Cada vértice se movió 6 unidades hacia la derecha y 4 unidades hacia abajo.

EJEMPLO 3 Representar reflexiones en un plano cartesiano

Representa gráficamente la reflexión de cada figura sobre el eje que se indica. Escribe las coordenadas de los vértices de la imagen.

A eje x

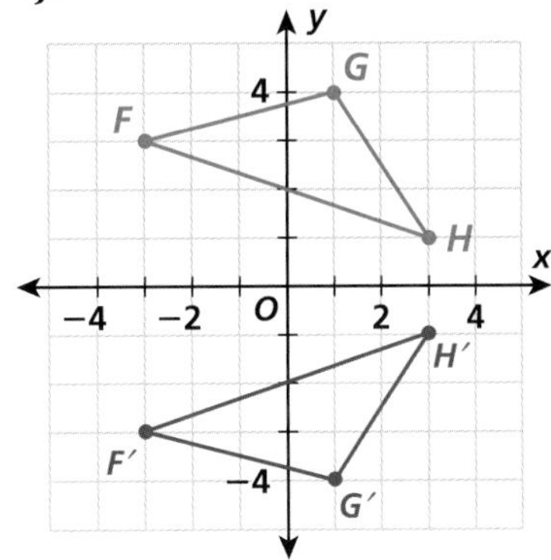

Las coordenadas x de los vértices correspondientes son las mismas y las coordenadas y de los vértices correspondientes son opuestas.

Las coordenadas de los vértices del triángulo $F'G'H'$ son $F'(-3, -3)$, $G'(1, -4)$ y $H'(3, -1)$.

B eje y

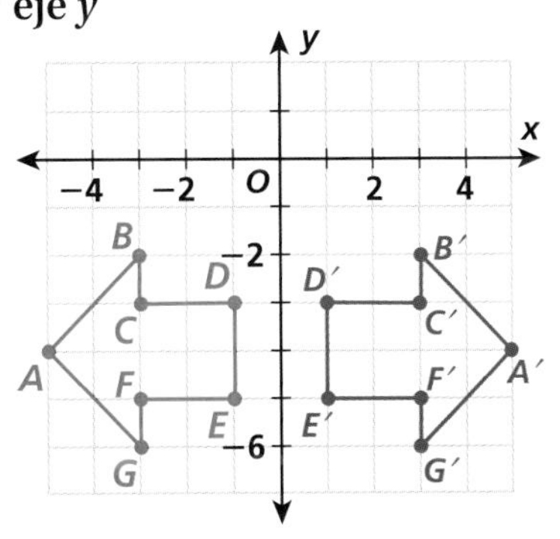

Las coordenadas y de los vértices correspondientes son las mismas y las coordenadas x de los vértices correspondientes son opuestas.

Las coordenadas de los vértices de la figura $A'B'C'D'E'F'G'$ son $A'(5, -4)$, $B'(3, -2)$, $C'(3, -3)$, $D'(1, -3)$, $E'(1, -5)$, $F'(3, -5)$ y $G'(3, -6)$.

EJEMPLO 4 **Representar rotaciones en un plano cartesiano**

El triángulo *JKL* tiene los vértices *J*(−3, 1), *K*(−3, −2) y *L*(1, −2). Rota △*JKL* 90° en sentido contrario a las manecillas del reloj sobre el vértice *J*.

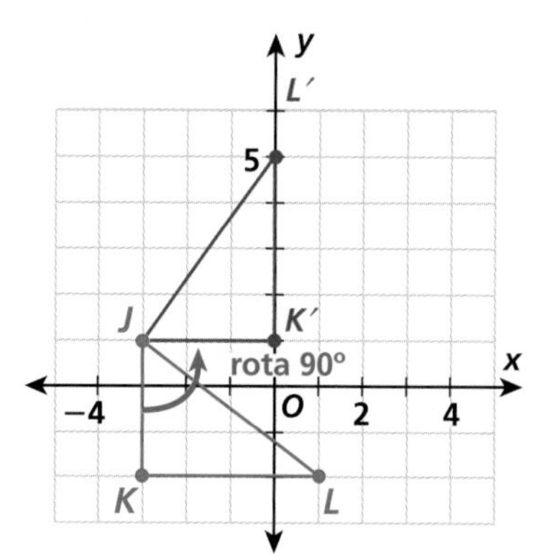

Los lados correspondientes, $\overline{JK}$ y $\overline{JK'}$, forman un ángulo de 90°.

Observa que el vértice K está 3 unidades por debajo del vértice J y el vértice K' está 3 unidades a la derecha del vértice J.

Razonar y comentar

1. **Describe** una situación del salón de clases que ilustre una traslación.
2. **Explica** cómo una patinadora artística podría realizar al mismo tiempo una traslación y una rotación.

8-10 Ejercicios

PRÁCTICA GUIADA

Ver Ejemplo 1 **Identifica cada tipo de transformación.**

1.

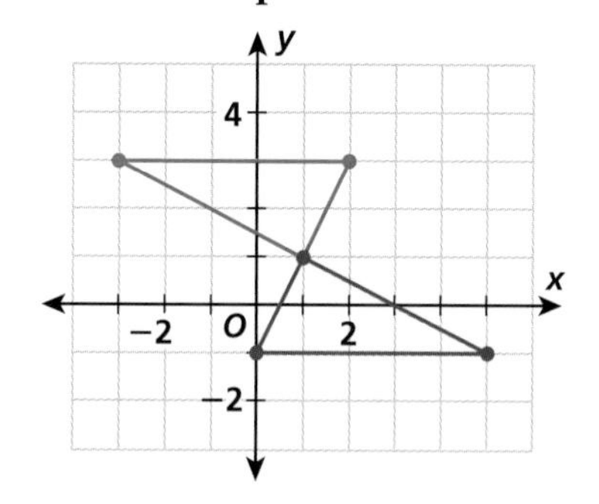

2.

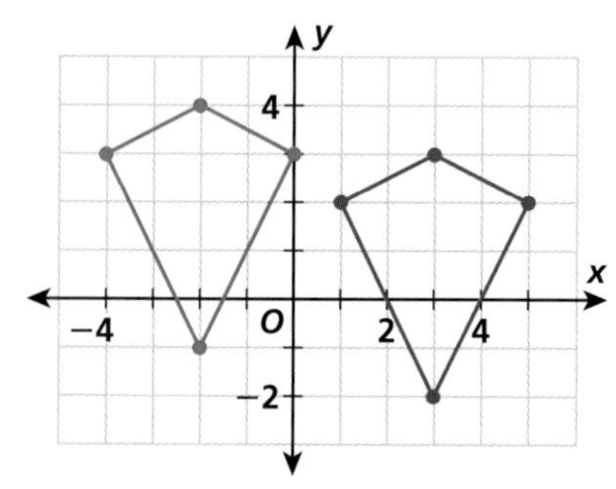

Ver Ejemplo 2 **Representa gráficamente cada traslación.**

3. 2 unidades hacia la izquierda y 3 unidades hacia arriba

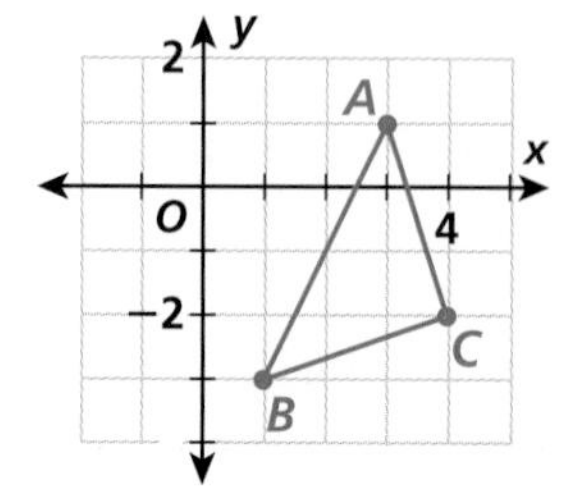

4. 3 unidades hacia la derecha y 4 unidades hacia abajo

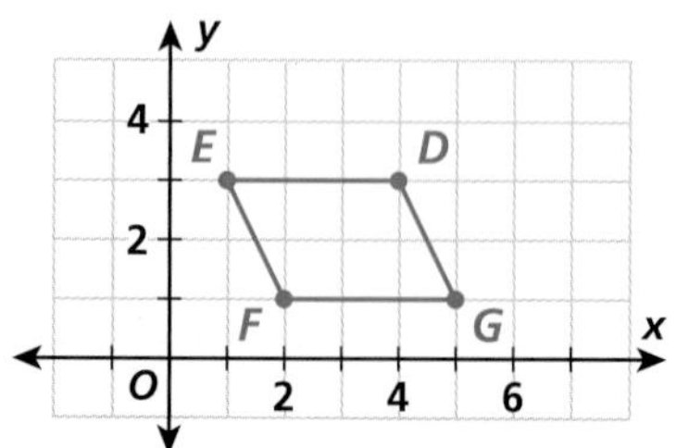

Ver Ejemplo 3 **Representa gráficamente la reflexión de cada figura sobre el eje indicado. Escribe las coordenadas de los vértices de la imagen.**

5. eje x

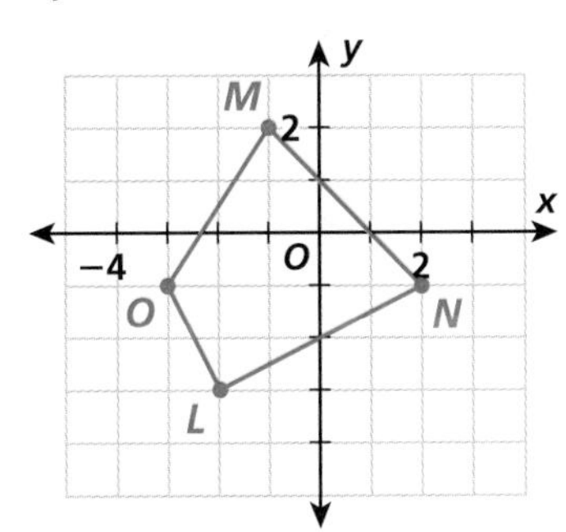

6. eje y

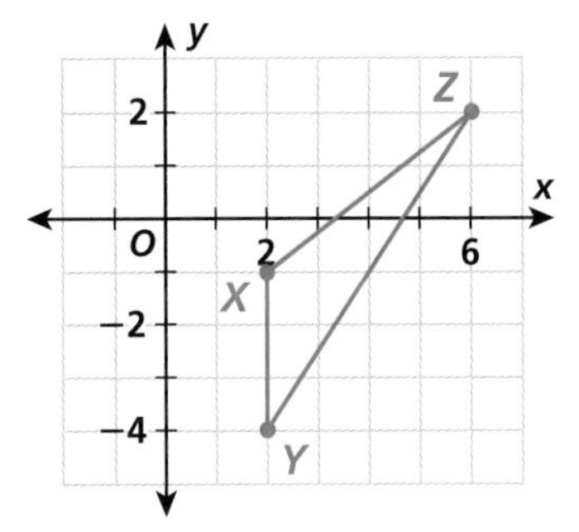

Ver Ejemplo  **7.** El triángulo LMN tiene los vértices $L(0, 1)$, $M(-3, 0)$ y $N(-2, 4)$. Rota ΔLMN 180° sobre el vértice L.

PRÁCTICA INDEPENDIENTE

Ver Ejemplo  **Identifica cada tipo de transformación.**

8.

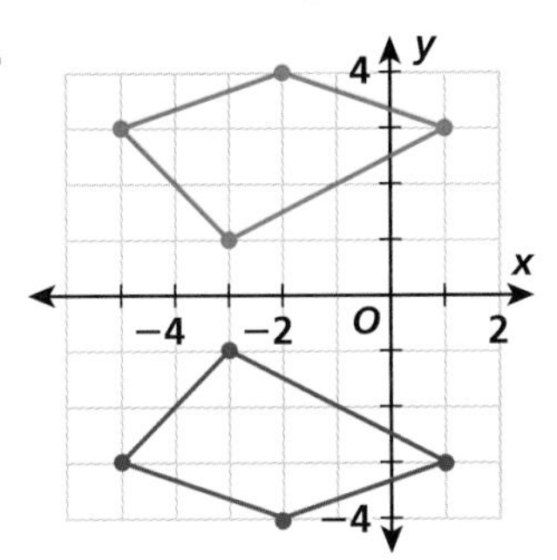

9.

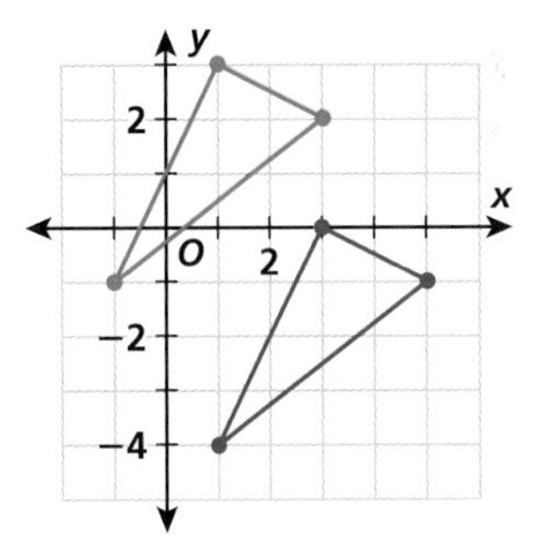

Ver Ejemplo 2 **Representa gráficamente cada traslación.**

10. 5 unidades hacia la derecha y 1 unidad hacia abajo

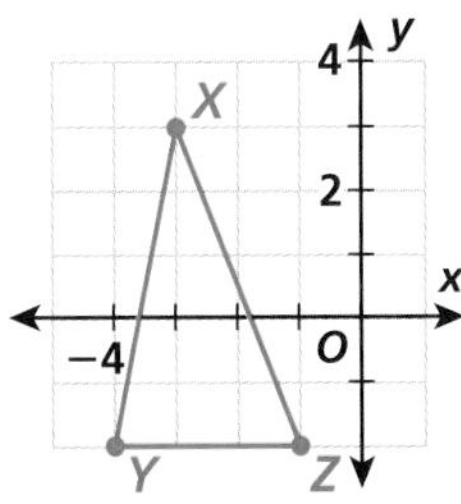

11. 4 unidades hacia la izquierda y 3 unidades hacia arriba

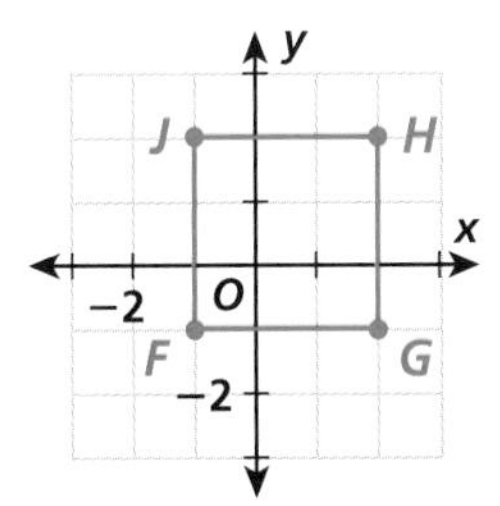

Ver Ejemplo  **Representa gráficamente la reflexión de cada figura sobre el eje indicado. Escribe las coordenadas de los vértices de la imagen.**

12. eje y

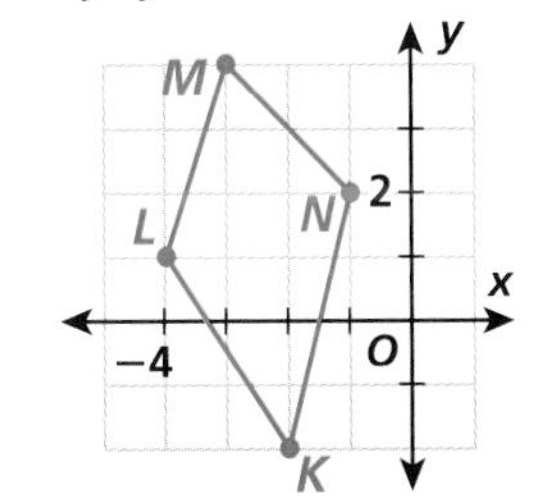

13. eje x

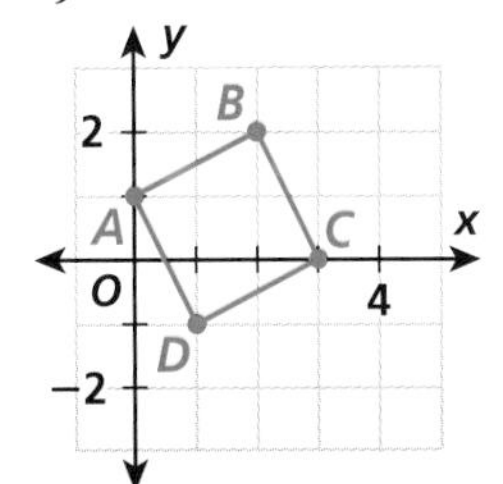

Práctica adicional
Ver página 743

Ver Ejemplo  **14.** El triángulo MNL tiene los vértices $M(0, 4)$, $N(3, 3)$ y $L(0, 0)$. Rota ΔMNL 90° en sentido contrario a las manecillas del reloj sobre el vértice L.

con los estudios sociales

Las piezas de arte de los indígenas estadounidenses que aparecen en las fotos muestran combinaciones de transformaciones. Usa las fotos para los Ejercicios 15 y 16.

15. **Escríbelo** La cobija navajo tiene un diseño basado en una pintura de arena. Las dos personas del diseño están de pie junto a un tallo de maíz. Las franjas rojas, blancas y negras representan un arco iris. Indica de qué manera el diseño muestra reflexiones. Explica también qué partes del diseño no muestran reflexiones.

16. **Desafío** ¿Qué parte del diseño de cuentas de la alforja de la derecha puede describirse como tres transformaciones separadas? Dibuja diagramas para ilustrar tu respuesta.

PREPARACIÓN PARA EL EXAMEN y repaso en espiral

17. Opción múltiple ¿Cuáles serán las coordenadas del punto X después de trasladarlo 2 unidades hacia abajo y 3 unidades hacia la derecha?

Ⓐ $(0, 1)$ Ⓑ $(1, 0)$ Ⓒ $(-1, 0)$ Ⓓ $(0, -1)$

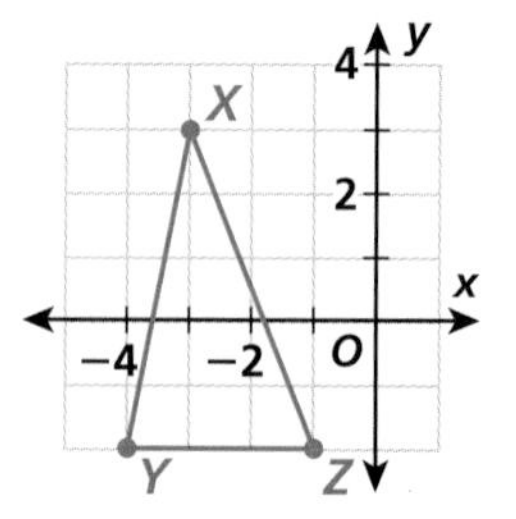

18. Respuesta breve Los vértices del triángulo ABC son $A(-3, 1)$, $B(0, 1)$ y $C(0, 6)$. Rota $\triangle ABC$ 90° en el sentido de las manecillas del reloj alrededor del vértice B. Dibuja $\triangle ABC$ y su imagen.

Usa la gráfica de mediana y rango para resolver los Ejercicios 19 y 20. (Lección 7-5)

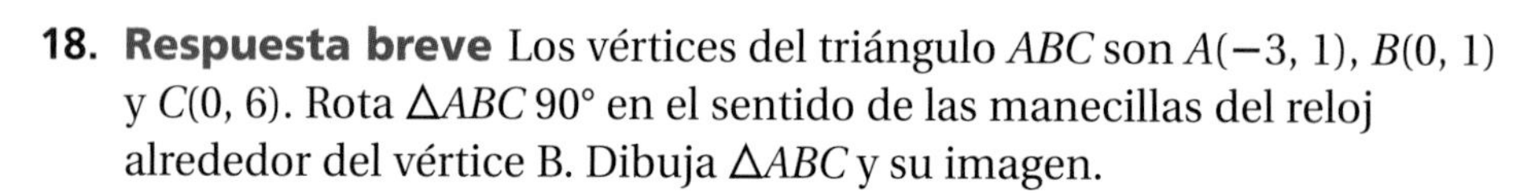

19. ¿Cuál es la mediana de los datos?

20. ¿Cuál es el rango de los datos?

Determina la medida que falta en cada conjunto de polígonos congruentes. (Lección 8-9)

21.

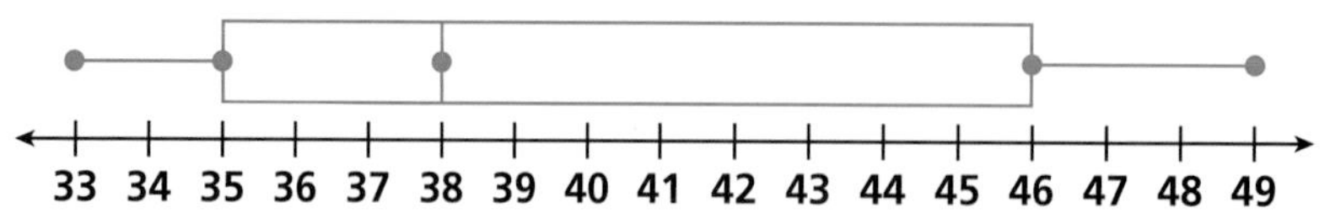

22.

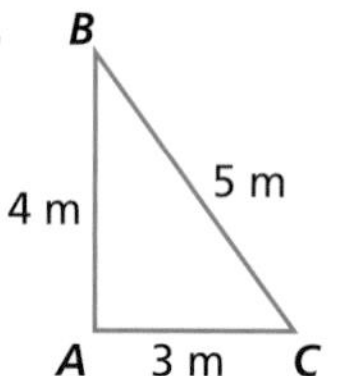
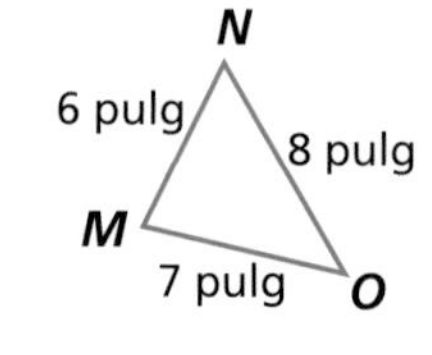

Explorar las transformaciones

Para usar con la Lección 8-10

Puedes usar un software de geometría para realizar transformaciones de figuras geométricas.

Actividad

1. Usa tu software de geometría dinámica para trazar un polígono de 5 lados como el siguiente. Rotula los vértices *A, B, C, D* y *E*. Usa la herramienta de traslación para trasladar el polígono 2 unidades hacia la derecha y $\frac{1}{2}$ unidad hacia arriba.

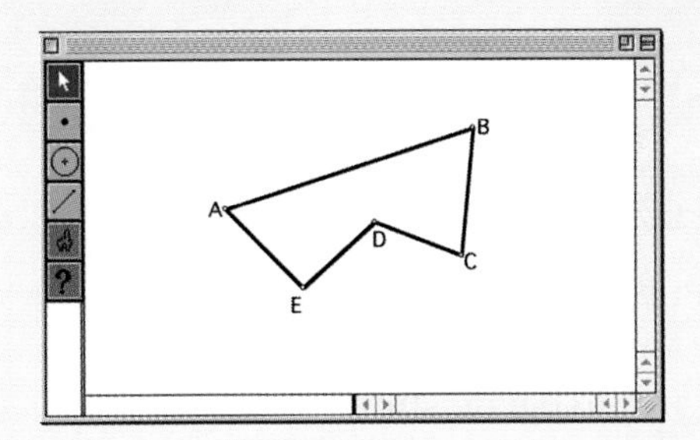

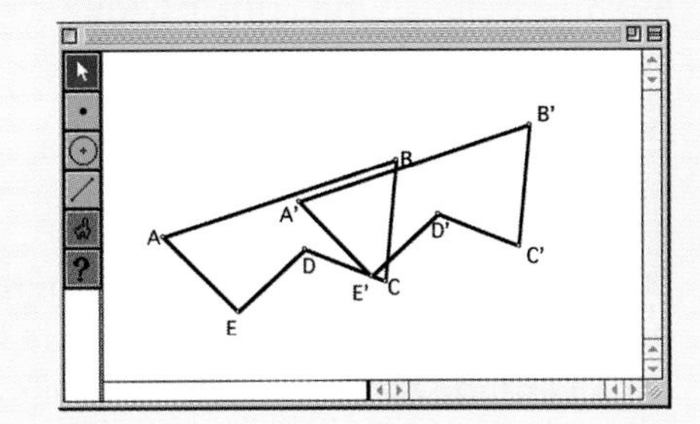

2. Comienza con el polígono desde 1. Usa la herramienta de rotación para rotar el polígono 30° y luego 150°, ambos alrededor del vértice *C*.

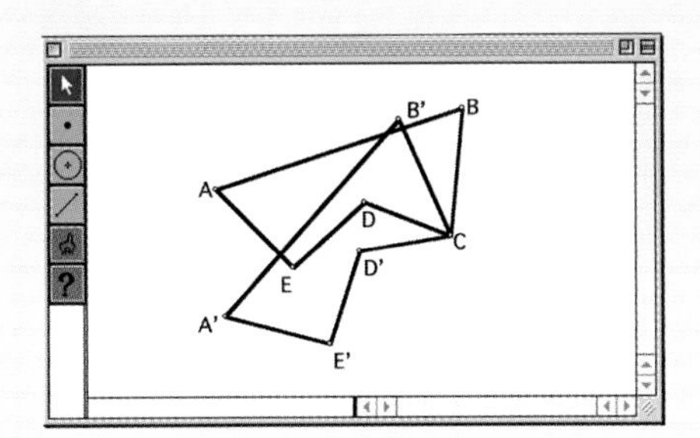

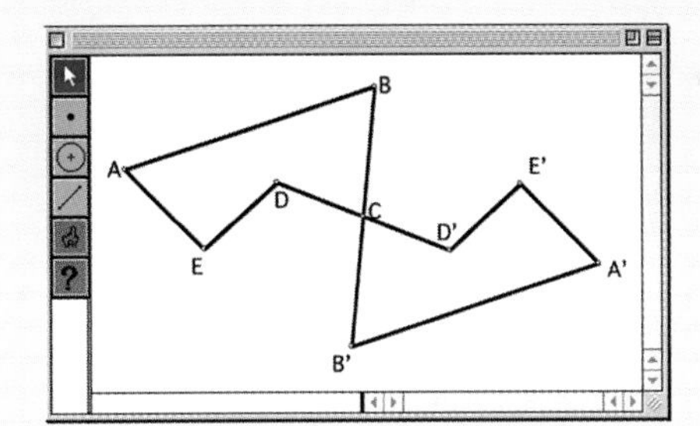

Razonar y comentar

1. Rota un triángulo 30° alrededor de un punto fuera del triángulo. ¿Puede hallarse esta imagen si combinas una traslación vertical (hacia arriba o hacia abajo) y una traslación horizontal (hacia la izquierda o hacia la derecha) del triángulo original?
2. ¿Después de qué ángulo de rotación tendrá la imagen rotada de una figura la misma orientación que la figura original?

Inténtalo

1. Traza un cuadrilátero *ABCD* usando el software de geometría.
   - **a.** Traslada la figura 2 unidades hacia la derecha y 1 unidad hacia arriba.
   - **b.** Rota la figura 30°, 45° y 60°.

8-11 Simetría

Aprender a identificar la simetría en figuras

Vocabulario

simetría axial
eje de simetría
asimetría
simetría de rotación
centro de rotación

Muchos arquitectos y artistas usan la simetría en sus edificios y obras de arte porque la simetría es agradable a la vista.

Cuando dibujas una línea a través de una figura plana de modo que las dos mitades son imágenes de espejo entre sí, se dice que la figura tiene **simetría axial,** o que es simétrica. La línea que divide la figura se llama **eje de simetría.**

Cuando una figura no es simétrica, tiene **asimetría,** o es asimétrica.

El Taj Mahal, en Agra, India, es un ejemplo de arquitectura mughal.

La estructura del Taj Mahal es simétrica. Puedes trazar un eje de simetría vertical por el centro de la construcción. Además, cada ventana de la construcción tiene su propio eje de simetría.

EJEMPLO 1 Identificar la simetría axial

Decide si cada figura tiene simetría axial. Si la tiene, traza todos los ejes de simetría.

A

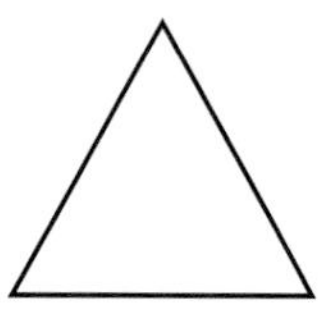

3 ejes de simetría

B

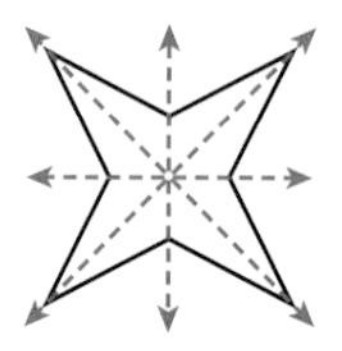

4 ejes de simetría

EJEMPLO 2 *Aplicación a los estudios sociales*

Halla todos los ejes de simetría de cada bandera.

A

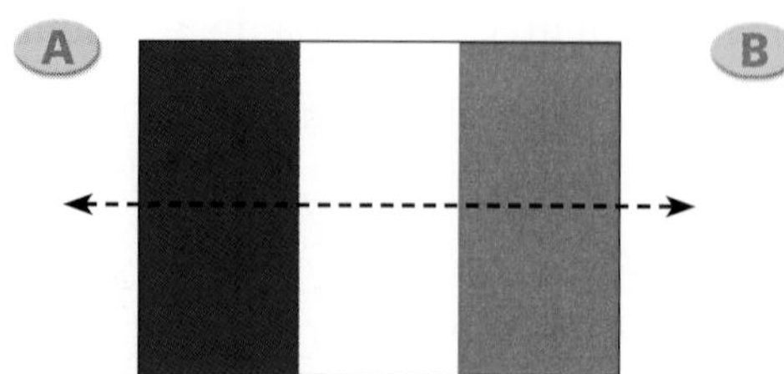

Hay 1 eje de simetría.

B

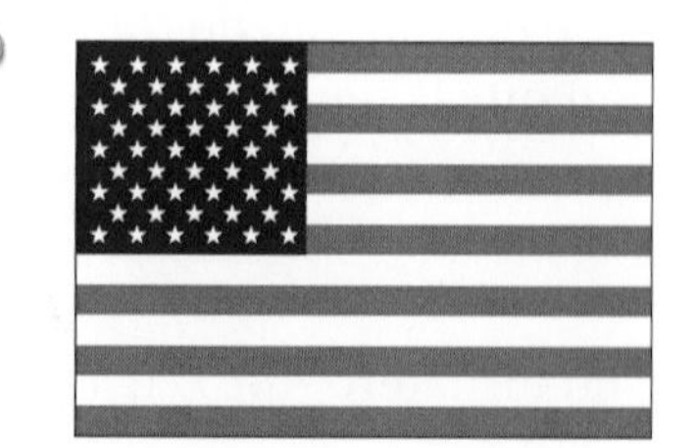

No hay ejes de simetría.

Una figura tiene **simetría de rotación** si al girarla menos de 360° alrededor de un punto central coincide consigo misma. El punto central se llama **centro de rotación.**

Si el vitral de colores de la derecha se gira 90°, como se muestra en la ilustración, la imagen se ve igual que el vitral de colores original. Por lo tanto, el vitral tiene simetría de rotación.

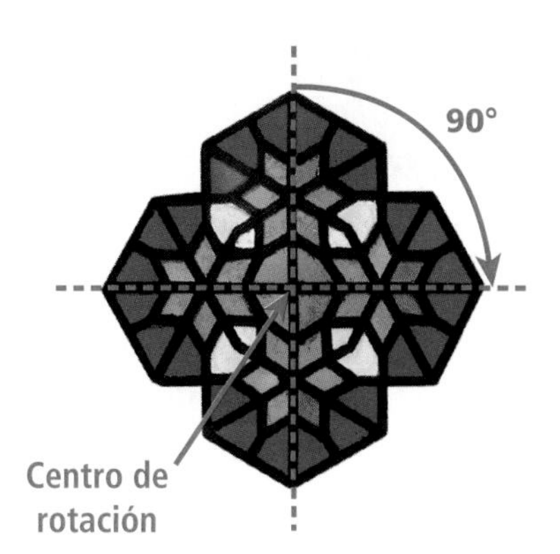

EJEMPLO 3 Identificar la simetría de rotación

Indica cuántas veces mostrará simetría de rotación cada figura en una rotación completa.

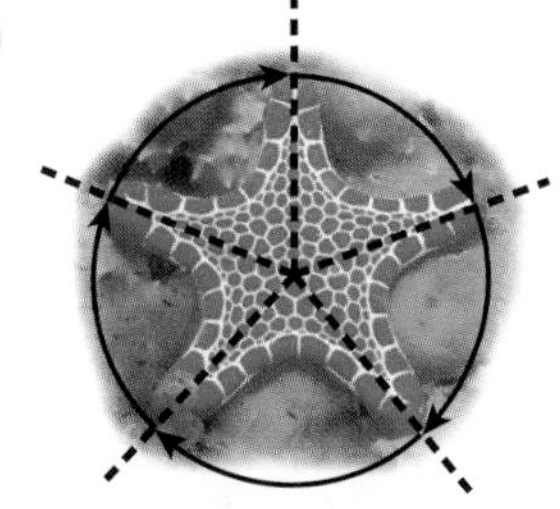

Dibuja líneas desde el centro de la figura hacia afuera a través de lugares idénticos de la figura.

La estrella de mar mostrará simetría de rotación 5 veces en una rotación de 360°.

Cuenta la cantidad de líneas dibujadas.

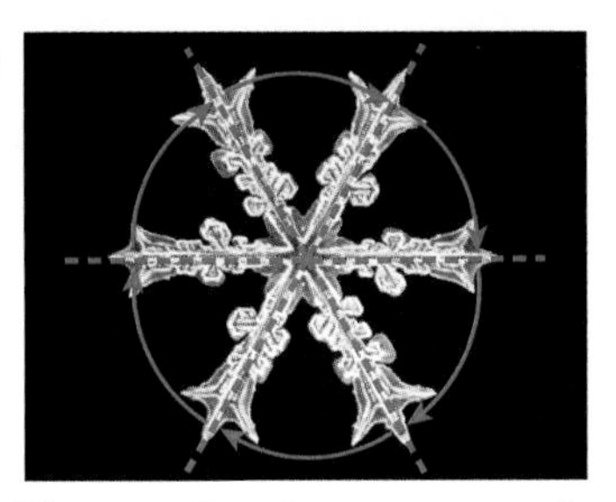

Dibuja líneas desde el centro de la figura hacia afuera a través de lugares idénticos de la figura.

El copo de nieve mostrará simetría de rotación 6 veces en una rotación de 360°.

Cuenta la cantidad de líneas dibujadas.

Razonar y comentar

1. **Dibuja** una figura que no tenga simetría de rotación.
2. **Determina** si un triángulo equilátero tiene simetría de rotación. Si la tiene, indica cuántas veces muestra simetría de rotación en una rotación completa.

8-11 Ejercicios

go.hrw.com
Ayuda en línea para tareas*
CLAVE: MS7 8-11
Recursos en línea para padres
CLAVE: MS7 Parent
*(Disponible sólo en inglés)

PRÁCTICA GUIADA

Ver Ejemplo 1

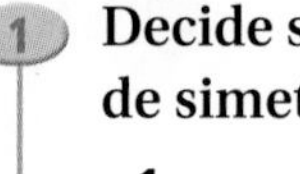

Decide si cada figura tiene simetría axial. Si la tiene, traza todos los ejes de simetría.

1. 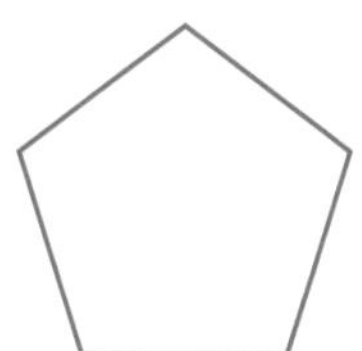

2. 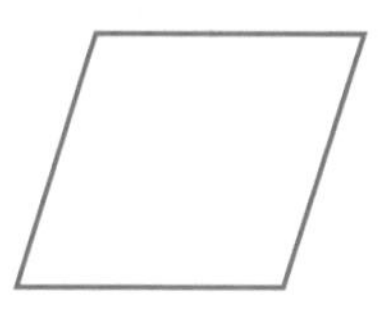

3. 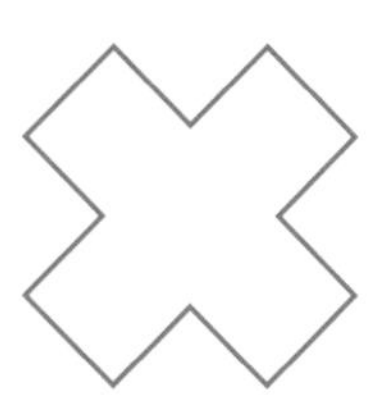

Ver Ejemplo 2

Halla todos los ejes de simetría de cada bandera.

4. 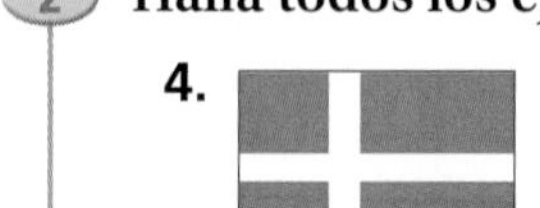

5. 

6. 

Ver Ejemplo 3

Indica cuántas veces mostrará simetría de rotación cada figura en una rotación completa.

7. 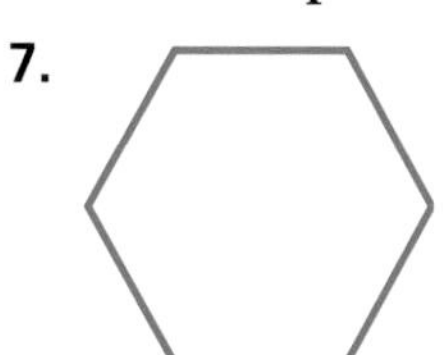

8. 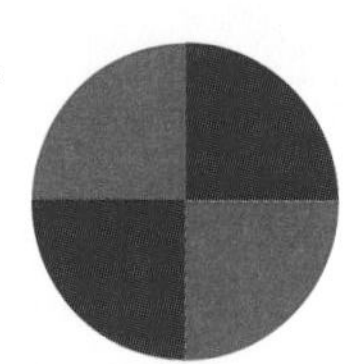

9. 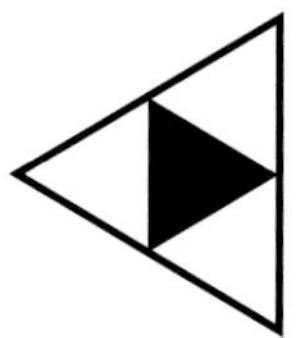

PRÁCTICA INDEPENDIENTE

Ver Ejemplo 1

Decide si cada figura tiene simetría axial. Si la tiene, traza todos los ejes de simetría.

10. 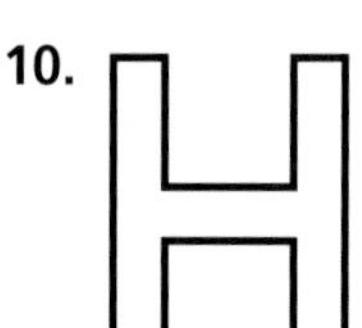

11. 

12. 

Ver Ejemplo 2

Halla todos los ejes de simetría de cada bandera.

13. 

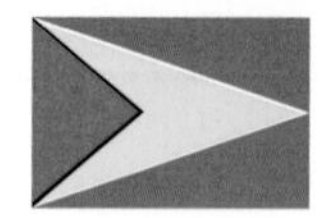

Ver Ejemplo 3

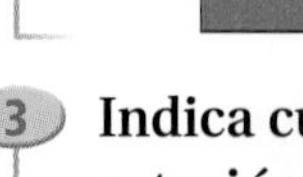

Indica cuántas veces mostrará simetría de rotación cada figura en una rotación completa.

16. 

17. 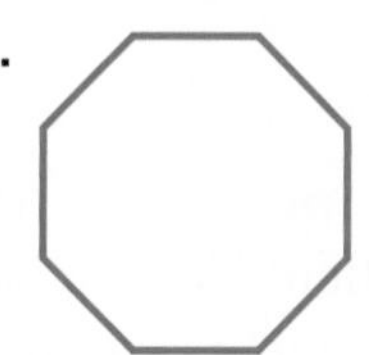

18. 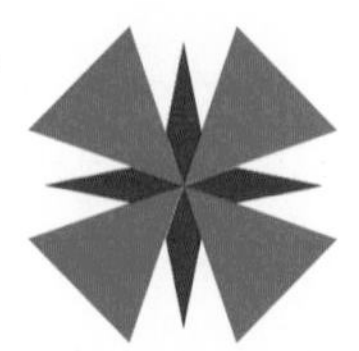

PRÁCTICA Y RESOLUCIÓN DE PROBLEMAS

Práctica adicional
Ver página 743

19. Razonamiento crítico ¿Qué polígono regular muestra una simetría de rotación 9 veces en una rotación completa?

20. Ciencias biológicas ¿Cuántos ejes de simetría tiene la fotografía de la mariposa?

21. Dobla una hoja de papel por la mitad en forma vertical y luego en forma horizontal. Recorta un diseño en uno de los bordes doblados. Luego, desdobla el papel. ¿El dibujo tiene un eje de simetría vertical u horizontal? ¿Tiene simetría de rotación? Explica tu respuesta.

22. Arte Indica cuántas veces la imagen del vitral de la derecha muestra una simetría de rotación en una rotación completa si consideras sólo la forma del diseño. Luego, indica cuántas veces la imagen muestra simetría de rotación si consideras tanto la forma como los colores del dibujo.

23. ¿Cuál es la pregunta? Marla dibujó un cuadrado en un pizarrón. Como respuesta a la pregunta de Marla sobre simetría, Rob dijo "90°". ¿Cuál fue la pregunta de Marla?

24. Escríbelo Explica por qué un ángulo de rotación debe ser menor de 360° para que una figura tenga simetría de rotación.

25. Desafío Imprime una palabra en mayúsculas, pero sólo usa letras que tengan ejes de simetría horizontales. Imprime otra palabra usando sólo letras mayúsculas que tengan ejes de simetría verticales.

PREPARACIÓN PARA EL EXAMEN y repaso en espiral

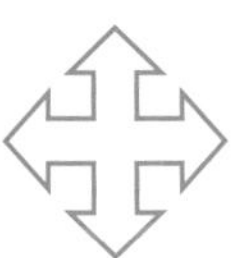

26. Opción múltiple ¿Cuántos ejes de simetría tiene la figura?

Ⓐ Ninguno Ⓑ 1 Ⓒ 2 Ⓓ 4

27. Respuesta gráfica ¿Cuántas veces esta figura mostrará simetría de rotación en una rotación completa?

28. El modelo de un puente mide 22 cm de largo. La escala del modelo es 2 cm = 30 m. Halla la longitud del puente real. (Lección 5-9)

El triángulo *JKL* tiene los vértices $J(-3, -1)$, $K(-1, -1)$ y $L(-1, -4)$. Da las coordenadas de los vértices del triángulo después de cada transformación. (Lección 8-10)

29. Traslada el triángulo 4 unidades hacia la derecha y 2 unidades hacia abajo.

30. Refleja el triángulo sobre el eje *y*.

Crear teselados

Para usar con las Lecciones 8-10 y 8-11

Los *teselados* son patrones de formas idénticas que cubren por completo un plano sin dejar huecos ni superponerse. El artista M. C. Escher creó muchos teselados fascinantes.

Actividad

1 Crea un teselado con traslación.

El teselado de M. C. Escher que se muestra a la derecha es un ejemplo de *teselado con traslación*. Para crear tu propio teselado con traslación, sigue estos pasos.

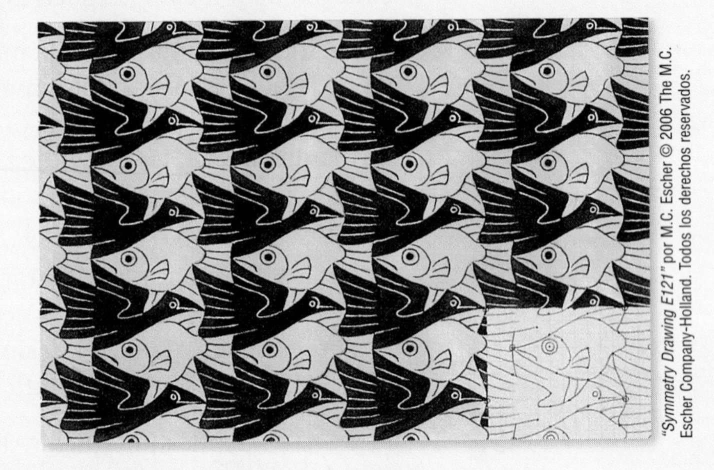

a. Empieza por trazar un cuadrado, rectángulo u otro paralelogramo. Reemplaza un lado del paralelogramo con una curva, como se muestra.

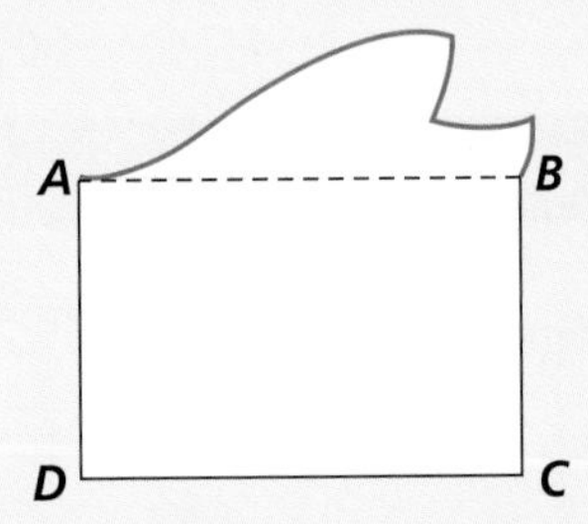

b. Traslada la curva al lado opuesto del paralelogramo.

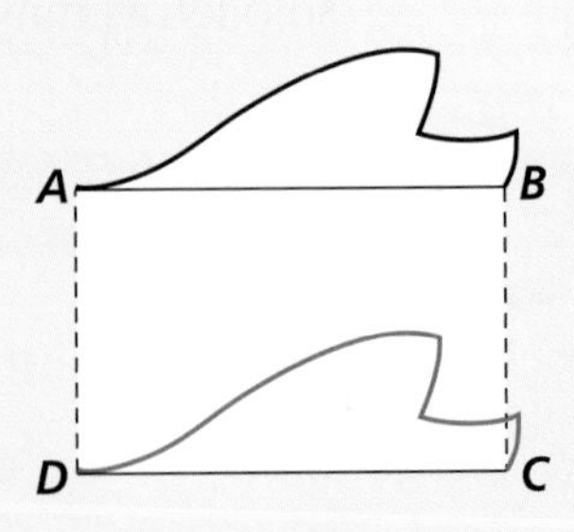

c. Repite los pasos **a** y **b** en los otros dos lados de tu paralelogramo.

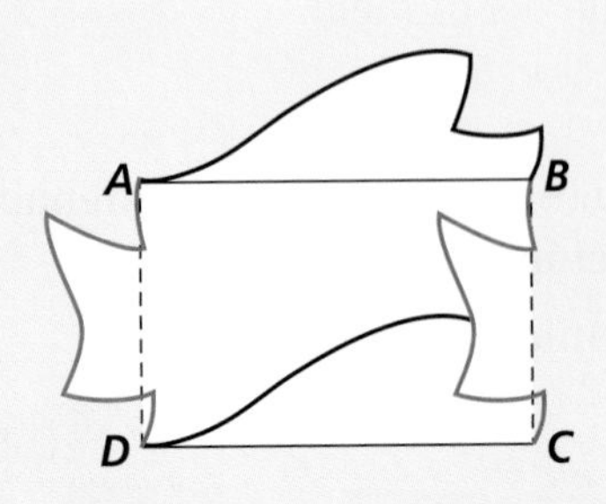

d. La figura puede trasladarse para crear un diseño entrelazado, o un teselado. Puedes agregar detalles a tu figura o dividirla en dos o más partes, como se muestra abajo.

2 Crea un teselado con rotación.

El teselado de M. C. Escher que se muestra a la derecha es un ejemplo de *teselado con rotación.* Para crear tu propio teselado con rotación, sigue estos pasos.

a. Empieza con un hexágono regular. Reemplaza un lado del hexágono con una curva. Rota la curva alrededor del punto *B* de modo que el extremo en el punto *A* se mueva al punto *C*.

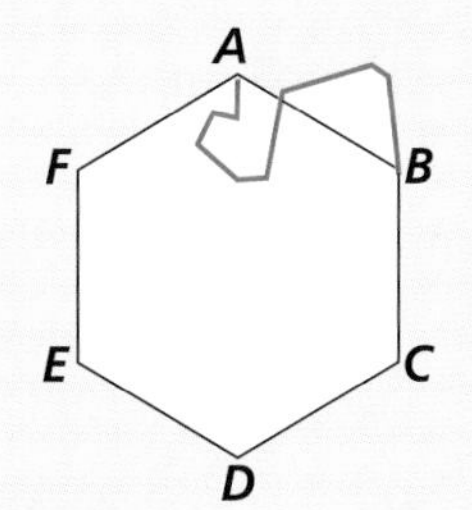

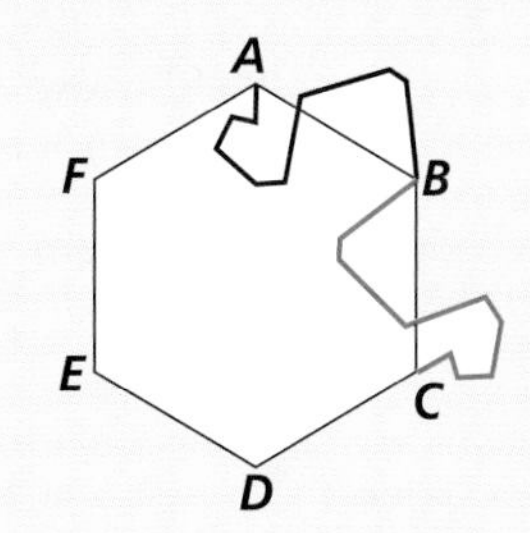

b. Reemplaza el lado $\overline{CD}$ con una nueva curva y rótalo alrededor del punto *D* para reemplazar el lado $\overline{DE}$.

c. Reemplaza el lado $\overline{EF}$ con una nueva curva y rótalo alrededor del punto *F* para reemplazar el lado $\overline{FA}$.

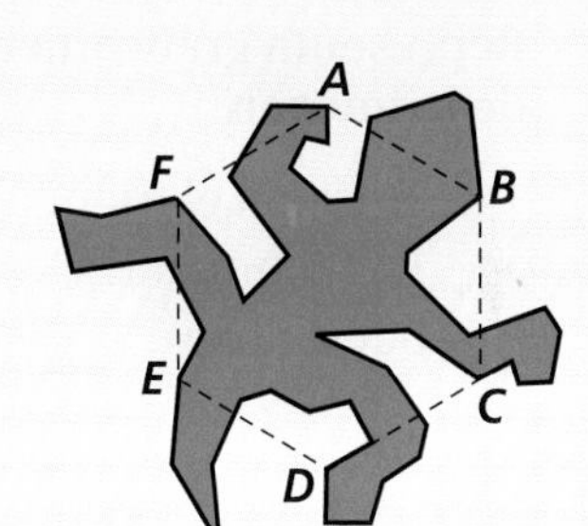

La figura puede girarse y entrelazarse con copias de sí misma para crear un diseño entrelazado, o teselado. Puedes agregar detalles a tu figura, si así lo deseas.

Razonar y comentar

1. Explica por qué los dos tipos de teselados de esta actividad se conocen como teselados con traslación y rotación.

Inténtalo

1. Crea tu propio diseño y haz un teselado con traslación o rotación.

2. Recorta copias del diseño que hiciste en **1** y júntalas para llenar un espacio con tu patrón.

Prueba de las Lecciones 8-9 a 8-11

8-9 Figuras congruentes

Determina si los triángulos son congruentes.

1.

2.

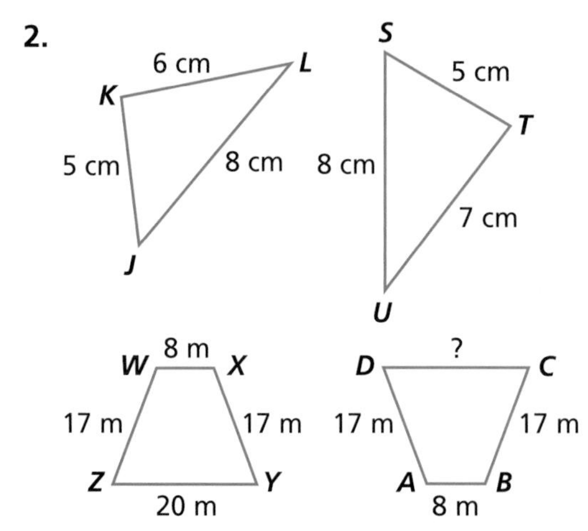

3. Determina la medida que falta en el par de polígonos congruentes.

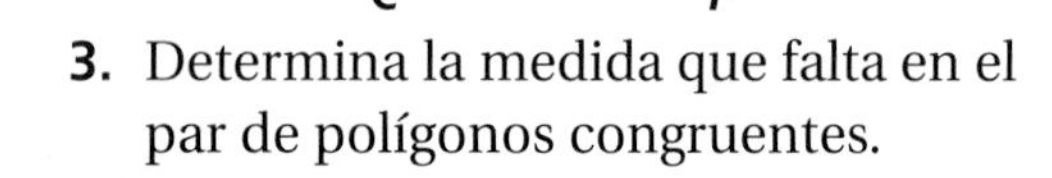

8-10 Traslaciones, reflexiones y rotaciones

Representa gráficamente cada transformación. Da las coordenadas de los vértices de la imagen.

4. Traslada el triángulo *RST* 5 unidades hacia abajo.

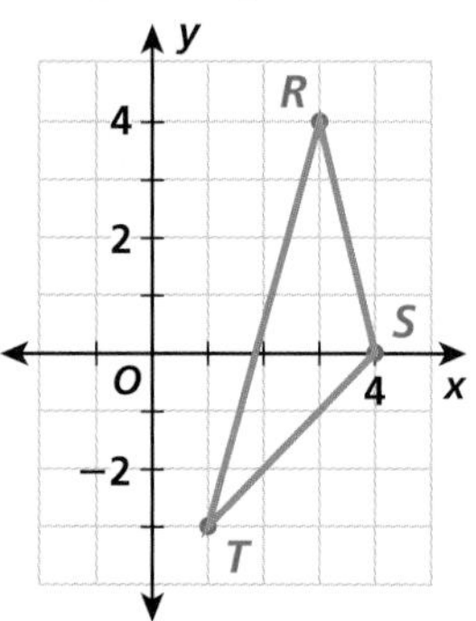

5. Refleja la figura sobre el eje *x*.

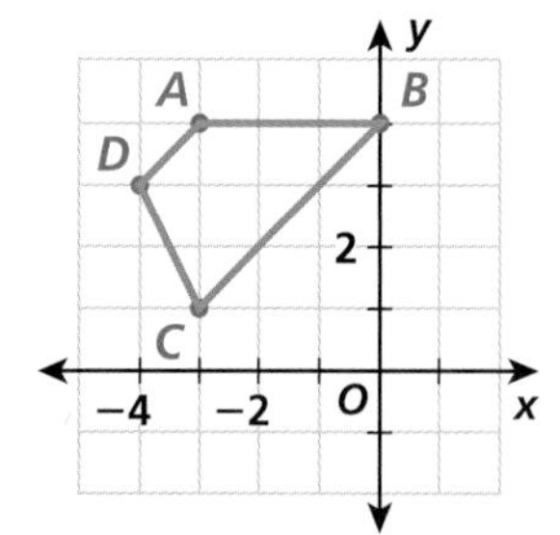

6. Rota el triángulo *JKL* en el sentido de las manecillas del reloj sobre el vértice *K*.

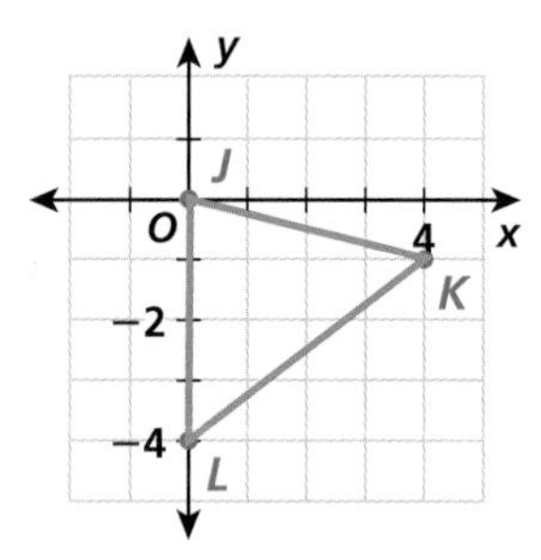

8-11 Simetría

7. Decide si la figura tiene simetría axial. Si la tiene, traza todos los ejes de simetría.

8. Indica cuántas veces la figura mostrará simetría de rotación en una rotación completa.

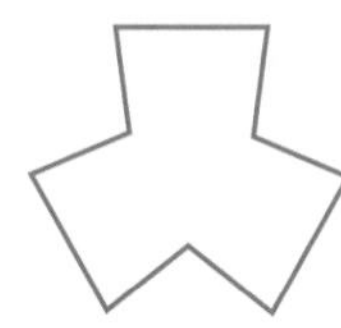

Preparación de varios pasos para el examen

Enciendan los motores Varios amigos dirigen autos de carrera a control remoto. Con una tiza, trazan el recorrido de la carrera como se muestra en la figura. Kendall examina el recorrido de antemano para prepararse para la carrera.

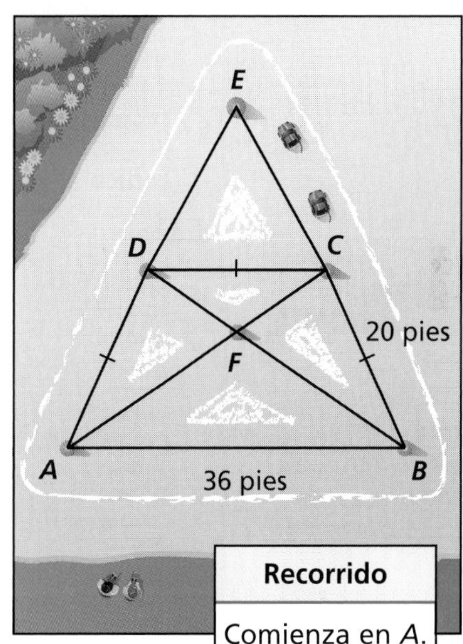

Recorrido
Comienza en *A*.
A a *B*
B a *C*
C a *A*
A a *D*
D a *C*
C a *E*
E a *D*
D a *B*
Termina en *B*.

1. Kendall sabe que la figura *ABCD* es un trapecio. ¿Qué puede concluir acerca de $\overline{AB}$ y $\overline{DC}$?
2. Con un transportador, Kendall halla la medida de $\angle ADF$, que es 81°, y de $\angle DFA$, que es 66°. Quiere saber qué ángulo formará su auto si se traslada desde *C* hasta *A* y de *A* hasta *D*. Explica cómo puede hallar la medida de $\angle CAD$ sin usar un transportador. Luego, halla la medida del ángulo.
3. El triángulo *DEC* es equilátero. ¿Cuál es la longitud del sector que va de *E* a *D*?
4. $\overline{AC}$ es congruente con $\overline{DB}$ y $\overline{AC}$ mide 33 pies de largo. ¿Cuál es la longitud total del recorrido?
5. El auto de Kendall avanza cerca de 10 pies por segundo. Estima cuánto tardará en completar el recorrido con su auto.

EXTENSIÓN

Dilataciones

Aprender a explorar figuras semejantes mediante dilataciones

Vocabulario

dilatación

Puedes usar un software para *dilatar* una imagen, como una fotografía. Una **dilatación** es una transformación que cambia el tamaño de una figura, pero no su forma. Después de una dilatación, la imagen de una figura es semejante a la figura original.

EJEMPLO 1 Identificar dilataciones

Indica si cada transformación es una dilatación.

¡Recuerda!

Las figuras semejantes tienen la misma forma, pero no necesariamente el mismo tamaño.

A

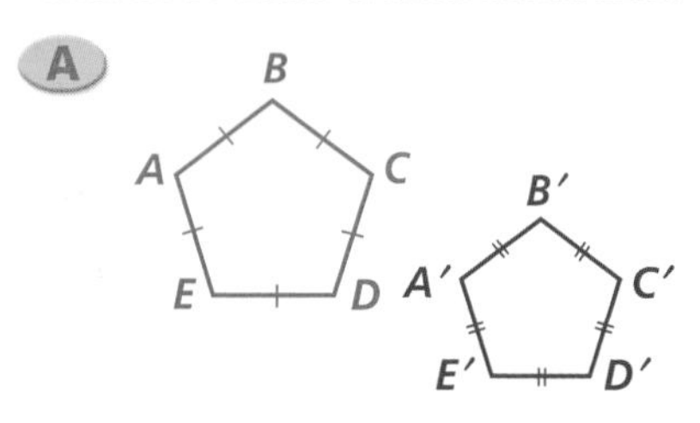

Las figuras son semejantes. Por lo tanto, la transformación es una dilatación.

B

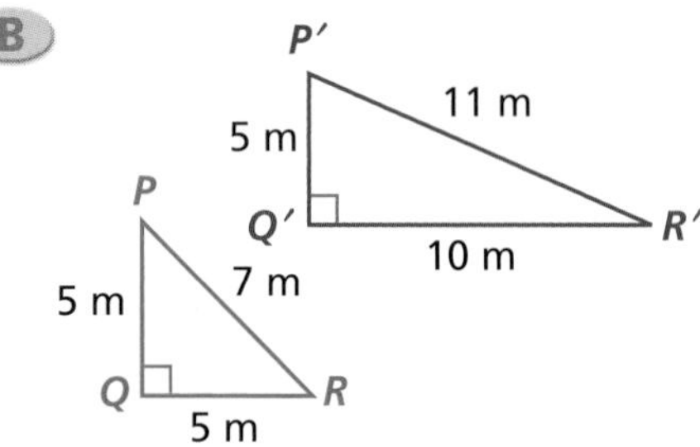

Las figuras no son semejantes. Por lo tanto, la transformación no es una dilatación.

Una dilatación aumenta o reduce el tamaño de una figura. El factor de escala te indica cuánto aumentó o se redujo una figura. En un plano cartesiano, puedes hallar la imagen de una figura después de una dilatación si multiplicas las coordenadas de los vértices por el factor de escala.

EJEMPLO 2 Usar una dilatación para aumentar el tamaño de una figura

Dibuja la imagen de $\triangle ABC$ después de una dilatación con un factor de escala de 2.

Escribe las coordenadas de los vértices de $\triangle ABC$. Luego multiplica las coordenadas por 2 para hallar las coordenadas de los vértices de $\triangle A'B'C'$.

$A(1, 3) \rightarrow A'(1 \cdot 2, 3 \cdot 2) = A'(2, 6)$

$B(4, 3) \rightarrow B'(4 \cdot 2, 3 \cdot 2) = B'(8, 6)$

$C(4, 1) \rightarrow C'(4 \cdot 2, 1 \cdot 2) = C'(8, 2)$

Marca A', B' y C' y dibuja $\triangle A'B'C'$.

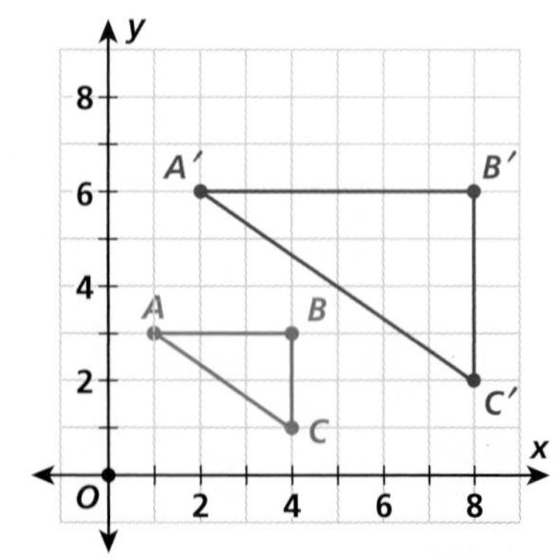

EJEMPLO 3 Usar una dilatación para reducir el tamaño de una figura

Dibuja la imagen de $\triangle DEF$ después de una dilatación con un factor de escala de $\frac{1}{3}$.

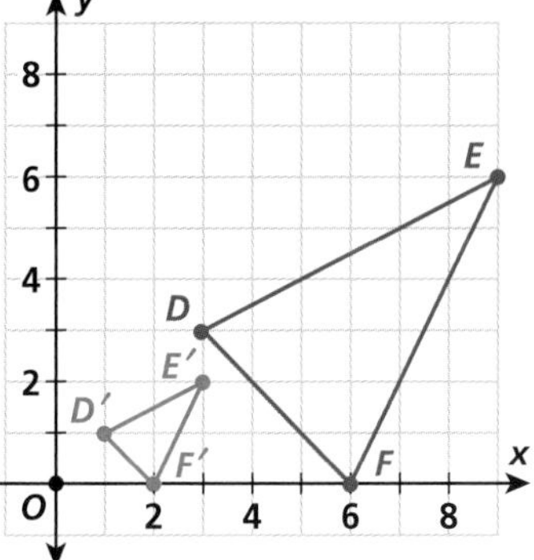

Escribe las coordenadas de los vértices de $\triangle DEF$. Luego multiplica las coordenadas por $\frac{1}{3}$ para hallar las coordenadas de los vértices de $\triangle D'E'F'$.

$D(3, 3) \rightarrow D'(3 \cdot \frac{1}{3}, 3 \cdot \frac{1}{3}) = D'(1, 1)$

$E(9, 6) \rightarrow E'(9 \cdot \frac{1}{3}, 6 \cdot \frac{1}{3}) = E'(3, 2)$

$F(6, 0) \rightarrow F'(6 \cdot \frac{1}{3}, 0 \cdot \frac{1}{3}) = F'(2, 0)$

Marca D', E' y F' y dibuja $\triangle D'E'F'$.

EXTENSIÓN Ejercicios

Indica si cada transformación es una dilatación.

1.

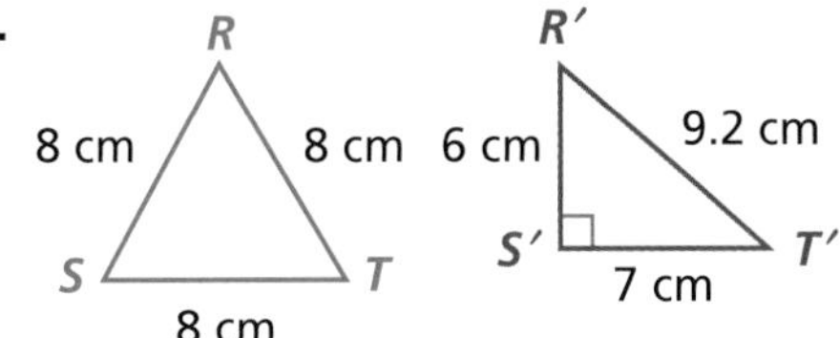

2.

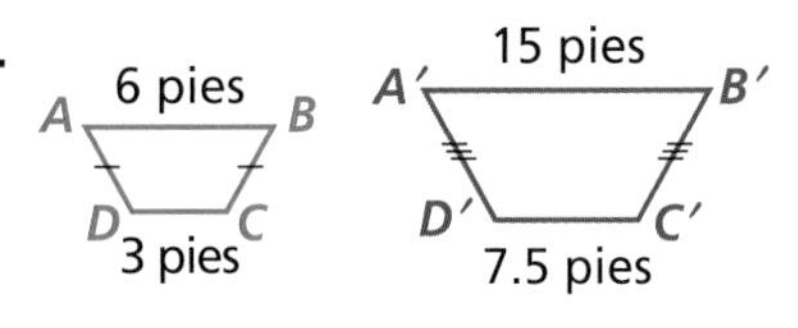

Dibuja la imagen de cada figura después de una dilatación con el factor de escala dado.

3. factor de escala de 3

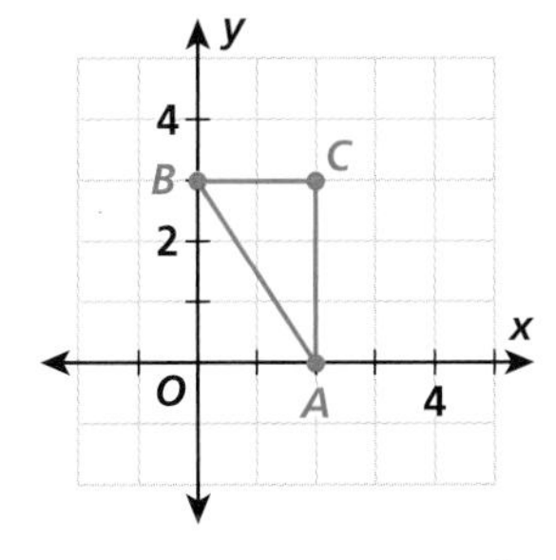

4. factor de escala de 2

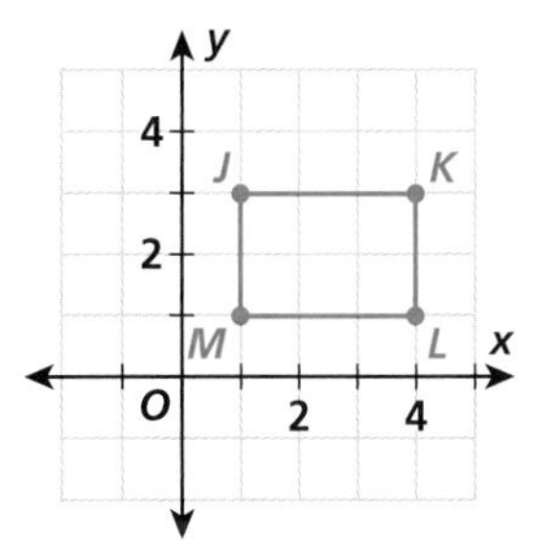

5. factor de escala de $\frac{1}{2}$

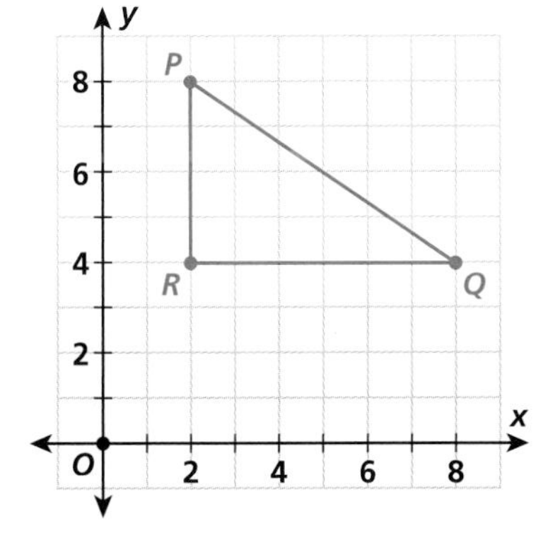

6. factor de escala de $\frac{1}{3}$

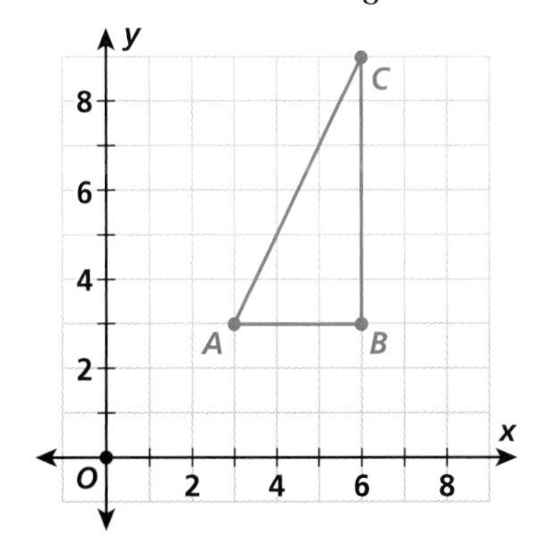

¡Vamos a jugar!

Redes

Una red es una figura que muestra cómo están conectados varios objetos por medio de vértices y segmentos. Puedes usar una red para mostrar distancias entre ciudades. En la red de la derecha, los vértices identifican cuatro ciudades en Carolina del Norte y los segmentos muestran las distancias en millas entre una ciudad y otra.

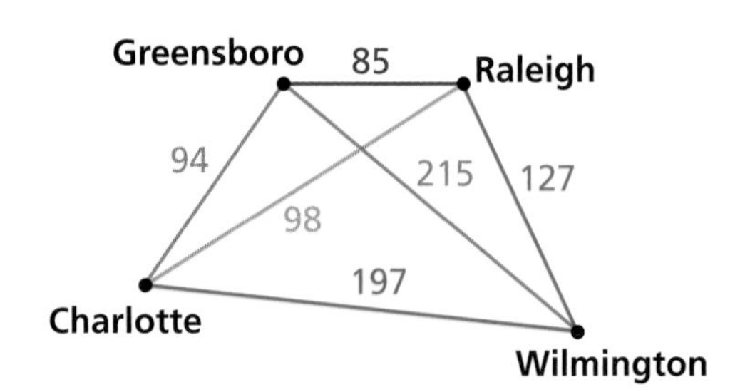

Puedes usar la red para hallar la ruta más corta de Charlotte a las otras tres ciudades y de regreso a Charlotte. Primero, halla todas las rutas posibles. Después, halla la distancia en millas de cada ruta. Se ha identificado una ruta y se muestra abajo.

CGRWC $94 + 85 + 127 + 197 = 503$

¿Cuál es la ruta más corta y cuál es la distancia?

Locura de color

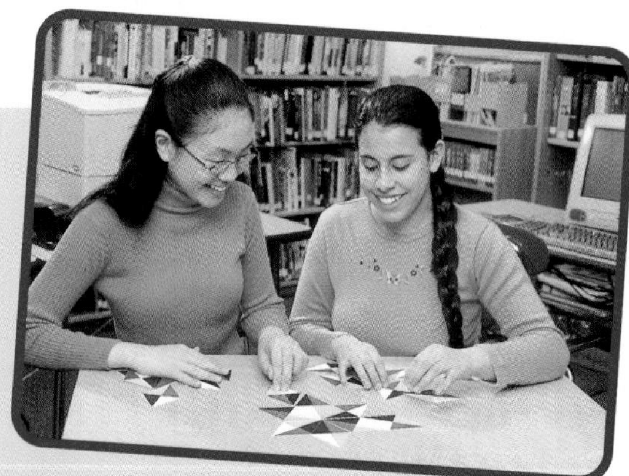

Puedes usar fichas con forma de rombo para construir varios tipos de polígonos. Cada lado de una ficha tiene un color diferente. Construye cada diseño uniendo los lados del mismo color. Luego, trata de crear tus propios diseños con las fichas. Trata de hacer diseños que tengan simetría axial o de rotación.

El juego completo de fichas se encuentra disponible en línea.

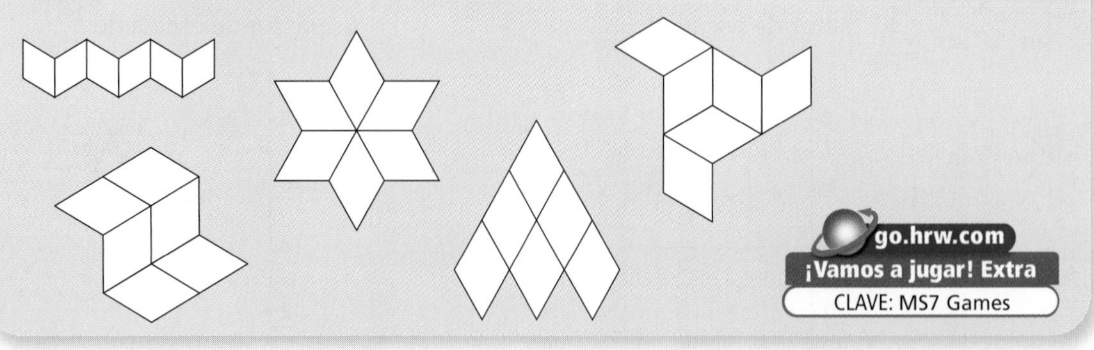

go.hrw.com
¡Vamos a jugar! Extra
CLAVE: MS7 Games

¡Está en la bolsa!

Materiales
- **6 hojas de cartulina**
- **papel de tarjetas**
- **tijeras**
- **perforadora**
- **4 cierres de alambre**
- **papel blanco**
- **marcadores**

PROYECTO Folleto de figuras geométricas

Crea un organizador para guardar folletos en los que resumas cada lección del capítulo.

Instrucciones

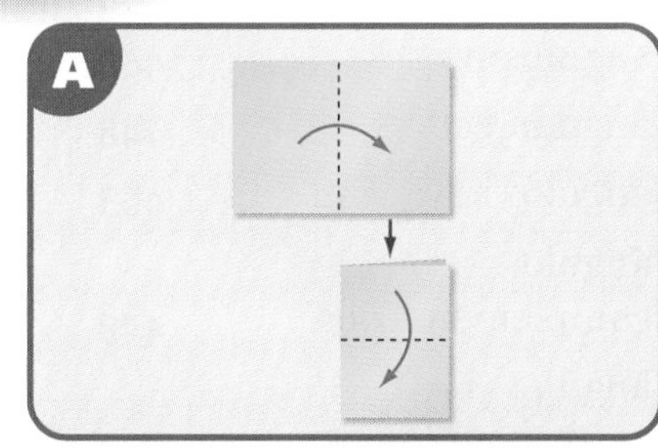

1. Comienza con hojas de cartulina de 12 pulgadas por 18 pulgadas. Dobla una de las hojas por la mitad de modo que mida 12 pulgadas por 9 pulgadas. Luego, vuelve a doblar la hoja de modo que mida 6 pulgadas por 9 pulgadas. **Figura A**

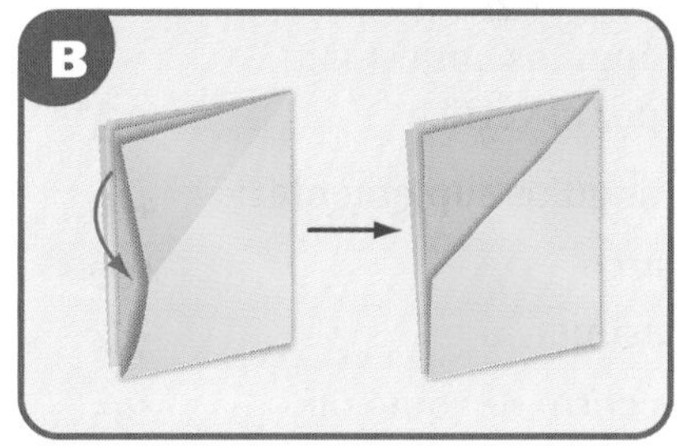

2. Sostiene la hoja con los pliegues en la base y del lado derecho. Pliega el extremo superior izquierdo hacia adentro y hacia abajo para formar un bolsillo. **Figura B**

3. Da vuelta todo y pliega el extremo superior derecho hacia adentro y hacia abajo para formar un bolsillo. Repite los pasos del 1 al 3 con las demás hojas.

4. Recorta dos trozos de papel de tarjetas que midan 6 pulgadas por 9 pulgadas. Con la perforadora, haz cuatro agujeros ubicados a la misma distancia entre sí a lo largo de la parte inferior de cada trozo. De modo similar, haz cuatro agujeros ubicados a la misma distancia entre sí en cada bolsillo, como se muestra. **Figura C**

5. Apila los seis bolsillos y coloca las tapas de cartulina al principio y al final de la pila. Pasa cierres de alambre por los agujeros para unir todo.

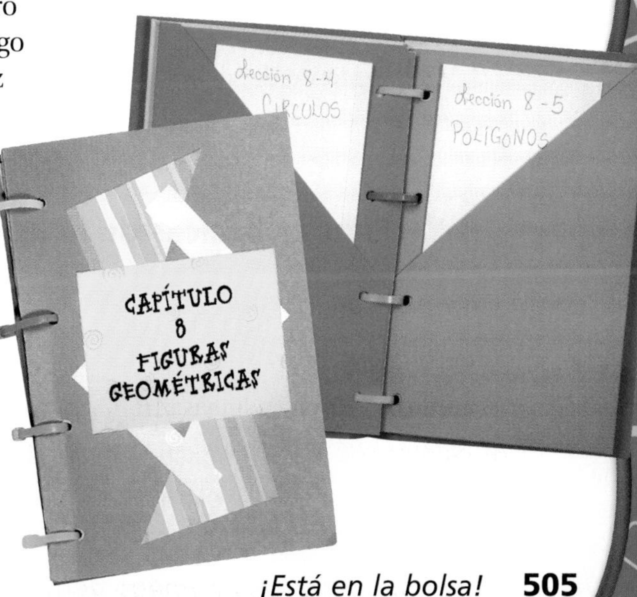

Tomar notas de matemáticas

Pliega las hojas de papel blanco en tres, como un folleto. Usa los folletos para tomar notas de las lecciones del capítulo. Guarda los folletos en los bolsillos de tu organizador.

CAPÍTULO 8

Guía de estudio: Repaso

Vocabulario

Completa los enunciados con las palabras del vocabulario.

1. Todo triángulo equilátero es también un triángulo __?__ .
2. Las líneas en el mismo plano que no se intersecan son __?__.
3. Un segmento de recta cuyos extremos son dos puntos cualesquiera de un círculo es un/una __?__.

8-1 Figuras básicas de la geometría (págs. 442-445)

EJEMPLO

Identifica las figuras del diagrama.

- puntos: A, B, C
- líneas: $\overleftrightarrow{AB}$
- planos: ABC
- rayos: $\overrightarrow{BA}; \overrightarrow{AB}$
- segmentos de recta: $\overline{AB}; \overline{BC}$

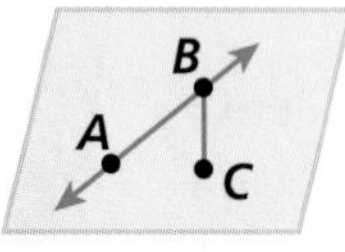

EJERCICIOS

Identifica las figuras del diagrama.

4. puntos
5. líneas
6. planos
7. rayos
8. segmentos de recta

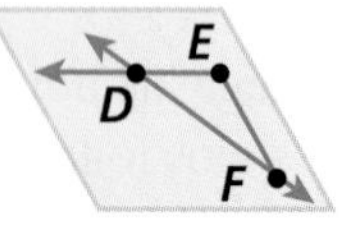

8-2 Cómo clasificar ángulos (págs. 448-451)

EJEMPLO

- **Indica si el ángulo es agudo, recto, obtuso o llano.**

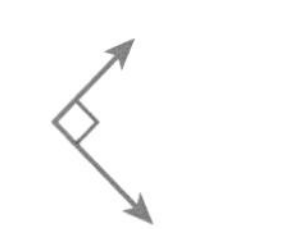

El ángulo es un ángulo recto.

EJERCICIOS

Indica si cada ángulo es agudo, recto, obtuso o llano.

9. 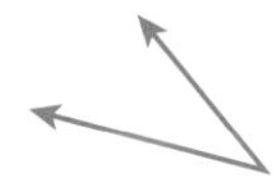

10. 

8-3 Relaciones entre ángulos (págs. 452-455)

EJEMPLO

- **Indica si las líneas parecen paralelas, perpendiculares u oblicuas.**

perpendiculares

EJERCICIOS

Indica si las líneas parecen paralelas, perpendiculares u oblicuas.

11. 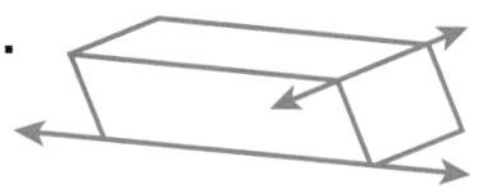

12. 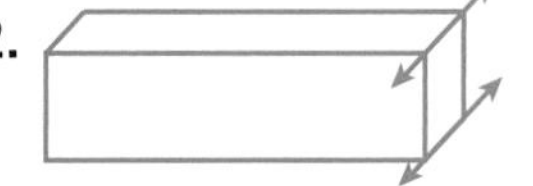

8-4 Propiedades de los círculos (págs. 460-463)

EJEMPLO

Identifica las partes del círculo *D*.

- radios: $\overline{DB}$, $\overline{DC}$, $\overline{DE}$
- diámetro: $\overline{EB}$
- cuerdas: $\overline{AB}$, $\overline{EB}$, $\overline{EF}$

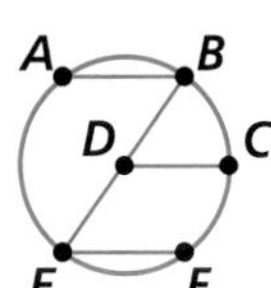

EJERCICIOS

Identifica las partes del círculo *F*.

13. radios
14. diámetro
15. cuerdas

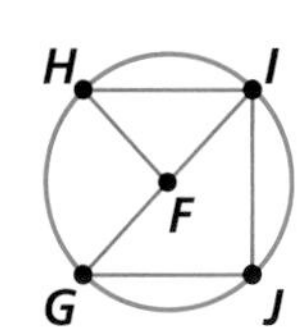

8-5 Cómo clasificar polígonos (págs. 466-469)

EJEMPLO

- **Indica si la figura es un polígono regular. Si no lo es, explica por qué.**
  No, todos los ángulos del polígono no son congruentes.

EJERCICIOS

Indica si cada figura es un polígono regular. Si no lo es, explica por qué.

16. 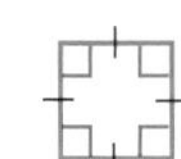

17. 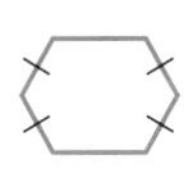

8-6 Cómo clasificar triángulos (págs. 470-473)

EJEMPLO

- **Clasifica el triángulo según sus lados y ángulos.**

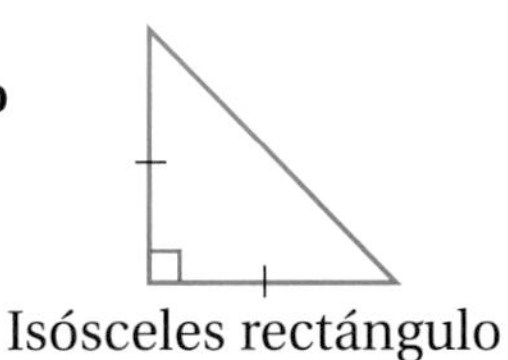

Isósceles rectángulo

EJERCICIOS

Clasifica cada triángulo según sus lados y ángulos.

18. 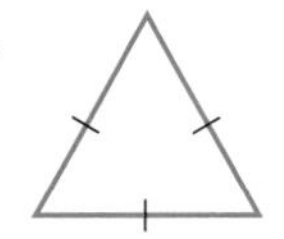

19. 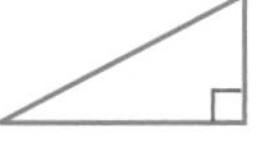

8-7 Cómo clasificar cuadriláteros (págs. 474-477)

EJEMPLO

- **Da todos los nombres que se apliquen al cuadrilátero.**

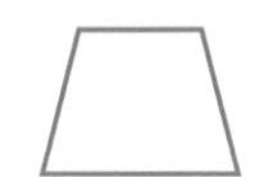

trapecio

EJERCICIOS

Da todos los nombres que se apliquen a cada cuadrilátero.

20.

21.

8-8 Ángulos de los polígonos (págs. 478-481)

EJEMPLO

- **Halla la medida del ángulo desconocido.**

$62° + 45° + x = 180°$

$107° + x = 180°$

$x = 73°$

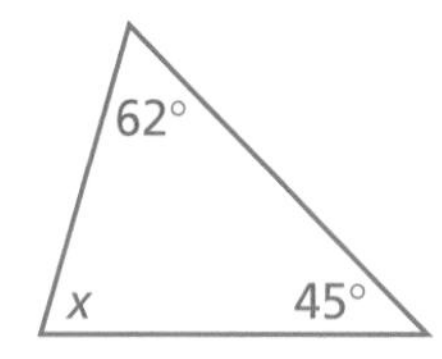

EJERCICIOS

Halla la medida del ángulo desconocido.

22.

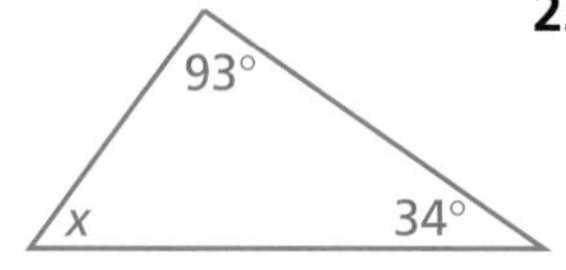

23.

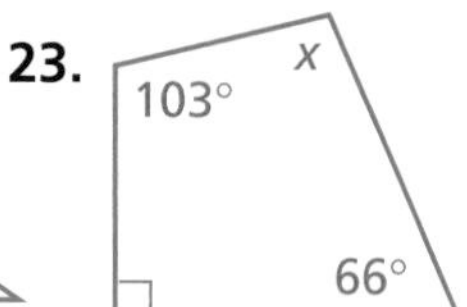

8-9 Figuras congruentes (págs. 484-487)

EJEMPLO

- **Determina la medida que falta en el conjunto de polígonos congruentes.**

El ángulo mide 53°.

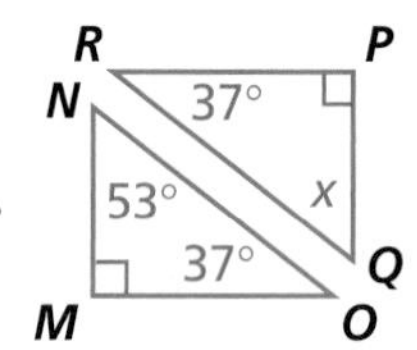

EJERCICIOS

24. Determina la medida que falta en el conjunto de polígonos congruentes.

133° 47° 47° 133°

133° 47° 47° x

8-10 Traslaciones, reflexiones y rotaciones (págs. 488-492)

EJEMPLO

- **Representa gráficamente la traslación.**

Traslada $\triangle ABC$ 1 unidad hacia la derecha y 3 unidades hacia abajo.

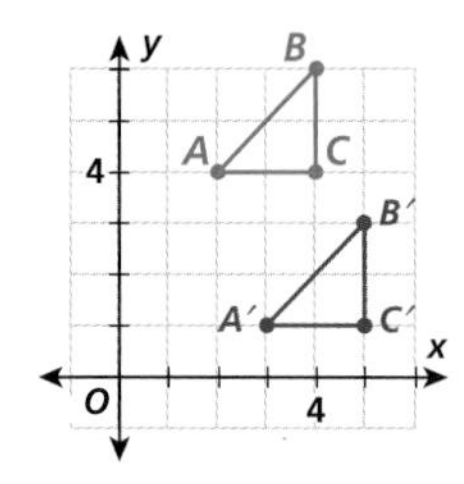

EJERCICIOS

Representa gráficamente la traslación.

25. Traslada $\triangle BCD$ 2 unidades hacia la izquierda y 4 unidades hacia abajo.

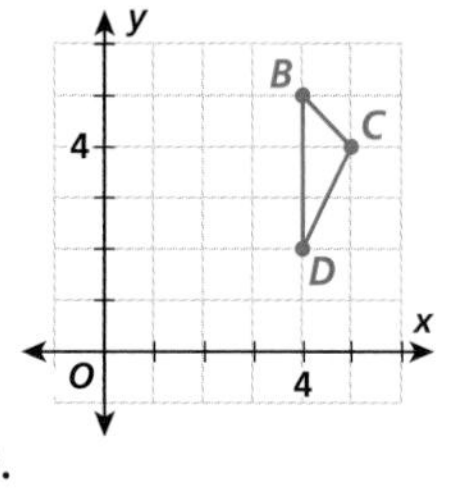

8-11 Simetría (págs. 494-497)

EJEMPLO

- **Halla todos los ejes de simetría de la bandera.**

La bandera tiene cuatro ejes de simetría.

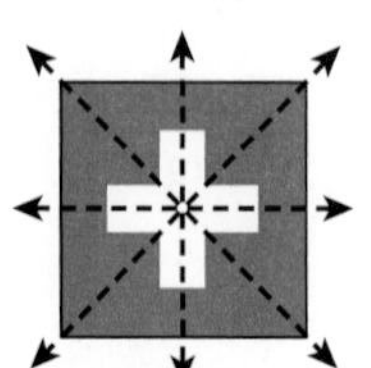

EJERCICIOS

26. Halla todos los ejes de simetría de la bandera.

EXAMEN DEL CAPÍTULO

CAPÍTULO 8

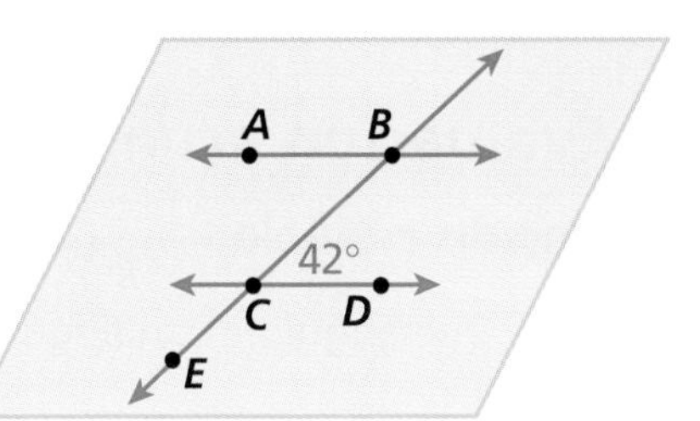

Identifica las figuras del diagrama.

1. 4 puntos **2.** 3 líneas **3.** un plano

4. 5 segmentos de recta **5.** 6 rayos

En el diagrama, la línea *AB* || línea *CD*. Halla la medida de cada ángulo e indica si el ángulo es agudo, recto, obtuso o llano.

6. $\angle ABC$ **7.** $\angle BCE$ **8.** $\angle DCE$

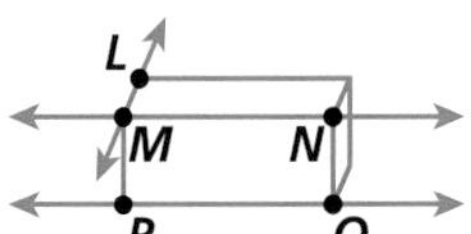

Indica si las líneas parecen paralelas, perpendiculares u oblicuas.

9. $\overleftrightarrow{MN}$ y $\overleftrightarrow{PO}$ **10.** $\overleftrightarrow{LM}$ y $\overleftrightarrow{PO}$ **11.** $\overleftrightarrow{NO}$ y $\overleftrightarrow{MN}$

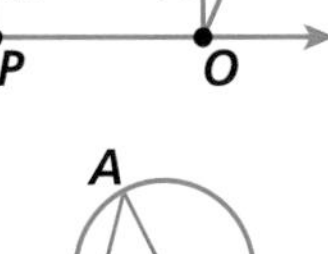
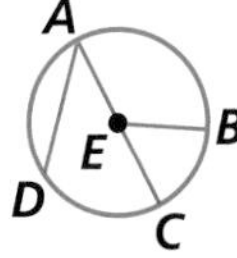

Identifica las partes del círculo *E*.

12. radios **13.** cuerdas **14.** diámetro

Indica si cada figura es un polígono regular. Si no lo es, explica por qué.

15.

16. 

17. 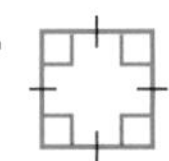

Clasifica cada triángulo según sus lados y ángulos.

18. 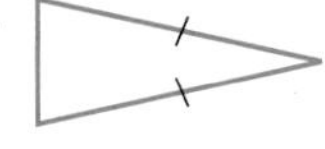

19. 

20. 

Da todos los nombres que se apliquen a cada cuadrilátero.

21. 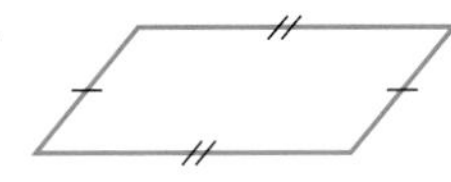

22. 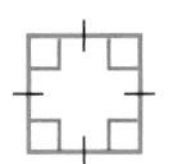

23. 

Halla la medida de cada ángulo desconocido.

24. 

25. 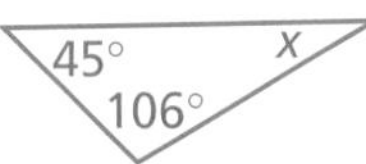

26. 

27. Determina la medida que falta en los polígonos congruentes.

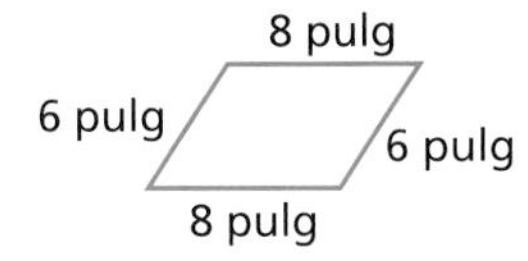

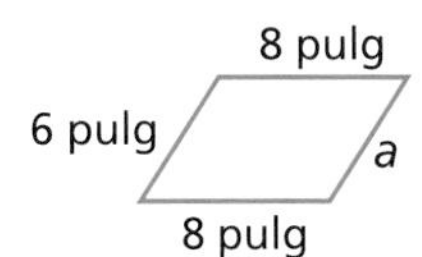

28. Los vértices de un triángulo tienen las coordenadas A(−1, −3), B(−4, −1) y C(−1, −1). Representa gráficamente el triángulo después de una traslación de 3 unidades hacia la izquierda.

Halla todos los ejes de simetría de cada bandera.

29. 

30. 

CAPÍTULO 8

PREPARACIÓN PARA EL EXAMEN ESTANDARIZADO

go.hrw.com
Práctica en línea para el examen estatal
CLAVE: MS7 TestPrep

Evaluación acumulativa, Capítulos 1–8

Opción múltiple

1. ¿Qué ángulo es un ángulo recto?

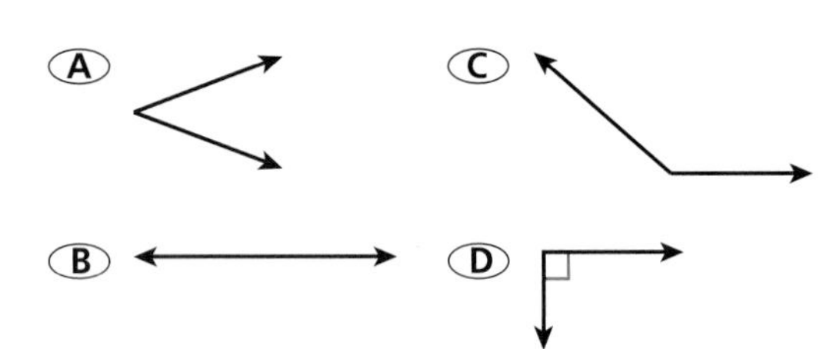

2. ¿Cómo se escribe el número 8,330,000,000 en notación científica?

(F) 0.83×10^{10} (H) 83.3×10^{8}

(G) 8.33×10^{9} (J) 833×10^{7}

3. Si el punto *A* se traslada 5 unidades hacia la izquierda y 2 unidades hacia arriba, ¿cuáles serán sus nuevas coordenadas?

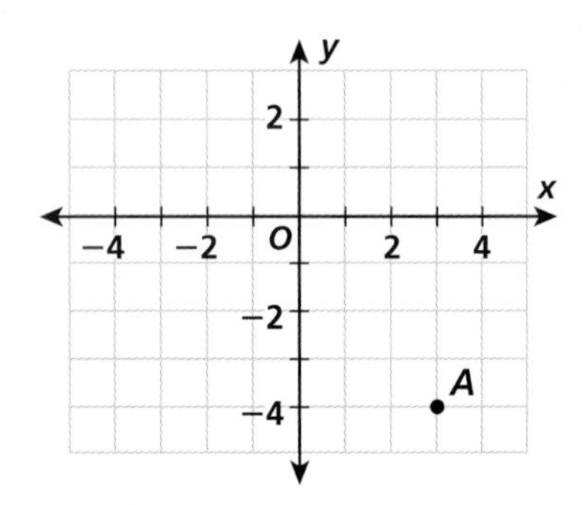

(A) (−2, −2) (C) (−2, −6)

(B) (8, −2) (D) (0, 1)

4. Nolan tardó $\frac{1}{2}$ hora en viajar al consultorio de su ortodoncista. Estuvo $\frac{3}{5}$ de hora en el consultorio y el viaje de regreso a su casa duró $\frac{3}{4}$ de hora. ¿Cuánto tiempo le llevó en total la cita con su ortodoncista?

(F) $\frac{7}{11}$ de hora (H) $1\frac{17}{20}$ hora

(G) $\frac{37}{60}$ de hora (J) $\frac{13}{5}$ de hora

5. Una tienda ofrece dos docenas de rollos de papel higiénico a $4.84. ¿Cuál es la tasa unitaria para un rollo de papel higiénico?

(A) $0.13/rollo de papel higiénico

(B) $0.20/rollo de papel higiénico

(C) $0.40/rollo de papel higiénico

(D) $1.21/rollo de papel higiénico

6. ¿Cuál de las siguientes opciones describe mejor el triángulo?

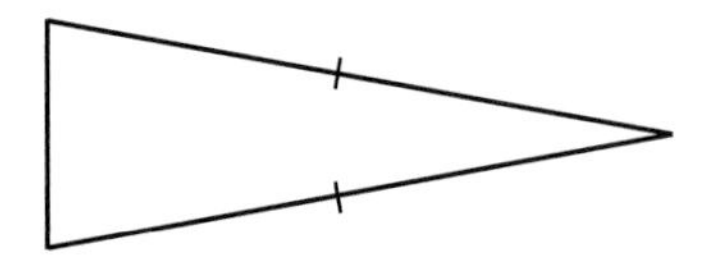

(F) Triángulo isósceles acutángulo

(G) Triángulo equilátero

(H) Triángulo rectángulo obtusángulo

(J) Triángulo escaleno obtusángulo

7. ¿Qué expresión representa "dos veces la diferencia entre un número y 8"?

(A) $2(x + 8)$ (C) $2(x - 8)$

(B) $2x - 8$ (D) $2x + 8$

8. ¿Para qué ecuación NO es la solución $x = 1$?

(F) $3x + 8 = 11$

(G) $8 - x = 9$

(H) $-3x + 8 = 5$

(J) $8 + x = 9$

9. ¿Qué razones forman una proporción?

(A) $\frac{4}{8}$ y $\frac{3}{6}$ (C) $\frac{4}{10}$ y $\frac{6}{16}$

(B) $\frac{4}{12}$ y $\frac{6}{15}$ (D) $\frac{2}{3}$ y $\frac{5}{8}$

Preparación para el examen estandarizado

10. En la gráfica se muestra cómo gasta su dinero Amy cada mes. En mayo, Amy ganó $100. ¿Cuánto gastó en total entre ropa y transporte?

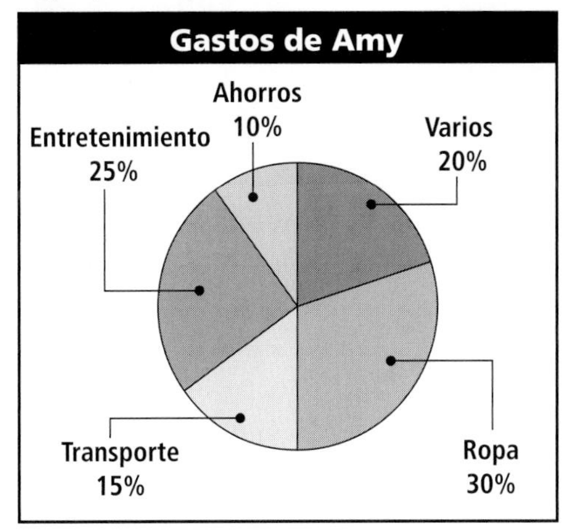

Ⓕ $15　　Ⓗ $45

Ⓖ $30　　Ⓙ $55

Después de resolver una pregunta de respuesta breve o desarrollada, asegúrate de haber respondido a todas las partes de la pregunta.

Respuesta gráfica

11. ¿Cuál es la medida del ángulo desconocido en grados?

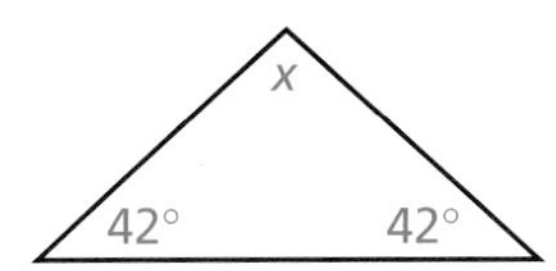

12. Una figura tiene los vértices $A(-4, -4)$, $B(-3, -2)$ y $C(-3, -6)$. ¿Cuál será la coordenada x del punto A' después de reflejar la figura sobre el eje y?

13. Una vendedora de antigüedades compró una silla a $85. Luego, vendió la silla en su tienda a un precio que superaba en un 45% el precio de compra. ¿Cuál fue el precio de la silla al dólar cabal más cercano?

14. ¿Cuál es el valor de la expresión $-4x^2y - y$ para $x = -2$ e $y = -5$?

Respuesta breve

15. El triángulo ABC, con los vértices $A(2, 3)$, $B(4, 0)$ y $C(0, 0)$, se traslada 2 unidades hacia la izquierda y 6 hacia abajo para formar el triángulo $A'B'C'$.

a. En un plano cartesiano, dibuja y rotula los triángulos ABC y $A'B'C'$.

b. Da las coordenadas de los vértices del triángulo $A'B'C'$.

16. El objetivo de Taylor es gastar por mes menos del 35% de su mensualidad en el pago de la cuenta de su teléfono celular. El mes pasado, Taylor gastó $45 en la cuenta de su celular. Si su mensualidad es de $120, ¿cumplió con su objetivo? Explica tu respuesta.

17. Considera la sucesión 4, 8, 12, 16, 20, . . .

a. Escribe una regla para la sucesión. Usa n para representar la posición del término en la sucesión.

b. ¿Cuál es el 8vo término de la sucesión?

Respuesta desarrollada

18. Cuatro de los ángulos de un pentágono miden 74°, 111°, 145° y 95°.

a. ¿Cuántos lados y cuántos ángulos tiene un pentágono?

b. ¿El pentágono es un pentágono regular? ¿Cómo lo sabes?

c. ¿Cuál es la suma de las medidas de los ángulos de un pentágono? Incluye un dibujo como parte de tu respuesta.

d. Escribe y resuelve una ecuación para determinar la medida del ángulo desconocido del pentágono.

Resolución de problemas en lugares

PENSILVANIA

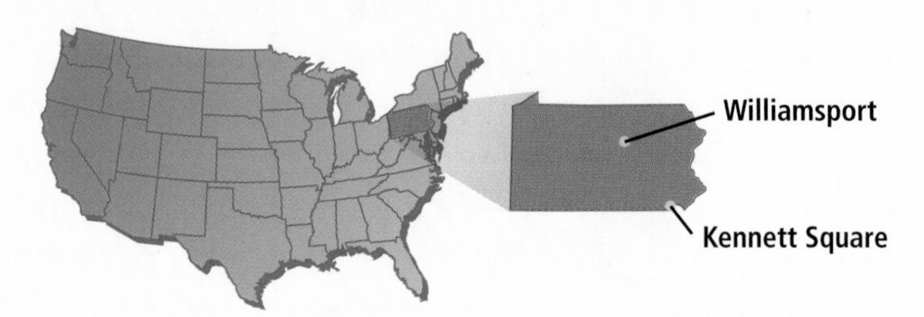

La Serie Mundial de la Little League

En 1938, Carl Stoltz creó una liga de béisbol para los niños de su ciudad natal, Williamsport, Pensilvania. Un año más tarde, se jugó el primer partido de béisbol de la Little League (que significa "Liga de pequeños"). Hoy en día, Williamsport sigue siendo sede de la Serie Mundial de la Little League, un acontecimiento que atrae a los mejores equipos de todo el mundo.

Elige una o más estrategias para resolver cada problema.

1. En la Serie Mundial de la Little League participan 8 equipos de Estados Unidos y 8 equipos de otros países. En el campeonato, un equipo estadounidense se enfrenta a otro de otro país. ¿Cuántas combinaciones posibles hay?

Para el Problema 2, usa la gráfica.

2. Usa la siguiente información para determinar qué equipo ganó el campeonato en 2004.
   - El equipo que ganó el campeonato en 2004 ganó el 5% de los campeonatos de 1985 a 2004.
   - En 1997, el ganador del campeonato fue México.
   - El equipo que ganó el campeonato en 2004 no era de Asia.

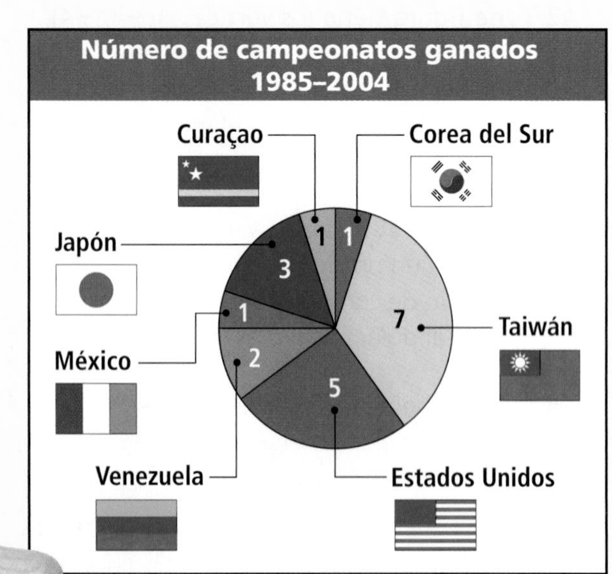

Estrategias de resolución de problemas

Dibujar un diagrama
Hacer un modelo
Calcular y poner a prueba
Trabajar en sentido inverso
Hallar un patrón
Hacer una tabla
Resolver un problema más sencillo
Usar el razonamiento lógico
Representar
Hacer una lista organizada

Jardines de Longwood

Los Jardines de Longwood, en Kennett Square, Pensilvania, es uno de los jardines botánicos más grande del mundo. Con 20 jardines exteriores, 20 jardines interiores y más de 11,000 variedades de plantas, no es de sorprender que el lugar atraiga cerca de un millón de visitantes por año.

Elige una o más estrategias para resolver cada problema.

1. El Jardín del Agua de Italia tiene 18 piscinas de azulejos azules. La razón de las piscinas grandes a las pequeñas es 2:1. ¿Cuántas piscinas hay de cada tamaño?
2. Cada lado de la fuente cuadrada del jardín mide 30 pies de largo. Un jardinero planta bulbos de tulipán a 6 pulgadas de distancia unas de otras alrededor del borde de la fuente. ¿Cuántos bulbos plantó el jardinero?

Para el Problema 3, usa la gráfica.

3. Se están imprimiendo tarjetas nuevas con información sobre las plantas que se muestran en la gráfica. En cada tarjeta cabe información sobre 7 variedades de plantas como máximo. No pueden mezclarse diferentes tipos de plantas (por ejemplo, nenúfares y lilas) en una misma tarjeta. ¿Cuántas tarjetas tendrán que imprimirse?

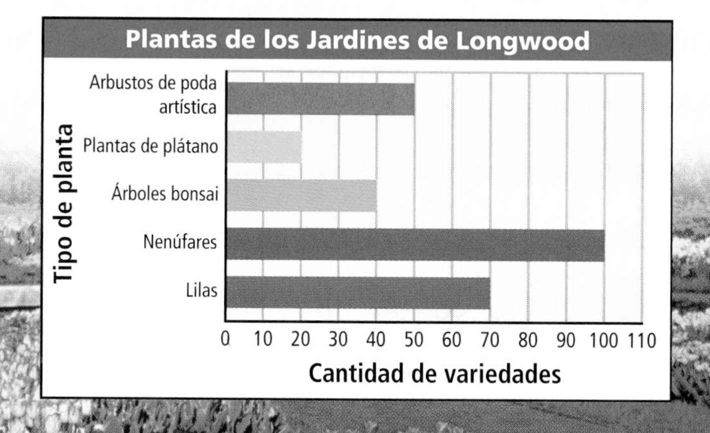

CAPÍTULO 9

Medición: figuras bidimensionales

go.hrw.com
Presentación del capítulo en línea
CLAVE: MS7 Ch9

Inventario de árboles frutales en Florida

Tipo de árbol	Cantidad de árboles	Cantidad de árboles por acre
Toronja	14,751,000	181
Limón	178,800	173
Lima	502,400	159
Naranja	84,200,000	128

Profesión *Cultivador de árboles frutales*

Cultivar árboles frutales exige diversos conocimientos y habilidades. Un cultivador de árboles frutales debe preparar el suelo, plantar y cuidar los árboles y protegerlos de insectos y enfermedades.

Para obtener buenos resultados, un cultivador de árboles frutales debe maximizar el tamaño y la cantidad de la fruta. Los cultivadores miden su terreno y determinan la cantidad de árboles que deben plantar y dónde deben plantarlos. En la tabla se muestra el número y la distribución de algunos árboles frutales de Florida.

Vocabulario

Elige de la lista el término que mejor complete cada enunciado.

1. Un __?__ es un cuadrilátero que tiene exactamente un par de lados paralelos.
2. Un __?__ es una figura de cuatro lados que tiene lados opuestos congruentes y paralelos.
3. El __?__ de un círculo es la mitad del __?__ de un círculo.

diámetro
paralelogramo
radio
trapecio
triángulo rectángulo

Resuelve los ejercicios para practicar las destrezas que usarás en este capítulo.

Redondear números cabales

Redondea cada número a la decena y a la centena más cercanas.

4. 1,535 **5.** 294 **6.** 30,758 **7.** 497

Redondear decimales

Redondea cada número al número cabal más cercano y a la décima más cercana.

8. 6.18 **9.** 10.50 **10.** 513.93 **11.** 29.06

Multiplicar con decimales

Multiplica.

12. $5.63 \cdot 8$ **13.** $9.67 \cdot 4.3$ **14.** $8.34 \cdot 16$ **15.** $6.08 \cdot 0.56$

16. $0.82 \cdot 21$ **17.** $2.74 \cdot 6.6$ **18.** $40 \cdot 9.54$ **19.** $0.33 \cdot 0.08$

Orden de las operaciones

Simplifica cada expresión.

20. $2 \cdot 9 + 2 \cdot 6$ **21.** $2(15 + 8)$ **22.** $4 \cdot 6.8 + 7 \cdot 9.3$

23. $14(25.9 + 13.6)$ **24.** $(27.3 + 0.7) \div 2^2$ **25.** $5 \cdot 3^3 - 8.02$

26. $(63 \div 7) \cdot 4^2$ **27.** $1.1 + 3 \cdot 4.3$ **28.** $66 \cdot [5 + (3 + 3)^2]$

Identificar polígonos

Identifica cada figura.

29. 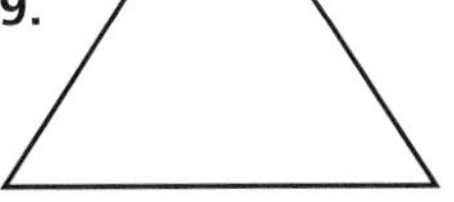

30. 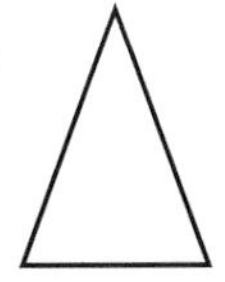

31.

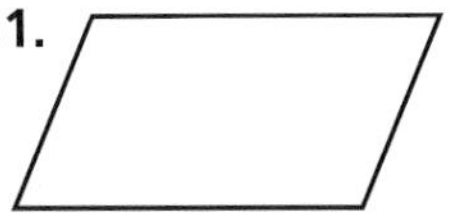

CAPÍTULO 9

Guía de estudio: Avance

De dónde vienes

Antes,

- hallaste el perímetro o la circunferencia de figuras geométricas.
- exploraste unidades usuales y métricas de medida.
- usaste proporciones para convertir medidas dentro del sistema usual y del sistema métrico.

En este capítulo

Estudiarás

- cómo comparar el perímetro y la circunferencia con el área de figuras geométricas.
- cómo hallar el área de paralelogramos, triángulos, trapecios y círculos.
- cómo hallar el área de figuras irregulares.
- cómo usar potencias, raíces y el teorema de Pitágoras para hallar medidas que faltan.

Adónde vas

Puedes usar las destrezas aprendidas en este capítulo

- para crear un plano.
- para diseñar una rampa de acceso a un edificio que respete las normas impuestas por el gobierno.

Vocabulario/Key Vocabulary

área	area
circunferencia	circumference
cuadrado perfecto	perfect square
dígitos significativos	significant digits
hipotenusa	hypotenuse
perímetro	perimeter
raíz cuadrada	square root
Teorema de Pitágoras	Pythagorean Theorem

Conexiones de vocabulario

Considera lo siguiente para familiarizarte con algunos de los términos de vocabulario del capítulo. Puedes consultar el capítulo, el glosario o un diccionario si lo deseas.

1. La *raíz cuadrada* de un número es uno de los dos factores iguales del número. Por ejemplo, 3 es una raíz cuadrada porque $3 \cdot 3 = 9$. ¿Cómo puede ayudarte pensar en la raíz de una planta a recordar el significado de **raíz cuadrada?**
2. La palabra *perímetro* viene de las raíces griegas *peri,* que significa "alrededor", y *metron,* que significa "medida". ¿Qué te dicen las raíces griegas sobre el **perímetro** de una figura geométrica?
3. *Elevar un número al cuadrado* significa "multiplicar el número por sí mismo", como en $2 \cdot 2$. Teniendo en cuenta esta idea del *cuadrado,* ¿qué será un **cuadrado perfecto?**
4. La palabra *circunferencia* viene del latín *circumferre,* que significa "llevar alrededor". ¿Cómo puede la definición del latín ayudarte a definir la **circunferencia** de un círculo?

Estrategia de lectura: Lee e interpreta gráficas

Las figuras, los diagramas, las tablas y las gráficas brindan datos importantes. Saber cómo leerlos te ayudará a comprender y resolver los problemas relacionados con ellos.

Figuras semejantes

$\triangle ABC$ y $\triangle JKL$ son semejantes.

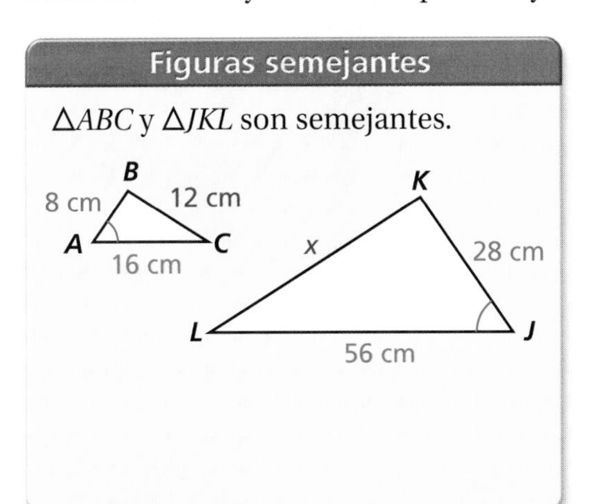

Cómo leer

Lee todos los rótulos.

$AB = 8$ cm; $AC = 16$ cm; $BC = 12$ cm; $JK = 28$ cm; $JL = 56$ cm; $KL = x$ cm; $\angle A$ es correspondiente con $\angle J$.

Ten cuidado con lo que supones.

Puedes suponer que $\overline{AB}$ es correspondiente con $\overline{LK}$, pero no es así. Como $\angle A$ es correspondiente con $\angle J$, sabes que $\overline{AB}$ es correspondiente con $\overline{JK}$.

Gráfica de doble barra

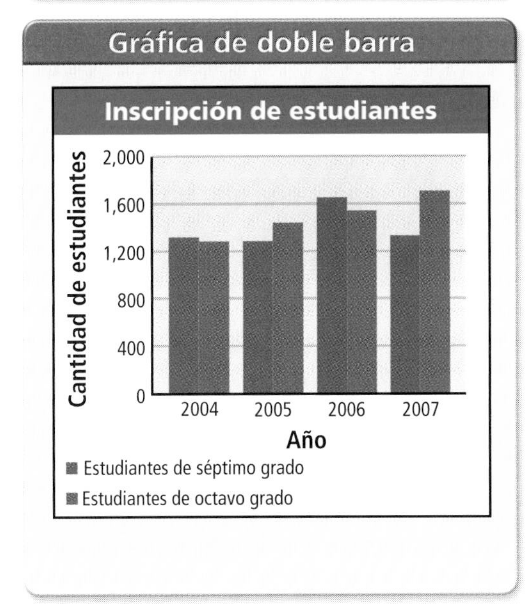

Cómo leer

Lee el título de la gráfica y cualquier nota que haya.

El azul representa a los estudiantes de séptimo grado.

El morado representa a los estudiantes de octavo grado.

Lee el rótulo de cada eje y presta atención a los intervalos de cada escala.

eje *x*: los años aumentan de a 1.

eje *y*: la inscripción aumenta de a 400.

Determina la información que se muestra.

La cantidad de estudiantes inscritos en séptimo y octavo grado por año.

Inténtalo

Busca cada gráfica en tu libro de texto y responde a las siguientes preguntas.

1. Lección 5-7 Ejercicio 1: ¿Qué lado del triángulo más pequeño es correspondiente con $\overline{BC}$? ¿Qué ángulo es correspondiente con $\angle EDF$?
2. Lección 7-3 Ejemplo 1: ¿Con qué intervalo aumenta la escala del eje *x*? ¿Alrededor de cuántas personas hablan hindi?

9-1 Exactitud y precisión

Aprender a comparar la precisión de una medición y a determinar los niveles aceptables de exactitud

Vocabulario

precisión

exactitud

dígitos significativos

Los antiguos griegos, que tomaban medidas durante los eclipses lunares, determinaron que la Luna estaba a 240,000 millas de la Tierra. En 1969, se determinó que la distancia era de 221,463 millas.

Hay una diferencia entre estas mediciones porque los científicos modernos realizaron la medición con mayor *precisión*. La **precisión** es el grado de detalle con que mide un instrumento.

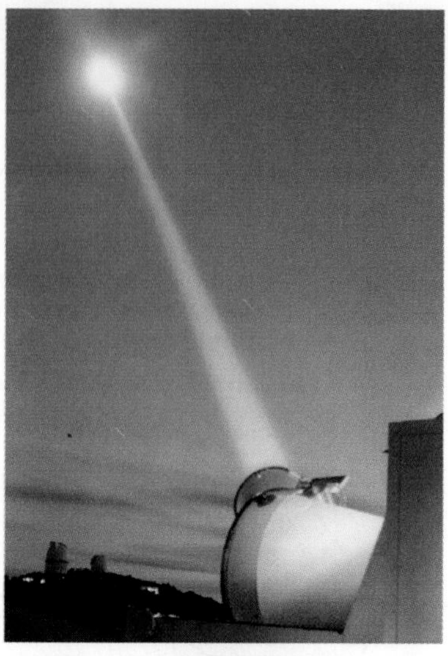

En el Observatorio McDonald de la Universidad de Texas se usa un rayo láser para medir la distancia de la Tierra a la Luna.

Cuanto más pequeña sea la unidad que mide un instrumento, más precisa será su medición. Por ejemplo, una regla en milímetros tiene mayor precisión que una regla en centímetros, porque puede medir unidades más pequeñas.

EJEMPLO 1 Juzgar la precisión de las mediciones

Elige la medición más precisa de cada par.

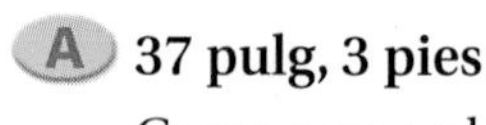

A **37 pulg, 3 pies**

Como una pulgada es una unidad más pequeña que un pie, 37 pulg es más precisa.

B **5 km, 5.8 km**

Como las décimas son más pequeñas que las unidades, 5.8 km es más precisa.

En el mundo real, no hay medida que sea exacta. Se dice que la **exactitud** de una medida es relativa. En un valor medido, todos los dígitos que se sabe que son exactos se llaman **dígitos significativos.** Se supone que los ceros al final de un número cabal no son significativos. En la tabla se muestran las reglas que sirven para identificar los dígitos significativos.

Regla	Ejemplo	Cantidad de dígitos significativos
• Dígitos distintos de cero	45.7	3 dígitos significativos
• Ceros entre dígitos significativos	78,002	5 dígitos significativos
• Ceros después del último dígito distinto de cero y a la derecha de un punto decimal	0.0040	2 dígitos significativos

EJEMPLO 2 Identificar dígitos significativos

Determina la cantidad de dígitos significativos en cada medición.

A 120.1 mi

Los dígitos 1 y 2 son dígitos distintos de cero y 0 está entre dos dígitos distintos de cero.

Por lo tanto, 120.1 mi tiene 4 dígitos significativos.

B 0.0350 kg

Los dígitos 3 y 5 son dígitos distintos de cero y 0 está a la derecha del punto decimal después del último dígito distinto de cero.

Por lo tanto, 0.0350 kg tiene 3 dígitos significativos.

Al sumar y restar mediciones, la respuesta debe tener la misma cantidad de dígitos a la derecha del punto decimal que la medición con la menor cantidad de dígitos a la derecha del punto decimal.

EJEMPLO 3 Usar dígitos significativos en sumas o restas

Calcula 45 mi − 0.9 mi. Usa la cantidad correcta de dígitos significativos en la respuesta.

45	*0 dígitos a la derecha del punto decimal*
$-\ 0.9$	*1 dígito a la derecha del punto decimal*
$44.1 \approx 44$ mi	*Redondea la diferencia de modo que no tenga dígitos a la derecha del punto decimal.*

Al multiplicar y dividir mediciones, la respuesta debe tener la misma cantidad de dígitos significativos que la medición con la menor cantidad de dígitos significativos.

EJEMPLO 4 Usar dígitos significativos en multiplicaciones o divisiones

Calcula 32.8 m · 1.5 m. Usa la cantidad correcta de dígitos significativos en la respuesta.

32.8	*3 dígitos significativos*
$\times\ 1.5$	*2 dígitos significativos*
$49.2 \approx 49\ m^2$	*Redondea el producto de modo que tenga 2 dígitos significativos.*

Razonar y comentar

1. **Indica** cuántos dígitos significativos hay en 380.102.
2. **Elige** la medición más precisa: 18 oz ó 1 lb. Explica.

9-1 Ejercicios

go.hrw.com
Ayuda en línea para tareas*
CLAVE: MS7 9-1
Recursos en línea para padres
CLAVE: MS7 Parent
*(Disponible sólo en inglés)

PRÁCTICA GUIADA

Ver Ejemplo 1 **Elige la medición más precisa de cada par.**

1. 4 pies, 1 yd **2.** 2 cm, 21 mm **3.** $5\frac{1}{2}$ pulg, $5\frac{1}{4}$ pulg

Ver Ejemplo 2 **Determina la cantidad de dígitos significativos en cada medición.**

4. 2.703 g **5.** 0.02 km **6.** 28,000 lb

Ver Ejemplo 3 **Calcula. Usa la cantidad correcta de dígitos significativos en cada respuesta.**

7. 16 − 3.8 **8.** 3.5 + 0.66 **9.** 11.3 − 4

Ver Ejemplo 4 **10.** 47.9 • 3.8 **11.** 7.0 • 3.6 **12.** 50.2 ÷ 8.0

PRÁCTICA INDEPENDIENTE

Ver Ejemplo 1 **Elige la medición más precisa de cada par.**

13. 11 pulg, 1 pie **14.** 7.2 m, 6.2 cm **15.** 14.2 km, 14 km

16. $4\frac{3}{8}$ pulg, $4\frac{7}{16}$ pulg **17.** 2.8 m, 3 m **18.** 37 g, 37.0 g

Ver Ejemplo 2 **Determina la cantidad de dígitos significativos en cada medición.**

19. 0.00002 kg **20.** 10,000,000 lb **21.** 200.060 m

22. 4.003 L **23.** 0.230 cm **24.** 940.0 pies

Ver Ejemplo 3 **Calcula. Usa la cantidad correcta de dígitos significativos en cada respuesta.**

25. 6.2 + 8.93 **26.** 7.02 + 15 **27.** 8 − 6.6

28. 29.1 − 13.204 **29.** 8.6 + 9.43 **30.** 43.5 + 876.23

Ver Ejemplo 4 **31.** 17 • 104 **32.** 21.8 • 10.9 **33.** 7.0 ÷ 3.11

34. 1,680 ÷ 5.025 **35.** 14.2 ÷ 0.05 **36.** 5.22 • 6.3

PRÁCTICA Y RESOLUCIÓN DE PROBLEMAS

Práctica adicional
Ver página 744

¿Qué unidad es más precisa?

37. pie o milla **38.** centímetro o milímetro

39. litro o mililitro **40.** minuto o segundo

Calcula. Usa la cantidad correcta de dígitos significativos en cada respuesta.

41. 38,000 • 4.8 **42.** 2.879 + 113.6 **43.** 290 − 6.1

44. 5.6 ÷ 0.6 **45.** 40.29 − 18.5 **46.** 24 ÷ 6.02

47. **Varios pasos** Jay estima que camina 15 millas cada semana. Camina 1.55 millas hasta la escuela y luego 0.4 millas hasta la casa de su tía después de la escuela.

a. La estimación de Jay, ¿es razonable? Explica.

b. ¿Cuántas millas camina Jay durante una semana de 5 días? Usa la cantidad correcta de dígitos significativos en tu respuesta

con la salud

Los rótulos de los alimentos de la derecha dan información sobre dos tipos de sopa: crema de tomate y sopa de verduras. Usa los rótulos para los Ejercicios 48 y 49.

Crema de tomate

Información nutricional

Tamaño de una porción: 1 taza (240 mL)
Porciones por envase: aproximadamente 2

Cantidad por porción	
Calorías 100	Calorías grasas 20
	% de la recomendación diaria*
Grasas totales 2 g	3%
Saturadas 1.5 g	6%
Colesterol 10 mg	3%
Sodio 690 mg	29%
Carbohidratos totales 17 g	6%
Fibra dietética 4 g	18%
Azúcares 11 g	
Proteínas 2 g	
Vitamina A 20%	Vitamina C 20%
Calcio 0%	Hierro 8%

*El porcentaje de la recomendación diaria se basa en una dieta de 2,000 calorías.

Sopa de verduras

Información nutricional

Tamaño de una porción: 1 taza (240 mL)
Porciones por envase: aproximadamente 2

Cantidad por porción	
Calorías 90	Calorías grasas 10
	% de la recomendación diaria*
Grasas totales 1.5 g	2%
Saturadas 0 g	0%
Colesterol 0 mg	0%
Sodio 540 mg	22%
Carbohidratos totales 17 g	6%
Fibra dietética 3 g	14%
Azúcares 5 g	
Proteínas 3 g	
Vitamina A 30%	Vitamina C 10%
Calcio 2%	Hierro 6%

*El porcentaje de la recomendación diaria se basa en una dieta de 2,000 calorías.

48. ¿Qué medida es más precisa: la cantidad total de grasas en la crema de tomate o en la sopa de verduras? Explica.

49. Una porción de crema de tomate contiene el 29% del valor de sodio recomendado diariamente para una dieta de 2,000 calorías. ¿Cuál es el valor de sodio recomendado en miligramos? Expresa tu respuesta con la cantidad apropiada de dígitos significativos.

50. Media toronja de tamaño mediano, ó 154 gramos, cuenta como una porción de fruta. ¿Cuántas porciones de fruta hay en 1 kilogramo de toronjas? Expresa tu respuesta con la cantidad apropiada de dígitos significativos.

51. **Desafío** El mayor error posible de cualquier medición es la mitad de la unidad más pequeña usada en la medición. Por ejemplo, 1 pt de jugo puede medir en realidad entre $\frac{1}{2}$ pt y $1\frac{1}{2}$ pt. ¿Cuál es el rango de posibles pesos reales de una sandía que pesó $19\frac{1}{4}$ lb?

PREPARACIÓN PARA EL EXAMEN y repaso en espiral

52. Opción múltiple ¿Cuál es la medida más precisa?

Ⓐ 1 milla   Ⓑ 1,758 yardas   Ⓒ 5,281 pies   Ⓓ 63,355 pulgadas

53. Opción múltiple ¿Qué medida NO tiene tres dígitos significativos?

Ⓕ 63.2 cm   Ⓖ 0.08 pies   Ⓗ 0.00500 m   Ⓙ 4.06 yd

Para los Ejercicios del 54 al 56, indica si esperas una correlación positiva, una correlación negativa o ninguna correlación. (Lección 7-8)

54. el precio de un automóvil y la cantidad de ventanas que tiene

55. la velocidad a la que viaja un automóvil y el tiempo que tarda en recorrer 100 millas

56. el precio por galón de gasolina y el costo de un tanque de gasolina

Determina si cada figura es un polígono. Si no lo es, explica por qué. (Lección 8-5)

57.

58.

59. 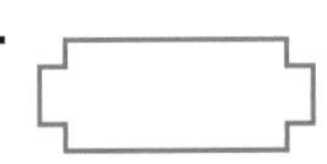

Explorar el perímetro y la circunferencia

Para usar con la Lección 9-2

La distancia alrededor de una figura es su perímetro. Puedes usar un cordel para explorar las dimensiones de un rectángulo con un perímetro de 18 pulgadas.

Actividad 1

1. Corta un trozo de cordel un poco más largo que 18 pulgadas. Ata los extremos para que el cordel mida 18 pulgadas.

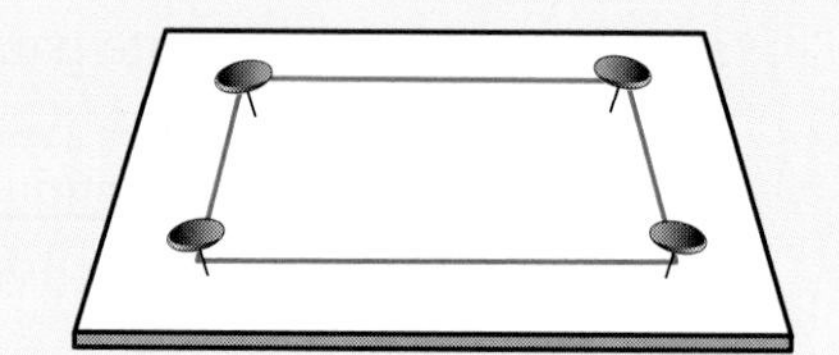

2. Forma un rectángulo con el cordel colocándolo alrededor de cuatro tachuelas en una placa de corcho. Tanto el ancho como la longitud del rectángulo deben medir un número cabal de pulgadas.

3. Haz diferentes rectángulos con distintos anchos y longitudes en números cabales. Anota las longitudes y los anchos en una tabla.

Longitud (pulg)	1	2	3					
Ancho (pulg)	8							

4. Representa gráficamente los datos de tu tabla marcando puntos en un plano cartesiano como el que se muestra.

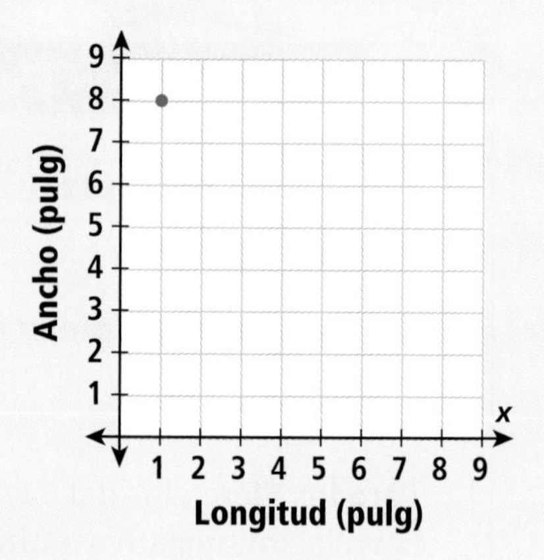

Razonar y comentar

1. ¿Qué patrón observas en los puntos de tu gráfica?
2. ¿Qué relación hay entre la suma de la longitud y el ancho de cada rectángulo y el perímetro de 18 pulgadas?
3. Supongamos que un rectángulo tiene una longitud ℓ y un ancho a. Escribe una regla que puedas usar para hallar el perímetro del rectángulo.

Inténtalo

Usa la regla que descubriste para calcular el perímetro de cada rectángulo.

1. 4 pulg; 6 pulg
2. 9 pies; 3 pies
3. 5 cm; 5 cm

El perímetro de un círculo se llama *circunferencia.* Puedes explorar la relación entre la circunferencia de un círculo y su diámetro midiendo algunos círculos.

Diámetro

Circunferencia

Actividad 2

1. Cuatro estudiantes se paran en círculo con sus brazos extendidos, como se muestra en el diagrama.

2. Otro estudiante halla el diámetro del círculo, midiendo con una cinta métrica la distancia a través del centro del círculo.

3. El estudiante también halla la circunferencia del círculo, midiendo la distancia alrededor del círculo entre las puntas de los dedos de cada estudiante, pasando por la espalda.

4. Anota el diámetro y la circunferencia en una tabla como la que se muestra.

Diámetro (pies)					
Circunferencia (pies)					

5. Agrega uno o más estudiantes al círculo y repite el proceso. Anota el diámetro y la circunferencia de por lo menos cinco círculos distintos.

6. Representa gráficamente los datos de tu tabla, marcando puntos en un plano cartesiano como el que se muestra.

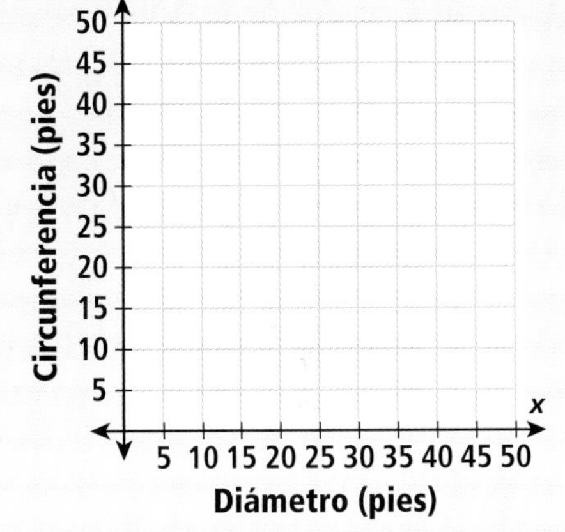

Razonar y comentar

1. ¿Qué observas, en general, acerca de los puntos de tu gráfica? ¿Qué figura o patrón parecen formar?

2. Calcula la razón de la circunferencia al diámetro para cada uno de los puntos de tus datos. Luego, calcula la media de estas razones. Para cualquier círculo, la razón de la circunferencia al diámetro es una constante y se llama *pi* (π). Haz una estimación de π basada en lo que hallaste.

Inténtalo

1. Para un círculo con circunferencia C y diámetro d, la razón de la circunferencia al diámetro es $\frac{C}{d} = \pi$. Usa esto para escribir una fórmula que puedas usar para hallar la circunferencia de un círculo cuando conoces su diámetro.

2. Usa tu estimación del valor de π para hallar la circunferencia aproximada del círculo de la derecha.

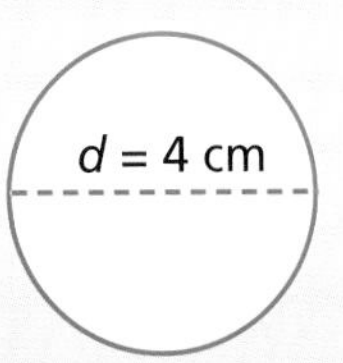

9-2 Perímetro y circunferencia

Aprender a hallar el perímetro de un polígono y la circunferencia de un círculo

Vocabulario

perímetro

circunferencia

En el voleibol, el jugador que hace el saque tiene que lograr que la pelota pase por encima de la red y quede dentro de las líneas que delimitan la cancha a los costados y al fondo. Las dos líneas de los costados de una cancha de voleibol miden 18 metros de largo cada una y las dos del fondo, 9 metros cada una. Las cuatro líneas forman el *perímetro* de la cancha.

La distancia alrededor de una figura geométrica es su **perímetro.** Para hallar el perímetro P de una cancha rectangular de voleibol, sumas la longitud de sus lados.

EJEMPLO 1 Hallar el perímetro de un polígono

Halla el perímetro.

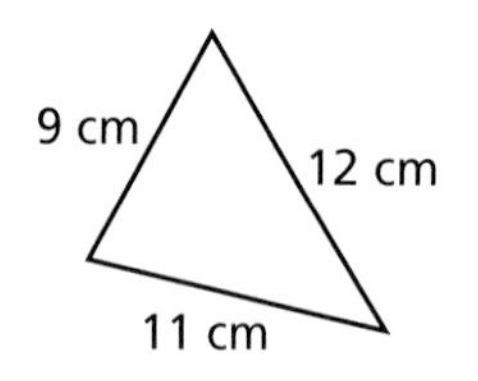

$P = 9 + 12 + 11$ *Usa las longitudes de los lados.*

$P = 32$ *Suma.*

El perímetro del triángulo es 32 cm.

Como los lados opuestos de un rectángulo tienen la misma longitud, puedes hallar el perímetro de un rectángulo usando una fórmula.

PERÍMETRO DE UN RECTÁNGULO		
El perímetro P de un rectángulo es la suma del doble de su longitud ℓ y el doble de su ancho a.	$P = 2\ell + 2a$	(rectángulo con lados a y ℓ)

EJEMPLO 2 Usar las propiedades de un rectángulo para hallar su perímetro

Halla el perímetro.

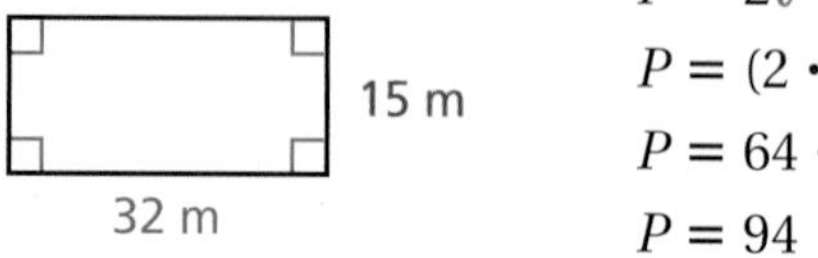

$P = 2\ell + 2a$ *Usa la fórmula.*

$P = (2 \cdot 32) + (2 \cdot 15)$ *Sustituye ℓ y a.*

$P = 64 + 30$ *Multiplica.*

$P = 94$ *Suma*

El perímetro del rectángulo es 94 m.

La distancia alrededor de un círculo se llama **circunferencia.** La razón de la circunferencia C al diámetro d es la misma en todos los círculos. Esta razón, $\frac{C}{d}$, se representa mediante la letra griega π, llamada *pi*. *Pi* es igual a 3.14 ó $\frac{22}{7}$ aproximadamente. Al resolver la ecuación $\frac{C}{d} = \pi$ para C, obtienes la fórmula de la circunferencia.

CIRCUNFERENCIA DE UN CÍRCULO		
La circunferencia C de un círculo es π por el diámetro d ó 2π por el radio r.	$C = \pi d$ o $C = 2\pi r$	Radio Diámetro Circunferencia

EJEMPLO 3 Hallar la circunferencia de un círculo

Halla la circunferencia de cada círculo a la décima más cercana si es necesario. Usa 3.14 ó $\frac{22}{7}$ para π.

> **Pista útil**
>
> Si el diámetro o el radio de un círculo es un múltiplo de 7, usa $\frac{22}{7}$ para π.

$C = \pi d$	*Conoces el diámetro.*
$C \approx 3.14 \cdot 8$	*Sustituye π por 3.14 y d por 8.*
$C \approx 25.12$	*Multiplica.*

La circunferencia del círculo mide aproximadamente 25.1 pulg.

B

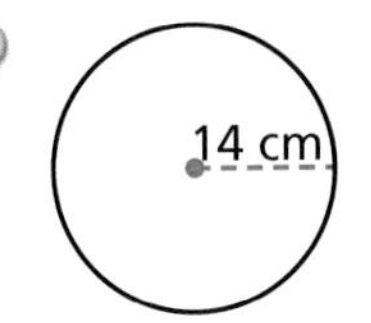

$C = 2\pi r$	*Conoces el radio.*
$C \approx 2 \cdot \frac{22}{7} \cdot 14$	*Sustituye π por $\frac{22}{7}$ y r por 14.*
$C \approx 88$	*Multiplica.*

La circunferencia del círculo mide aproximadamente 88 cm.

EJEMPLO 4 *Aplicación al diseño*

Lily dibuja los planos de una fuente circular. La circunferencia de la fuente es 63 pies. ¿Cuál es el diámetro aproximado?

$C = \pi d$	*Conoces la circunferencia.*
$63 \approx 3.14 \cdot d$	*Sustituye π por 3.14 y C por 63.*
$\frac{63}{3.14} \approx \frac{3.14 \cdot d}{3.14}$	*Divide ambos lados entre 3.14 para despejar la variable.*
$20 \approx d$	

El diámetro de la fuente mide aproximadamente 20 pies.

Razonar y comentar

1. **Describe** dos formas de hallar el perímetro de una cancha de voleibol.
2. **Explica** cómo usar la fórmula $C = \pi d$ para hallar la circunferencia de un círculo si conoces el radio.

9-2 Ejercicios

go.hrw.com
Ayuda en línea para tareas*
CLAVE: MS7 9-2
Recursos en línea para padres
CLAVE: MS7 Parent
*(Disponible sólo en inglés)

PRÁCTICA GUIADA

Ver Ejemplo  **Halla cada perímetro.**

1. 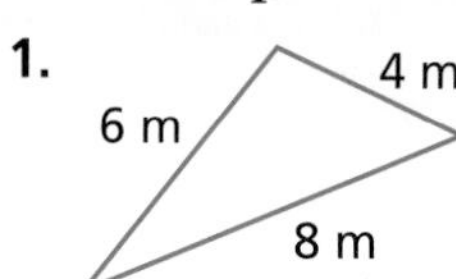

2. 7 pulg, 5 pulg, 5 pulg, 7 pulg

3. 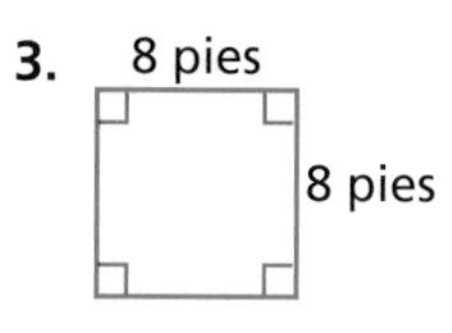

Ver Ejemplo  **4.** 6 pulg, 12 pulg

5. 8 m, 2

6. 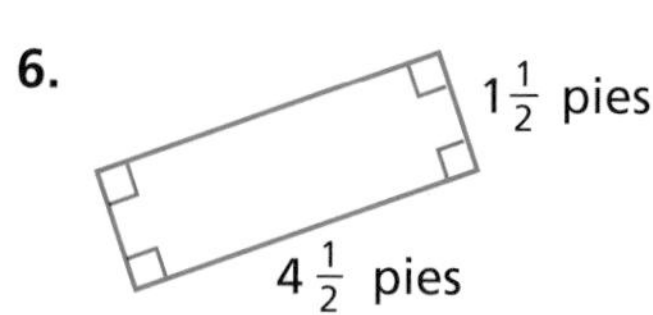

Ver Ejemplo 3 **Halla la circunferencia de cada círculo a la décima más cercana si es necesario. Usa 3.14 ó $\frac{22}{7}$ para π.**

7. 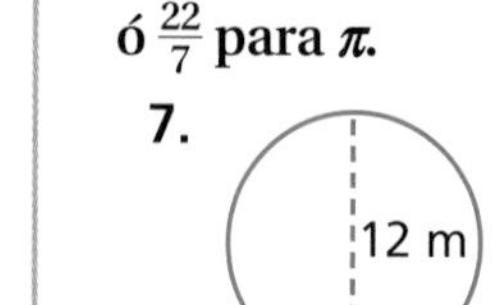

8. 3 pies

9. 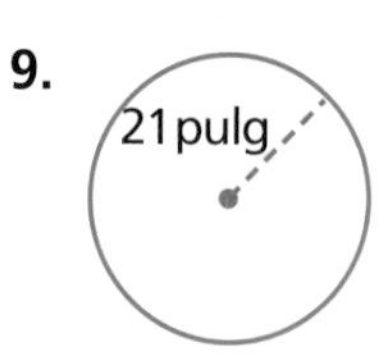

Ver Ejemplo 4 **10.** Una rueda de la fortuna tiene una circunferencia de 440 pies. ¿Cuál es el diámetro aproximado de la rueda de la fortuna? Usa 3.14 para π.

PRÁCTICA INDEPENDIENTE

Ver Ejemplo  **Halla cada perímetro.**

11. 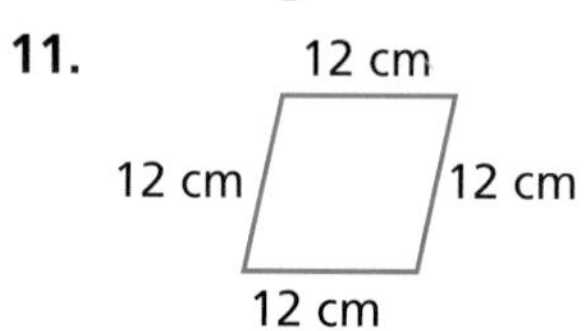

12. 7 pies, 13 pies, 10 pies

13. 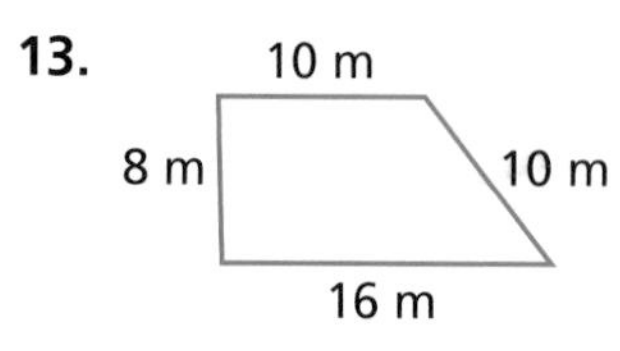

Ver Ejemplo  **14.** 8 pulg, 5 pulg

15. 3 pies, 1 pie

16. 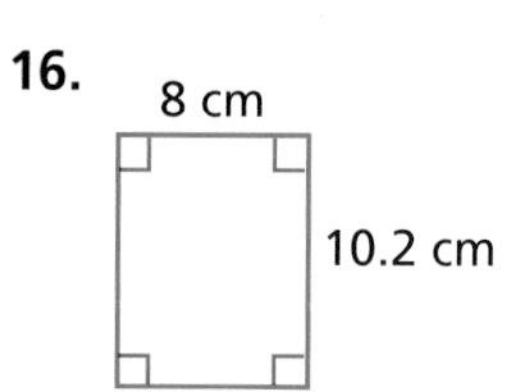

Ver Ejemplo 3 **Halla la circunferencia de cada círculo a la décima más cercana si es necesario. Usa 3.14 ó $\frac{22}{7}$ para π.**

17. 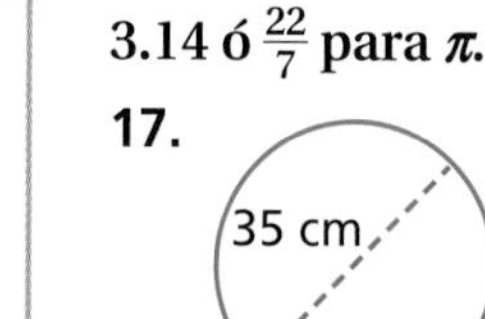

18. 

19. 

Ver Ejemplo  **20.** La circunferencia de la rueda de la bicicleta de Kayla mide 91 pulgadas. ¿Cuál es el diámetro aproximado de la rueda de su bicicleta? Usa 3.14 para π.

PRÁCTICA Y RESOLUCIÓN DE PROBLEMAS

Práctica adicional
Ver página 744

Halla cada medida que falta a la décima más cercana. Usa 3.14 para π.

21. $r =$ ▒; $d =$ ▒; $C = 17.8$ m

22. $r = 6.7$ yd; $d =$ ▒; $C =$ ▒

23. $r =$ ▒; $d = 10.6$ pulg; $C =$ ▒

24. $r =$ ▒; $d =$ ▒; $C = \pi$

25. Razonamiento crítico Ben coloca un cordón de luces a lo largo del perímetro de un patio circular que mide 24.2 pies de diámetro. Las luces vienen en tramos de 57 pulgadas. ¿Cuántos tramos de luces necesita para cubrir el perímetro del patio?

26. Geografía En el mapa se muestran las distancias en millas entre los aeropuertos de la isla grande de Hawai. Un piloto vuela de Kailua-Kona a Waimea, de Waimea a Hilo y regresa a Kailua-Kona. ¿Qué distancia recorre?

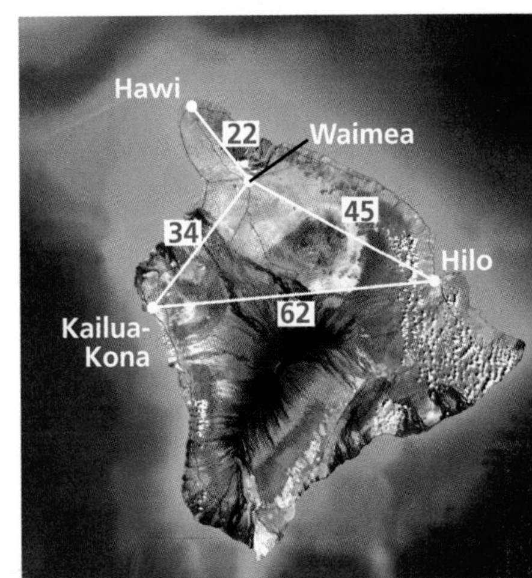

27. Arquitectura La Rotonda del Capitolio une la Cámara de Diputados y el Senado en el Capitolio de Estados Unidos. La rotonda mide 180 pies de alto y tiene una circunferencia de aproximadamente 301.5 pies. ¿Cuál es su diámetro aproximado al pie más cercano?

28. Escribe un problema Escribe un problema sobre cómo hallar el perímetro o la circunferencia de un objeto de tu escuela o salón de clases.

29. Escríbelo Explica cómo hallar el ancho de un rectángulo si conoces su perímetro y longitud.

30. Desafío El perímetro de un eneágono regular es $25\frac{1}{2}$ pulg. ¿Cuál es la longitud de un lado del eneágono?

PREPARACIÓN PARA EL EXAMEN y repaso en espiral

31. Opción múltiple ¿Cuál es la mejor estimación de la circunferencia de un círculo cuyo diámetro es 15 pulgadas?

Ⓐ 18.1 pulgadas Ⓑ 23.6 pulgadas Ⓒ 32.5 pulgadas Ⓓ 47.1 pulgadas

32. Opción múltiple John construye una casa para el perro de 6 pies por 8 pies. ¿Cuánta cerca necesitará para colocar alrededor de la casa?

Ⓕ 48 pies Ⓖ 28 pies Ⓗ 20 pies Ⓙ 14 pies

Resuelve. (Lección 6-5)

33. ¿El 20% de qué número es 18?

34. ¿Cuánto es el 78% de 65?

Calcula. Usa la cantidad correcta de dígitos significativos para cada respuesta. (Lección 9-1)

35. $5.8 + 3.27$

36. $6 - 2.5$

37. $22.3 \cdot 6.2$

38. $60.6 \div 15$

Explorar el área de los polígonos

Para usar con las Lecciones 9-3, 9-4 y 9-5

go.hrw.com
Recursos en línea para el laboratorio
CLAVE: MS7 Lab9

Puedes usar un paralelogramo para hallar el área de un triángulo o de un trapecio. Para hacerlo, antes debes saber cómo hallar el área de un paralelogramo.

Actividad 1

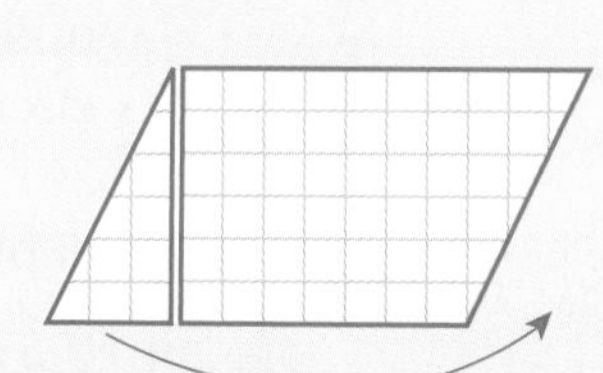

1. En una hoja de papel cuadriculado, dibuja un paralelogramo con una base de 10 unidades y una altura de 6 unidades.
2. Recorta el paralelogramo. Luego, recorta un triángulo rectángulo del extremo del paralelogramo, cortando por la altura.
3. Lleva el triángulo al otro extremo de la figura para hacer un rectángulo.

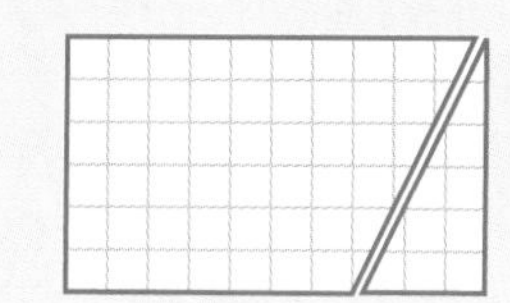

4. ¿Cuál es la relación entre el área del paralelogramo y el área del rectángulo?
5. ¿Cuál es la longitud y el ancho del rectángulo? ¿Cuál es el área del rectángulo?
6. Halla el área del paralelogramo.

Razonar y comentar

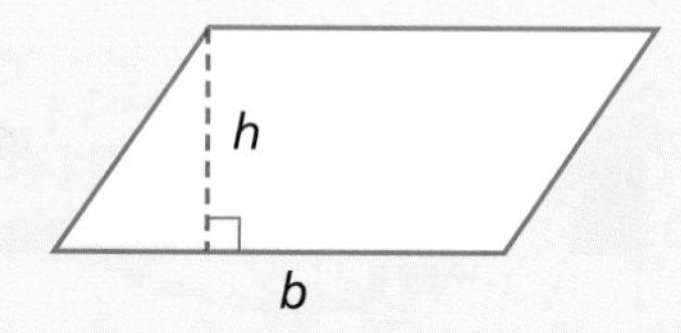

1. ¿Cómo se relacionan la longitud y el ancho del rectángulo con la base y la altura del paralelogramo?
2. Supongamos que un paralelogramo tiene una base b y una altura h. Escribe una fórmula para el área del paralelogramo.

Inténtalo

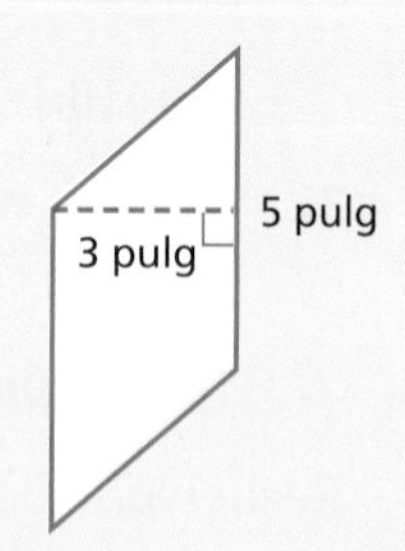

1. ¿Tu fórmula funciona para cualquier paralelogramo? Si es así, muestra cómo usarla para hallar el área del paralelogramo de la derecha.
2. Explica qué puedes decir acerca de las áreas de los siguientes paralelogramos.

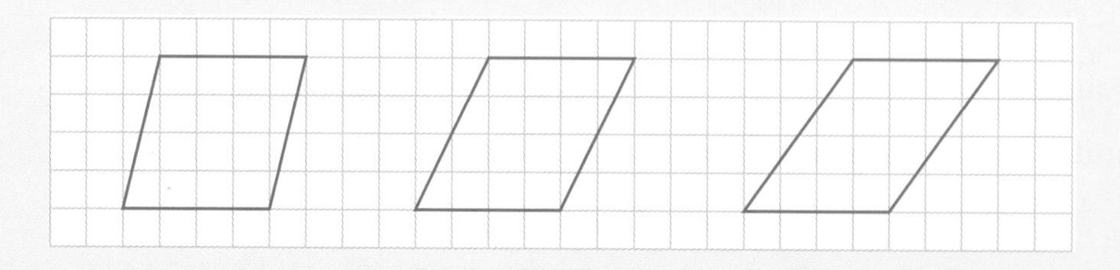

Actividad 2

1. En una hoja de papel cuadriculado, dibuja un triángulo con una base de 7 unidades y una altura de 4 unidades.

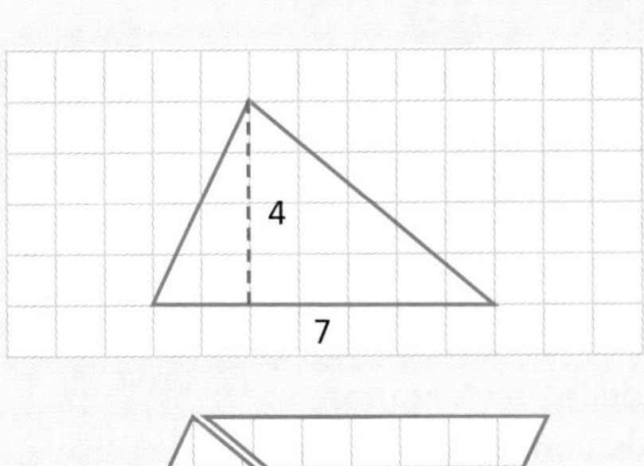

2. Recorta el triángulo. Luego, úsalo para trazar y recortar un segundo triángulo congruente.

3. Coloca los dos triángulos de modo de formar un paralelogramo.

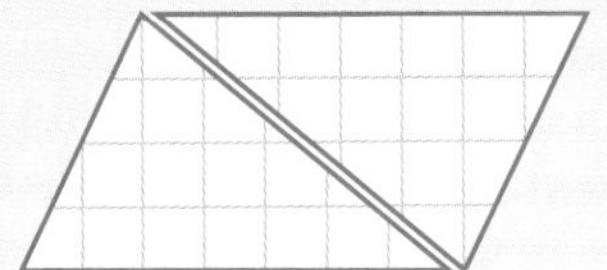

4. ¿Qué relación hay entre el área del triángulo y el área del paralelogramo?

5. Halla las áreas del paralelogramo y el triángulo.

Razonar y comentar

1. ¿Cómo se relacionan la base y la altura del triángulo con la base y la altura del paralelogramo?

2. Supongamos que un triángulo tiene base b y altura h. Escribe una fórmula para el área del triángulo.

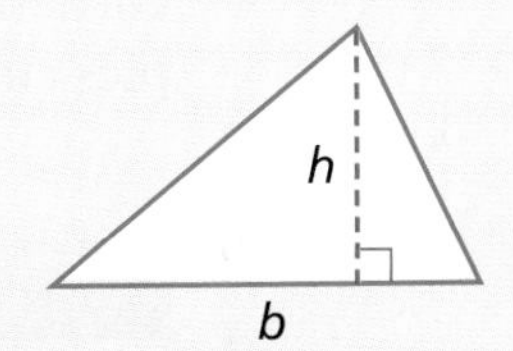

Inténtalo

1. Halla el área de un triángulo con una base de 10 pies y una altura de 5 pies.

Actividad 3

1. En una hoja de papel cuadriculado, dibuja un trapecio con bases de 4 unidades y 8 unidades de longitud y una altura de 3 unidades.

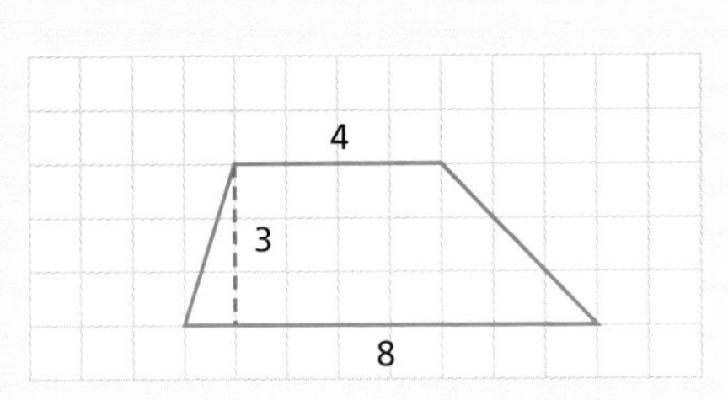

2. Recorta el trapecio. Luego, úsalo para dibujar y recortar un segundo trapecio congruente.

3. Coloca los dos trapecios de modo de formar un paralelogramo.

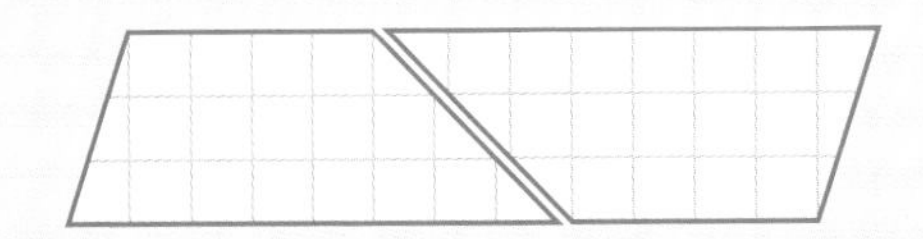

4. ¿Qué relación hay entre el área del trapecio y el área del paralelogramo?

5. Halla las áreas del paralelogramo y el trapecio.

Razonar y comentar

1. ¿Cuál es la longitud de la base del paralelogramo de la derecha? ¿Cuál es el área del paralelogramo?

2. ¿Cuál es el área de uno de los trapecios de la figura?

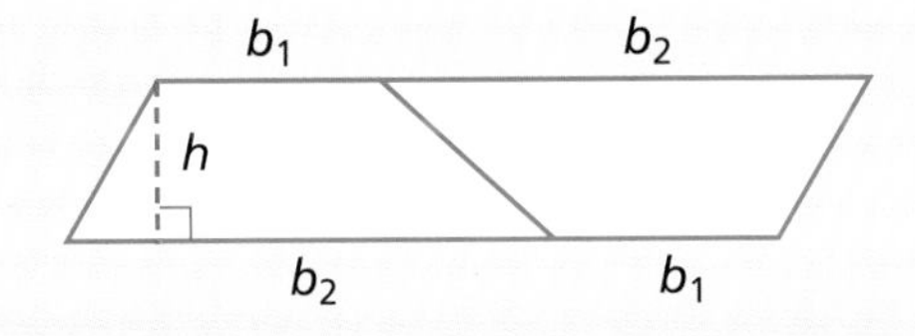

Inténtalo

1. Halla el área de un trapecio con bases de 4 pulg y 6 pulg y una altura de 8 pulg.

9-3 Área de los paralelogramos

Aprender a hallar el área de los rectángulos y otros paralelogramos

Vocabulario

área

El **área** de una figura es la cantidad de unidades cuadradas que se necesita para cubrir la figura. El área se mide en unidades cuadradas. Por ejemplo, el área de un tablero de ajedrez puede medirse en pulgadas cuadradas. El área de un tablero de ajedrez sobre pasto es mucho más grande que el área de un tablero corriente, así que puede medirse en pies cuadrados o yardas cuadradas.

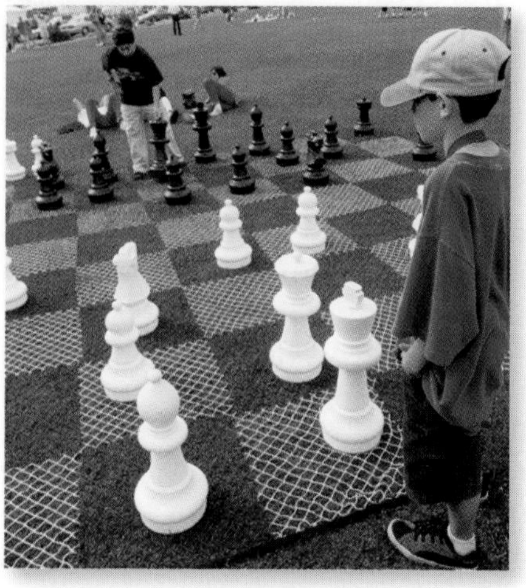

ÁREA DE UN RECTÁNGULO		
El área A de un rectángulo es el producto de su longitud ℓ y su ancho a.	$A = \ell a$	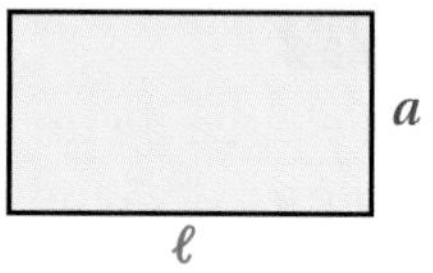

EJEMPLO 1 **Hallar el área de un rectángulo**

Halla el área del rectángulo.

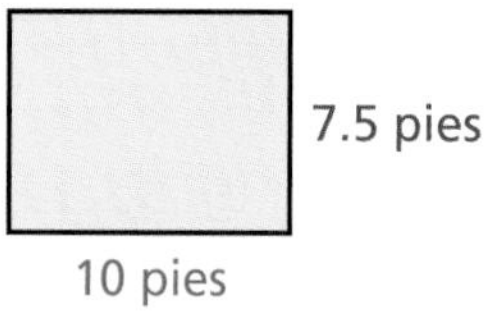

$A = \ell a$ — *Usa la fórmula.*

$A = 10 \cdot 7.5$ — *Sustituye ℓ y a.*

$A = 75$ — *Multiplica.*

El área del rectángulo mide 75 pies^2.

EJEMPLO 2 **Hallar la longitud y el ancho de un rectángulo**

Bethany y su padre están armando un jardín rectangular. El área del jardín mide 1,080 pies^2 y el ancho es 24 pies. ¿Cuál es la longitud del jardín?

$A = \ell a$ — *Usa la fórmula del área de un rectángulo.*

$1{,}080 = \ell \cdot 24$ — *Sustituye A por 1,080 y a por 24.*

$\frac{1{,}080}{24} = \frac{\ell \cdot 24}{24}$ — *Divide ambos lados entre 24 para despejar ℓ.*

$45 = \ell$

La longitud del jardín es 45 pies.

La base de un paralelogramo es la longitud de uno de sus lados. Su altura es la distancia perpendicular desde la base hasta el lado opuesto.

ÁREA DE UN PARALELOGRAMO		
El área A de un paralelogramo es el producto de su base b y su altura h.	$A = bh$	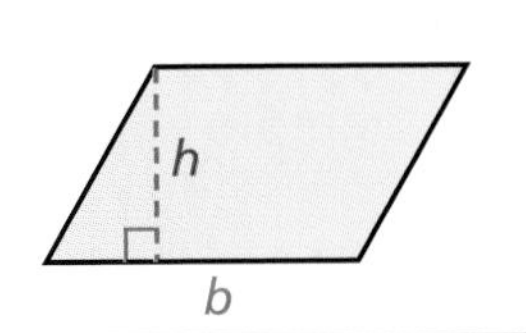

EJEMPLO 3 Hallar el área de un paralelogramo

Halla el área del paralelogramo.

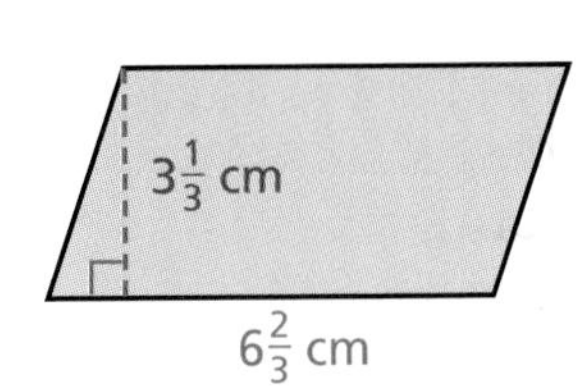

$A = bh$ *Usa la fórmula.*

$A = 6\frac{2}{3} \cdot 3\frac{1}{3}$ *Sustituye b y h.*

$A = \frac{20}{3} \cdot \frac{10}{3}$ *Convierte en fracción impropia.*

$A = \frac{200}{9}$ ó $22\frac{2}{9}$ *Multiplica.*

El área del paralelogramo mide $22\frac{2}{9}$ cm^2.

EJEMPLO 4 *Aplicación al paisajismo*

Birgit y Mark construyen un patio rectangular de 9 yd por 7 yd. ¿Cuántos pies cuadrados de baldosas necesitarán?

Primero, haz un diagrama y rotúlalo. Observa las unidades. El patio se mide en yardas, pero la respuesta debe estar en pies cuadrados.

$9 \text{ yd} \cdot \frac{3 \text{ pies}}{1 \text{ yd}} = 27 \text{ pies}$ *Convierte de yardas a pies usando un factor de conversión de unidades.*

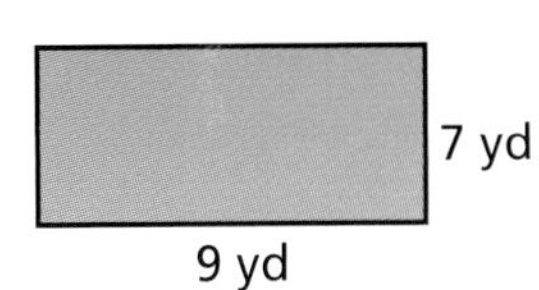

$7 \text{ yd} \cdot \frac{3 \text{ pies}}{1 \text{ yd}} = 21 \text{ pies}$

Ahora halla el área del patio en pies cuadrados.

$A = \ell a$ *Usa la fórmula del área de un rectángulo.*

$A = 27 \cdot 21$ *Sustituye ℓ por 27 y a por 21.*

$A = 567$ *Multiplica.*

Birgit y Mark necesitan 567 pies^2 de baldosas.

Razonar y comentar

1. **Escribe** una fórmula para el área de un cuadrado usando un exponente.
2. **Explica** por qué el área de un paralelogramo no rectangular con lados de 5 pulg y 3 pulg no mide 15 pulg^2.

9-3 Ejercicios

go.hrw.com
Ayuda en línea para tareas*
CLAVE: MS7 9-3
Recursos en línea para padres
CLAVE: MS7 Parent
*(Disponible sólo en inglés)

PRÁCTICA GUIADA

Ver Ejemplo 1 **Halla el área de cada rectángulo.**

1. 8 pies; 4.2 pies

2. 3 m; 7 m

3. 16.4 cm; 9 cm

Ver Ejemplo 2 **4.** Kara quiere una alfombra para su habitación. Sabe que el área de su habitación mide 132 pies^2 y la longitud es 12 pies. ¿Cuál es el ancho de la habitación de Kara?

Ver Ejemplo 3 **Halla el área de cada paralelogramo.**

5.
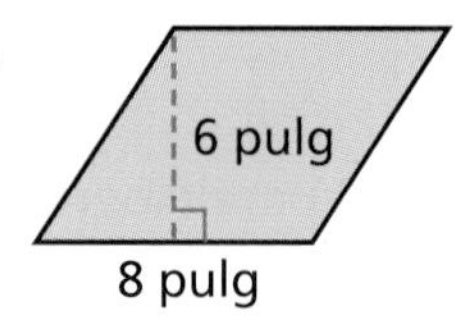

6.
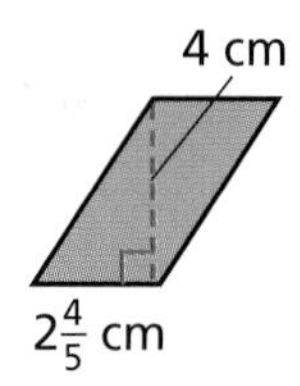

7.
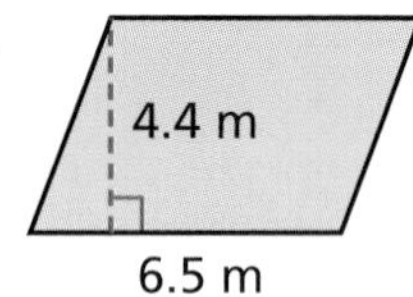

Ver Ejemplo 4 **8.** Anna está cortando el pasto de un campo rectangular que mide 120 yd por 66 yd. ¿Cuántos pies cuadrados de pasto cortará Anna?

PRÁCTICA INDEPENDIENTE

Ver Ejemplo 1 **Halla el área de cada rectángulo.**

9.
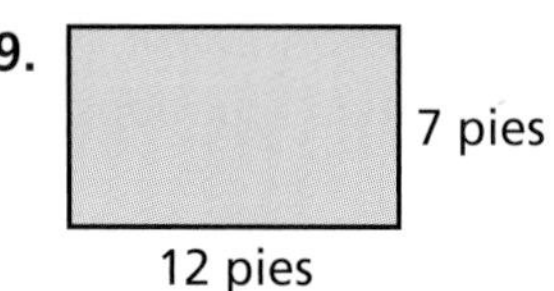

10.
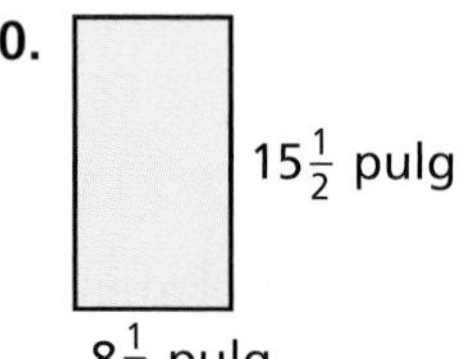

11.
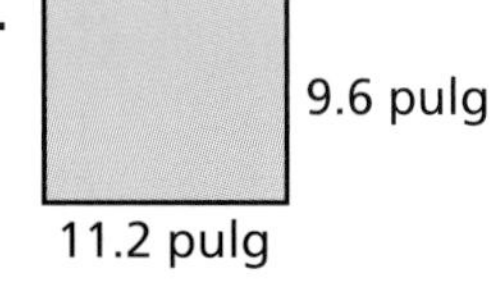

Ver Ejemplo 2 **12.** James y Linda cercan un área rectangular de su jardín para su perro. El ancho del sector del jardín que corresponde al perro es 4.5 m y el área mide 67.5 m^2. ¿Cuál es la longitud del sector del perro?

Ver Ejemplo 3 **Halla el área de cada paralelogramo.**

13.
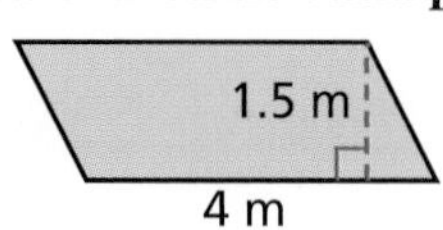

14.
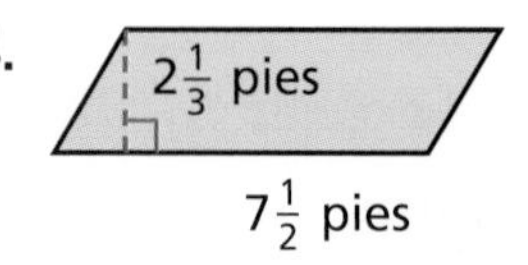

15.
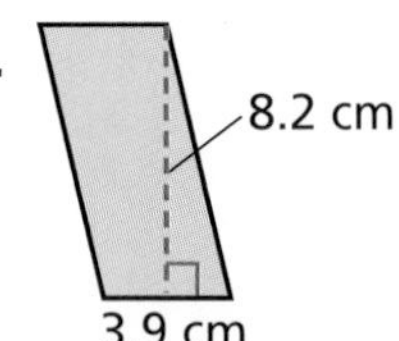

Ver Ejemplo 4 **16.** Abby pinta bloques rectangulares en las paredes de su cuarto de baño. Cada bloque mide 15 pulg por 18 pulg. ¿Cuál es el área de un bloque en pies cuadrados?

PRÁCTICA Y RESOLUCIÓN DE PROBLEMAS

Práctica adicional
Ver página 744

Halla el área de cada polígono.

17. rectángulo: $\ell = 9$ yd; $a = 8$ yd

18. paralelogramo: $b = 7$ m; $h = 4.2$ m

Representa gráficamente el polígono con los vértices que se dan. Luego, halla el área del polígono.

19. (2, 0), (2, −2), (9, 0), (9, −2)

20. (4, 1), (4, 7), (8, 4), (8, 10)

21. Arte Sin el marco, la pintura *Niña de Tehuantepec*, de Diego Rivera, mide aproximadamente 23 pulg por 31 pulg. El ancho del marco es 3 pulg.

a. ¿Cuál es el área de la pintura?

b. ¿Cuál es el perímetro de la pintura?

c. ¿Cuál es el área total de la pintura y el marco?

Niña de Tehuantepec, de Diego Rivera

22. ¿Cuál es la altura de un paralelogramo que tiene un área de 66 pulg^2 y una base de 11 pulg?

23. Elige una estrategia El área de un paralelogramo mide 84 cm^2. Si la base es 5 cm más larga que la altura, ¿cuál es la longitud de la base?

Ⓐ 5 cm Ⓑ 7 cm Ⓒ 12 cm Ⓓ 14 cm

24. Escríbelo Un rectángulo y un paralelogramo tienen lados que miden 3 m, 4 m, 3 m y 4 m. ¿Tienen la misma área? Explica.

25. Desafío Dos paralelogramos tienen la misma longitud de base, pero la altura del primero es la mitad de la del segundo. ¿Cuál es la razón del área del primer paralelogramo a la del segundo? ¿Cuál sería la razón si tanto la altura como la base del primer paralelogramo midieran la mitad de las del segundo?

PREPARACIÓN PARA EL EXAMEN y repaso en espiral

26. Opción múltiple Halla el área del paralelogramo.

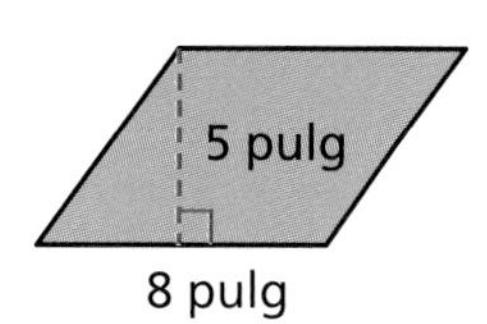

Ⓐ 13 pulg^2 Ⓑ 26 pulg^2 Ⓒ 40 pulg^2 Ⓓ 56 pulg^2

27. Respuesta desarrollada Kiana ayuda a su papá a construir una plataforma. Los planos que tienen son para una plataforma de 6 pies por 8 pies, pero su papá quiere construir una plataforma que mida el doble. Sugiere duplicar la longitud de cada lado. ¿Servirá esto para duplicar el área? Si no es así, sugiere otro método para duplicar el área de la plataforma.

Indica si cada ángulo es agudo, obtuso, recto o llano. (Lección 8-2)

28.

29.

30. 

31. 

Halla el perímetro de cada rectángulo a partir de las dimensiones dadas. (Lección 9-2)

32. 6 pulg por 12 pulg

33. 2 m por 8 m

34. 16 cm por 3 cm

35. $4\frac{4}{5}$ pies por $1\frac{3}{8}$ pies

9-4 Área de triángulos y trapecios

Aprender a hallar el área de los triángulos y los trapecios

El Triángulo de las Bermudas es una región triangular entre Las Bermudas, Florida y Puerto Rico. Para hallar el área de esta región, podrías usar la fórmula del área de un triángulo.

La base de un triángulo puede ser cualquiera de sus lados. La altura de un triángulo es la distancia perpendicular de la base al vértice opuesto.

ÁREA DE UN TRIÁNGULO		
El área A de un triángulo es la mitad del producto de su base b y su altura h.	$A = \frac{1}{2}bh$	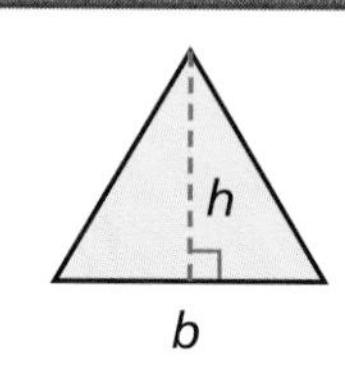

EJEMPLO 1 **Hallar el área de un triángulo**

Halla el área de cada triángulo.

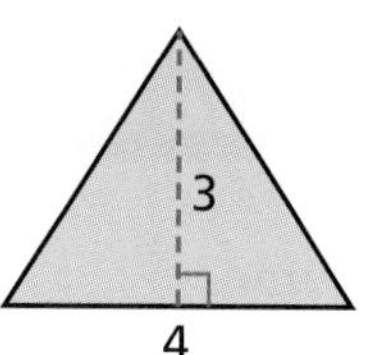

$A = \frac{1}{2}bh$ *Usa la fórmula.*

$A = \frac{1}{2}(4 \cdot 3)$ *Sustituye b por 4 y h por 3.*

$A = 6$

El área del triángulo mide 6 unidades cuadradas.

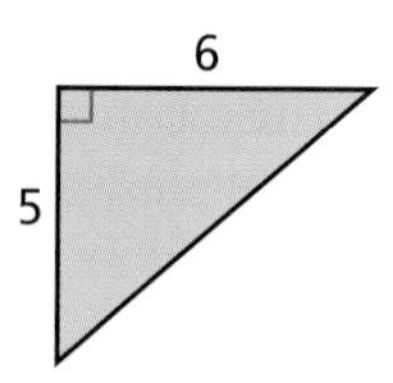

$A = \frac{1}{2}bh$ *Usa la fórmula*

$A = \frac{1}{2}(6 \cdot 5)$ *Sustituye b por 6 y h por 5.*

$A = 15$

El área del triángulo mide 15 unidades cuadradas.

Los dos lados paralelos de un trapecio son sus bases, b_1 y b_2. La altura de un trapecio es la distancia perpendicular entre las bases.

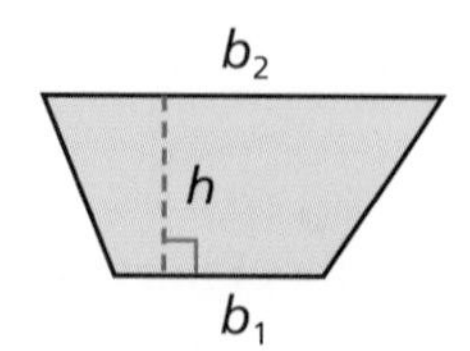

ÁREA DE UN TRAPECIO

El área de un trapecio es la mitad de su altura multiplicada por la suma de las longitudes de sus dos bases.	$A = \frac{1}{2}h(b_1 + b_2)$	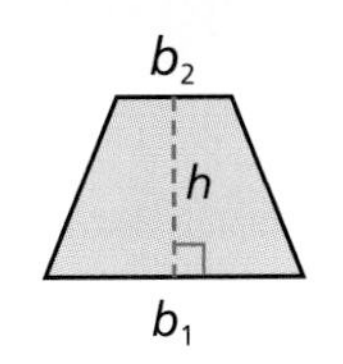

EJEMPLO 2 **Hallar el área de un trapecio**

> **Leer matemáticas**
>
> En el término b_1, el número 1 se llama *subíndice.* Se lee como "b uno" o "b sub-uno".

Halla el área de cada trapecio.

A

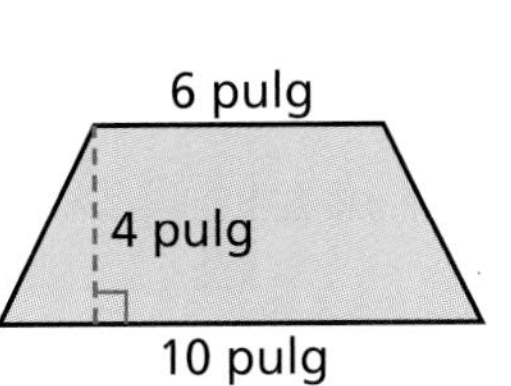

$A = \frac{1}{2}h(b_1 + b_2)$ *Usa la fórmula.*

$A = \frac{1}{2} \cdot 4(10 + 6)$ *Sustituye.*

$A = \frac{1}{2} \cdot 4(16)$ *Suma.*

$A = 32$ *Multiplica.*

El área del trapecio mide 32 $pulg^2$.

B

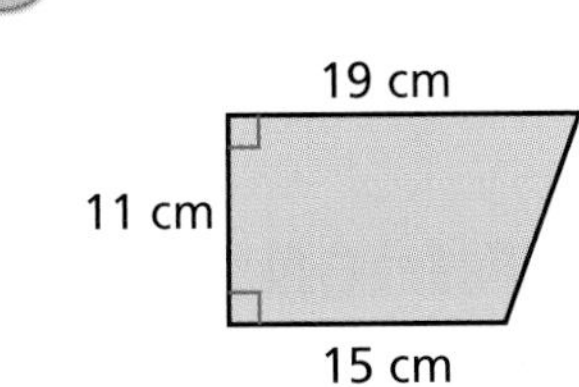

$A = \frac{1}{2}h(b_1 + b_2)$ *Usa la fórmula.*

$A = \frac{1}{2} \cdot 11(15 + 19)$ *Sustituye.*

$A = \frac{1}{2} \cdot 11(34)$ *Suma*

$A = 187$ *Multiplica.*

El área del trapecio mide 187 cm^2.

EJEMPLO 3 ***Aplicación a la geografía***

La forma del estado de Nevada es similar a la de un trapecio. ¿Cuál es el área aproximada del estado de Nevada?

320 mi
200 mi
Carson City
NEVADA
475 mi

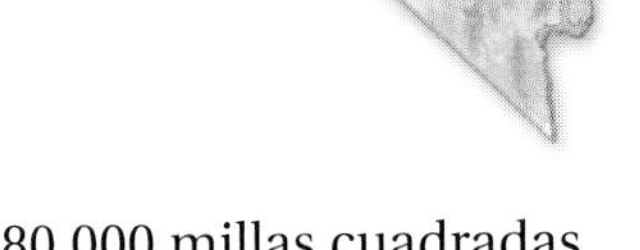

$A = \frac{1}{2}h(b_1 + b_2)$ *Usa la fórmula.*

$A = \frac{1}{2} \cdot 320(200 + 475)$ *Sustituye.*

$A = \frac{1}{2} \cdot 320(675)$ *Suma.*

$A = 180{,}000$ *Multiplica.*

El área de Nevada mide aproximadamente 180,000 millas cuadradas.

Razonar y comentar

1. Indica cómo usar los lados de un triángulo rectángulo para hallar su área.

2. Explica cómo hallar el área de un trapecio.

9-4 Ejercicios

go.hrw.com
Ayuda en línea para tareas*
CLAVE: MS7 9-4
Recursos en línea para padres
CLAVE: MS7 Parent
*(Disponible sólo en inglés)

PRÁCTICA GUIADA

Ver Ejemplo  **Halla el área de cada triángulo.**

1. 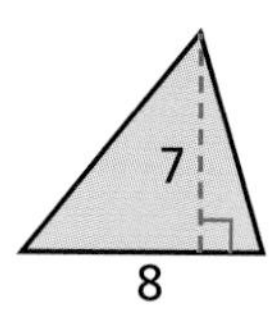

2. 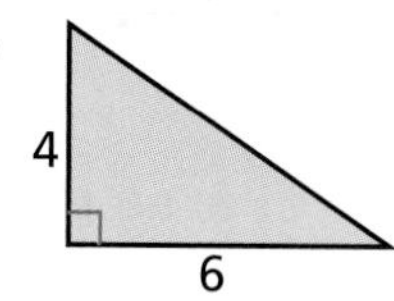

3. 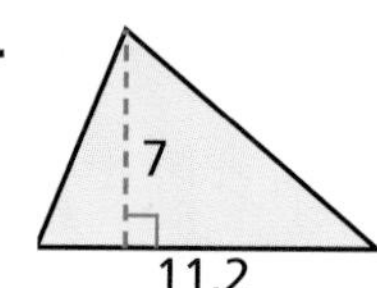

Ver Ejemplo  **Halla el área de cada trapecio.**

4. 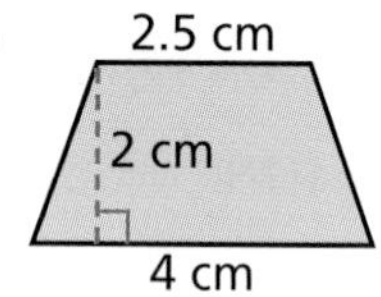

5. 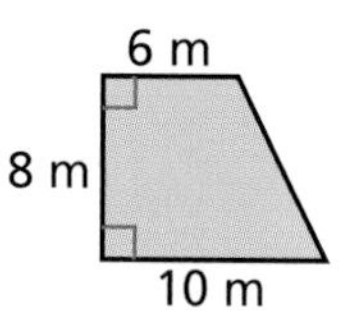

6. 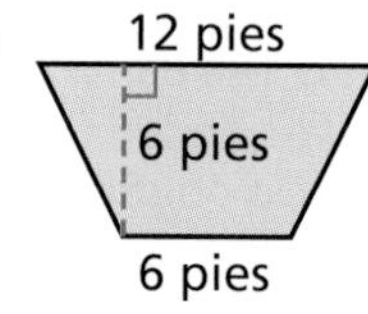

Ver Ejemplo 

7. El estado de Tennessee tiene una forma similar a la de un paralelogramo. ¿Cuál es el área aproximada del estado de Tennessee?

442 mi
115 mi
Nashville
TENNESSEE

PRÁCTICA INDEPENDIENTE

Ver Ejemplo  **Halla el área de cada triángulo.**

8. 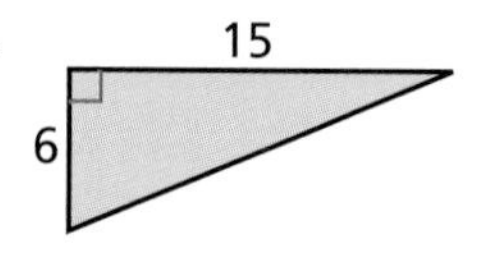

9. 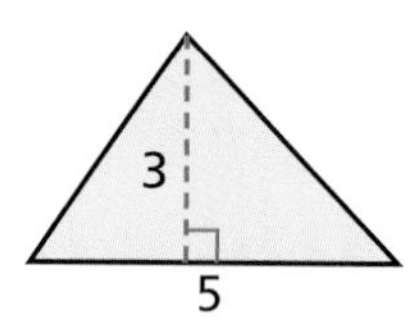

10. 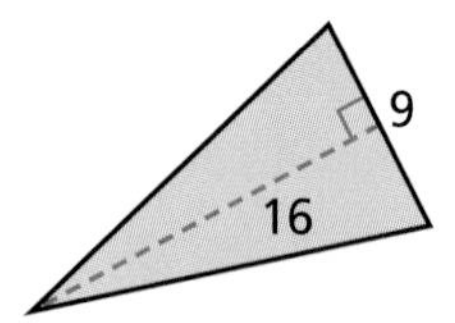

Ver Ejemplo  **Halla el área de cada trapecio.**

11. 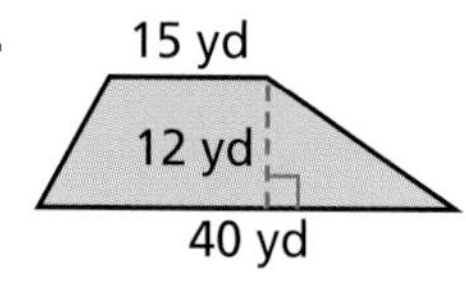

12. 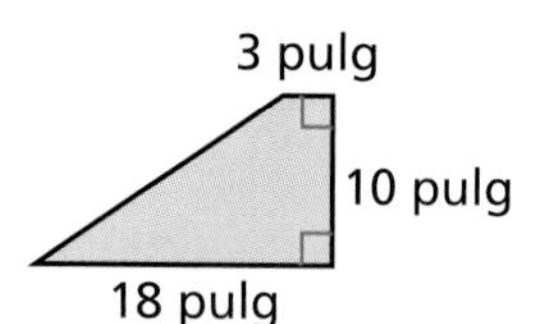

13. 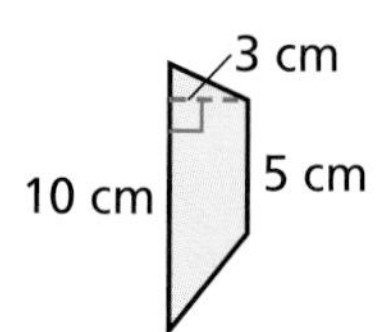

Ver Ejemplo 

14. El estado de New Hampshire tiene una forma similar a la de un triángulo rectángulo. ¿Cuál es el área aproximada del estado de New Hampshire?

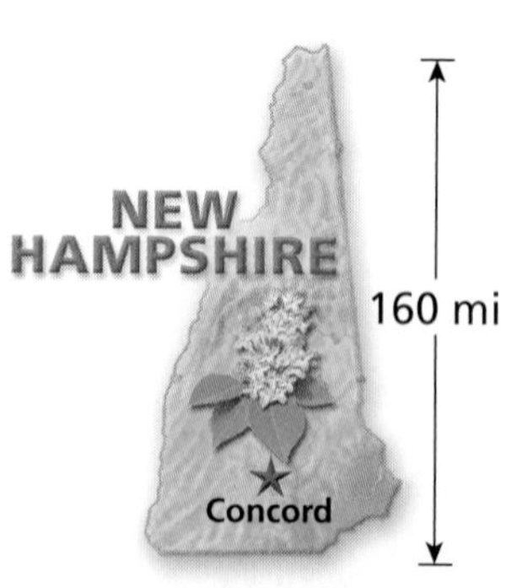

PRÁCTICA Y RESOLUCIÓN DE PROBLEMAS

Práctica adicional
Ver página 744

Halla la medida que falta en cada triángulo.

15. $b = 8$ cm
$h = $ ■
$A = 18$ cm^2

16. $b = 16$ pies
$h = 0.7$ pies
$A = $ ■

17. $b = $ ■
$h = 95$ pulg
$A = 1{,}045$ pulg^2

Representa gráficamente el polígono con los vértices dados. Luego, halla el área del polígono.

18. (1, 2), (4, 5), (8, 2), (8, 5)
19. (1, −6), (5, −1), (7, −6)
20. (2, 3), (2, 10), (7, 6), (7, 8)
21. (3, 0), (3, 4), (−3, 0)
22. ¿Cuál es la altura de un trapecio que tiene un área de 9 m^2 y bases que miden 2.4 m y 3.6 m?
23. **Varios pasos** El estado de Colorado tiene una forma parecida a la de un rectángulo. Estima el perímetro y el área del estado de Colorado.

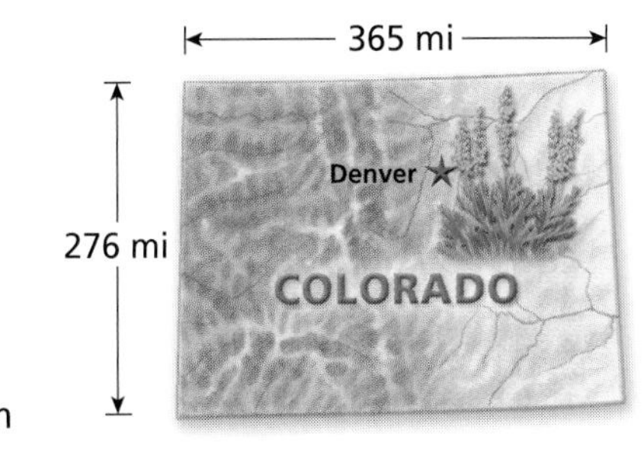

24. **¿Dónde está el error?** Un estudiante dice que el área del rectángulo de la derecha mide 33 cm^2. Explica por qué está equivocado.

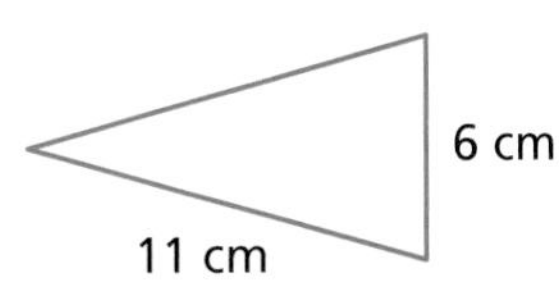

25. **Escríbelo** Explica cómo usar las fórmulas del área de un rectángulo y el área de un triángulo para estimar el área del estado de Nevada.
26. **Desafío** El estado de Dakota del Norte tiene forma trapezoidal y un área de 70,704 mi^2. Si la frontera sur mide 359 millas y la distancia entre la frontera norte y la frontera sur es 210 millas, ¿cuál es la longitud aproximada de la frontera norte?

PREPARACIÓN PARA EL EXAMEN y repaso en espiral

27. **Opción múltiple** Halla el área del trapecio.

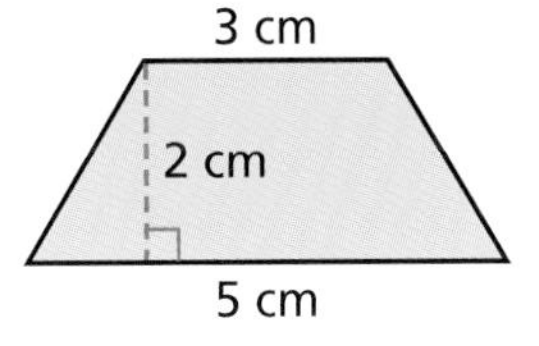

Ⓐ 8 cm^2
Ⓑ 16 cm^2
Ⓒ 17 cm^2
Ⓓ 30 cm^2

28. **Respuesta breve** Representa gráficamente el triángulo con vértices (0, 0), (2, 3) y (6, 0). Luego, halla el área del triángulo.

Halla la medida del tercer ángulo de cada triángulo dadas las medidas de dos ángulos. (Lección 8-8)

29. 45°, 45°
30. 71°, 57°
31. 103°, 28°
32. 62°, 19°
33. Justin construye un piso de baldosas en una habitación que mide 5 yd por 6 yd. ¿Cuántos pies cuadrados de baldosas necesita? (Lección 9-3)

9-5 Área de los círculos

Aprender a hallar el área de círculos

Un círculo puede cortarse en sectores de igual tamaño y acomodarse de manera que se parezca a un paralelogramo. La altura h del paralelogramo es igual al radio r del círculo y la base b del paralelogramo es a igual a la mitad de la circunferencia C del círculo. Por lo tanto, el área del paralelogramo puede escribirse como

$A = bh$ o $A = \frac{1}{2}Cr$.

Como $C = 2\pi r$, $A = \frac{1}{2}(2\pi r)r = \pi r^2$.

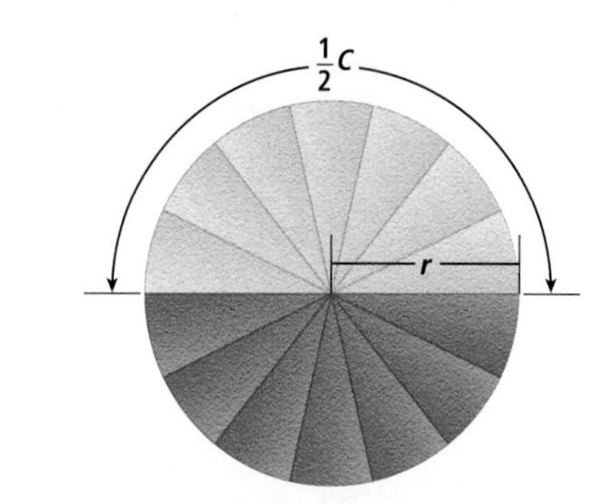

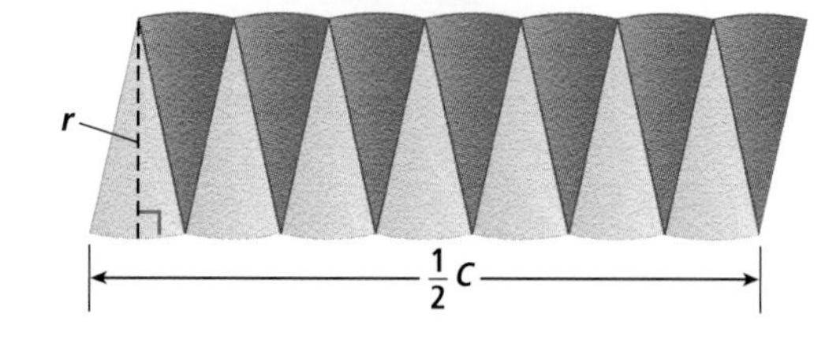

ÁREA DE UN CÍRCULO		
El área A de un círculo es el producto de π y el cuadrado del radio r del círculo.	$A = \pi r^2$	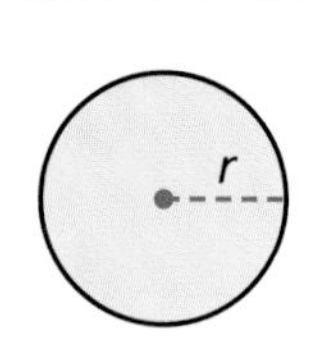

EJEMPLO 1 Hallar el área de un círculo

Halla el área de cada círculo a la décima más cercana. Usa 3.14 para π.

¡Recuerda!

El orden de las operaciones exige evaluar los exponentes antes de multiplicar.

A

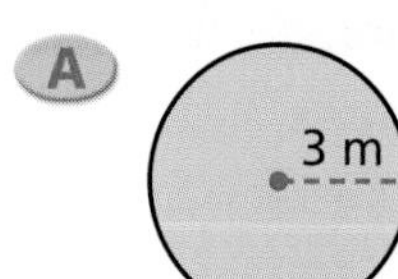

$A = \pi r^2$ — *Usa la fórmula.*

$A \approx 3.14 \cdot 3^2$ — *Sustituye. Usa 3 para r.*

$A \approx 3.14 \cdot 9$ — *Evalúa la potencia.*

$A \approx 28.26$ — *Multiplica.*

El área del círculo mide aproximadamente 28.3 m^2.

B

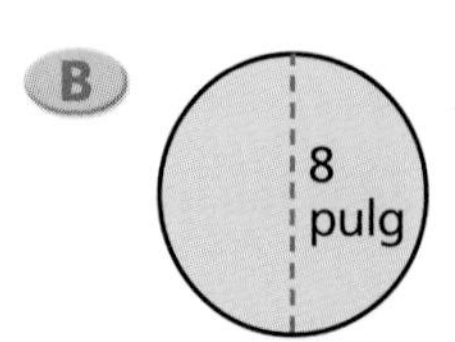

$A = \pi r^2$ — *Usa la fórmula.*

$A \approx 3.14 \cdot 4^2$ — *Sustituye. Usa 4 para r.*

$A \approx 3.14 \cdot 16$ — *Evalúa la potencia.*

$A \approx 50.24$ — *Multiplica.*

El área del círculo mide aproximadamente 50.2 pulg^2.

EJEMPLO  *Aplicación a los estudios sociales*

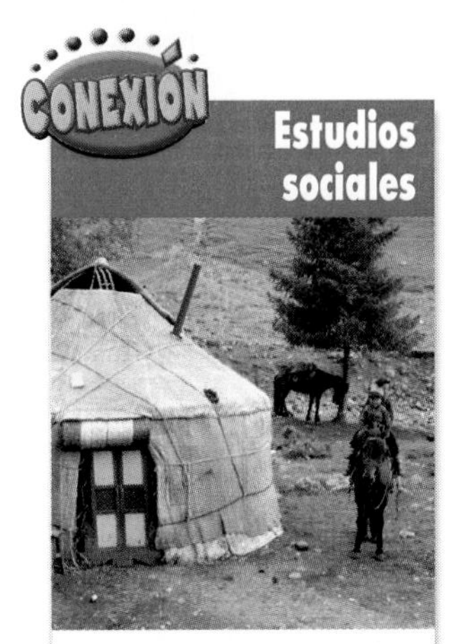

Los nómades de Mongolia llevaban consigo sus viviendas adonde fueran. Estas viviendas, llamadas *yurtas,* estaban hechas de madera y fieltro.

Un grupo de historiadores construyen una yurta para exhibirla en una feria multicultural local. La yurta tiene una altura de 8 pies y 9 pulgadas en su centro y su piso circular tiene un radio de 7 pies. ¿Cuál es el área del piso de la yurta? Usa $\frac{22}{7}$ para π.

$A = \pi r^2$ — *Usa la fórmula del área de un círculo.*

$A \approx \frac{22}{7} \cdot 7^2$ — *Sustituye. Usa 7 para r.*

$A \approx \frac{22}{\cancel{7}_1} \cdot \cancel{49}^{7}$ — *Evalúa la potencia. Luego, simplifica.*

$A \approx 22 \cdot 7$

$A \approx 154$ — *Multiplica.*

El área del piso de la yurta mide aproximadamente 154 $pies^2$.

EJEMPLO  *Aplicación a la medición*

Usa una regla en centímetros para medir el radio del círculo. Luego, halla el área de la región sombreada del círculo. Usa 3.14 para π. Redondea tu respuesta a la décima más cercana.

Primero, mide el radio del círculo. El radio del círculo mide 1.8 cm.

Pista útil

Para estimar el área de un círculo, puedes elevar el radio al cuadrado y multiplicarlo por 3.

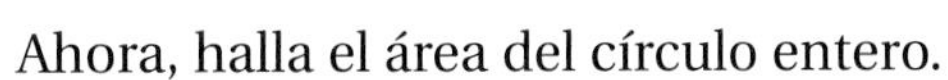

Ahora, halla el área del círculo entero.

$A = \pi r^2$ — *Usa la fórmula del área de un círculo.*

$A \approx 3.14 \cdot 1.8^2$ — *Sustituye. Usa 1.8 para r y 3.14 para π.*

$A \approx 3.14 \cdot 3.24$ — *Evalúa la potencia.*

$A \approx 10.1736$ — *Multiplica.*

Como $\frac{1}{4}$ del círculo está sombreado, divide al área del círculo entre 4.

$10.1736 \div 4 = 2.5434$

El área de la región sombreada del círculo mide aproximadamente 2.5 cm^2.

Razonar y comentar

1. **Compara** hallar el área de un círculo cuando se da el radio con hallar el área cuando se da el diámetro.
2. **Da un ejemplo** de un objeto circular en tu salón de clases. Indica cómo podrías estimar el área del objeto y luego estímala.

9-5 Ejercicios

go.hrw.com
Ayuda en línea para tareas*
CLAVE: MS7 9-5
Recursos en línea para padres
CLAVE: MS7 Parent
*(Disponible sólo en inglés)

PRÁCTICA GUIADA

Ver Ejemplo 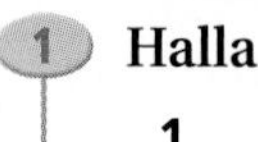

Halla el área de cada círculo a la décima más cercana. Usa 3.14 para π.

1. 

2. 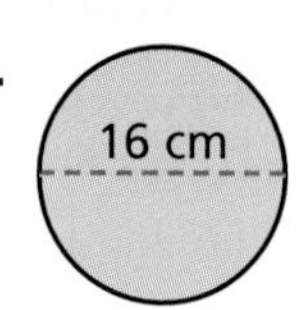

3. 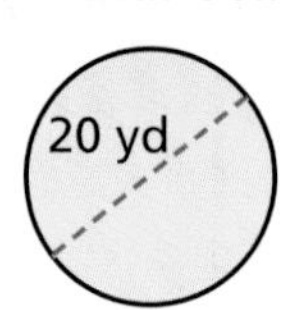

4. 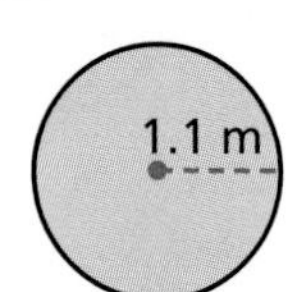

Ver Ejemplo 

5. La pizza más popular en Sam's Pizza es la pizza de pepperoni de 14 pulgadas. ¿Cuál es el área de una pizza con un diámetro de 14 pulgadas? Usa $\frac{22}{7}$ para π.

Ver Ejemplo 

6. Medición Usa una regla en centímetros para medir el diámetro del círculo. Luego, halla el área de la región sombreada del círculo. Usa 3.14 para π. Redondea tu respuesta a la décima más cercana.

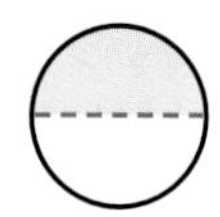

PRÁCTICA INDEPENDIENTE

Ver Ejemplo 1

Halla el área de cada círculo a la décima más cercana. Usa 3.14 para π.

7. 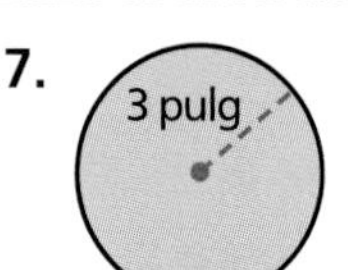

8. 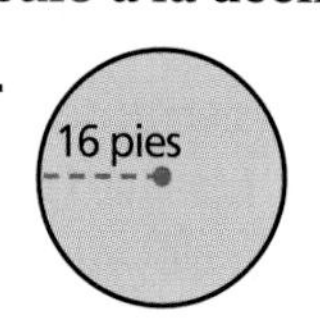

9. 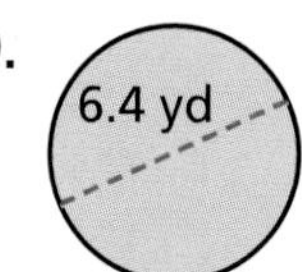

10. 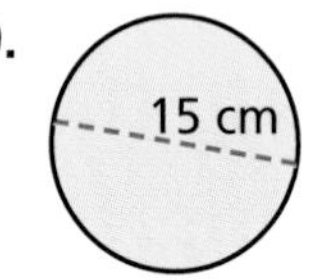

Ver Ejemplo 

11. Una rueda tiene un radio de 14 centímetros. ¿Cuál es el área de la rueda? Usa $\frac{22}{7}$ para π.

Ver Ejemplo 

12. Medición Usa una regla en centímetros para medir el radio del círculo. Luego, halla el área de la región sombreada del círculo. Usa 3.14 para π. Redondea tu respuesta a la décima más cercana.

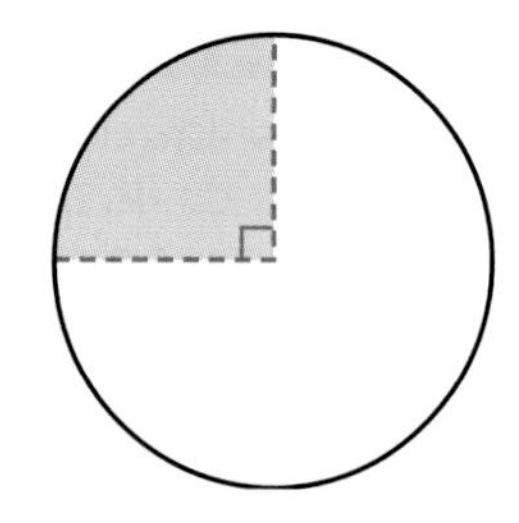

PRÁCTICA Y RESOLUCIÓN DE PROBLEMAS

Práctica adicional
Ver página 744

13. Una estación de radio transmite una señal sobre un área que tiene un radio de 75 millas. ¿Cuál es el área de la región que recibe la señal de radio?

14. Una jardinera circular en el patio de Kay tiene un diámetro de 8 pies. ¿Cuál es el área de la jardinera? Redondea tu respuesta a la décima más cercana.

15. Una empresa fabrica tapas de aluminio. El radio de cada tapa es 3 cm. ¿Cuál es el área de una tapa? Redondea tu respuesta a la décima más cercana.

Con el radio o el diámetro que se da, halla la circunferencia y el área de cada círculo a la décima más cercana. Usa 3.14 para π.

16. $r = 7$ m **17.** $d = 18$ pulg **18.** $d = 24$ pies **19.** $r = 6.4$ cm

Con el área que se da, halla el radio de cada círculo. Usa 3.14 para π.

20. $A = 113.04$ cm^2 **21.** $A = 3.14$ pies^2 **22.** $A = 28.26$ pulg^2

23. A un excursionista se le vio por última vez cerca de una torre de vigilancia en las montañas Catalina. Se envió un grupo de rescate a los alrededores para que hallara al excursionista perdido.

a. Supongamos que el excursionista podría caminar en cualquier dirección a un ritmo de 3 millas por hora. ¿De qué tamaño debe ser el área que deberá cubrir el grupo de rescate si se vio al excursionista por última vez hace 2 horas? Usa 3.14 para π. Redondea a la milla cuadrada más cercana.

b. ¿Qué área adicional tendría que cubrir el grupo de rescate si se hubiera visto por última vez al excursionista hace 3 horas?

24. **Ciencias físicas** La torre de una turbina eólica tiene aproximadamente la misma altura que un edificio de 20 pisos y cada turbina produce 24 megavatios/hora de electricidad al día. Halla el área que cubre la turbina cuando gira. Usa 3.14 para π. Redondea tu respuesta a la décima más cercana.

25. **Razonamiento crítico** Dos círculos tienen el mismo radio. ¿El área combinada de ambos círculos es igual al área de un círculo con el doble del radio?

26. **¿Cuál es la pregunta?** Chang pintó la mitad de un círculo de tiro al blanco con un diámetro de 12 pies. La respuesta es 56.52 pies^2. ¿Cuál es la pregunta?

27. **Escríbelo** Describe cómo hallar el área de un círculo dada solamente la circunferencia del círculo.

28. **Desafío** ¿Cómo cambia el área de un círculo si multiplicas el radio por un factor de n, donde n es un número cabal?

Preparación para el examen y repaso en espiral

29. **Opción múltiple** El área de un círculo mide 30 pies cuadrados. Otro círculo tiene un radio de 2 pies menos que el primero. ¿Cuál es el área del otro círculo redondeada a la décima más cercana? Usa 3.14 para π.

Ⓐ 3.7 pies cuadrados Ⓑ 10.0 pies cuadrados Ⓒ 38.0 pies cuadrados Ⓓ 179.2 pies cuadrados

30. **Respuesta breve** Una pizzería ofrece una pizza grande de 12 pulgadas de diámetro. Además, ofrece una "mega" pizza de 24 pulgadas de diámetro. El eslogan de la publicidad de la pizza dice "El doble de una pizza grande y el doble de diversión". ¿La mega pizza es el doble de la pizza grande? Si no es así, ¿cuánto más grande es? Explica.

Línea $a \parallel$ línea b. Usa el diagrama para hallar la medida de cada ángulo. (Lección 8-3)

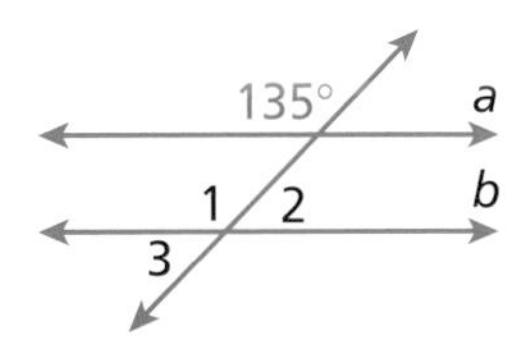

31. m∠1 32. m∠2 33. m∠3

Representa gráficamente un polígono con los vértices dados. Luego, halla el área del polígono. (Lección 9-4)

34. $(-1, 1), (0, 4), (4, 1)$ 35. $(-3, 3), (2, 3), (1, -1), (-1, -1)$

9-6 Área de figuras irregulares

Aprender a hallar el área de figuras irregulares

Puedes hallar el área de figuras irregulares separándolas en figuras conocidas que no se superpongan. La suma de las áreas de estas figuras es el área de la figura irregular. También puedes estimar el área de una figura irregular usando papel cuadriculado.

EJEMPLO 1 Estimar el área de una figura irregular

Estima el área de la figura. Cada cuadrado representa 1 pie^2.

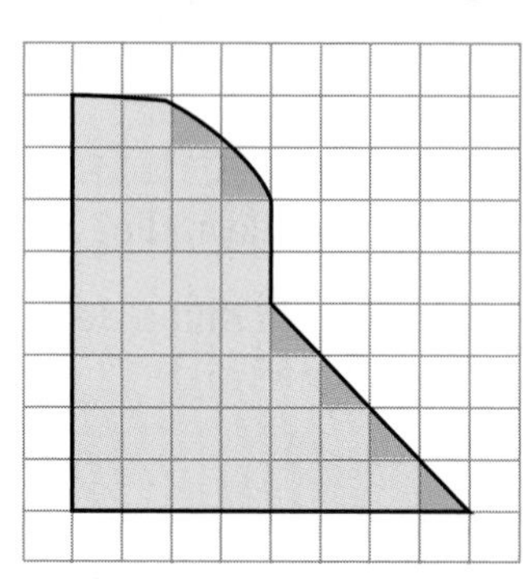

Cuenta la cantidad de cuadrados que están sombreados por completo o casi por completo: 35 cuadrados amarillos. Cuenta la cantidad de cuadrados que están sombreados más o menos hasta la mitad: 6 cuadrados azules.

Suma la cantidad de cuadrados sombreados por completo y $\frac{1}{2}$ de los cuadrados sombreados hasta la mitad: $35 + (\frac{1}{2} \cdot 6) = 35 + 3 = 38$.

El área de la figura mide aproximadamente 38 pies^2.

EJEMPLO 2 Hallar el área de una figura irregular

Halla el área de la figura irregular. Usa 3.14 para π.

12 m

12 m

Paso 1: Divide las figuras en figuras conocidas más pequeñas.

Paso 2: Halla el área de cada una de las figuras más pequeñas.

Área del cuadrado:

$A = \ell^2$ *Usa la fórmula del área de un cuadrado.*

$A = 12^2 = 144$ *Sustituye ℓ por 12. Multiplica.*

Área del semicírculo:

$A = \frac{1}{2}(\pi r^2)$ *El área del semicírculo es $\frac{1}{2}$ del área de un círculo.*

$A \approx \frac{1}{2}(3.14 \cdot 6^2)$ *Sustituye π por 3.14 y r por 6.*

$A \approx \frac{1}{2}(113.04) \approx 56.52$ *Multiplica.*

Paso 3: Suma las áreas para hallar el área total.

$A \approx 144 + 56.52 = 200.52$

El área de la figura irregular mide aproximadamente 200.52 m^2.

EJEMPLO 3 APLICACIÓN A LA RESOLUCIÓN DE PROBLEMAS

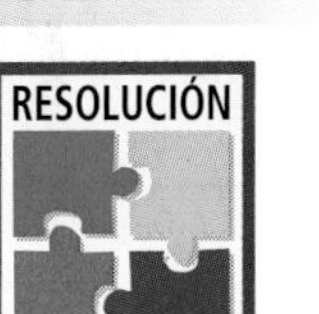

Chandra quiere alfombrar el piso de su armario. A la derecha se muestra el plano del piso de su armario. ¿Cuánta alfombra necesita?

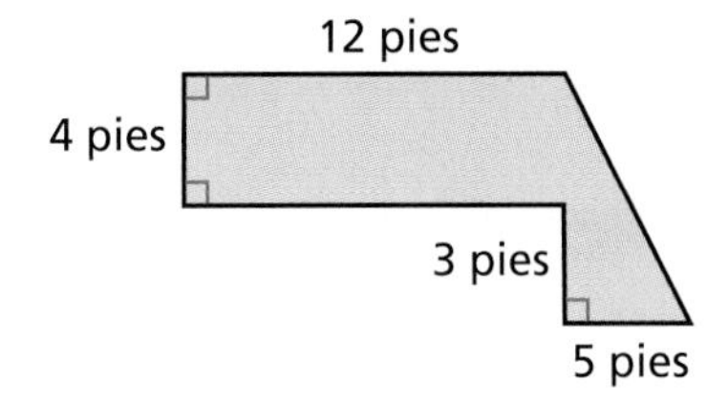

1 Comprende el problema

Vuelve a escribir la pregunta como un enunciado:

- Halla la cantidad de alfombra que Chandra necesita para cubrir el piso de su armario.

Haz una lista con la **información importante:**

- El piso del armario es una figura irregular.
- La cantidad de alfombra necesaria es igual al área del piso.

2 Haz un plan

Halla el área del piso dividiendo la figura en figuras conocidas: un rectángulo y un triángulo. Luego, suma el área del rectángulo y el área del triángulo para hallar el área total.

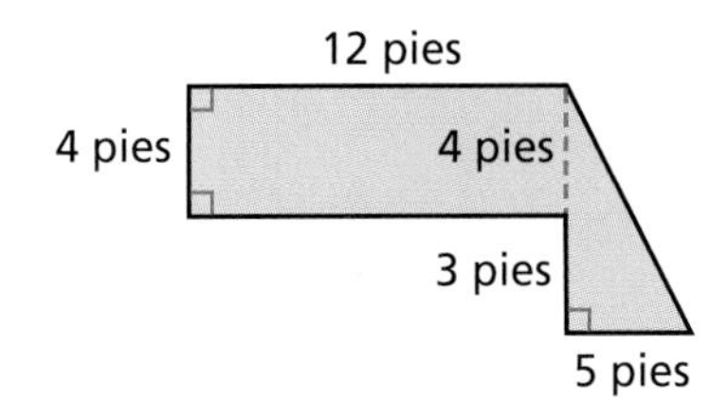

3 Resuelve

Halla el área de cada una de las figuras más pequeñas.

Área del rectángulo:	Área del triángulo:
$A = \ell a$	$A = \frac{1}{2}bh$
$A = 12 \cdot 4$	$A = \frac{1}{2}(5)(3 + 4)$
$A = 48 \text{ pies}^2$	$A = \frac{1}{2}(35) = 17.5 \text{ pies}^2$

Suma las áreas para hallar el área total.

$A = 48 + 17.5 = 65.5$

Chandra necesita 65.5 pies^2 de alfombra.

4 Repasa

El área del piso del armario debe ser mayor que la del rectángulo (48 pies^2). Por lo tanto, la respuesta es razonable.

Pista útil

A menudo hay varias maneras distintas de separar una figura irregular en figuras conocidas.

Razonar y comentar

1. **Describe** dos maneras distintas de hallar el área de la figura irregular de la derecha.
2. **Explica** por qué el área de la figura de la derecha debe ser menor que 32 pulg^2.

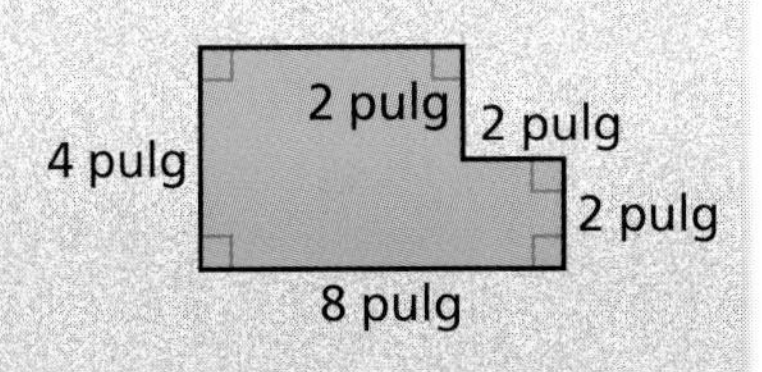

9-6 Ejercicios

go.hrw.com
Ayuda en línea para tareas*
CLAVE: MS7 9-6
Recursos en línea para padres
CLAVE: MS7 Parent
*(Disponible sólo en inglés)

PRÁCTICA GUIADA

Ver Ejemplo 1 **Estima el área de cada figura. Cada cuadrado representa 1 pie^2.**

1.

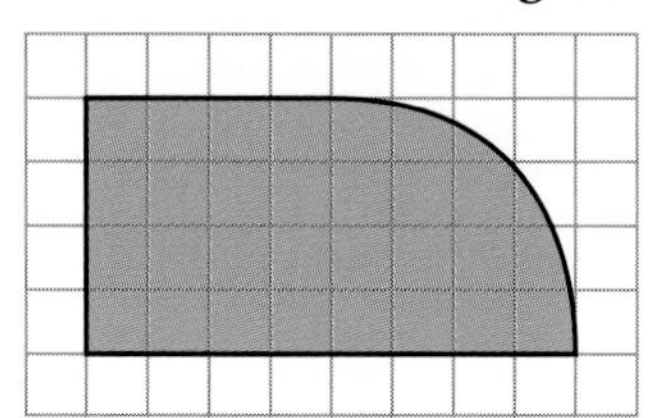

2.

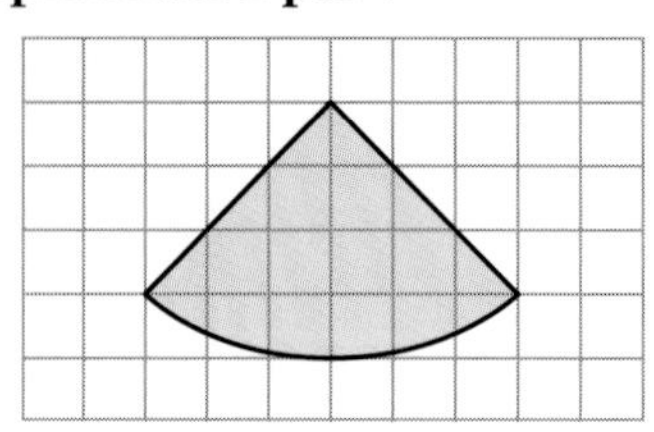

Ver Ejemplo 2 **Halla el área de cada figura. Usa 3.14 para π.**

3.

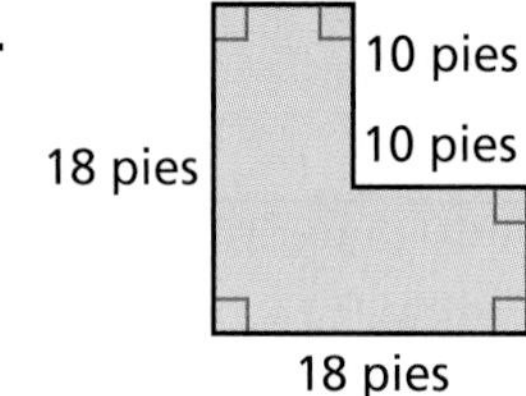

4.

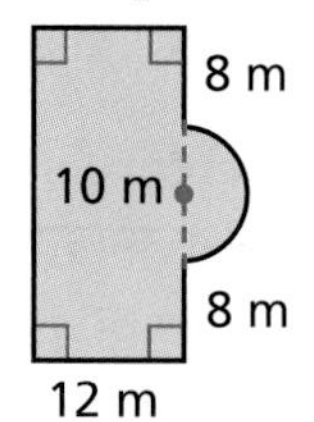

5.

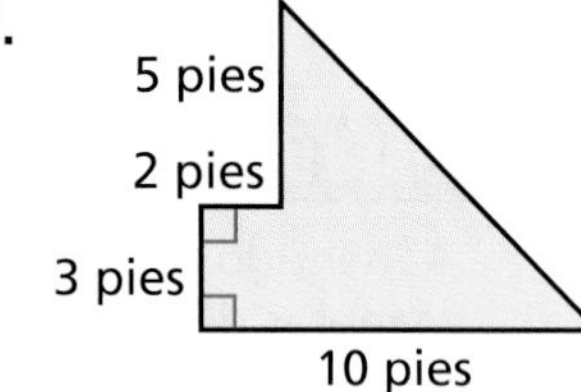

Ver Ejemplo 

6. Luis tiene un tren de juguete. A la derecha se muestra la forma del recorrido de las vías. ¿Cuánto pasto artificial necesita Luis para cubrir el espacio interior? Usa 3.14 para π.

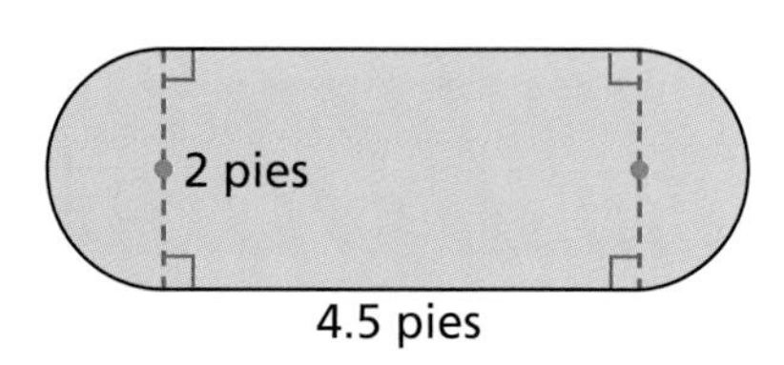

PRÁCTICA INDEPENDIENTE

Ver Ejemplo  **Estima el área de cada figura. Cada cuadrado representa 1 pie^2.**

7.

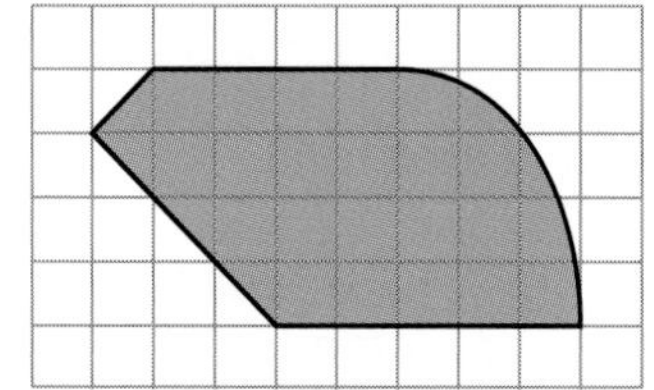

8.

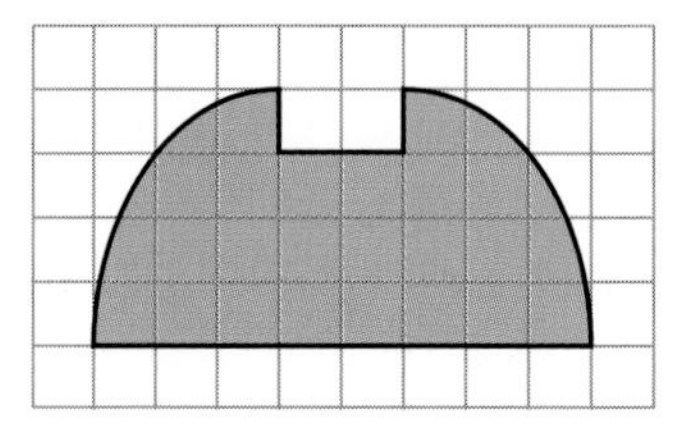

Ver Ejemplo  **Halla el área de cada figura. Usa 3.14 para π.**

9.

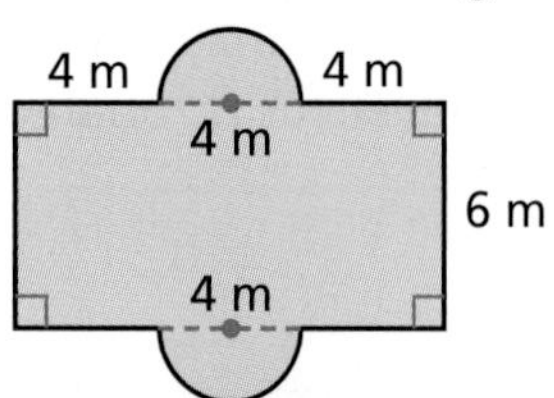

10.

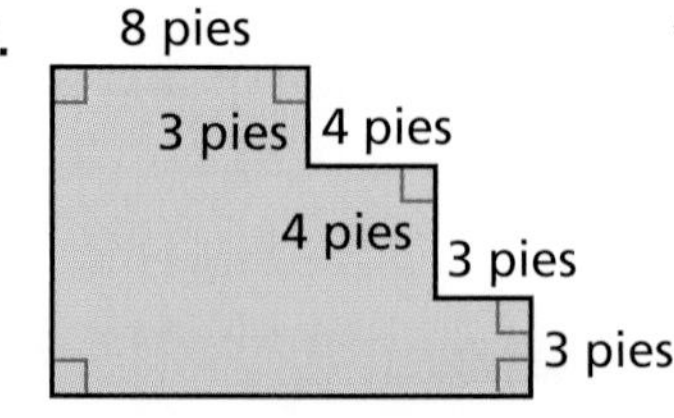

11.

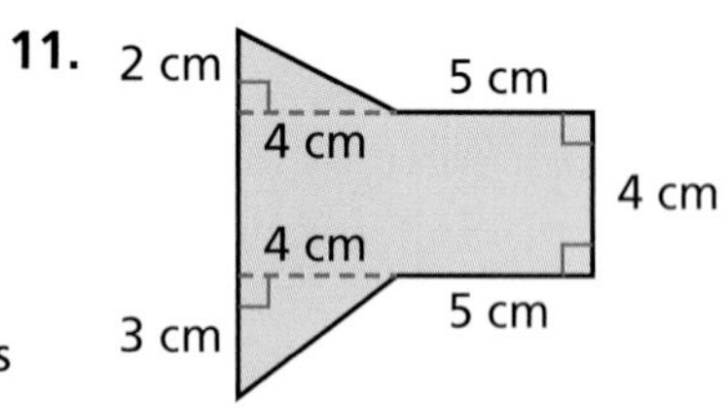

Ver Ejemplo 

12. En la figura se muestra el plano de la galería de un museo. El techo de la galería se va a cubrir con material de aislamiento acústico. ¿Cuánto material de aislamiento acústico se necesita? Usa 3.14 para π.

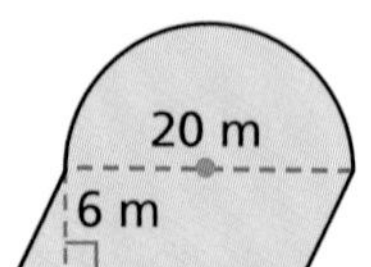

PRÁCTICA Y RESOLUCIÓN DE PROBLEMAS

Práctica adicional

Ver página 745

Halla el área y el perímetro de cada figura. Usa 3.14 para π.

13.

3 pies
4 pies
3 pies
3 pies
2 pies

14.

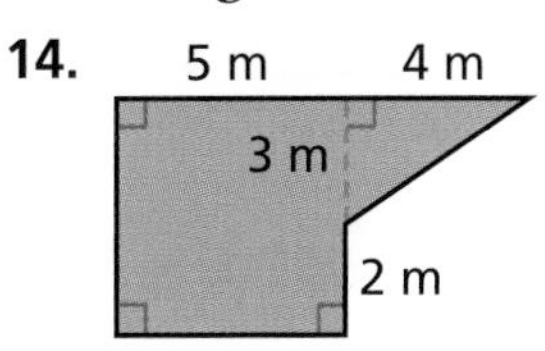

15.

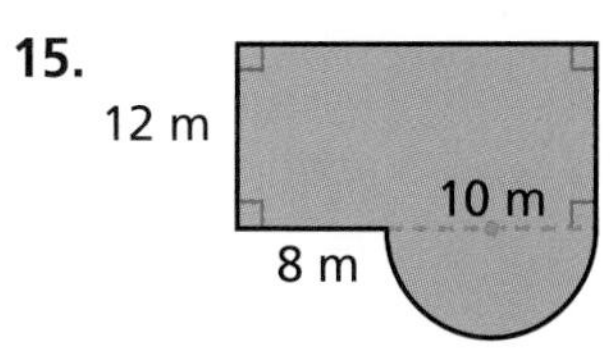

16. **Varios pasos** Una figura tiene los vértices $A(-8, 5)$, $B(-4, 5)$, $C(-4, 2)$, $D(3, 2)$, $E(3, -2)$, $F(6, -2)$, $G(6, -4)$ y $H(-8, -4)$. Representa gráficamente la figura en un plano cartesiano. Luego, halla el área y el perímetro de la figura.

17. **Razonamiento crítico** La figura de la derecha está formada por un triángulo isósceles y un cuadrado. El perímetro de la figura es 44 pies. ¿Cuál es el valor de x?

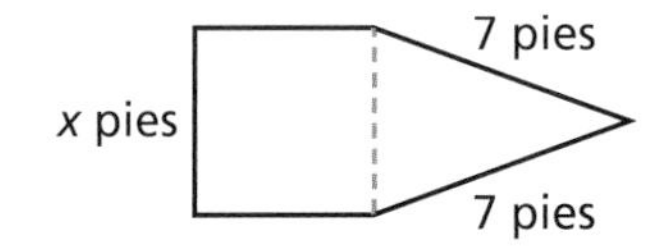

18. **Elige una estrategia** Una figura está formada por un cuadrado y un triángulo combinados. Su área total mide 32.5 m². El área del triángulo mide 7.5 m². ¿Cuál es la longitud de cada lado del cuadrado?

Ⓐ 5 m Ⓑ 15 m Ⓒ 16.25 m Ⓓ 25 m

19. **Escríbelo** Describe cómo hallar el área de la figura irregular de la derecha.

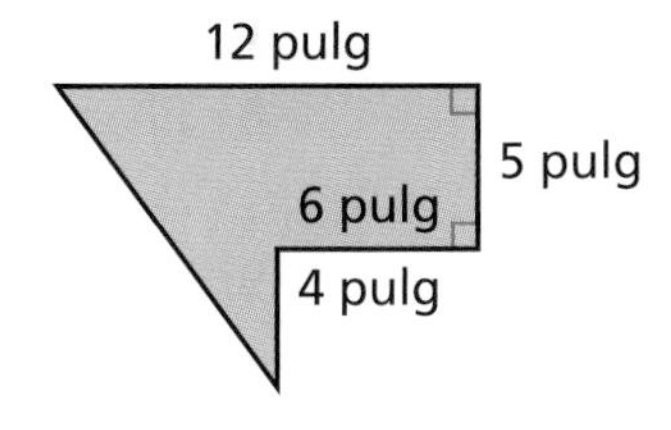

20. **Desafío** Halla el área y el perímetro de la figura de la derecha. Usa 3.14 para π.

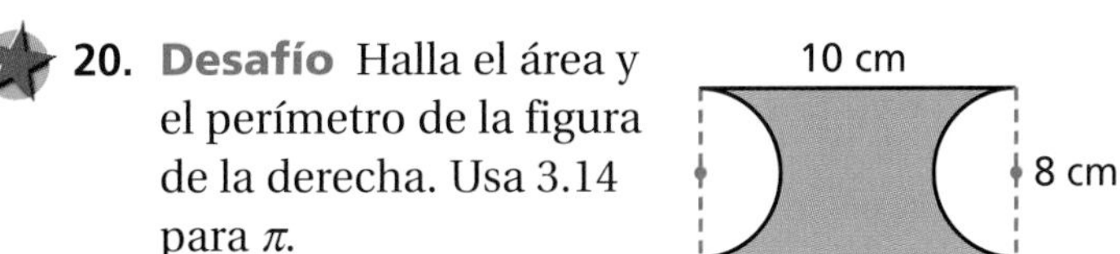

PREPARACIÓN PARA EL EXAMEN y repaso en espiral

21. **Opción múltiple** Un rectángulo está formado por dos triángulos rectángulos congruentes. El área de cada triángulo mide 6 pulg². Cada lado del rectángulo es un número cabal de pulgadas. ¿Cuál de las siguientes opciones NO PUEDE ser el perímetro del rectángulo?

Ⓐ 26 pulg Ⓑ 24 pulg Ⓒ 16 pulg Ⓓ 14 pulg

22. **Respuesta desarrollada** El área sombreada del jardín representa una parcela para zanahorias. Verónica estima que en esta parcela va a cosechar 12 zanahorias. Va a cultivar zanahorias en el resto del jardín. Estima la cantidad total de zanahorias que podrá cultivar en el jardín.

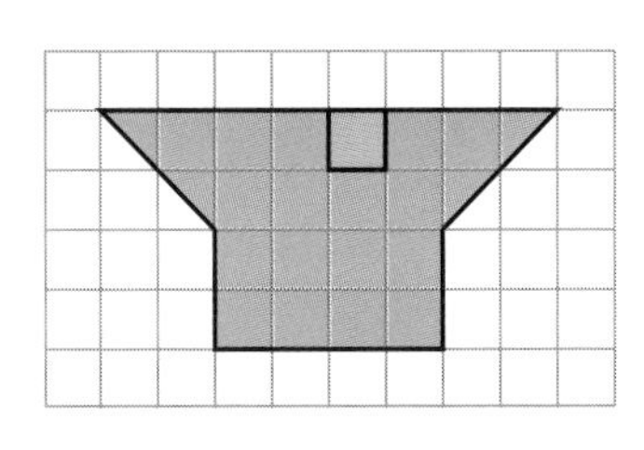

$\angle 1$ y $\angle 2$ son ángulos complementarios. Halla m$\angle 2$. (Lección 8-2)

23. $m\angle 1 = 33°$ **24.** $m\angle 1 = 46°$ **25.** $m\angle 1 = 60°$ **26.** $m\angle 1 = 25.5°$

Dado el diámetro, halla el área de cada círculo redondeada a la décima más cercana. Usa 3.14 para π. (Lección 9-5)

27. $d = 30$ m **28.** $d = 5.5$ cm **29.** $d = 18$ pulg **30.** $d = 11$ pies

¿LISTO PARA SEGUIR?

SECCIÓN 9A

Prueba de las Lecciones 9-1 a 9-6

9-1 Exactitud y precisión

1. ¿Qué medida es más precisa: 5 pulg ó 56 pies?

Calcula. Usa la cantidad correcta de dígitos significativos en cada respuesta.

2. 329 + 640
3. 5.6 • 2.59
4. 82.5 ÷ 16
5. 27.1 − 4

9-2 Perímetro y circunferencia

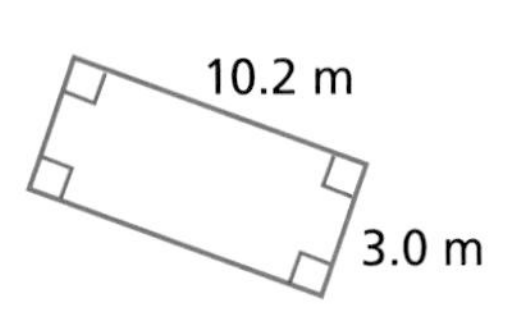

6. Halla el perímetro de la figura de la derecha.
7. Si la circunferencia de una rueda es 94 cm, ¿cuál es su diámetro aproximado?

9-3 Área de los paralelogramos

8. El área de un patio rectangular mide 1,508 m^2 y su longitud es 52 m. ¿Cuál es el ancho del patio?
9. La cocina de Jackson mide 8 yd por 3 yd. ¿Cuál es el área de la cocina en pies cuadrados?

9-4 Área de triángulos y trapecios

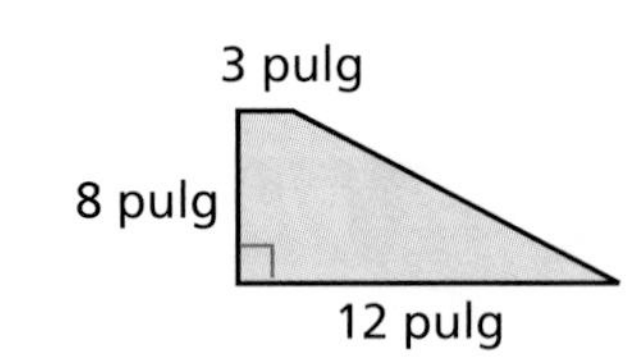

10. Halla el área del trapecio de la derecha.
11. Un triángulo tiene un área de 45 cm^2 y una base de 12.5 cm. ¿Cuál es la altura del triángulo?

9-5 Área de los círculos

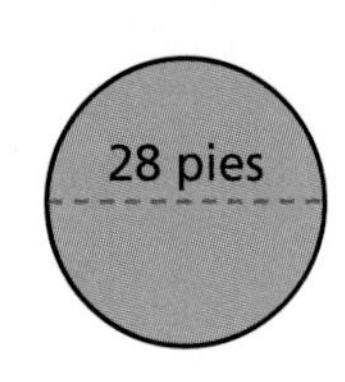

12. Halla el área del círculo a la décima más cercana. Usa 3.14 ó $\frac{22}{7}$ para π.
13. El radio del cuadrante de un reloj es $8\frac{3}{4}$ pulg. ¿Cuál es su área redondeada al número cabal más cercano?

9-6 Área de figuras irregulares

Halla el área de cada figura redondeada a la décima más cercana. Usa 3.14 para π.

14.

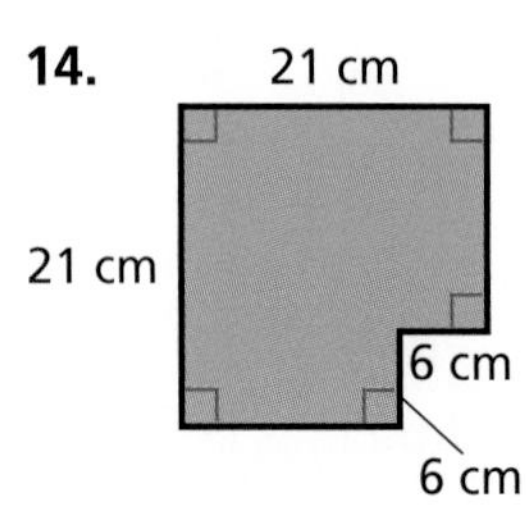

15.

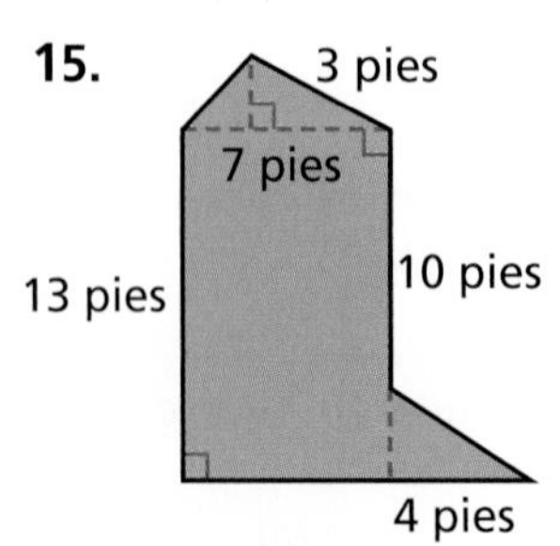

16.

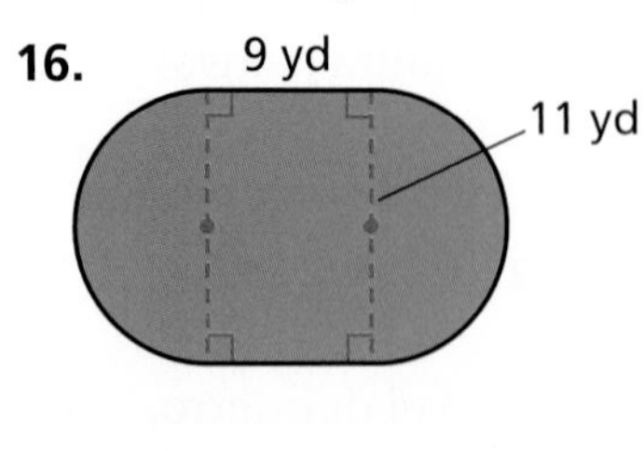

¿Listo para seguir?

Enfoque en resolución de problemas

Comprende el problema

- **Identifica si tienes demasiada o poca información.**

Los problemas relacionados con situaciones del mundo real a veces dan demasiada o muy poca información. Antes de resolver este tipo de problemas, debes decidir qué información necesitas y si tienes toda la información necesaria.

Si el problema da demasiada información, identifica qué datos son realmente necesarios para resolverlo. Si el problema da muy poca información, determina qué información adicional se requiere para resolverlo.

Copia cada problema y subraya la información que necesitas para resolverlo. Si falta información, escribe qué información adicional se requiere.

1. La Sra. Wong desea poner una cerca alrededor de su jardín. Uno de los lados de su jardín mide 8 pies. Otro lado mide 5 pies. ¿Qué longitud de cerca necesita la Sra. Wong ?

2. Dos lados de un triángulo miden 17 pulgadas y 13 pulgadas. El perímetro del triángulo es 45 pulgadas. ¿Cuál es la longitud en pies del tercer lado del triángulo? (Hay 12 pulgadas en 1 pie).

3. En la práctica de natación, Peggy nada 2 vueltas de estilo libre y 2 de espalda. Las dimensiones de la piscina son 25 metros por 50 metros. ¿Cuál es el área de la piscina?

4. Cada tarde, Curtis lleva a pasear a su perro. Dan dos vueltas alrededor del parque. El parque es un rectángulo de 315 yardas de largo. ¿Cuánto camina Curtis con su perro cada tarde?

5. Un trapecio tiene bases que miden 12 metros y 18 metros y un lado que mide 9 metros. El trapecio no tiene ángulos rectos. ¿Cuál es el área del trapecio?

Explorar raíces cuadradas y cuadrados perfectos

Para usar con la Lección 9-7

go.hrw.com
Recursos en línea para el laboratorio
CLAVE: MS7 Lab9

Puedes usar modelos geométricos, como fichas o papel cuadriculado, para representar cuadrados y raíces cuadradas.

Actividad 1

1. Copia los tres arreglos de cuadrados que se muestran abajo en un papel cuadriculado. Continúa el patrón hasta dibujar 10 arreglos de cuadrados.

2. Copia y completa la siguiente tabla. Escribe en la primera columna la cantidad de cuadrados pequeños de cada figura que dibujaste. Usa una calculadora para hallar la raíz cuadrada y completar la segunda columna.

   (Para hallar la raíz cuadrada de 4, oprime 2nd $\sqrt{\ }$ x^2 4) ENTER).

Cantidad total de cuadrados pequeños	Raíz cuadrada
1	1
4	2
9	3

3. Sombrea una columna de cada uno de los arreglos de cuadrados que dibujaste en el paso 1.

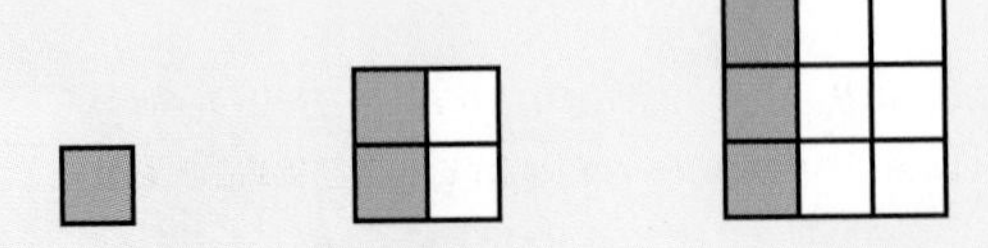

Razonar y comentar

1. ¿Cómo se relaciona la raíz cuadrada con la cantidad total de cuadrados pequeños de la figura?
2. ¿Cómo se relaciona la raíz cuadrada de la tabla con la región sombreada de cada figura?

Inténtalo

Usa papel cuadriculado para hallar cada raíz cuadrada.

1. 121 **2.** 144 **3.** 196

Actividad 2

Haz los siguientes pasos para estimar $\sqrt{14}$.

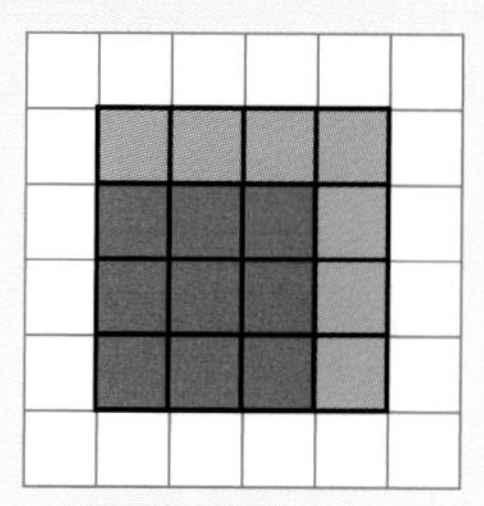

1 En un papel cuadriculado, dibuja con un color el arreglo de cuadrados más pequeño posible usando 14 cuadrados pequeños como mínimo.

2 En el mismo arreglo, dibuja el arreglo de cuadrados más grande posible usando menos de 14 cuadrados pequeños.

3 Cuenta la cantidad de cuadrados de cada arreglo. Ten en cuenta que entre esos números está el 14.

Cantidad de cuadrados en el arreglo pequeño *Cantidad de cuadrados en el arreglo grande*

$$9 < 14 < 16$$

4 Usa una calculadora para hallar $\sqrt{14}$ a la décima más cercana. $\sqrt{14} = 3.7$. Usa símbolos de desigualdad para comparar la raíz cuadrada de 9, 14 y 16.

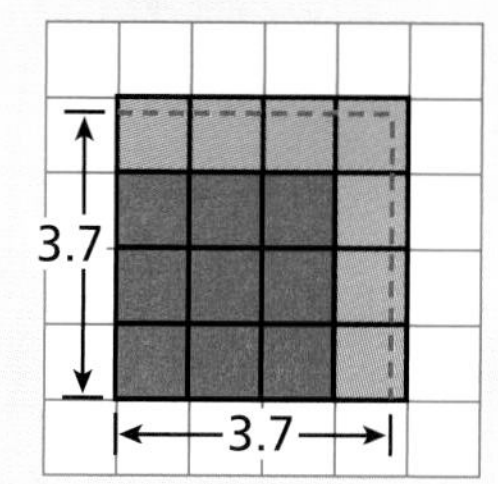

$\sqrt{9} < \sqrt{14} < \sqrt{16}$

$3 < 3.7 < 4$ *La raíz cuadrada de 9 es menor que la de 14, que es menor que la de 16.*

5 Usa las líneas discontinuas de la figura para dibujar un cuadrado que mida 3.7 unidades por lado.

Razonar y comentar

1. Describe cómo usar dos números para estimar las raíces cuadradas de cuadrados no perfectos sin usar una calculadora.
2. Explica cómo usas el papel cuadriculado para estimar $\sqrt{19}$.
3. Menciona tres números cuya raíz cuadrada esté entre 5 y 6.

Inténtalo

Usa papel cuadriculado para estimar cada raíz cuadrada. Luego, usa una calculadora para hallar la raíz cuadrada redondeada a la décima más cercana.

1. $\sqrt{19}$ **2.** $\sqrt{10}$ **3.** $\sqrt{28}$ **4.** $\sqrt{35}$

9-7 Cuadrados y raíces cuadradas

Aprender a hallar y estimar raíces cuadradas de números

Vocabulario

cuadrado perfecto

raíz cuadrada

signo de radical

Un cuadrado cuyos lados miden 3 unidades cada uno tiene un área de $3 \cdot 3$, ó 3^2. Observa que el área del cuadrado se representa mediante una potencia en la cual la base es la longitud lateral y el exponente es 2. Una potencia en la que el exponente es 2 se llama *cuadrado*.

EJEMPLO 1 Hallar cuadrados de números

Halla cada cuadrado.

A 6^2

Método 1: Usar un modelo

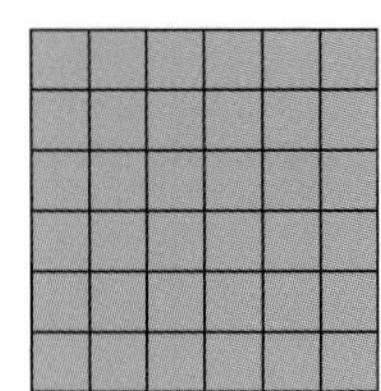

$A = \ell a$

$A = 6 \cdot 6$

$A = 36$

El cuadrado de 6 es 36.

B 14^2

Método 2: Usar una calculadora

Oprime 14  ENTER.

$14^2 = 196$

El cuadrado de 14 es 196.

Un **cuadrado perfecto** es el cuadrado de un número cabal. El número 36 es un cuadrado perfecto porque $36 = 6^2$ y 6 es un número cabal.

Leer matemáticas

$\sqrt{16} = 4$ se lee "la raíz cuadrada de 16 es 4".

La **raíz cuadrada** de un número es uno de los dos factores iguales del número. Cuatro es la raíz cuadrada de 16 porque $4 \cdot 4 = 16$. El símbolo de raíz cuadrada es $\sqrt{\ }$ y se llama **signo de radical.**

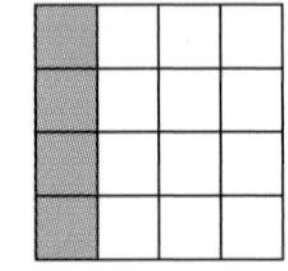

EJEMPLO 2 Hallar raíces cuadradas de cuadrados perfectos

Halla cada raíz cuadrada.

A $\sqrt{64}$

Método 1: Usar un modelo

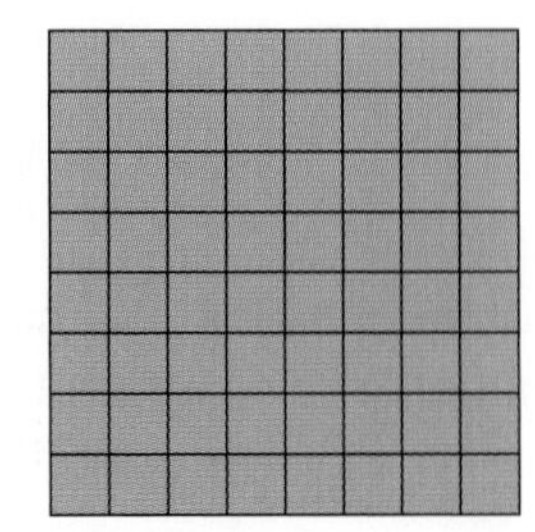

La raíz cuadrada de 64 es 8.

Halla cada raíz cuadrada.

B $\sqrt{324}$

Método 2: Usar una calculadora Oprime 2nd x^2 324 ENTER.

$$\sqrt{324} = 18$$

La raíz cuadrada de 324 es 18.

Puedes usar cuadrados perfectos para estimar las raíces cuadradas de cuadrados no perfectos.

EJEMPLO 3 Estimar raíces cuadradas

Estima $\sqrt{30}$ al número cabal más cercano. Usa una calculadora para comprobar tu respuesta.

1, 4, 9, 16, 25, 36, . . .	*Haz una lista de algunos cuadrados perfectos.*
$25 < 30 < 36$	*Halla los cuadrados perfectos más cercanos a 30.*
$\sqrt{25} < \sqrt{30} < \sqrt{36}$	
$5 < \sqrt{30} < 6$	*Halla las raíces cuadradas de 25 y 36.*
$\sqrt{30} \approx 5$	*30 está más cerca de 25 que de 36.*

Comprueba

$\sqrt{30} \approx 5.477225575$	*Usa una calculadora para estimar $\sqrt{30}$.* *5 es una estimación razonable.*

EJEMPLO 4 *Aplicación al tiempo libre*

Al buscar a un excursionista perdido, el piloto de un helicóptero cubre un área cuadrada de 150 mi^2. ¿Cuál es la longitud aproximada de cada lado del área cuadrada? Redondea tu respuesta a la milla más cercana.

La longitud de cada lado del cuadrado es $\sqrt{150}$.

$144 < 150 < 169$	*Halla los cuadrados perfectos más cercanos a 150.*
$\sqrt{144} < \sqrt{150} < \sqrt{169}$	
$12 < \sqrt{150} < 13$	*Halla las raíces cuadradas de 144 y 169.*
$\sqrt{150} \approx 12$	*150 está más cerca de 144 que de 169.*

Cada lado del área de búsqueda mide aproximadamente 12 millas de largo.

Razonar y comentar

1. **Explica** cómo estimar $\sqrt{75}$.
2. **Explica** cómo hallarías la raíz cuadrada de 3^2.

9-7 Ejercicios

go.hrw.com
Ayuda en línea para tareas*
CLAVE: MS7 9-7
Recursos en línea para padres
CLAVE: MS7 Parent
*(Disponible sólo en inglés)

PRÁCTICA GUIADA

Ver Ejemplo 1 **Halla cada cuadrado.**

1. 4^2 **2.** 17^2 **3.** 9^2 **4.** 15^2

Ver Ejemplo 2 **Halla cada raíz cuadrada.**

5. $\sqrt{400}$ **6.** $\sqrt{9}$ **7.** $\sqrt{144}$ **8.** $\sqrt{529}$

Ver Ejemplo 3 **Estima cada raíz cuadrada al número cabal más cercano. Usa una calculadora para comprobar tu respuesta.**

9. $\sqrt{20}$ **10.** $\sqrt{45}$ **11.** $\sqrt{84}$ **12.** $\sqrt{58}$

Ver Ejemplo 4 **13.** Un barco guardacostas patrulla un área de 125 millas cuadradas. El área que patrulla el barco es un cuadrado. ¿Aproximadamente cuánto mide cada lado del área? Redondea tu respuesta a la milla más cercana.

PRÁCTICA INDEPENDIENTE

Ver Ejemplo 1 **Halla cada cuadrado.**

14. 3^2 **15.** 16^2 **16.** 8^2 **17.** 11^2

Ver Ejemplo 2 **Halla cada raíz cuadrada.**

18. $\sqrt{361}$ **19.** $\sqrt{16}$ **20.** $\sqrt{169}$ **21.** $\sqrt{441}$

Ver Ejemplo 3 **Estima cada raíz cuadrada al número cabal más cercano. Usa una calculadora para comprobar tu respuesta.**

22. $\sqrt{12}$ **23.** $\sqrt{39}$ **24.** $\sqrt{73}$ **25.** $\sqrt{109}$

Ver Ejemplo 4 **26.** El área de un campo cuadrado mide 200 pies^2. ¿Cuál es la longitud aproximada de cada lado del campo? Redondea tu respuesta al pie más cercano.

PRÁCTICA Y RESOLUCIÓN DE PROBLEMAS

Práctica adicional
Ver página 745

Estima cada raíz cuadrada al número cabal más cercano.

27. $\sqrt{6}$ **28.** $\sqrt{180}$ **29.** $\sqrt{145}$ **30.** $\sqrt{216}$

31. $\sqrt{300}$ **32.** $\sqrt{420}$ **33.** $\sqrt{700}$ **34.** $\sqrt{1,500}$

Usa una calculadora para hallar cada raíz cuadrada a la décima más cercana.

35. $\sqrt{44}$ **36.** $\sqrt{253}$ **37.** $\sqrt{87}$ **38.** $\sqrt{125}$

39. $\sqrt{380}$ **40.** $\sqrt{94}$ **41.** $\sqrt{202}$ **42.** $\sqrt{571}$

43. **Razonamiento crítico** Un artista hace dos vitrales cuadrados. Uno de los vitrales tiene un perímetro de 48 pulgadas. El otro tiene un área de 110 pulgadas cuadradas. ¿Qué vitral es más grande? Explica.

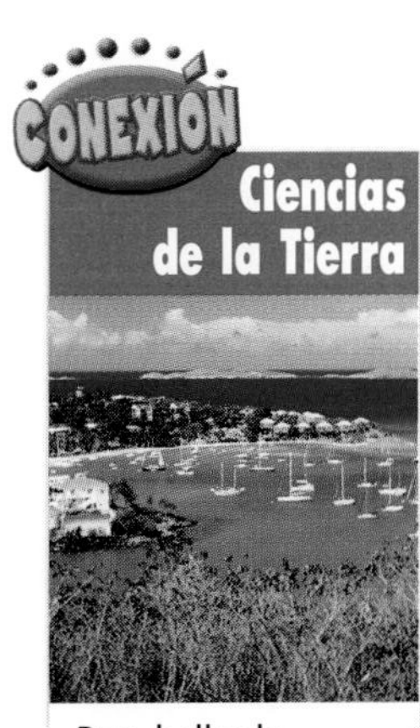

Ciencias de la Tierra

Para hallar la distancia a la que un objeto se vuelve visible, puedes usar tu distancia hasta el horizonte y la distancia del objeto al horizonte.

Dada el área, halla el valor que falta para cada círculo. Usa 3.14 para π.

44. $A = 706.9\text{ m}^2$; $r = \square$

45. $A = 615.44\text{ yd}^2$; $C = \square$

46. $A = 28.26\text{ pies}^2$; $d = \square$

47. $A = 3.14\text{ pulg}^2$; $r = \square$

Ordena los números de menor a mayor.

48. $\sqrt{49}, \frac{17}{3}, 6.5, 8, \frac{25}{4}$

49. $5\frac{2}{3}, \sqrt{25}, 3^2, 7.15, \frac{29}{4}$

50. Halla el perímetro de un cuadrado cuya área mide 49 pulgadas cuadradas.

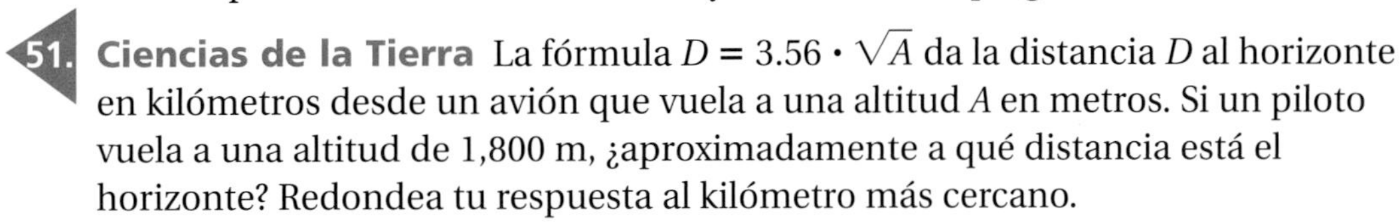

51. Ciencias de la Tierra La fórmula $D = 3.56 \cdot \sqrt{A}$ da la distancia D al horizonte en kilómetros desde un avión que vuela a una altitud A en metros. Si un piloto vuela a una altitud de 1,800 m, ¿aproximadamente a qué distancia está el horizonte? Redondea tu respuesta al kilómetro más cercano.

52. Varios pasos Para su nueva habitación, la abuela de Darien le regaló un acolchado hecho a mano. El acolchado está formado por 16 cuadrados colocados en 4 hileras de 4 cuadrados cada una. Si el área de cada cuadrado mide 324 pulg^2, ¿cuáles son las dimensiones del acolchado en pulgadas?

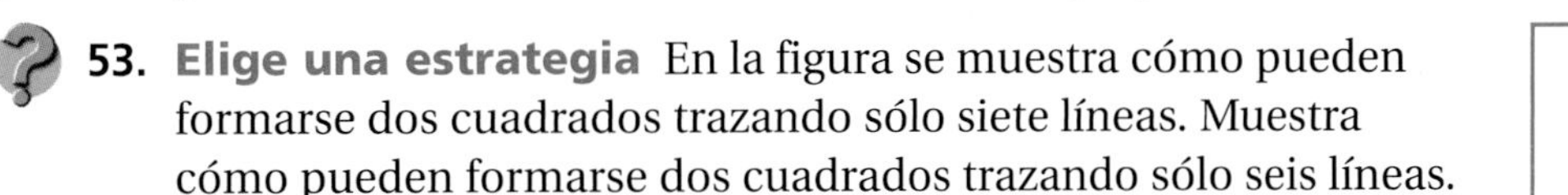

53. Elige una estrategia En la figura se muestra cómo pueden formarse dos cuadrados trazando sólo siete líneas. Muestra cómo pueden formarse dos cuadrados trazando sólo seis líneas.

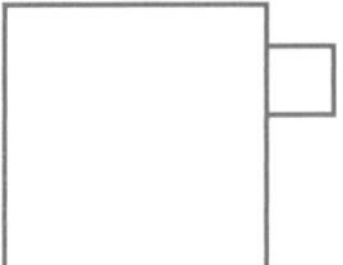

54. Escríbelo Explica la diferencia entre hallar el cuadrado de un número y hallar la raíz cuadrada de un número. En tu explicación, usa modelos y números.

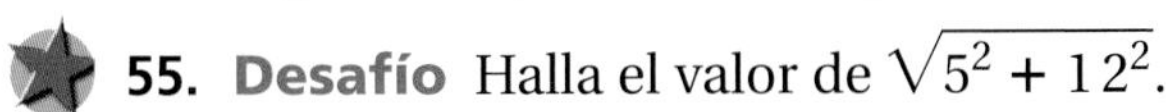

55. Desafío Halla el valor de $\sqrt{5^2 + 12^2}$.

Preparación para el examen y repaso en espiral

56. Opción múltiple ¿Qué modelo representa 5^2?

Ⓐ 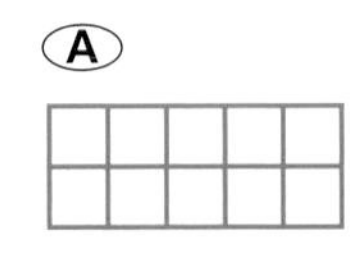

Ⓑ 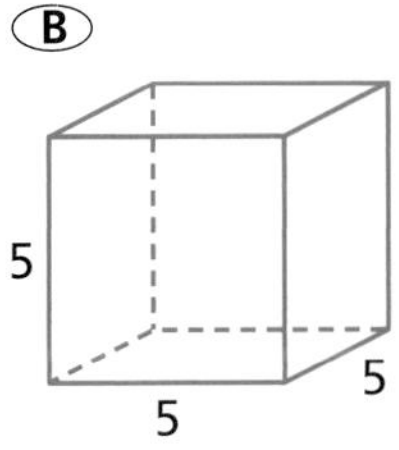

Ⓒ 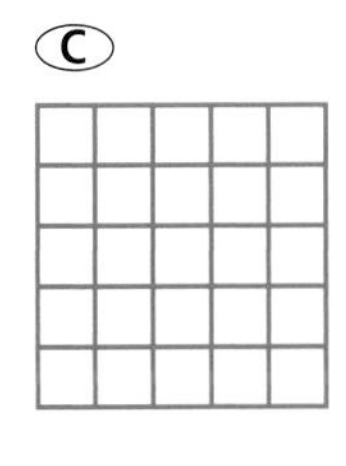

Ⓓ 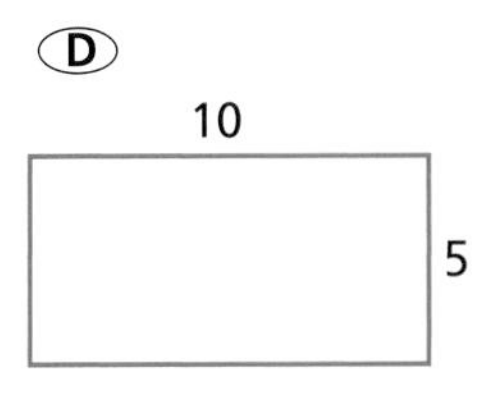

57. Opción múltiple Estima el valor de $\sqrt{87}$ al número cabal más cercano.

Ⓕ 9 Ⓖ 10 Ⓗ 11 Ⓙ 12

Clasifica cada triángulo según la longitud de sus lados. (Lección 8-6)

58. 2 pulg, 3 pulg, 4 pulg

59. 5 cm, 5 cm, 5 cm

60. 8 pies, 6 pies, 8 pies

Dado el radio o el diámetro, halla la circunferencia y el área de cada círculo a la décima más cercana. Usa 3.14 para π. (Lección 9-5)

61. $r = 11$ pulg

62. $d = 25$ cm

63. $r = 3$ pies

Explorar el teorema de Pitágoras

Para usar con la Lección 9-8

go.hrw.com
Recursos en línea para el laboratorio
CLAVE: MS7 Lab9

Una relación importante y muy conocida en matemáticas es el teorema de Pitágoras, que comprende los tres lados de un triángulo rectángulo. Recuerda que un triángulo rectángulo es un triángulo que tiene un ángulo recto. Si conoces las longitudes de dos de los lados de un triángulo rectángulo, puedes hallar la longitud del tercer lado.

Actividad 1

1. En el dibujo de la derecha se muestra un triángulo isósceles rectángulo y tres cuadrados. Haz tu propio dibujo similar al que aparece aquí. (Recuerda que un triángulo isósceles rectángulo tiene dos lados congruentes y un ángulo recto).

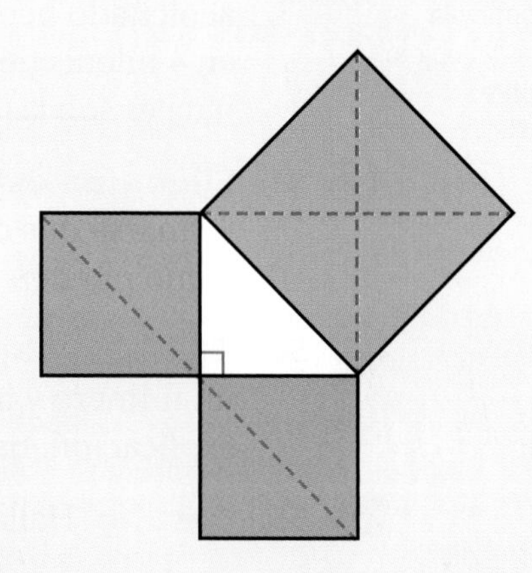

Recorta los dos cuadrados más pequeños de tu dibujo. Luego, córtalos a la mitad por la diagonal. Superpone las piezas de los cuadrados más pequeños sobre el cuadrado azul.

Razonar y comentar

1. ¿Qué puedes decir de la relación entre las áreas de los cuadrados?

2. a. ¿Cómo se relaciona la longitud lateral de un cuadrado con el área del cuadrado?

b. ¿Cómo se relacionan las longitudes del triángulo en tu dibujo con las áreas de los cuadrados alrededor de él?

c. Escribe una ecuación que muestre la relación entre las longitudes de los lados del triángulo en tu dibujo. Usa las variables a y b para representar las longitudes de los dos lados más cortos de tu triángulo y c para representar la longitud del lado más largo.

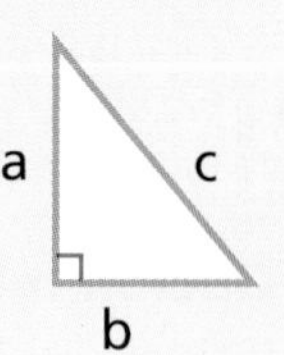

Inténtalo

1. Repite la Actividad 1 con otro triángulo isósceles rectángulo. ¿Es verdadera la relación que hallaste en el caso de las áreas de los cuadrados que hay alrededor de cada triángulo?

Actividad 2

1 En papel cuadriculado, traza un segmento que mida 3 unidades de largo. En un extremo de este segmento, traza un segmento perpendicular que mida 4 unidades de largo. Traza un tercer segmento para formar un triángulo. Recorta el triángulo.

Recorta un cuadrado de 3 por 3 y otro de 4 por 4 del mismo papel cuadriculado. Coloca los bordes de los cuadrados contra los lados correspondientes del triángulo rectángulo.

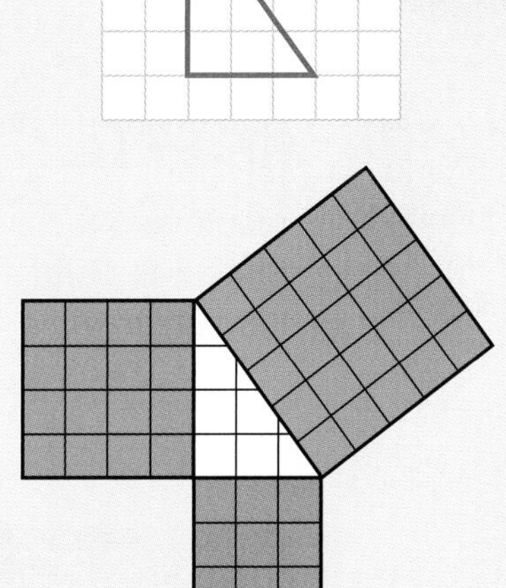

Recorta los dos cuadrados en cuadrados individuales o tiras. Ordena los cuadrados en un cuadrado más grande a lo largo del tercer lado del triángulo.

Razonar y comentar

1. ¿Cuál es el área de cada uno de los tres cuadrados? ¿Qué relación hay entre las áreas de los cuadrados más pequeños y el área del cuadrado grande?
2. ¿Cuál es la longitud del tercer lado del triángulo?
3. Sustituye las longitudes de los lados de tu triángulo en la ecuación que escribiste en el problema **2c** de Razonar y comentar en la Actividad 1. ¿Qué hallas?
4. ¿Crees que la relación es verdadera para los triángulos que no son triángulos rectángulos?

Inténtalo

1. Recorta tres cuadrados de papel cuadriculado cuyos lados midan 3 unidades, 4 unidades y 6 unidades de largo. Ordena los cuadrados de manera que se forme un triángulo como el que se ve a la derecha. ¿La relación entre las áreas de los cuadrados rojos y el área del cuadrado azul es igual a la relación que aparece en la Actividad 2? Explica.
2. Si sabes que las longitudes de los dos lados más cortos de un triángulo rectángulo son 9 y 12, ¿puedes hallar la longitud del lado más largo? Muestra tu trabajo.
3. Si conoces la longitud del lado más largo de un triángulo rectángulo y la longitud de uno de los lados más cortos, ¿cómo hallarías la longitud del tercer lado?

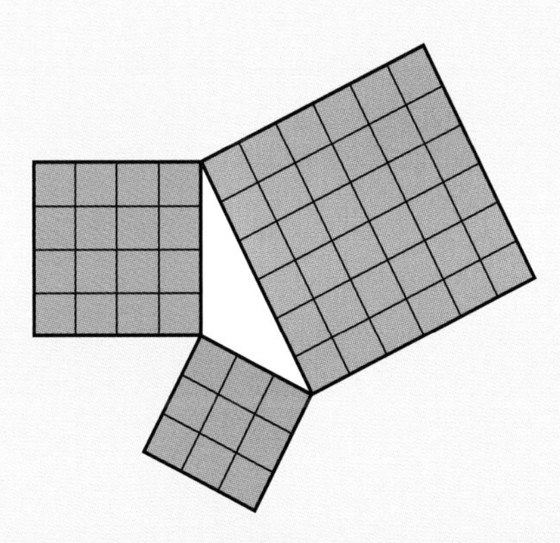

9-8 Teorema de Pitágoras

Aprender a usar el teorema de Pitágoras para hallar la longitud de un lado de un triángulo rectángulo

Vocabulario

cateto

hipotenusa

Teorema de Pitágoras

Uno de los primeros en reconocer la relación entre los lados de un triángulo rectángulo fue el matemático griego Pitágoras. Esta relación especial se llama *teorema de Pitágoras.*

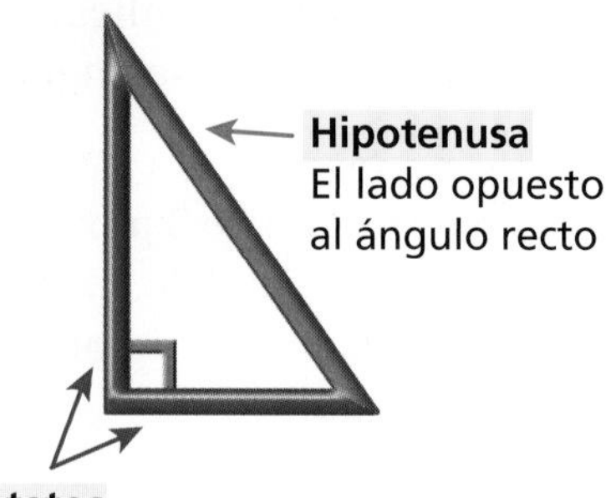

Catetos
Los dos lados que forman el ángulo recto de un triángulo rectángulo

TEOREMA DE PITÁGORAS		
En un triángulo rectángulo, la suma de los cuadrados de la longitud de los catetos es igual al cuadrado de la longitud de la hipotenusa.	$a^2 + b^2 = c^2$	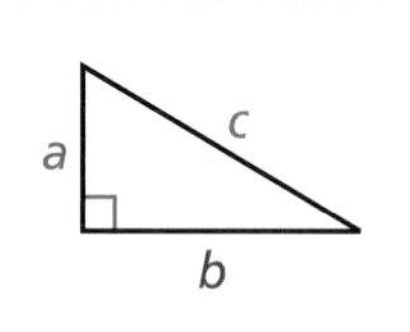

Puedes usar el teorema de Pitágoras para hallar la longitud de cualquiera de los lados de un triángulo rectángulo.

EJEMPLO 1 Calcular la longitud de un lado de un triángulo rectángulo

Usa el teorema de Pitágoras para hallar cada medida que falta.

A

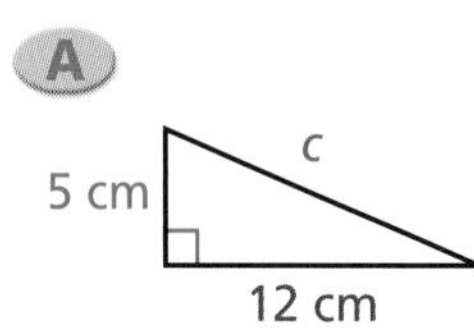

$a^2 + b^2 = c^2$	*Usa el teorema de Pitágoras.*
$5^2 + 12^2 = c^2$	*Sustituye a y b.*
$25 + 144 = c^2$	*Evalúa las potencias.*
$169 = c^2$	*Suma.*
$\sqrt{169} = \sqrt{c^2}$	*Halla la raíz cuadrada de ambos lados.*
$13 = c$	

La longitud de la hipotenusa es 13 cm.

B

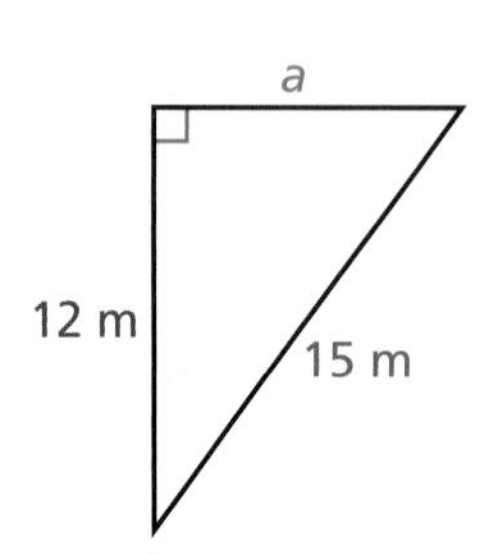

$a^2 + b^2 = c^2$	*Usa el teorema de Pitágoras.*
$a^2 + 12^2 = 15^2$	*Sustituye b y c.*
$a^2 + 144 = 225$	*Evalúa las potencias.*
$\underline{\quad - 144 \quad - 144}$	*Resta 144 de ambos lados.*
$a^2 = 81$	
$\sqrt{a^2} = \sqrt{81}$	*Halla la raíz cuadrada de ambos lados.*
$a = 9$	

La longitud del cateto es 9 m.

EJEMPLO 2

APLICACIÓN A LA RESOLUCIÓN DE PROBLEMAS

Un diamante de béisbol reglamentario es un cuadrado con lados que miden 90 pies. ¿Aproximadamente qué distancia hay de la base del bateador a la segunda base? Redondea tu respuesta a la décima más cercana.

1 Comprende el problema

Vuelve a escribir la pregunta como un enunciado.

- Halla la distancia de la base del bateador a la segunda base.

Haz una lista de la **información importante:**

- Un segmento dibujado entre la base del bateador y la segunda base divide el diamante en dos triángulos rectángulos.
- El ángulo de la primera base es el ángulo recto. Por lo tanto, el segmento entre la base del bateador y la segunda base es la hipotenusa.
- Las líneas entre las bases son catetos de 90 pies de largo cada uno.

2 Haz un plan

Puedes usar el teorema de Pitágoras para escribir una ecuación.

3 Resuelve

$a^2 + b^2 = c^2$	*Usa el teorema de Pitágoras.*
$90^2 + 90^2 = c^2$	*Sustituye las variables conocidas.*
$8{,}100 + 8{,}100 = c^2$	*Evalúa las potencias.*
$16{,}200 = c^2$	*Suma.*
$127.279 \approx c$	*Halla la raíz cuadrada de ambos lados.*
$127.3 \approx c$	*Redondea.*

La distancia de la base del bateador a la segunda base es aproximadamente 127.3 pies.

4 Repasa

La hipotenusa es el lado más largo de un triángulo rectángulo. Como la distancia de la base del bateador a la segunda base es mayor que la distancia entre las bases, la respuesta es razonable.

Razonar y comentar

1. **Explica** si en algún caso es posible usar el Teorema de Pitágoras para hallar un lado desconocido de un triángulo escaleno.
2. **Demuestra** si un cateto de un triángulo rectángulo puede ser más largo que la hipotenusa.

9-8 Ejercicios

go.hrw.com
Ayuda en línea para tareas*
CLAVE: MS7 9-8
Recursos en línea para padres
CLAVE: MS7 Parent
*(Disponible sólo en inglés)

PRÁCTICA GUIADA

Ver Ejemplo 1

Usa el teorema de Pitágoras para hallar cada medida que falta.

1.

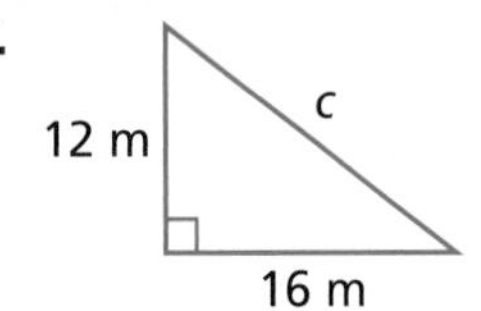

2.

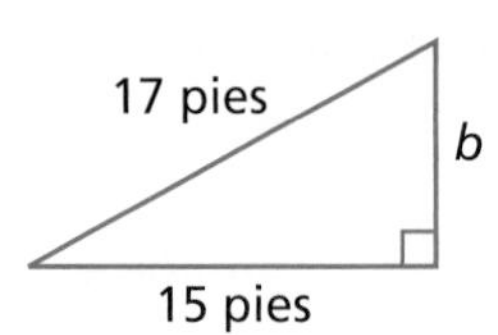

3.

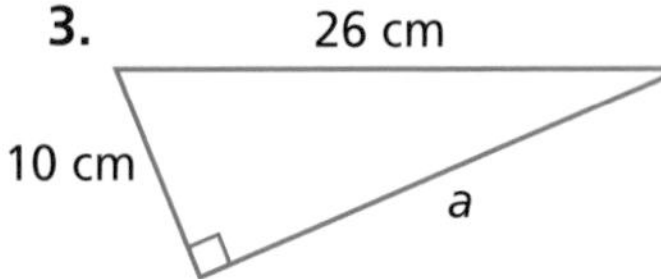

Ver Ejemplo 

4. Una escalera de 10 pies está apoyada contra una pared. Si la escalera está a 5 pies de la base de la pared, ¿a qué altura del suelo toca la pared? Redondea tu respuesta a la décima más cercana.

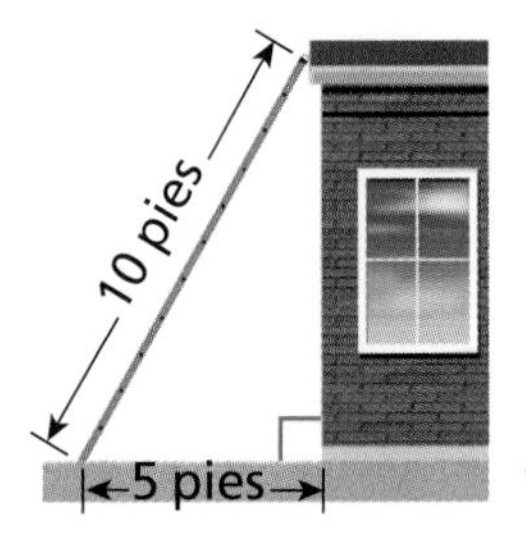

PRÁCTICA INDEPENDIENTE

Ver Ejemplo 

Usa el teorema de Pitágoras para hallar cada medida que falta.

5.

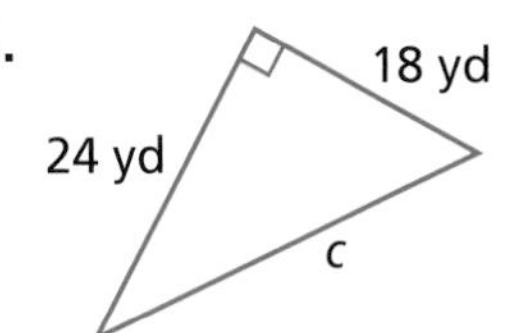

6.

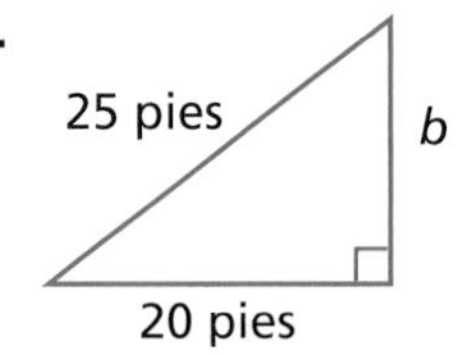

7.

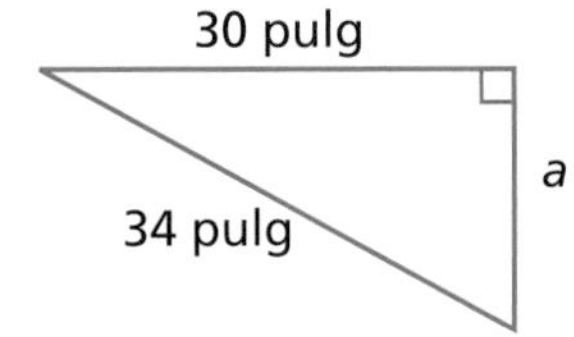

Ver Ejemplo 

8. James recorre en su bicicleta 15 millas hacia el oeste. Luego, da vuelta hacia el norte y recorre otras 15 millas antes de detenerse a descansar. ¿A qué distancia está James de su punto de partida cuando se detiene a descansar? Redondea tu respuesta a la décima más cercana.

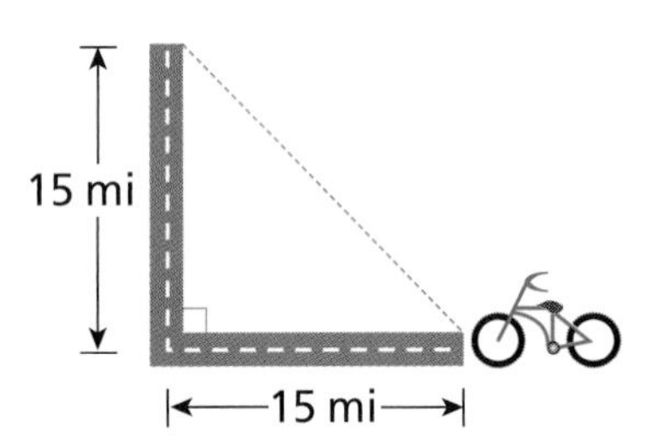

PRÁCTICA Y RESOLUCIÓN DE PROBLEMAS

Práctica adicional
Ver página 745

Dada la longitud de dos de los lados de un triángulo rectángulo, halla la longitud del tercer lado a la décima más cercana.

9. catetos: 5 pies y 8 pies

10. cateto: 10 mm; hipotenusa: 15 mm

11. cateto: 19 m; hipotenusa: 31 m

12. catetos: 21 yd y 20 yd

13. catetos: 13.5 pulg y 18 pulg

14. cateto: 13 cm; hipotenusa: 18 cm

15. **Razonamiento crítico** Los números 3, 4 y 5 forman una tripleta de Pitágoras porque $3^2 + 4^2 = 5^2$. Si duplicas cada uno de estos valores, ¿el conjunto de números resultante también es una tripleta de Pitágoras? Explica.

con la historia

16. Los antiguos egipcios construyeron pirámides como tumbas para sus reyes. Una pirámide, llamada Micerinos, tiene una base cuadrada con un área aproximada de 12,100 m^2.

a. ¿Cuál es la longitud de cada lado de la base?

b. ¿Cuál es la longitud de una diagonal de la base? Redondea tu respuesta a la décima más cercana.

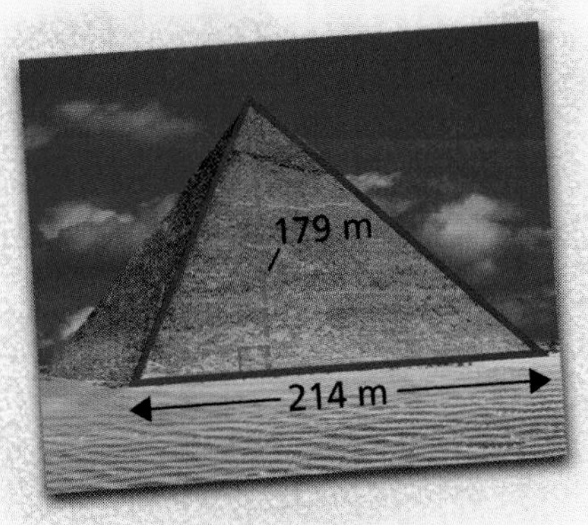

17. En la fotografía se muestra la pirámide de Kefrén en Egipto. Cada lado de su base cuadrada mide aproximadamente 214 metros de largo. Cada lado triangular es un triángulo isósceles con una altura aproximada de 179 metros. ¿Cuál es el área de uno de los lados de la pirámide?

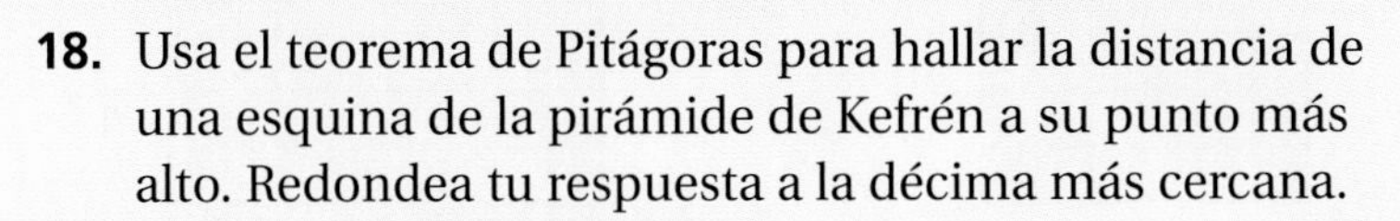

18. Usa el teorema de Pitágoras para hallar la distancia de una esquina de la pirámide de Kefrén a su punto más alto. Redondea tu respuesta a la décima más cercana.

19. **Varios pasos** Las pirámides se construyeron mediante una unidad de medición llamada codo. Hay aproximadamente 21 pulgadas en 1 codo. Si la altura de una pirámide es 471 pies, ¿cuál es su altura en codos?

20. **Escríbelo** Dado un triángulo rectángulo, explica cómo sabes qué valores sustituir en la ecuación $a^2 + b^2 = c^2$.

21. **Desafío** La pirámide de la derecha tiene una base cuadrada. Halla su altura a la décima más cercana.

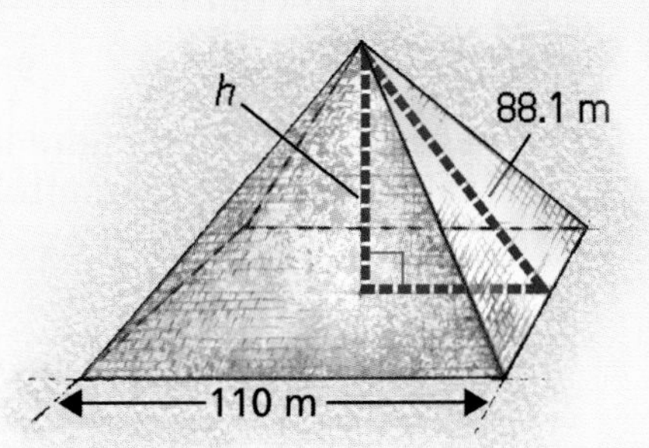

PREPARACIÓN PARA EL EXAMEN y repaso en espiral

22. **Opción múltiple** Halla la medida que falta a la décima más cercana.

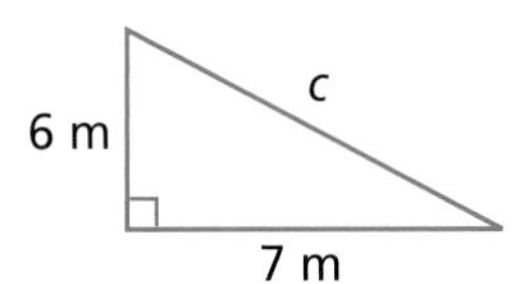

Ⓐ 3.6 m Ⓒ 11.8 m

Ⓑ 9.2 m Ⓓ 85 m

23. **Respuesta gráfica** Una escalera de 10 pies de alto está apoyada contra una pared. La base de la escalera está a 2 pies de distancia de la base de la pared. ¿A cuántos pies de altura de la pared llega la escalera a la décima más cercana?

Halla la medida del ángulo que forman las manecillas de un reloj cuando marcan cada hora. (Lección 8-4)

24. 6:00 **25.** 3:00 **26.** 5:00 **27.** 2:00

Estima cada raíz cuadrada al número cabal más cercano. (Lección 9-7)

28. $\sqrt{140}$ **29.** $\sqrt{60}$ **30.** $\sqrt{200}$ **31.** $\sqrt{30}$

¿Listo para seguir?

Prueba de las Lecciones 9-7 y 9-8

9-7 Cuadrados y raíces cuadradas

Halla cada cuadrado.

1. 21^2 **2.** 7^2 **3.** 12^2 **4.** 13^2

Menciona el cuadrado y la raíz cuadrada que representa cada modelo.

5.
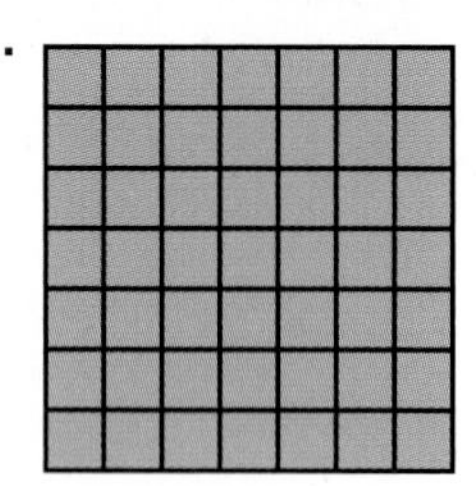

6.
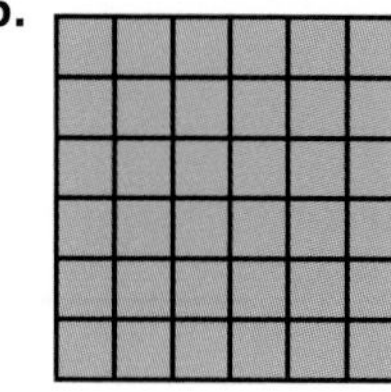

7.
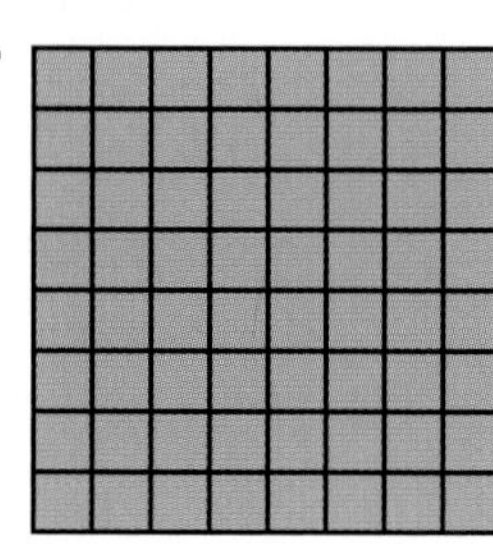

Halla cada raíz cuadrada.

8. $\sqrt{841}$ **9.** $\sqrt{1,089}$ **10.** $\sqrt{81}$ **11.** $\sqrt{576}$

Estima cada raíz cuadrada al número cabal más cercano. Usa una calculadora para comprobar tu respuesta.

12. $\sqrt{40}$ **13.** $\sqrt{85}$ **14** $\sqrt{12}$ **15.** $\sqrt{33}$

9-8 Teorema de Pitágoras

Usa el teorema de Pitágoras para hallar cada medida que falta.

16.
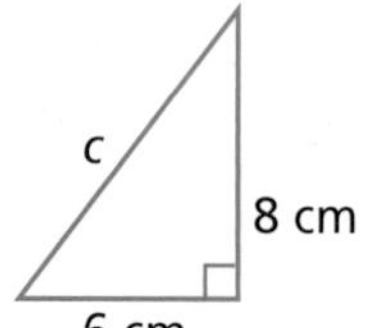

17.
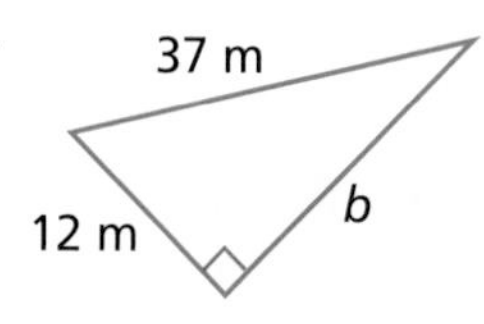

18.
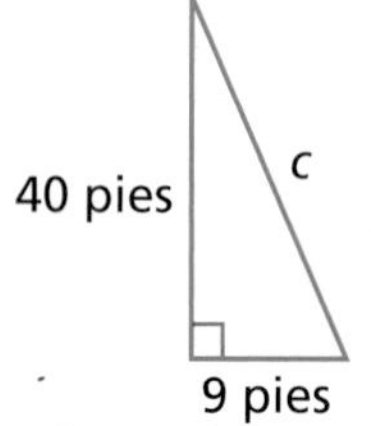

19. A Thomas le gusta correr en el Memorial Park. El camino que corre tiene la forma de un triángulo rectángulo. Sabe que un cateto del camino mide 1.8 millas y el otro, 3.2 millas. ¿Cuánto mide el tercer lado del camino redondeado a la décima de milla más cercana ?

20. Audrey construyó una rampa para el escenario del nuevo musical que se va a presentar en su escuela. La rampa tiene una altura de 8 pies y una hipotenusa de 17 pies. ¿Cuál es la longitud de la base de la rampa?

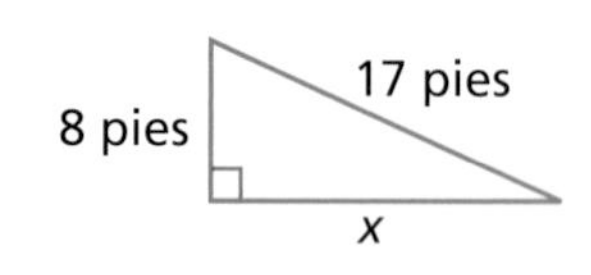

Dada la longitud de dos lados de un triángulo, halla la longitud del tercer lado redondeada a la décima más cercana.

21. cateto: 14.3 m; hipotenusa: 22 m

22. catetos: 10 yd y 24 yd

23. catetos: 12.4 pulg y 9.0 pulg

24. cateto: 2.5 cm; hipotenusa: 8 cm

Preparación de varios pasos para el examen

El jardín de Gabriela Gabriela está diseñando un jardín rectangular para su escuela. Como se muestra en la figura, el jardín estará rodeado por una senda de 5 pies de ancho.

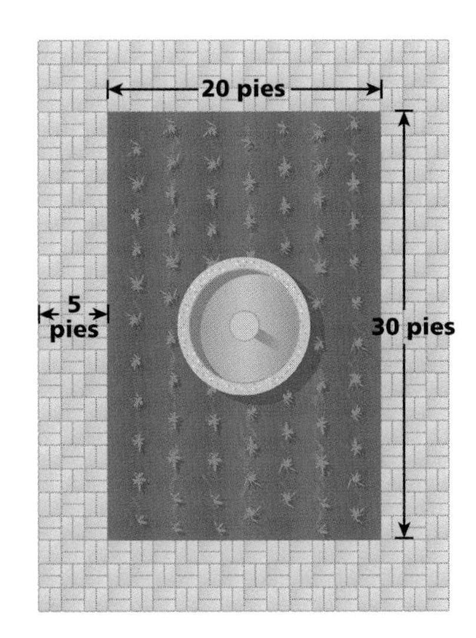

1. En la parte exterior de la senda, Gabriela quiere colocar una cerca. ¿Cuánto material necesita?
2. Gabriela va a plantar almácigos de col alrededor de la parte interior de la senda. Los almácigos deberán plantarse a 12 pulgadas de distancia entre sí. ¿Cuántos almácigos necesitará?
3. En el diseño se muestra que en el centro del jardín habrá una fuente circular. La fuente tendrá 10 pies de diámetro. A la décima de pie más cercana, ¿cuál será la longitud del borde de concreto que forma el borde de la fuente?
4. ¿Cuál es el área del terreno que sobra para sembrar plantas? Explica.
5. Para proteger y enriquecer la tierra, Gabriela planea cubrir con mantillo los sectores del jardín que tienen plantas. Una bolsa de mantillo cubre 18 pies cuadrados. ¿Cuántas bolsas tiene que comprar?
6. Para celebrar la inauguración del jardín, Gabriela coloca postes en las esquinas exteriores de la senda. Quiere colgar cintas entre las esquinas opuestas para formar una X. ¿Cuántos pies de cinta necesitará Gabriela?

EXTENSIÓN

Cómo identificar y representar gráficamente números irracionales

Aprender a clasificar números como racionales o irracionales y a representarlos gráficamente en una recta numérica

Vocabulario

número irracional

Recuerda que en la Lección 2-11 aprendiste que un número racional puede escribirse como una fracción con enteros en su numerador y en su denominador. Cuando los números racionales se escriben como decimales, pueden ser finitos o infinitos. Si un número racional es infinito, tiene un patrón periódico.

Un decimal infinito que no tiene ningún patrón periódico es un **número irracional.**

Racional		Irracional
Finito	Infinito, periódico	Infinito, no periódico
$\frac{1}{8} = 0.125$	$\frac{1}{3} = 0.333\ldots$ ó $0.\overline{3}$	$\sqrt{2} = 1.414213562\ldots$
$\sqrt{9} = 3$	$\frac{2}{11} = 0.181818\ldots$ ó $0.\overline{18}$	$\pi = 3.1415926\ldots$

EJEMPLO 1 Identificar números racionales e irracionales

Identifica cada número como racional o irracional. Justifica tu respuesta.

A $\frac{2}{5}$

$\frac{2}{5} = 0.4$ *Escribe el número como decimal.*

Como es un decimal finito, $\frac{2}{5}$ es racional.

B $\frac{5}{6}$

$\frac{5}{6} = 0.8333\ldots$ ó $0.8\overline{3}$ *Escribe el número como decimal.*

Como es un decimal infinito y periódico, $\frac{5}{6}$ es racional.

C $\sqrt{16}$

$\sqrt{16} = 4$ *Escribe el número como decimal.*

Como es un decimal finito, $\sqrt{16}$ es racional.

D $\sqrt{7}$

$\sqrt{7} = 2.645751311\ldots$ *Escribe el número como decimal.*

No hay un patrón en el decimal correspondiente a $\sqrt{7}$.
Es un decimal infinito, no periódico. Por lo tanto, $\sqrt{7}$ es irracional.

¡Recuerda!

Por definición, toda razón de números enteros es un número racional.

Todo punto en la recta numérica corresponde a un número real, ya sea un número racional o irracional. Entre dos números reales siempre hay otro número real.

EJEMPLO 2 Representar gráficamente números racionales e irracionales

Representa gráficamente la lista de números en una recta numérica. Luego, ordena los números de menor a mayor.

$1.4, \sqrt{5}, \frac{3}{8}, \pi, -\frac{2}{3}, \sqrt{4}, \sqrt{16}$

Escribe todos los números como decimales y luego represéntalos gráficamente.

$1.4, \sqrt{5} \approx 2.236, \frac{3}{8} = 0.375, \pi \approx 3.142, -\frac{2}{3} = -0.\overline{6}, \sqrt{4} = 2.0, \sqrt{16} = 4.0$

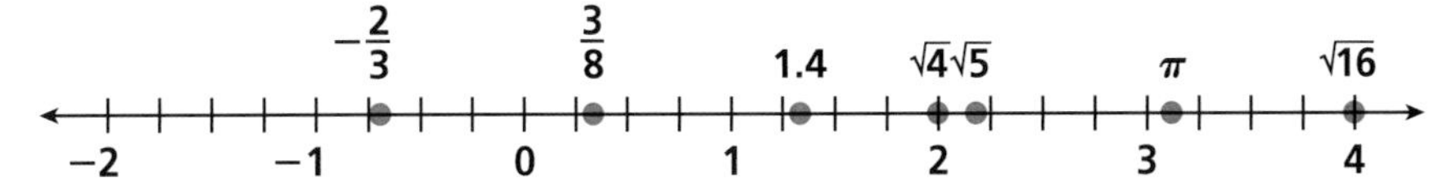

De izquierda a derecha en la recta numérica, los números aparecen ordenados de menor a mayor: $-\frac{2}{3} < \frac{3}{8} < 1.4 < \sqrt{4} < \sqrt{5} < \pi < \sqrt{16}$.

EXTENSIÓN Ejercicios

Identifica cada número como racional o irracional. Justifica tu respuesta.

1. $\sqrt{8}$ **2.** $\frac{5}{11}$ **3.** $\frac{7}{8}$ **4.** $\sqrt{36}$

5. $\frac{3}{13}$ **6.** $\sqrt{14}$ **7.** 2.800 **8.** $\frac{5}{6}$

9. $\sqrt{5}$ **10.** $\frac{6}{24}$ **11.** $\frac{10}{33}$ **12.** $\sqrt{18}$

Representa gráficamente cada lista de números en una recta numérica. Luego, ordena los números de menor a mayor.

13. $2.6, 0.5, \sqrt{3}, -\frac{7}{10}, \frac{1}{3}$

14. $\sqrt{12}, \frac{3}{8}, -0.65, \frac{5}{9}, \sqrt{11}$

15. $-1.3, \sqrt{15}, 3.1, -\frac{2}{5}, \sqrt{4}$

16. $-2.1, -\frac{9}{10}, \sqrt{1}, -1.5, \sqrt{9}$

Menciona los dos cuadrados perfectos entre los que se encuentra cada raíz cuadrada. Luego, representa gráficamente la raíz cuadrada en una recta numérica y justifica su ubicación.

17. $\sqrt{34}$ **18.** $\sqrt{46}$ **19.** $\sqrt{14}$ **20.** $\sqrt{6}$

21. $\sqrt{99}$ **22.** $\sqrt{63}$ **23.** $\sqrt{71}$ **24.** $\sqrt{13}$

25. **¿Dónde está el error?** Un compañero de tu clase te dice que la raíz cuadrada de cualquier número es un número irracional. Explica dónde está el error de tu compañero.

¡Vamos a jugar!

Una forma de ser

Rectángulos

El siguiente cuadrado se dividió en cuatro rectángulos. Se dan las áreas de dos de los rectángulos. Si la longitud de cada segmento del diagrama es un número entero, ¿cuál es el área del cuadrado original?

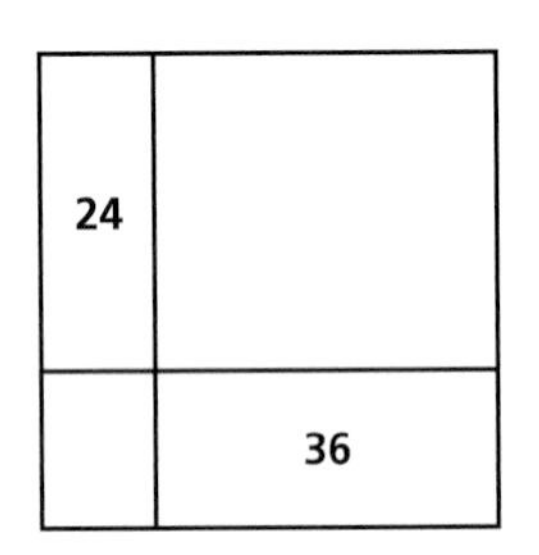

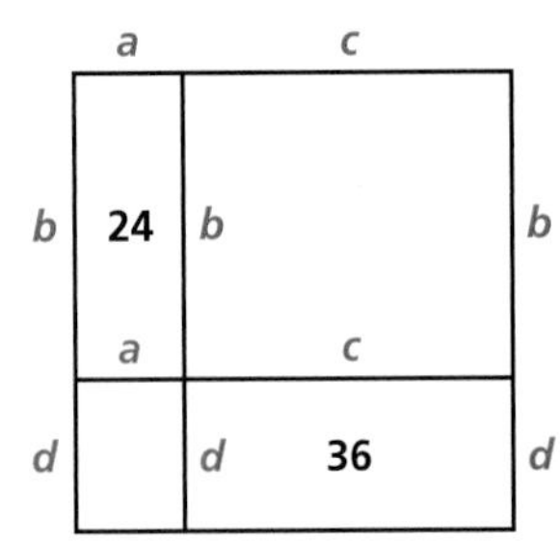

(*Pista:* Recuerda que $a + c = b + d$).

Usa longitudes diferentes y una respuesta distinta para crear tu propia versión de este acertijo.

Círculos

¿Cuál es la máxima cantidad de veces que se pueden intersecar seis círculos del mismo tamaño? Para hallar la respuesta, empieza por trazar dos círculos del mismo tamaño. ¿Cuál es la mayor cantidad de veces que pueden intersecarse? Agrega otro círculo y otro, y así sucesivamente.

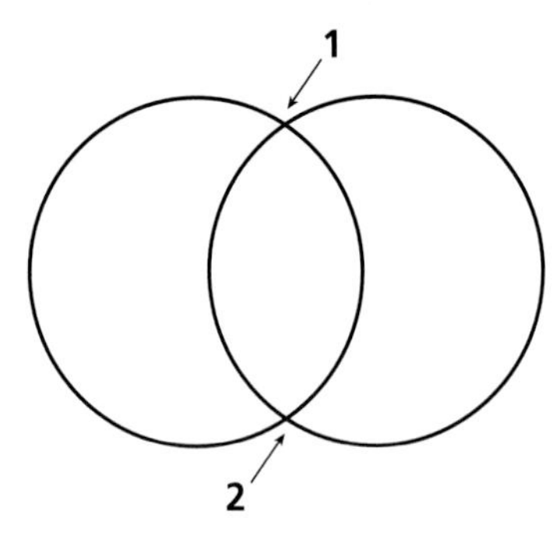

Círculos y cuadrados

Dos jugadores empiezan con una sucesión de círculos y cuadrados. Antes de empezar el juego, cada jugador elige ser "círculo" o "cuadrado". La meta del juego es hacer que la figura que quede al final sea la que elegiste ser. Las figuras se eliminan de la sucesión según las siguientes reglas: en cada vuelta, un jugador elige dos figuras. Si las figuras son idénticas, se reemplazan por un cuadrado. Si son diferentes, se reemplazan por un círculo.

La copia completa de las reglas y las piezas del juego se encuentran disponibles en línea.

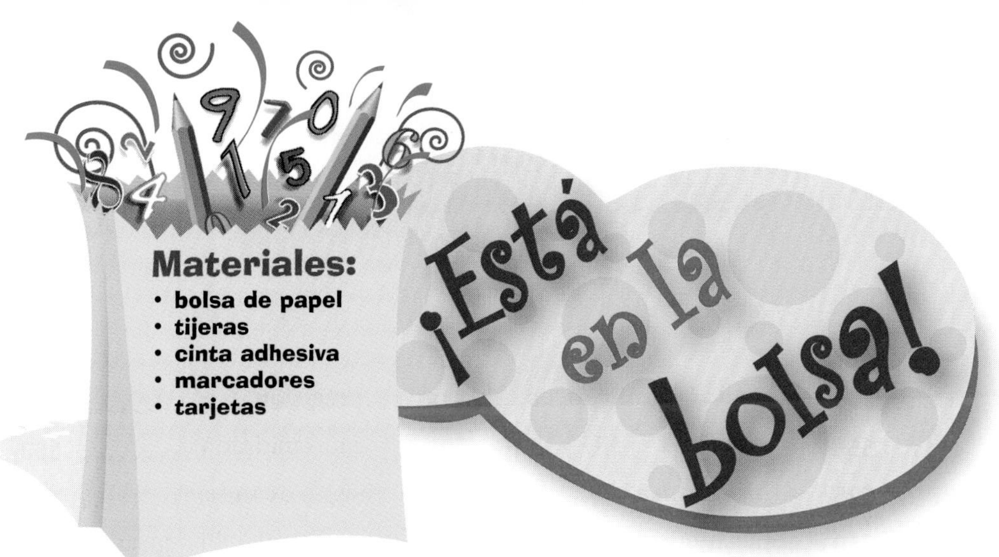

PROYECTO Bolsa para la medición

Esta bolsa de tarjetas te ayudará a organizar tus notas sobre la medición de figuras bidimensionales.

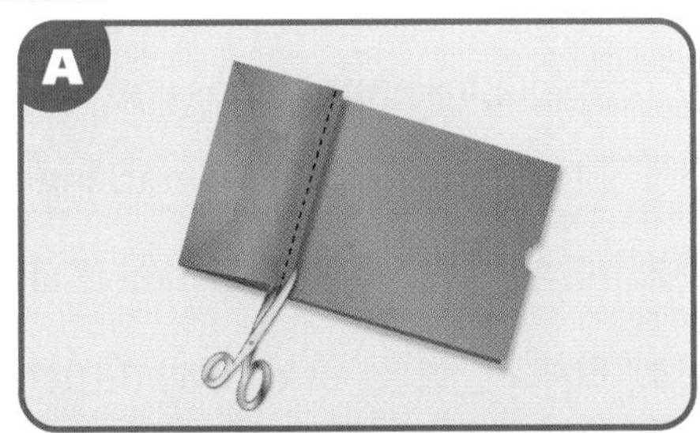

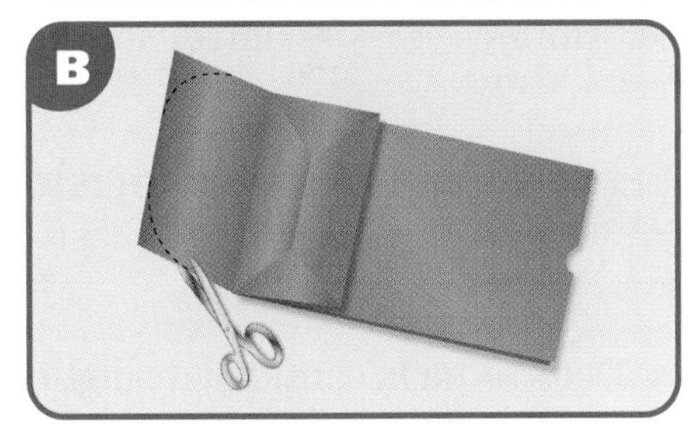

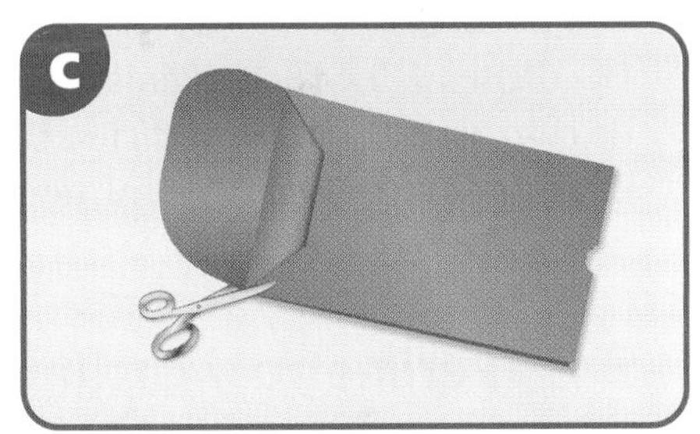

1. Sostén la bolsa de manera que la solapa quede frente a ti. Recorta una tira delgada de la solapa como se muestra en la figura. **Figura A**

2. Recorta los costados de la solapa a lo largo para poder abrirla. Luego, usa las tijeras para redondear los extremos de la parte superior de la solapa. **Figura B**

3. Dobla la parte inferior de la solapa. Luego, recorta un trapecio en esta parte de la solapa como se muestra. **Figura C**

4. Recorta otro trapecio desde el extremo inferior de la bolsa atravesando todas las capas. Luego, dobla la parte inferior de la bolsa para formar dos bolsillos, uno debajo del otro. **Figura D**

5. Une los costados de la bolsa con cinta adhesiva para cerrar los bolsillos. Cierra la solapa y escribe en ella el número y el título del capítulo.

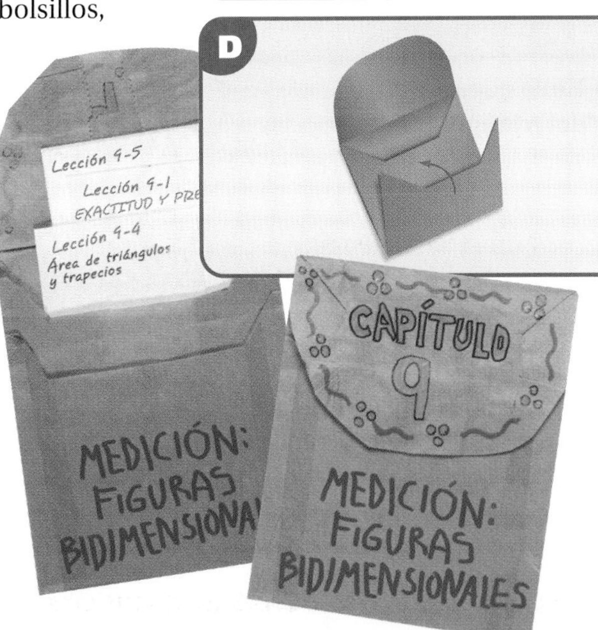

Tomar notas de matemáticas

Usa las tarjetas para anotar fórmulas de medición, el teorema de Pitágoras y otros datos importantes del capítulo. Guarda las tarjetas en los bolsillos de la bolsa.

CAPÍTULO 9

Guía de estudio: Repaso

Vocabulario

Completa los enunciados con las palabras del vocabulario.

1. El lado más largo de un triángulo rectángulo se llama __?__.

2. El/La __?__ es la distancia alrededor de un círculo.

3. El/La __?__ es el nivel de detalle con que puede medir un instrumento.

4. Un(a) __?__ es uno de los dos factores iguales de un número.

9-1 Exactitud y precisión (págs. 518–521)

EJEMPLO

■ **Determina la cantidad de dígitos significativos en 705.4 mL**

Los dígitos 7, 5 y 4 son dígitos distintos de cero y 0 está entre dos dígitos distintos de cero. Por lo tanto, 705.4 mL tiene 4 dígitos significativos.

EJERCICIOS

Determina la cantidad de dígitos significativos en cada medición.

5. 0.450 kg
6. 6,703.0 pies
7. 30,000 lb
8. 0.00078 g
9. 900.5 cm
10. 1,204 gal

9-2 Perímetro y circunferencia (págs. 524–527)

EJEMPLO

■ **Halla el perímetro del triángulo.**

12 pulg
17 pulg
21 pulg

$P = 12 + 17 + 21$
$P = 50$
El perímetro es 50 pulg.

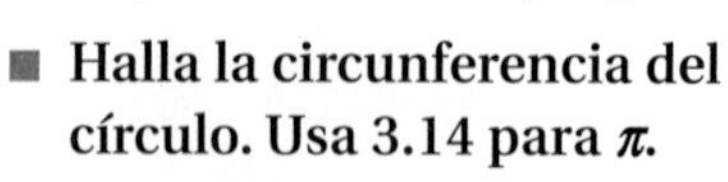

■ **Halla la circunferencia del círculo. Usa 3.14 para π.**

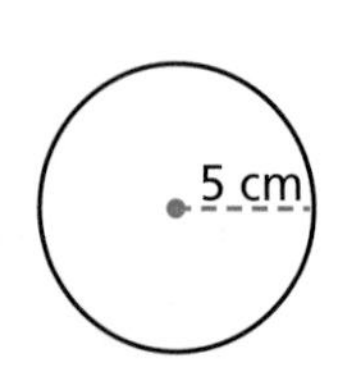

$C = 2\pi r$
$C \approx 2 \cdot 3.14 \cdot 5$
$C \approx 31.4$
La circunferencia es aproximadamente 31.4 cm.

EJERCICIOS

Halla el perímetro de cada polígono.

11. 24 m, 12 m, 15 m, 32 m

12. 24.9 cm, 15.8 cm

Halla la circunferencia de cada círculo a la décima más cercana. Usa 3.14 para π.

13.

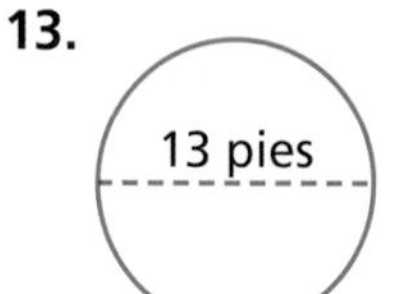

14.

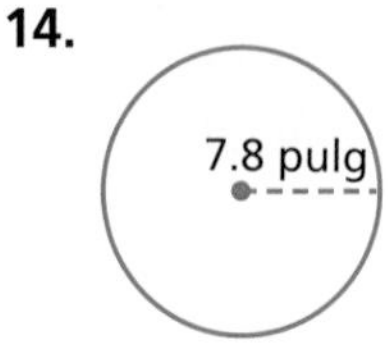

Guía de estudio: Repaso

9-3 Área de los paralelogramos (págs. 530–533)

EJEMPLO

- **Halla el área del rectángulo.**

14 pulg

8.6 pulg

$A = \ell a$

$A = 14 \cdot 8.6$

$A = 120.4$

El área del rectángulo mide 120.4 pulg^2.

EJERCICIOS

Halla el área de cada polígono.

15. 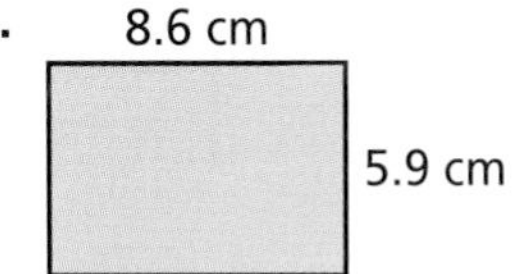

16. 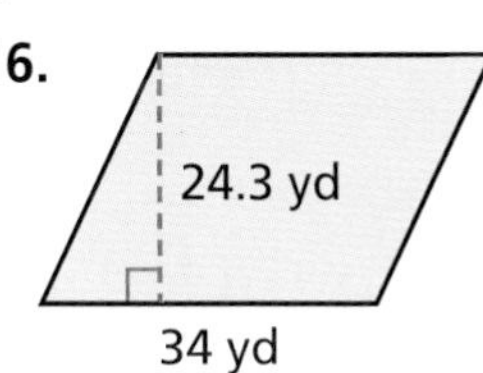

17. Rose dibuja un retrato para su clase de arte. Usa una hoja de papel que mide 6 pulgadas de ancho y 12 pulgadas de largo. ¿Cuál es el área del papel en pulgadas cuadradas?

9-4 Área de triángulos y trapecios (págs. 534–537)

EJEMPLO

- **Halla el área del triángulo.**

2.9 m

4.8 m

$A = \frac{1}{2}bh$

$A = \frac{1}{2}(4.8 \cdot 2.9)$

$A = \frac{1}{2}(13.92)$

$A = 6.96$

El área del triángulo mide 6.96 m^2.

EJERCICIOS

Halla el área de cada polígono.

18. 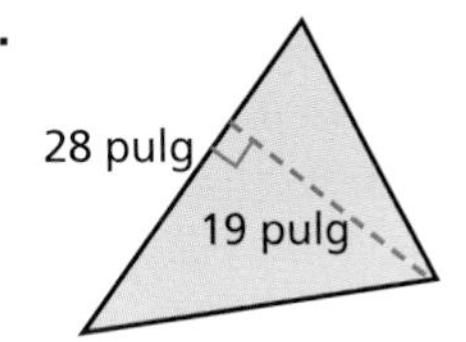

19. 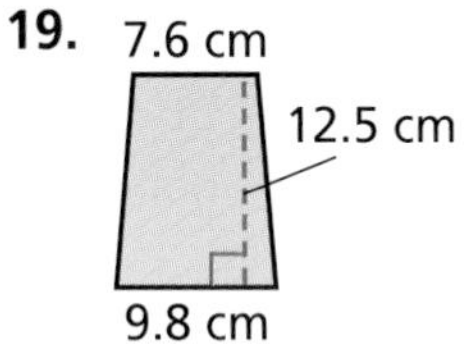

20. 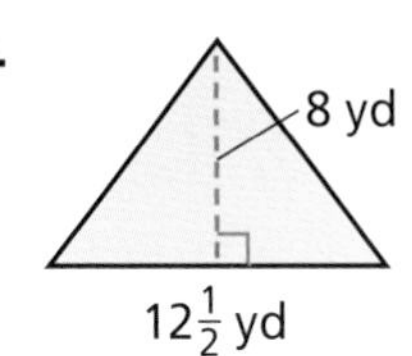

21. 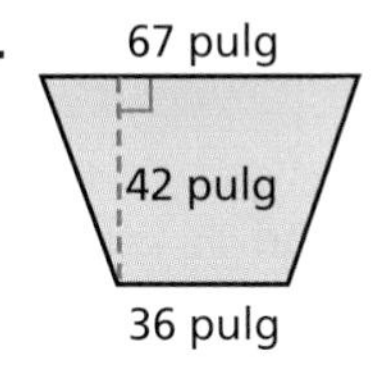

9-5 Área de los círculos (págs. 538–541)

EJEMPLO

- **Halla el área del círculo a la décima más cercana. Usa 3.14 para π.**

5 pulg

$A = \pi r^2$

$A \approx 3.14 \cdot 5^2$

$A \approx 3.14 \cdot 25$

$A \approx 78.5$

El área del círculo mide aproximadamente 78.5 pulg^2.

EJERCICIOS

Halla el área de cada círculo a la décima más cercana. Usa 3.14 para π.

22. 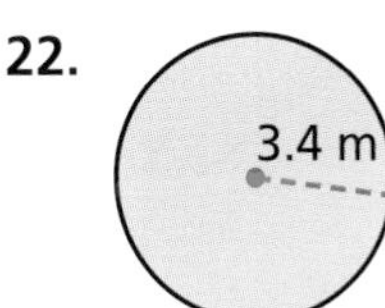

23. 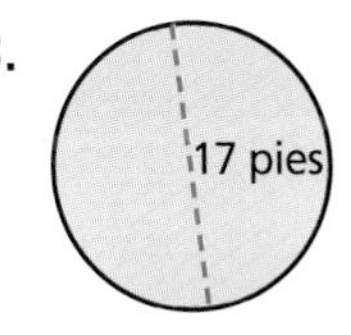

24. La manecilla de los minutos de un reloj mide 9 pulgadas de largo. ¿Cuál es el área del círculo que recorre la manecilla luego de una hora? Da tu respuesta en pulgadas cuadradas.

Guía de estudio: Repaso

9-6 Área de figuras irregulares (págs. 542-545)

EJEMPLO

- **Halla el área de la figura irregular.**

Separa la figura en un rectángulo y un triángulo.

$A = \ell a$

$= 4 \cdot 8 = 32 \text{ m}^2$

$A = \frac{1}{2}bh$

$= \frac{1}{2}(3 \cdot 4) = 6 \text{ m}^2$

$A = 32 + 6 = 38 \text{ m}^2$

3 m
4 m
4 m
8 m

3 m
4 m
4 m
8 m

EJERCICIOS

Halla el área de cada figura. Usa 3.14 para π.

25.

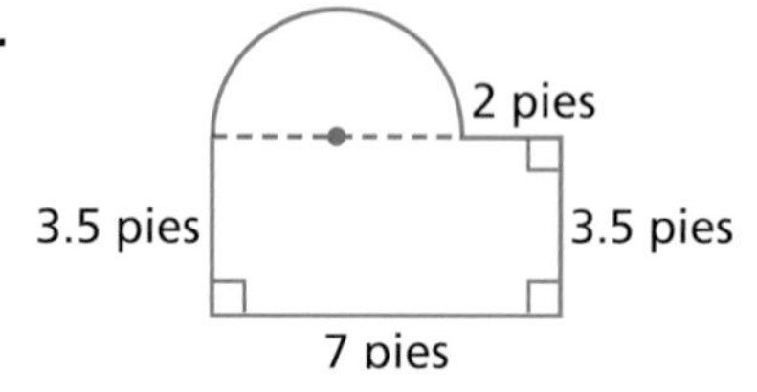

26.

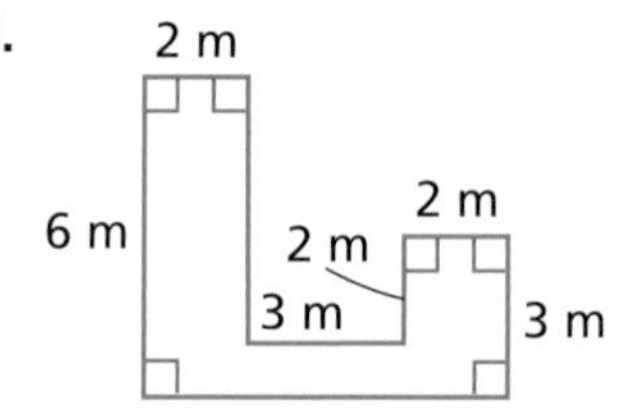

9-7 Cuadrados y raíces cuadradas (págs. 550–553)

EJEMPLO

- **Estima $\sqrt{71}$ al número cabal más cercano.**

$64 < \quad 71 < 81$ *Halla los cuadrados perfectos más cercanos a 71.*

$\sqrt{64} < \sqrt{71} < \sqrt{81}$

$8 < \sqrt{71} < 9$ *Halla las raíces cuadradas de 64 y 81.*

Como 71 está más cerca de 64 que de 81, $\sqrt{71} \approx 8$.

EJERCICIOS

Estima cada raíz cuadrada al número cabal más cercano.

27. $\sqrt{29}$ **28.** $\sqrt{92}$

29. $\sqrt{106}$ **30.** $\sqrt{150}$

31. El área de la huerta cuadrada de Rita mide 265 pies^2. ¿Cuál es la longitud de cada lado de la huerta al pie más cercano?

9-8 Teorema de Pitágoras (pp. 556–559)

EJEMPLO

- **Usa el teorema de Pitágoras para hallar la medida que falta.**

$a^2 + b^2 = c^2$

$9^2 + 12^2 = c^2$

$81 + 144 = c^2$

$225 = c^2$

$\sqrt{225} = \sqrt{c^2}$

$15 = c$

La hipotenusa mide 15 pulg.

9 pulg
c
12 pulg

EJERCICIOS

Usa el teorema de Pitágoras para hallar cada medida que falta.

32.

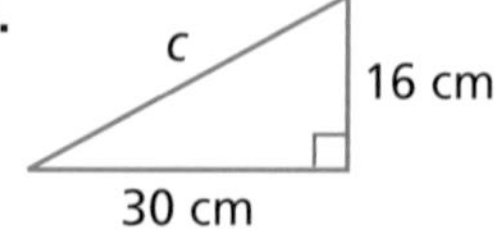

33.

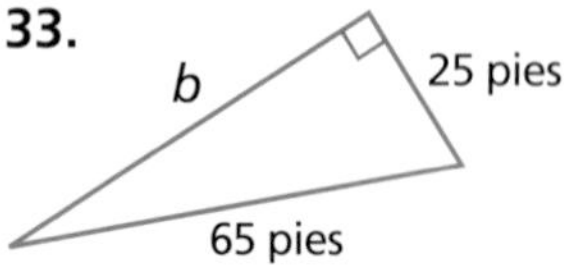

34.

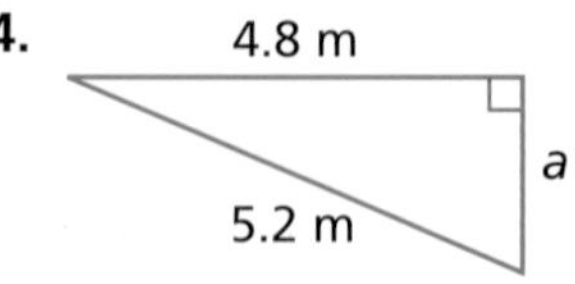

35.

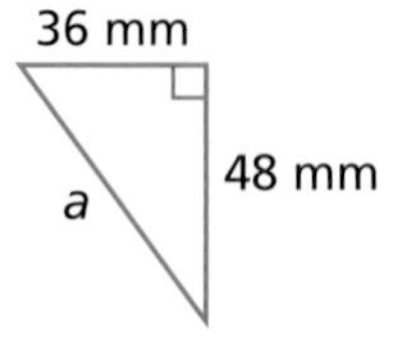

EXAMEN DEL CAPÍTULO

CAPÍTULO 9

Elige la medición más precisa de cada par.

1. 80 m, 7.9 cm **2.** 18 yd, 5 mi **3.** 500 lb, 18 oz

Calcula. Usa la cantidad correcta de dígitos significativos en cada respuesta.

4. 5.6 lb ÷ 2.59 **5.** 3.14 • 125 cm **6.** 5.882 pulg + 5.17 pulg

7. Halla el perímetro del trapecio.

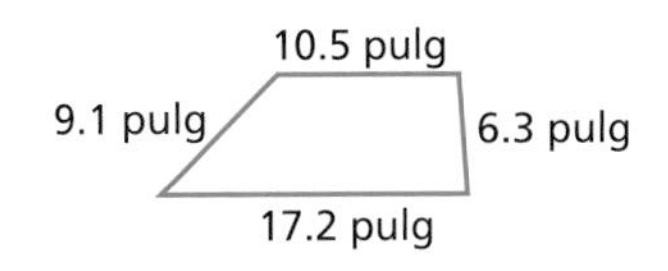

8. La salida del túnel de un juego tiene una circunferencia de 25 pies. ¿Cuál es el radio del túnel redondeado a la décima más cercana?

Halla el área de cada figura.

9.

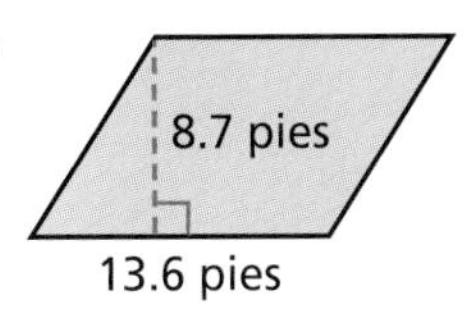

10.

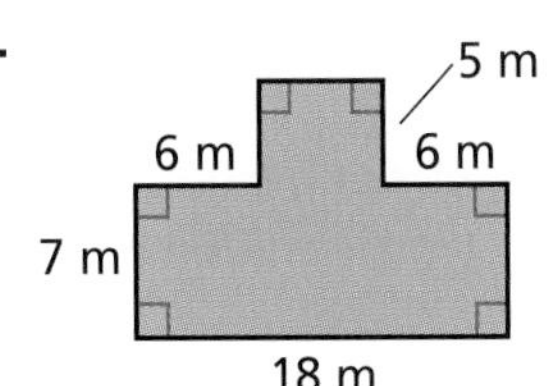

11. $2\frac{1}{2}$ mi

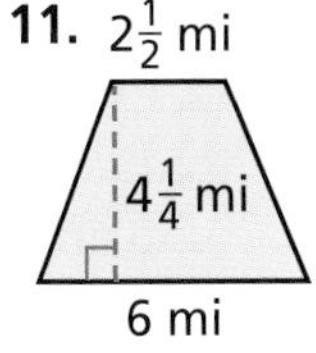

12. Un laboratorio informático rectangular tiene un área de 660 pies^2 y un ancho de 22 pies. ¿Cuál es la longitud del laboratorio informático?

13. El área de una fuente circular mide 66 cm^2. ¿Cuál es su radio redondeado a la décima más cercana?

Usa el diagrama para los Ejercicios 14 y 15.

14. Halla la circunferencia del círculo a la décima más cercana.

15. Halla el área del círculo a la décima más cercana.

Halla cada cuadrado o raíz cuadrada.

16. 15^2 **17.** 23^2 **18.** $\sqrt{1,600}$ **19.** $\sqrt{961}$

20. Las baldosas del nuevo piso de Sara son blancas y negras como se muestra en la figura. ¿Cuál es la longitud que falta redondeada a la décima más cercana?

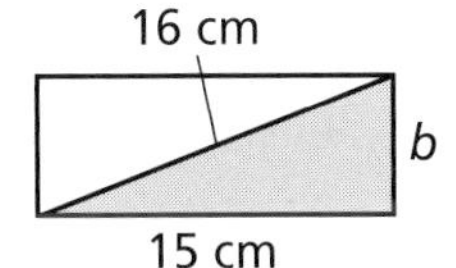

21. El parque Triángulo tiene un recorrido con forma de triángulo rectángulo. Uno de los catetos del recorrido mide 2.1 millas y el otro, 3.0 millas. ¿Cuánto mide el tercer tramo del recorrido redondeado a la décima de milla más cercana?

Usa el diagrama de la derecha para los Ejercicios 22 y 23.

22. Usa el teorema de Pitágoras para hallar la medida que falta del triángulo.

23. Halla el área del triángulo.

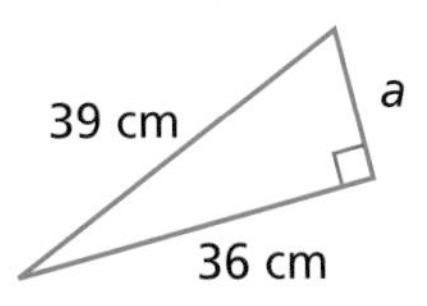

Examen del capítulo

AYUDA PARA EXAMEN

Estrategias para el examen estandarizado

Opción múltiple: Preguntas basadas en el contexto

A veces, para contestar una pregunta de opción múltiple de un examen, debes usar información que aparece en las opciones de respuesta para determinar qué opción se ajusta al contexto del problema.

EJEMPLO 1

¿Qué enunciado se corresponde con la figura?

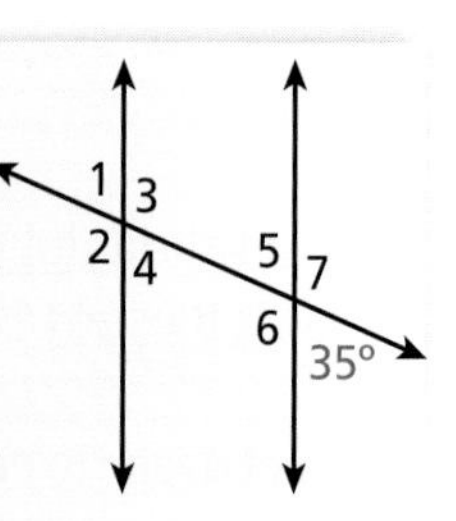

Ⓐ ∠1 y ∠4 son suplementarios.

Ⓑ ∠3 y ∠2 son opuestos por el vértice.

Ⓒ La medida de ∠7 es 35°.

Ⓓ ∠5 y ∠6 son congruentes.

Lee cada opción de respuesta para hallar la mejor respuesta.

Opción A: ∠1 y ∠4 son ángulos opuestos por el vértice. Por lo tanto, son congruentes. Los ángulos congruentes son suplementarios sólo si son ángulos rectos. ∠1 y ∠4 miden 35°.

Opción B: ∠3 y ∠2 son ángulos opuestos por el vértice. Esta es la opción de respuesta correcta.

Opción C: La medida de ∠7 no puede ser 35° porque ∠7 es suplementario de un ángulo que mide 35°. Por lo tanto, ∠7 mide 145°.

Opción D: ∠5 y ∠6 son ángulos suplementarios pero no ángulos rectos. Los ángulos suplementarios son congruentes sólo si ambos son ángulos rectos.

EJEMPLO 2

¿Qué dos figuras tienen la misma área?

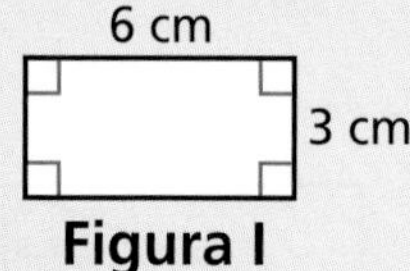

Figura I

9 cm

3 cm

Figura II

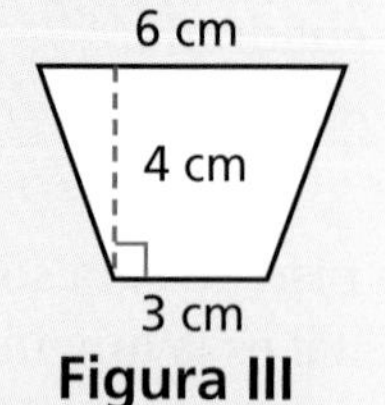

Figura III

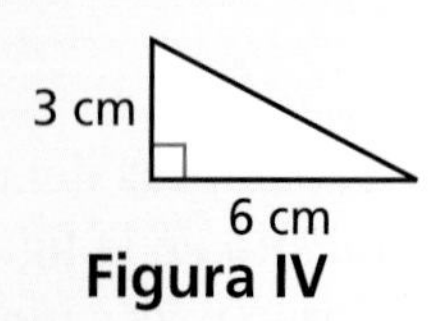

Figura IV

Ⓕ Figura I y Figura II

Ⓖ Figura I y Figura III

Ⓗ Figura II y Figura III

Ⓙ Figura I y Figura IV

Halla el área de las cuatro figuras y compáralas.

Figura I: $3 \cdot 6 = 18 \text{ cm}^2$

Figura II: $3 \cdot 9 = 27 \text{ cm}^2$

Figura III: $\frac{1}{2} \cdot 4(3 + 6) = 18 \text{ cm}^2$

Figura IV: $\frac{1}{2} \cdot 6 \cdot 3 = 9 \text{ cm}^2$

Las figuras I y III tienen la misma área. La opción correcta es la **G**.

No elijas una respuesta hasta no haber leído todas las opciones de respuesta.

Lee cada recuadro y contesta las preguntas que le siguen.

A
El área del cuadrado mide 16 cm^2. ¿Cuál de las siguientes opciones NO da información correcta sobre el círculo?

Ⓐ $C = 4\pi$ cm

Ⓑ $A = 16\pi\ cm^2$

Ⓒ $d = 4$ cm

Ⓓ $r = 2$ cm

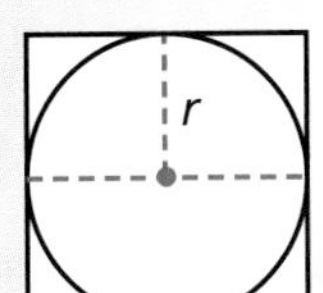

1. Si solo una opción contiene información incorrecta, ¿por qué es posible eliminar automáticamente las opciones C y D?
2. ¿Cómo puedes hallar la longitud de los lados del cuadrado? ¿Qué te dice la longitud de los lados del cuadrado sobre el círculo?
3. Usa tu respuesta al Problema 2 para determinar si la opción A contiene información correcta.
4. ¿Cómo sabes que la opción B es la respuesta correcta?

B
¿Qué figura es un triángulo isósceles acutángulo?

Ⓕ 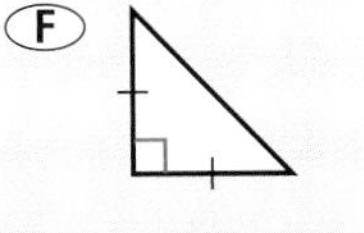

Ⓗ 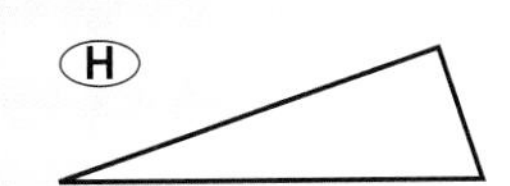

Ⓖ 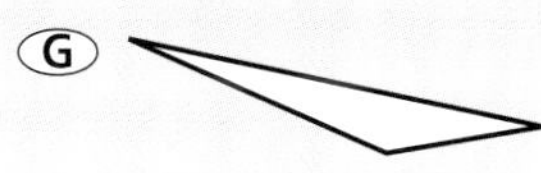

Ⓙ 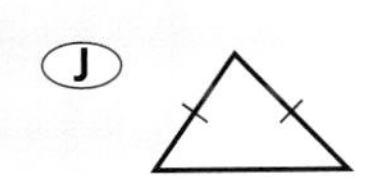

5. ¿Qué es un triángulo acutángulo?
6. ¿Qué es un triángulo isósceles?
7. ¿Por qué es incorrecta la opción F?

C
¿Qué gráfica representa una reflexión sobre el eje x?

Ⓐ Ⓒ

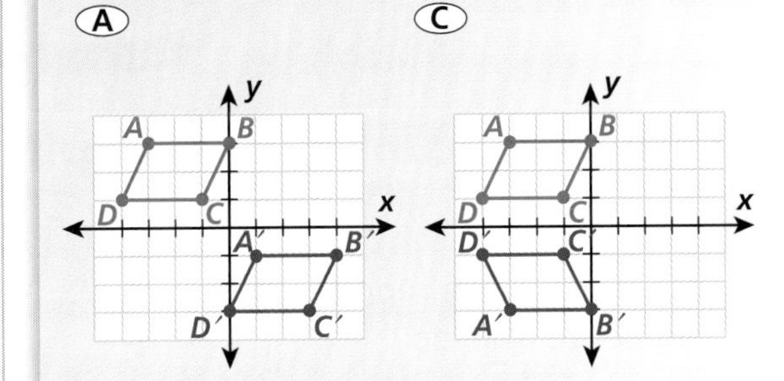

Ⓑ Ⓓ

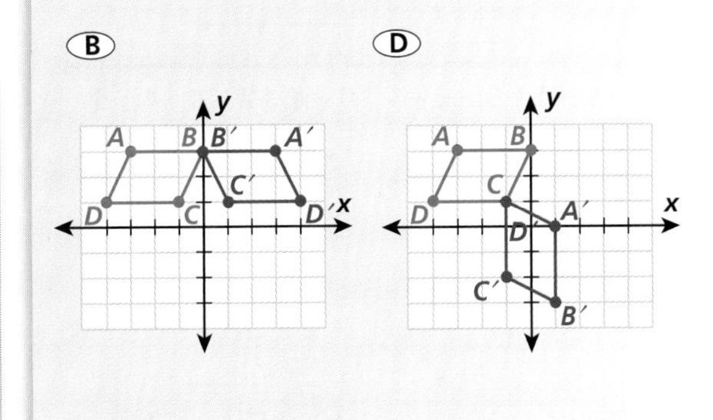

8. ¿En qué opciones de respuesta NO se muestran reflexiones?
9. ¿Qué es una reflexión sobre el eje x?

D
Si el área del trapecio mide 30 $pulg^2$, ¿qué ecuación NO puede usarse para hallar la altura del trapecio?

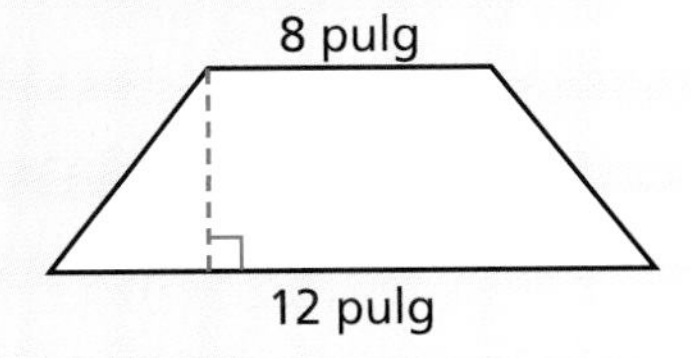

Ⓕ $30 = \frac{1}{2}(8 + 12)h$

Ⓖ $60 = (8 + 12)h$

Ⓗ $30 = \frac{1}{2}(8 - 12)h$

Ⓙ $\frac{1}{2}(8 + 12)h = 30$

10. ¿Cuál es la fórmula del área de un trapecio?
11. ¿Qué pasos seguirías para hallar h con la fórmula?

CAPÍTULO 9

PREPARACIÓN PARA EL EXAMEN ESTANDARIZADO

go.hrw.com
Práctica en línea para el examen estatal
CLAVE: MS7 TestPrep

Evaluación acumulativa, Capítulos 1–9

Opción múltiple

1. ¿Qué expresión representa el siguiente modelo?

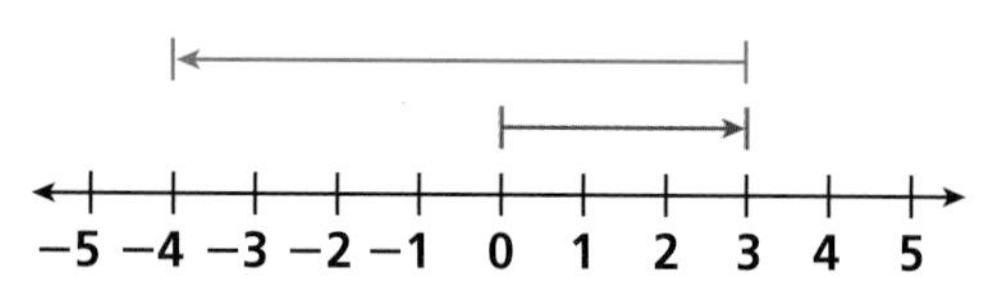

Ⓐ $3 + (-7)$ Ⓒ $-3 + 7$
Ⓑ $3 + 7$ Ⓓ $-3 + (-7)$

2. ¿Qué figura tiene sólo un eje de simetría?

Ⓕ 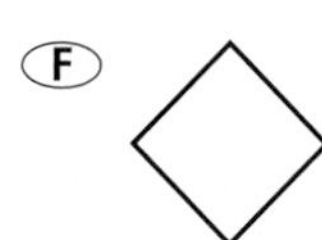
Ⓗ 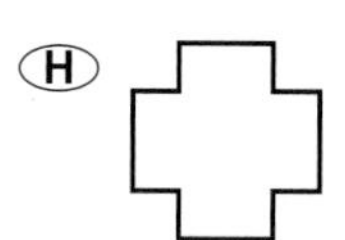
Ⓖ 
Ⓙ 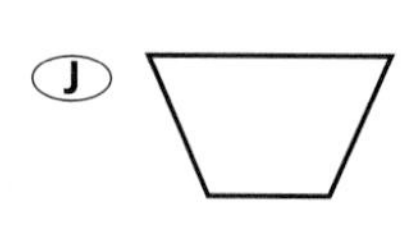

3. Si $x + 2 = y$ e $y = 4^2$, ¿cuál es el valor de $x + y$?

Ⓐ 14 Ⓒ 22
Ⓑ 16 Ⓓ 30

4. Si inviertes \$200 en una cuenta de ahorros con interés simple durante 5 años y ganas \$60 de interés, ¿qué tasa de interés tienes?

Ⓕ 1.5% Ⓗ 30%
Ⓖ 6% Ⓙ 33.3%

5. Una impresora a color está programada para imprimir 8 páginas por minuto. ¿Cuántas páginas puede imprimir en 13 minutos?

Ⓐ 1.6 páginas Ⓒ 84 páginas
Ⓑ 21 páginas Ⓓ 104 páginas

6. ¿Qué radio r tiene un círculo cuya área mide 153.86 pulgadas cuadradas?

Ⓕ $r = 7$ pulg Ⓗ $r = 24.5$ pulg
Ⓖ $r = 12.5$ pulg Ⓙ $r = 49$ pulg

7. ¿Qué ecuación describe la gráfica?

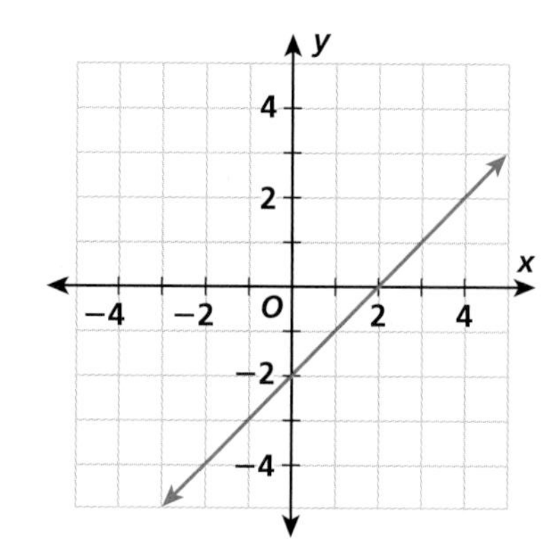

Ⓐ $y = x - 2$ Ⓒ $y = 2x + 1$
Ⓑ $y = x + 2$ Ⓓ $y = 2x - 2$

8. El setenta por ciento de los próceres que aparecen en los billetes y las monedas de Estados Unidos no tienen barba ni bigotes. ¿Cuál es el decimal equivalente a este porcentaje?

Ⓕ 0.07 Ⓗ 7.0
Ⓖ 0.70 Ⓙ 70

9. ¿Cuál es el área del trapecio?

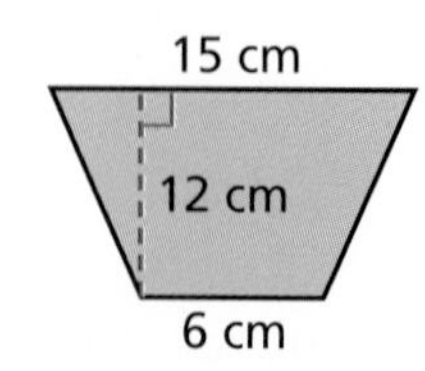

Ⓐ 81 cm² Ⓒ 135 cm²
Ⓑ 126 cm² Ⓓ 252 cm²

Preparación para el examen estandarizado

10. Paul planea construir una cerca alrededor del perímetro de su casa. ¿Cuanto material necesita para cercar su casa?

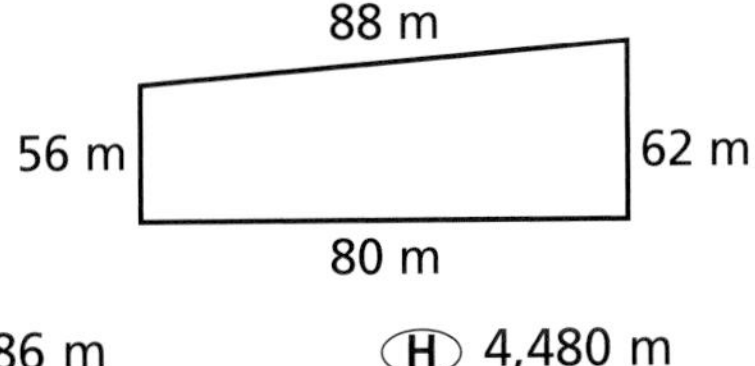

Ⓕ 286 m
Ⓖ 294 m
Ⓗ 4,480 m
Ⓙ 5,456 m

11. Gretchen compró seis panecillos a $3.19, cuatro botellas de jugo a $1.25 cada una y una bolsa de manzanas a $0.89 la libra. Le dio al cajero $20. ¿Qué otra información se necesita para hallar el vuelto que debe recibir Gretchen?

Ⓐ el costo de un panecillo
Ⓑ el costo total del jugo
Ⓒ la cantidad de libras de manzanas
Ⓓ el motivo de la compra de alimentos

En las respuestas breves y desarrolladas escribe tus explicaciones usando oraciones completas.

Respuesta gráfica

12. ¿Cuántos dígitos significativos hay en la medida 0.00410 miligramos?

13. El diámetro de un CD es alrededor de 12 centímetros. ¿Cuál es la circunferencia del CD redondeada a la décima de centímetro más cercana? Usa 3.14 para π.

14. ¿Cuál es la coordenada x del punto $(-2, 6)$ después de trasladarlo 5 unidades a la derecha y 7 unidades hacia abajo?

15. ¿Cuál es la medida en grados de $\angle x$ en el siguiente triángulo?

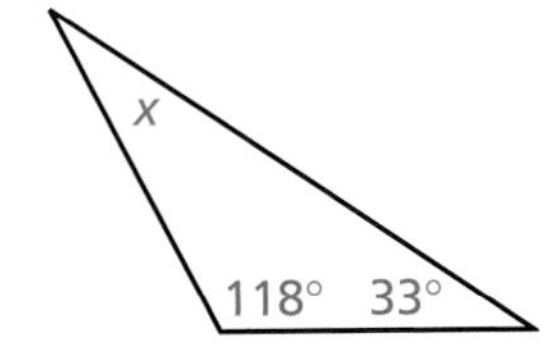

Respuesta breve

16. Al final de la temporada, el equipo de tenis organizó una fiesta en la que comieron pizza. Los 17 miembros del equipo gastaron $51.95 en pizzas y $6.70 en bebidas. ¿Cuánto dinero gastó en promedio cada miembro del equipo para la fiesta? Muestra tu trabajo.

17. Laurie quiere pegar una foto circular en un trozo de cartulina rectangular. El área de la foto mide 50.24 pulg^2. ¿Qué dimensiones puede tener el trozo de cartulina como mínimo para que entre en ella la foto circular? Usa 3.14 para π y explica tu respuesta.

18. Halla el perímetro y el área de un rectángulo con una longitud de 12 m y un ancho de 7 m. Luego, halla la longitud de los lados de un cuadrado que tiene la misma área que el rectángulo. Redondea tus respuestas al metro más cercano y muestra tu trabajo.

Respuesta desarrollada

19. Usa $\triangle ABC$ y $\triangle STU$ para resolver los siguientes problemas.

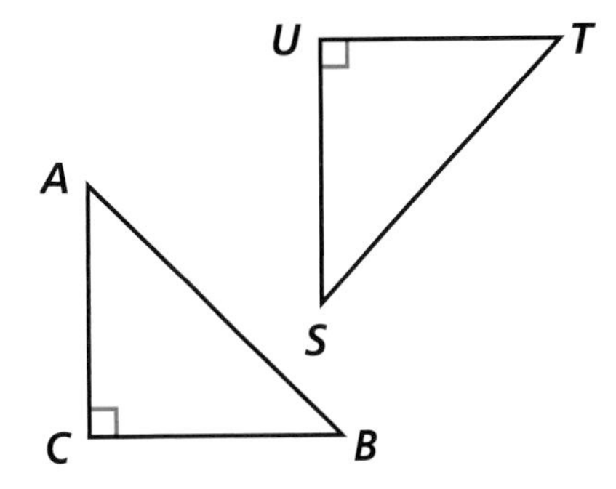

a. Si $AB = 17$ m y $AC = 8$ m, ¿qué teorema puedes usar para hallar CB? Halla CB y muestra tu trabajo.

b. Si $ST = 10$ m y $\triangle ABC$ es semejante a $\triangle STU$, ¿qué razón puedes usar para hallar SU y UT? Muestra cómo hallar SU y UT a la décima de metro más cercana.

c. Halla la diferencia entre las áreas de los dos triángulos.

CAPÍTULO 10

Medición: figuras tridimensionales

PREPARACIÓN DE VARIOS PASOS PARA EL EXAMEN

go.hrw.com
Presentación del capítulo en línea
CLAVE: MS7 Ch10

Pirámide	Ubicación	Altura (m)	Longitud de base (m)
El Castillo	Chichen Itza, México	55.5	79.0
Tikal	Tikal, Guatemala	30.0	80.0
Pirámide del Sol	Teotihuacan, México	63.0	225.0

Profesión *Arquitecta arqueóloga*

¿Te has preguntado alguna vez cómo se construyeron las pirámides? Los arqueólogos que también son arquitectos combinan un amor por el pasado con la habilidad de un diseñador de edificios para estudiar la construcción de edificios antiguos.

En los últimos años, los arquitectos arqueólogos han construido máquinas como las que se usaron en la antigüedad para demostrar cómo pudieron construirse las pirámides. En la tabla se muestran las dimensiones de algunas pirámides muy conocidas.

Vocabulario

Elige de la lista el término que mejor complete cada enunciado.

área
circunferencia
congruentes
factor de escala
hexágono
pentágono
semejantes

1. Un polígono de seis lados se llama __?__.
2. Las figuras __?__ tienen el mismo tamaño y la misma forma.
3. Un(a) __?__ es una razón que relaciona las dimensiones de dos objetos semejantes.
4. La fórmula del/de la __?__ de un círculo puede escribirse como πd ó $2\pi r$.
5. Las figuras __?__ tienen la misma forma pero no necesariamente el mismo tamaño.
6. Un polígono de cinco lados se llama __?__.

Resuelve los ejercicios para practicar las destrezas que usarás en este capítulo.

Área de cuadrados, rectángulos y triángulos

Halla el área de cada figura.

7. 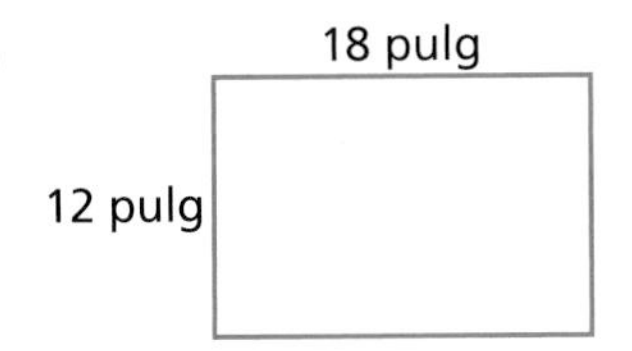

8. 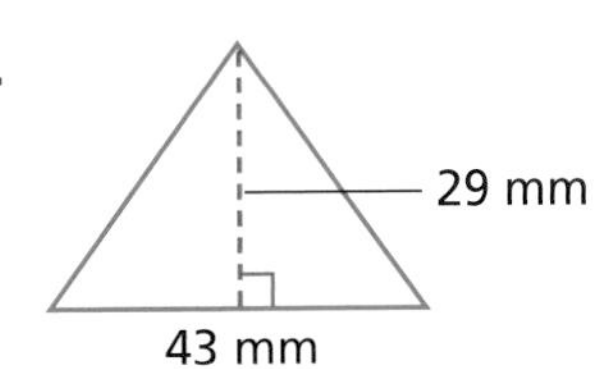

9. 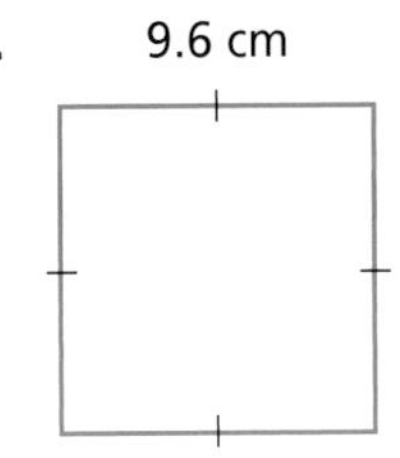

Área de los círculos

Halla el área de cada círculo a la décima más cercana. Usa 3.14 para π.

10. 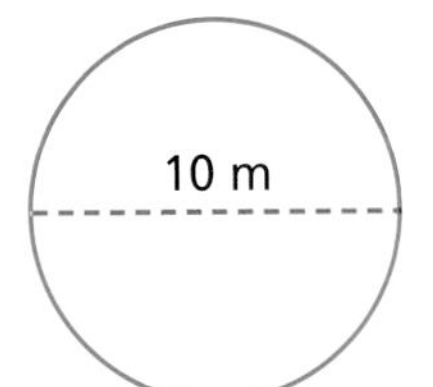

11. 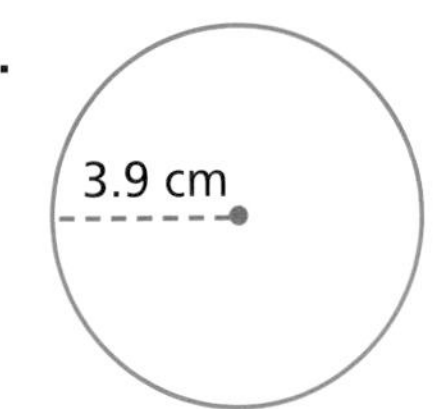

12. 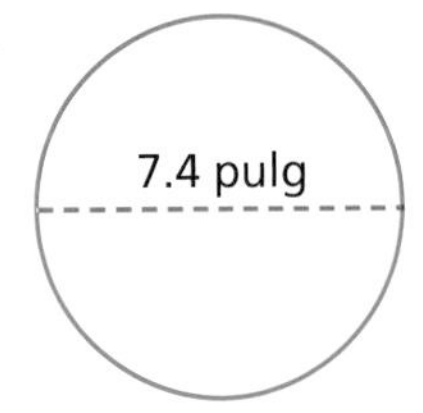

Hallar el cubo de un número

Halla cada valor.

13. 3^3
14. 8^3
15. 2.5^3
16. 6.2^3
17. 10^3
18. 5.9^3
19. 800^3
20. 98^3

CAPÍTULO 10

Guía de estudio: Avance

De dónde vienes

Antes,

- hallaste el área de polígonos y de figuras irregulares.
- comparaste la relación entre el perímetro y el área de una figura.

En este capítulo

Estudiarás

- cómo hallar el volumen de prismas, cilindros, pirámides y conos.
- cómo usar plantillas para hallar el área total de prismas y cilindros.
- cómo hallar el volumen y el área total de figuras tridimensionales semejantes.

Adónde vas

Puedes usar las destrezas aprendidas en este capítulo

- para determinar la cantidad de material necesario para construir una casa para el perro.
- para convertir las dimensiones de un modelo a dimensiones del mundo real.

Vocabulario/Key Vocabulary

área total	surface area
arista	edge
base de una figura tridimensional	base
cara	face
plantilla	net
poliedro	polyhedron
prisma	prism
vértice de un poliedro	vertex of a polyhedron
volumen	volume

Conexiones de vocabulario

Considera lo siguiente para familiarizarte con algunos de los términos de vocabulario del capítulo. Puedes consultar el capítulo, el glosario o un diccionario si lo deseas.

1. Observa la traducción al inglés de *área total* que se muestra en la tabla de arriba. ¿Qué te dice la frase **área total** en relación con *surface area?*
2. La palabra *arista* proviene del latín *acer,* que significa "afilado". ¿Cómo ayuda la raíz latina a definir la **arista** de una figura tridimensional?
3. La palabra *vértice* puede significar "cima" o "punto más alto". ¿Qué parte de un cono o de una pirámide es el **vértice?**
4. La palabra *prisma* proviene del griego *priein,* que significa "serrar". ¿Cómo puedes describir un **prisma** en términos de algo serrado o cortado?

Guía de estudio: Avance

Estrategia de estudio: Aprende y usa fórmulas

A lo largo de este capítulo, aprenderás muchas fórmulas. Memorizarlas puede serte útil, pero comprender los conceptos en los que se basan te ayudará a recrear la fórmula si te la olvidas.

Para memorizar una fórmula, puedes escribirla en una tarjeta y repasarla cada tanto. Incluye un diagrama y un ejemplo. Agrega todas las notas que consideres necesarias, como las ocasiones en las que debes usar la fórmula.

En la Lección 9-3 aprendiste la fórmula del área de un rectángulo.

Tarjeta de muestra

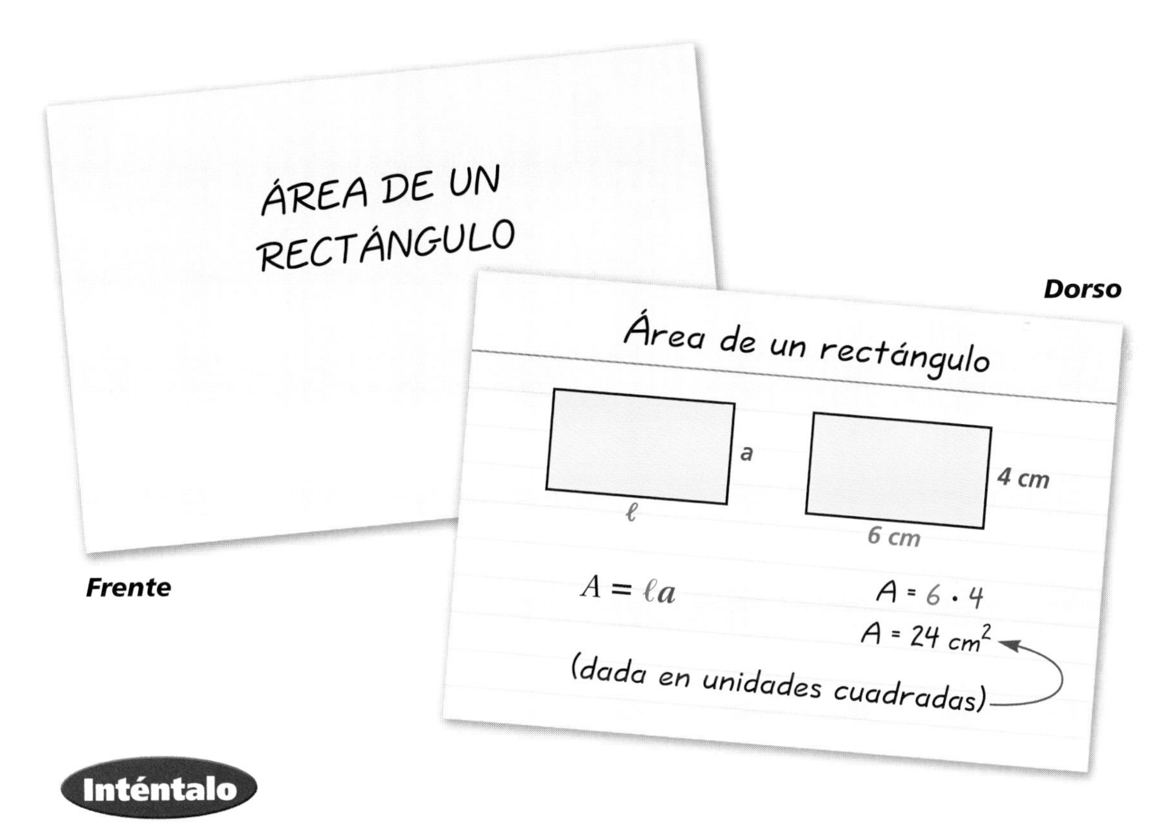

Inténtalo

1. Diseña tarjetas para algunas de las fórmulas de los capítulos anteriores.
2. Describe un plan que te ayude a memorizar las fórmulas de los Capítulos 9 y 10.

Dibujar figuras tridimensionales desde diferentes vistas

Para usar con la Lección 10-1

go.hrw.com
Recursos en línea para el laboratorio
CLAVE: MS7 Lab10

Las figuras tridimensionales suelen verse diferentes desde diferentes vistas. Puedes usar cubos de 1 centímetro para visualizar y dibujar figuras tridimensionales.

Actividad 1

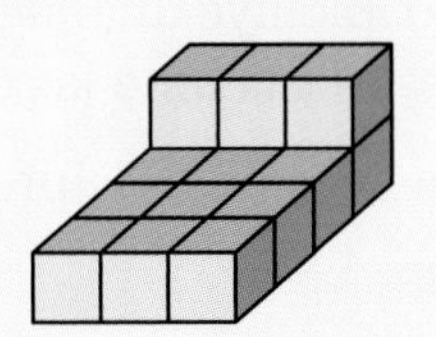

1. Usa cubos de 1 centímetro para construir la figura tridimensional de la derecha.
2. Ahora, observa la figura de frente y dibújala. Luego, observa la figura desde arriba y dibújala. Por último, observa la figura de costado y dibújala.

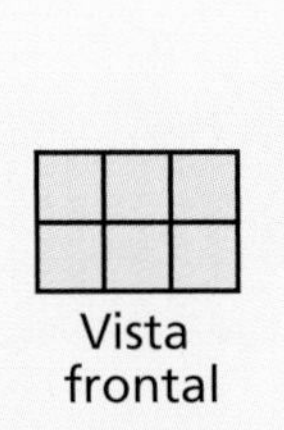

Vista frontal

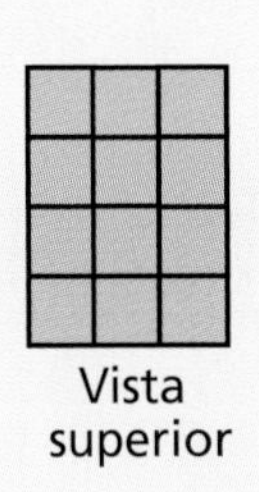

Vista superior

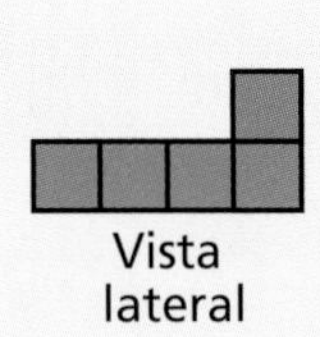

Vista lateral

Razonar y comentar

1. ¿Cuántos cubos usaste para construir la figura tridimensional?
2. ¿Cómo puedes agregarle un cubo a la figura sin cambiar la vista superior?
3. ¿Cómo puedes quitarle un cubo a la figura sin cambiar la vista lateral?

Inténtalo

Usa cubos de 1 centímetro para construir cada figura tridimensional. Luego, dibuja las vistas frontal, superior y lateral de cada una.

1. 
2. 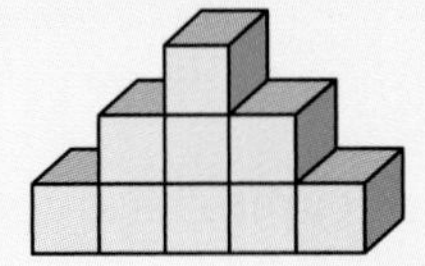
3. 
4. 

Actividad 2

1. Usa cubos de 1 centímetro para construir una figura con las vistas frontal, superior y lateral que se muestran.

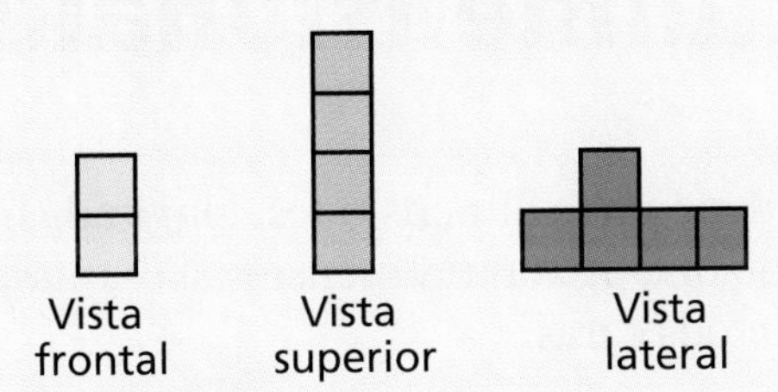

2. Puedes construir la figura haciendo primero una figura simple que coincida con la vista frontal.

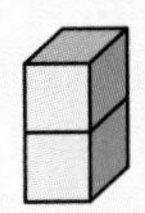

3. Ahora, agrega cubos para que la figura coincida con la vista superior.

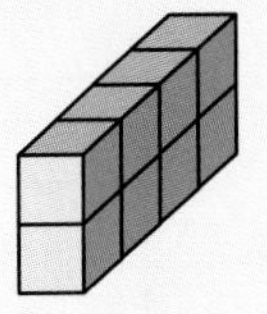

4. Por último, quita algunos cubos para que la figura coincida con la vista lateral. Comprueba que las vistas frontal y superior sigan coincidiendo con la figura que construiste.

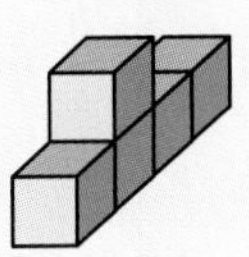

Razonar y comentar

1. Comenta si hay otro método paso a paso para construir la figura de arriba. Si lo hay, ¿el resultado final será el mismo?

Inténtalo

Abajo se muestran las vistas frontal, superior y lateral de una figura. Usa cubos de 1 centímetro para construir la figura. Luego, dibújala.

1.

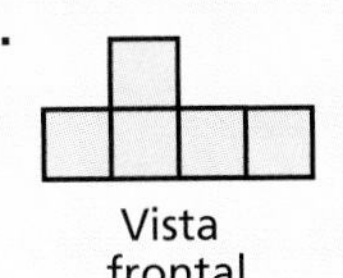

Vista frontal

Vista superior

Vista lateral

2.

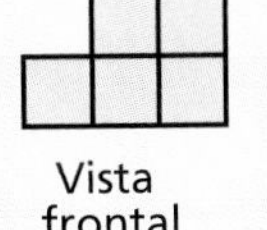

Vista frontal

Vista superior

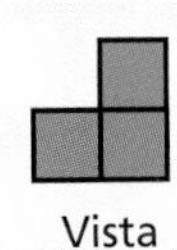

Vista lateral

3. Las siguientes vistas representan una figura tridimensional que no puede construirse con cubos. Determina qué figura tridimensional coincide con las vistas.

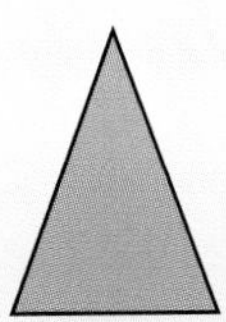

Vista frontal

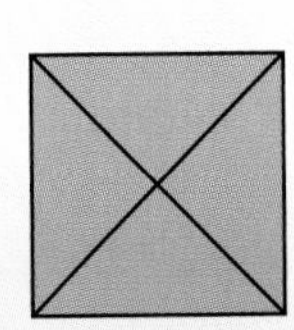

Vista superior

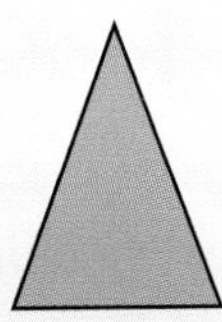

Vista lateral

A

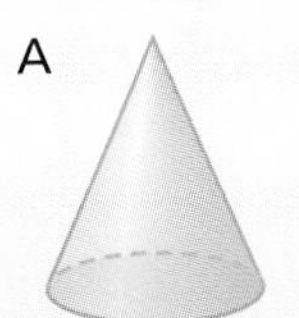

B

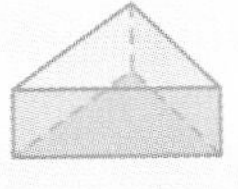

C

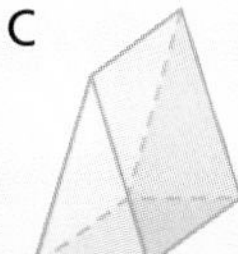

D

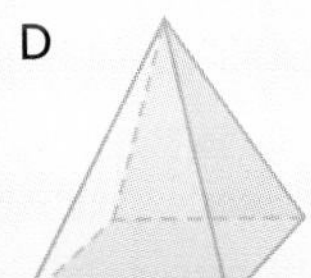

10-1 Introducción a las figuras tridimensionales

Aprender a identificar diversas figuras tridimensionales

Vocabulario

- cara
- arista
- poliedro
- vértice
- base
- prisma
- pirámide
- cilindro
- cono

Las figuras tridimensionales tienen tres dimensiones: longitud, ancho y altura. Una superficie plana de una figura tridimensional es una **cara.** Una **arista** es donde se encuentran dos caras.

Un **poliedro** es una figura tridimensional cuyas caras son todas polígonos. El **vértice** de un poliedro es un punto donde se encuentran tres o más aristas. La cara que se usa para clasificar un poliedro es la **base.**

Un *prisma* tiene dos bases y una *pirámide* tiene una base.

Prismas	Pirámides
Un **prisma** es un poliedro que tiene dos bases congruentes paralelas.Las bases pueden ser cualquier polígono. Las otras caras son paralelogramos.	Una **pirámide** es un poliedro que tiene una base. La base puede ser cualquier polígono. Las otras caras son triángulos.
Vértice 2 bases Arista	Vértice 1 base Arista

EJEMPLO 1 Identificar prismas y pirámides

Identifica las bases y las caras de cada figura. Luego, identifica la figura.

A

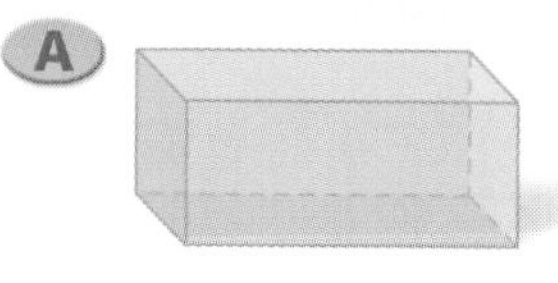

Hay dos bases rectangulares.
Hay cuatro caras rectangulares.
La figura es un prisma rectangular.

B

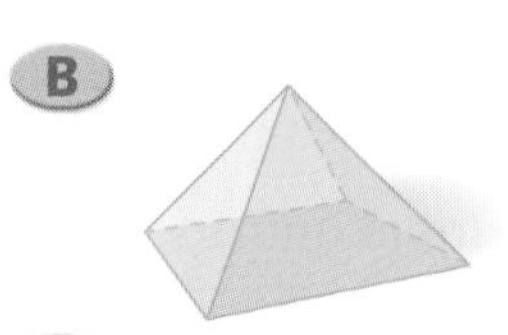

Hay una base rectangular.
Hay cuatro caras triangulares.
La figura es una pirámide rectangular.

C

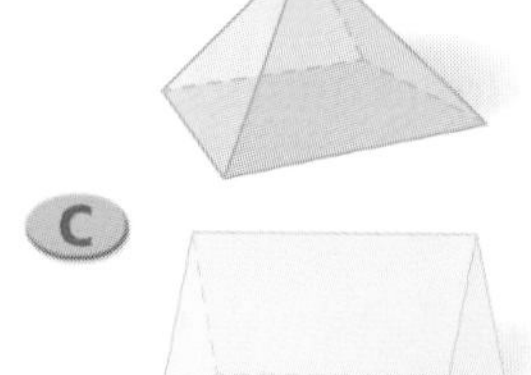

Hay dos bases triangulares.
Hay tres caras rectangulares.
La figura es un prisma triangular.

D

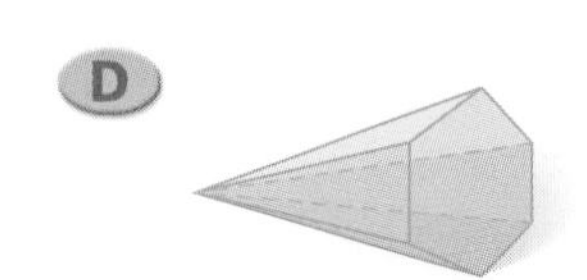

Hay una base hexagonal.
Hay seis caras triangulares.
La figura es una pirámide hexagonal.

¡Recuerda!

Un polígono con seis lados se llama hexágono.

Otras figuras tridimensionales son los *cilindros* y los *conos*. Estas figuras son diferentes de los poliedros porque no todas sus caras son polígonos.

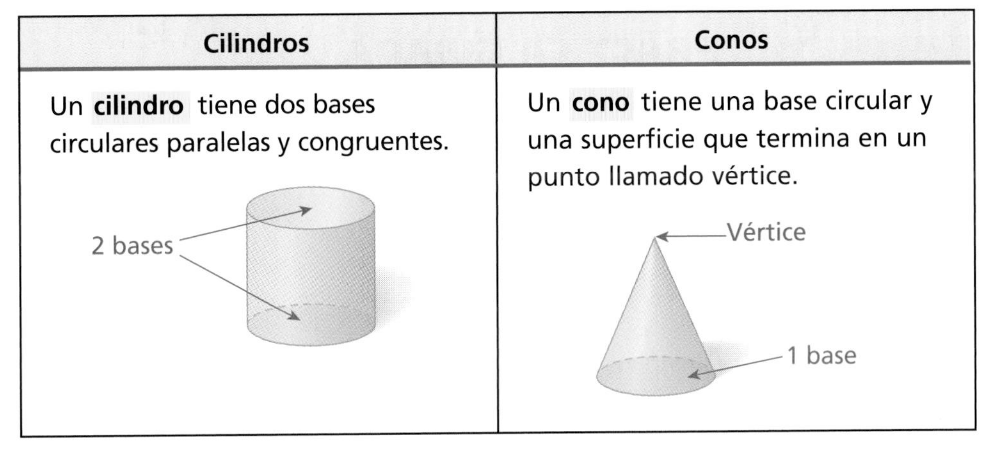

Cilindros	Conos
Un **cilindro** tiene dos bases circulares paralelas y congruentes.	Un **cono** tiene una base circular y una superficie que termina en un punto llamado vértice.

Para clasificar figuras tridimensionales, puedes usar sus propiedades.

EJEMPLO 2 Clasificar figuras tridimensionales

Clasifica cada figura como poliedro o no poliedro. Luego, identifica la figura.

A

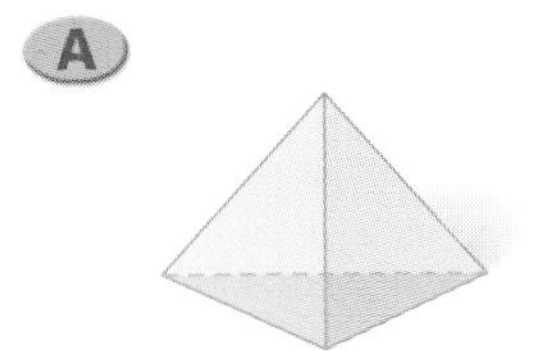

Todas las caras son polígonos, por lo tanto, la figura es un poliedro.
Tiene una base triangular.
La figura es una pirámide triangular.

B

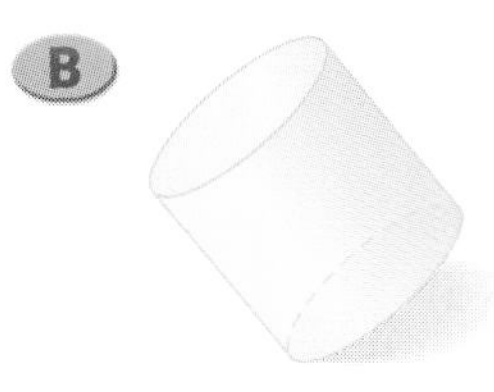

No todas las caras son polígonos, por lo tanto, la figura no es un poliedro.
Tiene dos bases circulares.
La figura es un cilindro.

C

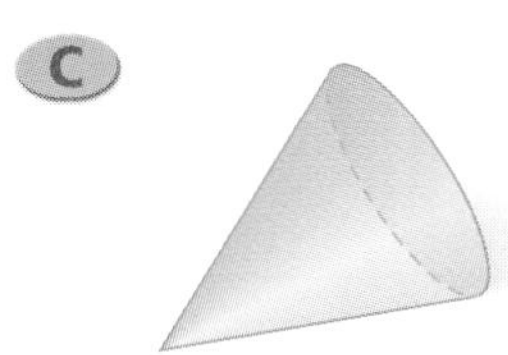

No todas las caras son polígonos, por lo tanto, la figura no es un poliedro.
Tiene una base circular.
La figura es un cono.

Razonar y comentar

1. **Explica** cómo identificar un prisma o una pirámide.
2. **Compara y contrasta** cilindros y prismas. ¿En qué se parecen? ¿En qué se diferencian?
3. **Compara y contrasta** pirámides y conos. ¿En qué se parecen? ¿En qué se diferencian?

10-1 Ejercicios

go.hrw.com
Ayuda en línea para tareas*
CLAVE: MS7 10-1
Recursos en línea para padres
CLAVE: MS7 Parent
*(Disponible sólo en inglés)

PRÁCTICA GUIADA

Ver Ejemplo 

Identifica las bases y las caras de cada figura. Luego, identifica la figura.

1. 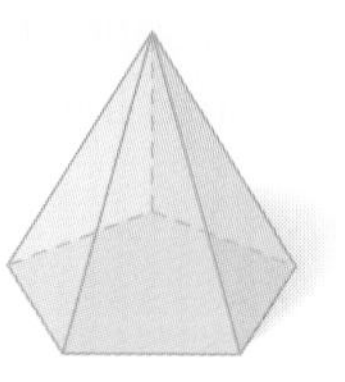

2. 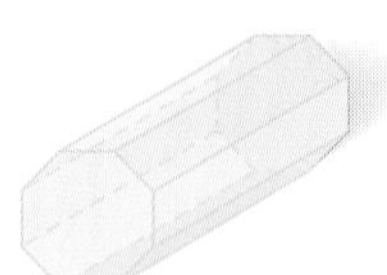

3. 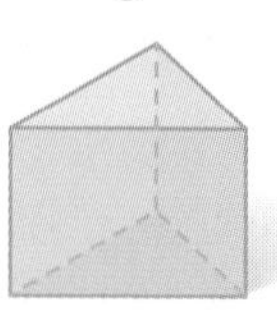

Ver Ejemplo 

Clasifica cada figura como poliedro o no poliedro. Luego, identifica la figura.

4. 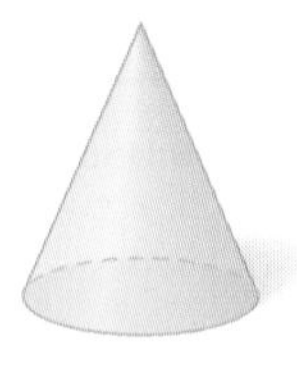

5. 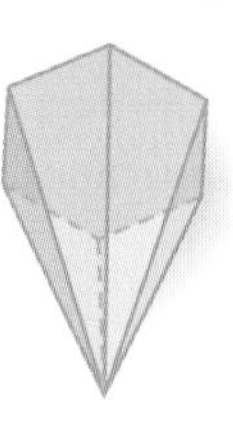

6. 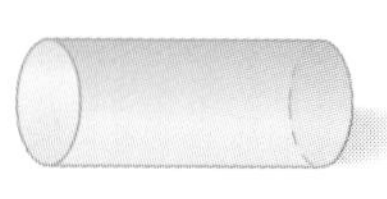

PRÁCTICA INDEPENDIENTE

Ver Ejemplo 

Identifica las bases y las caras de cada figura. Luego, identifica la figura.

7. 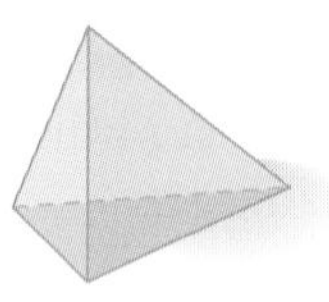

8. 

9. 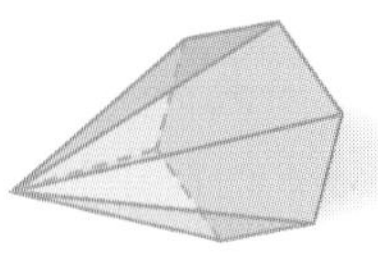

Ver Ejemplo 

Clasifica cada figura como poliedro o no poliedro. Luego, identifica la figura.

10. 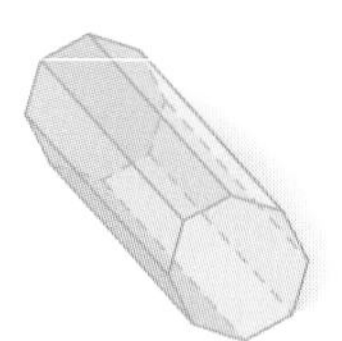

11. 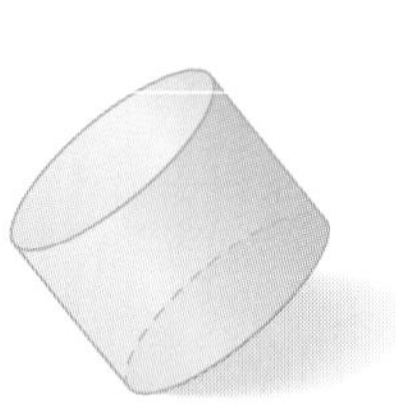

12. 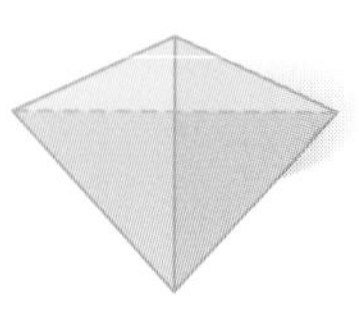

PRÁCTICA Y RESOLUCIÓN DE PROBLEMAS

Práctica adicional
Ver página 746

Identifica la figura tridimensional que se describe.

13. dos bases cuadradas congruentes y paralelas y cuatro caras poligonales

14. dos bases circulares congruentes y paralelas y una superficie curva

15. una base triangular y tres caras triangulares

16. una base circular y una superficie curva

Da dos ejemplos de las figuras tridimensionales que se describen.

17. dos bases congruentes y paralelas

18. una base

con la historia

19. Las estructuras en la foto de la derecha son tumbas de antiguos reyes egipcios. Nadie sabe exactamente cuándo se construyeron, pero algunos arqueólogos piensan que la primera pudo haberse construido alrededor de 2780 a.C. Identifica la forma de las antiguas estructuras egipcias.

2600 a.C.
Antiguas estructuras egipcias de Giza

20. Los antiguos griegos construyeron el Partenón alrededor del año 440 a.C. Era un templo destinado a albergar una estatua de Atenea, la diosa griega de la sabiduría. Describe las formas tridimensionales que ves en la estructura.

440 a.C.
Partenón

21. La torre inclinada de Pisa empezó a inclinarse desde que se construyó. Para impedir que la torre se desplomara, las secciones (pisos) superiores se construyeron ligeramente descentradas de modo que la torre se curvara en sentido opuesto al sentido en que se ladeaba. ¿Qué forma tiene cada sección de la torre?

1173
Torre inclinada de Pisa

22. **Desafío** La estructura de acero de la derecha, llamada Unisfera, se convirtió en el símbolo de la Feria Mundial de Nueva York de 1964–1965. Una esfera es una figura tridimensional cuya superficie está formada por todos los puntos que están a la misma distancia de un punto dado. Explica por qué la estructura no es una esfera.

1964
Unisfera

Preparación para el examen y repaso en espiral

23. Opción múltiple ¿Qué figura tiene seis caras rectangulares?

Ⓐ prisma rectangular
Ⓑ prisma triangular
Ⓒ pirámide triangular
Ⓓ pirámide rectangular

24. Opción múltiple ¿Qué figura NO tiene dos bases congruentes?

Ⓕ cubo   Ⓖ pirámide   Ⓗ prisma   Ⓙ cilindro

Estima cada suma. (Lección 3-7)

25. $\frac{2}{5} + \frac{3}{8}$ **26.** $\frac{1}{16} + \frac{4}{9}$ **27.** $\frac{7}{9} + \frac{11}{12}$ **28.** $\frac{1}{10} + \frac{1}{16}$

29. Una tienda vende detergente en envases de dos tamaños: 300 onzas de detergente a $21.63 ó 100 onzas a $6.99. ¿Qué tamaño de envase tiene el precio más bajo por onza? (Lección 5-2)

Explorar el volumen de prismas y cilindros

Para usar con la Lección 10-2

go.hrw.com
Recursos en línea para el laboratorio
CLAVE: MS7 Lab10

El volumen de una figura tridimensional es la cantidad de cubos que la forman. Un cubo representa una unidad cúbica de volumen.

Actividad 1

1. Usa cubos de 1 centímetro para construir el prisma rectangular de la derecha. ¿Cuál es la longitud, la altura y el ancho del prisma? ¿Cuántos cubos forman el prisma?

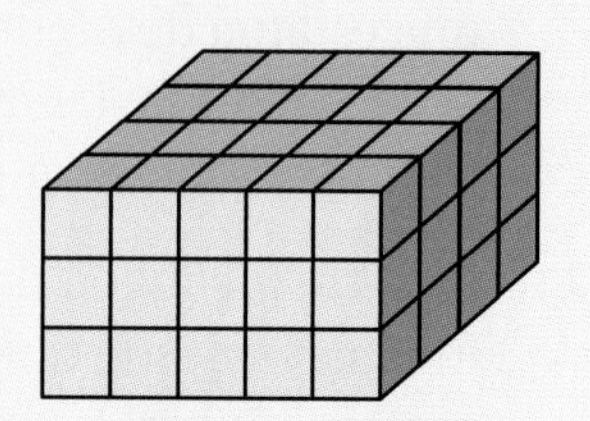

2. Puedes hallar cuántos cubos forman el prisma sin tener que contar uno por uno. Primero, observa el prisma desde arriba. ¿Cómo puedes hallar la cantidad de cubos en la cara superior sin contarlos uno por uno?

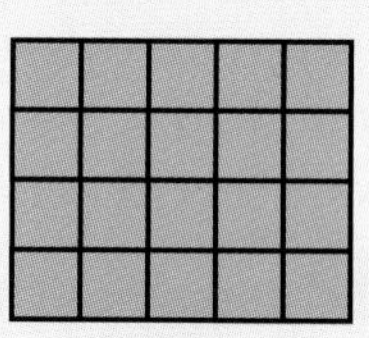

Vista superior

3. Ahora, observa el prisma de costado. ¿Cuántas capas tiene el prisma? ¿Cómo puedes usar esta información para hallar la cantidad total de cubos que contiene el prisma?

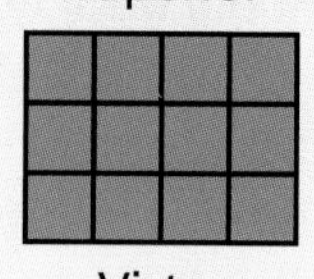

Vista lateral

Razonar y comentar

1. Describe un método abreviado para hallar la cantidad de cubos en un prisma rectangular.
2. Supongamos que conoces el área de la base de un prisma y la altura del prisma. ¿Cómo puedes hallar su volumen?
3. Sea B el área de la base de un prisma y h la altura del prisma. Escribe una fórmula para hallar el volumen V del prisma.

Inténtalo

Usa la fórmula que descubriste para hallar el volumen de cada prisma.

1.

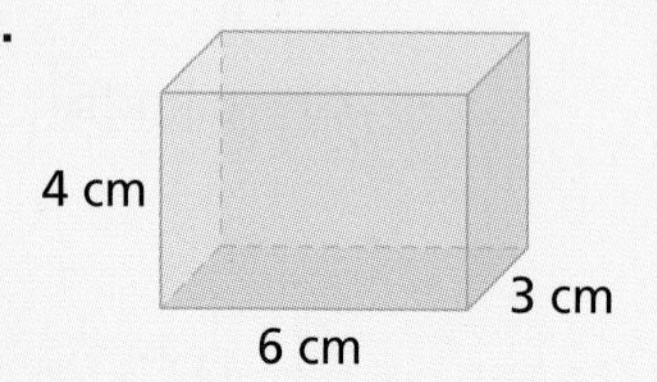

2.

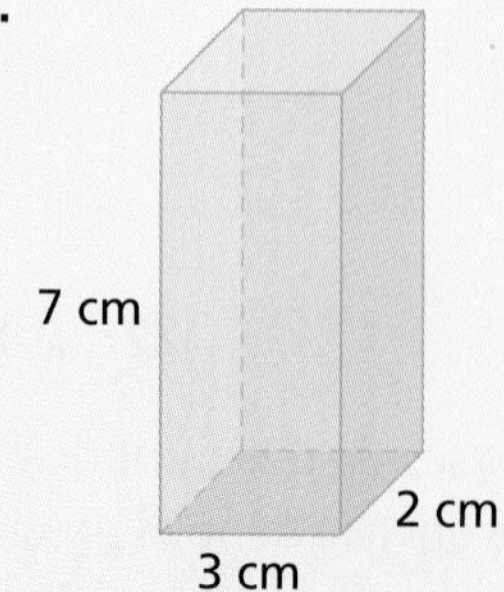

3.

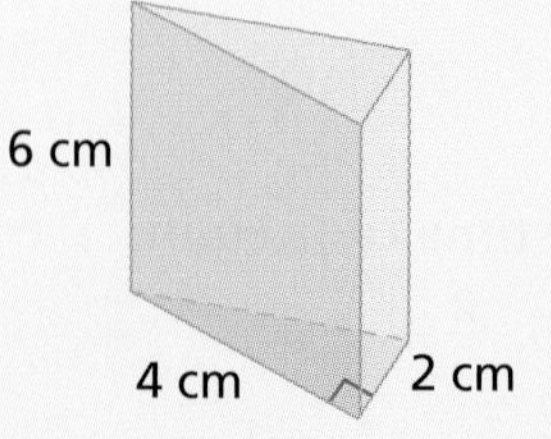

Actividad 2

1 Para escribir la fórmula del volumen de un cilindro, puedes usar un proceso similar al de la Actividad 1. Vas a necesitar una lata de sopa vacía u otro recipiente con forma de cilindro. Quítale una de las bases.

2 Coloca cubos en el fondo del cilindro de manera que formen una capa. Coloca todos los cubos que puedas en la capa. ¿Cuántos cubos hay en la capa?

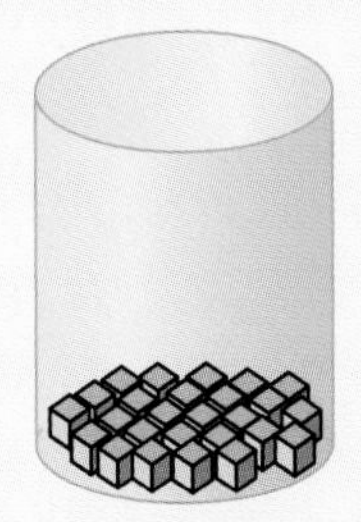

3 Para hallar cuántas capas de cubos caben en el cilindro, forma una pila de cubos a lo largo de uno de los lados del cilindro. ¿Cuántas capas caben en el cilindro?

4 ¿Cómo puedes usar lo que sabes para hallar la cantidad aproximada de cubos que caben en el cilindro?

Razonar y comentar

1. Supongamos que conoces el área de la base de un cilindro y la altura del cilindro. ¿Cómo puedes hallar el volumen del cilindro?
2. Sea B el área de la base de un cilindro y h la altura del cilindro. Escribe una fórmula para hallar el volumen V del cilindro.
3. La base de un cilindro es un círculo con radio r. ¿Cómo puedes hallar el área de la base? ¿Cómo puedes usar esto en tu fórmula del volumen del cilindro?

Inténtalo

Usa la fórmula que descubriste para hallar el volumen de cada cilindro. Usa 3.14 para π y redondea a la décima más cercana.

1.

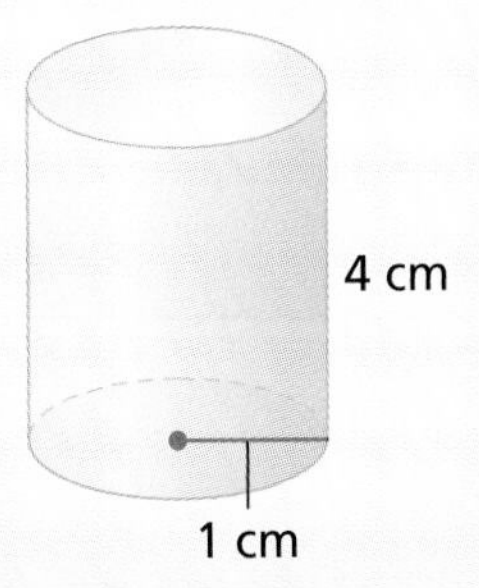

2.

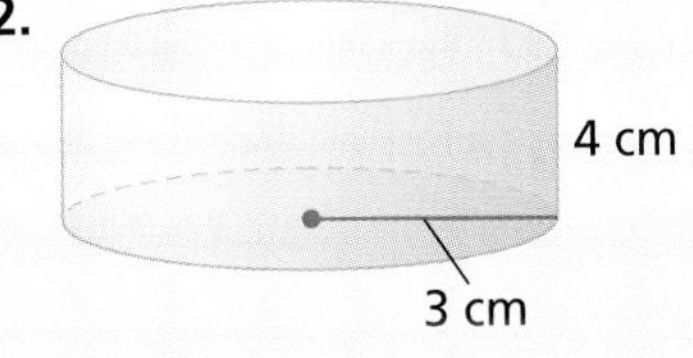

3.

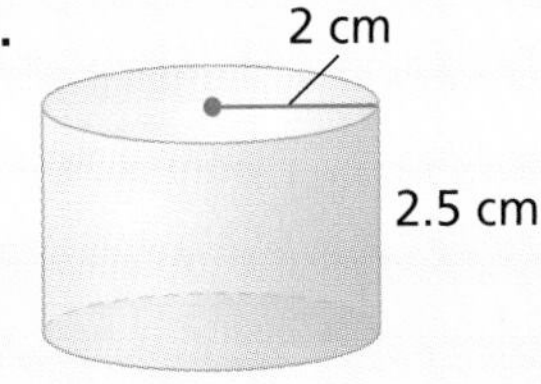

10-2 Volumen de prismas y cilindros

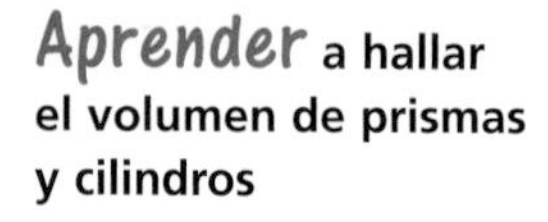

Aprender a hallar el volumen de prismas y cilindros

Vocabulario

volumen

Cualquier figura tridimensional puede llenarse completamente con cubos congruentes y partes de cubos. El **volumen** de una figura tridimensional es la cantidad de cubos con los que se puede llenar. Cada cubo representa una unidad de medida llamada unidad cúbica.

EJEMPLO 1 Usar cubos para hallar el volumen de un prisma rectangular

Halla cuántos cubos hay en el prisma. Luego, da el volumen del prisma.

Puedes hallar el volumen de este prisma al contar cuántos cubos hay a lo alto, a lo largo y a lo ancho, y luego multiplicarlos.

$2 \cdot 4 \cdot 2 = 16$

Hay 16 cubos en el prisma, por lo tanto, el volumen es 16 unidades cúbicas.

Leer matemáticas

Cualquier unidad de medida con un 3 como exponente es una unidad cúbica. Por ejemplo, m^3 significa "metro cúbico" y $pulg^3$ significa "pulgada cúbica".

Para hallar el volumen de un prisma, multiplica su longitud por su ancho por su altura.

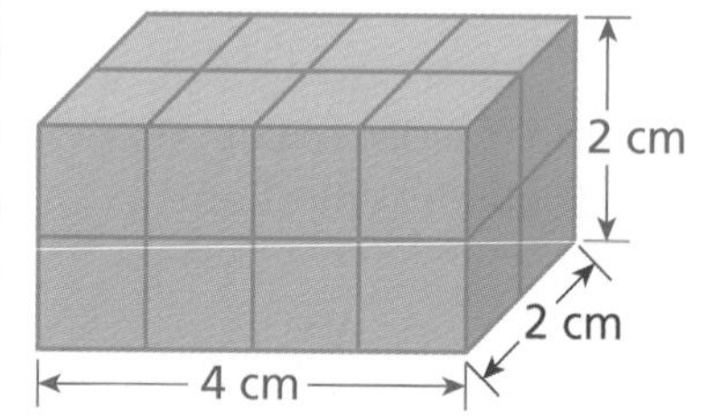

4 cm · 2 cm · 2 cm = 16 cm³

longitud · ancho · altura = volumen

área de la base · altura = volumen

El volumen de un prisma rectangular se halla al multiplicar el área de su base por su altura. Esta fórmula se puede usar para hallar el volumen de cualquier prisma.

VOLUMEN DE UN PRISMA

El volumen V de un prisma es el área de su base B por su altura h.

$$V = Bh$$

EJEMPLO 2 Usar una fórmula para hallar el volumen de un prisma

Halla el volumen de cada figura.

A

$V = Bh$ *Usa la fórmula.*

La base es un rectángulo: $B = \mathbf{8} \cdot \mathbf{2} = \mathbf{16}$.

$V = \mathbf{16} \cdot \mathbf{12}$ *Sustituye B y h.*

$V = 192$ *Multiplica.*

El volumen de la caja de cereales es 192 pulg^3.

B

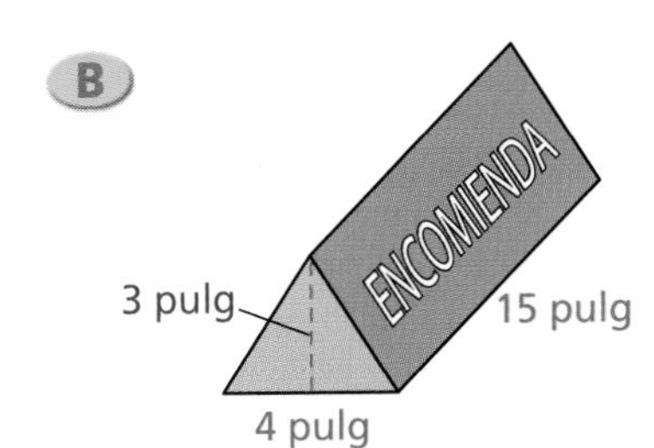

$V = Bh$ *Usa la fórmula.*

La base es un triángulo: $B = \frac{1}{2} \cdot \mathbf{4} \cdot \mathbf{3} = \mathbf{12}$.

$V = \mathbf{6} \cdot \mathbf{15}$ *Sustituye B y h.*

$V = 90$ *Multiplica.*

El volumen de la encomienda es 90 pulg^3.

Hallar el volumen de un cilindro es parecido a hallar el volumen de un prisma.

VOLUMEN DE UN CILINDRO

El volumen V de un cilindro es el área de su base B por su altura h.

$$V = Bh \quad \text{o} \quad V = \pi r^2 h, \text{ donde } B = \pi r^2$$

EJEMPLO 3 Usar una fórmula para hallar el volumen de un cilindro

Una lata de pomada para zapatos tiene forma de cilindro. Halla el volumen a la décima más cercana. Usa 3.14 para π.

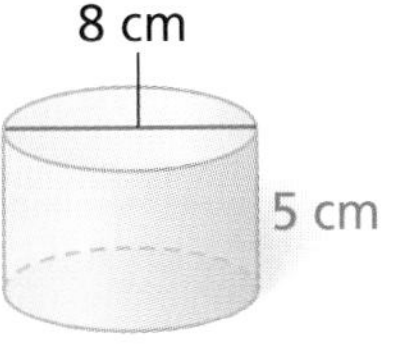

$V = Bh$ *Usa la fórmula.*

La base es un círculo: $B = \pi \cdot 4^2 \approx \mathbf{50.24}$ cm^2.

$V \approx \mathbf{50.24} \cdot \mathbf{5}$ *Sustituye B y h.*

$V \approx 251.2$ *Multiplica.*

El volumen de la lata de pomada para zapatos es aproximadamente 251.2 cm^3.

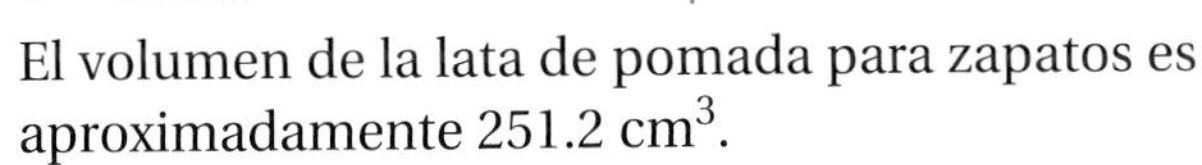

Razonar y comentar

1. **Explica** qué es una unidad cúbica. ¿Qué unidades usarías para el volumen de una figura medida en yardas?
2. **Compara y contrasta** las fórmulas del volumen de un prisma y de un cilindro. ¿En qué se parecen? ¿En qué se diferencian?

10-2 Ejercicios

go.hrw.com
Ayuda en línea para tareas*
CLAVE: MS7 10-2
Recursos en línea para padres
CLAVE: MS7 Parent
*(Disponible sólo en inglés)

PRÁCTICA GUIADA

Ver Ejemplo 1

Halla cuántos cubos hay en cada prisma. Luego, da el volumen del prisma.

1. 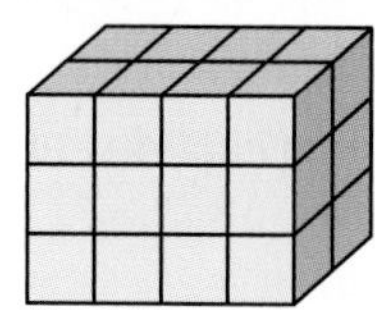

2. 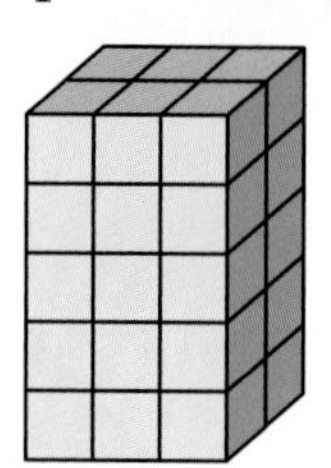

3. 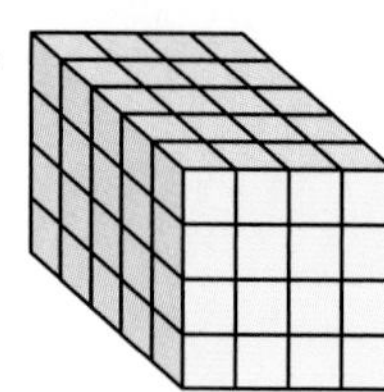

Ver Ejemplo 2

Halla el volumen de cada figura.

4.
5 pulg
6 pulg
8 pulg

5. 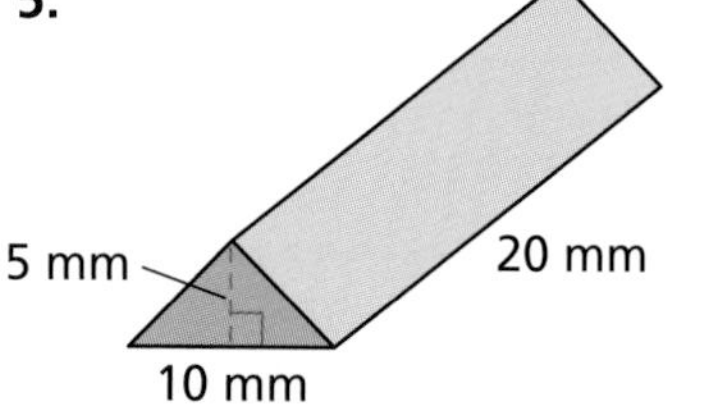

6. 

Ver Ejemplo 3 

7. Una lata de tomates tiene forma de cilindro. Mide 4 cm de ancho y 6 cm de alto. Halla el volumen de la lata a la décima más cercana. Usa 3.14 para π.

PRÁCTICA INDEPENDIENTE

Ver Ejemplo 1 

Halla cuántos cubos hay en cada prisma. Luego, da el volumen del prisma.

8. 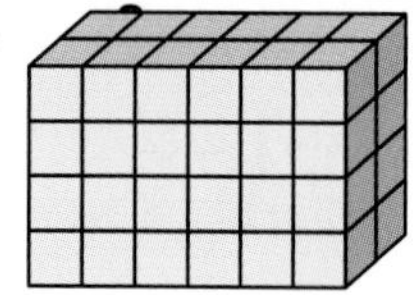

9. 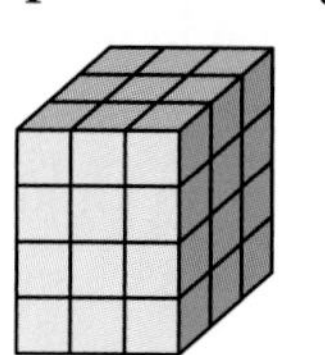

10. 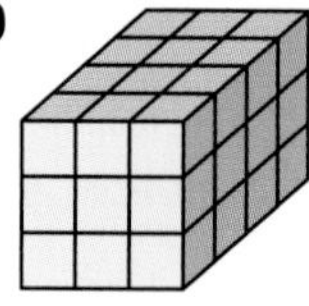

Ver Ejemplo 2 

Halla el volumen de cada figura.

11. 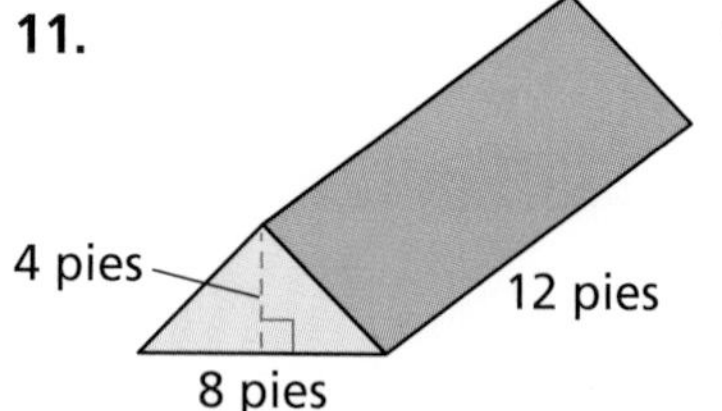

12. 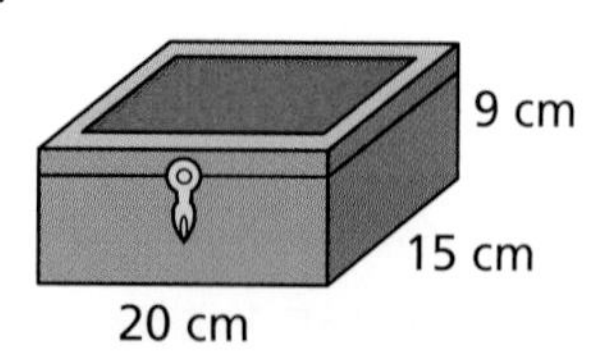

13. 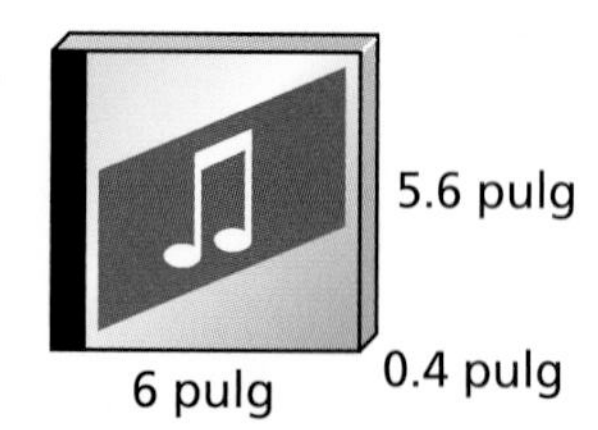

Ver Ejemplo 3 

14. Un rollo de servilletas de papel tiene forma de cilindro. Mide 4 cm de ancho y 28 cm de alto. Halla su volumen a la décima más cercana. Usa 3.14 para π.

PRÁCTICA Y RESOLUCIÓN DE PROBLEMAS

Práctica adicional
Ver página 746

CONEXIÓN Ciencias biológicas

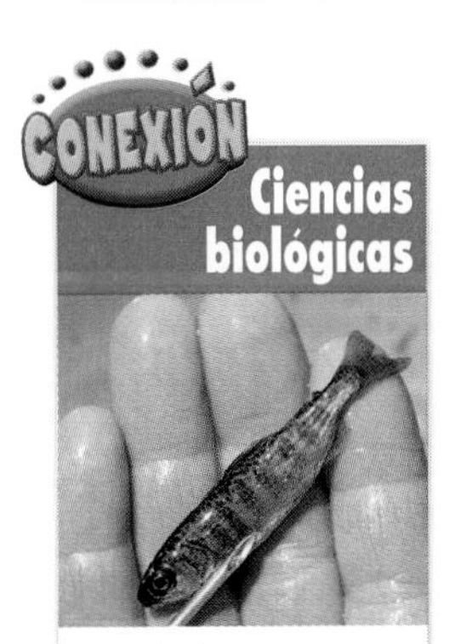

Los biólogos marinos introducen en el vientre del salmón etiquetas que contienen microchips diminutos para estudiar las pautas de migración de estos peces.

go.hrw.com
¡Web Extra!
CLAVE: MS7 Tags

15. **Varios pasos** La base de un prisma triangular es un triángulo rectángulo con una hipotenusa de 10 m de largo y un cateto de 6 m de largo. Si la altura del prisma es 12 m, ¿cuál es el volumen del prisma?

16. **Ciencias biológicas** Una etiqueta de identificación que contiene un microchip puede inyectarse a una mascota, como un perro o un gato. Estos microchips son cilíndricos y pueden medir hasta 12 mm de longitud y 2.1 mm de diámetro. Usa el redondeo para estimar el volumen de uno de estos microchips. Luego, halla el volumen a la décima más cercana. Usa 3.14 para π.

17. **Tiempo libre** La carpa de la derecha tiene forma de prisma triangular. ¿Cuántos pies cúbicos de espacio hay en la carpa?

3.5 pies
6 pies
4.5 pies

18. **¿Dónde está el error?** Un estudiante dijo que el volumen de un cilindro con un diámetro de 3 pulgadas tiene dos veces el volumen de un cilindro con la misma altura y un radio de 1.5 pulgadas. ¿Qué error cometió?

19. **Escríbelo** Explica las semejanzas y diferencias entre hallar el volumen de un cilindro y hallar el volumen de un prisma triangular.

20. **Desafío** Halla el volumen, a la décima más cercana, del material que forma el tubo que se muestra. Usa 3.14 para π.

6 cm
15 cm
8.4 cm

PREPARACIÓN PARA EL EXAMEN y repaso en espiral

21. **Opción múltiple** ¿Cuál es el volumen de un prisma triangular de 10 pulg de largo, 7 pulg de ancho y 4 pulg de alto?

Ⓐ 110 $pulg^2$ Ⓒ 205 $pulg^2$ Ⓑ 140 $pulg^2$ Ⓓ 280 $pulg^2$

22. **Opción múltiple** ¿Qué figuras tienen el mismo volumen?

I

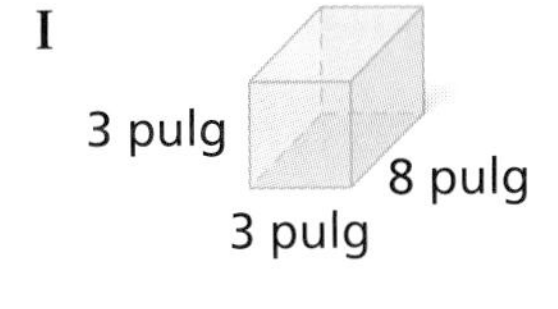

II

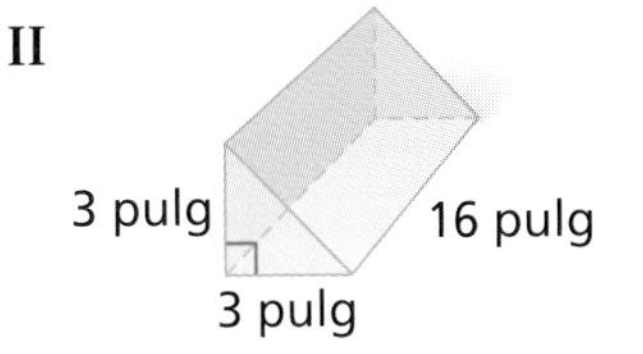

III

7 pulg
4 pulg

Ⓕ I y II Ⓖ I y III Ⓗ II y III Ⓙ I, II y III

Halla el interés simple. (Lección 6-7)

23. $C = \$3{,}600$; $i = 5\%$; $t = 1.5$ años

24. $C = \$10{,}000$; $i = 3.2\%$; $t = 2$ años

25. Los estudiantes reunieron datos sobre la cantidad de visitantes a un parque de diversiones durante un periodo de 30 días. Decide qué tipo de gráfica sería la mejor para representar los datos. (Lección 7-7)

10-3 Volumen de pirámides y conos

Aprender a hallar el volumen de pirámides y conos

Supongamos que tienes un recipiente con forma de pirámide y otro con forma de prisma y sus bases y alturas miden lo mismo. Si viertes arena del recipiente en forma de pirámide al recipiente en forma de prisma, parece que el prisma contiene hasta tres veces más arena que la pirámide.

De hecho, el volumen de una pirámide es exactamente un tercio del volumen de un prisma que tiene la misma altura y una base de igual tamaño que la pirámide.

La altura de una pirámide es la distancia perpendicular de su base a su vértice.

VOLUMEN DE UNA PIRÁMIDE RECTANGULAR

El volumen V de una pirámide rectangular es un tercio del área de su base B por su altura h.

$V = \frac{1}{3}Bh$ o $V = \frac{1}{3}\ell ah$, donde $B = \ell a$

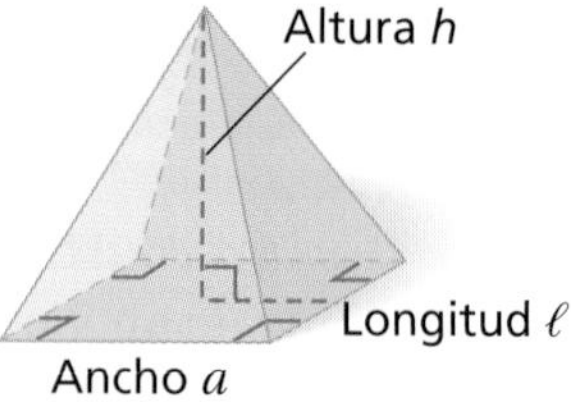

EJEMPLO 1 Hallar el volumen de una pirámide rectangular

Halla el volumen de cada pirámide a la décima más cercana. Estima para comprobar si la respuesta es razonable.

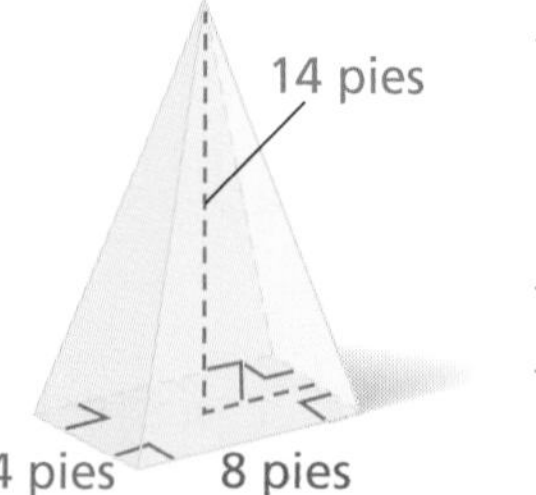

	$V = \frac{1}{3}Bh$	*Usa la fórmula.*
		*La base es un rectángulo; por lo tanto, B = **4** · **8** = **32**.*
	$V = \frac{1}{3} \cdot 32 \cdot 14$	*Sustituye B y h.*
	$V \approx 149.3$	*Multiplica.*
Estima	$V \approx \frac{1}{3} \cdot 30 \cdot 15$	*Redondea las medidas.*
	$= 150 \text{ pies}^3$	*La respuesta es razonable.*

De modo similar a la relación entre el volumen de prismas y pirámides, el volumen de un cono es un tercio del volumen de un cilindro con la misma altura y una base congruente.

La altura de un cono es la distancia perpendicular entre su base y su vértice.

VOLUMEN DE UN CONO

El volumen V de un cono es un tercio del área de su base B por su altura h.

$V = \frac{1}{3}Bh$ o $V = \frac{1}{3}\pi r^2 h$, donde $B = \pi r^2$

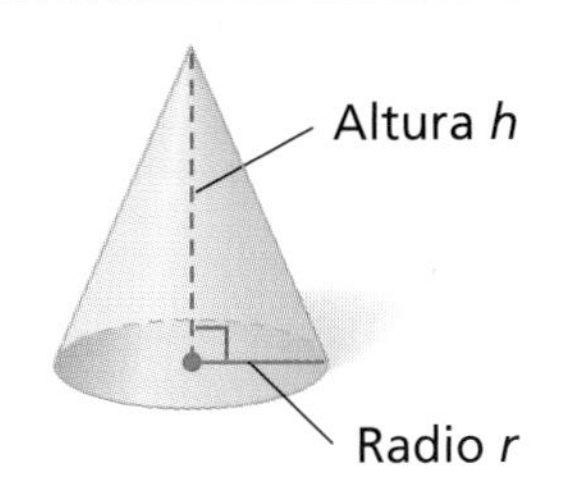

EJEMPLO 2 **Hallar el volumen de un cono**

Halla el volumen de cada cono a la décima más cercana. Usa 3.14 para π. Estima para comprobar si la respuesta es razonable.

A

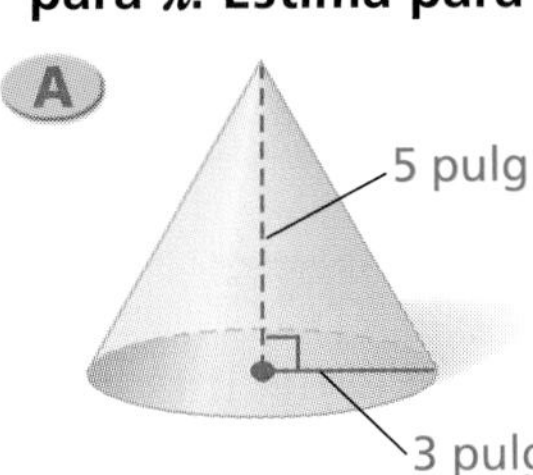

$V = \frac{1}{3}Bh$ *Usa la fórmula.*

La base es un círculo; por lo tanto, $B = \pi \cdot r^2 \approx 3.14 \cdot 3^2 \approx$ **28.26**.

$V \approx \frac{1}{3} \cdot 28.26 \cdot 5$ *Sustituye B y h.*

$V \approx 47.1 \text{ pulg}^3$ *Multiplica.*

Estima $V \approx \left(\frac{1}{3} \cdot \pi\right) 3^2 \cdot 5$ $\frac{1}{3} \cdot \pi \approx 1$

$\approx 45 \text{ pulg}^3$ *La respuesta es razonable.*

B

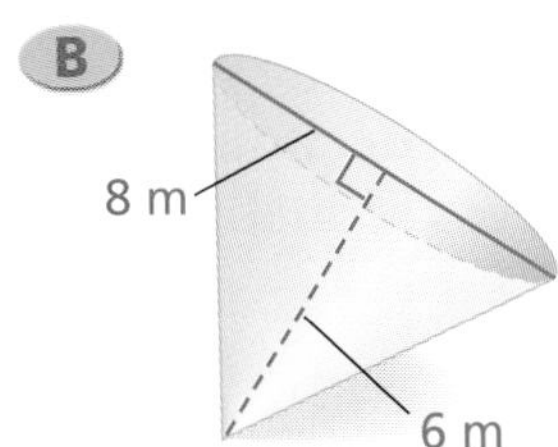

$V = \frac{1}{3}Bh$ *Usa la fórmula.*

La base es un círculo; por lo tanto, $B = \pi \cdot r^2 \approx 3.14 \cdot \left(\frac{8}{2}\right)^2 \approx$ **50.24**.

$V \approx \frac{1}{3} \cdot 50.24 \cdot 6$ *Sustituye B y h.*

$V \approx 100.5 \text{ m}^3$ *Multiplica.*

Estima $V \approx \left(\frac{1}{3} \cdot \pi\right) 4^2 \cdot 6$ $\frac{1}{3} \cdot \pi \approx 1$

$\approx 96 \text{ m}^3$ *La respuesta es razonable.*

Pista útil

Para estimar el volumen de un cono, redondea π a 3 de manera que $\frac{1}{3} \cdot \pi$ sea $\frac{1}{3} \cdot 3$, que es 1.

Razonar y comentar

1. **Explica** cómo hallar el volumen de un cono dado el diámetro de la base y la altura del cono.
2. **Compara y contrasta** las fórmulas del volumen de una pirámide y de un cono. ¿En qué se parecen? ¿En qué se diferencian?

10-3 Ejercicios

go.hrw.com
Ayuda en línea para tareas*
CLAVE: MS7 10-3
Recursos en línea para padres
CLAVE: MS7 Parent
*(Disponible sólo en inglés)

PRÁCTICA GUIADA

Ver Ejemplo 1

Halla el volumen de cada pirámide a la décima más cercana. Estima para comprobar si la respuesta es razonable.

1.

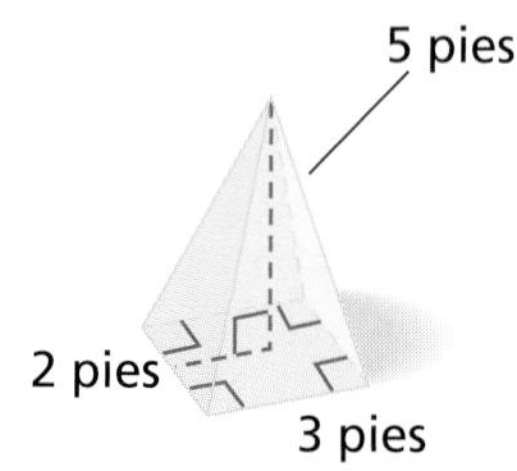

2.

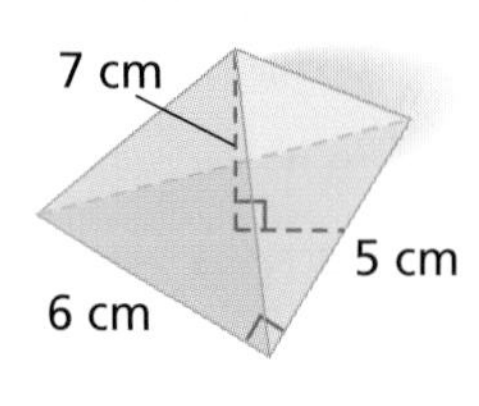

3.

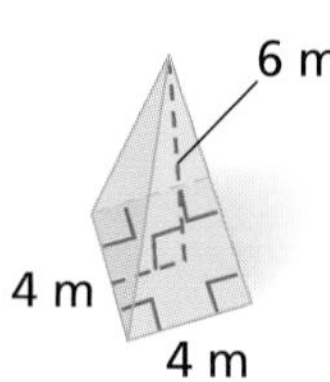

Ver Ejemplo 2

Halla el volumen de cada cono a la décima más cercana. Usa 3.14 para π. Estima para comprobar si la respuesta es razonable.

4.

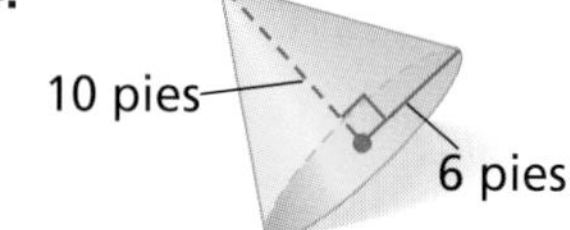

5.

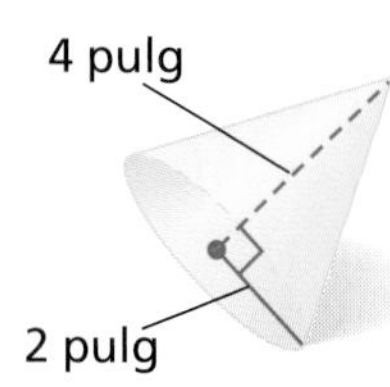

6.

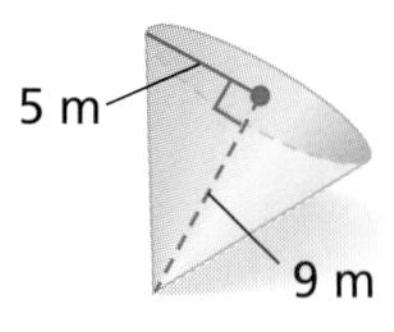

PRÁCTICA INDEPENDIENTE

Ver Ejemplo 1

Halla el volumen de cada pirámide a la décima más cercana. Estima para comprobar si la respuesta es razonable.

7.

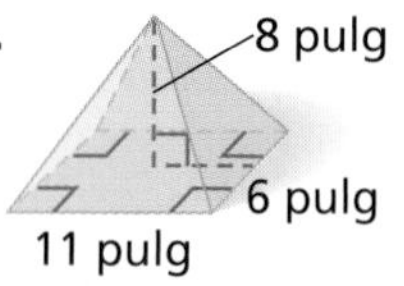

8.

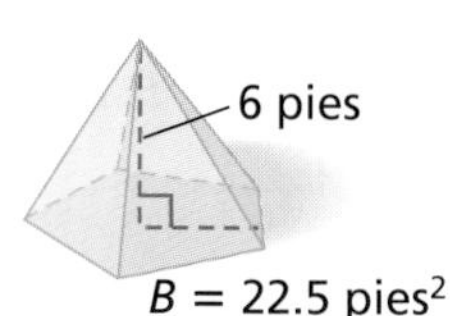

9.

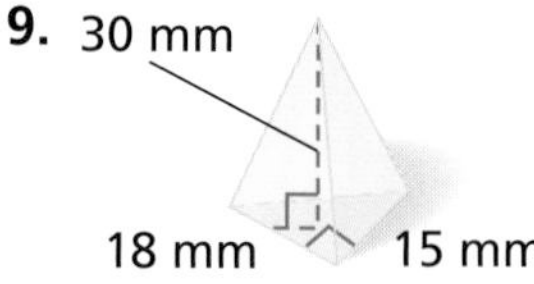

Ver Ejemplo 2

Halla el volumen de cada cono a la décima más cercana. Usa 3.14 para π. Estima para comprobar si la respuesta es razonable.

10.

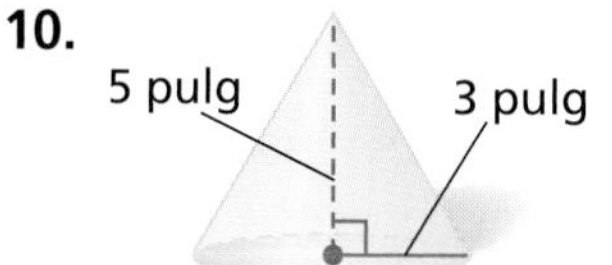

11.

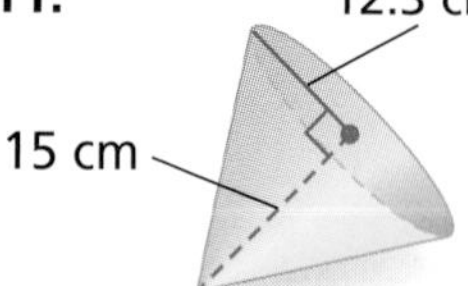

12.

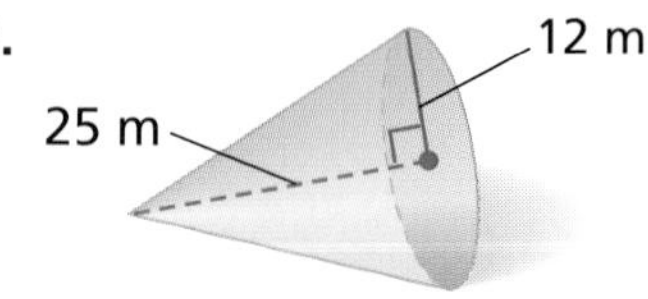

PRÁCTICA Y RESOLUCIÓN DE PROBLEMAS

Práctica adicional
Ver página 746

Halla el volumen de cada figura a la décima más cercana. Usa 3.14 para π.

13. una pirámide rectangular de 7 pies de alto con una base de 4 pies por 5 pies

14. un cono con un radio de 8 yd y una altura de 12 yd

15. **Varios pasos** Halla el volumen de una pirámide triangular de 8 pulg de alto que tiene como base un triángulo rectángulo con una hipotenusa de 5 pulg y un cateto de 3 pulg.

16. **Arquitectura** La torre de un edificio es una pirámide cuadrangular con 12 pies cuadrados de base y una altura de 15 pies. ¿Cuántos pies cúbicos de concreto se usaron para hacer la pirámide?

17. **Varios pasos** En una cafetería se venden palomitas de maíz en envases como los de la derecha.

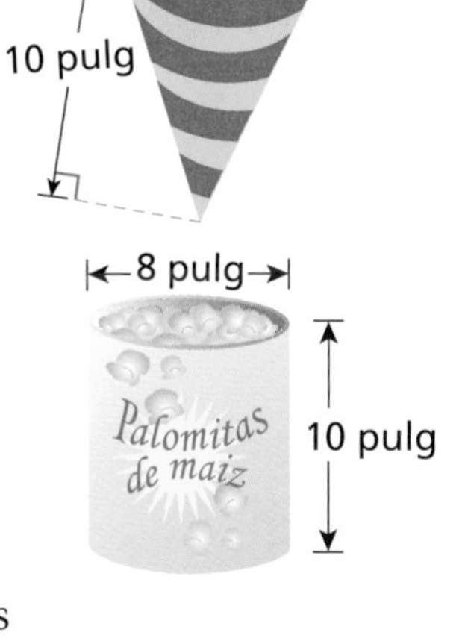

   a. Basándote en las fórmulas del volumen del cilindro y del cono, ¿cuántas veces más palomitas de maíz contiene el envase más grande?

   b. ¿Cuántas pulgadas cúbicas de palomitas de maíz contiene el envase en forma de cono a la décima más cercana? Usa 3.14 para π.

   c. ¿Cuántas pulgadas cúbicas de palomitas de maíz contiene el envase en forma de cilindro? Usa 3.14 para π.

   d. Tus respuestas a los puntos **b** y **c**, ¿confirman tu respuesta al punto **a**? De no ser así, halla el error.

18. **Razonamiento crítico** Escribe una proporción de volúmenes para las figuras dadas.

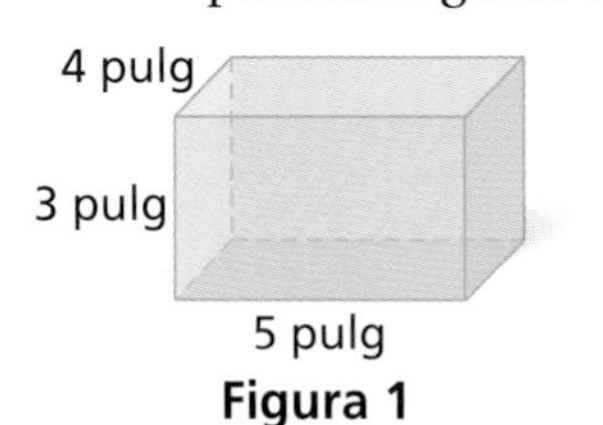

Figura 1

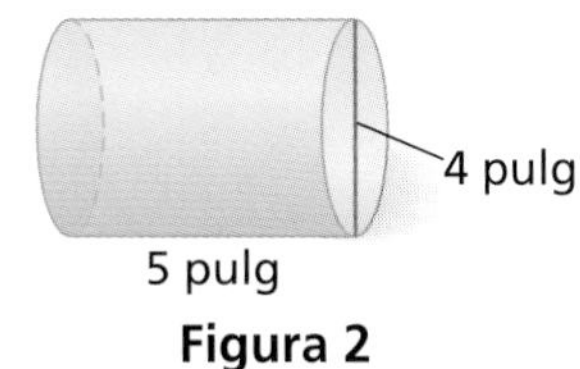

Figura 2

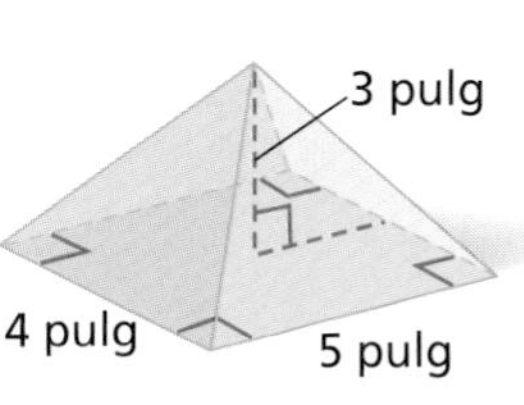

Figura 3

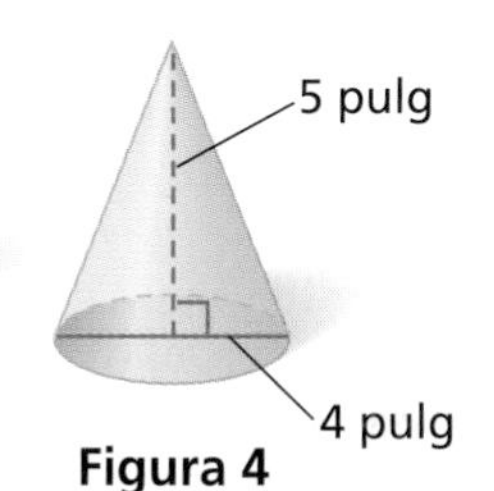

Figura 4

19. **¿Cuál es la pregunta?** La respuesta es: el volumen de la figura A es $\frac{1}{3}$ del volumen de la figura B. ¿Cuál es la pregunta?

20. **Escríbelo** Compara hallar el volumen de un cilindro con hallar el volumen de un cono que tiene la misma altura y base.

21. **Desafío** ¿Qué efecto tiene duplicar el radio de la base de un cono en el volumen del cono?

Preparación Para El Examen y repaso en espiral

22. **Opción múltiple** ¿Cuál es la mejor estimación del volumen de un cono con un radio de 5 cm y una altura de 8 cm?

   (A) 40 cm^3 (B) 80 cm^3 (C) 200 cm^3 (D) 800 cm^3

23. **Respuesta breve** Un prisma rectangular y una pirámide cuadrangular tienen una base cuadrada de 5 pulgadas de largo y una altura de 7 pulgadas. Halla el volumen de cada figura. Luego, explica la relación entre el volumen del prisma y el volumen de la pirámide.

Indica qué tipos de cuadriláteros tienen cada propiedad. (Lección 8-7)

24. cuatro lados congruentes

25. dos grupos de lados paralelos

Halla el volumen de cada figura a la décima más cercana. Usa 3.14 para π. (Lección 10-2)

26. cilindro: $d = 6$ m, $h = 8$ m

27. prisma triangular: $B = 22$ pies^2, $h = 5$ pies

SECCIÓN 10A

Prueba de las Lecciones 10-1 a 10-3

10-1 Introducción a las figuras tridimensionales

Clasifica cada figura como poliedro o no poliedro. Luego, identifica la figura.

1. 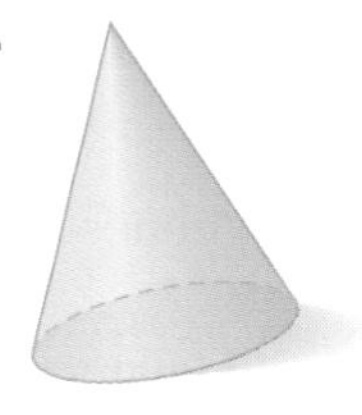

2. 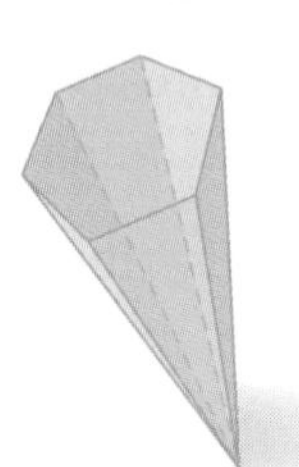

3. 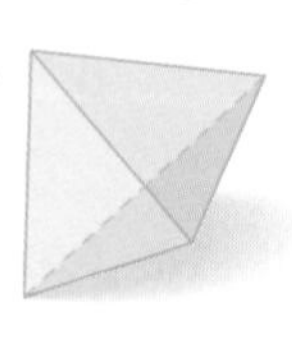

10-2 Volumen de prismas y cilindros

Halla cuántos cubos hay en cada prisma. Luego, da el volumen del prisma.

4. 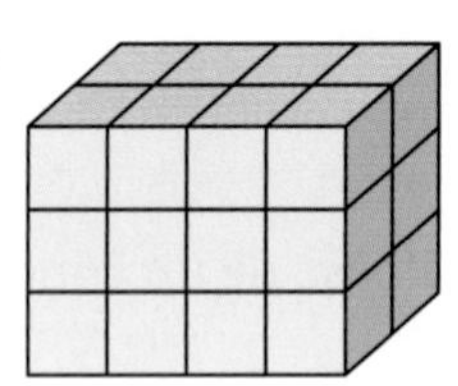

5. 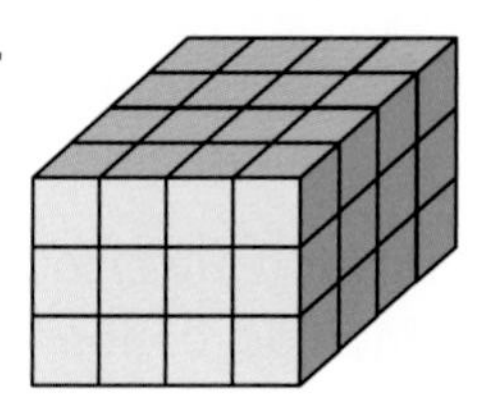

6. Una caja tiene forma de prisma rectangular. Mide 6 pies de largo, 2 pies de ancho y 3 pies de alto. Halla su volumen.

7. Una lata tiene forma de cilindro. Mide 5.2 cm de ancho y 2.3 cm de alto. Halla su volumen a la décima más cercana. Usa 3.14 para π.

¿Listo para seguir?

10-3 Volumen de pirámides y conos

Halla el volumen de cada figura a la décima más cercana. Usa 3.14 para π.

8. 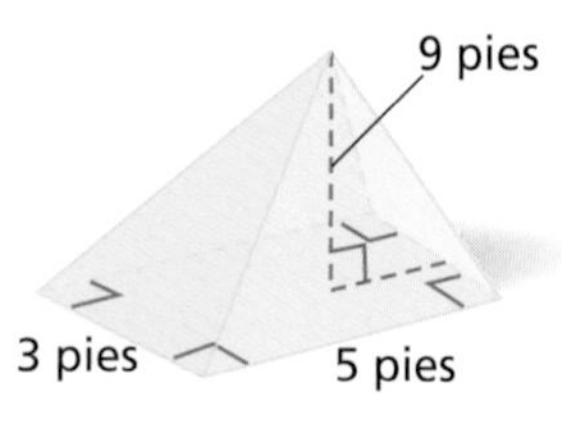

9. 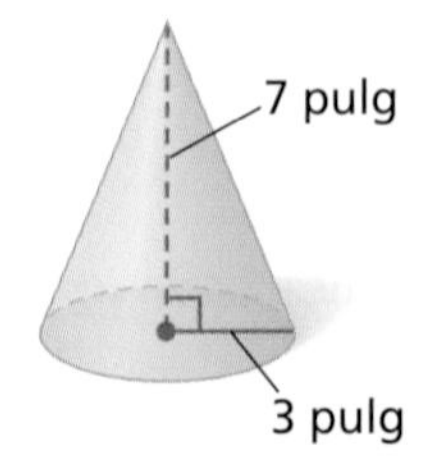

10. 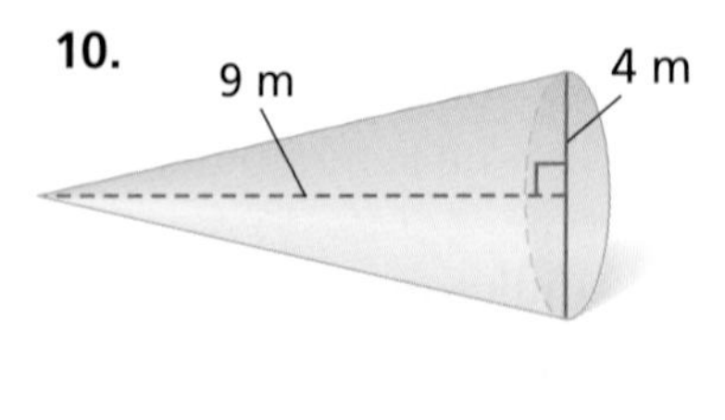

11. Un cono tiene un radio de 2.5 cm y una altura de 14 cm. ¿Cuál es el volumen del cono a la centésima más cercana? Usa 3.14 para π.

Enfoque en resolución de problemas

Resuelve

- **Elige una operación**

Al elegir qué operación usar para resolver un problema, necesitas decidir qué te pide hacer el problema. Si se trata de combinar números, entonces necesitas sumar. Si se trata de eliminar números o hallar la diferencia entre dos números, entonces necesitas restar. Necesitas usar la multiplicación cuando juntas partes iguales y la división cuando separas algo en partes iguales.

Determina lo que te pide hacer cada problema. Luego, indica qué operación debes usar para resolverlo. Explica tu elección.

1. Jeremy llenó completamente un barquillo con helado de yogur y luego le puso una cucharada de helado de yogur en la parte superior. El volumen del cono es aproximadamente 20.93 $pulg^3$ y el volumen de la cuchara que usó Jeremy es aproximadamente 16.75 $pulg^3$. ¿Cuánto helado de yogur, en pulgadas cúbicas, usó Jeremy aproximadamente?

2. El volumen de un cilindro equivale a los volúmenes combinados de tres conos que tienen la misma altura y tamaño de base que el cilindro. ¿Cuál es el volumen de un cilindro si un cono con la misma altura y tamaño de base tiene un volumen de 45.2 cm^3?

3. Los estudiantes de la clase de biología en la Intermedia Jefferson cuidan una familia de tortugas en una pecera con agua, piedras y plantas. El volumen de la pecera es 2.75 pies cúbicos. Las crías de las tortugas crecerán y al final del año pasarán a una pecera de 6.15 pies cúbicos. ¿Cuánto mayor será el volumen de la nueva pecera respecto del volumen de la anterior?

4. Brianna agrega una segunda sección a su casa para hámsters. Las dos secciones se unirán mediante un túnel formado por 4 partes cilíndricas, todas del mismo tamaño. Si el volumen del túnel es 56.52 pulgadas cúbicas, ¿cuál es el volumen de cada parte del túnel?

Usar plantillas para construir prismas y cilindros

Para usar con la Lección 10-4

go.hrw.com
Recursos en línea para el laboratorio
CLAVE: MS7 Lab10

Una plantilla es un patrón de figuras bidimensionales que puede doblarse para formar una figura tridimensional. Para hacer plantillas, puedes usar papel cuadriculado de $\frac{1}{4}$ de pulgada.

Actividad

1 Usa una plantilla para construir un prisma rectangular.

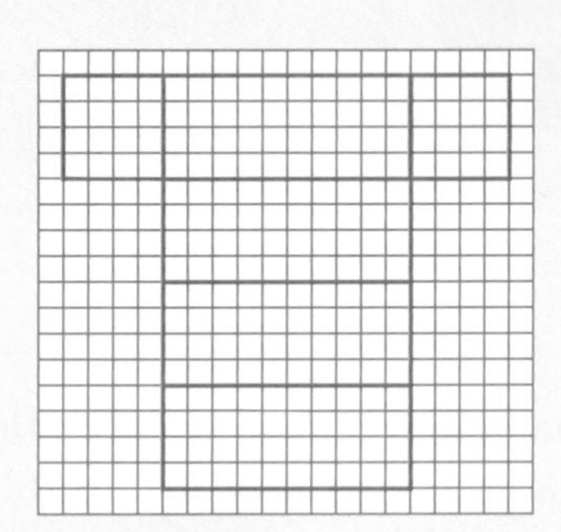

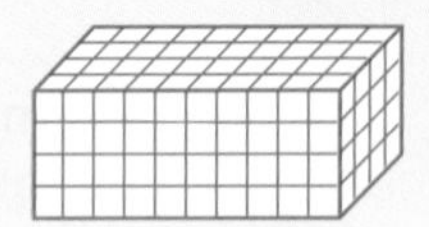

a. Dibuja la plantilla de la derecha en un trozo de papel cuadriculado. Cada rectángulo mide 10 cuadrados por 4 cuadrados. Los dos cuadrados tienen 4 cuadrados pequeños en cada lado.

b. Recorta la plantilla. Dobla los extremos de cada rectángulo para formar un prisma rectangular. Une los extremos con cinta adhesiva para que el prisma mantenga su forma.

2 Usa una plantilla para construir un cilindro.

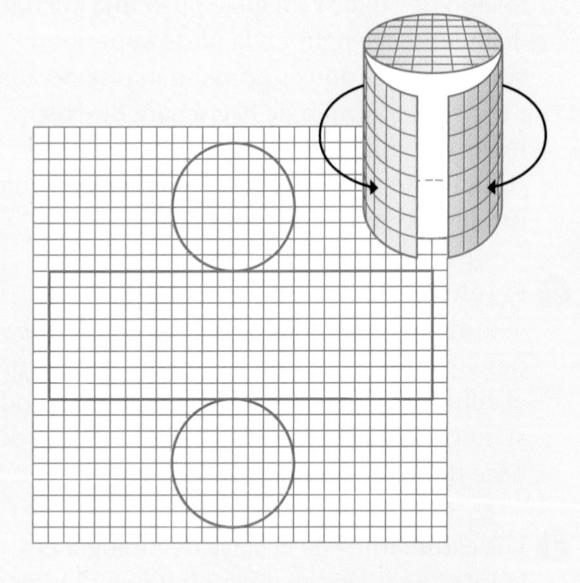

a. Dibuja la plantilla de la derecha en un trozo de papel cuadriculado. El rectángulo mide 25 cuadrados por 8 cuadrados. Usa un compás para dibujar el círculo. Cada círculo tiene un radio de 4 cuadrados.

b. Recorta la plantilla. Dóblala como se muestra para formar un cilindro. Une los extremos con cinta adhesiva para que el cilindro mantenga su forma.

Razonar y comentar

1. ¿Cuáles son las dimensiones en pulgadas del prisma rectangular que construiste?
2. ¿Cuál es la altura en pulgadas del cilindro que construiste? ¿Cuál es el radio del cilindro?

Inténtalo

1. Usa una plantilla para construir un prisma rectangular de 1 pulgada por 2 pulgadas por 3 pulgadas.
2. Usa una plantilla para construir un cilindro de 1 pulgada de alto con un radio de $\frac{1}{2}$ pulgada. (*Pista:* la longitud del rectángulo en la plantilla debe coincidir con la circunferencia de los círculos. Por lo tanto, la longitud debe ser $2\pi r = 2\pi\left(\frac{1}{2}\right) \approx 3.14$ pulgadas).

10-4 Área total de prismas y cilindros

Aprender a hallar el área total de prismas y cilindros

Vocabulario

plantilla

área total

Si retiras la superficie de una figura tridimensional y la extiendes en un plano, el patrón que resulta se llama **plantilla.**

Las plantillas te permiten ver al mismo tiempo todas las superficies de un cuerpo geométrico. Puedes usarlas para hallar el *área total* de una figura tridimensional. El **área total** es la suma de las áreas de todas las superficies de una figura.

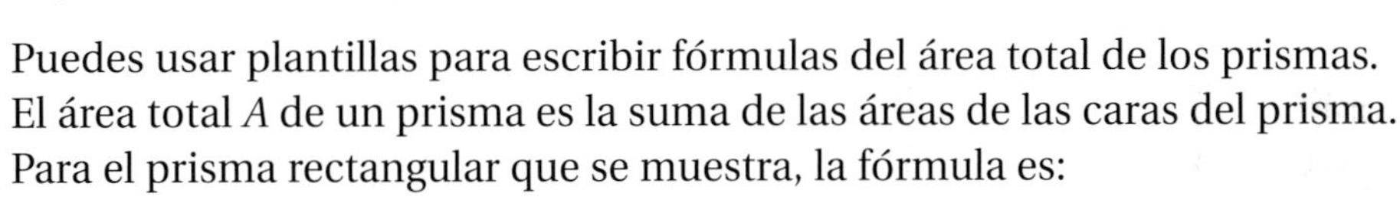

Puedes usar plantillas para escribir fórmulas del área total de los prismas. El área total A de un prisma es la suma de las áreas de las caras del prisma. Para el prisma rectangular que se muestra, la fórmula es:

$A = \ell a + \ell h + ah + \ell a + \ell h + ah = 2\ell a + 2\ell h + 2ah$

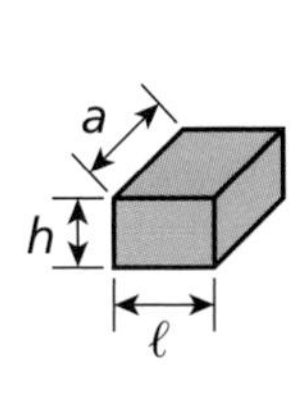

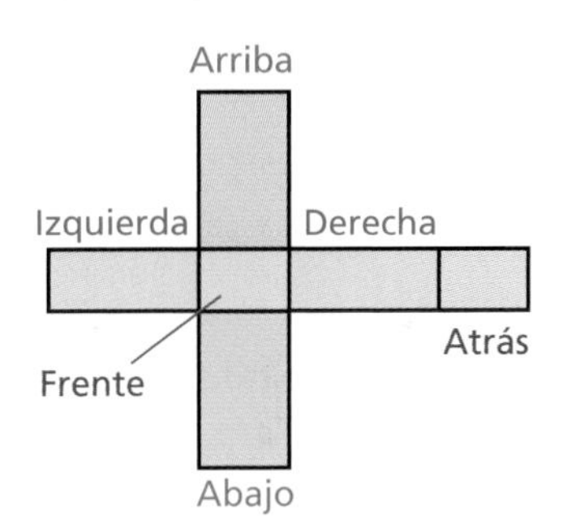

ÁREA TOTAL DE UN PRISMA RECTANGULAR

El área total de un prisma rectangular es la suma de las áreas de cada cara.

$$A = 2\ell a + 2\ell h + 2ah$$

EJEMPLO 1 Hallar el área total de un prisma

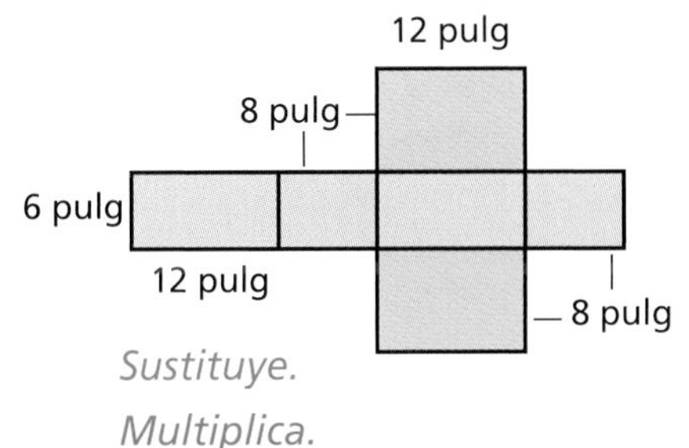

Halla el área total del prisma que forma la plantilla.

$A = 2\ell a + 2\ell h + 2ah$

$A = (2 \cdot 12 \cdot 8) + (2 \cdot 12 \cdot 6) + (2 \cdot 8 \cdot 6)$ *Sustituye.*

$A = 192 + 144 + 96$ *Multiplica.*

$A = 432$ *Suma.*

El área total del prisma mide 432 pulg^2.

Si pudieras retirar la superficie curva de un cilindro, como cuando despegas el rótulo de una lata, verías que, al aplanarla, tiene forma de rectángulo.

Puedes trazar la plantilla de un cilindro dibujando las bases circulares (como los extremos de una lata) y la superficie curva rectangular como se muestra abajo. La longitud del rectángulo es la circunferencia, $2\pi r$, de la base del cilindro. Por lo tanto, el área de la superficie curva es $2\pi r \cdot h$. El área de cada base es πr^2.

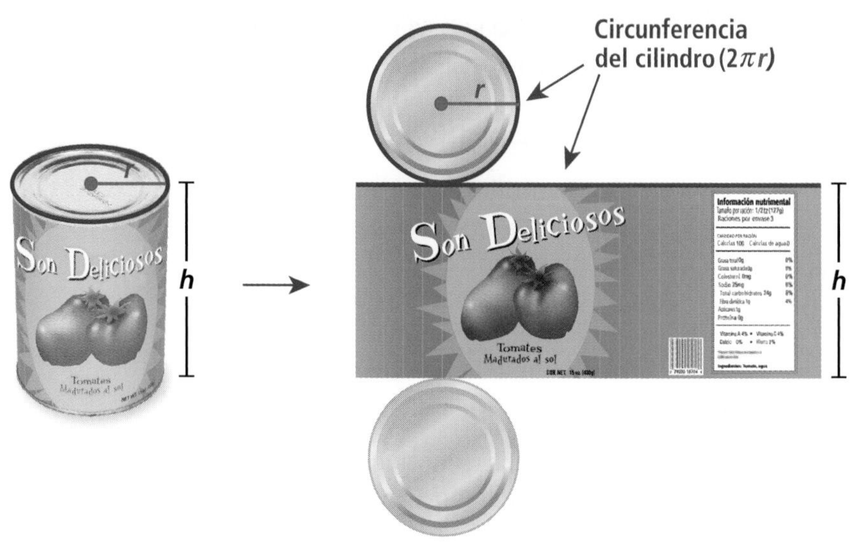

$$\begin{aligned}\text{Área total} &= \text{área superior} + \text{área inferior} + \text{área de superficie curva}\\ &= \pi r^2 + \pi r^2 + (2\pi r)h\\ &= 2\pi r^2 + 2\pi rh\end{aligned}$$

ÁREA TOTAL DE UN CILINDRO

El área total A de un cilindro es la suma de las áreas de sus bases, $2\pi r^2$, más el área de su superficie curva, $2\pi rh$.

$$A\ (\text{área total}) = 2\pi r^2 + 2\pi rh$$

EJEMPLO 2 Hallar el área total de un cilindro

Halla el área total del cilindro que forma la plantilla a la décima más cercana. Usa 3.14 para π.

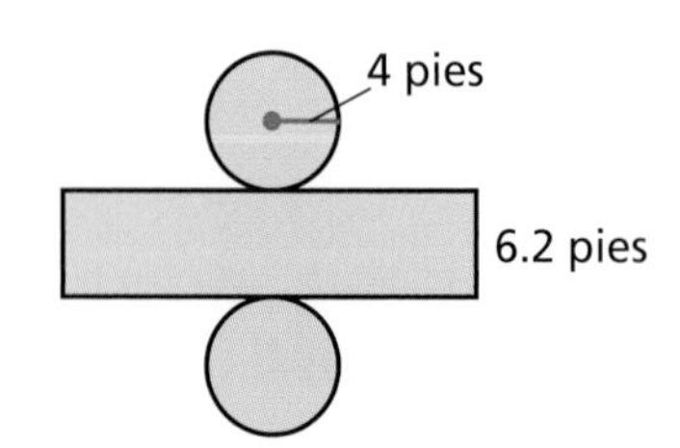

$A\ (\text{área total}) = 2\pi r^2 + 2\pi rh$	*Usa la fórmula.*
$A\ (\text{área total}) \approx (2 \cdot 3.14 \cdot 4^2) + (2 \cdot 3.14 \cdot 4 \cdot 6.2)$	*Sustituye.*
$A\ (\text{área total}) \approx 100.48 + 155.744$	*Multiplica.*
$A\ (\text{área total}) \approx 256.224$	*Suma.*
$A\ (\text{área total}) \approx 256.2$	*Redondea.*

El área total del cilindro mide aproximadamente 256.2 pies^2.

EJEMPLO 3 **APLICACIÓN A LA RESOLUCIÓN DE PROBLEMAS**

RESOLUCIÓN DE PROBLEMAS

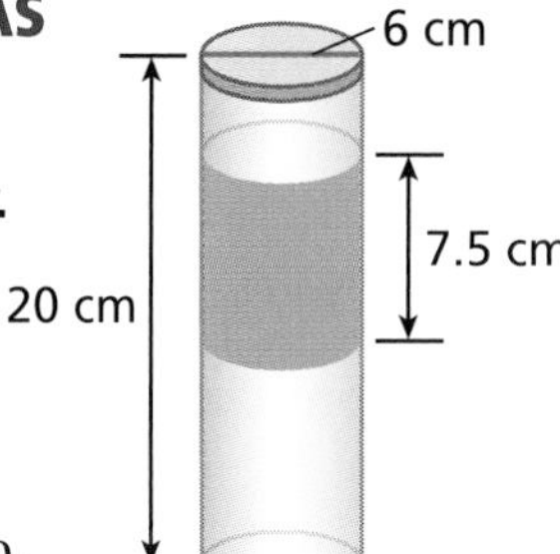

¿Qué porcentaje del área total de la lata de pelotas de tenis cubre el rótulo? Usa 3.14 para π.

1 Comprende el problema

Haz una lista con la **información importante:**

- La lata tiene aproximadamente forma de cilindro.
- La lata mide 20 cm de alto.
- El diámetro de la lata mide 6 cm.
- El rótulo mide 7.5 cm de alto.

2 Haz un plan

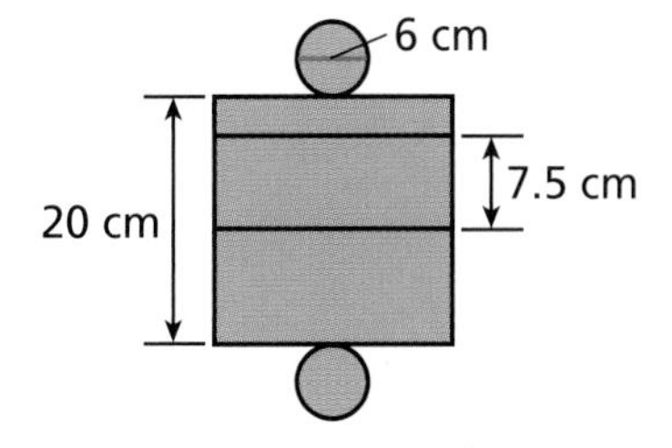

Halla el área total de la lata y el área del rótulo. Divide para hallar el porcentaje del área total que cubre el rótulo.

3 Resuelve

A (área total) $= 2\pi r^2 + 2\pi rh$

$\approx 2(3.14)(3)^2 + 2(3.14)(3)(20)$ *Sustituye r y h.*

$\approx 433.32 \text{ cm}^2$

$A = \ell a$

$= (2\pi r)a$ *Sustituye ℓ por 2πr.*

$\approx 2(3.14)(3)(7.5)$ *Sustituye r y a.*

$\approx 141.3 \text{ cm}^2$

Porcentaje del área total cubierta por el rótulo: $\frac{141.3 \text{ cm}^2}{433.32 \text{ cm}^2} \approx 32.6\%$.

Aproximadamente 32.6% del área total de la lata está cubierta por el rótulo.

4 Repasa

Estima y compara las áreas de los dos rectángulos de la plantilla.

Rótulo: $2(3)(3)(8) = 144 \text{ cm}^2$

Lata: $2(3)(3)(20) = 360 \text{ cm}^2$.

$\frac{144 \text{ cm}^2}{360 \text{ cm}^2} = 40\%$.

La respuesta debe ser menor que 40%, porque no consideraste el área de los dos círculos. Por lo tanto, 32.6% es razonable.

Razonar y comentar

1. **Explica** cómo hallarías el área total de una caja sin tapa que tiene forma de prisma rectangular.
2. **Describe** las formas de una plantilla que se usa para cubrir un cilindro.

10-4 Ejercicios

go.hrw.com
Ayuda en línea para tareas*
CLAVE: MS7 10-4
Recursos en línea para padres
CLAVE: MS7 Parent
*(Disponible sólo en inglés)

PRÁCTICA GUIADA

Ver Ejemplo 1 **Halla el área total del prisma que se forma con cada plantilla.**

1.

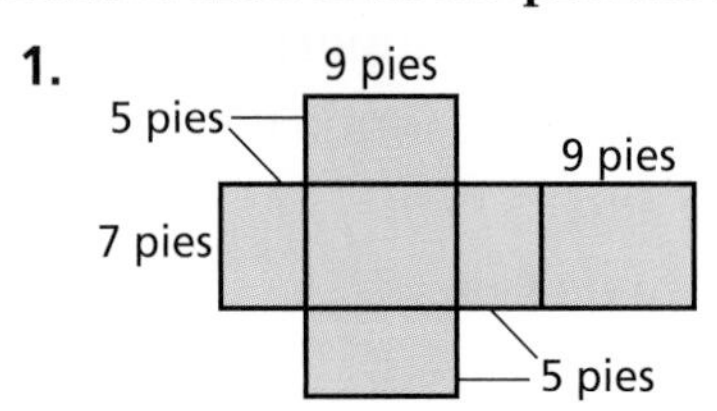

2.

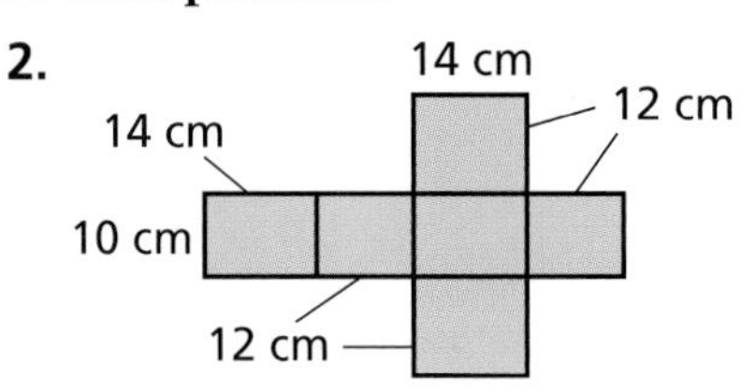

Ver Ejemplo 2 **Halla el área total del cilindro que se forma con cada plantilla a la décima más cercana. Usa 3.14 para π.**

3.

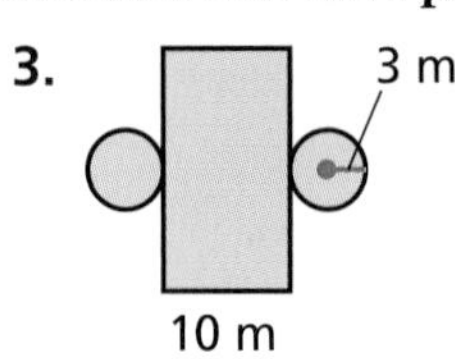

4.

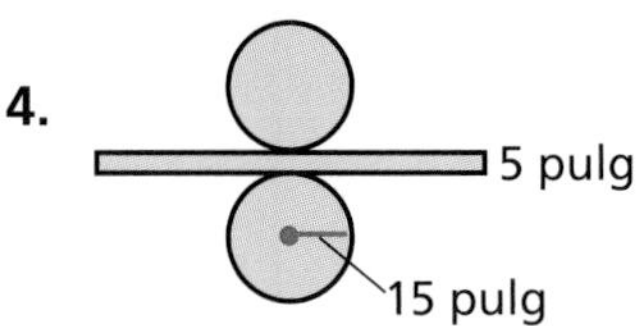

Ver Ejemplo  3

5. Un vaso de viaje cilíndrico tiene un ancho de $2\frac{1}{2}$ pulg, que entra en la mayoría de las abrazaderas. ¿Qué porcentaje del área total del vaso cubre la abrazadera de 2 pulg de ancho? Usa 3.14 para π.

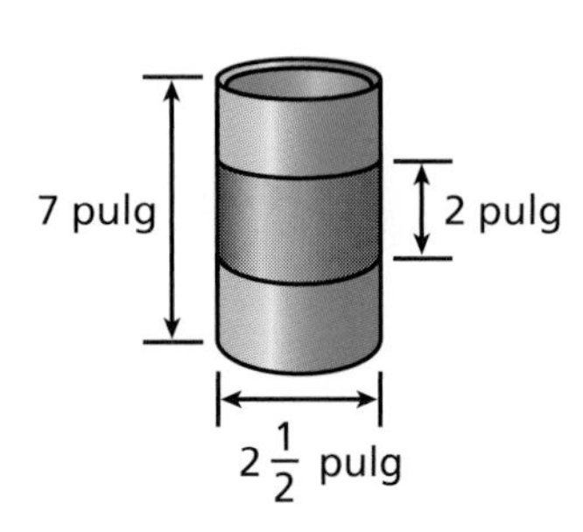

PRÁCTICA INDEPENDIENTE

Ver Ejemplo  1 **Halla el área total del prisma que se forma con cada plantilla.**

6.

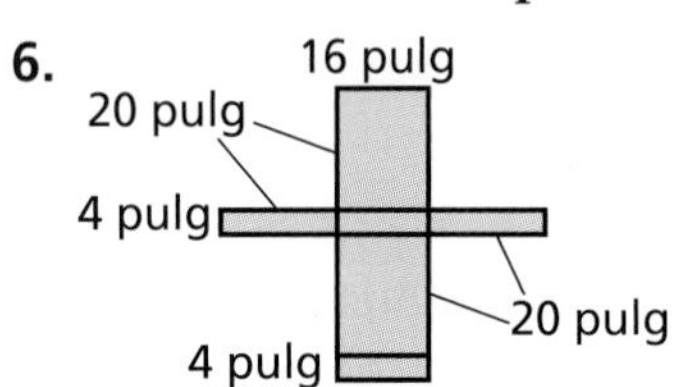

7.

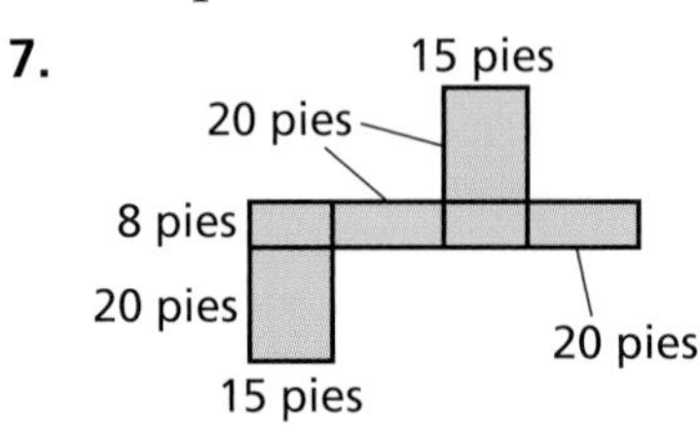

Ver Ejemplo  2 **Halla el área total del cilindro que se forma con cada plantilla a la décima más cercana. Usa 3.14 para π.**

8.

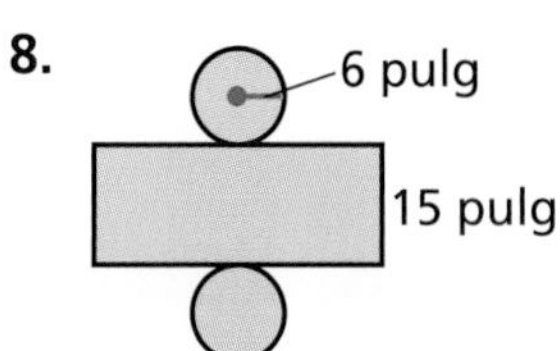

9.

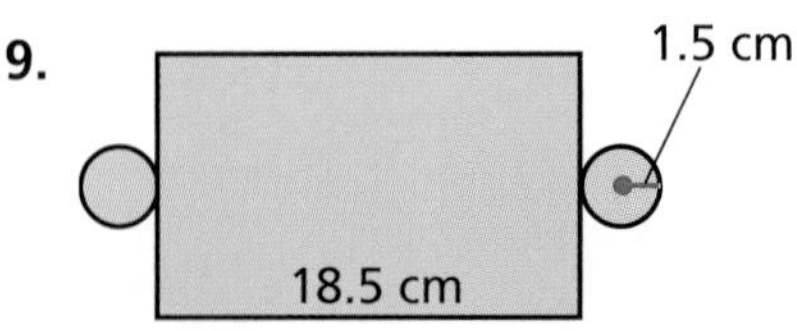

Ver Ejemplo  3

10. Una pila de DVD se asienta en una base y está cubierta por una tapa cilíndrica de 11 cm de alto. ¿Qué porcentaje del área total de la tapa está cubierto por el rótulo? (*Pista:* la tapa no tiene fondo).

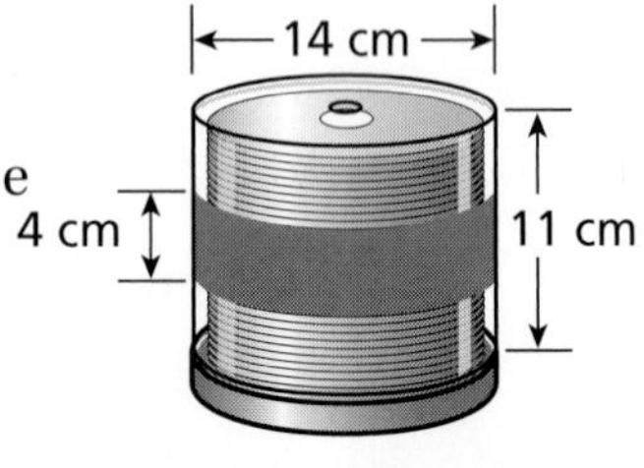

PRÁCTICA Y RESOLUCIÓN DE PROBLEMAS

Práctica adicional
Ver página 747

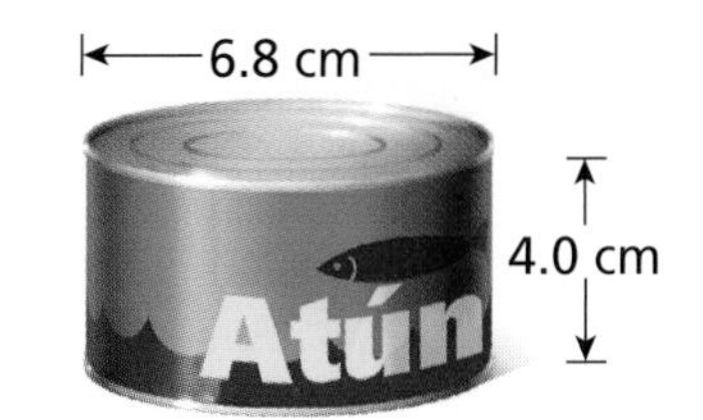

11. Una fábrica de conservas envasa atún en latas metálicas como la que se muestra. Redondea tus respuestas a la décima más cercana si es necesario. Usa 3.14 para π.

a. Dibuja y rotula una plantilla para el cilindro.

b. ¿Aproximadamente cuántos centímetros cuadrados de metal se usan para hacer cada lata?

c. El rótulo de cada lata va alrededor de la lata. ¿Aproximadamente cuántos centímetros cuadrados de papel se necesitan para cada rótulo?

12. En la tabla se muestran las dimensiones de dos cajas con forma de prisma rectangular con volúmenes iguales. ¿Qué caja necesita más material para su envoltorio? Explica.

	Longitud	Ancho	Prof.
Caja 1	20 pulg	5 pulg	3 pulg
Caja 2	10 pulg	6 pulg	5 pulg

13. Elige una estrategia Un cubo Rubik® se construye con 27 cubos más pequeños. Sólo las caras externas están coloreadas ¿Cuántos de los "cubos" de un cubo Rubik tienen exactamente 2 caras coloreadas?

14. Escríbelo Explica cómo hallar la longitud de los lados de un cubo cuya área total mide 512 pies^2.

15. Desafío Halla el área total del prisma rectangular de la derecha, que está atravesado por un hoyo con forma de prisma rectangular.

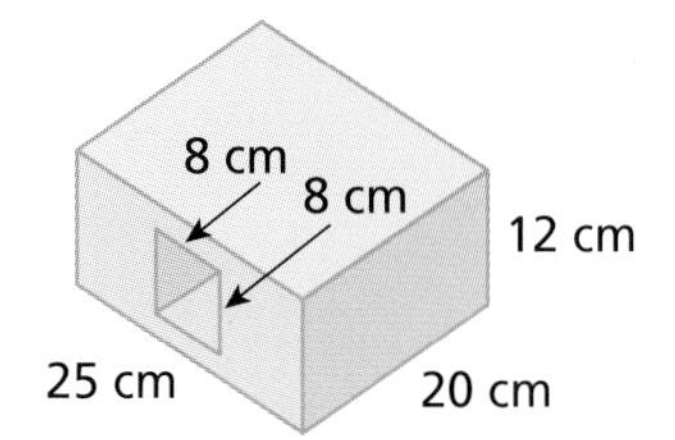

PREPARACIÓN PARA EL EXAMEN y repaso en espiral

16. Opción múltiple Halla el área total del prisma que forma la plantilla.

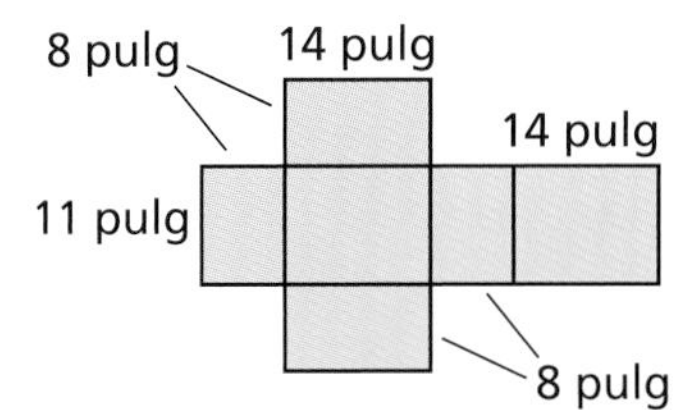

Ⓐ 286 pulg^3　　Ⓒ 708 pulg^3

Ⓑ 310 pulg^3　　Ⓓ 1,232 pulg^3

17. Respuesta gráfica Halla la cantidad de centímetros cuadrados en el área total de un cilindro que tiene un radio de 5 cm y una altura de 15 cm. Usa 3.14 para π.

Dadas las medidas de dos ángulos, halla la medida del tercer ángulo de cada triángulo. (Lección 8-8)

18. 83°, 28°　　**19.** 65°, 36°　　**20.** 22°, 102°

Halla el volumen de cada figura a la décima más cercana.

21. un prisma rectangular de 4 pulg de alto con una base de 7 pulg por 8 pulg (Lección 10-2)

22. una pirámide cuadrada de 9 cm de alto con una base de 6 cm por 6 cm (Lección 10-3)

Investigar el área total de prismas semejantes

Para usar con la Lección 10-5

go.hrw.com
Recursos en línea para el laboratorio
CLAVE: MS7 Lab10

Recuerda que el área total de una figura tridimensional es la suma del área de todas sus caras. Para explorar el área total de los prismas, puedes usar cubos de 1 centímetro.

Actividad 1

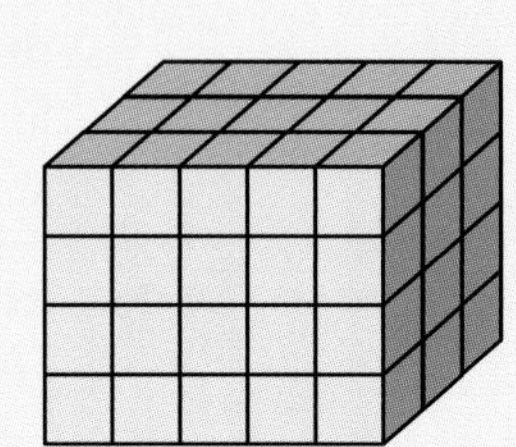

1. Usa cubos de 1 centímetro para construir el prisma rectangular que se muestra aquí.

2. Para hallar el área total del prisma, puedes hallar primero el área de sus caras frontal, superior y lateral. Observa cada una de estas caras del prisma. Cuenta los cubos numéricos que se muestran en cada una para hallar su área. Anota las áreas en la tabla.

Cara frontal

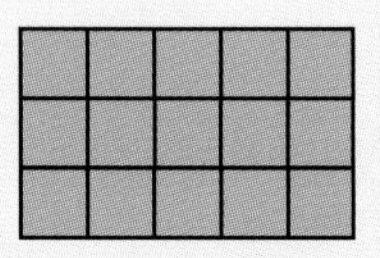
Cara superior

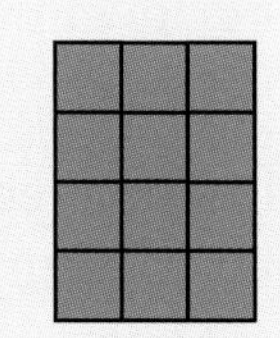
Cara lateral

	Cara frontal	Cara superior	Cara lateral
Área	■	■	■

3. Halla el área total del prisma de la siguiente manera:
área total = 2 • (área de la cara frontal) + 2 • (área de la cara superior) + 2 • (área de la cara lateral)

Razonar y comentar

1. ¿Por qué multiplicas por 2 el área de las caras frontal, superior y lateral para hallar el área total del prisma?

2. ¿Cuál es la longitud, el ancho y la altura del prisma en centímetros? ¿Qué área total obtienes cuando usas la fórmula A (área total) $= 2\ell a + 2\ell h + 2ah$?

Inténtalo

Usa cubos de 1 centímetro para construir cada prisma. Luego, halla su área total.

1.

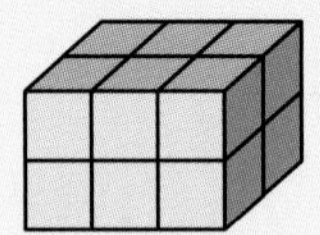

2.

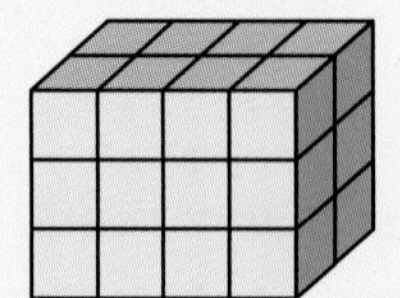

3.

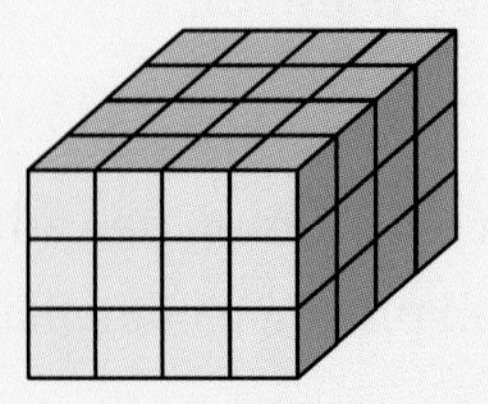

Actividad 2

1. Usa cubos de 1 centímetro para construir el prisma rectangular *A* como se muestra.

Prisma *A*

2. Ahora usa cubos de 1 centímetro para construir un prisma *B* semejante al prisma *A* por un factor de escala de 2. Cada dimensión del prisma nuevo tiene que ser dos veces mayor que la dimensión correspondiente del prisma *A*.

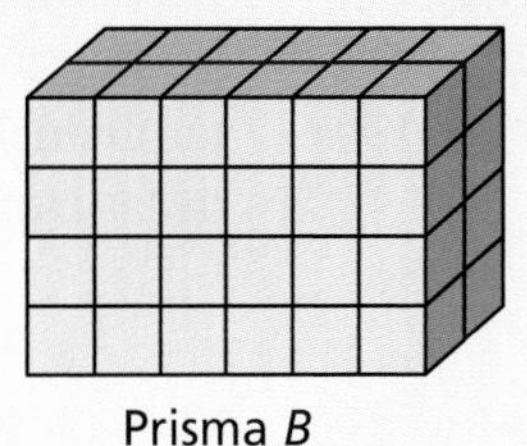
Prisma *B*

3. Usa el método de la Actividad 1 para hallar el área de las caras frontal, superior y lateral de cada prisma. Anota las áreas en la tabla.

	Área de la cara frontal	Área de la cara superior	Área de la cara lateral
Prisma *A*	■	■	■
Prisma *B*	■	■	■

4. Halla el área total del prisma *A* y el área total del prisma *B*.

5. Repite el proceso anterior, esta vez construyendo un prisma *C* más grande que el prisma A por un factor de escala de 3. Agrégale a la tabla una fila para el prisma *C* y halla las áreas de las caras frontal, superior y lateral del prisma *C*.

Razonar y comentar

1. En el punto 4, ¿cómo se relaciona el área total del prisma *B* con el área total del prisma *A*? ¿Qué relación tiene esto con el factor de escala?
2. En el punto 5, ¿cómo se relaciona el área total del prisma *C* con el área total del prisma *A*? ¿Qué relación tiene esto con el factor de escala?
3. Supongamos que la figura tridimensional *Y* es semejante a la figura tridimensional *X* por un factor de escala *k*. ¿Cómo se relacionan las áreas totales?

Inténtalo

1. Halla el área total del prisma *R*.
2. El prisma *S* es semejante al prisma *R* por un factor de escala de 4. Usa lo que descubriste para hallar el área total del prisma *S*.

Prisma *R*

10-5 Cómo cambiar dimensiones

Aprender **a hallar el volumen y el área total de figuras tridimensionales semejantes**

Recuerda que las longitudes de los lados de las figuras semejantes son proporcionales. Las áreas totales de las figuras tridimensionales semejantes también son proporcionales. Para ver esta relación, puedes comparar las áreas de las caras correspondientes de prismas rectangulares semejantes.

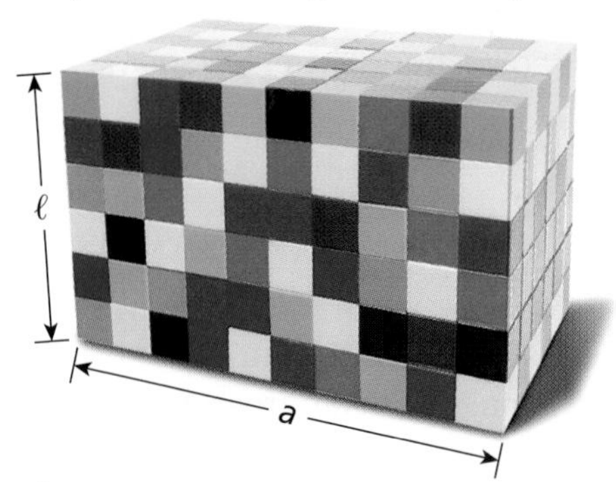

¡Recuerda!

Un factor de escala es un número por el cual se multiplican todas las dimensiones de una figura para hacer una figura semejante.

Área frontal de un prisma pequeño	**Área frontal de un prisma grande**	
$\ell \cdot a$	$\ell \cdot a$	
$3 \cdot 5$	$6 \cdot 10$	
15	$(3 \cdot 2) \cdot (5 \cdot 2)$	← Cada dimensión se multiplica por un factor de escala de 2.
	$(3 \cdot 5) \cdot (2 \cdot 2)$	
	$15 \cdot 2^2$	

El área de la cara frontal del prisma grande es 2^2 veces el área de la cara frontal del prisma pequeño. Esto se cumple para toda el área total de los prismas.

ÁREA TOTAL DE FIGURAS SEMEJANTES

Si la figura tridimensional B es semejante a la figura tridimensional A por un factor de escala, el área total de B es igual al área total de A por el factor de escala al cuadrado.

$$\begin{matrix}\text{área total de} \\ \text{la figura } B\end{matrix} = \begin{matrix}\text{área total de} \\ \text{la figura } A\end{matrix} \cdot (\text{factor de escala})^2$$

EJEMPLO 1 **Hallar el área total de una figura semejante**

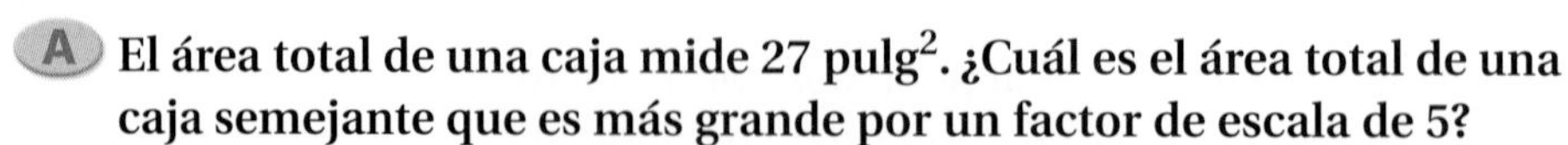

A **El área total de una caja mide 27 pulg². ¿Cuál es el área total de una caja semejante que es más grande por un factor de escala de 5?**

$A = 27 \cdot 5^2$ *Multiplica por el cuadrado del factor de escala.*

$A = 27 \cdot 25$ *Evalúa la potencia.*

$A = 675$ pulg^3 *Multiplica.*

B **El área total de la Gran Pirámide era originalmente 1,160,280 pies^2. ¿Cuál es el área total, a la décima más cercana, de un modelo de la pirámide que es más pequeño por un factor de escala de $\frac{1}{500}$?**

A (área total) $= 1{,}160{,}280 \left(\frac{1}{500}\right)^2$ *Multiplica por el cuadrado del factor de escala.*

A (área total) $= 1{,}160{,}280 \cdot \frac{1}{250{,}000}$ *Evalúa la potencia.*

A (área total) $= 4.64112$ *Multiplica.*

A (área total) ≈ 4.6 pies^2

Los volúmenes de las figuras tridimensionales semejantes también están relacionados.

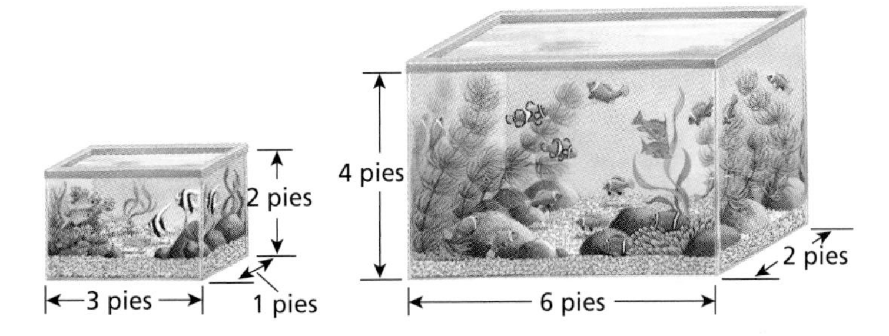

¡Recuerda!

$2 \cdot 2 \cdot 2 = 2^3$

Volumen de una pecera pequeña	**Volumen de una pecera grande**	
$\ell \cdot a \cdot h$	$\ell \cdot a \cdot h$	
$2 \cdot 3 \cdot 1$	$4 \cdot 6 \cdot 2$	
6	$(2 \cdot 2) \cdot (3 \cdot 2) \cdot (1 \cdot 2)$	
	$(2 \cdot 3 \cdot 1) \cdot (2 \cdot 2 \cdot 2)$	← Cada dimensión tiene un factor de escala de 2.
	$6 \cdot 2^3$	

El volumen de la pecera grande es 2^3 veces el volumen de la pecera pequeña.

VOLUMEN DE FIGURAS SEMEJANTES

Si la figura tridimensional B es semejante a la figura A por un factor de escala, el volumen de B es igual al volumen de A por el cubo del factor de escala.

volumen de la figura B = volumen de la figura A · (factor de escala)^3

EJEMPLO 2 Hallar el volumen usando figuras semejantes

El volumen de una cubeta es 231 pulg^3. ¿Cuál es el volumen de una cubeta semejante que es más grande por un factor de escala de 3?

$V = 231 \cdot 3^3$ *Multiplica por el cubo del factor de escala.*

$V = 231 \cdot 27$ *Evalúa la potencia.*

$V = 6{,}237$ pulg^3 *Multiplica.*

Estima $V \approx 230 \cdot 30$ *Redondea las medidas.*

$= 6{,}900$ pulg^3 *La respuesta es razonable.*

EJEMPLO  APLICACIÓN A LA RESOLUCIÓN DE PROBLEMAS

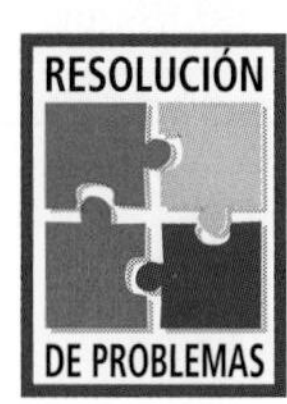

Elise tiene una pecera que mide 10 pulg por 23 pulg por 5 pulg. Construye una pecera más grande duplicando cada dimensión. En 1 galón hay 231 pulg^3. Estima cuántos galones más caben en la pecera más grande.

1 Comprende el problema

Vuelve a escribir la pregunta como un enunciado.

- Compara las capacidades de dos peceras semejantes y estima cuánta más agua cabe en la más grande.

Haz una lista con la **información importante:**

- La pecera pequeña mide 10 pulg × 23 pulg × 5 pulg.
- La pecera grande es semejante a la pequeña por un factor de escala de 2.
- 231 pulg^3 = 1 gal

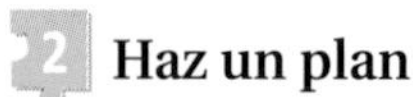

2 Haz un plan

Puedes escribir una ecuación que relacione el volumen de la pecera grande con el de la pequeña. Volumen de la pecera grande = Volumen de la pecera pequeña·(factor de escala)^3. Luego, convierte las pulgadas cúbicas a galones para comparar las capacidades de las peceras.

3 Resuelve

Volumen de la pecera pequeña = 10 × 23 × 5 = **1,150** pulg^3

Volumen de la pecera grande = **1,150** · 2^3 = 9,200 pulg^3

Convierte los volúmenes a galones.

$1{,}150 \text{ pulg}^3 \times \frac{1 \text{ gal}}{231 \text{ pulg}^3} \approx 5 \text{ gal}$ $\qquad$ $9{,}200 \text{ pulg}^3 \times \frac{1 \text{ gal}}{231 \text{ pulg}^3} \approx 40 \text{ gal}$

Resta las capacidades: 40 gal − 5 gal = 35 gal

En la pecera grande caben aproximadamente 35 galones más.

4 Repasa

Duplica las dimensiones de la pecera pequeña y halla el volumen. 20 × 46 × 10 = 9,200 pulg^3. Resta los volúmenes de las peceras: 9,200 − 1,150 = 8,050 pulg^3. Convierte las medidas a galones: $8{,}050 \times \frac{1 \text{ gal}}{231 \text{ pulg}^3} \approx 35$ gal.

Razonar y comentar

1. **Indica** si el área total de una figura aumenta o disminuye si cada una de las dimensiones cambia por un factor de $\frac{1}{3}$.
2. **Explica** cómo cambia el área total de una figura si cada una de sus dimensiones se multiplica por 3.
3. **Explica** cómo cambia el volumen de una figura si cada una de sus dimensiones se multiplica por 2.

10-5 Ejercicios

go.hrw.com
Ayuda en línea para tareas*
CLAVE: MS7 10-5
Recursos en línea para padres
CLAVE: MS7 Parent
*(Disponible sólo en inglés)

PRÁCTICA GUIADA

Ver Ejemplo 1

1. El área total de una caja mide 10.4 cm^2. ¿Cuál es el área total de una caja semejante que es más grande por un factor de escala de 3?

2. El área total del casco de un barco mide aproximadamente 11,000 m^2. ¿Cuál es el área total, a la décima más cercana, del casco de un modelo del barco que es más pequeño por un factor de escala de $\frac{1}{150}$?

Ver Ejemplo 2

3. El volumen de una hielera mide 2,160 $pulg^3$. ¿Cuál es el volumen de una hielera semejante que es más grande por un factor de escala de 2.5?

Ver Ejemplo 3

4. Una pecera mide 14 pulg por 13 pulg por 10 pulg. Una pecera semejante es más grande por un factor de escala de 3. Estima cuántos galones más caben en la pecera más grande.

PRÁCTICA INDEPENDIENTE

Ver Ejemplo 1

5. El área total de un prisma triangular mide 13.99 $pulg^2$. ¿Cuál es el área total de un prisma semejante que es más grande por un factor de escala de 4?

6. El área total de la carrocería de un automóvil mide aproximadamente 200 $pies^2$. ¿Cuál es el área total, a la décima de pie cuadrado más cercana, de un modelo de automóvil más pequeño por un factor de escala de $\frac{1}{12}$?

Ver Ejemplo 2

7. El volumen de un cilindro es aproximadamente 523 cm^3. ¿Cuál es el volumen, a la décima más cercana, de un cilindro semejante más pequeño por un factor de escala de $\frac{1}{4}$?

Ver Ejemplo 3

8. Un tanque mide 27 pulg por 9 pulg por 12 pulg. Un tanque semejante es más pequeño por un factor de escala de $\frac{1}{3}$. Estima cuántos galones más caben en el tanque más grande.

PRÁCTICA Y RESOLUCIÓN DE PROBLEMAS

Práctica adicional
Ver página 747

Para cada figura, halla el área total y el volumen de una figura semejante que es más grande por un factor de escala de 25. Usa 3.14 para π.

9.
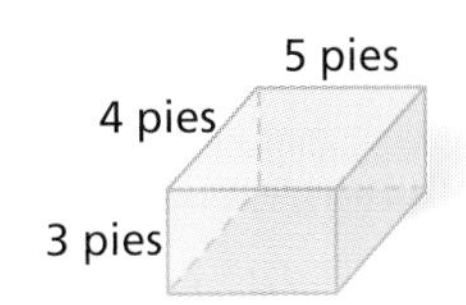

10.
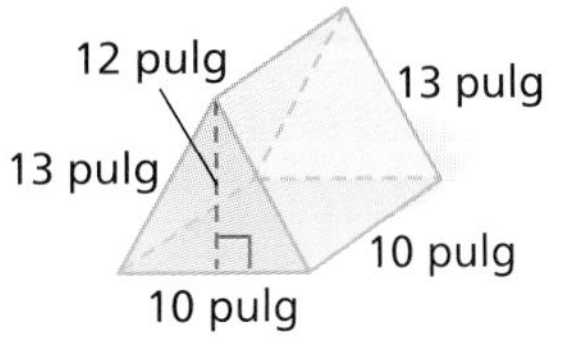

11.
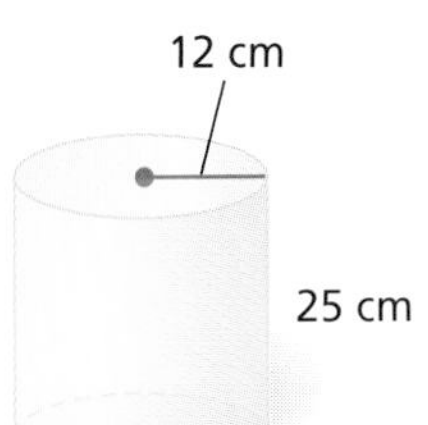

12. El área total de un cilindro mide 1,620 m^2. Su volumen aproximado es 1,130 m^3. ¿Cuál es el área total y el volumen de un cilindro semejante más pequeño por un factor de escala de $\frac{1}{9}$? Si es necesario, redondea a la décima más cercana.

13. El área total de un prisma mide 142 $pulg^2$. Su volumen se aproxima a las 105 $pulg^3$. ¿Cuál es el área total y el volumen de un prisma semejante que es más grande por un factor de escala de 6? Si es necesario, redondea a la décima más cercana.

con la historia

Natalie y Rebecca hacen un modelo a escala del *Titanic* para el proyecto de su clase de historia. Su modelo es más pequeño por un factor de escala de $\frac{1}{100}$. Para los Ejercicios del 14 al 17, expresa tus respuestas tanto en centímetros como en metros. Usa la tabla de conversiones de la derecha si es necesario.

CONVERSIONES MÉTRICAS	
1 m = 100 cm	1 cm = 0.01 m
1 m^2 = 10,000 cm^2	1 cm^2 = 0.0001 m^2
1 m^3 = 1,000,000 cm^3	1 cm^3 = 0.000001 m^3

14. La longitud y la altura del *Titanic* se muestran en el dibujo de arriba. ¿Cuál es la longitud y la altura del modelo a escala de las estudiantes?

15. En el modelo de las estudiantes, el diámetro de las hélices exteriores es 7.16 cm. ¿Cuál era el diámetro de estas hélices en el barco?

16. El área total de la cubierta del modelo de las estudiantes mide 4,156.75 cm^2. ¿Cuál era el área total de la cubierta del barco?

17. El volumen del modelo de las estudiantes es aproximadamente 127,426 cm^3. ¿Cuál era el volumen del barco?

Estas son hélices propulsoras del *Olympic*, el barco hermano del *Titanic*. Son idénticas a las del *Titanic*.

Preparación para el examen y repaso en espiral

18. Opción múltiple El área total de un prisma mide 144 cm^2. Un prisma semejante tiene un factor de escala de $\frac{1}{4}$. ¿Cuál es el área total del prisma semejante?

Ⓐ 36 cm^2 Ⓑ 18 cm^2 Ⓒ 9 cm^2 Ⓓ 2.25 cm^2

19. Respuesta gráfica Un cubo tiene un volumen de 64 $pulg^3$. Un cubo semejante tiene un volumen de 512 $pulg^3$. ¿Cuál es el factor de escala del cubo más grande?

Determina si las razones son proporcionales. (Lección 5-4)

20. $\frac{7}{56}, \frac{35}{280}$ **21.** $\frac{12}{20}, \frac{60}{140}$ **22.** $\frac{9}{45}, \frac{45}{225}$ **23.** $\frac{5}{82}, \frac{65}{1,054}$

24. Indica qué polígono tiene diez ángulos y diez lados. (Lección 8-5)

Explorar cambios de dimensiones

Para usar después de la Lección 10-5

Puedes usar una hoja de cálculo para explorar cómo, al cambiar las dimensiones de una pirámide rectangular, cambia el volumen de la pirámide.

Actividad

1. En una hoja de cálculo, escribe los siguientes títulos:
   Longitud de la base en la celda A1,
   Ancho de la base en la celda B1,
   Altura en la celda C1 y
   Volumen en la celda D1.

   En la fila 2, escribe los números 15, 7 y 22, como se muestra.

H9 =

	A	B	C	D
1	Longitud de la base	Ancho de la base	Altura	Volumen
2	15	7	22	

2. Luego, escribe la fórmula del volumen de una pirámide en la celda D2. Para hacerlo, escribe **=(1/3)*A2*B2*C2.** Oprime **ENTER** y observa que el volumen es 770.

SUM ✕ ✓ = =(1/3)*A2*B2*C2

	A	B	C	D	E
1	Longitud de la base	Ancho de la base	Altura	Volumen	
2	15	7	22	=(1/3)*A2*B2*C2	

3. Escribe 30 en la celda A2 y 11 en la celda C2 para hallar qué le pasa al volumen cuando duplicas la longitud de la base y reduces la altura a la mitad.

C23 =

	A	B	C	D
1	Longitud de la base	Ancho de la base	Altura	Volumen
2	30	7	11	770

Razonar y comentar

1. Explica por qué el volumen de la pirámide no cambia al duplicar la longitud de la base y reducir la altura a la mitad.
2. ¿De qué otras maneras puedes cambiar las dimensiones de la pirámide sin cambiar su volumen?

Inténtalo

1. Usa una hoja de cálculo para calcular el volumen de cada cono. Usa 3.14 para π.
   a. radio = 2.75 pulgadas; altura = 8.5 pulgadas
   b. radio = 7.5 pulgadas; altura= 14.5 pulgadas
2. ¿Cuál sería el volumen en el Problema 1 si duplicaras los radios?

Prueba de las Lecciones 10-4 y 10-5

10-4 Área total de prismas y cilindros

Halla el área total del prisma que forma cada plantilla.

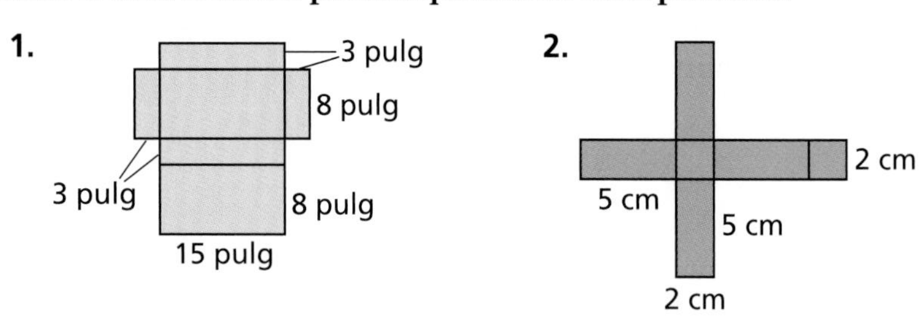

Halla el área total del cilindro que forma cada plantilla a la décima más cercana. Usa 3.14 para π.

3.

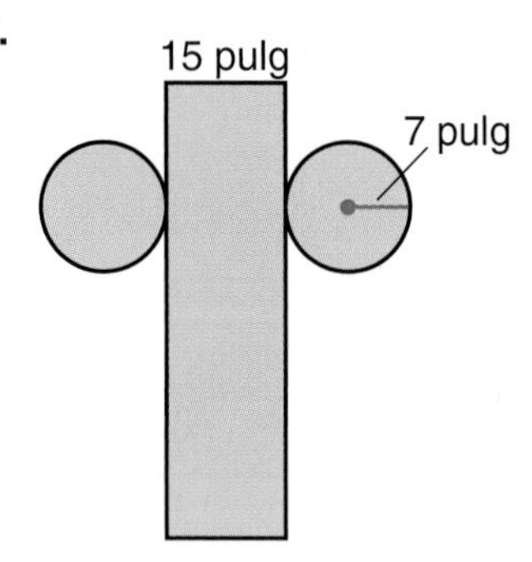

4.

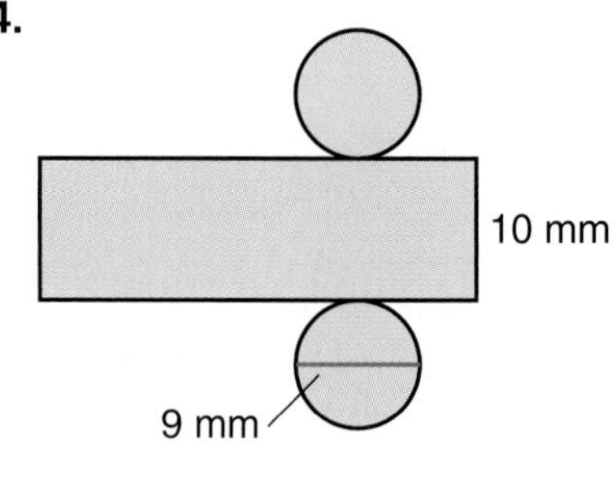

5. En el diagrama se muestra una lata de refresco con un protector térmico que cubre la base inferior y parte de la superficie curva de la lata. ¿Qué parte del área total de la lata, en centímetros cuadrados, cubre aproximadamente el protector térmico?

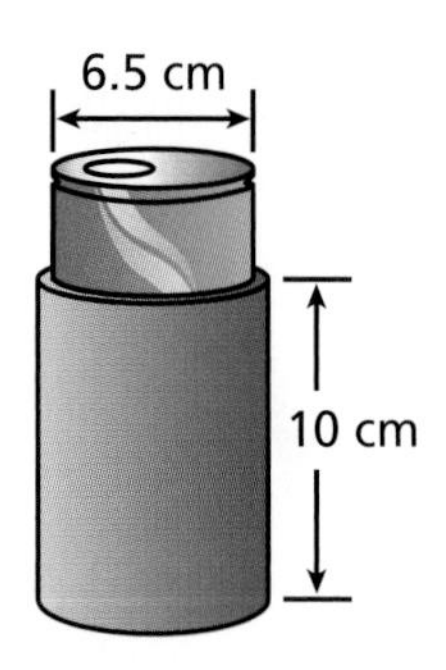

10-5 Cómo cambiar dimensiones

6. El área total de un prisma rectangular mide 45 pies^2. ¿Cuál es el área total de un prisma semejante que es más grande por un factor de escala de 3?
7. El área total de un cilindro mide 109 cm^2. ¿Cuál es el área total de un cilindro semejante más pequeño por un factor de escala de $\frac{1}{3}$?
8. El volumen de un recipiente es 3,785 cm^3. Otro recipiente es más grande por un factor de escala de 4. Estima cuántos galones más caben en el recipiente más grande. (*Pista:* hay 231 pulg^3 en un galón).

PREPARACIÓN DE VARIOS PASOS PARA EL EXAMEN

CAPÍTULO 10

¡A envolver! Kim y Miguel recaudan fondos para el equipo de atletismo de su escuela envolviendo regalos en el centro comercial. Los clientes también pueden hacer colocar sus regalos en cajas para despacharlos. Kim y Miguel tienen rollos de papel para regalo, cajas de embalaje, cartón y relleno para embalaje.

1. Un cliente quiere envolver y despachar un regalo que tiene forma de prisma rectangular. Las dimensiones del regalo son 10 pulg por 15 pulg por 4 pulg. ¿Cuántas pulgadas cuadradas de papel se necesitan para envolver el regalo?
2. Kim elige una caja de embalaje que mide 18 pulg por 12 pulg por 6 pulg. Después de colocar el regalo en la caja, rellenará el espacio vacío con relleno para embalaje. ¿Cuántas pulgadas cúbicas de relleno necesitará Kim? Explica.
3. Otro cliente quiere despachar una pieza artesanal con forma de cono hecha con vidrio reciclado. En la figura se muestran las dimensiones de la pieza cónica. Miguel decide usar cartón grueso para armar un recipiente cilíndrico lo suficientemente grande como para que entre la pieza artesanal. ¿Cuánto cartón necesitará?

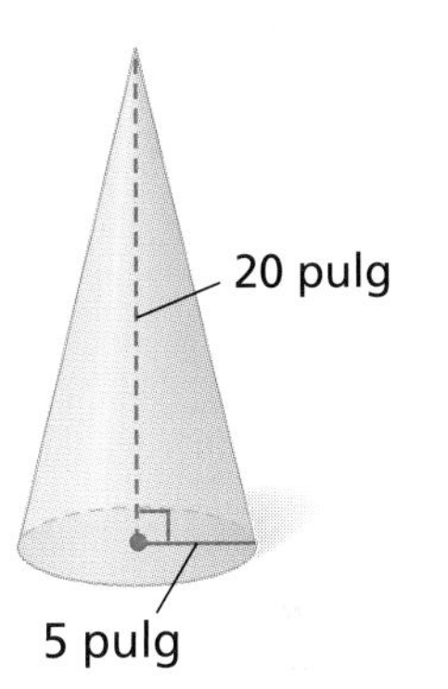

4. Una vez que la pieza artesanal se coloque en el recipiente cilíndrico, ¿cuánto relleno para embalaje se necesitará para rellenar el espacio vacío?

EXTENSIÓN

Secciones transversales

Aprender a dibujar y describir secciones transversales de figuras tridimensionales

Vocabulario

sección transversal

Cuando una figura tridimensional y un plano se cruzan, la intersección se llama **sección transversal.** Una figura tridimensional puede tener muchas secciones transversales diferentes. Por ejemplo, cuando cortas una naranja por la mitad, la sección transversal que aparece variará según la dirección del corte.

EJEMPLO 1 Identificar secciones transversales

Identifica la sección transversal que mejor se corresponda con la figura dada.

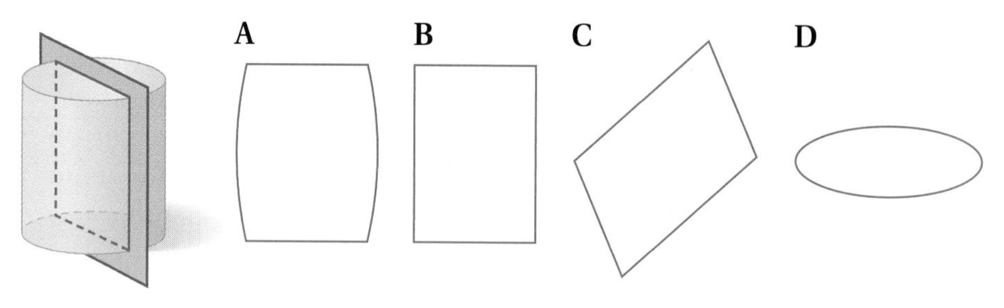

Las bases del cilindro son paralelas. Por lo tanto, la sección transversal debe tener dos líneas paralelas. Las bases del cilindro se unen a la superficie lateral mediante ángulos rectos. Por lo tanto, la sección transversal debe tener ángulos rectos. La mejor opción es **B**.

EJEMPLO 2 Dibujar y describir secciones transversales

Dibuja y describe la sección transversal de un cono hecha con un corte paralelo a la base.

La base de un cono es un círculo. Cualquier sección transversal hecha con un corte paralelo a la base también será un círculo.

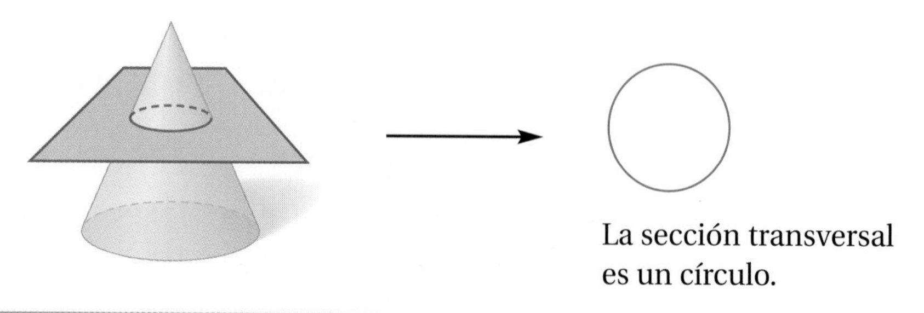

La sección transversal es un círculo.

Puedes formar figuras tridimensionales trasladando o rotando una sección transversal en el espacio.

EJEMPLO 3 Describir figuras tridimensionales formadas por transformaciones

Describe la figura tridimensional que se forma rotando un triángulo isósceles alrededor de su eje de simetría.

Dibuja un triángulo isósceles y su eje de simetría. Visualiza la rotación del triángulo en el espacio alrededor de su eje. La figura tridimensional resultante es un cono.

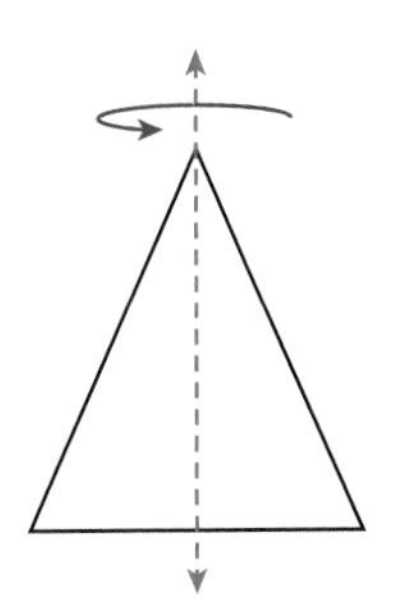

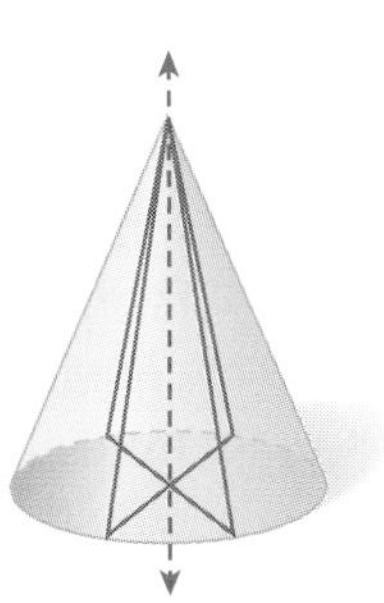

EXTENSIÓN Ejercicios

1. Identifica la sección transversal que mejor se corresponda con la figura dada.

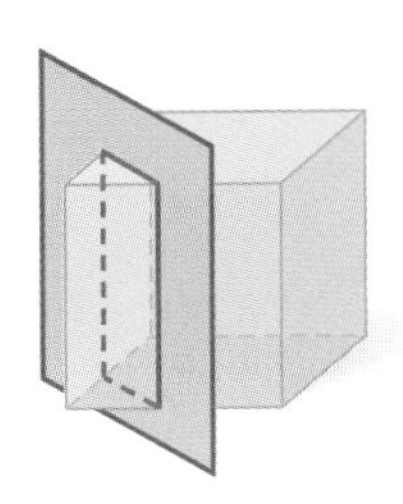

B

C

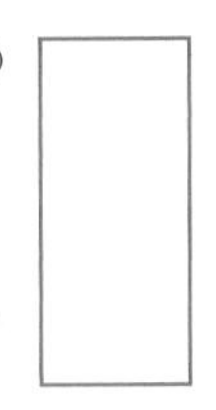

Dibuja y describe cada sección transversal.

2. un cilindro con un corte paralelo a sus bases
3. un cubo con un corte paralelo a una de sus caras

Describe la figura tridimensional formada por cada transformación.

4. un rectángulo que se rota alrededor de su eje de simetría
5. un círculo que se traslada en forma perpendicular al plano en el que se apoya (*Pista:* imagina que elevas un círculo que se apoya sobre una mesa).
6. Un escultor tiene un bloque de arcilla con forma de prisma rectangular. Usa un trozo de alambre para cortar la arcilla y la sección transversal resultante es un cuadrado. Haz un dibujo en el que se muestre el prisma y la manera en que el escultor pudo haber cortado la arcilla.

¡Vamos a jugar!

Mentes en flor

Los estudiantes del Club de Agricultura de la Intermedia Carter diseñan una jardinera para el frente de la escuela. La jardinera tendrá forma de letra *C*. Después de considerar los dos diseños que se muestran, los estudiantes decidieron construir la jardinera que requiriera la menor cantidad de turba. ¿Qué diseño eligieron los estudiantes? (*Pista:* halla el volumen de cada jardinera).

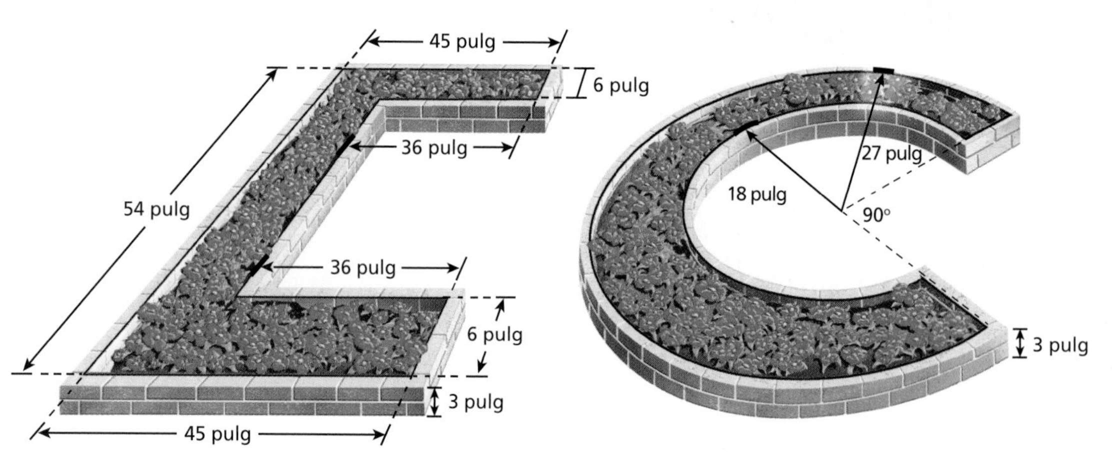

Cubos mágicos

En este acertijo, se usan cuatro cubos mágicos. El conjunto completo de reglas y plantillas para hacer los cubos se encuentra disponible en línea. Cada lado de los cuatro cubos lleva impreso el número 1, 2, 3 ó 4. El objetivo del juego es apilar los cubos de modo que los números de cada lado sumen 10. No se puede repetir ningún número en cada lado.

go.hrw.com
¡Vamos a jugar! Extra
CLAVE: MS7 Games

PROYECTO CD 3-D

Haz un conjunto de folletos circulares que puedas guardar en sobres para CD.

1. Apila los sobres para CD de manera que la solapa de los sobres mire hacia atrás a lo largo del extremo derecho. Haz un agujero con la perforadora en el ángulo superior izquierdo. **Figura A**

2. Introduce un cordón a través del agujero, une los extremos del cordón con un nudo y recorta los extremos sobrantes. **Figura B**

3. Dobla una hoja de papel blanco de $8\frac{1}{2}$ por 11 pulg por la mitad para que se forme una hoja de $8\frac{1}{2}$ por $5\frac{1}{2}$ pulg. Coloca el CD en la hoja plegada de manera que toque el extremo doblado y dibuja el contorno del CD. **Figura C**

4. Recorta la forma circular que trazaste, asegurándote de que las dos mitades de la hoja se mantengan unidas. **Figura D**

5. Repite el proceso con las hojas de papel restantes hasta hacer un total de 5 folletos.

Tomar notas de matemáticas

Usa cada folleto para tomar notas sobre una lección del capítulo. Asegúrate de anotar el vocabulario, las fórmulas y los problemas de ejemplo más importantes.

CAPÍTULO 10

Guía de estudio: Repaso

Vocabulario

Completa los enunciados con las palabras del vocabulario.

1. Un(a) ___?___ tiene dos bases circulares paralelas y congruentes unidas mediante una superficie curva.
2. La suma de las áreas de las superficies de una figura tridimensional se llama ___?___.
3. Un(a) ___?___ es una figura tridimensional cuyas caras son todas polígonos.
4. Un(a) ___?___ tiene un base circular y una superficie curva.

10-1 Introducción a las figuras tridimensionales (págs. 580–583)

EJEMPLO

■ **Identifica la figura.**

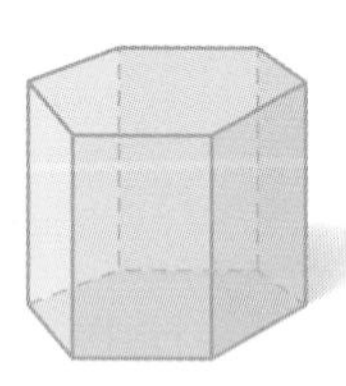

Hay dos bases que son hexágonos.

La figura es un prisma hexagonal.

EJERCICIOS

Identifica cada figura.

5. 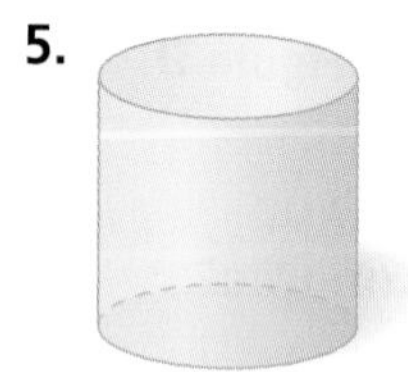

6. 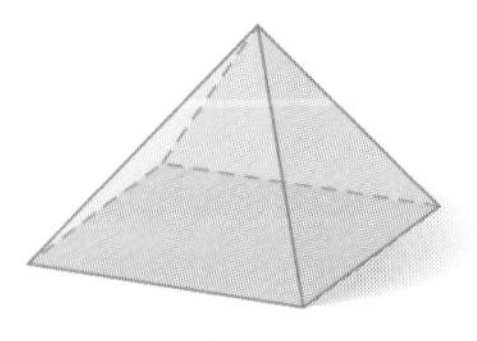

7. 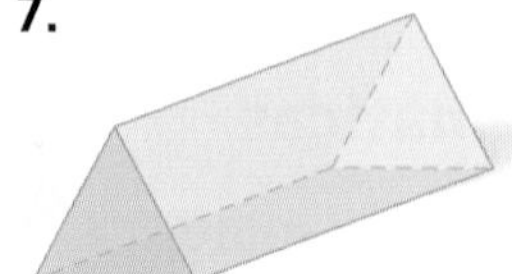

8. 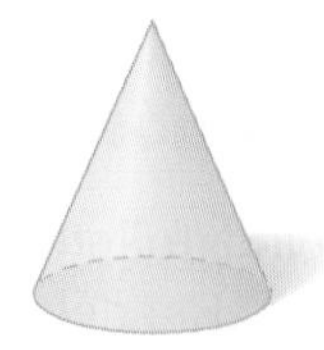

10-2 Volumen de prismas y cilindros (págs. 586–589)

EJEMPLO

- **Halla el volumen del prisma.**

  $V = Bh$

  $V = (15 \cdot 4) \cdot 9$

  $V = 540$

  El volumen del prisma es 540 pies^3.

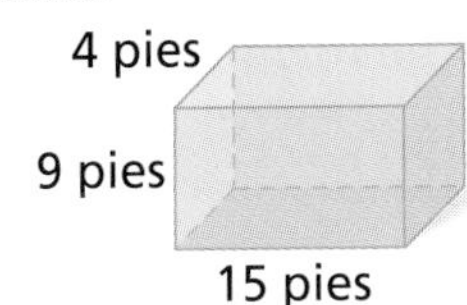

EJERCICIOS

Halla el volumen de cada prisma.

9.

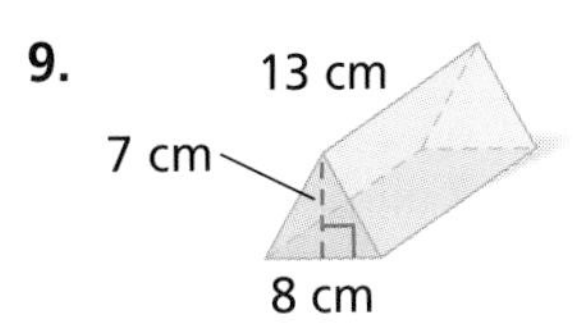

10.

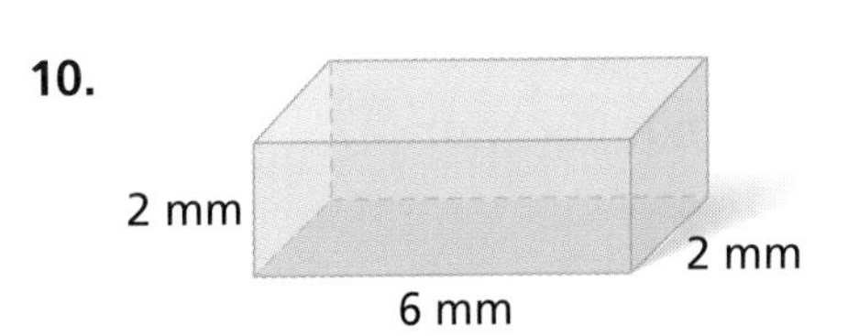

- **Halla el volumen del cilindro a la décima más cercana. Usa 3.14 para π.**

  $V = \pi r^2 h$

  $V \approx 3.14 \cdot 3^2 \cdot 4$

  $V \approx 113.04$

  El volumen es aproximadamente 113.0 cm^3.

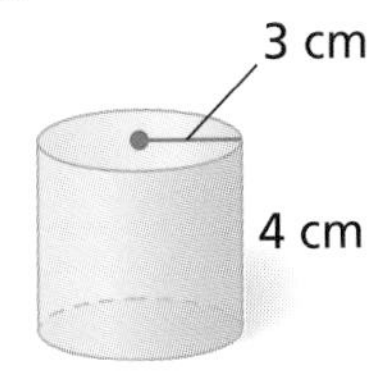

Halla el volumen de cada cilindro a la décima más cercana. Usa 3.14 para π.

11. **12.**

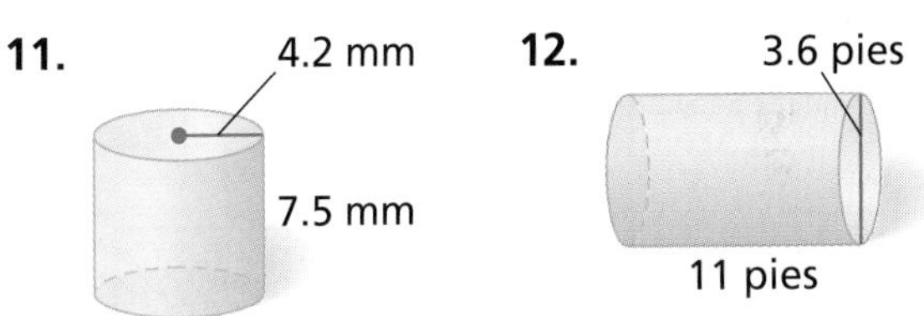

10-3 Volumen de pirámides y conos (págs. 590–593)

EJEMPLO

- **Halla el volumen de la pirámide.**

  $V = \frac{1}{3}Bh$

  $V = \frac{1}{3} \cdot (5 \cdot 6) \cdot 7$

  $V = 70$

  El volumen es 70 m^3.

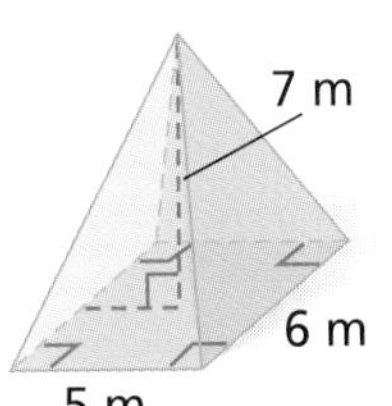

- **Halla el volumen del cono a la décima más cercana. Usa 3.14 para π.**

  $V = \frac{1}{3}\pi r^2 h$

  $V \approx \frac{1}{3} \cdot 3.14 \cdot 4^2 \cdot 9$

  $V \approx 150.72$

  El volumen es aproximadamente 150.7 pies^3.

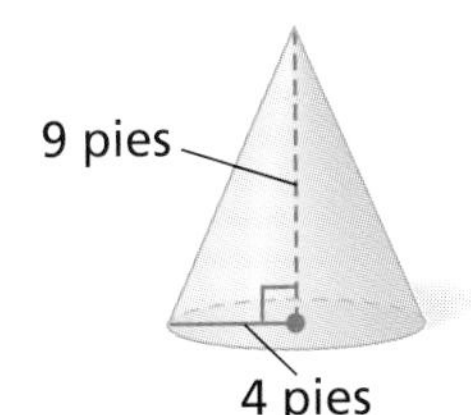

EJERCICIOS

Halla el volumen de la pirámide.

13.

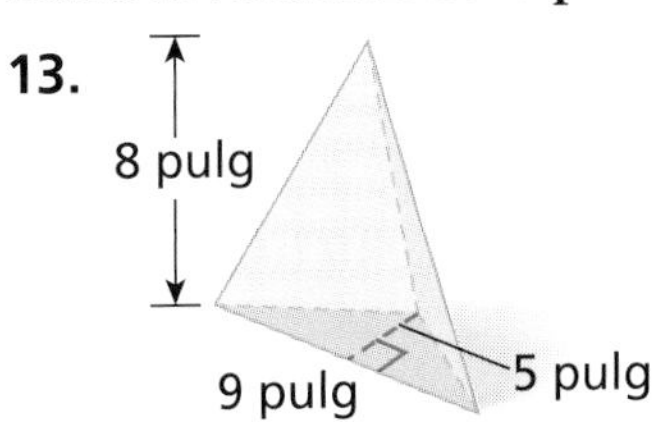

Halla el volumen del cono a la décima más cercana. Usa 3.14 para π.

14.

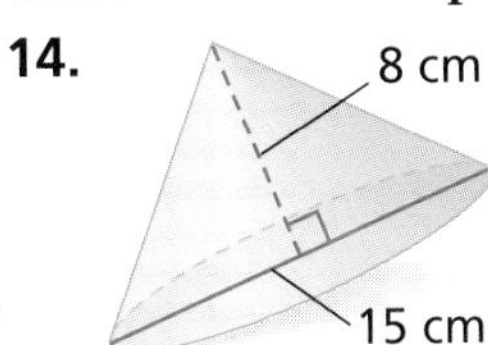

10-4 Área total de prismas y cilindros (págs. 597–601)

EJEMPLO

■ **Halla el área total del prisma rectangular que forma la plantilla.**

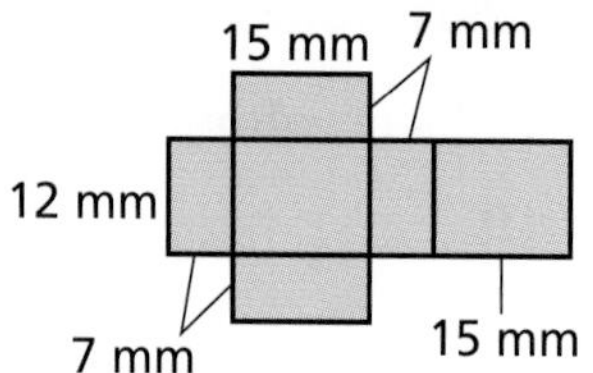

A (área total) $= 2\ell a + 2\ell h + 2ah$

A (área total) $= (2 \cdot 15 \cdot 7) + (2 \cdot 15 \cdot 12) +$
$(2 \cdot 7 \cdot 12)$

A (área total) $= 738$

El área total mide 738 mm^2.

■ **Halla el área total del cilindro que forma la plantilla a la décima más cercana. Usa 3.14 para π.**

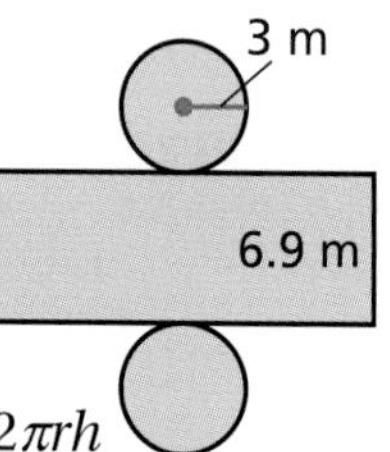

A (área total) $= 2\pi r^2 + 2\pi rh$

A (área total) $\approx (2 \cdot 3.14 \cdot 3^2) + (2 \cdot 3.14 \cdot 3 \cdot 6.9)$
6.9)

A (área total) ≈ 186.516

El área total mide aproximadamente

186.5 m^2.

EJERCICIOS

Halla el área total del prisma rectangular que forma cada plantilla.

15.

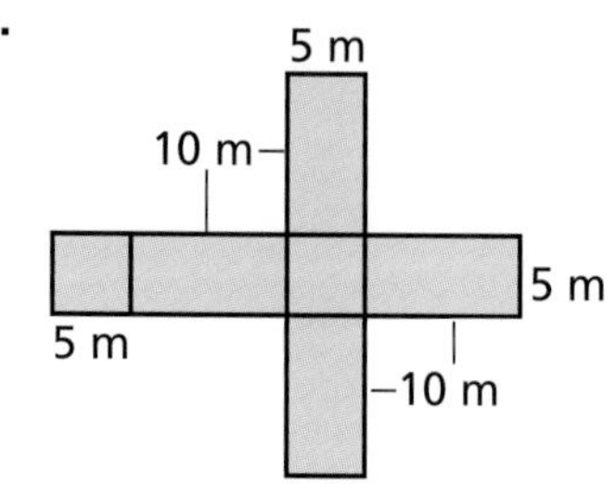

16.

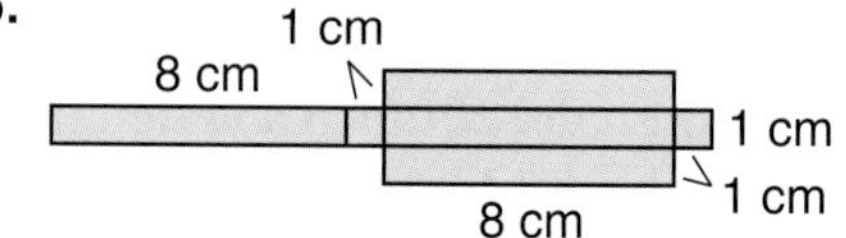

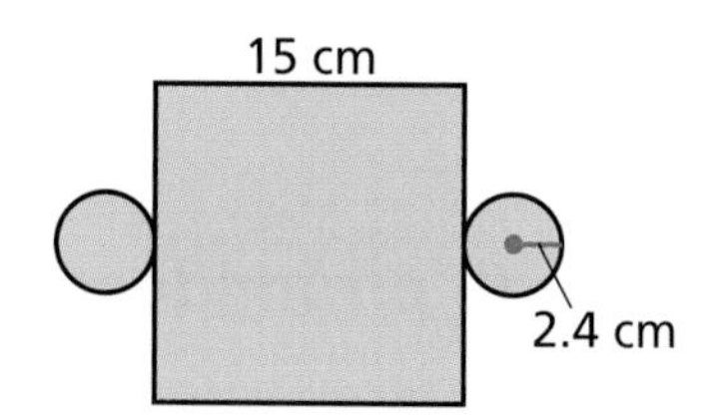

10-5 Cómo cambiar dimensiones (págs. 604–608)

EJEMPLO

■ **El área total de un prisma rectangular mide 32 m^2 y su volumen es 12 m^3. ¿Cuál es el área total y el volumen de un prisma rectangular semejante que es más grande por un factor de escala de 6?**

A (área total) $= 32 \cdot 6^2$
$= 1{,}152$

$V = 12 \cdot 6^3$
$= 2{,}592$

El área total del prisma más grande mide 1,152 m^2. Su volumen es 2,592 m^3.

EJERCICIOS

18. Un cilindro tiene un área total de aproximadamente 13.2 $pulg^2$. ¿Cuál es el área total de un cilindro semejante que es más grande por un factor de escala de 15?

19. Un refrigerador tiene un volumen de 14 $pies^3$. ¿Cuál es el volumen, a la décima más cercana, de un refrigerador semejante que es más pequeño por un factor de escala de $\frac{2}{3}$?

EXAMEN DEL CAPÍTULO

CAPÍTULO 10

Clasifica cada figura como poliedro o no poliedro. Luego, identifica la figura.

1. 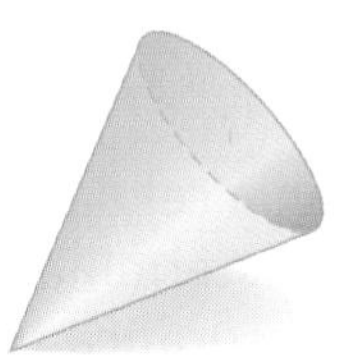

2. 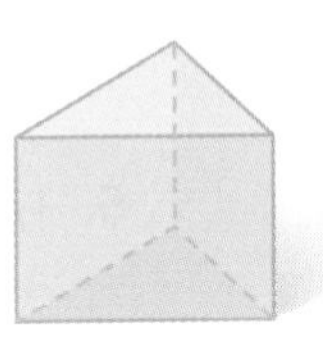

3. 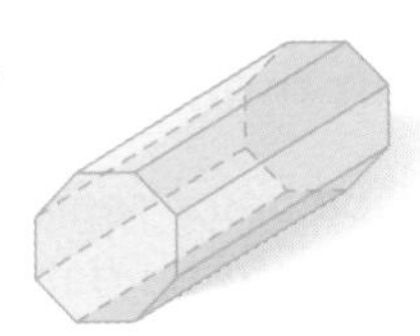

4. 

5. 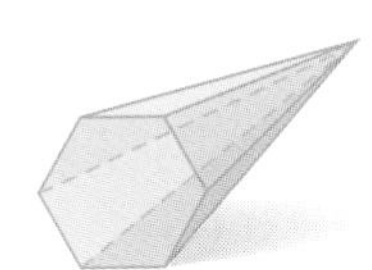

6. 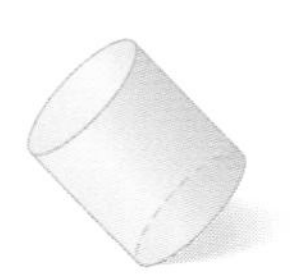

Halla el volumen de cada figura a la décima más cercana. Usa 3.14 para π.

7. 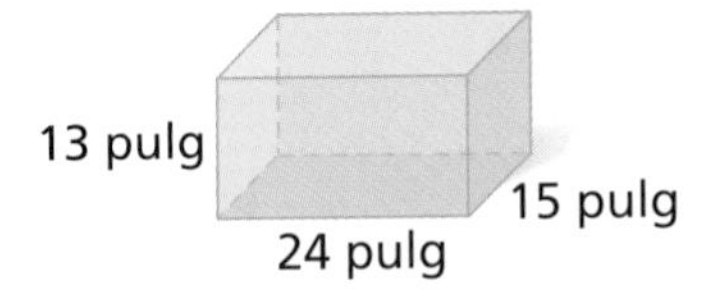

8. 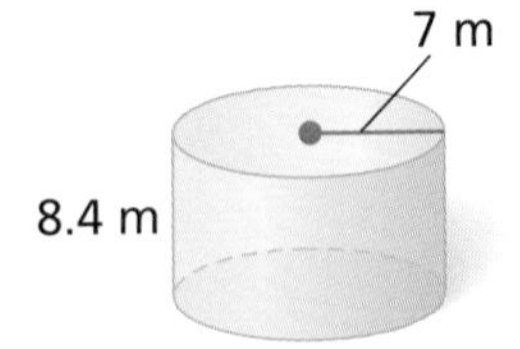

9. 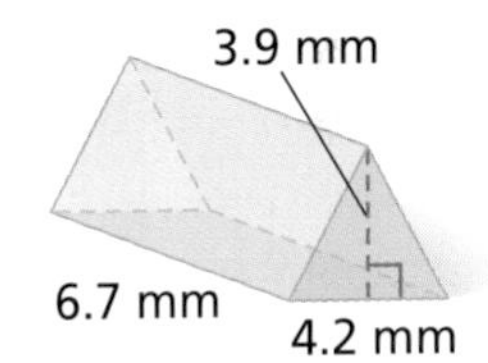

10. 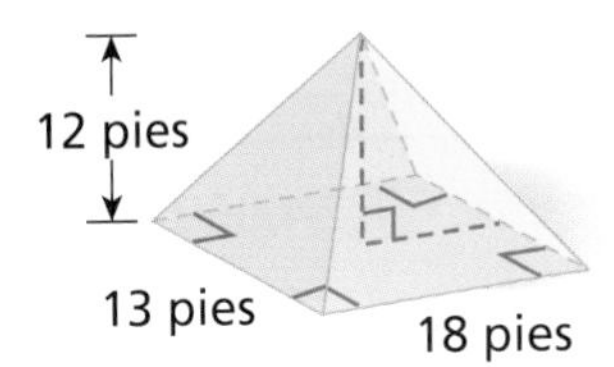

11. 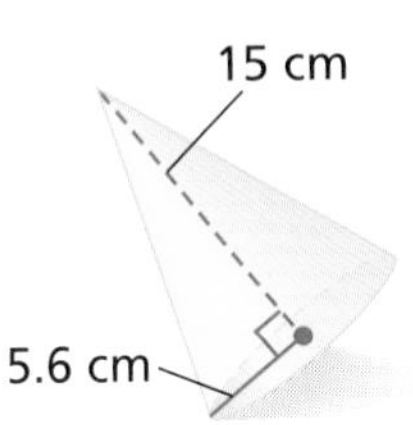

12. 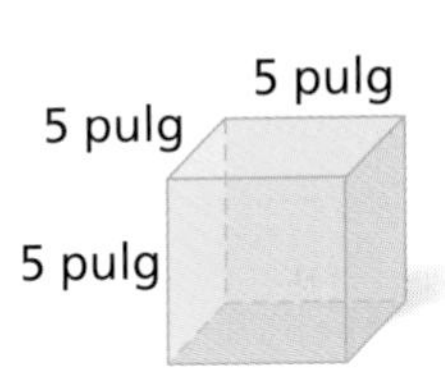

Halla el área total de cada figura a la décima más cercana. Usa 3.14 para π.

13. 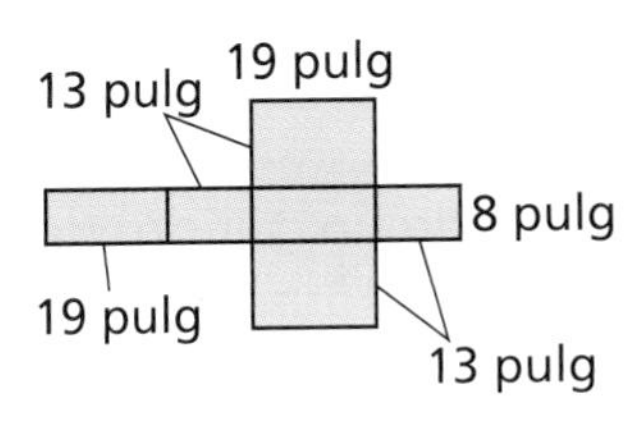

14. 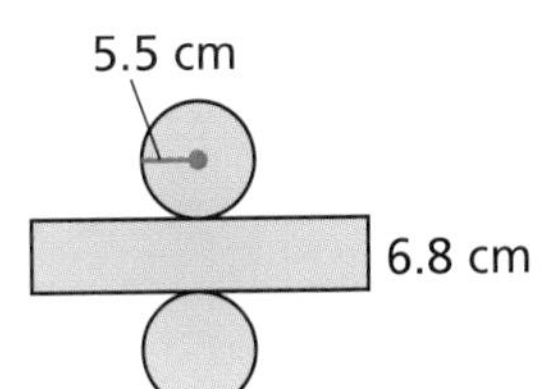

15. 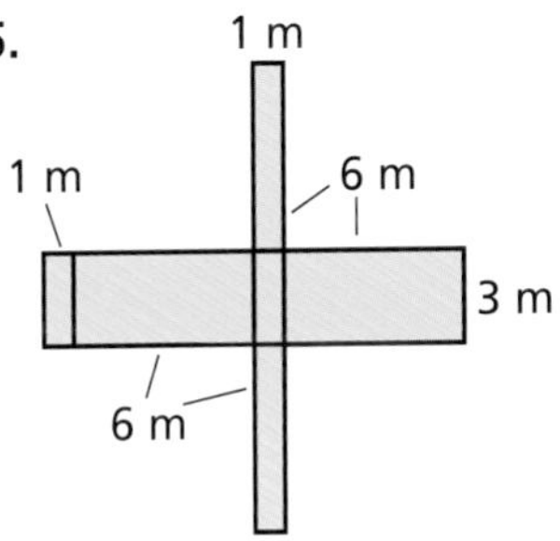

16. El área total de un prisma rectangular mide 52 pies^2. ¿Cuál es el área total de un prisma semejante que es más grande por un factor de escala de 7?

17. El volumen de un cubo es 35 mm^3. ¿Cuál es el volumen de un cubo semejante que es más grande por un factor de escala de 9?

18. El volumen de un florero es 7.5 cm^3. ¿Cuál es el volumen, a la centésima más cercana, de un florero semejante que es más pequeño por un factor de escala de $\frac{1}{2}$?

CAPÍTULO 10

PREPARACIÓN PARA EL EXAMEN ESTANDARIZADO

go.hrw.com
Práctica en línea para el examen estatal
CLAVE: MS7 TestPrep

Evaluación acumulativa, Capítulos 1–10

Opción múltiple

1. ¿Qué valor representa la mediana del conjunto de datos?

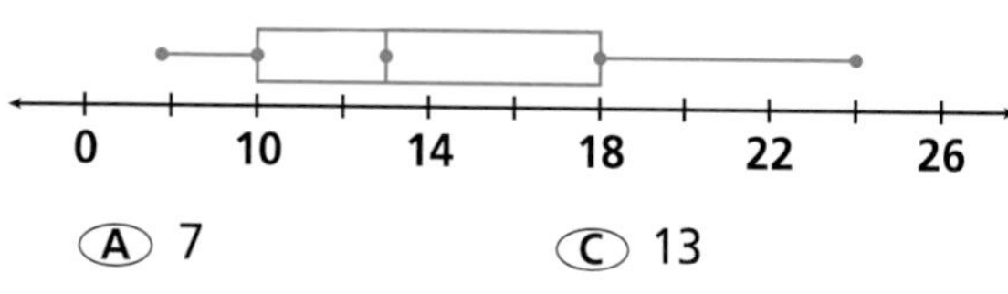

(A) 7
(B) 10
(C) 13
(D) 18

2. ¿Cuánto menor es el área del triángulo que el área del rectángulo?

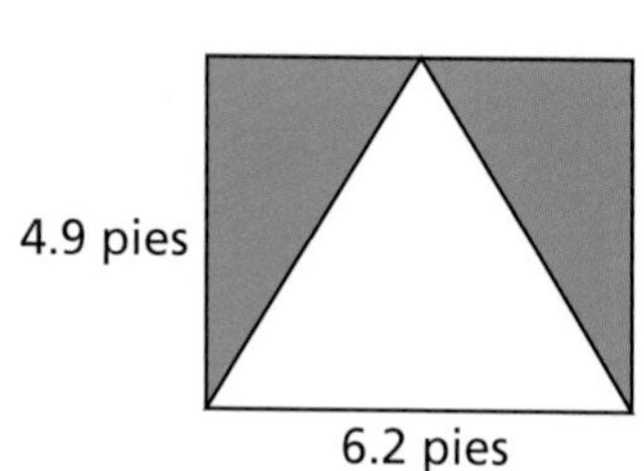

(F) 15.19 pies^2
(G) 30.38 pies^2
(H) 9.61 pies^2
(J) No está la respuesta.

3. Un tanque rectangular mide 9 metros de alto, 5 metros de ancho y 12 metros de largo. ¿Cuál es el volumen del tanque?

(A) 540 m^3
(B) 180 m^3
(C) 45 m^2
(D) 26 m^2

4. ¿Cuánto es el 140% de 85?

(F) 11.9
(G) 119
(H) 1,190
(J) 11,900

5. Clay salta a la soga a una velocidad promedio de 75 saltos por minuto. ¿Cuánto tarda en hacer 405 saltos sin parar?

(A) 5 min
(B) $5\frac{1}{10}$ min
(C) $5\frac{2}{5}$ min
(D) $5\frac{5}{6}$ min

6. Una compañía de telefonía celular analiza las ventas de un determinado modelo de teléfono. En la gráfica se muestran las ventas de un comercio a lo largo de seis meses. ¿Cuál es aproximadamente el porcentaje de aumento de las ventas del teléfono modelo B de octubre a noviembre?

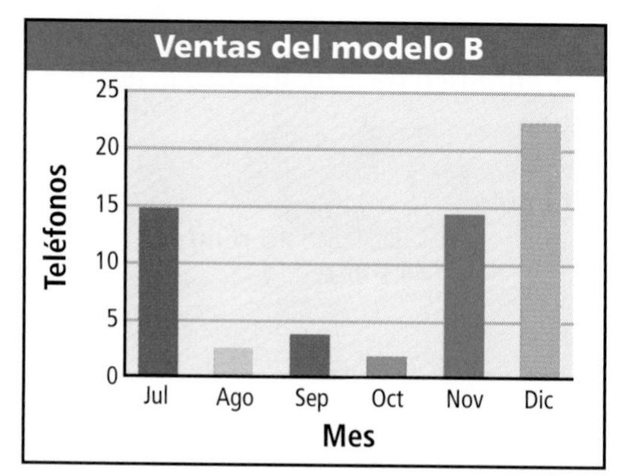

(F) 40%
(G) 400%
(H) 4,000%
(J) 4%

7. ¿Cuál es el equivalente decimal de $4\frac{4}{5}$?

(A) 4.45
(B) 4.54
(C) 4.8
(D) 24.5

8. La circunferencia de un cilindro dado mide 6 pulg. ¿Qué información adicional se necesita para hallar el volumen del cilindro?

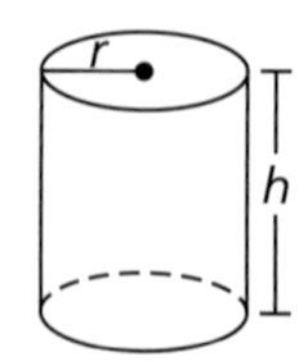

(F) diámetro
(G) área de la base
(H) altura
(J) radio

Preparación para el examen estandarizado

9. El popote tiene un diámetro de 0.6 cm. ¿Cuál es su área total?

Ⓐ 11.7 cm^2

Ⓑ 5.5 cm^2

Ⓒ 37.3 cm^2

Ⓓ 36.7 cm^2

19.5 cm

10. Halla el volumen del cilindro a la décima más cercana. Usa 3.14 para π.

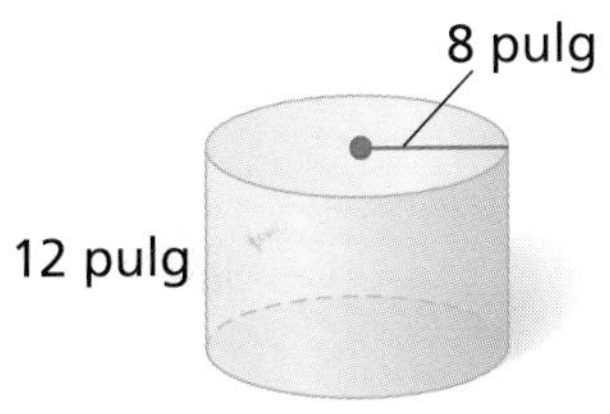

Ⓕ 602.9 pulg^3

Ⓖ 3,215.4 pulg^3

Ⓗ 1,205.8 pulg^3

Ⓙ 2,411.5 pulg^3

Asegúrate de usar las unidades de medida correctas en tus respuestas. El área se mide en unidades cuadradas y el volumen, en unidades cúbicas.

Respuesta gráfica

11. Una taza con forma de cono tiene un radio de 4 pulg y un volumen de 256 pulg^3. ¿Cuál es la altura de la taza en pulgadas? Redondea tu respuesta a la décima más cercana.

12. Los catetos de un triángulo rectángulo miden 9 unidades y 12 unidades. ¿Cuántas unidades de largo mide la hipotenusa?

13. ¿Cuál es el máximo común divisor de 180, 16 y 48?

14. ¿Cuál es el valor más pequeño de x en números cabales que hace que la expresión $-15x + 30$ sea mayor que 0?

15. El ángulo A y el ángulo B son ángulos opuestos por el vértice. Si el ángulo A mide 62°, ¿cuál es la medida en grados del ángulo B?

Respuesta breve

16. El área total de un cilindro mide 66 pies^2.

    a. Halla el área total de un cilindro semejante más grande por un factor de escala de 4.

    b. Explica cómo cambia el área total si las dimensiones se reducen por un factor de escala de $\frac{1}{4}$.

17. Un poliedro tiene dos bases cuadradas paralelas con aristas de 9 metros de largo y una altura de 9 metros. Identifica la figura y halla su volumen. Muestra tu trabajo.

18. ¿Cuál es la longitud de la base de un paralelogramo que mide 8 pulg de altura y tiene un área de 56 pulg^2?

Respuesta desarrollada

19. Usa la figura para resolver los siguientes problemas. Si es necesario, redondea a la centésima más cercana. Usa 3.14 para π.

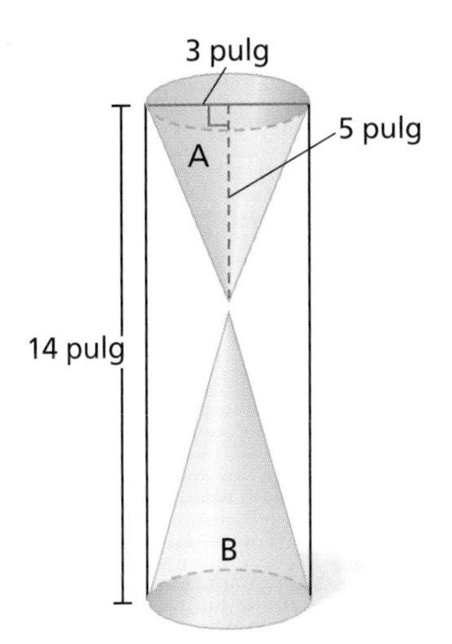

    a. ¿Qué tres figuras tridimensionales forman la escultura?

    b. ¿Cuál es el volumen combinado de las figuras A y B? Muestra tu trabajo.

    c. ¿Cuál es el volumen del espacio que rodea las figuras A y B? Muestra tu trabajo y explica tu respuesta.

Resolución de problemas en lugares

NUEVA JERSEY

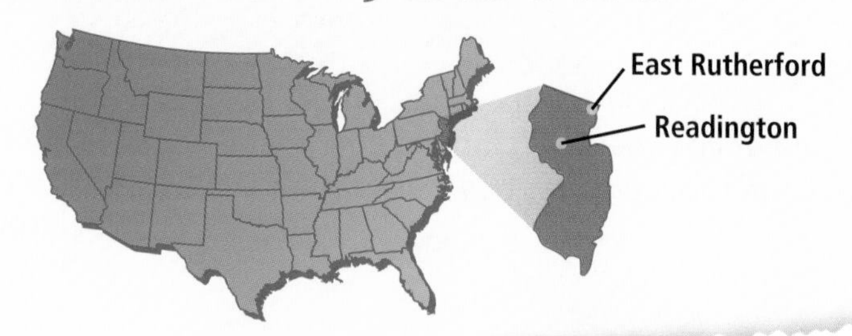

Complejo deportivo Meadowlands

A principios de la década de 1970, se comenzó a construir un complejo deportivo y de entretenimiento en East Rutherford, Nueva Jersey. Hoy en día, el complejo deportivo Meadowlands, de 700 acres, cuenta con un estadio de fútbol americano, un estadio deportivo y una pista de atletismo. El complejo atrae a más de 6 millones de visitantes por año.

Elige una o más estrategias para resolver cada problema.

1. El estadio deportivo y el estadio de fútbol americano de Meadowlands cuentan con pantallas de video rectangulares. La pantalla del estadio deportivo mide 36 pies menos de largo que la pantalla del estadio de fútbol americano. La pantalla del estadio de fútbol americano tiene un área de 1,392 pies cuadrados y una altura de 24 pies. ¿Cuál es la longitud de la pantalla del estadio deportivo?

Usa la tabla para resolver los Ejercicios 2 y 3.

2. Unas lonas rectangulares protegen el campo de fútbol americano en caso de mal tiempo. Cada lona mide 60 pies de largo y 40 pies de ancho. ¿Cuántas lonas se necesitan para cubrir el estadio sin superponerlas?

3. Cuando hay presentaciones especiales, se coloca una alfombra estrecha de color rojo a lo largo del perímetro de la cancha de básquetbol. Además, se coloca alfombra en forma diagonal de una esquina a otra de la cancha. ¿Cuánta alfombra se necesita al pie más cercano?

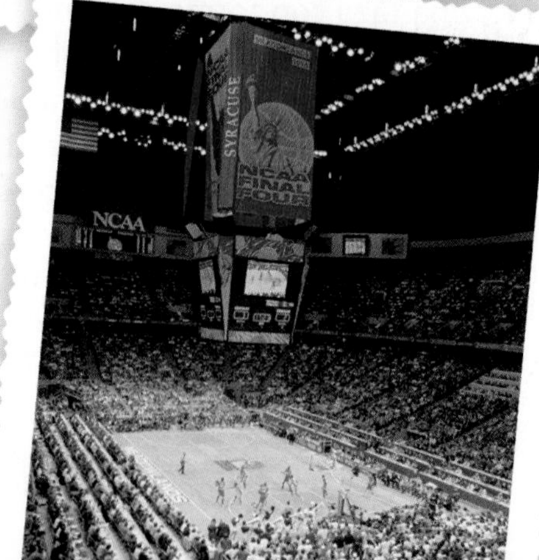

Dimensiones de la cancha y del campo

	Longitud (pies)	Ancho (pies)
Campo de fútbol americano	360	160
Cancha de básquetbol	94	50

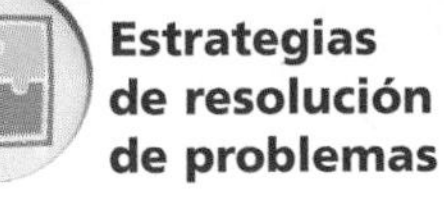

Estrategias de resolución de problemas

Dibujar un diagrama
Hacer un modelo
Calcular y poner a prueba
Trabajar en sentido inverso
Hallar un patrón
Hacer una tabla
Resolver un problema más sencillo
Usar el razonamiento lógico
Representar
Hacer una lista organizada

El festival de globos aerostáticos de Nueva Jersey

Todos los veranos, el cielo de Readington, Nueva Jersey, se cubre de gigantes tortas de cumpleaños, zapatillas y osos polares. Esta escena poco común es parte del festival de globos de Nueva Jersey, acontecimiento de tres días en el que se exhiben más de 100 globos aerostáticos de todo el país.

Elige una o más estrategias para resolver cada problema.

1. En el festival del año 2005, se mostró un globo con forma de prisma rectangular. El globo pesaba 10 libras por cada pie de altura. Medía 78 pies de longitud y 29 pies de ancho, y su volumen era de 119,886 pies cúbicos. ¿Cuánto pesaba el globo?

2. Un globo con forma de payaso voló a una altura de 980 pies. Un globo con forma de dragón voló a una altura de 620 pies por debajo del globo de payaso. Un globo con forma de automóvil de carreras voló a una altura de 530 pies. ¿Cuál fue la distancia vertical entre el globo con forma de dragón y el globo con forma de automóvil? ¿Qué globo voló más alto?

3. Sólo uno de los globos que se muestran en la gráfica era de Nueva Jersey. Usa la gráfica y la siguiente información para determinar cuál de los globos era de Nueva Jersey.
   - La altura del globo de Nueva Jersey superó la altura media de los globos.
   - El globo con forma de águila era de Wisconsin.
   - El globo de 112 pies de altura era de Arizona.

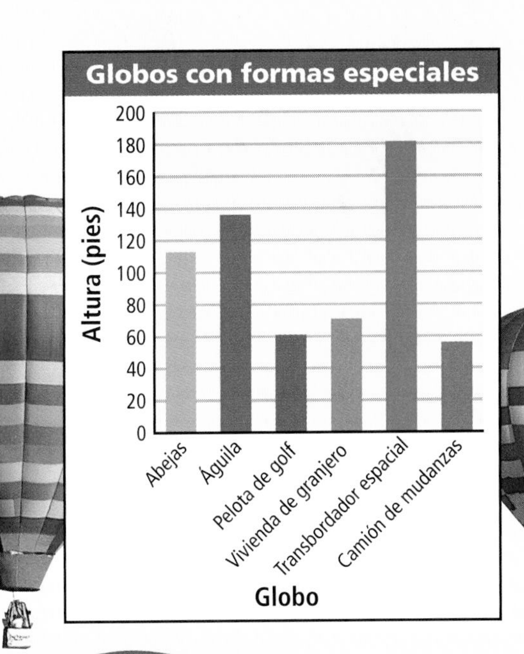

CAPÍTULO

11 Probabilidad

go.hrw.com
Presentación del capítulo en línea
CLAVE: MS7 Ch11

Profesión *Demógrafa*

Los demógrafos estudian a las personas: su cantidad, su edad, dónde viven, con quién viven, adónde se desplazan y más. Examinan la relación entre la edad y los hábitos de compra, qué ocupaciones son más populares, cómo afectan las personas al medio ambiente y muchos otros datos sobre el comportamiento.

Las empresas recurren a los demógrafos para analizar cómo se usan los productos. En la tabla se muestran los países con mayor uso de teléfonos móviles per cápita. ¿A quién podría interesarle esta clase de información demográfica?

Países con mayor uso per cápita de teléfonos móviles

País	Teléfonos móviles por cada 100 habitantes
Finlandia	67.8
Noruega	62.7
Suecia	59.0
Italia	52.2

¿ESTÁS LISTO?

Vocabulario

Elige de la lista el término que mejor complete cada enunciado.

número compuesto

número impar

número par

número primo

porcentaje

razón

1. Un(a) __?__ es una comparación de dos cantidades mediante una división.
2. Un(a) __?__ es un entero que es divisible entre 2.
3. Un(a) __?__ es una razón que compara un número con 100.
4. Un(a) __?__ es un número mayor que 1 que tiene como factores más de dos números cabales.
5. Un(a) __?__ es un entero que no es divisible entre 2.

Resuelve los ejercicios para practicar las destrezas que usarás en este capítulo.

Simplificar fracciones

Escribe cada fracción en su mínima expresión.

6. $\frac{6}{9}$ **7.** $\frac{12}{15}$ **8.** $\frac{8}{10}$ **9.** $\frac{20}{24}$

10. $\frac{2}{4}$ **11.** $\frac{7}{35}$ **12.** $\frac{12}{22}$ **13.** $\frac{72}{81}$

Escribir fracciones como decimales

Escribe cada fracción como decimal.

14. $\frac{3}{5}$ **15.** $\frac{9}{20}$ **16.** $\frac{57}{100}$ **17.** $\frac{12}{25}$

18. $\frac{3}{25}$ **19.** $\frac{1}{2}$ **20.** $\frac{7}{10}$ **21.** $\frac{9}{5}$

Porcentajes y decimales

Escribe cada decimal como porcentaje.

22. 0.14 **23.** 0.08 **24.** 0.75 **25.** 0.38

26. 0.27 **27.** 1.89 **28.** 0.234 **29.** 0.0025

Multiplicar fracciones

Multiplica. Escribe cada respuesta en su mínima expresión.

30. $\frac{1}{2} \cdot \frac{1}{4}$ **31.** $\frac{2}{3} \cdot \frac{3}{5}$ **32.** $\frac{3}{10} \cdot \frac{1}{2}$ **33.** $\frac{5}{6} \cdot \frac{3}{4}$

34. $\frac{5}{14} \cdot \frac{7}{17}$ **35.** $-\frac{1}{8} \cdot \frac{3}{8}$ **36.** $-\frac{2}{15} \cdot \left(-\frac{2}{3}\right)$ **37.** $\frac{1}{4} \cdot \left(-\frac{1}{6}\right)$

CAPÍTULO 11

Guía de estudio: Avance

De dónde vienes

Antes,

- hallaste probabilidades experimentales y teóricas de sucesos compuestos.
- usaste listas organizadas y diagramas de árbol para hallar el espacio muestral de un experimento.
- hallaste la probabilidad de que no ocurra un resultado.

En este capítulo

Estudiarás

- cómo hallar probabilidades experimentales y teóricas, incluso las de sucesos dependientes e independientes.
- cómo usar listas y diagramas de árbol para hallar combinaciones y todos los resultados posibles de un experimento.
- cómo usar el principio fundamental de conteo y factoriales para hallar permutaciones.

Adónde vas

Puedes usar las destrezas aprendidas en este capítulo

- para determinar el efecto de la probabilidad en los juegos en los que participas.
- para predecir el resultado en situaciones relacionadas con los deportes y el clima.

Vocabulario/Key Vocabulary

combinación	combination
espacio muestral	sample space
experimento	experiment
probabilidad	probability
probabilidad experimental	experimental probability
probabilidad teórica	theoretical probability
resultado	outcome
suceso	event
sucesos dependientes	dependent events
sucesos independientes	independent events

Conexiones de vocabulario

Considera lo siguiente para familiarizarte con algunos de los términos de vocabulario del capítulo. Puedes consultar el capítulo, el glosario o un diccionario si lo deseas.

1. Un *experimento* es una acción que se realiza para hallar algo que desconoces. ¿Por qué puede decirse que lanzar una moneda a cara o cruz, lanzar dados o hacer girar una rueda son **experimentos?**
2. Un *suceso* está formado por varios resultados o, a veces, por un solo resultado. Por ejemplo, en un juego de mesa, sacar un número par al lanzar un dado y escoger una carta de desafío puede considerarse un suceso. ¿Qué otro **suceso** puede ocurrir cuando participas en un juego de mesa?
3. La palabra *depender* viene del latín *dependēre,* que significa "pender o estar pegado". ¿Cómo se relacionará esto con las probabilidades de **sucesos dependientes?**

Estrategia de lectura: Lee y comprende problemas

Para comprender mejor un problema con palabras, léelo una vez para ver qué concepto se repasa en él. Luego, vuelve a leer el problema lentamente y con atención para identificar qué se te pide que hagas. A medida que avanzas en la lectura, resalta la información clave. Cuando debas resolver un problema de varios pasos, divide el problema en partes y luego haz un plan para resolverlo.

23. **Arquitectura** La torre de un edificio es una pirámide cuadrada de 12 pies cuadrados de base y 15 pies de altura. ¿Cuántos pies cúbicos de concreto se usaron para hacer la pirámide?

Paso	Pregunta	Respuesta
Paso 1	¿Qué concepto se repasa?	• hallar el volumen de una pirámide
Paso 2	¿Qué se te pide que hagas?	• hallar el número de pies cúbicos de concreto que se usaron para hacer la torre
Paso 3	¿Cuál es la información clave necesaria para resolver el problema?	• La torre es una pirámide cuadrada. • El área de la base de la pirámide mide 12 pies cuadrados. • La altura de la pirámide es 15 pies.
Paso 4	¿Cuál es mi plan para resolver este problema de varias partes?	• Usar la fórmula para hallar el volumen de una pirámide: $V = \frac{1}{3}Bh$. • Sustituir en la fórmula los valores del área de la base y la altura. • Resolver para hallar el valor de V.

Inténtalo

Para cada problema, completa cada paso del método de cuatro pasos que se describe arriba.

1. ¿Cuál tiene un mayor volumen: una pirámide cuadrangular con una altura de 15 pies y una base cuyos lados miden 3 pies o un cubo cuyos lados miden 4 pies?
2. En una fiesta, todos los niños reciben la misma cantidad de sorpresas. Hay 16 silbatos, 24 cascabeles, 8 sombreros y 32 gomas de mascar. ¿Cuál es la mayor cantidad de niños que puede haber en la fiesta?

11-1 Probabilidad

Aprender a usar medidas informales de probabilidad

Vocabulario

experimento
prueba
resultado
suceso
probabilidad
complemento

Cualquier actividad relacionada con la probabilidad, como lanzar un dado, es un **experimento.** Cada repetición u observación de un experimento se llama **prueba,** y lo que se obtiene del experimento se llama **resultado.** Un conjunto de uno o más resultados es un **suceso.** Por ejemplo, lanzar un dado y que caiga un 5 (un resultado) puede ser un suceso. Lanzar un dado y que caiga un número par (más de un resultado) también puede ser un suceso.

La **probabilidad** de un suceso, que se escribe *P*(suceso), es la medida de qué tan probable es que ocurra. La probabilidad es una medida entre 0 y 1, como se muestra en la recta numérica. Puedes escribir la probabilidad como fracción, decimal o porcentaje.

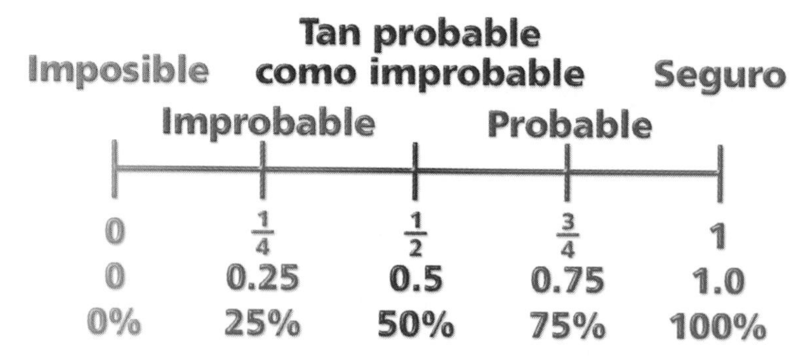

EJEMPLO 1 Determinar la probabilidad de un suceso

Determina si cada suceso es imposible, improbable, tan probable como improbable, probable o seguro.

A **lanzar un dado y que caiga un número par**

Hay 6 resultados posibles:

Par	Impar
2, 4, 6	1, 3, 5

La mitad de los resultados son pares.

Que caiga un número par es tan probable como improbable.

B **lanzar un dado y que caiga un 5**

Hay 6 resultados posibles:

5	*Excepto* 5
5	1, 2, 3, 4, 6

Sólo un resultado es un cinco.

Que caiga un 5 es improbable.

Cuando lanzas un dado, puede que caiga un 5 como que no. Que caiga un 5 y que no caiga un 5 son ejemplos de *sucesos complementarios.* El **complemento** de un suceso es el conjunto de todos los resultados que *no* forman parte del suceso.

Durante una actividad, puede ocurrir un suceso o su complemento, pero nunca los dos a la vez. Por eso, la suma de las probabilidades es igual a 1.

$$P(\text{suceso}) + P(\text{complemento}) = 1$$

EJEMPLO 2 Usar complementos

Una bolsa contiene 6 canicas azules, 6 rojas, 3 verdes y una amarilla. La probabilidad de sacar una canica roja es de $\frac{3}{8}$. ¿Cuál es la probabilidad de no sacar una canica roja?

$$
\begin{aligned}
P(\text{suceso}) + P(\text{complemento}) &= 1 \\
P(\text{rojo}) + P(\text{no rojo}) &= 1 \\
\frac{3}{8} + P(\text{no rojo}) &= 1 && \textit{Sustituye } P(\text{rojo}) \textit{ por } \tfrac{3}{8}. \\
-\frac{3}{8} \qquad\qquad &= -\frac{3}{8} && \textit{Resta } \tfrac{3}{8} \textit{ de ambos lados.} \\
P(\text{no rojo}) &= \frac{5}{8} && \textit{Simplifica.}
\end{aligned}
$$

La probabilidad de no sacar una canica roja es de $\frac{5}{8}$.

EJEMPLO 3 *Aplicación a la escuela*

El maestro de matemáticas de Eric casi siempre toma un examen si la clase no hizo muchas preguntas sobre la lección en la clase anterior. Si es lunes y nadie hizo preguntas el viernes durante la clase, ¿debe esperar Eric un examen? Explica.

Como el maestro de Eric a menudo toma exámenes después de que se han hecho pocas preguntas, es probable que tome un examen el lunes.

Razonar y comentar

1. **Describe** un suceso que tenga una probabilidad del 0% y otro que tenga una probabilidad del 100%.
2. **Da un ejemplo** de un suceso del mundo real y su complemento.

11-1 Ejercicios

go.hrw.com
Ayuda en línea para tareas*
CLAVE: MS7 11-1
Recursos en línea para padres
CLAVE: MS7 Parent
*(Disponible sólo en inglés)

PRÁCTICA GUIADA

Ver Ejemplo 

Determina si cada suceso es imposible, improbable, tan probable como improbable, probable o seguro.

1. lanzar un dado y que caiga un número mayor que 5
2. sacar una canica azul de una bolsa que contiene canicas negras y blancas

Ver Ejemplo 

3. En una bolsa hay 8 cuentas moradas, 2 azules y 2 rosadas. La probabilidad de sacar al azar una cuenta rosada es de $\frac{1}{6}$. ¿Cuál es la probabilidad de no sacar una cuenta rosada?

Ver Ejemplo 

4. Cuando no tiene que trabajar, Natalie casi siempre duerme los sábados por la mañana. Si es sábado por la mañana y Natalie no tiene que trabajar, ¿qué tan probable es que esté durmiendo?

PRÁCTICA INDEPENDIENTE

Ver Ejemplo 

Determina si cada suceso es imposible, improbable, tan probable como improbable, probable o seguro.

5. sacar una carta roja o rosada de un mazo de cartas rojas y rosadas
6. lanzar una moneda a cara o cruz y que caiga cruz
7. lanzar un dado y que caiga un 6 cinco veces seguidas

Ver Ejemplo 

8. La probabilidad de lanzar un dado y que caiga un 5 ó un 6 es de $\frac{1}{3}$. ¿Cuál es la probabilidad de que no caiga un 5 ó un 6?
9. La probabilidad de sacar una canica verde de una bolsa que contiene canicas verdes, rojas y azules es de $\frac{3}{5}$. ¿Cuál es la probabilidad de sacar una canica roja o azul?

Ver Ejemplo 

10. Tim no suele mirar TV más de 30 minutos durante la tarde. Si Tim comenzó a mirar TV a las 4:00 pm, ¿esperarías que a las 5:00 pm aún esté mirando TV? Explica.

PRÁCTICA Y RESOLUCIÓN DE PROBLEMAS

Práctica adicional
Ver página 748

En una bolsa hay 12 fichas rojas y 12 fichas negras. Determina si cada suceso es imposible, improbable, tan probable como improbable, probable o seguro.

11. sacar una ficha roja
12. sacar una ficha blanca
13. sacar una ficha roja o negra
14. sacar una ficha negra
15. **Ejercicio** Luka casi siempre corre por las tardes cuando no hace frío o llueve. El cielo está nublado y la temperatura es 41°F. ¿Qué tan probable es que Luka corra esta tarde?

16. **Ciencias biológicas** En el jardín de un investigador, hay 900 plantas de chícharo. Más de 700 tienen flores moradas y cerca de 200 tienen flores blancas. ¿Esperarías que una planta seleccionada al azar del jardín tenga flores moradas o blancas? Explica.

17. **Ciencias biológicas** Los tiburones son una clase de peces que tienen esqueletos formados por cartílago. Los peces óseos, que son el 95% de todas las especies de peces, tienen esqueletos formados por huesos.

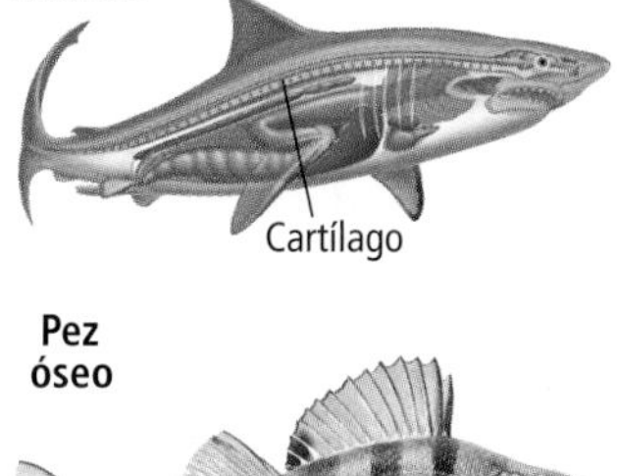

   a. ¿Qué tan probable es que un pez que no puedes identificar en una tienda de mascotas sea un pez óseo? Explica.

   b. Sólo los peces óseos tienen vejigas natatorias, que les impiden hundirse. ¿Qué tan probable es que un tiburón tenga una vejiga natatoria? Explica.

18. **Ciencias de la Tierra** En la gráfica se muestran los niveles de dióxido de carbono en la atmósfera de 1958 a 1994. ¿Qué tan probable es que el nivel de dióxido de carbono haya disminuido de 1994 a 2000? Explica.

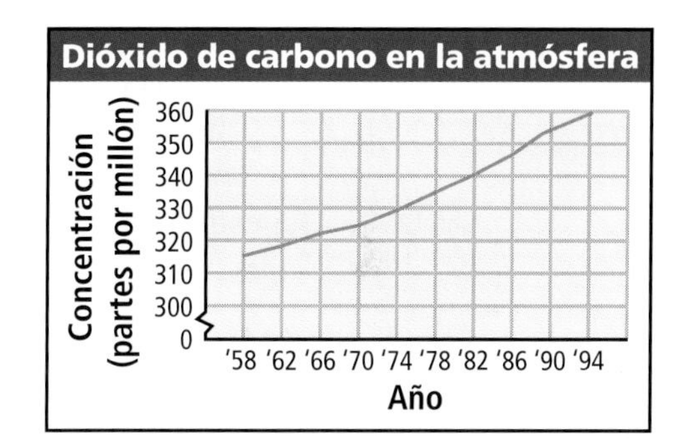

19. **Escribe un problema** Describe un suceso que implique lanzar un dado. Determina la probabilidad del suceso.

20. **Escríbelo** Explica cómo indicar si un suceso es tan probable como improbable.

21. **Desafío** En una bolsa hay 10 canicas rojas y 8 canicas azules, todas del mismo tamaño y peso. Keiko saca al azar 2 canicas rojas de la bolsa y no las repone. ¿Tendrá Keiko más probabilidades de sacar una canica roja que una azul la próxima vez? Explica.

Preparación para el examen y repaso en espiral

22. **Opción múltiple ¿En qué porcentaje se muestra mejor la probabilidad de que Kito saque al azar un número par de cinco cartas con los números 2, 4, 6, 8 y 10?**

    (A) 75% (B) 25% (C) 50% (D) 100%

23. **Respuesta breve** Describe un suceso probable.

24. El impuesto sobre la venta de un reproductor de DVD que cuesta \$45 es \$3.38. ¿Cuál es la tasa del impuesto sobre la venta redondeada a la décima de porcentaje más cercana? (Lección 6-5)

Calcula. Usa la cantidad correcta de dígitos significativos en cada respuesta. (Lección 9-1)

25. $8.4 + 2.97$
26. $6.53 + 18$
27. $7 - 3.6$
28. $12 \cdot 203$
29. $14.3 \cdot 10.6$
30. $7.0 \div 6.22$

11-2 Probabilidad experimental

Aprender a hallar la probabilidad experimental

Vocabulario

probabilidad experimental

Durante la práctica de hockey, Tanya atajó 15 de 25 tiros. Basándote en estas cifras, puedes estimar la probabilidad de que Tanya ataje el siguiente tiro.

La *probabilidad experimental* es una forma de estimar la probabilidad de un suceso. La **probabilidad experimental** de un suceso se halla al comparar el número de veces que ocurre el suceso con el número total de pruebas. Cuantas más pruebas tengas, más probable es que la estimación sea exacta.

PROBABILIDAD EXPERIMENTAL

$$\text{probabilidad} \approx \frac{\text{número de veces que ocurre el suceso}}{\text{número total de pruebas}}$$

EJEMPLO 1 *Aplicación a los deportes*

Escribir matemáticas

"*P*(suceso)" representa la probabilidad de que ocurra un suceso. Por ejemplo, la probabilidad de que una moneda lanzada al aire caiga cara podría escribirse como "*P*(cara)".

Tanya ataja 15 de 25 tiros. ¿Cuál es la probabilidad experimental de que ataje el siguiente tiro? Escribe tu respuesta como fracción, como decimal y como porcentaje.

$$P(\text{suceso}) \approx \frac{\text{número de veces que ocurre el suceso}}{\text{número total de pruebas}}$$

$$P(\text{atajados}) \approx \frac{\text{número de tiros atajados}}{\text{número total de tiros}}$$

$= \frac{15}{25}$ *Sustituye los datos del experimento.*

$= \frac{3}{5}$ *Escribe la fracción en su mínima expresión.*

$= 0.6 = 60\%$ *Escribe como decimal y como porcentaje.*

La probabilidad experimental de que Tanya ataje el siguiente tiro es de $\frac{3}{5}$, 0.6 ó 60%.

EJEMPLO 2 *Aplicación a la meteorología*

En las tres últimas semanas, Karl anotó las temperaturas máximas por día para un proyecto de ciencias. Los resultados que obtuvo se muestran abajo.

Semana 1	Temp (° F)
Dom	76
Lun	74
Mar	79
Mié	80
Jue	77
Vie	76
Sáb	75

Semana 2	Temp (° F)
Dom	72
Lun	79
Mar	78
Mié	79
Jue	77
Vie	74
Sáb	73

Semana 3	Temp (° F)
Dom	78
Lun	76
Mar	77
Mié	75
Jue	79
Vie	77
Sáb	75

A ¿Cuál es la probabilidad experimental de que la temperatura máxima sea superior a los 75° F al día siguiente?

Hubo 14 días en los que la temperatura fue mayor que 75° F.

$$P(\text{más de } 75° \text{ F}) \approx \frac{\text{número de días de más de } 75° \text{ F}}{\text{número total de días}}$$

$= \frac{14}{21}$ *Sustituye los datos.*

$= \frac{2}{3}$ *Escribe en su mínima expresión.*

La probabilidad experimental de que la temperatura sea superior a los 75° F al día siguiente es de $\frac{2}{3}$.

B ¿Cuál es la probabilidad experimental de que la temperatura no supere los 75° F al día siguiente?

$P(\text{más de } 75° \text{ F}) + P(\text{no más de } 75° \text{ F}) = 1$ *Usa el complemento.*

$\frac{2}{3} + P(\text{no más de } 75° \text{ F}) = 1$ *Sustituye.*

$-\frac{2}{3} \qquad = -\frac{2}{3}$ *Resta $\frac{2}{3}$ de ambos lados.*

$P(\text{no más de } 75° \text{ F}) = \frac{1}{3}$ *Simplifica.*

La probabilidad experimental de que la temperatura no supere los 75° F al día siguiente es de $\frac{1}{3}$.

Razonar y comentar

1. **Describe** una situación del mundo real en la que puedas estimar la probabilidad usando la probabilidad experimental.
2. **Explica** cómo se puede usar la probabilidad experimental para hacer predicciones.

11-2 Ejercicios

go.hrw.com
Ayuda en línea para tareas*
CLAVE: MS7 11-2
Recursos en línea para padres
CLAVE: MS7 Parent
*(Disponible sólo en inglés)

PRÁCTICA GUIADA

Ver Ejemplo 

1. En su práctica de tiro con arco, Teri acierta 14 de 20 tiros. ¿Cuál es la probabilidad experimental de que acierte en su próximo tiro? Escribe tu respuesta como fracción, como decimal y como porcentaje.

Ver Ejemplo 

2. **Gobierno** Un reportero entrevista a 75 personas para determinar si piensan votar a favor o en contra de una enmienda. De estas personas, 65 piensan votar a favor.
   a. ¿Cuál es la probabilidad experimental de que la siguiente persona entrevistada diga que piensa votar a favor de la enmienda?
   b. ¿Cuál es la probabilidad experimental de que la siguiente persona entrevistada diga que piensa votar en contra de la enmienda?

PRÁCTICA INDEPENDIENTE

Ver Ejemplo 

3. **Deportes** Jack le pega a una pelota de béisbol en 13 de 30 intentos durante una práctica. ¿Cuál es la probabilidad experimental de que le pegue a la pelota en su siguiente intento? Escribe tu respuesta como fracción, como decimal y como porcentaje.

4. Cam da en el blanco en 8 de 15 lanzamientos de dardos. ¿Cuál es la probabilidad experimental de que en el siguiente lanzamiento Cam dé en el blanco?

Ver Ejemplo 

5. En las dos últimas semanas, Benita anotó el número de personas que asisten a Eastside Park a la hora del almuerzo. Durante ese periodo, hubo 50 ó más personas en el parque en 9 de 14 días.
   a. ¿Cuál es la probabilidad experimental de que haya 50 personas ó más en el parque durante la hora del almuerzo al decimoquinto día?
   b. ¿Cuál es la probabilidad experimental de que no haya 50 personas o más en el parque durante la hora del almuerzo al decimoquinto día?

PRÁCTICA Y RESOLUCIÓN DE PROBLEMAS

Práctica adicional
Ver página 748

6. **Tiempo libre** Al jugar boliche con sus amigos, Alexis hace un pleno en 4 de 10 jugadas. ¿Cuál es la probabilidad experimental de que Alexis haga un pleno en la primera jugada del siguiente juego?

7. Jeremiah saluda a los clientes en una tienda de discos. De las primeras 25 personas que entran en la tienda, 16 llevan chaqueta y 9 no. ¿Cuál es la probabilidad experimental de que la siguiente persona lleve chaqueta?

8. Durante el mes de junio, Carmen llevó la cuenta de los pájaros que vio en su jardín. En 12 días de ese mes vio un arrendajo azul. ¿Cuál es la probabilidad experimental de que vea un arrendajo azul el 1 de julio?

9. **Razonamiento crítico** Claudia halló que la probabilidad experimental de que su gato la despierte entre las 5 am y las 6 am es de $\frac{8}{11}$. ¿Aproximadamente qué porcentaje del tiempo el gato de Claudia no la despierta entre las 5 am y las 6 am?

con las ciencias de la Tierra

10. Varios pasos En el diagrama de tallo y hojas se muestra la profundidad de la nieve en pulgadas registrada en Búfalo, Nueva York, en 10 días.

Tallos	Hojas
7	9 9
8	
9	1 1 1 1 8 8
10	
11	8
12	
13	0

Clave: 7|9 significa 7.9.

a. ¿Cuál es la mediana de la profundidad de la nieve en el periodo de 10 días?

b. ¿Cuál es la probabilidad experimental de que la nieve tenga una profundidad menor que 6 pulg al undécimo día?

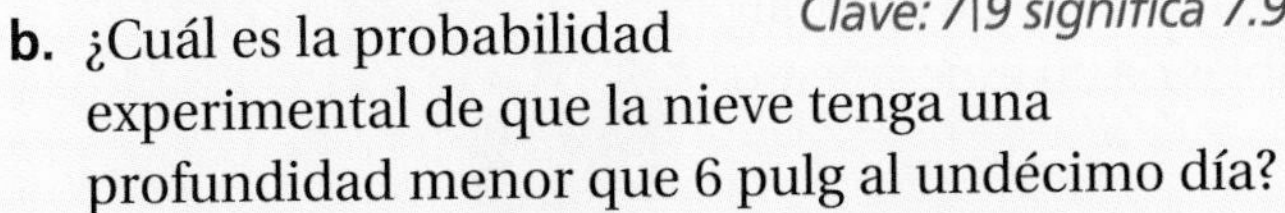

c. ¿Cuál es la probabilidad experimental de que la nieve tenga una profundidad mayor que 10 pulg al undécimo día?

11. En la tabla se muestran las temperaturas máximas que se registraron el 4 de julio en Orlando, Florida, en ocho años.

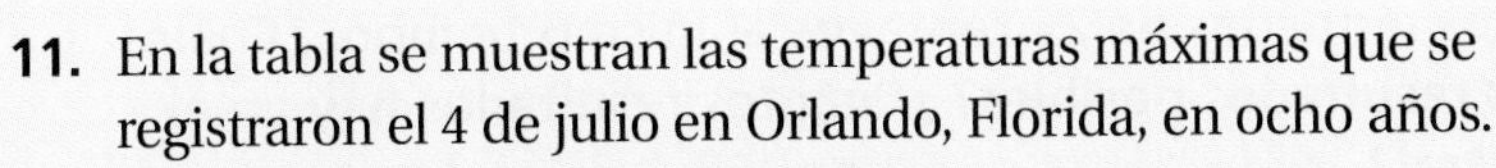

a. ¿Cuál es la probabilidad experimental de que la temperatura máxima el próximo 4 de julio sea menor que 90° F?

b. ¿Cuál es la probabilidad experimental de que la temperatura máxima el próximo 4 de julio sea mayor que 100° F?

Año	Temp (° F)	Año	Temp (° F)
1994	86.0	1998	96.8
1995	95.0	1999	89.1
1996	78.8	2000	90.0
1997	98.6	2001	91.0

Fuente: Old Farmers' Almanac

11. Desafío Una fábrica de juguetes halla que la probabilidad experimental de fabricar una pelota defectuosa es de $\frac{3}{50}$. ¿Aproximadamente cuántas pelotas defectuosas es probable que haya en un lote de 1,800 pelotas?

Preparación para el examen y repaso en espiral

13. Opción múltiple Darian acertó 26 de los 32 tiros libres que hizo. ¿Qué porcentaje está más cerca de la probabilidad experimental de que acierte su próximo tiro libre?

Ⓐ 50% Ⓑ 60% Ⓒ 70% Ⓓ 80%

14. Opción múltiple Según una encuesta, 18 de 24 personas prefieren la pizza de queso. ¿Qué porcentaje está más cerca de la probabilidad experimental de que la pizza favorita para una persona NO sea la de queso?

Ⓕ 25% Ⓖ 33% Ⓗ 40% Ⓙ 75%

15. ¿A cuántos días equivalen 360 horas? (Lección 5-6)

Compara. Escribe $<$, $>$ ó $=$. (Lección 6-2)

16. $\frac{3}{5}$ ■ 62% **17.** 2.4 ■ $\frac{12}{5}$ **18.** 0.04 ■ $\frac{3}{10}$ **19.** 8.2 ■ 82%

11-3 Cómo hacer una lista para hallar espacios muestrales

Destreza de resolución de problemas

Aprender a usar métodos de conteo para determinar resultados posibles

Vocabulario

espacio muestral

principio fundamental de conteo

Como al lanzar un dado puedes obtener los números 1, 2, 3, 4, 5 y 6, existen 6 resultados posibles. En conjunto, todos los resultados posibles de un experimento forman el **espacio muestral.**

Puedes hacer una lista organizada para mostrar todos los resultados posibles de un experimento.

EJEMPLO 1 **APLICACIÓN A LA RESOLUCIÓN DE PROBLEMAS**

Lucía lanza dos monedas de 25 centavos al mismo tiempo. ¿Cuáles son todos los resultados posibles? ¿Cuántos resultados hay en el espacio muestral?

1 Comprende el problema

Vuelve a escribir la pregunta como un enunciado.

- Halla todos los resultados posibles de lanzar dos monedas de 25 centavos y determina el tamaño del espacio muestral.

Haz una lista con la **información importante:**

- Hay dos monedas de 25 centavos.
- Cada moneda puede caer cara o cruz.

2 Haz un plan

Puedes hacer una lista organizada para mostrar todos los resultados posibles.

3 Resuelve

Moneda 1	Moneda 2
C	C
C	CR
CR	C
CR	CR

Sea C = cara y CR = cruz.

Anota cada resultado posible.

Los resultados posibles son CC, CCR, CRC y CRCR. Hay cuatro resultados posibles en el espacio muestral.

4 Repasa

Cada resultado posible de la lista es diferente.

Cuando aumenta la cantidad de resultados posibles en un experimento, es más fácil ver todos los resultados posibles en un diagrama de árbol.

EJEMPLO 2 Usar un diagrama de árbol para hallar un espacio muestral

Ren hace girar la rueda A y la rueda B. ¿Cuáles son todos los resultados posibles? ¿Cuántos resultados hay en el espacio muestral?

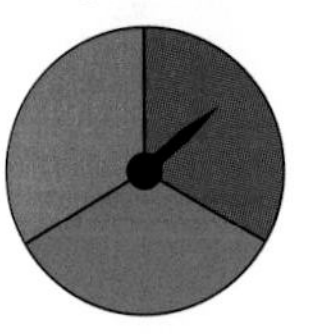
Rueda A

Rueda B

Haz un diagrama de árbol para mostrar el espacio muestral. Haz una lista de cada color en la rueda A. Para cada color, haz una lista de cada número en la rueda B.

Rojo		Azul		Verde		*Resultados de la rueda A*
1	2	1	2	1	2	*Resultados de la rueda B*
R, 1	R, 2	A, 1	A, 2	V, 1	V, 2	*Todos los resultados posibles*

Hay seis resultados posibles en el espacio muestral.

En el Ejemplo 1, hay dos resultados posibles por cada moneda, así que hay cuatro resultados en total.

$2 \times 2 = 4$
Primera moneda   Segunda moneda

En el Ejemplo 2, hay tres resultados posibles por la rueda A y dos resultados posibles por la rueda B, así que hay seis resultados en total.

$3 \times 2 = 6$
Primera rueda   Segunda rueda

El **principio fundamental de conteo** afirma que puedes hallar el número total de resultados de dos o más experimentos al multiplicar el número de resultados de cada experimento por separado.

EJEMPLO 3 *Aplicación al tiempo libre*

En un juego, cada jugador lanza un dado y gira una rueda. La rueda está dividida en tercios, numerados 1, 2 y 3. ¿Cuántos resultados son posibles durante el turno de un jugador?

El dado tiene 6 resultados.
La rueda tiene 3 resultados — *Haz una lista del número de resultados de cada experimento por separado.*

$6 \cdot 3 = 18$ — *Usa el principio fundamental de conteo.*

Hay 18 resultados posibles durante el turno de un jugador.

Razonar y comentar

1. **Compara** el uso de un diagrama de árbol y el uso del principio fundamental de conteo para hallar un espacio muestral.
2. **Halla** el tamaño del espacio muestral si lanzas 5 monedas.

11-3 Ejercicios

go.hrw.com
Ayuda en línea para tareas*
CLAVE: MS7 11-3
Recursos en línea para padres
CLAVE: MS7 Parent
*(Disponible sólo en inglés)

PRÁCTICA GUIADA

Ver Ejemplo 

1. Enrique lanza una moneda y gira la rueda de la derecha. ¿Cuáles son todos los resultados posibles? ¿Cuántos resultados hay en el espacio muestral?

Ver Ejemplo 

2. En un puesto de helados ofrecen barquillos, conos de azúcar o vasos para helado. Puedes comprar helado con sabor a vainilla, chocolate, fresa, pistacho o café. Si pides una sola bola, ¿cuáles son todas las posibles opciones que tienes? ¿Cuántos resultados hay en el espacio muestral?

Ver Ejemplo 

3. Un juego incluye un dado y una rueda dividida en 4 sectores iguales. Cada jugador tira el dado y gira la rueda. ¿Cuántos resultados son posibles?

PRÁCTICA INDEPENDIENTE

Ver Ejemplo 

4. Al mediodía, Aretha puede ver en la televisión un juego de fútbol americano, un juego de básquetbol o un documental sobre caballos. A las 3:00 puede ver otro juego de fútbol americano, una película o un concierto. ¿Cuáles son todos los resultados posibles? ¿Cuántos resultados hay en el espacio muestral?

5. Una rueda está dividida en cuartos y está numerada del 1 al 4. Jory gira la rueda y lanza una moneda. ¿Cuáles son todos los resultados posibles? ¿Cuántos resultados hay en el espacio muestral?

Ver Ejemplo 

6. Berto lanza una moneda y gira la rueda de la derecha. ¿Cuáles son todos los resultados posibles? ¿Cuántos resultados hay en el espacio muestral?

7. Para el desayuno, Clarissa puede elegir avena, copos de maíz o huevos revueltos. Puede beber leche, jugo de naranja, jugo de manzana o chocolate caliente. ¿Cuáles son todos los resultados posibles? ¿Cuántos resultados hay en el espacio muestral?

Ver Ejemplo 

8. Una pizzería ofrece masa gruesa, delgada o rellena. Las opciones de ingredientes son salchichón, queso, carne molida, salchicha italiana, tocino canadiense, cebollas, pimientos, hongos y piña. ¿Cuántas pizzas de un solo ingrediente podrías pedir?

PRÁCTICA Y RESOLUCIÓN DE PROBLEMAS

Práctica adicional
Ver página 748

9. Andie tiene un suéter azul, uno rojo y uno morado. Tiene una blusa blanca y una blusa beige. ¿De cuántas formas diferentes puede combinar un suéter y una blusa?

10. **Razonamiento crítico** Supongamos que puedes elegir una pelota que viene en tres colores: azul, rojo o verde. Haz un diagrama de árbol o una lista con todas las formas posibles de elegir 2 pelotas si puedes elegir dos del mismo color.

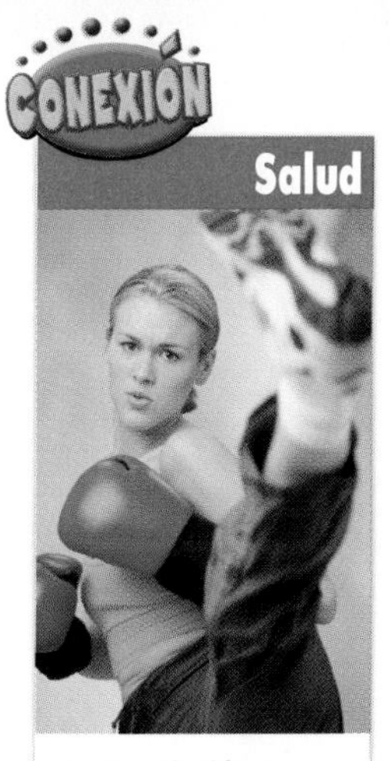

La Asociación Americana del Corazón recomienda hacer ejercicio entre 30 y 60 minutos tres o cuatro veces a la semana para mantener el corazón saludable.

11. **Salud** Para cada par de grupos de alimentos, da la cantidad de resultados posibles si se elige un elemento de cada grupo.
   a. grupo A y grupo B
   b. grupo B y grupo D
   c. grupo A y grupo C

Grupo A	Grupo B	Grupo C	Grupo D
leche queso yogur	carne de vaca pescado pollo	pan cereal pastas arroz	verduras frutas

12. **Salud** En la gráfica se muestran las clases que les gustaría tomar a los socios de un gimnasio.
   a. Si el gimnasio ofrece las cuatro clases más populares en un día, ¿en cuántas formas podrían ordenarse?
   b. Si el gimnasio ofrece cada una de las cinco clases en un día diferente de la semana, ¿en cuántas formas podrían ordenarse?

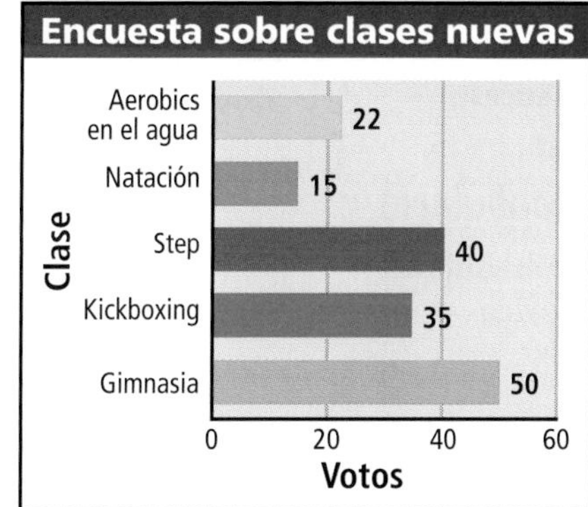

13. **Tiempo libre** Hay 3 senderos desde South Canyon al lago Solitude. Hay 4 senderos desde el lago Solitude al lago Hidden. ¿Cuántas posibles rutas podrías tomar para caminar desde South Canyon al lago Hidden que pasen por el lago Solitude?

14. **¿Cuál es la pregunta?** Dan tiene 4 cartas con figuras y 5 cartas con números. Baraja las cartas por separado y coloca cada conjunto en pilas separadas. La respuesta es 20 resultados posibles. ¿Cuál es la pregunta?

15. **Escríbelo** Explica cómo determinar el tamaño del espacio muestral cuando lanzas tres dados al mismo tiempo.

16. **Desafío** Supongamos que lanzas una moneda de 1 centavo, una de 5 centavos y una de 10 centavos al mismo tiempo. ¿Cuáles son todos los resultados posibles?

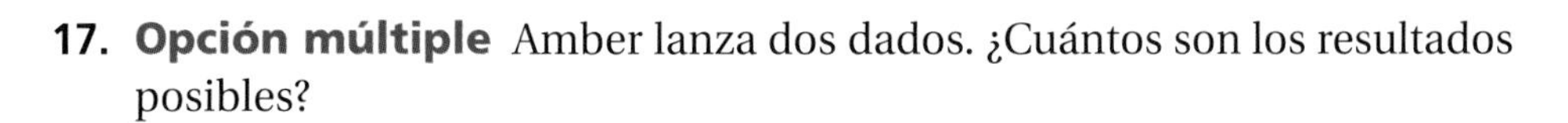

Preparación para el examen y repaso en espiral

17. **Opción múltiple** Amber lanza dos dados. ¿Cuántos son los resultados posibles?

   (A) 6 (B) 12 (C) 24 (D) 36

18. **Respuesta desarrollada** Una tienda de sándwiches ofrece 3 tipos de pan: blanco, de centeno o de ajo; 2 tipos de queso: americano o suizo; y 4 tipos de carne: de vaca, de pavo, jamón o cerdo. Haz una lista con las formas posibles de armar un sándwich con 1 tipo de pan, 1 tipo de queso y 1 tipo de carne. ¿Cuántas opciones posibles hay?

Escribe cada fracción como porcentaje. (Lección 6-2)

19. $\frac{1}{8}$ 20. $\frac{3}{4}$ 21. $\frac{2}{5}$ 22. $\frac{3}{10}$

23. Halla el volumen de un cilindro con un diámetro de 8 pulg y una altura de 14 pulg. Usa $\frac{22}{7}$ para π. (Lección 10-3)

11-4 Probabilidad teórica

Aprender a hallar la probabilidad teórica de un suceso

Vocabulario

probabilidad teórica

En el juego Scrabble®, los jugadores usan fichas que tienen impresas las letras del alfabeto para formar palabras. De las 100 fichas que se usan en un juego, 12 tienen la letra *E*. ¿Cuál es la probabilidad de sacar una *E* de una bolsa con 100 fichas?

Para determinar la probabilidad de sacar una *E*, puedes sacar fichas de la bolsa y anotar tus resultados para hallar la probabilidad experimental, o puedes calcular la *probabilidad teórica*. La **probabilidad teórica** se usa para hallar la probabilidad de un suceso cuando todos los resultados son igualmente probables.

PROBABILIDAD TEÓRICA

$$\text{probabilidad} = \frac{\text{número de maneras en que puede ocurrir el suceso}}{\text{número total de resultados igualmente probables}}$$

Si todos los resultados posibles de un experimento son igualmente probables, entonces se dice que el experimento es justo. Normalmente se supone que los experimentos con dados y monedas son justos.

EJEMPLO  Hallar la probabilidad teórica

Halla la probabilidad de cada suceso. Escribe tu respuesta como fracción, como decimal y como porcentaje.

 **sacar una de las 12 *E* de una bolsa de 100 fichas de Scrabble**

$$P = \frac{\text{número de maneras en que puede ocurrir el suceso}}{\text{número total de resultados igualmente probables}}$$

$P(E) = \dfrac{\text{número de fichas } E}{\text{número total de fichas}}$ *Escribe la razón.*

$= \dfrac{12}{100}$ *Sustituye.*

$= \dfrac{3}{25}$ *Escribe en su mínima expresión.*

$= 0.12 = 12\%$ *Escribe como decimal y como porcentaje.*

La probabilidad teórica de sacar una *E* es de $\frac{3}{25}$, 0.12 ó 12%.

Halla la probabilidad de cada suceso. Escribe tu respuesta como fracción, como decimal y como porcentaje.

B **lanzar un dado y que caiga un número mayor que 2**

Hay cuatro resultados: 3, 4, 5 y 6.

Hay seis resultados posibles: 1, 2, 3, 4, 5 y 6.

$P(\text{mayor que } 2) = \dfrac{\text{número de maneras en que puede ocurrir el suceso}}{\text{número total de resultados igualmente probables}}$

$= \dfrac{4}{6}$ — *Escribe la razón.*

$= \dfrac{2}{3}$ — *Escribe en su mínima expresión.*

$\approx 0.667 \approx 66.7\%$ — *Escribe como decimal y como porcentaje.*

La probabilidad teórica de lanzar un dado y que caiga un número mayor que 2 es de $\frac{2}{3}$, aproximadamente 0.667 ó aproximadamente 66.7%.

EJEMPLO 2 *Aplicación a la escuela*

Hay 11 chicos y 16 chicas en la clase del maestro Ashley. El maestro Ashley ha escrito el nombre de cada estudiante en unos palillos. Toma al azar uno de estos palillos para elegir al estudiante que responderá a una pregunta.

A **Halla la probabilidad teórica de que salga el nombre de un chico.**

$P(\text{chico}) = \dfrac{\text{número de chicos en la clase}}{\text{número total de estudiantes en la clase}}$

$P(\text{chico}) = \dfrac{11}{27}$

B **Halla la probabilidad teórica de que salga el nombre de una chica.**

$P(\text{chico}) + P(\text{chica}) = 1$ — *Sustituye P(chico) por $\frac{11}{27}$.*

$\dfrac{11}{27} + P(\text{chica}) = 1$

$-\dfrac{11}{27} \qquad = -\dfrac{11}{27}$ — *Resta $\frac{11}{27}$ de ambos lados.*

$P(\text{chica}) = \dfrac{16}{27}$ — *Simplifica.*

¡Recuerda!

La suma de la probabilidad de un suceso y su complemento es 1.

Razonar y comentar

1. **Da un ejemplo** de un experimento en el cual todos los resultados no son igualmente probables. Explica.
2. **Describe** qué pasaría con la probabilidad del Ejemplo 2 si el maestro Ashley no sacara palillos al azar.

11-4 Ejercicios

go.hrw.com
Ayuda en línea para tareas*
CLAVE: MS7 11-4
Recursos en línea para padres
CLAVE: MS7 Parent
*(Disponible sólo en inglés)

PRÁCTICA GUIADA

Ver Ejemplo 

Halla la probabilidad de cada suceso. Escribe tu respuesta como fracción, como decimal y como porcentaje.

1. sacar al azar una canica roja de una bolsa que contiene 15 canicas rojas, 15 azules, 15 verdes, 15 amarillas, 15 negras y 15 blancas
2. lanzar dos monedas y que ambas caigan cara

Ver Ejemplo 

Un juego de cartas incluye 15 cartas amarillas, 10 verdes y 10 azules. Halla la probabilidad de cada suceso si se saca una carta al azar.

3. amarilla
4. verde
5. ni verde ni amarilla

PRÁCTICA INDEPENDIENTE

Ver Ejemplo 

Halla la probabilidad de cada suceso. Escribe tu respuesta como fracción, como decimal y como porcentaje.

6. sacar al azar un corazón o un trébol de un conjunto de 52 cartas barajadas divididas en cuatro grupos de 13 cartas: diamantes, corazones, tréboles y picas
7. sacar al azar un disco morado en un juego que tiene 13 discos rojos, 13 morados, 13 naranjas y 13 blancos, todos del mismo tamaño y la misma forma
8. sacar al azar una ficha en blanco de las 2 fichas entre 100 que están en blanco en el Scrabble

Ver Ejemplo 

En su clase de karate, Sifu tiene 6 chicas y 8 chicos. Escoge al azar a un estudiante para que demuestre una técnica de defensa personal. Halla la probabilidad de cada suceso.

9. que escoja a una chica
10. que escoja a un chico

PRÁCTICA Y RESOLUCIÓN DE PROBLEMAS

Práctica adicional
Ver página 748

Halla la probabilidad de cada suceso si se lanzan dos dados.

11. P(total de 3)
12. P(total de 7)
13. P(total de 4)
14. P(total de 2)
15. P(total de 9)
16. P(total de 13)
17. P(total > 8)
18. P(total ≤ 12)

Una rueda está dividida en 10 sectores iguales. Los números que van del 1 al 5 están ubicados cada uno en dos sectores diferentes. Halla la probabilidad de cada suceso.

19. P(3)
20. P(mayor que 3)
21. P(menor que 3)
22. P(5)
23. P(8)
24. P(menor que 6)
25. P(mayor que o igual a 4)
26. P(menor que o igual a 2)

Tiempo libre En la tabla se muestra el número aproximado de visitantes que van en un año a cinco parques de diversiones diferentes en Estados Unidos. Halla la probabilidad de que un visitante elegido al azar haya visitado los parques que se mencionan en los Ejercicios 27 y 28. Escribe tu respuesta como decimal y como porcentaje.

Parques de diversiones	Número de visitantes
Disney World, FL	15,640,000
Disneylandia, CA	13,680,000
Mundo Marino, FL	4,900,000
Jardines Busch, FL	4,200,000
Mundo Marino, CA	3,700,000

27. Disney World

28. un parque en California

29. **Jardinería** Un paquete de semillas de lechuga mixta contiene 150 semillas de lechuga verde y 50 semillas de lechuga morada. ¿Cuál es la probabilidad de que una semilla escogida al azar sea una semilla de lechuga morada? Escribe tu respuesta como porcentaje.

30. **Elige una estrategia** Francis, Amanda, Raymond y Albert vestían camisetas de diferentes colores. Los colores eran beige, naranja, morado y azul claro. Ni Raymond ni Amanda vestían camiseta naranja y ni Francis ni Raymond vestían camiseta azul claro. Albert vestía una camiseta morada. ¿De qué color era la camiseta de cada persona?

31. **Escríbelo** Supongamos que la probabilidad de que ocurra un suceso es de $\frac{3}{8}$. Explica qué representa cada número en la razón.

32. **Desafío** Una rueda está dividida en tres sectores. La mitad de la rueda es roja, $\frac{1}{3}$ es azul y $\frac{1}{6}$ es verde. ¿Cuál es la probabilidad de que la rueda caiga en rojo o verde?

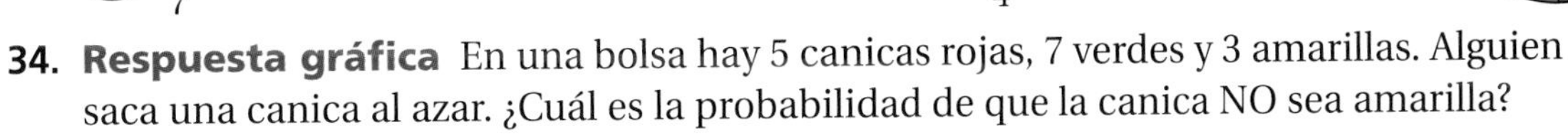

Preparación para el examen y repaso en espiral

33. **Opción múltiple** Renae gira la rueda de la derecha. ¿Cuál es la probabilidad de que la rueda se detenga en el número 4?

Ⓐ $\frac{5}{8}$ Ⓒ $\frac{50}{91}$

Ⓑ $\frac{2}{7}$ Ⓓ $\frac{1}{4}$

34. **Respuesta gráfica** En una bolsa hay 5 canicas rojas, 7 verdes y 3 amarillas. Alguien saca una canica al azar. ¿Cuál es la probabilidad de que la canica NO sea amarilla?

35. Halla el área del trapecio que se muestra. (Lección 9-4)

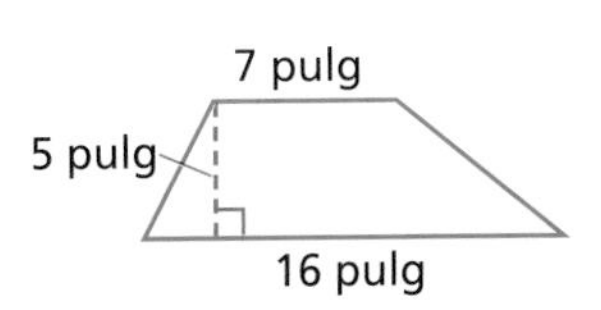

36. Dora compra un helado de yogur. Puede elegir dos tamaños: chico o grande, y cuatro sabores: copo de fresa, vainilla, durazno o lima. ¿Cuántas opciones posibles tiene? (Lección 11-3)

Probabilidad experimental y probabilidad teórica

Para usar con la Lección 11-4

go.hrw.com
Recursos en línea para el laboratorio
CLAVE: MS7 Lab11

RECUERDA

- La probabilidad experimental de un suceso es la razón del número de veces que ocurre un suceso al número total de pruebas.
- La probabilidad teórica de un suceso es la razón del número de maneras en que puede ocurrir un suceso al número total de resultados igualmente probables.

Actividad 1

1. Escribe las letras *A, B, C* y *D* en cuatro trozos de papel. Pliega los papeles por la mitad y colócalos en una bolsa o un recipiente pequeño.
2. Vas a elegir trozos de papel sin mirar. Predice el número de veces que esperas sacar una *A* si repites el experimento 12 veces.
3. Elige un trozo de papel, anota el resultado y vuelve a guardarlo. Repite esto 12 veces, mezclando los papeles entre una prueba y otra. Anota los resultados en una tabla como la que se muestra.
4. ¿Cuántas veces elegiste la *A*? ¿Cómo se compara esto con tu predicción?
5. ¿Cuál es la probabilidad experimental de elegir la *A*? ¿Cuál es la probabilidad teórica de elegir la *A*?
6. Combina tus resultados con los de tus compañeros. Halla la probabilidad experimental de elegir la *A* basándote en los resultados combinados.

Resultado	Número de veces que se eligió
A	//
B	////
C	~~////~~
D	/

Razonar y comentar

1. ¿En qué se diferencia la probabilidad experimental de elegir la *A* basándote en los resultados combinados de la probabilidad experimental de elegir la *A* basándote en los resultados de tu propio experimento?
2. ¿Cuántas veces esperarías elegir la *A* si repitieras el experimento 500 veces?

Inténtalo

1. ¿Cuál es la probabilidad teórica de sacar la *A* de entre cinco trozos de papel con las letras *A, B, C, D* y *E*?
2. Predice el número de veces que esperarías sacar la *A* de entre los cinco trozos de papel del Problema 1 si repitieras el experimento 500 veces.

Actividad 2

1. Escribe las letras *A, B, C* y *D* y los números 1, 2 y 3 en trozos de papel. Pliega los papeles por la mitad. Coloca los papeles con letras en una bolsa y los papeles con números en otra bolsa.

2. Vas a elegir un papel de cada bolsa sin mirar. ¿Cuál es el espacio muestral del experimento? Predice el número de veces que esperarías elegir la combinación *A*-1 si repitieras el experimento 24 veces.

3. Elige un trozo de papel de cada bolsa, anota el resultado y vuelve a poner cada papel en su bolsa. Repítelo 24 veces, mezclando los papeles entre una prueba y otra. Anota tus resultados en una tabla como la que se muestra.

Resultado	Número de veces que se eligió
A-1	/
A-2	////
A-3	//
B-1	/

4. ¿Cuántas veces elegiste *A*-1? ¿Cómo se compara esto con tu predicción?

5. Combina tus resultados con los de tus compañeros. Halla la probabilidad experimental de elegir *A*-1 basándote en los resultados combinados.

Razonar y comentar

1. ¿Cuál crees que es la probabilidad teórica de elegir *A*-1? ¿Por qué?
2. ¿Cuántas veces esperas elegir *A*-1 si repites el experimento 600 veces?
3. Explica la diferencia entre la probabilidad experimental de un suceso y la probabilidad teórica del suceso.

Inténtalo

1. Lanzas al mismo tiempo una moneda de 1 centavo y una de 5 centavos.
   a. ¿Cuál es el espacio muestral del experimento?
   b. Predice el número de veces que esperas que ambas monedas caigan cara si repites el experimento 100 veces.
   c. Predice el número de veces que esperas que una moneda caiga cara y otra caiga cruz si repites el experimento 1,000 veces.

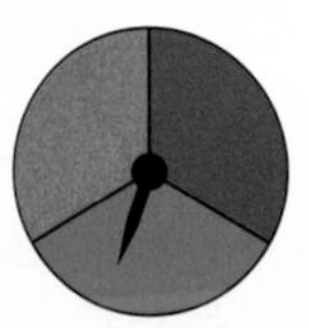

2. Haces girar la rueda de la derecha y lanzas un dado al mismo tiempo.
   a. ¿Cuál es el espacio muestral del experimento?
   b. Describe un experimento que podrías hacer para hallar la probabilidad experimental de que la rueda caiga en verde y el dado en 4 al mismo tiempo.

SECCIÓN 11A

Prueba de las Lecciones 11-1 a 11-4

11-1 Probabilidad

Determina si cada suceso es imposible, improbable, tan probable como improbable, probable o seguro.

1. lanzar dos dados y obtener un total de 2
2. responder correctamente a una pregunta de verdadero o falso
3. sacar al azar una canica negra de una bolsa que contiene 2 canicas azules, 3 amarillas y 4 blancas
4. La probabilidad de que el equipo de fútbol de Ashur gane el próximo partido es de $\frac{7}{10}$. ¿Cuál es la probabilidad de que el equipo de Ashur no gane el próximo partido?

11-2 Probabilidad experimental

5. Carl realiza una encuesta para el periódico de la escuela. Según su encuesta, 7 estudiantes no tienen mascota, 15 tienen una mascota y 9 tienen por lo menos dos mascotas. ¿Cuál es la probabilidad experimental de que el siguiente estudiante que entreviste Carl no tenga una mascota?
6. Durante su recorrido a casa desde la escuela, Dana ve 15 automóviles conducidos por hombres y 34 automóviles conducidos por mujeres. ¿Cuál es la probabilidad experimental de que el próximo automóvil que vea Dana sea conducido por un hombre?

11-3 Cómo hacer una lista para hallar espacios muestrales

7 Shelly y Anthony juegan con un dado y con una moneda de 5 centavos. Cada jugador lanza el dado y la moneda. ¿Cuáles son todos los resultados posibles en un turno? ¿Cuántos resultados hay en el espacio muestral?

8. En una tienda se ofrecen 4 sabores diferentes de yogur y 3 complementos de fruta diferentes. ¿Cuántos postres diferentes son posibles si puedes elegir un sabor de yogur y un complemento?

11-4 Probabilidad teórica

Se gira una rueda con 10 sectores iguales numerados del 1 al 10. Halla la probabilidad de cada suceso. Escribe tu respuesta como fracción, como decimal y como porcentaje.

9. $P(5)$
10. P(número primo)
11. P(número par)
12. $P(20)$
13. Sabina tiene una lista de 8 CD y 5 DVD que le gustaría comprar. Sus amigos eligen al azar de esa lista para hacerle un regalo. ¿Cuál es la probabilidad de que los amigos de Sabina elijan un CD? ¿Y un DVD?

Enfoque en resolución de problemas

Comprende el problema

• **Identifica detalles importantes**

Al resolver problemas con palabras, necesitas identificar la información que es importante en el problema. Lee el problema varias veces para hallar todos los detalles importantes. En ocasiones, es útil leer el problema en voz alta para que puedas oír las palabras. Resalta los datos que sean necesarios para resolver el problema. Luego, haz una lista con cualquier otra información que sea necesaria.

Resalta la información importante en cada problema y luego haz una lista con otros detalles importantes.

1. Una bolsa de gomas de mascar tiene 25 tabletas rosadas, 20 azules y 15 verdes. Lauren toma 1 tableta sin mirar. ¿Cuál es la probabilidad de que no sea azul?

2. Regina tiene una bolsa de canicas que contiene 6 canicas rojas, 3 verdes y 4 azules. Saca una canica de la bolsa sin mirar. ¿Cuál es la probabilidad de que la canica sea roja?

3. Marco cuenta los automóviles que ve en su recorrido desde la escuela a su casa. De 20 automóviles, 10 son blancos, 6 son rojos, 2 son azules y 2 son verdes. ¿Cuál es la probabilidad experimental de que el siguiente automóvil sea rojo?

4. Frederica tiene 8 calcetines rojos, 6 azules, 10 blancos y 4 amarillos en un cajón. ¿Cuál es la probabilidad de que saque al azar un calcetín marrón del cajón?

5. En los primeros 20 minutos del almuerzo, 5 estudiantes varones, 7 estudiantes mujeres y 3 maestros hicieron fila para el almuerzo. ¿Cuál es la probabilidad experimental de que la siguiente persona que haga fila sea un maestro?

11-5 Probabilidad de sucesos independientes y dependientes

Aprender a hallar la probabilidad de sucesos independientes y dependientes

Vocabulario

sucesos independientes

sucesos dependientes

Raji y Kara deben elegir cada uno un tema de una lista de temas para investigar para su clase. Si la elección de Raji no influye en la elección de Kara y viceversa, los sucesos son *independientes*. En los **sucesos independientes,** un suceso no influye en la probabilidad de que ocurra un segundo suceso.

Si, una vez que Raji elige un tema, Kara debe elegir uno de los temas que quedan, entonces los sucesos son *dependientes*. En los **sucesos dependientes,** un suceso *sí* influye en la probabilidad de que ocurra un segundo suceso.

EJEMPLO 1 Determinar si los sucesos son independientes o dependientes

Decide si cada conjunto de sucesos es independiente o dependiente. Explica tu respuesta.

A **Erika lanza un 3 con un dado y un 2 con otro dado.**

Como el resultado de lanzar un dado no influye en el resultado de lanzar el segundo dado, los sucesos son independientes.

B **Tomoko elige a un estudiante de séptimo grado para su equipo de un grupo de estudiantes de séptimo y octavo grado, y luego Juan elige a otro estudiante de séptimo grado de los estudiantes que quedan.**

Como Juan no puede elegir al mismo estudiante que eligió Tomoko y como hay menos estudiantes para que elija Juan después de que eligió Tomoko, los sucesos son dependientes.

Para hallar la probabilidad de que ocurran dos sucesos independientes, multiplica las probabilidades de los dos sucesos.

Probabilidad de dos sucesos independientes

$$P(A \text{ y } B) = P(A) \cdot P(B)$$

Probabilidad de ambos sucesos — *Probabilidad del primer suceso* — *Probabilidad del segundo suceso*

EJEMPLO 2 Hallar la probabilidad de sucesos independientes

Halla la probabilidad de lanzar una moneda y sacar cara y luego lanzar un 6 con un dado.

El resultado de lanzar la moneda no influye en el resultado de lanzar el dado, por lo tanto, los sucesos son independientes.

$P(\text{cara y } 6) = P(\text{cara}) \cdot P(6)$

$= \frac{1}{2} \cdot \frac{1}{6}$ *Hay 2 formas en que puede caer una moneda y hay 6 formas en que puede caer un dado.*

$= \frac{1}{12}$ *Multiplica.*

La probabilidad de sacar cara y 6 es de $\frac{1}{12}$.

Para hallar la probabilidad de dos sucesos dependientes, debes determinar el efecto que el primer suceso tiene en la probabilidad del segundo suceso.

Probabilidad de dos sucesos dependientes

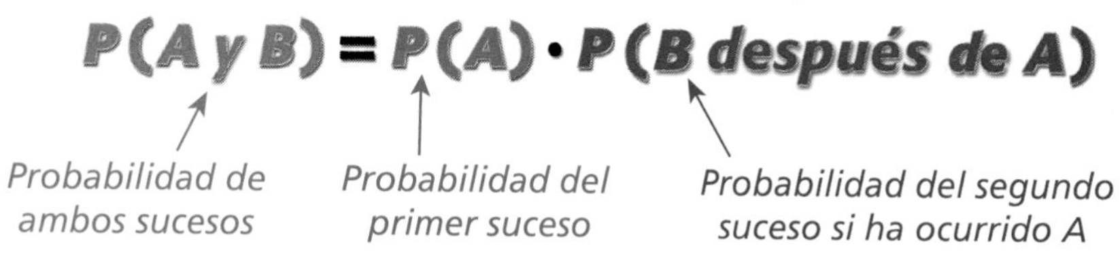

EJEMPLO 3 Hallar la probabilidad de sucesos dependientes

Mica tiene cinco billetes de $1, tres de $10 y dos de $20 en su cartera. Saca dos billetes al azar. ¿Cuál es la probabilidad de que saque los dos billetes de $20?

Al sacar el primer billete se modifica el número de billetes que quedan y puede cambiar el número de billetes de $20 que quedan, por lo tanto, los sucesos son dependientes.

$P(\text{primero de } \$20) = \frac{2}{10} = \frac{1}{5}$ *Hay dos billetes de $20 de entre diez billetes.*

$P(\text{segundo de } \$20) = \frac{1}{9}$ *Hay un billete de $20 de entre nueve billetes.*

$P(\text{primero de } \$20\text{, luego segundo de } \$20) = P(A) \cdot P(B \text{ después de } A)$

$= \frac{1}{5} \cdot \frac{1}{9}$

$= \frac{1}{45}$ *Multiplica.*

La probabilidad de que Mica saque dos billetes de $20 es de $\frac{1}{45}$.

Razonar y comentar

1. **Compara** las probabilidades de sucesos independientes y dependientes.
2. **Explica** si la probabilidad de dos sucesos es mayor o menor que la probabilidad de cada suceso individual.

11-5 Ejercicios

go.hrw.com
Ayuda en línea para tareas*
CLAVE: MS7 11-5
Recursos en línea para padres
CLAVE: MS7 Parent
*(Disponible sólo en inglés)

PRÁCTICA GUIADA

Ver Ejemplo 1

Decide si cada conjunto de sucesos es independiente o dependiente. Explica tu respuesta.

1. Un estudiante lanza una moneda y cae cara, y lanza una segunda moneda y cae cruz.
2. Un estudiante elige una canica roja de una bolsa de canicas y luego elige otra canica roja sin reponer la primera.

Ver Ejemplo 2

Halla la probabilidad de cada conjunto de sucesos independientes.

3. lanzar una moneda que cae cara y sacar un 5 ó un 6 al lanzar un dado
4. sacar un 5 de 10 cartas numeradas del 1 al 10 y sacar un 2 al lanzar un dado

Ver Ejemplo 3

5. Cada día, el maestro Samms elige al azar a 2 estudiantes de su clase como asistentes. Hay 15 chicos y 10 chicas en la clase. ¿Cuál es la probabilidad de que el maestro Samms elija a 2 chicas como asistentes?

PRÁCTICA INDEPENDIENTE

Ver Ejemplo 1

Decide si cada conjunto de sucesos es independiente o dependiente. Explica tu respuesta.

6. Un estudiante elige un libro de ficción de una lista de libros y luego elige un segundo libro de ficción de los que quedan.
7. Una mujer elige una azucena de un ramo y luego elige un tulipán de un ramo diferente.

Ver Ejemplo 

Halla la probabilidad de cada conjunto de sucesos independientes.

8. sacar una canica roja de una bolsa de 6 canicas rojas y 4 azules, reponerla y luego sacar una canica azul
9. sacar un número par al lanzar un dado y sacar un número impar al lanzar el mismo dado por segunda vez.

Ver Ejemplo 

10. Francisco tiene 7 monedas de 25 centavos en el bolsillo. De éstas, 3 son del estado de Delaware, 2 de Georgia, 1 de Connecticut y 1 de Pensilvania. Francisco saca una de las monedas de su bolsillo y luego saca una segunda moneda sin reponer la primera. ¿Cuál es la probabilidad de que ambas monedas sean de Delaware?

PRÁCTICA Y RESOLUCIÓN DE PROBLEMAS

Práctica adicional
Ver página 749

11. De un conjunto de cartas numeradas del 1 a 8, se elige al azar un número par. Se elige un segundo número par sin reponer la primera carta. ¿Son sucesos independientes o dependientes? ¿Cuál es la probabilidad de que ocurran ambos sucesos?

12. En un examen de opción múltiple, cada pregunta tiene cinco respuestas posibles. Un estudiante no conoce dos respuestas, así que adivina. ¿Cuál es la probabilidad de que el estudiante se equivoque en ambas respuestas?

13. Negocios En la gráfica se muestran los perros que bañan en una tienda de estética para perros en un día. ¿Cuál es la probabilidad de que los primeros dos perros que bañen sean perros grandes?

14. Escribe un problema Describe dos sucesos que sean independientes o dependientes y escribe un problema de probabilidad con ellos.

15. Escríbelo Al principio de un juego de Scrabble, los jugadores sacan 7 fichas por turno cada uno. Si se saca una *A* en las dos primeras fichas ¿los sucesos son dependientes o independientes? Explica.

16. Desafío Los pronosticadores del tiempo predijeron con exactitud que llovería en una comunidad $\frac{4}{5}$ de las veces. ¿Cuál es la probabilidad de que pronostiquen lluvia con exactitud dos días seguidos?

PREPARACIÓN PARA EL EXAMEN y repaso en espiral

17. Opción múltiple En una bolsa hay 5 canicas rojas y 5 canicas moradas. ¿Cuál es la probabilidad de sacar una canica roja y luego una morada si te quedas con la primera antes de sacar la segunda?

Ⓐ $\frac{2}{9}$ Ⓑ $\frac{5}{18}$ Ⓒ $\frac{1}{3}$ Ⓓ $\frac{1}{2}$

18. Respuesta breve José tiene 3 calcetines marrones, 5 azules y 6 negros en su cajón. Saca primero un calcetín y luego otro del cajón. Estos sucesos, ¿son dependientes o independientes? Explica tu respuesta. ¿Cuál es la probabilidad de que haya sacado 2 calcetines negros?

19. Fritz corrió $1\frac{3}{4}$ mi el lunes, $2\frac{1}{2}$ mi el miércoles y 3 mi el viernes. ¿Cuántas millas corrió en total en estos días? (Lección 3-9)

Dado el radio o el diámetro, halla la circunferencia y el área de cada círculo a la décima más cercana. Usa 3.14 para π. (Lecciones 9-2 y 9-5)

20. $r = 6.5$ pulg **21.** $d = 15.7$ pies **22.** $r = 7$ cm

11-6 Combinaciones

Aprender a hallar el número de combinaciones posibles

Vocabulario

combinación

Los estudiantes de la maestra Logan deben leer dos de los siguientes libros.

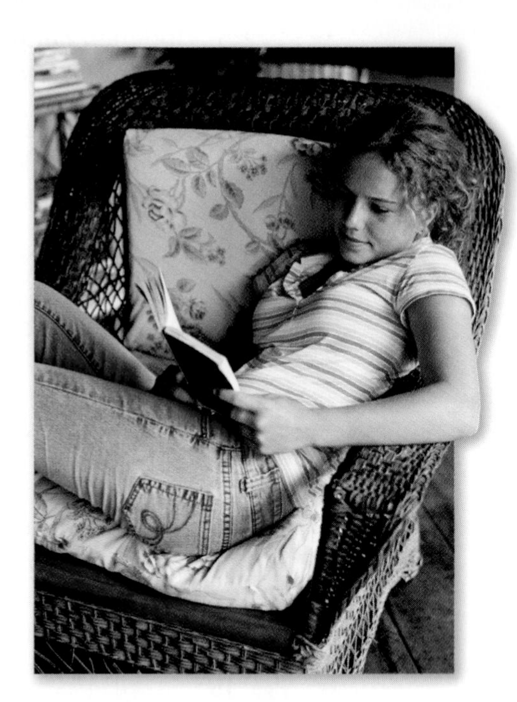

1. *Las aventuras de Tom Sawyer,* de Mark Twain
2. *El llamado de la selva,* de Jack London
3. *Un cuento de Navidad,* de Charles Dickens
4. *La isla del tesoro,* de Robert Louis Stevenson
5. *Tuck para siempre,* de Natalie Babbit

¿Cuántas *combinaciones* posibles de libros podrían elegir los estudiantes?

Una **combinación** es una forma de agrupar objetos o sucesos en que el orden no importa. Por ejemplo, un estudiante puede escoger los libros 1 y 2 ó los libros 2 y 1. Como el orden no importa, los dos arreglos representan la misma combinación. Una forma de hallar todas las combinaciones posibles es hacer una tabla.

EJEMPLO 1 Usar una tabla para hallar combinaciones

¿Cuántas combinaciones diferentes de dos libros son posibles a partir de la lista de cinco libros de la maestra Logan?

Empieza por hacer una tabla con todos los grupos posibles de libros tomando dos al mismo tiempo.

	1	2	3	4	5
1		1, 2	1, 3	1, 4	1, 5
2	2, 1		2, 3	2, 4	2, 5
3	3, 1	3, 2		3, 4	3, 5
4	4, 1	4, 2	4, 3		4, 5
5	5, 1	5, 2	5, 3	5, 4	

Como el orden no importa, puedes eliminar los pares repetidos. Por ejemplo, como 1, 2 ya está en la lista, puedes eliminar 2, 1.

	1	2	3	4	5
1		1, 2	1, 3	1, 4	1, 5
2	~~2, 1~~		2, 3	2, 4	2, 5
3	~~3, 1~~	~~3, 2~~		3, 4	3, 5
4	~~4, 1~~	~~4, 2~~	~~4, 3~~		4, 5
5	~~5, 1~~	~~5, 2~~	~~5, 3~~	~~5, 4~~	

Hay 10 combinaciones diferentes de dos libros en la lista de cinco libros de la maestra Logan.

También puedes usar un diagrama de árbol para hallar las combinaciones posibles.

EJEMPLO  **APLICACIÓN A LA RESOLUCIÓN DE PROBLEMAS**

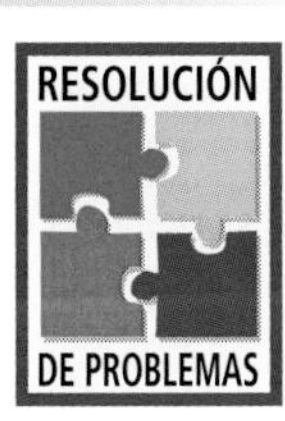

Cuong tiene un servicio de comidas y ofrece cuatro opciones de verduras: brócoli, calabazas, chícharos y zanahorias. Cada persona puede elegir dos opciones de verduras. ¿Cuántas combinaciones diferentes de dos verduras puede elegir una persona?

1 Comprende el problema

Vuelve a escribir la pregunta como un enunciado.

- Halla la cantidad de combinaciones posibles de dos verduras que puede elegir una persona.

Haz una lista con la **información importante:**

- Hay cuatro opciones de verduras en total.

2 Haz un plan

Puedes hacer un diagrama de árbol para mostrar las combinaciones posibles.

3 Resuelve

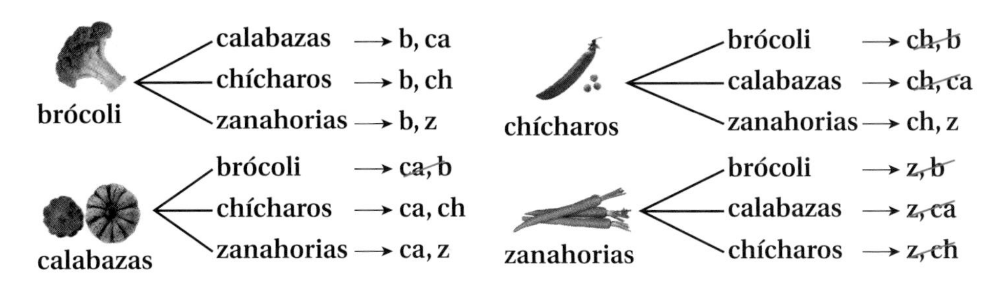

En el diagrama de árbol se muestran 12 posibles maneras de combinar dos verduras, pero cada combinación aparece dos veces en la lista. Por lo tanto, hay $12 \div 2 = 6$ combinaciones posibles.

 Repasa

Puedes comprobar mediante una tabla. El brócoli puede agruparse con otras tres verduras, las calabazas con dos y los chícharos con una. El número total de pares posibles es $3 + 2 + 1 = 6$.

Razonar y comentar

1. **Describe** cómo usar un diagrama de árbol para hallar el número de combinaciones que hay en el Ejemplo 1.
2. **Describe** cómo te pueden ayudar las combinaciones a hallar la probabilidad de un suceso.

11-6 Ejercicios

go.hrw.com
Ayuda en línea para tareas*
CLAVE: MS7 11-6
Recursos en línea para padres
CLAVE: MS7 Parent
*(Disponible sólo en inglés)

PRÁCTICA GUIADA

Ver Ejemplo 

1. Si tienes una manzana, una pera, una naranja y una ciruela, ¿cuántas combinaciones de 2 frutas son posibles?
2. ¿Cuántas combinaciones de 3 letras son posibles a partir de *A, E, I, O* y *U*?

Ver Ejemplo 

3. Robin coloca 2 frascos de mermelada en una caja para regalo. Tiene 5 sabores: arándano, chabacano, uva, durazno y naranja. ¿Cuántas combinaciones diferentes de 2 francos puede colocar en la caja?
4. Eduardo tiene 6 colores de telas: rojo, azul, verde, amarillo, naranja y blanco. Piensa hacer banderas de 2 colores. ¿Cuántas combinaciones posibles de 2 colores puede elegir?

PRÁCTICA INDEPENDIENTE

Ver Ejemplo 

5. En un restaurante te permiten hacer tu propia hamburguesa con 2 ingredientes. Los ingredientes disponibles son tocino, cebolla asada, hongos salteados, queso suizo y queso cheddar. ¿Cuántas hamburguesas con 2 ingredientes diferentes podrías hacer?
6. Jamil tiene que hacer informes sobre 3 ciudades. Puede elegir entre París, Nueva York, Moscú y Londres. ¿Cuántas combinaciones diferentes de ciudades son posibles?

Ver Ejemplo 

7. Una florista puede elegir entre 6 tipos de flores diferentes para hacer un ramo: claveles, rosas, azucenas, margaritas, lirios y tulipanes. ¿Cuántas combinaciones diferentes de 2 tipos de flores puede elegir?
8. ¿Cuántos equipos de tenis de 2 integrantes se pueden hacer con 7 estudiantes?

PRÁCTICA Y RESOLUCIÓN DE PROBLEMAS

Práctica adicional
Ver página 749

Halla el número de combinaciones.

9. En el Campamento Allen, los acampantes pueden elegir 2 actividades de 8 que se proponen para el tiempo libre. Usa la tabla para hallar el número de combinaciones posibles de 2 actividades.

Actividades para el tiempo libre	
caminata	voleibol
mosaicos	rafting
tenis	alfarería
pintura	natación

10. Rob, Caryn y Sari forman parejas para jugar una serie de partidas de ajedrez. ¿De cuántas maneras diferentes pueden formar parejas?
11. Gary tiene que escribir biografías sobre 2 personajes históricos. Puede elegir entre Winston Churchill, Dr. Martin Luther King, Jr. y Nelson Mandela. ¿Cuántas combinaciones diferentes de 2 biografías puede escribir Gary?
12. Trina quiere elegir 3 de las 5 fotos de "secuencia de surfeo" de Ansel Adams para colgar en la pared. ¿Cuántas combinaciones posibles hay?

con el arte

13. La maestra Frennelle da su clase de historia del arte sobre pintores impresionistas famosos. Pide a sus estudiantes que elijan a 2 artistas entre Renoir, Monet, Manet, Degas, Pissarro y Cassatt, y que busquen información sobre por lo menos una pintura de cada artista. ¿Cuántos pares posibles de artistas pueden elegirse de los seis pintores?

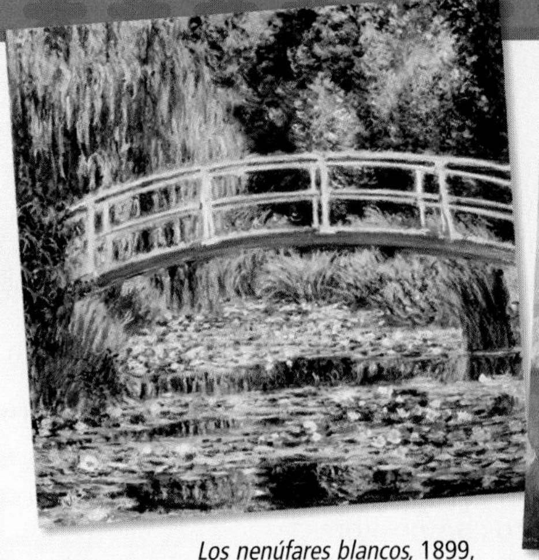

Los nenúfares blancos, 1899, de Claude Monet

Mujer con collar de perlas en un palco, 1879, de Mary Cassatt

14. Varios pasos En la gráfica se muestra la cantidad de pinturas de artistas de diferentes nacionalidades que aparecen en un libro de arte. ¿De cuántas maneras se pueden combinar 4 pinturas de artistas chinos?

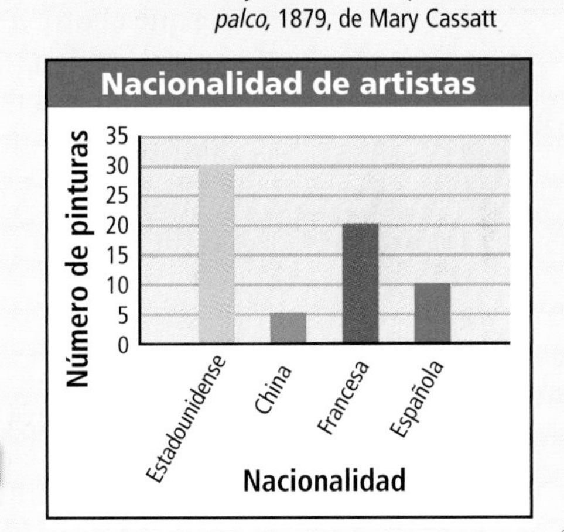

15. Desafío Una galería prepara la exposición de un artista nuevo. La galería tiene suficiente espacio para presentar 7 obras de arte. El artista preparó 4 pinturas y 5 esculturas. ¿Cuántas combinaciones diferentes de obras son posibles?

go.hrw.com
¡Web Extra!
CLAVE: MS7 Art

PREPARACIÓN PARA EL EXAMEN y repaso en espiral

16. Opción múltiple ¿Cuántos equipos diferentes de 2 personas pueden armarse con 5 personas?

Ⓐ 10 Ⓑ 20 Ⓒ 24 Ⓓ 36

17. Respuesta gráfica ¿Cuántas combinaciones de 2 letras son posibles con las letras *A, B, C, D, E* y *F*?

Estima cada raíz cuadrada al número cabal más cercano. (Lección 9-7)

18. $\sqrt{76}$ **19.** $\sqrt{31}$ **20.** $\sqrt{126}$ **21.** $\sqrt{55}$

Decide si cada conjunto de sucesos es independiente o dependiente. (Lección 11-5)

22. Se elige al azar a un estudiante de una lista. Luego, se elige a otro estudiante de la misma lista.

23. Una chica elige una fruta de un canasto. Luego, un chico elige una fruta de un canasto diferente.

11-7 Permutaciones

Aprender a hallar el número de permutaciones posibles

Vocabulario

permutación

factorial

El director de una orquesta sinfónica planea un concierto llamado "Una velada con las B inmortales". El concierto ofrecerá música de Bach, Beethoven, Brahms y Bartok. ¿En cuántos órdenes diferentes puede organizar el director la música de los cuatro compositores?

Un arreglo de objetos o sucesos en el que el orden es importante se llama **permutación.** Puedes usar una lista para hallar el número de permutaciones de un grupo de objetos.

EJEMPLO  **Usar una lista para hallar permutaciones**

¿En cuántos órdenes diferentes puede organizar el director las obras compuestas por Bach, Beethoven, Brahms y Bartok?

Usa una lista para hallar las permutaciones posibles.

Sea 1 = Bach, 2 = Beethoven, 3 = Brahms y 4 = Bartok.

1-2-3-4 1-2-4-3 1-3-2-4 1-3-4-2 1-4-2-3 1-4-3-2	*Haz una lista con todas las permutaciones que comienzan con 1.*	2-1-3-4 2-1-4-3 2-3-1-4 2-3-4-1 2-4-1-3 2-4-3-1	*Haz una lista con todas las permutaciones que comienzan con 2.*
3-1-2-4 3-1-4-2 3-2-1-4 3-2-4-1 3-4-1-2 3-4-2-1	*Haz una lista con todas las permutaciones que comienzan con 3.*	4-1-2-3 4-1-3-2 4-2-1-3 4-2-3-1 4-3-1-2 4-3-2-1	*Haz una lista con todas las permutaciones que comienzan con 4.*

Hay 24 permutaciones. Por lo tanto, el director puede organizar la música de los cuatro compositores en 24 órdenes diferentes.

Puedes usar el principio fundamental de conteo para hallar el número de permutaciones.

EJEMPLO 2 Usar el principio fundamental de conteo para hallar el número de permutaciones

¡Recuerda!

El principio fundamental de conteo dice que puedes hallar el número total de resultados multiplicando el número de resultados de cada experimento individual.

Tres estudiantes acordaron ocupar los puestos directivos del Club Español. ¿De cuántas maneras diferentes pueden ocupar los puestos de presidente, vicepresidente y secretario?

Una vez que ocupas un puesto, tienes una opción menos para el siguiente puesto.

Hay 3 opciones para el primer puesto.

Hay 2 opciones para el segundo puesto.

Hay 1 opción para el tercer puesto.

$3 \cdot 2 \cdot 1 = 6$ *Multiplica.*

Los 3 estudiantes pueden ocupar los 3 puestos de 6 maneras diferentes.

El **factorial** de un número cabal es el producto de todos los números cabales, excepto cero, menores que o iguales al número.

"Factorial 3" es $3! = 3 \cdot 2 \cdot 1 = 6$

"Factorial 6" es $6! = 6 \cdot 5 \cdot 4 \cdot 3 \cdot 2 \cdot 1 = 720$

Puedes usar factoriales para hallar el número de permutaciones.

EJEMPLO  Usar factoriales para hallar el número de permutaciones

Pista útil

Puedes usar una calculadora para hallar el factorial de un número. Para hallar 5!, oprime 5  PRB 4:!  ENTER.

Hay 9 jugadores en una alineación de béisbol. ¿Cuántos órdenes diferentes de turnos al bate son posibles para estos 9 jugadores?

$$\begin{aligned} \text{Número de permutaciones} &= 9! \\ &= 9 \cdot 8 \cdot 7 \cdot 6 \cdot 5 \cdot 4 \cdot 3 \cdot 2 \cdot 1 \\ &= 362{,}880 \end{aligned}$$

Hay 362,880 órdenes diferentes de turnos al bate para los 9 jugadores.

Razonar y comentar

1. **Evalúa** cómo se hizo la lista de permutaciones en el Ejemplo 1. ¿Por qué es importante seguir un patrón?
2. **Explica** por qué 8! da el número de permutaciones de 8 objetos.

11-7 Ejercicios

go.hrw.com
Ayuda en línea para tareas*
CLAVE MS7 11-7
Recursos en línea para padres
CLAVE: MS7 Parent
*(Disponible sólo en inglés)

PRÁCTICA GUIADA

Ver Ejemplo 

1. ¿De cuántas maneras diferentes puedes ordenar los números 1, 2, 3 y 4 para formar un número de 4 dígitos?

Ver Ejemplo 

2. Halla el número de permutaciones de las letras en la palabra *calor.*

Ver Ejemplo 

3. Sam quiere llamar a 6 amigos para invitarlos a una fiesta. ¿En cuántos órdenes diferentes puede hacer las llamadas?
4. Siete personas esperan para hacer una audición para una obra de teatro. ¿En cuántos órdenes diferentes se pueden hacer las audiciones?

PRÁCTICA INDEPENDIENTE

Ver Ejemplo 

5. ¿De cuántas maneras pueden hacer fila Eric, Meera y Roger?

Ver Ejemplo 2

6. Halla el número de maneras en que puedes ordenar las letras en la palabra *paz.*

Ver Ejemplo 

7. ¿Cuántas permutaciones hay de las letras *A* a la *J*?
8. ¿De cuántas maneras diferentes se pueden formar pares con 8 jinetes y 8 caballos?

PRÁCTICA Y RESOLUCIÓN DE PROBLEMAS

Práctica adicional
Ver página 749

Determina si cada problema incluye combinaciones o permutaciones. Explica tu respuesta.

9. Elige cinco libros para revisar de un grupo de diez.
10. Decide de cuántas maneras pueden asignarse cinco sillas a cinco personas.
11. Elige un número de identificación personal de 4 dígitos usando los dígitos 3, 7, 1 y 8.
12. **Deportes** Diez golfistas de un equipo juegan en un torneo. ¿Cuántas alineaciones diferentes puede hacer el entrenador de golf?
13. Carl, Melba, Sean y Ricki van a presentar informes individuales en su clase de español. Su maestro elige al azar qué estudiante hablará primero. ¿Cuál es la probabilidad de que Melba presente primero su informe?
14. Con los números del 1 al 7, el condado de Pima asigna nuevos números de siete dígitos a todos los hogares. ¿Cuántos números posibles puede asignar el condado sin repetir ninguno de los dígitos en un número?
15. ¿Cuántos números diferentes de 5 dígitos pueden formarse usando los dígitos 6, 3, 5, 0 y 4 sin repeticiones?
16. ¿En cuántos órdenes diferentes pueden escucharse 12 temas de un CD?
17. **Varios pasos** Si tienes 5 objetos y puedes colocar 3 de ellos en un estante, ¿cuántas opciones hay para colocar el primer objeto en el estante? ¿Y el segundo? ¿Y el tercero? ¿En cuántos órdenes diferentes pueden colocarse los 3 objetos seleccionados entre 5?

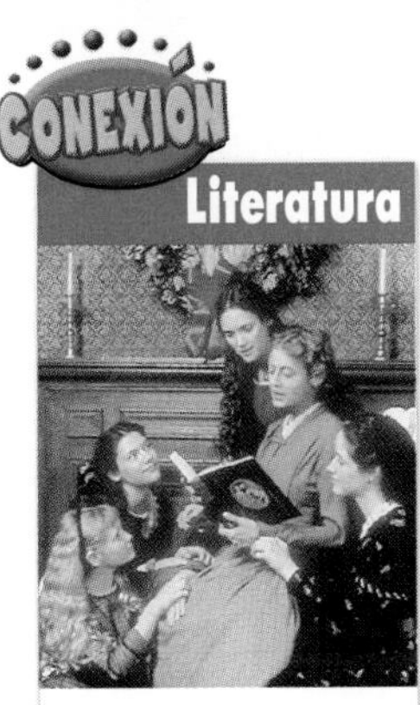

Desde su publicación inicial en 1868, *Mujercitas,* de Louisa May Alcott, nunca dejó de editarse. Se ha traducido a al menos 27 idiomas.

¡Web Extra!
CLAVE: MS7 Alcott

18. **Salud** Se hizo una encuesta para hallar cómo 200 personas de 40 años o más califican su memoria ahora en comparación con hace 10 años. ¿En cuántos órdenes diferentes podrían realizarse las entrevistas a quienes piensan que su memoria es igual?

¿Qué opina de su memoria?

- Un poco peor 54%
- Mucho mejor 1%
- Mucho peor 8%
- Un poco mejor 33%
- Igual 4%

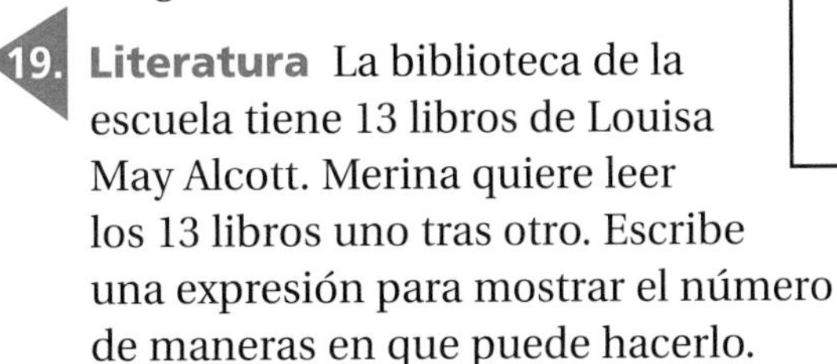

19. **Literatura** La biblioteca de la escuela tiene 13 libros de Louisa May Alcott. Merina quiere leer los 13 libros uno tras otro. Escribe una expresión para mostrar el número de maneras en que puede hacerlo.

20. Usa las letras *A, R, M, O.*

a. ¿Cuántas permutaciones de letras hay?

b. ¿Cuántos arreglos forman palabras en español?

21. Josie y Luke tienen 3 girasoles y 4 lupinos. Josie elige una flor al azar. Luego, Luke elige una flor al azar de entre las que quedan. ¿Cuál es la probabilidad de que Josie elija un girasol y Luke elija un lupino?

22. **¿Dónde está el error?** Un estudiante trataba de hallar 5! y escribió la ecuación $5 + 4 + 3 + 2 + 1 = 15$. ¿Qué error cometió el estudiante?

23. **Escríbelo** Explica la diferencia entre combinaciones de objetos y permutaciones de objetos. Da ejemplos de cada una.

24. **Desafío** Evalúa $\frac{11!}{3!(11-3)!}$.

Preparación Para El Examen y repaso en espiral

25. **Opción múltiple** ¿Qué expresión puedes usar para hallar el número de claves de acceso de 5 dígitos que puedes formar con los dígitos 1, 3, 5, 7 y 9 sin repetir ningún dígito?

Ⓐ $9 + 7 + 5 + 3 + 1$

Ⓑ $9 \cdot 7 \cdot 5 \cdot 3 \cdot 1$

Ⓒ $5 + 4 + 3 + 2 + 1$

Ⓓ $5 \cdot 4 \cdot 3 \cdot 2 \cdot 1$

26. **Respuesta gráfica** En una obra de teatro de la escuela hay siete papeles distintos. ¿De cuántas maneras pueden asignarse los papeles a siete estudiantes?

27. Usa el teorema de Pitágoras para hallar la medida que falta en el triángulo de la derecha. Redondea a la décima más cercana. (Lección 9-8)

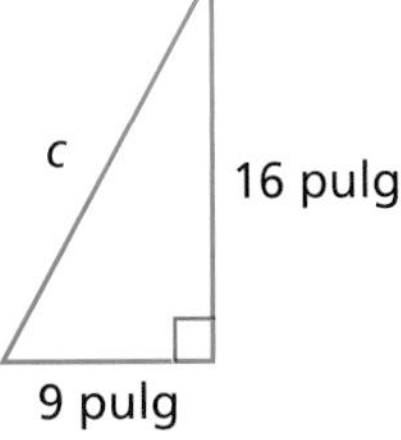

28. Margaret se va de viaje. Puede llevar dos de sus 9 libros favoritos. ¿Cuántas combinaciones diferentes de 2 libros puede llevar? (Lección 11-6)

SECCIÓN 11B

Prueba de las Lecciones 11-5 a 11-7

11-5 Probabilidad de sucesos independientes y dependientes

Decide si cada conjunto de sucesos es independiente o dependiente. Explica.

1. Winny lanza dos dados. Uno cae en 5 y el otro, en 3.
2. Se saca una carta de corazones de un mazo de cartas completo y no se vuelve a colocar en el mazo. Luego, se saca del mismo mazo una carta de tréboles.

Una bolsa contiene 8 canicas azules y 7 amarillas. Usa esta información para resolver los Ejercicios 3 y 4.

3. Halla la probabilidad de sacar al azar una canica azul y luego sacar otra amarilla sin devolver la primera a la bolsa.
4. Halla la probabilidad de sacar al azar una canica azul y luego sacar otra azul después de haber devuelto la primera a la bolsa.
5. Marcelo tiene en el bolsillo seis billetes de $1, dos billetes de $5 y un billete de $10. Elige dos billetes al azar. ¿Cuál es la probabilidad de que tome un billete de $5 y el billete de $10?

11-6 Combinaciones

6. Kenny quiere que en su fiesta haya jugo de 2 sabores distintos para los invitados. Tiene que elegir los sabores de jugo de entre 8. ¿De cuántas maneras diferentes puede Kenny elegir 2 sabores distintos de jugo?
7. Halla el número de maneras diferentes en que 2 estudiantes de entre 12 pueden trabajar como voluntarios para organizar una fiesta para la clase.
8. Un restaurante ofrece platos que pueden ir acompañados con 2 guarniciones. ¿Cuántas combinaciones de 2 guarniciones pueden formarse a partir de una lista de 9 guarniciones?

11-7 Permutaciones

9. Cuatro nadadores fueron elegidos para participar en una carrera de postas. ¿En cuántos órdenes pueden participar los 4 nadadores en la carrera de postas?
10. Seis estudiantes se ofrecieron como voluntarios para ayudar en la organización del Festival de Primavera. ¿De cuántas maneras se les puede asignar a estos seis estudiantes los siguientes puestos: entrada, puesto de inmersión, puesto de pintura facial, estanque de pesca, lanzamiento de aros y búsqueda del tesoro?
11. A los empleados del segundo piso se les asignaron cinco números de 1 dígito con los que deben crear una clave de 5 dígitos para activar la fotocopiadora a color. ¿Cuántas claves diferentes pueden crear si la clave no puede tener números repetidos?

Preparación de varios pasos para el examen

CAPÍTULO 11

El alma de la fiesta Chantal tiene una empresa de planificación de fiestas. Se ocupa de la organización, el suministro de alimentos y bebidas y la dirección de las fiestas. A veces usa la probabilidad para planificar las actividades de las fiestas.

1. En las fiestas que organiza, Chantal suele preparar una caminata con premio. Los invitados caminan a lo largo de un camino circular con espacios numerados del 1 al 24. En cierto momento, Chantal dice al azar alguno de los números. Si alguna persona está parada sobre ese número, gana el premio. ¿Cuál es la probabilidad de que una persona gane el premio si hay 8 participantes? ¿Y si hay 10 participantes?
2. ¿Cuántas personas tienen que participar de la caminata con premio para que la probabilidad de que alguna gane sea de al menos 0.75?
3. Chantal piensa organizar dos rondas de la caminata con premio en la próxima fiesta. Los 24 invitados participarán en ambas rondas. Chantal teme que la misma persona gane el premio las dos veces. ¿Qué probabilidad hay de que esto suceda? ¿Es la probabilidad mayor o menor que 1%? Explica.
4. Chantal va a llevar seis premios diferentes a la fiesta. ¿Cuántas combinaciones diferentes de 2 premios pueden elegir los ganadores de la caminata con premio?
5. Para publicitarse, Chantal distribuye camisetas en sus fiestas. Usa la tabla para hallar cuántos tipos de camisetas diferentes ofrece.

Opciones de camisetas	
Tallas	S, M, L, XL
Colores	Azul, blanco, rojo
Manga	Larga, corta

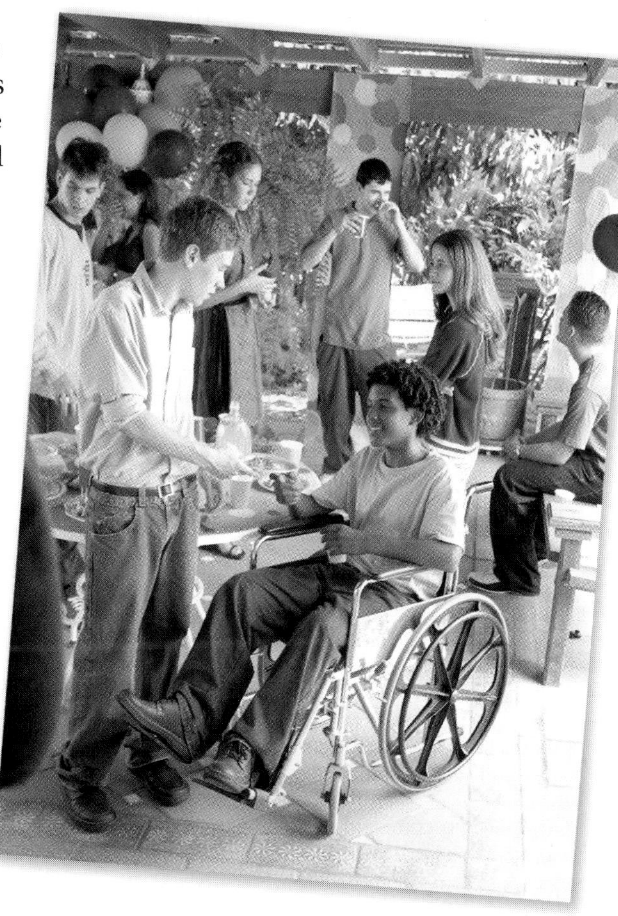

¡Vamos a jugar!

La aguja de Buffon

Si dejas caer una aguja de una longitud determinada en un piso de madera que tiene grietas separadas de manera uniforme, ¿cuál es la probabilidad de que caiga entre dos grietas?

El conde de Buffon (1707–1788) planteó este problema de probabilidad geométrica. Para resolverlo, Buffon desarrolló una fórmula en la que usó ℓ para representar la longitud de la aguja y d para representar la distancia entre las grietas.

$$\text{probabilidad} = \frac{2\ell}{\pi d}$$

Para reproducir este experimento, necesitas un clip y varias líneas separadas de manera uniforme dibujadas en una hoja de papel. Asegúrate de que la distancia entre las líneas sea mayor que la longitud del clip. Lanza el clip sobre la hoja de papel al menos una docena de veces. Divide el número de veces que el clip cae entre dos líneas entre el número de veces que lanzas el clip. Compara este cociente con la probabilidad que da la fórmula.

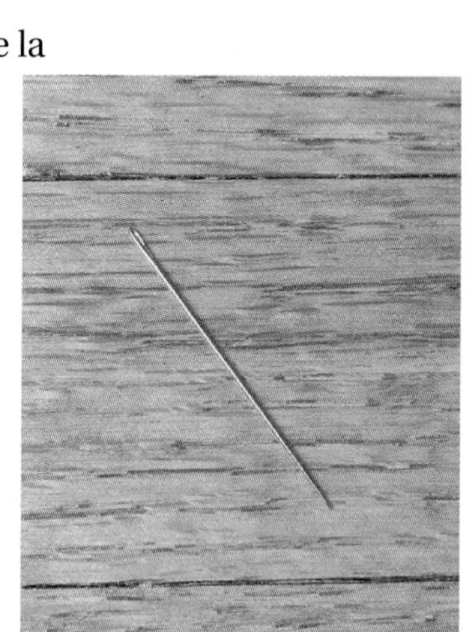

El otro resultado interesante del descubrimiento de Buffon es que puedes usar la probabilidad que obtienes al lanzar la aguja para estimar *pi*.

$$\pi = \frac{2\ell}{\text{probabilidad} \cdot d}$$

Lanza el clip 20 veces para hallar la probabilidad experimental. Usa esta probabilidad en la fórmula de arriba y compara el resultado con 3.14.

Coincidencia de patrones

Este juego es para dos jugadores. El jugador A ordena cuatro bloques de patrones distintos en una fila sin que vea el jugador B. Luego el jugador B intenta adivinar el orden de los bloques. Después de cada intento, el jugador A revela cuántos bloques están en la posición correcta sin decir cuáles. La ronda termina cuando el jugador B adivina el orden correcto.

La copia completa de las piezas del juego se encuentra disponible en línea.

go.hrw.com
¡Vamos a jugar! Extra
CLAVE: MS7 Games

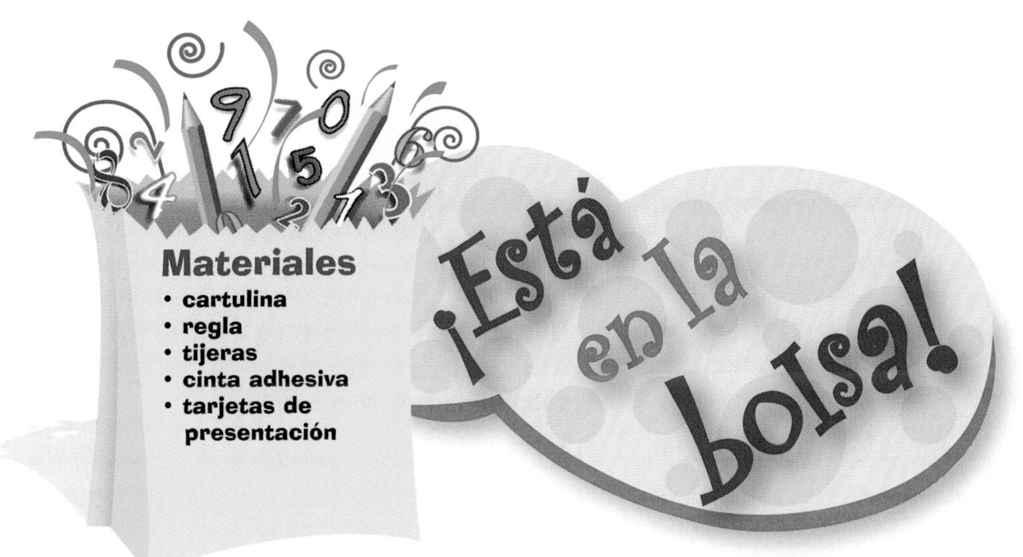

PROYECTO El negocio de la probabilidad

Haz una funda para guardar tarjetas de presentación. Luego usa las tarjetas de presentación para tomar notas sobre probabilidad.

1. Recorta un trozo de cartulina que mida $7\frac{1}{2}$ pulgadas por $4\frac{1}{2}$ pulgadas. Dobla la cartulina en tres partes y luego desdóblala. **Figura A**

2. Recorta un trapecio de cerca de $\frac{1}{2}$ pulgada de alto desde un extremo de la cartulina como se muestra. **Figura B**

3. Recorta cerca de $\frac{1}{2}$ pulgada a lo largo del otro extremo de la cartulina. Luego recorta las esquinas en ángulo. **Figura C**

4. Dobla la sección inferior de la cartulina y cierra los extremos con cinta adhesiva. **Figura D**

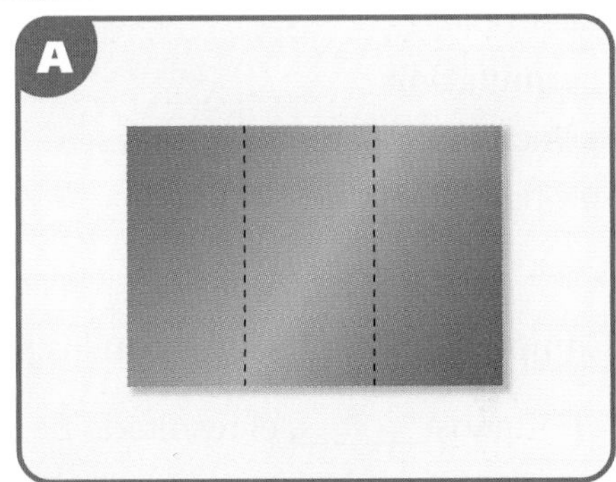

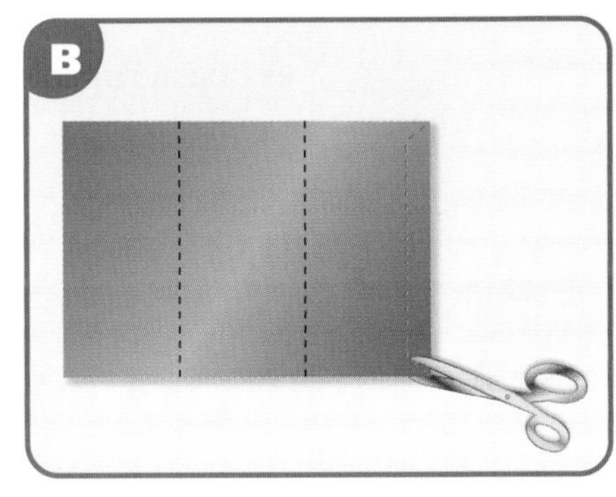

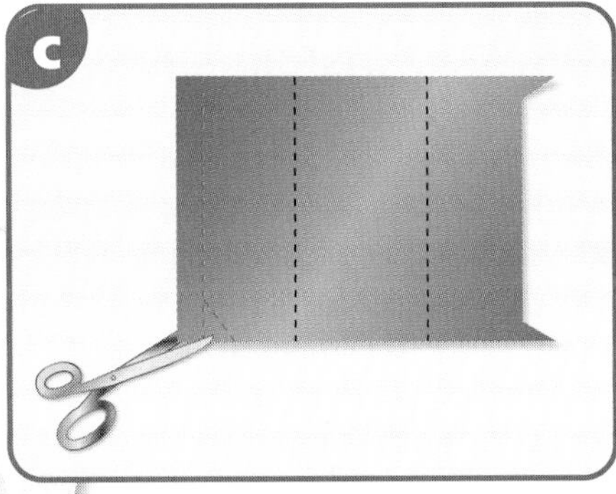

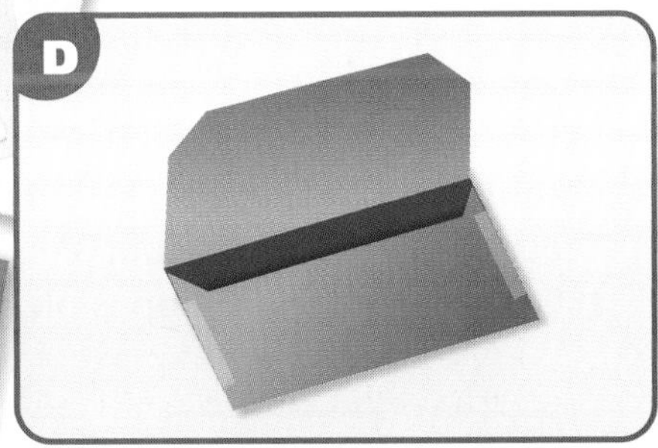

Tomar notas de matemáticas

En el reverso de las tarjetas de presentación, toma notas sobre probabilidad. Guarda las tarjetas en la funda que hiciste. En la solapa de la funda, escribe el nombre y el número del capítulo.

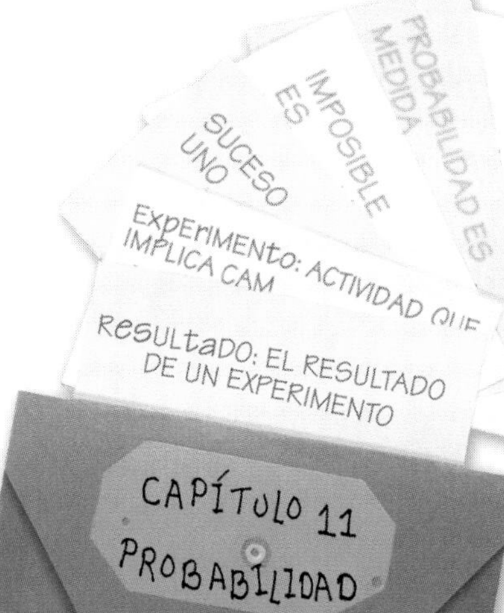

CAPÍTULO 11

Guía de estudio: Repaso

Vocabulario

Completa los enunciados con las palabras del vocabulario.

1. En los __?__, el resultado de un suceso no influye en el resultado de un segundo suceso.

2. Un(a) __?__ es una agrupación de objetos o sucesos en la cual no importa el orden.

3. Todos los resultados posibles de un experimento forman el/la __?__.

4. Un(a) __?__ es lo que se obtiene de un experimento.

11-1 Probabilidad (págs. 628–631)

EJEMPLO

- **Una rueda se divide en 8 sectores numerados del 1 al 8. La probabilidad de cada suceso se describe así:**

Si se detiene en:	
0	imposible
5	improbable
un número par	tan probable como improbable
un número menor que 7	probable
100	imposible

EJERCICIOS

Determina si cada suceso es imposible, improbable, tan probable como improbable, probable o seguro.

5. lanzar dos dados y que el total sume 12
6. lanzar dos dados y que el total sume 24
7. Hay 20% de probabilidades de que llueva. ¿Cuál es la probabilidad de que no llueva?
8. La probabilidad de que el equipo de fútbol americano gane su último partido es de $\frac{1}{5}$. ¿Cuál es la probabilidad de que el equipo no gane el último partido?

11-2 Probabilidad experimental (págs. 632–635)

EJEMPLO

- **De 50 personas encuestadas, 21 dijeron que les gustaba más el misterio que la comedia. ¿Cuál es la probabilidad de que la siguiente persona encuestada prefiera el misterio?**

  $P(\text{misterio}) = \frac{\text{número que prefiere el misterio}}{\text{número total de encuestados}}$

  $P(\text{misterio}) = \frac{21}{50}$

  La probabilidad de que la siguiente persona encuestada prefiera el misterio es de $\frac{21}{50}$.

EJERCICIOS

Sami lleva un registro de sus calificaciones en matemáticas. De sus primeras 15 calificaciones, 10 fueron mayores que 82.

9. ¿Cuál es la probabilidad de que su siguiente calificación sea mayor que 82?
10. ¿Cuál es la probabilidad de que su siguiente calificación no sea mayor que 82?

11-3 Cómo hacer una lista para hallar espacios muestrales (págs. 636–639)

EJEMPLO

- **Anita lanza una moneda y un dado. ¿Cuántos resultados son posibles?**

  La moneda tiene 2 resultados. El dado tiene 6 resultados. *Haz una lista del número de resultados.*

  $2 \cdot 6 = 12$ *Usa el principio fundamental de conteo.*

  Hay 12 resultados posibles.

EJERCICIOS

Chen gira cada rueda una vez.

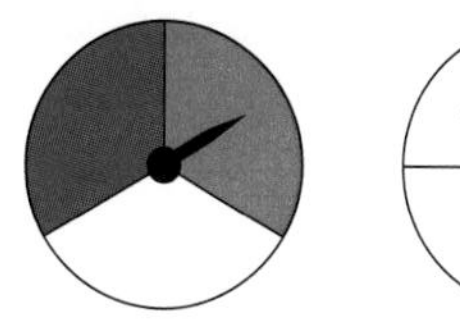

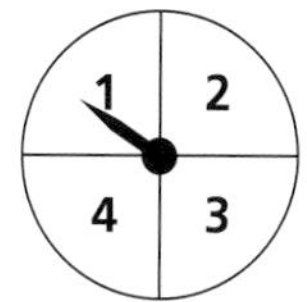

11. ¿Cuáles son todos los resultados posibles?
12. ¿Cuántos resultados hay en el espacio muestral?

11-4 Probabilidad teórica (págs. 640–643)

EJEMPLO

- **Halla la probabilidad de sacar un 4 de una baraja normal de 52 cartas de juego. Escribe tu respuesta como fracción, como decimal y como porcentaje.**

$$P(4) = \frac{\text{número de 4 en la baraja}}{\text{número de cartas en la baraja}}$$
$$= \frac{4}{52}$$
$$= \frac{1}{13}$$
$$\approx 0.077 \approx 7.7\%$$

EJERCICIOS

Halla cada probabilidad. Escribe tu respuesta como fracción, como decimal y como porcentaje.

13. Hay 9 chicas y 12 chicos en el consejo estudiantil. ¿Cuál es la probabilidad de que se elija a una chica como presidenta?
14. Anita lanza 3 monedas. ¿Cuál es la probabilidad de que cada moneda caiga cruz?
15. Jefferson elige una canica de una bolsa que contiene 6 canicas azules, 9 blancas, 3 anaranjadas y 11 verdes. ¿Cuál es la probabilidad de que elija una canica verde?

11-5 Probabilidad de sucesos independientes y dependientes (págs. 648–651)

EJEMPLO

■ **Hay 4 canicas rojas, 3 verdes, 6 azules y 2 negras en una bolsa. ¿Cuál es la probabilidad de que Angie saque una canica verde y luego una negra sin reponer la primera canica?**

$P(\text{canica verde}) = \frac{3}{15} = \frac{1}{5}$

$P(\text{negra después de verde}) = \frac{2}{14} = \frac{1}{7}$

$P(\text{verde, luego negra}) = \frac{1}{5} \cdot \frac{1}{7} = \frac{1}{35}$

La probabilidad de sacar una canica verde y luego una negra sin reponer la primera es de $\frac{1}{35}$.

EJERCICIOS

16. Hay 40 rótulos numerados del 1 al 40 en una bolsa. ¿Cuál es la probabilidad de que Glenn saque al azar un múltiplo de 5 y luego un múltiplo de 9 sin reponer el primer rótulo?

17. Las letras de la palabra en inglés *probability* se escriben en una tarjeta y se ponen en una bolsa. ¿Cuál es la probabilidad de sacar una vocal en el primer intento y de nuevo en el segundo si se repone la primera tarjeta?

11-6 Combinaciones (págs. 652–655)

EJEMPLO

■ **Tina, Sam y Jo se presentan a una prueba para los 2 papeles principales en una obra de teatro. ¿De cuántas maneras pueden elegirlos para los papeles?**

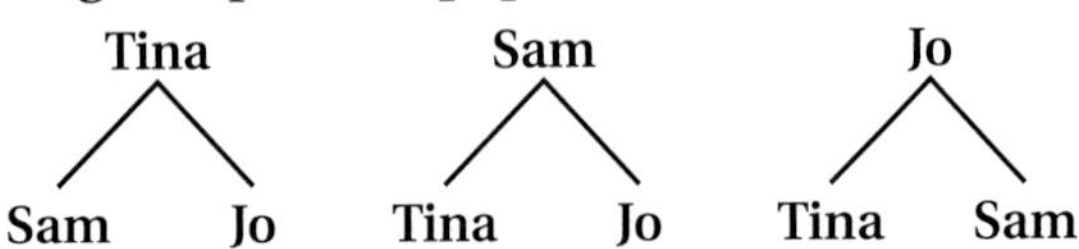

Hay 6 maneras posibles de elegir a los estudiantes para los papeles.

EJERCICIOS

18. ¿De cuántas maneras puedes seleccionar 2 frutas de una cesta de 5 frutas?

19. ¿Cuántos grupos de 2 personas se pueden elegir de entre 7 personas?

20. ¿Cuántas combinaciones de 2 globos se pueden elegir de entre 9 globos?

11-7 Permutaciones (págs. 656–659)

EJEMPLO

■ **¿Cuántos números diferentes de cuatro dígitos puedes formar con los números 2, 4, 6 y 8 usando cada uno sólo una vez?**

Hay 4 opciones para el primer dígito, 3 para el segundo, 2 para el tercero y 1 para el cuarto.

$4 \cdot 3 \cdot 2 \cdot 1 = 24$

Hay 24 números diferentes de cuatro dígitos.

EJERCICIOS

21. ¿Cuántos órdenes de turnos al bate son posibles con 10 jugadores en un equipo de la liga de softbol?

22. ¿De cuántas maneras diferentes puedes ordenar las letras de la palabra *número*?

23. ¿De cuántas maneras pueden Tanya, Rika, Andy, Evan y Tanisha hacer fila para el almuerzo?

Una caja contiene 3 dados naranjas, 2 blancos, 3 negros y 4 azules. Determina si cada suceso es imposible, improbable, tan probable como improbable, probable o seguro.

1. sacar al azar un dado naranja o negro
2. sacar al azar un dado blanco
3. sacar al azar un dado morado
4. Simon lanza una moneda 20 veces. La moneda cae cara 7 veces. Según estos resultados, ¿cuántas veces puede esperar Simon que la moneda caiga cara las siguientes 100 veces?
5. Emilio gira una rueda dividida en 8 sectores iguales numerados del 1 al 8. En sus primeros tres giros, la rueda cae en 8. ¿Cuál es la probabilidad experimental de que la rueda caiga en 10 en su cuarto giro?
6. Una marca de jeans viene en 8 diferentes tallas de cintura: 28, 30, 32, 34, 36, 38, 40 y 42. Los jeans vienen también en tres colores diferentes: azul, negro y beige. ¿Cuántas combinaciones diferentes de tallas de cintura y colores son posibles?
7. Greg planea sus vacaciones. Puede elegir 3 maneras de viajar: tren, autobús o avión, y cuatro actividades diferentes: esquiar, patinar, hacer snowboard o salir de excursión. ¿Cuáles son todos los resultados posibles? ¿Cuántas vacaciones diferentes puede planear Greg?

Rachel hace girar una rueda que está dividida en 10 sectores iguales numerados del 1 al 10. Halla cada probabilidad. Escribe tu respuesta como fracción, como decimal y como porcentaje.

8. P(número impar)
9. P(número compuesto)
10. P(número mayor que 10)

Halla la probabilidad de cada suceso.

11. girar una rueda que tiene sectores rojo, azul, amarillo y verde del mismo tamaño y que caiga en rojo, y lanzar una moneda que caiga cruz
12. sacar una carta que diga *vainilla* de entre un grupo de cartas que dicen *vainilla, chocolate, fresa* y *combinado,* y luego sacar una carta que diga *chocolate* sin devolver la primera carta
13. ¿De cuántas maneras se puede elegir a 2 estudiantes de entre 10 estudiantes?
14. ¿De cuántas maneras puedes elegir 2 refrigerios diferentes de un menú que contiene pasas, naranjas, yogur, manzanas, galletas, nueces y uvas?
15. Timothy quiere ordenar sus 6 modelos de automóvil en un estante. ¿De cuántas maneras puede ordenarlos?
16. ¿De cuántas maneras puedes formar una clave de 7 letras con 7 letras que no se repitan?

CAPÍTULO 11

AYUDA PARA EXAMEN

Estrategias para el examen estandarizado

Todos los tipos: Usa un diagrama

A veces, hacer un diagrama te ayuda a resolver un problema. Cuando en un punto de un examen aparece un diagrama, úsalo como una herramienta. Puedes obtener toda la información posible del diagrama. Ten en cuenta que los diagramas no siempre se hacen a escala y pueden ser engañosos.

EJEMPLO 1

Opción múltiple ¿Cuál es la probabilidad de lanzar una moneda y que caiga cruz, y luego lanzar un dado y que caiga un número par?

Ⓐ $\frac{1}{2}$ Ⓒ $\frac{1}{6}$

Ⓑ $\frac{1}{4}$ Ⓓ $\frac{1}{12}$

Para determinar el espacio muestral, puedes crear un diagrama de árbol.

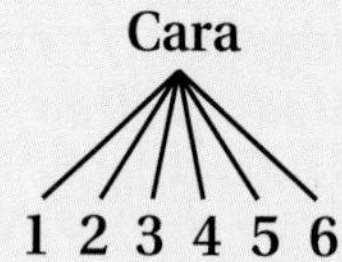

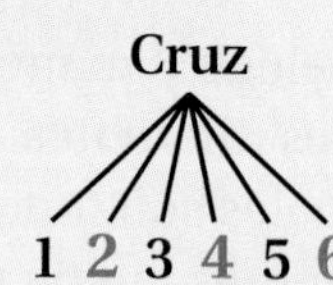

Hay 12 resultados posibles, pero solo hay 3 maneras de sacar cruz y un número par. Por lo tanto, la probabilidad es $\frac{3}{12}$, ó $\frac{1}{4}$, que es la opción B.

EJEMPLO 

Respuesta breve Halla el volumen y el área total del cilindro y redondea tus respuestas a la décima más cercana. Usa 3.14 para π.

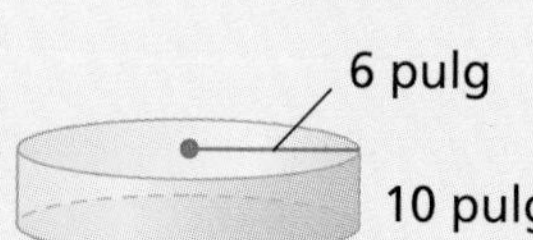

En el diagrama, parece que el radio es mayor que la altura. Recuerda que la escala de un diagrama puede ser engañosa. Confía en la información que se muestra y sustituye los valores dados en cada fórmula.

$V = \pi r^2 h$ | $A = 2\pi r^2 + 2\pi rh$

$V = \pi(6)^2(10)$ | $A = 2\pi(6)^2 + 2\pi(6)(10)$

$V = 360\pi$ | $A = 226.08 + 376.8$

$V \approx 1{,}130.4 \text{ pulg}^3$ | $A \approx 602.9 \text{ pulg}^2$

Si tienes dificultad para comprender algún punto del examen, dibuja un diagrama como ayuda para responder a la pregunta.

Lee cada recuadro y contesta las preguntas que le siguen.

A
Opción múltiple El volumen de una caja es 6,336 cm^3. El ancho de la caja es 16 cm y la altura es 18 cm. ¿Cuál es la longitud de la caja?

Ⓐ 396 cm Ⓒ 220 cm

Ⓑ 22 cm Ⓓ 11 cm

1. ¿Qué información sobre la caja se da en el enunciado del problema?
2. Haz un diagrama como ayuda para responder a la pregunta. Rotula cada lado con las dimensiones correctas.
3. ¿Cómo te ayuda el diagrama a resolver el problema?

B
Opción múltiple Janet gira dos ruedas al mismo tiempo. Una de las ruedas está dividida en 3 sectores iguales, rotulados con los números 1, 2 y 3. La otra rueda está dividida en 3 sectores iguales, rotulados con las letras A, B y C. ¿Cuál es la probabilidad de que las ruedas se detengan en 1 y en A o en 1 y en C?

Ⓕ $\frac{1}{3}$ Ⓗ $\frac{1}{9}$

Ⓖ $\frac{2}{3}$ Ⓙ $\frac{2}{9}$

4. Haz un diagrama de árbol para determinar el espacio muestral. Luego cuenta las maneras en que puede salir 1 y A ó 1 y C.
5. Explica qué opción es la correcta.
6. ¿Cómo te ayuda el diagrama de árbol a resolver el problema?

C
Respuesta breve Dos de las tres cubas pueden contener la misma cantidad de líquido. ¿Cuáles son? Explica.

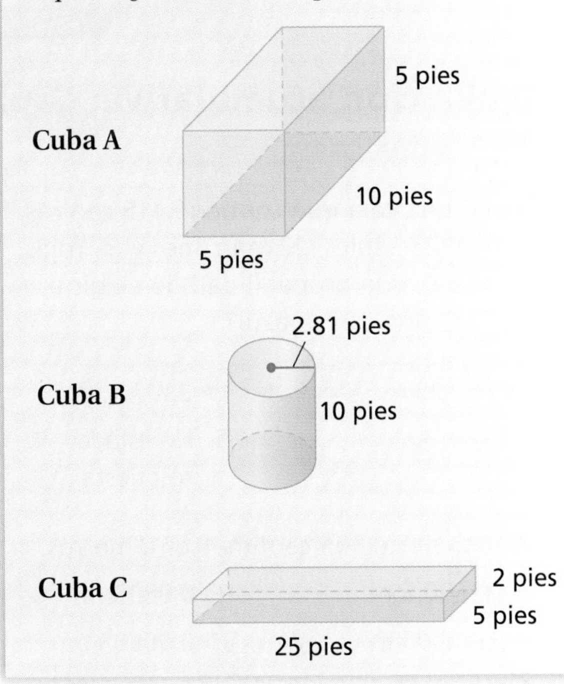

7. Explica por qué no puedes determinar la respuesta comparando la escala de cada diagrama.
8. ¿Qué fórmulas necesitas para hallar la respuesta?
9. Explica qué dos cubas pueden contener la misma cantidad de líquido.

D
Respuesta breve Determina el área total en metros cuadrados de un prisma rectangular que tiene una longitud de 13 m, un ancho de 10 m y una altura de 8 m.

10. ¿Cómo determinas el área total de un prisma rectangular?
11. Haz una plantilla para este prisma y rotúlala con las dimensiones correctas.
12. Usa la plantilla del Problema 11 para hallar el área total del prisma.

CAPÍTULO 11

PREPARACIÓN PARA EL EXAMEN ESTANDARIZADO

go.hrw.com
Práctica en línea para el examen estatal
CLAVE: MS7 TestPrep

Evaluación acumulativa: Capítulos 1–11

Opción múltiple

1. En una caja que contiene 115 canicas, hay 25 azules, 22 marrones y 68 rojas. ¿Cuál es la probabilidad de elegir al azar una canica azul?

Ⓐ $\frac{115}{25}$ Ⓒ $\frac{5}{23}$

Ⓑ $\frac{22}{115}$ Ⓓ No está la respuesta.

2. Convierte 805 centímetros a metros.

Ⓕ 80.5 m Ⓗ 0.0805 m

Ⓖ 8.05 m Ⓙ 0.00805 m

3. ¿Cuál es el valor de $(-8 - 4)^2 + 4^1$?

Ⓐ −143 Ⓒ 145

Ⓑ 0 Ⓓ 148

4. En la gráfica se muestran las temperaturas máximas de una ciudad durante 5 días. ¿Cuál fue la temperatura máxima promedio en este periodo?

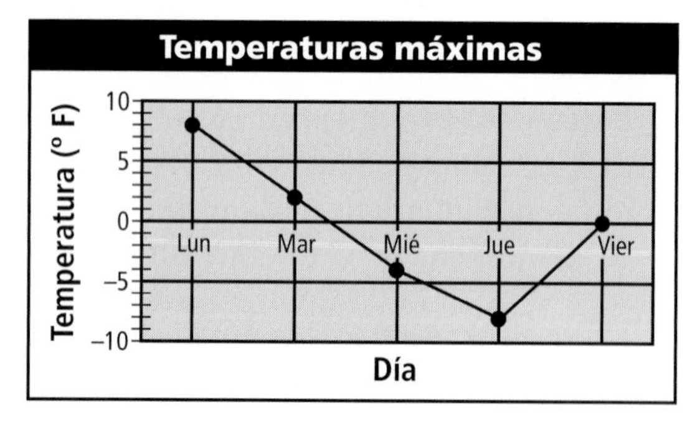

Ⓕ −0.4° F Ⓗ 0.4° F

Ⓖ 4.4° F Ⓙ −4.4° F

5. ¿Entre qué par de fracciones de una recta numérica está la fracción $\frac{3}{5}$?

Ⓐ $\frac{7}{10}$ y $\frac{3}{4}$ Ⓒ $\frac{2}{5}$ y $\frac{1}{2}$

Ⓑ $\frac{2}{7}$ y $\frac{8}{11}$ Ⓓ $\frac{1}{3}$ y $\frac{5}{13}$

6. Stu quiere dejar un 15% de propina por una cena que le costó $13.40. ¿Cuánto debería dejar aproximadamente?

Ⓕ $1.50 Ⓗ $2.00

Ⓖ $1.75 Ⓙ $2.50

7. ¿Cuál es el resultado de $2\frac{5}{12} \times \frac{12}{7}$?

Ⓐ $\frac{5}{7}$ Ⓒ $2\frac{17}{19}$

Ⓑ $2\frac{5}{7}$ Ⓓ $4\frac{1}{7}$

8. Halla el área total del prisma rectangular.

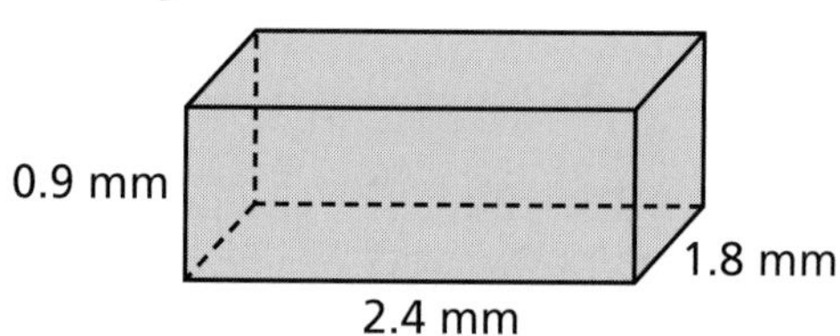

Ⓕ 8.1 mm² Ⓗ 15.84 mm²

Ⓖ 16.2 mm² Ⓙ 3.888 mm²

9. Un campo de trigo con forma de triángulo tiene un área de 225 pies². ¿Cuál es la longitud de la hipotenusa a la décima más cercana?

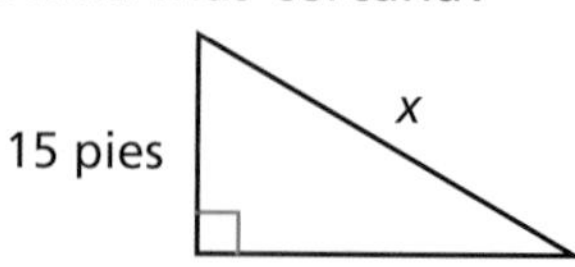

Ⓐ 30 pies Ⓒ 45 pies

Ⓑ 33.5 pies Ⓓ 224.5 pies

10. ¿Qué número NO está expresado en notación científica?

Ⓕ 7×10^5 Ⓗ 0.23×10^9

Ⓖ 1.9×10^1 Ⓙ 9.2×10^{25}

11. Cinco de los ángulos de un hexágono miden 155°, 120°, 62°, 65° y 172°. ¿Cuánto mide el sexto ángulo?

Ⓐ 115° Ⓒ 180°

Ⓑ 146° Ⓓ 326°

La probabilidad se puede expresar como fracción, decimal o porcentaje.

Respuesta gráfica

Usa la siguiente gráfica para los Ejercicios 12 y 13.

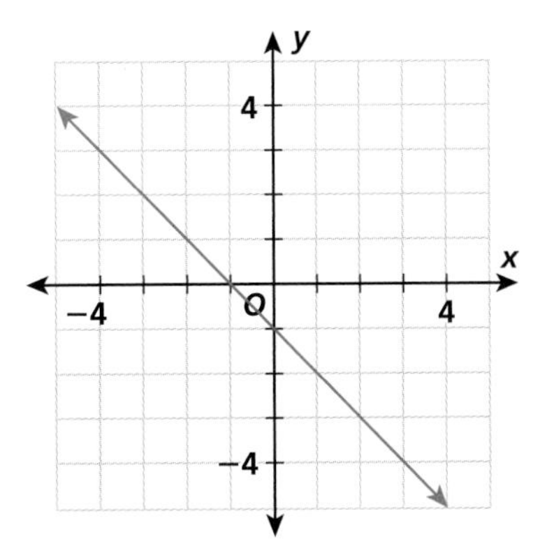

12. Halla la coordenada y del punto de la línea cuya coordenada x es -1.

13. Determina el valor de y cuando $x = -6$.

14. Anji compró 4 camisas a \$56.80. Luego compró una camisa a \$19.20. ¿Cuál fue el costo promedio en dólares de todas las camisas?

15. Halla 4!

16. Rosa tiene un cupón del 60% de descuento sobre el precio total de dos pares de zapatos antes de sumar el impuesto. El primer par de zapatos cuesta \$45 y el segundo, \$32. ¿Cuánto debe pagar Rosa en total en dólares después de que a su compra se le agregue un 5.5% del impuesto sobre la venta?

17. ¿Cuál es el valor de x? $12 = x - \frac{3}{4}$

Respuesta breve

18. El diámetro del círculo más grande mide 36 pulg y el radio del círculo más pequeño mide 6 pulg.

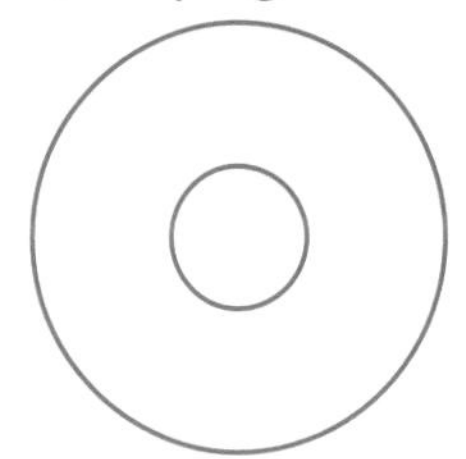

¿Cuál es la razón del área del círculo más pequeño al área del círculo más grande redondeada al porcentaje cabal más cercano?

19. Rhonda tiene 3 camisetas de diferentes colores (rojo, azul y verde), un par de jeans azules y un par de jeans blancos. Elige al azar una camiseta y un par de jeans. ¿Cuál es la probabilidad de que haya elegido una camiseta roja y un par de jeans blancos? Muestra cómo hallaste tu respuesta.

20. Escribe $\frac{5}{6}$ y $\frac{3}{4}$ como fracción con un común denominador. Luego determina si las fracciones son equivalentes. Explica tu método.

Respuesta desarrollada

21. En una bolsa hay 5 bloques azules, 3 rojos y 2 amarillos.

a. ¿Cuál es la probabilidad de que Tip saque al azar un cubo rojo y luego un cubo azul si antes de sacar el segundo devuelve el primero a la bolsa? Muestra los pasos necesarios para hallar tu respuesta.

b. ¿Cuál es la probabilidad de que Tip saque al azar un cubo rojo y luego un cubo azul si antes de sacar el segundo no devuelve el primero a la bolsa? Muestra tu trabajo.

c. Explica de qué manera influye en tus respuestas a las partes **a** y **b** el hecho de que el primer cubo se devuelva o no a la bolsa.

CAPÍTULO

12

Ecuaciones y desigualdades de varios pasos

PREPARACIÓN DE VARIOS PASOS PARA EL EXAMEN

go.hrw.com
Presentación del capítulo en línea
CLAVE: MS7 Ch12

Altitud de los satélites artificiales

Satélite	Altitud (km)
Sputnik	245
Skylab	270
Mir	390
Estación Espacial Internacional	420

Profesión *Ingeniero en satélites*

Los satélites artificiales nacieron con el lanzamiento del *Sputnik* el 4 de octubre de 1957. Esta esfera de 84 kg con un diámetro de 56 cm daba una vuelta a la Tierra cada 35 minutos y significó el inicio de una forma de vida distinta para la gente. En la actualidad, hay cerca de 2,500 satélites en órbita alrededor de la Tierra.

Los ingenieros en satélites trabajan en el diseño, la construcción, la determinación de órbita, el lanzamiento, el rastreo y el ajuste orbital de los satélites. Los satélites registran el clima, las cosechas y los recursos naturales y comunican esta información por televisión, radio y otras señales de comunicación. Incluso orientan direccionalmente a quienes tienen dispositivos SPG (Sistema de Posicionamiento Global).

Vocabulario

Elige de la lista el término que mejor complete cada enunciado.

1. Las __?__ son operaciones matemáticas que se cancelan entre sí.
2. Para resolver una ecuación necesitas __?__.
3. Una __?__ es un enunciado matemático en el que dos expresiones son equivalentes.
4. Una __?__ es un enunciado matemático en el que dos razones son equivalentes.

despejar la variable
ecuación
expresión
operaciones inversas
proporción

Resuelve los ejercicios para practicar las destrezas que usarás en este capítulo.

Sumar números cabales, decimales, fracciones y enteros

Suma.

5. $-24 + 16$
6. $-34 + (-47)$
7. $35 + (-61)$
8. $-12 + (-29) + 53$
9. $2.7 + 3.5$
10. $\frac{2}{3} + \frac{1}{2}$
11. $-5.87 + 10.6$
12. $\frac{8}{9} + \left(-\frac{9}{11}\right)$

Evaluar expresiones

Evalúa cada expresión para $a = 7$ y $b = -2$.

13. $a - b$
14. $b - a$
15. $\frac{b}{a}$
16. $2a + 3b$
17. $\frac{-4a}{b}$
18. $3a - \frac{8}{b}$
19. $1.2a + 2.3b$
20. $-5a - (-6b)$

Resolver ecuaciones con multiplicaciones

Resuelve.

21. $8x = -72$
22. $-12a = -60$
23. $\frac{2}{3}y = 16$
24. $-12b = 9$
25. $12 = -4x$
26. $13 = \frac{1}{2}c$
27. $-2.4 = -0.8p$
28. $\frac{3}{4} = 6x$

Resolver proporciones

Resuelve.

29. $\frac{3}{4} = \frac{x}{24}$
30. $\frac{8}{9} = \frac{4}{a}$
31. $-\frac{12}{5} = \frac{15}{c}$
32. $\frac{y}{50} = \frac{35}{20}$
33. $\frac{2}{3} = \frac{18}{w}$
34. $\frac{35}{21} = \frac{d}{3}$
35. $\frac{7}{13} = \frac{h}{195}$
36. $\frac{9}{-15} = \frac{-27}{p}$

CAPÍTULO 12

Guía de estudio: Avance

De dónde vienes

Antes,

- resolviste ecuaciones de un paso.
- leíste, escribiste y representaste gráficamente desigualdades en una recta numérica.
- resolviste desigualdades de un paso.

En este capítulo

Estudiarás

- cómo resolver ecuaciones de dos pasos y de varios pasos y ecuaciones con variables a ambos lados.
- cómo leer, escribir y representar gráficamente desigualdades en una recta numérica.
- cómo resolver desigualdades de uno y dos pasos.
- cómo resolver ecuaciones para hallar una variable.

Adónde vas

Puedes usar las destrezas aprendidas en este capítulo

- para resolver problemas de ciencias físicas en los que tengas que comparar velocidades, distancias y pesos.
- para tomar decisiones al planear sucesos.
- para evaluar opciones al asignar fondos de un presupuesto.

Vocabulario/Key Vocabulary

conjunto solución	solution set
desigualdad	inequality
desigualdad algebraica	algebraic inequality
desigualdad compuesta	compound inequality

Conexiones de vocabulario

Considera lo siguiente para familiarizarte con algunos de los términos de vocabulario del capítulo. Puedes consultar el capítulo, el glosario o un diccionario si lo deseas.

1. ¿Qué significa la palabra *desigualdad?* ¿Cómo puede una **desigualdad** describir una relación matemática? Da un ejemplo usando números.
2. Un ejemplo de ecuación algebraica es $x + 3 = 8$. ¿Cómo crees que cambiaría la expresión $x + 3 = 8$ si la escribieras como una **desigualdad algebraica** en lugar de como una ecuación?
3. Un enunciado compuesto está formado por dos o más cláusulas independientes unidas por las palabras *y* u *o.* ¿Qué crees que sea una **desigualdad compuesta?**
4. La solución de una ecuación es un valor que hace que la ecuación sea verdadera. Por ejemplo, $x = 5$ es una solución de $x + 3 = 8$. Un conjunto es un grupo de "elementos", que pueden ser personas o números, con una característica en común. ¿Qué crees que sea un **conjunto solución?**

Estrategia de estudio: Prepárate para tu examen final

Matemáticas es una materia acumulativa. Por lo tanto, tu examen abarcará todo el material que aprendiste desde el comienzo del curso. La clave para tener éxito en el examen es estar preparado.

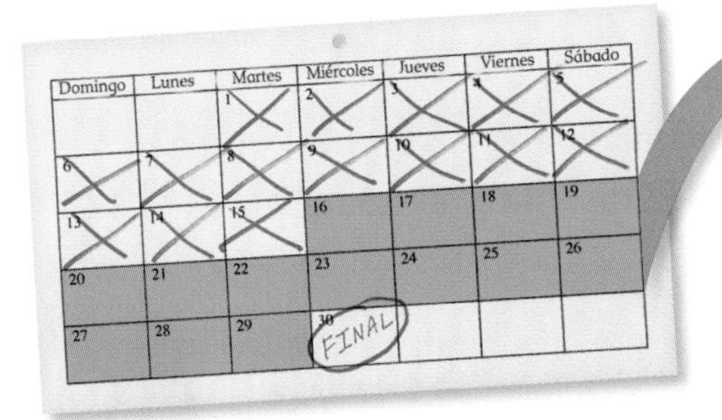

2 semanas antes del examen final:

- Repasar las notas y el vocabulario de las lecciones
- Repasar exámenes y tareas anteriores. Volver a resolver problemas que resolví incorrectamente o que dejé sin completar
- Hacer una lista de todas las fórmulas, reglas y pasos importantes
- Crea un examen de práctica con problemas del libro similares a los problemas de exámenes anteriores

1 semana antes del examen final:

- Resolver el examen de práctica y comprobar que mis respuestas sean correctas; por cada problema que responda mal, hallar dos o tres problemas similares y resolverlos
- Leer la Guía de estudio: Repaso de cada capítulo
- Preguntarme o preguntarle a un amigo sobre las fórmulas y los puntos principales de mi lista

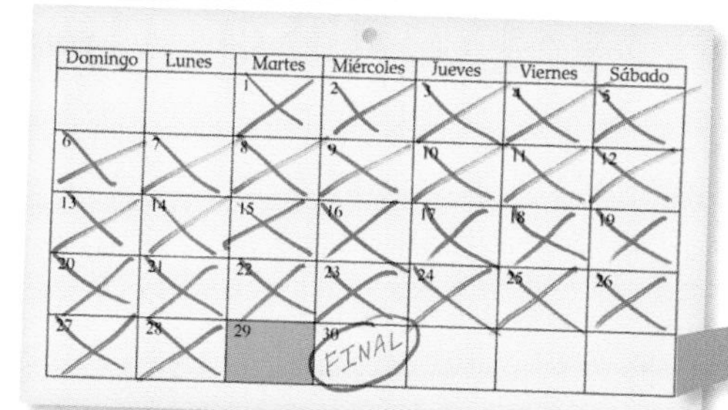

1 día antes del examen final:

- Asegurarme de tener lápices y calculadora (¡Y de que la calculadora tenga pilas!)
- Repasar por última vez cualquier área problemática

Inténtalo

1. Crea un calendario de estudio para tu examen final.

Modelo de ecuaciones de dos pasos

Para usar con la Lección 12-1

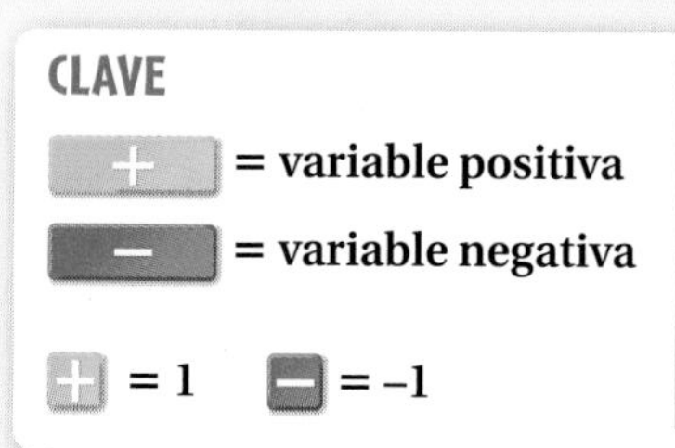

RECUERDA

- + = 0
- + = 0
- En una ecuación, las expresiones a ambos lados del signo igual son equivalentes.

En el Laboratorio 2-5, aprendiste a resolver ecuaciones de un paso mediante fichas de álgebra. También puedes usar fichas de álgebra para resolver ecuaciones de dos pasos. Al resolver una ecuación de dos pasos, es más fácil sumar y restar antes que multiplicar y dividir.

Actividad

1. Usa fichas de álgebra para representar y resolver $2p + 2 = 10$.

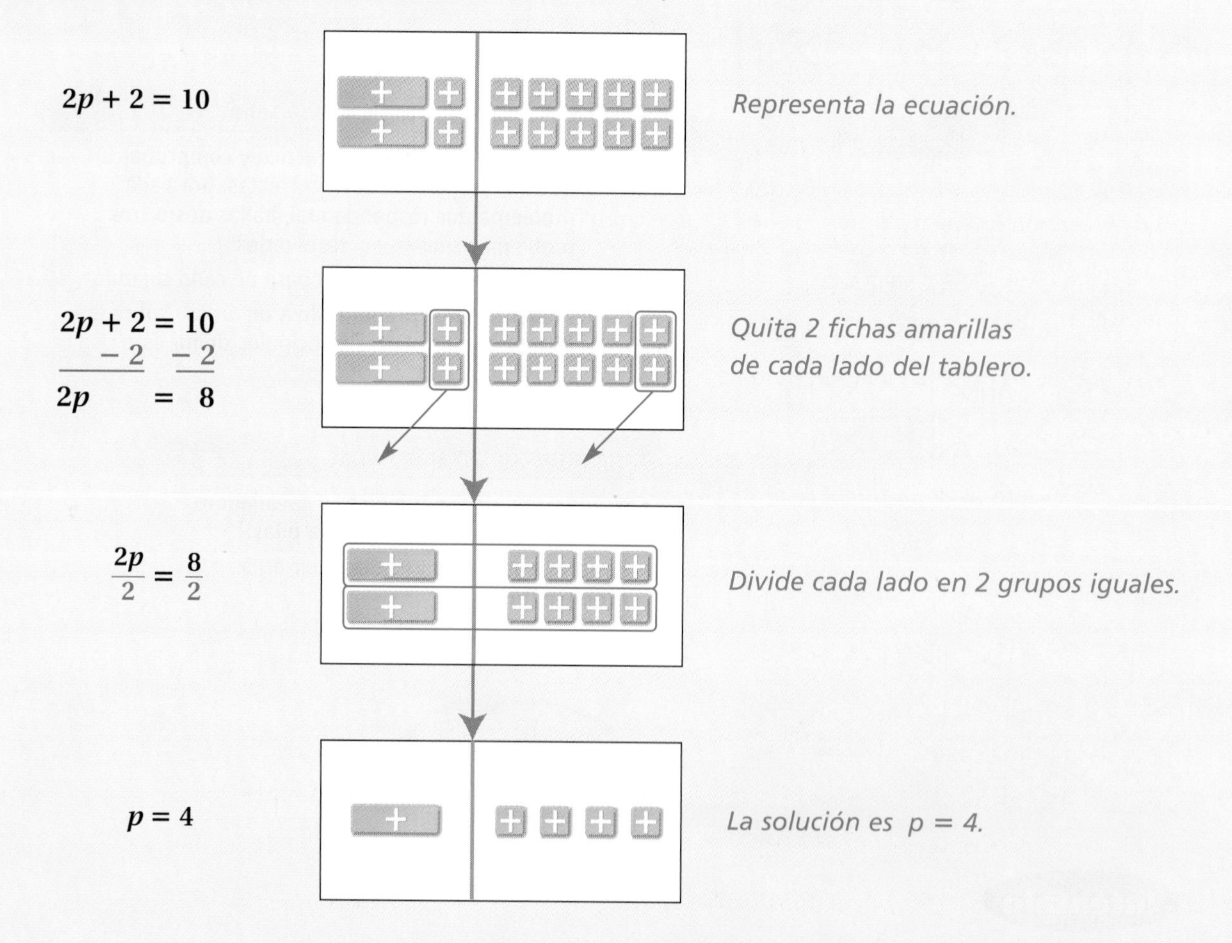

2 Usa fichas de álgebra para representar y resolver $3n + 6 = -15$.

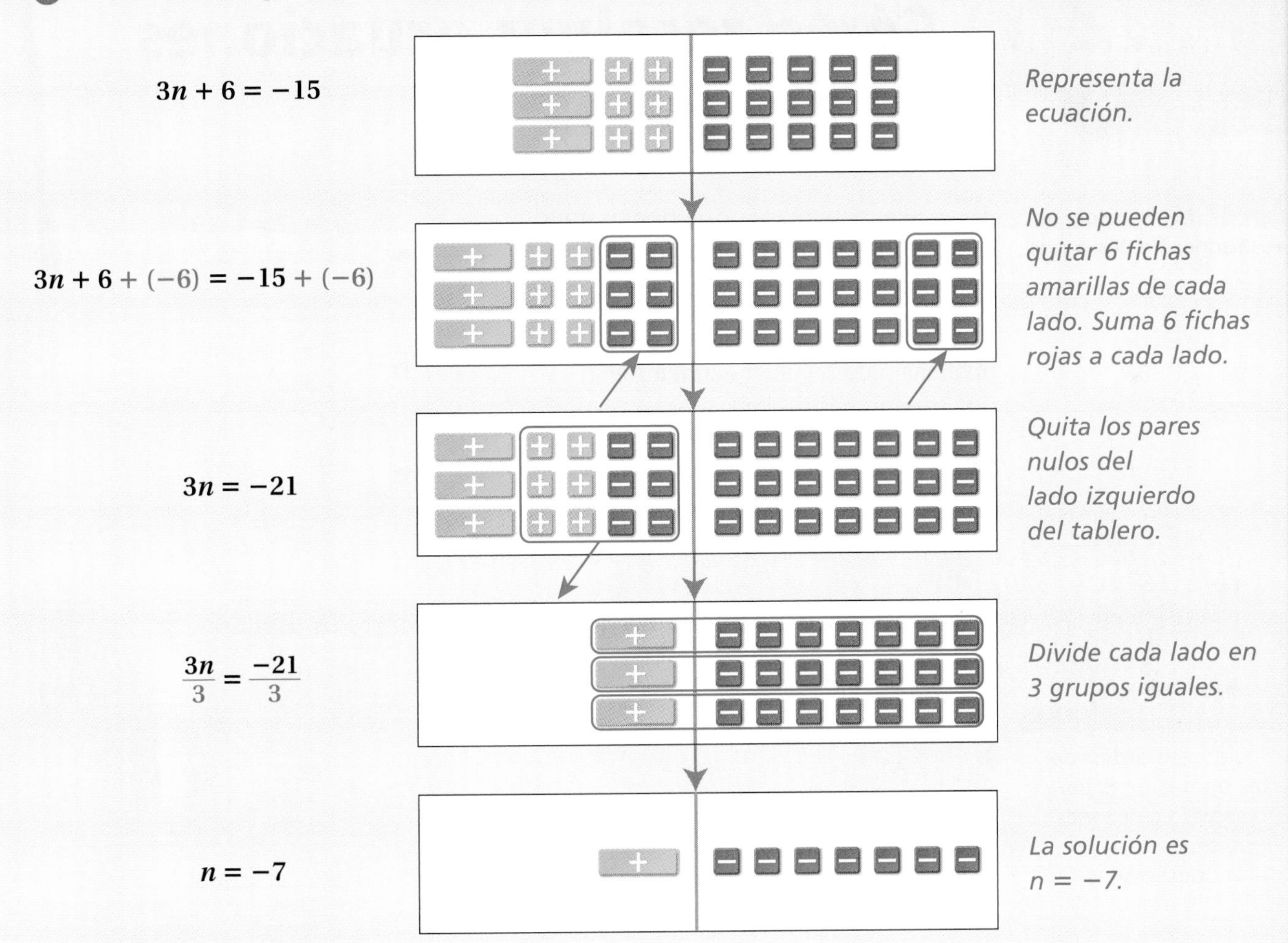

Razonar y comentar

1. Al sumar un valor a un lado de una ecuación, ¿por qué tienes que sumar también el mismo valor al otro lado?
2. Al resolver $3n + 6 = -15$ en la actividad, ¿por qué pudiste quitar seis fichas amarillas de unidad y seis fichas rojas de unidad del lado izquierdo de la ecuación?
3. Representa y resuelve $3x - 5 = 10$. Explica cada paso.
4. ¿Cómo comprobarías la solución de $3n + 6 = -15$ mediante fichas de álgebra?

Inténtalo

Usa fichas de álgebra para representar y resolver cada ecuación.

1. $4 + 2x = 20$
2. $3r + 7 = -8$
3. $-4m + 3 = -25$
4. $-2n - 5 = 17$
5. $10 = 2j - 4$
6. $5 + r = 7$
7. $4h + 2h + 3 = 15$
8. $-3g = 9$
9. $5k + (-7) = 13$

12-1 Cómo resolver ecuaciones de dos pasos

Aprender a resolver ecuaciones de dos pasos

Al resolver ecuaciones que tienen una operación, usas una operación inversa para despejar la variable.

$$\begin{aligned} n + 7 &= 15 \\ -7 \quad & \quad -7 \\ n &= 8 \end{aligned}$$

También puedes usar operaciones inversas para resolver ecuaciones que tienen más de una operación.

$$\begin{aligned} 2x + 3 &= 23 \\ -3 \quad & \quad -3 \\ 2x &= 20 \end{aligned}$$

Usa el inverso de la multiplicación para despejar x.

$$\frac{2x}{2} = \frac{20}{2}$$

$$x = 10$$

EJEMPLO 1 **Resolver ecuaciones de dos pasos mediante la división**

Pista útil

Invierte el orden de las operaciones para resolver ecuaciones que tengan más de una operación.

Resuelve.

A $2n + 5 = 13$

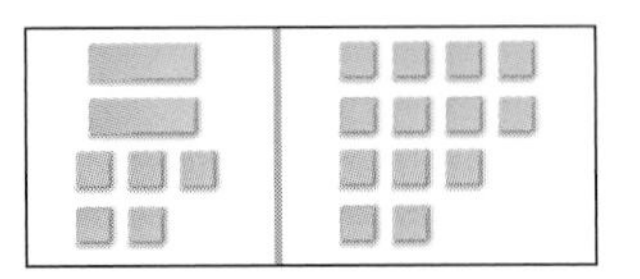

$$\begin{aligned} 2n + 5 &= 13 \\ -5 \quad & \quad -5 \\ 2n &= 8 \end{aligned}$$

Resta 5 de ambos lados.

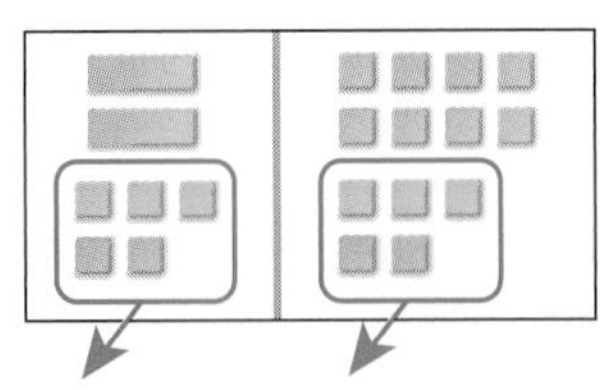

$$\frac{2n}{2} = \frac{8}{2}$$

$$n = 4$$

Divide ambos lados entre 2.

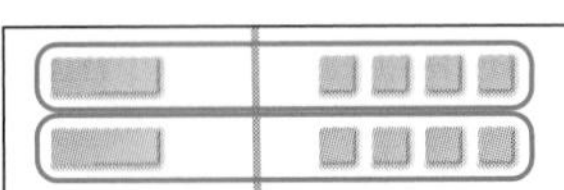

B $19 = -3p - 8$

$$\begin{aligned} 19 &= -3p - 8 \\ +8 \quad & \quad +8 \\ 27 &= -3p \end{aligned}$$

Suma 8 a ambos lados.

$$\frac{27}{-3} = \frac{-3p}{-3}$$

Divide ambos lados entre −3.

$$-9 = p$$

Comprueba

$19 = -3p - 8$

$19 \stackrel{?}{=} -3(-9) - 8$ *Sustituye p por −9.*

$19 \stackrel{?}{=} 27 - 8$

$19 \stackrel{?}{=} 19$ ✔ *−9 es una solución.*

EJEMPLO 2 Resolver ecuaciones de dos pasos mediante la multiplicación

Resuelve.

A $8 + \frac{m}{4} = 17$

$$\begin{aligned} 8 + \frac{m}{4} &= 17 \\ -8 \quad &\quad -8 \end{aligned}$$ *Resta 8 de ambos lados.*

$$\frac{m}{4} = 9$$

$$(4)\frac{m}{4} = (4)9$$ *Multiplica ambos lados por 4.*

$$m = 36$$

B $3 = \frac{u}{6} - 12$

$$\begin{aligned} 3 &= \frac{u}{6} - 12 \\ +12 \quad &\quad +12 \end{aligned}$$ *Suma 12 a ambos lados.*

$$15 = \frac{u}{6}$$

$$(6)15 = (6)\frac{u}{6}$$ *Multiplica ambos lados por 6.*

$$90 = u$$

EJEMPLO 3 *Aplicación al estado físico*

CONEXIÓN

Estado físico

El tenis se conoce como "el deporte para toda la vida" porque lo juegan personas de todas las edades. Algunos partidos pueden durar minutos; otros pueden durar horas... ¡y hasta días!

Asociarse por un año al club de tenis Vista cuesta $160. Por adelantado se paga una inscripción de $28 y el resto se paga por mes. ¿Cuánto pagan los socios nuevos cada mes?

inscripción	más	costo mensual	es igual a	$160

Sea m el costo mensual.

$28	+	12m	=	$160

$$\begin{aligned} 28 + 12m &= 160 \\ -28 \quad &\quad -28 \end{aligned}$$ *Resta 28 de ambos lados.*

$$12m = 132$$

$$\frac{12m}{12} = \frac{132}{12}$$ *Divide ambos lados entre 12.*

$$m = 11$$

Los socios nuevos pagan $11 por mes al asociarse al club por un año.

Razonar y comentar

1. **Explica** cómo decides qué operación inversa usar primero al resolver una ecuación de dos pasos.
2. **Indica** qué pasos seguirías para resolver $-1 + 2x = 7$.

12-1 Ejercicios

go.hrw.com
Ayuda en línea para tareas*
CLAVE: MS7 12-1
Recursos en línea para padres
CLAVE: MS7 Parent
*(Disponible sólo en inglés)

PRÁCTICA GUIADA

Ver Ejemplo  **Resuelve.**

1. $3n + 8 = 29$
2. $-4m - 7 = 17$
3. $2 = -6x + 4$

Ver Ejemplo  **Resuelve.**

4. $12 + \frac{b}{6} = 16$
5. $\frac{y}{8} - 15 = 2$
6. $10 = -8 + \frac{n}{4}$

Ver Ejemplo 

7. Una cafetería vende un jarro de cerámica a \$8.95. Cada nueva orden de café cuesta \$1.50. Rose gastó \$26.95 el mes pasado en comprar un jarro y en llenarlo de nuevo. ¿Cuántas veces lo llenó?

PRÁCTICA INDEPENDIENTE

Ver Ejemplo 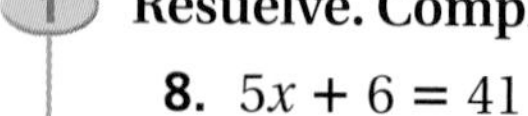 **Resuelve. Comprueba cada respuesta.**

8. $5x + 6 = 41$
9. $-9p - 15 = 93$
10. $-2m + 14 = 10$
11. $-7 = 7d - 8$
12. $-7 = -3c + 14$
13. $12y - 11 = 49$

Ver Ejemplo  **Resuelve.**

14. $24 + \frac{h}{4} = 10$
15. $\frac{k}{5} - 13 = 4$
16. $-17 + \frac{q}{8} = 13$
17. $24 = \frac{m}{10} + 32$
18. $-9 = 15 + \frac{v}{3}$
19. $\frac{m}{-7} - 14 = 2$

Ver Ejemplo 

20. Todos los sábados, un gimnasio ofrece una clase de yoga de 45 minutos. Las clases de yoga entre semana duran 30 minutos. El número de clases entre semana varía. La semana pasada, hubo en total 165 minutos de clases de yoga. ¿Cuántas clases de yoga hubo entre semana?

PRÁCTICA Y RESOLUCIÓN DE PROBLEMAS

Práctica adicional
Ver página 750

Convierte cada ecuación en una expresión con palabras y luego resuélvela.

21. $6 + \frac{m}{3} = 18$
22. $3x + 15 = 27$
23. $2 = \frac{n}{5} - 4$

Resuelve.

24. $18 + \frac{y}{4} = 12$
25. $5x + 30 = 40$
26. $\frac{s}{12} - 7 = 8$
27. $-10 + 6g = 110$
28. $-8 = \frac{z}{7} + 2$
29. $46 = -6w - 8$
30. $15 = -7 + \frac{r}{3}$
31. $-20 = -4p - 12$
32. $\frac{1}{2} + \frac{r}{7} = \frac{5}{14}$
33. **Matemáticas para el consumidor** Una compañía telefónica de larga distancia cobra \$1.01 por los primeros 25 minutos de una llamada y luego \$0.09 por cada minuto adicional. Una llamada costó \$9.56. ¿Cuánto duró?
34. La escuela compró equipos y uniformes de béisbol por un costo total de \$1,836. Los equipos costaron \$612 y los uniformes, \$25.50 cada uno. ¿Cuántos uniformes compró la escuela?

con la salud

Como servicio para consumidores preocupados por su salud, muchos supermercados han instalado dispositivos que calculan el número de calorías compradas.

35. Si duplicas el número de calorías diarias que recomienda el Departamento de Agricultura de EE.UU. para niños de 1 a 3 años de edad y luego le restas 100, obtienes el número de calorías diarias recomendado para los adolescentes varones. Dado que se recomiendan 2,500 calorías para los adolescentes varones, ¿cuántas calorías por día se recomiendan para los niños?

36. Según el Departamento de Agricultura de EE.UU., los niños de 4 a 6 años de edad necesitan aproximadamente 1,800 calorías diarias. Esto es 700 calorías más que la mitad de las calorías recomendadas para las adolescentes. ¿Cuántas calorías diarias necesita una adolescente?

37. Héctor consumió 2,130 calorías en un día. Consumió 350 en el desayuno y 400 en una merienda. También consumió 2 porciones de uno de los alimentos de la tabla en el almuerzo y lo mismo en la cena. ¿Qué consumió Héctor en el almuerzo y la cena?

Conteo de calorías

Alimento	Porción	Calorías
Frituras	1 taza	250
Enchilada	1 porción	310
Pizza	1 porción	345
Sopa de tomate	1 taza	160

38. **Desafío** Hay 30 mg de colesterol en una caja de macarrones con queso. Esto es 77 mg menos $\frac{1}{10}$ del número de miligramos de sodio que contiene. ¿Cuántos miligramos de sodio hay en una caja de macarrones con queso?

Preparación Para El Examen y repaso en espiral

39. **Opción múltiple** ¿De qué ecuación es $x = -2$ una solución?

Ⓐ $2x + 5 = 9$ Ⓑ $8 = 10 - x$ Ⓒ $\frac{x}{2} + 3 = 2$ Ⓓ $-16 = -4x - 8$

40. **Respuesta breve** Un taxi cobra $1.25 la primera milla y $0.25 por cada milla adicional. Escribe una ecuación para el costo total de un viaje en taxi, en la que x sea la cantidad de millas. ¿Cuántas millas puedes viajar en el taxi por $8.00?

Identifica la figura tridimensional que se describe. (Lección 10-1)

41. 6 caras rectangulares

42. 1 base hexagonal y 6 caras triangulares

Halla el volumen de cada cuerpo geométrico a la décima más cercana. Usa 3.14 para π. (Lección 10-2)

43. cilindro con 5 cm de radio y 7 cm de altura

44. prisma triangular con una base de 18 pulg^2 de área y una altura de 9 pulg

12-2 Cómo resolver ecuaciones de varios pasos

Aprender a resolver ecuaciones de varios pasos

Jamal tiene el doble de historietas que Levi. Si sumas 6 al número de historietas que tiene Jamal y luego divides entre 7, obtienes la cantidad de historietas que tiene Brooke. Brooke tiene 30 historietas. ¿Cuántas historietas tiene Levi? Para responder a esta pregunta, necesitas escribir una ecuación que requiera más de dos pasos para resolverla.

EJEMPLO 1 Combinar términos semejantes para resolver ecuaciones

Resuelve $7n - 1 - 2n = 14$.

$7n - 1 - 2n = 14$

$5n - 1 = 14$ *Combina términos semejantes.*

$\underline{\quad +1 \quad +1}$ *Suma 1 a ambos lados.*

$5n = 15$

$\frac{5n}{5} = \frac{15}{5}$ *Divide ambos lados entre 5.*

$n = 3$

Es posible que tengas que usar la propiedad distributiva para resolver una ecuación que tiene paréntesis. Multiplica cada término que está dentro del paréntesis por el factor que está fuera de él. Luego combina los términos semejantes.

EJEMPLO 2 Usar la propiedad distributiva para resolver ecuaciones

¡Recuerda!

Según la propiedad distributiva, $a(b + c) = ab + ac$. Por ejemplo, $2(3 + 5) = 2(3) + 2(5)$.

Resuelve $3(z - 1) + 8 = 14$.

$3(z - 1) + 8 = 14$

$3(z) - 3(1) + 8 = 14$ *Distribuye 3 en el lado izquierdo.*

$3z - 3 + 8 = 14$ *Simplifica.*

$3z + 5 = 14$ *Combina los términos semejantes.*

$\underline{\quad -5 \quad -5}$ *Suma –5 a ambos lados.*

$3z = 9$

$\frac{3z}{3} = \frac{9}{3}$ *Divide ambos lados entre 3.*

$z = 3$

EJEMPLO 3

RESOLUCIÓN DE PROBLEMAS

APLICACIÓN A LA RESOLUCIÓN DE PROBLEMAS

Jamal tiene el doble de historietas que Levi. Sumar 6 a la cantidad de historietas que tiene Jamal y luego dividir entre 7 da la cantidad de historietas que tiene Brooke. Brooke tiene 30 historietas. ¿Cuántas tiene Levi?

1 Comprende el problema

Vuelve a escribir la pregunta como un enunciado.

- Halla el número de historietas que tiene Levi.

Haz una lista con la **información importante:**

- Jamal tiene el doble de historietas que Levi.
- El número de historietas que tiene Jamal más 6 y luego dividido entre 7 es igual al número de historietas que tiene Brooke.
- Brooke tiene 30 historietas.

2 Haz un plan

Sea c el número de historietas que tiene Levi. Entonces $2c$ representa el número de historietas que tiene Jamal y $\frac{2c + 6}{7}$ representa el número de historietas que tiene Brooke, que es igual a 30. Resuelve la ecuación $\frac{2c + 6}{7} = 30$ para c.

3 Resuelve

$$\frac{2c + 6}{7} = 30$$

$$(7)\frac{2c + 6}{7} = (7)30$$ *Multiplica ambos lados por 7 para eliminar las fracciones.*

$$2c + 6 = 210$$

$$2c + 6 - 6 = 210 - 6$$ *Resta 6 de ambos lados.*

$$2c = 204$$

$$\frac{2c}{2} = \frac{204}{2}$$ *Divide ambos lados entre 2.*

$$c = 102$$

Levi tiene 102 historietas.

4 Repasa

Asegúrate de que tu respuesta tenga sentido en el problema original. Levi tiene 102 historietas. Jamal tiene $2(102) = 204$. Brooke tiene $\frac{204 + 6}{7} = 30$.

Razonar y comentar

1. **Haz una lista** de los pasos necesarios para resolver $-n + 5n + 3 = 27$.
2. **Describe** cómo resolver las ecuaciones $\frac{2}{3}x + 7 = 4$ y $\frac{2x + 7}{3} = 4$. ¿Las soluciones son iguales o diferentes? Explica.

12-2 Ejercicios

go.hrw.com
Ayuda en línea para tareas*
CLAVE: MS7 12-2
Recursos en línea para padres
CLAVE: MS7 Parent
*(Disponible sólo en inglés)

PRÁCTICA GUIADA

Ver Ejemplo 

Resuelve.

1. $14n + 2 - 7n = 37$ **2.** $10x - 11 - 4x = 43$ **3.** $1 = -3 + 4p - 2p$

Ver Ejemplo 2

4. $12 - (x + 3) = 10$ **5.** $15 = 2(q + 4) + 3$ **6.** $5(m - 2) + 36 = -4$

Ver Ejemplo 

7. Keisha leyó este año el doble de libros que Ben. Restar 4 del número de libros que leyó Keisha y dividir entre 2 da el número de libros que leyó Sheldon. Sheldon leyó 10 libros este año. ¿Cuántos libros leyó Ben?

PRÁCTICA INDEPENDIENTE

Ver Ejemplo 

Resuelve.

8. $b + 18 + 3b = 74$ **9.** $10x - 3 - 2x = 4$

10. $18w - 10 - 6w = 50$ **11.** $19 = 5n + 7 - 3n$

12. $-27 = -3p + 15 - 3p$ **13.** $-x - 8 + 14x = -34$

Ver Ejemplo 2

14. $2(x + 4) + 6 = 22$ **15.** $1 - 3(n + 5) = -8$

16. $4.3 - 1.4(p + 7) = -9.7$ **17.** $1.8 + 6n - 3.2 = 7.6$

18. $0 = 9\left(k - \frac{2}{3}\right) + 33$ **19.** $6(t - 2) - 76 = -142$

Ver Ejemplo 

20. Abby corrió 3 veces más vueltas que Karen. Sumar 4 a la cantidad de vueltas que corrió Abby y luego dividir entre 7 da el número de vueltas que corrió Jill. Jill corrió 1 vuelta. ¿Cuántas vueltas corrió Karen?

PRÁCTICA Y RESOLUCIÓN DE PROBLEMAS

Práctica adicional
Ver página 750

Resuelve.

21. $\frac{0.5x + 7}{8} = 5$ **22.** $4(t - 8) + 20 = 5$ **23.** $63 = 8w + 2.6 - 3.6$

24. $17 = -5(3 + w) + 7$ **25.** $\frac{\frac{1}{4}a - 12}{8} = 4$ **26.** $9 = -(r - 5) + 11$

27. $\frac{2b - 3.4}{0.6} = -29$ **28.** $8.44 = \frac{34.6 + 4h}{5}$ **29.** $5.7 = -2.5x + 18 - 1.6x$

30. **Matemáticas para el consumidor** Tres amigos cenaron en un restaurante. Los amigos decidieron agregar una propina del 15% y luego dividir la cuenta en partes iguales. Cada amigo pagó \$10.35. ¿Cuál fue la cuenta total del restaurante antes de que agregaran la propina?

31. Ann gana 1.5 veces su sueldo por hora normal por cada hora que supere las 40 horas por semana. La semana pasada trabajó 51 horas y ganó \$378.55. ¿Cuál es su sueldo por hora normal?

32. **Geometría** Los ángulos de la base de un triángulo isósceles son congruentes. La medida de cada uno de los ángulos de la base duplica la del tercer ángulo. Halla la medida de los tres ángulos.

33. **Matemáticas para el consumidor** Patrice usó un cupón de $15 al comprar un par de sandalias. Después de agregar el 8% de impuesto sobre la venta al precio de las sandalias, se descontaron los $15. Patrice pagó un total de $12 por las sandalias. ¿Cuánto costaban las sandalias antes del impuesto?

34. **Ciencias físicas** Para convertir entre temperaturas en grados Celsius y grados Fahrenheit, puedes usar la fórmula $F = \frac{9}{5}C + 32$. En la tabla se muestran los puntos de fusión de distintos elementos.

    a. ¿Cuál es el punto de fusión del oro en grados Celsius?

    b. ¿Cuál es el punto de fusión del hidrógeno en grados Celsius?

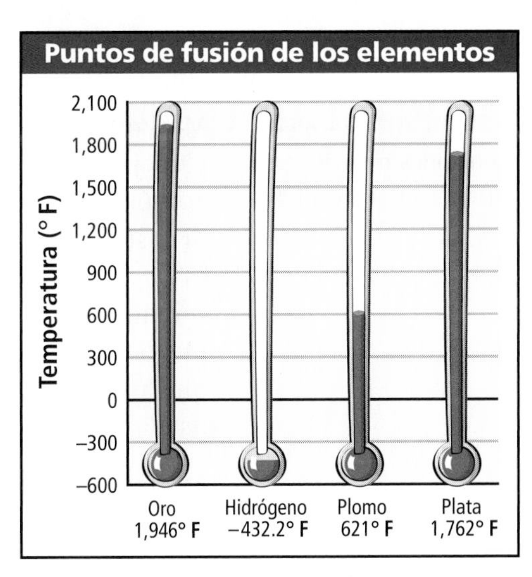

35. En sus dos primeros exámenes de estudios sociales, Billy obtuvo 86 y 93. ¿Qué calificación debe obtener en el tercer examen para tener un promedio de 90 en los tres exámenes?

36. **¿Cuál es la pregunta?** Tres amigos compartieron un viaje en taxi del aeropuerto a su hotel. Después de agregar una propina de $7.00, los amigos dividieron el costo del viaje en partes iguales. Si resolver la ecuación $\frac{c + \$7.00}{3} = \$11.25$ da la respuesta, ¿cuál es la pregunta?

37. **Escríbelo** Explica por qué en la ecuación $\frac{2x - 6}{5} = 2$, multiplicar primero en vez de sumar permite hallar la solución de un modo más fácil.

38. **Desafío** ¿Son iguales las soluciones de las siguientes ecuaciones? Explica.

$$\frac{3y}{4} + 2 = 4 \text{ y } 3y + 8 = 16$$

Preparación Para El Examen y repaso en espiral

39. **Opción múltiple** Resuelve $\frac{2x - 2}{4} = 7$.

    Ⓐ $x = 15$ Ⓑ $x = 18$ Ⓒ $x = 20$ Ⓓ $x = 21$

40. **Opción múltiple** ¿De qué ecuación o ecuaciones es $x = 3$ una solución?

    I $2x - 5 + 3x = 10$ **II** $\frac{-x + 7}{2} = 2$ **III** $\frac{-4x}{6} = 2$ **IV** $6.3x - 2.4 = 16.5$

    Ⓕ Sólo I Ⓖ I y II Ⓗ I, II y III Ⓙ I, II y IV

Halla el volumen de cada cuerpo geométrico a la décima más cercana. Usa 3.14 para π. (Lección 10-3)

41. un cono con diámetro de 6 cm y altura de 4 cm

42. una pirámide triangular con un área de base de 18 pulg^2 y una altura de 7 pulg

Resuelve. (Lección 12-1)

43. $6x - 4 = 2$

44. $7 = -y + 4$

45. $5 + \frac{z}{2} = -9$

46. $12 - 6d = 54$

12-3 Cómo resolver ecuaciones con variables a ambos lados

Aprender a resolver ecuaciones que tienen variables a ambos lados

Mari puede alquilar una consola de videojuegos a $14.49 por semana o comprar una reconstruida a $72.45. El costo de alquilar un juego es $7.95 por semana. ¿Cuántas semanas tendría que alquilar el juego y la consola para pagar lo que le costaría comprar la consola usada y alquilar el juego?

Problemas como éste requieren que resuelvas ecuaciones que tienen la misma variable a ambos lados del signo de igualdad. Para resolver esta clase de problemas, necesitas tener los términos con variables a un lado del signo de igualdad.

EJEMPLO  1 Usar las operaciones inversas para agrupar términos con variables

Agrupa los términos con variables a un lado del signo de igualdad y simplifica.

A $\mathbf{6m = 4m + 12}$

$6m = 4m + 12$

$6m - 4m = 4m - 4m + 12$ — *Resta 4m de ambos lados.*

$2m = 12$ — *Simplifica.*

B $\mathbf{-7x - 198 = 5x}$

$-7x - 198 = 5x$

$-7x + 7x - 198 = 5x + 7x$ — *Suma 7x a ambos lados.*

$-198 = 12x$ — *Simplifica.*

EJEMPLO  2 Resolver ecuaciones con variables a ambos lados

Resuelve.

A $\mathbf{5n = 3n + 26}$

$5n = 3n + 26$

$5n - 3n = 3n - 3n + 26$ — *Resta 3n de ambos lados.*

$2n = 26$ — *Simplifica.*

$\frac{2n}{2} = \frac{26}{2}$ — *Divide ambos lados entre 2.*

$n = 13$

Resuelve.

B $19 + 7n = -2n + 37$

$$19 + 7n = -2n + 37$$
$$19 + 7n + 2n = -2n + 2n + 37 \quad \textit{Suma 2n a ambos lados.}$$
$$19 + 9n = 37 \quad \textit{Simplifica.}$$
$$19 + 9n - 19 = 37 - 19 \quad \textit{Resta 19 de ambos lados.}$$
$$9n = 18 \quad \textit{Simplifica.}$$
$$\frac{9n}{9} = \frac{18}{9} \quad \textit{Divide ambos lados entre 9.}$$
$$n = 2$$

C $\frac{5}{9}x = \frac{4}{9}x + 9$

$$\frac{5}{9}x = \frac{4}{9}x + 9$$
$$\frac{5}{9}x - \frac{4}{9}x = \frac{4}{9}x - \frac{4}{9}x + 9 \quad \textit{Resta } \tfrac{4}{9}x \textit{ de ambos lados.}$$
$$\frac{1}{9}x = 9 \quad \textit{Simplifica.}$$
$$(9)\frac{1}{9}x = (9)9 \quad \textit{Multiplica ambos lados por 9.}$$
$$x = 81$$

EJEMPLO 3 *Aplicación a matemáticas para el consumidor*

Mari puede comprar una consola de videojuegos reconstruida a $72.45 y alquilar un juego a $7.95 por semana, o puede alquilar una consola y el mismo juego por un total de $22.44 por semana. ¿Cuántas semanas tendría que alquilar Mari el videojuego y la consola para pagar lo que le costaría comprar la consola y alquilar el juego?

Sea s el número de semanas.

$$22.44s = 72.45 + 7.95s$$
$$22.44s - 7.95s = 72.45 + 7.95s - 7.95s \quad \textit{Resta 7.95s de ambos lados.}$$
$$14.49s = 72.45 \quad \textit{Simplifica.}$$
$$\frac{14.49s}{14.49} = \frac{72.45}{14.49} \quad \textit{Divide ambos lados entre 14.49.}$$
$$s = 5$$

Mari tendría que alquilar el videojuego y la consola por 5 semanas para pagar lo que le costaría comprar la consola.

Razonar y comentar

1. **Explica** cómo resolverías $\frac{1}{2}x + 7 = \frac{2}{3}x - 2$.
2. **Describe** cómo decidirías qué término con variable debes sumar o restar de ambos lados de la ecuación $-3x + 7 = 4x - 9$.

12-3 Ejercicios

go.hrw.com
Ayuda en línea para tareas*
CLAVE: MS7 12-3
Recursos en línea para padres
CLAVE: MS7 Parent
*(Disponible sólo en inglés)

PRÁCTICA GUIADA

Ver Ejemplo 1 **Agrupa los términos con variables a un lado del signo de igualdad y simplifica.**

1. $5n = 4n + 32$ **2.** $-6x - 28 = 4x$ **3.** $8w = 32 - 4w$

Ver Ejemplo 2 **Resuelve.**

4. $4y = 2y + 40$ **5.** $8 + 6a = -2a + 24$ **6.** $\frac{3}{4}d + 4 = \frac{1}{4}d + 18$

Ver Ejemplo 3 **7.** **Matemáticas para el consumidor** Los socios del Star Theater pagan $30.00 por mes más $1.95 por cada película. Quienes no son socios pagan la cuota regular de admisión de $7.95. ¿Cuántas películas tendrían que ver en un mes los socios y los no socios para pagar la misma cantidad?

PRÁCTICA INDEPENDIENTE

Ver Ejemplo 1 **Agrupa los términos con variables a un lado del signo de igualdad y simplifica.**

8. $12h = 9h + 84$ **9.** $-10p - 8 = 2p$ **10.** $6q = 18 - 2q$

11. $-4c - 6 = -2c$ **12.** $-7s + 12 = -9s$ **13.** $6 + \frac{4}{5}a = \frac{9}{10}a$

Ver Ejemplo 2 **Resuelve.**

14. $9t = 4t + 120$ **15.** $42 + 3b = -4b - 14$ **16.** $\frac{6}{11}x + 4 = \frac{2}{11}x + 16$

17. $1.5a + 6 = 9a + 12$ **18.** $32 - \frac{3}{8}y = \frac{3}{4}y + 5$ **19.** $-6 - 8c = 3c + 16$

Ver Ejemplo 3 

20. **Matemáticas para el consumidor** Los socios de un club de natación pagan $5 por lección más una cuota por membresía de $60. Quienes no son socios pagan $11 por lección. ¿Cuántas lecciones tendrían que tomar los socios y los no socios para pagar la misma cantidad?

PRÁCTICA Y RESOLUCIÓN DE PROBLEMAS

Práctica adicional
Ver página 750

Resuelve. Comprueba cada respuesta.

21. $3y + 7 = -6y - 56$ **22.** $-\frac{7}{8}x - 6 = -\frac{3}{8}x - 14$

23. $5r + 6 - 2r = 7r - 10$ **24.** $-10p + 8 = 7p + 12$

25. $9 + 5r = -17 - 8r$ **26.** $0.8k + 7 = -0.7k + 1$

27. Un coro canta en un festival. En la primera noche, 12 integrantes estuvieron ausentes, así que el coro se acomodó en 5 filas iguales. En la segunda noche, sólo 1 integrante estuvo ausente, así que el coro se acomodó en 6 filas iguales. El número de personas por fila fue el mismo las dos noches. ¿Cuántos integrantes tiene el coro?

28. **Matemáticas para el consumidor** En una tienda, Jaline puede comprar baldosas a $0.99 cada una y alquilar una sierra para baldosas a $24. En otra tienda, le prestan la sierra si compra baldosas a $1.49 cada una. ¿Cuántas baldosas debe comprar para que el costo sea el mismo en ambas tiendas?

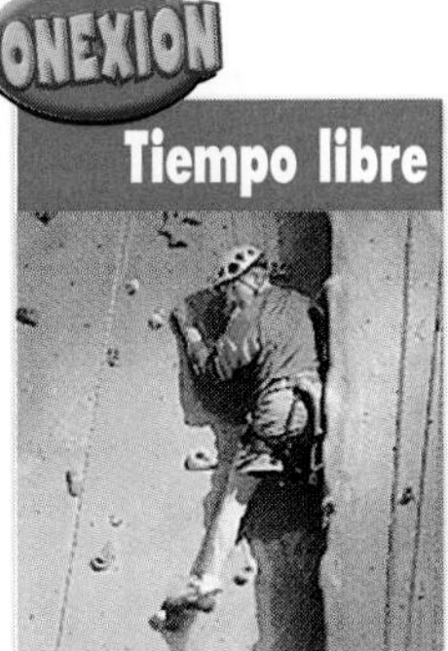

En 1987 se construyó el primer gimnasio de escalada en roca bajo techo. En la actualidad, hay gimnasios de este tipo en todo el mundo, incluso para escalada en hielo y con paredes portátiles.

Las figuras de cada par tienen el mismo perímetro. Halla el valor de cada variable.

29.

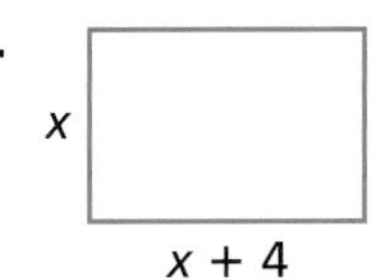

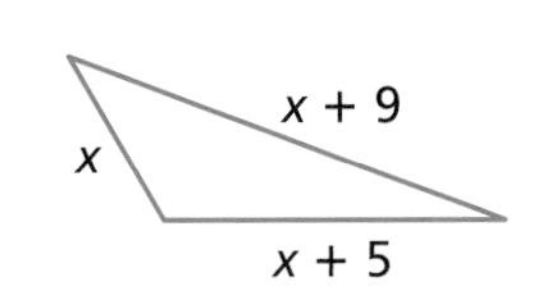

30.

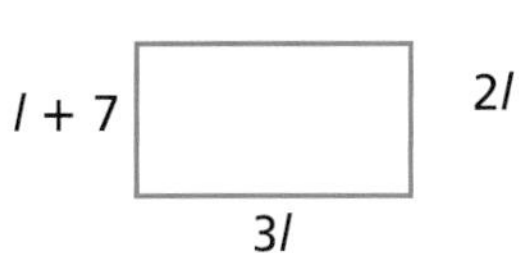

$2l + 12$, $2l + 12$, $2l + 12$

31. **Tiempo libre** Un gimnasio de escalada en roca cobra a quienes no son socios \$18 por día por usar las instalaciones más \$7 por día por el alquiler del equipo. Los socios pagan una cuota anual de \$400 más \$5 por día por el alquiler del equipo. ¿Cuántos días deben usar las instalaciones en un año los socios y los no socios para pagar la misma cantidad?

32. **Varios pasos** Dos familias condujeron de Denver a Cincinnati. Después de conducir 582 millas el primer día, los Smith dividieron el resto del viaje en etapas iguales los siguientes 3 días. Los Chow dividieron su viaje en etapas iguales durante 6 días. La distancia que recorrieron los Chow cada día fue igual a la distancia que recorrieron los Smith cada uno de los tres días.

a. ¿Cuántas millas recorrieron los Chow cada día?

b. ¿Qué distancia hay de Denver a Cincinnati?

33. **¿Dónde está el error?** Para combinar los términos en la ecuación $-8a - 4 = 2a + 34$, un estudiante escribió $-6a = 38$. ¿Dónde está el error?

34. **Escríbelo** Si la misma variable está a ambos lados de una ecuación, ¿debe tener el mismo valor en cada lado? Explica tu respuesta.

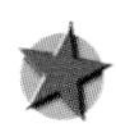

35. **Desafío** Combina los términos antes de resolver la ecuación $12x - 4 - 12 = 4x + 8 + 8x - 24$. ¿Crees que sólo hay una solución de la ecuación? ¿Por qué?

PREPARACIÓN PARA EL EXAMEN y repaso en espiral

36. **Opción múltiple** ¿De qué ecuación NO es una solución $x = 0$?

Ⓐ $3x + 2 = 2 - x$ Ⓑ $2.5x + 3 = x$ Ⓒ $-x + 4 = 3x + 4$ Ⓓ $6x + 2 = x + 2$

37. **Respuesta desarrollada** Un plan telefónico ofrece llamadas de larga distancia a \$0.03 el minuto. Otro plan cuesta \$2.00 por mes pero ofrece servicio de larga distancia a \$0.01 el minuto. Escribe y resuelve una ecuación para hallar la cantidad de minutos de larga distancia que hace que los dos planes cuesten lo mismo. Escribe tu respuesta en un enunciado completo.

Se dan las longitudes de dos lados de un triángulo rectángulo. Halla la longitud del tercer lado a la décima más cercana. (Lección 9-8)

38. catetos: 12 cm y 16 cm

39. cateto: 11 pies; hipotenusa: 30.5 pies

Resuelve. (Lección 12-2)

40. $10x + 4 - 3x = -10$

41. $1.3y + 2.7y - 5 = 3$

42. $5 = \frac{4z - 6}{2}$

CAPÍTULO 12

SECCIÓN 12A

¿Listo para seguir?

Prueba de las Lecciones 12-1 a 12-3

12-1 Cómo resolver ecuaciones de dos pasos

Resuelve.

1. $-4x + 6 = 54$
2. $15 + \frac{y}{3} = 6$
3. $\frac{z}{8} - 5 = -3$
4. $-33 = -7a - 5$
5. $-27 = \frac{r}{12} - 19$
6. $-13 = 11 - 2n$
7. $3x + 13 = 37$
8. $\frac{p}{-8} - 7 = 12$
9. $\frac{u}{7} + 45 = -60$
10. Un servicio de taxi cobra una tarifa inicial de \$1.50 más \$1.50 por cada milla recorrida. Un viaje en taxi cuesta \$21.00. ¿Cuántas millas recorrió el taxi?

12-2 Cómo resolver ecuaciones de varios pasos

Resuelve.

11. $\frac{3x - 4}{5} = 7$
12. $3(3b + 2) = -30$
13. $-12 = \frac{15c + 3}{6}$
14. $\frac{24.6 + 3a}{4} = 9.54$
15. $\frac{2b + 9}{11} = 18$
16. $13 = 2c + 3 + 5c$
17. $\frac{1}{2}(8w - 6) = 17$
18. $\frac{1.2s + 3.69}{0.3} = 47.9$
19. $\frac{1}{2} = \frac{5p - 8}{12}$
20. Peter usó un cupón de \$5.00 para pagar parte de su almuerzo. Después de sumar una propina del 15% al costo de su comida, Peter tuvo que pagar \$2.36 en efectivo. ¿Cuánto costó la comida de Peter?
21. 10 amigos almorzaron juntos en un restaurante. El almuerzo costó \$99.50 en total, incluida una propina del 15%. ¿Cuánto costó el almuerzo sin contar la propina?

12-3 Cómo resolver ecuaciones con variables a ambos lados

Resuelve.

22. $12m = 3m + 108$
23. $\frac{7}{8}n - 3 = \frac{5}{8}n + 12$
24. $1.2x + 3.7 = 2.2x - 4.5$
25. $-7 - 7p = 3p + 23$
26. $-2.3q + 16 = -5q - 38$
27. $\frac{3}{5}k + \frac{7}{10} = \frac{11}{15}k - \frac{2}{5}$
28. $-19m + 12 = -14m - 8$
29. $\frac{2}{3}v + \frac{1}{6} = \frac{7}{9}v - \frac{5}{6}$
30. $8.9 - 3.3j = -2.2j + 2.3$
31. $4a - 7 = -6a + 12$
32. Un servicio de transporte cobra \$10 por ir a buscar al pasajero y \$0.10 por milla. Otro servicio de transporte no cobra por ir a buscar al pasajero, pero cobra \$0.35 por milla. Halla la cantidad de millas para la que el costo de ambos servicios de transporte sea el mismo.

Enfoque en resolución de problemas

Resuelve

- **Escribe una ecuación**

Cuando se te pide resolver un problema, asegúrate de leer el problema completo antes de tratar de resolverlo. En ocasiones, necesitarás realizar varios pasos para resolverlo además de conocer toda la información que se te da en el problema antes de decidir qué pasos dar.

Lee cada problema y determina qué pasos se necesitan para resolverlo. Luego escribe una ecuación que pueda usarse para resolver el problema.

1. Martin puede comprar un par de patines en línea y equipo de seguridad a $49.50. En una pista de patinaje, Martin puede rentar un par de patines en línea a $2.50 por día, pero necesita comprar el equipo de seguridad a $19.50. ¿Cuántos días tendría que patinar Martin para pagar lo mismo por la renta de patines y la compra de equipo de seguridad que por la compra de ambos?

2. Christopher dibuja caricaturas en un centro comercial de su localidad. Cobra $5 por un bosquejo y $15 por un dibujo grande. En un día, Christopher ganó $175. Ese día dibujó 20 bosquejos. ¿Cuántos dibujos grandes hizo?

3. A los socios de un club de lectura se les pidió comprar un número mínimo de libros cada año. Leslee compró 3 veces el mínimo. Denise compró 7 veces el mínimo. En conjunto, compraron 23 libros. ¿Cuál es el número mínimo de libros?

4. El entrenador Willis ganó 150 partidos durante su carrera. Esto es 10 más que $\frac{1}{2}$ de los partidos que ganó el entrenador Gentry. ¿Cuántos partidos ganó el entrenador Gentry?

5. El perímetro de un triángulo isósceles es 4 veces la longitud del lado más corto. Los lados más largos son 4.5 pies más largos que el lado más corto. ¿Cuál es la longitud de cada lado del triángulo?

6. La clase de la Srta. Rankin recaudó $100.00 para un viaje. La clase necesita recaudar $225 en total. ¿Cuántos claveles de $0.50 debe vender para alcanzar su meta?

12-4 Desigualdades

Aprender a leer y escribir desigualdades y a representarlas en una recta numérica

Vocabulario

desigualdad

desigualdad algebraica

conjunto solución

desigualdad compuesta

Una **desigualdad** establece que dos cantidades no son iguales o que pueden no ser iguales. En una desigualdad se usa uno de los siguientes símbolos:

Símbolo	Significado	Expresión con palabras
$<$	Es menor que	Menos de, por debajo de
$>$	Es mayor que	Más de, por encima de
$\leq$	Es menor que o igual a	Como máximo, no más de
$\geq$	Es mayor que o igual a	Al menos, no menos de

EJEMPLO  Escribir desigualdades

Escribe una desigualdad para cada situación.

A **Hay al menos 25 estudiantes en el auditorio.**

cantidad de estudiantes ≥ 25 *"Al menos" significa mayor que o igual a.*

B **No más de 150 personas pueden ocupar la sala.**

capacidad de la sala ≤ 150 *"No más de" significa menor que o igual a.*

Una desigualdad que contiene una variable es una **desigualdad algebraica.** Un valor de la variable que hace verdadera la desigualdad es una solución de la desigualdad.

Una desigualdad puede tener más de una solución. Juntas, todas las soluciones se llaman **conjunto solución.**

Puedes representar las soluciones de una desigualdad en una recta numérica. Si la variable es "mayor que" o "menor que" un número, entonces ese número se indica con un círculo vacío.

Este círculo vacío indica que 5 no es una solución.

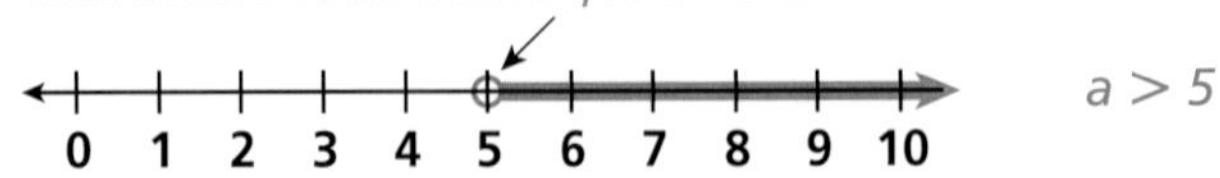

Si la variable es "mayor que o igual a" o "menor que o igual a" un número, ese número se indica con un círculo lleno.

Este círculo lleno indica que 3 es una solución.

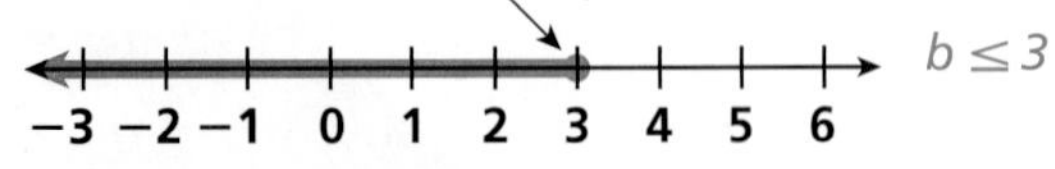

EJEMPLO 2 Representar gráficamente desigualdades simples

Representa gráficamente cada desigualdad.

A $x > -2$

−3 −2 −1 0 1 2 3 4

Dibuja un círculo vacío en −2. Las soluciones son valores de x mayores que −2. Por lo tanto, sombrea a la derecha de −2.

B $-1 \geq y$

−5 −4 −3 −2 −1 0 1 2

Dibuja un círculo lleno en −1. Las soluciones son −1 y valores de y menores que −1. Por lo tanto, sombrea a la izquierda de −1.

Escribir matemáticas

La desigualdad compuesta $-2 < y$ e $y < 4$ puede escribirse como $-2 < y < 4$.

Una **desigualdad compuesta** resulta de combinar dos desigualdades. Las palabras *y* y *o* se usan para describir cómo se relacionan las dos partes.

$x > 3$ ó $x < -1$

x es mayor que 3 ó menor que −1.

$-2 < y$ e $y < 4$

y es tanto mayor que −2 como menor que 4; y está entre −2 y 4.

EJEMPLO 3 Representar gráficamente desigualdades compuestas

Representa gráficamente cada desigualdad compuesta.

A $s \geq 0$ ó $s < -3$

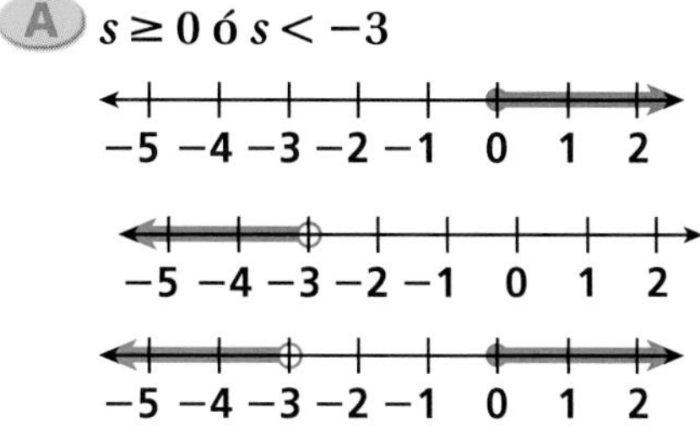

Representa $s \geq 0$.

Representa $s < -3$.

Combina las gráficas.

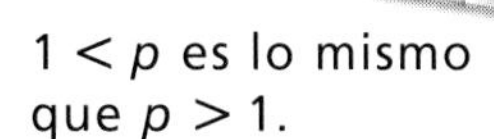

$1 < p$ es lo mismo que $p > 1$.

B $1 < p \leq 5$

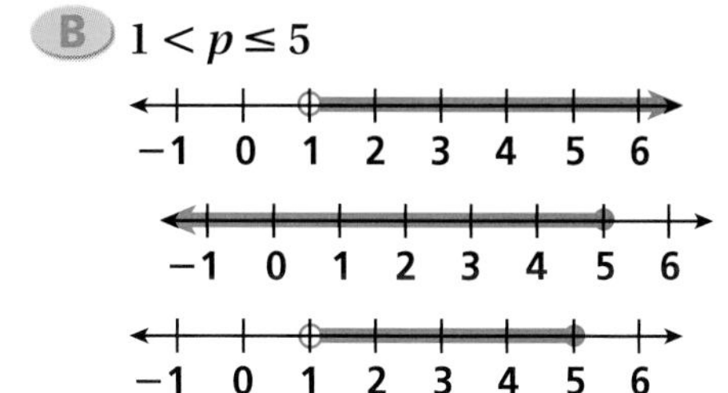

Representa $1 < p$.

Representa $p \leq 5$.

Representa las soluciones comunes.

Razonar y comentar

1. **Compara** las gráficas de las desigualdades $y > 2$ e $y \geq 2$.
2. **Explica** cómo representar cada tipo de desigualdad compuesta.

12-4 Ejercicios

go.hrw.com
Ayuda en línea para tareas*
CLAVE: MS7 12-4
Recursos en línea para padres
CLAVE: MS7 Parent
*(Disponible sólo en inglés)

PRÁCTICA GUIADA

Ver Ejemplo 1 **Escribe una desigualdad para cada situación.**

1. En una galería, no se permiten más de 18 personas al mismo tiempo.

2. Hay menos de 8 peces en el acuario.

3. El nivel del agua está por encima de las 45 pulgadas.

Ver Ejemplo 2 **Representa gráficamente cada desigualdad.**

4. $x < 3$ **5.** $\frac{1}{2} \geq r$ **6.** $2.8 < w$ **7.** $y \geq -4$

Ver Ejemplo 3 **Representa gráficamente cada desigualdad compuesta.**

8. $a > 2$ ó $a \leq -1$ **9.** $-4 < p \leq 6$ **10.** $-2 \leq n < 0$

PRÁCTICA INDEPENDIENTE

Ver Ejemplo 1 **Escribe una desigualdad para cada situación.**

11. La temperatura está por debajo de 40° F.

12. Hay al menos 24 fotografías en el rollo de película.

13. En la cafetería no hay más de 35 mesas.

14. Asistieron a la concentración menos de 250 personas.

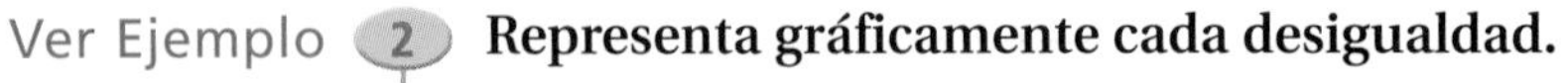

Ver Ejemplo 2 **Representa gráficamente cada desigualdad.**

15. $s \geq -1$ **16.** $y < 0$ **17.** $n \leq -3$

18. $2 < x$ **19.** $-6 \leq b$ **20.** $m < -4$

Ver Ejemplo 3 **Representa gráficamente cada desigualdad compuesta.**

21. $p > 3$ ó $p < 0$ **22.** $1 \leq x \leq 4$ **23.** $-3 < y < -1$

24. $k > 0$ ó $k \leq -2$ **25.** $n \geq 1$ ó $n \leq -1$ **26.** $-2 < w \leq 2$

PRÁCTICA Y RESOLUCIÓN DE PROBLEMAS

Práctica adicional
Ver página 751

Representa gráficamente cada desigualdad o desigualdad compuesta.

27. $z \leq -5$ **28.** $3 > f$ **29.** $m \geq -2$

30. $3 > y$ ó $y \geq 6$ **31.** $-9 < p \leq -3$ **32.** $q > 2$ ó $-1 > q$

Escribe cada enunciado usando símbolos de desigualdad.

33. El número c está entre -2 y 3. **34.** El número y es mayor que -10.

Escribe la desigualdad que se muestra en cada gráfica.

35.
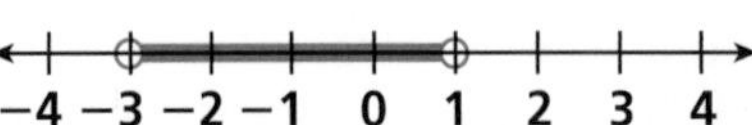

36.
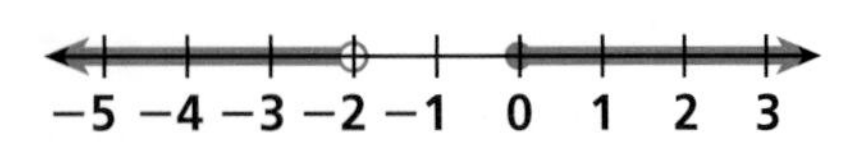

CONEXIÓN con las ciencias de la Tierra

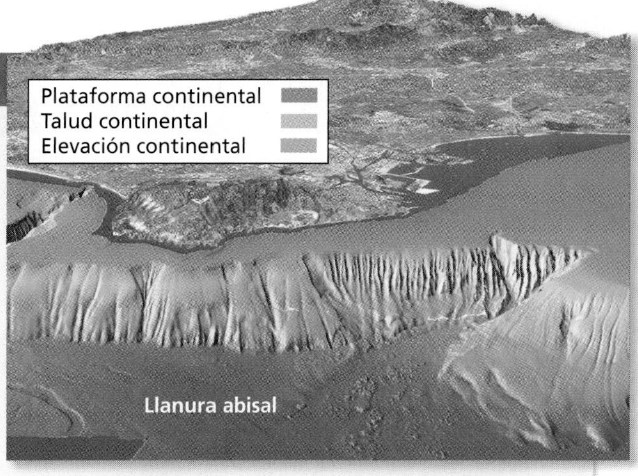

La porción de la superficie terrestre que está debajo del océano y está compuesta por la corteza terrestre es el margen continental. El margen continental se divide en plataforma continental, talud continental y elevación continental.

37. La plataforma continental empieza en la costa y desciende hacia mar abierto. La profundidad de la plataforma continental puede alcanzar 200 metros. Escribe una desigualdad compuesta para la profundidad de la plataforma continental.

38. El talud continental comienza en el borde de la plataforma continental y desciende a la parte más plana del suelo oceánico. La profundidad del talud continental oscila entre 200 y 4,000 metros aproximadamente. Escribe una desigualdad compuesta para la profundidad del talud continental..

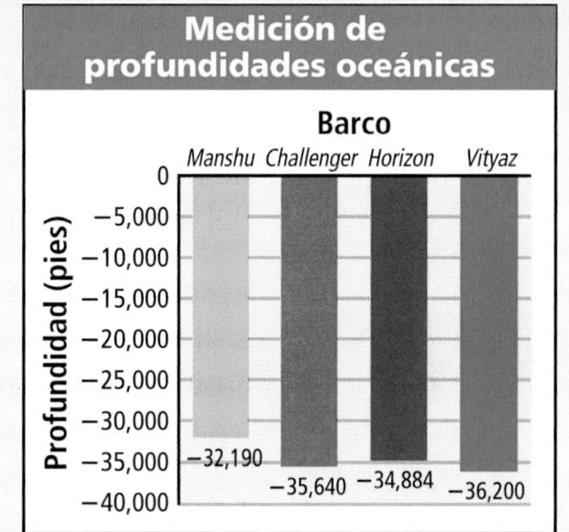

39. En la gráfica de barras se muestra la profundidad del océano en varios lugares según mediciones de distintos barcos de investigación. Escribe una desigualdad compuesta que muestre los rangos de profundidad medidos por cada barco.

40. **Desafío** El agua se congela a 32° F y hierve a 212° F. Escribe tres desigualdades que muestren los rangos de temperatura a los que el agua es sólida, líquida y gaseosa.

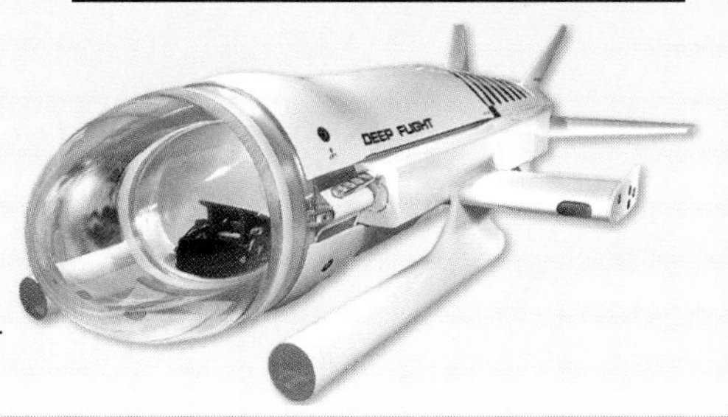

El *Deep Flight* está diseñado para explorar el océano en recorridos submarinos.

PREPARACIÓN PARA EL EXAMEN y repaso en espiral

41. **Opción múltiple** ¿Qué desigualdad representa *un número mayor que −4 y menor que 3*?

Ⓐ $-4 \geq n \geq 3$ Ⓑ $-4 < n < 3$ Ⓒ $-4 > n > 3$ Ⓓ $-4 \leq n \leq 3$

42. **Opción múltiple** ¿Qué desigualdad se muestra en la gráfica?

−5 −4 −3 −2 −1 0 1 2 3 4 5

Ⓕ $x < -1$ ó $x \leq 2$ Ⓖ $x < -1$ ó $x \geq 2$ Ⓗ $x \leq -1$ ó $x < 2$ Ⓙ $x \leq -1$ ó $x > 2$

43. Mateo condujo 472 millas en 8 horas. ¿Cuál fue su tasa de velocidad promedio? (Lección 5-2)

Resuelve. (Lección 12-3)

44. $10x + 4 = 6x$ **45.** $3y + 8 = 5y - 2$ **46.** $1.5z + 3 = 2.7z - 4.2$

12-5 Cómo resolver desigualdades mediante la suma o la resta

Aprender a resolver desigualdades de un paso con sumas o restas

Las condiciones del tiempo pueden cambiar con rapidez. En algunas regiones, es posible que las personas vistan camiseta y pantalón corto un día y necesiten un abrigo al día siguiente.

La temperatura máxima del domingo fue 72° F. Esta temperatura fue por lo menos 40° F más alta que la temperatura máxima del lunes. Para hallar la temperatura del lunes, puedes resolver una desigualdad.

Al sumar o restar el mismo número a ambos lados de una desigualdad, el enunciado que resulta sigue siendo verdadero.

$$\begin{array}{rcr} -2 & < & 5 \\ \underline{+7} & & +7 \\ 5 & < & 12 \end{array}$$

Puedes hallar conjuntos solución de desigualdades del mismo modo en que hallas las soluciones de ecuaciones: despejando la variable.

EJEMPLO 1 Resolver desigualdades mediante la suma

Resuelve. Luego representa cada conjunto solución en una recta numérica.

A $x - 12 > 32$

$$\begin{array}{rcr} x - 12 & > & 32 \\ \underline{+12} & & \underline{+12} \\ x & > & 44 \end{array}$$

Suma 12 a ambos lados.

0 11 22 33 44 55 66 77 88

Dibuja un círculo vacío en 44. Las soluciones son valores de x mayores que 44. Por lo tanto, sombrea a la derecha de 44.

B $-14 \geq y - 8$

$$\begin{array}{rcr} -14 & \geq & y - 8 \\ \underline{+8} & & \underline{+8} \\ -6 & \geq & y \end{array}$$

Suma 8 a ambos lados.

−15 −12 −9 −6 −3 0 3

Dibuja un círculo lleno en −6. Las soluciones son −6 y valores de y menores que −6. Por lo tanto, sombrea a la izquierda de −6.

Para comprobar la solución de una desigualdad, elige cualquier número en el conjunto solución y sustitúyelo en la desigualdad original.

EJEMPLO 2 Resolver desigualdades mediante la resta

Resuelve. Comprueba cada respuesta.

A $c + 9 < 20$

$$\begin{array}{rcl} c + 9 & < & 20 \\ \underline{-\ 9} & & \underline{-\ 9} \\ c & < & 11 \end{array}$$ *Resta 9 de ambos lados.*

Comprueba

$c + 9 < 20$

$0 + 9 \overset{?}{<} 20$ *0 es menor que 11. Sustituye c por 0.*

$9 \overset{?}{<} 20$ ✔

B $-2 < x + 16$

$$\begin{array}{rcl} -2 & < & x + 16 \\ \underline{-\ 16} & & \underline{-\ 16} \\ -18 & < & x \end{array}$$ *Resta 16 de ambos lados.*

Comprueba

$-2 < x + 16$

$-2 \overset{?}{<} 0 + 16$ *0 es mayor que −18. Sustituye x por 0.*

$-2 \overset{?}{<} 16$ ✔

Pista útil

Al comprobar tu solución, elige un número en el conjunto solución con el que sea fácil trabajar.

EJEMPLO 3 *Aplicación a la meteorología*

La temperatura máxima de 72° F del domingo fue al menos 40° F más alta que la temperatura máxima del lunes. ¿Cuál fue la temperatura máxima del lunes?

La temperatura máxima del domingo	fue al menos	40° F más alta		que la máxima del lunes.
72	≥	40	+	t

$$\begin{array}{rcl} 72 & \geq & 40 + t \\ \underline{-\ 40} & & \underline{-\ 40} \\ 32 & \geq & t \\ t & \leq & 32 \end{array}$$

Resta 40 de ambos lados.

Vuelve a escribir la desigualdad.

La temperatura máxima del lunes fue no más de 32° F.

Razonar y comentar

1. **Compara** resolver ecuaciones con sumas y restas con resolver desigualdades con sumas y restas.
2. **Describe** cómo comprobar si −36 es una solución de $s - 5 > 1$.

12-5 Ejercicios

go.hrw.com
Ayuda en línea para tareas*
CLAVE: MS7 12-5
Recursos en línea para padres
CLAVE: MS7 Parent
*(Disponible sólo en inglés)

PRÁCTICA GUIADA

Ver Ejemplo 1

Resuelve. Luego representa cada conjunto solución en una recta numérica.

1. $x - 9 < 18$ **2.** $y - 11 \geq -7$ **3.** $4 \geq p - 3$

Ver Ejemplo 2

Resuelve. Comprueba cada respuesta.

4. $n + 5 > 26$ **5.** $b + 21 \leq -3$ **6.** $9 \leq 12 + k$

Ver Ejemplo 3

7. **Meteorología** La temperatura máxima de ayer fue 30° F. El pronóstico del tiempo para mañana incluye una temperatura máxima no más de 12° F más alta que la de ayer. ¿Qué temperatura máxima se pronostica para mañana?

PRÁCTICA INDEPENDIENTE

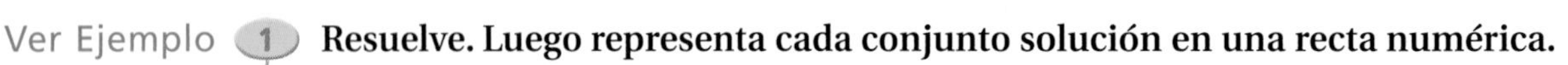

Ver Ejemplo 1

Resuelve. Luego representa cada conjunto solución en una recta numérica.

8. $s - 2 > 14$ **9.** $m - 14 < -3$ **10.** $b - 25 > -30$

11. $c - 17 \leq -6$ **12.** $-25 > y - 53$ **13.** $71 \leq x - 9$

Ver Ejemplo 2

Resuelve. Comprueba cada respuesta.

14. $w + 16 < 4$ **15.** $z + 9 > -3$ **16.** $p + 21 \leq -4$

17. $26 < f + 32$ **18.** $65 > k + 54$ **19.** $n + 29 \geq 25$

Ver Ejemplo 3

20. Clark obtuvo al menos 12 puntos de calificación más que Josh. Josh obtuvo 15 puntos. ¿Cuántos puntos obtuvo Clark?

21. **Ciencias biológicas** Adriana ayuda a rastrear poblaciones de aves. Contó 8 aves menos el martes que el jueves. El jueves contó como máximo 32 aves. ¿Cuántas aves contó Adriana el martes?

PRÁCTICA Y RESOLUCIÓN DE PROBLEMAS

Práctica adicional
Ver página 751

Resuelve.

22. $k + 3.2 \geq 8$ **23.** $a - 1.3 > -1$ **24.** $c - 6\frac{1}{2} < -1\frac{1}{4}$

25. $-20 \geq 18 + m$ **26.** $4 < x + 7.02$ **27.** $g + 3\frac{2}{3} < 10$

28. $-109 > r - 58$ **29.** $5.9 + w \leq 21.6$ **30.** $n - 21.6 > 26$

31. $-150 \leq t + 92$ **32.** $y + 4\frac{3}{4} \geq 1\frac{1}{8}$ **33.** $v - 0.9 \leq -1.5$

34. **Matemáticas para el consumidor** Para obtener un descuento por grupo en las entradas al béisbol, el grupo de Marco debe tener al menos 20 personas. El grupo necesita que se inscriban al menos 7 personas más. ¿Cuántas personas se inscribieron hasta ahora en el grupo de Marco?

35. Mila desea gastar al menos $20 en un aviso clasificado en el periódico. Tiene $12. ¿Cuánto más dinero necesita?

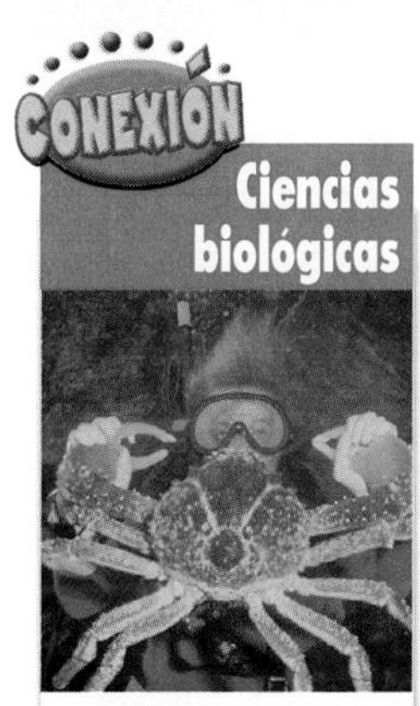

Una de las centollas gigantes más grandes de que se tenga registro pesaba 41 lb y tenía una longitud de pinzas de 12 pies y 2 pulg.

go.hrw.com
¡Web Extra!
CLAVE: MS7 Crab

36. **Transporte** El *shinkansen*, o tren bala de Japón, viaja a una velocidad promedio de 162.3 millas por hora. Su velocidad máxima es 186 millas por hora. ¿Por cuántas millas por hora sobrepasa la velocidad máxima del tren a su velocidad promedio?

37. **Ciencias biológicas** La centolla gigante, el cangrejo más grande del mundo, vive en la costa sureste de Japón. Las centollas gigantes pueden crecer hasta 3.6 metros de ancho. Un científico descubrió una que puede crecer 0.5 m más de ancho. ¿Cuánto mide de ancho la centolla gigante que encontró el científico?

38. En la gráfica lineal se muestra la cantidad de millas que Amelia recorrió con su bicicleta en cada uno de los últimos cuatro meses. Quiere recorrer al menos 5 millas más en mayo que en abril. ¿Al menos cuántas millas quiere recorrer Amelia en mayo?

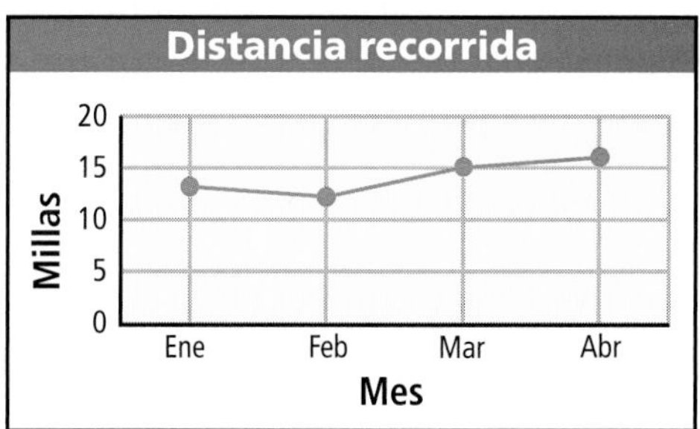

39. **Ciencias físicas** El oído humano promedio puede detectar sonidos que tienen frecuencias de entre 20 y 20,000 hertz. El oído del perro promedio puede detectar sonidos con frecuencias de hasta 30,000 hertz por encima de las que puede detectar el oído humano. ¿Hasta cuántos hertz puede oír un perro?

40. **Elige una estrategia** Si hace cinco días era el día después del sábado, ¿qué día era anteayer?

41. **Escríbelo** Explica cómo resolver y comprobar la desigualdad $n - 9 < -15$.

42. **Desafío** Resuelve la desigualdad $x + (4^2 - 2^3)^2 > -1$.

PREPARACIÓN PARA EL EXAMEN y repaso en espiral

43. **Opción múltiple** ¿Qué desigualdad tiene la siguiente solución gráfica?

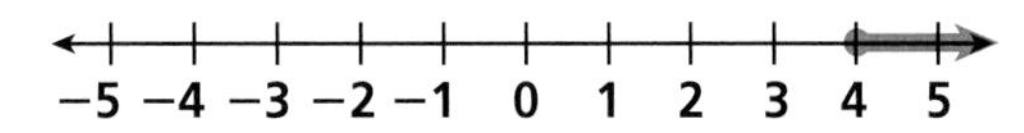

Ⓐ $x - 2 \geq -2$ Ⓑ $x + 3 \geq 7$ Ⓒ $x - 3 \leq 1$ Ⓓ $x + 5 < 9$

44. **Respuesta breve** El empleado del cine que recibe el sueldo más alto es el gerente, que cobra $10.25 por hora. Los empleados que reciben el sueldo más bajo cobran $3.90 menos que el gerente por hora. Escribe y representa gráficamente una desigualdad compuesta que muestre todos los demás sueldos por hora que se cobran en el cine.

El área total de un prisma mide 16 pulg². Halla el área total de un prisma semejante que es más grande por cada uno de los siguientes factores de escala. (Lección 10-5)

45. factor de escala = 3 **46.** factor de escala = 8 **47.** factor de escala = 10

48. Halla la probabilidad de lanzar una moneda y que caiga cruz y luego lanzar un dado y que caiga 2. (Lección 11-5)

12-6 Cómo resolver desigualdades mediante la multiplicación o la división

Aprender a resolver desigualdades de un paso mediante multiplicaciones o divisiones

Durante el verano, la familia Schmidt vende sandías a \$5 cada una en un puesto a la orilla del camino. El Sr. Schmidt calculó que, este año, plantar, cultivar y cosechar las sandías le costaría \$517. ¿Cuántas sandías deben vender los Schmidt para obtener una ganancia este año?

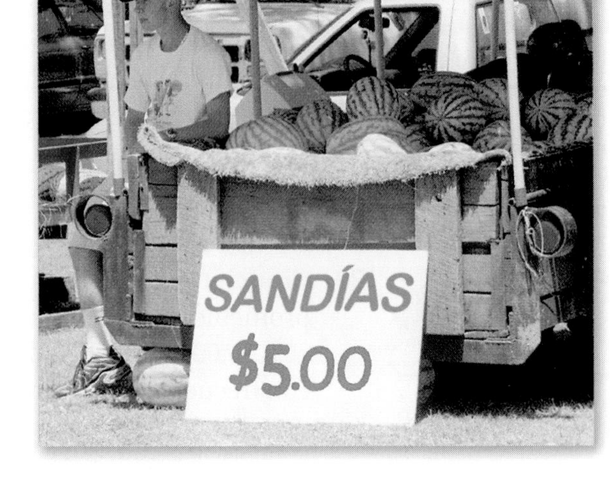

Problemas como éste requieren que multipliques o dividas para resolver una desigualdad.

Al multiplicar o dividir ambos lados de una desigualdad por el mismo número positivo, el enunciado sigue siendo verdadero. Al multiplicar o dividir ambos lados por el mismo número *negativo,* necesitas invertir la dirección del símbolo de desigualdad para que el enunciado sea verdadero.

$$-4 < 2 \qquad\qquad -4 < 2$$

$$(3)(-4) < (3)(2) \qquad\qquad (-3)(-4) > (-3)(2)$$

$$-12 < 6 \qquad\qquad 12 > -6$$

EJEMPLO 1 **Resolver desigualdades mediante la multiplicación**

Resuelve.

A $\frac{x}{11} < 3$

$\frac{x}{11} < 3$

$(11)\frac{x}{11} < (11)3$ *Multiplica ambos lados por 11.*

$x < 33$

B $4.8 \leq \frac{r}{-6}$

$4.8 \leq \frac{r}{-6}$

$(-6)4.8 \geq (-6)\frac{r}{-6}$ *Multiplica ambos lados por –6 e invierte el símbolo de desigualdad.*

$-28.8 \geq r$

EJEMPLO 2 Resolver desigualdades mediante la división

Resuelve. Comprueba cada respuesta.

A $4x > 9$

$4x > 9$

$\frac{4x}{4} > \frac{9}{4}$ *Divide ambos lados entre 4.*

$x > \frac{9}{4}$ ó $2\frac{1}{4}$

Comprueba

$4x > 9$

$4(3) \overset{?}{>} 9$ *3 es mayor que $2\frac{1}{4}$. Sustituye x por 3.*

$12 \overset{?}{>} 9$ ✔

B $-60 \geq -12y$

$-60 \geq -12y$

$\frac{-60}{-12} \leq \frac{-12y}{-12}$ *Divide ambos lados entre –12 e invierte el símbolo de desigualdad.*

$5 \leq y$

Comprueba

$-60 \geq -12y$

$-60 \overset{?}{\geq} -12(10)$ *10 es mayor que 5. Sustituye y por 10.*

$-60 \overset{?}{\geq} -120$ ✔

EJEMPLO 3 *Aplicación a la agricultura*

A los Schmidt les cuesta $517 cultivar sandías. ¿Cuántas sandías deben vender a $5 cada una para obtener una ganancia?

Para obtener una ganancia, los Schmidt necesitan ganar más de $517. Sea s el número de sandías que deben vender.

$5s > 517$ *Escribe una desigualdad.*

$\frac{5s}{5} > \frac{517}{5}$ *Divide ambos lados entre 5.*

$s > 103.4$

Los Schmidt no pueden vender 0.4 sandías, por lo tanto, necesitan vender al menos 104 sandías para obtener una ganancia.

Razonar y comparar

1. **Compara** resolver ecuaciones mediante multiplicaciones y divisiones con resolver desigualdades mediante multiplicaciones y divisiones.
2. **Explica** cómo resolverías la desigualdad $0.5y > 4.5$.

12-6 Ejercicios

go.hrw.com
Ayuda en línea para tareas*
CLAVE: MS7 12-6
Recursos en línea para padres
CLAVE: MS7 Parent
*(Disponible sólo en inglés)

PRÁCTICA GUIADA

Ver Ejemplo 1 **Resuelve.**

1. $\frac{w}{8} < -4$ **2.** $\frac{z}{-6} \geq 7$ **3.** $-4 < \frac{p}{-12}$

Ver Ejemplo 2 **Resuelve. Comprueba cada respuesta.**

4. $3m > -15$ **5.** $11 > -8y$ **6.** $25c \leq 200$

Ver Ejemplo 3 **7.** A Deirdre le cuesta $212 hacer velas. ¿Cuántas velas debe vender a $8 cada una para obtener una ganancia?

PRÁCTICA INDEPENDIENTE

Ver Ejemplo 1 **Resuelve.**

8. $\frac{s}{5} > 1.4$ **9.** $\frac{m}{-4} < -13$ **10.** $\frac{b}{6} > -30$

11. $\frac{c}{-10} \leq 12$ **12.** $\frac{y}{9} < 2.5$ **13.** $\frac{x}{1.1} \geq -1$

Ver Ejemplo 2 **Resuelve. Comprueba cada respuesta.**

14. $6w < 4$ **15.** $-5z > -3$ **16.** $15p \leq -45$

17. $-9f > 27$ **18.** $20k < 30$ **19.** $-18n \geq 180$

Ver Ejemplo 

20. La asistencia a un museo el sábado fue más del triple que la del lunes. El lunes fueron al museo 186 personas. ¿Cuántas personas fueron al museo el sábado?

21. A George le cuesta $678 hacer coronas. ¿Cuántas coronas debe vender a $15 cada una para obtener una ganancia?

PRÁCTICA Y RESOLUCIÓN DE PROBLEMAS

Práctica adicional
Ver página 751

Resuelve.

22. $\frac{a}{65} \leq -10$ **23.** $0.4p > 1.6$ **24.** $-\frac{m}{5} < -20$

25. $\frac{2}{3}y \geq 12$ **26.** $\frac{x}{-9} \leq \frac{3}{5}$ **27.** $\frac{g}{2.1} > 0.3$

28. $\frac{r}{6} \geq \frac{2}{3}$ **29.** $4w \leq 1\frac{1}{2}$ **30.** $-10n < 10^2$

31. $-1\frac{3}{5}t > -4$ **32.** $-\frac{y}{12} < 3\frac{1}{2}$ **33.** $5.6v \geq -14$

34. Un grupo de teatro de la comunidad produjo 8 obras en los últimos dos años. La meta del grupo para los próximos dos años es producir al menos $1\frac{1}{2}$ veces las obras que produjeron en los últimos dos años. ¿Cuántas obras quiere producir el grupo en los próximos dos años?

35. Tammy va a una reunión familiar que queda a 350 millas de su casa. Piensa viajar a una velocidad que no supera las 70 millas por hora. ¿Cuál es la mínima cantidad de tiempo que le llevará llegar a la reunión?

36. Estudios sociales De la población total de EE.UU., aproximadamente 874,000 personas son de las islas del Pacífico. En la gráfica se muestra dónde viven la mayoría de esos estadounidenses.

Fuente: USA Today

a. Según la gráfica, menos del 10% de los nativos de las islas del Pacífico viven en el Medio Oeste. ¿Qué cantidad de nativos de las islas del Pacífico vive en el Medio Oeste?

b. Según la gráfica, entre el 10% y el 20% de los nativos de las islas del Pacífico viven en el sur. ¿Qué cantidad de los nativos de las islas del Pacífico vive en el sur?

37. Los estudiantes de séptimo grado de la Intermedia Mountain han vendido 360 suscripciones a revistas. Esto es $\frac{3}{4}$ del número de suscripciones que necesitan vender para alcanzar su meta y superar las ventas de los estudiantes de octavo grado. ¿Cuántas suscripciones en total deben vender para alcanzar su meta?

38. Tiempo libre Malcolm ahorró $362 para gastar en las vacaciones. Quiere disponer de al menos $35 diarios para gastar. ¿Para cuántos días de vacaciones tiene suficiente dinero Malcolm?

39. Escribe un problema Escribe un problema con palabras que pueda resolverse mediante la desigualdad $\frac{x}{2} \geq 7$. Resuelve la desigualdad.

40. Escríbelo Explica cómo resolver la desigualdad $\frac{n}{-8} < -40$.

41. Desafío Aplica lo que has aprendido sobre cómo resolver ecuaciones de varios pasos para resolver la desigualdad $4x - 5 \leq 7x + 4$.

Preparación Para El Examen y repaso en espiral

42. Opción múltiple Resuelve $\frac{x}{4} > -2$.

Ⓐ $x > -8$ Ⓑ $x < -8$ Ⓒ $x < 8$ Ⓓ $x > 8$

43. Respuesta gráfica A John y Jaime les cuesta $150 cultivar tomates. Venden cada tomate a $0.50. ¿Cuántos tomates tienen que vender para obtener una ganancia?

44. Sondra hizo 16 tiros y encestó la pelota 9 veces en el aro de básquetbol. ¿Qué probabilidad experimental hay de que Sondra enceste la pelota en el aro la próxima vez que haga un tiro? (Lección 11-2)

Resuelve. (Lección 12-5)

45. $x - 3 < -2$ **46.** $-6 < y + 4$ **47.** $z - 1 \geq 4$ **48.** $t - 12 \leq 8.4$

12-7 Cómo resolver desigualdades de dos pasos

Aprender a resolver desigualdades simples de dos pasos

Los estudiantes de la banda de la Intermedia Newman tratan de reunir al menos $5,000 para comprar nuevos instrumentos de percusión. Ya reunieron $850. ¿Cuánto debe reunir aún cada uno de los 83 estudiantes de la banda, en promedio, para alcanzar su meta?

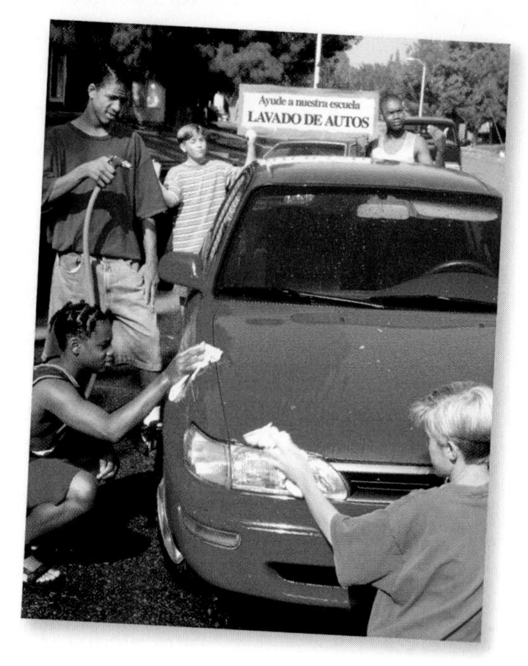

Al resolver ecuaciones de dos pasos, puedes usar el orden de las operaciones en sentido inverso para despejar la variable. Puedes usar el mismo proceso al resolver desigualdades de dos pasos.

EJEMPLO 1 **Resolver desigualdades de dos pasos**

Resuelve. Luego representa cada conjunto solución en una recta numérica.

¡Recuerda!

Dibuja un círculo lleno cuando la desigualdad incluya el punto y un círculo vacío cuando no incluya el punto.

A $\frac{x}{5} - 15 < 10$

$$\frac{x}{5} - 15 < 10$$

$$\underline{+15} \quad \underline{+15}$$ *Suma 15 a ambos lados.*

$$\frac{x}{5} < 25$$

$$(5)\frac{x}{5} < (5)25$$ *Multiplica ambos lados por 5.*

$$x < 125$$

−25 0 25 50 75 100 125 150 175

B $42 \leq \frac{y}{-9} + 30$

$$42 \leq \frac{y}{-9} + 30$$

$$\underline{-30} \quad \underline{-30}$$ *Resta 30 de ambos lados.*

$$12 \leq \frac{y}{-9}$$

$$-9(12) \geq (-9)\frac{y}{-9}$$ *Multiplica ambos lados por −9 e invierte el símbolo de desigualdad.*

$$-108 \geq y$$

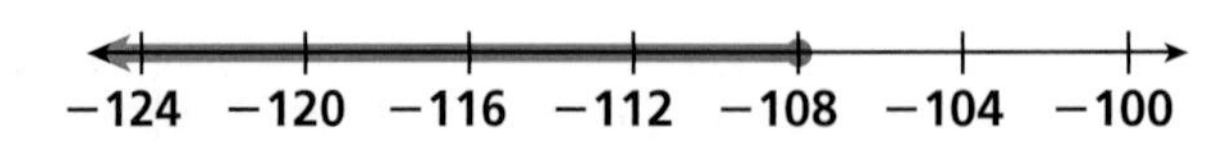

Resuelve. Luego representa cada conjunto solución en una recta numérica.

C $3x - 12 \geq 9$

$$\begin{aligned} 3x - 12 &\geq 9 \\ +12 \quad & +12 \\ \hline 3x \quad &\geq 21 \end{aligned}$$ *Suma 12 a ambos lados.*

$$\frac{3x}{3} \geq \frac{21}{3}$$ *Divide ambos lados entre 3.*

$$x \geq 7$$

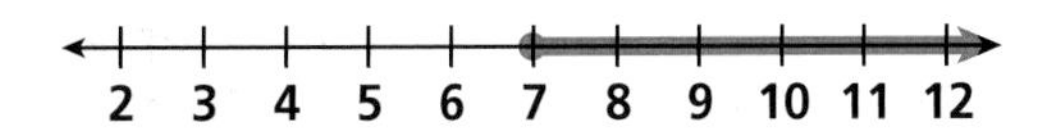

D $10 > -4y + 6$

$$\begin{aligned} 10 &> -4y + 6 \\ -6 \quad & \quad -6 \\ \hline 4 &> -4y \end{aligned}$$ *Resta 6 de ambos lados.*

$$\frac{4}{-4} < \frac{-4y}{-4}$$ *Divide ambos lados entre –4 e invierte el símbolo de desigualdad.*

$$-1 < y$$

−5 −4 −3 −2 −1 0 1 2 3 4 5

EJEMPLO 2 ***Aplicación a la escuela***

Los 83 integrantes de la banda de la Intermedia Newman tratan de reunir al menos $5,000 para comprar nuevos instrumentos de percusión. Ya reunieron $850. ¿Cuánto dinero debe reunir aún cada estudiante, en promedio, para alcanzar la meta?

Sea d la cantidad promedio que cada estudiante debe reunir aún.

$$83d + 850 \geq 5{,}000$$ *Escribe una desigualdad.*

$$\begin{aligned} -850 \quad & -850 \\ \hline 83d \quad &\geq 4{,}150 \end{aligned}$$ *Resta 850 de ambos lados.*

$$\frac{83d}{83} \geq \frac{4{,}150}{83}$$ *Divide ambos lados entre 83.*

$$d \geq 50$$

En promedio, cada integrante de la banda debe reunir al menos $50.

Razonar y comentar

1. **Indica** cómo resolverías la desigualdad $8x + 5 < 20$.
2. **Explica** por qué el símbolo *mayor que o igual a* se usó en la desigualdad del Ejemplo 2.

12-7 Ejercicios

go.hrw.com
Ayuda en línea para tareas*
CLAVE: MS7 12-7
Recursos en línea para padres
CLAVE: MS7 Parent
*(Disponible sólo en inglés)

PRÁCTICA GUIADA

Ver Ejemplo 

Resuelve. Luego representa cada conjunto solución en una recta numérica.

1. $5x + 3 < 18$
2. $-19 \geq \frac{z}{7} + 23$
3. $3y - 4 \geq 14$
4. $\frac{m}{4} - 2 > -3$
5. $42 \leq -11p - 13$
6. $\frac{n}{-3} - 4 > 4$

Ver Ejemplo 

7. Tres estudiantes reunieron más de \$93 lavando automóviles. Usaron \$15 para reembolsar a sus padres las provisiones de limpieza. Luego dividieron el dinero restante en partes iguales. ¿Cuánto ganó cada estudiante?

PRÁCTICA INDEPENDIENTE

Ver Ejemplo 1

Resuelve. Luego representa cada conjunto solución en una recta numérica.

8. $5s - 7 > -42$
9. $\frac{b}{2} + 3 < 9$
10. $19 \leq -2q + 5$
11. $-8c - 11 \leq 13$
12. $\frac{y}{-4} + 6 > 10$
13. $\frac{x}{9} - 5 \leq -8$
14. $\frac{r}{-2} - 9 > -14$
15. $44 \geq 13j + 18$
16. $\frac{d}{13} - 12 > 27$

Ver Ejemplo 

17. Rico tiene \$5.00. Los panecillos cuestan \$0.65 cada uno y un pequeño recipiente de queso crema cuesta \$1.00. ¿Cuál es el mayor número de panecillos que Rico puede comprar si compra también un pequeño recipiente de queso crema?
18. Los 35 integrantes de un equipo de adiestramiento buscan reunir al menos \$1,200 para cubrir los costos del viaje a un campamento. Ya reunieron \$500. ¿Cuánto debe reunir aún cada integrante, en promedio, para alcanzar la meta?

PRÁCTICA Y RESOLUCIÓN DE PROBLEMAS

Práctica adicional
Ver página 751

Resuelve.

19. $32 \geq -4x + 8$
20. $0.5 + \frac{n}{5} > -0.5$
21. $1.4 + \frac{c}{3} < 2$
22. $-1 < -\frac{3}{4}b - 2.2$
23. $12 + 2w - 8 \leq 20$
24. $5k + 6 - k \geq -14$
25. $\frac{s}{2} + 9 > 12 - 15$
26. $4t - 3 - 10t < 15$
27. $\frac{d}{2} + 1 + \frac{d}{2} \leq 5$
28. El maestro Monroe guarda en una bolsa pequeños premios para distribuirlos entre sus estudiantes. Quiere reunir al menos dos veces el número de premios que el de estudiantes. La bolsa actualmente tiene 79 premios. El maestro Monroe tiene 117 estudiantes. ¿Cuántos premios más necesita comprar?
29. Manny necesita comprar 5 camisas de trabajo del mismo precio cada una. Después de usar un vale de \$20, no puede gastar más de \$50. ¿Cuánto puede costar cada camisa como máximo?
30. **Negocios** Darcy gana un salario de \$1,400 al mes, más una comisión del 4% sobre sus ventas. Quiere ganar al menos \$1,600 en total en este mes. ¿Cuál es la cantidad mínima de ventas que necesita hacer?

31. **Varios pasos** En la gráfica de barras se muestra cuántos estudiantes de la Intermedia Warren participaron en una competencia de lectura en cada uno de los últimos cuatro años. Este año, la meta es que participen al menos 10 estudiantes más que el número promedio de participantes de los últimos cuatro años. ¿Cuál es la meta para este año?

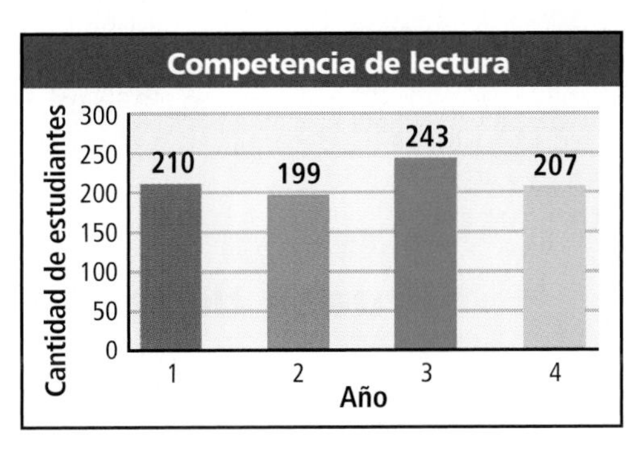

32. **Matemáticas para el consumidor** Michael quiere comprar un cinturón que cuesta \$18. También quiere comprar algunas camisas que se venden a \$14 cada una. Tiene \$70. Como máximo, ¿cuántas camisas puede comprar Michael junto con el cinturón?

33. **Ciencias de la Tierra** Una roca de granito contiene los minerales feldespato, cuarzo y mica negra. La roca tiene $\frac{1}{3}$ más de mica negra que de cuarzo. Si la roca tiene al menos 30% de cuarzo, ¿qué porcentaje de feldespato tiene?

34. **¿Dónde está el error?** La solución de un estudiante a la desigualdad $\frac{x}{-9} - 5 > 2$ fue $x > 63$. ¿Qué error cometió el estudiante en la solución?

35. **Escríbelo** Explica cómo resolver la desigualdad $4y + 6 < -2$.

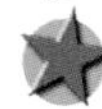

36. **Desafío** Una estudiante obtuvo 92, 87 y 85 en tres exámenes. Quiere que su promedio en cinco exámenes sea al menos de 90. ¿Cuál es la puntuación mínima que debe obtener, en promedio, en su cuarto y quinto examen?

Preparación para el examen y repaso en espiral

37. **Opción múltiple** ¿Qué desigualdad tiene la siguiente solución gráfica?

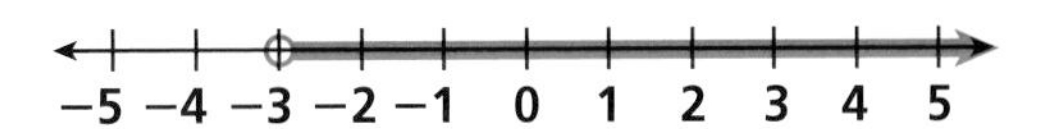

Ⓐ $2x - 5 > 1$ Ⓑ $-x + 3 < 6$ Ⓒ $3x - 12 < -3$ Ⓓ $-5x - 2 > -13$

38. **Respuesta gráfica** Gretta gana \$450 por semana más el 10% de comisión sobre sus ventas de libros. ¿Cuántos dólares debe vender en total para ganar como mínimo \$650 por semana?

39. Jaime lanza una moneda a cara o cruz y lanza un dado de seis caras. ¿Cuántos resultados son posibles? (Lección 11-3)

Resuelve. (Lección 12-6)

40. $6x > -24$ 41. $-4x < -20$ 42. $-3x \geq 18$ 43. $\frac{x}{3} + 6 \leq 11$

SECCIÓN 12B

Prueba de las Lecciones 12-4 a 12-7

12-4 Desigualdades

Escribe una desigualdad para cada situación.

1. Gray tiene al menos 25 camisetas azules.
2. En la habitación no caben más de 50 personas.

Representa gráficamente cada desigualdad.

3. $b > -1$
4. $5 \leq t$
5. $-3 \geq x$

Representa gráficamente cada desigualdad compuesta.

6. $5 \geq p$ y $p > -1$
7. $-8 > g$ ó $g \geq -1$
8. $-4 \leq x < 0$

12-5 Cómo resolver desigualdades mediante la suma o la resta

Resuelve. Luego representa cada conjunto solución en una recta numérica.

9. $28 > m - 4$
10. $8 + c \geq -13$
11. $-1 + v < 1$
12. $5 \leq p - 3$
13. $-8 > f + 1$
14. $-7 - w < 10$
15. Un grupo de alpinistas se encuentra a una altura de al menos 17,500 pies. La meta es llegar a la cima del monte Everest, que está a 29,035 pies de altura. ¿Cuántos pies más deberán escalar?

¿Listo para seguir?

12-6 Cómo resolver desigualdades mediante la multiplicación o la división

Resuelve. Comprueba cada respuesta.

16. $-8s > 16$
17. $\frac{x}{-2} \leq 9$
18. $-7 \leq \frac{b}{3}$
19. $\frac{c}{-3} \geq -4$
20. $28 > 7h$
21. $6y < -2$

12-7 Cómo resolver desigualdades de dos pasos

Resuelve. Luego representa cada conjunto solución en una recta numérica.

22. $2x - 3 > 5$
23. $3 \geq -2d + 4$
24. $3g - 2 - 10g > 5$
25. $14 < -4a + 6$
26. $3.6 + 7.2k < 25.2$
27. $3z - 2 \leq 13$
28. En un gimnasio en el que no caben más de 450 personas va a realizarse un concierto. En las tribunas podrán sentarse 60 personas. Además, se colocarán 26 filas de sillas. ¿Cuántas personas podrán sentarse como máximo en cada fila?
29. Los 23 socios del Club de Periodismo de Westview quieren recaudar al menos $2,100 para comprar nuevos programas de diseño editorial. Ya recaudaron $1,180. ¿Cuánto más debe recaudar cada estudiante, en promedio, para alcanzar la meta?

PREPARACIÓN DE VARIOS PASOS PARA EL EXAMEN

CAPÍTULO 12

Música con clase Ricky está aprendiendo a tocar la guitarra y piensa tomar clases en una de las escuelas que figuran en la tabla.

1. El año pasado, Ricky gastó $590 en clases de guitarra. Si este año toma las clases en la escuela Main Street Music y gasta la misma cantidad de dinero, ¿cuántas clases puede tomar?

2. ¿Cuántas clases tiene que tomar Ricky para que el costo en la escuela Main Street Music sea el mismo que el costo en la escuela SoundWorks?

3. Ricky planea comprarse una guitarra nueva este año. Tiene pensado pagar $139 por ella. Para pagar las clases y la guitarra, cuenta con un total de $600. Escribe y resuelve una desigualdad para hallar la cantidad de clases que Ricky podrá tomar como máximo si asiste a la escuela Main Street Music y no gasta más del dinero que tiene.

Escuela	Costo de las clases
Main Street Music	Matrícula anual: $50 $12 por clase
SoundWorks	Matrícula anual: $14 $16.50 por clase
Town Hall	Sin matrícula anual $18 por clase

4. Escribe y resuelve desigualdades para hallar la cantidad máxima de clases que Ricky podrá tomar con $600 si asiste a las otras dos escuelas. Suponiendo que las tres escuelas son iguales en otros aspectos, ¿cuál debería elegir Ricky? ¿Por qué?

EXTENSIÓN

Despejar una variable

Aprender a resolver fórmulas con dos o más variables despejando una de las variables

La velocidad máxima registrada de un vehículo impulsado magnéticamente la alcanzó el MLX01 en la línea de prueba Yamanashi Maglev en Japón. A su velocidad máxima, el MLX01 podría recorrer las 229 millas de Tokyo a Kyoto en menos de una hora.

El MLX01 alcanzó el récord de 343 millas por hora en enero de 1998.

La fórmula *distancia* = *velocidad* · *tiempo* ($d = vt$) indica qué distancia recorre un objeto a una velocidad determinada en un tiempo determinado. En una ecuación o en una fórmula que contiene más de una variable, puedes despejar una de las variables mediante las operaciones inversas. Recuerda que no puedes dividir entre una variable si esta representa 0.

EJEMPLO 1 Despejar variables en fórmulas

Despeja v en $d = vt$.

$$d = vt$$

$$\frac{d}{t} = \frac{vt}{t}$$ *Divide ambos lados entre t para despejar v.*

$$\frac{d}{t} = v$$

EJEMPLO 2 *Aplicación a las ciencias físicas*

¿En cuánto tiempo recorrería 1,029 mi el MLX01 si viaja a una velocidad de 343 mi/h?

Primero, despeja t en la fórmula de la distancia porque quieres hallar el tiempo. Luego, usa los valores que se dan para hallar t.

$$d = vt$$

$$\frac{d}{v} = \frac{vt}{v}$$ *Divide ambos lados entre v para despejar t.*

$$\frac{d}{v} = t$$

$$\frac{1{,}029}{343} = t$$ *Sustituye d por 1,029 y v por 343.*

$$3 = t$$

El MLX01 recorrería 1,029 millas en 3 horas.

EXTENSIÓN

Ejercicios

Resuelve cada ecuación para hallar la variable dada.

1. $A = bh$ para h
2. $A = bh$ para b
3. $C = \pi d$ para d
4. $P = 4l$ para l
5. $V = Bh$ para B
6. $d = 2r$ para r
7. $xy = k$ para y
8. $A = \ell a$ para a
9. $W = Fd$ para F
10. $I = Cit$ para C
11. $C = 2\pi r$ para r
12. $A = \frac{1}{2}bh$ para h
13. $V = \frac{1}{3}Bh$ para h
14. $K = C + 273$ para C
15. $E = Pt$ para t
16. $D = \frac{m}{v}$ para v
17. $F = ma$ para a
18. $P = VI$ para I
19. $r = \frac{V}{I}$ para V
20. $I = Cit$ para i
21. $P = 2\ell + 2a$ para ℓ
22. $V = \pi r^2 h$ para h

23. **Ciencias físicas** La fórmula $E = mc^2$ indica la cantidad de energía que tiene un objeto en reposo. En la ecuación, E representa la cantidad de energía en joules, m representa la masa en kilogramos del objeto en reposo y c es la velocidad de la luz (aproximadamente 300,000,000 de metros por segundo). ¿Cuál es la masa en reposo de un objeto que tiene 90,000,000,000,000 de joules de energía?

24. **Ciencias físicas** La escala Kelvin es una escala de temperatura. Para convertir de la escala de temperatura Celsius a la escala de temperatura Kelvin, usa la fórmula $C = K - 273$, donde C representa la temperatura en grados Celsius y K representa la temperatura en grados Kelvin. Usa la fórmula para convertir 38° C en el equivalente en temperatura Kelvin.

25. **Ciencias físicas** La densidad es la masa por unidad de volumen. La fórmula de la densidad es $D = \frac{m}{v}$, donde D representa la densidad, m representa la masa y v representa el volumen. Halla la masa de un engranaje con una densidad de 3.75 g/cm^3 y un volumen de 20 cm^3.

26. ¿Cuál es la altura del cono si su volumen es 8,138.88 pies^3? Usa 3.14 para π.

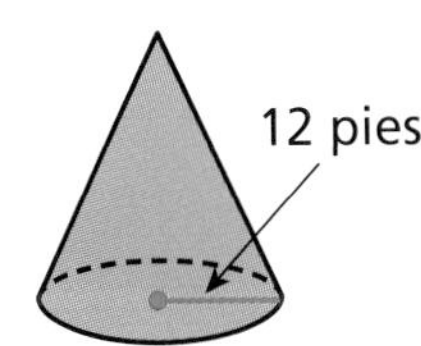

¡Vamos a jugar!

Panqueques

Cinco panqueques de diferente tamaño están apilados al azar. ¿Cómo puedes ordenarlos de mayor a menor volteando partes de la pila?

Para hallar la respuesta, apila cinco discos de diferente tamaño sin un orden particular. Acomoda los discos de mayor a menor con el menor número de movimientos posible. Para mover los discos, elige uno y voltea la pila que hay sobre ese disco.

Empieza con una pila de cinco.

Voltea la pila a partir del segundo disco de arriba.

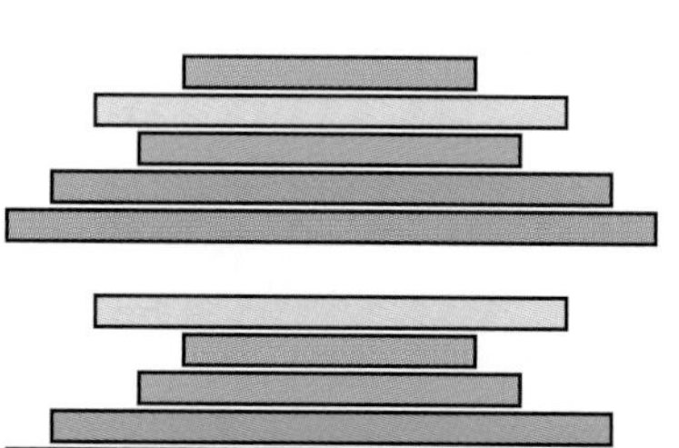

Ahora voltea la pila a partir del tercer disco de arriba.

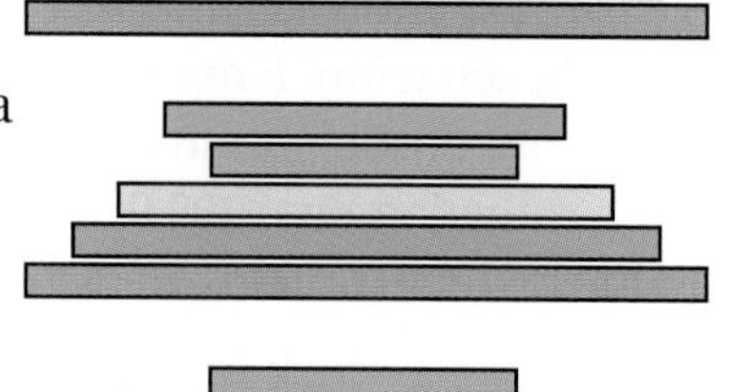

Por último, voltea la pila a partir del segundo disco de arriba.

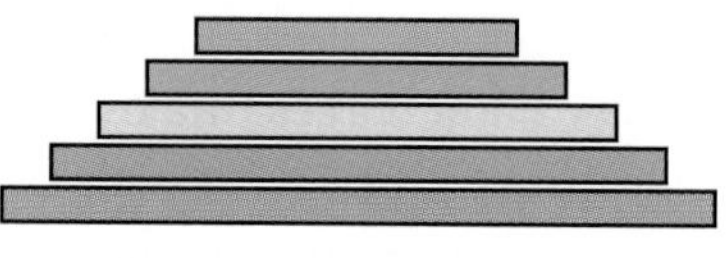

Como máximo, se necesitarían $3n - 2$ movimientos, donde n es el número de discos, para ordenar los discos de mayor a menor. Los cinco discos de arriba se ordenaron con tres movimientos, que es menos que $3(5) - 2 = 13$. Inténtalo por tu cuenta.

Fichas saltarinas

Retira todas las fichas del tablero menos una saltando sobre una ficha con otra y retirando la ficha saltada. El juego termina cuando ya no puedes saltar sobre ninguna ficha. El juego es perfecto si queda una sola ficha en el centro del tablero.

La copia completa de las reglas y el tablero de juego se encuentran disponibles en línea.

Materiales

- 8 abatelenguas o palitos de madera
- 2 trozos de cable eléctrico
- tijeras
- marcadores

PROYECTO Cableado para ecuaciones de varios pasos

Estos "bastones de estudio" te ayudarán a organizar los pasos para resolver ecuaciones.

Instrucciones

1. Enrosca un trozo de cable eléctrico alrededor de cada extremo de un palito de madera. Enróscalo bien para que sostenga el palito firmemente. **Figura A**

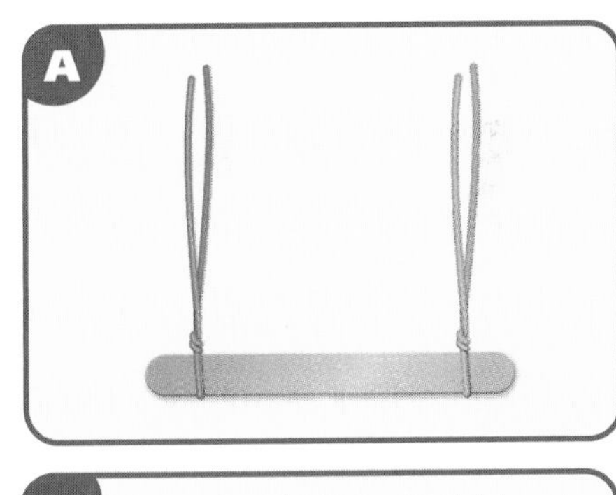

2. Desliza otro palito entre los extremos de los cables. Deslízalo hacia abajo lo más que puedas y luego enrosca los cables para sostener firmemente este palito. **Figura B**

3. Haz lo mismo con los palitos que quedan.

4. Enrosca los cables en la parte superior uniéndolos para hacer una agarradera. Corta los trozos de cable que sobren.

Tomar notas de matemáticas

Escribe el título del capítulo en el palito de más arriba. En cada uno de los palitos restantes, escribe los pasos para resolver una ecuación de varios pasos de muestra.

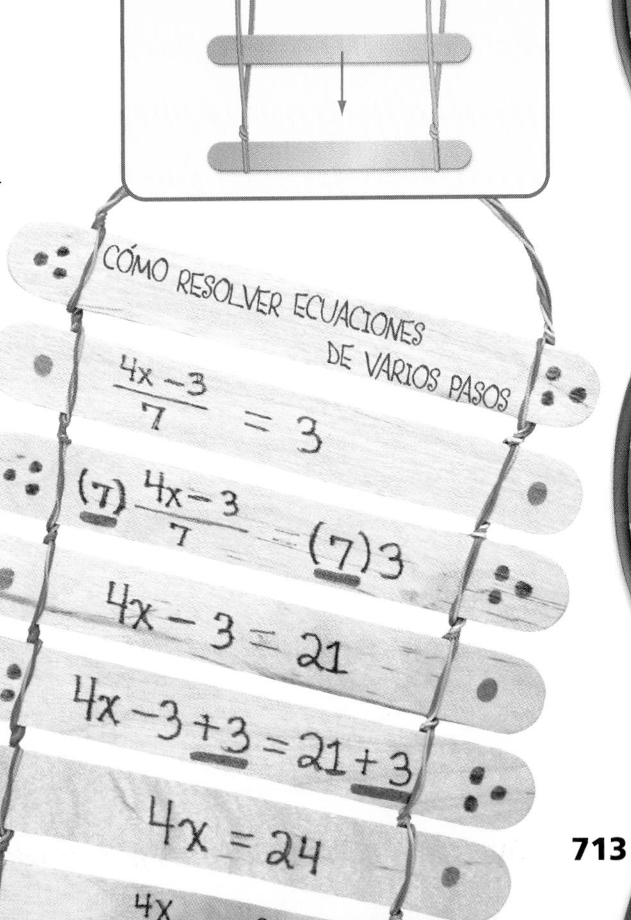

CAPÍTULO 12

Guía de estudio: Repaso

Vocabulario

conjunto solución	692	**desigualdad algebraica**	692
desigualdad	692	**desigualdad compuesta**	693

Completa los enunciados con las palabras del vocabulario.

1. Un(a) __?__ indica que dos cantidades no son iguales o pueden no ser iguales.

2. Un(a) __?__ es una combinación de más de una desigualdad.

3. Juntas, las soluciones de una desigualdad se llaman __?__.

12-1 Cómo resolver ecuaciones de dos pasos (págs. 678–681)

EJEMPLO

■ **Resuelve $6a - 3 = 15$.**

$$6a - 3 = 15$$
$$6a - 3 + 3 = 15 + 3 \quad \text{Suma 3 a ambos lados.}$$
$$6a = 18$$
$$\frac{6a}{6} = \frac{18}{6} \quad \text{Divide para despejar la variable.}$$
$$a = 3$$

EJERCICIOS

Resuelve.

4. $-5y + 6 = -34$

5. $9 + \frac{z}{6} = 14$

6. $-8 = \frac{w}{-7} + 13$

12-2 Cómo resolver ecuaciones de varios pasos (págs. 682–685)

EJEMPLO

■ **Resuelve $\frac{4x - 3}{7} = 3$.**

$$\frac{4x - 3}{7} = 3$$
$$(7)\frac{4x - 3}{7} = (7)3 \quad \text{Multiplica.}$$
$$4x - 3 = 21$$
$$4x - 3 + 3 = 21 + 3 \quad \text{Suma 3 a ambos lados.}$$
$$4x = 24$$
$$\frac{4x}{4} = \frac{24}{4} \quad \text{Divide ambos lados entre 4.}$$
$$x = 6$$

EJERCICIOS

Resuelve.

7. $7a + 4 - 13a = 46$

8. $9 = \frac{6j - 18}{4}$

9. $\frac{8b - 5}{3} = 9$

10. $52 = -9 + 16y - 19$

11. Noelle recorrió en bicicleta el doble de millas que Leila. Si sumas 2 al número de millas que recorrió Noelle y lo divides entre 3, te da el número de millas que recorrió Dani. Dani recorrió 18 millas. ¿Cuántas millas recorrió Leila?

12-3 Cómo resolver ecuaciones con variables a ambos lados (págs. 686–689)

EJEMPLO

- **Resuelve $8a = 3a + 25$.**

$8a = 3a + 25$

$8a - 3a = 3a - 3a + 25$ *Resta.*

$5a = 25$

$\frac{5a}{5} = \frac{25}{5}$ *Divide.*

$a = 5$

EJERCICIOS

Resuelve.

12. $-6b + 9 = 12b$
13. $5 - 7c = -3c - 19$
14. $18m - 14 = 12m + 2$
15. $4 - \frac{2}{5}x = \frac{1}{5}x - 8$

12-4 Desigualdades (págs. 692–695)

EJEMPLO

Escribe una desigualdad para cada situación.

- **Para conducir un automóvil en Nueva Jersey, debes tener al menos 17 años.**
  edad del conductor ≥ 17

- **Representa gráficamente** $x < -1$.

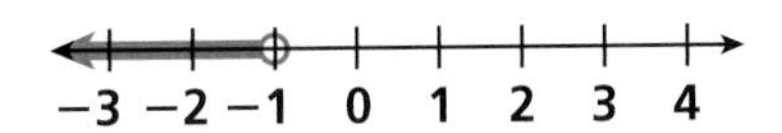

EJERCICIOS

Escribe una desigualdad para cada situación.

16. El límite de carga de un puente es no más de 9 toneladas.
17. El árbol más grande del parque tiene más de 200 años de edad.

Representa gráficamente cada desigualdad.

18. $y \geq 3$
19. $-2 \leq k < -1$

12-5 Cómo resolver desigualdades mediante la suma o la resta (págs. 696–699)

EJEMPLO

Resuelve. Representa cada conjunto solución.

- $b + 6 > -10$

$b + 6 > -10$

$b + 6 - 6 > -10 - 6$

$b > -16$

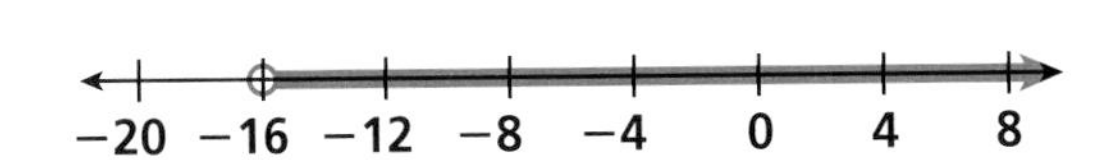

- $p - 17 \leq 25$

$p - 17 \leq 25$

$p - 17 + 17 \leq 25 + 17$

$p \leq 42$

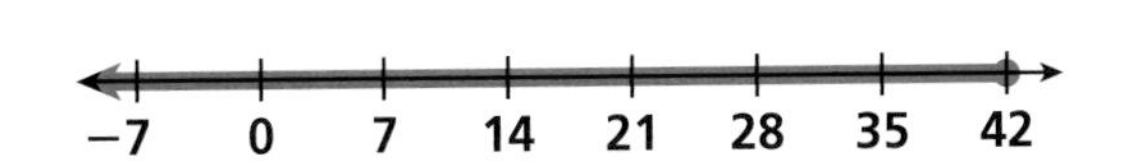

EJERCICIOS

Resuelve. Representa cada conjunto solución.

20. $r - 16 > 9$
21. $-14 \geq 12 + x$
22. $\frac{3}{4} + g < 8\frac{3}{4}$
23. $\frac{5}{6} > \frac{2}{3} + t$
24. $7.46 > r - 1.54$
25. $u - 57.7 \geq -123.7$
26. Los Wildcats anotaron al menos 13 tantos más que los Stingrays. Los Stingrays anotaron 25 tantos. ¿Cuántos tantos anotaron los Wildcats?
27. Gabe ahorró \$113. Esta cantidad es al menos \$19 más de lo que ahorró su hermano. ¿Cuánto dinero ahorró el hermano de Gabe?

12-6 Cómo resolver desigualdades mediante la multiplicación o la división (págs. 700–703)

EJEMPLO

Resuelve.

■ $\frac{m}{-4} \geq 3.8$

$\frac{m}{-4} \geq 3.8$

$(-4)\frac{m}{-4} \leq (-4)3.8$ *Multiplica e invierte el símbolo de desigualdad.*

$m \leq -15.2$

■ $8b < -48$

$8b < -48$

$\frac{8b}{8} < \frac{-48}{8}$ *Divide ambos lados entre 8.*

$b < -6$

EJERCICIOS

Resuelve.

28. $\frac{n}{-8} > 6.9$

29. $-18 \leq -3p$

30. $\frac{k}{13} < -10$

31. $-5p > -25$

32. $2.3 \leq \frac{v}{1.2}$

33. $\frac{c}{-11} < -3$

34. A Carlita le costó $204 hacer carteras de cuentas. ¿Cuántas carteras tiene que vender a $13 cada una para obtener una ganancia?

12-7 Cómo resolver desigualdades de dos pasos (págs. 704–707)

EJEMPLO

Resuelve. Representa cada conjunto solución.

■ $\frac{k}{3} - 18 > 24$

$\frac{k}{3} - 18 > 24$

$\frac{k}{3} - 18 + 18 > 24 + 18$

$\frac{k}{3} > 42$

$(3)\frac{k}{3} > (3)42$

$k > 126$

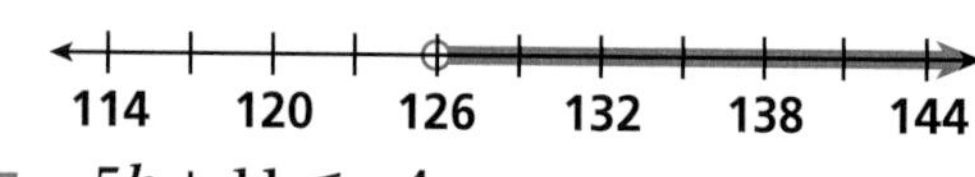

■ $-5b + 11 \leq -4$

$-5b + 11 \leq -4$

$-5b + 11 - 11 \leq -4 - 11$

$-5b \leq -15$

$\frac{-5b}{-5} \geq \frac{-15}{-5}$

$b \geq 3$

−3 −2 −1 0 1 2 3 4 5 6 7

EJERCICIOS

Resuelve. Representa cada conjunto solución.

35. $-7b - 16 > -2$

36. $3.8 + \frac{d}{5} < 2.6$

37. $15 - 4n + 9 \leq 40$

38. $\frac{y}{-3} + 18 \geq 12$

39. $\frac{c}{3} + 7 > -11$

40. $32 \geq 4x - 8$

41. $18 + \frac{h}{6} \geq -8$

42. $14 > -2t - 6$

43. $-3 < \frac{w}{-4} + 10$

44. $\frac{y}{7} + 3.9 \leq 8.9$

45. Luis tiene $53.55. Las camisetas cuestan $8.95 cada una y un cinturón cuesta $16.75. ¿Cuántas camisetas puede comprar Luis si compra también un cinturón?

46. Clay, Alberto y Ciana ganaron más de $475 dando clases de natación. Después de pagar $34 por el alquiler de la piscina, se repartieron por igual las ganancias. ¿Cuánto ganó cada maestro?

EXAMEN DEL CAPÍTULO

CAPÍTULO 12

Resuelve.

1. $3y - 8 = 16$
2. $\frac{x}{3} + 12 = -4$
3. $\frac{a}{6} - 7 = -4$
4. $-7b + 5 = -51$
5. $\frac{5y - 4}{3} = 7$
6. $8r + 7 - 13 = 58$
7. $6 = \frac{12s - 6}{5}$
8. $8.7 = \frac{19.8 - 4t}{3}$
9. $-14q = 4q - 126$
10. $\frac{5}{6}p + 4 = \frac{1}{6}p - 16$
11. $9 - 6k = 3k - 54$
12. $-3.6d = -7d + 34$
13. La cuenta por la reparación de una computadora fue \$179. El costo de las partes fue \$44 y el cargo por mano de obra fue \$45 por hora. ¿En cuántas horas se reparó la computadora?
14. Los integrantes del coro hornean galletas para recaudar fondos. Hornear una docena de galletas cuesta \$2.25 y los gastos iniciales del coro fueron \$15.75. Venden las galletas a \$4.50 la docena. ¿Cuántas docenas deben vender para cubrir sus costos?

Escribe una desigualdad para cada situación.

15. Debes medir más de 4 pies de estatura para subirte a un juego.
16. No puedes ir a más de 65 millas por hora en la carretera 18.

Representa gráficamente cada desigualdad.

17. $a < -2$
18. $-5 < d$ y $d \leq 2$
19. $c > -1$ ó $c < -5$
20. $b \geq 3$

Resuelve. Luego representa cada conjunto solución en una recta numérica.

21. $n + 8 < -9$
22. $n - 124 > -59$
23. $-40 > \frac{x}{32}$
24. $-\frac{3}{4}y \leq -12$
25. Rosa quiere ahorrar al menos \$125 para comprar una nueva patineta. Ya ahorró \$46. ¿Cuánto más necesita ahorrar Rosa?
26. La gasolina cuesta \$2.75 por galón. Como máximo, ¿cuántos galones pueden comprarse con \$22.00?

Resuelve. Luego representa cada conjunto solución en una recta numérica.

27. $m - 7.8 \leq 23.7$
28. $6z > -2\frac{2}{3}$
29. $\frac{w}{-4.9} \leq 3.4$
30. $-15 < 4a + 9$
31. $2.8 - \frac{c}{4} \geq 7.4$
32. $\frac{d}{5} - 8 > -4$
33. Los estudiantes de séptimo grado de la Intermedia Fulmore tratan de reunir al menos \$7,500 para la biblioteca pública local. Hasta ahora, cada uno de los 198 estudiantes ha reunido \$20 en promedio. ¿Cuánto dinero más debe recolectar en promedio cada estudiante de séptimo grado para alcanzar la meta?

CAPÍTULO 12

PREPARACIÓN PARA EL EXAMEN ESTANDARIZADO

go.hrw.com
Práctica en línea para el examen estatal
CLAVE: MS7 TestPrep

Evaluación acumulativa, Capítulos 1–12

Opción múltiple

1. En un cajón, Nolan tiene 7 calcetines rojos, 3 negros, 10 blancos y 5 azules. Si Nolan elige un calcetín cada vez y se lo pone de inmediato en el pie, ¿qué probabilidad existe de que elija 2 calcetines blancos?

Ⓐ $\frac{3}{20}$ Ⓒ $\frac{2}{5}$

Ⓑ $\frac{4}{25}$ Ⓓ $\frac{19}{25}$

2. De los 10,500 libros que hay en la biblioteca de la escuela, $\frac{2}{5}$ son de ficción. Dado que el 30% de los libros restantes son biografías, ¿cuántos libros son biografías?

Ⓕ 4,200 Ⓗ 1,260

Ⓖ 2,940 Ⓙ 1,890

3. En un almuerzo, hay 126 chicas y 104 chicos. Cada uno debe escribir su nombre en un trozo de papel e introducirlo en un barril. Luego, se elegirá al azar uno de los nombres del barril y el ganador se llevará un reproductor de MP3 nuevo. ¿Qué probabilidad existe de que el nombre elegido sea el de un chico?

Ⓐ 45.2% Ⓒ 82.5%

Ⓑ 54.8% Ⓓ No está la respuesta.

4. Un trapecio tiene dos bases, b_1 y b_2, y una altura h. ¿Para qué valores de b_1, b_2 y h el área del trapecio equivale a 16 pulg^2?

Ⓕ $b_1 = 8$ pulg, $b_2 = 4$ pulg, $h = 2$ pulg

Ⓖ $b_1 = 5$ pulg, $b_2 = 3$ pulg, $h = 4$ pulg

Ⓗ $b_1 = 2$ pulg, $b_2 = 8$ pulg, $h = 6$ pulg

Ⓙ $b_1 = 2$ pulg, $b_2 = 4$ pulg, $h = 4$ pulg

5. ¿Entre qué dos enteros se encuentra $-\sqrt{32}$?

Ⓐ −2 y −3 Ⓒ 0 y −1

Ⓑ −5 y −6 Ⓓ −7 y −8

6. Dos de los ángulos de este triángulo miden 36°. ¿Cuál de las siguientes descripciones clasifica mejor este triángulo?

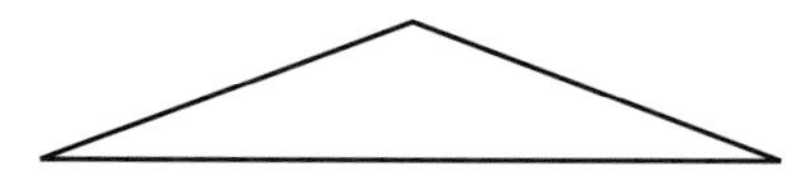

Ⓕ isósceles, obtusángulo Ⓗ rectángulo, acutángulo

Ⓖ obtusángulo Ⓙ equilátero

7. Marta compra una tabla de surf que cuesta $405 con un descuento del 40%. ¿Cuánto dinero se ahorra?

Ⓐ $243 Ⓒ $24

Ⓑ $162 Ⓓ $17

8. Se espera que la cantidad total de estudiantes de séptimo grado de la Intermedia Madison aumente un 15% del tercer año al cuarto año. ¿Cuántos estudiantes se inscribirán el cuarto año?

Ⓕ 42 Ⓗ 345

Ⓖ 295 Ⓙ 238

Preparación para el examen estandarizado

9. Calcula 16.0 pies − 9.03 pies. Usa la cantidad correcta de dígitos significativos en tu respuesta.

Ⓐ 7.0 pies　　Ⓒ 6.97 pies

Ⓑ 7 pies　　Ⓓ 6 pies

10. ¿Qué número racional es mayor que $-3\frac{1}{3}$ pero menor que $-\frac{4}{5}$?

Ⓕ −0.4　　Ⓗ −0.19

Ⓖ $-\frac{22}{5}$　　Ⓙ $-\frac{9}{7}$

11. Becky enseña a estudiantes de tercer grado dos días por semana después de clases. Ahorra $\frac{3}{5}$ de lo que gana. ¿Qué porcentaje de sus ganancias ahorra Becky?

Ⓐ 35%　　Ⓒ 60%

Ⓑ 45%　　Ⓓ 70%

Crea y usa una recta numérica que te ayude a ordenar los números racionales rápidamente.

Respuesta gráfica

12. ¿Cuál es el siguiente término de la sucesión?
−3, −1, 1, 3, 5, . . .

13. Fiona tiene 18 monedas, algunas de 25 centavos y otras de 10 centavos, en su bolsillo. Tiene 6 monedas de 10 centavos más que monedas de 25 centavos. ¿Cuántas monedas de 25 centavos tiene?

14. Freddy contó la cantidad de murciélagos que vio cada noche durante una semana. ¿Cuál es la mediana del conjunto de datos?

Cantidad de murciélagos detectados
42, 21, 36, 28, 40, 21, 31

15. Halla *y*. $3y + 17 = -2y + 25$

16. ¿Qué probabilidad existe de lanzar una moneda y obtener cruz y luego lanzar un dado de 6 caras y obtener un número mayor que o igual a 4? Escribe tu respuesta como decimal.

Respuesta breve

17. Resuelve la desigualdad $-7y \geq 126$ y luego representa gráficamente el conjunto solución en una recta numérica. ¿Está el cero dentro del conjunto solución? Explica.

18. Nueve menos que cuatro por un número es lo mismo que el doble de ese número más 11. ¿De qué número se trata?

a. Escribe el enunciado anterior como una ecuación.

b. Resuelve la ecuación.

20. Hallie hornea 5 bandejas de bizcochos para la venta de pasteles. Cada bandeja requiere $1\frac{2}{3}$ tazas de harina. Hallie tiene $8\frac{1}{4}$ tazas de harina. ¿Le alcanza la harina que tiene para hornear cinco bandejas? Explica tu respuesta.

Respuesta desarrollada

21. Tim y su equipo podan árboles. Cobran $40 por cada trabajo más una tarifa por hora.

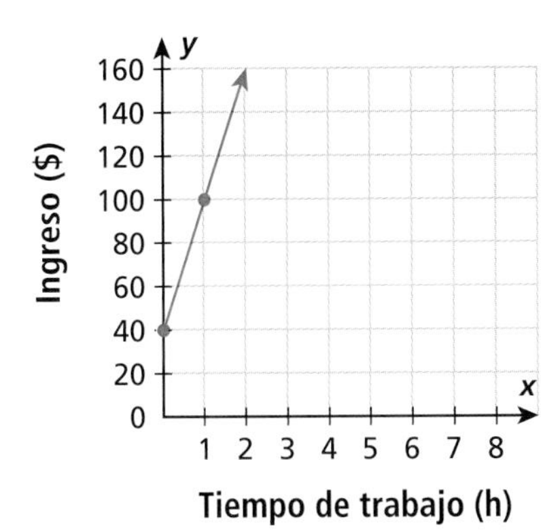

a. Usa la gráfica para determinar cuánto cobra el equipo por hora. Explica cómo hallaste tu respuesta.

b. Escribe una ecuación para hallar *y*, el ingreso del equipo por *x* horas de trabajo.

c. ¿Cuántas horas trabajó el equipo de Tim si ganó $490? Muestra tu trabajo.

Resolución de problemas en lugares

CAROLINA DEL SUR

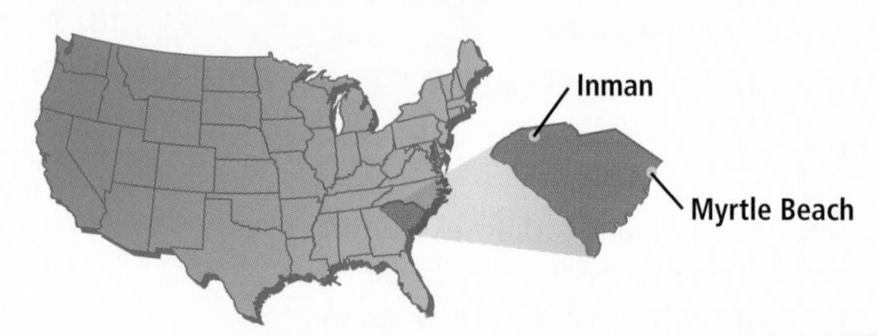

Hollywild

En Hollywood viven muchas estrellas de cine, pero si la estrella es un elefante asiático llamado Donna, la encontrarás en Hollywild. Situada en Inman, Carolina del Sur, Hollywild alberga a casi 500 animales extraños y exóticos. ¡Los animales que viven en Hollywild participaron en más de 60 películas!

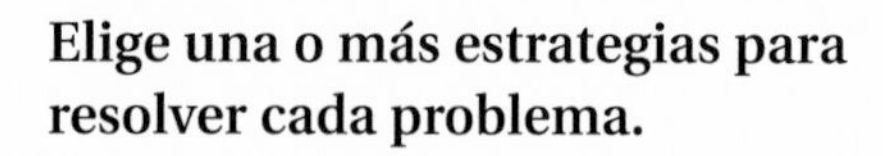

Elige una o más estrategias para resolver cada problema.

1. La entrada a Hollywild cuesta $9 para los adultos y $7 para los niños. Un grupo de visitantes gasta un total de $69 en entradas. En el grupo, hay el doble de niños que de adultos. ¿Cuántos adultos y cuántos niños hay en el grupo?

Usa la tabla para los Ejercicios 2 y 3.

2. Un entrenador lleva el registro de la cantidad total de alimento para perros que se usa en Hollywild. El día que comenzó a llevar el registro, ya se habían consumido 1,000 libras de alimento para perros. ¿Cuántos días pasarán hasta que la cantidad total de alimento para perros consumido supere las 4,200 libras?

3. En el envío de alimento más reciente a Hollywild, había 630 libras de cacahuates. ¿Cuánto tiempo pasó desde que se envió el alimento si sólo quedan 180 libras de cacahuates?

Consumo diario de alimento en Hollywild

Tipo de alimento	Cantidad (lb)
Carne cruda	250
Heno	2,000
Frutas y verduras	300
Cacahuates	50
Alimento para perros	250

Estrategias de resolución de problemas

Dibujar un diagrama
Hacer un modelo
Calcular y poner a prueba
Trabajar en sentido inverso
Hallar un patrón
Hacer una tabla
Resolver un problema más sencillo
Usar el razonamiento lógico
Representar
Hacer una lista organizada

Family Kingdom

En Family Kingdom, situado en Myrtle Beach, Carolina del Sur, se encuentra la única montaña rusa de madera y la rueda de la fortuna más alta del estado. El popular parque acuático del parque de diversiones ofrece un tobogán con una caída de 185 pies.

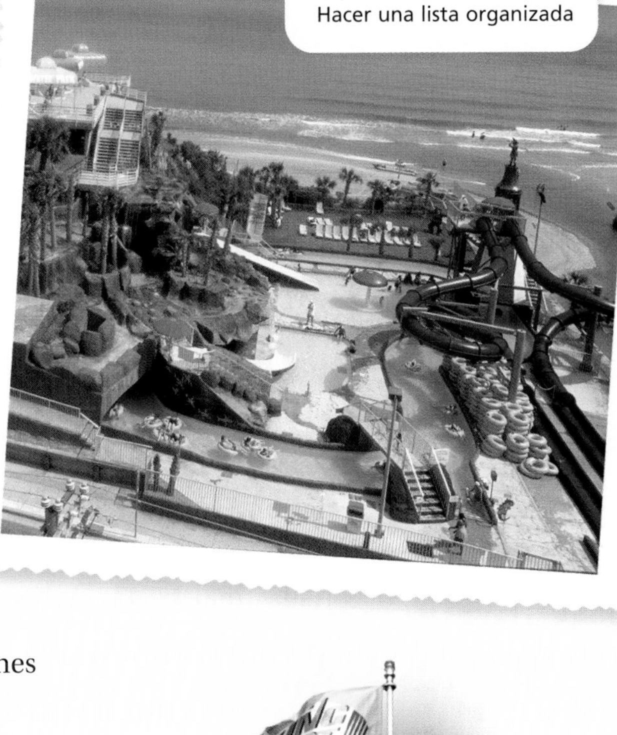

Elige una o más estrategias para resolver cada problema.

1. Family Kingdom tiene dos pistas de karting, seis paseos emocionantes y tres tubos acuáticos. Jessica quiere subir a un juego de cada tipo. ¿De cuántas maneras diferentes puede elegir sus tres juegos?

Usa la tabla para los Ejercicios del 2 al 4.

2. Zack mide 50 pulgadas de estatura. Sube a todos los juegos que se le permiten de acuerdo con la tabla. ¿En cuántos órdenes diferentes puede subir a estos juegos?
3. Donell mide 54 pulgadas de estatura. Donell elige dos de los juegos que se le permiten de acuerdo con la tabla. ¿Cuántas combinaciones de dos juegos son posibles?
4. Sonia subió a tres juegos diferentes y usó un total de 14 boletos. ¿Qué juegos eligió?

Juegos de Family Kingdom

Juego	Cantidad de boletos	✓ = Los visitantes que superen esta estatura acceden al juego			
		42 pulg	46 pulg	50 pulg	54 pulg
Abeja burbuja	2	✓	✓		
Dragón volador	2	✓	✓		
Botes chocadores	4		✓	✓	✓
Carrusel	4	✓	✓	✓	✓
Karting	5				✓
Canoas	2	✓	✓		
Salto de agua	6	✓	✓	✓	✓
La baya que gira	2	✓	✓	✓	✓

Manual del estudiante

Avance de destrezas

Destrezas de ciencias

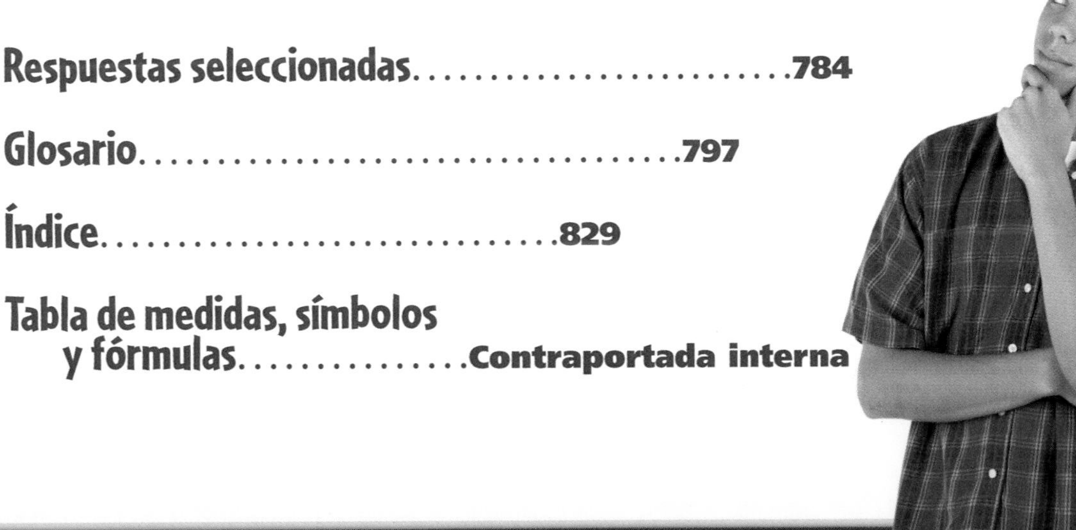

Práctica adicional ▪ Capítulo 1

LECCIÓN 1-1

Identifica un posible patrón. Usa el patrón para escribir los siguientes tres números.

1. 13, 21, 29, 37, ■, ■, ■, . . .
2. 7, 8, 10, 13, ■, ■, ■, . . .
3. 165, 156, 147, 138, ■, ■, ■, . . .
4. 19, 33, 47, 61, ■, ■, ■, . . .

Identifica un posible patrón. Usa el patrón para dibujar las siguientes tres figuras.

5. 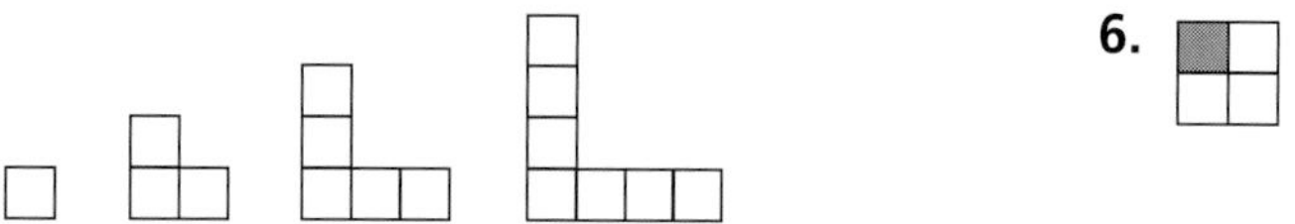

6.

7. Haz una tabla en la que se muestre la cantidad de puntos de cada figura. Luego, indica cuántos puntos hay en la quinta figura del patrón. Usa dibujos para justificar tu respuesta.

Figura 1 Figura 2 Figura 3

LECCIÓN 1-2

Halla cada valor.

8. 5^3
9. 7^3
10. 5^5
11. 6^5
12. 4^1
13. 8^2
14. 12^2
15. 100^3

Escribe cada número usando un exponente y la base dada.

16. 121, base 11
17. 4,096, base 4
18. 216, base 6
19. 1,296, base 6
20. 256, base 2
21. 8,000, base 20

22. María decidió donar $1.00 a su asociación de caridad favorita la primera semana del mes y duplicar la cantidad que dona cada semana. ¿Cuánto donará en la sexta semana?

LECCIÓN 1-3

Elige la unidad métrica más apropiada para cada medición. Justifica tu respuesta.

23. La distancia desde la caja de bateo a la primera base
24. La altura de un poste telefónico
25. La masa de una canica
26. La capacidad de una mamadera

Convierte cada medida.

27. 8.9 m a milímetros
28. 56 mg a gramos
29. 900 mL a litros
30. 2 L a mililitros
31. 150 m a kilómetros
32. 0.002 kg a miligramos

33. Anthony y Melinda están bebiendo jugo de manzana. A Anthony le quedan 300 mL y a Melinda le quedan 0.09 L. ¿Quién tiene más jugo? Usa la estimación para explicar por qué tiene sentido tu respuesta.

Práctica adicional ■ Capítulo 1

LECCIÓN 1-4

Multiplica.

34. $24 \cdot 10^3$
35. $20 \cdot 10^5$
36. $318 \cdot 10^3$
37. $2{,}180 \cdot 10^4$
38. $2{,}508 \cdot 10^5$
39. $5.555 \cdot 10^6$

Escribe cada número en notación científica.

40. 387,000
41. 2,056,000
42. 65,400,000
43. 1,560
44. 7,000,000,000
45. $206.7 \cdot 10^3$

46. La distancia de la Tierra a la Luna es aproximadamente 2.48×10^5 millas. Escribe esta distancia en forma estándar.

47. La ciudad de Nueva York está a aproximadamente 1.0871×10^4 km de Tokio, Japón. Londres, Inglaterra, está a aproximadamente 9.581×10^3 km de Tokio. ¿Qué ciudad está más cerca de Tokio?

LECCIÓN 1-5

Simplifica cada expresión.

48. $9 \div 3 + 6 \cdot 5$
49. $16 + (20 \div 5) - 3^2$
50. $(6 - 3)^3 \div 9 + 7$
51. $(4 \cdot 9) - (9 - 3)^2$
52. $5 + 9 \cdot 2^2 \div 6$
53. $6{,}842 - (5^3 \cdot 5 \cdot 10)$

54. Charlotte compró 4 camisetas y 3 pantalones. Consiguió un descuento para los pantalones. Simplifica la expresión $4 \cdot 32 + 3 \cdot 25 - (3 \cdot 25) \div 5$ para averiguar cuánto pagó por la ropa.

LECCIÓN 1-6

Indica qué propiedad se representa.

55. $9 \cdot 2 = 2 \cdot 9$
56. $9 + 0 = 9$
57. $12 \cdot 1 = 1 \cdot 12$
58. $1 \cdot (2 \cdot 3) = (1 \cdot 2) \cdot 3$
59. $xy = yx$
60. $(x + y) + z = x + (y + z)$

Simplifica cada expresión. Justifica cada paso.

61. $5 + 6 + 19$
62. $5 \cdot 10 \cdot 2$
63. $3 \cdot (5 \cdot 9)$
64. $(25 \cdot 8) \cdot 4$
65. $30 + (121 + 39)$
66. $125 \cdot (2 \cdot 3)$

Usa la propiedad distributiva para hallar cada producto.

67. $8 \cdot (2 + 10)$
68. $3 \cdot (19 + 4)$
69. $(10 - 2) \cdot 7$
70. $15 \cdot (13 - 8)$
71. $(47 + 88) \cdot 4$
72. $5 \cdot (157 - 45)$

LECCIÓN 1-7

Evalúa cada expresión para el valor dado de cada variable.

73. $8k - 7$ para $k = 4$
74. $9n + 12$ para $n = 6$
75. $12t - 15$ para $t = 4$
76. $v \div 5 + v$ para $v = 20$
77. $3r - 20 \div r$ para $r = 5$
78. $5x^2 + 3x$ para $x = 3$

Práctica adicional ■ Capítulo 1

LECCIÓN 1-8

Escribe cada frase como expresión algebraica.

79. 12 menos que un número

80. el cociente de un número y 8

81. sumar 7 a 8 veces un número

82. 6 veces la suma de 13 y un número

83. Una tienda de música vende paquetes de cuerdas de guitarra. Davis compró c cuerdas a $24. Escribe una expresión algebraica para el costo de una cuerda.

LECCIÓN 1-9

Simplifica. Justifica tus pasos usando las propiedades conmutativa, asociativa y distributiva cuando sea necesario.

84. $5b + 3t + b$

85. $t + 3b + 3t + 3b + x$

86. $8g + 3g + 12$

87. $3u + 6 + 5k + u$

88. $11 + 5t^2 + t + 6t$

89. $y^3 + 3y + 6y^3$

90. Escribe una expresión para el perímetro de la figura dada. Luego, simplifica la expresión.

$n + 2$

n n

n

LECCIÓN 1-10

Determina si cada número es una solución de $17 = 45 - j$.

91. 31

92. 28

93. 14

94. 22

Determina si cada número es una solución de $x + 23 = 51$.

95. 42

96. 31

97. 19

98. 28

99. Dano tiene 87 CD. Son 12 más de los que tiene Megan. La ecuación $87 = c + 12$ se puede usar para representar la cantidad de CD que tiene Megan. ¿Megan tiene 99, 85 ó 75 CD?

LECCIÓN 1-11

Resuelve cada ecuación. Comprueba tu respuesta.

100. $n - 22 = 16$

101. $y + 27 = 42$

102. $x - 81 = 14$

103. $t - 32 = 64$

104. $z + 39 = 72$

105. $a + 43 = 61$

106. Raquel está escalando un sendero de 9 millas en el Gran Cañón. Ya ha escalado 4 millas. ¿Cuánto le falta escalar?

LECCIÓN 1-12

Resuelve cada ecuación. Comprueba tu respuesta.

107. $20 = s \div 3$

108. $12y = 84$

109. $15 = \frac{n}{9}$

110. $\frac{m}{36} = 12$

111. $144 = 3p$

112. $72j = 360$

113. Adam está ahorrando para comprarse una computadora que cuesta $400 antes de que empiecen las clases. Si las clases empiezan en 8 semanas, ¿cuánto deberá ahorrar por semana para tener dinero suficiente?

Práctica adicional ■ Capítulo 2

LECCIÓN 2-1

Usa una recta numérica para ordenar los enteros de menor a mayor.

1. $5, -3, -1, 2, 0$ **2.** $-4, -1, 3, 1, 4$ **3.** $-5, 0, -3, 2, 4$

Usa una recta numérica para hallar cada valor absoluto.

4. $|-22|$ **5.** $|9|$ **6.** $|-13|$ **7.** $|21|$

LECCIÓN 2-2

Halla cada suma.

8. $8 + (-4)$ **9.** $-3 + (-6)$ **10.** $-5 + 9$ **11.** $-7 + (-2)$

Evalúa $c + d$ para los valores dados.

12. $c = 5, d = -9$ **13.** $c = 12, d = 9$ **14.** $c = -7, d = -2$ **15.** $c = -16, d = 8$

16. La temperatura en Pierre era de −33° F a las 8:00 am. Aumentó 20º F en 9 horas. ¿Cuál era la temperatura a las 5:00 pm?

LECCIÓN 2-3

Halla cada diferencia.

17. $6 - (-3)$ **18.** $-4 - (-8)$ **19.** $2 - 7$ **20.** $3 - (-4)$

Evalúa $a - b$ para cada conjunto de valores.

21. $a = 5, b = -8$ **22.** $a = -12, b = -6$ **23.** $a = 6, b = 13$ **24.** $a = 9, b = -17$

25. La montaña más alta del territorio continental estadounidense es el monte McKinley, de aproximdamente 20,320 pies. El Valle de la Muerte, en California, es el punto más bajo, 282 pies por debajo del nivel del mar. ¿Cuál es la diferencia entre el punto más alto y el más bajo de Estados Unidos?

LECCIÓN 2-4

Halla cada producto o cociente.

26. $-9 \div 3$ **27.** $8 \cdot (-3)$ **28.** $16 \div 4$ **29.** $-7 \cdot 3$

30. $-2 \cdot 9$ **31.** $15 \div (-5)$ **32.** $6 \cdot 7$ **33.** $-72 \div (-12)$

34. Un submarino desciende desde la superficie a una velocidad de 75 pies por minutos. ¿A cuántos pies de profundidad estará el sumarino dentro de 12 minutos?

Práctica adicional

LECCIÓN 2-5

Resuelve cada ecuación. Comprueba tu respuesta.

35. $n - 25 = -18$
36. $y + (-13) = 61$
37. $21 = \frac{s}{4}$
38. $15y = -45$
39. $\frac{k}{-18} = 2$
40. $h - (-7) = -42$
41. $6 = \frac{z}{9}$
42. $68 = 4 + p$

43. Martín depositó $76 y retiró $100 de su cuenta bancaria. Ahora tiene $202 en la cuenta. ¿Con cuánto dinero empezó?

LECCIÓN 2-6

Escribe la factorización prima de cada número.

44. 78
45. 144
46. 96
47. 95
48. 176
49. 156
50. 336
51. 675
52. 888
53. 2,800
54. 780
55. 682

LECCIÓN 2-7

Halla el máximo común divisor (MCD).

56. 6, 15
57. 18, 27
58. 26, 65
59. 60, 25
60. 84, 48
61. 90, 34
62. 49, 56
63. 36, 120
64. 30, 75
65. 32, 68
66. 81, 75
67. 30, 70, 65, 100
68. 21, 77
69. 64, 84, 120
70. 20, 40, 80, 140
71. 49, 98

72. José está preparando bolsas de regalos idénticas para vender en su concierto. Tiene 51 CD y 34 copias de su libro. ¿Cuál es la mayor cantidad de bolsas de regalo que puede preparar José usando todos los CD y todos los libros?

LECCIÓN 2-8

Halla el mínimo común múltiplo (mcm).

73. 12, 15
74. 30, 12
75. 16, 32
76. 25, 40
77. 30, 75
78. 12, 64
79. 15, 50
80. 15, 30, 50, 100
81. 21, 28
82. 15, 22, 30
83. 20, 40, 80, 120
84. 42, 90

85. Kanisha encesta la pelota cada 7 siete segundos. Thomas encesta la pelota cada cada 12 segundos. Comienzan al mismo tiempo. ¿Cuántos segundos pasarán hasta que encesten la pelota a la vez?

LECCIÓN 2-9

Halla una fracción equivalente al número dado.

86. $\frac{1}{5}$ **87.** $7\frac{2}{3}$ **88.** 96 **89.** $\frac{50}{13}$

Determina si las fracciones de cada par son equivalentes.

90. $\frac{2}{7}$ y $\frac{3}{4}$ **91.** $\frac{4}{6}$ y $\frac{12}{18}$ **92.** $\frac{7}{8}$ y $\frac{20}{24}$ **93.** $\frac{5}{12}$ y $\frac{15}{36}$

Escribe cada fracción impropia como número mixto. Escribe cada número mixto como fracción impropia.

94. $\frac{19}{5}$ **95.** $\frac{23}{8}$ **96.** $3\frac{4}{5}$ **97.** $2\frac{13}{15}$

LECCIÓN 2-10

Ecribe cada fracción como decimal. Redondea a la centésima más cercana si es necesario.

98. $\frac{4}{5}$ **99.** $\frac{6}{8}$ **100.** $\frac{57}{15}$ **101.** $-\frac{75}{10}$

Escribe cada decimal como fracción en su mínima expresión.

102. 0.85 **103.** −0.04 **104.** 0.875 **105.** 2.6

106. Brianna vendió 84 de los 96 CD que llevó para vender en su concierto. ¿Qué parte de los CD vendió?

107. Jacob usó 44 de las 60 páginas de su diario. ¿Qué parte de las páginas usó? Escribe tu respuesta como decimal redondeado a la centésima más cercana.

LECCIÓN 2-11

Compara las fracciones o decimales. Escribe < ó >.

108. $\frac{8}{13}$ ■ $\frac{5}{13}$ **109.** 0.82 ■ 0.88 **110.** $-\frac{8}{9}$ ■ $-\frac{11}{12}$ **111.** −1.024 ■ 1.007

Ordena los números de menor a mayor.

112. 0.5, 0.58, $\frac{6}{13}$ **113.** 2.7, 2.59, $2\frac{7}{12}$ **114.** −0.61, −0.55, $-\frac{9}{15}$

Práctica adicional ■ Capítulo 3

LECCIÓN 3-1

Estima redondeando al entero más cercano.

1. $145.2 \cdot 6.7$ **2.** $26.23 + 201.86$ **3.** $438.57 - 129.39$ **4.** $55.72 \div 7.48$

5. $-5.87 \cdot 7.39$ **6.** $54.51 + 135.47$ **7.** $-87.23 - 32.62$ **8.** $63.38 \div 4.77$

9. Caden tiene $48.50. Cree que puede comprar tres CD a $16.99 cada uno. Usa la estimación para comprobar si su suposición es razonable.

LECCIÓN 3-2

Suma o resta. Estima para comprobar si cada respuesta es razonable.

10. $8.79 + 45.63$ **11.** $-7.85 - (-34.7)$ **12.** $43.67 - 14.81$ **13.** $-18 + (-7.32)$

14. $34.43 + (-62.57)$ **15.** $-8.26 + 7.4$ **16.** $-8.75 - 5.43$ **17.** $-35.4 - (-24.08)$

18. Zoe tarda 25.5 minutos en ir de su casa al trabajo y 37.5 minutos en volver del trabajo a su casa. ¿Cuánto tiempo le lleva ir y volver del trabajo cada día?

LECCIÓN 3-3

Multiplica. Estima para comprobar si cada respuesta es razonable.

19. $4.3 \cdot 2.8$ **20.** $-3.38 \cdot 0.8$ **21.** $-8 \cdot (-0.07)$ **22.** $7.59 \cdot (-36)$

23. $-67.4 \cdot (-8.7)$ **24.** $5.66 \cdot (-16.34)$ **25.** $-43.9 \cdot (-4.7)$ **26.** $73.3 \cdot 6.85$

27. Griffin trabaja después de clases y los fines de semana. La semana pasada trabajó 18.5 horas y le pagan $7.90 por hora. ¿Cuánto ganó la semana pasada?

LECCIÓN 3-4

Divide. Estima para comprobar si cada respuesta es razonable.

28. $32.8 \div (-4)$ **29.** $-10.5 \div 4$ **30.** $-25.6 \div 8$ **31.** $-69.6 \div (-6)$

32. $63.5 \div (-2)$ **33.** $36.6 \div 6$ **34.** $-62.8 \div 8$ **35.** $56.05 \div 2$

36. Robert está pensando en comprarse una bicicleta por Internet. Las cuatro bicicletas que encontró cuestan $79.15, $101.25, $94.18 y $130.62. ¿Cuál es el precio promedio de estas bicicletas?

Práctica adicional ■ Capítulo 3

LECCIÓN 3-5

Divide. Estima para comprobar si cada respuesta es razonable.

37. $16.9 \div (-1.3)$ **38.** $74.25 \div 6.6$ **39.** $-4.8 \div 0.12$ **40.** $-0.63 \div (-0.7)$

41. $-36.04 \div 4.24$ **42.** $34.672 \div (-4.4)$ **43.** $-128.685 \div 37.3$ **44.** $-231.28 \div (-41.3)$

45. El diámetro de un roble rojo del norte crece un promedio de 0.4 pulgadas por año. Con esta tasa de crecimiento, ¿cuánto tardará en medir 24.8 pulgadas de diámetro?

LECCIÓN 3-6

Resuelve.

46. $4.7 + s = 9$ **47.** $t - 1.35 = -22$ **48.** $-4.8 = -6x$ **49.** $9.6 = \frac{v}{8}$

50. $-6.5 + n = 5.9$ **51.** $x - 1.07 = -8.5$ **52.** $-6.2y = -21.08$ **53.** $\frac{r}{13} = 3.25$

54. Billy trabajó 7.5 horas y ganó $56.70. ¿Cuánto gana por hora?

55. Un boleto de cine cuesta $7.25. La familia Brown consiste en el señor y la señora Brown, Amy y sus dos hermanos. ¿Cuánto le cuesta a toda la familia ir al cine?

56. Una caja de cereal cuesta $3.99 en una tienda, $3.25 en otra tienda y $3.59 en otra. ¿Cuál es el precio promedio de la caja de cereal?

LECCIÓN 3-7

Estima cada suma, diferencia, producto o cociente.

57. $\frac{3}{8} + \frac{5}{6}$ **58.** $\frac{7}{8} - \frac{1}{6}$ **59.** $5\frac{3}{4} + 2\frac{3}{8}$ **60.** $6\frac{2}{3} - 2\frac{1}{6}$

61. $4\frac{7}{12} + 2\frac{3}{8}$ **62.** $\frac{7}{16} - 2\frac{3}{4}$ **63.** $8\frac{9}{10} + 1\frac{1}{9}$ **64.** $3\frac{2}{5} - 1\frac{4}{7}$

65. El precio de una acción era $\$19\frac{3}{8}$ en julio y en octubre subió a $\$27\frac{1}{8}$. Estima la diferencia entre el precio de julio y el de octubre.

LECCIÓN 3-8

Suma o resta. Escribe cada respuesta en su mínima expresión.

66. $\frac{1}{4} + \frac{1}{3}$ **67.** $\frac{3}{11} - \frac{3}{22}$ **68** $-\frac{3}{6} + \frac{2}{3}$ **69.** $-\frac{1}{4} - \frac{7}{10}$

70. $\frac{3}{7} + \frac{5}{9}$ **71.** $\frac{7}{8} - \frac{2}{3}$ **72.** $\frac{7}{12} + \frac{5}{6}$ **73.** $\frac{4}{5} - \frac{9}{10}$

74. Jacob y Julius pasaron $\frac{1}{4}$ de hora nadando, $\frac{1}{10}$ de hora comiendo la merienda y luego $\frac{1}{2}$ hora escalando. ¿Cuánto tiempo pasaron Jacob y Julius haciendo estas actividades?

Práctica adicional

Práctica adicional ■ Capítulo 3

LECCIÓN 3-9

Suma o resta. Escribe cada respuesta en su mínima expresión.

75. $9\frac{7}{8} - 4\frac{1}{4}$ **76.** $3\frac{1}{2} + 2\frac{3}{4}$ **77.** $9\frac{5}{6} - 6\frac{1}{3}$ **78.** $5\frac{7}{12} + 2\frac{5}{8}$

79. $7\frac{1}{4} - 3\frac{2}{3}$ **80.** $4\frac{2}{3} + 3\frac{7}{8}$ **81.** $8\frac{2}{5} - 3\frac{9}{10}$ **82.** $3\frac{7}{8} + 4\frac{3}{5}$

83. La jirafa macho promedio mide aproximadamente $17\frac{1}{2}$ pies de altura. Una de las jirafas del zoológico mide $18\frac{1}{8}$ pies de altura. ¿Cuánto más alta es la jirafa del zoológico que la jirafa macho promedio?

LECCIÓN 3-10

Multiplica. Escribe cada respuesta en su mínima expresión.

84. $\frac{2}{3} \cdot 12\frac{3}{4}$ **85.** $3\frac{2}{9} \cdot \frac{1}{2}$ **86.** $\frac{5}{7} \cdot 4\frac{3}{8}$ **87.** $5\frac{2}{3} \cdot \frac{7}{12}$

88. $4\frac{3}{5} \cdot 3\frac{2}{3}$ **89.** $3\frac{1}{3} \cdot 2\frac{5}{6}$ **90.** $2\frac{1}{4} \cdot 3\frac{3}{4}$ **91.** $4\frac{1}{5} \cdot 5\frac{1}{12}$

92. Mary tiene $2\frac{1}{2}$ veces la edad de Víctor. Si Víctor tiene $7\frac{1}{2}$ años, ¿cuántos años tiene Mary?

LECCIÓN 3-11

Divide. Escribe cada respuesta en su mínima expresión.

93. $\frac{7}{8} \div \frac{5}{6}$ **94.** $\frac{7}{12} \div \frac{7}{8}$ **95.** $\frac{2}{3} \div \frac{2}{5}$ **96.** $2\frac{1}{4} \div \frac{1}{2}$

97. $5\frac{7}{8} \div \frac{5}{6}$ **98.** $3\frac{3}{4} \div 1\frac{1}{4}$ **99.** $2\frac{5}{6} \div 4\frac{1}{3}$ **100.** $5\frac{2}{3} \div 2\frac{1}{2}$

101. Cada porción de pollo pesa $\frac{1}{3}$ de libra. Melanie compró 12 libras de pollo para una fiesta. ¿Cuántas porciones tiene?

LECCIÓN 3-12

Resuelve. Escribe cada respuesta en su mínima expresión.

102. $\frac{1}{3} + s = \frac{2}{5}$ **103.** $t - \frac{3}{8} = -\frac{5}{6}$ **104.** $-\frac{5}{6} = -\frac{1}{3}x$ **105.** $\frac{2}{3}w = 240$

106. $-\frac{5}{8} + n = \frac{5}{6}$ **107.** $x - \frac{5}{8} = -\frac{5}{8}$ **108.** $-\frac{2}{3}y = -\frac{3}{4}$ **109.** $\frac{r}{6} = \frac{1}{8}$

110. Jorge posee $1\frac{3}{4}$ acres de tierra. Juanita, su vecina, posee $2\frac{2}{3}$ acres. ¿Cuántos acres poseen en total?

111. Kyra usa $2\frac{1}{4}$ pies de cinta para envolver cada una de las canastas de fruta que vende, que son todas iguales. ¿Cuántas canastas puede envolver con un rollo de 114 pies de cinta?

Práctica adicional ■ Capítulo 4

LECCIÓN 4-1

Marca cada punto en un plano cartesiano. Identifica el cuadrante que contiene cada punto.

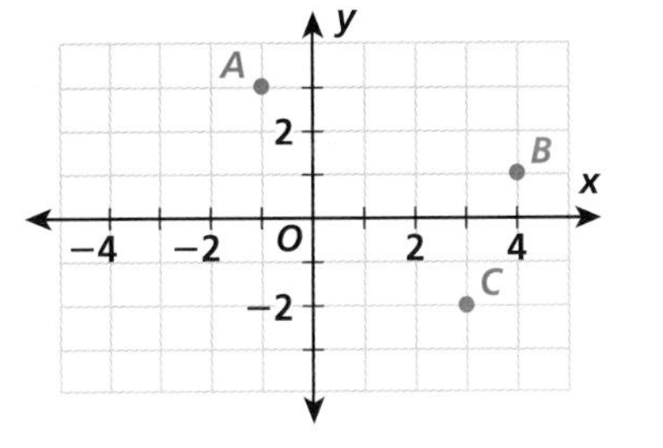

1. $M(-1, 1)$ **2.** $N(4, 4)$ **3.** $Q(3, -1)$

Da las coordenadas de cada punto.

4. A **5.** B **6.** C

LECCIÓN 4-2

Escribe los pares ordenados de cada tabla.

7.

x	1	2	3	4
y	0	1	2	3

8.

x	5	10	15	20
y	−1	−1	−1	−1

9.

x	2	4	6	8
y	−3	−2	−1	0

Escribe y representa gráficamente los pares ordenados de cada tabla.

10.

x	1	2	3	4
y	−3	−2	−1	0

11.

x	0	2	4	6
y	−1	0	1	2

12.

x	−2	−1	0	1
y	3	3	3	3

13. En la tabla se muestra el costo total de comprar distintas cantidades de botellas de agua. Representa gráficamente los datos para hallar el costo de 10 botellas de agua.

Cantidad de botellas	1	2	3	4
Costo total ($)	1.75	3.50	5.25	7.00

LECCIÓN 4-3

14. Abby fue en bicicleta al parque. Hizo un picnic con unas amigas antes de volver a su casa. ¿En cuál de las gráficas se muestra mejor la situación?

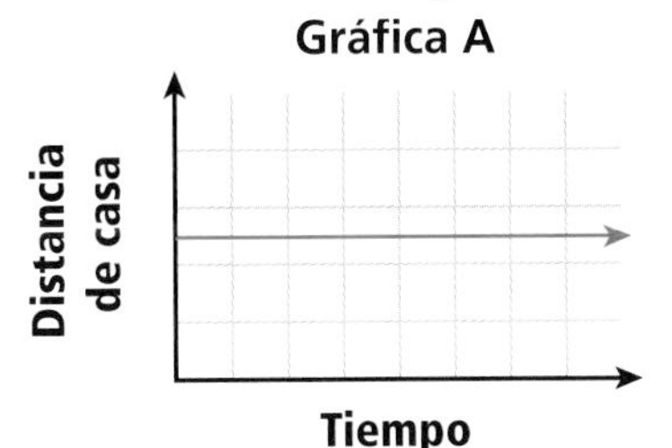

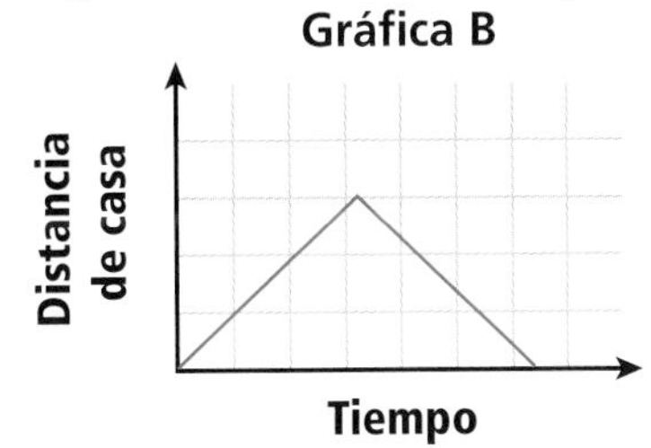

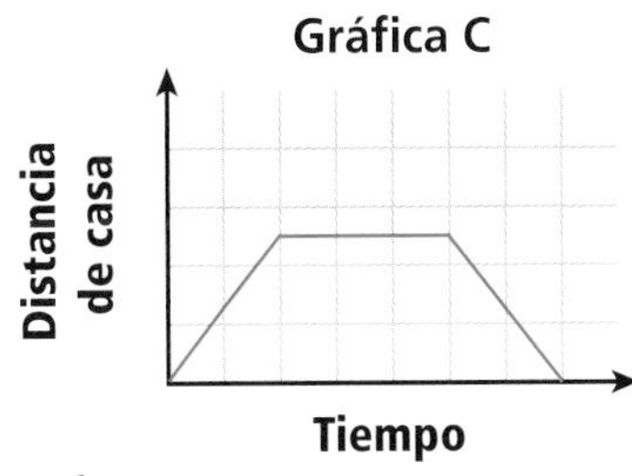

15. Mallory y su hermana Jamie fueron a pie a un restaurante cerca de su casa y almorzaron. Luego fueron a nadar a una piscina que queda enfrente del restaurante. Su madre las fue a buscar a la piscina y las llevó a casa en auto. Traza una gráfica para mostrar la distancia que recorrieron las hermanas en comparación con el tiempo.

16. José está vendiendo latas de palomitas de maíz para juntar dinero para su escuela. Cada lata cuesta $12. Haz una gráfica para mostrar su ingreso posible por las ventas.

Práctica adicional

LECCIÓN 4-4

Halla el valor de salida para cada valor de entrada.

17.

Entrada	Regla	Salida
x	$3x - 1$	y
−2		
0		
2		

18.

Entrada	Regla	Salida
x	$4x^2$	y
1		
3		
5		

Haz una tabla de función y representa gráficamente los pares ordenados que resultan.

19. $y = 2x - 5$

Entrada	Regla	Salida	Pares ordenados
x	$2x - 5$	y	(x, y)
0			
1			
2			

20. $y = x^2 - 1$

Entrada	Regla	Salida	Pares ordenados
x	$x^2 - 1$	y	(x, y)
0			
1			
2			

LECCIÓN 4-5

Indica si cada sucesión de valores de y es aritmética o geométrica. Luego halla y cuando $n = 5$.

21.

n	1	2	3	4	5
y	−4	0	4	8	■

22.

n	1	2	3	4	5
y	2	4	8	16	■

Escribe una función que describa cada sucesión.

23. 5, 6, 7, 8, . . .
24. −4, −3, −2, −1, . . .
25. 1, 8, 27, 64, . . .
26. 2, 5, 10, 17, . . .

27. Tim quiere aumentar la cantidad de millas que corre por semana. Su plan es correr 10 millas la primera semana, 12 millas la segunda semana, 14 millas la tercera semana y 16 millas la cuarta semana. Escribe una función que describa la sucesión y luego usa la función para predecir cuántas millas correrá Tim durante la octava semana.

LECCIÓN 4-6

Representa gráficamente cada función lineal.

28. $y = 2x + 2$
29. $y = x - 3$
30. $y = -x + 2$

31. La temperatura exterior está aumentando a una tasa de 6° F por hora. Cuando Reid comienza a medir la temperatura, ésta es de 52° F. Escribe una función lineal que describa la temperatura exterior a través del tiempo. Luego haz una gráfica que muestre la temperatura durante las 3 primeras horas.

Práctica adicional ■ Capítulo 5

LECCIÓN 5-1

Un día, un veterinario atendió a 20 gatos y 30 perros. Escribe cada razón de las tres formas. Asegúrate de que cada razón esté en su mínima expresión.

1. gatos a perros **2.** perros a gatos **3.** gatos a animales

4. Un automóvil compacto recorre 135 millas con 5 galones de gasolina. Un automóvil de tamaño medio recorre 210 millas con 10 galones de gasolina. ¿Cuál recorre más millas por galón?

LECCIÓN 5-2

5. La familia de Jamie recorre 350 millas en 7 horas con su automóvil para visitar a los abuelos de Jamie. ¿Cuál es la velocidad promedio en millas por hora?

6. Una tienda vende leche en envases de 3 tamaños. El de 128 onzas líquidas cuesta $4.59, el de 64 onzas líquidas cuesta $3.29 y el de 32 onzas líquidas cuesta $1.99. ¿Qué tamaño de envase tiene el menor precio por onza líquida?

LECCIÓN 5-3

Indica si la pendiente es positiva o negativa. Luego, halla la pendiente.

7.

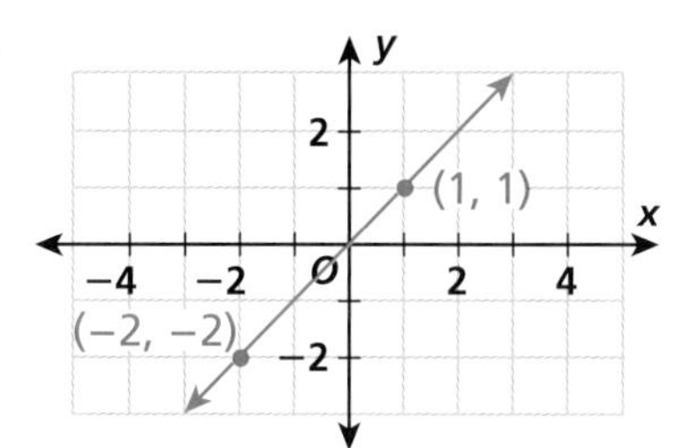

8.

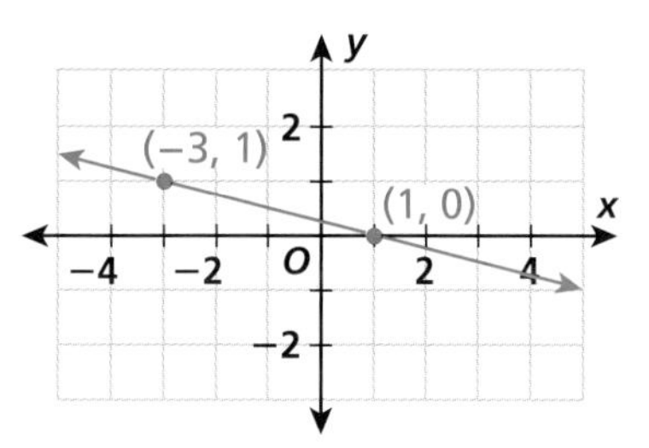

Usa la pendiente y el punto dados para representar gráficamente cada recta.

9. $\frac{1}{2}$; (2, 1) **10.** $-\frac{2}{3}$; (4, 1) **11.** $-\frac{4}{5}$; (−2, −3) **12.** 3; (1, −3)

LECCIÓN 5-4

Determina si las razones son proporcionales.

13. $\frac{25}{40}, \frac{30}{48}$ **14.** $\frac{32}{36}, \frac{24}{28}$ **15.** $\frac{5}{6}, \frac{15}{18}$ **16.** $\frac{21}{49}, \frac{18}{42}$

Halla una razón equivalente a cada razón. Luego usa las razones para escribir una proporción.

17. $\frac{72}{81}$ **18.** $\frac{15}{40}$ **19.** $\frac{24}{32}$ **20.** $\frac{5}{13}$

LECCIÓN 5-5

Usa productos cruzados para resolver cada proporción.

21. $\frac{8}{n} = \frac{12}{18}$ **22.** $\frac{4}{7} = \frac{p}{28}$ **23.** $\frac{u}{14} = -\frac{21}{28}$ **24.** $\frac{3}{21} = \frac{t}{49}$

25. $\frac{y}{35} = \frac{63}{45}$ **26.** $-\frac{6}{n} = -\frac{48}{12}$ **27.** $\frac{32}{x} = \frac{52}{117}$ **28.** $\frac{56}{80} = \frac{105}{m}$

29. La razón del peso de una persona en la Tierra comparado con su peso en la Luna es 6 a 1. Rafael pesa 90 libras en la Tierra. ¿Cuánto pesaría en la Luna?

LECCIÓN 5-6

Elige la unidad usual más apropiada para cada medición. Justifica tu respuesta.

30. el peso de 6 galletas saladas

31. la capacidad de un estanque

32. la capacidad de una mamadera

33. la longitud de una maratón

Convierte cada medida.

34. 8 pintas a tazas

35. 5 pies a pulgadas

36. 6.5 lb a onzas

37. Las instrucciones del polvo de proteínas que tiene Brant dicen que hay que mezclar cuatro cucharadas con 16 onzas de leche para hacer una bebida de proteínas. Si Brian tiene un cuarto de leche, ¿cuántas bebidas de proteínas puede hacer?

LECCIÓN 5-7

Usa las propiedades de semejanza para determinar si las figuras son semejantes.

38.

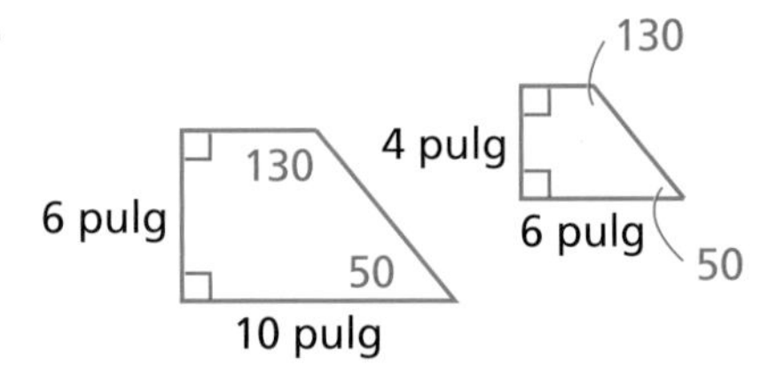

39.

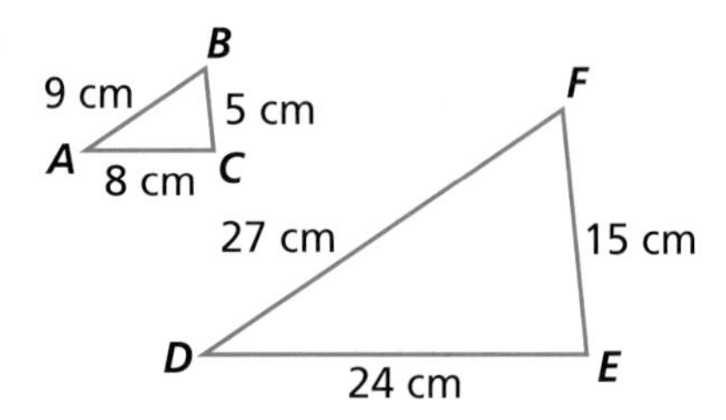

LECCIÓN 5-8

Halla la longitud desconocida. $\triangle XYZ \sim \triangle RQS$ y $\square ABCD \sim \square KLMN$.

40.

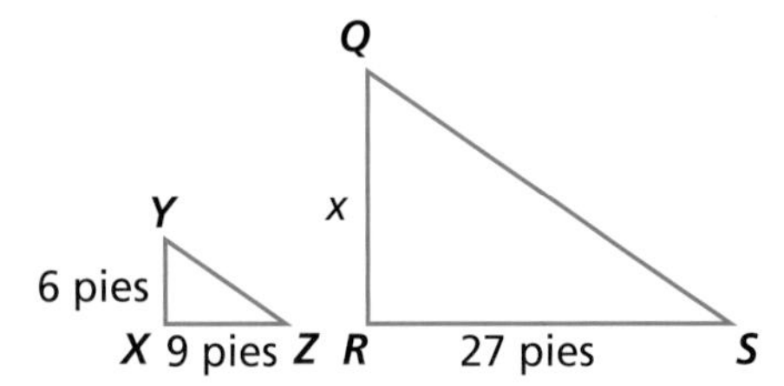

41.

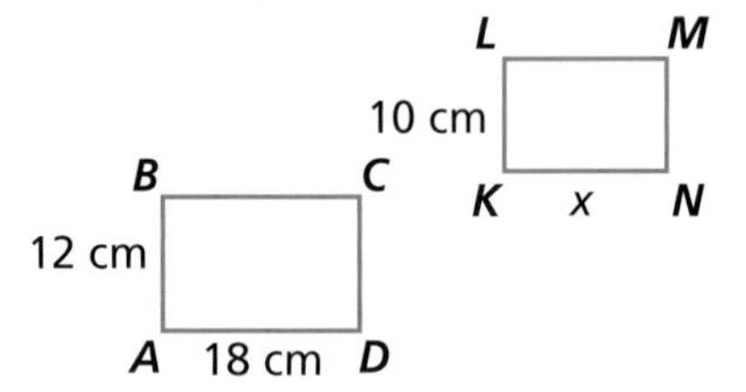

42. Una niña de 5 pies de altura proyecta una sombra de 7 pies de longitud. Un poste de teléfono cercano proyecta una sombra de 35 pies. ¿Cuál es la altura del poste de teléfono?

LECCIÓN 5-9

43. Un modelo en escala del edificio Empire State mide 3.125 pies de alto, con un factor de escala de $\frac{1}{400}$. Halla la altura del edificio Empire State real.

44. Kira está dibujando un mapa con una escala de 1 pulgada = 30 millas. La distancia real de Park City a Gatesville es de 80 millas. ¿A qué distancia estará el punto de Gatesville del punto de Park City en el mapa de Kira?

Práctica adicional ■ Capítulo 6

LECCIÓN 6-1

Escribe el porcentaje representado en cada cuadrícula.

1. 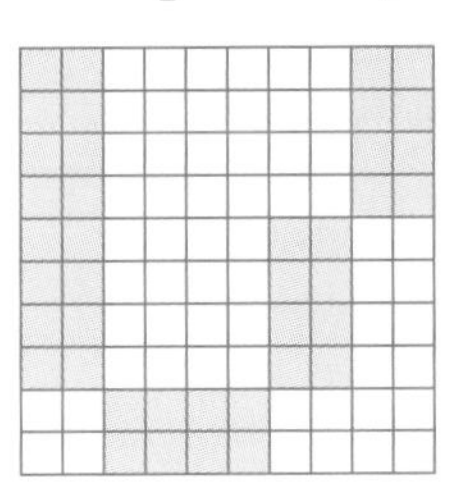

2. 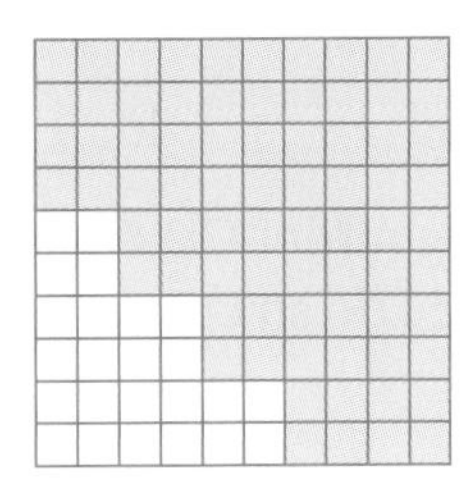

3. 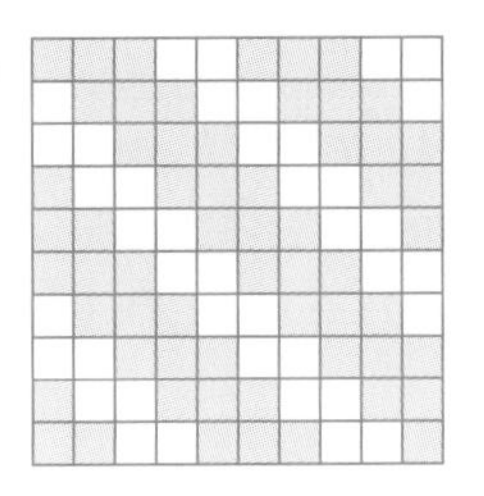

Escribe cada porcentaje como fracción en su mínima expresión.

4. 14% **5.** 110% **6.** 20% **7.** 9%

Escribe cada porcentaje como decimal.

8. 27% **9.** 7% **10.** 125% **11.** 0.53%

LECCIÓN 6-2

Escribe cada decimal como pocentaje.

12. 0.06 **13.** 0.54 **14.** 1.69 **15.** 42.0 **16.** 0.898

Escribe cada fracción como porcentaje.

17. $\frac{15}{34}$ **18.** $\frac{29}{86}$ **19.** $\frac{33}{44}$ **20.** $\frac{61}{91}$ **21.** $1\frac{2}{5}$

Decide si es más útil usar lápiz y papel, el cálculo mental o una calculadora para resolver el siguiente problema. Luego, resuelve.

22. Tyler quiere donar 49% de sus animales de peluche al hospital de niños. ¿Aproximadamente cuántos animales de peluche donará?

LECCIÓN 6-3

Usa una fracción para estimar el porcentaje de cada número.

23. 48% of 200 **24.** 27% of 76 **25.** 65% of 300 **26.** 15% of 15

27. Kel tiene $25 para gastar en unos jeans. Un pantalón está en oferta, a un 30% menos del precio normal de $29.99. ¿Le alcanza el dinero para comprarlo? Explica.

Usa 1% ó 10% para estimar el porcentaje de cada número.

28. 21% de 88 **29.** 19% de 109 **30.** 2% de 56 **31.** 48% de 200

32. El año pasado, el fondo de jubilación de María perdió un 19%. Si el fondo valía $18,000 al comienzo del año, ¿cuánto dinero perdió María?

33. Cada año se hacen aproximadamente 300 películas. Sólo el 13% son consideradas éxitos. ¿Aproximadamente cuántas películas son consideradas éxitos en un año?

LECCIÓN 6-4

Halla el porcentaje de cada número. Comprueba que tu respuesta sea razonable.

34. 35% de 80 **35.** 55% de 256 **36.** 75% de 60 **37.** 2% de 68

38. 17% de 51 **39.** 0.5% de 80 **40.** 1% de 8.5 **41.** 1.25% de 48

42. Ryan compró una caja nueva para guardar CD en su auto. En la caja sólo entran 60 de sus CD. Esto representa el 60% de su colección. ¿Cuántos CD tiene Ryan?

LECCIÓN 6-5

Resuelve.

43. ¿Qué porcentaje de 150 es 60? **44.** ¿Qué porcentaje de 140 es 28?

45. ¿Qué porcentaje de 120 es 24? **46.** ¿Qué porcentaje de 88 es 102?

47. ¿24 es el 60% de qué número? **48.** ¿9 es el 15% de qué número?

49. Thomas compró un escritorio a un precio al por menor de $129 y pagó $10.32 de impuesto sobre la venta. ¿Cuál es la tasa de impuesto sobre la venta en el lugar donde Thomas compró el escritorio?

50. El impuesto sobre la venta de una habitación de hotel que cuesta $68 es $7.48. ¿Cuál es la tasa del impuesto sobre la venta?

LECCIÓN 6-6

Halla cada porcentaje de cambio. Redondea las respuestas a la décima de porcentaje más cercana si es necesario.

51. 54 aumenta a 68. **52.** 90 disminuye a 82. **53.** 60 aumenta a 80.

54. 76 disminuye a 55. **55.** 75 aumenta a 120. **56.** 50 disminuye a 33.

57. Abby's Appliances vende reproductores de DVD a un 7% más del costo al por mayor, que es de $89. ¿Cuánto cobra la tienda por cada reproductor de DVD?

58. El viejo estacionamiento de un mercado tenía capacidad para 48 automóviles. En el nuevo entra un 37.5% más de automóviles. ¿Cuántos espacios para estacionar hay en el nuevo estacionamiento?

59. Una bolsa normal de papas fritas contiene 12 onzas. Una bolsa gigante contiene un $166\frac{2}{3}$% más de papas fritas. ¿Cuántas onzas contiene la bolsa gigante?

LECCIÓN 6-7

Halla cada valor que falta.

60. $I = ▢$, $P = \$500$, $i = 5\%$, $t = 1$ año **61.** $I = \$30$, $P = ▢$, $i = 6\%$, $t = 2$ años

62. $I = \$168$, $P = \$800$, $i = ▢$, $t = 3$ años **63.** $I = \$48$, $P = \$300$, $i = 8\%$, $t = ▢$

64. Shane deposita $600 en una cuenta que da un 5.5% de interés simple. ¿Cuánto tiempo pasará antes que la cantidad total sea $699?

Práctica adicional ■ Capítulo 7

LECCIÓN 7-1

En la tabla se muestra la cantidad de puntos que anotó un jugador durante los diez últimos juegos de la temporada.

1. Haz una tabla de frecuencia acumulada de los datos.
2. Haz un diagrama de tallo y hojas de los datos.
3. Haz un diagrama de acumulación de los datos.

Fecha del partido	Puntos	Fecha del partido	Puntos
7 Feb	36	25 Feb	18
14 Feb	34	27 Feb	31
18 Feb	27	1 Mar	43
20 Feb	46	3 Mar	42
23 Feb	32	4 Mar	28

LECCIÓN 7-2

Halla la media, mediana, moda y rango de cada conjunto de datos.

4. 13, 8, 40, 19, 5, 8
5. 21, 19, 23, 26, 15, 25, 25

Identifica el valor extremo de cada conjunto de datos. Luego, determina cómo el valor extremo afecta la media, la mediana y la moda de los datos. Luego, determina qué medida de tendencia dominante describe mejor los datos con y sin el valor extremo.

6. 23, 27, 31, 19, 56, 22, 25, 21
7. 66, 78, 57, 87, 66, 59, 239, 84

LECCIÓN 7-3

8. En la tabla se muestran las poblaciones de cuatro países. Haz una gráfica de doble barra con los datos.
9. En la siguiente lista se muestran los puntajes de una prueba de historia. Haz un histograma de los datos.

   87, 92, 75, 79, 64, 88, 96, 99, 69, 77, 78, 78, 88, 83, 93, 76

País	Población en 1998 (millones)	Población en 2001 (millones)
Túnez	9.3	9.7
Siria	15.3	16.7
Turquía	64.5	66.5
Argelia	30.1	31.7

LECCIÓN 7-4

En la gráfica circular se muestran los resultados de una encuesta a 100 personas de Irán, a quienes se preguntó sobre su origen étnico. Usa la gráfica para los ejercicios del 10 al 12.

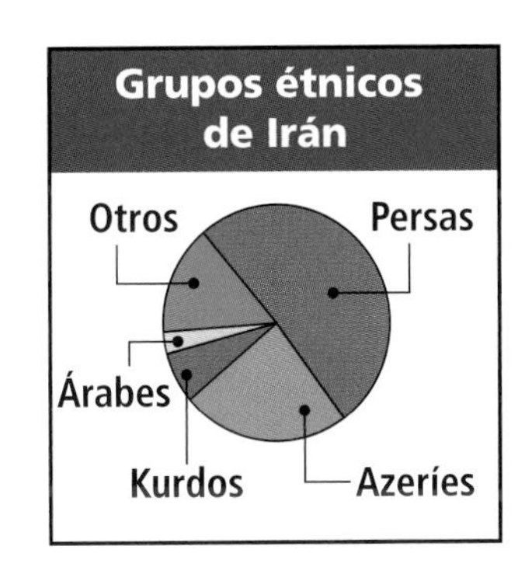

10. ¿Qué grupo étnico es el segundo más grande?
11. ¿Aproximadamente qué porcentaje de las personas son persas?
12. Según la encuesta, 3% de las personas son árabes. ¿Cuántas personas encuestadas son árabes?

Decide si sería mejor una gráfica de barras o una gráfica circular para mostrar la información. Explica tu respuesta.

13. la cantidad de guitarras vendidas comparada con la cantidad de baterías vendidas en el año 2002
14. la temperatura promedio de cada día de una semana

LECCIÓN 7-5

15. Usa los datos para hacer una gráfica de mediana y rango. 22, 41, 39, 27, 29, 30, 40, 61, 25, 28, 32

LECCIÓN 7-6

En la tabla se muestra la cantidad de estudiantes que Karen tuvo como alumnos durante ciertos meses. Usa la tabla para los ejercicios 16 y 17.

Mes	Estudiantes
Ene	5
Mar	8
May	9
Jul	12
Sep	14
Nov	18

16. Haz una gráfica lineal de los datos. Usa la gráfica para determinar durante qué meses la cantidad de estudiantes aumentó más.

17. Usa la gráfica para estimar la cantidad de estudiantes que Karen tuvo como alumnos en octubre.

LECCIÓN 7-7

Elige el tipo de gráfica que mejor representaría cada tipo de datos.

18. la cantidad de participantes en un concurso de hoyo en uno durante los últimos 10 años

19. los precios de los cinco reproductores de MP3 más vendidos

LECCIÓN 7-8

Determina si cada muestra puede no ser representativa. Explica.

20. Un banco les pregunta a los 10 primeros clientes que llegan por la mañana si están satisfechos con el servicio al cliente del banco.

21. Los miembros de una agencia de encuestas interrogan a 1,000 residentes eligiendo nombres al azar de una lista con todos los residentes.

LECCIÓN 7-9

22. En la tabla se muestra la cantidad promedio de puntos por partido que Michael Jordan anotó durante cada temporada con los Chicago Bulls. Usa los datos para hacer un diagrama de dispersión. Describe la relación entre los conjuntos de datos.

Año	Puntos	Año	Puntos
1990	33.6	1994	26.9
1991	31.5	1995	30.4
1992	30.1	1996	29.6
1993	32.6	1997	28.7

LECCIÓN 7-10

Explica por qué cada gráfica podría ser engañosa.

23.

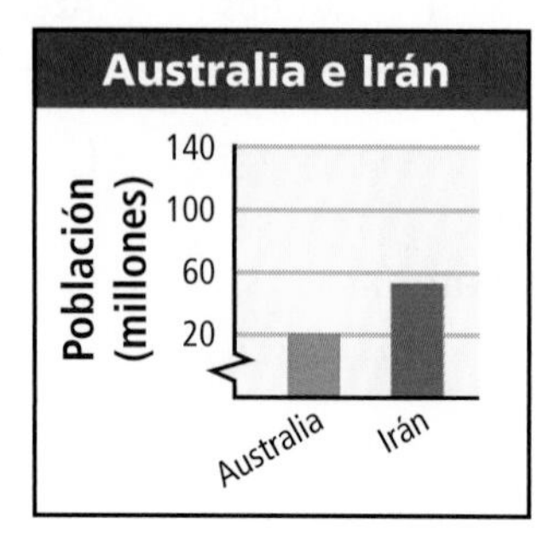

24.

Práctica adicional ■ Capítulo 8

LECCIÓN 8-1

Identifica las figuras del diagrama.

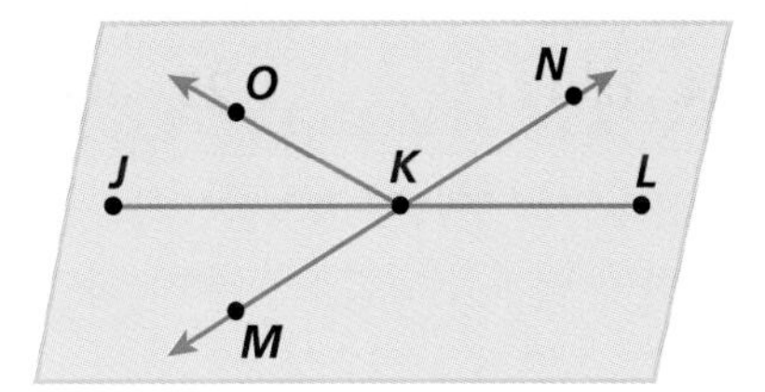

1. tres puntos
2. una recta
3. un plano
4. tres rayos
5. cinco segmentos de recta

6. Identifica los segmentos de recta que son congruentes en la figura.

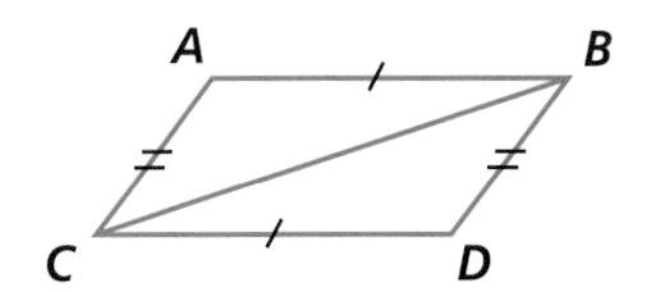

LECCIÓN 8-2

Indica si cada ángulo es agudo, recto, obtuso o llano.

7. 

8. 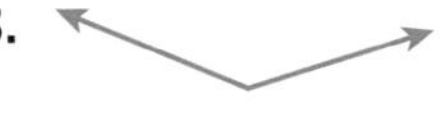

9. 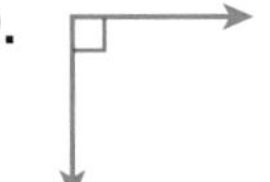

10. 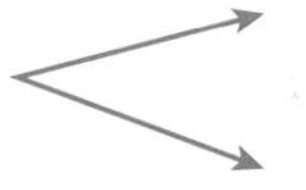

Usa el diagrama para indicar si los ángulos son complementarios, suplementarios o ninguna de las dos cosas.

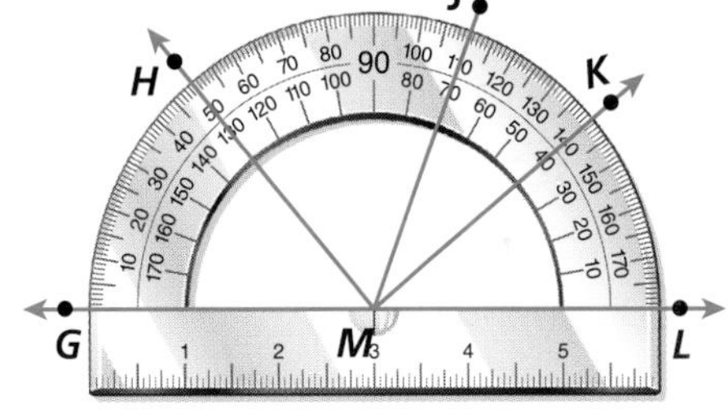

11. $\angle GMH$ y $\angle HMJ$
12. $\angle HMJ$ y $\angle JMK$
13. $\angle LMK$ y $\angle GMK$
14. $\angle JMK$ y $\angle KML$
15. Los ángulos Q y S son complementarios. Si $m\angle Q$ mide 77°, ¿cuánto mide $m\angle S$?
16. Los ángulos M y N son suplementarios. Si $m\angle M$ mide 17°, ¿cuánto mide $m\angle N$?

LECCIÓN 8-3

Indica si las rectas parecen paralelas, perpendiculares u oblicuas.

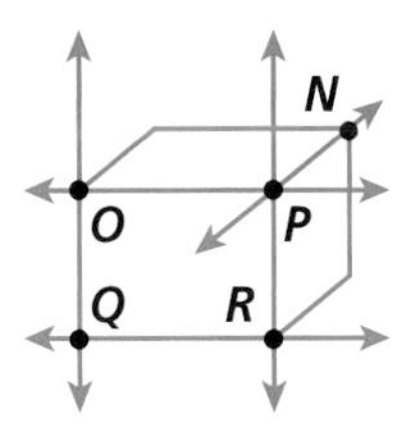

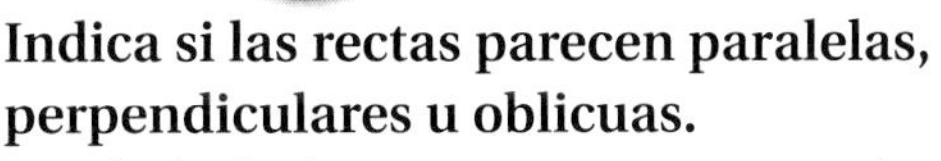
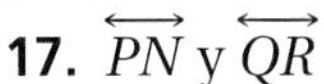

17. $\overleftrightarrow{PN}$ y $\overleftrightarrow{QR}$
18. $\overleftrightarrow{OQ}$ y $\overleftrightarrow{QR}$
19. $\overleftrightarrow{OP}$ y $\overleftrightarrow{QR}$
20. $\overleftrightarrow{PN}$ y $\overleftrightarrow{OQ}$

Recta $j \parallel$ recta k. Halla las medidas de cada ángulo.

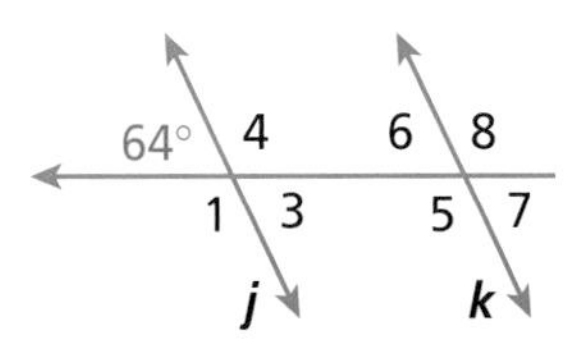

21. $\angle 1$
22. $\angle 3$
23. $\angle 8$

Práctica adicional ■ Capítulo 8

LECCIÓN 8-4

Nombra las partes del círculo *I*.

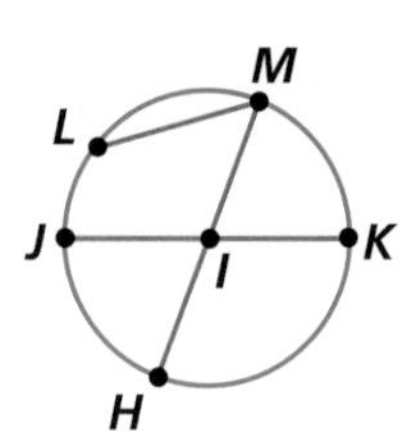

24. radios **25.** diámetros **26.** cuerdas

LECCIÓN 8-5

Determina si cada figura es un polígino. Si no lo es, explica por qué.

27. 

28. 

29. 

Identifica cada polígono.

30. 

31. 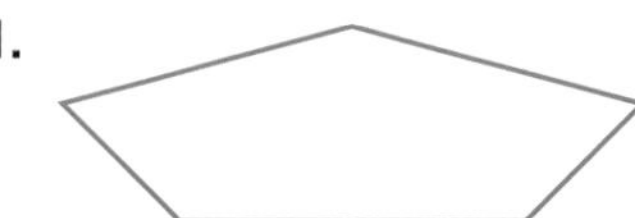

32. 

LECCIÓN 8-6

Clasifica cada triángulo según sus lados y ángulos.

33. 

34. 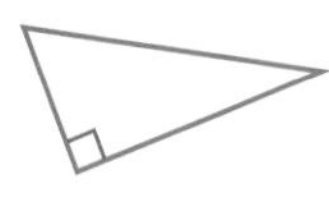

35. 

36. 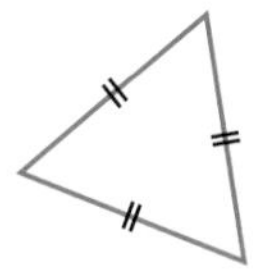

LECCIÓN 8-7

Da todos los nombres que se aplican a cada cuadrilátero. Luego, da el nombre que mejor lo describe.

37. 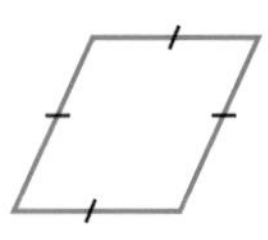

38. 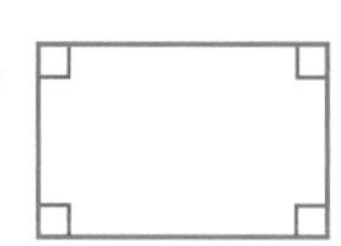

39. 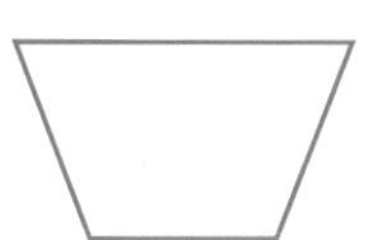

40. 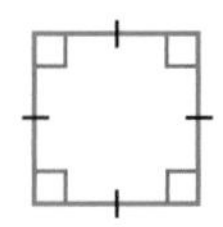

LECCIÓN 8-8

Halla la medida del ángulo desconocido de cada triángulo.

41. 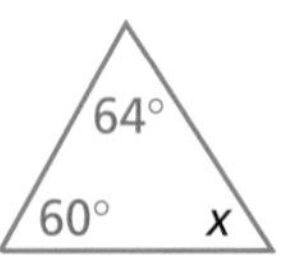

42. 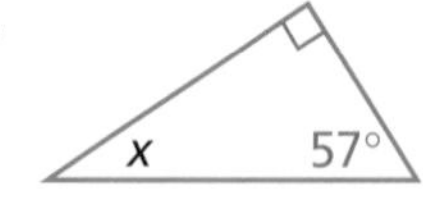

43. 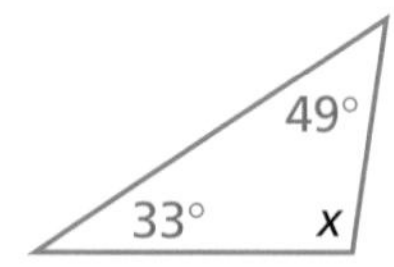

44. 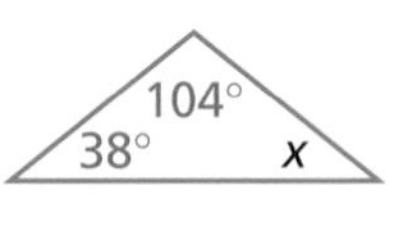

Divide cada polígono en triángulos para hallar la suma de las medidas de los ángulos.

45. 

46. 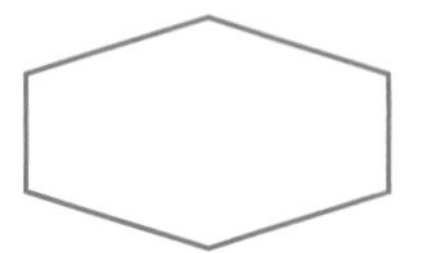

47. 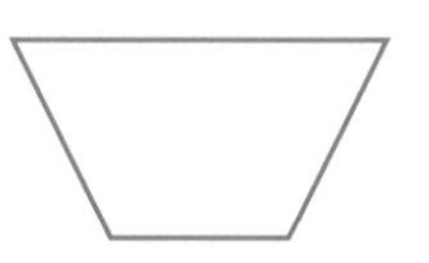

48. 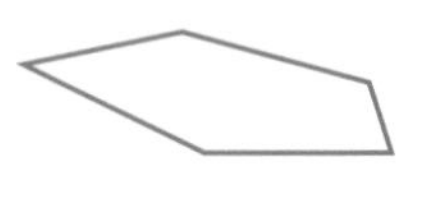

Práctica adicional ■ Capítulo 8

LECCIÓN 8-9

Determina si los triángulos son congruentes.

49.

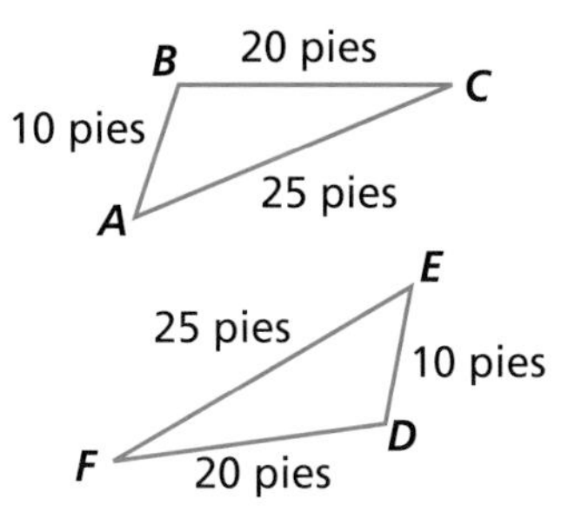

50.

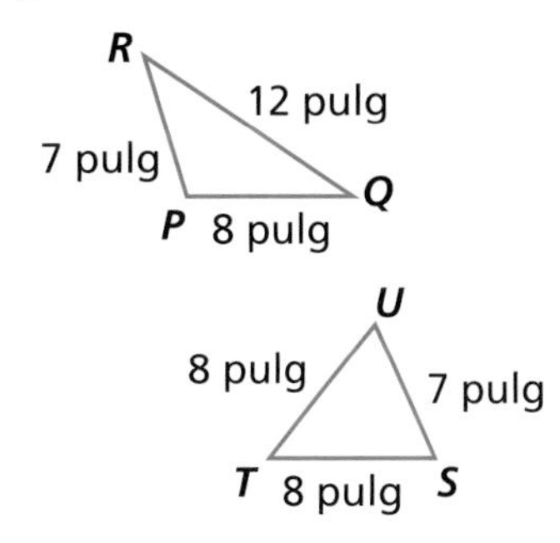

51.

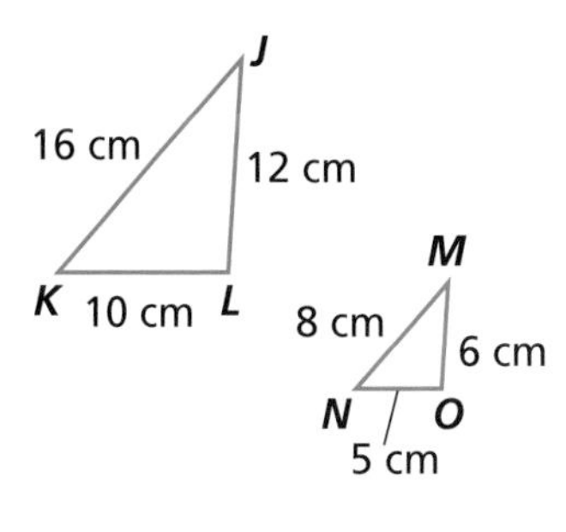

Determina la(s) medida(s) que faltan en cada conjunto de polígonos congruentes.

52.

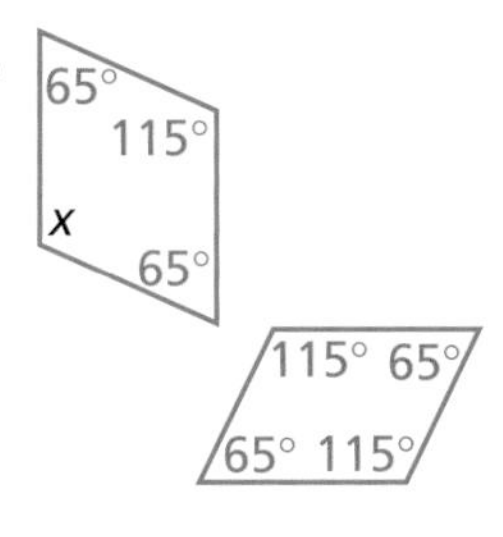

53.

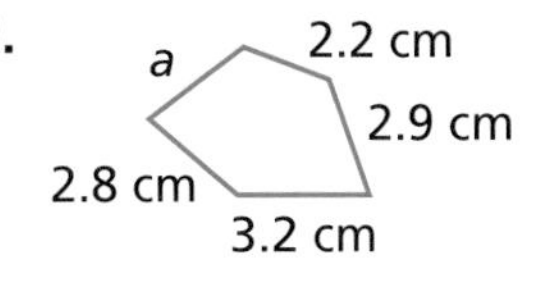

2.2 cm, 2.8 cm, 2.9 cm, 2.8 cm, 3.2 cm

54.

45 mm, 20 mm, 95°, 109°, 26 mm, x, 55 mm

45 mm, 20 mm, 95°, 109°, 66°, 26 mm, a

LECCIÓN 8-10

Representa gráficamente cada transformación.

55. Rota $\triangle PQR$ 90° en sentido contrario a las manecillas del reloj alrededor del vértice R.

56. Refleja la figura a través del eje y.

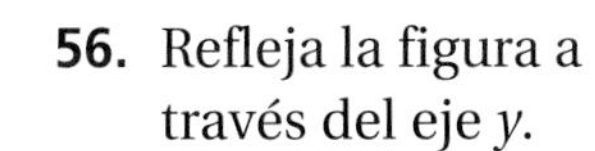

57. Traslada $\triangle RST$ 3 unidades a la derecha y 3 unidades hacia abajo.

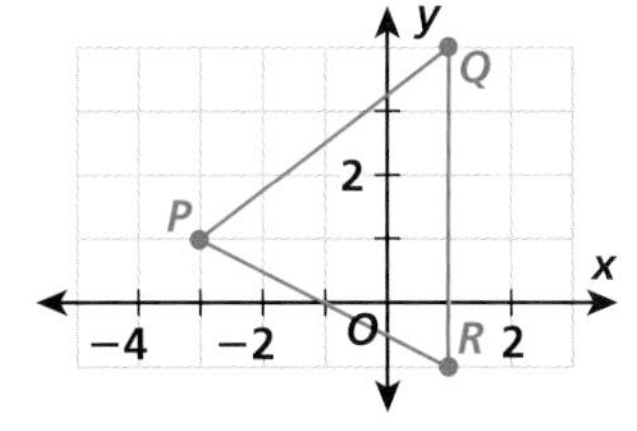

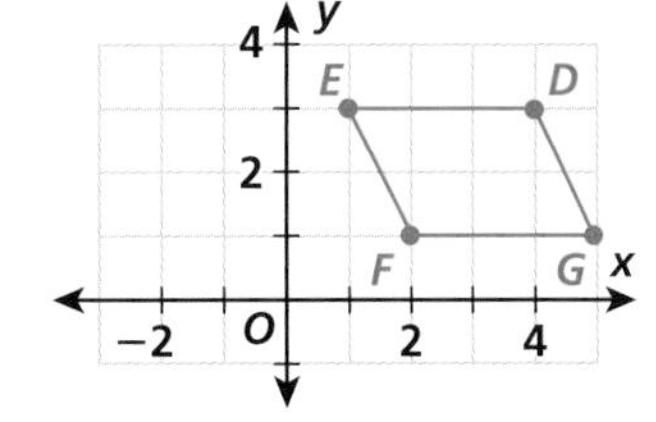

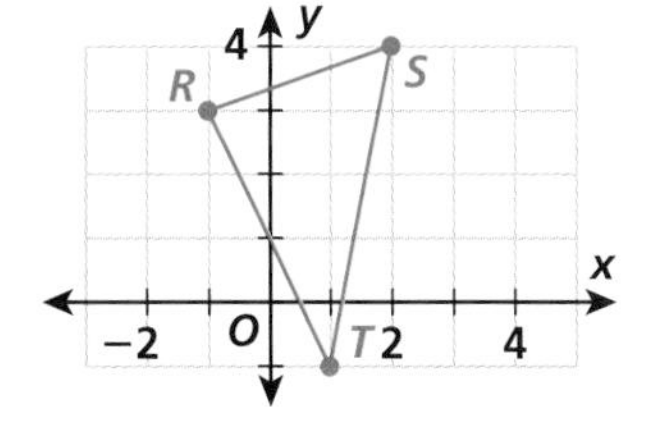

LECCIÓN 8-11

Decide si cada figura tiene simetría axial. Si la tiene, dibuja todos los ejes de simetría.

58.

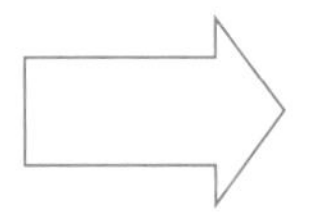

59.

60.

Indica cuántas veces cada figura mostrará simetría de rotación dentro de una rotación completa.

61.

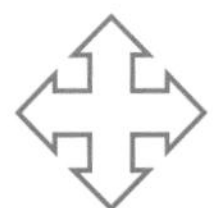

62.

63.

Práctica adicional

Práctica adicional ■ Capítulo 9

LECCIÓN 9-1

Elige la medición más precisa de cada par.

1. 2 pies, 23 pulg **2.** 8.1 m, 811 cm **3.** $6\frac{5}{16}$ m, $6\frac{3}{8}$ m

Calcula. Usa la cantidad correcta de dígitos significativos en cada respuesta.

4. $7.02 + 6.9$ **5.** $12 - 5.88$ **6.** $9.20 \div 3.5$ **7.** $3.6 \cdot 1.8$

LECCIÓN 9-2

Halla cada perímetro.

8.

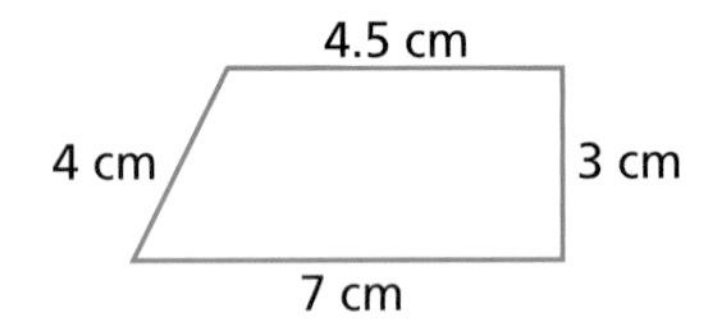

9.

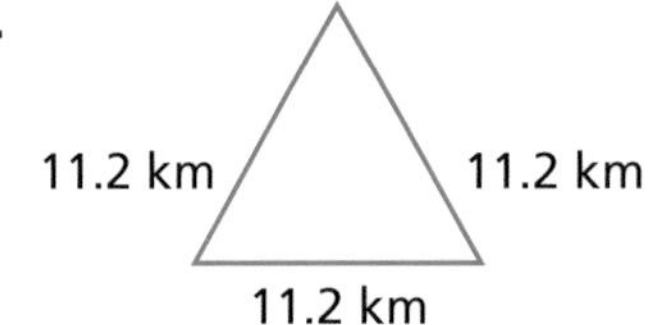

10.

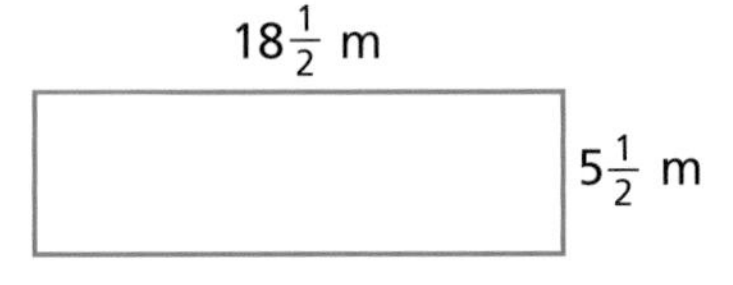

Halla la circunferencia de cada círculo a la décima más cercana. Usa 3.14 ó $\frac{22}{7}$ para π.

11.

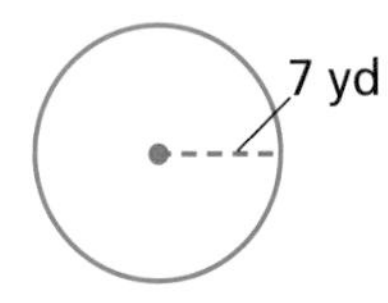

12.

13.

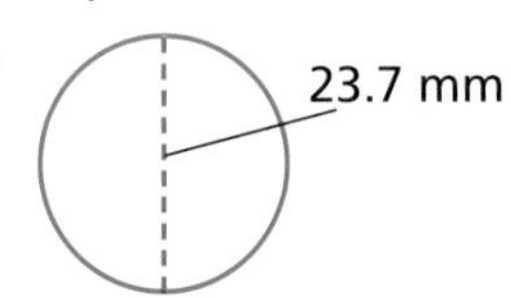

LECCIÓN 9-3

Halla el área de cada rectángulo o paralelogramo.

14.

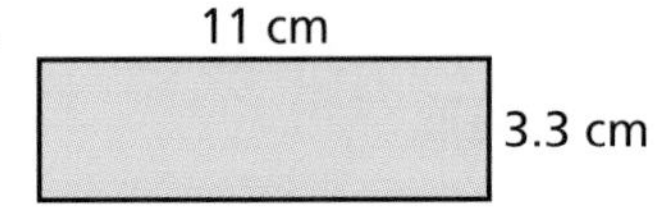

15.

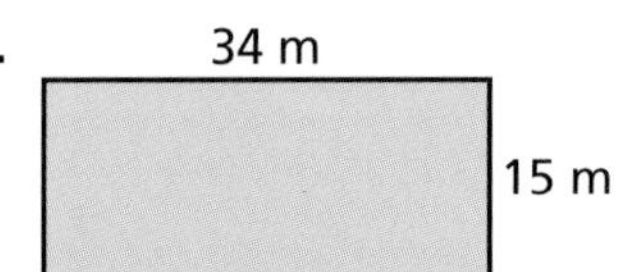

16.

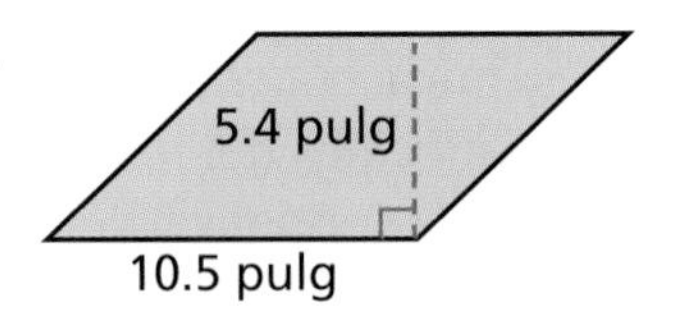

17. Harry está cubriendo el piso con 177 tapetes tatami japoneses. Cada tapete mide 3 pies. ¿Qué área cubrirán los tapetes?

LECCIÓN 

Halla el área de cada triángulo o trapecio.

18.

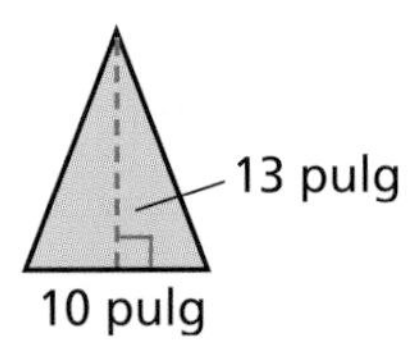

19.

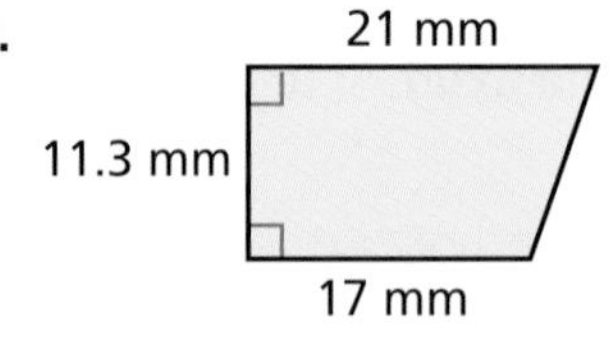

20.

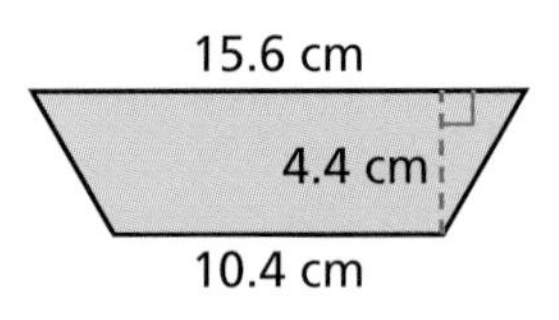

LECCIÓN 9-5

Halla el área de cada círculo a la décima más cercana. Usa 3.14 para π.

21.

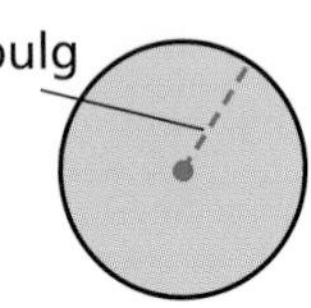

22.

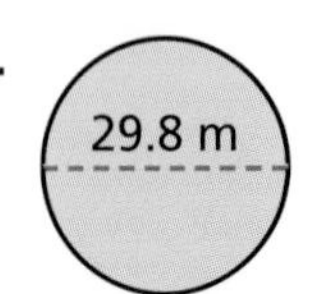

23.

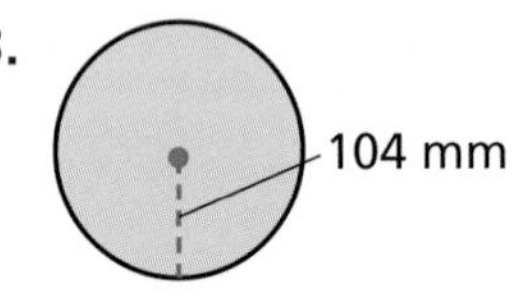

Práctica adicional ■ Capítulo 9

LECCIÓN 9-6

Estima el área de cada figura. Cada cuadrado representa 1 pie^2.

24.

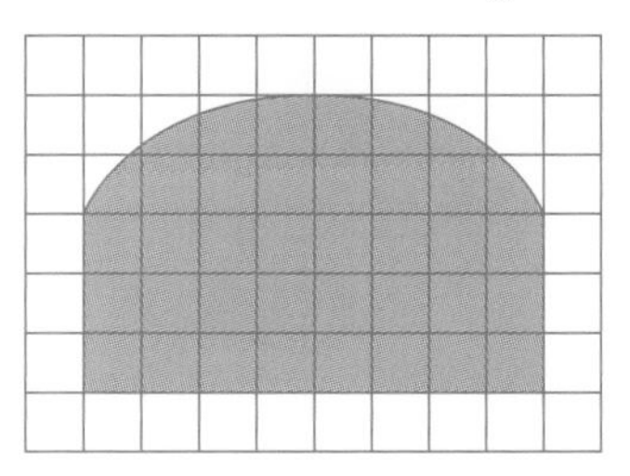

25.

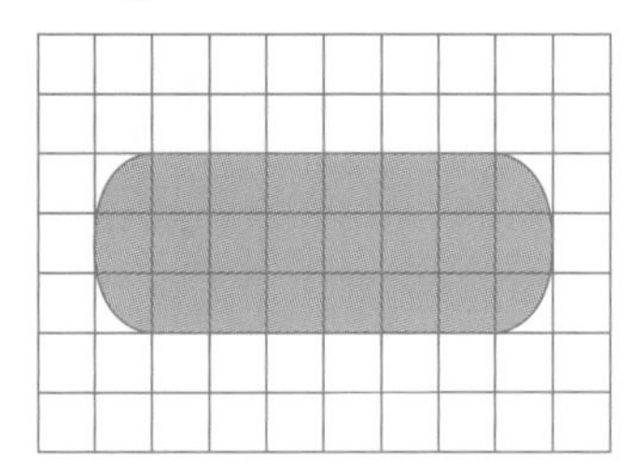

Halla el área de cada figura. Usa 3.14 para π.

26.

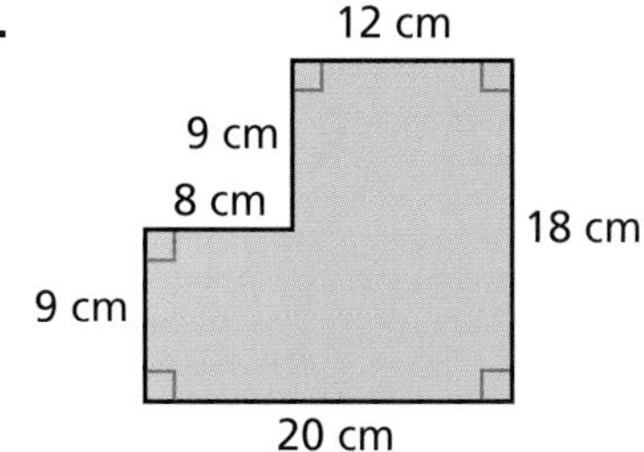

27.

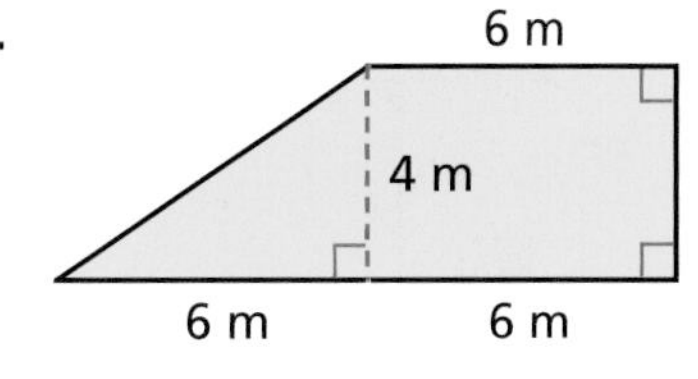

28.

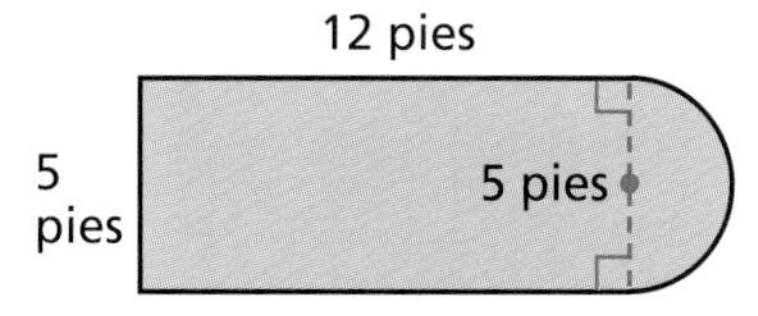

LECCIÓN 9-7

Halla cada cuadrado o raíz cuadrada.

29. 13^2 **30.** $\sqrt{196}$ **31.** $\sqrt{625}$ **32.** 60^2

Estima cada raíz cuadrada al número cabal más cercano. Usa una calculadora para comprobar tu respuesta.

33. $\sqrt{10}$ **34.** $\sqrt{18}$ **35.** $\sqrt{53}$ **36.** $\sqrt{95}$

37. $\sqrt{152}$ **38.** $\sqrt{221}$ **39.** $\sqrt{109}$ **40.** $\sqrt{175}$

41. Una pintura cuadrada tiene un área de 2,728 centímetros cuadrados. ¿Cuánto mide aproximadamente cada lado de la pintura? Redondea tu respuesta al centímetro más cercano.

LECCIÓN 9-8

Usa el teorema de Pitágoras para hallar cada medida que falta.

42.

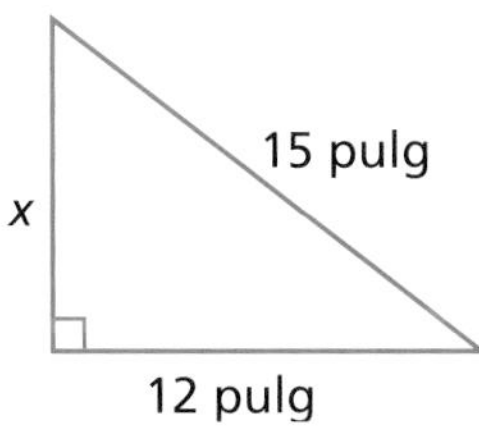

43.

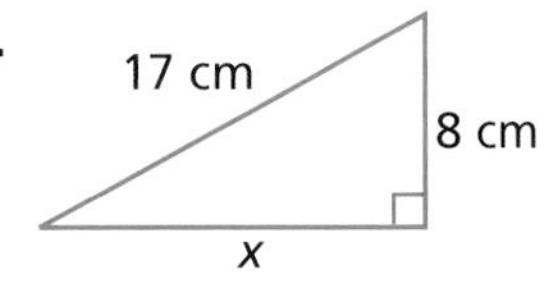

44.

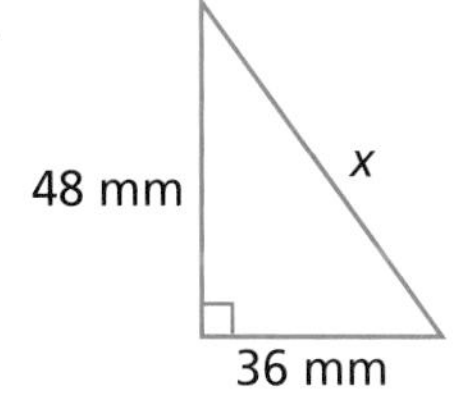

45. Ricky recorre 25 millas hacia el sur en su bicicleta y luego dobla al este y recorre otras 25 millas antes de parar a descansar. ¿A qué distancia está Ricky del punto de partida? Redondea tu respuesta a la décima más cercana.

Práctica adicional ▪ Capítulo 10

LECCIÓN 10-1

Identifica las bases y caras de cada figura. Luego, nombra la figura.

1.

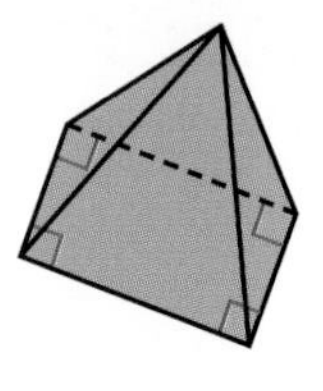

2.

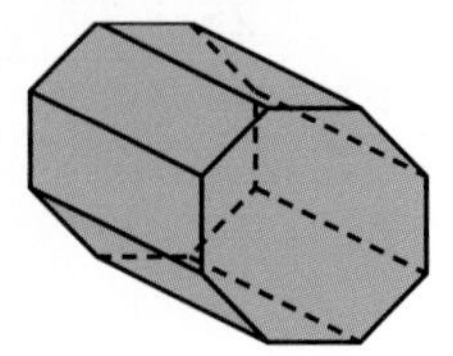

3.

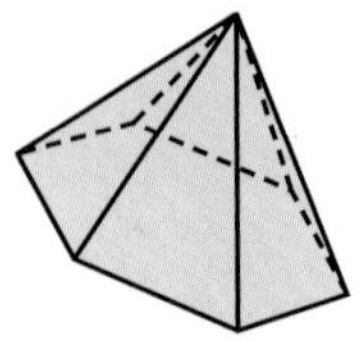

LECCIÓN 10-2

Halla cuántos cubos contiene cada prisma. Luego, da el volumen del prisma.

4.

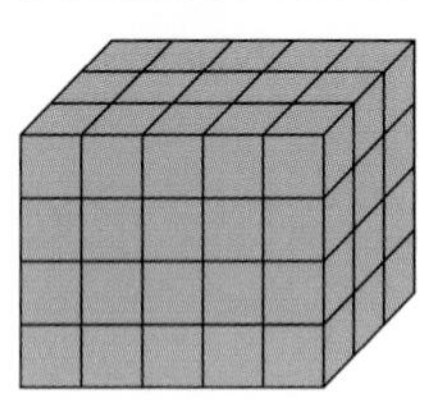

5.

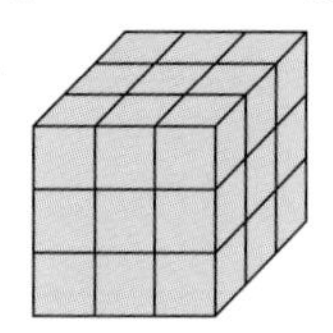

6.

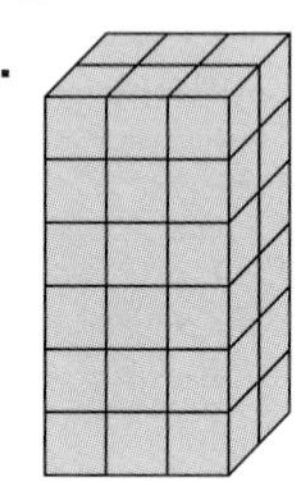

7. La parte de atrás de una camioneta tiene forma de prisma rectangular. Mide 24 pies de longitud, 7 pies de ancho y 8 pies de altura. Halla el volumen de la camioneta.

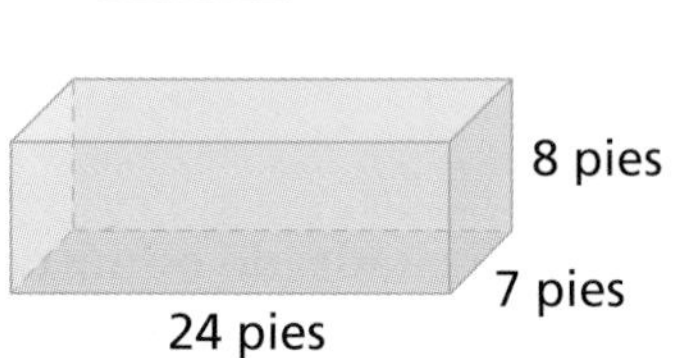

8. Un tambor tiene forma de cilindro. Mide 12.5 pulg de ancho y 8.5 pulg de altura. Halla su volumen. Usa 3.14 para π.

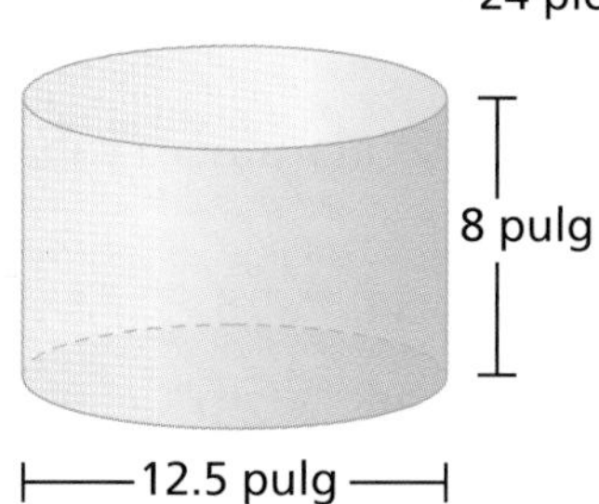

LECCIÓN 10-3

Halla el volumen de cada pirámide a la décima más cercana. Estima para comprobar si la respuesta es razonable.

9.

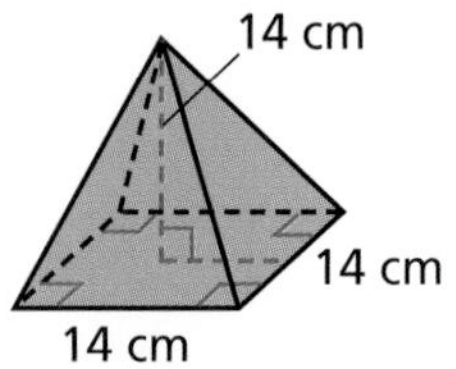

10.

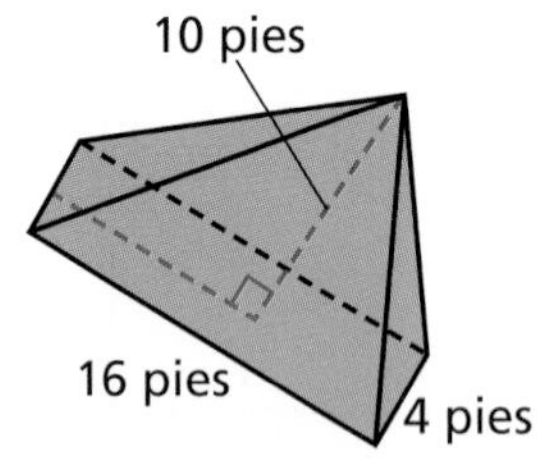

11.

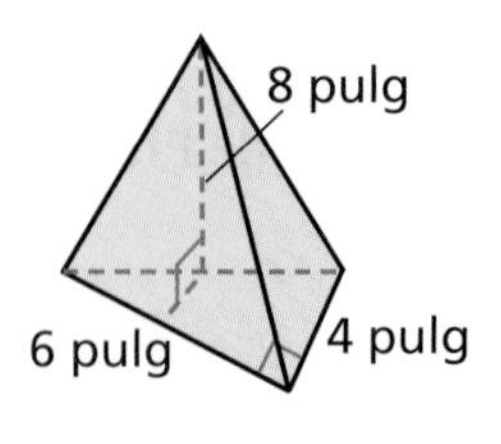

Halla el volumen de cada cono a la décima más cercana. Usa 3.14 para π. Estima para comprobar si la respuesta es razonable.

12.

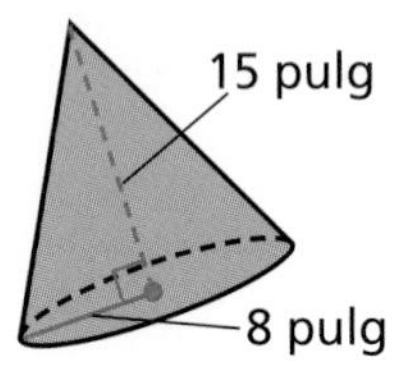

13.

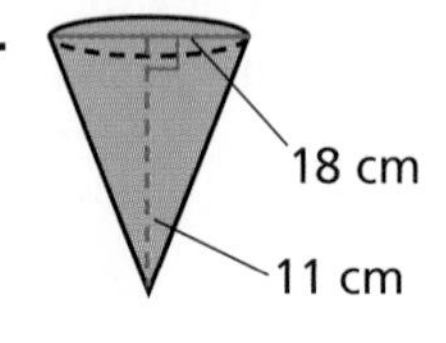

14.

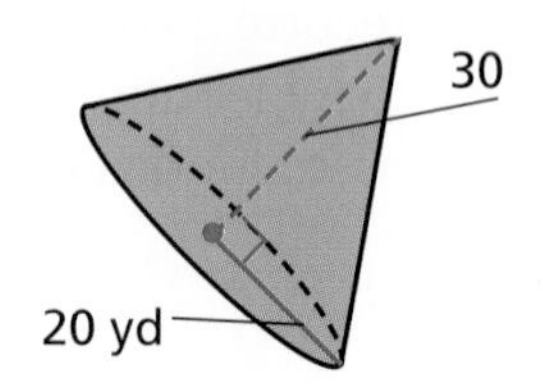

LECCIÓN 10-4

Halla el área total del prisma formado por cada plantilla a la décima más cercana.

15. 14 pulg, 21 pulg, 8 pulg, 14 pulg, 21 pulg

16. 2.9 pies, 5.4 pies, 3 pies, 9 pies, 5.4 pies, 2.9 pies

17.

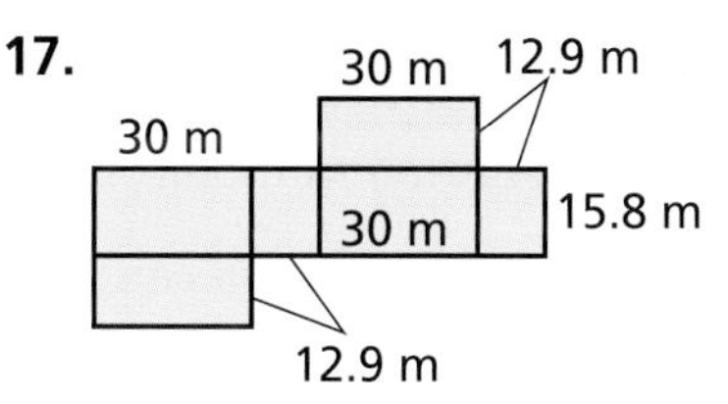

Halla el área total del cilindro formado por cada plantilla a la décima más cercana. Usa 3.14 para π.

18.

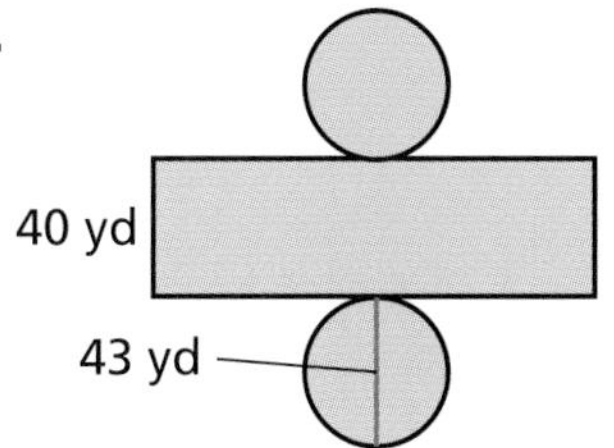

19.

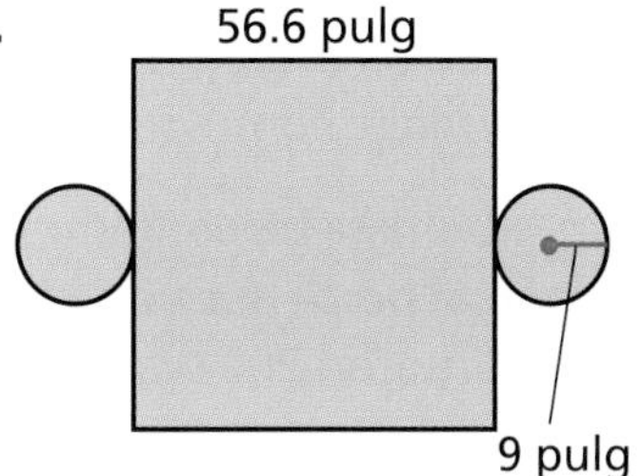

20.

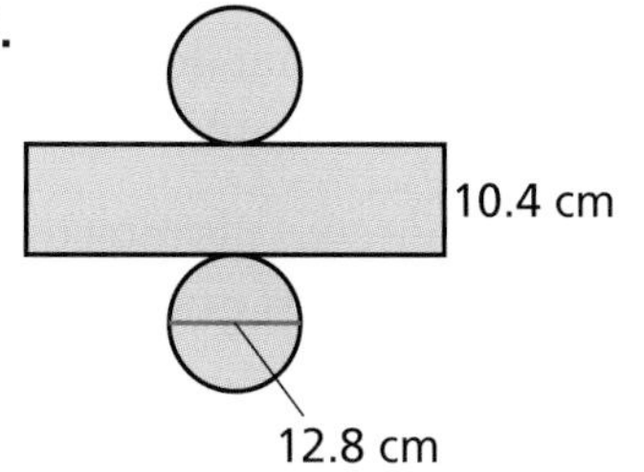

21. Una vela de 8 pulg de altura es cilíndrica y tiene una cinta de 3 pulg de ancho alrededor. ¿Qué porcentaje del área total de la vela está cubierto por la cinta de 3 pulg de ancho? Usa 3.14 para π. Redondea tu respuesta a la décima más cercana.

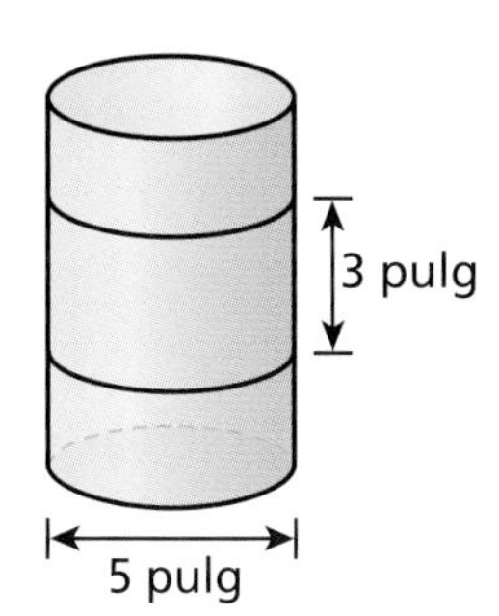

LECCIÓN 10-5

22. El área total de un cilindro es 49 m^2. ¿Cuál es el área total de un cilindro semejante que es más grande por un factor de escala de 6?

23. El área total de un jardín es 36 $pies^2$. ¿Cuál es el área total de un jardín semejante que es más pequeño por un factor de escala de $\frac{1}{4}$?

24. El área total de un prisma hexagonal es 65 cm^2. ¿Cuál es el área total de un prisma semejante que es más grande por un factor de escala de 8?

25. El volumen de un cubo es 50 cm^3. ¿Cuál es el volumen de un cubo semejante que es más grande por un factor de escala de 7?

26. Un barril de petróleo tiene un volumen de 513 cm^3. ¿Cuál es el volumen de un barril de petróleo semejante que es más pequeño por un factor de escala de $\frac{1}{3}$?

Práctica adicional ■ Capítulo 11

LECCIÓN 11-1

Determina si cada suceso es imposible, improbable, tan probable como improbale, probable o seguro.

1. lanzar una moneda y que salga cara doce veces seguidas
2. sacar una cuenta verde de una bolsa con cuentas blancas y rojas
3. la probabilidad de sacar un 2 con un dado es $\frac{1}{6}$. ¿Cuál es la probabilidad de no sacar un 2?

LECCIÓN 11-2

4. Bess hace un strike en 6 de cada diez intentos. ¿Cuál es la probabilidad experimental de que haga un strike en su próximo intento? Escribe tu respuesta como fracción, como decimal y como porcentaje.
5. Durante los últimos diez días, un urbanista ha contado la cantidad de automóviles que pasan en dirección al norte por una intersección en particular. Durante ese tiempo, se contaron 200 o más automóviles en 9 de los 10 días.
   a. ¿Cuál es la probabilidad experimental de que pasen 200 o más automóviles por la intersección en dirección al norte el undécimo día?
   b. ¿Cuál es la probabilidad experimental de que no pasen 200 o más automóviles por la intersección en dirección al norte el undécimo día?

LECCIÓN 11-3

6. Ronald lanza una moneda y un dado al mismo tiempo. ¿Cuáles son los resultados posibles? ¿Cuántos resultados posibles hay en el espacio muestral?
7. Amy puede elegir entre una ensalada, un taco, una hamburguesa o un filete de pescado para el almuerzo. Puede beber limonada, leche, jugo o agua. ¿Cuáles son los resultados posibles? ¿Cuántos resultados posibles hay en el espacio muestral?
8. Un café hace 23 sabores de helado. Puedes pedir cada sabor en un cono de wafle, en un cono de azúcar,en un cono de pastel o en una taza. ¿Cuántos son los resultados posibles?

LECCIÓN 11-4

Halla la probabilidad de cada suceso. Escribe tu respuesta como fracción, como decimal y como porcentaje.

9. Sacar un número menor que 5 con un dado normal
10. Sacar al azar una media rosa de un cajón con 6 medias rosas, 4 negras, 8 blancas y 2 azules del mismo tamaño.

Práctica adicional ■ Capítulo 11

Hay 12 chicos y 14 chicas en la clase del maestro Grimes. Cada estudiante entrega un ensayo. Halla la probabilidad teórica de cada suceso cuando el maestro Grimes elige un ensayo al azar.

11. que elija el ensayo de un chico

12. que elija el ensayo de una chica

LECCIÓN 11-5

Decide si cada conjunto de sucesos es independiente o dependiente. Explica tu respuesta.

13. En la clase del maestro Fernández hay 14 chicos y 16 chicas. El maestro Fernández elige al azar a un chico y a una chica para representar a la clase en el concurso de ortografía de la escuela.

14. La clase de la maestra Rogers recibió nuevos libros de matemáticas. Rogers elige a un estudiante para distribuir los nuevos libros. También elige a un segundo estudiante para recoger los libros viejos.

15. Hay 52 cartas en un mazo estándar. Alex saca una carta y se la queda mientras Suzi saca otra carta.

Halla la probabilidad de cada conjunto de eventos independientes.

16. lanzar dos monedas al mismo tiempo y que salga cara en ambas monedas

17. sacar un 3 de 5 cartas numeradas del 1 al 5 y sacar un número par al lanzar un dado

LECCIÓN 11-6

18. Venus ha decidido pintar su auto con 2 colores. Hay 6 colores de pintura disponibles. ¿Cuántas combinaciones de 2 colores son posibles?

19. Philip tiene 5 monedas diferentes. ¿Cuántas combinaciones de 3 monedas puede formar a partir de las 5 monedas?

20. En un bar se venden 8 jugos diferentes. Tú y un amigo quieren probar una combinación diferente cada uno. ¿Cuántas combinaciones de 2 jugos son posibles?

LECCIÓN 11-7

21. ¿De cuántas maneras diferentes pueden Ralph, Randy y Robert ordenarse en la cola del cine?

22. Roseanne y Rita se suman a Ralph, Randy y Robert para ver la película. ¿De cuántas maneras pueden ordenarse todos en la cola?

23. Doris tiene un billete de $1, uno de $5, uno de $10, uno de $20 y uno de $50. ¿De cuántas maneras puede ordenarlos en una pila?

24. ¿De cuántas maneras se pueden combinar 5 estudiantes con 5 mentores?

Práctica adicional ■ Capítulo 12

Práctica adicional

LECCIÓN 12-1

Resuelve. Comprueba cada respuesta.

1. $4c - 13 = 15$
2. $3h + 14 = 23$
3. $-5j - 13 = 22$
4. $\frac{e}{7} + 2 = 5$
5. $\frac{m}{6} - 3 = 1$
6. $\frac{x}{3} + 5 = -13$
7. Si multiplicas la cantidad de DVD que tiene Sarah por 6 y luego le sumas 5, obtienes 41. ¿Cuántos DVD tiene Sarah?

LECCIÓN 12-2

Resuelve.

8. $2w - 11 + 4w = 7$
9. $7v + 5 - v = 11$
10. $-7z + 4 - z = -12$
11. $\frac{5x - 7}{3} = 15$
12. $2t - 7 - 5t = 11$
13. $\frac{6t + 8}{5} = 2$
14. $12a - 3 - 8a = -1$
15. $\frac{2.9h - 5.1}{2} = 4.7$
16. $\frac{3s - 14}{4} = 4$
17. $\frac{10 - 4t}{8} = -12$
18. Erika ha obtenido puntajes de 82, 87, 93, 95, 88 y 90 en las pruebas de matemática. ¿Qué puntaje debe obtener en su próxima prueba para que su promedio sea 90?

LECCIÓN 12-3

Agrupa los términos que tienen variables de un lado del signo igual y simplifica.

19. $6a = 4a - 8$
20. $3d - 5 = 7d - 9$
21. $-2j + 6 = j - 3$
22. $7 + 5m = 2 - m$

Resuelve.

23. $7y - 9 = -2y$
24. $2c - 13 = 5c + 11$
25. $\frac{2}{5}g + 9 = -6 - \frac{6}{10}g$
26. $7d + 4 = 8 - d$
27. $-3p + 8 = -7p - 12$
28. $1.2k + 2.3 = -0.5k + 7.4$
29. Roberta y Stanley están juntando firmas para una petición. Hasta ahora, Roberta ha conseguido el doble de firmas que Stanley. Si junta 30 firmas más, tendrá 4 veces más firmas de las que Stanley tiene ahora. ¿Cuántas firmas ha juntado Stanley?
30. Los socios del gimnasio pagan una tarifa inicial de inscripción de $98, más $3 por sesión de ejercicios. Los que no son socios pagan $10 por sesión. ¿Cuántas sesiones tendrían que hacer un socio y alguien que no lo es para pagar la misma cantidad?

Práctica adicional ■ Capítulo 12

LECCIÓN 12-4

Escribe una desigualdad para cada situación.

31. La cafetería no tiene capacidad para más de 50 personas.

32. Había menos de 20 barcos en el puerto deportivo.

Representa gráficamente cada desigualdad.

33. $y < -2$ **34.** $f \geq 3$ **35.** $n \leq -1.5$ **36.** $x > 4$

Representa gráficamente cada desigualdad compuesta.

37. $1 < s < 4$ **38.** $-1 \leq v < 2$ **39.** $w < 0$ or $w \geq 5$ **40.** $-3.5 \leq y < -2$

LECCIÓN 12-5

Resuelve. Luego, representa gráficamente cada solución en una recta numérica.

41. $c - 6 > -5$ **42.** $v - 3 \geq 1$ **43.** $w - 6 \leq -7$ **44.** $a - 2 \leq 5$

Resuelve. Comprueba cada respuesta.

45. $q + 3 \leq 5$ **46.** $m + 1 > 0$ **47.** $p + 7 \leq 4$ **48.** $z + 2 \geq -3$

49. Para el sábado por la noche habían caído 3 pulgadas de lluvia en Happy Valley. El pronóstico meteorológico anunció por lo menos 8 pulgadas de lluvia para el fin de semana. ¿Cuánto más debe llover el domingo para que el pronóstico sea correcto?

LECCIÓN 12-6

Resuelve. Comprueba cada respuesta.

50. $\frac{a}{5} \leq 4.5$ **51.** $-\frac{v}{2} > 2$ **52.** $\frac{x}{3.9} \geq -2$ **53.** $-\frac{c}{4} < 2.3$

54. $13y < 39$ **55.** $2t \leq 5$ **56.** $-7r > 56$ **57.** $3s \geq -4.5$

58. La tienda de dulces local compra dulces al por mayor y luego los vende por libra. Si el dueño de la tienda gasta $135 en caramelos de menta y luego los vende a $3.50 la libra, ¿cuántas libras debe vender para obtener un beneficio?

LECCIÓN 12-7

Resuelve. Luego, representa gráficamente cada conjunto solución en una recta numérica.

59. $\frac{m}{3} - 1 \leq 2$ **60.** $7.2x - 4.8 > 24$ **61.** $-5.5h + 2 < 13$

62. $-1 - \frac{s}{3.5} \geq 1$ **63.** $-\frac{w}{1.5} - 8 \leq -10$ **64.** $4j - 6 > 16$

65. $5 - 2u < 15$ **66.** $\frac{r}{7} - 1 \geq 0$ **67.** $5 - \frac{m}{9} \leq 17$

68. Jill, Serena y Erin están intentando juntar dinero suficiente para alquilar una casa en la playa durante una semana. Estiman que costará por lo menos $1,650. Si Jill ya ha ganado $600, ¿cuánto debe ganar cada uno de los demás?

Práctica adicional

Dibujar un diagrama

Cuando los problemas tratan sobre objetos, distancias o lugares, puedes **dibujar un diagrama** para que el problema sea más fácil de comprender. Puedes usar el diagrama para buscar relaciones entre los datos que se dan y resolver el problema.

Estrategias de resolución de problemas

Dibujar un diagrama	Hacer una tabla
Hacer un modelo	Resolver un problema más sencillo
Calcular y poner a prueba	Usar el razonamiento lógico
Trabajar en sentido inverso	Representar
Hallar un patrón	Hacer una lista organizada

Un águila calva construyó su nido 18 pies debajo de la copa de un roble de 105 pies de altura. El águila se posa sobre una rama a 72 pies sobre el suelo. ¿Cuál es la distancia vertical entre el águila y su nido?

Comprende el problema

Identifica la información importante.

- La altura del árbol es de 105 pies.
- El nido del águila está a 18 pies de la copa del árbol.
- El águila está a 72 pies sobre el suelo.

La respuesta será la distancia vertical entre el águila y su nido.

Haz un plan

Usa la información del problema para **dibujar un diagrama** que muestre la altura del árbol y las ubicaciones del águila y su nido.

Resuelve

Para hallar la altura de la ubicación del nido, resta la distancia que hay entre el nido y la cima del árbol de la altura del árbol.

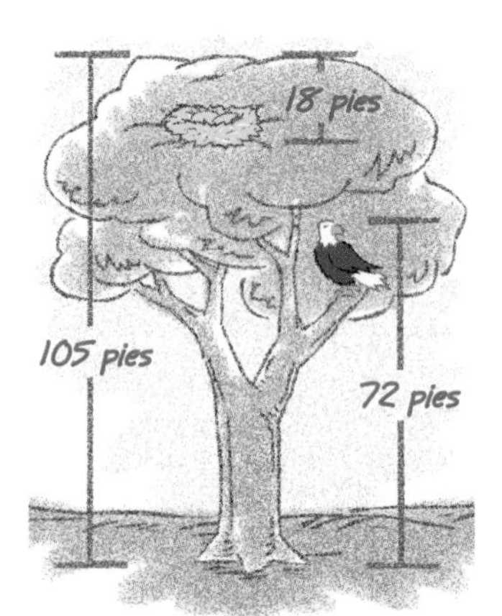

105 pies − 18 pies = 87 pies

Para hallar la distancia vertical entre el águila y su nido, resta la altura de la ubicación del águila a la altura de la ubicación del nido.

87 pies − 72 pies = 15 pies

La distancia vertical entre el águila y su nido es de 15 pies.

Repasa

Asegúrate de haber dibujado correctamente tu diagrama. ¿Corresponde a la información que se da en el problema?

PRÁCTICA

1. El conductor de un camión recorre 17 millas al sur para hacer su primera entrega. Luego, recorre 19 millas al oeste para hacer su segunda entrega, y luego, recorre 17 millas al norte para hacer otra entrega. Finalmente, recorre 5 millas al este para su última entrega. ¿A qué distancia está de su punto de salida?

2. Una mesa que mide 10 pies de longitud por 4 pies de ancho tiene un lado largo junto a una pared. Sarah coloca globos con una separación de 1 pie en los tres lados expuestos de la mesa, con un un globo en cada esquina. ¿Cuántos globos usa?

Haz un modelo

Cuando los problemas tratan sobre objetos, puedes **hacer un modelo** con esos objetos u otros similares. Esto puede ayudarte a comprender el problema y hallar la solución.

Estrategias de resolución de problemas

Dibujar un diagrama	Hacer una tabla
Hacer un modelo	Resolver un problema más sencillo
Calcular y poner a prueba	Usar el razonamiento lógico
Trabajar en sentido inverso	Representar
Hallar un patrón	Hacer una lista organizada

Una empresa empaca 6 minirompecabezas en un cubo decorado de 4 pulgadas por lado. Se envían a la juguetería en cajas que tienen forma de prisma rectangular. En cada caja caben veinte cubos. Si la altura de cada caja es de 8 pulg, ¿cuáles son las dimensiones posibles de la caja?

Comprende el problema

Identifica la información importante.

- Cada cubo mide 4 pulgadas por lado.
- En cada caja caben veinte cubos.
- La altura de la caja es de 8 pulgadas.

La respuesta será las dimensiones de la caja.

Haz un plan

Puedes usar 20 cubos para hacer un modelo de los cubos empacados en una caja. Registra los valores posibles de longitud y ancho, con la altura de 8 pulgadas.

Resuelve

Comienza con una caja que mida 8 pulg, ó 2 cubos, de altura. Usa los 20 cubos para hacer un prisma rectangular.

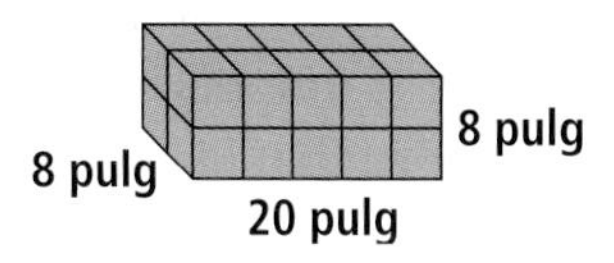

Las dimensiones posibles de la caja son 20 pulg × 8 pulg × 8 pulg

Repasa

El volumen de cada caja debe ser igual al volumen de los 20 cubos.

Volumen de las cajas: 8 pulg × 20 pulg × 8 pulg = 1,280 pulg^3

Volumen de 1 cubo: 4 pulg × 4 pulg × 4 pulg = 64 pulg^3

Volumen de 20 cubos: 20 × 64 = 1,280 pulg^3

1,280 pulg^3 = 1,280 pulg^3 ✓

PRÁCTICA

1. Da dos conjuntos de dimensiones posibles para un prisma rectangular hecho con veinte cubos de 1 pulgada.
2. John usa exactamente ocho cubos de 1 pulgada para formar un prisma rectangular. Halla la longitud, el ancho y la altura del prisma.

Calcular y poner a prueba

Si no sabes cómo resolver un problema, puedes **calcular.** Luego, puedes **poner a prueba** el cálculo con la información del problema. Usa lo que hallaste para hacer un segundo cálculo. Sigue **calculando y poniendo a prueba** hasta que halles la respuesta correcta.

Estrategias de resolución de problemas

- Dibujar un diagrama
- Hacer un modelo
- **Calcular y poner a prueba**
- Trabajar en sentido inverso
- Hallar un patrón
- Hacer una tabla
- Resolver un problema más sencillo
- Usar el razonamiento lógico
- Representar
- Hacer una lista organizada

Shannon usó cantidades iguales de monedas de 25 centavos y de 5 centavos para comprar una plantilla en relieve que cuesta $1.50. ¿Cuántas monedas usó de cada una?

Comprende el problema

Identifica la información importante.

- Shannon usó cantidades iguales de monedas de 25 y de 5 centavos.
- Las monedas que usó suman un total de $1.50.

La respuesta será la cantidad de monedas de 25 centavos y la cantidad de monedas de 5 centavos que usó Shannon.

Haz un plan

Empieza con un cálculo que use la información del problema: las cantidades de monedas de 25 y de 5 centavos son iguales. Luego ponlo a prueba para ver si las monedas dan un total de $1.50.

Resuelve

Haz un primer cálculo de 4 monedas de 25 centavos y 4 monedas de 5 centavos y halla el valor total de las monedas.

Calcular: 4 monedas de 25 centavos y 4 monedas de 5 centavos
Poner a prueba: $(4 \times \$0.25) + (4 \times \$0.05) = \$1.00 + \$0.20 = \$1.20$

$1.20 es muy bajo. Aumenta la cantidad de monedas.

Calcular: 6 monedas de 25 centavos y 6 monedas de 5 centavos
Poner a prueba: $(6 \times \$0.25) + (6 \times \$0.05) = \$1.50 + \$0.30 = \$1.80$

$1.80 es muy alto. La cantidad de cada moneda debe estar entre 4 y 6. Por tanto, Shannon debe haber usado 5 monedas de 25 centavos y 5 monedas de 5 centavos.

Repasa

Comprueba la respuesta para ver si las monedas suman $1.50.
$(5 \times \$0.25) + (5 \times \$0.05) = \$1.25 + \$0.25 = \$1.50$ ✓

PRÁCTICA

1. La suma de edades de Richard y su hermano mayor es de 63. La diferencia entre sus edades es de 13. ¿Qué edad tiene cada uno?
2. En el último partido de la temporada de básquetbol, Trinka obtuvo un total de 25 puntos por tiros de 2 y de 3 puntos. Hizo 5 tiros más de 2 puntos que de 3 puntos. ¿Cuántos hizo de cada uno?

Trabajar en sentido inverso

Algunos problemas te dan una sucesión de información y te piden hallar algo que ocurrió al principio. Para resolver un problema como éste, puedes empezar por el final y **trabajar en sentido inverso.**

Estrategias de resolución de problemas

Dibujar un diagrama	Hacer una tabla
Hacer un modelo	Resolver un problema más sencillo
Calcular y poner a prueba	Usar el razonamiento lógico
Trabajar en sentido inverso	Representar
Hallar un patrón	Hacer una lista organizada

Tony vende meriendas de fruta seca para ayudar a reunir dinero para una nueva computadora para la escuela. La mitad de las meriendas de la bolsa son chabacanos. Del resto de las meriendas, la mitad son plátanos y los otros 8 son arándanos rojos. ¿Cuántas meriendas hay en la bolsa?

Comprende el problema

Identifica la información importante.

- La mitad de las meriendas son chabacanos.
- La mitad de las meriendas que restan son plátanos.
- Las últimas 8 meriendas son arándanos rojos.

La respuesta será la cantidad total de meriendas en la bolsa.

Haz un plan

Empieza con los 8 arándanos rojos y **trabaja en sentido inverso** con la información del problema hasta que halles la cantidad total de meriendas.

Resuelve

Hay 8 arándanos rojos.	8
La otra mitad de las meriendas que restan son plátanos, por lo tanto debe haber 8 plátanos.	$8 + 8 = 16$
La otra mitad de las meriendas son chabacanos, por tanto,debe haber 16 chabacanos.	$16 + 16 = 32$

Hay 32 meriendas en la bolsa.

Repasa

Con la cantidad inicial de 32 meriendas de fruta, trabaja desde el inicio del problema siguiendo estos pasos.

Inicio: 32
La mitad de 32: $32 \div 2 = 16$
La mitad de 16: $16 \div 2 = 8$
Menos 8: $8 - 8 = 0$ ✓

PRÁCTICA

1. En una competencia, cada finalista debe responder correctamente a 4 preguntas. Cada pregunta vale el doble que la pregunta anterior. La cuarta pregunta vale $1,000. ¿Cuánto vale la primera pregunta?

2. La familia Ramírez tiene 5 hijos. Sara es 5 años menor que su hermano Kenny. Félix tiene la mitad de la edad que su hermana Sara. Kaitlen, que tiene 10, es 3 años mayor que Félix. Kenny y Celia son gemelos. ¿Qué edad tiene Celia?

Hallar un patrón

En algunos problemas, hay una relación entre los diferentes datos. Examina esta relación y trata de **hallar un patrón.** Luego, puedes usar este patrón para hallar más información y la solución del problema.

Estrategias de resolución de problemas

Dibujar un diagrama	Hacer una tabla
Hacer un modelo	Resolver un problema más sencillo
Calcular y poner a prueba	Usar el razonamiento lógico
Trabajar en sentido inverso	Representar
Hallar un patrón	Hacer una lista organizada

John hizo un diseño con hexágonos y triángulos. Los lados de cada hexágono y triángulo miden 1 pulg. ¿Cuál es el perímetro de la siguiente figura de su diseño?

Comprende el problema

Identifica la información importante.

- Se dan las primeras 5 figuras del diseño.
- Los lados de cada hexágono y triángulo miden 1 pulg.

La respuesta será el perímetro de la sexta figura del diseño.

Haz un plan

Trata de **hallar un patrón** en los perímetros de las primeras 5 figuras. Usa el patrón para hallar el perímetro de la sexta figura.

Resuelve

Halla el perímetro de las primeras 5 figuras.

Figura	Perímetro (pulg)	Patrón
1	6	
2	7	$6 + 1 = 7$
3	11	$7 + 4 = 11$
4	12	$11 + 1 = 12$
5	16	$12 + 4 = 16$

El patrón parece sumar 1, sumar 4, sumar 1, sumar 4 y así sucesivamente. Por tanto, el perímetro de la sexta figura será $16 + 1$ ó 17.

Repasa

Usa otra estrategia. **Dibuja un diagrama** de la sexta figura. Luego, halla el perímetro.

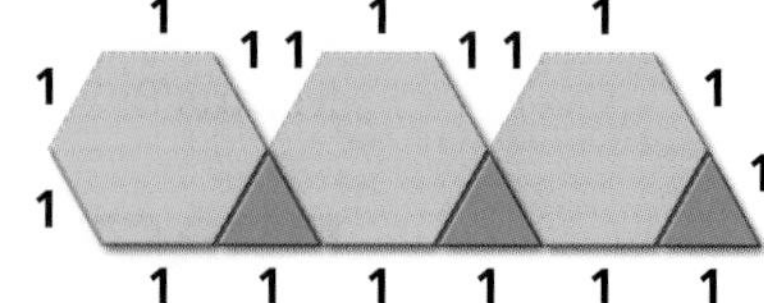

PRÁCTICA

Describe el patrón y luego halla el siguiente número.

1. 1, 5, 9, 13, 17, ...

2. 1, 4, 16, 64, 256, ...

Hacer una tabla

Cuando en un problema hay mucha información, puede ser útil organizarla. Una forma de organizar la información es **hacer una tabla.**

Estrategias de resolución de problemas

Dibujar un diagrama	**Hacer una tabla**
Hacer un modelo	Resolver un problema más sencillo
Calcular y poner a prueba	Usar el razonamiento lógico
Trabajar en sentido inverso	Representar
Hallar un patrón	Hacer una lista organizada

El 1 de noviembre, Wendy regó el jardín de los Gribble y el jardín de los Milam. Si riega el jardín de los Gribble cada 4 días y el de los Milam cada 5 días, ¿cuándo será la siguiente fecha en que Wendy regará ambos jardines?

Comprende el problema

Identifica la información importante.

- Wendy riega el jardín de los Gribble cada 4 días y el jardín de los Milam cada 5 días. Regó ambos jardines el 1 de noviembre.

La respuesta será la siguiente fecha en que riegue ambos jardines de nuevo.

Haz un plan

Haz una tabla con *X* para mostrar los días en que Wendy riega cada jardín. Haz una fila para los Gribble y otra para los Milam.

Resuelve

Empieza por marcar el 1 de noviembre con una *X* en ambas filas. En la de los Gribble, agrega una X cada cuatro días después del 1 de noviembre. En la de los Milam, agrega una X cada cinco días después del 1 de noviembre.

Fecha	1	2	3	4	5	6	7	8	9	10	11	12	13	14	15	16	17	18	19	20	21
Gribble	X				X				X				X				X				X
Milam	X					X					X					X					X

El 21 de noviembre es la siguiente fecha en que Wendy regará ambos jardines.

Repasa

La suma de 1 más cinco veces 4 debe ser igual a la suma de 1 más cuatro veces 5.

$1 + 4 + 4 + 4 + 4 + 4 = 21$ $\quad 1 + 5 + 5 + 5 + 5 = 21$ ✓

PRÁCTICA

1. Jess, Kathy y Linda trabajan en el periódico del club de matemáticas. Uno es editor, otro es reportero y otro es redactor. Linda no participa en deportes. Jess y el editor juegan tenis juntos. Linda y el reportero son primos. Halla el trabajo de cada persona.

2. Una cabina de peaje acepta cualquier combinación de monedas que den un total de $0.75 exactamente, pero no acepta monedas de un centavo o de medio dólar. ¿De cuántas formas diferentes puede pagar un conductor el peaje?

Manual de resolución de problemas

Resolver un problema más sencillo

A veces un problema puede contener números grandes o requerir muchos pasos para resolverlo. Tal vez parezca difícil resolverlo. Trata de **resolver un problema más sencillo** que sea semejante al problema original.

Estrategias de resolución de problemas

Dibujar un diagrama	Hacer una tabla
Hacer un modelo	**Resolver un problema más sencillo**
Calcular y poner a prueba	Usar el razonamiento lógico
Trabajar en sentido inverso	Representar
Hallar un patrón	Hacer una lista organizada

Lawrence quiere hacer acuarios para un proyecto sobre criaturas marinas. Los acuarios son cuadrados que estarán puestos uno al lado de otro. El lado de cada acuario es una tabla de madera de 1 metro de longitud. ¿Cuántos metros de madera necesita Lawrence para completar 20 secciones cuadradas de acuario?

Comprende el problema

Identifica la información importante.

- Cada lado del cuadrado es una tabla de madera de 1 metro de longitud.
- Hay 20 secciones cuadradas una al lado de otra.

La respuesta será el total de metros de madera necesarios.

Haz un plan

Podrías dibujar los 20 acuarios y luego contar la cantidad de metros de madera. Pero sería más fácil **resolver un problema más sencillo** primero. Empieza con 1 acuario cuadrado y luego pasa a 2 y después a 3. Luego, busca una forma de resolver el problema para 20 acuarios.

Resuelve

Para completar el primer acuario se requieren 4 lados. Después, sólo se necesitan 3 lados para cada acuario.

1 cuadrado: 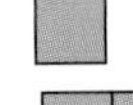

2 cuadrados: 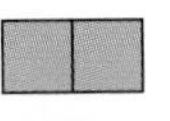

3 cuadrados: 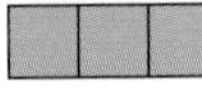

Observa que 1 acuario requiere 4 metros de madera, y los otros 19 acuarios requieren 3 metros de madera cada uno. Por tanto, $4 + (19 \times 3) = 61$. Los acuarios requieren 61 metros de madera.

cantidad de cuadrados	cantidad de metros
1	$4(1) = 4$
2	$4 + (1 \times 3) = 7$
3	$4 + (2 \times 3) = 10$
4	$4 + (3 \times 3) = 13$

Repasa

Si el patrón es correcto, Lawrence necesitaría 16 metros de madera para 5 acuarios. Completa la siguiente fila de la tabla para comprobar esta respuesta.

PRÁCTICA

1. Los números 11; 444 y 8,888 contienen dígitos repetidos. ¿Cuántos números entre 10 y 1,000,000 contienen un solo dígito repetido?

2. ¿Cuántas diagonales hay en un dodecágono (polígono de 12 lados)?

Usar el razonamiento lógico

A veces un problema da claves y datos que debes usar para hallar una solución. Puedes **usar el razonamiento lógico** para resolver este tipo de problemas.

Estrategias de resolución de problemas

Dibujar un diagrama	Hacer una tabla
Hacer un modelo	Resolver un problema más sencillo
Calcular y poner a prueba	**Usar el razonamiento lógico**
Trabajar en sentido inverso	Representar
Hallar un patrón	Hacer una lista organizada

Jennie, Rachel y Mia tocan el oboe, el violín y la batería. A Mia no le gustan la batería y es hermana de la persona que toca el oboe. Rachel tiene práctica de fútbol con la persona que toca la batería. ¿Qué instrumento toca cada persona?

Comprende el problema

Identifica la información importante.

- Hay tres personas y cada una toca un instrumento diferente.

Haz un plan

Empieza con las pistas que se dan en el problema y **usa el razonamiento lógico** para determinar qué instrumento toca cada persona.

Resuelve

Haz una tabla. Haz una columna para cada instrumento y una fila para cada persona. Trabaja con las claves una por una. Escribe "Sí" en el recuadro que corresponda si la clave indica que la persona toca un instrumento. Escribe "No" en un recuadro si la clave indica que la persona no toca un instrumento.

a. A Mia no le gusta la batería, por tanto, no toca la batería.

b. Mia es hermana de la persona que toca el oboe, así que ella no toca el oboe.

	Oboe	Violín	Batería
Jennie			
Rachel			No
Mia	No		No

c. Rachel tiene práctica de fútbol con la persona que toca la batería, así que ella no toca la batería.

Jennie debe tocar la batería y Mia el violín. Por tanto, Rachel debe tocar el oboe.

Repasa

Compara tu respuesta con las pistas del problema. Asegúrate de que ninguna de tus conclusiones contradiga las pistas.

PRÁCTICA

1. Kent, Jason y Newman tienen un perro, un pez y un hámster, aunque no en ese orden. La mascota de Kent no tiene pelaje. El dueño del hámster tiene clase con Jason. Identifica al dueño de cada mascota.

2. Seth, Vess y Benica están en sexto, séptimo y octavo grados, aunque no en ese orden. Seth no está en séptimo grado. Quien está en sexto grado está en la banda de música con Benica y almuerza a la misma hora que Seth. Identifica en qué grado está cada estudiante.

Representar

Algunos problemas tratan con acciones o procesos. Para resolver estos problemas, puedes **representarlos.** Si tú mismo actúas para hacer un modelo del problema, te será más fácil hallar la solución.

Estrategias de resolución de problemas

Dibujar un diagrama	Hacer una tabla
Hacer un modelo	Resolver un problema más sencillo
Calcular y poner a prueba	Usar el razonamiento lógico
Trabajar en sentido inverso	**Representar**
Hallar el patrón	Hacer una lista organizada

Ana, Ben, Cleo y Diego están en un club de ajedrez. Para elegir al presidente, cada uno anota su nombre en un papel y eligen un nombre al azar. Luego eligen a otro para que sea vicepresidente. ¿Cuántos resultados diferentes son posibles?

Comprende el problema

Identifica la información importante.

- Hay 4 estudiantes: Ana, Ben, Cleo y Diego. Un estudiante será presidente del club y otro será vicepresidente.

La respuesta será la cantidad de formas posibles en que los estudiantes puedan ser elegidos presidente y vicepresidente.

Haz un plan

Representa el problema para mostrar todos los resultados posibles. Luego, cuenta los resultados.

Resuelve

Escribe los nombres de los estudiantes en tarjetas. Elige pares de tarjetas que designen al presidente y al vicepresidente. Escribe los resultados y sigue con el proceso hasta que todos los resultados posibles estén en la lista.

Pres.	Ana	Ana	Ana	Ben	Ben	Ben
Vice-pres.	Ben	Cleo	Diego	Ana	Cleo	Diego
Pres.	Cleo	Cleo	Cleo	Diego	Diego	Diego
Vice-pres.	Ana	Ben	Diego	Ana	Ben	Cleo

Hay 12 resultados posibles.

Repasa

Comprueba que hayas incluido todos los resultados posibles y que ningún resultado se repita.

PRÁCTICA

1. Joe puede elegir entre cinco tipos de letra: Times, Arial, Eras, Gigi y Onyx. ¿De cuántas maneras diferentes puede usar un tipo de letra para un sitio Web y otro tipo de letra para un menú?

2. Mike, Jennifer, Ashley y Kendall posan juntos para una foto, parados uno junto al otro. ¿De cuántas formas posibles pueden ordenarse los cuatro amigos para la foto?

Hacer una lista organizada

En algunos problemas, necesitarás hallar exactamente de cuántas formas diferentes puede ocurrir un suceso. Al resolver este tipo de problemas, con frecuencia es útil **hacer una lista organizada.** Esto te ayudará a contar todos los resultados posibles.

Estrategias de resolución de problemas

- Dibujar un diagrama
- Hacer un modelo
- Calcular y poner a prueba
- Trabajar en sentido inverso
- Hallar un patrón
- Hacer una tabla
- Resolver un problema más sencillo
- Usar el razonamiento lógico
- Representar
- **Hacer una lista organizada**

Una rueda giratoria tiene 4 colores diferentes: rojo, azul, amarillo y blanco. Si giras la rueda 2 veces, ¿cuántas combinaciones diferentes de colores podrías obtener?

Comprende el problema

Identifica la información importante.

- Giras la rueda 2 veces.
- La rueda se divide en 4 colores diferentes.

La respuesta será el número total de combinaciones diferentes de colores que pueden salir en la rueda.

Haz un plan

Haz una lista organizada para determinar todos los resultados diferentes posibles. Haz una lista de todas las combinaciones diferentes para cada color.

Resuelve

Primero considera el color rojo. Haz una lista de todos los resultados diferentes para el color rojo. Luego considera el azul, y agrega todos los resultados diferentes, luego el amarillo y finalmente el blanco.

Rojo	Azul	Amarillo	Blanco
RR	AzAz	AmAm	BB
RAz	AzAm	AmB	
RAm	AzB		
RB			

Por tanto, hay 10 combinaciones diferentes de color posibles.

Repasa

Asegúrate de que todas las combinaciones de color posibles aparezcan en tu lista y que cada conjunto de colores sea diferente.

PRÁCTICA

1. Pizza Planet tiene 5 opciones diferentes de ingredientes: jamón, piña, pepperoni, aceitunas y champiñones. Quieres pedir una pizza con dos ingredientes diferentes. ¿Cuántas combinaciones diferentes de ingredientes puedes pedir?

2. ¿De cuántas maneras puedes cambiar una moneda de cincuenta centavos con una combinación de monedas de 10 centavos, 5 centavos y 1 centavo?

Banco de destrezas Repaso de destrezas

Valor posicional

Puedes usar una tabla de valor posicional para ayudarte a leer y escribir números.

En la tabla se muestra el número 213,867.

Centenas de millar	Decenas de millar	Millares	Centenas	Decenas	Unidades
2	1	3	8	6	7

EJEMPLO

Usa la tabla para determinar el valor posicional de cada dígito.

A 2

El 2 está en la posición de las centenas de millar.

B 8

El 8 está en la posición de las centenas.

PRÁCTICA

Determina el valor posicional de cada dígito subrayado.

1. 543,2$\underline{0}$1 **2.** 23$\underline{9}$,487 **3.** 7$\underline{3}$0,432 **4.** $\underline{4}$,382,121

Comparar y ordenar números cabales

Puedes usar los valores posicionales de izquierda a derecha para comparar y ordenar números.

EJEMPLO

Compara y ordena de menor a mayor: 42,810; 142,997; 42,729; 42,638.

Empieza en el valor posicional que está más a la izquierda.

Hay un número con un dígito en la posición más grande. Es el mayor de los cuatro números.

Compara los tres números restantes. Todos los valores en las siguientes dos posiciones, las decenas de millares y los millares, son iguales.

En la posición de las centenas, los valores son diferentes. Usa este dígito para ordenar los números restantes.

42,810
142,997
42,729
42,638

42,638; 42,729; 42,810; 142,997

PRÁCTICA

Compara y ordena los números de cada conjunto de menor a mayor.

1. 2,564; 2,546; 2,465; 2,654

2. 6,237; 6,372; 6,273; 6,327

3. 132,957; 232,795; 32,975; 31,999

4. 9,614; 29,461; 129,164; 129,146

Leer y escribir decimales

Al leer y escribir un decimal, necesitas saber el valor posicional del dígito que está en la última posición. Además, al escribir un decimal con palabras recuerda lo siguiente:

- "y" va en lugar del punto decimal en los números mayores que uno.

EJEMPLO

Escribe 728.34 con palabras.

El cuatro está en la posición de las centésimas, así que 728.34 se escribe "setecientos veintiocho y treinta y cuatro centésimas".

PRÁCTICA

Escribe cada decimal con palabras.

1. 17.238 **2.** 9.0023 **3.** 534.01972 **4.** 33.00084 **5.** 4,356.67

Reglas para redondear

Para redondear un número a un determinado valor posicional, ubica el dígito con ese valor posicional y considera el dígito que está a su derecha.

- Si el dígito de la derecha es 5 o mayor, aumenta el número que redondeas en 1.
- Si el dígito de la derecha es 4 o menor, deja el número que redondeas como está.

EJEMPLO

A **Redondea 765.48201 a la centésima más cercana.**

765.4<u>8</u>201 *Ubica la posición de las centésimas.*

↑ *El dígito de la derecha es menor que 5, así que el dígito en la posición del redondeo permanece igual.*

765.48

B **Redondea 765.48201 a la décima más cercana.**

765.<u>4</u>8201 *Ubica la posición de las décimas.*

↑ *El dígito de la derecha es mayor que 5, así que el dígito en la posición del redondeo aumenta en 1.*

765.5

PRÁCTICA

Redondea 203.94587 a la posición indicada.

1. posición de las centenas **2.** posición de las centésimas **3.** posición de las milésimas

4. posición de las decenas **5.** posición de las unidades **6.** posición de las décimas

Propiedades

La suma y la multiplicación siguen algunas reglas. En las tablas se muestran las propiedades básicas de la suma y la multiplicación.

Propiedades de la suma	
Conmutativa:	$a + b = b + a$
Asociativa:	$(a + b) + c = a + (b + c)$
Propiedad de identidad del cero:	$a + 0 = a$
Propiedad inversa:	$a + (-a) = 0$
Propiedad de cerradura:	La suma de dos números reales es un número real.

Propiedades de la multiplicación	
Conmutativa:	$a \times b = b \times a$
Asociativa:	$(a \times b) \times c = a \times (b \times c)$
Propiedad de identidad del uno:	$a \times 1 = a$
Propiedad inversa:	$a \times \frac{1}{a} = 1$ if $a \neq 0$
Propiedad del cero:	$a \times 0 = 0$
Propiedad de cerradura:	El producto de dos números reales es un número real.
Distributiva:	$a(b + c) = a \times b + a \times c$

Las siguientes propiedades son verdaderas cuando a, b y c son números reales.

Propiedad de sustitución: Si $a = b$, entonces a puede sustituirse por b en cualquier expresión.

Propiedad transitiva: Si $a = b$ y $b = c$, entonces $a = c$.

PRÁCTICA

Identifica la propiedad que representa cada ecuación.

1. $8 + 0 = 8$

2. $(9 \times 3) \times 7 = 9 \times (3 \times 7)$

3. 3×5 es un número real

4. $7 \times 345 = 345 \times 7$

5. $2(3 + 5) = 2 \times 3 + 2 \times 5$

6. $15 \times \frac{1}{15} = 1$

7. $3.6 + 4.4 = 4.4 + 3.6$

8. $\frac{3}{4} \times \frac{4}{4} = \frac{3}{4}$

9. $18 + (-18) = 0$

10. $(5 + 17) + 23 = 5 + (17 + 23)$

Estimaciones altas y bajas

Una **estimación alta** es una estimación que es mayor que la respuesta real.
Una **estimación alta** es una estimación que es menor que la respuesta real.

EJEMPLO 1

Da una estimación alta de cada expresión.

A **124 + 371**

$124 + 371 \approx 130 + 380$
≈ 510

B **316 ÷ 12**

$316 \div 12 \approx 320 \div 10$
≈ 32

EJEMPLO 2

Da una estimación baja de cada expresión.

A **64 − 12**

$64 - 12 \approx 60 - 15$
≈ 45

B **28 · 8**

$28 \cdot 8 \approx 25 \cdot 8$
≈ 200

PRÁCTICA

Da una estimación alta y una estimación baja de cada expresión.

1. 224 + 545 **2.** 756 + 142 **3.** 643 − 104 **4.** 2,456 − 435

5. 13 × 17 **6.** 7 × 85 **7.** 261 ÷ 9 **8.** 85 ÷ 34

Números compatibles

Puedes usar números compatibles para estimar productos y cocientes. Los números compatibles son números cercanos a los números del problema y pueden ayudarte a hacer cálculos mentales.

EJEMPLO

Estima cada producto o cociente.

A **327 · 28**

Números compatibles

$327 \cdot 28 \approx 300 \cdot 30$
$\approx 9{,}000$ ← *Estima*

B **637 ÷ 8**

Números compatibles

$637 \div 8 \approx 640 \div 8$
≈ 80 ← *Estima*

PRÁCTICA

Usa números compatibles para estimar cada producto o cociente.

1. 42 · 7 **2.** 3,957 ÷ 23 **3.** 5,169 · 21 **4.** 813 ÷ 8 **5.** 78 · 42

6. 1,443 ÷ 7 **7.** 98 · 48 **8.** 3,372 ÷ 415 **9.** 58 · 9 **10.** 27,657 ÷ 67

Banco de destrezas

Multiplicar y dividir entre potencias de diez

Al *multiplicar* por potencias de diez, mueve el punto decimal una posición a la derecha por cada cero en la potencia de diez. Al *dividir* entre potencias de diez, mueve el punto decimal una posición a la izquierda por cada cero en la potencia de diez.

EJEMPLO

Halla cada producto o cociente.

A **0.37 · 100**

0.37 · 100 = 0.37

= 37

B **43 · 1,000**

43 · 1,000 = 43.000

= 43,000

C **0.24 ÷ 10**

0.24 ÷ 10 = 0.24

= 0.024

D **1,467 ÷ 100**

1,467 ÷ 100 = 1467.

= 14.67

PRÁCTICA

Halla cada producto o cociente.

1. 10 × 8.53 **2.** 0.55 × 10^4 **3.** 48.6 × 1,000 **4.** 2.487 ÷ 1,000 **5.** 6.03 ÷ 10^3

Multiplicar números cabales

Al multiplicar dos números cabales, piensa en la forma desarrollada del segundo número y multiplica por cada valor.

EJEMPLO

Halla el producto de 621 · 485.

Paso 1: Piensa en 485 como 4 centenas, 8 decenas y 5 unidades. Multiplica 621 por 5 unidades.	**Paso 2:** Multiplica 621 por 8 decenas.	**Paso 3:** Multiplica 621 por 4 centenas.	**Paso 4:** Suma los productos parciales.
621 × 485 3,105 ← 5 × 621	621 × 485 3,105 49,680 ← 80 × 621	621 × 485 3,105 49,680 248,400 ← 400 × 621	621 × 485 3,105 49,680 + 248,400 **301,185**

621 · 485 = 301,185

PRÁCTICA

Multiplica.

1. 493 × 37 **2.** 539 × 82 **3.** 134 × 145 **4.** 857 × 662

5. 1,872 × 43 **6.** 5,849 × 67 **7.** 36,735 × 28 **8.** 121,614 × 58

Dividir números cabales

EJEMPLO

Halla el cociente de 5,712 ÷ 28.

Paso 1: Escribe el primer número dentro del símbolo de división larga y escribe el segundo número a la izquierda del símbolo. Divide entre el número que está fuera del símbolo.	**Paso 2:** Multiplica 28 por 2 y coloca el producto bajo 57. Resta y baja el siguiente dígito del dividendo.	**Paso 3:** Divide 112 entre 28. Multiplica 28 por 4 y coloca el producto bajo 112. Resta.
$\begin{array}{r} 2 \\ 28\overline{)5712} \end{array}$ *28 no cabe en 5, por tanto, prueba con 57.*	$\begin{array}{r} 20 \\ 28\overline{)5712} \\ -56 \\ \hline 11 \\ -0 \\ \hline 112 \end{array}$ *28 no cabe en 11, por tanto, coloca un 0 en el cociente y baja el 2.*	$\begin{array}{r} 204 \\ 28\overline{)5712} \\ -56 \\ \hline 11 \\ -0 \\ \hline 112 \\ -112 \\ \hline 0 \end{array}$

PRÁCTICA

Divide.

1. 23,148 ÷ 18
2. 5,772 ÷ 37
3. 56,088 ÷ 41
4. 34,540 ÷ 55
5. 68,894 ÷ 74
6. 143,296 ÷ 32
7. 398,736 ÷ 72
8. 566,746 ÷ 79

Reglas de la divisibilidad

Un número es divisible entre otro número si el cociente es un número cabal sin residuo.

Un número es divisible entre...	Divisible	No divisible
2 si el último dígito es un número par.	13,776	4,221
3 si la suma de los dígitos es divisible entre 3.	327	97
4 si los dos últimos dígitos forman un número divisible entre 4.	3,128	526
5 si el último dígito es 0 ó 5.	9,415	50,501
6 si el número es divisible entre 2 y 3.	762	62
9 si la suma de los dígitos es divisible entre 9.	21,222	96
10 si el último dígito es 0.	1,680	8,255

PRÁCTICA

Determina si cada número es divisible entre 2, 3, 4, 5, 6, 9 ó 10.

1. 324
2. 501
3. 200
4. 812
5. 60
6. 784
7. 351
8. 3,009
9. 2,345
10. 555,555

Factores

Un **factor** de un número es cualquier número entre el cual se puede dividir el primer número sin dejar residuo.

EJEMPLO

Haz una lista de todos los factores de 28.

Los posibles factores son números cabales del 1 al 28.

$1 \cdot 28 = 28$ *Los números 1 y 28 son factores de 28.*

$2 \cdot 14 = 28$ *Los números 2 y 14 son factores de 28.*

$3 \cdot ? = 28$ *Ningún número cabal multiplicado por 3 es igual a 28, entonces 3 no es factor de 28.*

$4 \cdot 7 = 28$ *Los números 4 y 7 son factores de 28.*

$5 \cdot ? = 28$ *Ningún número cabal multiplicado por 5 es igual a 28, entonces 5 no es factor de 28.*

$6 \cdot ? = 28$ *Ningún número cabal multiplicado por 6 es igual a 28, entonces 6 no es factor de 28.*

Los factores de 28 son 1, 2, 4, 7, 14 y 28.

PRÁCTICA

Haz una lista de todos los factores de cada número.

1. 10 **2.** 8 **3.** 18 **4.** 54 **5.** 27 **6.** 36

Números romanos

En el sistema de los números romanos, los números no tienen valores posicionales que muestren lo que representan. En cambio, los números se representan con letras.

I = 1 V = 5 X = 10 L = 50 C = 100 D = 500 M = 1,000

Los valores de las letras no cambian según la posición que ocupen en un número.

Si un número está a la derecha de un número igual o mayor, suma los dos valores de los números. Si un número está inmediatamente a la izquierda de un número mayor, resta el valor del número del número mayor.

EJEMPLO

A **Escribe CLIV como número decimal.**

CLIV = C + L + (V − I)
= 100 + 50 + (5 − 1)
= 154

B **Escribe 1,109 como número romano.**

1,109 = 1,000 + 100 + 9
= M + C + (X − I)
= MCIX

PRÁCTICA

Escribe cada número decimal como número romano y cada número romano como decimal.

1. XXVI **2.** 29 **3.** MCMLII **4.** 224 **5.** DCCCVI

Números binarios

Las computadoras usan el **sistema de números binarios.** En el sistema de números binarios, o de base 2, los números se forman usando los dígitos 0 y 1. Cada posición en un número binario se asocia con una potencia de 2. Los números binarios se escriben con el subíndice *dos* para que no se confundan con los números del sistema decimal.

El número binario 1101_{dos} puede pensarse como

$(1 \cdot 2^3) + (1 \cdot 2^2) + (0 \cdot 2^1) + (1 \cdot 2^0)$.

Valor posicional binario

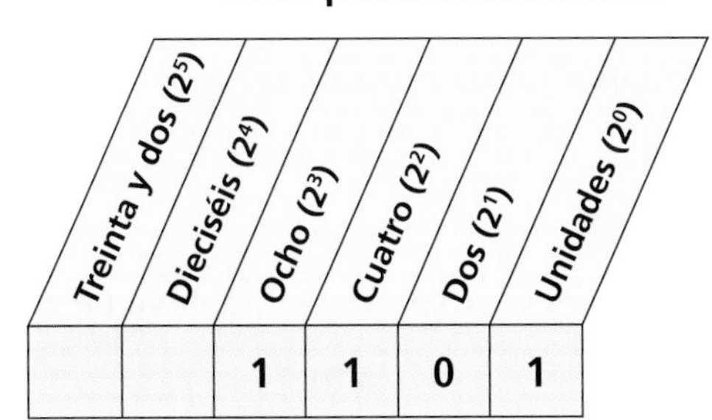

Puedes usar la forma desarrollada de 1101_{dos} para hallar el valor del número como número decimal, o de base 10.

$$\begin{aligned}(1 \cdot 2^3) + (1 \cdot 2^2) + (0 \cdot 2^1) + (1 \cdot 2^0) &= (1 \cdot 8) + (1 \cdot 4) + (0 \cdot 2) + (1 \cdot 1)\\ &= 8 + 4 + 0 + 1\\ &= 13\end{aligned}$$

Por tanto, $1101_{dos} = 13_{diez}$.

EJEMPLO

Escribe cada número binario como número decimal.

A $\mathbf{101110_{two}}$

$$\begin{aligned}101110_{two} &= (1 \cdot 2^5) + (0 \cdot 2^4) + (1 \cdot 2^3) + (1 \cdot 2^2) + (1 \cdot 2^1) + (0 \cdot 1)\\ &= 32 + 0 + 8 + 4 + 2 + 0\\ &= 46\end{aligned}$$

B $\mathbf{10001_{two}}$

$$\begin{aligned}10001_{two} &= (1 \cdot 2^4) + (0 \cdot 2^3) + (0 \cdot 2^2) + (0 \cdot 2^1) + (1 \cdot 1)\\ &= 16 + 0 + 0 + 0 + 1\\ &= 17\end{aligned}$$

PRÁCTICA

Escribe cada número binario como número decimal.

1. 100_{dos} **2.** 110_{dos} **3.** 101_{dos} **4.** 1100_{dos} **5.** 1011_{dos}

6. 11011_{dos} **7.** 11110_{dos} **8.** 101010_{dos} **9.** 111111_{dos} **10.** 100111_{dos}

Banco de destrezas

Estimar mediciones

Puedes usar medidas de referencia para hacer estimaciones con unidades métricas y usuales.

1 metro (m)	Ancho de una puerta	**1 centímetro (cm)**	Ancho de un sujetapapeles grande
1 litro (L)	Agua en una botella de 1 cuarto	**1 mililitro (mL)**	Agua en un gotero
1 gramo (g)	Masa de un billete de dólar	**1 kilogramo (kg)**	Masa de 8 rollos de monedas de un centavo
30° C (Celsius)	Temperatura en un día caluroso	**0° C (Celsius)**	Temperatura en un día helado

EJEMPLO 1

Elige la estimación más razonable de la altura del techo de tu salón de clases.

A 30 cm B 3 m C 30 m D 30,000 cm

La estimación más razonable es 3 m.

Longitud	Temperatura	Capacidad
1 pulgada (pulg): aproximadamente la longitud de un sujetapapeles pequeño **1 pie:** aproximadamente la longitud de una hoja de papel estándar **1 yarda (yd):** aproximadamente el ancho de una puerta	**32° F** (Fahrenheit): congelación del agua **70° F:** aire en un día cálido agradable **90° F:** aire en un día caluroso **212° F:** punto de ebullición del agua	**1 onza líquida (oz líq):** cantidad de agua en dos cucharadas **1 taza (tz):** cant. de agua en una taza de medida estándar **1 pinta (pt), 1 cuarto (ct), 1 galón (gal):** recipientes de agua en una tienda

EJEMPLO 2

Elige la estimación más apropiada.

A la longitud de un salón de clases

A 30 pulg B 30 pies C 30 yd

La estimación más apropiada es 30 pies.

B temperatura para vestir con camiseta

A 20°F B 40°F C 80°F

La estimación más apropiada es 80° F.

PRÁCTICA

Elige la estimación más razonable.

1. la temperatura en un día templado

   A −22°C B 22°C C 68°C

2. la capacidad de un fregadero de cocina

   A 12 mL B 1,200 mL C 12 L

Elige la estimación más adecuada.

3. la capacidad de un vaso alto

   A 1 pt B 4 qt C $\frac{1}{2}$ gal

4. la temperatura para vestir con abrigo grueso

   A 20°F B 60°F C 80°F

5. la temperatura de una taza de chocolate caliente

   A 32°F B 120°F C 250°F

6. el ancho de una caja de pizza

   A 18 pulg B 8 pies C 2 yd

Relacionar unidades métricas de longitud, masa y capacidad

Un cubo que tiene un volumen de 1 cm^3 tiene una capacidad de 1 ml. Si se llenara de agua el cubo, la masa del agua sería de 1 g.

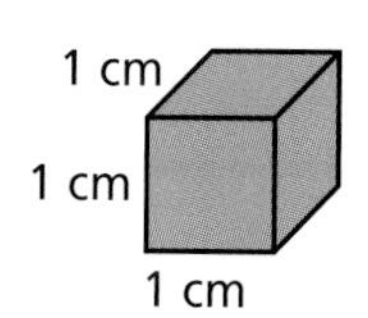

EJEMPLO

Halla la capacidad de una caja rectangular de 50 cm × 60 cm × 30 cm. Luego, halla la masa del agua que llenará la caja.

Volumen: 50 cm × 60 cm × 30 cm = 90,000 cm^3

Capacidad: 1 cm^3 = 1 mL, así que 90,000 cm^3 = 90,000 mL ó 90 L.

Masa: 1 mL de agua pesa 1 g, así que 90,000 mL de agua pesan 90,000 g ó 90 kg.

PRÁCTICA

Halla la capacidad de cada caja. Luego, halla la masa del agua que llenaría la caja.

1. 2 cm × 5 cm × 8 cm
2. 10 cm × 18 cm × 4 cm
3. 8 cm × 8 cm × 8 cm
4. 10 cm × 10 cm × 10 cm
5. 15 cm × 18 cm × 16 cm
6. 23 cm × 19 cm × 11 cm

Pictogramas

Los pictogramas son gráficas que usan dibujos para presentar los datos. Los pictogramas tienen una clave para indicar qué representa cada dibujo.

EJEMPLO

¿Cuántos estudiantes eligieron los tacos como su comida favorita?

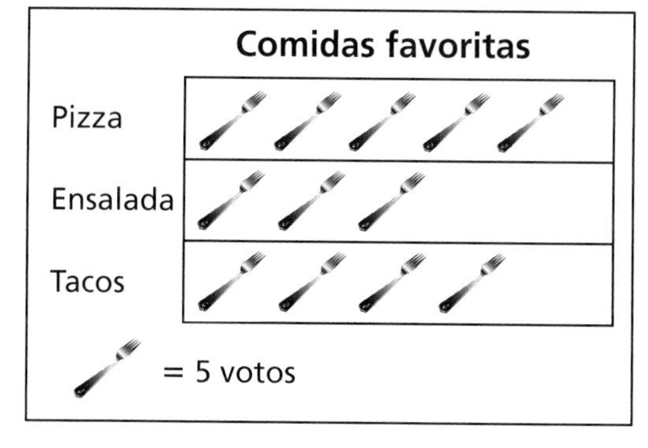

Cada [tenedor] representa 5 estudiantes.

Hay 4 [tenedores] en la fila de los tacos.

4 × 5 = 20

De modo que 20 estudiantes eligieron los tacos como su comida favorita.

PRÁCTICA

Usa el pictograma para los Ejercicios del 1 al 3.

1. ¿Cuántas bicicletas se alquilaron en mayo?
2. ¿Cuántas bicicletas más se alquilaron en junio que en abril?
3. ¿Cuántas bicicletas se alquilaron en total de abril a junio?

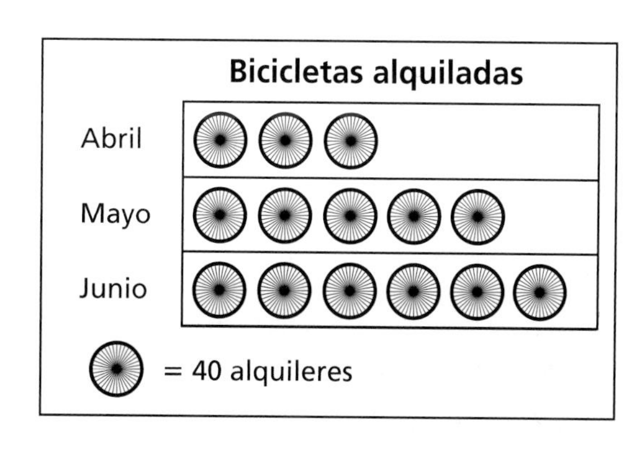

Probabilidad de dos sucesos desunidos

En probabilidad, se considera que dos sucesos están desunidos o son mutuamente excluyentes si no pueden suceder al mismo tiempo. Algunos ejemplos de sucesos desunidos son obtener 5 ó 6 al lanzar una sola vez un dado numerado del 1 al 6. Para hallar la probabilidad de que ocurra ya sea uno u otro de los dos sucesos desunidos, suma las probabilidades de que cada suceso ocurra por separado.

EJEMPLO

Halla la probabilidad de cada conjunto de sucesos desunidos.

A obtener 5 ó 6 al lanzar un dado numerado del 1 al 6

$$\begin{aligned} P(5 \text{ ó } 6) &= P(5) + P(6) \\ &= \frac{1}{6} + \frac{1}{6} \\ &= \frac{2}{6} \\ &= \frac{1}{3} \end{aligned}$$

La probabilidad de obtener 5 ó 6 al lanzar un dado numerado del 1 al 6 es de $\frac{1}{3}$.

B elegir ya sea una A o una E de las letras de la palabra *matemáticas*

$$\begin{aligned} P(A \text{ ó } E) &= P(A) + P(E) \\ &= \frac{3}{11} + \frac{1}{11} \\ &= \frac{4}{11} \end{aligned}$$

La probabilidad de elegir una *A* o una *E* es de $\frac{4}{11}$.

PRÁCTICA

Halla la probabilidad de cada conjunto de sucesos desunidos.

1. lanzar una moneda y sacar cara o cruz
2. caer en rojo o verde en una rueda giratoria que tiene cuatro secciones iguales coloreadas de rojo, verde, azul y amarillo
3. sacar una canica negra o roja de una bolsa que contiene 4 canicas blancas, 3 negras y 2 rojas
4. elegir a un chico o una chica de una clase de 13 chicos y 17 chicas
5. elegir una A o una E de una lista de las cinco vocales
6. elegir un número menor que 3 ó un número mayor que 12 de un conjunto de 20 cartas numeradas del 1 al 20

Razonamiento inductivo y deductivo

Usas el **razonamiento inductivo** cuando buscas un patrón en casos particulares para sacar conclusiones. Las conclusiones que sacas por razonamiento inductivo a veces son como las predicciones. Pueden resultar falsas.

Usas el **razonamiento deductivo** cuando te basas en hechos dados para sacar conclusiones. Una conclusión basada en hechos debe ser verdadera.

EJEMPLO

Identifica el tipo de razonamiento. Explica tus respuestas.

A ***Enunciado:*** **Un patrón numérico empieza con 2, 5, 8, 11, . . .**

Conclusión: **El siguiente número en el patrón será 14.**

Éste es un razonamiento inductivo. La conclusión se basa en el patrón establecido por los primeros cuatro términos de la sucesión.

B ***Enunciado:*** **Ha llovido durante los últimos tres días.**

Conclusión: **Lloverá mañana.**

Éste es un razonamiento inductivo. La conclusión se basa en el patrón del clima de los últimos tres días.

C ***Enunciado:*** **Las medidas de dos ángulos de un triángulo son 30° y 70°.**

Conclusión: **La medida del tercer ángulo es 80°.**

Éste es un razonamiento deductivo. Como sabes que las medidas de los ángulos de un triángulo suman 180°, el tercer ángulo de este triángulo debe medir 80° ($30° + 70° + 80° = 180°$).

PRÁCTICA

Identifica el tipo de razonamiento. Explica tus respuestas.

1. *Enunciado:* Shawna ha obtenido una calificación de 100 en las últimas cinco pruebas de matemáticas.
   Conclusión: Shawna obtendrá una calificación de 100 en la próxima prueba de matemáticas.
2. *Enunciado:* El correo ha llegado tarde todos los lunes durante las últimas cuatro semanas.
   Conclusión: El correo llegará tarde el próximo lunes.
3. *Enunciado:* Tres ángulos de un cuadrilátero miden 100°, 90° y 70°.
   Conclusión: La medida del cuarto ángulo es de 100°.
4. *Enunciado:* Las líneas perpendiculares *AB* y *CD* se intersecan en el punto E.
   Conclusión: El ángulo *AED* es un ángulo recto.
5. *Enunciado:* Un patrón de números comienza 1, 2, 4, . . .
   Conclusión: El siguiente número del patrón es 8.
6. *Enunciado:* Diez de los primeros diez estudiantes de séptimo grado entrevistados eligieron el fútbol como su deporte favorito.
   Conclusión: El fútbol es el deporte favorito de todos los estudiantes de séptimo grado.

Hacer conjeturas

Conjetura es otra palabra que se usa para decir conclusión. En matemáticas, las conjeturas se basan en observaciones y, en algunos casos, aún no se ha demostrado que sean verdaderas. Para demostrar que una conjetura es falsa, necesitas hallar sólo un caso, o *contraejemplo,* para el que no se aplique la conclusión.

EJEMPLO 1

Pon a prueba cada conjetura para decidir si es verdadera o falsa. Si la conjetura es falsa, da un contraejemplo.

A **La suma de dos números pares siempre es un número par.**

Un número par es divisible entre dos. La suma de dos números pares se puede escribir como $2m + 2n = 2(m + n)$, lo cual es divisible entre dos, por tanto, es un número par. La conjetura es verdadera.

B **Todos los números primos son impares.**

El primer número primo es 2, que es un número par. La conjetura es falsa.

EJEMPLO 2

Formula una conjetura basada en la información que se da. Luego, pon a prueba tu conjetura.

$1 \cdot 3 = 3$ $\quad 3 \cdot 5 = 15$ $\quad 5 \cdot 7 = 35$ $\quad 7 \cdot 9 = 63$

Conjetura: El producto de dos números impares siempre es un número impar.

2 no es factor de un número impar, por tanto, el producto de dos números impares tampoco tiene 2 como factor. La conjetura es verdadera.

PRÁCTICA

Pon a prueba cada conjetura para decidir si es verdadera o falsa. Si la conjetura es falsa, da un contraejemplo.

1. La suma de dos números impares siempre es un número impar.
2. El producto de dos números pares siempre es un número par.
3. La suma de dos veces un número cabal y 1 siempre es un número impar.
4. Si restas un número cabal de otro número cabal, el resultado siempre será un número cabal.
5. Si multiplicas dos fracciones, el producto siempre será mayor que las fracciones.

Formula una conjetura basada en la información que se da. Luego, prueba tu conjetura.

6. $12 + 21 = 33$ $\quad 13 + 31 = 44$ $\quad 23 + 32 = 55$ $\quad 17 + 71 = 88$
7. $15 \times 15 = 225$ $\quad 25 \times 25 = 625$ $\quad 35 \times 35 = 1{,}225$

Razones trigonométricas

Puedes usar razones para hallar información sobre los lados y los ángulos de un triángulo rectángulo. Estas razones se llaman *razones trigonométricas* y tienen los nombres **seno** (abreviado como *sen*), **coseno** (abreviado *cos*), y **tangente** (abreviado *tan*).

El **seno** de $\angle 1 = \sin \angle 1 = \dfrac{\text{longitud del lado opuesto a } \angle 1}{\text{longitud de la hipotenusa}} = \dfrac{a}{c}$.

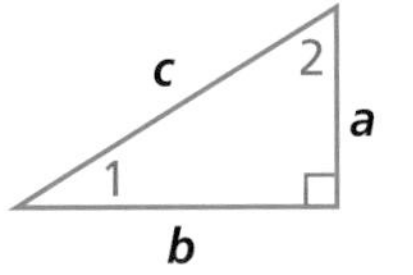

El **coseno** de $\angle 1 = \cos \angle 1 = \dfrac{\text{longitud del lado adyacente a } \angle 1}{\text{longitud de la hipotenusa}} = \dfrac{b}{c}$.

La **tangente** de $\angle 1 = \tan \angle 1 = \dfrac{\text{longitud del lado opuesto a } \angle 1}{\text{longitud del lado adyacente a } \angle 1} = \dfrac{a}{b}$.

EJEPMLO 1

Halla el seno, el coseno y la tangente de $\angle J$.

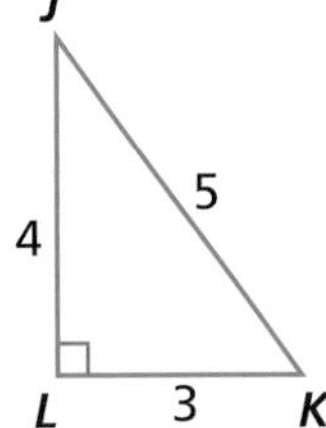

sen $\angle J = \dfrac{LK}{JK} = \dfrac{3}{5}$

$\cos \angle J = \dfrac{JL}{JK} = \dfrac{4}{5}$

$\tan \angle J = \dfrac{LK}{JL} = \dfrac{3}{4}$

EJEMPLO 2

Usa tu calculadora para hallar la medida del lado $\overline{MN}$ a la décima más cercana.

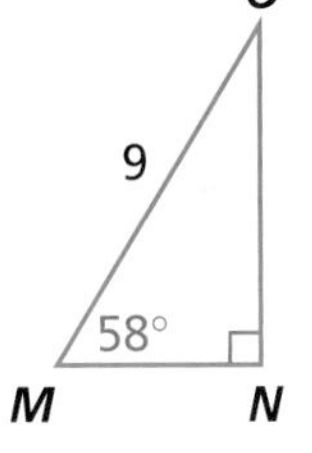

El lado $\overline{MN}$ es adyacente al ángulo de 58°. Se da la longitud de la hipotenusa. La razón que usa las longitudes del lado adyacente y la hipotenusa es el coseno.

$\cos(58°) = \dfrac{MN}{9}$ *Escribe la razón que es igual al coseno de 58°.*

$9 \cdot \cos(58°) = MN$ *Multiplica ambos lados por 9.*

9 ×  58  *Usa tu calculadora.*

$MN = 4.8$

PRÁCTICA

Halla el seno, el coseno y la tangente de cada ángulo.

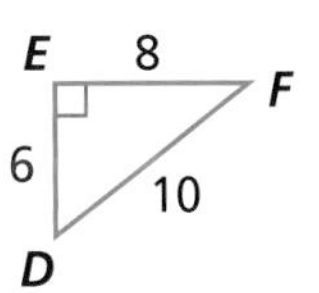

1. $\angle D$**2.** $\angle F$

Usa tu calculadora para hallar la medida de cada lado a la décima más cercana.

3. $\overline{QR}$ **4.** $\overline{PR}$

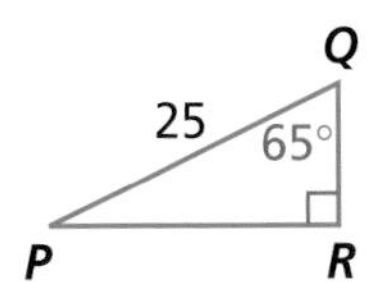

Raíces cúbicas

El volumen del cubo de la derecha es $5 \cdot 5 \cdot 5 = 5^3 = 125$. La expresión 5^3 se lee "5 al cubo". Hallar una **raíz cúbica** es la inversa de elevar un número al cubo. El símbolo $\sqrt[3]{\ }$ significa "raíz cúbica". Por ejemplo, $\sqrt[3]{125} = 5$. Puedes usar una calculadora para estimar raíces cúbicas.

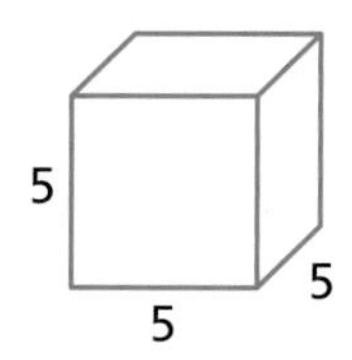

EJEMPLO

Usa tu calculadora para hallar $\sqrt[3]{43}$ a la décima más cercana.

Oprime MATH y elige 4: $\sqrt[3]{\ }$ (del menú). Luego ingresa 43) ENTER.

$\sqrt[3]{43} \approx 3.5$

PRÁCTICA

Usa tu calculadora para hallar cada raíz cúbica a la décima más cercana.

1. $\sqrt[3]{30}$ **2.** $\sqrt[3]{68}$ **3.** $\sqrt[3]{100}$ **4.** $\sqrt[3]{3}$ **5.** $\sqrt[3]{260}$ **6.** $\sqrt[3]{1,255}$

Propiedades de los exponentes

Recuerda que $8^2 = 8 \cdot 8$ y $8^5 = 8 \cdot 8 \cdot 8 \cdot 8 \cdot 8$. Por tanto, $8^2 \cdot 8^5 = (8 \cdot 8) \cdot (8 \cdot 8 \cdot 8 \cdot 8 \cdot 8) = 8^7$. También, $\frac{8^5}{8^2} = \frac{8 \cdot 8 \cdot 8 \cdot 8 \cdot 8}{8 \cdot 8} = 8 \cdot 8 \cdot 8 = 8^3$.
Estos ejemplos te pueden ayudar a entender las siguientes propiedades.

- Para multiplicar potencias con la misma base, mantén la base y suma los exponentes.
- Para dividir potencias con la misma base, mantén la base y resta los exponentes.

EJEMPLO

Multiplica o divide. Escribe la respuesta como potencia.

A $3^4 \cdot 3^9$

$= 3^{4+9}$ *Suma los exponentes.*

$= 3^{13}$

B $\frac{10^9}{10^5}$

$= 10^{9-5}$ *Resta los exponentes.*

$= 10^4$

PRÁCTICA

Multiplica o divide. Escribe la respuesta como potencia.

1. $4^8 \cdot 4^2$ **2.** $7^{12} \cdot 7^{12}$ **3.** $5^6 \cdot 5$ **4.** $x^4 \cdot x^5$

5. $\frac{5^8}{5^2}$ **6.** $\frac{12^{10}}{12^5}$ **7.** $\frac{7^{15}}{7^2}$ **8.** $\frac{b^{10}}{b^7}$

Valor absoluto de los números reales

El valor absoluto de un número es la distancia desde cero en la recta numérica. El símbolo del valor absoluto es | |. Observa que el valor absoluto nunca puede ser negativo.

EJEMPLO

Halla el valor absoluto de cada número real.

A 2.7

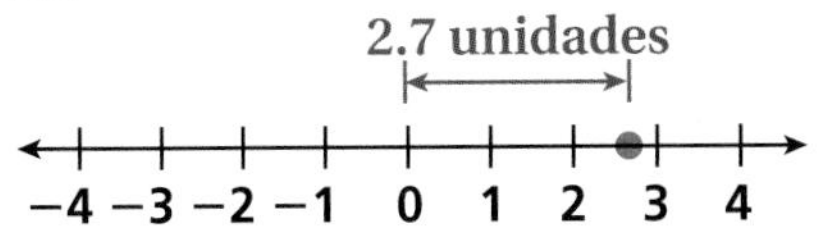

$|2.7| = 2.7$

B $-\pi$

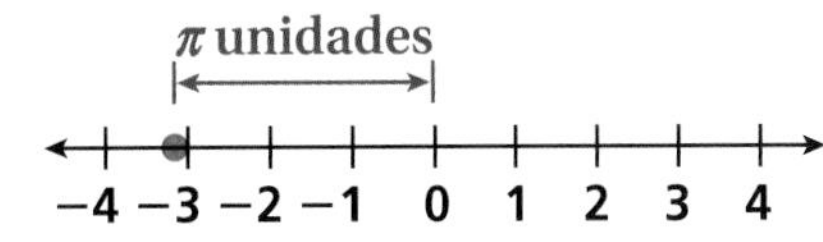

$|-\pi| = \pi$

PRÁCTICA

Halla el valor absoluto de cada número real.

1. $-\frac{3}{4}$ **2.** 5.8 **3.** −6.05 **4.** $\sqrt{3}$ **5.** $-\sqrt{10}$ **6.** $3\frac{5}{8}$

Polinomios

Un **monomio** es un número o producto de números y variables con exponentes que son números cabales. Las expresiones $2n$, x^3, $4a^4b^3$ y 7 son todos ejemplos de monomios. The expressions $x^{1.5}$, $2\sqrt{y}$, and $\frac{3}{m}$ are not monomials.

Un **polinomio** es un monomio o la suma o diferencia de monomios. Los polinomios se pueden clasificar por la cantidad de términos. Un monomio tiene un término, un **binomio** tiene dos términos y un **trinomio** tiene tres términos.

EJEMPLO

Clasifica cada expresión como monomio, binomio, trinomio o indica que no es un polinomio.

A $43h + 14b$

binomio — *La expresión es un polinomio de 2 términos.*

B $3x^2 - 4xy + \frac{3}{x}$

no es un polinomio — *Hay una variable en un denominador.*

PRÁCTICA

Clasifica cada expresión como monomio, binomio, trinomio o indica que no es un polinomio.

1. $5a^3 + 6a^2 - 3$ **2.** $4xy^2$ **3.** $7b + \frac{1}{b^2}$

4. $6c^2d - 4$ **5.** $2x - 3y + 1$ **6.** $-12x^3y^4z^2$

Redes y trayectorias

Una **red** es un conjunto de puntos y un conjunto de segmentos de recta o arcos que conectan los puntos. Los puntos de la red se llaman **vértices.** Los segmentos de recta o arcos que los conectan se llaman **aristas.**

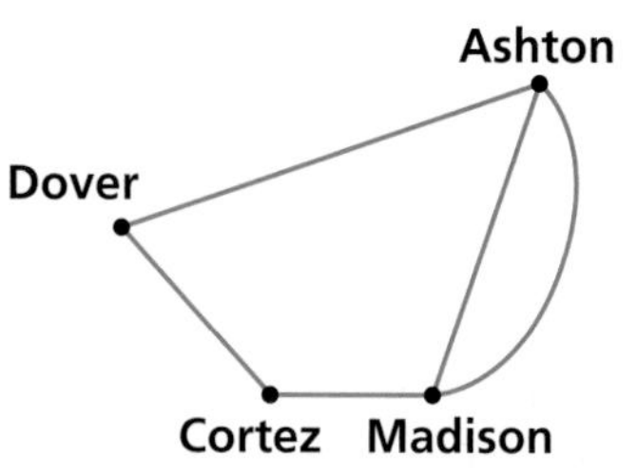

La red de la derecha representa las carreteras que conectan cuatro ciudades. La red tiene cuatro vértices y cinco aristas.

Una **trayectoria** es una manera de moverse por la red de un vértice a otro a través de las aristas. En una trayectoria simple, no se pasa más de una vez por ningún vértice.

EJEMPLO

Determina la cantidad de trayectorias simples del vértice A al vértice B.

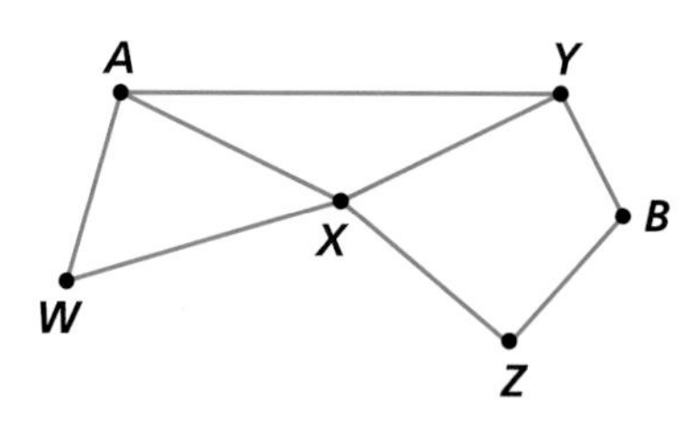

Haz una lista organizada de las trayectorias simples.

A-Y-B

A-Y-X-Z-B

A-X-Y-B

A-X-Z-B

A-W-X-Y-B

A-W-X-Z-B

Hay seis trayectorias simples.

PRÁCTICA

Determina la cantidad de trayectorias simples del vértice A al vértice B.

1.

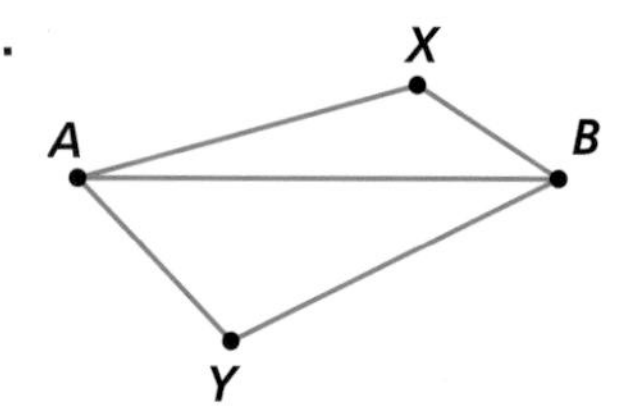

2.

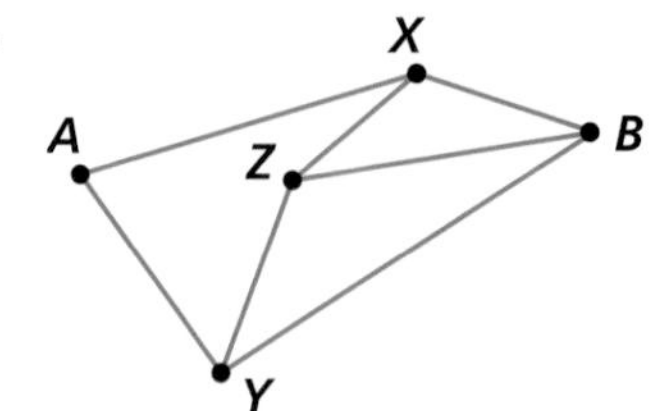

3.

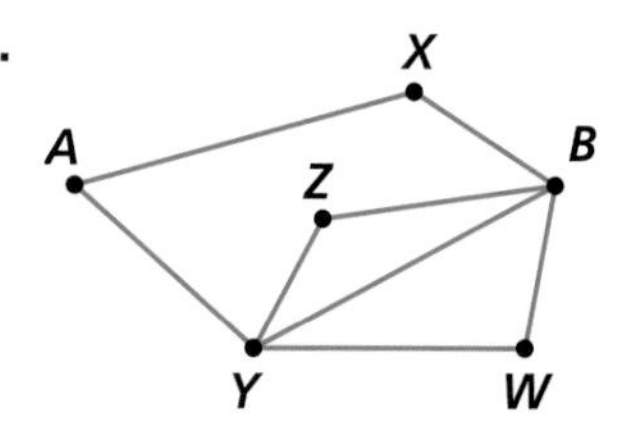

4.

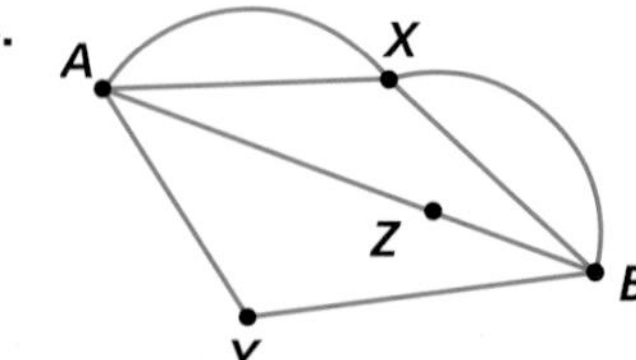

Banco de destrezas Destrezas de ciencias

Vida media

Algunos átomos generan energía al emitir partículas a partir de su centro o núcleo. La capacidad de estos átomos para liberar radiación nuclear se llama *radiactividad,* y el proceso se denomina *desintegración radiactiva.*

La *vida media* es la cantidad de tiempo que le lleva desintegrarse a la mitad de los núcleos de una muestra radiactiva. La vida media de un elemento puede durar de menos de un segundo a millones de años.

EJEMPLO 1

La vida media del sodio 24 es de 15 horas. Si una muestra de sodio 24 contiene $\frac{1}{8}$ de su cantidad original, ¿qué antigüedad tiene la muestra?

Cada 15 horas, se desintegra $\frac{1}{2}$ muestra.

Fracción de la muestra	1	$\frac{1}{2}$	$\frac{1}{4}$	$\frac{1}{8}$
Tiempo	0 horas	15 horas	30 horas	45 horas

La muestra tiene 45 horas de edad.

EJEMPLO 2

La vida media del fósforo 24 es de 14.3 días. ¿Cuánto quedará de una muestra de 6 gramos después de 42.9 días?

Tiempo	0 días	14.3 días	28.6 días	42.9 días
Cantidad de la muestra	6	3	1.5	0.75

Después de 42.9 días, quedarán 0.75 g de fósforo 24.

PRÁCTICA

1. La vida media del cobalto 60 es de 5.26 años. Si una muestra de cobalto 60 contiene $\frac{1}{4}$ de su cantidad original, ¿qué antigüedad tiene la muestra?
2. La vida media del sodio 24 es de 15 horas. ¿Cuánto quedará de una muestra de 9.6 gramos después de 60 horas?
3. El yodo 131 tiene una vida media de 8.07 días. ¿Cuánto quedará de una muestra de 4.4 g después de 40.35 días?
4. Una muestra de bismuto 212 se redujo de 18 g a 1.125 g en 242 minutos. ¿Cuál es la vida media del bismuto 212?

Escala de pH

Un ácido es un compuesto que produce iones de hidrógeno en una solución. Una base es un compuesto que produce iones de hidróxido en una solución. Los químicos usan la **escala de pH** para medir qué tan ácida o básica es una solución.

El rango de la escala de pH de una solución es de 0 a 14. Una solución con un pH por debajo de 7 es ácida. Una solución con un pH por encima de 7 es básica. Una solución con un pH de 7 es neutra, es decir, tiene una cantidad igual de iones de hidrógeno e hidróxido.

Los números del pH se relacionan mediante potencias de 10.

Un pH de 6 es 10 veces más ácido que un pH de 7.

Un pH de 8 es 10 veces más básico que un pH de 7.

0 Ácidos fuertes   Ácidos débiles 7 Bases débiles   Bases fuertes 14

EJEMPLO 1

Las soluciones A y B tienen el mismo volumen. La solución A tiene un pH de 2 y la solución B tiene un pH de 4. ¿Cuánto más ácida es la solución A que la solución B?

Como $4 - 2 = 2$ y $10^2 = 100$ la solución A es 100 veces más ácida que la solución B.

EJEMPLO 2

Las soluciones C y D tienen el mismo volumen. La solución C tiene un pH de 13 y la solución D tiene un pH de 8. ¿Cuánto más básica es la solución C que la solución D?

Como $13 - 8 = 5$ y $10^5 = 100{,}000$, la solución C es 100,000 veces más básica que la solución D.

PRÁCTICA

1. Las soluciones E y F tienen el mismo volumen. La solución E tiene un pH de 5 y la solución F tiene un pH de 1. ¿Cuánto más básica la solución E que la solución F?
2. Las soluciones G y H tienen el mismo volumen. La solución G tiene un pH de 9 y la solución H tiene un pH de 8. ¿Cuánto más básica es la solución G que la solución H?
3. Las soluciones K y J tienen el mismo volumen. La solución J tiene un pH de 7 y la solución K tiene un pH de 5. ¿Cuánto más ácida es la solución K que la solución J?
4. Las soluciones M y L tienen el mismo volumen. La solución L tiene un pH de 14 y la solución M tiene un pH de 7. ¿Cuánto más básica es la solución L que la solución M?

Escala Richter

La magnitud de un terremoto es una medida de la cantidad de energía que libera el terremoto. La **escala Richter** se usa para expresar la magnitud de los terremotos. Esta escala emplea los números de conteo. Cada número representa una magnitud que es 10 veces más fuerte que la magnitud representada por el número anterior.

Puedes relacionar los números de la escala Richter con los exponentes de las potencias de 10.

$10^1 = 10$ $10^2 = 100$ $10^3 = 1{,}000$ $10^4 = 10{,}000$ $10^5 = 100{,}000$

Así como 10^2 es 10 veces 10^1, un terremoto con una magnitud de 2 en la escala Richter es 10 veces más fuerte que un terremoto con una magnitud de 1.

EJEMPLO 1

Un terremoto tiene una magnitud de 5 en la escala Richter. ¿Cuánto más fuerte es que un terremoto con una magnitud de 2?

$10^5 = 100{,}000$ y $10^2 = 100$
Como 100,000 es 1,000 veces 100, 10^5 es 1,000 veces 10^2.

Un terremoto con una magnitud de 5 es 1,000 veces más fuerte que un terremoto con una magnitud de 2.

EJEMPLO 2

Un terremoto tuvo una magnitud de 3. Si el terremoto hubiera sido 10,000 veces más fuerte, ¿cuál habría sido su magnitud?

$10^3 = 1{,}000$
$1{,}000 \cdot 10{,}000 = 10{,}000{,}000 = 10^7$

El terremoto habría tenido una magnitud de 7.

PRÁCTICA

1. ¿Cuántas veces más fuerte es un terremoto con una magnitud de 3 que un terremoto con una magnitud de 1?
2. ¿Cuántas veces más fuerte es un terremoto con una magnitud de 6 que un terremoto con una magnitud de 3?
3. Un terremoto tiene una magnitud de 2. ¿Cuántas veces más fuerte tendría que ser el terremoto para tener una magnitud de 6?
4. Un terremoto tiene una magnitud de 3. ¿Cuántas veces más fuerte tendría que ser el terremoto para tener una magnitud de 9?
5. Un terremoto tiene una magnitud de 5. Si el terremoto hubiera sido 1,000 veces más fuerte, ¿cuál habría sido su magnitud?
6. Un terremoto tiene una magnitud de 4. Si el terremoto hubiera sido 100,000 veces más fuerte, ¿cuál habría sido su magnitud?

Relaciones área total–volumen

Una relación área total–volumen es una razón que compara el área total y el volumen de un cuerpo geométrico. Puedes usar la relación área total–volumen de un cuerpo geométrico para hallar el área total del cuerpo geométrico si conoces su volumen, o hallar el volumen del cuerpo geométrico si conoces su área total.

EJEMPLO 1

Halla la relación área total–volumen del cubo.

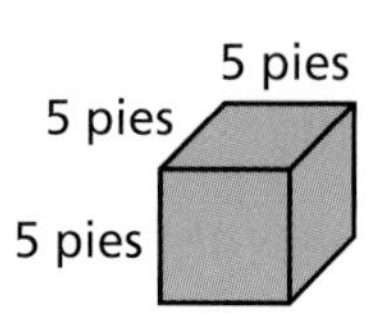

área total $= 2\ell a + 2\ell h + 2ah$

$= (2 \cdot 5 \cdot 5) + (2 \cdot 5 \cdot 5) + (2 \cdot 5 \cdot 5)$

$= 150$

volumen $= \ell ah$

$= 5 \cdot 5 \cdot 5$

$= 125$

$\frac{\text{área total}}{\text{volumen}} = \frac{150}{125}$

$= \frac{6}{5}$ *Simplifica.*

La relación área total–volumen es $\frac{6}{5}$.

EJEMPLO 2

Halla el área total de un cubo que tiene un volumen de 64 unidades cúbicas y una relación área total–volumen de $\frac{3}{2}$.

$\frac{3}{2} = \frac{\text{área total}}{64}$ *Escribe una proporción.*

$2 \cdot$ área total $= 3 \cdot 64$ *Halla los productos cruzados.*

2(área total) $= 192$ *Multiplica.*

área total $= 96$ *Divide ambos lados entre 2.*

El área total del cubo es de 96 unidades cuadradas.

PRÁCTICA

Halla la relación área total–volumen de cada cuerpo geométrico.

1.

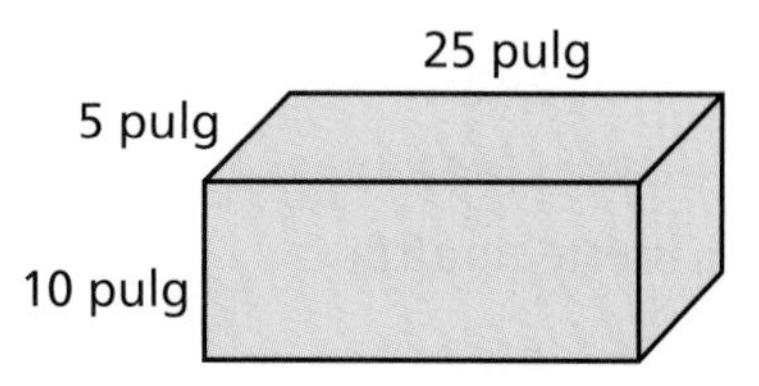

2.

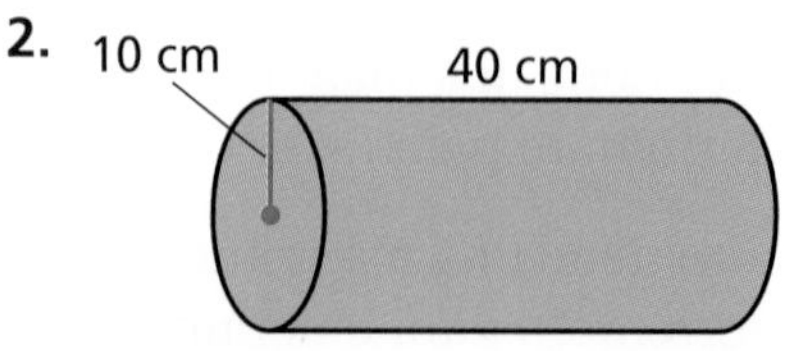

3. Halla el área total de un cilindro que tiene un volumen de 5,001 metros cúbicos y una relación área total–volumen de $\frac{1}{3}$.

4. Halla el volumen de un cilindro que tiene un área total de 11,781 pies cuadrados y una relación área total–volumen de $\frac{231}{500}$.

Relaciones cuadráticas

Las **relaciones cuadráticas** incluyen un valor al cuadrado relacionado con otro valor. Un ejemplo de relación cuadrática aparece en la ecuación $a = x^2 + 5$. Si conoces el valor de una variable, puedes sustituirlo en la ecuación y luego resolverla para hallar la segunda variable.

EJEMPLO

La distancia d en pies que cae un objeto se relaciona con la cantidad de tiempo t en segundos en que cae. Esta relación se da mediante la ecuación $d = 16t^2$.

¿Qué distancia caerá un objeto en 3 segundos?

$d = 16t^2$ *Escribe la ecuación.*
$d = 16 \cdot (3)^2$ *Sustituye t por 3.*
$= 144$ *Simplifica.*

El objeto caerá 144 pies en 3 segundos.

PRÁCTICA

Un pequeño cohete se lanza verticalmente hacia arriba desde el suelo. La distancia d en pies entre el cohete y el suelo al ascender el cohete puede hallarse mediante la ecuación $d = 128t - 16t^2$, donde t es la cantidad de tiempo en segundos que el cohete ha estado subiendo.

1. ¿A qué distancia del suelo está el cohete luego de 1 segundo y luego de 2 segundos?
2. ¿La distancia del cohete al suelo cambió en la misma cantidad en cada uno de los 2 primeros segundos? Explica.
3. Cuando el cohete vuelve al suelo, la distancia que el cohete cae se da mediante la ecuación $d = 16t^2$. Si el cohete toca el suelo 4 segundos después de que empezó a regresar, ¿qué distancia recorrió?
4. Cuando el cohete cae al suelo, ¿cae la misma distancia cada segundo? Explica.

La gráfica de $y = x^2$ se muestra a la derecha. Usa la gráfica para los problemas del 5 al 7.

5. Halla el valor de y para $x = 1, 2, 3, 4,$ y 5.
6. ¿Disminuye y en la misma cantidad con cada valor de x? Explica.
7. ¿Cómo se compararía la parte de la gráfica de $x = 5$ hasta $x = 6$ con la parte de la gráfica de $x = 4$ hasta $x = 5$?

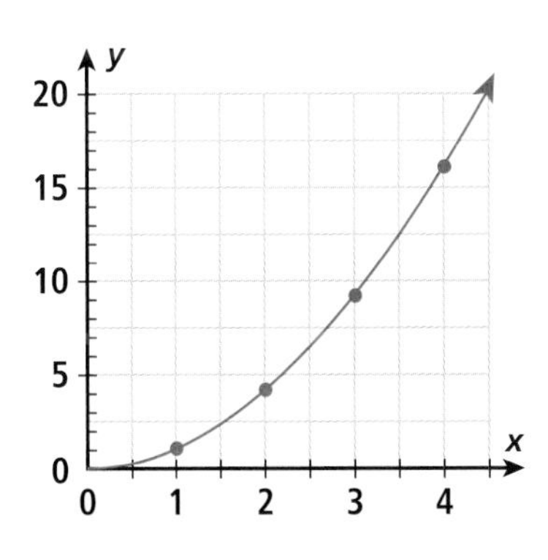

Banco de destrezas

Respuestas seleccionadas

Capítulo 1

1-1 Ejercicios

1. Sumar 8 para obtener el siguiente número **3.** Restar 9 para obtener el siguiente número **5.** Triángulos equiláteros, cada uno dividido en seis triángulos congruentes con un par de triángulos congruentes opuestos sombreados de dos colores diferentes, de modo que los pares sombreados rotan en el sentido de las agujas del reloj desde cada triángulo equilátero hacia el siguiente **7.** 10 triángulos verdes **9.** Dividir entre 4 para obtener el siguiente número **11.** Sumar 23 para obtener el siguiente número **13.** Heptágonos regulares divididos en 7 triángulos con un triángulo sombreado en cada figura. En cada figura sucesiva el triángulo sombreado rota 4 triángulos en el sentido de las manecillas del reloj. **15.** 7, 23, 39, 55, 71 **17.** 50, 48, 44, 38, 30 **19.** Multiplicar por 4 para obtener el siguiente número **21.** Sumar 8 para obtener el siguiente número **23.** 134 **31.** 51 **33.** 90 **35.** 2,020 **37.** 100 **39.** 1,000 **41.** 23,100

1-2 Ejercicios

1. 32 **3.** 36 **5.** 1,000,000 **7.** 4^2 **9.** 10^2 **11.** 121 **13.** 512 **15.** 81 **17.** 5 **19.** 125 **21.** 9^2 **23.** 4^3 **25.** 2^5 **27.** 40^2 **29.** 10^5 **31.** 3^4 **33.** 8^2 **35.** 5^4 **37.** $<$ **39.** $<$ **41.** $>$ **43.** $>$ **45.** $21.87 **47.** Yuma: 688,560; Phoenix: 11,370,384. **49.** $4 \cdot 3^3 = 108$ estrellas **51.** 10^1, 33, 6^2, 4^3, 5^3 **53.** 0, 18^0, 2, 16^1, 3^4 **55.** 1^0, 8^1, 9, 3^3, 2^5 **61.** F **63.** 88 **65.** 63 **67.** Restar 9 **69.** Multiplicar por 3

1-3 Ejercicios

1. kilogramos **3.** centímetros **5.** 12,000 g **7.** 0.07 cm **9.** lunes **11.** miligramos **13.** centímetros **15.** 0.0014 km **17.** 3,550 mm **19.** 199.5 cm **21.** 2,050,000 L **23.** 0.37 cm **25.** = **27.** $<$ **29.** $<$ **31.** Mona Lisa **33.** 1,120 mm **35.** 0.0008 kg **37.** Murciélago rojo **39.** 1 kg **43.** C **45.** Restar 3 para obtener el siguiente número **47.** Sumar 1, luego 2, luego 3 y así sucesivamente **49.** 81 **51.** 128 **53.** 81

1-4 Ejercicios

1. 1,500 **3.** 208,000 **5.** 3.6×10^6 **7.** 8.0×10^9 **9.** 2,000,000,000,000,000,000,000 **11.** 2,100 **13.** 2,500,000 **15.** 268,000 **17.** 211,500,000 **19.** 4.28×10^5 **21.** 3.0×10^9 **23.** 5.2×10^1 **25.** 8.9×10^6 **27.** 367,000 **29.** 4 **31.** 340 **33.** 540,000,000 **35.** no **37.** sí **39.** 9.8×10^8 pies por segundo. **41.** 1.83×10^8 años **45.** C **47.** 5^4 **49.** 2^9 **51.** 1.7 km

1-5 Ejercicios

1. 47 **3.** 23 **5.** 4 **7.** $280 **9.** 42 **11.** 15 **13.** 73 **15.** 588 **17.** $139 **19.** 18 **21.** 20 **23.** 1 **25.** $>$ **27.** $>$ **29.** = **31.** $4 \cdot (8 - 3) = 20$ **33.** $(12 - 2)^2 \div 5 = 20$ **35.** $(4 + 6 - 3) \div 7 = 1$ **37.** $82 **39a.** $4 \cdot 15$ **39b.** $2 \cdot 30$ **39c.** $4 \cdot 15 + 2 \cdot 30 + 6$ **43.** C **45.** D **47.** 729 **49.** 27 **51.** 612,000 **53.** 59,000,000 **55.** 191

1-6 Ejercicios

1. prop. asoc. **3.** prop. conm. **5.** prop. asoc. **7.** 33 **9.** 1,100 **11.** 47 **13.** 38 **15.** 44 **17.** 208 **19.** prop. de ident. **21.** prop. de ident. **23.** prop. de ident **25.** 1,600 **27.** 900 **29.** 163 **31.** 135 **33.** 174 **35.** 92 **41.** 220 pies^2 **43.** 9,000 **45.** 17,500 **47.** 15 **49.** 0 **51.** 8 **53.** 2 **59.** H **61.** 6^2 **63.** 3^2 **65.** 1 **67.** 3

1-7 Ejercicios

1. 12 **3.** 20 **5.** 8 **7.** 19 **9.** 22 **11.** 5 **13.** 11 **15.** 24 **17.** 12 **19.** 41 **21.** 300 **23.** 10 **25.** 22 **27.** 24 **29.** 13 **31.** 31 **33.** $4.50 **35.** 86ºF **41.** H **43.** 6.21×10^7 **45.** 8×10^5 **47.** 68 **49.** 87

1-8 Ejercicios

1. $7p$ **3.** $\frac{n}{12}$ **5.** $\$5 \div n$, or $\frac{5}{n}$ **7.** $5 + x$ **9.** $n \div 8$ **11.** $3y - 10$ **13.** $5 + 2t$ **15.** $\frac{23}{u} - t$ **17.** $2(y + 5)$ **19.** $35(r - 5)$ **21.** $65{,}000 + 2b$ **23.** 90 dividido entre y **25.** 16 multiplicado por t **27.** la diferencia entre 4 veces p y 10 **29.** el cociente de m y 15 más 3 **31.** $15y + 12$ **37.** $(104 \div 19 \cdot 2)x$; $426 **39.** 5 **41.** 35

1-9 Ejercicios

1. $6b$ y $\frac{b}{2}$ **3.** $8x$ **5.** No hay términos semejantes. **7.** b^6 y $3b^6$ **9.** m y $2m$ **11.** $8a + 2b$ **13.** $3a + 3b + 2c$ **15.** $3q^2 + 2q$ **17.** $2n + 3a + 3a + 2n + 5$ **19.** $27y$ **21.** $2d^2 + d$ **23.** No hay términos semejantes. **25.** No hay términos semejantes. **27.** expresión $4n + 5n + 6n = 15n$ **29a.** $21.5d + 23d + 15.5d + 19d$ **b.** $750.50 **c.** la cantidad que Brad ganó en junio **31.** $23x^2$ **35.** J **37.** $<$ **39.** $<$ **41.** 51 **43.** 159

1-10 Ejercicios

1. no **3.** sí **5.** situación A **7.** no **9.** sí **11.** no **13.** situación B **15.** sí **17.** sí **19.** no **21.** sí **23.** sí **25.** $10{,}500 + d = 14{,}264$ **29.** A **31.** 1.085×10^7 **33.** 9.04×10^8

35. propiedad de identidad de la suma

1-11 Ejercicios

1. $r = 176$ **3.** $x = 88$ **5.** $f = 9$ **7.** 14 yd **9.** $t = 82$ **11.** $b = 67$ **13.** $k = 123$ **15.** $w = 43$ **17.** $s = 45$ **19.** $j = 76$ **21.** $q = 99$ **23.** 38 mi **25.** $p = 10$ **27.** $b = 52$ **29.** $a = 45$ **31.** $c = 149$ **33.** $m = 199$ **35.** $s = 159$ **37.** $x = 839$ **39.** $w = 79$ **41.** $x + 65 = 315$; $250 **47.** D **49.** $17 - k$ **51.** $12 + 5n$ **53.** $8 + 11t$

1-12 Ejercicios

1. $s = 847$ **3.** $y = 40$ **5.** $c = 32$ **7.** 9 personas **9.** $k = 1{,}296$ **11.** $c = 175$ **13.** $m = 306$ **15.** $p = 21$ **17.** $a = 2$ **19.** $d = 45$ **21.** $g = 27$ **23.** $m = 110$ **25.** $x = 7$ **27.** $b = 62$ **29.** $f = 20$ **31.** $a = 36$ **33.** $d = 42$ **35.** $r = 307$ **37.** $7 + n = 15$ **39.** $12 = q - 8$ **41.** 12 juguetes **43.** 13,300 **47.** C **49.** 23 **51.** no **53.** $j = 242$ **55.** $a = 47$

Guía de estudio del Capítulo 1: Repaso

1. exponente; base **2.** expresión numérica **3.** ecuación **4.** expresión algebraica **5.** Sumar 4 para obtener el siguiente número. **6.** Sumar 20 para obtener el siguiente número **7.** Sumar 7 para obtener el siguiente número **8.** Multiplicar por 5 para obtener el siguiente número **9.** Restar 4 para obtener el siguiente número **10.** Restar 7 para obtener el siguiente número **11.** 81 **12.** 10 **13.** 128 **14.** 1 **15.** 121 **16.** 18,000 **17.** 0.72 **18.** 5,300 **19.** 6 **20.** 14,400 **21.** 1,320 **22.** 220,000,000 **23.** 4.8×10^4 **24.** 7.02×10^6 **25.** 1.49×10^5 **26.** 3 **27.** 103 **28.** 5 **29.** 67 **30.** prop. conm. de la suma **31.** prop. de identidad de la suma **32.** propiedad distributiva **33.** 19 **34.** 524 **35.** 10 **36.** $4 \div (t + 12)$ **37.** $2(t - 11)$ **38.** $10b^2 + 8$ **39.** $15a^2 + 2$ **40.** $x^4 + x^3 + 6x^2$ **41.** sí **42.** no **43.** 8 **44.** 32 **45.** 18 **46.** 112 **47.** 72 **48.** 9 **49.** 98 **50.** 13 **51.** 17 h

Capítulo 2

2-1 Ejercicios

5. > **7.** < **9.** −5, −3, −1, 4, 6 **11.** −6, −4, 0, 1, 3 **13.** 8 **15.** 10 **21.** > **23.** < **25.** −9, −7, −5, −2, 0 **27.** 16 **29.** 20 **31.** < **33.** = **35.** = **37.** = **39.** ago, jul, sep, jun, abr, mar, oct **41.** −29 **45.** disminuyó aproximadamente un 9% **51.** H **53.** 1.67 m **55.** 10,300 mL **57.** 112 **59.** 170

2-2 Ejercicios

1. 12 **3.** −2 **5.** 15 **7.** −15 **9.** −12 **11.** −20 **13.** −9 **15.** 13 **17.** 7 **19.** −17 **21.** −19 **23.** −16 **25.** −88 **27.** −55 **29.** −14 **31.** −13 **33.** −13 **35.** −26 **37.** 14 **39.** > **41.** > **43.** > **45.** el balance de Cody se redujo $24. **47.** −16 **49.** 3 **51.** 4,150 ft **57.** F **59.** 2 **61.** 4 **63.** > **65.** >

2-3 Ejercicios

1. −3 **3.** 6 **5.** −4 **7.** −10 **9.** 7 **11.** −14 **13.** −5 **15.** 8 **17.** 12 **19.** 16 **21.** −17 **23.** 8 **25.** 50 **27.** 18 **29.** 16 **31.** −5 **33.** −20 **35.** 83°F **37.** −14 **39.** −2 **41.** 2 **43.** 16 **45.** −27 **47.** −17 **49.** −13, −17, −21 **51.** 1,234°F **53.** 265°F **57.** $m + n$ tiene el menor valor absoluto **59.** 3 **61.** 19 **63.** 24

2-4 Ejercicios

1. −15 **3.** −15 **5.** 15 **7.** −15 **9.** −8 **11.** 4 **13.** 7 **15.** −7 **17.** −450 pies **19.** −10 **21.** −12 **23.** 48 **25.** 35 **27.** 7 **29.** −8 **31.** −9 **33.** −9 **35.** −40 **37.** −3 **39.** 50 **41.** −3 **43.** 30 **45.** −42 **47.** −60 pies **49.** 1 **51.** −12 **53.** 1,400 **55.** 11 **57.** menos; s −$72 **59.** más; $12 **63.** C **65.** $x + 6$ **67.** $2d - 4$ **69.** 5 **71.** −2

2-5 Ejercicios

1. $w = 4$ **3.** $k = -7$ **5.** $y = -30$ **7.** La pérdida de este año es de 57 millones de dólares. **9.** $k = -3$ **11.** $v = -4$ **13.** $a = 20$ **15.** $t = -32$ **17.** $n = 150$ **19.** $l = -144$ **21.** $y = 100$ **23.** $j = -63$ **25.** $c = 17$ **27.** $y = -11$ **29.** $w = -41$ **31.** $x = -58$ **33.** $x = 4$ **35.** $t = 9$ **37.** 3 mi **39.** $-13 + p = 8$ **41.** $t - 9 = -22$ **43.** océanos o playas **49.** H **51.** multiplicar por 2 **53.** > **55.** < **57.** =

2-6 Ejercicios

1. primo **3.** compuesto **5.** 2^4 **7.** 3^4 **9.** $2 \cdot 3^2$ **11.** $3^2 \cdot 5$ **13.** $2 \cdot 5^3$ **15.** $2^2 \cdot 5^2$ **17.** $3^2 \cdot 71$ **19.** $2^3 \cdot 5^3$ **21.** primo **23.** primo **25.** compuesto **27.** compuesto **29.** $2^2 \cdot 17$ **31.** $2^3 \cdot 3 \cdot 5$ **33.** $3^3 \cdot 5$ **35.** $2 \cdot 7 \cdot 11$ **37.** $2^5 \cdot 5^2$ **39.** 5^4 **41.** $3^2 \cdot 5 \cdot 7$ **43.** $3^3 \cdot 7$ **45.** $2 \cdot 11^2$ **47.** $11 \cdot 17$ **49.** $5^2 \cdot 7^2$ **51.** $2^3 \cdot 3^2 \cdot 5$ **53.** 3^2 **55.** 5^2 **57.** 2^4 **59a.** $2 \cdot 32$ **b.** uno **61.** 7 **63.** 4 u 8 personas **67.** B **69.** $2^3 \cdot 3 \cdot 5$ **71.** 587 **73.** 14,800,000 **75.** $y = 1$ **77.** $x = 0$

2-7 Ejercicios

1. 6 **3.** 12 **5.** 4 **7.** 12 juegos **9.** 12 **11.** 11 **13.** 38 **15.** 2 **17.** 26 **19.** 3 **21.** 1 **23.** 2 **25.** 22 **27.** 40 **29.** 1 **31.** 7 **33.** 3 **35.** 13 **37.** 7 estantes **39a.** 7 estudiantes **b.** 5 galletas **45.** B **47.** 13 **49.** 81 **51.** −5 **53.** 2 **55.** 7^2 **57.** 2^2

2-8 Ejercicios

1. 28 **3.** 48 **5.** 45 **7.** 24 min **9.** 24 **11.** 42 **13.** 120 **15.** 80 **17.** 180 **19.** 360 **21.** 60 min **23.** 12 **25.** 132 **27.** 90 **29.** 12 **31.** 144 **33.** 210 **35.** sí **37.** no **41.** C **43.** $5c - 2$ **45.** $7u + 3v - 4$ **47.** 4 **49.** 15

2-9 Ejercicios

9. no **11.** sí **13.** $3\frac{3}{4}$ **15.** $1\frac{4}{13}$ **17.** $\frac{31}{5}$ **19.** $\frac{38}{5}$ **29.** sí **31.** sí **33.** sí **35.** no **37.** $6\frac{1}{3}$ **39.** $7\frac{4}{11}$ **41.** $\frac{128}{5}$ **43.** $\frac{29}{3}$ **45.** No **51.** $\frac{11}{2}$ **53.** $\frac{141}{21}$ **55.** $\frac{573}{50}$ **57.** $\frac{12}{20}, \frac{6}{10}$ **59.** $\frac{9}{5}, \frac{72}{40}$ **61.** $8\frac{1}{3}$ pies **63.** $3\frac{1}{2}$ pies **65.** $\frac{150}{4}$ **69.** C **71.** $1\frac{1}{3}$ tazas de harina **73.** $y = 12$ **75.** $z = 80$ **77.** 45 **79.** 168

2-10 Ejercicios

1. 0.57 **3.** 1.83 **5.** 0.12 **7.** 0.5 **9.** $\frac{1}{125}$ **11.** $-2\frac{1}{20}$ **13.** 0.720 **15.** 6.4 **17.** 0.88 **19.** 1 **21.** 1.92 **23.** 0.8 **25.** 0.55 **27.** $\frac{1}{100}$ **29.** $-\frac{2}{25}$ **31.** $\frac{61}{4}$ **33.** $8\frac{3}{8}$ **35.** 8.75 **37.** $5\frac{5}{100}$ **39.** $\frac{307}{20}$ **41.** 4.003 **43.** sí **45.** no **47.** sí **49.** no **51.** $17\frac{9}{10}, 18\frac{1}{20}, 18\frac{1}{25}, 18\frac{11}{20}$ **55.** D **57.** no **59.** sí **61.** $\frac{13}{4}$ **63.** $\frac{25}{4}$

2-11 Ejercicios

1. $<$ **3.** $<$ **5.** $<$ **7.** $>$ **9.** 2.05, 2.5, $\frac{13}{5}$ **11.** $<$ **13.** $>$ **15.** $>$ **17.** $>$ **19.** $>$ **21.** $<$ **23.** $<$ **25.** $\frac{5}{8}$, 0.7, 0.755 **27.** 2.05, $\frac{21}{10}$, 2.25 **29.** −2.98, $-2\frac{9}{10}$, 2.88 **31.** $\frac{3}{4}$ **33.** $\frac{7}{8}$ **35.** 0.32 **37.** $-\frac{7}{8}$ **39.** Saturno (0.69), Júpiter y Urano (1.32) **41.** perezosos **47.** J **49.** $>$ **51.** $>$ **53.** 169 **55.** 57

Guía de estudio del Capítulo 2: Repaso

1. número racional; entero; decimal finito **2.** fracción impropia, número mixto **3.** $>$ **4.** $<$

5.
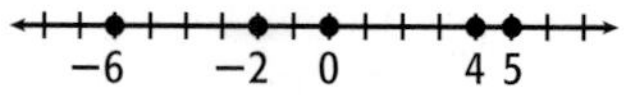

6. −8 −3−1 2 8
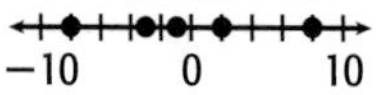

7. 0 unidades
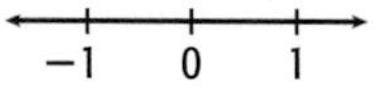

8. 17 unidades
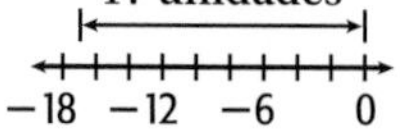

9. 6 unidades
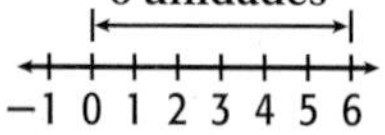

10. −3 **11.** 1 **12.** −56 **13.** 9 **14.** 14 **15.** −6 **16.** 6 **17.** −9 **18.** −1 **19.** −9 **20.** −50 **21.** 3 **22.** 16 **23.** −2 **24.** −12 **25.** −3 **26.** 10 **27.** 14 **28.** −26 **29.** 72 **30.** 13 **31.** −4 **32.** −105 **33.** −19 **34.** 21 **35.** 16 **36.** $2^3 \cdot 11$ **37.** 3^3 **38.** $2 \cdot 3^4$ **39.** $2^5 \cdot 3$ **40.** 30 **41.** 3 **42.** 12 **43.** 220 **44.** 60 **45.** 32 **46.** 27 **47.** 90 **48.** 12 **49.** 315 **50.** $\frac{21}{15}$ **51.** $\frac{19}{6}$ **52.** $\frac{43}{4}$ **53.** $3\frac{1}{3}$ **54.** $2\frac{1}{2}$ **55.** $2\frac{3}{7}$ **56.** Respuesta posible: $\frac{8}{9}, \frac{24}{27}$ **57.** Respuesta posible: $\frac{42}{48}, \frac{7}{8}$ **58.** Respuesta posible: $\frac{16}{21}, \frac{96}{126}$ **59.** $\frac{1}{4}$ **60.** $-\frac{1}{250}$ **61.** $\frac{1}{20}$ **62.** 3.5 **63.** −0.06 **64.** 0.6 **65.** $<$ **66.** $>$ **67.** $>$ **68.** $<$ **69.** −0.55, $\frac{6}{13}, \frac{1}{2}$, 0.58

Capítulo 3

3-1 Ejercicios

1. 63 **3.** 2 **5.** −225 **7.** no **9.** 92 **11.** 8 **13.** 55 **15.** 5 **17.** −120 **19.** 9 **21.** −7 **23.** −59 **25.** −90 **27.** −36 **29.** 11 **31.** −98 **33.** 225 **35.** 13 **37.** aproximadamente 8 semanas **39.** aproximadamente 5 galones **41.** aproximadamente 30 UA **47.** J **49.** −3 **51.** 22 **53.** −11

3-2 Ejercicios

1. 21.82 **3.** 12.826 **5.** 1.98 **7.** 1.77 **9.** $372,000 millones **11.** 18.97 **13.** −25.52 **15.** 10.132 **17.** −15.89 **19.** 9.01 **21.** 16.05 **23.** 5.1 **25.** 22.77 **27.** 77.13 g **29.** −4.883 **31.** 14.33 **33.** 1.92 **35.** 30.12 **37.** −1.26 **39.** −3.457 **41.** Hay que mantener juntas las unidades de valor posicional. **43.** 1915 **49.** G **51.** $y = 15$ **53.** $p = 39$ **55.** 22 **57.** 42

3-3 Ejercicios

1. −3.6 **3.** 0.18 **5.** 2.04 **7.** −0.315 **9.** 334.7379 millas **11.** 0.35 **13.** 3.2 **15.** −20.4 **17.** 9.1 **19.** 4.48 **21.** 2.814 **23.** −9.256 **25.** 6.161 **27.** 5.445 mi **29.** 0.0021 **31.** 0.432 **33.** −2.88 **35.** 1.911 **37.** 0.351 **39.** 0.00864 **41.** 28.95 pulg de mercurio **43.** −8.904 **45.** −0.027 **47.** 1,224.1152 **53.** 11.3 mi **55.** $5 \cdot 7$ **57.** 2^6 **59.** 8.57 **61.** −3.74 **63.** 19.71 **65.** −68.868

3-4 Ejercicios

1. 6.14 3. −3.09 **5.** 0.017 **7.** $5.54 **9.** −8.9 **11.** −8.92 **13.** −4.8 **15.** 2.04 **17.** 1.13 **19.** −3.07 **21.** $9.75 **23.** 1.56 **25.** 4.19 **27.** −2.8 **29.** −1.91 **31.** −0.019 **33.** 0.18 **35.** 262.113 **37.** 1985 **39.** 14.53 millones de personas **45.** C **47.** $9.93 **49.** 9 **51.** 8 **53.** 5 **55.** 2.116 **57.** 18.2055

3-5 Ejercicios

1. 0.9 **3.** 4.6 **5.** −3.2 **7.** 2.5 **9.** −16 **11.** −4.8 **13.** 28 mi/gal **15.** −0.12 **17.** −14 **19.** 4.2 **21.** 47.5 **23.** 4 **25.** −48.75 **27.** 2.4 min **29.** 22.5 **31.** −0.4 **33.** 25 **35.** 20 **37.** 18 **39.** 6.4 **41.** 2,500 años **43.** 11 años **45.** 363.64 días **47.** A **49.** $9\frac{1}{3}$ **51.** $3\frac{2}{5}$ **53.** 5.05 **55.** −2.7

3-6 Ejercicios

1. $w = 7$ **3.** $k = 24.09$ **5.** $b = 5.04$ **7.** $t = 9$ **9.** $4.25 **11.** $c = 44.56$ **13.** $a = 5.08$ **15.** $p = -53.21$

17. $z = 16$ **19.** $w = 11.76$ **21.** $a = -74.305$ **23.** \$7.50 **25.** $n = -4.92$ **27.** $r = 0.72$ **29.** $m = -0.15$ **31.** $k = 0.9$ **33.** $t = 0.936$ **35.** $v = -2$ **37.** $n = 12.254$ **39.** $j = 11.107$ **41.** $g = 0.5$ **43.** \$171 **45a.** 148.1 millones **b.** entre la inglesa y la italiana **49.** C **53.** 6.0×10^6 **55.** 1.5 **57.** 3 **59.** 9

3-7 Ejercicios

1. aproximadamente 4 pies **3.** 0 **5.** 2 **7.** 3 **9.** 48 **11.** 1 **13.** $2\frac{1}{2}$ **15.** $\frac{1}{2}$ **17.** $11\frac{1}{2}$ **19.** 6 **21.** 30 **23.** 2 **25.** 4 **27.** $\frac{1}{2}$ **29.** 24 **31.** -8 **33.** 4 **35.** 11 **37.** $5\frac{1}{2}$ **39.** \$14 **41.** mayor **43.** 2 m **47.** D **49.** $x = 27$ **51.** $m = 13$ **53.** $x = 6.5$ **55.** $q = -19.44$

3-8 Ejercicios

1. $\frac{1}{3}$ **3.** $\frac{3}{7}$ **5.** $\frac{1}{2}$ **7.** $\frac{19}{24}$ **9.** $\frac{1}{12}$ **11.** $\frac{1}{2}$ **13.** $\frac{3}{5}$ **15.** $\frac{2}{3}$ **17.** $\frac{1}{5}$ **19.** $\frac{1}{4}$ **21.** $\frac{3}{4}$ **23.** $-\frac{1}{6}$ **25.** $\frac{8}{15}$ **27.** $\frac{1}{6}$ mi **29.** $\frac{13}{18}$ **31.** $\frac{4}{5}$ **33.** $-\frac{1}{12}$ **35.** $\frac{1}{2}$ **37.** $-\frac{1}{20}$ **39.** $\frac{14}{15}$ **41.** $\frac{41}{63}$ **43.** $\frac{41}{45}$ **45.** 0 **47.** $\frac{9}{120}$ **49.** $\frac{5}{6}$ de hora **51.** $\frac{13}{24}$ mi **53.** Cai **55.** $\frac{3}{8}$ lb de anacardos **59.** B **61.** 1 **63.** 6 **67.** 11

3-9 Ejercicios

1. $5\frac{1}{6}$ **3.** $6\frac{5}{8}$ **5.** $7\frac{3}{4}$ **7.** $5\frac{1}{3}$ **9.** $4\frac{9}{40}$ **11.** 15 **13.** $5\frac{2}{3}$ **15.** $6\frac{4}{5}$ **17.** $11\frac{7}{15}$ **19.** $\frac{6}{7}$ **21.** $5\frac{1}{4}$ **23.** $2\frac{7}{20}$ **25.** $\frac{9}{10}$ **27.** $15\frac{8}{15}$ **29.** $13\frac{5}{6}$ **31.** $6\frac{5}{24}$ **33.** $\frac{5}{6}$ **35.** $4\frac{1}{6}$ **37.** $10\frac{1}{24}$ **39.** $<$ **41.** $>$ **43.** $4\frac{5}{8}$ tazas **45.** $117\frac{1}{3}$ mi **47.** el camino por la cascada **51.** D **53.** 6 **57.** $\frac{3}{4}$ **59.** $1\frac{5}{36}$

3-10 Ejercicios

1. $2\frac{1}{2}$ hr **3.** $\frac{2}{5}$ **5.** -9 **7.** $\frac{12}{5}$ **9.** -20 **11.** $1\frac{2}{3}$ tsp **13.** $\frac{1}{2}$ **15.** 4 **17.** $\frac{1}{4}$ **19.** $-\frac{5}{9}$ **21.** $\frac{222}{5}$ **23.** $17\frac{1}{2}$ **25.** $\frac{7}{3}$ **27.** $8\frac{1}{4}$ **29.** $\frac{155}{42}$ **31.** $\frac{1}{3}$ **33.** $-\frac{1}{6}$ **35.** $\frac{1}{12}$ **37.** $\frac{1}{5}$ **39.** $\frac{7}{10}$ **41.** $\frac{1}{5}$ **43.** 1 **45.** 3 **47.** 5 **49.** 6 **51.** 1 **53.** $2\frac{1}{12}$ lb **55.** $11\frac{1}{3}$ mi **59.** B **61.** $-7, -3, 0, 4, 5$ **63.** $-9, -4, -1, 1, 9$ **65.** $1\frac{5}{12}$ **67.** $7\frac{11}{24}$

3-11 Ejercicios

1. 18 **3.** $\frac{3}{32}$ **5.** $\frac{1}{4}$ **7.** 2 **9.** 3 capas **11.** 18 **13.** $-4\frac{3}{8}$ **15.** $\frac{1}{27}$ **17.** -40 **19.** $\frac{5}{14}$ **21.** -14 **23.** $\frac{88}{7}$ **25.** $-9\frac{4}{5}$ **27.** 6 cintas **29.** $5\frac{2}{5}$ **31.** 2 **33.** $\frac{8}{147}$ **35.** $-\frac{16}{25}$ **37.** $\frac{18}{25}$ **39.** $\frac{21}{2}$ **41.** $\frac{1}{3}$ **43.** -1 **45.** 87 porciones de carne **47.** 11 pulg **49.** 7 círculos **51.** D **53.** 22 **55.** 24 **57.** 24 **59.** $-8\frac{1}{10}$ **61.** $-1\frac{11}{12}$

3-12 Ejercicios

1. $a = \frac{3}{4}$ **3.** $p = \frac{3}{2}$ **5.** $r = \frac{9}{10}$ **7.** $1\frac{1}{8}$ c **9.** $t = \frac{5}{8}$ **11.** $x = \frac{53}{24}$ **13.** $y = \frac{7}{60}$ **15.** $w = \frac{1}{2}$ **17.** $z = \frac{1}{12}$ **19.** $n = 1\frac{23}{25}$ **21.** $t = \frac{1}{4}$ **23.** $w = 6$ **25.** $x = \frac{3}{5}$ **27.** $n = \frac{12}{5}$ **29.** $y = \frac{1}{2}$ **31.** $r = \frac{1}{77}$ **33.** $h = -\frac{1}{12}$ **35.** $v = \frac{3}{4}$ **37.** $d = 14\frac{17}{40}$ **39.** $11\frac{3}{16}$ **41.** 15 millones de especies **43.** 48 pisos **49.** G **51.** 3, 3.02, $3\frac{2}{10}$, 3.25 **53.** -1 **55.** 21

Guía de estudio del Capítulo 3: Repaso

1. números compatibles **2.** recíprocos **3.** 110 **4.** 5 **5.** 75 **6.** 4 **7.** aproximadamente 20 semanas **8.** 27.88 **9.** -51.2 **10.** 6.22 **11.** 52.902 **12.** 14.095 **13.** 35.88 **14.** 3.5 **15.** -38.7 **16.** 40.495 **17.** 60.282 **18.** 77.348 **19.** -18.81 **20.** 2.3 **21.** -4.9 **22.** 0.08 **23.** -5.8 **24.** -1.65 **25.** 3.4 **26.** 4.5 **27.** -1.09 **28.** -15.4 **29.** -500 **30.** 2 **31.** 4 **32.** $x = -10.44$ **33.** $s = 107$ **34.** $n = 0.007$ **35.** $k = 8.64$ **36.** $e = -5.05$ **37.** $w = -3.08$ **38.** 24 **39.** -8 **40.** 3 **41.** 1 **42.** 30 **43.** 3 **44.** aproximadamente $5\frac{1}{2}$ vueltas **45.** $6\frac{2}{5}$ **46.** $\frac{17}{20}$ **47.** $\frac{5}{11}$ **48.** $\frac{1}{9}$ **49.** $1\frac{2}{6}$ **50.** $3\frac{1}{3}$ **51.** $6\frac{1}{4}$ **52.** $1\frac{5}{12}$ **53.** $7\frac{1}{2}$ **54.** $1\frac{21}{25}$ **55.** $17\frac{17}{63}$ **56.** $6\frac{1}{4}$ **57.** $\frac{4}{75}$ **58.** $\frac{2}{15}$ **59.** 1 **60.** $1\frac{11}{12}$ **61.** $1\frac{2}{3}$ **62.** $\frac{1}{15}$ **63.** $1\frac{5}{7}$ **64.** $\frac{13}{28}$

Capítulo 4

4-1 Ejercicios

1. II **3.** III

5–7.

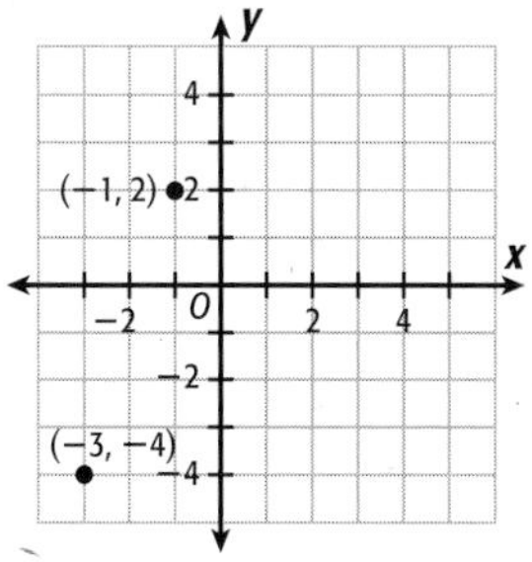

9. $(6, -3)$ **11.** $(-4, 0)$ **13.** I **15.** IV

17–19.

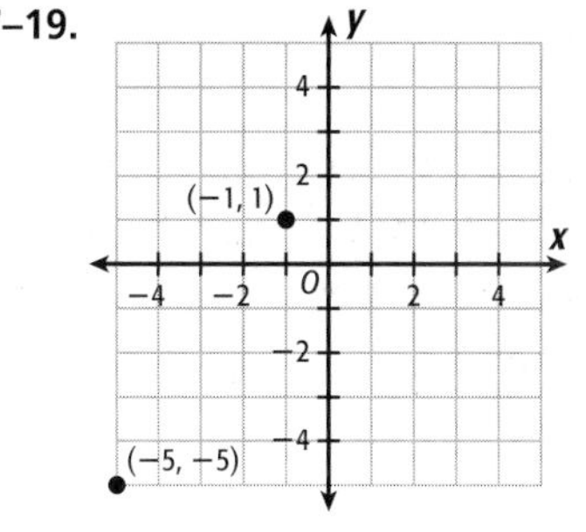

21. $(-4, 4)$ **23.** $(-5, -4)$ **25.** $(5, 6)$

27.

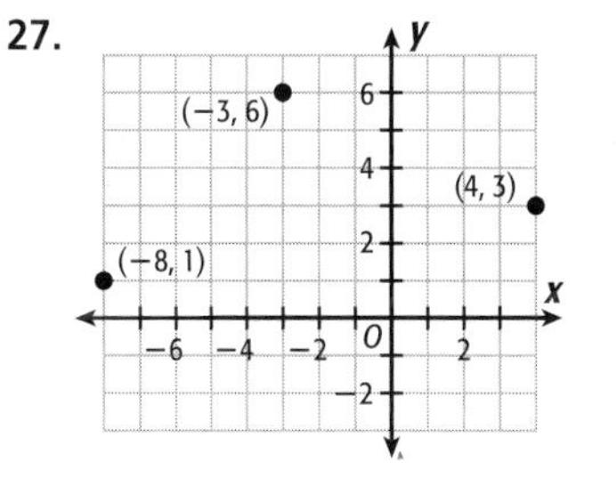

29. triángulo; Cuadrantes I y II **31.** III **33.** $(12, 7)$ **39.** B **41.** 12 **43.** -24 **45.** $6\frac{2}{5}$ **47.** $1\frac{2}{5}$

4-2 Ejercicios

1. $(1, 1)$ **3.** $(-2, 0)$

5.

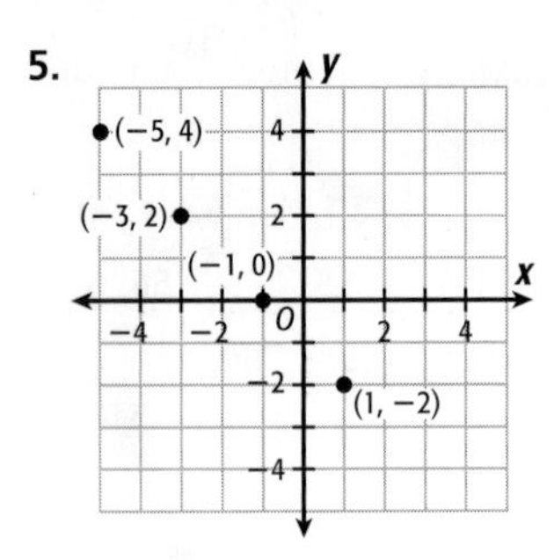

7. (−15, 15), (−10, 10), (−5, 5), (0, 0)

9. (−11, 6), (−9, 5), (−7, 4), (−5, 3)

11.

(6, 5)
(4, 3)
(2, 1)
(0, −1)

13a.

Días	Galones de gasolina
1	3.5
2	7
3	10.5
4	14
5	17.5

21. −6.3 **23.** −12.35 **25.** $16\frac{1}{3}$

27. $7\frac{33}{40}$

4-3 Ejercicios

1. A **3.** B **15.** 3 **17.** 0 **19.** 3

21. 3 **23.** (1, 4)

4-4 Ejercicios

1. −5, 1, 3 **3.** 50, 2, 18

5.

x	−1	0	1	2
y	3	2	3	6

7. −7, −1, 8

9.

x	−1	0	1	2
y	$-\frac{1}{2}$	0	$\frac{1}{2}$	1

11a. $y = x - 11.66$ **17.** J

19. −1 **21.** $x = 6$ **23.** $y = 4\frac{1}{2}$

4-5 Ejercicios

1. aritmética **3.** $y = 3n$

5. $y = n - 1$ **7.** $y = 195n$

9. aritmética **11.** $y = 7n$

13. $y = 20n$ **15.** $y = n + 0.5$

17. multiplicar 35 por n

19. sumar $\frac{1}{2}$ a n **21.** dividir n entre 3 **23.** $y = n - 0.5$ **25.** $y = 3n + 2$

27. $y = 2n - 1$ **29.** $y = 2^n$

35. 10,000,000 **37.** 1 **39.** 200

41. 105

4-6 Ejercicios

1.

Entrada	Regla	Salida	Par ordenado
x	*x* + 3	*y*	(*x*, *y*)
−2	−2 + 3	1	(−2, 1)
0	0 + 3	3	(0, 3)
2	2 + 3	5	(2, 5)

3. $y = 750x$

5.

Entrada	Regla	Salida	Par ordenado
x	*x* − 1	*y*	(*x*, *y*)
3	3 − 1	2	(3, 2)
4	4 − 1	3	(4, 3)
5	5 − 1	4	(5, 4)

7.

Entrada	Regla	Salida	Par ordenado
x	2*x* + 3	*y*	(*x*, *y*)
−2	2 (−2) + 3	−1	(−2, −1)
−1	2 (−1) + 3	1	(−1, −1)
0	2 (0) + 3	3	(0, 3)

9. 8,100 cm

15. B. **19.** $y = 2n - 6$

21. $y = 2n - 4$

Guía de estudio del Capítulo 4: Repaso

1. sucesión **2.** función

3. función lineal

4–7.

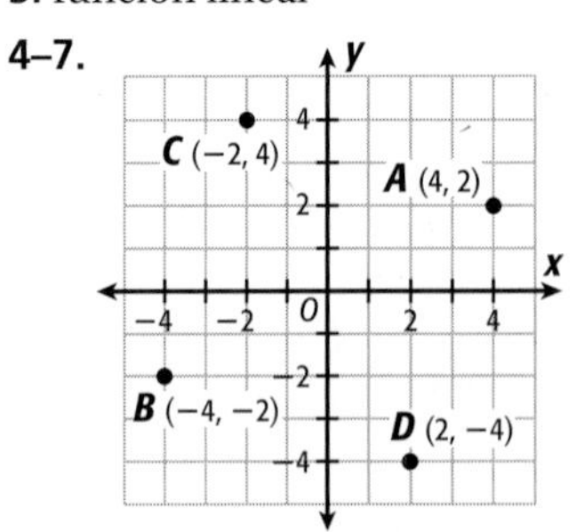

8. (2, −1) **9.** (−2, 3)

10. (1, 0) **11.** (−4, −2)

12.

(−2, 0)
(1, 1)
(3, −4)

13.

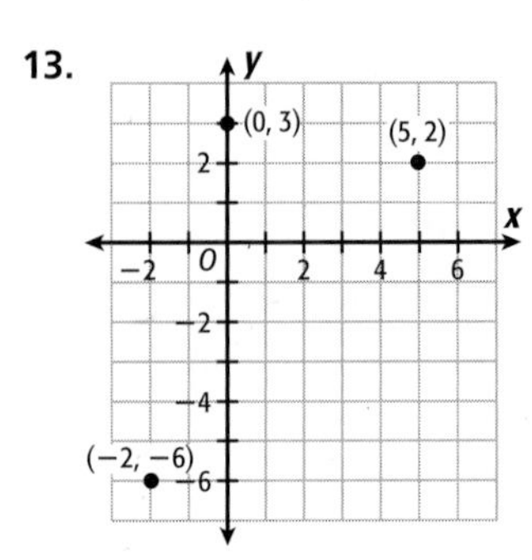

14.

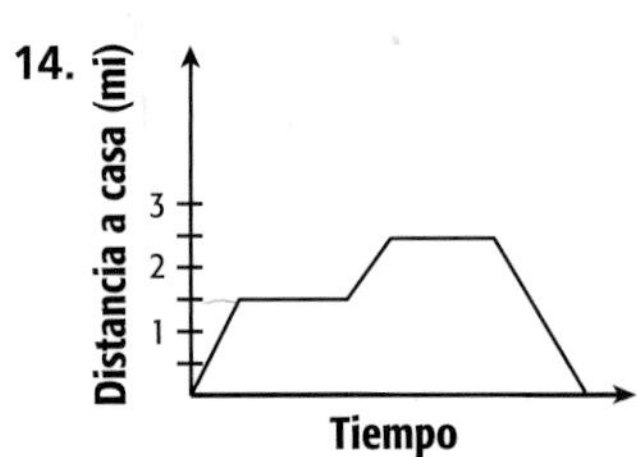

15.

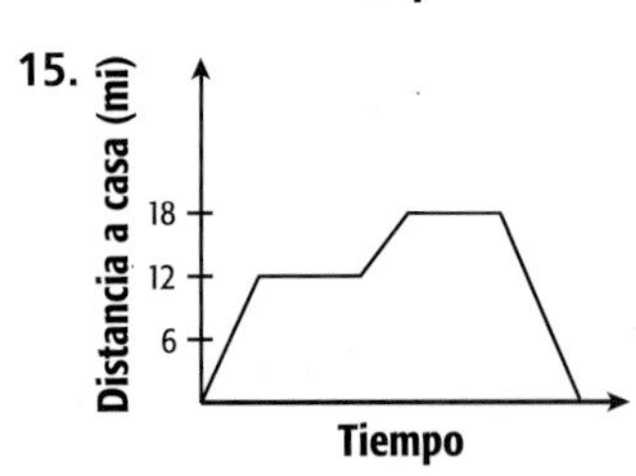

16.

Entrada	Regla	Salida
x	$x^2 - 1$	*y*
−2	$(-2)^2 - 1$	3
3	$(3)^2 - 1$	8
5	$(5)^2 - 1$	24

17. geométrica **18.** aritmética; −30 **19.** $y = 25n$ **20.** $y = n - 4$

21. $y = 3n - 7$ **22.** $y = 2n + 2$

23.

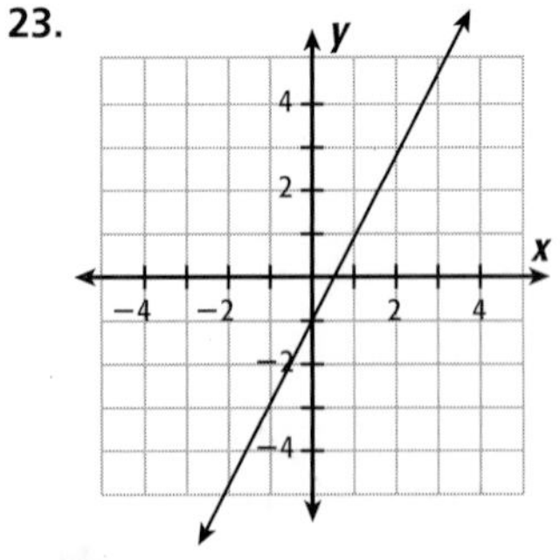

Manual del estudiante

24.

25.

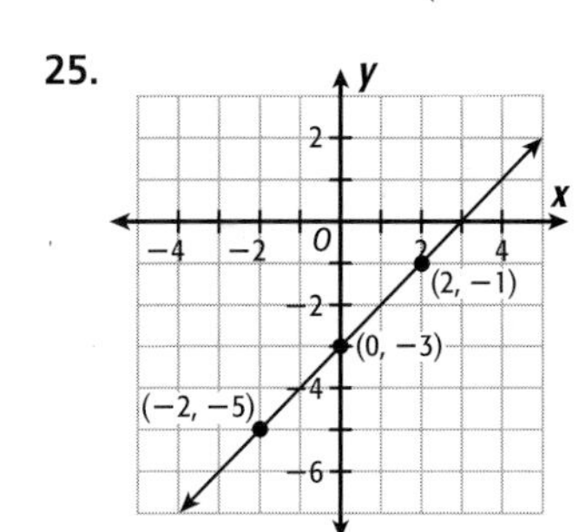

26.

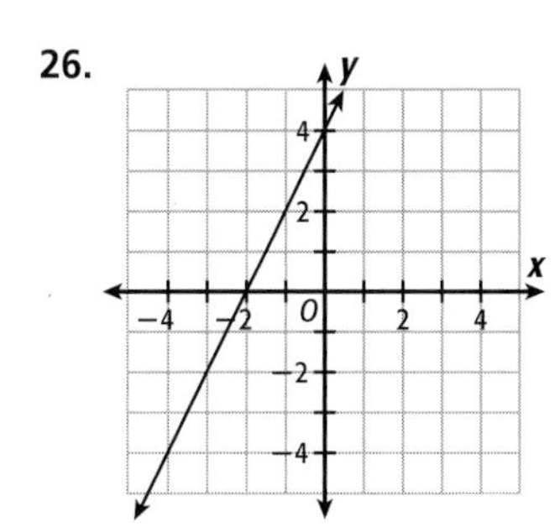

27.

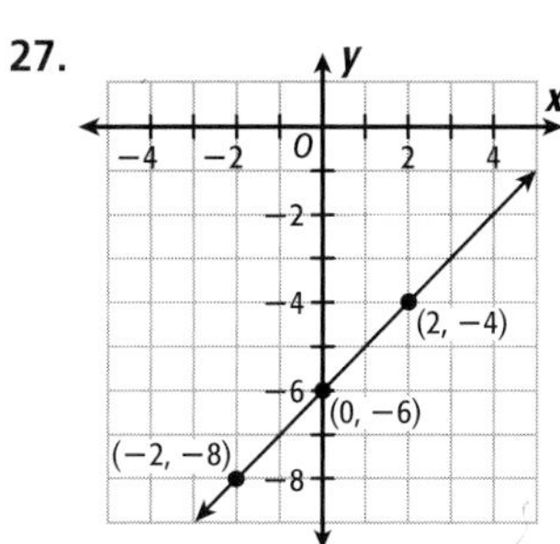

28.

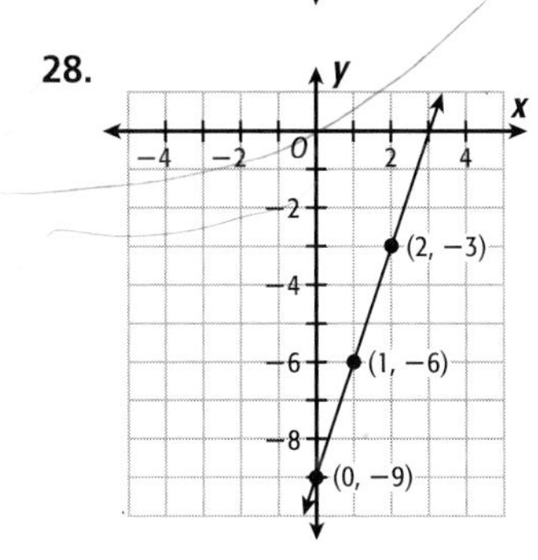

Capítulo 5

5-1 Ejercicios

1. $\frac{10}{3}$, 10 a 3, 10:3 **3.** $\frac{3}{1}$ a 3 a 1 o 3:1 **5.** $\frac{25}{30}$, 25 a 30, 25:30, o $\frac{5}{6}$, 5 a 6, 5:6 **7.** $\frac{30}{15}$, 30 a 15, 30:15, o $\frac{2}{1}$, 2 a 1, 2:1 **9.** $\frac{4}{1}$ o 4 a 1 o 4:1 **11.** grupo 1 **15.** 4:1, $\frac{4}{1}$, 4 a 1 **17.** 3:2, $\frac{3}{2}$, 3 a 2 **19.** mayor que **21.** B **23.** $x = -6.7$ **25.** $v = 8.5$

5-2 Ejercicios

1. 83.5 mL por min **3.** 458 mi/h **5.** $7.75 por h **7.** aproximadamente 74.63 mi/h **9.** 3 vueltas por juego **11.** $335 por mes **13.** 18.83 mi por gal **15.** $5.75 por h **17.** 122 mi por viaje **19.** 0.04 mi por min **21.** $\frac{1{,}026 \text{ estudiantes}}{38 \text{ clases}}$; 27 estudiantes por clase **29.** 0.06, $3.70; $\frac{2.52}{42 \text{ oz}}$ es la mejor compra. **27.** 287, 329, 611, (Francia, Polonia, Alemania) **31.** D **33.** < **35.** >

5-3 Ejercicios

1. positivo; 1

3.

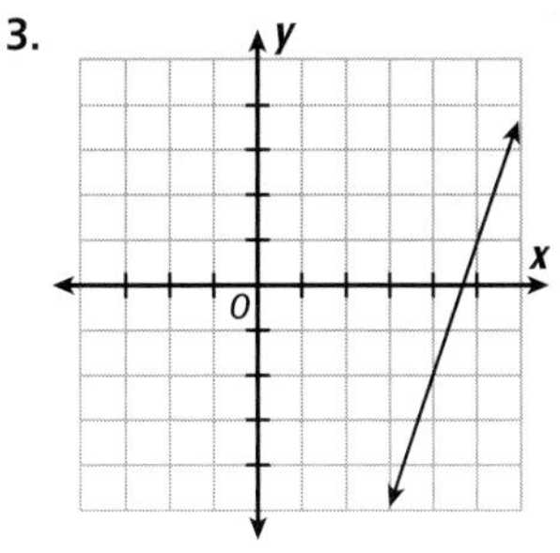

5.

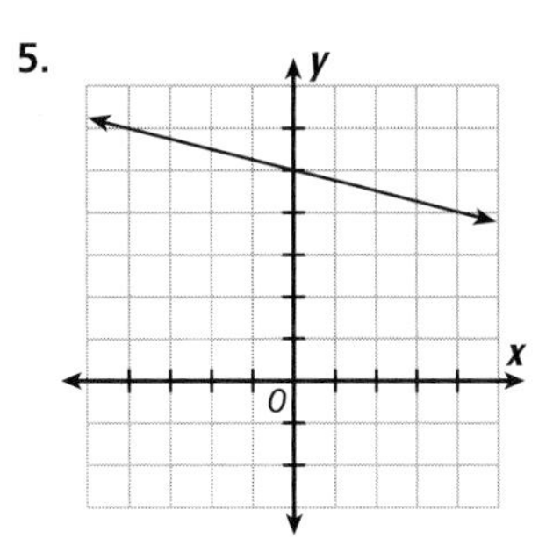

7. constante **9.** constante **11.** negativo; −3

13.

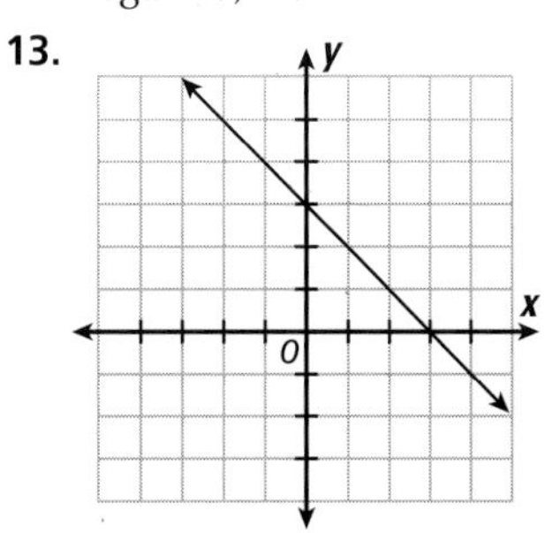

15.

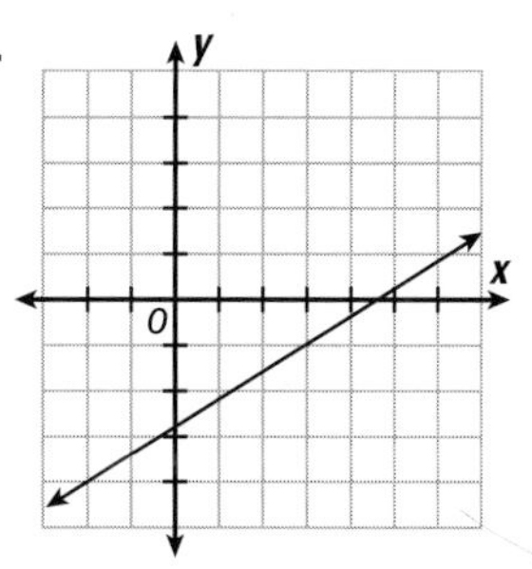

17. constante **19.** variable **21.** −7 **23.** −3 **25.** $\frac{3}{2}$ **29.** El valor y disminuyó. **33.** B **37.** 125 **39.** 100,000 **41.** sumar $\frac{3}{2}$ a n; $\frac{9}{2}$, 6, $\frac{15}{2}$

5-4 Ejercicios

1. sí **3.** sí **5.** sí **7.** no **13.** no **15.** no **17.** no **19.** no **29.** 3, 24, 15 **39a.** $\frac{1 \text{ lata}}{4 \text{ horas}}$ **b.** No, 1:4 = x:2,080; la clase recicló 520 latas. **41.** 1:2 = 2:4, 2:1 = 4:2, 1:1 = 2:2, 1:1 = 4:4, 2:2 = 4:4 **43a.** 8:5 **b.** Laguna Mill y Laguna Clear **49.** H **51.** −3.75 **53.** −76.25

55.

Entrada	Regla	Salida	Par ordenado
x	$-x + 3$	y	(x, y)
−2	−(−2) + 3	5	(−2, 5)
−1	−(−1) + 3	4	(−1, 4)
0	−(0) + 3	3	(0, 3)
1	−(1) + 3	2	(1, 2)
2	−(2) + 3	1	(2, 1)

57.

Entrada	Regla	Salida	Par ordenado
x	$-3x + 4$	y	(x, y)
−2	−3(−2) + 4	10	(−2, 10)
−1	−3(−1) + 4	7	(−1, 7)
0	−3(0) + 4	4	(0, 4)
1	−3(1) + 4	1	(1, 1)
2	−3(2) + 4	−2	(2, −2)

5-5 Ejercicios

1. $x = 60$ **3.** $m = 16.4$ **5.** 3 lb **7.** $h = 144$ **9.** $v = 336$ **11.** $t = 36$ **13.** $n = 22\frac{2}{5}$ **15.** 227 gramos **29.** 25 clips **31.** 22 orientadores **33.** $\frac{4}{10} = \frac{6}{15}$ **35.** $\frac{3}{75} = \frac{4}{100}$ **37.** $\frac{5}{6} = \frac{90}{108}$ **39.** 105 átomos de oxígeno **45.** $\frac{4}{6}$ **47.** −20 **49.** 64 mi/h **51.** $9.50/h

5-6 Ejercicios

1. Pies; el ancho de la acera es similar a la longitud de varias hojas de papel. **3.** Toneladas; el peso de un camión es similar al de varios búfalos. **5.** 48 qt **7.** 4.5 lb **9.** 27 fl oz **11.** Pulgadas; la envergadura de un gorrión es similar a la longitud de varios clips. **13.** Pies; la altura de un edificio de oficinas es similar a la longitud de muchas hojas de papel. **15.** 3 mi **17.** 75 pulg **19.** $>$ **21.** $<$ **23.** $>$ **25.** $<$ **27.** $<$ **29.** 2.4 mi **31.** 8 c, 5 qt, 12 pt, 2 gal **33.** 12,000 pies, 2.5 mi, 5,000 yd **35.** 9.5 yd, 380 pulg, 32.5 pies **37.** 46,145 yd **39.** El objeto que midas contendrá menos de las unidades mayores, así que tiene sentido dividir para obtener un valor menor de la medida. **43.** A **45.** $139 **47.** no **49.** no

5-7 Ejercicios

1. semejantes **3.** semejantes **5.** no semejantes **7.** semejantes **9.** no **11.** semejantes **13.** sí **15.** sí **17.** no **19.** no **23.** C **25.** $-10\frac{1}{2}$ **27.** $\frac{3}{2}$

5-8 Ejercicios

1. $a = 22.5$ cm **3.** 28 pies **5.** $x = 13.5$ pulg **7.** 3.9 pies **9.** 21 m **15.** B **17.** $18 \cdot y$ **19.** $12 \div z$ **21.** pulg

5-9 Ejercicios

1. $\frac{1}{14}$ **3.** 67.2 cm de altura, 40 cm de ancho **5.** $\frac{1}{15}$ **7.** 135 pulg **9.** 16 pulg **11.** 75 cm; 141 cm; 240 cm **13.** 2 pulg **15.** aproximadamente 25 mi **17.** 1 mi = 0.25 pies o 1 pies = 4 mi **19.** B **21.** 0.054, 0.41, $\frac{4}{7}$ **23.** $\frac{7}{11}$, 0.7, $\frac{7}{9}$ **25.** 0.06 **27.** 2.7

Extensión

1. $\frac{1 \text{ pie}}{12 \text{ pulg}}$ **3.** $\frac{1 \text{ h}}{60 \text{ min}}$ **5.** $64 \text{ oz} \cdot \frac{1 \text{ lb}}{16 \text{ oz}} = 4 \text{ lb}$ **7.** $3.5 \text{ ct} \cdot \frac{2 \text{ pt}}{1 \text{ qt}} = 7 \text{ pt}$ **9.** $\frac{\$1.75}{1 \text{ pie}} \cdot \frac{3 \text{ pies}}{1 \text{ yd}} = \frac{\$5.25}{1 \text{ yd}}$ **11a.** 0.615 años terrestres **b.** 4.9 años de Venus **13.** $225

Guía de estudio del Capítulo 5: Repaso

1. semejantes **2.** razón; tasa unitaria **3.** factor de escala **4.** $\frac{7}{15}$, 7 a 15, 7:15 **5.** rojo a azul **6.** 6 pies por s **7.** 109 mi por h **8.** $2.24, aproximadamente $2.14; $\frac{\$32.05}{15 \text{ gal}}$ **9.** 32 dólares por g, 35 dólares por g; $\frac{\$160}{5\text{g}}$ **10.** variable **11.** constante; $\frac{1}{4}$ **12.** $\frac{9}{27} \neq \frac{6}{20}$ **13.** $\frac{15}{25} \neq \frac{20}{30}$ **14.** $\frac{21}{14} = \frac{18}{12}$ **15.** Respuesta posible: $\frac{10}{12} = \frac{30}{36}$ **16.** Respuesta posible: $\frac{45}{50} = \frac{90}{100}$ **17.** Respuesta posible: $\frac{9}{15} = \frac{27}{45}$ **18.** $n = 2$ **19.** $a = 6$ **20.** $b = 4$ **21.** $x = 66$ **22.** $y = 10$ **23.** $w = 20$ **24.** 2 pintas **25.** 3,000 pounds **26.** 2.5 millas **27.** no semejantes **28.** semejantes **29.** $x = 100$ pies **30.** aproximadamente 8 pies **31.** 12.1 pies **32.** 163.4 mi

Capítulo 6

6-1 Ejercicios

1. 79% **3.** 50% **5.** $\frac{41}{50}$ **7.** $\frac{19}{50}$ **9.** 0.22 **11.** 0.0807 **13.** 0.11 **15.** 45% **17.** $\frac{11}{20}$ **19.** $\frac{83}{100}$ **21.** $\frac{81}{100}$ **23.** 0.098 **25.** 0.663 **27.** 0.027 **29.** 0.44 **31.** 0.105 **33.** $<$ **35.** $<$ **41.** Brad **47.** 12 **49.** $3\frac{1}{2}$

50–53.

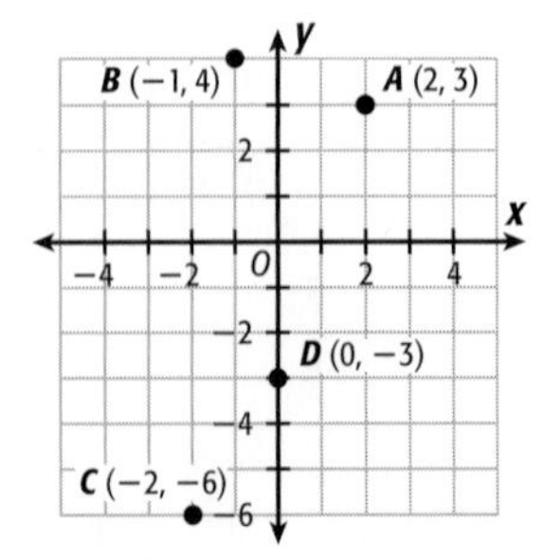

6-2 Ejercicios

1. 60% **3.** 54.4% **5.** 8.7% **7.** 12% **9.** 17.5% **11.** cálculo mental; 40% **13.** 83% **15.** 8.1% **17.** 75% **19.** 37.5% **21.** 28 **23.** $>$ **25.** $<$ **27.** 1%

35.

x	y
−2	−8
−1	−3
0	2
1	7
2	12

37.

x	y
−2	$-\frac{8}{3}$
−1	$-\frac{10}{3}$
0	−4
1	$-\frac{14}{3}$
2	$-\frac{16}{3}$

6-3 Ejercicios

5. Sí; el 35% de $43.99 está cerca de $\frac{1}{3}$ de $45, que es 15. Como $45 − $15 = $30, Darden tendrá suficiente dinero. **19.** Fancy Feet **37.** aproximadamente 26 oz **39.** aproximadamente 2% más **49.** 1.2 **51.** 0.375

6-4 Ejercicios

1. 24 **3.** 20 **5.** 8 **7.** 423 **9.** 171 estudiantes **11.** 11.2 **13.** 3,540 **15.** 0.04 **17.** 18 **19.** 13 **21.** 1.74 **23.** 39.6 **25.** 12.4 **27.** 6 **29.** 4.5 **31.** 11.75 **33.** 5,125 **35.** 80 **37.** 120 **39.** 0.6 **41.** 4.2 **43.** $4.80 **45.** 2.25 g **47.** 0.98 **53.** C **55.** $1.75 por lb **57.** 1.25% **59.** 38.9% **61.** 40.7%

6-5 Ejercicios

1. 25% **3.** 60 **5.** 18% **7.** 50 **9.** 8% **11.** $33\frac{1}{3}$% **13.** 300% **15.** 225 **17.** 100% **19.** 30 **21.** 22 **23.** 55.6% **25.** 68.8 **27.** 77.5 **29.** 158.3 **31.** 5% **33.** Usas el número 100 en una proporción para resolver un problema de porcentaje. *Porcentaje* significa "cada cien" **35.** 45 piezas **37.** ¿De cuántas vueltas es la carrera? **39.** Necesita superar los $275,000 en ventas por mes. **41.** 75 **43.** 3.56 **45.** 3.2 **47.** 6.6 **49.** 66.64

6-6 Ejercicios

1. 28% **3.** 16.1% **5.** \$8.60, \$34.39 **7.** 37.5% **9.** 22.2% **11.** \$9.75, \$55.25 **13.** 100% **15.** 43.6% **17.** 30 **19.** 56.25 gal **21.** \$48.25 **23a.** \$41,500 **b.** \$17,845 **c.** 80.7% **25.** aproximadamente 8,506 billones de Btu **27.** A **29.** $\frac{29}{9}$ **31.** $\frac{29}{4}$ **33.** $\frac{73}{3}$ **35.** 3.25 lb

6-7 Ejercicios

1. I = \$24 **3.** P = \$400 **5.** un poco más de 4 años **7.** I = \$3,240 **9.** P = \$2,200 **11.** r = 11% **13.** casi 9 años **15.** \$5,200 **17.** \$212.75 **19.** 20 yr **21.** \$4 **23.** certificado de depósito: \$606 de ganancia; Dow Jones: \$684 de pérdida; una diferencia de \$1,290 **29.** un poco más de $2\frac{1}{2}$ años **31.** 29.9% **33.** 93.2%

Guía de estudio del Capítulo 6: Repaso

1. interés; interés simple; capital **2.** porcentaje de incremento **3.** porcentaje de disminución **4.** porcentaje **5.** 0.78 **6.** 0.40 **7.** 0.05 **8.** 0.16 **9.** 0.65 **10.** 0.89 **11.** 60% **12.** 16.7% **13.** 6% **14.** 80% **15.** 66.7% **16.** 0.56% **17.** Respuesta posible: 8 **18.** Respuesta posible: 90 **19.** Respuesta posible: 24 **20.** Respuesta posible: 32 **21.** Respuesta posible: 40 **22.** Respuesta posible: 3 **23.** Respuesta posible: \$3 **24.** 68 **25.** 24 **26.** 4.41 **27.** 120 **28.** 27.3 **29.** 54 **30.** aproximadamente 474 **31.** 125 **32.** 8% **33.** 12 **34.** 37.5% **35.** 8 **36.** 27.8% **37.** 7.95% **38.** 50% **39.** 14.3% **40.** 30% **41.** 83.1% **42.** 23.1% **43.** 75% **44.** \$36.75, \$208.25 **45.** \$7.80 **46.** I = \$15 **47.** t = 3 años **48.** I = \$243 **49.** r = 3.9% **50.** P = \$2,300 **51.** 7 años **52.** 9 años, 3 meses

Capítulo 7

7-1 Ejercicios

1. 6 **3.** 15 **5.** 3 **7.** 4; 31 **9.** B **11.** Guyana y Surinam; Ecuador **19.** \$8.50 por hora **21.** 16 puntos por partido

7-2 Ejercicios

1. 20; 20; 5 y 20; 30 **3.** mediana **5.** 83.3; 88; 88; 28 **9.** media y mediana **11.** 151 **13.** 9; 8; 12 **21.** I

7-3 Ejercicios

1. uvas **3.** aproximadamente 15 libras

5.

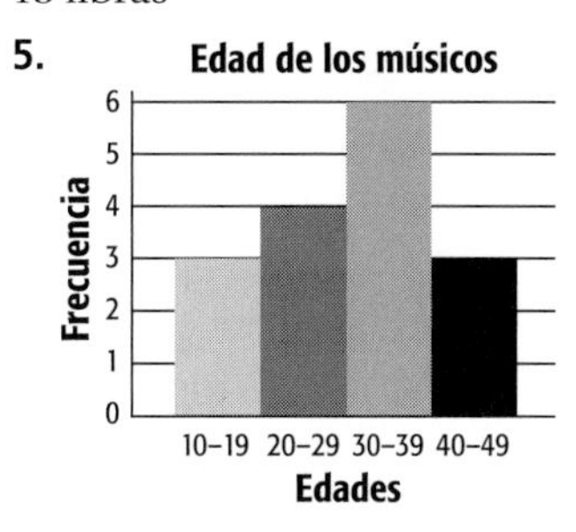

7. aproximadamente 27 pulgadas

9.

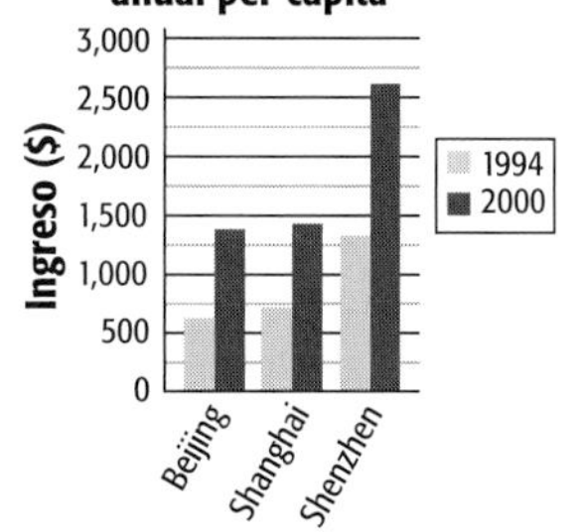

11.

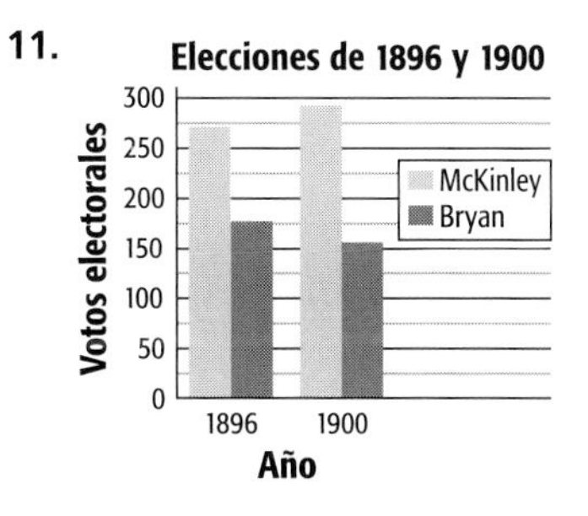

13. 29 **17.** H **19.** no **21.** sí **23.** 23.5; 23.5; 15; 19

7-4 Ejercicios

1. exterior **3.** \$50,000 **5.** gráfica circular **7.** 30% **9.** gráfica circular **11.** Asia, África, América del Norte, Antártida, Europa, Australia **13.** aproximadamente 25% **19.** aproximadamente 150 **21.** > **23.** =

7-5 Ejercicios

1. El rango es 16, el rango entre cuartiles es 11, el cuartil más bajo es 35 y el cuartil más alto es 36. **3.** avioncito B **5.** El rango es 16, el rango entre cuartiles es 12, el cuartil más bajo 73 y el cuartil más alto es 85 **7.** la ciudad A **11.** el rango **19.** 15 **21.** \$3.75

7-6 Ejercicios

1. 1990–1995

3.

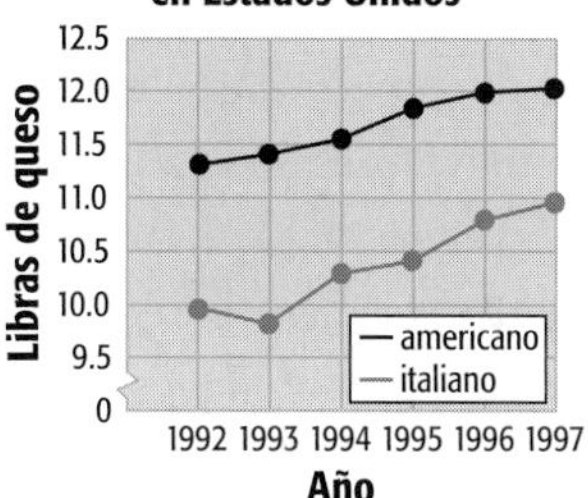

5. 1990–1995

7.

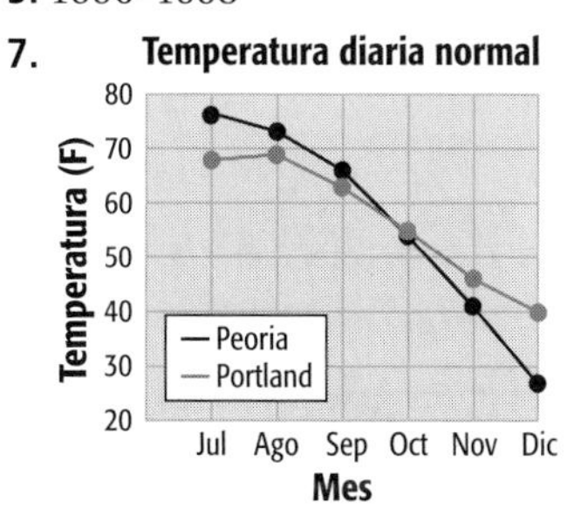

9b. aproximadamente 3,400 **17.** 136% **19.** 55%

7-7 Ejercicios

1. gráfica de barras **3.** gráfica lineal **5.** diagrama de acumulación o diagrama de tallo y hojas **19.** 90% **21.** 40.6%

7-8 Ejercicios

1. el método de Daria **3.** no representativa **5.** el método de

Vonneta **7.** representativa **9.** toda la población **11.** toda la población **17.** B **19.** 0.52 **21.** 1.1 **23.** 5.5 **25.** 0.41

7-9 Ejercicios

1. La frecuencia cardíaca disminuye a medida que aumenta el peso **3.** correlación positiva **5.** La capacidad aumenta con el tiempo. **7.** correlación negativa **9.** no hay correlación 11. no hay correlación **17.** 75.6 **19.** 3.5

7-10 Ejercicios

1. gráfica A **3.** El eje vertical no empieza en cero, por eso las diferencias entre las ventas parecen más grandes. **5.** La escala de la gráfica no está dividida en intervalos iguales, por eso las diferencias entre las ventas parecen menores de lo que son. **7.** Las gráficas no usan la misma escala, de modo que parece que en setiembre hubo menos ventas que en octubre, lo que no es cierto; volver a dibujar las gráficas usando la misma escala. **15.** $x = \frac{1}{6}$ **17.** $x = -\frac{11}{24}$ **19.** correlación negativa

Guía de estudio del Capítulo 7: Repaso

1. población; muestra **2.** media

3.

	Frecuencia	Frecuencia acumulada
0–9	1	1
10–19	3	4
20–29	3	7
30–39	2	9

4.

Tallos	Hojas
0	8
1	4 6 9
2	5 7 9
3	2 5

Clave: 1|4 significa 14

5. x xxx xx x x
8 12 16 20 24 28 32 36

6. 302; 311.5; 233 y 324; 166 **7.** 43; 46; no hay; 166

8.

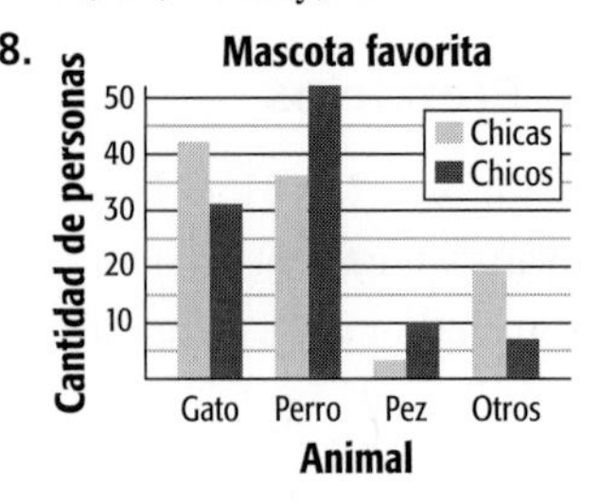

9. amarillo **10.** 35 personas

11.
20 25 30 35 40 45 50 55

12. 13

13.
Mejores marcadores del Abierto de Estados Unidos
Hombres
Mujeres
Marcador
290 285 280 275 270 0
1995 1996 1997 1998 1999
Año

14. gráfica lineal **15.** gráfica de barras **16.** 2,500 es una estimación razonable basada en los datos **17.** correlación positiva **18.** El eje vertical está quebrado.

Capítulo 8

8-1 Ejercicios

1. Q, R, S **3.** plano QRS **5.** $\overline{QU}, \overline{RU}, \overline{SU}$ **7.** D, E, F **9.** plano DEF **11.** DE, ED, DF **21.** C **23.** 16 **25.** −7 **27.** 29.4% **29.** 83.3%

8-2 Ejercicios

1. ángulo recto **3.** ángulo llano **5.** complementarios **7.** complementarios 9. 61° **11.** ángulo recto **13.** complementarios **15.** suplementarios **17.** 95° **19.** suplementarios; 152° **21.** suplementarios; 46° **23a.** ángulos rectos **b.** aproximadamente 39°N, 77°O **27.** C **29.** 5.6; 6; 6; 5 **31.** 38; 38; 41; 34

8-3 Ejercicios

1. paralelas **3.** perpendiculares **5.** 115° **7.** oblicuas **9.** paralelas **11.** 150° **13.** paralelas **15.** suplementarios; adyacentes **17.** 45° **19.** a veces **21.** siempre **23a.** Son perpendiculares **b.** transversales **c.** Son ángulos correspondientes **29.** F **31.** −1.75 **33.** complementarios; 31° **35.** complementarios; 65°

8-4 Ejercicios

1. $\overline{OQ}, \overline{OR}, \overline{OS}, \overline{OT}$ **3.** $\overline{RT}, \overline{RS}, \overline{ST}, \overline{TQ}$ **5.** $\overline{CA}, \overline{CB}, \overline{CD}, \overline{CE}, \overline{CF}$ **7.** $\overline{GB}, \overline{BF}, \overline{DE}, \overline{FE}, \overline{AE}$ **9.** 10 cm **11.** 133.2° **13.** 60° **17.** C **19.** 45 **21.** 1 **23.** E, F, H, M, N, Z

8-5 Ejercicios

1. no **3.** no **5.** cuadrilátero **7.** cuadrado **9.** triángulo **11.** no **13.** pentágono **15.** heptágono **17.** pentágono **21.** 16-gono **23.** A **25.** $y = 3n + 1$ **27.** $y = n + 1.3$ **29.** 20.3 **31.** 25.9%

8-6 Ejercicios

1. isósceles rectángulo **3.** isósceles acutángulo **5.** escaleno rectángulo **7.** equilátero acutángulo **9.** escaleno **11.** isósceles **13.** rectángulo **15.** 8 pulg, isósceles **17.** isósceles acutángulo **19.** escaleno rectángulo **21.** triángulo isósceles **23.** A **27.** H **29.** heptágono **31.** octágono

8-7 Ejercicios

1. paralelogramo **3.** paralelogramo, rombo; rombo **5.** no posible **7.** paralelogramo **9.** paralelogramo, rombo; rombo **11.** paralelogramo, rectángulo; rectángulo

13.

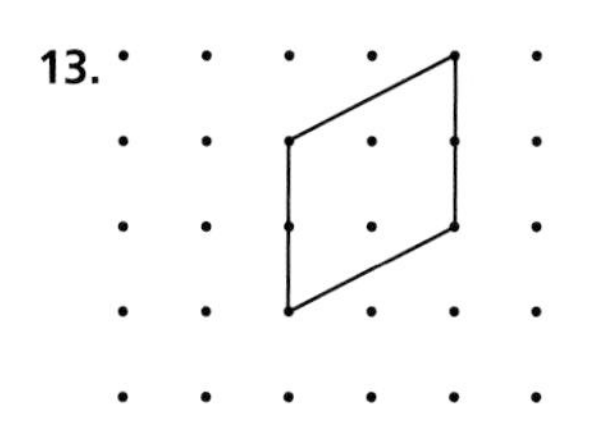

15. paralelogramo, rectángulo, rombo, cuadrado

17. paralelogramo, rectángulo, rombo, cuadrado **19.** verdadero **21.** verdadero **23.** falso **25.** 1 triángulo, 1 pentágono y 2 trapecios **31.** C

33.

Tallos	Hojas
1	8
2	8
3	3, 4
4	0, 3, 4, 9
5	7, 7

35. acutángulo **37.** obtusángulo

8-8 Ejercicios

1. 77° **3.** 55° **5.** 110° **7.** 720° **9.** 360° **11.** 37° **13.** 88° **15.** 101° **17.** 1,080° **19.** 38° **21.** 99°; obtusángulo **23.** 90°; rectángulo **25.** 45°, 45°, 90° **29.** B **31.** $x = 5$ **33.** $t = 28$ **35.** paralelogramo, rectángulo, rombo, cuadrado

8-9 Ejercicios

1. los triángulos del tablero y los agujeros del tablero **3.** los bolos de boliche **5.** no 7. 2.5 **9.** Los triángulos del diseño de la cometa **11.** no **13.** 80º; 8 cm **15.** las longitudes de todos los lados **17.** las longitudes de los lados adyacentes de cada rectángulo **19.** 40 m **25.** G

27, 29.

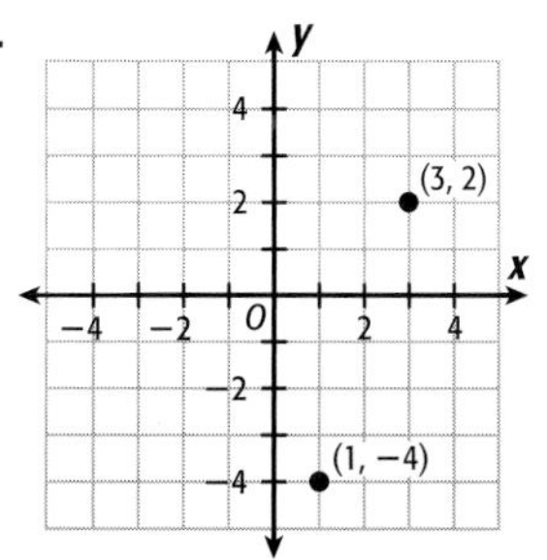

31. 25°; obtusángulo **33.** 90°; rectángulo

8-10 Ejercicios

1. rotación

3.

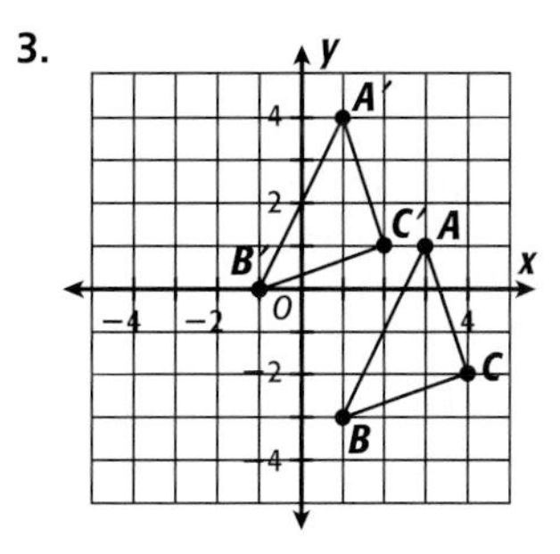

5.

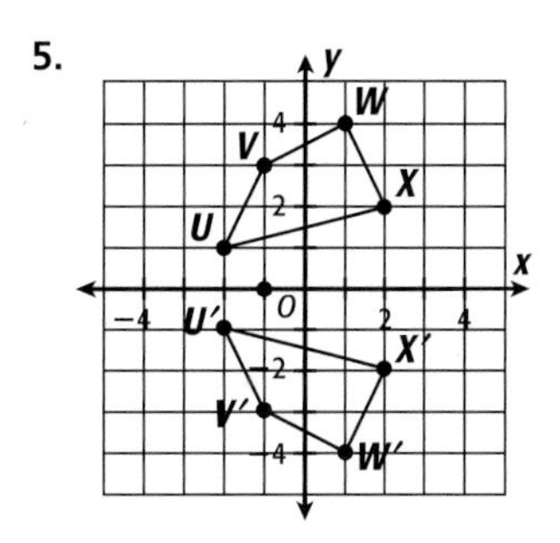

7.

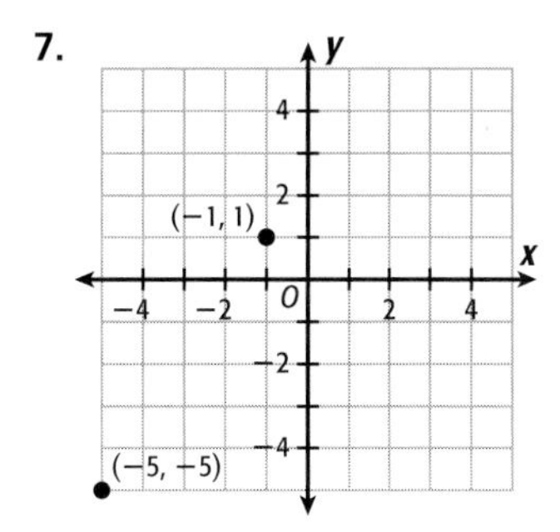

9. traslación **13.** $A'(0, -1)$, $B'(1, -2)$, $C'(3, 0)$, $D'(1, 1)$ **17.** A **19.** 38 **21.** 3 m

8-11 Ejercicios

1. La figura tiene 5 ejes de simetría **3.** La figura tiene 4 ejes de simetría **5.** ninguno **7.** 6 veces **9.** 3 veces **11.** La figura tiene 6 ejes de simetría **13.** ninguno **15.** La bandera tiene 2 ejes de simetría **17.** 8 veces **19.** nonágono regular **21.** sí; sí **27.** 8 **29.** $J'(3, -1)$, $K'(3, 3)$, $L'(3, -6)$

Extensión

1. no

3.

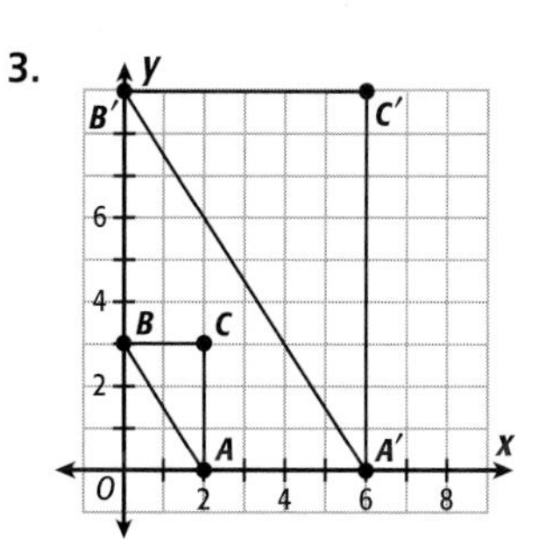

5.

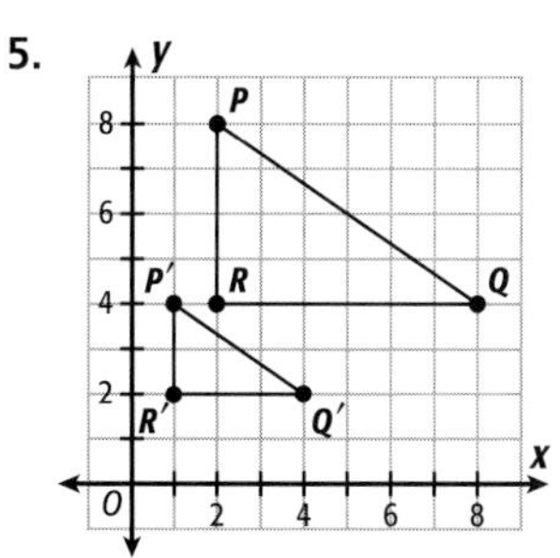

Guía de estudio del Capítulo 8: Repaso

1. acutángulo o isósceles **2.** rectas paralelas **3.** cuerda **4.** D, E, F **5.** $\overleftrightarrow{DF}$ **6.** plano DEF **7.** $\overrightarrow{ED}$, $\overrightarrow{FD}$, $\overrightarrow{DF}$ **8.** $\overline{DE}$, $\overline{DF}$, $\overline{EF}$ **9.** agudo **10.** llano oblicuas **11.** skew **12.** paralelas **13.** $\overline{HF}$, $\overline{FI}$, $\overline{FG}$ **14.** $\overline{GI}$ **15.** $\overline{HI}$, $\overline{GI}$, $\overline{GJ}$, $\overline{JI}$ **16.** Sí; es un cuadrado porque todos los lados son congruentes y todos los ángulos son congruentes.

17. No; no todos los lados son congruentes. **18.** equilátero acutángulo **19.** escaleno rectángulo **20.** paralelogramo, rombo **21.** paralelogramo, rectángulo **22.** 53° **23.** 101° **24.** 133°

25.

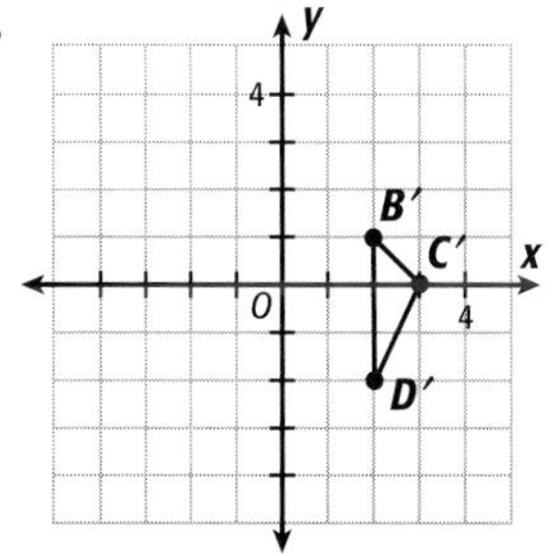

26. 1 eje vertical a través del centro de la bandera

Manual del estudiante

Capítulo 9

9-1 Ejercicios

1. 4 pies **3.** $5\frac{1}{4}$ pulg **5.** 1 **7.** 12 **9.** 7 **11.** 25 **13.** 11 pulg **15.** 14.2 km **17.** 2.8 m **19.** 1 **21.** 6 **23.** 3 **25.** 15.1 **27.** 1 **29.** 18.0 **31.** 1,800 **33.** 2.3 **35.** 300 **37.** pie **39.** milímetro **41.** 180,000 **43.** 280 **45.** 21.8 **49.** 2,400 mg **53.** G **55.** negativa **57.** Sí **59.** Sí

9-2 Ejercicios

1. 18 m **3.** 32 pies **5.** 20 m **7.** 37.7m **9.** 132 pulg **11.** 48 cm **13.** 44 m **15.** 8 pies **17.** 110 cm **19.** 32.0 pulg **21.** 2.8 m; 5.7 m **23.** 5.3 pulg; 33.3 pulg **25.** 16 tramos **27.** 96 pies **31.** D **33.** 90 **35.** 9.1 **37.** 140

9-3 Ejercicios

1. 33.6 pies^2 **3.** 147.6 cm^2 **5.** 48 pulg^2 **7.** 28.6 m^2 **9.** 84 pies^2 **11.** 107.52 pulg^2 **13.** 6 m^2 **15.** 31.98 cm^2 **17.** 72 yd^2 **19.** 14 unidades^2 **21a.** 713 pulg^2 **b.** 108 pulg **c.** 1,073 pulg^2 **23.** C **29.** obtuso **31.** recto **33.** 20 m **35.** $12\frac{7}{20}$ pies

9-4 Ejercicios

1. 28 unidades^2 **3.** 39.2 unidades^2 **5.** 64 m^2 **7.** 50,830 mi^2 **9.** 7.5 unidades^2 **11.** 330 yd^2 **13.** 22.5 cm^2 **15.** 4.5 cm **17.** 22 pulg **19.** 15 unidades^2 **21.** 12 unidades^2 **23.** 1,282 mi^2 **27.** A **29.** 90° **31.** 49° **33.** 270 pies^2

9-5 Ejercicios

1. 78.5 pulg^2 **3.** 314 yd^2 **5.** 154 pulg^2 **7.** 28.3 pulg^2 **9.** 32.2 yd^2 **11.** 616 cm^2 **13.** 17,662.5 mi^2 **15.** 28.3 cm^2 **17.** 56.5 pulg; 254.3 pulg^2 **19.** 40.2 cm; 128.6 cm^2 **21.** $r = 1$ pies **23a.** 113 mi^2 **b.** 141 mi^2 **29.** A **31.** 135° **33.** 45° **35.** 14 unidades^2

9-6 Ejercicios

1. 28 pies^2 **3.** 224 pies^2 **5.** 38 pies^2 **7.** 25 pies^2 **9.** 84.56 m^2 **11.** 46 cm^2 **13.** 30 pies^2; 30 pies **15.** 255.25 m^2; 65.7 m **17.** 10 **21.** B **23.** 57° **25.** 30° **27.** 706.5 m^2 **29.** 254.3 pulg^2

9-7 Ejercicios

1. 16 **3.** 81 **5.** 20 **7.** 12 **9.** 4 **11.** 9 **13.** 11 mi **15.** 256 **17.** 121 **19.** 4 **21.** 21 **23.** 6 **25.** 10 **27.** 2 **29.** 12 **31.** 17 **33.** 26 **35.** 6.6 **37.** 9.3 **39.** 39.5 **41.** 14.2 **45.** 87.92 yd **47.** 1 **49.** $\sqrt{25}$, $5\frac{2}{3}$, 7.15, $\frac{29}{4}$, 3^2 **51.** 151 km **57.** F **58.** equilátero **59.** isósceles **61.** 69.1 pulg, 379.9 pulg^2; 18.8 pies, 28.3 pies^2

9-8 Ejercicios

1. 20 m **3.** 24 cm **5.** 30 yd **7.** 16 pulg **9.** 9.4 pies **11.** 24.5 m **13.** 22.5 pulg **15.** sí **17.** 19,153 m^2 **19.** 269.1 codos **21.** 68.8 m **23.** 9.8 **25.** 90° **27.** 30° **29.** 8 **31.** 5

Extensión

1. irracional **3.** racional **5.** racional **7.** racional **9.** irracional **11.** racional

13. $-\frac{7}{10}$ $\frac{1}{3}$ 0.5 $\sqrt{3}$ 2.6
−2 −1 0 1 2 3 4

15. −1.3 $-\frac{2}{5}$ $\sqrt{4}$ 3.1 $\sqrt{15}$
−2 −1 0 1 2 3 4

17. 5 y 6 **19.** 3 y 4 **21.** 9 y 10 **23.** 8 y 9

Guía de estudio del Capítulo 9: Repaso

1. hipotenusa **2.** circunferencia **3.** precisión **4.** raíz cuadrada **5.** 3 dígitos significativos **6.** 5 dígitos significativos **7.** 1 dígito significativo **8.** 2 dígitos significativos **9.** 4 dígitos significativos **10.** 4 dígitos significativos **11.** 83 m **12.** 81.4 cm **13.** 40.8 pies **14.** 49.0 pulg **15.** 50.74 cm^2 **16.** 826.2 yd^2 **17.** 72 pulg^2 **18.** 266 pulg^2 **19.** 108.75 cm^2 **20.** 50 yd^2 **21.** 2,163 pulg^2 **22.** 36.3 m^2 **23.** 226.9 pies^2 **24.** 254.34 pulg^2 **25.** 34.31 pies^2 **26.** 21 m^2 **27.** 5 **28.** 10 **29.** 10 **30.** 12 **31.** 16 pies **32.** 34 cm **33.** 60 pies **34.** 2 m **35.** 60 mm

Capítulo 10

10-1 Ejercicios

1. pentágonos; triángulos; pirámide pentagonal **3.** triángulo; rectángulos; prisma triangular **5.** poliedro; pirámide hexagonal **7.** triángulo; triángulos; pirámide triangular **9.** hexágono; triángulos; pirámide hexagonal **11.** no es un poliedro; cilindro **13.** prisma cuadrado **15.** pirámide triangular **19.** pirámide rectangular **21.** cilindro **23.** A **25.** 1 **27.** 2 **29.** 100 oz por $6.99 es mejor.

10-2 Ejercicios

1. 24 cubos; 24 unidades cúbicas **3.** 80 cubos; 80 unidades cúbicas **5.** 500 mm^3 **7.** 75.4 cm^3 **9.** 36 cubos; 36 unidades cúbicas **11.** 192 pies^3 **13.** 13.44 pulg^3 **15.** 288 m^3 **17.** 47.25 pies^3 **21.** B **23.** $270 **25.** gráfica lineal

10-3 Ejercicios

1. 10 pies^3 **3.** 32 m^3 **5.** 16.7 pulg^3 **7.** 176 pulg^3 **9.** 1,350 mm^3 **11.** 2,375.3 cm^3 **13.** 46.7 pies^3 **15.** 16 pulg^3 **17a.** 3 **b.** 167.5 pulg^3 **c.** 502.4 pulg^3 **d.** sí **25.** paralelogramo **27.** 110 pies^3

10-4 Ejercicios

1. 286 pies^2 **3.** 244.9 cm^2 **5.** aproximadamente 24.2% **7.** 1,160pies^2 **9.** 188.4 cm^2 **11b.** 158.0 cm^2 **c.** 85.4 cm^2

17. 628 **19.** 79° **21.** 224 pulg^3

10-5 Ejercicios

1. 93.6 cm^2 **3.** 33,750 pulg^3
5. 223.84 pulg^2 **7.** 8.2 cm^3
9. 58,750 pies^2; 937,500 pies^3
13. 5,112 pulg^2; 22,680 pulg^3
15. 716 cm; 7.16 m
17. 127,426,000,000 cm^3; 127,426 m^3 **19.** 2 **21.** no **23.** no

Extensión

1. D **5.** cilindro

Guía de estudio del Capítulo 10: Repaso

1. cilindro **2.** área total
3. poliedro **4.** cono **5.** cilindro
6. pirámide rectangular
7. prisma triangular **8.** cono
9. 364 cm^3 **10.** 24 mm^3
11. 415.4 mm^3 **12.** 111.9 pies^3
13. 60 pulg^3 **14.** 471 cm^3
15. 250m^2 **16.** 34 cm^2 **17.** 262.3 cm^2 **18.** 2,970 pulg^2 **19.** 4.1 pies^3

Capítulo 11

11-1 Ejercicios

1. improbable **3.** $\frac{5}{6}$ **5.** seguro
7. improbable **9.** $\frac{2}{5}$ **11.** tan probable como improbable
13. seguro **15.** improbable
17a. Es muy probable **b.** Es imposible **23.** Es probable que haya un examen sobre este capítulo. **25.** 11.4 **27.** 3 **29.** 152

11-2 Ejercicios

1. 70% **3.** 43% **5a.** $\frac{9}{14}$ **5b.** $\frac{5}{14}$
7. $\frac{16}{25}$ **9.** 27% **11a.** $\frac{3}{8}$ **13.** D
15. 15 días **17.** = **19.** <

11-3 Ejercicios

1. H1, H2, T1, T2; 4 **3.** 24 **5.** 1H, 1T, 2H, 2T, 3H, 3T, 4H, 4T; 8
7. 12 **9.** 6 **11a.** 9 resultados
b. 6 resultados **c.** 12 resultados
13. 12 **17.** D **19.** 12.5% **21.** 40%
23. 704 pulg^3

11-4 Ejercicios

1. 17% **3.** $\frac{3}{7}$ **5.** $\frac{2}{7}$ **7.** 25% **9.** $\frac{3}{7}$
11. $\frac{1}{18}$ **13.** $\frac{1}{12}$ **15.** $\frac{1}{9}$ **17.** $\frac{5}{18}$ **19.** $\frac{1}{5}$
21. $\frac{2}{5}$ **23.** 0 **25.** $\frac{4}{5}$ **27.** 37%
29. 25% **33.** D **35.** 57.5 pulg^2

11-5 Ejercicios

1. independiente **3.** $\frac{1}{6}$ **5.** $\frac{3}{20}$
7. independiente **9.** $\frac{1}{4}$
11. dependiente **13.** $\frac{12}{145}$ **17.** B
19. $7\frac{1}{4}$ **21.** 49.3 pies; 193.5 pies^2
22. 44 cm; 153.9 cm^2

11-6 Ejercicios

1. 6 **3.** 10 **5.** 10 **7.** 15 **9.** 28
11. 3 **13.** 15 **17.** 15 **19.** 6 **21.** 7
23. independiente

11-7 Ejercicios

1. 24 **3.** 720 **5.** 6 **7.** 3,628,000
9. combinacines
11. permutaciones **13.** $\frac{1}{4}$ **15.** 120
17. $5 \times 4 \times 3 = 60$ **19.** 13! **21.** $\frac{2}{7}$
25. D **27.** 18.4 pulg

Guía de estudio del Capítulo 11: Repaso

1. sucesos independientes
2. combinación **3.** espacio muestral **4.** resultado
5. improbable **6.** impossible
7. 80% **8.** $\frac{4}{5}$ **9.** $\frac{2}{3}$ **10.** $\frac{1}{3}$ **11.** R1, R2, R3, R4, B1, B2, B3, B4, A1, A2, A3, A4 **12.** 12 resultados posibles
13. 43% **14.** 12.5% **15.** 38%
16. $\frac{4}{195}$ **17.** $\frac{16}{121}$ **18.** 10 maneras
19. 21 comités **20.** 36 combinaciones **21.** 3,628,800 maneras
23. 720 maneras **23.** 120 maneras

Capítulo 12

12-1 Ejercicios

1. $n = 7$ **3.** $x = \frac{1}{3}$ **5.** $y = 136$
7. 12 nuevas órdenes **9.** $p = -12$
11. $d = \frac{1}{7}$ **13.** $y = 5$ **15.** $k = 85$
17. $m = -80$ **19.** $m = -112$
21. 6 más un número dividido entre 3 es igual a 18; $m = 36$.
23. 2 es igual a 4 menos que un número dividido entre 5; $n = 30$.
25. $x = 2$ **27.** $g = 20$ **29.** $w = -9$
31. $p = 2$ **33.** 120 min **35.** 1,300 calorías **37.** 2 porciones de pizza en el almuerzo y otra vez en la cena **39.** C **41.** prisma rectangular **43.** 549.5 cm^3

12-2 Ejercicios

1. $n = 5$ **3.** $p = 2$ **5.** $q = 2$
7. 12 libros **9.** $x = \frac{7}{8}$ **11.** $n = 6$
13. $x = -2$ **15.** $n = -2$
17. $n = 1.5$ **19.** $t = -9$ **21.** $x = 66$
23. $w = 8$ **25.** $a = 176$ **27.** $b = -7$
29. $x = 3$ **31.** \$6.70 **33.** \$25 **35.** 91
39. A **41.** 37.7 cm^3 **43.** $x = 1$
45. $z = -28$

12-3 Ejercicios

1. $n = 32$ **3.** $12w = 32$ **5.** $a = 2$
7. 5 películas **9.** $-8 = 12p$
11. $-6 = 2c$ **13.** $6 = \frac{1}{10}a$
15. $b = -8$ **17.** $a = -0.8$
19. $c = -2$ **21.** $y = -7$ **23.** $r = 4$
25. $r = -2$ **27.** 67 miembros
29. $x = 6$ **31.** 20 días **37.** $0.03m = 2 + 0.01m$; $m = 100$; en 100 minutos los costos de larga distancia de ambos planes serán iguales. **39.** 28.4 pies **41.** $y = 2$

12-4 Ejercicios

1. cantidad de personas ≤ 18
3. nivel del agua > 45
5.

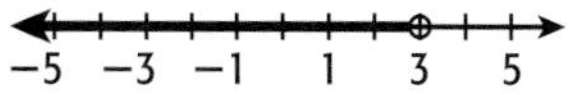

7. 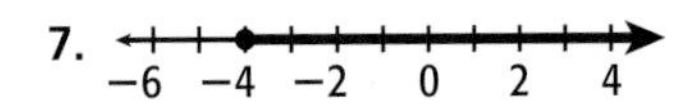

9. −4 −2 0 2 4 6

11. temperatura < 40

13. cantidad de mesas ≤ 35

15. −1 0 1 2 3 4 5 6 7

17. −5 −4 −3 −2 −1 0 1

19. −8 −7 −6 −5 −4 −3 −2

21. −1 0 1 2 3 4 5 6 7

23. −4 −3 −2 −1 0 1 2

25. −3 −2 −1 0 1 2 3

27. −9 −8 −7 −6 −5 −4 −3

29. −4 −3 −2 −1 0 1 2 3

31. −10 −8 −6 −4 −2

33. $-2 < c < 3$ **35.** $-3 < x < 1$ **37.** $-200 \leq$ depth ≤ 0 **39.** $0 \geq$ Medición de profundidad del *Manshu* $\geq -32{,}190$ pies; $0 \geq$ Medición de profundidad del *Challenger* $\geq -35{,}640$ pies; $0 \geq$ Medición de profundidad del *Horizon* $\geq -34{,}884$ pies; $0 \geq$ Medición de profundidad del *Vityaz* $\geq -36{,}200$ pies **41.** B **43.** 59 m/h **45.** $y = 5$

12-5 Ejercicios

1. $x < 27$ **3.** $p \leq 7$ **5.** $b \leq -24$ **7.** no más de 42° F **9.** $m < 11$ **11.** $c \leq 11$ **13.** $x \geq 80$ **15.** $z > -12$ **17.** $f > -6$ **19.** $n \geq -4$ **21.** como máximo 24 pájaros **23.** $a > 0.3$ **25.** $m \leq -38$ **27.** $g < 6\frac{1}{3}$ **29.** $w \leq 15.7$ **31.** $t \geq -242$ **33.** $v \leq -0.6$ **35.** al menos $8 **39.** hasta 50,000 hertz **43.** B **45.** 144 pulg^2 **47.** 1,600 pulg^2

12-6 Ejercicios

1. $w < -32$ **3.** $p < 48$ **5.** $y > -\frac{11}{8}$ ó $-1\frac{3}{8}$ **7.** al menos 27 velas **9.** $m > 52$ **11.** $c \geq -120$ **13.** $x \geq -1.1$ **15.** $z < \frac{3}{5}$ **17.** $f < -3$ **19.** $n \leq -10$ **21.** al menos 46 coronas **23.** $p > 4$ **25.** $y \geq 18$ **27.** $g > 0.63$ **29.** $w \leq \frac{3}{8}$ **31.** $t < \frac{5}{2}$ **33.** $v \geq -2.5$ **35.** 5 horas **37.** al menos 480 suscripciones **43.** 301 **45.** $x < 1$ **47.** $z \geq 5$

12-7 Ejercicios

1. $x < 3$ **3.** $y \geq 6$ **5.** $p \leq -5$ **7.** más de $26 cada uno **9.** $b < 12$ **11.** $c \geq -3$ **13.** $x \leq -27$ **15.** $j \leq 2$ **17.** como máximo 6 panecillos **19.** $x \geq -6$ **21.** $c < 1.8$ **23.** $w \leq 8$ **25.** $s > -24$ **27.** $d \leq 4$ **29.** $14 **31.** al menos 225 estudiantes **33.** como máximo 60% **37.** B **39.** 12 **41.** $x > 5$ **43.** $x \leq 15$

Extensión

1. $h = \frac{A}{b}$ **3.** $d = \frac{C}{\pi}$ **5.** $B = \frac{V}{h}$ **7.** $y = \frac{k}{x}$ **9.** $F = \frac{W}{d}$ **11.** $r = \frac{C}{2\pi}$ **13.** $h = \frac{3V}{B}$ **15.** $t = \frac{E}{P}$ **17.** $a = \frac{F}{m}$ **19.** $V = r\ell$ **21.** $\ell = \frac{(P - 2w)}{2}$ **23.** 0.001 kg **25.** 75 g

Guía de estudio del Capítulo 12: Repaso

1. desigualdad **2.** desigualdad compuesta **3.** conjunto solución **4.** $y = 8$ **5.** $z = 30$ **6.** $w = 147$ **7.** $a = -7$ **8.** $j = 9$ **9.** $b = 4$ **10.** $y = 5$ **11.** 26 mi **12.** $b = \frac{1}{2}$ **13.** $c = 6$ **14.** $m = \frac{8}{3}$ ó $2\frac{2}{3}$ **15.** $x = 20$ **16.** límite de peso ≤ 9 toneladas **17.** edad > 200

18. −1 0 1 2 3 4 5

19. −3 −2 −1 0 1

20. $r > 25$ **21.** $x \leq -26$ **22.** $g < 8$ **23.** $t \leq \frac{1}{6}$ **24.** $9 > r$ **25.** $u \geq -66$ **26.** al menos 38 puntos **27.** como máximo $94 **28.** $n < -55.2$ **29.** $p \leq 6$ **30.** $k < -130$ **31.** $p < 5$ **32.** $v \geq 2.76$ **33.** $c > 33$ **34.** al menos 16 carteras **35.** $b < -2$ **36.** $d < -6$ **37.** $n \geq -4$ **38.** $y \leq 18$ **39.** $c > -54$ **40.** $x \leq 10$ **41.** $h \geq -156$ **42.** $-10 < t$ **43.** $52 > w$ **44.** $y \leq 35$ **45.** como máximo 4 camisetas **46.** al menos $147

Glosario/Glossary

ESPAÑOL	INGLÉS	EJEMPLOS
altura En una pirámide o cono, la distancia perpendicular desde la base al vértice opuesto.	**height** In a pyramid or cone, the perpendicular distance from the base to the opposite vertex. (p. 590)	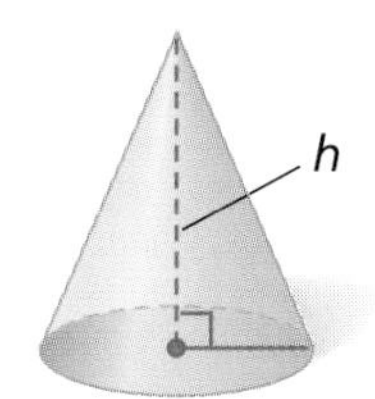
En un triángulo o cuadrilátero, la distancia perpendicular desde la base de la figura al vértice o lado opuesto.	In a triangle or quadrilateral, the perpendicular distance from the base to the opposite vertex or side.	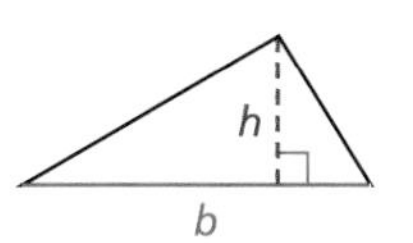
En un prisma o cilindro, la distancia perpendicular entre las bases.	In a prism or cylinder, the perpendicular distance between the bases.	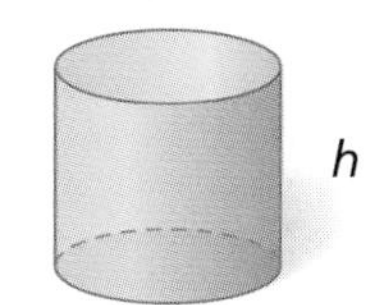
ángulo Figura formada por dos rayos con un extremo común llamado vértice.	**angle** A figure formed by two rays with a common endpoint called the vertex. (p. 448)	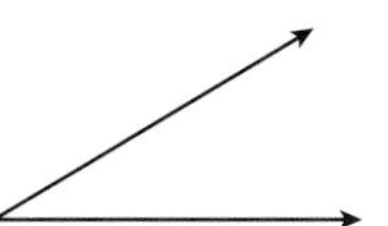
ángulo agudo Ángulo que mide menos de 90°.	**acute angle** An angle that measures less than 90°. (p. 448)	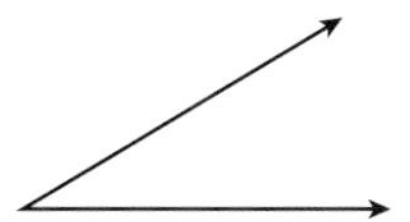
ángulo central de un círculo Ángulo cuyo vértice se encuentra en el centro de un círculo.	**central angle of a circle** An angle with its vertex at the center of a circle. (p. 461)	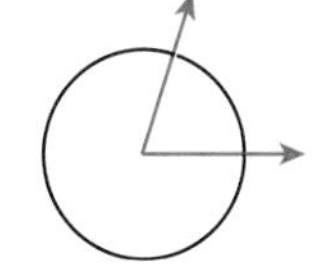 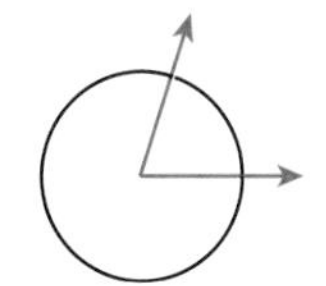
ángulo llano Ángulo que mide exactamente 180°.	**straight angle** An angle that measures 180°. (p. 448)	
ángulo obtuso Ángulo que mide más de 90° y menos de 180°.	**obtuse angle** An angle whose measure is greater than 90° but less than 180°. (p. 448)	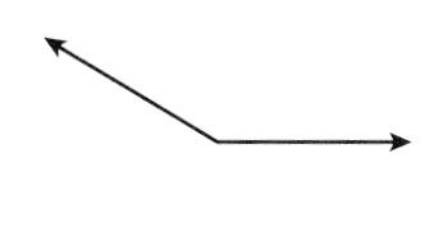
ángulo recto Ángulo que mide exactamente 90°.	**right angle** An angle that measures 90°. (p. 448)	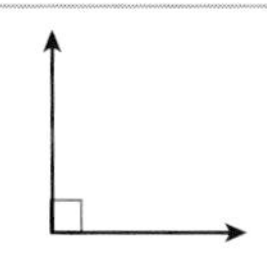
ángulos adyacentes Ángulos en el mismo plano que comparten un vértice y un lado.	**adjacent angles** Angles in the same plane that have a common vertex and a common side. (p. 453)	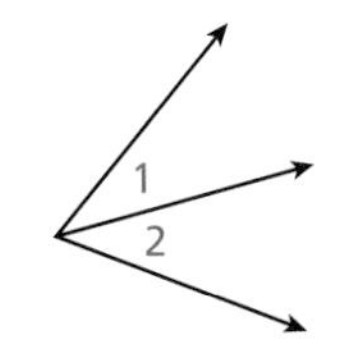 $\angle 1$ y $\angle 2$ son ángulos adyacentes.

ESPAÑOL	INGLÉS	EJEMPLOS

ángulos complementarios Dos ángulos cuyas medidas suman 90°.

complementary angles Two angles whose measures add to 90°. (p. 448)

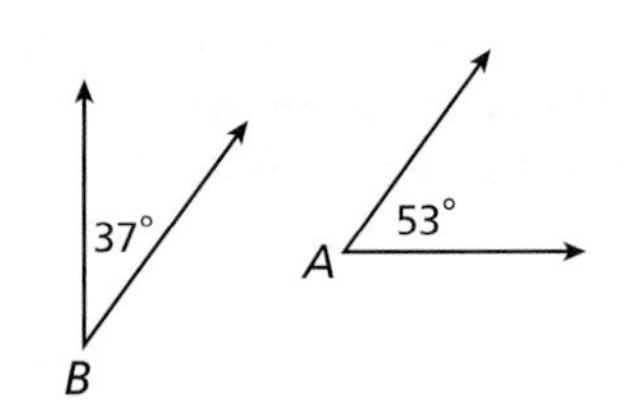

ángulos congruentes Ángulos que tienen la misma medida.

congruent angles Angles that have the same measure. (p. 453)

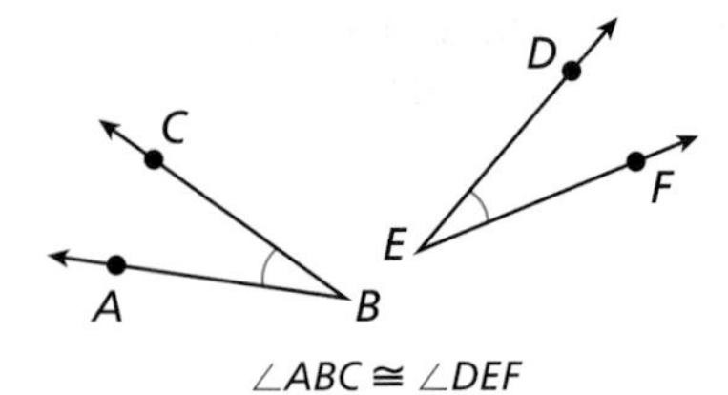

$\angle ABC \cong \angle DEF$

ángulos correspondientes (en líneas) Par de ángulos formados por una transversal y dos líneas.

corresponding angles (for lines) A pair of angles formed by a transversal and two lines. (p. 453)

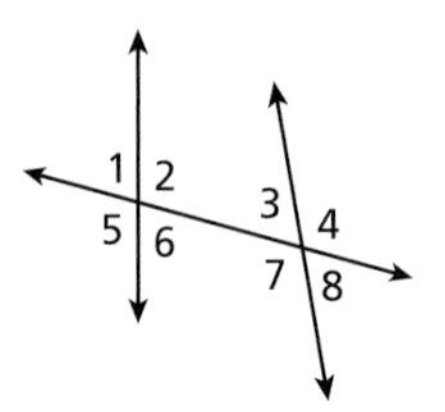

∠1 y ∠3 son ángulos correspondientes.

ángulos correspondientes (en polígonos) Ángulos que se ubican en la misma posición relativa en dos o más polígonos.

corresponding angles (in polygons) Matching angles of two or more polygons. (p. 300)

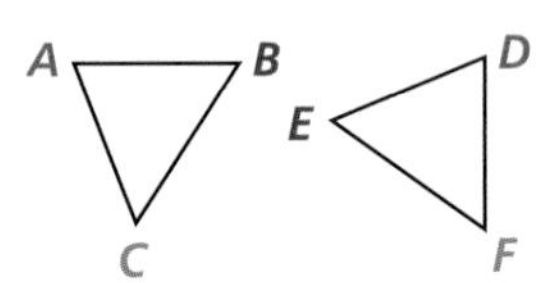

∠A y ∠D son ángulos correspondientes.

ángulos opuestos por el vértice Par de ángulos opuestos congruentes formados por líneas secantes.

vertical angles A pair of opposite congruent angles formed by intersecting lines. (p. 453)

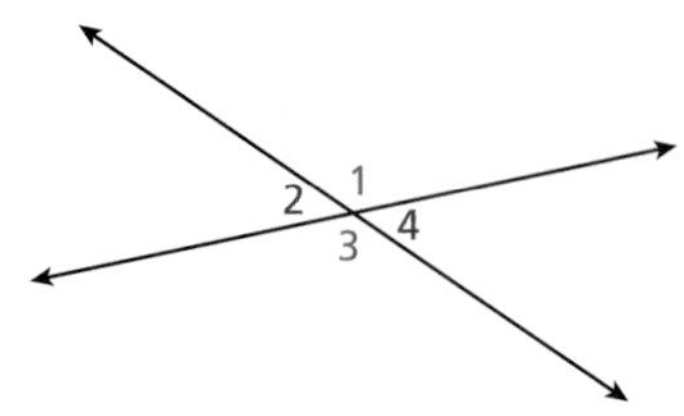

∠**1** y ∠**3** son opuestos.
∠**2** y ∠**4** por el vértice.

ángulos suplementarios Dos ángulos cuyas medidas suman 180°.

supplementary angles Two angles whose measures have a sum of 180°. (p. 448)

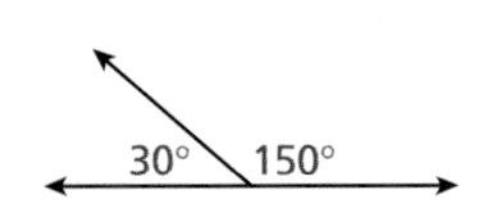

árbol de factores Diagrama que muestra cómo se descompone un número cabal en sus factores primos.

factor tree A diagram showing how a whole number breaks down into its prime factors. (p. 18)

12
/ \
3 · 4
/ \
2 · 2

$12 = 3 \cdot 2 \cdot 2$

arco Parte de un círculo que se nombra por sus extremos.

arc A part of a circle named by its endpoints. (p. 460)

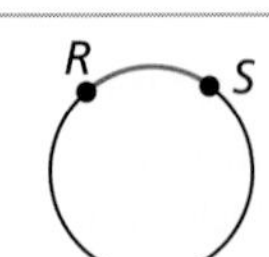

ESPAÑOL	INGLÉS	EJEMPLOS

área El número de unidades cuadradas que se necesitan para cubrir una superficie dada.

area The number of square units needed to cover a given surface. (p. 530)

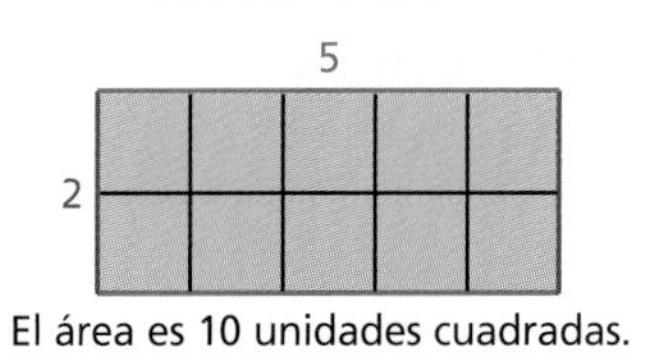

El área es 10 unidades cuadradas.

área total Suma de las áreas de las caras, o superficies, de una figura tridimensional.

surface area The sum of the areas of the faces, or surfaces, of a three-dimensional figure. (p. 597)

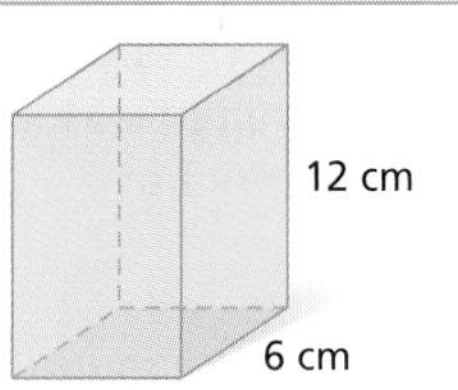

Área total $= 2(8)(12) + 2(8)(6) + 2(12)(6) = 432 \text{ cm}^2$

---

arista Segmento de recta donde se intersecan dos caras de un poliedro.

edge The line segment along which two faces of a polyhedron intersect. (p. 580)

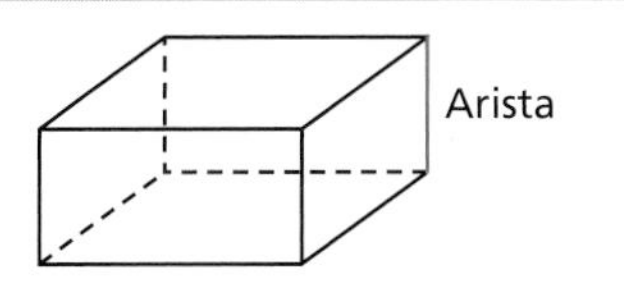

---

asimetría Ocurre cuando dos lados separados por una línea central no son idénticos; falta de simetría.

asymmetry Not identical on either side of a central line; not symmetrical. (p. 494)

El cuadrilátero tiene asimetría.

B

base (de una figura tridimensional) Cara de una figura tridimensional a partir de la cual se mide o se clasifica la figura.

base (of a three-dimensional figure) A face of a three-dimensional figure by which the figure is measured or classified. (p. 580)

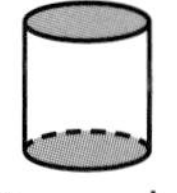

Bases de un cilindro

Bases de un prisma

Base de un cono

Base de una pirámide

---

base (de un polígono) Lado de un polígono.

base (of a polygon) A side of a polygon.

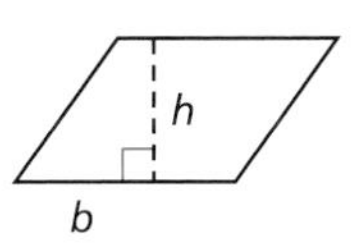

---

base (en numeración) Cuando un número es elevado a una potencia, el número que se usa como factor es la base.

base (in numeration) When a number is raised to a power, the number that is used as a factor is the base. (p. 10)

$3^5 = 3 \cdot 3 \cdot 3 \cdot 3 \cdot 3$; 3 es la base.

C

capacidad Cantidad que cabe en un recipiente cuando se llena.

capacity The amount a container can hold when filled.

Un envase grande de leche tiene 1 galón de capacidad.

---

capital Cantidad inicial de dinero depositada o recibida en préstamo.

principal The initial amount of money borrowed or saved. (p. 356)

ESPAÑOL	INGLÉS	EJEMPLOS
cara Superficie plana de un poliedro.	**face** A flat surface of a polyhedron. (p. 580)	Cara
catetos En un triángulo rectángulo, los lados adyacentes al ángulo recto. En un triángulo isósceles, el par de lados congruentes.	**legs** In a right triangle, the sides that include the right angle; in an isosceles triangle, the pair of congruent sides. (p. 556)	cateto cateto
Celsius Escala métrica para medir la temperatura, en la que 0° C es el punto de congelación del agua y 100° C es el punto de ebullición. También se llama *centígrado.*	**Celsius** A metric scale for measuring temperature in which 0°C is the freezing point of water and 100°C is the boiling point of water; also called *centigrade.*	
centro (de un círculo) Punto interior de un círculo que se encuentra a la misma distancia de todos los puntos de la circunferencia.	**center (of a circle)** The point inside a circle that is the same distance from all the points on the circle. (p. 460)	*A*
centro (de una rotación) Punto alrededor del cual se hace girar una figura.	**center (of rotation)** The point about which a figure is rotated. (p. 495)	90° 90° Centro 90° 90°
cilindro Figura tridimensional con dos bases circulares paralelas y congruentes, unidas por una superficie lateral curva.	**cylinder** A three-dimensional figure with two parallel, congruent circular bases connected by a curved lateral surface. (p. 581)	
círculo Conjunto de todos los puntos en un plano que se encuentran a la misma distancia de un punto dado llamado centro.	**circle** The set of all points in a plane that are the same distance from a given point called the center. (p. 460)	
circunferencia Distancia alrededor de un círculo.	**circumference** The distance around a circle. (p. 525)	Circunferencia
cociente Resultado de dividir un número entre otro.	**quotient** The result when one number is divided by another.	En $8 \div 4 = 2$, 2 es el cociente.
coeficiente Número que se multiplica por la variable en una expresión algebraica.	**coefficient** The number that is multiplied by the variable in an algebraic expression. (p. 42)	5 es el coeficiente en $5b$.
combinación Agrupación de objetos o sucesos en la cual el orden no es importante.	**combination** An arrangement of items or events in which order does not matter. (p. 652)	Para los objetos *A, B, C y D,* hay 6 combinaciones diferentes de 2 objetos: *AB, AC, AD, BC, BD, CD.*

ESPAÑOL	INGLÉS	EJEMPLOS
complemento Todas las maneras en que no puede ocurrir un suceso.	**complement** All the ways that an event can not happen. (p. 629)	Cuando se lanza un dado, el complemento de que caiga en 3 es que caiga en 1, 2, 4, 5 ó 6.
común denominador Denominador que es común a dos o más fracciones.	**common denominator** A denominator that is the same in two or more fractions.	El común denominador de $\frac{5}{8}$ y $\frac{2}{8}$ es 8.
común múltiplo Número que es múltiplo de dos o más números.	**common multiple** A number that is a multiple of each of two or more numbers.	15 es un común múltiplo de 3 y 5
congruentes Que tienen la misma forma y el mismo tamaño.	**congruent** Having the same size and shape. (p. 443)	Q R P S $\overline{PQ} \cong \overline{RS}$
conjunto solución Conjunto de valores que hacen verdadero un enunciado.	**solution set** The set of values that make a statement true. (p. 692)	Desigualdad: $x + 3 \geq 5$ Conjunto solución: $x \geq 2$ −4 −3 −2 −1 0 1 2 3 4 5 6
cono Figura tridimensional con un vértice y una base circular.	**cone** A three-dimensional figure with one vertex and one circular base. (p. 581)	
constante Valor que no cambia.	**constant** A value that does not change. (p. 34)	3, 0, π
contraejemplo Ejemplo que demuestra que un enunciado es falso.	**counterexample** An example that shows that a statement is false. (p. 774)	
conversión de unidades Proceso que consiste en cambiar una unidad de medida por otra.	**unit conversion** The process of changing one unit of measure to another. (p. 314)	
coordenada Uno de los números de un par ordenado que ubica un punto en una gráfica de coordenadas.	**coordinate** One of the numbers of an ordered pair that locate a point on a coordinate graph. (p. 224)	
coordenada *x* El primer número en un par ordenado; indica la distancia que debes avanzar hacia la izquierda o hacia la derecha desde el origen, (0, 0).	***x*-coordinate** The first number in an ordered pair; it tells the distance to move right or left from the origin, (0, 0). (p. 224)	y x 4 2 −4 −2 O 2 4 −2 −4 coordenada x P (−2, −3)
coordenada *y* El segundo número de un par ordenado; indica la distancia que debes avanzar hacia arriba o hacia abajo desde el origen, (0, 0).	***y*-coordinate** The second number in an ordered pair; it tells the distance to move up or down from the origin, (0, 0). (p. 224)	y x 4 2 −4 −2 O 2 4 −4 coordenada y P (−2, −3)

ESPAÑOL	INGLÉS	EJEMPLOS
correlación Descripción de la relación entre dos conjuntos de datos.	**correlation** The description of the relationship between two data sets. (p. 417)	
correlación negativa Dos conjuntos de datos tienen correlación, o relación, negativa si los valores de un conjunto aumentan a medida que los valores del otro conjunto disminuyen.	**negative correlation** Two data sets have a negative correlation, or relationship, if one set of data values increases while the other decreases. (p. 417)	y, x
correlación positiva Dos conjuntos de datos tienen una correlación, o relación, positiva cuando los valores de ambos conjuntos aumentan o disminuyen al mismo tiempo.	**positive correlation** Two data sets have a positive correlation, or relationship, when their data values increase or decrease together. (p. 417)	y, x
cuadrado de un número El producto de un número y sí mismo.	**square number** The product of a number and itself. (p. 550)	25 es un cuadrado porque $5 \cdot 5 = 25$.
cuadrado (en geometría) Rectángulo con cuatro lados congruentes.	**square (geometry)** A rectangle with four congruent sides. (p. 474)	
cuadrado (en numeración) Número elevado a la segunda potencia.	**square (numeration)** A number raised to the second power. (p. 550)	En 5^2, el número 5 está elevado al cuadrado.
cuadrado perfecto El cuadrado de un número cabal.	**perfect square** A square of a whole number. (p. 550)	$5^2 = 25$; por lo tanto, 25 es un cuadrado perfecto.
cuadrante El eje *x* y el eje *y* dividen el plano cartesiano en cuatro regiones. Cada región recibe el nombre de cuadrante.	**quadrant** The *x*- and *y*-axes divide the coordinate plane into four regions. Each region is called a quadrant. (p. 224)	Cuadrante II, Cuadrante I, O, Cuadrante III, Cuadrante IV
cuadrilátero Polígono de cuatro lados.	**quadrilateral** A four-sided polygon. (p. 467)	
cuartiles Cada uno de tres valores, uno de los cuales es la mediana, que dividen en cuartos un conjunto de datos. Ver también *primer cuartil, tercer cuartil.*	**quartile** Three values, one of which is the median, that divide a data set into fourths. See also *first quartile, third quartile.* (p. 394)	
cuartil inferior La mediana de la mitad inferior de un conjunto de datos.	**lower quartile** The median of the lower half of a set of data. (p. 394)	Mitad inferior Mitad superior 18, (23,) 28, 29, 36, 42 Cuartil inferior

ESPAÑOL	INGLÉS	EJEMPLOS
cuartil superior La mediana de la mitad superior de un conjunto de datos.	**upper quartile** The median of the upper half of a set of data. (p. 394)	Mitad inferior Mitad superior 18, 23, 28, 29, (36,) 42 Cuartil superior
cubo (en numeración) Número elevado a la tercera potencia.	**cube (in numeration)** A number raised to the third power.	$5^3 = 5 \cdot 5 \cdot 5 = 125$
cubo (figura geométrica) Prisma rectangular con seis caras cuadradas congruentes. 	**cube (geometric figure)** A rectangular prism with six congruent square faces.	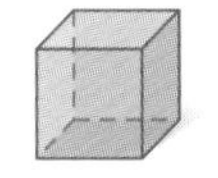
cuerda Segmento de recta cuyos extremos forman parte de un círculo.	**chord** A line segment with endpoints on a circle. (p. 460)	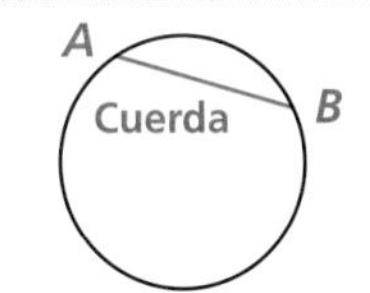
cuerpo geométrico Figura tridimensional.	**solid figure** A three-dimensional figure. (p. 586)	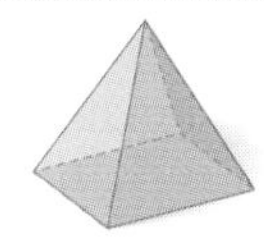

D

ESPAÑOL	INGLÉS	EJEMPLOS
decágono Polígono de 10 lados.	**decagon** A polygon with ten sides. (p. 467)	
decimal infinito Decimal que nunca termina.	**nonterminating decimal** A decimal that never ends. (p. 562)	
decimal finito Decimal con un número determinado de posiciones decimales.	**terminating decimal** A decimal number that ends or terminates. (p. 124)	6.75
decimal periódico Decimal en el que uno o más dígitos se repiten infinitamente.	**repeating decimal** A decimal in which one or more digits repeat infinitely. (p. 124)	$0.757575\ldots = 0.\overline{75}$
denominador Número de abajo de una fracción que indica en cuántas partes iguales se divide el entero.	**denominator** The bottom number of a fraction that tells how many equal parts are in the whole.	$\frac{3}{4}$ ← denominador
desigualdad Enunciado matemático que muestra una relación entre cantidades que no son equivalentes.	**inequality** A mathematical sentence that shows the relationship between quantities that are not equivalent. (p. 692)	$5 < 8$ $5x + 2 \geq 12$
desigualdad algebraica Desigualdad que contiene al menos una variable.	**algebraic inequality** An inequality that contains at least one variable. (p. 692)	$+ 3 > 10$ $5a > b + 3$
desigualdad compuesta Combinación de dos o más desigualdades.	**compound inequality** A combination of more than one inequality. (p. 693)	$-2 \leq x < 10$

ESPAÑOL	INGLÉS	EJEMPLOS
despejar la variable Dejar sola la variable en un lado de una ecuación o desigualdad para resolverla.	**isolate the variable** To get a variable alone on one side of an equation or inequality in order to solve the equation or inequality. (p. 52)	$x + 7 = 22$ $-7 \quad -7$ $x = 15$
diagrama de acumulación Recta numérica con marcas o puntos que indican la frecuencia.	**line plot** A number line with marks or dots that show frequency. (p. 377)	X X X X X X X X X 0 1 2 3 4 Cantidad de mascotas
diagrama de árbol Diagrama ramificado que muestra todas las posibles combinaciones o resultados de un suceso.	**tree diagram** A branching diagram that shows all possible combinations or outcomes of an event. (p. 637)	
diagrama de dispersión Gráfica de puntos que se usa para mostrar una posible relación entre dos conjuntos de datos.	**scatter plot** A graph with points plotted to show a possible relationship between two sets of data. (p. 416)	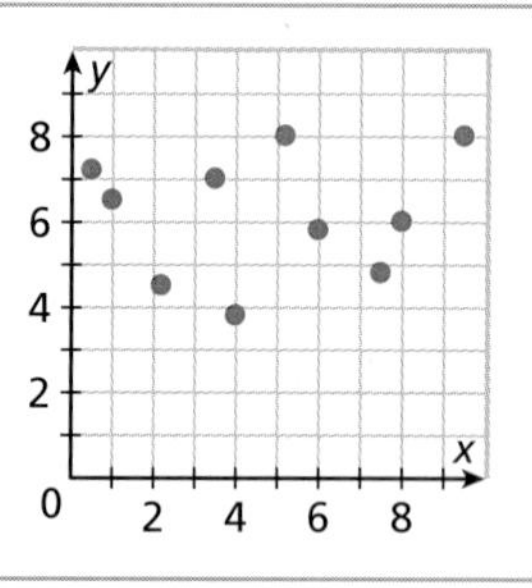
diagrama de tallo y hojas Gráfica que muestra y ordena los datos, y que sirve para comparar las frecuencias.	**stem-and-leaf plot** A graph used to organize and display data so that the frequencies can be compared. (p. 377)	Tallo | Hojas 3 | 2 3 4 4 7 9 4 | 0 1 5 7 7 7 8 5 | 1 2 2 3 *Clave: 3|2 significa 32*
diagrama de Venn Diagrama que muestra las relaciones entre conjuntos.	**Venn diagram** A diagram that is used to show relationships between sets.	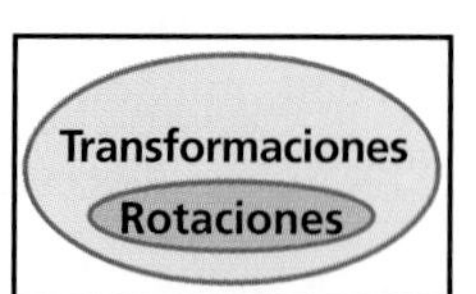
diámetro Segmento de recta que pasa por el centro de un círculo y tiene sus extremos en la circunferencia, o bien la longitud de ese segmento.	**diameter** A line segment that passes through the center of a circle and has endpoints on the circle, or the length of that segment. (p. 460)	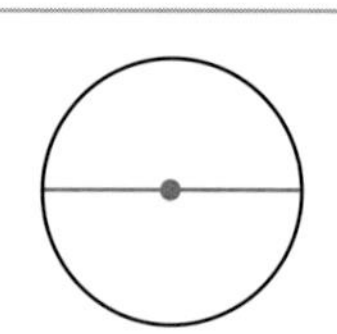
dibujo a escala Dibujo en el que se usa una escala para que un objeto se vea mayor o menor que el objeto real al que representa.	**scale drawing** A drawing that uses a scale to make an object smaller than or larger than the real object. (p. 308)	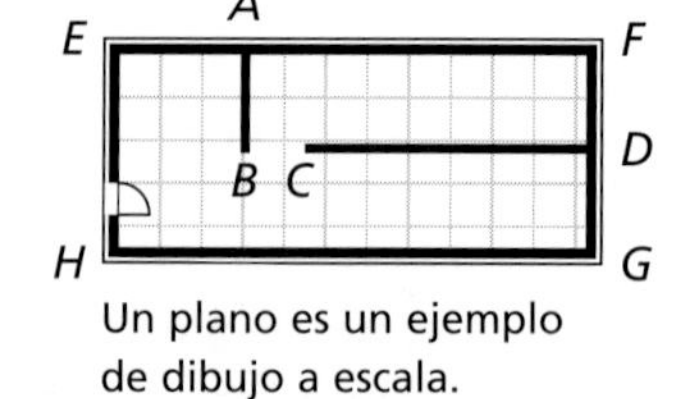 Un plano es un ejemplo de dibujo a escala.
diferencia El resultado de restar un número de otro.	**difference** The result when one number is subtracted from another.	En $16 - 5 = 11$, 11 es la diferencia.

ESPAÑOL	INGLÉS	EJEMPLOS
dígitos significativos Dígitos usados para expresar la precisión de una medida.	**significant digits** The digits used to express the precision of a measurement. (p. 518)	0.048 tiene 2 dígitos significativos. 5.003 tiene 4 dígitos significativos.
dimensión Longitud, ancho o altura de una figura.	**dimension** The length, width, or height of a figure.	
discontinuidad (gráfica) Zig-zag en la escala horizontal o vertical de una gráfica que indica la omisión de algunos de los números de la escala.	**break (graph)** A zigzag on a horizontal or vertical scale of a graph that indicates that some of the numbers on the scale have been omitted. (p. 422)	65 60 55 0
distancia horizontal El cambio horizontal cuando la pendiente de una línea se expresa como la razón $\frac{\text{distancia vertical}}{\text{distancia horizontal}}$, o "distancia vertical sobre distancia horizontal".	**run** The horizontal change when the slope of a line is expressed as the ratio $\frac{\text{rise}}{\text{run}}$, or "rise over run." (p. 278)	Para los puntos $(3, -1)$ y $(6, 5)$, la distancia horizontal es $6 - 3 = 3$.
distancia vertical El cambio vertical cuando la pendiente de una línea se expresa como la razón $\frac{\text{distancia vertical}}{\text{distancia horizontal}}$, o "distancia vertical sobre distancia horizontal".	**rise** The vertical change when the slope of a line is expressed as the ratio $\frac{\text{rise}}{\text{run}}$, or "rise over run." (p. 278)	Para los puntos $(3, -1)$ y $(6, 5)$, la distancia vertical es $5 - (-1) = 6$.
dividendo Número que se divide en un problema de división.	**dividend** The number to be divided in a division problem.	En $8 \div 4 = 2$, 8 es el dividendo.
divisible Que se puede dividir entre un número sin dejar residuo.	**divisible** Can be divided by a number without leaving a remainder. (p. 767)	18 es divisible entre 3.
divisor El número entre el que se divide en un problema de división.	**divisor** The number you are dividing by in a division problem.	En $8 \div 4 = 2$, 4 es el divisor.

E

ESPAÑOL	INGLÉS	EJEMPLOS
ecuación Enunciado matemático que indica que dos expresiones son equivalentes.	**equation** A mathematical sentence that shows that two expressions are equivalent. (p. 46)	$x + 4 = 7$ $6 + 1 = 10 - 3$
ecuación lineal Ecuación cuyas soluciones forman una línea recta en un plano cartesiano.	**linear equation** An equation whose solutions form a straight line on a coordinate plane. (p. 248)	$y = 2x + 1$
eje de simetría El "espejo" imaginario en la simetría axial.	**line of symmetry** The imaginary "mirror" in line symmetry. (p. 494)	

ESPAÑOL	INGLÉS	EJEMPLOS
eje *x* El eje horizontal del plano cartesiano.	***x*-axis** The horizontal axis on a coordinate plane. (p. 224)	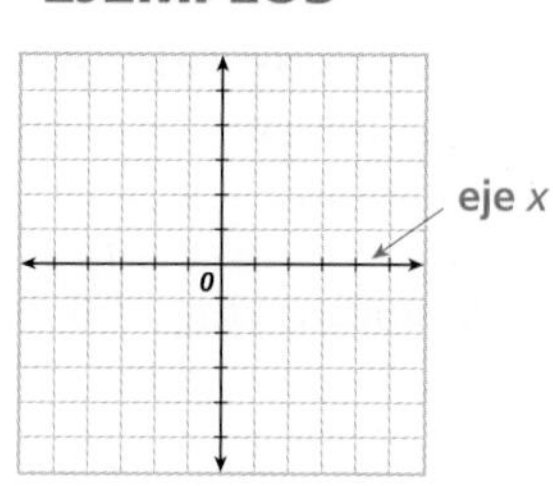
eje *y* El eje vertical del plano cartesiano.	***y*-axis** The vertical axis on a coordinate plane. (p. 224)	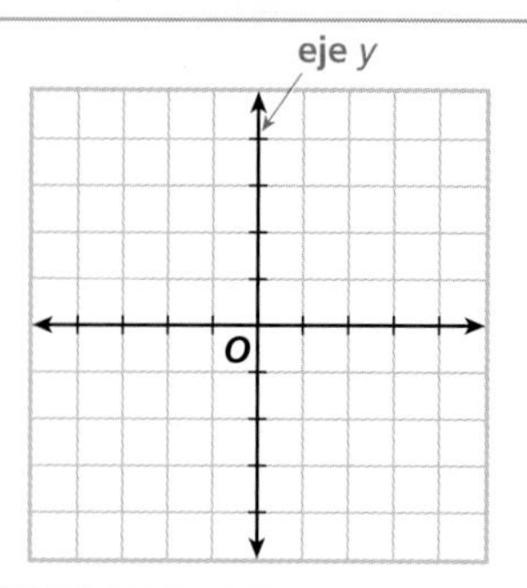
ejes Las dos rectas numéricas perpendiculares del plano cartesiano que se intersecan en el origen.	**axes** The two perpendicular lines of a coordinate plane that intersect at the origin. (p. 224)	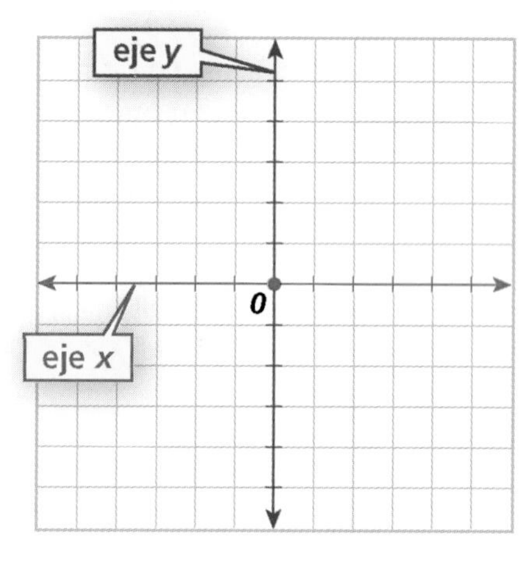
en el sentido de las manecillas del reloj Movimiento circular en la dirección que se indica.	**clockwise** A circular movement to the right in the direction shown.	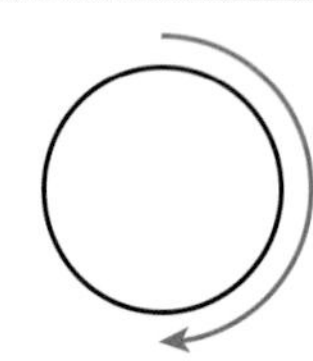
en sentido contrario a las manecillas del reloj Movimiento circular en la dirección que se indica.	**counterclockwise** A circular movement to the left in the direction shown.	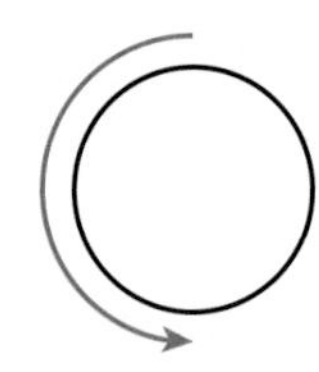
entero negativo Entero menor que cero.	**negative integer** An integer less than zero. (p. 76)	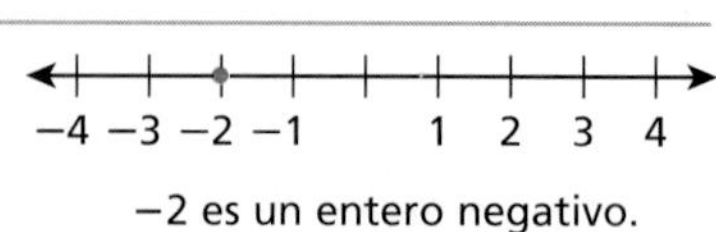 −2 es un entero negativo.
entero positivo Entero mayor que cero.	**positive integer** An integer greater than zero. (p. 76)	
enteros Conjunto de todos los números cabales y sus opuestos.	**integers** The set of whole numbers and their opposites. (p. 76)	. . . −3, −2, −1, 0, 1, 2, 3, . . .

ESPAÑOL	INGLÉS	EJEMPLOS
equivalentes Que tienen el mismo valor.	**equivalent** Having the same value.	
escala La razón entre dos conjuntos de medidas.	**scale** The ratio between two sets of measurements. (p. 308)	1 cm:5 mi
espacio muestral Conjunto de todos los resultados posibles de un experimento.	**sample space** All possible outcomes of an experiment. (p. 636)	Cuando se lanza un dado, el espacio muestral es 1, 2, 3, 4, 5, 6.
estimación (s) Una solución aproximada a la respuesta exacta que se halla mediante el redondeo u otros métodos.	**estimate (n)** An answer that is close to the exact answer and is found by rounding, or other methods.	100 es una estimación alta de la suma 23 + 24 + 21 + 22.
estimación alta Estimación mayor que la respuesta exacta.	**overestimate** An estimate that is greater than the exact answer.	
estimación baja Estimación menor que la respuesta exacta.	**underestimate** An estimate that is less than the exact answer.	
estimar (v) Hallar una solución aproximada a la respuesta exacta mediante el redondeo u otros métodos.	**estimate (v)** To find an answer close to the exact answer by rounding or other methods.	
evaluar Hallar el valor de una expresión numérica o algebraica.	**evaluate** To find the value of a numerical or algebraic expression. (p. 34)	Evalúa $2x + 7$ para $x = 3$. $2x + 7$ $2(3) + 7$ $6 + 7$ 13
exactitud Cercanía de una medida o un valor a la medida o el valor real.	**accuracy** The closeness of a given measurement or value to the actual measurement or value. (p. 518)	
experimento En probabilidad, cualquier actividad basada en la posibilidad, como lanzar una moneda.	**experiment** In probability, any activity based on chance, such as tossing a coin. (p. 628)	Lanzar una moneda 10 veces y anotar el número de caras.
exponente Número que indica cuántas veces se usa la base como factor.	**exponent** The number that indicates how many times the base is used as a factor. (p. 10)	$2^3 = 2 \cdot 2 \cdot 2 = 8$; 3 es el exponente.
expresión Enunciado matemático que contiene operaciones, números y/o variables.	**expression** A mathematical phrase that contains operations, numbers, and/or variables.	$6x + 1$
expresión algebraica Expresión que contiene al menos una variable.	**algebraic expression** An expression that contains at least one variable. (p. 34)	$x + 8$ $4(m - b)$
expresión numérica Expresión que incluye sólo números y operaciones.	**numerical expression** An expression that contains only numbers and operations. (p. 23)	$(2 \cdot 3) + 1$

ESPAÑOL	INGLÉS	EJEMPLOS
expresión verbal Palabra o frase.	**verbal expression** A word or phrase. (p. 38)	
extremo Un punto ubicado al final de un segmento de recta o rayo.	**endpoint** A point at the end of a line segment or ray.	A B D

F

ESPAÑOL	INGLÉS	EJEMPLOS
factor Número que se multiplica por otro para hallar un producto.	**factor** A number that is multiplied by another number to get a product. (p. 18)	7 es un factor de 21 porque $7 \cdot 3 = 21$.
factor común Número que es factor de dos o más números.	**common factor** A number that is a factor of two or more numbers.	8 es un factor común de 16 y 40.
factor de conversión de unidades Fracción que se usa para la conversión de unidades, donde el numerador y el denominador representan la misma cantidad pero están en unidades distintas.	**unit conversion factor** A fraction used in unit conversion in which the numerator and denominator represent the same amount but are in different units. (p. 314)	$\frac{60 \text{ min}}{1 \text{ h}}$ ó $\frac{1 \text{ h}}{60 \text{ min}}$
factor de escala Razón que se usa para agrandar o reducir figuras semejantes.	**scale factor** The ratio used to enlarge or reduce similar figures. (p. 308)	y, A′(4, 6), 5, A(2, 3), B′(0, 2), B(0, 1), x, O, C(3, 0), C′(6, 0) Factor de escala: 2
factorial El producto de todos los números cabales, excepto cero que son menores que o iguales a un número.	**factorial** The product of all whole numbers except zero that are less than or equal to a number. (p. 657)	factorial $4 = 4! = 4 \cdot 3 \cdot 2 \cdot 1$
factorización prima Un número escrito como el producto de sus factores primos.	**prime factorization** A number written as the product of its prime factors. (p. 106)	$10 = 2 \cdot 5$ $24 = 2^3 \cdot 3$
Fahrenheit Escala de temperatura en la que 32° F es el punto de congelación del agua y 212° F es el punto de ebullición.	**Fahrenheit** A temperature scale in which 32°F is the freezing point of water and 212°F is the boiling point of water.	
forma desarrollada Número escrito como suma de los valores de sus dígitos.	**expanded form** A number written as the sum of the values of its digits.	236,536 escrito en forma desarrollada es 200,000 + 30,000 + 6,000 + 500 + 30 + 6.
forma estándar (en numeración) Una manera de escribir números por medio de dígitos.	**standard form (in numeration)** A way to write numbers by using digits. (p. 19)	Cinco mil doscientos diez en forma estándar es 5,210.

ESPAÑOL	INGLÉS	EJEMPLOS
forma exponencial Se dice que un número está en forma exponencial cuando se escribe con una base y un exponente.	**exponential form** A number is in exponential form when it is written with a base and an exponent.	4^2 es la forma exponencial de $4 \cdot 4$.
fórmula Regla que muestra relaciones entre cantidades.	**formula** A rule showing relationships among quantities.	$A = \ell a$ es la fórmula del área de un rectángulo.
fracción Número escrito en la forma $\frac{a}{b}$, donde $b \neq 0$.	**fraction** A number in the form $\frac{a}{b}$, where $b \neq 0$.	
fracción impropia Fracción en la que el numerador es mayor que o igual al denominador.	**improper fraction** A fraction in which the numerator is greater than or equal to the denominator. (p. 121)	$\frac{5}{5}$ $\frac{7}{4}$
fracción propia Fracción en la que el numerador es menor que el denominador.	**proper fraction** A fraction in which the numerator is less than the denominator.	$\frac{3}{4}, \frac{1}{13}, \frac{7}{8}$
fracciones equivalentes Fracciones que representan la misma cantidad o parte.	**equivalent fractions** Fractions that name the same amount or part. (p. 120)	$\frac{1}{2}$ y $\frac{2}{4}$ son fracciones equivalentes.
frecuencia acumulativa La frecuencia de todos los datos que son menores que o iguales a un valor dado.	**cumulative frequency** The frequency of all data values that are less than or equal to a given value. (p. 376)	
función Relación de entrada-salida en la que a cada valor de entrada corresponde exactamente un valor de salida.	**function** An input-output relationship that has exactly one output for each input. (p. 238)	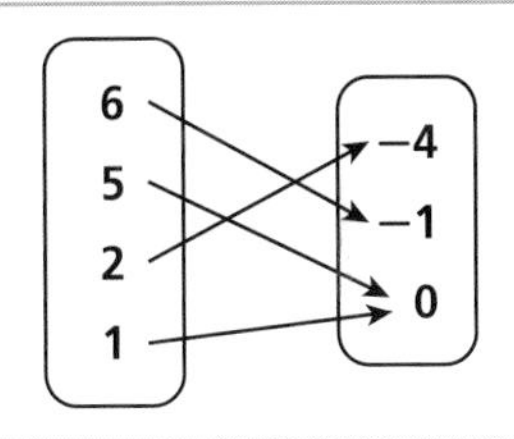
función cuadrática Función del tipo $y = ax^2 + bx + c$, donde $a \neq 0$.	**quadratic function** A function of the form $y = ax^2 + bx + c$, where $a \neq 0$. (p. 783)	$y = 2x^2 - 12x + 10$, $y = 3x^2$
función lineal Función cuya gráfica es una línea recta.	**linear function** A function whose graph is a straight line. (p. 248)	$y = x - 1$ 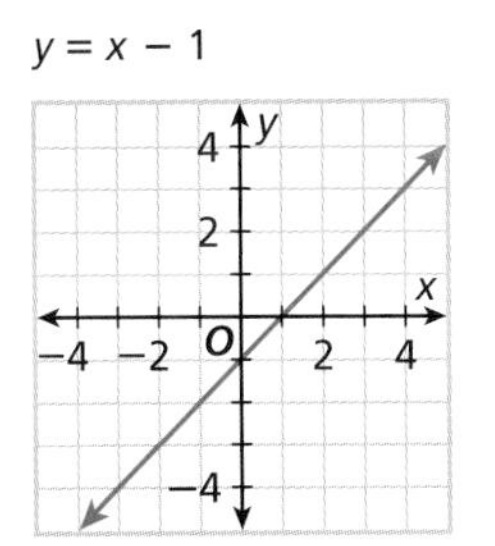
función no lineal Función cuya gráfica no es una línea recta.	**nonlinear function** A function whose graph is not a straight line. (p. 254)	

ESPAÑOL	INGLÉS	EJEMPLOS

G

grado Unidad de medida para ángulos y temperaturas.

degree The unit of measure for angles or temperature.

---

gráfica circular Gráfica que usa secciones de un círculo para comparar partes con el todo y con otras partes.

circle graph A graph that uses sectors of a circle to compare parts to the whole and parts to other parts. (p. 390)

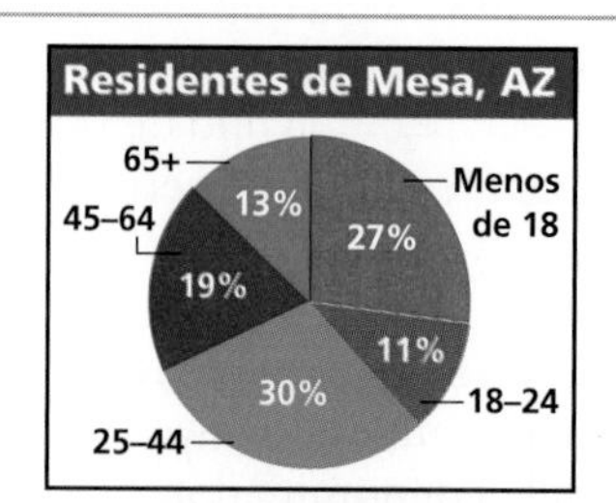

---

gráfica de barras Gráfica en la que se usan barras verticales u horizontales para presentar datos.

bar graph A graph that uses vertical or horizontal bars to display data. (p. 386)

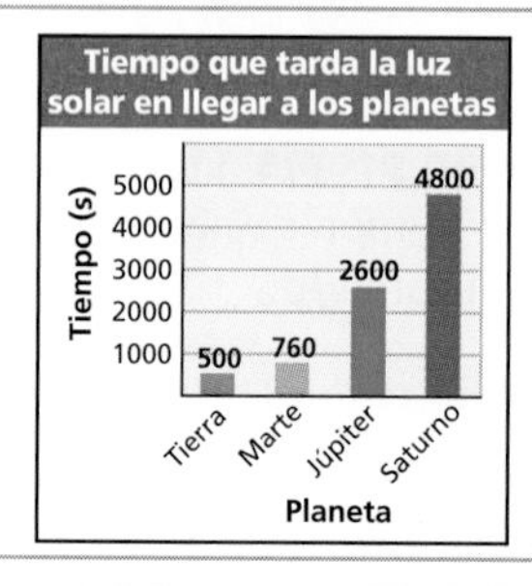

---

gráfica de doble barra Gráfica de barras que compara dos conjuntos de datos relacionados.

double-bar graph A bar graph that compares two related sets of data. (p. 386)

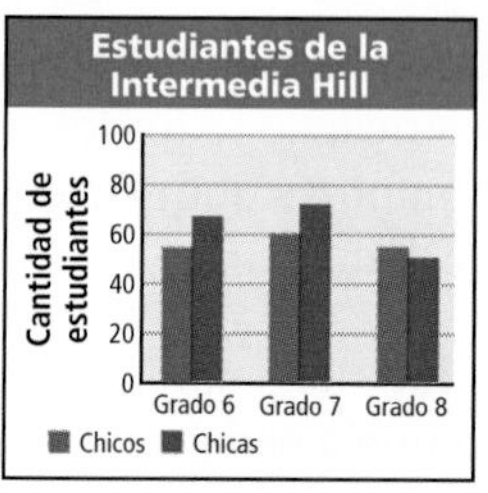

---

gráfica de doble línea Gráfica lineal que muestra cómo cambian con el tiempo dos conjuntos de datos relacionados.

double-line graph A line graph that shows how two related sets of data change over time. (p. 403)

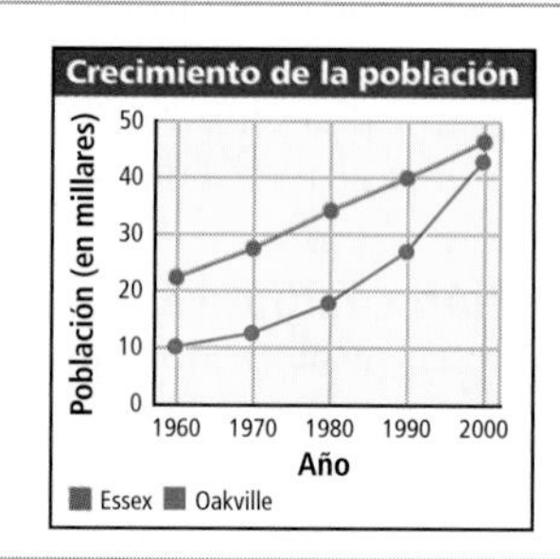

---

gráfica de mediana y rango Gráfica que muestra los valores máximo y mínimo, los cuartiles superior e inferior, así como la mediana de los datos.

box-and-whisker plot A graph that displays the highest and lowest quarters of data as whiskers, the middle two quarters of the data as a box, and the median. (p. 394)

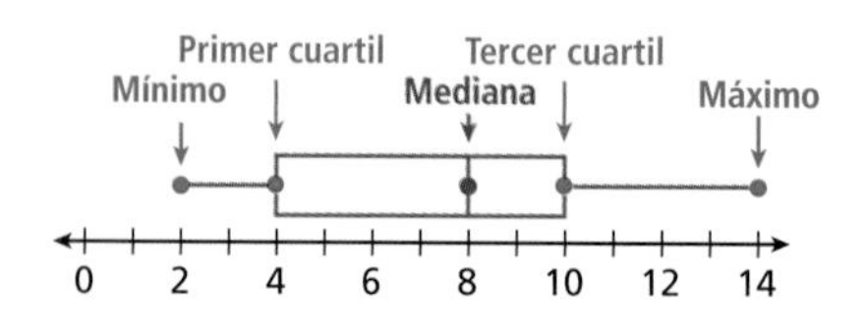

---

gráfica de una ecuación Gráfica del conjunto de pares ordenados que son soluciones de la ecuación.

graph of an equation A graph of the set of ordered pairs that are solutions of the equation. (p. 248)

---

gráfica lineal Gráfica que muestra cómo cambian los datos mediante segmentos de recta.

line graph A graph that uses line segments to show how data changes. (p. 402)

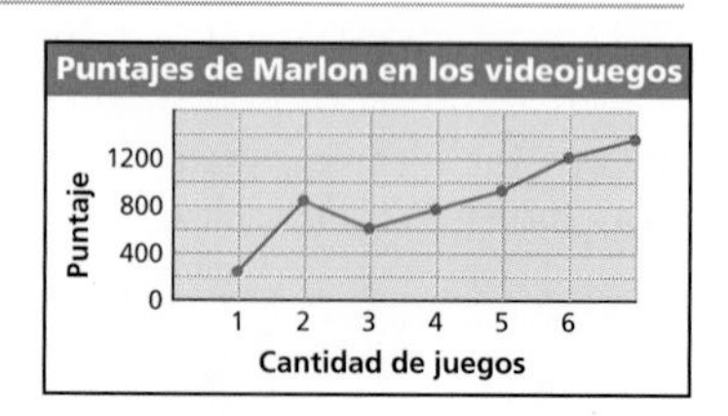

ESPAÑOL	INGLÉS	EJEMPLOS

heptágono Polígono de siete lados.	**heptagon** A seven-sided polygon. (p. 467)	
hexágono Polígono de seis lados.	**hexagon** A six-sided polygon. (p. 467)	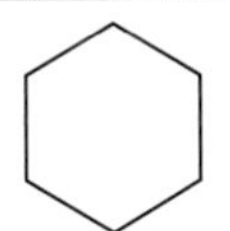
hipotenusa En un triángulo rectángulo, el lado opuesto al ángulo recto.	**hypotenuse** In a right triangle, the side opposite the right angle. (p. 556)	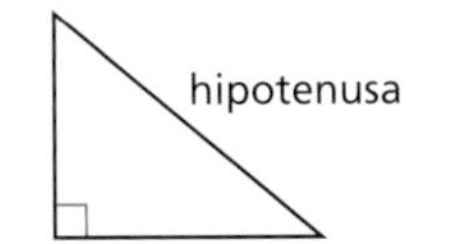
histograma Gráfica de barras que muestra la frecuencia de los datos en intervalos iguales.	**histogram** A bar graph that shows the frequency of data within equal intervals. (p. 387)	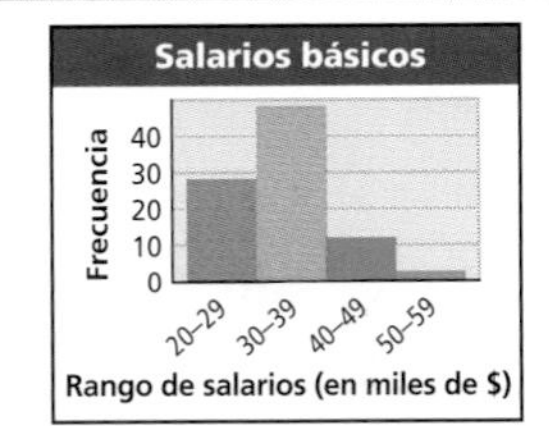

imagen Figura que resulta de una transformación.	**image** A figure resulting from a transformation. (p. 488)	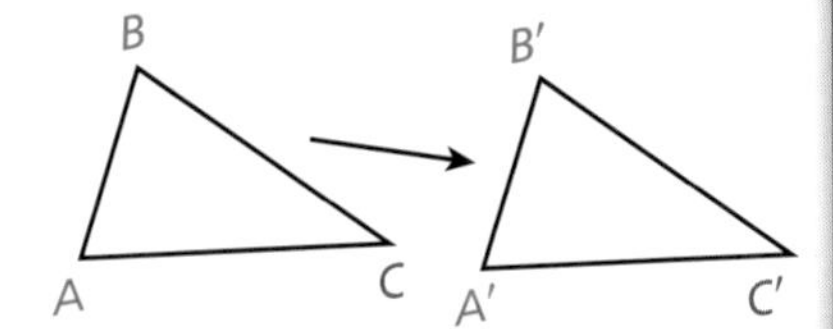
imposible (en probabilidad) Que no puede ocurrir. Suceso cuya probabilidad de ocurrir es 0.	**impossible (probability)** Can never happen; having a probability of 0. (p. 628)	
impuesto sobre la venta Porcentaje del costo de un artículo que los gobiernos cobran para recaudar fondos.	**sales tax** A percent of the cost of an item, which is charged by governments to raise money.	
interés Cantidad de dinero que se cobra por el préstamo o uso del dinero, o la cantidad que se gana al ahorrar dinero.	**interest** The amount of money charged for borrowing or using money, or the amount of money earned by saving money. (p. 356)	
interés simple Un porcentaje fijo del capital. Se calcula con la fórmula $I = Cit$, donde C representa el capital, i, la tasa de interés y t, el tiempo.	**simple interest** A fixed percent of the principal. It is found using the formula $I = Prt$, where P represents the principal, r the rate of interest, and t the time. (p. 356)	Se depositan $100 en una cuenta con una tasa de interés simple del 5%. Después de 2 años, la cuenta habrá ganado $I = 100 \cdot 0.05 \cdot 2 = \$10$.
intervalo El espacio entre los valores marcados en una recta numérica o en la escala de una gráfica.	**interval** The space between marked values on a number line or the scale of a graph.	

ESPAÑOL	INGLÉS	EJEMPLOS
inverso aditivo El opuesto de un número.	**additive inverse** The opposite of a number.	El inverso aditivo de 5 es −5.

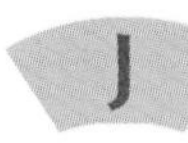

J

justo Se dice de un experimento donde todos los resultados posibles son igualmente probables.

fair When all outcomes of an experiment are equally likely, the experiment is said to be fair. (p. 640)

L

lado Línea que delimita las figuras geométricas; una de las caras que forman la parte exterior de un objeto.

side A line bounding a geometric figure; one of the faces forming the outside of an object. (p. 466)

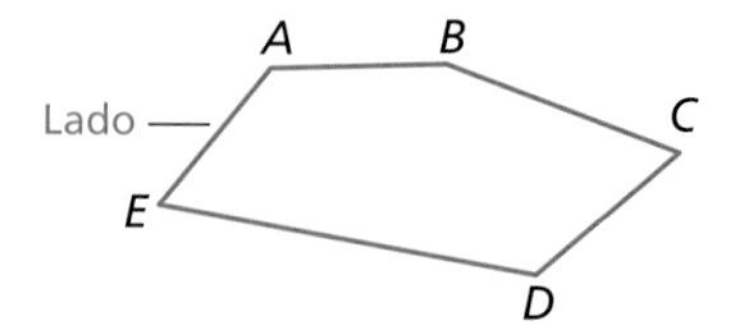

Lado-Lado-Lado (LLL) Regla que establece que dos triángulos son congruentes cuando sus tres lados correspondientes son congruentes.

Side-Side-Side (SSS) A rule stating that if three sides of one triangle are congruent to three sides of another triangle, then the triangles are congruent. (p. 484)

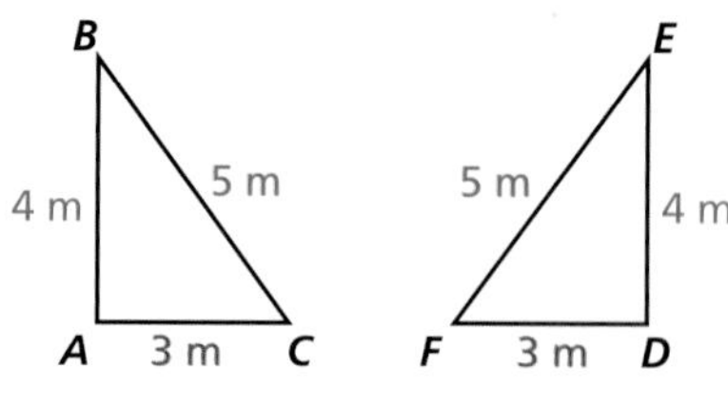

$\triangle ABC \cong \triangle DEF$

lados correspondientes Lados que se ubican en la misma posición relativa en dos o más polígonos.

corresponding sides Matching sides of two or more polygons. (p. 300)

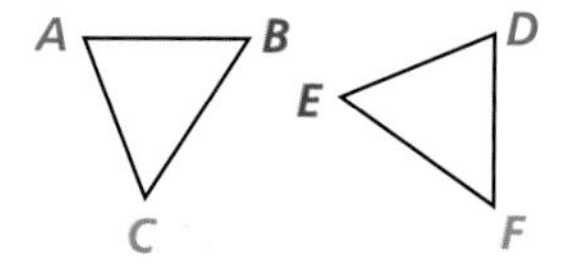

$\overline{AB}$ y $\overline{DE}$ son lados correspondientes.

línea Trayectoria recta que se extiende de manera indefinida en direcciones opuestas.

line A straight path that extends without end in opposite directions. (p. 442)

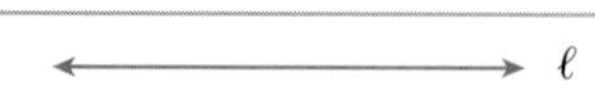

línea de reflexión Línea sobre la cual se invierte una figura para crear una imagen reflejada de la figura original.

line of reflection A line that a figure is flipped across to create a mirror image of the original figure. (p. 488)

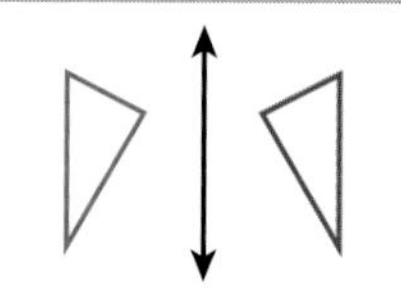

Línea de reflexión

líneas oblicuas Líneas que se encuentran en planos distintos, por eso no se intersecan ni son paralelas.

skew lines Lines that lie in different planes that are neither parallel nor intersecting. (p. 452)

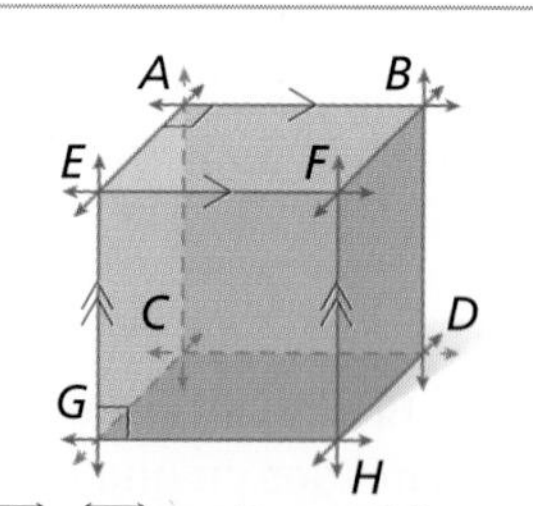

$\overleftrightarrow{AE}$ y $\overleftrightarrow{CD}$ son líneas oblicuas.

ESPAÑOL	INGLÉS	EJEMPLOS
líneas paralelas Líneas que se encuentran en el mismo plano pero que nunca se intersecan.	**parallel lines** Lines in a plane that do not intersect. (p. 452)	r s
líneas perpendiculares Líneas que al intersecarse forman ángulos rectos.	**perpendicular lines** Lines that intersect to form right angles. (p. 452)	n m
líneas secantes Líneas que se cruzan en un solo punto.	**intersecting lines** Lines that cross at exactly one point.	

M

ESPAÑOL	INGLÉS	EJEMPLOS
máximo común divisor (MCD) El mayor de los factores comunes compartidos por dos o más números dados.	**greatest common factor (GCF)** The largest common factor of two or more given numbers. (p. 110)	El MCD de 27 y 45 es 9.
media La suma de todos los elementos de un conjunto de datos dividida entre el número de elementos del conjunto. También se llama *promedio.*	**mean** The sum of the items in a set of data divided by the number of items in the set; also called average. (p. 381)	Conjunto de datos: 4, 6, 7, 8, 10 Media: $\frac{4+6+7+8+10}{5} = \frac{35}{5} = 7$
mediana El número intermedio, o la media (el promedio), de los dos números intermedios en un conjunto ordenado de datos.	**median** The middle number, or the mean (average) of the two middle numbers, in an ordered set of data. (p. 381)	Conjunto de datos: 4, 6, 7, 8, 10 Mediana: 7
mediatriz Línea que cruza un segmento en su punto medio y es perpendicular al segmento.	**perpendicular bisector** A line that intersects a segment at its midpoint and is perpendicular to the segment. (p. 456)	ℓ A B
medición indirecta La técnica de usar figuras semejantes y proporciones para hallar una medida.	**indirect measurement** The technique of using similar figures and proportions to find a measure. (p. 304)	
medida de tendencia dominante Medida que describe la parte media de un conjunto de datos; la media, la mediana y la moda son medidas de tendencia dominante.	**measure of central tendency** A measure used to describe the middle of a data set; the mean, median, and mode are measures of central tendency. (p. 381)	
mínima expresión Una fracción está en su mínima expresión cuando el numerador y el denominador no tienen más factor común que 1.	**simplest form** A fraction is in simplest form when the numerator and denominator have no common factors other than 1.	Fracción: $\frac{8}{12}$ Mínima expresión: $\frac{2}{3}$
mínimo común denominador (mcd) El mínimo común múltiplo de dos o más denominadores.	**least common denominator (LCD)** The least common multiple of two or more denominators.	El mcd de $\frac{3}{4}$ y $\frac{5}{6}$ es 12.

Glosario/Glossary

ESPAÑOL	INGLÉS	EJEMPLOS
mínimo común múltiplo (mcm) El menor de los números, distinto de cero, que es múltiplo de dos o más números.	**least common multiple (LCM)** The least number, other than zero, that is a multiple of two or more given numbers. (p. 114)	El mcm de 10 y 18 es 90.
moda Número o números más frecuentes en un conjunto de datos; si todos los números aparecen con la misma frecuencia, no hay moda.	**mode** The number or numbers that occur most frequently in a set of data; when all numbers occur with the same frequency, we say there is no mode. (p. 381)	Conjunto de datos: 3, 5, 8, 8, 10 Moda: 8
modelo a escala Modelo proporcional de un objeto tridimensional.	**scale model** A proportional model of a three-dimensional object. (p. 308)	
muestra Una parte de la población.	**sample** A part of the population. (p. 412)	En una encuesta sobre los hábitos de estudio de estudiantes de escuela intermedia, una muestra es una encuesta a 100 estudiantes elegidos al azar.
muestra aleatoria Muestra en la que cada individuo u objeto de la población tiene la misma oportunidad de ser elegido.	**random sample** A sample in which each individual or object in the entire population has an equal chance of being selected. (p. 412)	Para elegir una muestra aleatoria de la clase, el maestro Henson escribió el nombre de cada estudiante en una tira de papel, mezcló los papeles y sacó cinco sin mirar.
muestra de conveniencia Una muestra basada en miembros de la población que están fácilmente disponibles.	**convenience sample** A sample based on members of the population that are readily available. (p. 412)	
muestra no representativa Muestra que no representa adecuadamente la población.	**biased sample** A sample that does not fairly represent the population. (p. 413)	
múltiplo El producto de un número y cualquier número cabal distinto de cero es un múltiplo de ese número.	**multiple** The product of any number and any nonzero whole number is a multiple of that number. (p. 114)	30, 40 y 90 son todos múltiplos de 10.
mutuamente excluyentes Dos sucesos son mutuamente excluyentes cuando no pueden ocurrir en la misma prueba de un experimento.	**mutually exclusive** Two events are mutually exclusive if they cannot occur in the same trial of an experiment. (p. 772)	

N

notación científica Método que se usa para escribir números muy grandes o muy pequeños mediante potencias de 10.	**scientific notation** A method of writing very large or very small numbers by using powers of 10. (p. 18)	12,560,000,000,000 = 1.256×10^{13}
numerador El número de arriba de una fracción; indica cuántas partes de un entero se consideran.	**numerator** The top number of a fraction that tells how many parts of a whole are being considered.	$\frac{4}{5}$ ← numerador

ESPAÑOL	INGLÉS	EJEMPLOS
número compuesto Número mayor que 1 que tiene más de dos factores que son números cabales.	**composite number** A number greater than 1 that has more than two whole-number factors. (p. 106)	4, 6, 8 y 9 son números compuestos.
número impar Entero que no es divisible entre 2.	**odd number** An integer that is not divisible by two.	
número irracional Número que no puede expresarse como una razón de dos enteros ni como un decimal periódico o finito.	**irrational number** A number that cannot be expressed as a ratio of two integers or as a repeating or terminating decimal. (p. 562)	$\sqrt{2}, \pi$
número mixto Número compuesto por un número cabal distinto de cero y una fracción.	**mixed number** A number made up of a whole number that is not zero and a fraction. (p. 121)	$5\frac{1}{8}$
número par Número entero divisible entre 2.	**even number** An integer that is divisible by two.	2, 4, 6
número primo Número cabal mayor que 1 que sólo es divisible entre 1 y él mismo.	**prime number** A whole number greater than 1 that has exactly two factors, itself and 1. (p. 106)	5 es primo porque sus únicos factores son 5 y 1.
número racional Número que se puede escribir como una razón de dos enteros.	**rational number** Any number that can be expressed as a ratio of two integers. (p. 129)	6 se puede expresar como $\frac{6}{1}$. 0.5 se puede expresar como $\frac{1}{2}$.
número real Número racional o irracional.	**real number** A rational or irrational number.	
números compatibles Números que están cerca de los números dados y hacen más fácil la estimación o el cálculo mental.	**compatible numbers** Numbers that are close to the given numbers that make estimation or mental calculation easier. (p. 150)	Para estimar 7,957 + 5,009, usa los números compatibles 8,000 y 5,000: 8,000 + 5,000 = 13,000.

O

ESPAÑOL	INGLÉS	EJEMPLOS
octágono Polígono de ocho lados.	**octagon** An eight-sided polygon. (p. 467)	
operaciones inversas Operaciones que se cancelan mutuamente: suma y resta, o multiplicación y división.	**inverse operations** Operations that undo each other: addition and subtraction, or multiplication and division. (p. 52)	La suma y la resta son operaciones inversas: 5 + 3 = 8; 8 − 3 = 5 La multiplicación y la división son operaciones inversas: 2 · 3 = 6; 6 ÷ 3 = 2
opuestos Dos números que están a la misma distancia de cero en una recta numérica. También se llaman *inversos aditivos.*	**opposites** Two numbers that are an equal distance from zero on a number line; also called *additive inverse.* (p. 76)	5 y −5 son opuestos. 5 unidades 5 unidades −6 −5 −4 −3 −2 −1 0 1 2 3 4 5 6

ESPAÑOL	INGLÉS	EJEMPLOS

orden de las operaciones Regla para evaluar expresiones: primero se hacen las operaciones entre paréntesis, luego se hallan las potencias y raíces, después todas las multiplicaciones y divisiones de izquierda a derecha y, por último,

order of operations A rule for evaluating expressions: first perform the operations in parentheses, then compute powers and roots, then perform all multiplication and division from left to right, and then perform all addition and subtraction from left to right. (p. 23)

$3^2 - 12 \div 4$	
$9 - 12 \div 4$	Evalúa la potencia.
$9 - 3$	Divide.
6	Resta.

origen Punto de intersección entre el eje x y el eje y en un plano cartesiano: (0, 0).

origin The point where the x-axis and y-axis intersect on the coordinate plane; (0, 0). (p. 224)

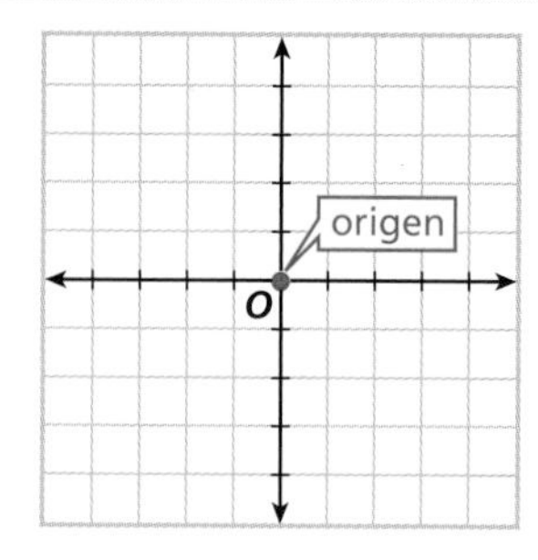

P

par ordenado Par de números que sirven para ubicar un punto en un plano cartesiano.

ordered pair A pair of numbers that can be used to locate a point on a coordinate plane. (p. 224)

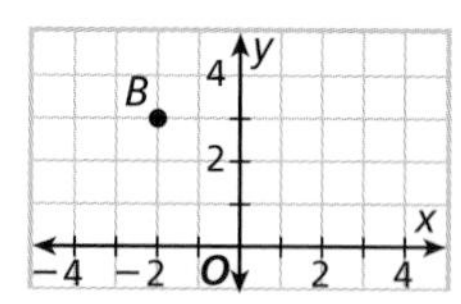

Las coordenadas de B son (−2, 3).

paralelogramo Cuadrilátero con dos pares de lados paralelos.

parallelogram A quadrilateral with two pairs of parallel sides. (p. 474)

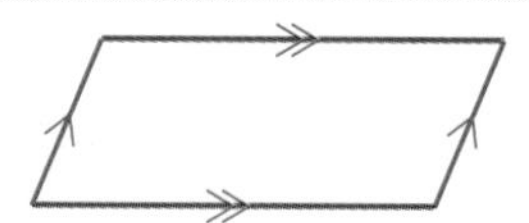

pendiente Medida de la inclinación de una línea en una gráfica. Razón de la distancia vertical a la distancia horizontal.

slope A measure of the steepness of a line on a graph; the rise divided by the run. (p. 278)

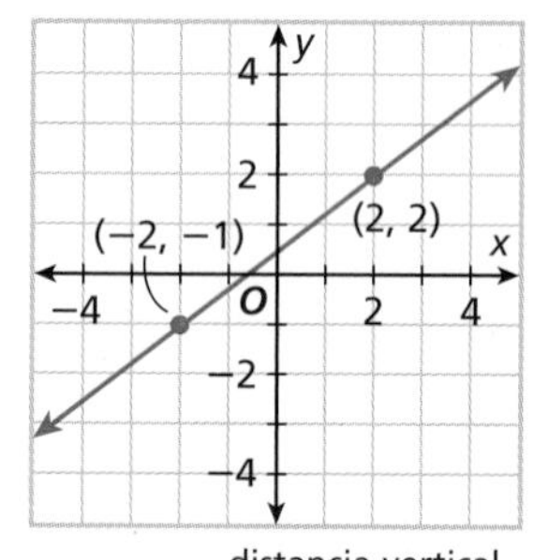

$$\text{Pendiente} = \frac{\text{distancia vertical}}{\text{distancia horizontal}} = \frac{3}{4}$$

pentágono Polígono de cinco lados.

pentagon A five-sided polygon. (p. 467)

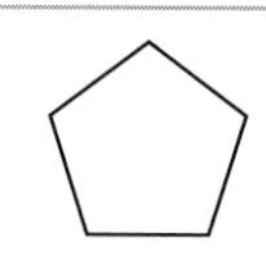

perímetro Distancia alrededor de un polígono.

perimeter The distance around a polygon. (p. 524)

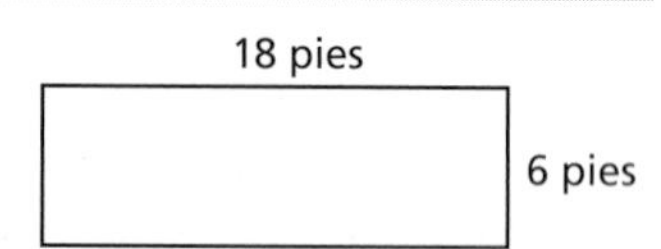

perímetro =
18 + 6 + 18 + 6 = 48 pies

permutación Arreglo de objetos o sucesos en el que el orden es importante.

permutation An arrangement of items or events in which order is important. (p. 656)

Para los objetos *A*, *B* y *C*, hay 6 permutaciones diferentes: *ABC, ACB, BAC, BCA, CAB, CBA.*

ESPAÑOL	INGLÉS	EJEMPLOS
pi (π) Razón de la circunferencia de un círculo a la longitud de su diámetro; $\pi \approx 3.14$ ó $\frac{22}{7}$.	**pi (π)** The ratio of the circumference of a circle to the length of its diameter; $\pi \approx 3.14$ or $\frac{22}{7}$. (p. 525)	
pirámide Poliedro cuya base es un polígono; tiene caras triangulares que se juntan en un vértice común.	**pyramid** A polyhedron with a polygon base and triangular sides that all meet at a common vertex. (p. 580)	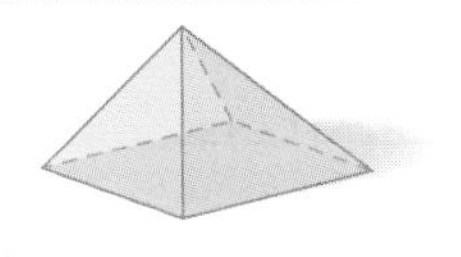
plano Superficie plana que se extiende de manera indefinida en todas direcciones.	**plane** A flat surface that extends forever. (p. 442)	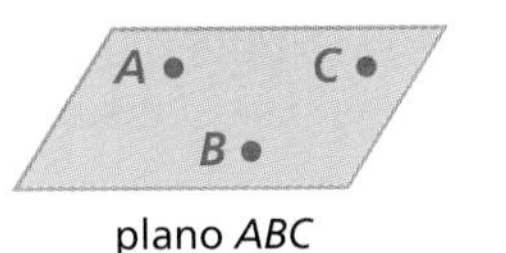 plano ABC
plano cartesiano (cuadrícula de coordenadas) Plano formado por la intersección de una recta numérica horizontal llamada eje x y otra vertical llamada eje y.	**coordinate plane (coordinate grid)** A plane formed by the intersection of a horizontal number line called the x-axis and a vertical number line called the y-axis. (p. 224)	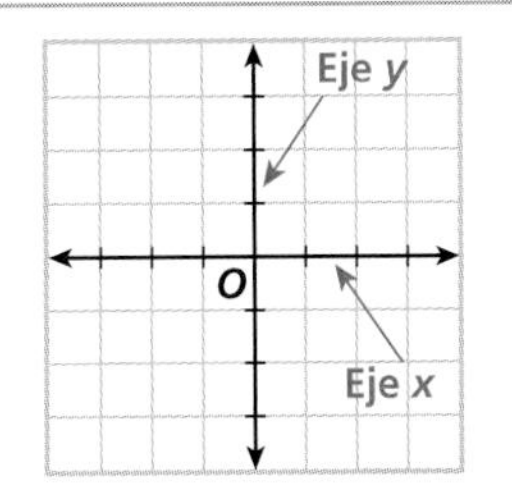
plantilla Arreglo de figuras bidimensionales que se doblan para formar un poliedro.	**net** An arrangement of two-dimensional figures that can be folded to form a polyhedron. (p. 597)	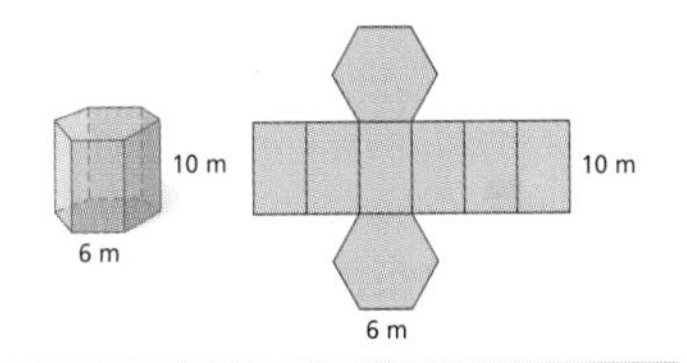
población Grupo completo de objetos o individuos que se desea estudiar.	**population** The entire group of objects or individuals considered for a survey. (p. 412)	En una encuesta sobre los hábitos de estudio de estudiantes de escuela intermedia, la población son todos los estudiantes de escuela intermedia.
poliedro Figura tridimensional cuyas superficies o caras tienen forma de polígonos.	**polyhedron** A three-dimensional figure in which all the surfaces or faces are polygons. (p. 580)	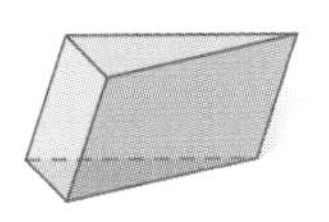
polígono Figura plana cerrada, formada por tres o más segmentos de recta que se intersecan sólo en sus extremos (vértices).	**polygon** A closed plane figure formed by three or more line segments that intersect only at their endpoints (vertices). (p. 466)	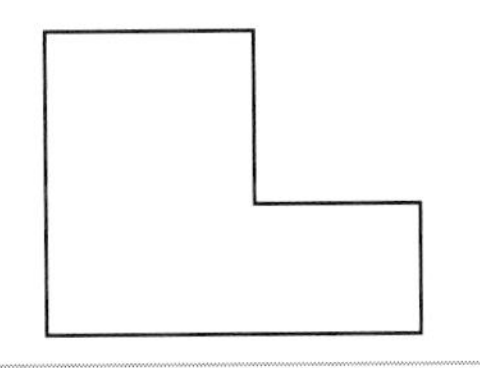
polígono regular Polígono con lados y ángulos congruentes.	**regular polygon** A polygon with congruent sides and angles. (p. 467)	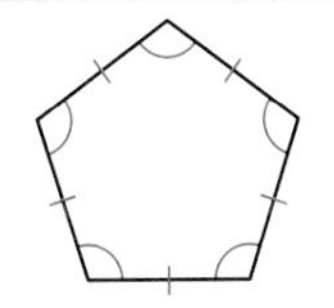
porcentaje Razón que compara un número con el número 100.	**percent** A ratio comparing a number to 100. (p. 330)	$45\% = \frac{45}{100}$
porcentaje de cambio Cantidad en que un número aumenta o disminuye, expresada como un porcentaje.	**percent of change** The amount stated as a percent that a number increases or decreases. (p. 352)	

ESPAÑOL	INGLÉS	EJEMPLOS
porcentaje de disminución Porcentaje de cambio en que una cantidad disminuye.	**percent of decrease** A percent change describing a decrease in a quantity. (p. 352)	Un artículo que cuesta $8 se rebaja a $6. La cantidad de disminución es $2 y el porcentaje de disminución es $\frac{2}{8} = 0.25 = 25\%$.
porcentaje de incremento Porcentaje de cambio en que una cantidad aumenta.	**percent of increase** A percent change describing an increase in a quantity. (p. 352)	El precio de un artículo aumenta de $8 a $12. La cantidad de aumento es $4 y el porcentaje de incremento es $\frac{4}{8} = 0.5 = 50\%$.
potencia Número que resulta al elevar una base a un exponente.	**power** A number produced by raising a base to an exponent. (p. 10)	$2^3 = 8$, ; por lo tanto, 2 a la 3ra potencia es 8.
precio unitario Tasa unitaria que sirve para comparar precios.	**unit price** A unit rate used to compare prices.	
precisión Detalle de una medición, determinado por la unidad de medida.	**precision** The level of detail of a measurement, determined by the unit of measure. (p. 518)	Una regla marcada en milímetros tiene mayor nivel de precisión que una regla marcada en centímetros.
primer cuartil La mediana de la mitad inferior de un conjunto de datos. También se llama *cuartil inferior.*	**first quartile** The median of the lower half of a set of data; also called *lower quartile.* (p. 394)	
Principio fundamental de conteo Si un suceso tiene m resultados posibles y otro suceso tiene n resultados posibles después de ocurrido el primer suceso, entonces hay $m \cdot n$ resultados posibles en total para los dos sucesos.	**Fundamental Counting Principle** If one event has m possible outcomes and a second event has n possible outcomes after the first event has occurred, then there are $m \cdot n$ total possible outcomes for the two events. (p. 637)	Hay 4 colores de camisas y 3 colores de pantalones. Hay $4 \cdot 3 = 12$ conjuntos posibles.
prisma Poliedro con dos bases congruentes con forma de polígono y caras con forma de paralelogramo.	**prism** A polyhedron that has two congruent polygon-shaped bases and other faces that are all parallelograms. (p. 580)	
prisma rectangular Poliedro cuyas bases son rectángulos y cuyas caras tienen forma de paralelogramo.	**rectangular prism** A polyhedron whose bases are rectangles and whose other faces are parallelograms. (p. 580)	
prisma triangular Poliedro cuyas bases son triángulos y cuyas demás caras tienen forma de paralelogramo.	**triangular prism** A polyhedron whose bases are triangles and whose other faces are parallelograms. (p. 580)	
probabilidad Un número entre 0 y 1 (ó 0% y 100%) que describe qué tan probable es un suceso.	**probability** A number from 0 to 1 (or 0% to 100%) that describes how likely an event is to occur. (p. 628)	En una bolsa hay 3 canicas rojas y 4 azules. La probabilidad de elegir al azar una canica roja es de $\frac{3}{7}$.

ESPAÑOL	INGLÉS	EJEMPLOS
probabilidad experimental Razón del número de veces que ocurre un suceso al número total de pruebas o al número de veces que se realiza el experimento.	**experimental probability** The ratio of the number of times an event occurs to the total number of trials, or times that the activity is performed. (p. 632)	Kendra hizo 27 lanzamientos libres y anotó 16. La probabilidad experimental de anotar un lanzamiento libre es $\frac{\text{cantidad de aciertos}}{\text{cantidad de intentos}} = \frac{16}{27} \approx 0.59$.
probabilidad teórica Razón del número de resultados igualmente probables en un suceso al número total de resultados posibles.	**theoretical probability** The ratio of the number of equally likely outcomes in an event to the total number of possible outcomes. (p. 640)	Cuando se lanza un dado, la probabilidad teórica de que caiga en 4 es $\frac{1}{6}$.
producto Resultado de multiplicar dos o más números.	**product** The result when two or more numbers are multiplied.	El producto de 4 y 8 es 32.
producto cruzado El producto de los números multiplicados en diagonal cuando se comparan dos razones.	**cross product** The product of numbers on the diagonal when comparing two ratios. (p. 287)	$\frac{2}{3} \times \frac{4}{6}$ En la proporción $\frac{2}{3} = \frac{4}{6}$, los productos cruzados son $2 \cdot 6 = 12$ y $3 \cdot 4 = 12$.
Propiedad asociativa de la multiplicación Propiedad que establece que, para todos los números reales *a*, *b* y *c*, el producto siempre es el mismo sin importar cómo se agrupen.	**Associative Property of Multiplication** The property that states that for all real numbers *a*, *b*, and *c*, their product is always the same, regardless of their grouping. (p. 28)	$2 \cdot 3 \cdot 8 = (2 \cdot 3) \cdot 8 = 2 \cdot (3 \cdot 8)$
Propiedad asociativa de la suma Propiedad que establece que, para todos los números reales *a*, *b* y *c*, la suma siempre es la misma sin importar cómo se agrupen.	**Associative Property of Addition** The property that states that for all real numbers *a*, *b*, and *c*, the sum is always the same, regardless of their grouping. (p. 28)	$2 + 3 + 8 = (2 + 3) + 8 = 2 + (3 + 8)$
Propiedad conmutativa de la multiplicación Propiedad que establece que multiplicar dos o más números en cualquier orden no altera el producto.	**Commutative Property of Multiplication** The property that states that two or more numbers can be multiplied in any order without changing the product. (p. 28)	$6 \cdot 12 = 12 \cdot 6$
Propiedad conmutativa de la suma Propiedad que establece que sumar dos o más números en cualquier orden no altera la suma.	**Commutative Property of Addition** The property that states that two or more numbers can be added in any order without changing the sum. (p. 28)	$8 + 20 = 20 + 8$
Propiedad de identidad del cero Propiedad que establece que la suma de cero y cualquier número es ese número.	**Identity Property of Zero** The property that states that the sum of zero and any number is that number. (p. 28)	$5 + 0 = 5$ $-4 + 0 = -4$
Propiedad de identidad del uno Propiedad que establece que el producto de 1 y cualquier número es ese número.	**Identity Property of One** The property that states that the product of 1 and any number is that number. (p. 28)	$3 \cdot 1 = 3$ $-9 \cdot 1 = -9$

ESPAÑOL	INGLÉS	EJEMPLOS
Propiedad de igualdad de la división Propiedad que establece que puedes dividir ambos lados de una ecuación entre el mismo número distinto de cero, y la nueva ecuación tendrá la misma solución.	**Division Property of Equality** The property that states that if you divide both sides of an equation by the same nonzero number, the new equation will have the same solution. (p. 56)	$4x = 12$ $\frac{4x}{4} = \frac{12}{4}$ $x = 3$
Propiedad de igualdad de la multiplicación Propiedad que establece que puedes multiplicar ambos lados de una ecuación por el mismo número y la nueva ecuación tendrá la misma solución.	**Multiplication Property of Equality** The property that states that if you multiply both sides of an equation by the same number, the new equation will have the same solution. (p. 56)	$\frac{1}{3}x = 7$ $(3)(\frac{1}{3}x) = (3)(7)$ $x = 21$
Propiedad de igualdad de la resta Propiedad que establece que puedes restar el mismo número de ambos lados de una ecuación y la nueva ecuación tendrá la misma solución.	**Subtraction Property of Equality** The property that states that if you subtract the same number from both sides of an equation, the new equation will have the same solution. (p. 53)	$x + 6 = 8$ $\underline{-6 \quad -6}$ $x = 2$
Propiedad de igualdad de la suma Propiedad que establece que puedes sumar el mismo número a ambos lados de una ecuación y la nueva ecuación tendrá la misma solución.	**Addition Property of Equality** The property that states that if you add the same number to both sides of an equation, the new equation will have the same solution. (p. 52)	$x - 6 = 8$ $\underline{+6 \quad +6}$ $x = 14$
Propiedad de la suma de los opuestos Propiedad que establece que la suma de un número y su opuesto es cero.	**Addition Property of Opposites** The property that states that the sum of a number and its opposite equals zero.	$12 + (-12) = 0$
Propiedad de multiplicación del cero Propiedad que establece que para todos los números reales a, $a \times 0 = 0$ y $0 \times a = 0$.	**Multiplication Property of Zero** The property that states that for all real numbers a, $a \times 0 = 0$ and $0 \times a = 0$. (p. 764)	$6 \cdot 0 = 0$ $-5 \cdot 0 = 0$
Propiedad distributiva Propiedad que establece que, si multiplicas una suma por un número, obtendrás el mismo resultado que si multiplicas cada sumando por ese número y luego sumas los productos.	**Distributive Property** The property that states if you multiply a sum by a number, you will get the same result if you multiply each addend by that number and then add the products. (p. 29)	$5(20 + 1) = 5 \cdot 20 + 5 \cdot 1$
proporción Ecuación que establece que dos razones son equivalentes.	**proportion** An equation that states that two ratios are equivalent. (p. 283)	$\frac{2}{3} = \frac{4}{6}$
prueba En probabilidad, una sola repetición u observación de un experimento.	**rial** In probability, a single repetition or observation of an experiment. (p. 628)	Cuando se lanza un dado, cada lanzamiento es una prueba.
punto Ubicación exacta en el espacio.	**point** An exact location in space. (p. 442)	P • punto P

ESPAÑOL	INGLÉS	EJEMPLOS
punto medio El punto que divide un segmento de recta en dos segmentos de recta congruentes.	**midpoint** The point that divides a line segment into two congruent line segments.	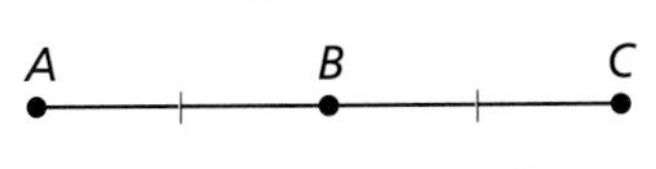 B es el punto medio de $\overline{AC}$.

ESPAÑOL	INGLÉS	EJEMPLOS
radio Segmento de recta con un extremo en el centro de un círculo y el otro en la circunferencia; o bien la longitud de ese segmento.	**radius** A line segment with one endpoint at the center of a circle and the other endpoint on the circle, or the length of that segment. (p. 460)	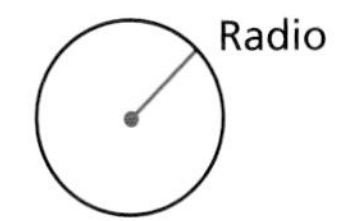
raíz cuadrada Uno de los dos factores iguales de un número.	**square root** One of the two equal factors of a number. (p. 550)	$16 = 4 \cdot 4$ y $16 = -4 \cdot -4$, ; por lo tanto, 4 y −4 son raíces cuadradas de 16.
rango (en estadística) Diferencia entre los valores máximo y mínimo de un conjunto de datos.	**range (in statistics)** The difference between the greatest and least values in a data set. (p. 381)	Conjunto de datos: 3, 5, 7, 7, 12 Rango: $12 - 3 = 9$
rango entre cuartiles La diferencia entre los cuartiles superior e inferior en una gráfica de mediana y rango.	**interquartile range** The difference between the upper and lower quartiles in a box-and-whisker plot. (p. 395)	Mitad inferior Mitad superior 18, 23, 28, 29, 36, 42 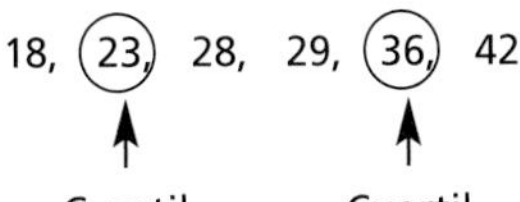  Cuartil inferior Cuartil superior Rango entre cuartiles: $36 - 23 = 13$
rayo Parte de una línea que comienza en un extremo y se extiende de manera indefinida.	**ray** A part of a line that starts at one endpoint and extends forever. (p. 443)	D
razón Comparación de dos cantidades mediante una división.	**ratio** A comparison of two quantities by division. (p. 270)	12 a 25, 12:25, $\frac{12}{25}$
razonamiento deductivo Uso de la lógica para demostrar que un enunciado es verdadero.	**deductive reasoning** Using logic to show that a statement is true. (p. 773)	
razonamiento inductivo Uso de un patrón para sacar una conclusión.	**inductive reasoning** Using a pattern to make a conclusion. (p. 773)	
razones equivalentes Razones que representan la misma comparación.	**equivalent ratios** Ratios that name the same comparison. (p. 283)	$\frac{1}{2}$ y $\frac{2}{4}$ son razones equivalentes
recíproco Uno de dos números cuyo producto es igual a 1. También se llama *inverso multiplicativo.*	**reciprocal** One of two numbers whose product is 1; also called *multiplicative inverse.* (p. 200)	El recíproco de $\frac{2}{3}$ es $\frac{3}{2}$.
rectángulo Paralelogramo con cuatro ángulos rectos.	**rectangle** A parallelogram with four right angles. (p. 474)	

ESPAÑOL	INGLÉS	EJEMPLOS
redondear Sustituir un número por una estimación de ese número hasta cierto valor posicional.	**rounding** Replacing a number with an estimate of that number to a given place value.	2,354 redondeado al millar más cercano es 2,000; 2,354 redondeado a la centena más cercana es 2,400.
reflexión Transformación que ocurre cuando se invierte una figura sobre una línea.	**reflection** A transformation of a figure that flips the figure across a line. (p. 488)	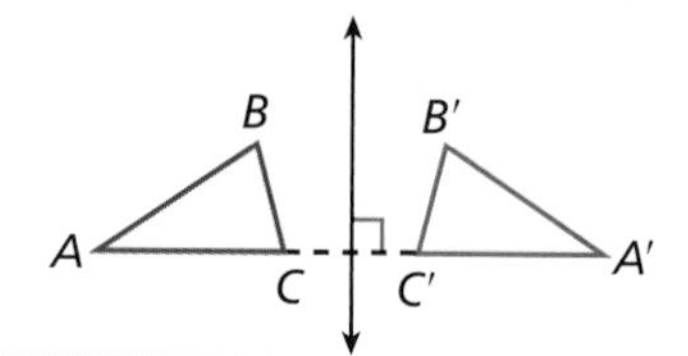
resolver Hallar una respuesta o solución.	**solve** To find an answer or a solution. (p. 52)	
resultado Posible resultado de un experimento de probabilidad.	**outcome** A possible result of a probability experiment. (p. 628)	Cuando se lanza un dado, los resultados posibles son 1, 2, 3, 4, 5 y 6.
resultados igualmente probables Resultados que tienen la misma probabilidad de ocurrir.	**equally likely outcomes** Outcomes that have the same probability. (p. 640)	
rombo Paralelogramo en el que todos los lados son congruentes.	**rhombus** A parallelogram with all sides congruent. (p. 474)	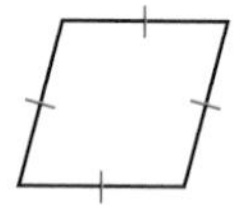
rotación Transformación que ocurre cuando una figura gira alrededor de un punto.	**rotation** A transformation in which a figure is turned around a point. (p. 488)	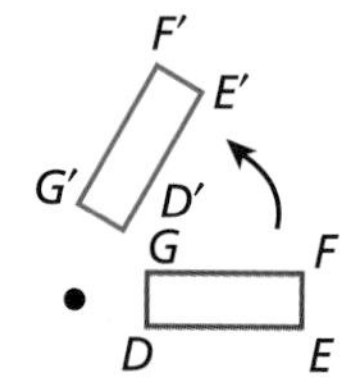

S

ESPAÑOL	INGLÉS	EJEMPLOS
sector Región encerrada por dos radios y el arco que une sus extremos.	**sector** A region enclosed by two radii and the arc joining their endpoints. (p. 461)	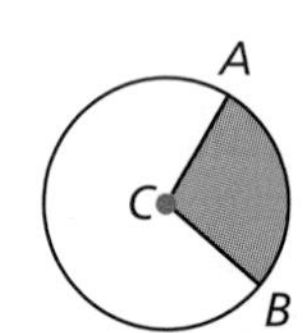
sector (datos) Sección de una gráfica circular que representa una parte del conjunto de datos.	**sector (data)** A section of a circle graph representing part of the data set. (p. 390)	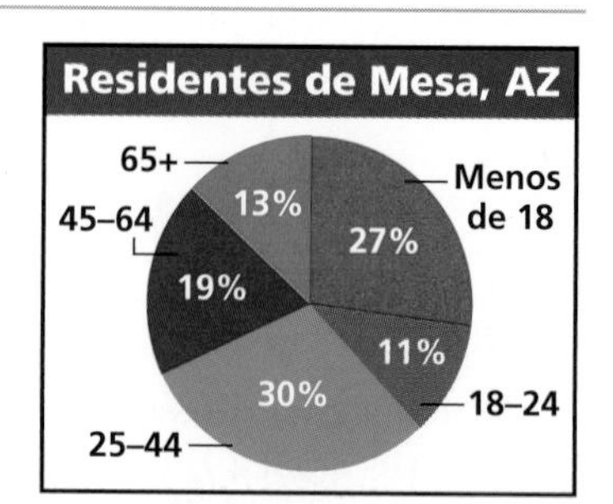 La gráfica circular tiene 5 sectores.

ESPAÑOL	INGLÉS	EJEMPLOS
segmento Parte de una línea entre dos extremos.	**segment** A part of a line between two endpoints. (p. 442)	
segmento de recta Parte de una línea con dos extremos.	**line segment** A part of a line between two endpoints. (p. 443)	A B
seguro (probabilidad) Que con seguridad sucederá. Representa una probabilidad de 1.	**certain (probability)** Sure to happen; having a probability of 1. (p. 628)	
semejantes Figuras que tienen la misma forma, pero no necesariamente el mismo tamaño.	**similar** Figures with the same shape but not necessarily the same size are similar. (p. 300)	
símbolo de radical El símbolo $\sqrt{}$ con que se representa la raíz cuadrada no negativa de un número.	**radical sign** The symbol $\sqrt{}$ used to represent the nonnegative square root of a number. (p. 550)	$\sqrt{36} = 6$
simetría axial Una figura tiene simetría axial si una de sus mitades es la imagen reflejada de la otra.	**line symmetry** A figure has line symmetry if one-half is a mirror-image of the other half. (p. 494)	
simetría de rotación Ocurre cuando una figura gira menos de 360° alrededor de un punto central sin dejar de ser congruente con la figura original.	**rotational symmetry** A figure has rotational symmetry if it can be rotated less than 360° around a central point and coincide with the original figure. (p. 495)	90° 90° 90° 90°
simplificar Escribir una fracción o expresión numérica en su mínima expresión.	**simplify** To write a fraction or expression in simplest form.	
sin correlación Caso en que los valores de dos conjuntos de datos no muestran ninguna relación.	**no correlation** Two data sets have no correlation when there is no relationship between their data values. (p. 417)	y x
sistema de base 10 Sistema de numeración en el que todos los números se expresan con los dígitos 0–9.	**base-10 number system** A number system in which all numbers are expressed using the digits 0–9. (p. 15)	
sistema de números binarios Sistema de numeración en el que todos los números se expresan por medio de dos dígitos, 0 y 1.	**binary number system** A number system in which all numbers are expressed using only two digits, 0 and 1. (p. 769)	
sistema decimal Sistema de valor posicional de base 10.	**decimal system** A base-10 place value system.	

ESPAÑOL	INGLÉS	EJEMPLOS
sistema métrico de medición Sistema decimal de pesos y medidas empleado universalmente en las ciencias y comúnmente en todo el mundo.	**metric system of measurement** A decimal system of weights and measures that is used universally in science and commonly throughout the world. (p. 14)	centímetros, metros, kilómetros, gramos, kilogramos, mililitros, litros
sistema usual de medidas El sistema de medidas que se usa comúnmente en Estados Unidos.	**customary system of measurement** The measurement system often used in the United States. (p. 292)	pulgadas, pies, millas, onzas, libras, toneladas, tazas, cuartos de galón, galones
solución de una desigualdad Valor o valores que hacen verdadera una desigualdad.	**solution of an inequality** A value or values that make an inequality true. (p. 692)	Desigualdad: $x + 3 \geq 10$ Solución: $x \geq 7$
solución de una ecuación Valor o valores que hacen verdadera una ecuación.	**solution of an equation** A value or values that make an equation true. (p. 46)	Ecuación: $x + 2 = 6$ Solución: $x = 4$
sucesión Lista ordenada de números.	**sequence** An ordered list of numbers. (p. 242)	2, 4, 6, 8, 10, ...
sucesión aritmética Una sucesión en la que los términos cambian la misma cantidad cada vez.	**arithmetic sequence** A sequence in which the terms change by the same amount each time. (p. 242)	La sucesión 2, 5, 8, 11, 14... es una sucesión aritmética.
sucesión geométrica Una sucesión en la que cada término se multiplica por el mismo valor para obtener el siguiente término.	**geometric sequence** A sequence in which each term is multiplied by the same value to get the next term. (p. 242)	La sucesión 2, 4, 8, 16... es una sucesión geométrica.
suceso Un resultado o una serie de resultados de un experimento o una situación.	**event** An outcome or set of outcomes of an experiment or situation. (p. 628)	Cuando se lanza un dado, el suceso "número impar" consiste en los resultados 1, 3 y 5.
suceso compuesto Suceso que consta de dos o más sucesos simples.	**compound event** An event made up of two or more simple events.	Sacar un 3 al lanzar un dado y un 2 en una rueda giratoria es un suceso compuesto.
sucesos dependientes Dos sucesos son dependientes si el resultado de uno afecta la probabilidad del otro.	**dependent events** Events for which the outcome of one event affects the probability of the second event. (p. 648)	En una bolsa hay 3 canicas rojas y 2 azules. Sacar una canica roja y luego una azul sin reponer la primera canica es un ejemplo de sucesos dependientes.
sucesos independientes Dos sucesos son independientes si el resultado de uno no afecta la probabilidad del otro.	**independent events** Events for which the outcome of one event does not affect the probability of the other. (p. 648)	En una bolsa hay 3 canicas rojas y 2 azules. Sacar una canica roja, reponerla y luego sacar una canica azul es un ejemplo de sucesos independientes.
suma Resultado de sumar dos o más números.	**sum** The result when two or more numbers are added.	La suma de 6 + 7 + 1 es 14.
sumando Número que se suma a uno o más números para formar una suma.	**addend** A number added to one or more other numbers to form a sum.	En la expresión 4 + 6 + 7, los números 4, 6 y 7 son sumandos.

ESPAÑOL	INGLÉS	EJEMPLOS

sustituir Reemplazar una variable por un número u otra expresión en una expresión algebraica.

substitute To replace a variable with a number or another expression in an algebraic expression.

T

tabla de frecuencia Una tabla en la que se organizan los datos de acuerdo con el número de veces que aparece cada valor (o la frecuencia).

frequency table A table that lists items together according to the number of times, or frequency, that the items occur. (p. 376)

Conjunto de datos: 1, 1, 2, 2, 3, 4, 5, 5, 5, 6, 6, 6, 6

Tabla de frecuencia:

Datos	1	2	3	4	5	6
Frecuencia	2	2	1	1	3	4

tabla de función Tabla de pares ordenados que representan soluciones de una función.

function table A table of ordered pairs that represent solutions of a function. (p. 238)

x	3	4	5	6
y	7	9	11	13

tasa Una razón que compara dos cantidades medidas en diferentes unidades.

rate A ratio that compares two quantities measured in different units. (p. 274)

El límite de velocidad es 55 millas por hora, ó 55 mi/h.

tasa de interés Porcentaje que se cobra por una cantidad de dinero prestada o que se gana por una cantidad de dinero ahorrada; ver *interés simple.*

rate of interest The percent charged or earned on an amount of money; see *simple interest.* (p. 356)

tasa unitaria Una tasa en la que la segunda cantidad de la comparación es la unidad.

unit rate A rate in which the second quantity in the comparison is one unit. (p. 274)

10 cm por minuto

Teorema de la suma del triángulo Teorema que establece que las medidas de los ángulos de un triángulo suman 180°.

Triangle Sum Theorem The theorem that states that the measures of the angles in a triangle add to 180°.

Teorema de Pitágoras En un triángulo rectángulo, la suma de los cuadrados de los catetos es igual al cuadrado de la hipotenusa.

Pythagorean Theorem In a right triangle, the square of the length of the hypotenuse is equal to the sum of the squares of the lengths of the legs. (p. 556)

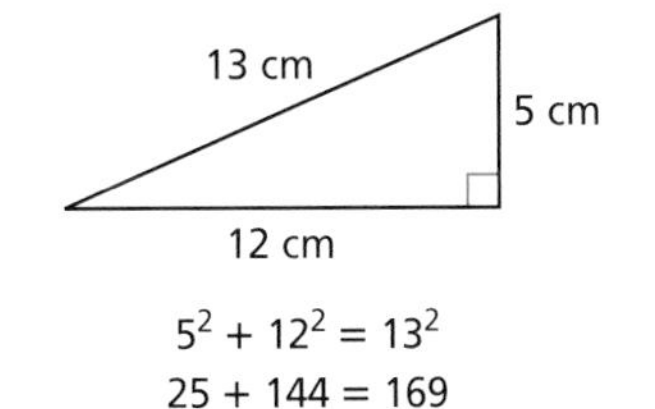

$5^2 + 12^2 = 13^2$

$25 + 144 = 169$

tercer cuartil La mediana de la mitad superior de un conjunto de datos. También se llama *cuartil superior.*

third quartile The median of the upper half of a set of data; also called *upper quartile.* (p. 394)

ESPAÑOL	INGLÉS	EJEMPLOS
término (en una expresión) Las partes de una expresión que se suman o se restan.	**term (in an expression)** The parts of an expression that are added or subtracted. (p. 42)	$3x^2 + 6x - 8$ (Término, Término, Término)
término (en una sucesión) Elemento o número de una sucesión.	**term (in a sequence)** An element or number in a sequence. (p. 242)	5 es el tercer término en la sucesión 1, 3, 5, 7, 9, ...
términos semejantes Dos o más términos que contienen la misma variable elevada a la misma potencia.	**like terms** Two or more terms that have the same variable raised to the same power. (p. 42)	En la expresión $3a + 5b + 12a$, $3a$ y $12a$ son términos semejantes.
teselado Patrón repetido de figuras planas que cubren totalmente un plano sin superponerse ni dejar huecos.	**tessellation** A repeating pattern of plane figures that completely covers a plane with no gaps or overlaps. (p. 498)	
transformación Cambio en la posición u orientación de una figura.	**transformation** A change in the position or orientation of a figure. (p. 488)	
transportador Instrumento para medir ángulos.	**protractor** A tool for measuring angles. (p. 446)	
transversal Línea que cruza dos o más líneas.	**transversal** A line that intersects two or more lines. (p. 453)	1, 2, 3, 4, 5, 6, 7, 8; Transversal
trapecio Cuadrilátero con un par de lados paralelos.	**trapezoid** A quadrilateral with exactly one pair of parallel sides. (p. 474)	B, C, A, D
traslación Desplazamiento de una figura a lo largo de una línea recta.	**translation** A movement (slide) of a figure along a straight line. (p. 488)	J, M, K, L; J′, M′, K′, L′
trazar una bisectriz Dividir en dos partes congruentes.	**bisect** To divide into two congruent parts. (p. 456)	L, K, J, M; $\overrightarrow{JK}$ es bisectriz de $\angle LJM$.
triángulo Polígono de tres lados.	**triangle** A three-sided polygon. (p. 467)	

ESPAÑOL · **INGLÉS** · **EJEMPLOS**

triángulo acutángulo Triángulo en el que todos los ángulos miden menos de 90°.

acute triangle A triangle with all angles measuring less than 90°. (p. 470)

---

triángulo equilátero Triángulo con tres lados congruentes.

equilateral triangle A triangle with three congruent sides. (p. 470)

---

triángulo escaleno Triángulo que no tiene lados congruentes.

scalene triangle A triangle with no congruent sides. (p. 470)

---

triángulo isósceles Triángulo que tiene al menos dos lados congruentes.

isosceles triangle A triangle with at least two congruent sides. (p. 470)

---

triángulo obtusángulo Triángulo que tiene un ángulo obtuso.

obtuse triangle A triangle containing one obtuse angle. (p. 470)

---

triángulo rectángulo Triángulo que tiene un ángulo recto.

right triangle A triangle containing a right angle. (p. 470)

V

valor absoluto Distancia a la que está un número de 0 en una recta numérica. El símbolo del valor absoluto es $| \, |$.

absolute value The distance of a number from zero on a number line; shown by $| \, |$. (p. 77)

$|5| = 5$

$|-5| = 5$

---

valor de entrada Valor que se usa para sustituir una variable en una expresión o función.

input The value substituted into an expression or function. (p. 238)

Para la función $y = 6x$, el valor de entrada 4 produce un valor de salida de 24.

---

valor de salida Valor que resulta después de sustituir un valor de entrada determinado en una expresión o función.

output The value that results from the substitution of a given input into an expression or function. (p. 238)

Para la función $y = 6x$, el valor de entrada 4 produce un valor de salida de 24.

---

valor extremo Un valor mucho mayor o menor que los demás de un conjunto de datos.

outlier A value much greater or much less than the others in a data set. (p. 382)

Mayoría de datos · Media · Valor extremo

---

variable Símbolo que representa una cantidad que puede cambiar.

variable A symbol used to represent a quantity that can change. (p. 34)

En la expresión $2x + 3$, x es la variable.

ESPAÑOL	INGLÉS	EJEMPLOS
vértice En un ángulo o polígono, el punto de intersección de dos lados.	**vertex** On an angle or polygon, the point where two sides intersect. (p. 448)	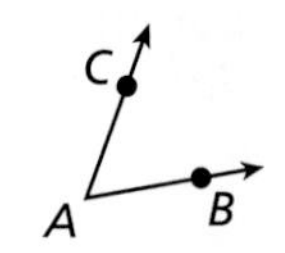 *A* es el vértice de $\angle CAB$.
volumen Número de unidades cúbicas que se necesitan para llenar un espacio.	**volume** The number of cubic units needed to fill a given space. (p. 586)	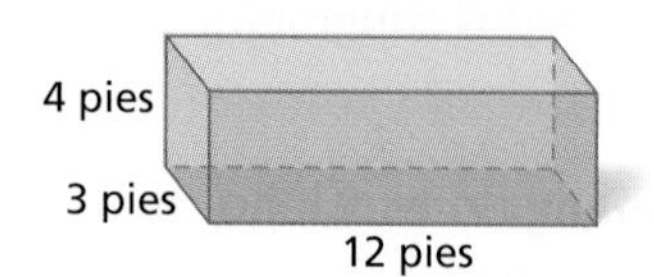 Volumen = $3 \cdot 4 \cdot 12 = 144$ pies^3

Índice

Índice

Índice

F

G

H

I

J

K

N

O

P

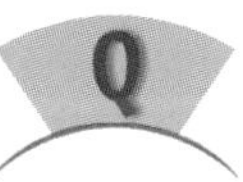
Q

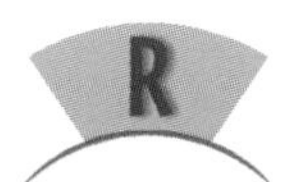
R

Y

Equipo

Bruce Albrecht, Margaret Chalmers, Justin Collins, Lorraine Cooper, Marc Cooper, Jennifer Craycraft, Martize Cross, Nina Degollado, Lydia Doty, Sam Dudgeon, Kelli R. Flanagan, Mary Fraser, Stephanie Friedman, Jeff Galvez, José Garza, Diannia Green, Jennifer Gribble, Liz Huckestein, Jevara Jackson, Kadonna Knape, Cathy Kuhles, Jill M. Lawson, Peter Leighton, Christine MacInnis, Rosalyn K. Mack, Jonathan Martindill, Virginia Messler, Susan Mussey, Kim Nguyen, Matthew Osment, Theresa Reding, Manda Reid, Patrick Ricci, Michael Rinella, Michelle Rumpf-Dike, Beth Sample, Annette Saunders, John Saxe, Kay Selke, Robyn Setzen, Patricia Sinnott, Victoria Smith, Jeannie Taylor, Ken Whiteside, Sherri Whitmarsh, Aimee F. Wiley, Alison Wohlman

Fotografía

Chapter 1: 2, (bkgd), © AFP/CORBIS; 2, (br), David Gamble/Sygma; 6 (tr), © Royalty Free Corbis; 11, (cl), © AFP/CORBIS; 13, (tl), Bruce Iverson; 13, (tr), Bruce Iverson; 13, (bl), Bruce Iverson; 13, (br), Bruce Iverson; 14 (tr), Yoshikazu Tsuno/AFP/GettyImages; 17 (cl), National Geographic/GettyImages; 18 (tr), © Bill Frymire/Masterfile 105, (b), Sam Dudgeon/HRW/Sheet music courtesy Martha Dudgeon.; 26 (br), Sam Dudgeon/HRW; 33 (bc), EyeWire - Digital Image copyright © (2004) EyeWire; 34 (t), Everett Collection; 34 (b), Frederic De Lafosse/Sygma; 34 (c), Ulvis Alberts/Motion Picture & Television Photo Archive; 38 © David Allan Brandt/Getty Images/Stone; 41 (l), Photo Researchers, Inc.; 42 (tr), Digital Vision/GettyImages; 45 Courtesy of the National Grocers Association Best Bagger Contest; 46 (tr), Peter Van Steen/HRW; 47 (r), Sam Dudgeon/HRW/Courtesy Fast Forward Skate Shop, Austin, TX; 47 (l), Sam Dudgeon/HRW/Courtesy Fast Forward Skate Shop, Austin, TX; 49 (br), James Urbach/SuperStock; 57 © Reuters NewMedia Inc./CORBIS; 61 (cr), PhotoDisc/GettyImages; 62 (cl), © Jenny Thomas/HRW; 62 (cr), © Jenny Thomas/HRW; 62 (b), © Jenny Thomas/HRW **Chapter 2:** 72 (br), © Jay Ireland & Georgienne E. Bradley; 72 (bkgd), Tom Pantages Photography; 76 (br), Chuck Nicklin/Al Giddings Images, Inc.; 76 (tl), NATALIE B. FORBES National Geographic Image Collection; 79 (l), © Neil Rabinowitz/CORBIS; 82 ©2001 Jay Mallin; 85 (l), © Lee Foster/Words & Pictures/PictureQuest; 91 (t), © CORBIS; 95 © W. Faidley/WeatherStock; 97 © Ann Purcell; Carl Purcell/Words & Pictures/PictureQuest; 110 (tr), Sam Dudgeon/HRW; 111 (tr), Victoria Smith/HRW; 111 (cr), Victoria Smith/HRW; 113 (l), Collection Walker Art Center, Minneapolis Gift of Fredrick R. Weisman in honor of his parents, William and Mary Weisman, 1988; 117 (t), © D. Donne Bryant/DDB Stock Photo/All Rights Reserved; 117 (b), Erich Lessing/Art Resource, NY; 119 (b), Lisette LeBon/SuperStock; 120 Victoria Smith/HRW; 123 (l), Michael Rosenfeld/Stone/Getty Images; 124 (tr), © Tim Johnson/Reuters/CORBIS; 127 (t), Image Copyright © Digital Vision; 127 (c), © Underwood & Underwood/CORBIS; 131 (l), © Buddy Mays/CORBIS; 136 (br), © Jenny Thomas/HRW; 137 (br), Sam Dudgeon/HRW; 144 (cr), © Carl A. Stimac/The Image Finders; 145 (tr), Stone/GettyImages; 145 (b), © Royalty-Free/CORBIS; 145 (b), PhotoDisc/GettyImages; 145 (b), © Royalty-Free/CORBIS; 145 (b), PhotoDisc/Getty Images **Chapter 3:** 146 (b), Jenny Thomas/HRW; 146 (bkgd), © Brian Leatart/FoodPix; 150 Richard Nowitz/Photo Researchers, Inc.; 153 (l), © Paul Almasy/CORBIS; 154 © Lynn Stone/Index Stock Imagery/PictureQuest; 157 (l), AP Photo/The Fresno Bee, Richard Darby/Wide World Photos; 166 (tr), Darren Carroll/HRW; 173 © Galen Rowell/CORBIS; 174 (tr), Sam Dudgeon/HRW; 175 Victoria Smith/HRW/Courtesy Oshman's, Austin, TX; 177 (l), © Gail Mooney/CORBIS; 179 (b), Ken Karp/HRW; 180 (tr), © Jeffrey L. Rotman/CORBIS; 189 (l), © Gallo Images/CORBIS; 189 (r), G.K. & Vikki Hart/Getty Images; 190 (tr), Dorling Kindersley/GettyImages; 190 (tr), Botanica/GettyImages; 193 (l), © Michael John Kielty/CORBIS; 196 (tr), © Glen Allison/Alamy Photos; 201 (l), Hulton Archive by Getty Images; 203 (r), Victoria Smith/HRW; 203 (tl), Richard Heinzen/SuperStock; 204 Peter Van Steen/HRW/Courtesy Russell Korman Fine Jewelry, Austin, TX; 205 © Charles O'Rear/CORBIS; 209 (tl), PhotoDisc/GettyImages; 209 (cr), © Charles O'Rear/CORBIS; 210 (b), © Jenny Thomas/HRW; 211 (br), Sam Dudgeon/HRW **Chapter 4:** 220 (bkgd), © Kelly-Mooney Photography/CORBIS; 220 (br), Roberto Borea/AP/Wide World Photos; 227 (l), © Stock Trek/PhotoDisc/Picture Quest; 228 (tr), Anna Zieminski/AFP/GettyImages; 235 (r), John Langford/HRW; 235 (l), John Langford/HRW; 237 (b), © Michael T. Sedam/CORBIS; 238 Stamp Designs © 1994 32À Rube Goldberg's Inventions (Scott # 3000f) United States Postal Service, Displayed with permission. All rights reserved. Written authorization from the Postal Service is required to use, reproduce, post, transmit, distribute, or publicly display these images. © Rube Goldberg, Inc.; 242 (t), © Helen Norman/CORBIS; 242 (bl), © John Kaprielian/Photo Researchers, Inc.; 242 (bc), © John Pointer/Animals Animals/Earth Scenes; 242 (r), © ChromaZone Images/Index Stock Imagery/PictureQuest; 245 (t), RO-MA Stock/Index Stock Imagery, Inc.; 245 (inset), RO-MA Stock/Index Stock Imagery, Inc.; 248 Scott Vallance/VIP Photographic Associates; 251 (l), © Ron Kimball Studios; 253 (b), Digital Vision/GettyImages; 257 (br), Sam Dudgeon/HRW; 264 (br), Image Bank/GettyImages; 264 (cr), © Bettmann/CORBIS; 265 (cr), Mark Maziarz/ParkCityStock.com; 265 (b), © 2007 James Kay—NOTE:2007 refers to publication year-change if necessary **Chapter 5:** 266 (bkgd), Ship model by Jean K. Eckert/Photo Courtesy of ©The Mariners' Museum, Newport News, Virginia; 266 (b), Gordon Chibroski/Press Herald/AP/Wide World Photos; 270 (tr), Darren Carrol/HRW; 273 (bc), © Chris Mellor/Lonely Planet Images; 273 (t), © Gavin Anderson/Lonely Planet Images; 283 Victoria Smith/HRW; 284 James L. Amos/SuperStock; 286 (cr), © Lynda Richardson/Corbis; 287 (tr), © Ralph A. Clevenger/CORBIS; 292 (tr), Photonica/GettyImages; 297 (b), Sam Dudgeon/HRW; 300 Peter Van Steen/HRW; 304 © Francis E. Caldwell/Affordable Photo Stock; 308 (t), Sam Dudgeon/HRW/Courtesy Chuck and Nan Ellis; 308 Victoria Smith/HRW; 309 Van Gogh Museum, Amsterdam/SuperStock; 311 (t), Library of Congress; 311 (b), Library of Congress; 311 (c), Victoria Smith/HRW; 311 (t-frame), ©1999 Image Farm Inc.; 317 (br), Sam Dudgeon/HRW; 317 (br), Sam Dudgeon/HRW **Chapter 6:** 326 (bkgd), © Mark E. Gibson Photography; 326 (br), Victoria Smith/HRW; 330 (tr), © Louie Psihoyos/Corbis; 345 (cl), © Tim Graham/Alamy; 346 (tr), © Buddy Mays/CORBIS; 352 (tr), Sam Dudgeon/HRW; 361 (tl), © Hemera Technologies/Alamy; 361 (br), Getty Images/Taxi; 363 (br), Sam Dudgeon/HRW; 363 (br), Sam Dudgeon/HRW; 370 (cr), Hulton Archive/GettyImages; 370 (bc), Indranil Mukherjee/AFP/GettyImages; 370 (cl), © Underwood & Underwood/Corbis; 371 (b), Photograph by Kurt Stepnitz/(c)Michgan State University; 371 (cr), Courtesy Michigan State University; 371 (cr), Courtesy Michigan State University
Chapter 7: 372 (bkgd), © Sam Fried/Photo Researchers, Inc.; 372 (br), Victoria Smith/HRW; 376 Courtesy IMAX Corporation; 381 © CORBIS; 383 (l), © James L. Amos/CORBIS/Collection of The Corning Museum of Glass, Corning, New York; 385 © Karl Weatherly/CORBIS; 388 (tr), PhotoDisc - Digital Image copyright © 2004 PhotoDisc; 388 (tl), PhotoDisc - Digital Image copyright © 2004 PhotoDisc; 389 (cl), © David J. & Janice L. Frent Collection/CORBIS; 389 (tl), © CORBIS; 389 (cr), © CORBIS; 389 (bl), © David J. & Janice L. Frent Collection/CORBIS; 390 (br), © Kathy deWet-Oleson/Lonely Planet Images; 390 (bl), © Jeffrey L. Rotman/CORBIS; 391 (l), © Ron Sanford/Photo Researchers, Inc.; 392 (t), Sam Dudgeon/HRW; 394 (tr), Image Bank/GettyImages; 401 (b), © Stephen Frink/Index Stock Imagery/PictureQuest; 402 (c), SuperStock; 402 (l), SuperStock; 402 (r), SuperStock; 405 SuperStock; 408 (tr), © V. Brockhaus/zefa/CORBIS; 412 (b), Victoria Smith/HRW; 412 (tr), © Randy M. Ury/CORBIS; 415 (tl), FlyBase/Dr. F. R. Turner; 419 © Ecoscene/CORBIS; 423 (r), © James A. Sugar/CORBIS; 427 (br), © Richard Hutchings/PhotoEdit; 427 (bc), © Thinkstock/Alamy; 429 (br), Sam Dudgeon/HRW
Chapter 8: 438 (bkgd), © 2002 Bruno Burklin/Aerial Aesthetics; 438 (br), © Stone/Getty Images/Stone; 442 The Art Archive / Private Collection / Harper Collins Publishers/© 2004 Artists Rights Society (ARS), New York/ADAGP, Paris; 444 Science Kit & Boreal Laboratories; 445 (t), © Burstein Collection/CORBIS/© 2004 Mondrian/Holtzman Trust/Artists Rights Society (ARS), New York; 445 (b), Copyright Tate Gallery, London, Great Britain/Art Resource, NY/© 2004 Artist Rights Society (ARS), New York/Pro Litteris, Zurich; 452 © Gisela Damm/eStock Photogarphy/PictureQuest; 455 (l), John Burke/SuperStock; 459 (br), © Robert Landau/Corbis; 460 (t), © Archivo Iconografico, S.A./CORBIS; 460 (b), © Archivo Iconografico, S.A./CORBIS; 466 © Gianni Dagh Orti/CORBIS; 469 (t), John Warden/SuperStock; 469 (tc), © Roman Soumar/CORBIS; 469 (b), © Jacqui Hurst/CORBIS; 473 (r), © Craig Aurness/CORBIS; 474 (tr), UW/Mary Levin; 477 (l), © Bob Krist/CORBIS; 481 (t), © CORBIS; 483 (b), © Craig Aurness/CORBIS; 488 (tr), Matthew Stockman/GettyImages; 494 (tr), Steve Vidler/SuperStock; 495 (tr), © Arthur Thévenart/CORBIS; 495 (c), © Karen Gowlett-Holmes; 497 © Nigel J. Dennis/Photo Researchers, Inc.; 497 (b), © William Panzer/Stock Connection/PictureQuest; 498 (t), Symmetry Drawing E121 by M.C. Escher © 2004 Cordon Art B. V. - Baarn - Holland. All rights reserved.; 499 (t), Symmetry Drawing E25 by M.C. Escher © 2004 Cordon Art B. V. - Baarn - Holland. All rights reserved.; 505 (br), Sam Dudgeon/HRW; 505 (br), Sam Dudgeon/HRW; 512 (cr), AP Photo/Tom E. Puskar; 512 (bl), GettyImages; 513 (cr), Longwood Gardens/L. Albee; 513 (b), Longwood Gardens/L. Albee **Chapter 9:** 514 (bkgd), © Mark E. Gibson c/o MIRA; 518 (t), Photo by Randall L. Ricklefs /McDonald Observatory; 518 (b), Sam

Dudgeon/HRW; 524 (tr), Reportage/Getty Images; 527 (cr), NOAA Costal Services Center; 530 (t), © Nik Wheeler/CORBIS; 533 (cr), © Christie's Images/CORBIS/ © 2004 Banco de México Diego Rivera & Frida Kahlo Museums Trust. Av. Cinco de Mayo No. 2, Col. Centro, Del. Cuauhtémoc 06059, México, D.F./Reproducción autorizada por el Instituto Nacional de Bellas Artes Y Literatura; 539 (tl), © Carl & Ann Purcell/CORBIS; 541 (tr), Photo © Stefan Schott/Panoramic Images, Chicago 1998; 547 (b), © TONY FREEMAN/PhotoEdit; 551 (cr), © Johathan Blair/CORBIS; 553 (tl), Digital Image copyright © 2004 Karl Weatherly/PhotoDisc; 557 (tr), © K. H. Photo/International Stock/ImageState; 559 (t), © Lary Lee Photography/CORBIS; 559 (bkgd), Corbis Images; 561 (tl), PhotoDisc/Getty Images; 561 (br), © Center for Ecoliteracy/Tyler; 561 (b), The Edible Schoolyard (c) 2005; 564 (br), Jenny Thomas/HRW; 565 (br), Sam Dudgeon/HRW; 565 (br), Sam Dudgeon/HRW **Chapter 10:** 574 (bkgd), © Arvind Garg/CORBIS; 574 (br), Victoria Smith/HRW; 583 (tr), © Charles & Josette Lenars/CORBIS; 583 (cl), © Kevin Fleming/CORBIS; 583 (tl), Steve Vidler/SuperStock; 583 (cr), R.M. Arakaki/Imagestate; 589 (r), Sam Dudgeon/HRW; 589 (tl), © Natalie Fobes/CORBIS; 590 (t), Peter Van Steen/HRW; 595 (b), Sam Dudgeon/HRW; 597 (tr), Peter Van Steen/HRW; 601 (cr), PhotoDisc - Digital Image copyright © 2002 PhotoDisc
604 (tc), Peter Van Steen/HRW; 604 (tc), Peter Van Steen/HRW; 606 (tr), © Michael Newman/PhotoEdit; 608 (t), Hahn's Titanic Plans by Robert Hahn; 608 (cr), HARLAND & WOLFF PHOTOGRAPHIC COLLECTION, © NATIONAL MUSEUMS & GALLERIES OF NORTHERN IRELAND, ULSTER FOLK AND TRANSPORT MUSEUM.; 611 (tl), PhotoDisc/Getty Images; 612 (tr), Stephanie Friedman/HRW; 614 (br), Jenny Thomas/HRW; 615 (br), Sam Dudgeon/HRW; 622 (cr), Joseph R. Melanson of skypic.com; 622 (br), Bill Kostroun, Stringer/AP; 623 (br), © LMR Group/Alamy; 623 (tr), Festival of Ballooning, Inc. **Chapter 11:** 624 (bkgd), © Getty Images/Stone; 624 (br), Victoria Smith/HRW; 628 (tr), Peter Van Steen/HRW; 631 (tr), REUTERS/Gary Wiepert /NewsCom; 632 (tr), © V. C. L. Tipp Howell/Getty Images/Taxi; 635 (tr), Courtesy of National Weather Service, NOAA; 636 (tr), Peter Van Steen/HRW; 636 (tr), Peter Van Steen/HRW; 639 (tl), © Tom & Dee Ann McCarthy; 640 (b), Sam Dudgeon/HRW/SCRABBLE® is a trademark of Hasbro in the United States and Canada. © 2002 Hasbro, Inc. All Rights Reserved.; 640 (tr), Victoria Smith/HRW/SCRABBLE® is a trademark of Hasbro in the United States and Canada. © 2002 Hasbro, Inc. All Rights Reserved.; 640 (br), Victoria Smith/HRW/SCRABBLE® is a trademark of Hasbro in the United States and Canada. © 2002 Hasbro, Inc. All Rights Reserved.; 646 (cr), Digital Image copyright © 2004 EyeWire; 647 (cr), © Left Lane Productions/CORBIS; 648 (tr), © Dennis Degnan/CORBIS; 650 (b), Sam Dudgeon/HRW; 650 (b), Sam Dudgeon/HRW; 650 (b), Sam Dudgeon/HRW; 650 (b), Sam Dudgeon/HRW; 652 (tr), © Stone/GettyImages; 653 (c), © Stockbyte; 653 (c), © Royalty-Free/CORBIS; 653 (c), © Royalty-Free/CORBIS; 653 (c), © Corbis Images/HRW Image Library; 655 (tc), Pushkin Museum of Fine Arts, Moscow, Russia/SuperStock ; 655 (tr), © Philadelphia Museum of Art/CORBIS; 656 (tr), © Lebrecht Music and Arts Photo Library/Alamy 659 (l), Photofest; 661 (tl), Thinkstock/Getty Images; 662 (cr), Sam Dudgeon/HRW; 662 (br), Ken Karp/HRW; 663 (bc), Sam Dudgeon/HRW **Chapter 12:** 672 (b), NASA; 672 (bkgd), NASA; 679 (cl), Image Bank/Getty Images; 681 (cr), Sam Dudgeon/HRW; 681 (cartoon), CLOSE TO HOME © 1994 John McPherson. Reprinted with Permission of UNIVERSAL PRESS SYNDICATE. All rights reserved.; 686 (tr), (c) Masterfile (Royalty-Free Div.); 689 The Holland Sentiel, Barbara Beal/AP/Wide World Photos; 691 (br), Victoria Smith/HRW; 695 (t), U.S. Geological Survey Western Region Costal and Marine Geology; 695 (b), James Wilson/Woodfin Camp & Associates; 696 (tr), Victoria Smith/HRW; 699 (tl), © Al Grotell 1990; 700 (tr), Spencer Tirey/AP/Wide World Photos; 704 (tr), © Tony Freeman/Photo Edit; 707 (cr), Dr. E. R. Degginger/Color-Pic, Inc.; 707 (cr), Sam Dudgeon/HRW; 707 (cr), Dr. E. R. Degginger/Color-Pic, Inc.; 707 (cr), Pat Lanza/Bruce Coleman, Inc.; 709 (tl), © Dinodia Images/Alamy; 709 (cr), © Rolf Bruderer/Corbis; 710 (tr), © Michael S. Yamashita/CORBIS; 711 (cartoon), The Far Side ® by Gary Larson © 1985 FarWorks, Inc. All Rights Reserved. Used with permission.; 712 (br), Randall Hyman/HRW; 713 (br), Sam Dudgeon/HRW; 720 (cr), © Hollywild Animal Park; 720 (bl), © Hollywild Animal Park; 721 (cr), Courtesy of Family Kingdom; 721 (br), Courtesy Chance Rides Manufacturing.

Arte

Chapter 1: 10 (tr), Stephen Durke; 10 (c), NETS; 19 (tc), Greg Geisler; 21 (tr), Argosy; 23 (tr), Cameron Eagle ; 37 (c), Argosy (table); 41 (tr), Greg Geisler; 41 (tr), Jeffrey Oh; 49 (tr), Mark Heine; 55 (tr), Jeffrey Oh; 56 (c), Greg Geisler; 56 (tr), Greg Geisler; 59 (cr), Stephen Durke/Washington Artists; 62 (tr), Lori Bilter; 63 (cr), Leslie Kell **Chapter 2:** 75 (c), Argosy; 79 (tr), Argosy; 82 (tr), Argosy; 85 (c), Mark Heine; 88 (tr), Kent Leech; 103 (cr), Argosy; 109 (tc), Mark Heine; 109 (cr), Jeffrey Oh; 113 (tr), Mark Heine; 121 (bl), Greg Geisler; 123 (cr), Argosy; 128 (tr), Bob Burnett; 131 (cr), Argosy; 135 (tl), David Clegg; 135 (cr), David Clegg; 137 (cr), Leslie Kell; 136 (tr), John Etheridge **Chapter 3:** 153 (tr), Argosy; 154 (cl), Greg Geisler; 161 (cr), Cameron Eagle; 163 (tr), Argosy; 169 (tr), Argosy; 183 (c), Jeffrey Oh; 186 (tr), Stephen Durke; 199 (tr), Argosy; 201 (cr), Jeffrey Oh; 207 (tr), Argosy (graph) ; 209 (b), Argosy; 210 (tr), Ann Flowers; 211 (cr), Leslie Kell **Chapter 4:** 227 (c), Ortelius Design; 232 (tr), Cindy Jeftovic; 237 (cr), James Hindermeier; 249 (c), David Clegg; 253 (tl), Argosy; 253 (cr), Kevin Rechin; 256 (tr), John Etheridge; 305 (tl, tr), Stephen Durke/Washington Artists; 257 (cr), Leslie Kell; 265 (c), Argosy **Chapter 5:** 269 (tl), David Clegg; 269 (br), David Clegg; 270 (tc), NETS; 274 (tr), Kevin Rechin; 305 (cr), Jeffrey Oh; 306 (cr), Jeffrey Oh; 306 (br), Jeffrey Oh; 306 (tr), Mark Heine; 306 Jeffrey Oh; 307 (tl, tr), Jeffrey Oh; 308 (cr), John White/The Neis Group; 313 (tl), David Clegg; 313 (cr), David Clegg; 313 (b), David Clegg; 314 (tc), NETS; 317 (cr), Leslie Kell **Chapter 6:** 352 (c), NETS; 361 (c), NETS; 361 (c), NETS; 363 (cr), Leslie Kell **Chapter 7:** 379 (tc), Argosy; 380 (cr), Jeffrey Oh; 383 (cr), Jeffrey Oh; 386 (bl), Boston Graphics; 388 (bc), Argosy(chart)/Cindy Jeftovic (Illustration); 390 (c), Argosy; 403 (cr), Ortelius Design; 416 (tc), David Clegg **Chapter 8:** 429 (cr), Leslie Kell; 448 (tr), Fian Arroyo; 449 (cr), Ortelius Design; 461 (cr), Stephen Durke/Washington Artists; 462 (br), Cindy Jeftovic; 463 (cr), Stephen Durke/Washington Artists; 481 (cr), John Etheridge; 501 (tl), David Clegg; 501 (cr), Argosy; 501 (b), David Clegg; 505 (cr), Leslie Kell **Chapter 9:** 521 (tr), Argosy; 534 (tr), Cindy Jeftovic; 535 (br), John White/The Neis Group; 536 (cr), John White/The Neis Group; 536 (br), John White/The Neis Group; 537 (cr), John White/The Neis Group; 538 (tr), Argosy; 550 (tr), Greg Geisler; 556 (tr), NETS; 558 (cr), Jane Sanders; 559 (cr), Nenad Jakesevic; 561 (cr), Argosy; 564 (tr), John Etheridge; 565 (cr), Leslie Kell **Chapter 10:** 593 (tr), Jane Sanders; 598 (c), Argosy; 601 (tr), David Fischer; 605 (c), Bernadette Lau; 614 (c), James Hindermeier; 614 (tr), Cindy Jeftovic; 615 (cr), Leslie Kell **Chapter 11:** 629 (br), John Etheridge; 637 (cr), NETS; 643 (tr), Argosy; 648 (bc), Greg Geisler; 649 (c), Greg Geisler; 662 (tr), Cindy Jeftovic; 663 (cr), Leslie Kell **Chapter 12:** 682 (tr), Steward Lee; 683 (tr), Steward Lee; 685 (tr), Argosy; 703 (tr), John Etheridge; 712 (tr), Cindy Jeftovic; 713 (cr), Leslie Kell

Tabla de medidas

SISTEMA MÉTRICO

Longitud

1 kilómetro (km) = 1,000 metros (m)
1 metro = 100 centímetros (cm)
1 centímetro = 1 milímetros

Capacidad

1 litro (L) = 1,000 mililitros (mL)

Masa y peso

1 kilogramo (kg) = 1,000 gramos (g)
1 gramo = 1,000 miligramos (mg)

SISTEMA USUAL DE MEDIDAS

Longitud

1 milla (mi) = 1,760 yarda (yd)
1 milla = 5,280 pies
1 yarda = 3 pies
1 pie = 12 pulgadas (pulg)

Capacidad

1 galón (gal) = 4 cuartos (ct)
1 galón = 128 onzas líquidas (oz. líq)
1 cuarto = 2 pintas (pt)
1 pinta = 2 tazas (t)
1 taza = 8 onzas líquidas

Masa y peso

1 tonelada (T) = 2,000 libras (lb)
1 libra = 16 onzas (oz)

TIEMPO

1 año (yr) = 365 días
1 año = 12 meses
1 año = 52 semanas
1 semana = 7 días

1 día = 24 horas (h)
1 hora = 60 minutos (min)
1 minuto = 60 segundos (s)

Fórmulas

Perímetro

Cuadrado	$P = 4\ell$
Rectángulo	$P = 2\ell + 2a$ ó $P = 2(\ell + a)$
Polígono	$P =$ la suma de la longitud de todos los lados

Circunferencia

Círculo	$C = 2\pi r$ ó $C = \pi d$

centímetros
0 1 2 3 4 5 6 7 8 9 10 11 12 13 14 15 16 17 18 19 20